Interior Architectural Representation

PHOTOSHOP CS5

포토샵 CS5를 이용한

인테리어, 건축 표현기법

이혁준 저

머리말

실내건축(Interior)이나 건축 분야에서의 개념설정이나 설계과정은 가장 핵심적이며 중요한 과정입니다. 그러나 아무리 좋은 개념, 완벽한 설계라 할지라도 건축주나 제3자에게 전달하는 것은 설계만큼 중요한 절차 중에 하나일 것입니다. 만약 디자이너에게 매우 뛰어난 아이디어가 있어도 시공자나 건축주에게 제대로 표현되지 못한다면 아무 의미가 없는 것입니다. 다시 말해 디자인과 관련되어, 프레젠테이션이나 디자인 커뮤니케이션은 매우 중요하며, 이러한 커뮤니케이션은 곧바로 시각적 표현과 연결됩니다. 결론적으로 말하자면 표현적 수단은 설계 및 디자인 분야에서 자신의 아이디어를 가장 잘 표출할 수 있는 수단인 셈입니다.

과거 이러한 수단은 단순히 손(?)의 기술적 도움으로 해결되었으며 그러한 힘은 현재까지도 이어지고 있습니다. 그러나 많은 데이터와 수많은 수정작업, 짧은 작업기간, 다양한 요구, 원거리에서의 작업과 같이 과거와는 비교할 수 없을 만큼의 다양한 환경 인자로 인해 현대사회에서는 그 힘이 약해지고 있습니다. 반면 디지털 문화라는 새로운 개념이 등장함으로써 이러한 문제를 해결함과 동시에 손을 대신할 만한 새로운 도구를 탄생시키게 되었습니다.

이에 필자는 현재 가장 많이 사용되는 2차원 편집 도구인 포토샵 CS5의 기본적인 도구에 대해 설명하면서 각각의 도구들을 이용한 실내건축(Interior) 및 건축 표현 기법들을 소개하고 있습니다. 여러분도 알고 있듯이 어도비 포토샵 CS5는 강력한 이미지 편집 기능들을 갖춘 이미지 편집 프로그램입니다. 아마도 현재로서는 가장 많은 사람들이 광범위하고 생산적인 도구 세트들을 이용하여 창의적이며, 효율적인 작업, 모든 미디어에 사용 가능한 고품질의 이미지를 만들고 있습니다. 디자이너 뿐 만 아니라 건축 및 인테리어 디자인을 전공하는 학생이나, 실무에서 현상설계 및 프리젠테이션을 위해서는 캐드 및 렌더링 프로그램과 더불어 거의 필수적으로 사용하고 있다고 하여도 과언이 아닐 정도입니다. (실제로 제가 접한 많은 이들은 기본적인 포토샵의 기능을 알고 있으면서도 활용하지 못하고 있었으며, 매우 중요한 내용을 간과하는 경우가 많았습니다.)

이제 인테리어 및 건축 분야에서 누구나 사용하고 있는 컴퓨터는 그 쓰임새가 점차 커지고 있으며, 이러한 것은 하나의 경쟁 무기가 되고 있습니다. 특히 대학과정에 다니는 학생들의 경우는 자신의 설계 내용을 상대방에게 전달하는 과정, 다시 말해 프리젠테이션에 소홀히 하는 경향에서 이제 자신이 상상했던 디자인을 새로운 매체의 힘을 이용하여 마음껏 펼칠 수 있게 된 것입니다. 저자는 컴퓨터라는 도구가 상상에 제한을 가하는 것이 아니 자신의 상상의 나래를 더욱 크게 펼칠 수 있는 계기가 되기를 바랍니다.

저자 씀

Contents

제4부 — Photomerge 기능을 이용한 건축, 인테리어 표현

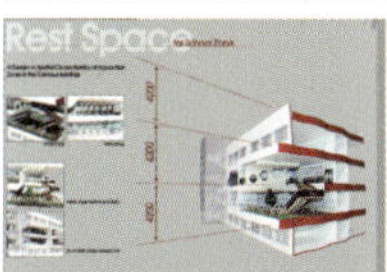
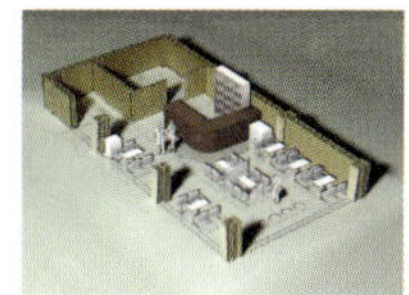

제8부 ── 모형 사진을 이용한 프레젠테이션 이미지 제작

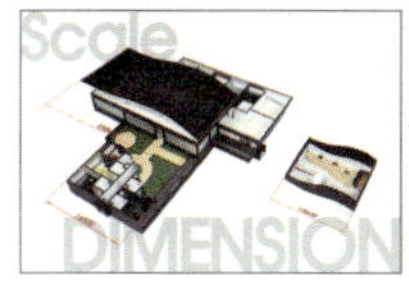

제12부 ── 투시도 제작을 위한 포토샵 리터칭 작업

제1부

무조건 따라해 보자!

(포토샵 CS5를 이용한 작업 프로세스의 경험)

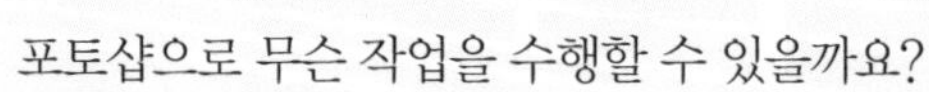

포토샵으로 무슨 작업을 수행할 수 있을까요?

제1부에서는 필자가 설명하는대로 따라하면서 포토샵을 이용하여 건축, 인테리어 분야에서 어떻게 작업을 진행하는지, 그리고 어떤 결과를 만들 수 있는지 경험해 보도록 하겠습니다.

1 포토샵 CS5를 이용한 작업 프로세스의 경험

인테리어 또는 건축을 전공하거나 실무에서 유사한 업무에 종사하시는 분들의 경우, Adobe Photoshop CS5를 이용하여 무슨 작업을 할 수 있을지 매우 궁금하실 것입니다. 특히 이 책을 구입하여 공부하시려는 분들의 대부분은 건축이나 인테리어 분야에 종사하시거나 전공하시는 학생일 것으로 생각됩니다. 따라서 책을 시작하면서 수많은 포토샵 작업 중에서 하나의 예제를 직접 수행해 봄으로써 포토샵에 대한 막막함이나 두려움을 떨쳐버리도록 하겠습니다.

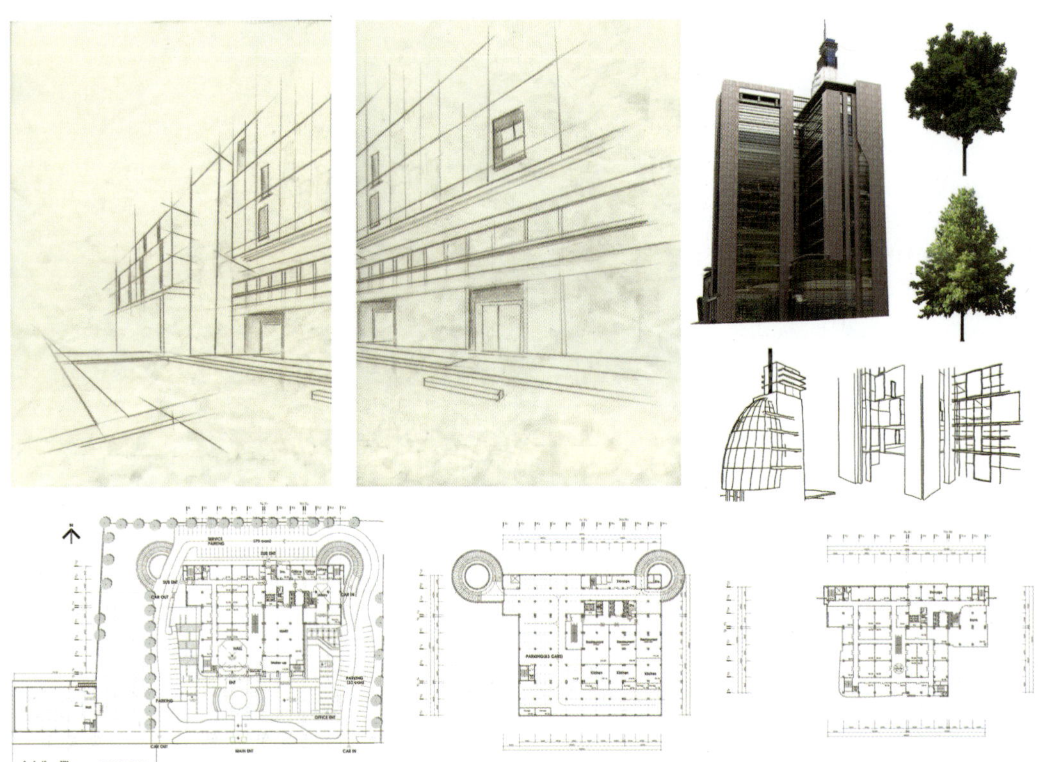

준비된 이미지 소스

완성된 이미지

※ 제1장은 건축이나 인테리어 분야에서 처음으로 포토샵 CS5를 시작하는 분들을 위해 제작되었습니다. 따라서 매우 자세히, 그리고 천천히 설명하도록 할 것입니다. 따라서 이미 어느 정도 포토샵 CS5에 대해 알고 계신 분이라면 그냥 따라하면서 포토샵의 기능과 작업 과정을 익혀보시기 바랍니다.

2 포토샵 CS5 실행하기

지금부터는 예제를 이용하여 간단하지만 효과적인 프레젠테이션(Presentation) 패널을 제작해 보도록 하겠습니다. 앞에서 이미 보신바와 같이 제공되는 예제는 렌더링 이미지, 사진 이미지, 스케치, 수작업 도면, 캐드 도면, 일러스트 이미지 등의 다양한 소스가 제공되며, 이러한 다양한 소스 이미지를 이용하여 효과적인 합성 결과를 제작해 보도록 하겠습니다.

※ 본 장은 초보자를 위한 페이지로 구성하였으나 이미 어느 정도 포토샵에 대해 알고 계신 분들도 간단히 따라 해 보시면 '이렇게 작업할 수도 있구나'라는 느낌을 받으실 수 있을 것입니다. 더불어 처음 포토샵을 접하는 분들의 경우는 다소 어려울 수도 있을 것이나 이번 장에서는 '그냥 그렇구나' 하는 정도로 따라해 보시기 바랍니다.

1 처음 포토샵을 실행하기 위해서는 윈도우 왼쪽 하단에 위치하고 있는 [시작] 단추를 클릭한 다음 나타나는 [모든 프로그램]–[Adobe Photoshop CS5]를 클릭하면 그림과 같은 포토샵 CS5의 초기화면이 표시되면서 프로그램이 실행됩니다.

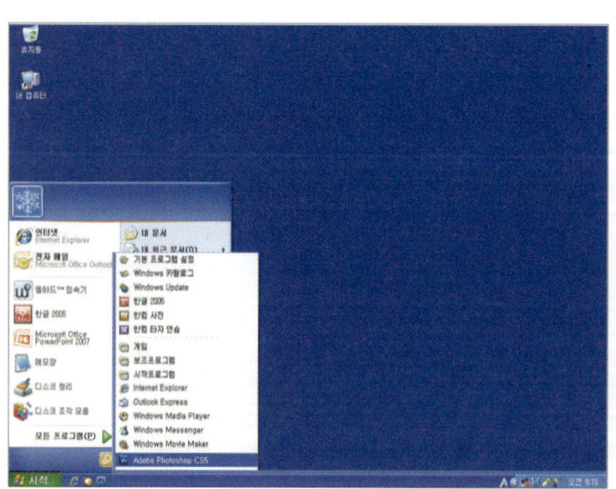
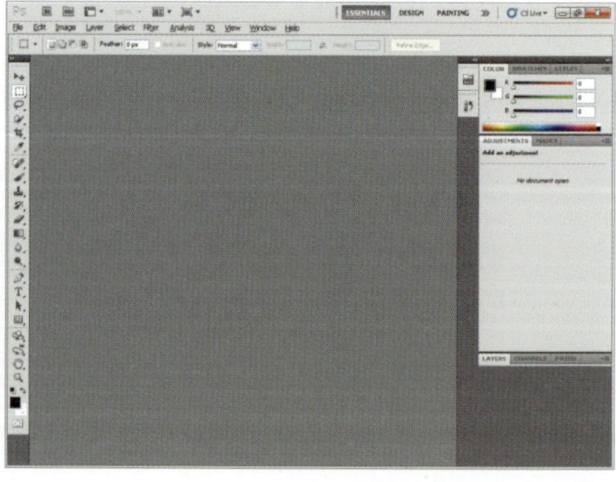

※ 앞에서 실행한 방법뿐만 아니라 다양한 방법을 통해 포토샵 CS5 프로그램을 실행할 수 있는데 만약 바탕화면에 위치하고 있는 아이콘이나 빠른 실행도구 모음에서 포토샵 CS5 아이콘을 더블클릭하면 포토샵 CS5 프로그램이 실행됩니다.

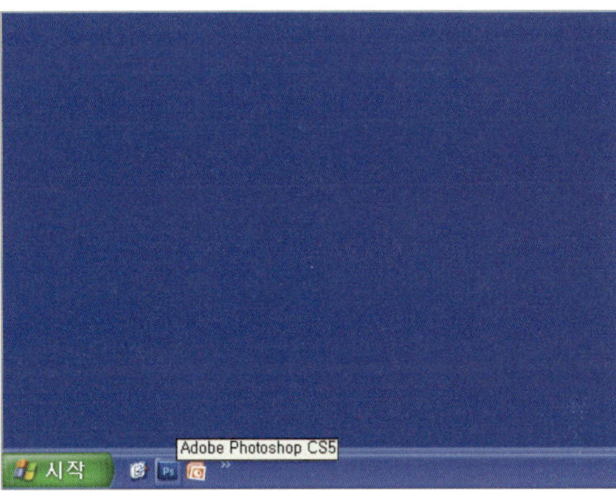

3 포토샵에서 파일을 열어 봅시다

프로그램을 실행한 후, 가장 먼저 수행하는 일은 새로운 작업을 시작하던지 기존의 파일을 열어보는 것입니다. 처음 컴퓨터를 사용하는 독자가 아니라면 파일을 열고 닫는 일은 쉽게 할 수 있을 것입니다.

1 포토샵 CS5를 실행시켜 줍니다. 아래 그림과 같이 포토샵이 실행되면 풀다운 메뉴에서 File ➡ Open 명령을 수행합니다.

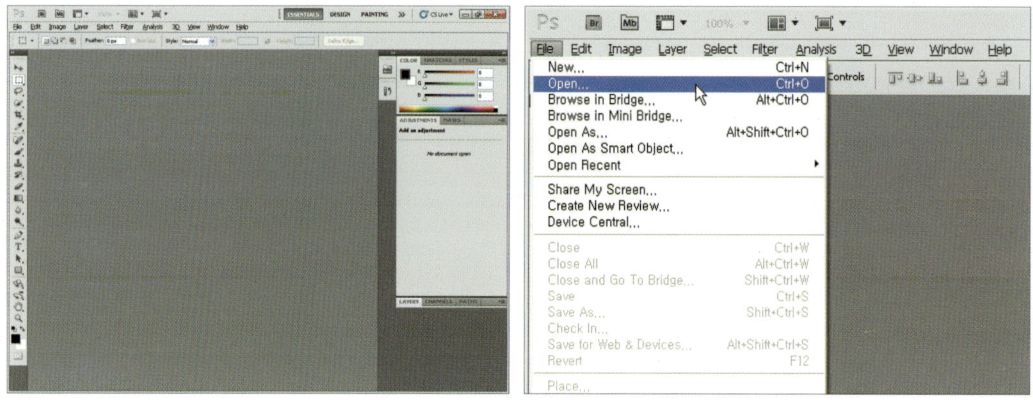

2 Open 대화상자가 나타나면 예제 CD에서 01\001.jpg 파일을 불러옵니다. 아래 그림과 같이 준비된 예제 이미지가 불러와진 것을 볼 수 있습니다.

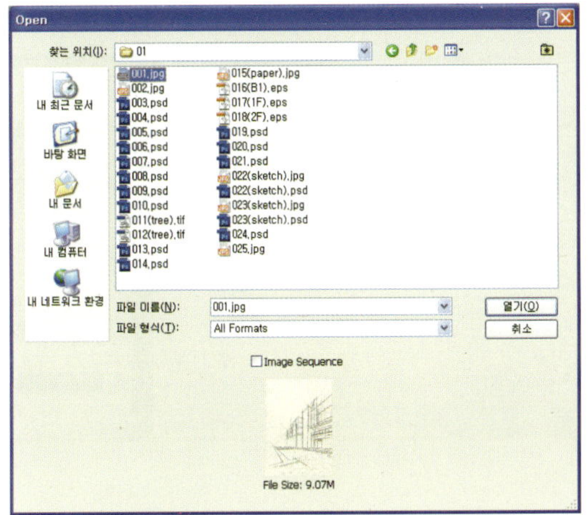 

(예제CD 01\001.jpg)

※ 불러오게 되는 두 장의 그림은 A3 이상 크기의 트레이싱 페이퍼에 스케치한 그림 입니다. 따라서 일반적으로 많이 사용되는 A4 크기의 스캐너에서는 한번에 스캔 작업을 수행할 수 없기 때문에 1/2정도로 나누어 스캔 한 뒤, 포토샵 CS5의 향상된 Photomerge 기능을 이용하여 쉽게 두 장의 이미지를 하나의 이미지로 만들 수 있습니다.

트레이싱 페이퍼에 스케치한 그림

3 계속해서 앞에서 수행한 동일한 방법으로 File ➡ Open 명령을 수행하여 예제 CD에서 01\002.jpg 파일을 불러옵니다.

(예제CD 01\002.jpg)

※ 이전 버전과는 달리 포토샵 CS5에서는 불러온 파일의 표현방식을 탭 형식으로 파일을 표현하고 있습니다. 물론 이전 버전과 같은 작업 형태를 표현할 수 있지만 새로운 형태의 작업 방식에 적응해 보시는 것도 좋을 것으로 생각됩니다.

4 두 장의 스케치 이미지를 한 장으로 붙여 봅시다

1 이번에는 앞에서 불러온 2장의 이미지를 하나의 이미지로 합성해 보도록 하겠습니다. File → Automate → Photomerge… 명령을 수행합니다. 아래 그림과 같이 Photomerge 대화상자가 나타납니다. 합성할 이미지를 불러오기 위해서 Add Open Files 버튼을 클릭해 줍니다.

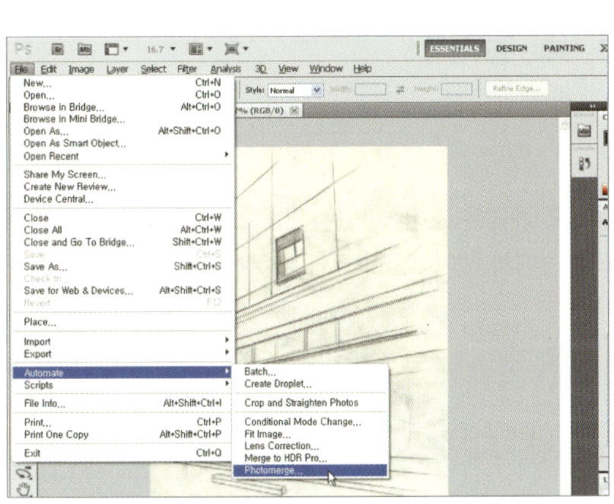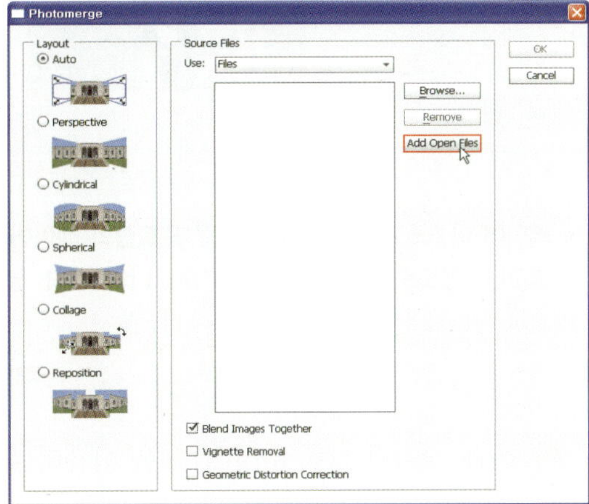

2 현재 화면상에 불러온 2개의 이미지(예제CD 01\001.jpg, 002.jpg) 파일이 등록되는 것을 볼 수 있습니다. 이제 합성을 위해서 OK 버튼을 클릭하면 잠시 후 아래 그림과 같이 2장의 이미지가 하나의 이미지로 합성되는 결과를 볼 수 있습니다.

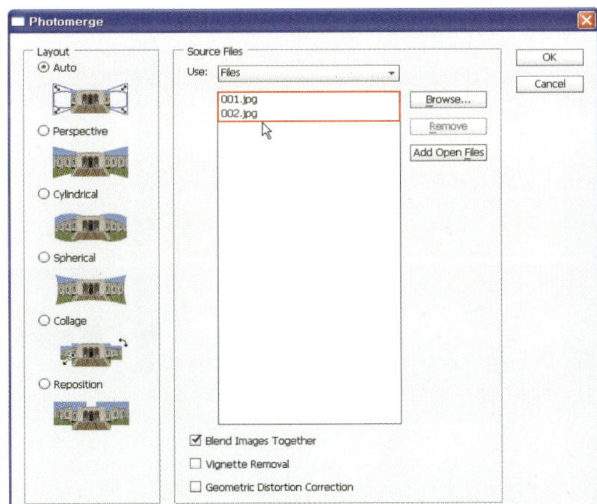

3 화면 우측 하단에 배치되어 있는 레이어를 살펴보면 레이어 마스크를 이용하여 2장의 이미지를 자연스럽게 하나의 이미지로 합성시킨 결과를 볼 수 있습니다. 이제 필요한 부분만을 남기고 나머지 불필요한 이미지 부분을 잘라버리기 위해서 툴 박스에서 Crop Tool을 클릭하여 선택해 줍니다.

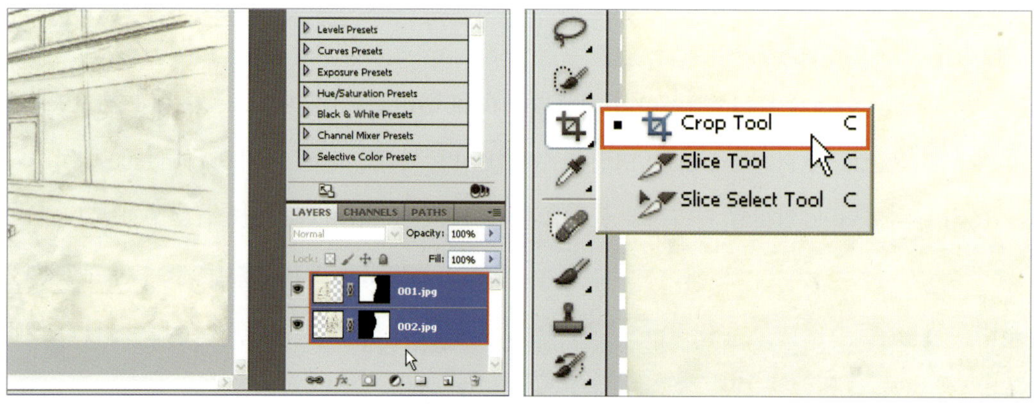

※ 레이어 마스크가 궁금하시다구요? 포토샵의 레이어 마스크 개념은 조금 어려운 개념으로 여기서는 '그냥 그렇구나' 정도로 이해하시고 넘어가시기 바랍니다. 별도의 장에서 레이어 마스크를 공부하도록 하겠습니다.

4 아래 그림과 같이 Crop Tool을 이용하여 필요한 부분만 드래그하여 영역을 지정해 줍니다. 영역 지정을 마치고 나면, 더블클릭하거나, Enter 키를 눌러 잘라내기 작업을 마칩니다. Crop 명령을 수행하고 나면 아래 그림과 같이 필요한 부분만 남고 주변의 불필요한 부분이 잘려나가는 것을 볼 수 있습니다.

(예제\CD 01\003.psd)

5 합성 결과의 이미지 및 색상 보정

1. 이제 분리되어 있는 레이어를 하나의 레이어로 묶기 위해서 레이어 팔레트의 팝업 메뉴를 나타나도록 설정한 뒤, 아래 그림과 같이 Merge Visible 명령을 수행해 줍니다.

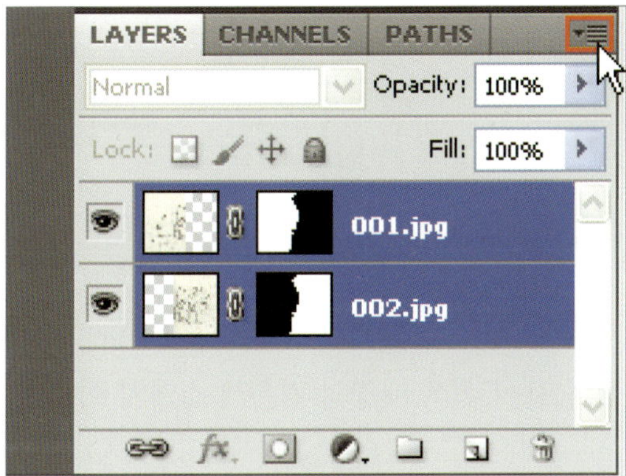
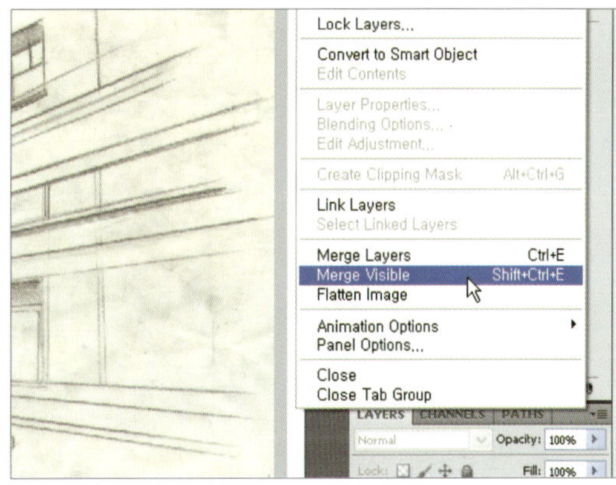

2. 레이어 팔레트를 살펴보면 하나의 레이어로 묶인 것을 확인할 수 있습니다. 이제 컬러 색상으로 구성되어 있는 이미지를 흑백 이미지로 변경시켜 보도록 하겠습니다. Image ➡ Adjustments ➡ Desaturate 명령을 수행합니다.

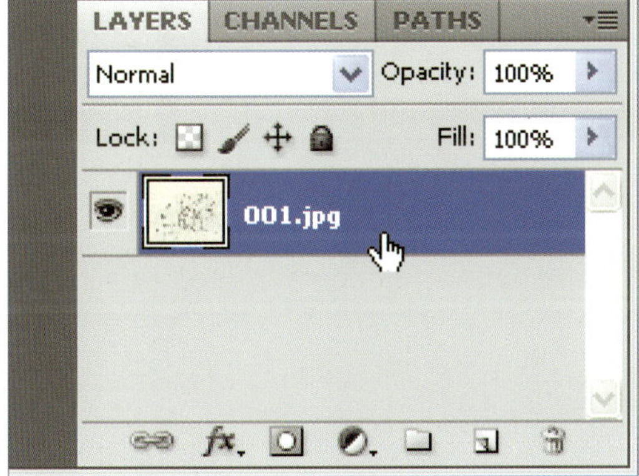
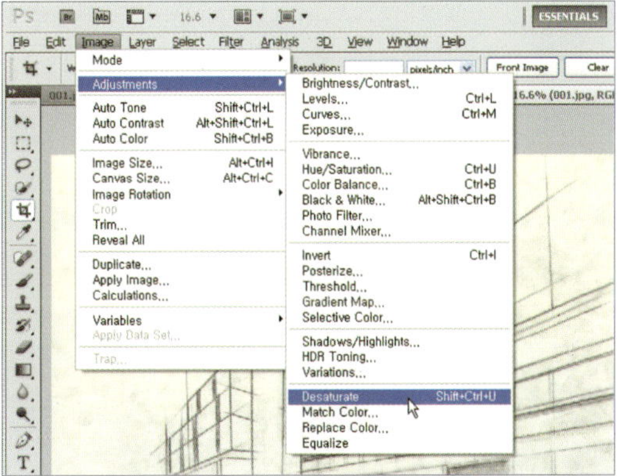

3 [Desaturate] 명령을 수행하고 나면 아래 그림과 같이 컬러 이미지가 흑백 이미지로 변경되는 것을 볼 수 있습니다. 이제 색상을 보정하기 위해서 Image → Adjustments → Brightness/Contrast... 명령을 수행합니다.

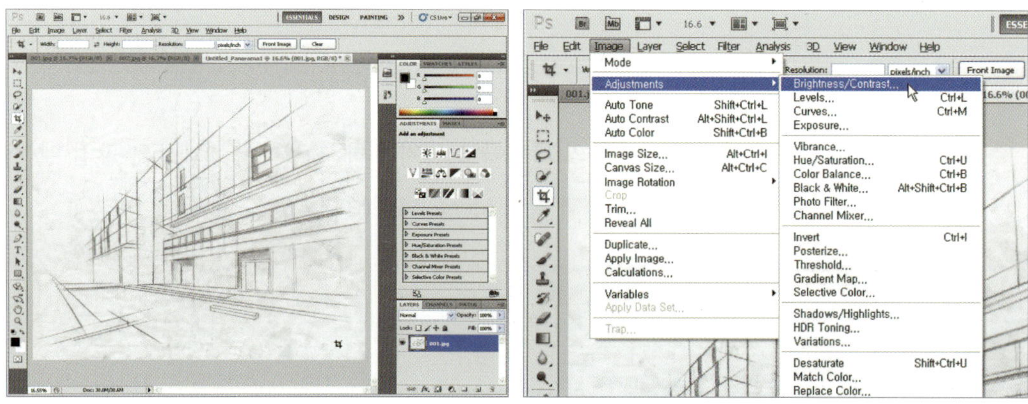

4 나타나는 Brightness/Contrast 대화상자에서 Brightness:30, Contrast:60, 그리고 Preview와 Use Legacy 옵션을 설정해 줍니다. 아래 그림과 같이 흰색 배경의 검은색 스케치 이미지로 변경되는 것을 볼 수 있습니다.

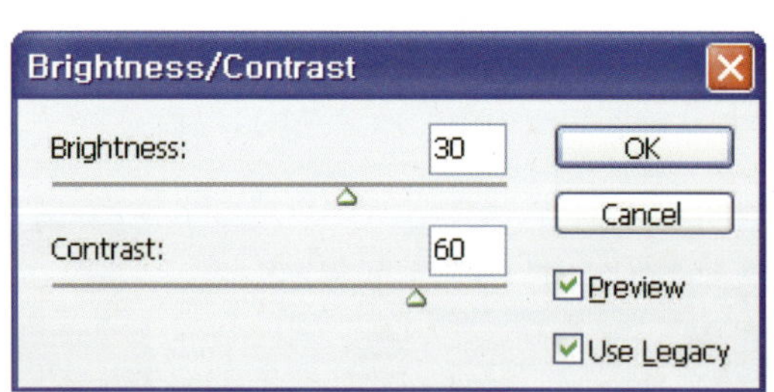

(예제CD 01\004.psd)

6 레이어 마스크를 이용한 배경 이미지 삭제

1 일단 레이어 팔레트에서 레이어 이름을 더블클릭한 뒤, '주변건물' 이라고 레이어 이름을 변경시켜 줍니다. Select ➡ All 명령을 수행하여 전체 이미지 영역을 선택해 줍니다.

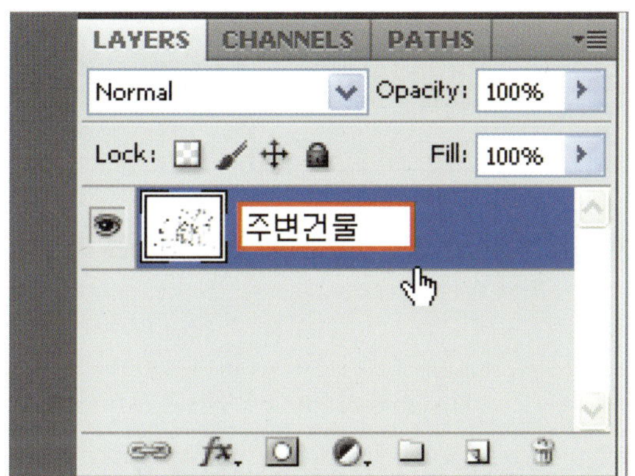
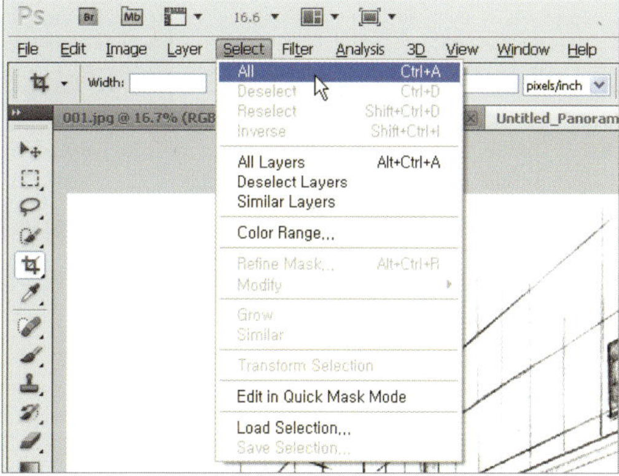

2 아래 그림과 같이 이미지 영역 전체가 선택되면, Edit ➡ Cut 명령을 수행하여 선택된 영역을 잘라내 줍니다.

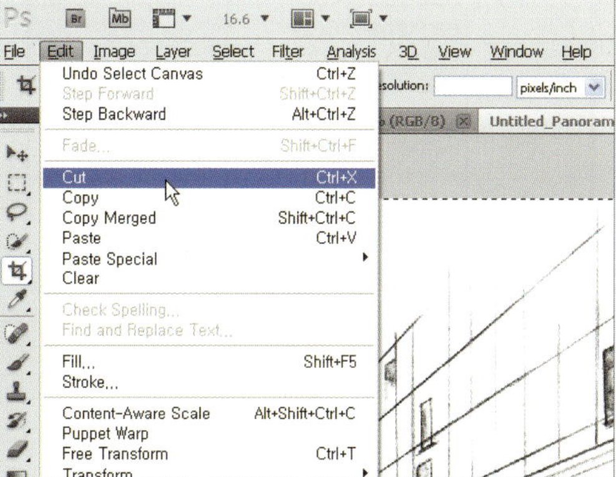

3 Cut 명령을 수행하고 나면 아래 그림과 같이 아무것도 없는 빈 캔버스가 만들어 집니다. 화면에 나타나는 체크무늬 표시는 아무것도 없다는 의미입니다. 계속해서 검은색으로 빈 캔버스를 채우기 위해서 Edit → Fill... 명령을 수행해 줍니다.

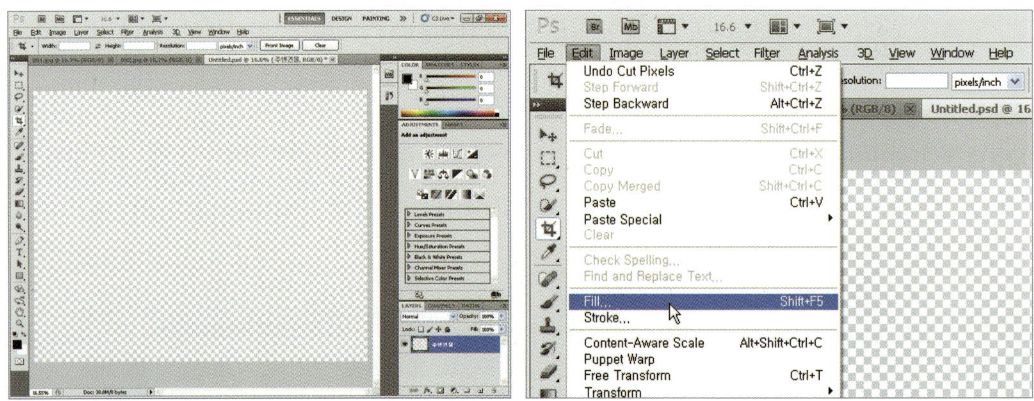

※ 일반적으로 캔버스에 아무것도 없다는 표현을 흰색 이미지로 생각하는 경우가 많은데, 포토샵에서는 아무것도 없는 빈 이미지라는 의미를 체크 무늬로 표시합니다.

4 Fill 대화상자가 나타나면 Use 항목을 Black으로 설정한 뒤, OK 버튼을 클릭해 줍니다. 아래 그림과 같이 캔버스가 검은색으로 채워지는 것을 볼 수 있습니다.

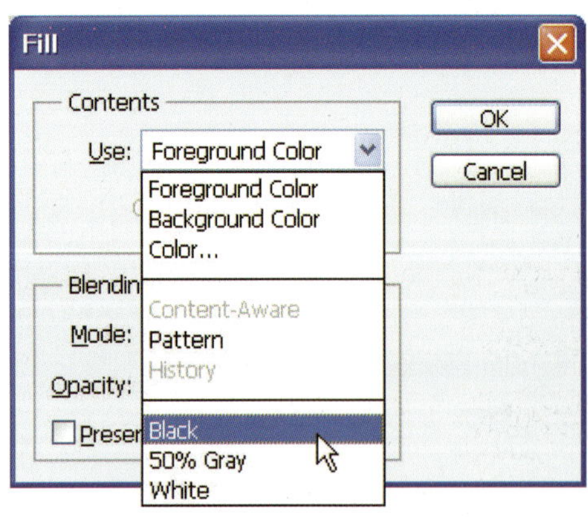

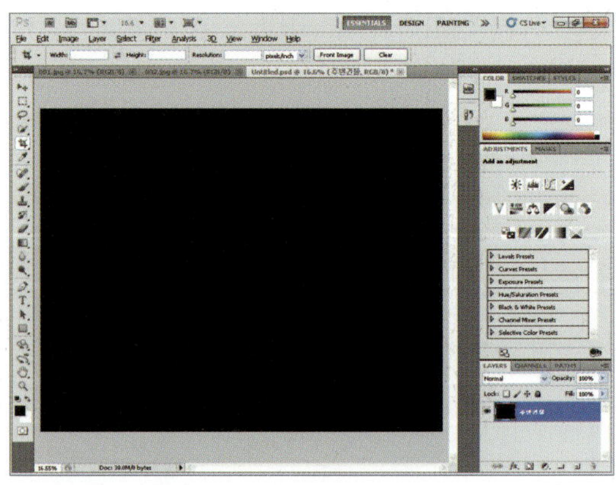

5 레이어 마스크를 추가해 보도록 하겠습니다. Layer ➡ Layer Mask ➡ Reveal All 명령을 수행합니다. 우측에 위치하고 있는 레이어 팔레트를 자세히 살펴보며 레이어 마스크가 추가된 것을 볼 수 있습니다.

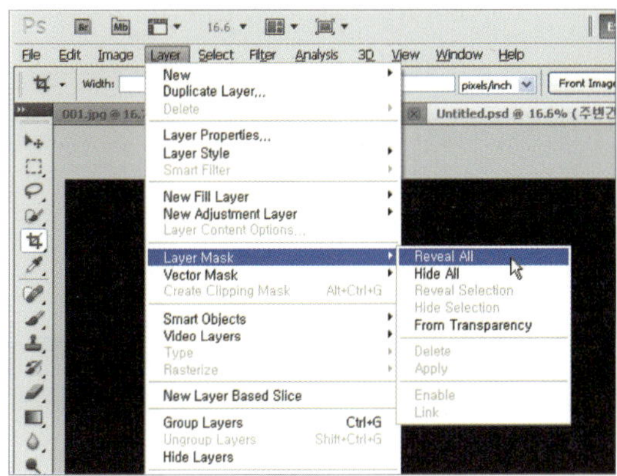

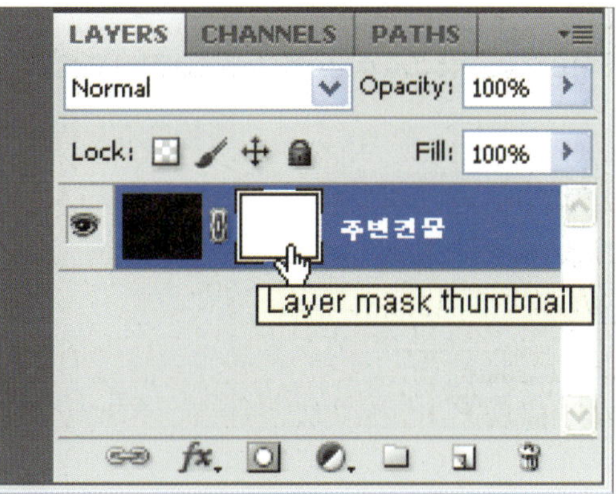

6 이제 Alt 키를 누른 상태에서 흰색 사각형 상자로 표현되어 있는 Layer Mask thumbnail을 클릭해 줍니다. 검은색으로 구성되어 있던 캔버스가 흰색으로 변경되는 것을 볼 수 있습니다.

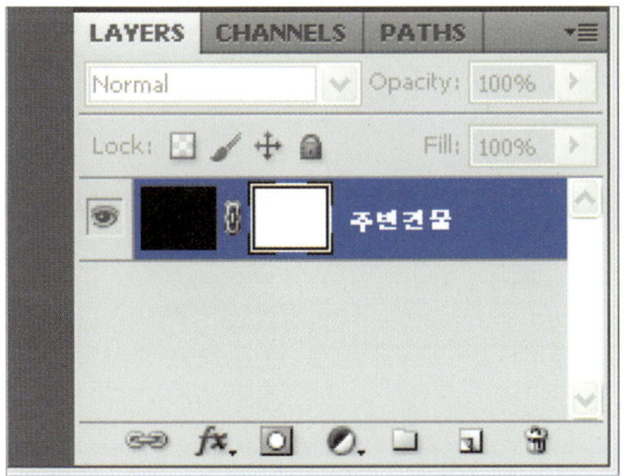

※ 검은색에서 흰색으로 변경되는 것은 흰색으로 채색되어 있는 레이어 마스크가 보이기 때문입니다. 따라서 Alt 키를 누른 상태에서 Layer Mask thumbnail을 클릭한다고 해서 항상 흰색으로 캔버스가 변경되는 것은 아닙니다.

7 Edit ➡ Paste 명령을 수행하여 잘라내었던 스케치 이미지를 붙여줍니다. 아래 그림과 같이 붙여지는 것을 볼 수 있습니다.

8 Select ➡ Deselect 명령을 수행하여 선택영역을 취소한 뒤, Image ➡ Adjustments ➡ Invert 명령을 수행하여 색상을 역상 처리합니다.

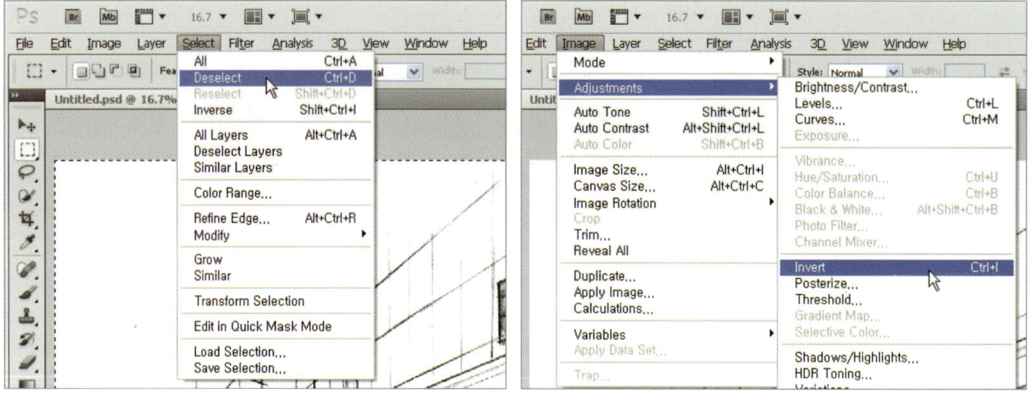

9 Invert 명령을 수행하고 나면 검정색이 흰색으로 흰색이 검정색으로 변경되는 것을 볼 수 있습니다. 이제 아래 그림과 같이 레이어 팔레트에서 Layer thumbnail을 클릭해 줍니다.

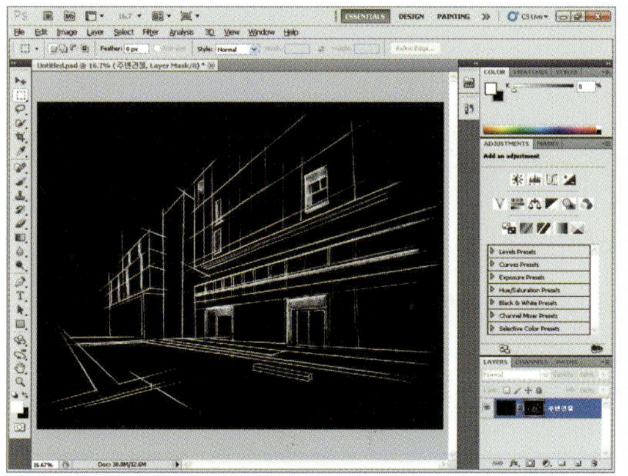

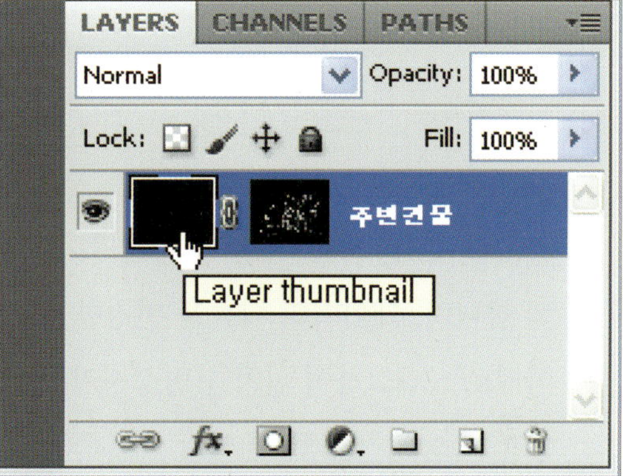

10 아래 그림과 같이 스케치 이미지만 남고 배경은 제거된 이미지가 만들어 집니다. 이제 레이어를 추가하기 위해서 아래 그림과 같이 레이어 팔레트에서 Create a new layer 명령을 수행합니다.

(예제CD 01\005.psd)

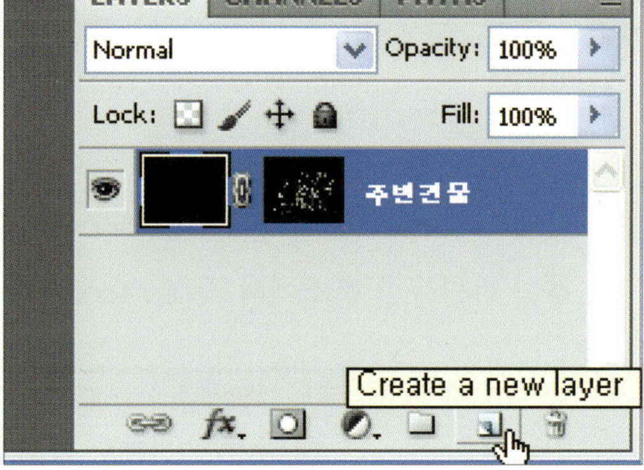

7 주변 건물(선택 영역)의 채색

1 그림과 같이 레이어가 추가되면, 추가된 레이어의 이름을 '주변건물 채색' 이라고 변경시켜 줍니다. 레이어의 이름을 변경한 뒤, '주변건물 채색' 이라고 변경된 이름의 레이어를 아래로 드래그하여 위치를 변경시켜 줍니다.

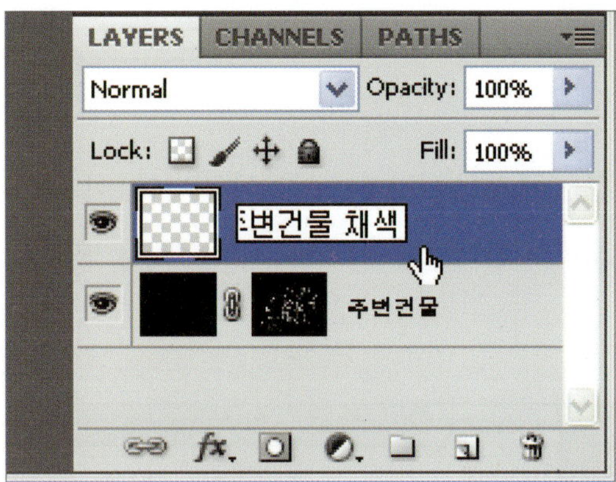
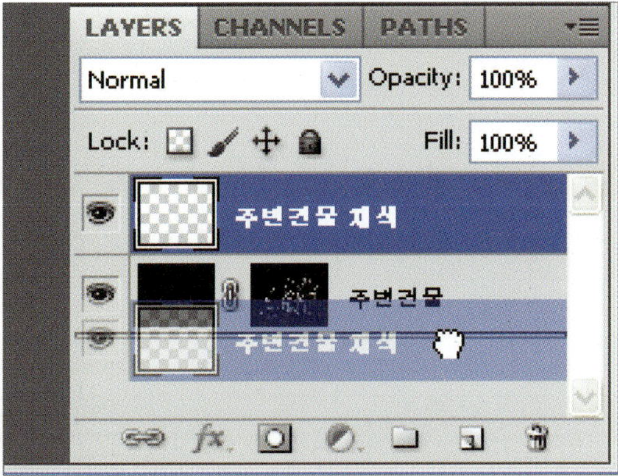

2 아래 그림과 같이 레이어의 순서가 변경되도록 설정합니다. 이제 작업의 편의성을 확보하기 위해서 툴 박스에서 Zoom Tool을 선택합니다.

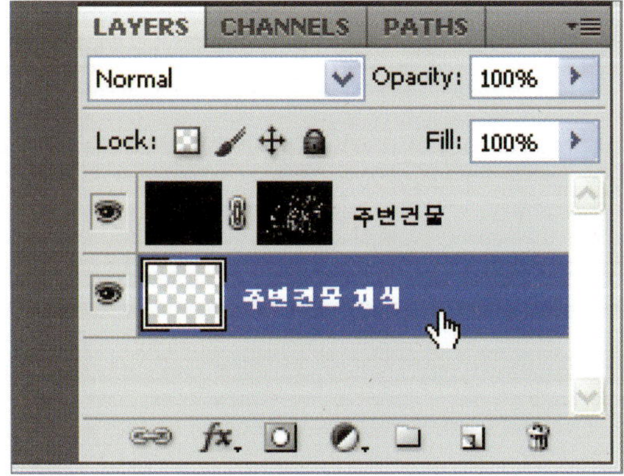
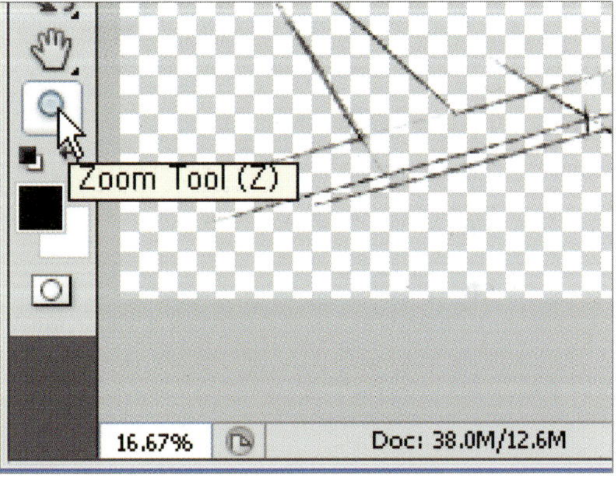

3 원하는 영역에 Zoom Tool을 클릭하여 아래 그림과 같이 이미지의 일부를 확대시켜 줍니다. 이번에는 툴 박스에서 Polygonal Lasso Tool을 선택해 줍니다.

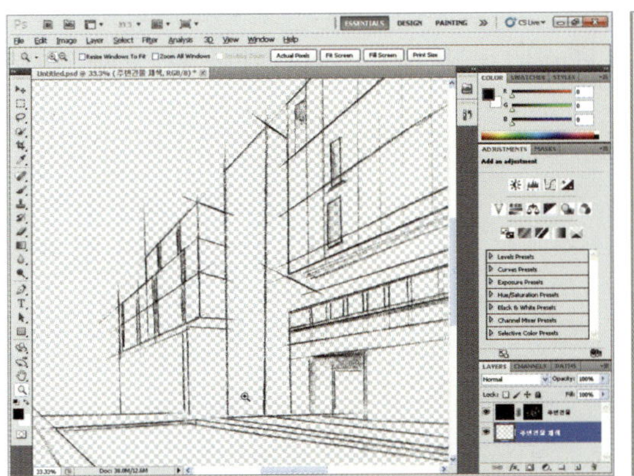
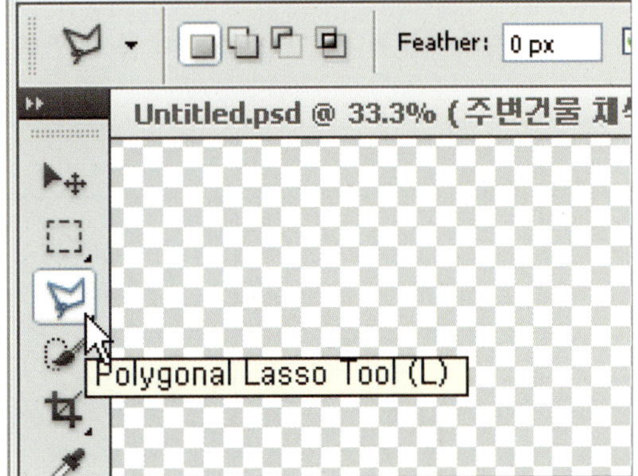

4 Polygonal Lasso Tool을 선택하면, 마우스 아이콘 모양이 아래 그림과 같이 변경됩니다. 이제 아래 그림과 같이 주변 건물에 채색을 위해 필요한 건물의 꼭지점을 클릭하여 채색할 영역을 선택해 보도록 하겠습니다.

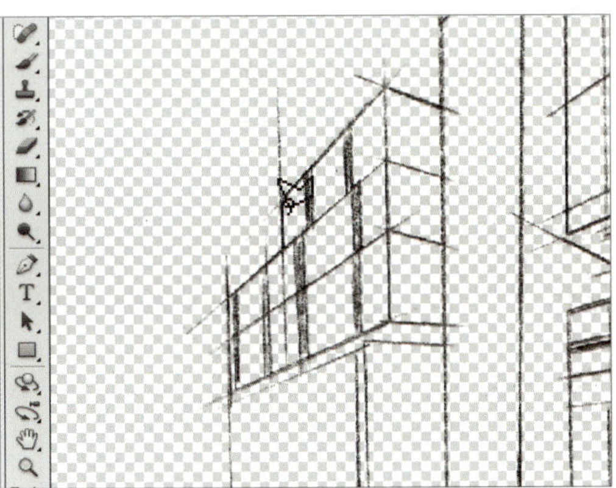

5 아래 그림과 같이 주변 건물 중에서 일부를 선택 영역으로 설정해 줍니다. Polygonal Lasso Tool툴은 드래그하여 영역을 선택하는 것이 아니라 선택 영역의 꼭지점을 클릭하여 영역을 지정해 줄 수 있습니다. 만약 작업을 진행하다 필요한 영역으로 화면을 이동시킬 경우에는 아래 그림과 같이 툴 박스에서 Hand Tool을 클릭하여 선택한 뒤, 드래그하면 됩니다.

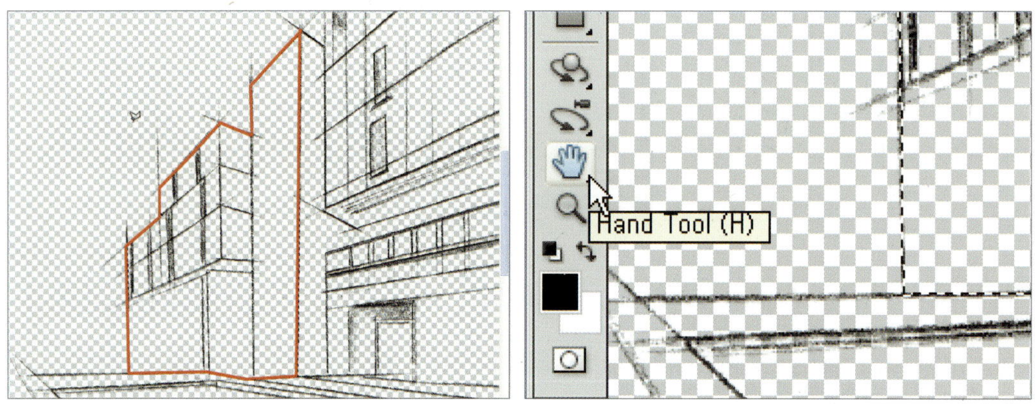

6 선택 영역을 지정한 뒤, Edit ➡ Fill... 명령을 수행합니다. 나타나는 Fill 대화상자에서 아래 그림과 같이 Use 항목을 White로 설정해 줍니다.

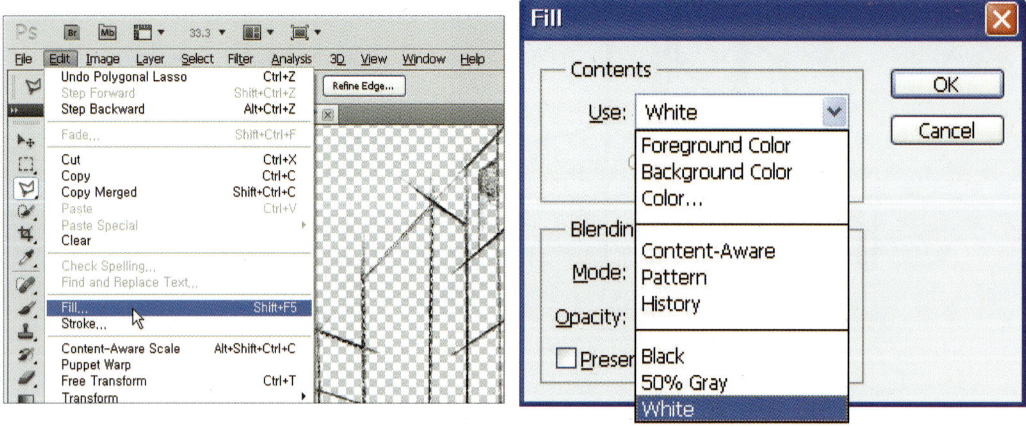

7 아래 그림과 같이 선택 영역이 흰색으로 채색되는 것을 볼 수 있습니다.

 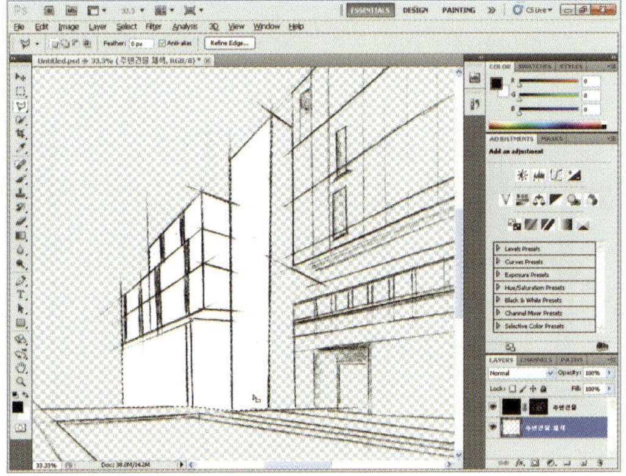

8 Select ➡ Deselect 명령을 수행하여 선택 영역을 취소한 뒤, 전체 이미지를 살펴보기 위해서 툴 박스에서 Zoom Tool을 선택하여 줍니다.

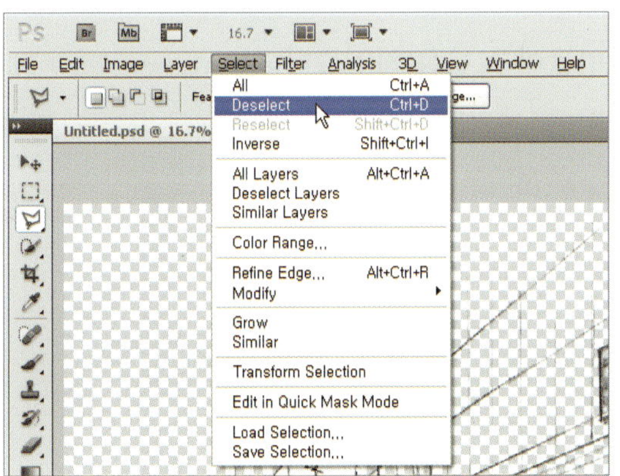 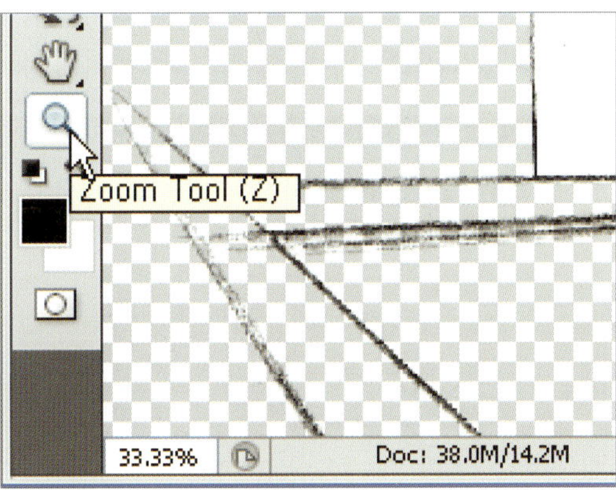

9 Alt 키를 누른 상태에서 Zoom Tool을 클릭하면 아래 그림과 화면을 축소할 수 있는 기능으로 변경됩니다. 이제 아래 그림과 같이 전체적인 이미지를 볼 수 있도록 화면 상태를 설정해 줍니다.

(예제|CD 01\006.psd)

10 다음 작업을 위해 흰색의 배경 이미지를 만들어 보도록 하겠습니다. Layer ➡ New Fill Layer ➡ Solid Color… 명령을 수행한 뒤, 나타나는 New Layer 대화상자에서 아래 그림과 같이 '흰색 배경' 이라는 이름을 입력한 뒤, OK 버튼을 클릭해 줍니다.

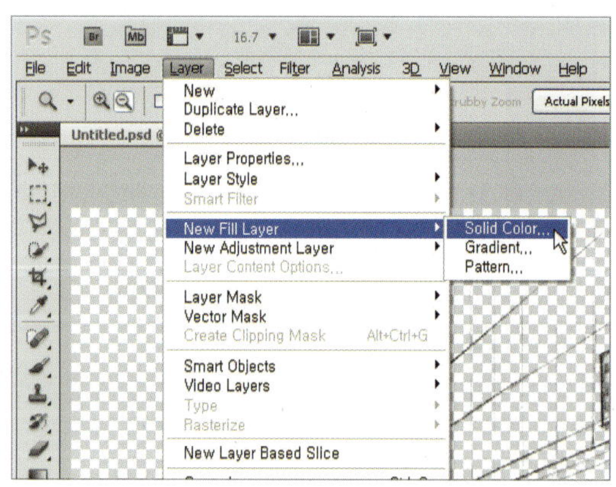
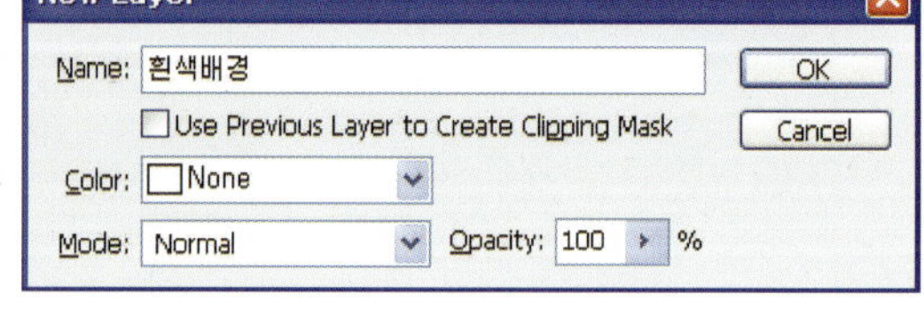

(예제|CD 01\006.psd)

11 아래 그림과 같이 Color Picker 대화상자가 나타나면 흰색(R:255, G:255, B:255)으로 설정한 뒤, OK 버튼을 클릭해 줍니다. 흰색의 배경 레이어가 만들어지는 것을 볼 수 있습니다.

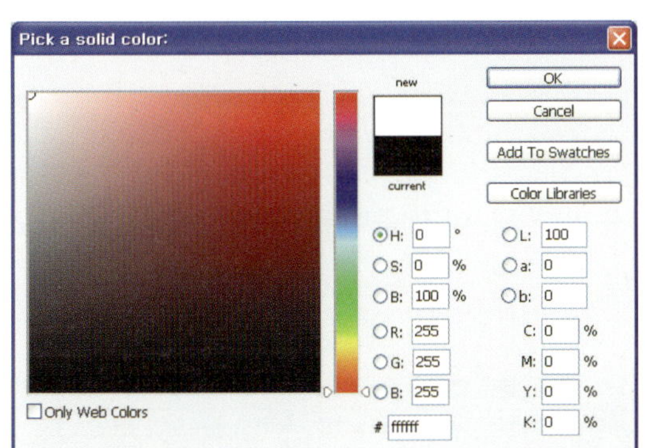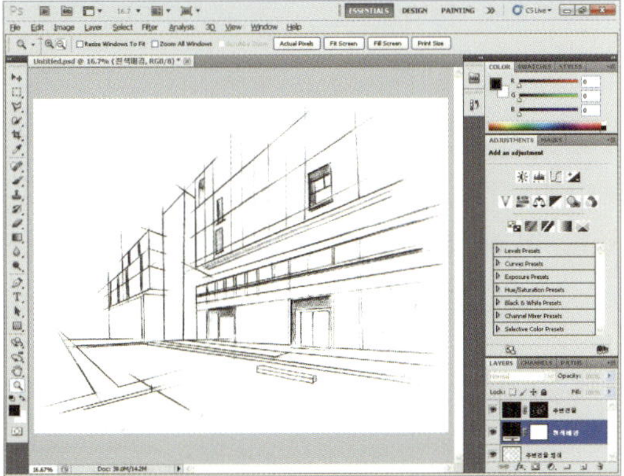

12 현재 작업 중인 '흰색 배경' 레이어를 드래그하여 아래 그림과 같이 제일 아래쪽에 위치시켜 줍니다.

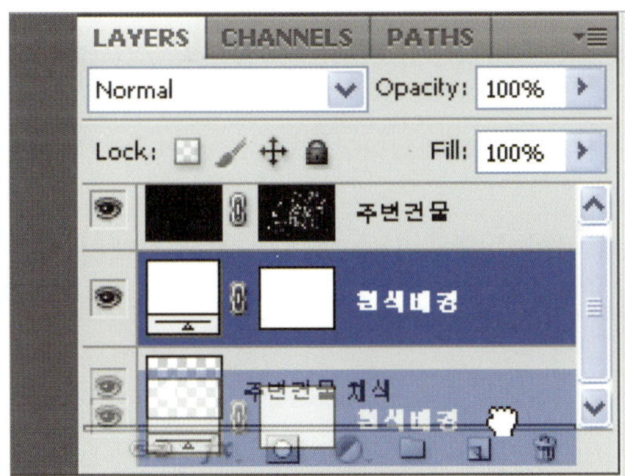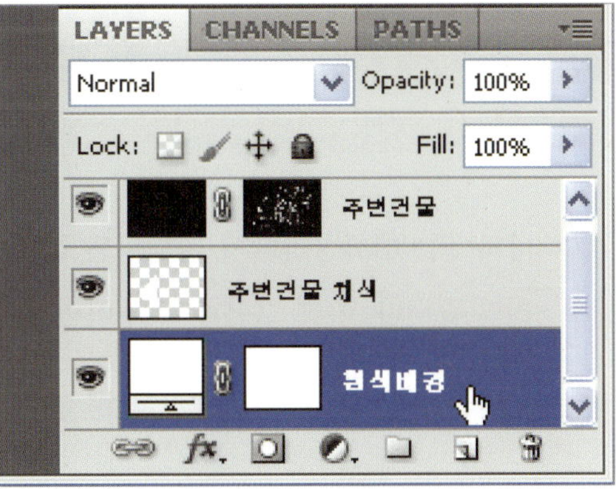

(예제CD 01\007.psd)

8 주변 건물(스케치)과 외관 렌더링 이미지 합성

1 아래 그림과 같이 앞에서 작성된 데이터를 준비한 뒤, 미리 준비된 예제 이미지를 불러오기 위해서 File ➡ Open... 명령을 수행합니다.

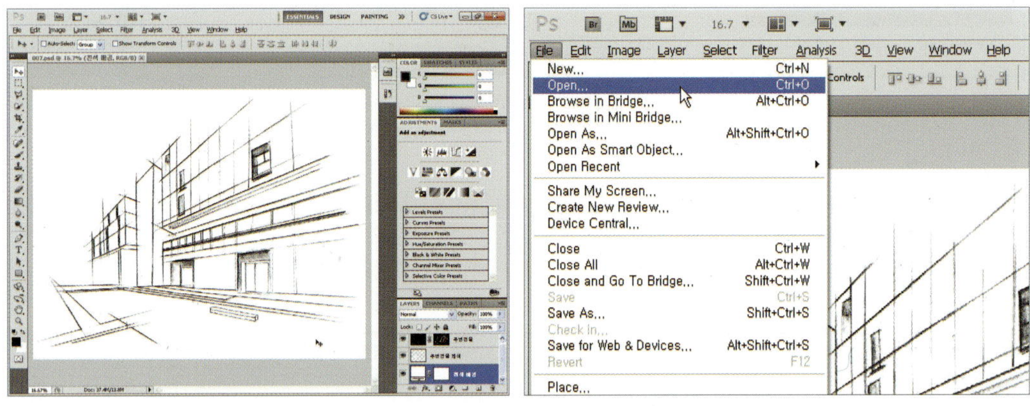

2 나타나는 대화상자에서 렌더링된 건물 예제 이미지(예제CD 01\008.psd)를 선택하여 불러와 줍니다. 아래 그림과 같은 이미지가 불러와진 것을 볼 수 있습니다.

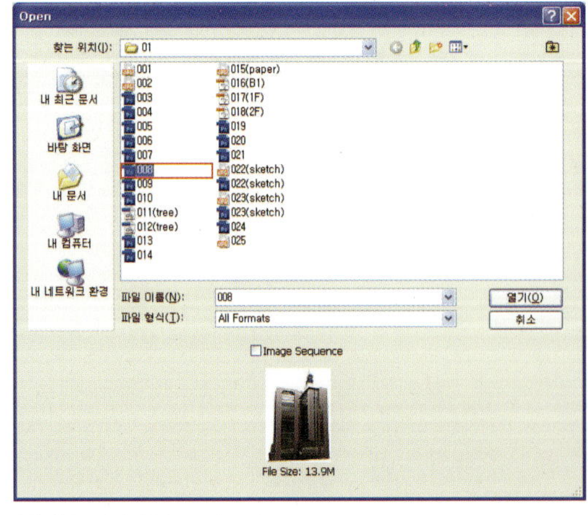

(예제CD 01\008.psd)

3 이미지 전체를 선택하기 위해서 Select → All 명령을 수행합니다. 아래 그림과 같이 이미지 전체 영역이 선택영역으로 설정되는 것을 볼 수 있습니다.

4 선택된 영역을 복사하기 위해서 Edit → Copy 명령을 수행한 뒤, 앞에서 작업하던 작업창을 선택해 줍니다.

5 복사된 이미지를 붙여넣기 위해서 Edit ➡ Paste 명령을 수행합니다. 아래 그림과 같이 복사된 건물 이미지가 붙여진 것을 볼 수 있습니다.

6 레이어 팔레트에서 현재 작업 중인 레이어의 이름을 '투시도'라고 변경한 뒤, 레이어의 위치로 드래그하여 '주변건물 채색'과 '흰색 배경' 사이에 위치시켜 줍니다. 이제 위치를 이동시켜주기 위해서 좌측에 배치되어 있는 툴 박스에서 Move Tool을 선택해 줍니다.

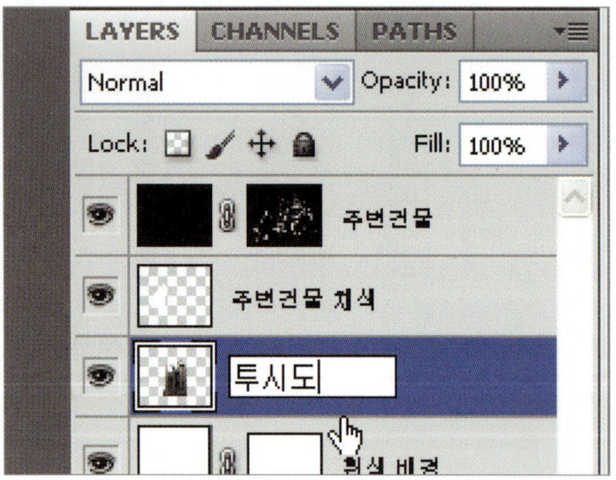
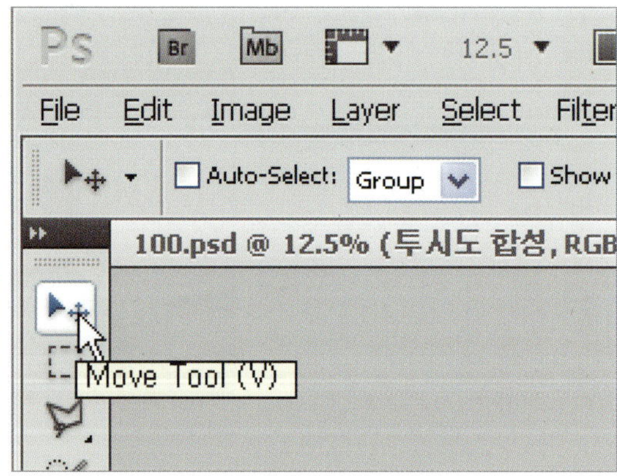

7 드래그하여 아래 그림과 비슷한 위치로 이동시켜 줍니다. 디테일한 작업을 위해서 툴 박스에서 Zoom Tool을 선택해 줍니다.

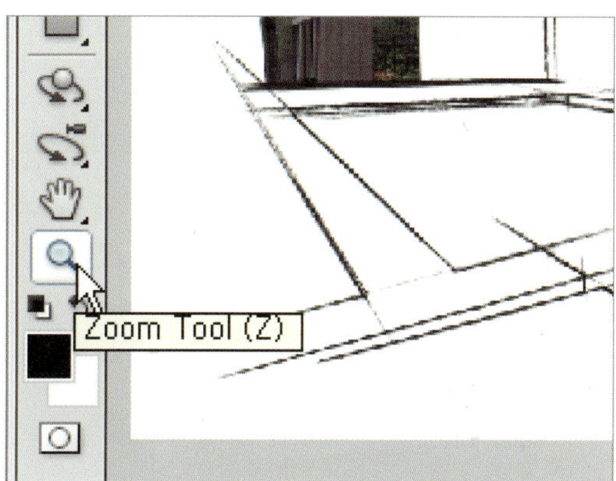

8 다음 작업을 위해서 Zoom Tool을 이용하여 아래 그림과 비슷하게 화면을 구성시켜 줍니다. 물론 너무 확대한 경우에는 Alt 키를 누른 상태에서 Zoom Tool을 이용하면 화면이 축소됩니다. 레이어 팔레트에서 아래 그림과 같이 '주변건물 채색' 레이어를 클릭하여 선택해 줍니다.

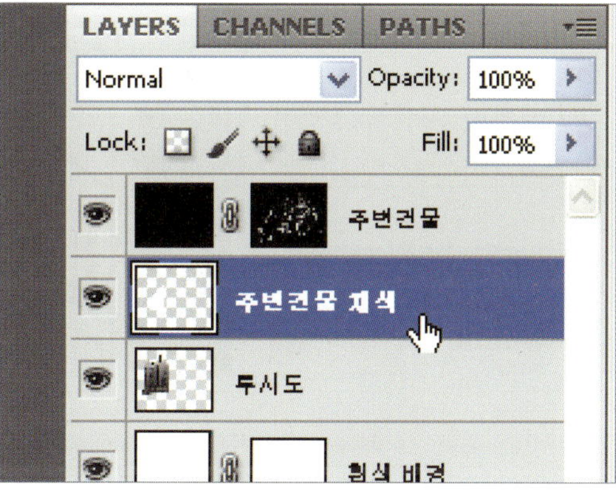

9 툴 박스에서 Polygonal Lasso Tool을 클릭하여 선택한 뒤, 선택한 Polygonal Lasso Tool을 이용하여 아래 그림과 같이 선택영역을 클릭하여 설정해 줍니다.

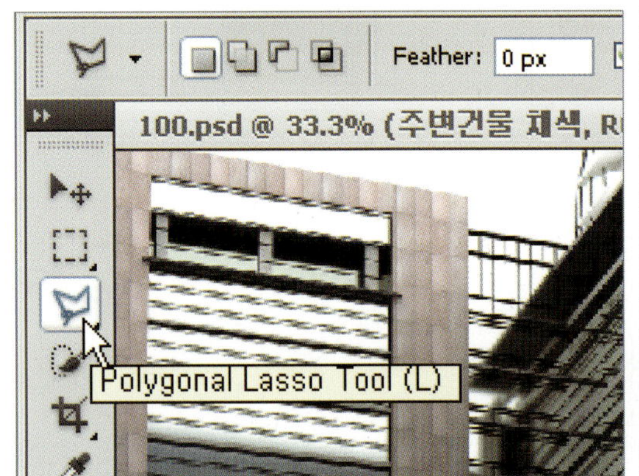

10 선택 영역에 채색을 위해서 Edit ➡ Fil... 명령을 수행합니다. 나타나는 Fill 대화상자에서 Use 값을 White 설정한 뒤 OK 버튼을 클릭해 줍니다.

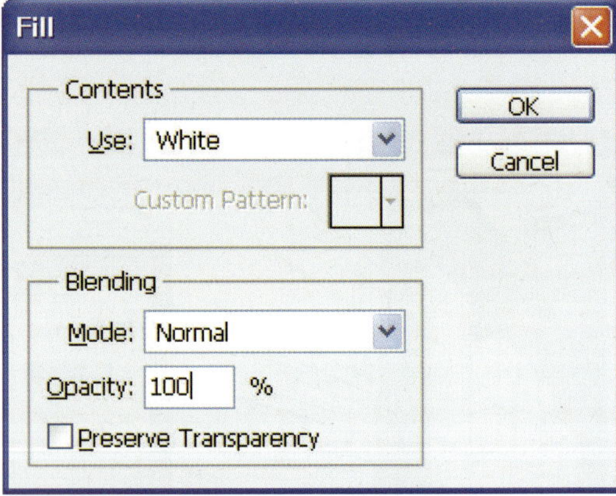

11 선택한 영역에 흰색으로 채색이 되면서 훨씬 자연스러운 이미지가 완성됩니다. 이제
Select → Deselect 명령을 수행하여 선택영역을 취소시켜 줍니다.

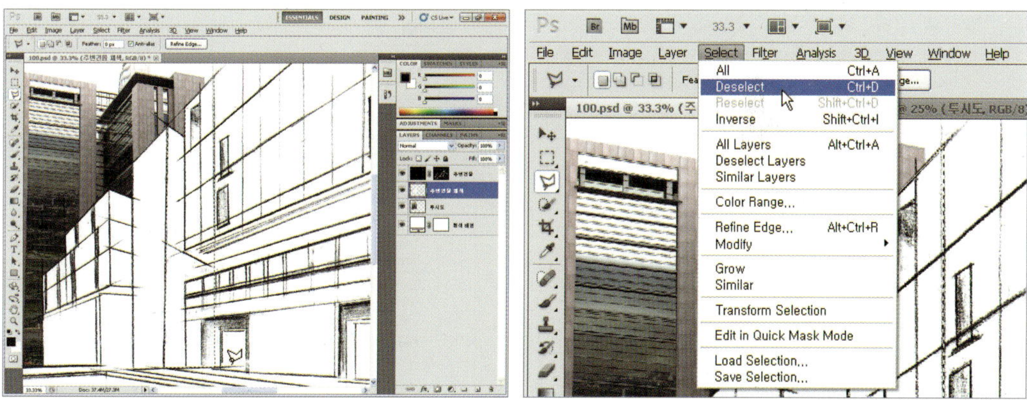

12 아래 그림과 같은 결과가 만들어 집니다. 이제 더 이상 불필요한 이미지를 각각의 탭의 위
치하고 있는 X 를 클릭하여 닫아줍니다.

13 현재 작업 상태에서 열려있는 탭을 확인해 보면 현재 작업 중인 캔버스, 즉 하나의 탭만 나타나는 것을 볼 수 있습니다. Image → Canvas Size... 명령을 클릭해 줍니다.

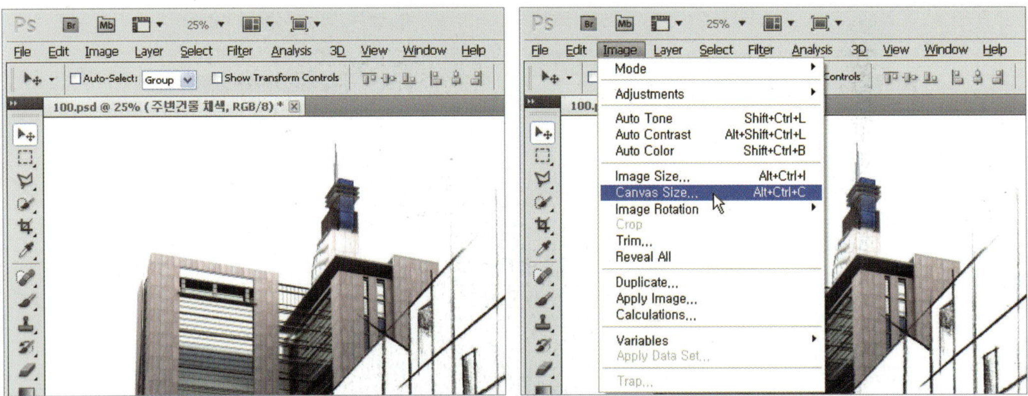

14 나타나는 Canvas Size에서 Width 값을 42cm, Height 값을 29.7cm로 설정, Anchor 위치는 좌측 하단으로 설정한 뒤, OK 버튼을 클릭해 줍니다. 작업 캔버스가 지정된 크기로 변경 됩니다.

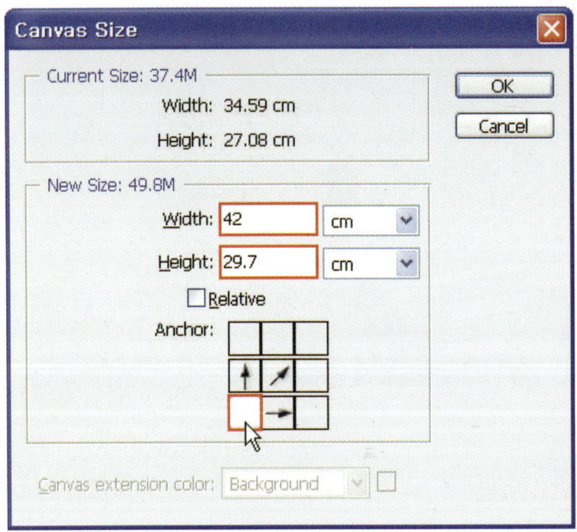

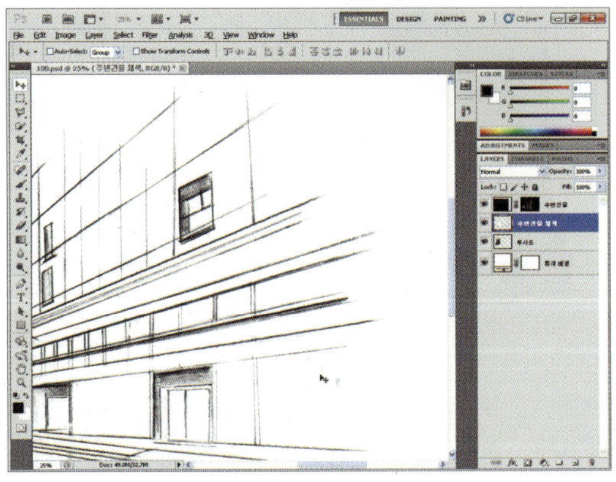

15 Zoom Tool을 선택한 뒤, Alt 키를 누른 상태에서 선택한 Zoom Tool을 이용하여 아래 그림과 같이 이미지 전체를 확인해 봅니다.

16 결과를 확인해 보면 복사된 건축 렌더링 이미지가 스케치 이미지와 적당한 크기와 소실점을 유지한 상태에서 자연스럽게 합성되는 것을 볼 수 있습니다. 레이어 팔레트에서 현재 보이는 모든 레이어를 선택해 줍니다. 다중 레이어를 선택하기 위해서는 Ctrl 키를 누른 상태에서 클릭하면 여러 개에 레이어를 선택할 수 있습니다.

(예제CD 01\009.psd)

17 아래 그림과 같이 레이어 팔레트의 우측 상단에 위치하고 있는 버튼을 클릭한 뒤, 나타나는 팝업 메뉴에서 New Group from Layer... 명령을 수행합니다.

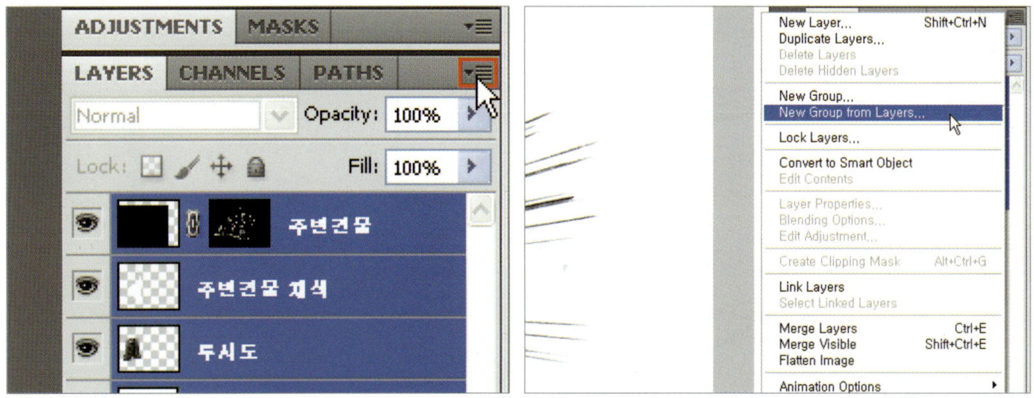

18 아래 그림과 같이 New Group from Layer 대화상자가 나타나면 '투시도 합성'이라는 이름을 입력한 뒤, OK 버튼을 클릭해 줍니다.

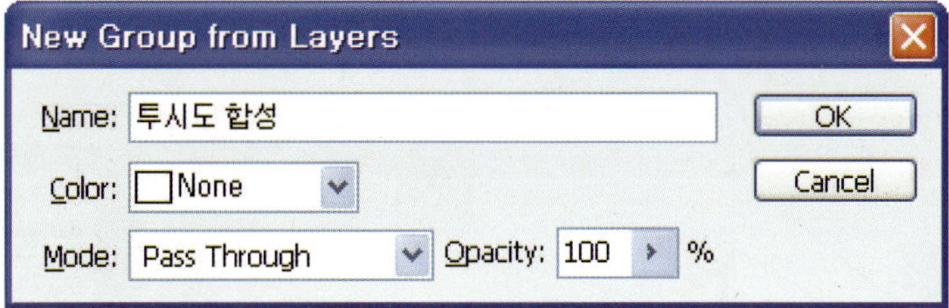

19 레이어 팔레트를 확인해 보면 여러 개의 레이어가 하나의 그룹으로 묶여지는 것을 볼 수 있습니다. 마지막으로 툴 박스에서 Move Tool을 클릭하여 선택해 줍니다.

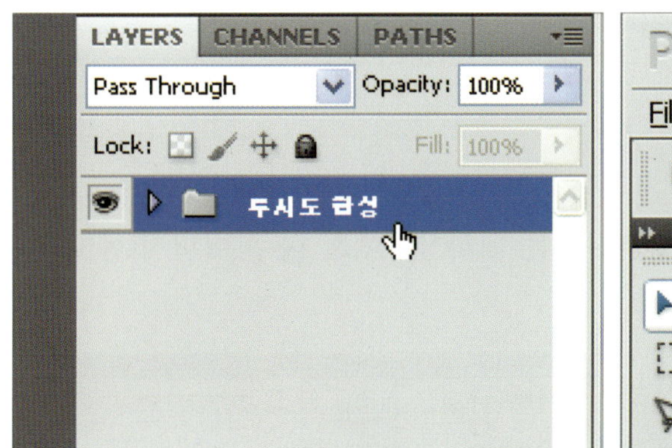
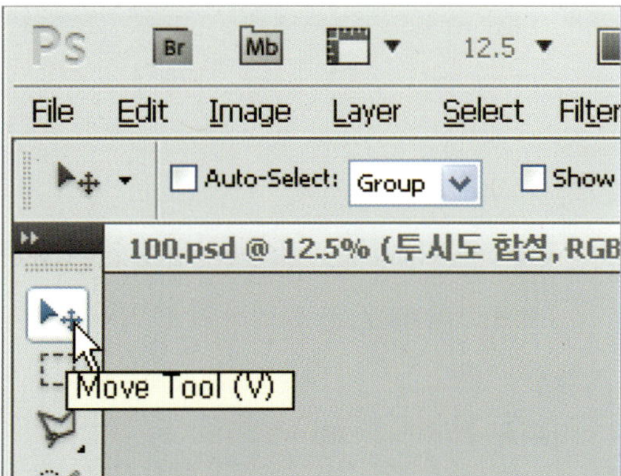

20 아래 그림과 같이 현재 완료된 이미지 전체를 약간 하단으로 이동시켜 합성 작업을 완료시켜 줍니다.

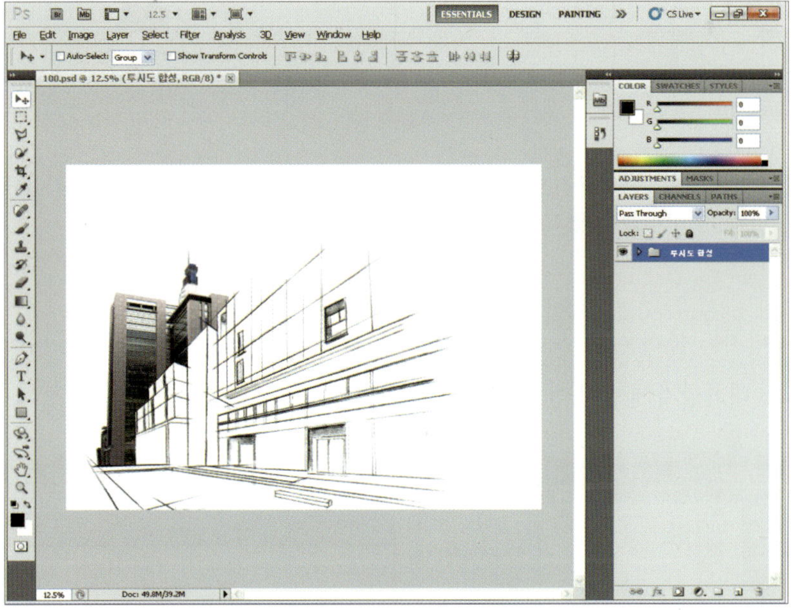

(예제\CD 01\010.psd)

9 조경 이미지 합성

3 File ➡ Open... 명령을 수행한 뒤, 나타나는 대화상자에서 나무 이미지(예제CD 01\011(tree).tif)를 선택하여 불러와 줍니다.

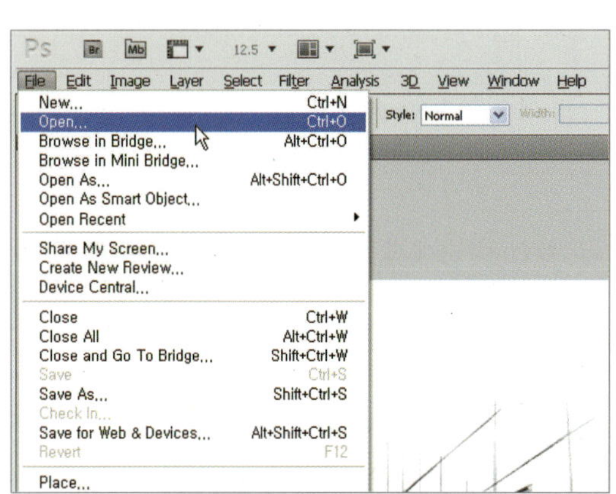 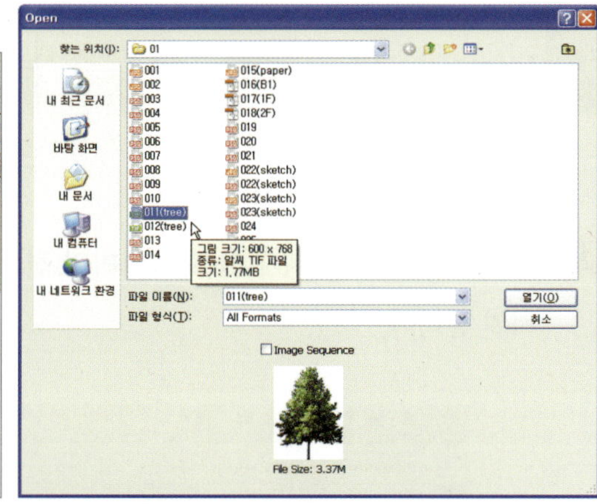

(예제CD 01\011(tree).tif)

※ 불러온 나무 이미지의 포맷은 TIF라는 포맷으로 구성되어 있습니다. 아직은 어려운 이야기이지만 TIF 포맷은 하나의 알파채널을 포함할 수 있기 때문에 다양한 방법으로 활용할 수 있습니다.

2 나무 이미지를 불러온 뒤, Select ➡ Load Selection... 명령을 수행합니다. 나타나는 Load Selection 대화상자에서 아래 그림과 같이 Channel 항목을 'Alpha 1'로 설정해 줍니다.

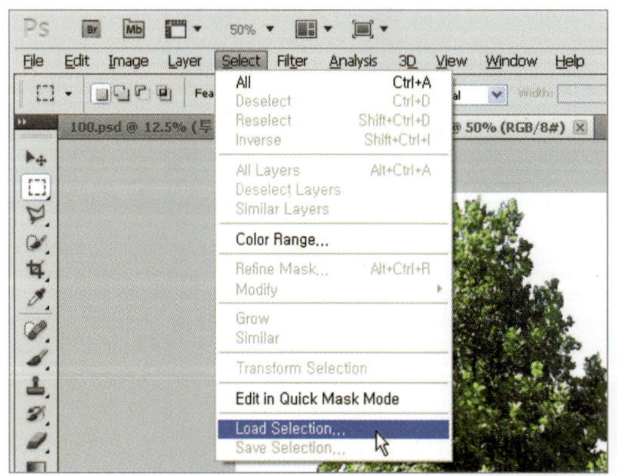 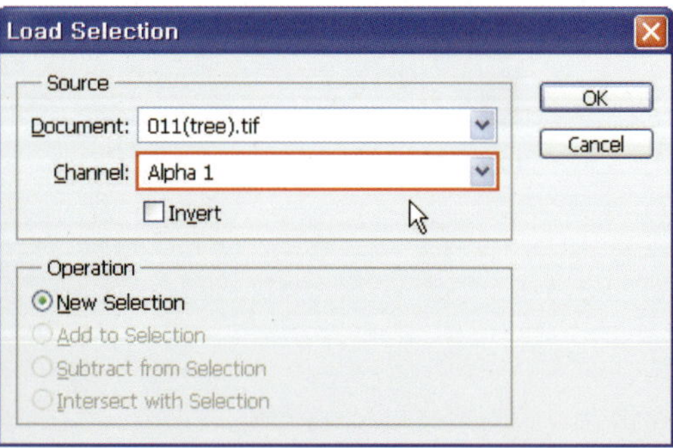

3 아래 그림과 같이 나무 영역만 미리 설정된 내용을 바탕으로 선택되는 것을 볼 수 있습니다. 선택된 이미지를 복사하기 위해서 Edit ➡ Copy 명령을 수행합니다.

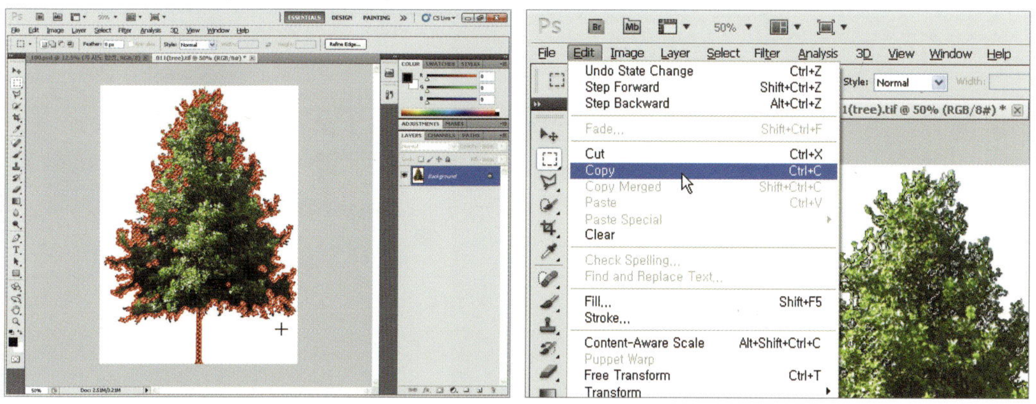

4 앞에서 작업하던 작업창을 선택해 줍니다. 붙여넣기 작업을 위해서 Edit ➡ Paste 명령을 수행합니다.

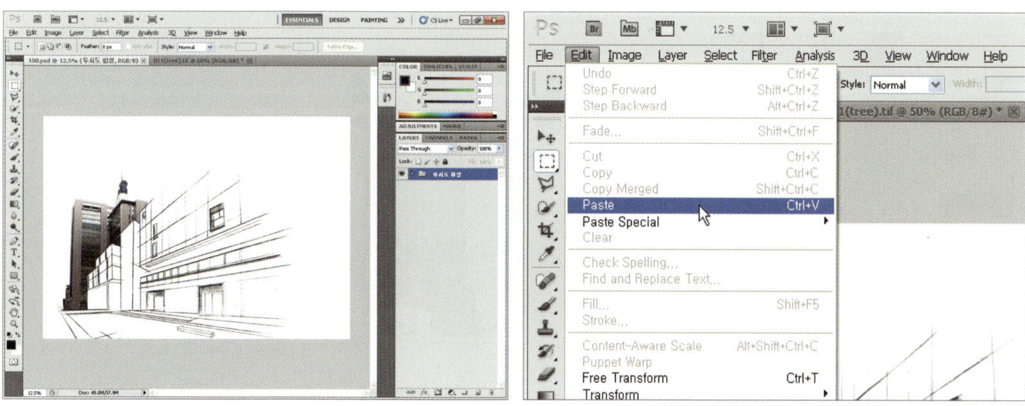

5 아래 그림과 같이 복사된 나무 이미지가 붙여진 것을 볼 수 있습니다. 레이어 팔레트에서
현재 작업 중인 레이어의 이름을 '나무-01'로 변경해 줍니다.

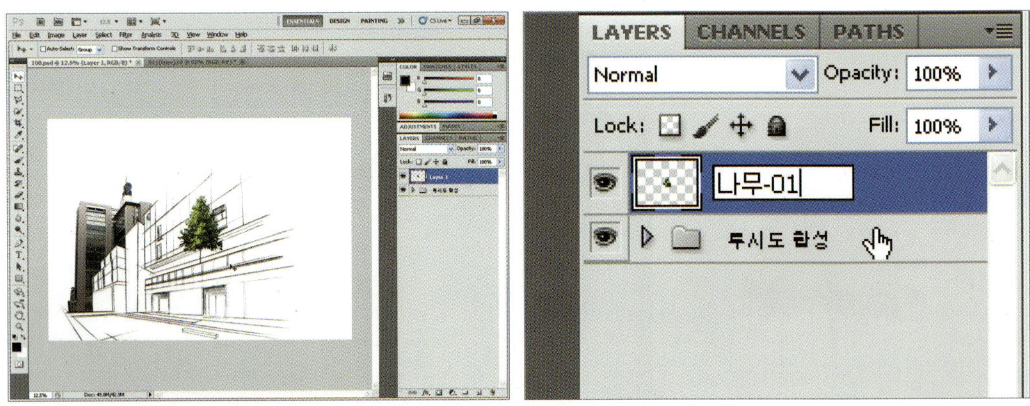

6 이제 위치를 이동시켜주기 위해서 좌측에 배치되어 있는 툴 박스에서 Move Tool을 선택
해 줍니다. 드래그하여 아래 그림과 비슷한 위치도 이동시켜 줍니다.

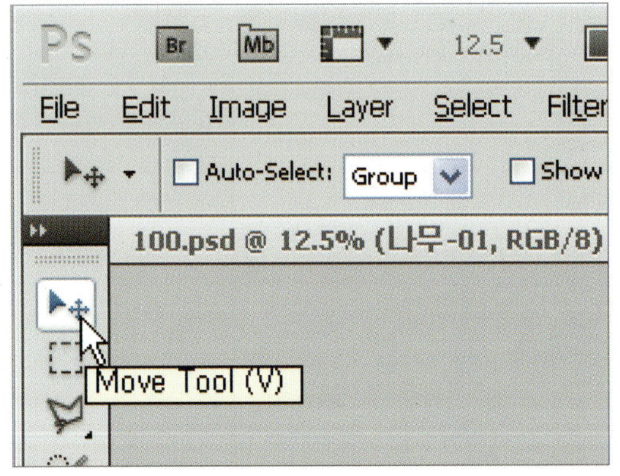

7 나무 이미지의 크기를 조절하기 위해서 Edit ➡ Transform ➡ Scale 명령을 수행한 뒤, 나무 이미지 주변으로 나타나는 조절점을 드래그하여 적당한 크기로 조절해 줍니다. 특히 나무 이미지의 크기를 조절할 경우 가로:세로의 비율을 일정하게 조절하기 위해서 Shift 키를 누른 상태에서 조절하면 일정한 비율로 크기가 조절됩니다.

8 아래 그림과 비슷한 크기로 조절한 뒤, Enter↵ 키나 더블클릭하여 크기 설정을 종료해 줍니다. 다시 복사된 나무 이미지를 붙여넣기 위해서 Edit ➡ Paste 명령을 수행합니다.

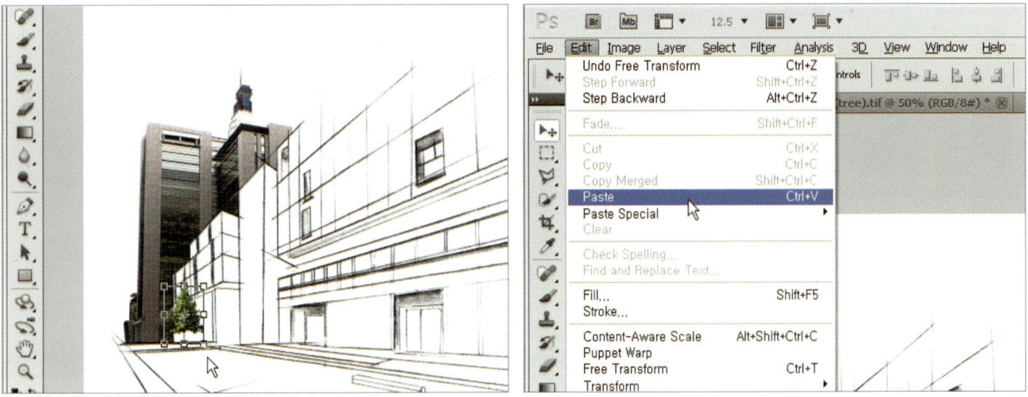

9 위치를 이동시켜주기 위해서 좌측에 배치되어 있는 툴 박스에서 Move Tool을 선택해 줍니다. 드래그하여 아래 그림과 비슷한 위치도 이동시켜 줍니다.

10 앞에서 수행한 동일한 방법으로 붙여진 나무 이미지의 크기를 조절해 줍니다. 나무 이미지의 크기를 조절하기 위해서 Edit → Transform → Scale 명령을 수행한 뒤, 나무 이미지 주변으로 나타나는 조절점을 드래그하여 적당한 크기로 조절해 줍니다.

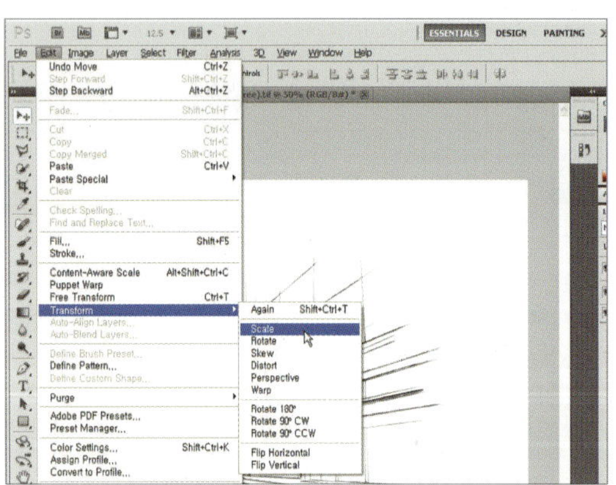

11 아래 그림과 비슷한 크기로 조절한 뒤, Enter↵ 키나 더블클릭하여 크기 설정을 종료해 줍니다. 우측에 위치하고 있는 레이어 팔레트에서 현재 작업 중인 레이어의 이름을 '나무-02'로 변경시켜 줍니다.

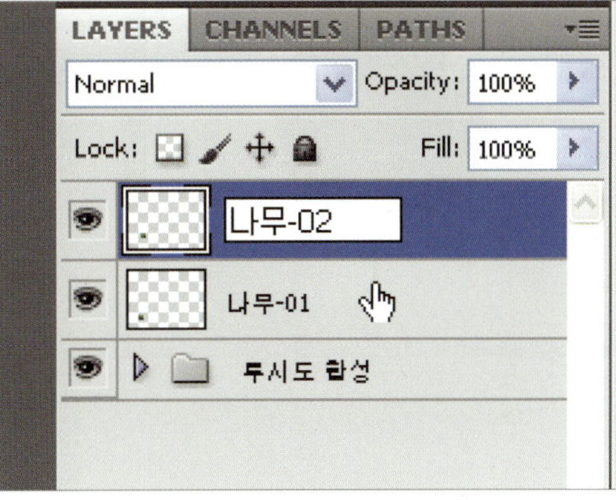

(예제\CD 01\013.psd)

12 다른 나무 이미지를 불러오기 위해서 File → Open... 명령을 수행한 뒤, 나타나는 대화상자에서 나무 이미지(예제\CD 01\012(tree).tif)를 선택하여 불러와 줍니다.

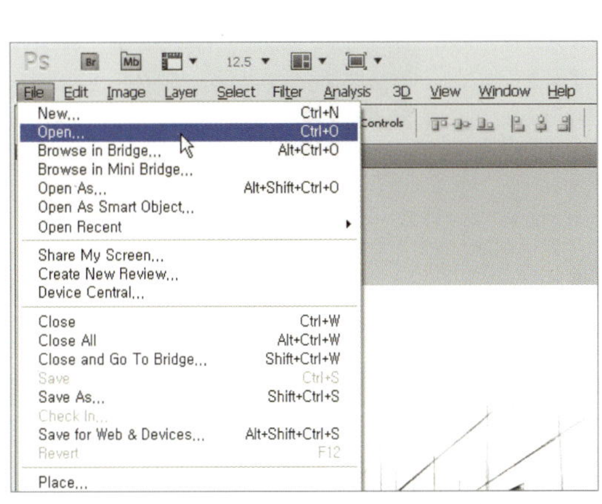

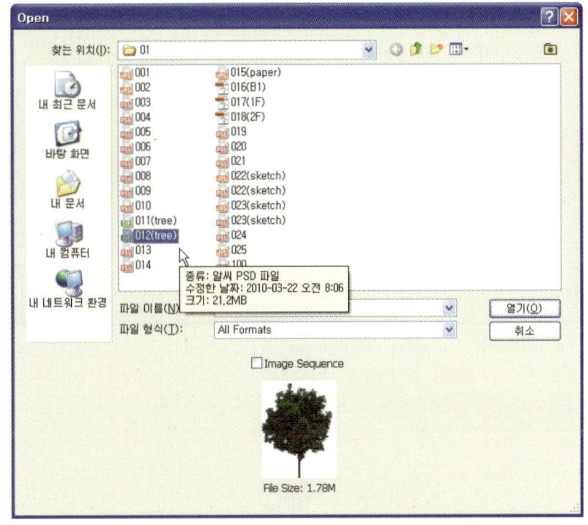

(예제\CD 01\012(tree).tif)

13 아래 그림과 같이 나무 이미지를 불러온 뒤, Select ➡ Load Selection… 명령을 수행합니다.

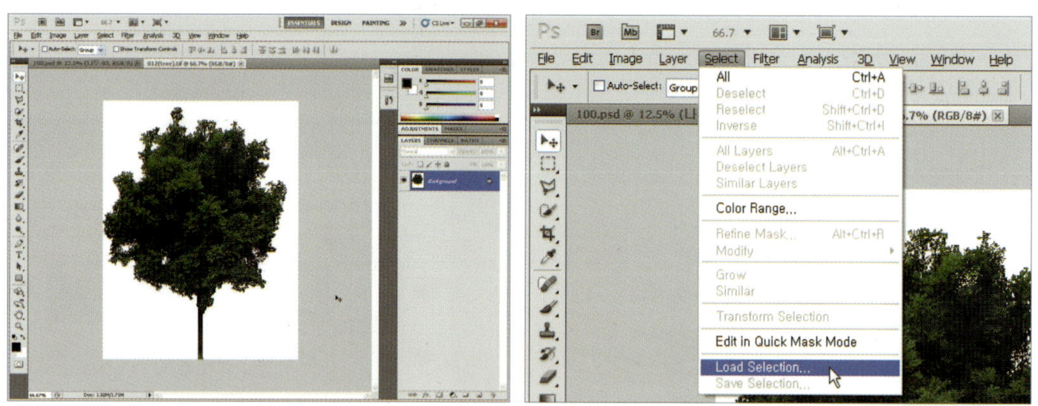

14 나타나는 Load Selection 대화상자에서 아래 그림과 같이 Channel 항목을 'Alpha 1'로 설정해 줍니다. 아래 그림과 같이 나무 영역만 미리 설정된 내용을 바탕으로 선택되는 것을 볼 수 있습니다.

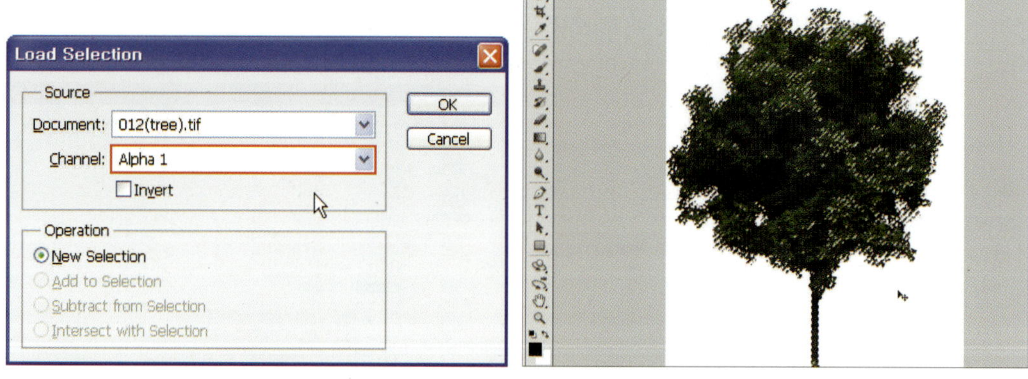

15 선택된 이미지를 복사하기 위해서 Edit → Copy 명령을 수행한 뒤, 앞에서 작업하던 작업
창을 선택해 줍니다.

16 붙여넣기 작업을 위해서 Edit → Paste 명령을 수행하면, 아래 그림과 같이 복사된 나무 이
미지가 붙여진 것을 볼 수 있습니다.

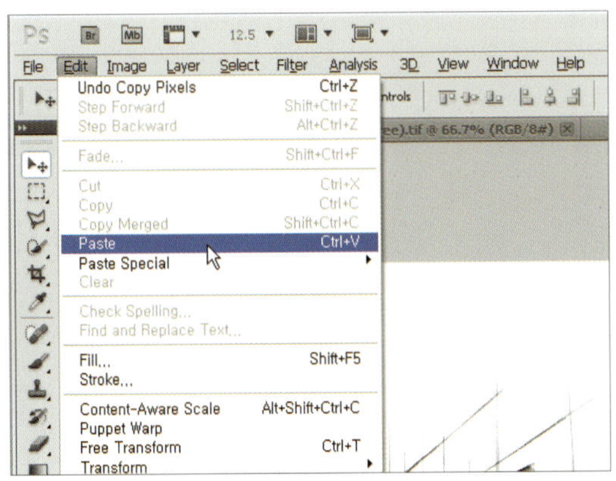

17 레이어 팔레트에서 새롭게 추가된 레이어의 이름을 '나무-03' 으로 변경해 줍니다. 이제 위치를 이동시켜주기 위해서 좌측에 배치되어 있는 툴 박스에서 Move Tool을 선택해 줍니다.

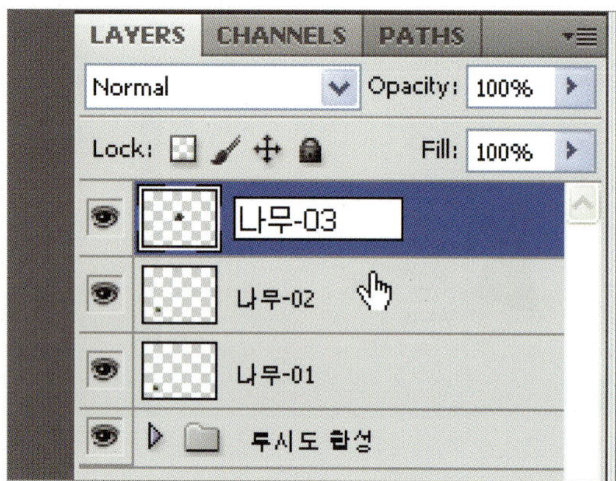
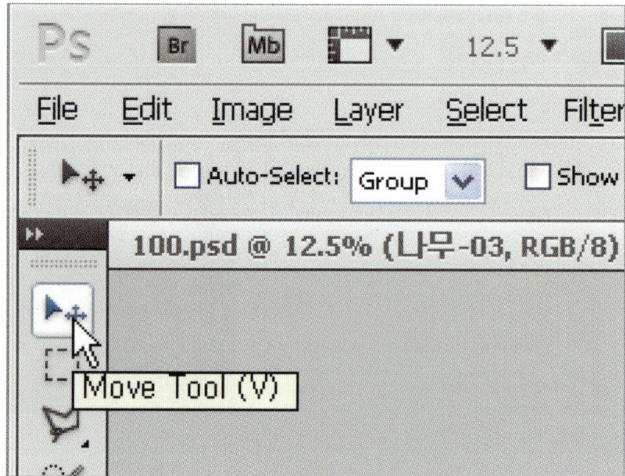

18 드래그하여 아래 그림과 비슷한 위치도 이동시켜 줍니다. 나무 이미지의 크기를 조절하기 위해서 Edit ➡ Transform ➡ Scale 명령을 수행합니다.

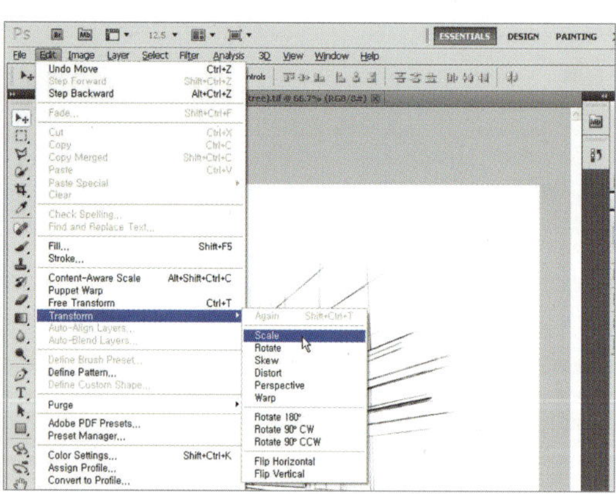

19 나무 이미지 주변으로 나타나는 조절점을 드래그하여 적당한 크기로 조절해 줍니다. 아래 그림과 비슷한 크기로 조절한 뒤, Enter↵ 키나 더블클릭하여 크기 설정을 종료해 줍니다.

20 이제 앞에서 수행한 동일한 방법으로 나무 이미지를 복사한 뒤, 적당한 크기로 조절하여 아래 그림과 비슷한 형태로 만들어 줍니다.

21 이제 레이어를 정리해 보도록 하겠습니다. 레이어 팔레트를 살펴보면 많은 레이어가 추가되어 전체를 보기 힘듭니다. 이러한 경우에는 아래 그림과 같이 ADJUSTMENTS 레이어 이름을 더블클릭하면 레이어 창이 최소로 표현됩니다.

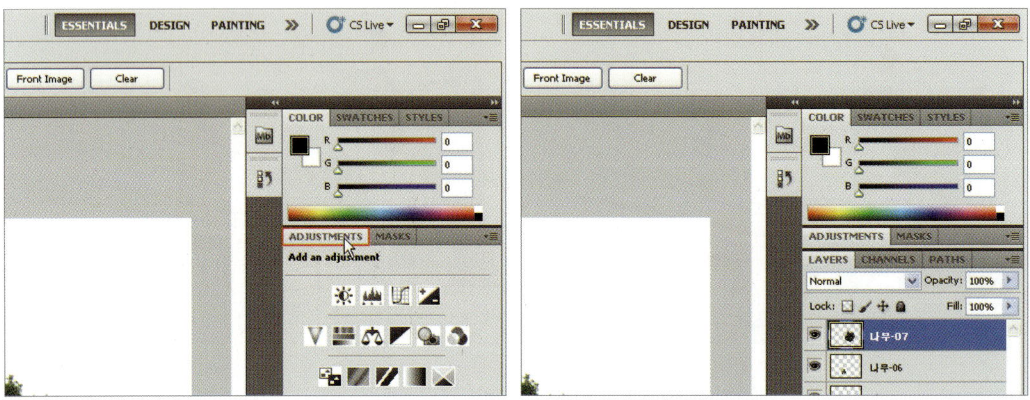

22 이제 아래 그림과 같이 나무 이미지를 위해 사용된 모든 레이어를 선택합니다. 이제 레이어 팔레트의 우측 상단에 위치하고 있는 버튼을 클릭한 뒤, 나타나는 팝업 메뉴에서 New Group from Layers... 명령을 수행합니다.

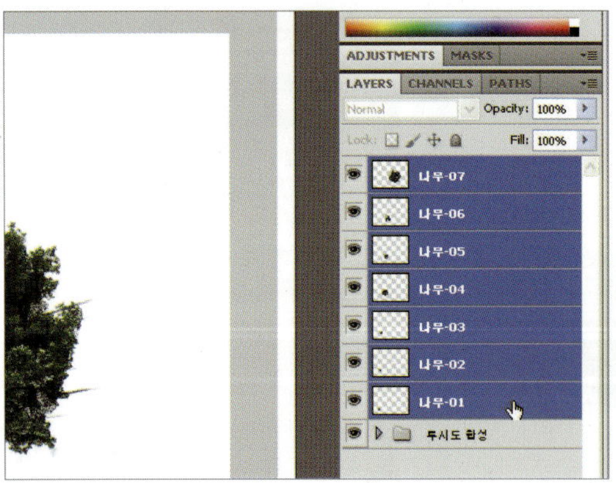

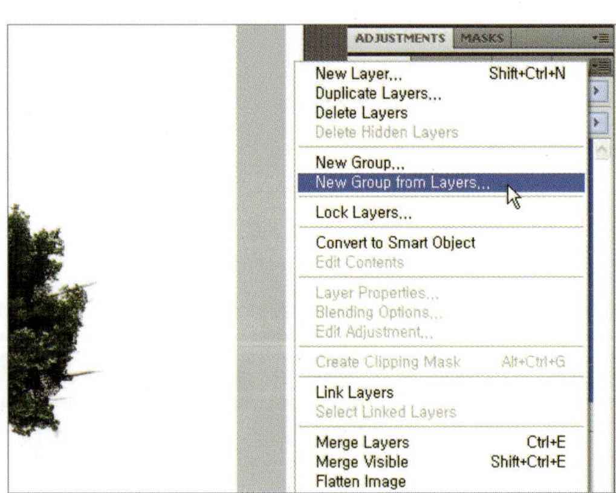

23 나타나는 'New Group from Layers' 대화상자에서 나무 합성이라고 입력한 뒤 OK 버튼을 클릭해 줍니다. 아래 그림과 같이 복잡해 보였던 레이어가 깔끔하게 정리되는 모습을 볼 수 있습니다.

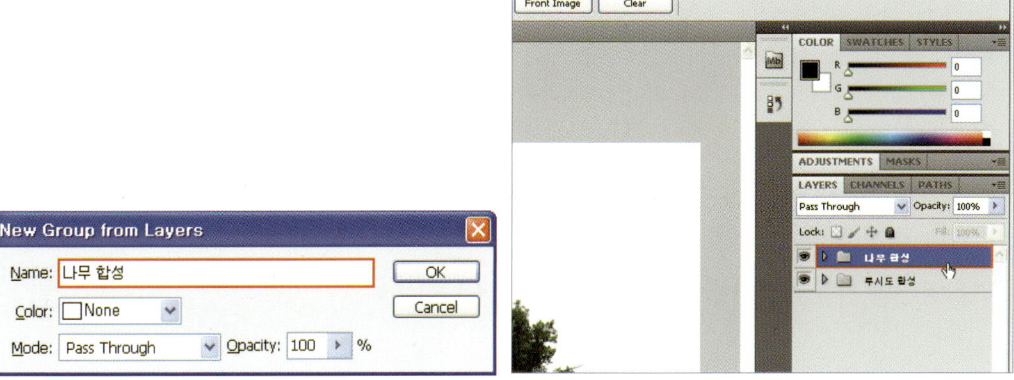

24 아래 그림과 같은 결과물이 만들어진 것을 볼 수 있습니다.

(예제CD 01\014.psd)

10 AutoCAD 도면의 삽입

이번에는 준비된 AutoCAD 파일을 포토샵에서 불러올 수 있도록 변경시킨 파일을 불러와 보도록 하겠습니다. 궁금한 점은 AutoCAD 파일을 포토샵에서 불러올 수 있는 포맷으로 제작하는 방법인데, 이것은 뒤에서 별도의 장으로 설명하도록 하겠습니다. 여기서는 단순히 준비된 캐드 도면을 불러와 원하는 위치에 삽입해 보도록 하겠습니다.

1 File ➡ Open... 명령을 수행한 뒤, 나타나는 대화상자에서 배경 패턴 이미지(예제CD 01\015(paper).jpg)를 선택하여 불러와 줍니다.

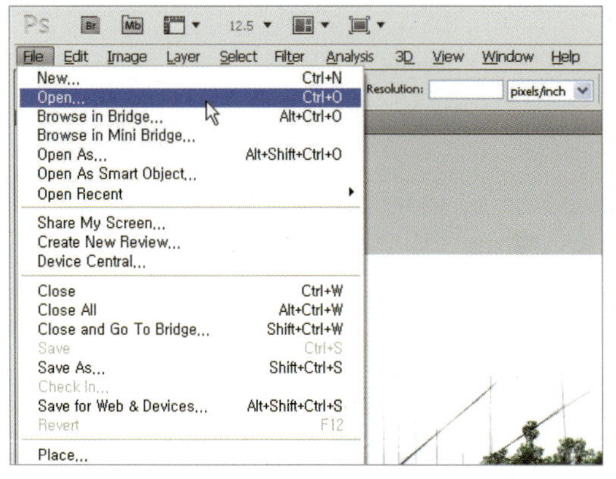 

(예제\CD 01\015(paper).jpg)

2 패턴 이미지를 불러온 뒤, Select ➡ All(Ctrl+A) 명령을 수행하여 이미지 전체를 선택해
줍니다. 선택한 영역의 이미지를 복사하기 위해서 Edit ➡ Copy 명령을 수행합니다.

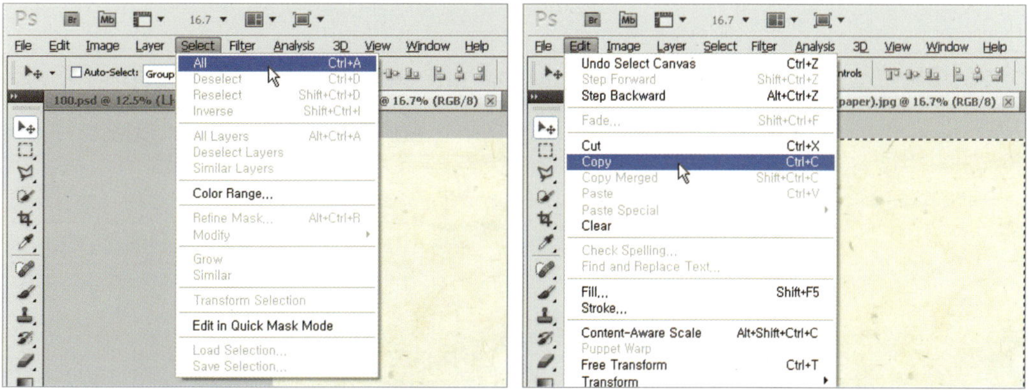

3 앞에서 작업하던 작업창을 선택한 뒤, 복사된 이미지를 붙여넣기 위해서 Edit ➡ Paste 명
령을 수행합니다. 아래 그림과 같이 패턴 이미지가 붙여넣어진 것을 볼 수 있습니다.

4 레이어 팔레트에서 새로 추가된 레이어의 이름을 더블클릭한 뒤, 아래 그림과 같이 '도면 배경' 이라고 이름을 변경시켜 줍니다. 붙여넣은 이미지의 위치를 이동시켜주기 위해서 툴 박스에서 Move Tool을 클릭하여 선택해 줍니다.

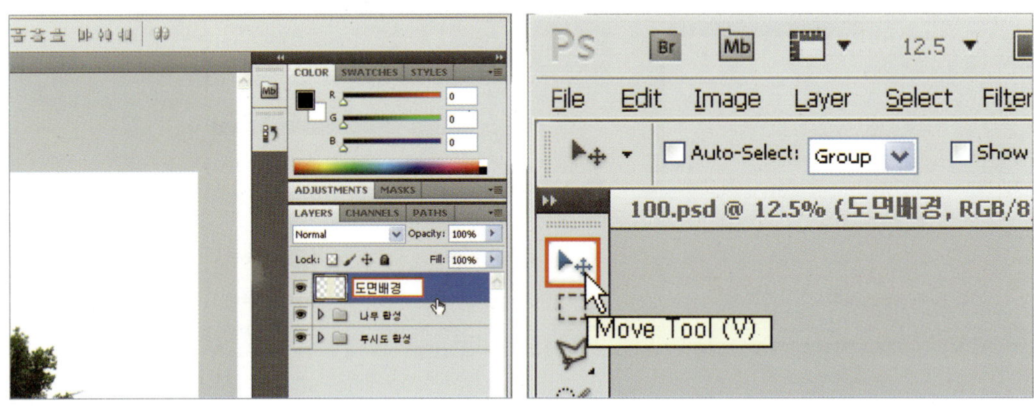

5 Move Tool을 선택한 뒤, 드래그하여 아래 그림과 같이 이동시켜 줍니다. 계속해서 전경색(Foreground Color)의 색상을 검은색으로 설정하기 위해서 아래 그림과 같이 툴 박스 하단에 위치하고 있는 Default Foreground and Background Color를 클릭합니다. 전경색(Foreground Color)이 검정색으로 배경색(Background Color)이 흰색으로 설정되는 것을 볼 수 있습니다.

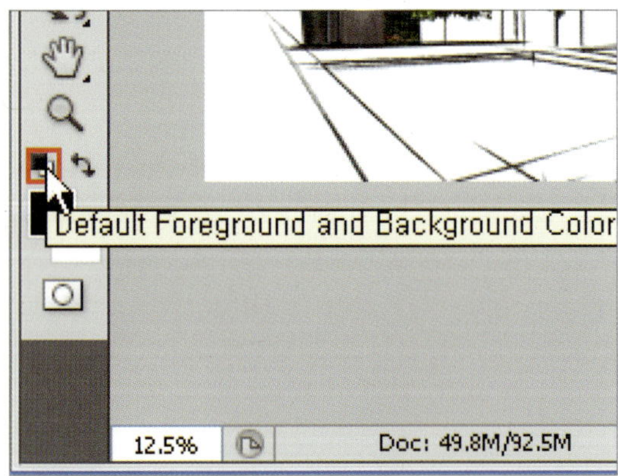

6 전경색이 검정색으로 설정된 것을 확인한 뒤, 툴 박스에서 아래 그림과 같이 Rounded
Rectangle Tool을 클릭해 줍니다.

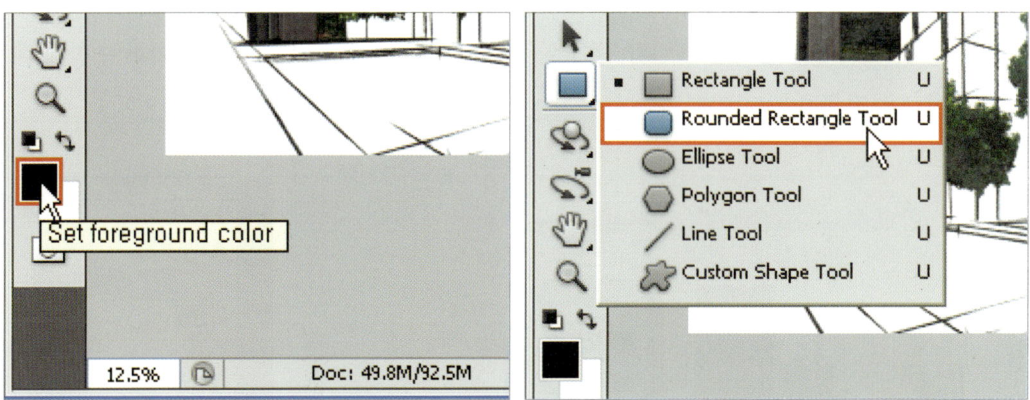

7 Rounded Rectangle Tool을 선택한 뒤, 옵션 팔레트 창에서 Shape layer 옵션을 선택하고
Radius 값을 100px로 설정해 줍니다.

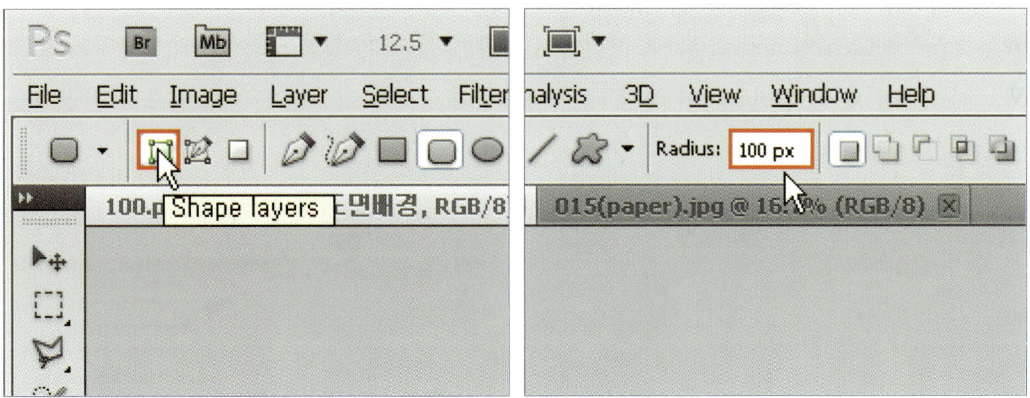

8 이제 아래 그림과 같이 Rounded Rectangle Tool을 클릭&드래그하여 모서리가 둥근 사각형을 만들어 줍니다. 도형을 작성한 뒤, 레이어 팔레트에서 '도면 배경' 레이어를 드래그하여 가장 위쪽으로 설정하고, 바로 밑에 추가된 도형이 그려진 'Shape' 레이어로 설정해 줍니다. 레이어의 순서를 그림과 같이 설정한 뒤, '도면 배경' 레이어를 클릭하여 현재 레이어로 설정해 줍니다.

9 Layer → Create Clipping Mask 명령을 수행합니다. 레이어 팔레트에서 레이어의 구조가 아래 그림과 같이 변경되면 배경 패턴 이미지의 형태가 그려진 도형 모양으로 변경되는 것을 볼 수 있습니다.

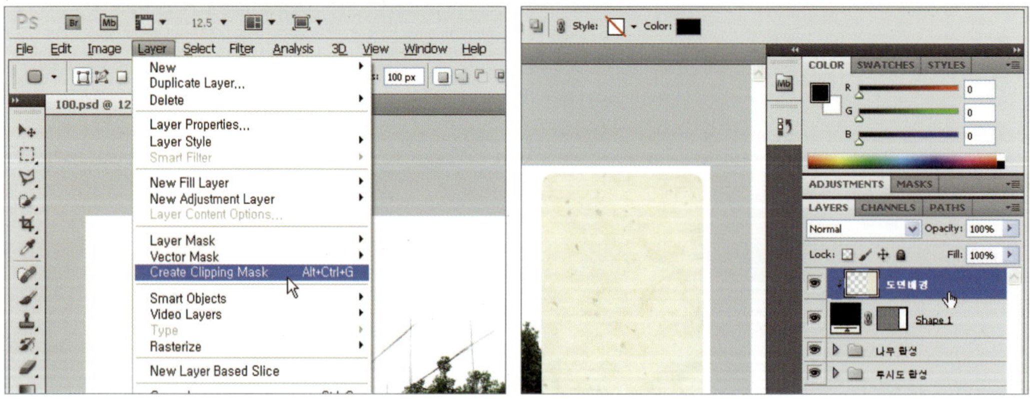

10 아래 그림과 같은 결과물이 작성되었습니다.

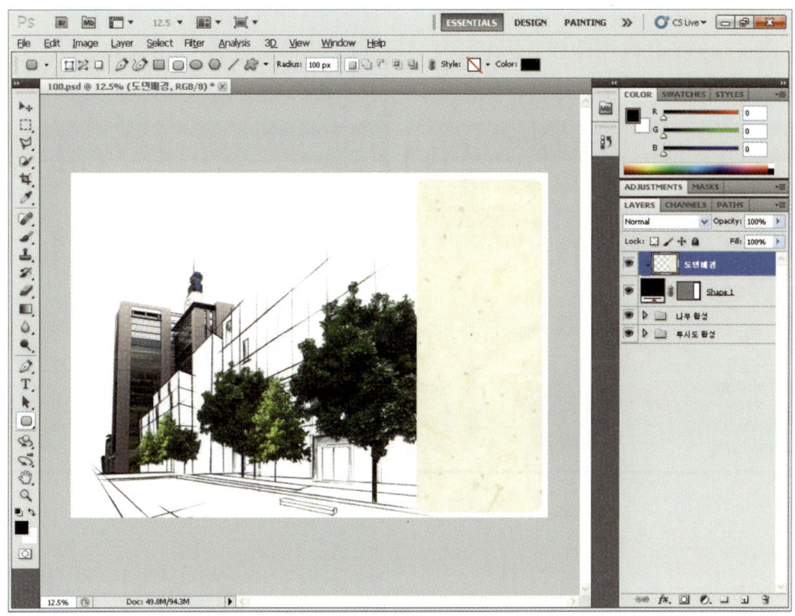

11 이제 AutoCAD에서 미리 준비된 도면 파일을 불러와 보도록 하겠습니다. File ➡ Open…
명령을 수행한 뒤, 나타나는 Open 대화상자에서 지하1층 도면(예제CD 01\016(B1).eps)
을 불러와 줍니다.

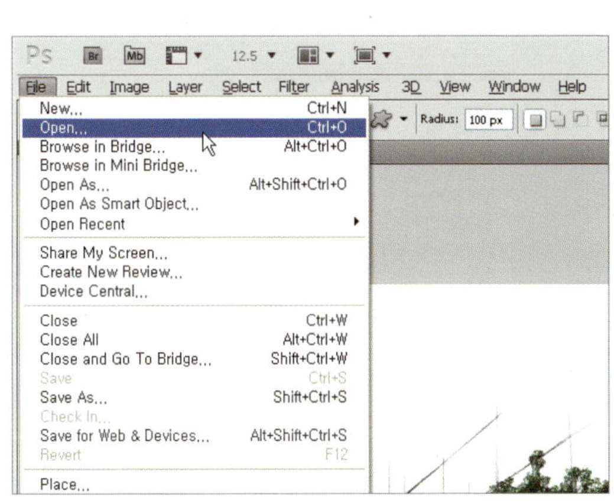

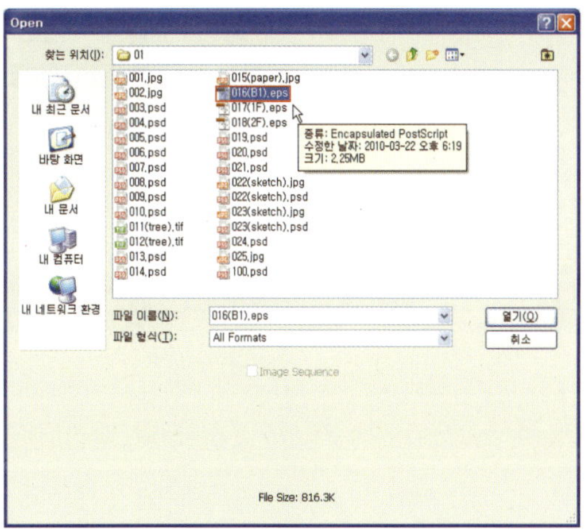

(예제CD 01\016(B1).eps)

12 예제 파일을 불러오면 다른 그림과는 달리 아래그림과 같이 Rasterize EPS Format 대화상자가 나타납니다. 여기서 아래 그림과 같이 width, Height 값을 설정된 값으로 그대로 설정한 뒤, Resoution 값을 100(pixel/inch)로 설정하고 Mode값을 Grayscale로 설정해 줍니다.

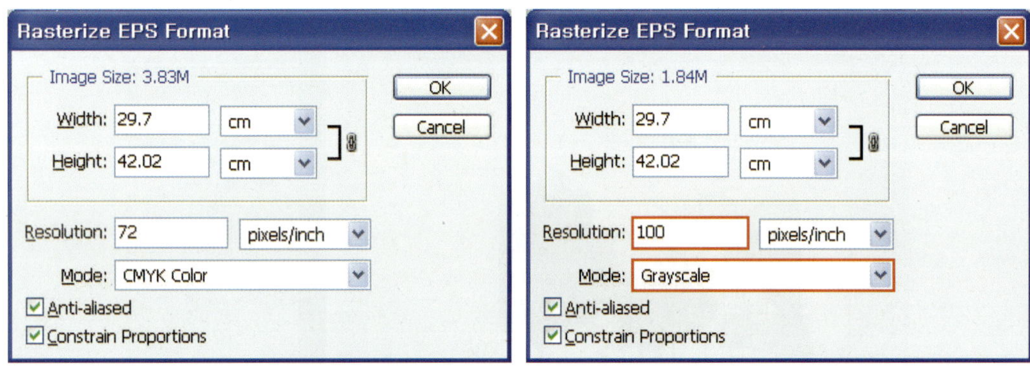

13 아래 그림과 같이 배경이 투명으로 처리된 상태로 도면이 불러지는 것을 볼 수 있습니다. 불러온 이미지를 회전시켜주기 위해서 Image → Image Rotation → 90 ° CCW 명령을 수행합니다.

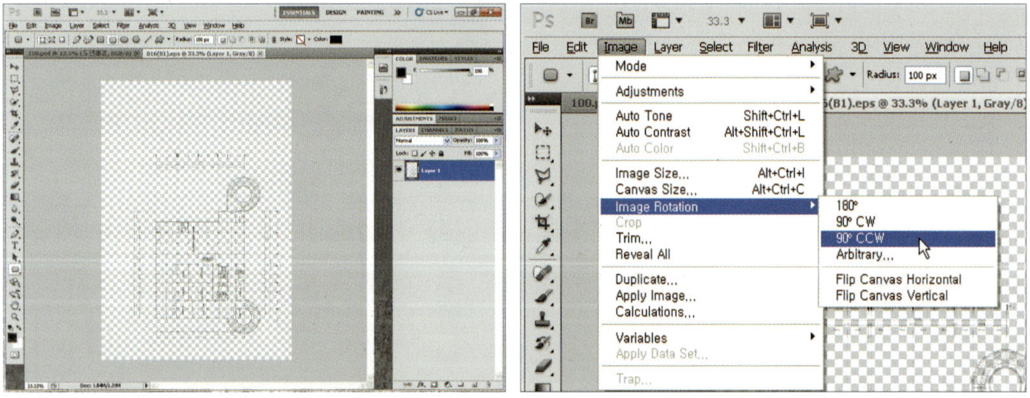

14 도면이 제대로 된 모습으로 회전된 것은 볼 수 있습니다. Select ➡ All 명령을 수행하여 전체 이미지를 선택합니다.

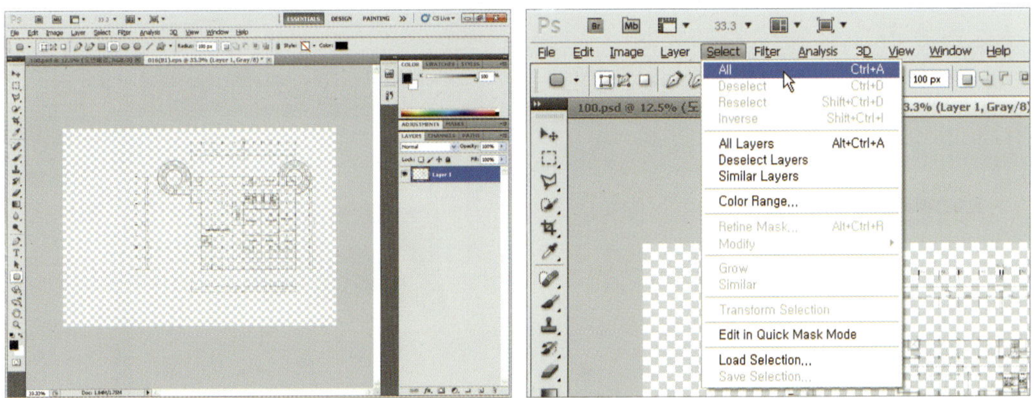

15 선택된 개체를 복사하기 위해서 Edit ➡ Copy 명령을 수행한 뒤, 작업을 진행하던 편집 창을 선택합니다.

16 붙여넣기 작업을 수행하기 위해서 Edit ➡ Paste 명령을 수행하면, 레이어가 추가되면서 도면 개체가 붙여지는 것을 볼 수 있습니다.

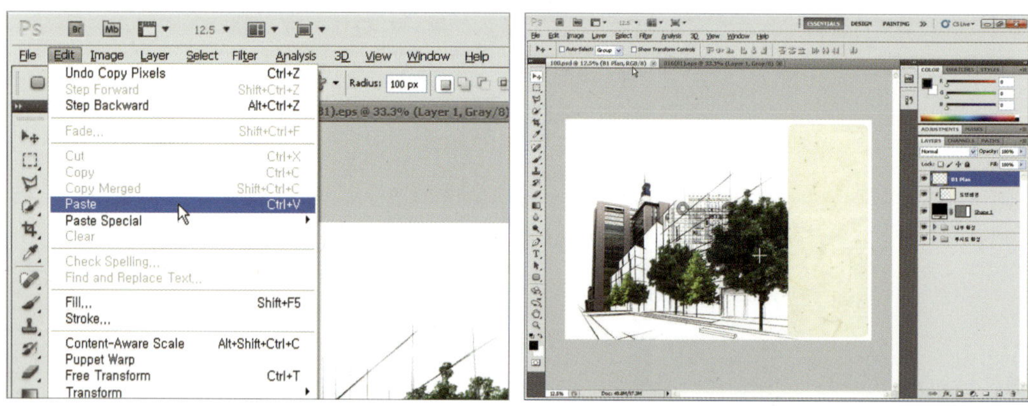

17 개체를 이동하기 위해 툴 박스에서 Move Tool을 선택한 뒤, 드래그하여 아래 그림과 같이 복사된 도면 개체의 위치를 이동시켜 줍니다.

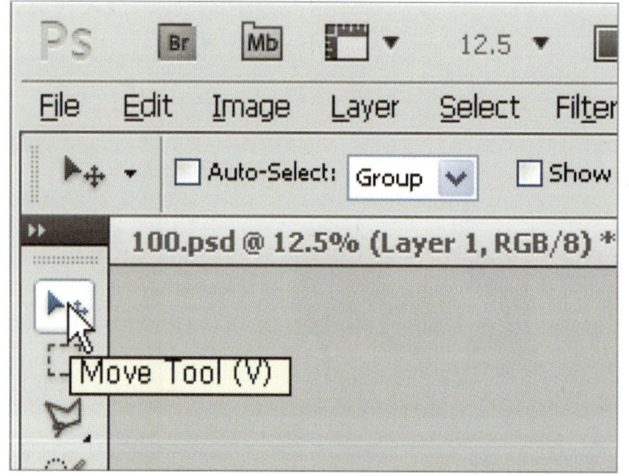

18 레이어 팔레트에서 아래 그림과 같이 레이어의 이름을 'B1 Plan' 으로 수정한 뒤, 더 이상 불필요한 도면 이미지는 닫아줍니다.

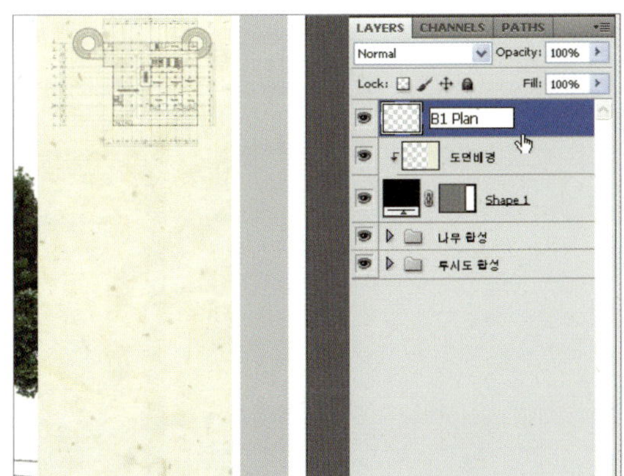 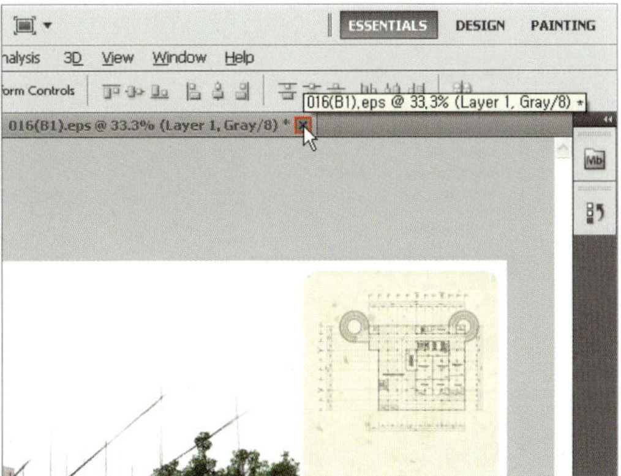

19 File ➡ Open... 명령을 수행한 뒤, 나타나는 Open 대화상자에서 지상1층 도면(예제CD 01\017(1F).eps)을 불러와 줍니다. 앞에서 수행한 동일한 방법으로 Rasterize EPS Format 대화상자에서 아래 그림과 같이 width, Height 값을 설정된 값으로 그대로 설정한 뒤, Resoution 값을 100(pixel/inch)로 설정하고 Mode값을 Grayscale로 설정해 줍니다. 아래 그림과 같이 배경이 투명으로 처리된 상태로 도면이 불러지는 것을 볼 수 있습니다.

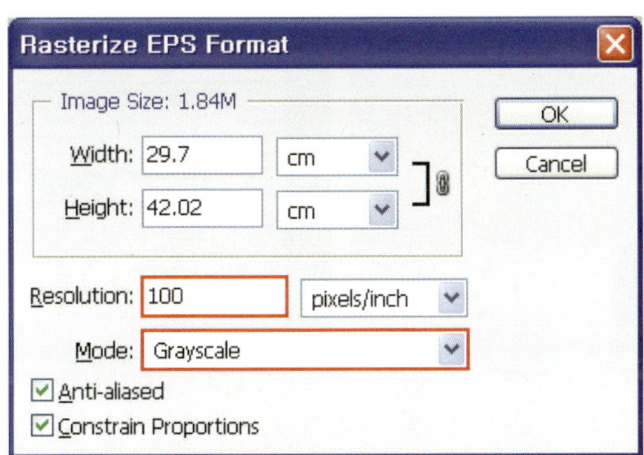 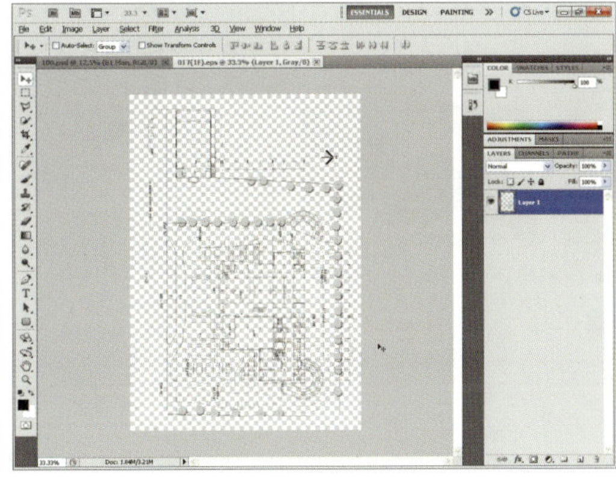

20 불러온 이미지를 회전시켜주기 위해서 Image ➡ Image Rotation ➡ 90 ° CCW 명령을 수행합니다. 도면이 제대로 된 모습으로 회전된 것은 볼 수 있습니다.

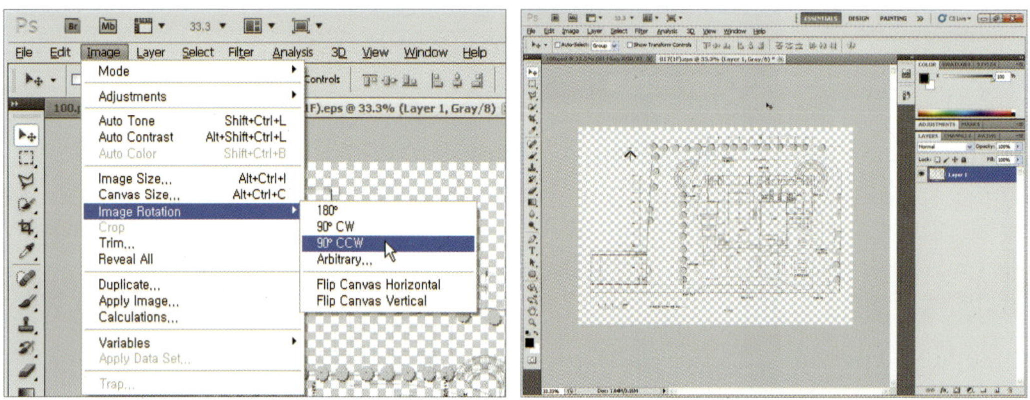

21 이제 앞에서 수행한 동일한 방법으로 개체를 선택하여 복사, 붙여넣기, 이동 작업을 통해 아래 그림과 같이 불러온 도면 개체를 작업 창에 붙여넣어 줍니다. 마지막으로 레이어 팔레트에서 아래 그림과 같이 레이어의 이름을 '1F Plan' 으로 수정합니다.

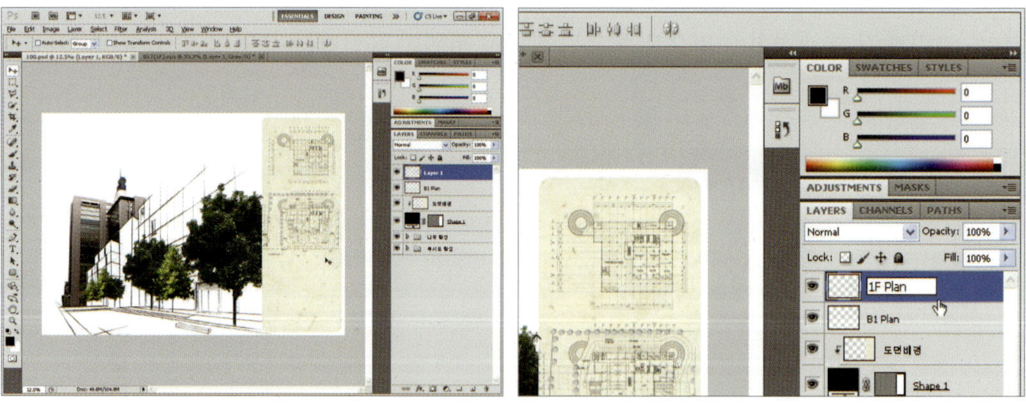

22 마지막을 File ➡ Open... 명령을 수행한 뒤, 나타나는 Open 대화상자에서 지상1층 도면 (예제CD 01\018(2F).eps)을 불러와 줍니다. Rasterize EPS Format 대화상자에서 아래 그림과 같이 width, Height 값을 설정된 값으로 그대로 설정한 뒤, Resoution 값을 100(pixel/inch)로 설정하고 Mode값을 Grayscale로 설정하여 불러와 줍니다. 계속해서 불러온 이미지를 회전시켜주기 위해서 Image ➡ Image Rotation ➡ 90°CCW 명령을 수행합니다.

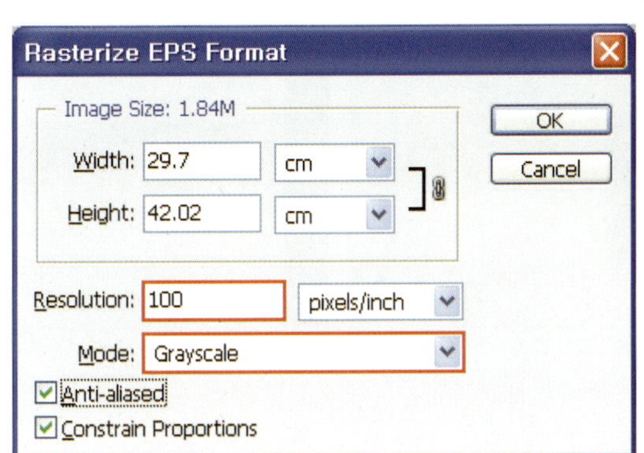

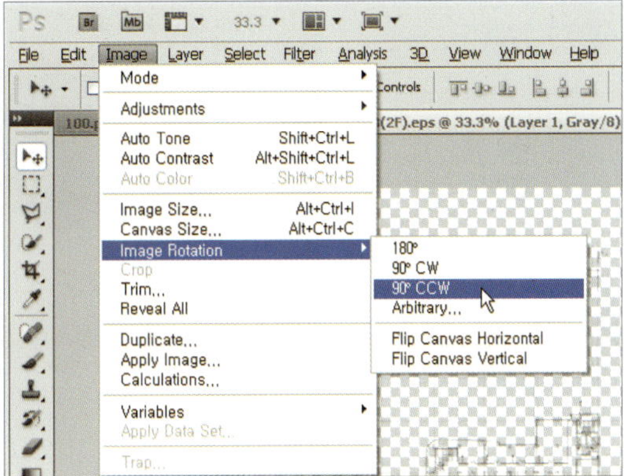

23 아래 그림과 같이 이미지를 회전한 뒤, 작업 창에 붙여넣어 줍니다. 물론 아래 그림과 같이 필요한 위치로 이동시켜 줍니다.

24 마지막으로 레이어 팔레트에서 아래 그림과 같이 레이어의 이름을 '2F Plan' 으로 수정합니다. 이제 지금까지 작업한 내용과 이전 작업 내용의 오버랩 효과를 표현하기 위해서 레이어 팔레트에서 아래 그림과 같이 'Shape 1' 레이어를 선택한 뒤, Opacity 값을 80%로 설정해 줍니다.

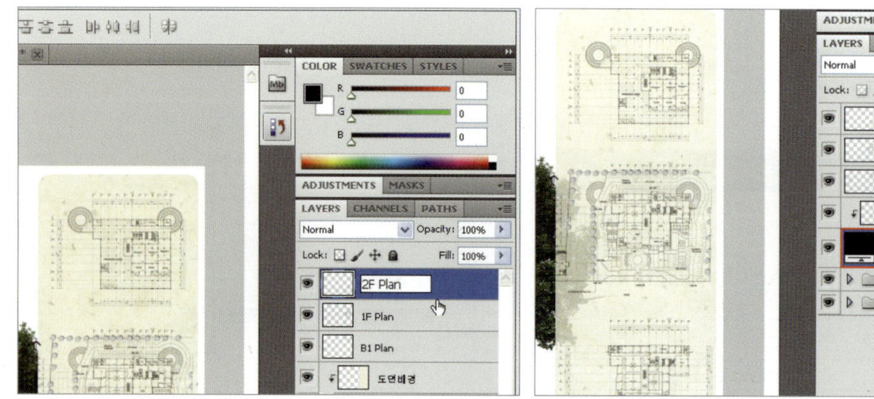

(예제CD 01\019.psd)

25 결과를 확인해 보면 배경 패턴 이미지가 투명해지면서 배경과 오버랩(Overlap)되어 보입니다. 다시 레이어 팔레트에서 '도면 배경' 레이어를 클릭하여 선택해 줍니다.

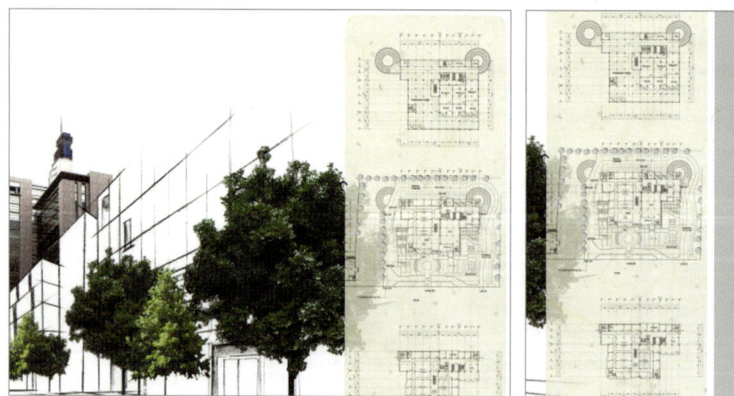

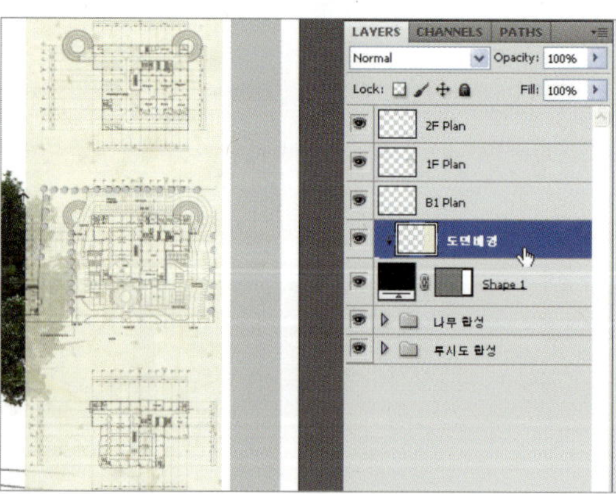

26 이제 툴 박스에서 Zoom Tool, Hand Tool을 이용하여 다음 작업을 좀 더 쉽게 하기 위해서 원하는 화면으로 구성시켜 줍니다.

27 앞에서 선택한 Zoom Tool, Hand Tool을 이용하여 아래 그림과 비슷한 형태로 화면을 구성한 뒤, 글씨를 입력하기 위해서 툴 박스에서 Horizontal Type Tool을 선택해 줍니다.

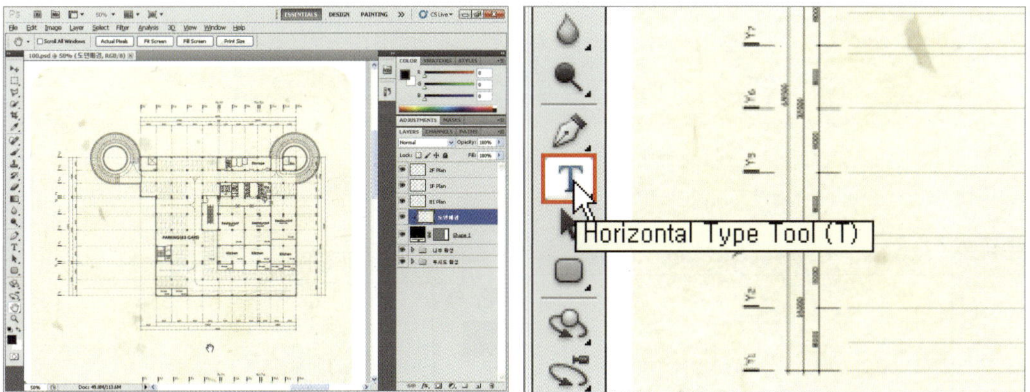

28 Horizontal Type Tool을 선택한 뒤, 옵션 팔레트에서 글씨 폰트와 글씨 크기를 설정한 뒤, 아래 그림과 같이 도면 우측 하단에 'B1 Plan' 이라고 입력해 줍니다.

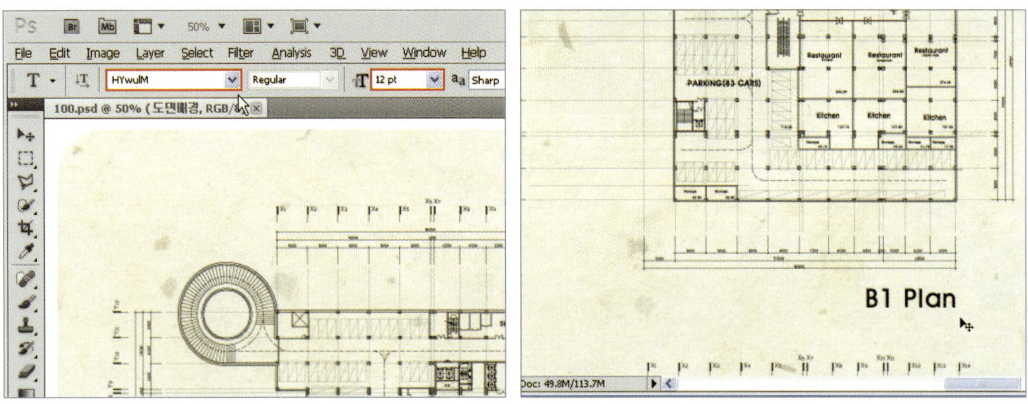

29 만약 입력된 글씨의 위치를 변경할 경우에는 Move Tool을 선택한 뒤, 입력된 글씨를 드래그하면 원하는 위치로 변경할 수 있습니다. 계속해서 다음 도면의 타이틀을 입력하기 위해서 Hand Tool을 선택하여 화면의 위치를 변경시켜 줍니다.

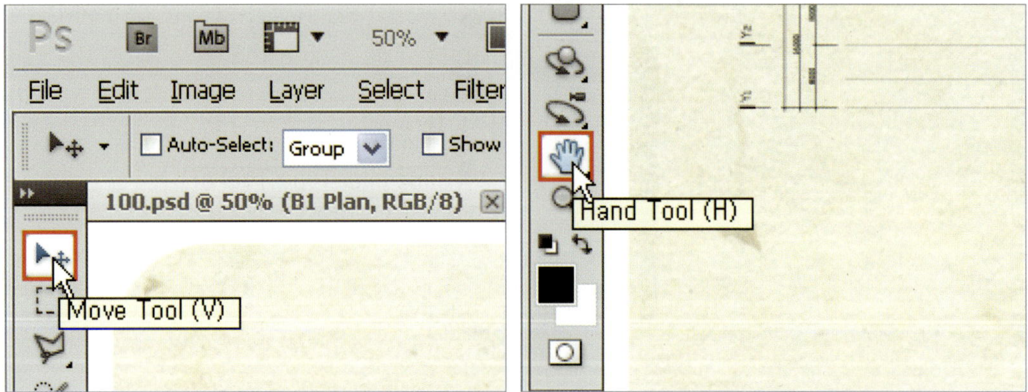

30 다음 작업을 위해 아래 그림과 같이 1층 평면도로 화면 구성을 설정한 뒤, 글씨 입력을 위해서 Horizontal Type Tool을 클릭해 줍니다.

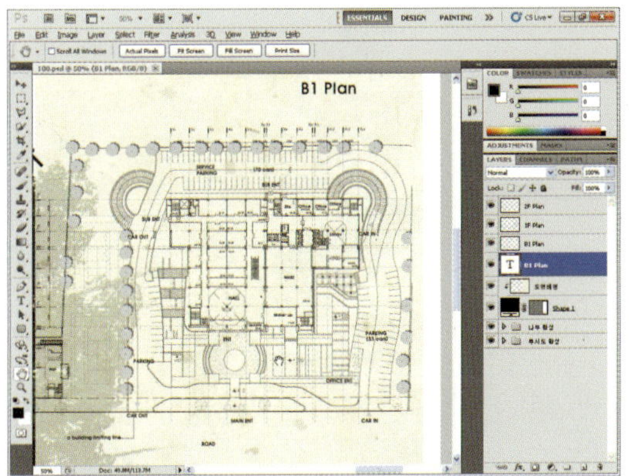

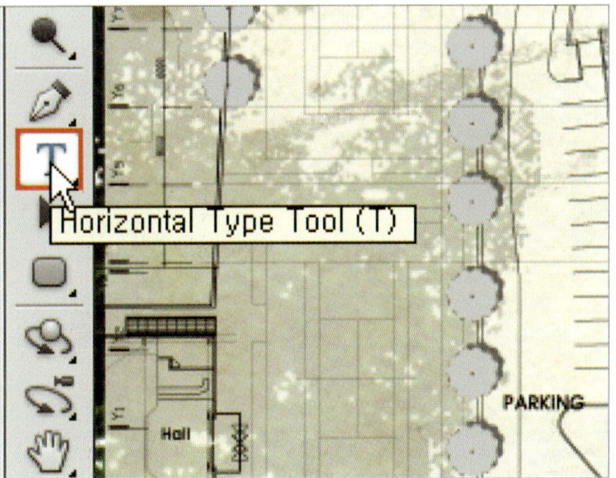

31 앞에서 수행한 동일한 방법으로 아래 그림과 같이 'Site & 1F Plan' 이라고 글씨를 입력한 뒤, 위치를 설정해 줍니다.

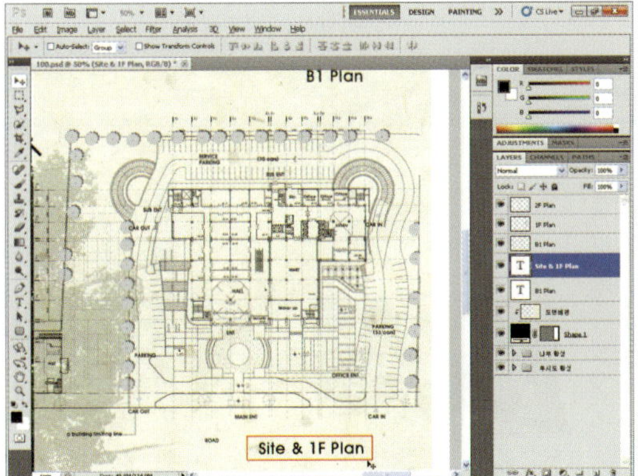

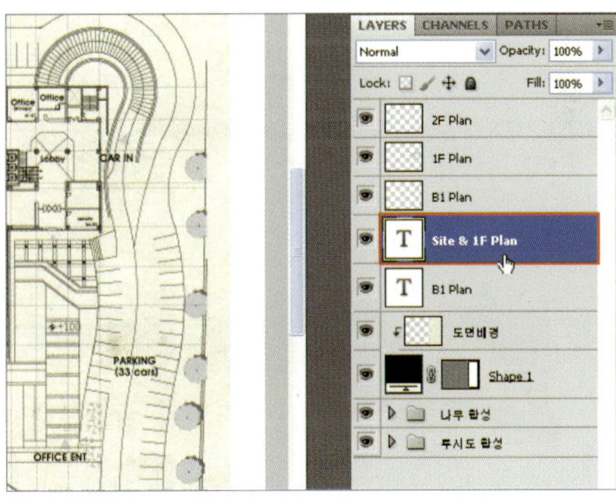

32 마지막으로 아래 그림과 같이 '2F Plan' 이라고 글씨를 입력한 뒤, 위치를 설정해 줍니다. 레이어 팔레트를 보면 입력된 글씨마다 별도의 레이어가 만들어지면 아래 그림과 같은 모습이 나타나게 됩니다.

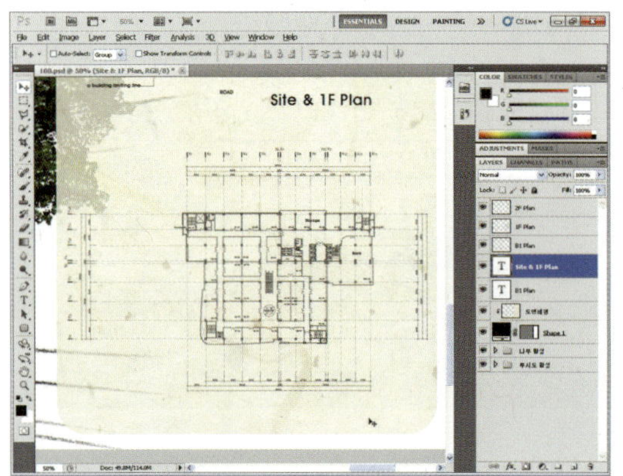
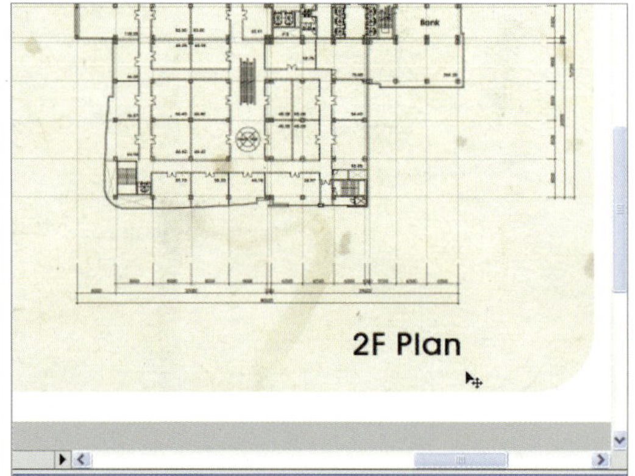

33 Zoom 명령을 이용하여 전체적인 작업 결과를 확인해 봅니다. 이제 아래 그림과 같이 레이어 팔레트에서 '2F Plan' 부터 'Shape 1' 레이어까지 모두 선택해 줍니다.

34 레이어를 선택한 뒤, 레이어 팔레트 우측 상단에 위치하고 있는 팝업 버튼을 클릭한 뒤 나타나는 메뉴에서 New Group from Layers... 명령을 수행해 줍니다.

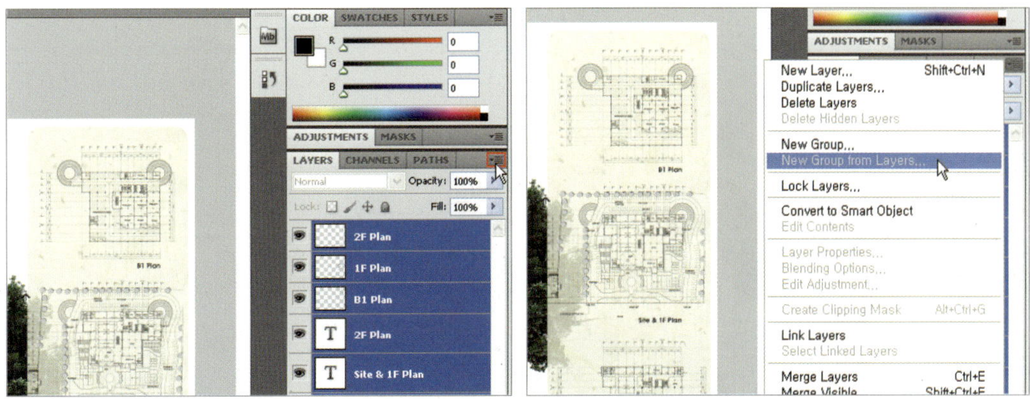

35 나타나는 New Group from Layer 대화상자에서 '도면 레이아웃' 이라고 입력해 줍니다. 여러개의 레이어가 하나의 그룹으로 묶여 깔끔하게 정리된 상태를 볼 수 있습니다.

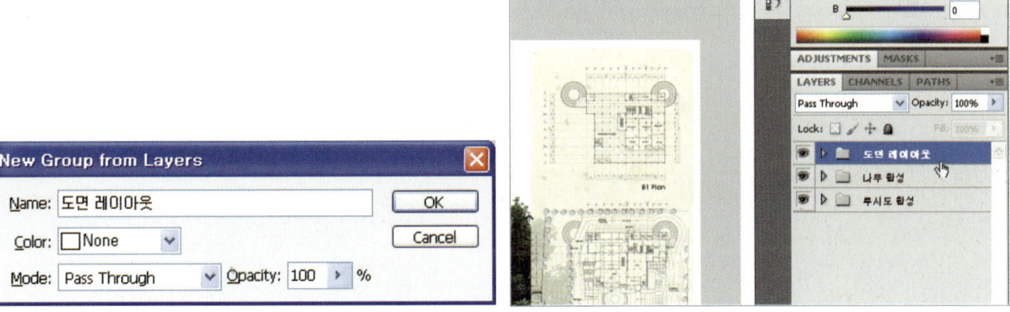

35 아래 그림과 같은 결과물이 만들어진 것을 알 수 있습니다.

(예제CD 01\020.psd)

11 패널 타이틀 작성

이번에는 지금까지 제작된 이미지에 타이틀을 추가해 보도록 하겠습니다. 타이틀, 즉 글씨의 입력은 단순한 정보를 제공함과 동시에 전체적인 레이아웃에서 중요한 요인으로 작용합니다. 따라서 어떤 글씨 폰트와 크기, 색상을 사용하여 배치하느냐에 따라 전체적인 레이아웃이 다르게 느껴집니다.

1. 앞에서 글씨를 입력한 방법과 같이 툴 박스에서 Horizontal Type Tool을 클릭하여 선택한 뒤, 옵션 팔레트에서 글씨 폰트, 글씨 크기, 정렬 방식 등을 설정해 줍니다.

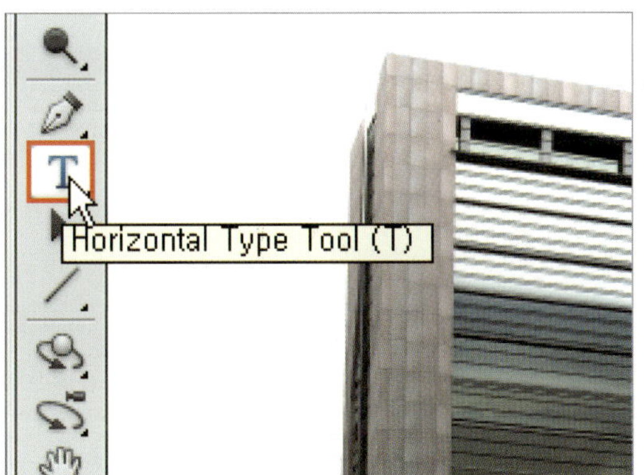

2 아래 그림과 같이 'Metro Tower' 라고 타이틀 글씨를 입력한 뒤, 'Metro' 부분을 드래그하여 블록으로 선택해 줍니다.

3 'Metro' 부분을 드래그하여 블록으로 선택한 뒤, 옵션 팔레트에서 Set the text color 버튼을 클릭하여 색상으로 진한 빨강색(R:150, G:0, B:0)으로 설정해 줍니다.

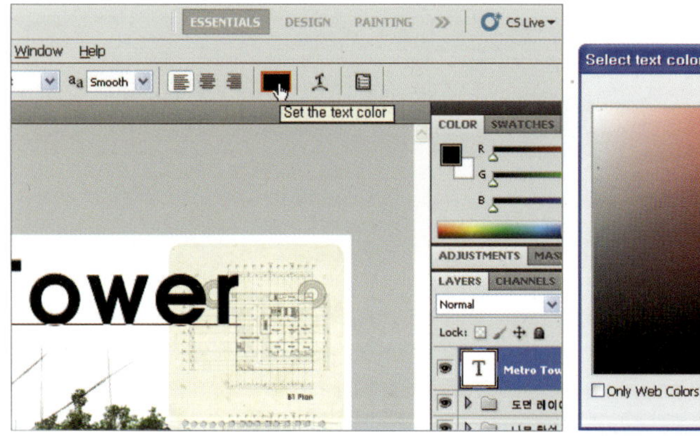

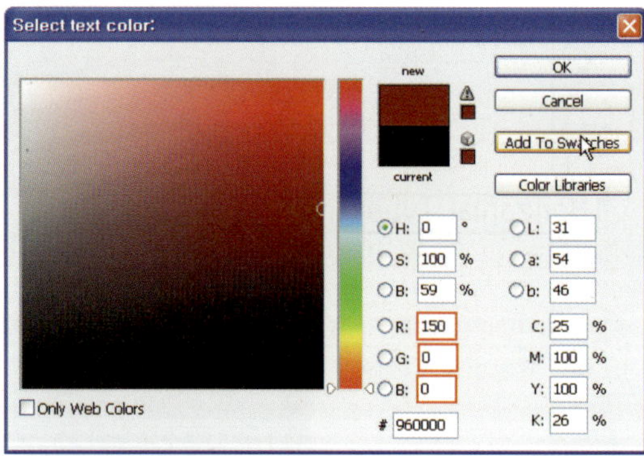

4 이번에는 'Tower' 글씨를 드래그하여 블록으로 선택한 뒤, Set the text color 버튼을 클릭
해 줍니다.

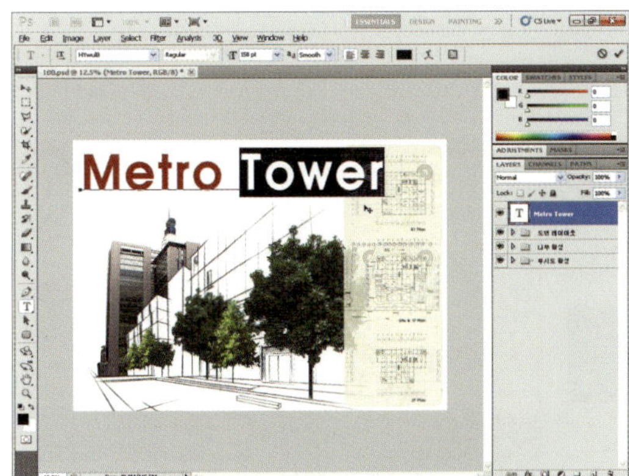
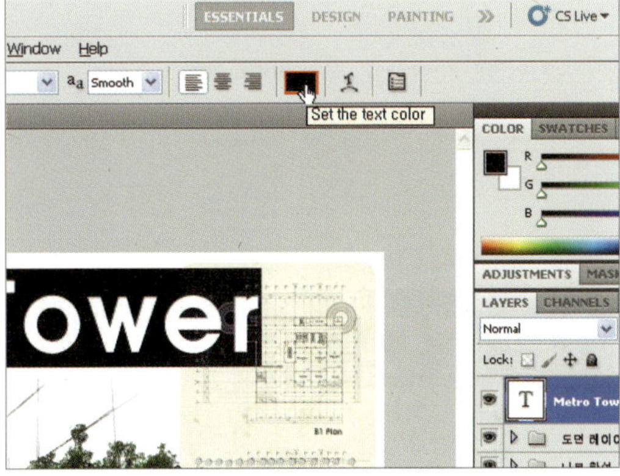

5 나타나는 Select text color 대화상자가 나타나면 색상을 밝은 회색(R:180, G:180, B:180)
으로 설정하여 입력된 글씨의 색상 변경 작업을 마칩니다.

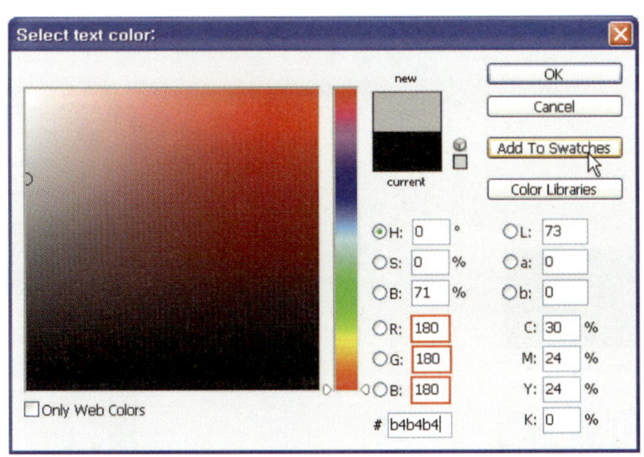
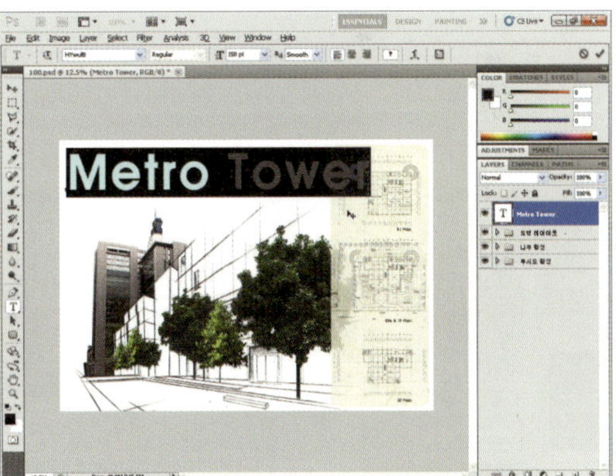

6 좀 더 디테일한 설정을 위해서 Window → Character를 클릭해 줍니다. 나타나는 Character 대화상자에서 글씨 크기, 간격, 폰트 등의 다양한 옵션을 설정해 줄 수 있습니다.

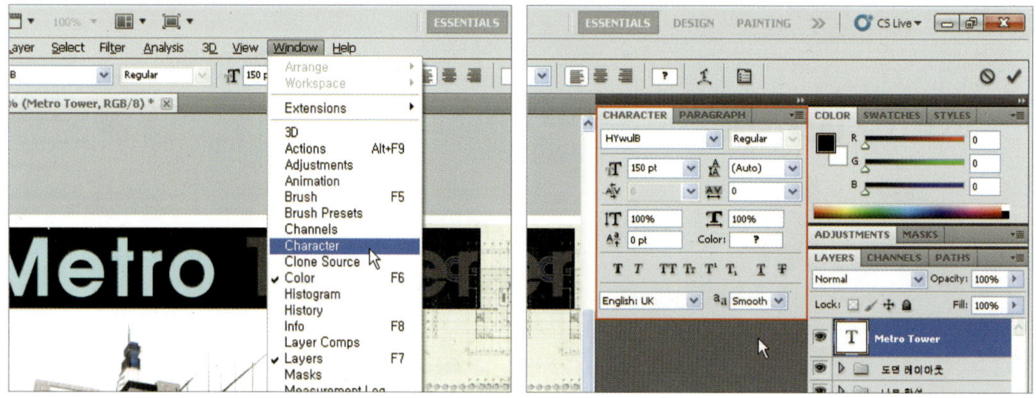

7 이번에는 Character 대화상자에서 아래 그림과 같이 글씨 사이의 간격을 '-100'으로 설정해 줍니다. 계속해서 Character 대화상자의 우측상단에 위치하고 있는 팔레트의 팝업 버튼을 클릭한 뒤, Close Tab Group 명령을 수행하여 팔레트를 닫아줍니다.

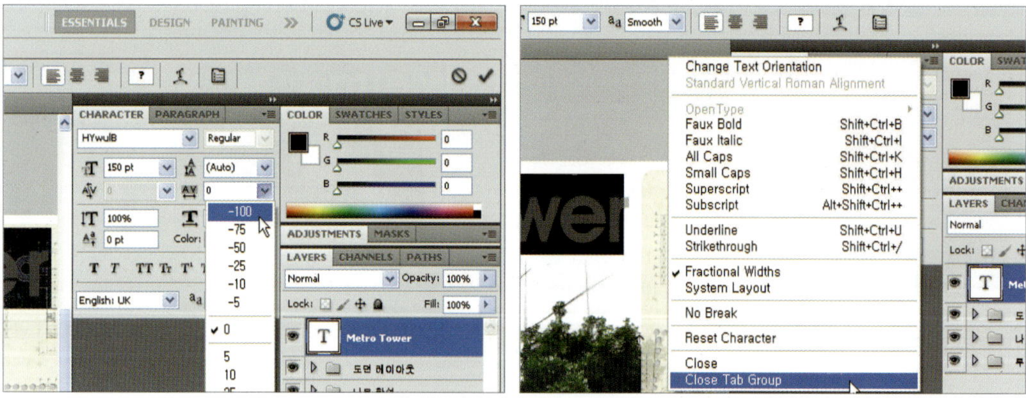

8 마지막으로 Move Tool을 클릭하여 선택한 뒤, 입력되어 있는 타이틀 글씨를 원하는 위치로 이동시켜 줍니다.

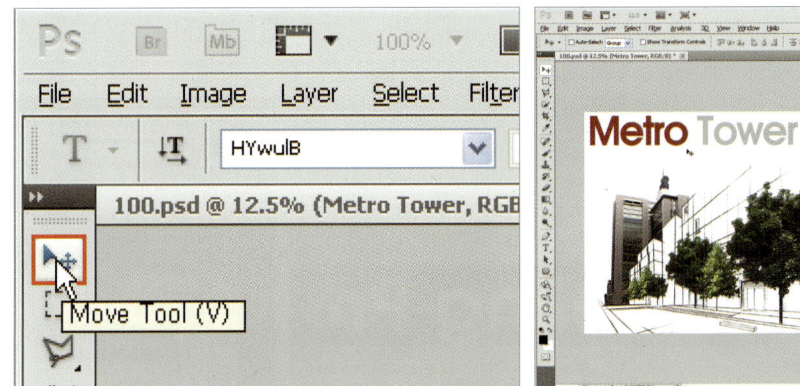

9 다시 한번 Horizontal Type Tool을 클릭하여 선택한 뒤, 아래 그림과 같이 'Remodeling Project' 라고 입력해 줍니다.

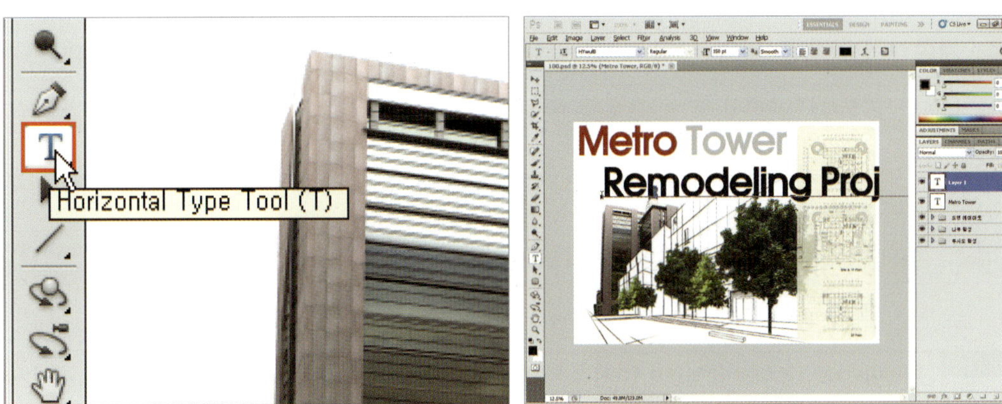

10 'Remodeling Project' 이라는 글씨의 크기 및 스타일을 변경하기 위해서 입력된 글씨를 드래그하여 블록으로 설정해 줍니다.

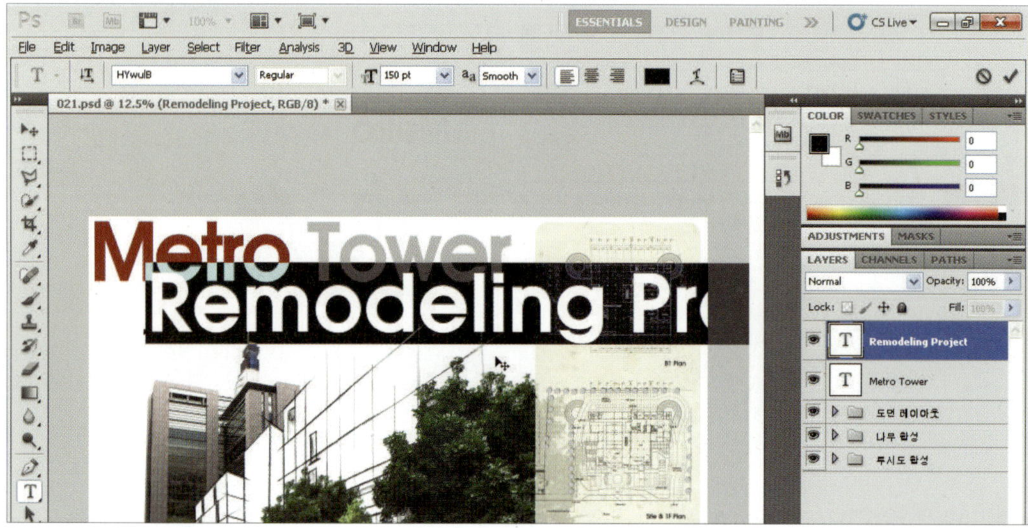

11 계속해서 글씨를 입력한 뒤, 옵션 팔레트에서 아래 그림과 같이 입력된 글씨의 크기 (36pt), 폰트(HYwulM), 등을 설정해 줍니다.

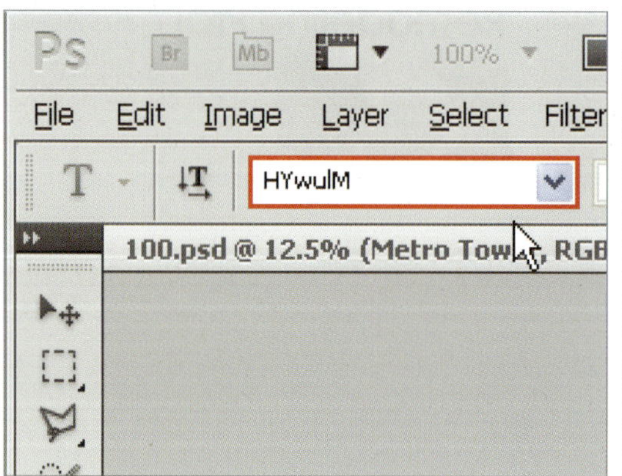

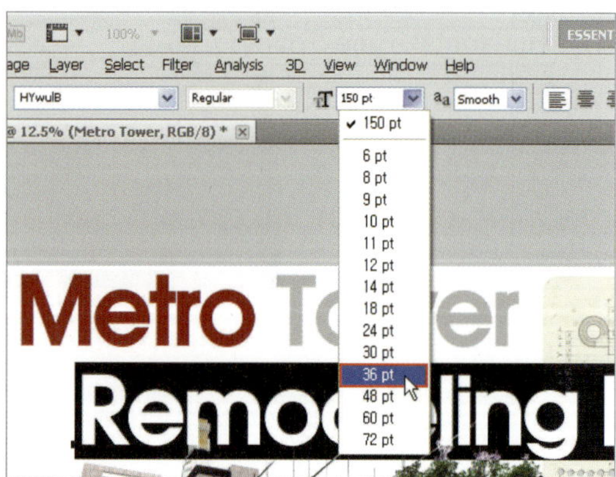

12 좀 더 디테일한 설정을 위해서 옵션 팔레트 마지막에 위치하고 있는 Toggle the Character and Paragraph panels 버튼을 클릭합니다. 나타나는 CHARACTER 팔레트에서 글씨 간격을 '–50' 으로 설정해 줍니다.

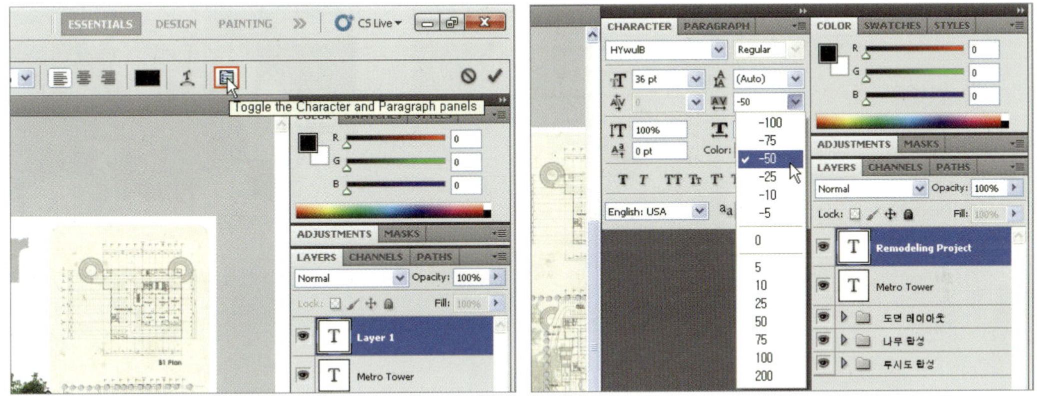

13 툴 박스에서 Move Tool을 선택한 뒤, 아래 그림과 같이 입력된 글씨를 원하는 위치로 이동시켜 줍니다.

14 더 이상 불필요한 팔레트를 닫기 위해서 Character 팔레트의 팝업 버튼을 클릭한 뒤, Close Tab Group 명령을 수행하여 팔레트를 닫아줍니다. 계속해서 직선을 그려주기 위해서 아래 그림과 같이 툴 박스에서 Line Tool을 클릭하여 선택해 줍니다.

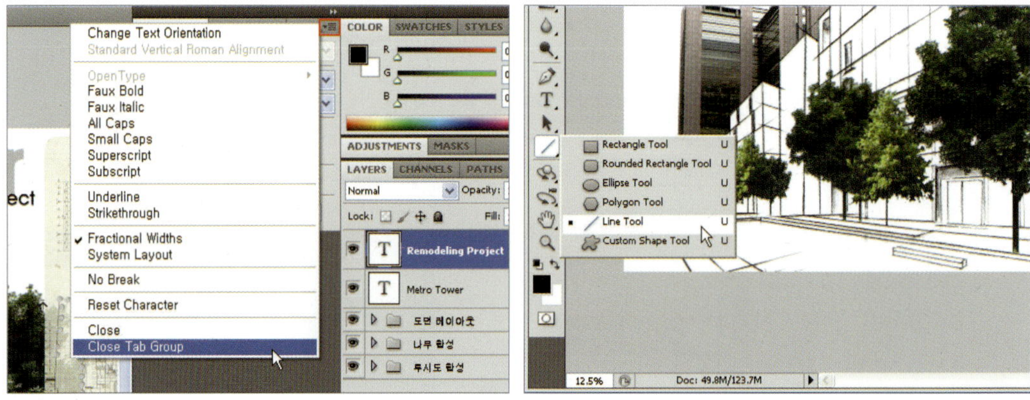

15 Line Tool을 선택한 뒤, 옵션 팔레트에서 직선의 두께값을 2px로 설정한 뒤, 드래그하여 아래 그림과 같이 직선을 그려줍니다. 더불어 수평 직선을 작성하기 위해서는 Shift 키를 누른 상태에서 드래그하면 보다 정확하게 수평상태의 직선을 그릴 수 있습니다.

16 그려진 직선을 이동시켜주기 위해서 Move Tool을 클릭하여 선택한 뒤, 아래 그림과 같이 이동시켜 줍니다.

17 레이어 팔레트에서 직선이 그려진 'Shape 2', 입력된 타이틀 글씨 레이어를 모두 선택합니다. 레이어를 선택한 뒤, 레이어 팔레트 우측 상단에 위치하고 있는 팝업 버튼을 클릭한 뒤 나타나는 메뉴에서 New Group from Layers... 명령을 수행해 줍니다.

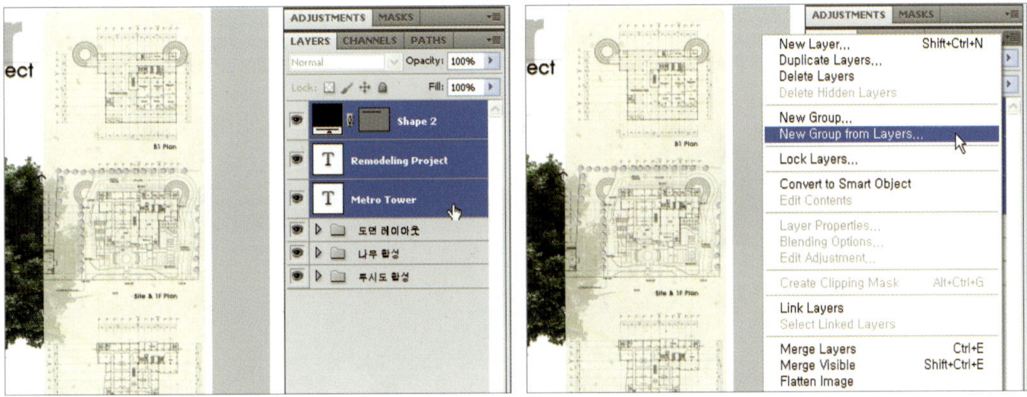

18 나타나는 New Group from Layers 대화상자에서 '타이틀 레이아웃' 이라고 입력해 줍니다. 여러 개의 레이어가 하나의 그룹으로 묶여 깔끔하게 정리된 상태를 볼 수 있습니다.

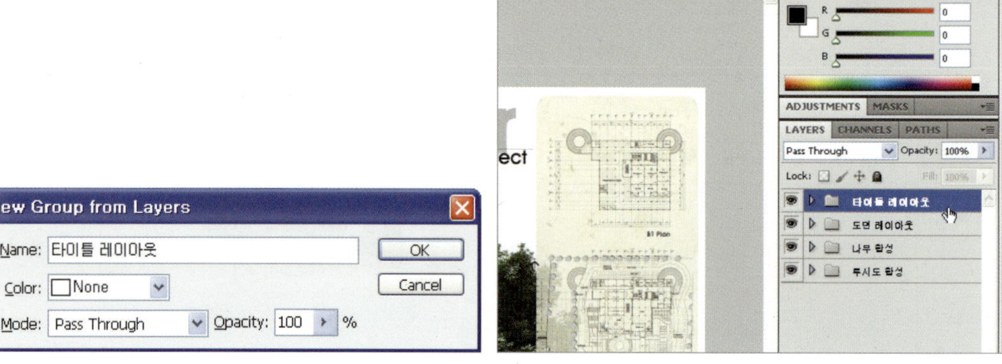

19 아래 그림과 같은 결과물이 만들어진 것을 알 수 있습니다.

(예제CD 01\021.psd)

12 스케치 이미지 삽입

이제 마지막으로 왼쪽 상단에 개념 표현을 위해 미리 준비된 스케치 이미지를 삽입해 보도록 하겠습니다. 여기서는 레이어 마스크를 활용하여 배경을 삭제하는 복잡한 과정이 포함되어 있기 때문에 작업과정 하나하나를 잘 따라해 보시기 바랍니다.

1 File → Open... 명령을 수행한 뒤, 나타나는 대화상자에서 준비된 스케치 이미지(예제CD 01\022(sketch).jpg)를 불러와 줍니다.

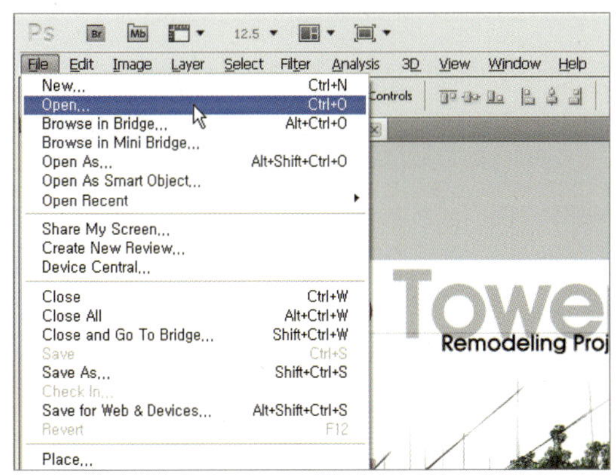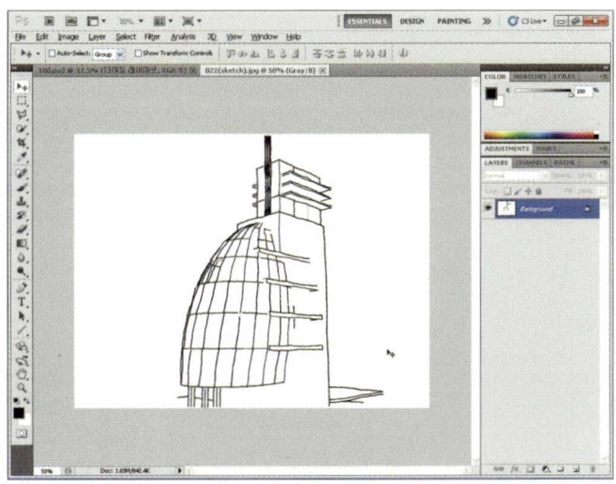

(예제\CD 01\022(sketch).jpg)

2 일단 레이어 팔레트에서 'Background' 라고 되어 있는 레이어 이름을 더블클릭해 줍니다. 나타나는 New Layer 대화상자에서 레이어의 이름을 '스케치' 라고 변경시켜 줍니다.

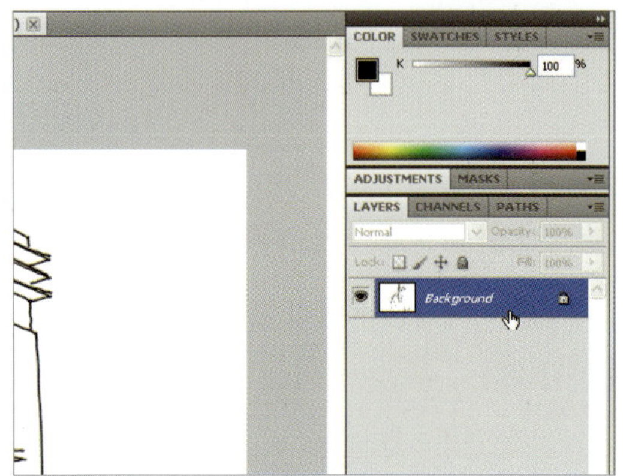
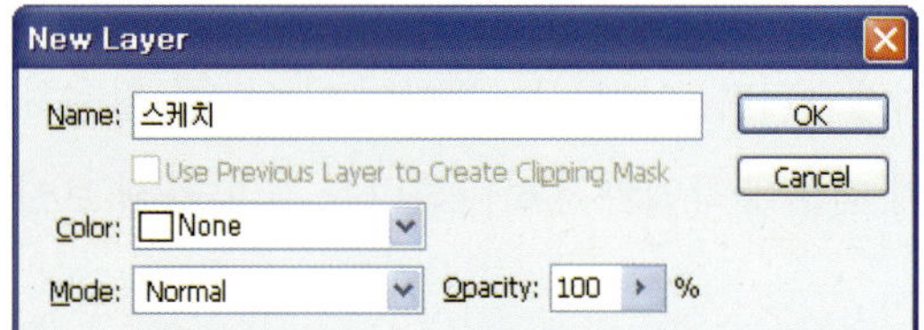

3 Select → All 명령을 수행하여 이미지 전체 영역을 선택해 줍니다. 아래 그림과 같이 이미지 전체가 선택되는 모습을 볼 수 있습니다.

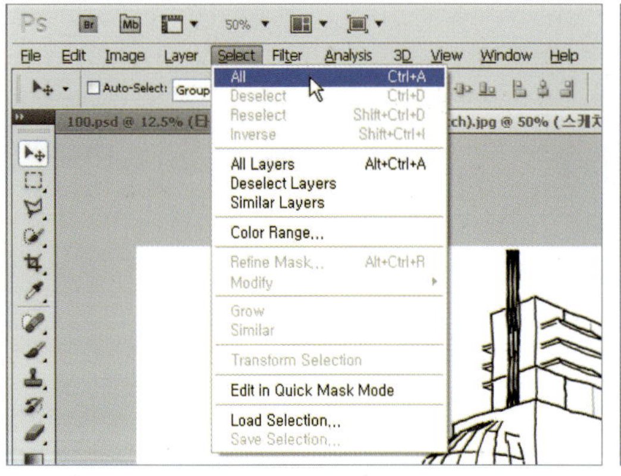

4 Edit → Cut 명령을 수행하여 선택된 전체 이미지를 잘라내 줍니다. 잘라낸 빈 영역은 아래 그림과 같이 아무것도 없다는 의미의 체크 무늬로 표시되는 것을 볼 수 있습니다.

5 Edit → Fill...(Shift + F5) 명령을 수행한 뒤, 나타나는 Fill 대화상자에서 아래 그림과 같이 Use 항목을 Black으로 설정한 뒤, OK 버튼을 클릭해 줍니다.

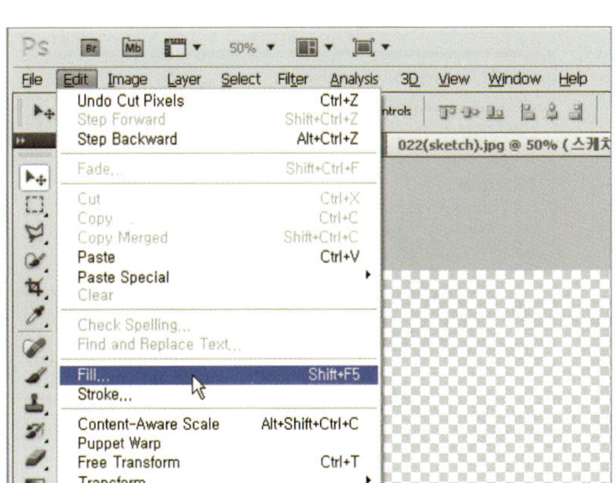

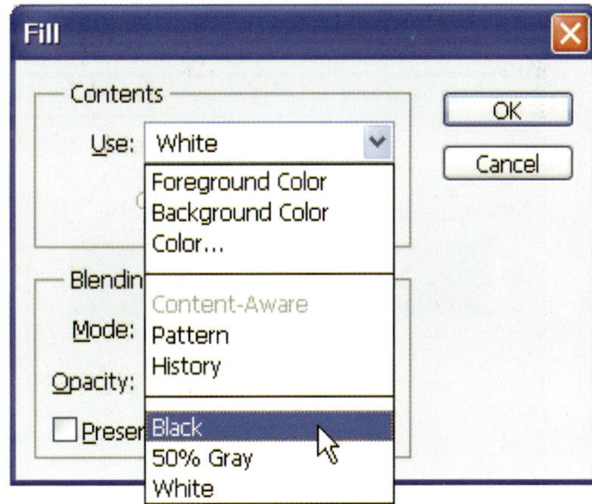

6 이미지 전체가 검은색으로 채색되는 모습을 볼 수 있습니다. 이제 레이어 마스크를 추가
하기 위해서 Layer ➡ Layer Mask ➡ Reveal All 명령을 수행합니다.

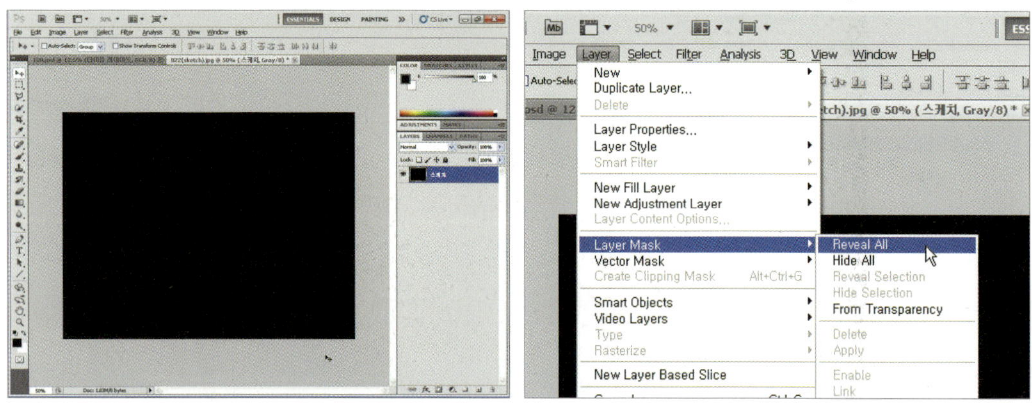

7 Reveal All 명령을 수행하고 나서 레이어 팔레트를 살펴보면 흰색의 사각형 아이콘이 추
가되는 것을 볼 수 있습니다. 이것을 Layer mask thumbnail이라고 부르는데 Alt 키를 누
른 상태에서 Layer mask thumbnail을 클릭해 줍니다.

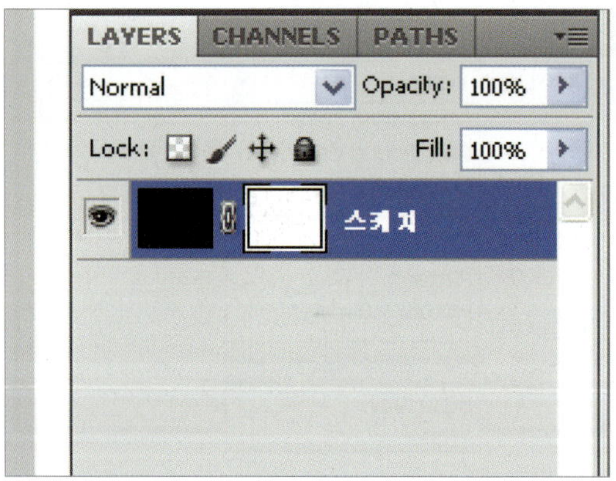

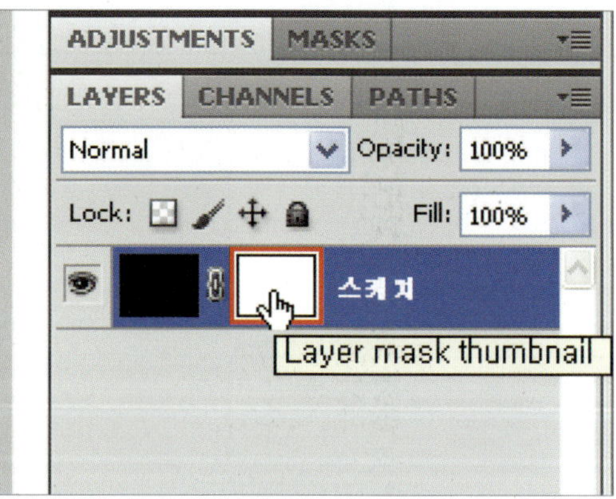

8 검은색이었던 이미지가 흰색으로 변하게 됩니다. Edit ➜ Paste 명령을 수행하여 잘라내었던 스케치 이미지를 붙여줍니다.

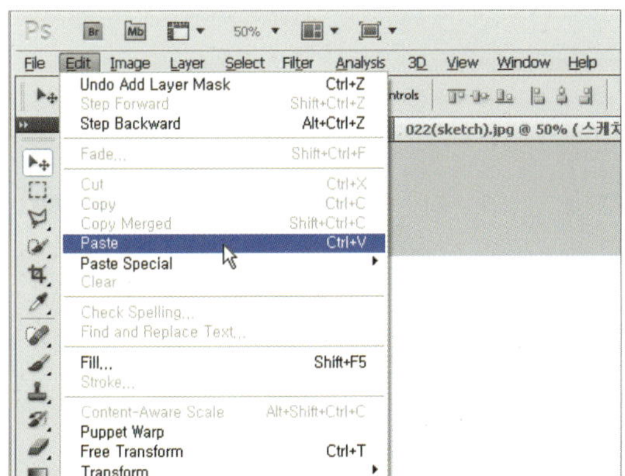
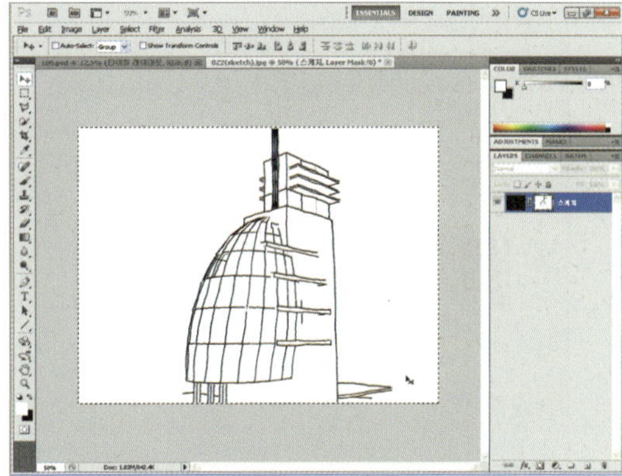

9 계속해서 Image ➜ Adjustments ➜ Invert(**Ctrl**+**I**) 명령을 수행하여 이미지의 색상을 역상처리하여 줍니다. 흰색 바탕에 검은색 이미지가 검은색 바탕에 흰색 이미지로 변경되는 모습을 볼 수 있습니다.

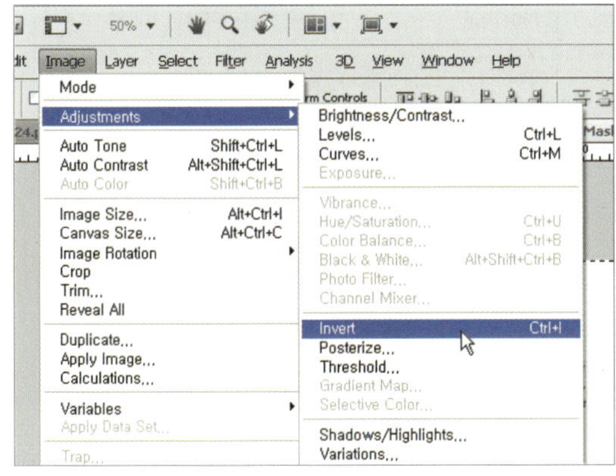
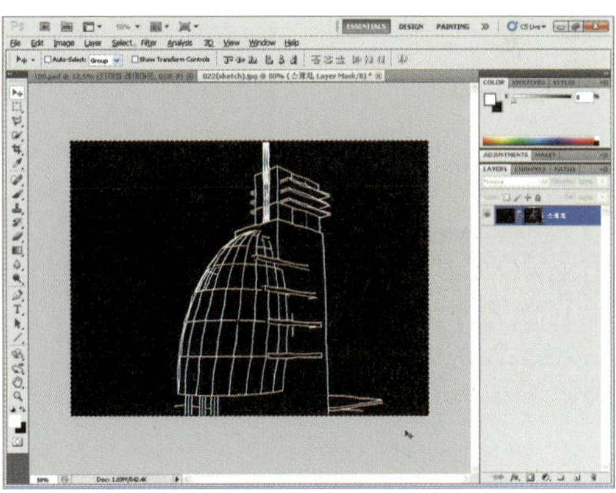

10 다시 레이어 팔레트에서 이번에는 아래 그림고 같이 Layer thumbnail 아이콘을 클릭해 줍니다. 결과를 살펴보면 배경 부분이 모두 삭제되는 모습을 볼 수 있습니다.

11 효과를 완전히 적용시켜주기 위해서 Layer ➡ Layer Mask ➡ Apply 명령을 수행합니다. 레이어 팔레트를 살펴보면 추가되었던 레이어 마스크가 삭제된 것을 볼 수 있습니다.

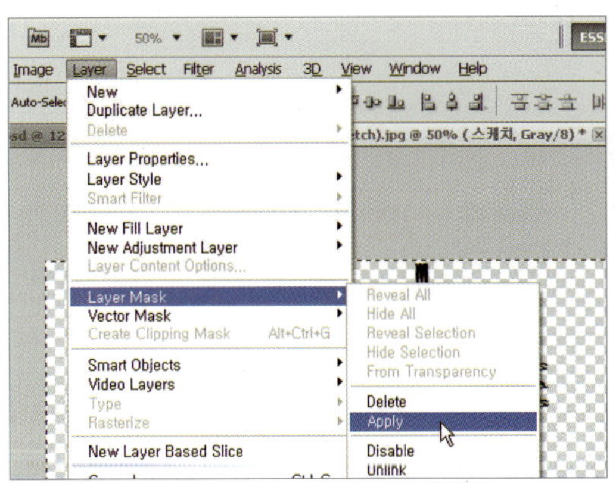

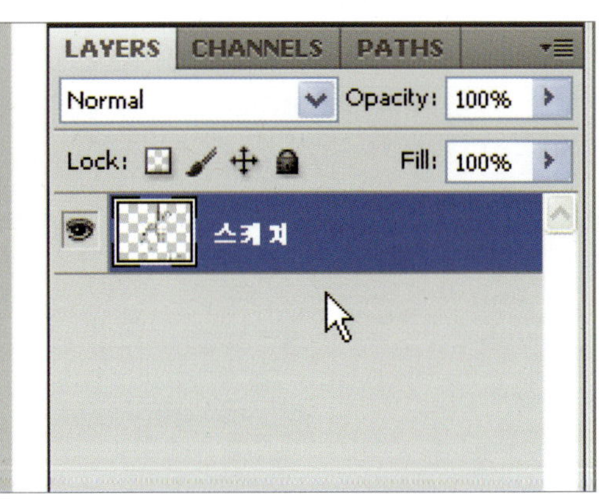

(예제|CD 01\023(sketch).psd)

12 이제 완성된 이미지를 복사하기 위해서 Edit ➡ Copy 명령을 수행합니다. 붙여넣기 작업을 위해서 편집 창에 선택한 뒤, Edit ➡ Paste 명령을 수행합니다.

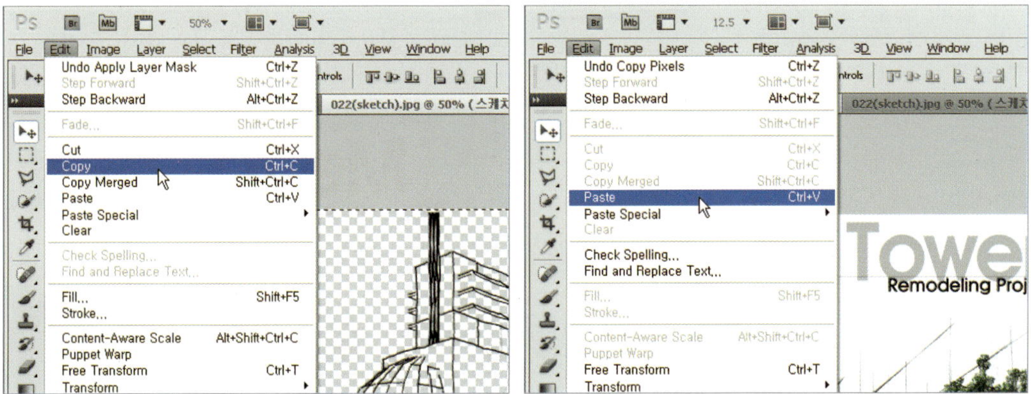

13 물론 붙여넣은 이미지를 원하는 위치로 이동시켜주기 위해서 Move Tool을 선택한 뒤, 드래그하여 아래 그림과 비슷한 위치로 이동시켜 줍니다.

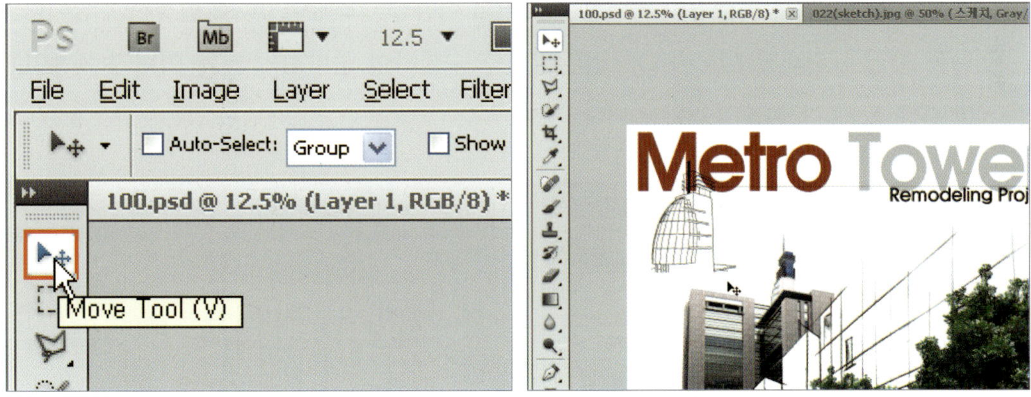

14 필요한 크기로 조절하기 위해서 Edit ➡ Transform ➡ Scale 명령을 수행한 뒤, 나타나는 조절점을 드래그하여 아래 그림과 비슷한 형태로 만들어 줍니다.

※ 가로:세로의 비율을 일정하게 유지하면서 크기를 변경하기 위해서는 Shift 키를 누른 상태에서 드래그하면 됩니다.

15 레이어 팔레트에서 지금까지 작업한 레이어의 이름을 '스케치-01'로 변경시켜 줍니다. 다음 작업을 위해서 File ➡ Open… 명령을 수행하여 준비된 스케치 이미지(예제CD 01\023(sketch).jpg)를 불러와 줍니다.

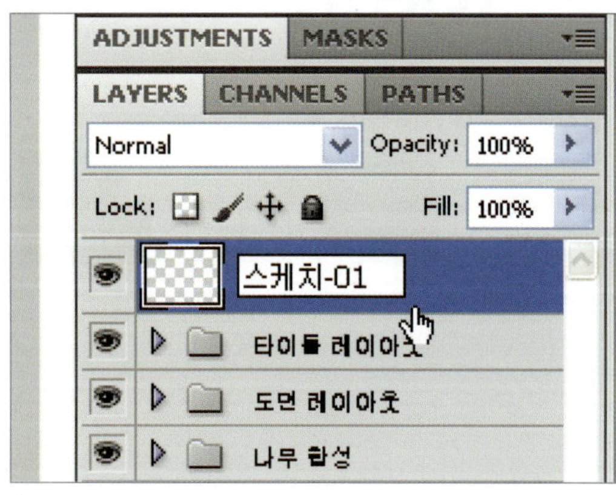
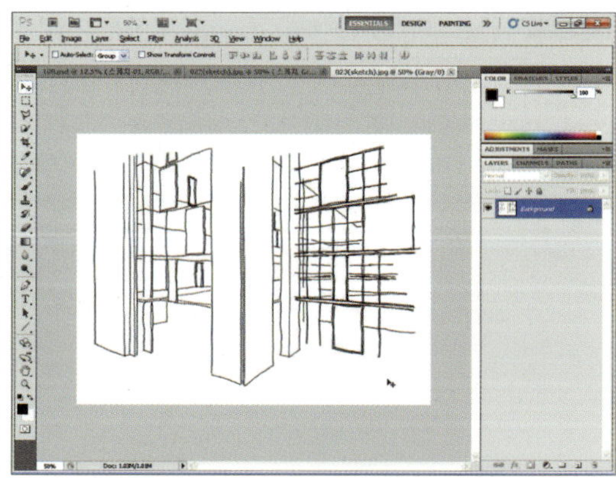

(예제\CD 01\024(sketch).jpg)

16 앞에서 수행한 동일한 방법으로 배경 이미지를 삭제한 뒤, 아래 그림과 같이 편집 창에 붙여넣고 크기와 위치도 조절해 줍니다. 물론 레이어 팔레트에서 레이어의 이름도 '스케치-02'로 변경시켜 줍니다.

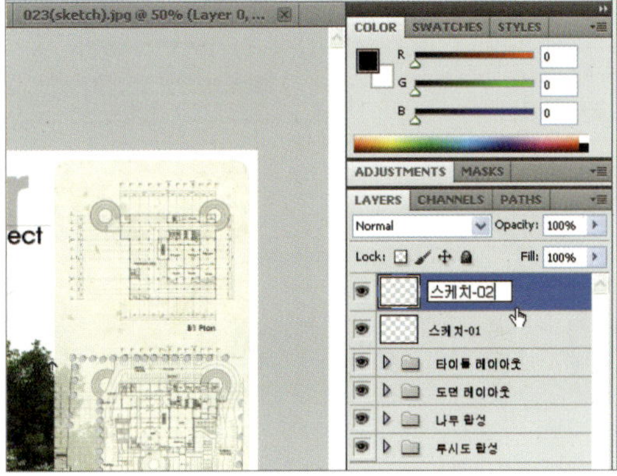

(예제\CD 01\025(sketch).psd)

17 이제 붙여넣은 이미지 주위로 테두리 선을 만들어 보도록 하겠습니다. Layer → New → Layer... 명령을 수행한 뒤, 나타나는 New Layer 대화상자에서 '테두리-01'이라는 이름을 레이어를 추가해 줍니다.

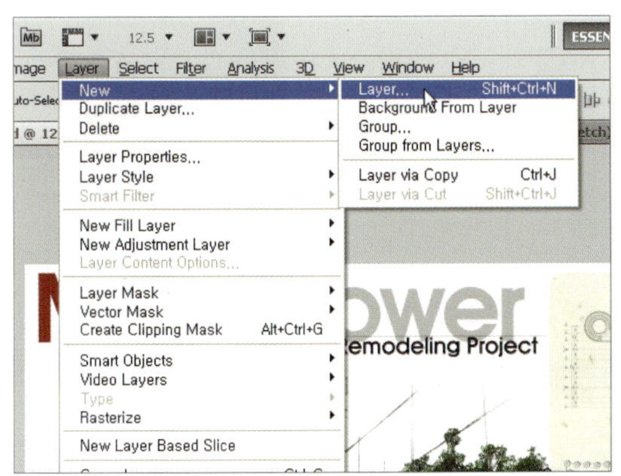
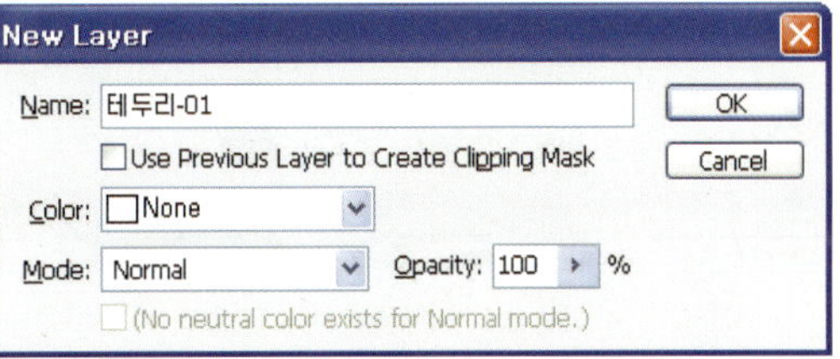

18 아래 그림과 같이 레이어 팔레트에 '테두리-01' 이라는 이름으로 레이어가 추가된 것을 확인한 뒤, 툴 박스에서 Rectangular Marquee Tool을 선택해 줍니다.

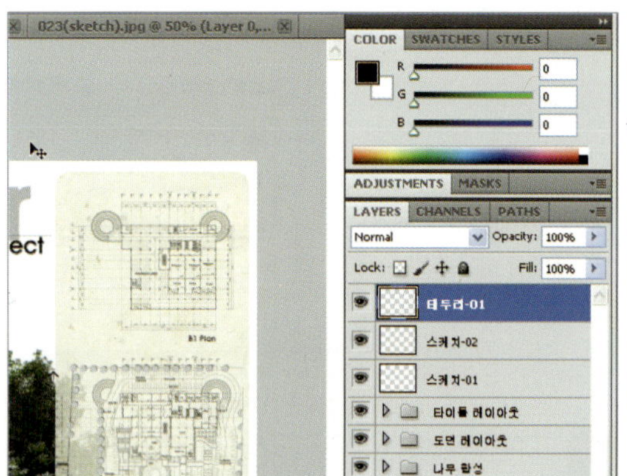
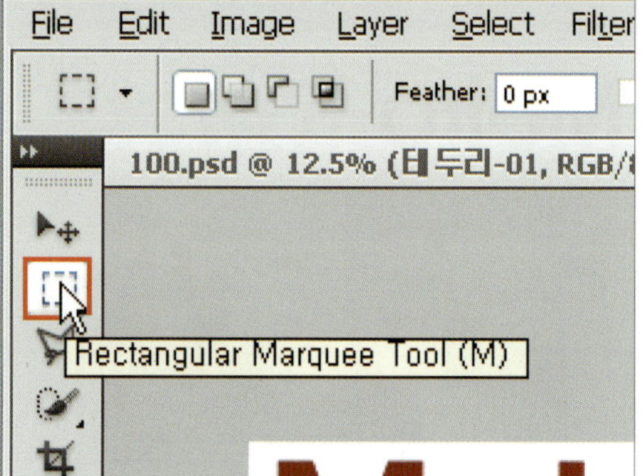

19 Rectangular Marquee Tool을 이용하여 아래 그림과 같이 스케치 이미지 주위로 드래그하여 선택영역을 만들어 줍니다. 테두리 선의 색상을 검은색으로 설정하기 위해서 툴 박스 하단에 위치하고 있는 Default Foreground and Background Color 아이콘을 클릭해 줍니다. 전경색(Foreground Color)이 검정색으로 설정되는 것을 볼 수 있습니다.

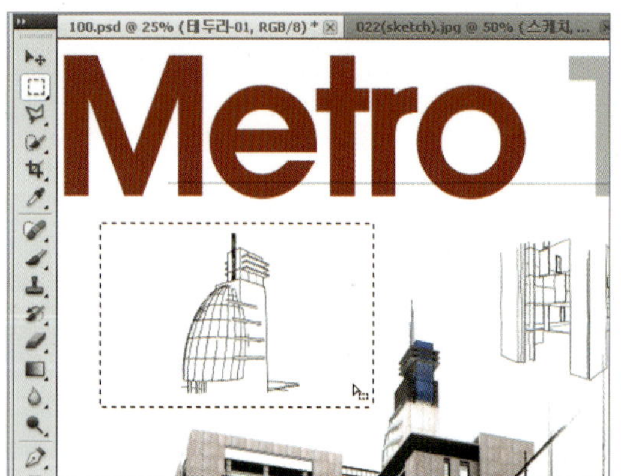

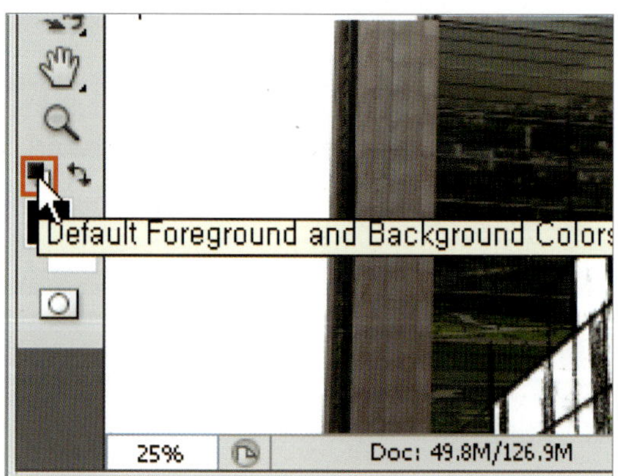

20 테두리선을 그리기 위해서 Edit ➡ Stroke... 명령을 수행합니다. 나타나는 Stroke 대화상자에서 Stroke의 Width 값을 '2px'로, Location 값을 'Center'로 설정해 줍니다.

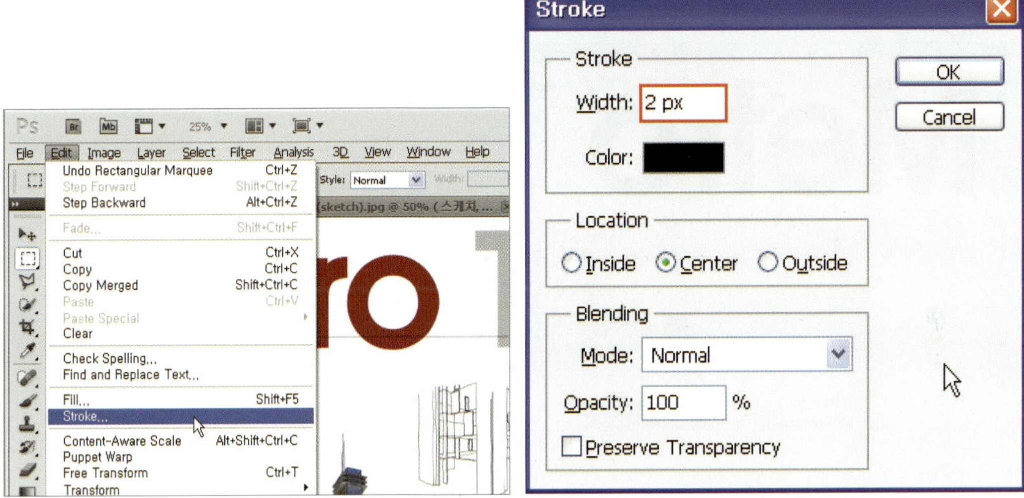

21 작업을 마친 뒤, Select ➡ Deselect 명령을 수행하여 선택 영역을 취소해줍니다. 아래 그림과 같이 선택영역을 따라서 테두리 선이 그려진 것을 볼 수 있습니다.

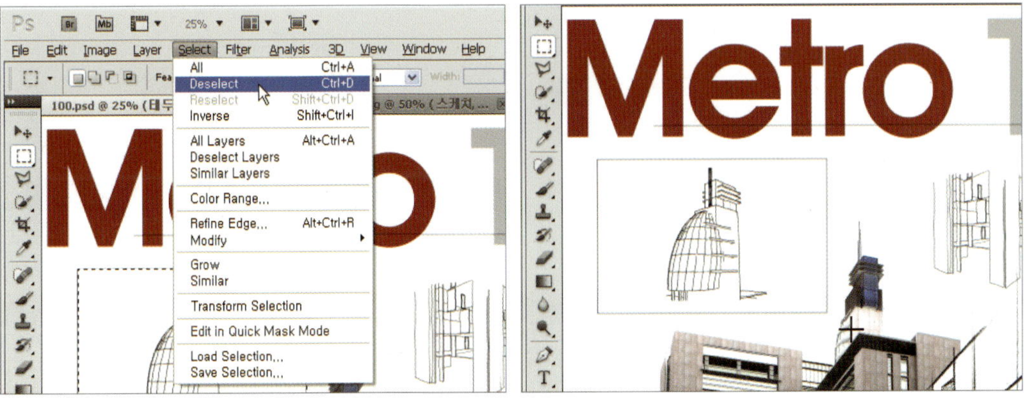

22 제목 입력을 위해서 다시 Rectangular Marquee Tool을 이용하여 아래 그림과 같이 제목 입력 부분을 드래그하여 선택영역을 만들어 줍니다. 계속해서 Edit ➡ Cut 명령을 수행하여 잘라내기를 수행합니다.

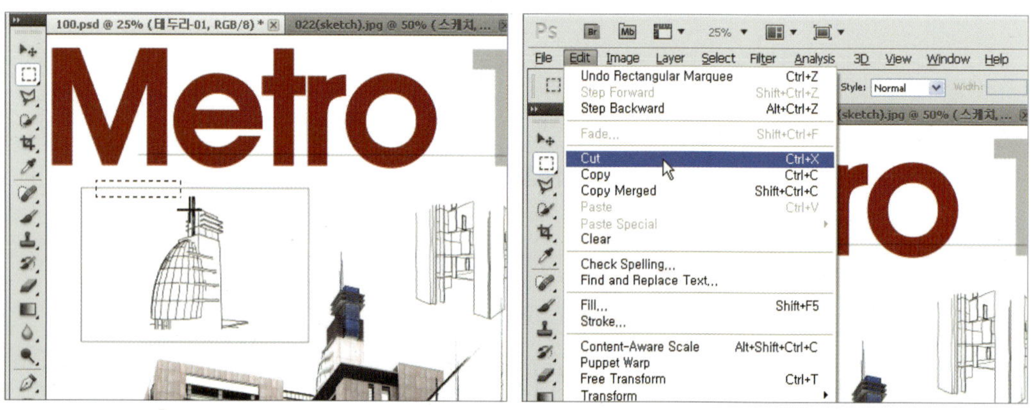

23 바로 옆에 위치하고 있는 스케치 이미지 주위에 테두리 선을 현재 작성된 이미지를 복사하여 사용해보도록 하겠습니다. 레이어 팔레트에서 '테두리-01' 레이어를 선택한 뒤, 마우스 오른쪽 버튼을 클릭하여 나타나는 메뉴에서 Duplicate Layer... 명령을 수행합니다. 나타나는 Duplicate Layer 대화상자에서 레이어의 이름을 '테두리-02'로 설정해 줍니다.

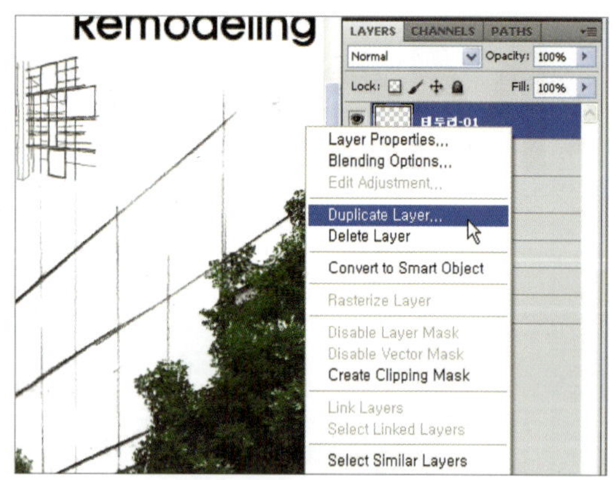

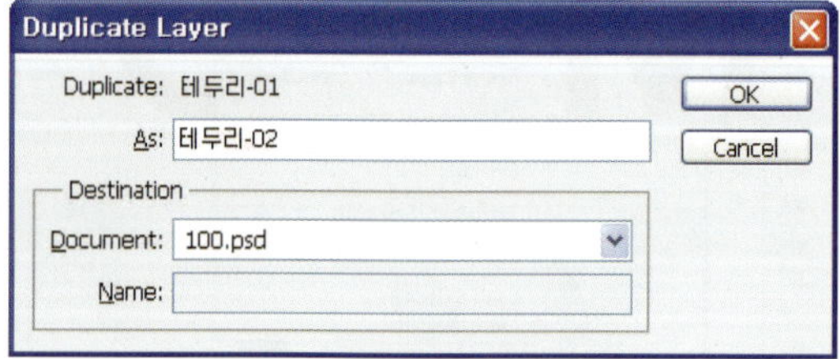

24 Move Tool을 클릭하여 선택한 뒤, 드래그하여 아래 그림과 같이 이동시켜 줍니다. 물론 이동할 경우에는 Shift 키를 누른 상태에서 이동하면 수평 혹은 수직으로 제한되면서 이동시킬 수 있습니다.

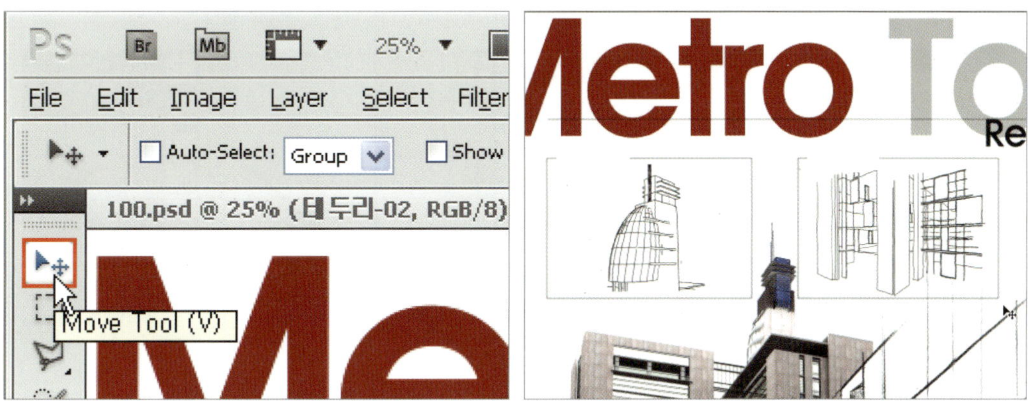

25 이제 제목 입력을 위해서 툴 박스에서 Horizontal Type Tool을 클릭하여 선택한 뒤, 아래 그림과 같이 적당한 글꼴, 크기, 색상으로 'Sketch-1' 이라고 제목을 입력해 줍니다.

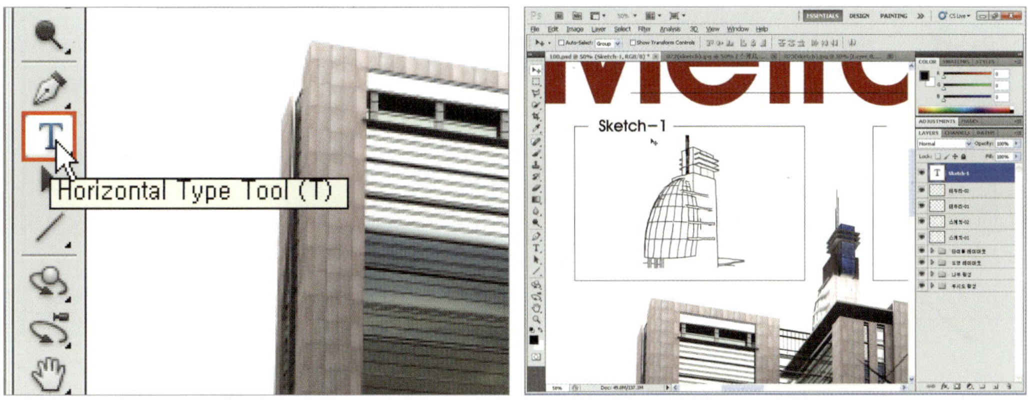

26 물론 동일한 방법으로 바로 옆에 이미지 위에도 'Sketch-2' 라고 제목을 입력해 줍니다. 작업을 마친 뒤, 레이어 팔레트에서 지금까지 작업되었던 레이어를 모두 선택해 줍니다.

27 레이어를 선택한 뒤, 레이어 팔레트 우측 상단에 위치하고 있는 팝업 버튼을 클릭합니다. 나타나는 메뉴에서 New Group from Layers... 명령을 수행해 줍니다.

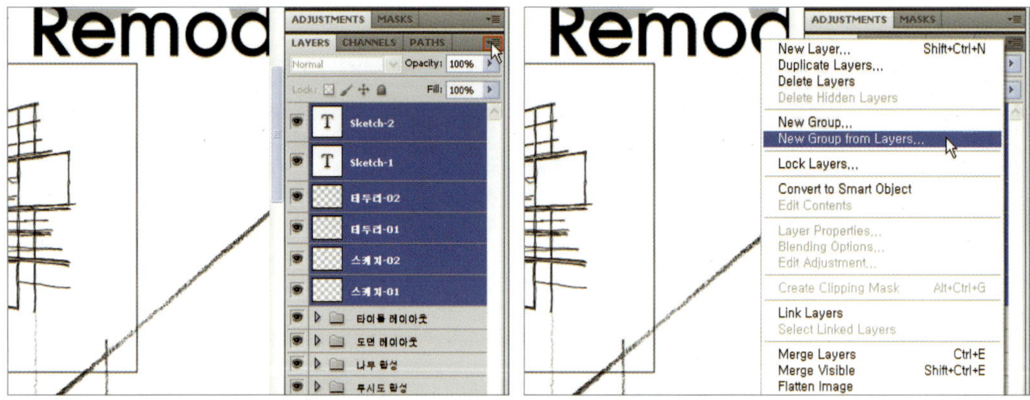

28 나타나는 New Group from Layer 대화상자에서 '스케치' 라고 입력해 줍니다. 여러 개의
레이어가 하나의 그룹으로 묶여 깔끔하게 정리된 상태를 볼 수 있습니다.

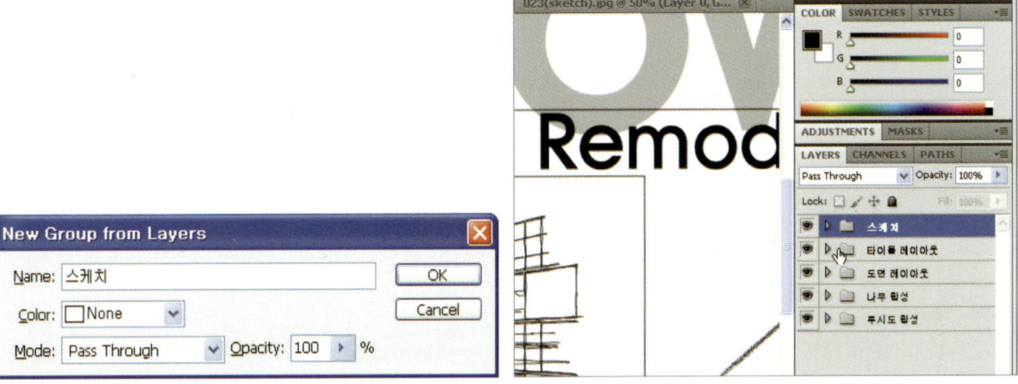

29 마지막으로 Move Tool을 클릭하여 선택한 뒤, 아래 그림과 같이 원하는 위치로 이동시켜
줍니다. 여러 레이어가 하나의 그룹으로 묶여있기 때문에 레이어 그룹을 선택하여 이동
시킬 경우 그룹에 포함된 모든 이미지가 동시에 이동되는 것을 볼 수 있습니다.

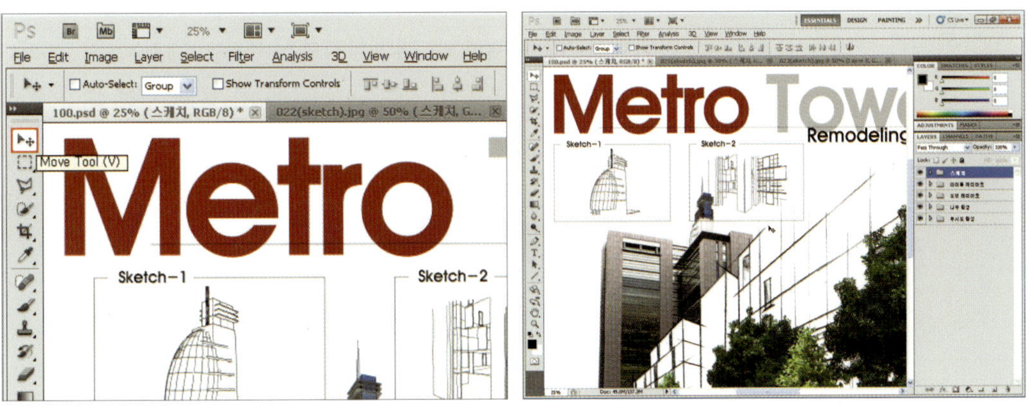

(예제CD 01\024.psd)

30 모든 작업을 마친 뒤, 이제 작성된 결과를 하나의 이미지로 제작해 보도록 하겠습니다. 작업한 내용을 하나의 이미지 파일로 저장하기 위해서 File ➡ Save As… 명령을 수행합니다. 나타나는 Save As 대화상자에서 파일 이름을 설정하고 Format은 일반적으로 가장 많이 사용되는 JPG 포맷으로 설정한 뒤, 저장 버튼을 클릭해 줍니다.

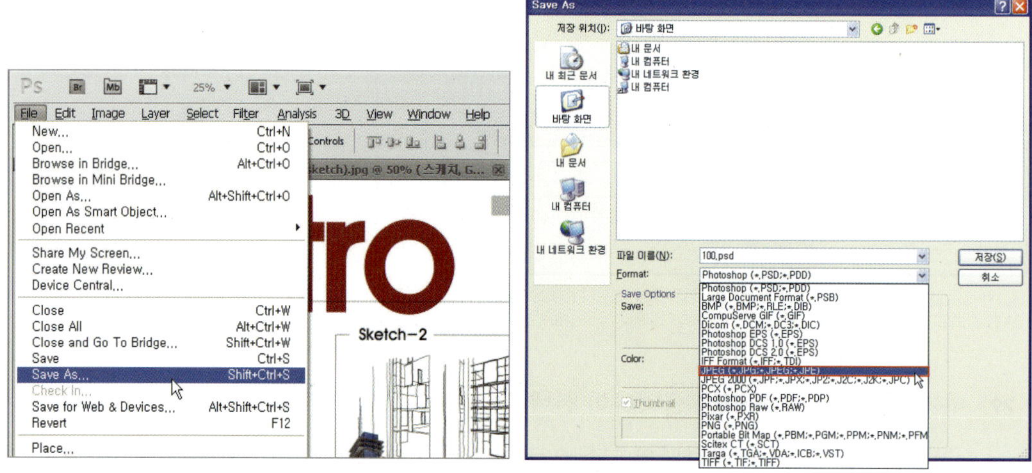

31 이름과 포맷을 설정한 뒤, 나타나는 JPEG Options 대화상자에서 Image Options의 Quality 값은 '12' 로 설정하고 Format Options 항목은 Baselines("Standard")로 설정한 뒤, OK 버튼을 클릭하여 저장해 줍니다.

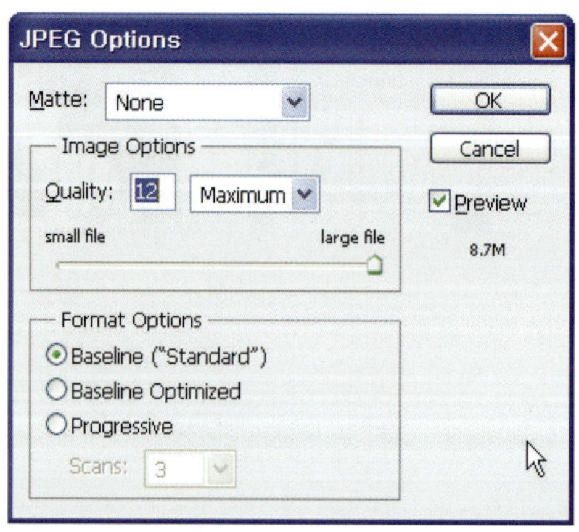

(예제|CD 01\027.jpg)

32 최종 완성된 이미지

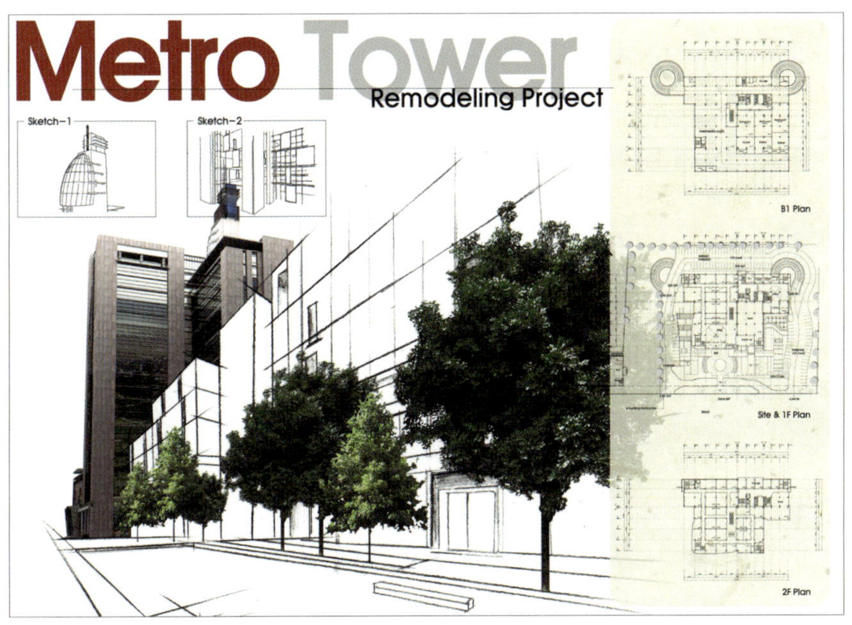

Metro Tower
Remodeling Project
Sketch-1
Sketch-2
B1 Plan
Site & 1F Plan
2F Plan

⚠ 포토샵 화면과 옵션 값을 초기값으로 돌리고 싶어요!

※ 포토샵 CS5를 이용하여 작업하다 보면 화면 구성이 어지럽게 될 뿐만 아니라 사용하던 도구의 환경변수도 다양하게 바꾸어 사용하게 됩니다. 그러나 이러한 작업을 하다가 포토샵 CS5를 실행한 처음 환경으로 되돌리고 싶을 경우가 발생합니다. 이러한 경우 포토샵 CS5를 초기화시키는 방법에는 여러 가지 방법이 있습니다.

1 각각의 메뉴마다 여러 가지 초기화 명령이 있지만 포토샵을 처음 인스톨해서 실행했던 상태로 바꾸기 위해서는 포토샵을 실행시키자마자 Alt + Ctrl + Shift 키를 동시에 눌러줍니다. 그림과 같이 사용하고 있던 포토샵의 셋팅 파일을 삭제하면서 초기화할 것인가를 묻는 대화상자가 나타납니다. Yes 버튼을 클릭하면 포토샵의 작업환경이 초기 값으로 설정됩니다.

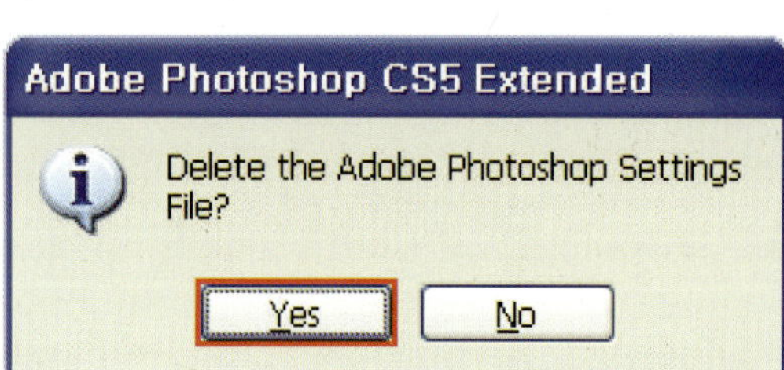

2 옵션 바 앞에 위치한 툴 프리셋 픽커(Tool Preset Picker) 기능은 자신의 작업에 맞게 설정한
  툴 들을 저장하거나 저장된 환경을 불러올 경우 사용됩니다. 또한 옵션마다, 또는 모든 툴들의
  옵션을 초기값으로 돌릴 경우 사용됩니다.

  그림과 같이 Reset All Tools를 클릭하면 그림과 같은 대화상자가 나타나며 OK 버튼을 클릭하
  면 모든 툴의 옵션을 초기 값으로 설정하게 됩니다.

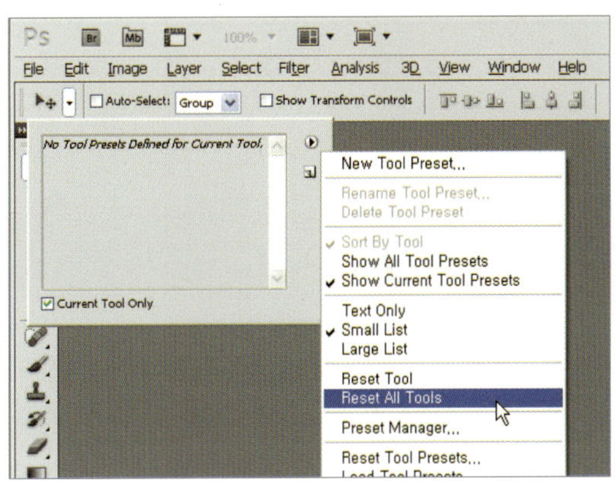
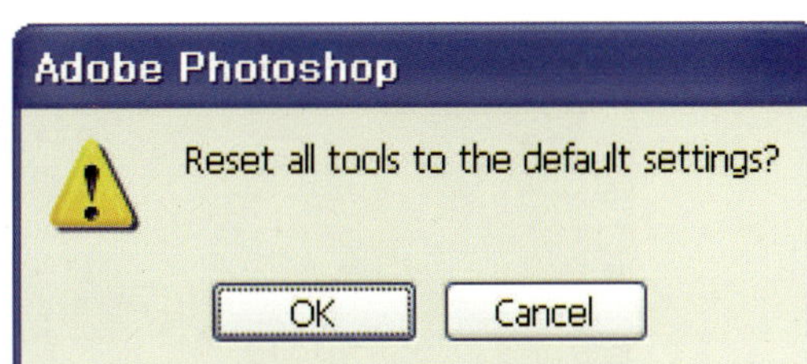

3 많은 작업을 하거나 다수의 인원이 하나의 컴퓨터를 사용하다보면 자신만의 스타일대로 팔레
  트를 배치하여 사용하게 됩니다. 이때 그림과 같이 메뉴 바에서 Windows → Workspace →
  Reset Essentials을 클릭하면 팔레트의 위치를 초기화면과 같이 설정할 수 있습니다.

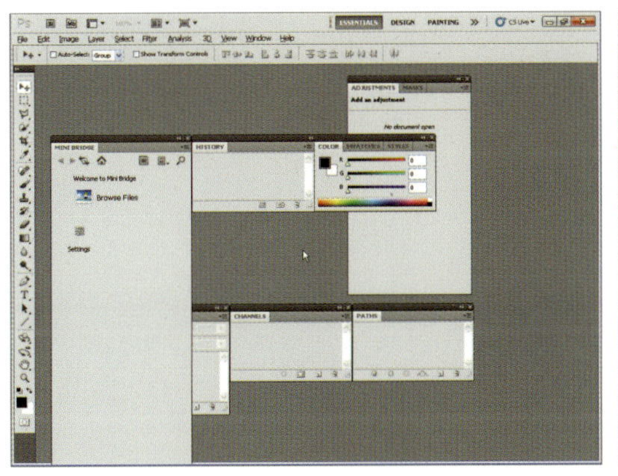
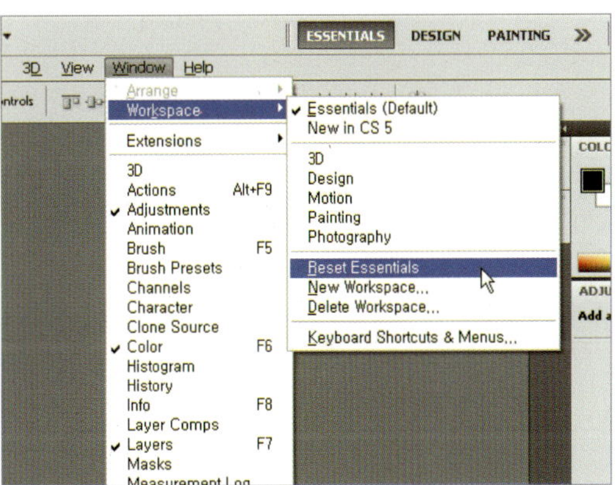

4 포토샵 CS5의 초기화면 구성

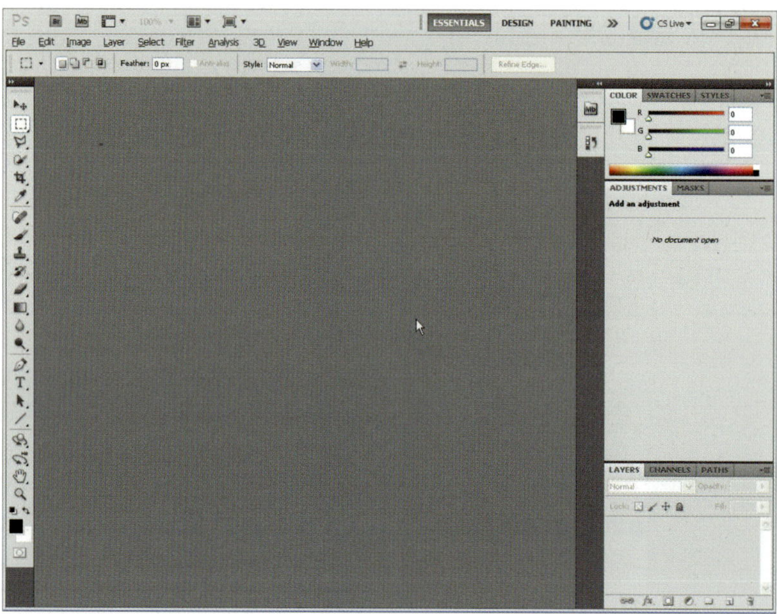

제2부

포토샵과 인테리어, 건축 표현
(포토샵 CS5의 기본 인터페이스)

본격적인 포토샵의 학습단계로 들어가기 전에 전체적인 포토샵의 구성 및 인터페이스를 살펴봄으로써 앞으로 학습할 다양한 툴, 명령과 더불어 수많은 예제 작업을 쉽게 진행할 수 있을 것입니다.

1 포토샵 CS5

Adobe Photoshop CS5는 전세계적으로 가장 많이 알려진 2D 편집 툴로 강력한 이미지 편집 기능들을 갖춘 이미지 편집 프로그램이라고 할 수 있습니다. 아마도 현재로서는 가장 많은 사람들이 광범위하고 생산적인 도구 세트들을 제공하는 Photoshop을 이용하여 창의적이며, 효율적인 작업, 모든 미디어에 사용 가능한 고품질의 이미지를 만들고 있습니다. 특히 일반적인 용도의 범용의 용도뿐만 아니라 인테리어 및 건축 디자인을 전공하는 학생이나, 실무에서 현상설계 및 프레젠테이션을 위해서는 캐드, 3차원 모델링 및 렌더링 프로그램과 더불어 거의 필수적으로 사용하고 있다고 해도 과언이 아닐 정도입니다.

Adobe Photoshop CS5

포토샵 CS5 실행하기

1 처음 포토샵을 실행하기 위해서는 아래 그림과 같이 윈도우의 [시작] 단추를 클릭한 다음 [모든 프로그램]-[Adobe Photoshop CS5]를 클릭하면 그림과 같은 포토샵 CS5의 초기화면 이 표시되면서 프로그램이 실행됩니다.

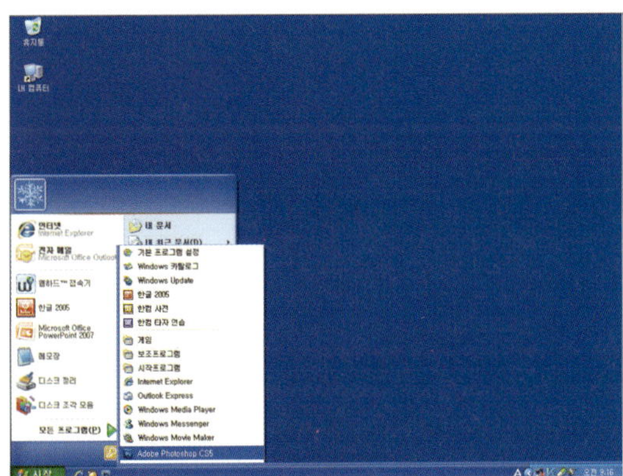
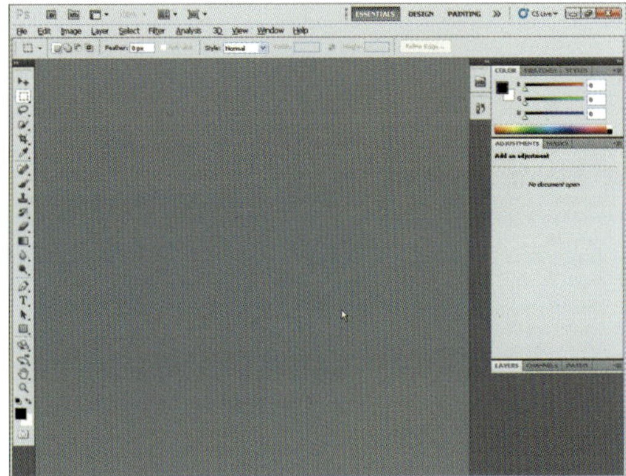

2 물론 포토샵 CS5를 실행하기 위해서는 앞에서 제시한 방법뿐만 아니라 다양한 방법을 통해 포토샵 프로그램을 실행할 수 있습니다. 가장 많이 사용되는 방법 중에는 실행 프로그램을 바탕화면에 등록한 뒤, 바탕화면에 나타나 있는 포토샵 아이콘을 더블 클릭하거나, 빠른 실행도구 모음에서 포토샵 아이콘을 등록시켜 놓았다면 빠른 실행도구 모음에서 포토샵 CS5 아이콘을 더블클릭하면 포토샵 프로그램을 실행시킬 수 있습니다.

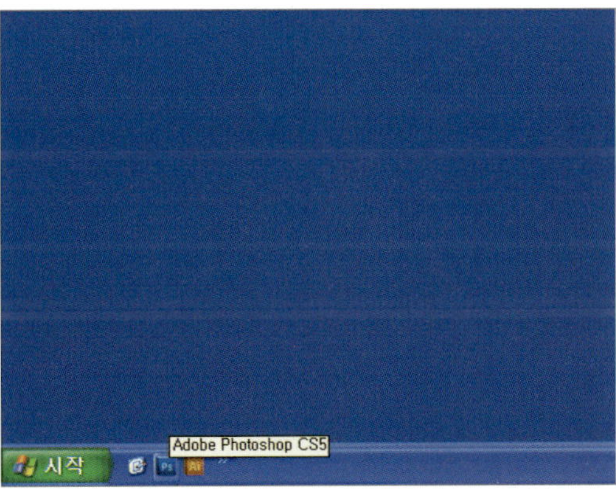

포토샵 CS5에서 파일 불러오기

1 포토샵 CS5가 실행되면 파일을 불러오기 위해 File ➜ Open을 클릭 합니다. Open 대화 상자에서 불러올 파일을 선택한 후 열기 버튼을 클릭하면 원하는 파일을 불러올 수 있습니다.

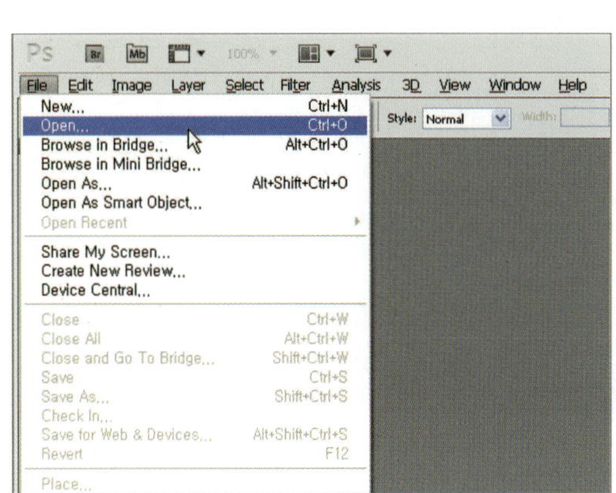
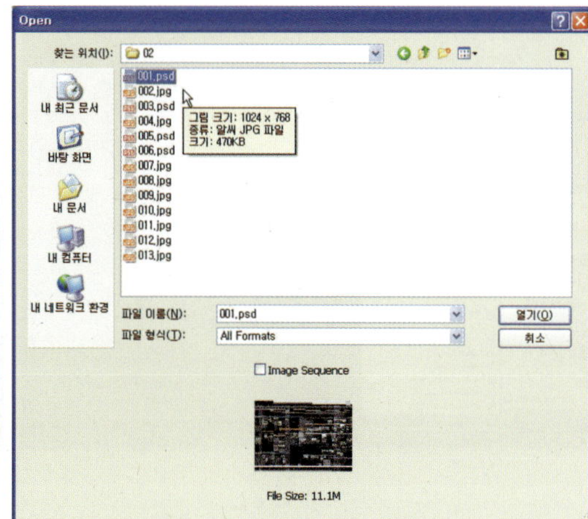

2 포토샵 CS5에서 파일을 불러오기 위해서는 어도비 브릿지(Bridge)를 이용하여 원하는 파일을 열 수 있습니다. File ➜ Browse in Bridge를 클릭하거나 아래 그림과 같은 Launch Bridge 아이콘을 클릭합니다.

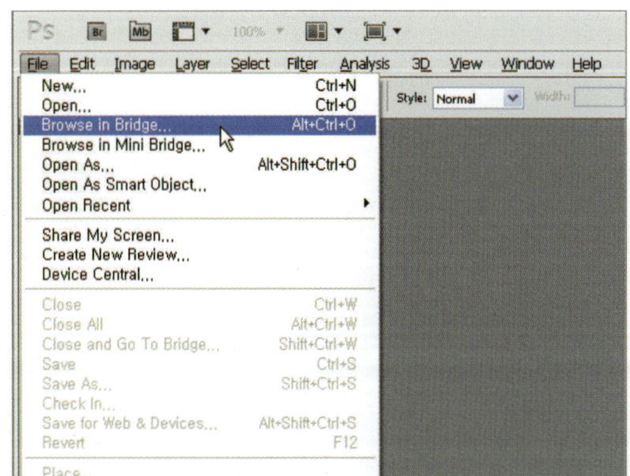
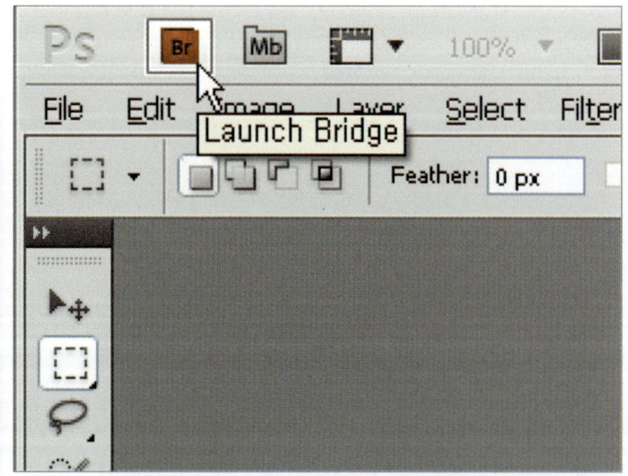

3 Bridge가 실행되면 아래 그림과 같이 이때 열기를 원하는 파일을 선택한 뒤, File ➡ Open With ➡ Adobe Photoshop CS5(default)를 클릭하여 선택한 파일이 포토샵에서 열리도록 설정해 줍니다.

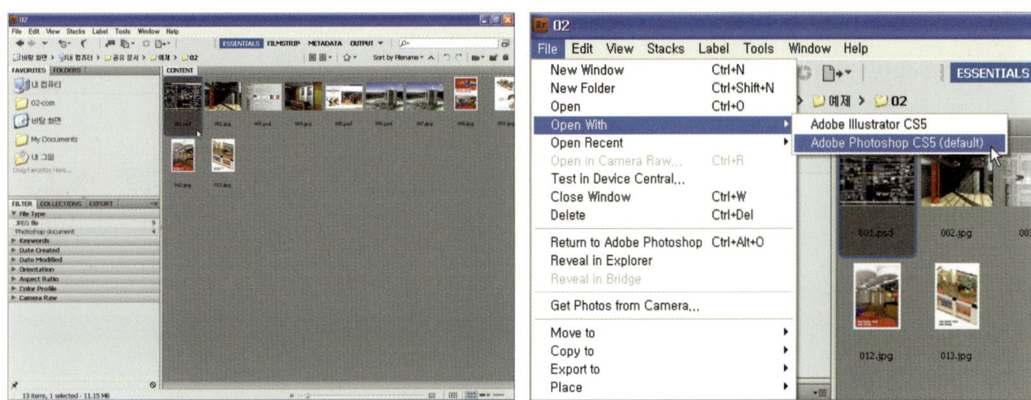

※ 어도비 브릿지는 포토샵이 CS5 버전으로 오면서 이전의 파일 브라우저 보다 훨씬 능동적으로 CS 제품군 전체를 아우르며 전체 작업 상황을 한 눈에 파악하고 필요한 자료를 찾거나 드래그 앤 드롭으로 손쉽게 사용할 수 있게 해주는 비주얼 파일브라우저 입니다. 단순히 비트맵 이미지만을 다루는 것이 아니라 Raw, 벡터 포맷이나 동영상 포맷을 포함한 광범위한 미디어 포맷을 구성하고, 찾고 미리보기 할 수 있습니다.

포토샵 CS5 종료하기

1 포토샵을 종료하려면 그림과 같이 메뉴 바에서 File → Exit를 클릭하거나 오른쪽 상단에 위치한 [닫기]버튼을 클릭하여 종료할 수 있습니다.

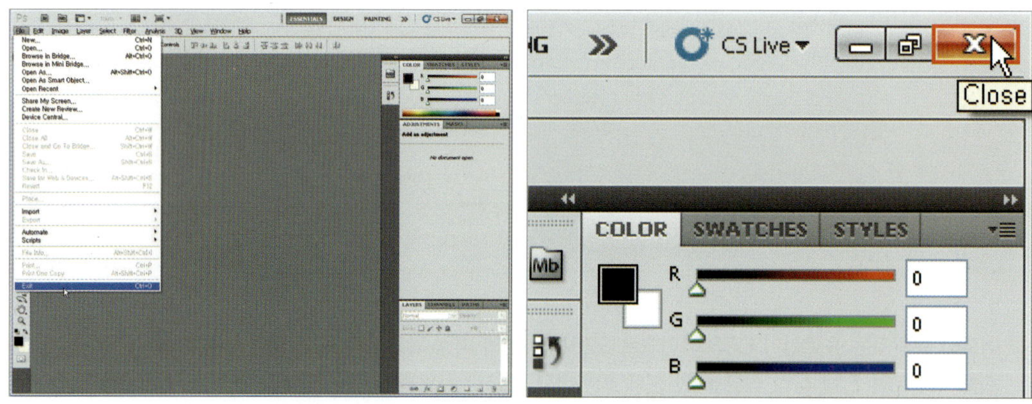

※ 물론 작업 중인 파일이 있을 경우 저장 여부를 묻는 대화상자가 나타나며 Yes 버튼을 클릭하면 프로그램을 종료하기 전에 작업 중인 파일을 저장하게 됩니다.

2 포토샵 CS5의 화면구성

포토샵 CS5를 실행시키면 그림과 같은 모습을 볼 수 있습니다. 기본적인 화면 구성은 메뉴, 도구패널, 팔레트, 작업창 등으로 구성되어 있으며 별도의 몇 가지 추가적인 기능을 가지고 있습니다. 얼핏 보면 매우 간단해 보이지만 수많은 명령들을 포함하고 있습니다. 실제로 포토샵 CS5의 구성과 명령을 이해하기 위해서는 컴퓨터 그래픽 원리의 이해가 필수적입니다.

포토샵 CS5의 화면 구성

1. 도구 패널

포토샵 CS5의 툴 패널에는 포토샵 CS5에서 제공하고 있는 기본적인 기능의 도구를 모아 놓고 있으며, 아마도 포토샵에서 마우스가 가장 많이 닿는 곳이기도 합니다. 여기에서는 기본적으로 이미지를 선택하거나 변형하는 편집기능과 채색하거나 그리는 드로잉 기능뿐만 아니라 기본적인 편집 작업도 수행할 수 있습니다.

2. 메뉴 패널

맨 위의 응용 프로그램 모음에는 포토샵 CS5에서 제공하는 명령들을 메뉴 형식으로 제공하고 있습니다. 메뉴를 클릭하면 오른쪽에 삼각형 표시(▶)가 되어 있는 부분은 메뉴 안에 하위 메뉴를 포함하고 있다는 의미이며, 회색으로 딤드, 즉 회색으로 비활성상태로 되어 있는 부분은 현재 작업 상태에서는 실행할 수 없다는 의미입니다. 특히 인테리어나 건축 분야에서는 메뉴 명령 중에 실전에 쓰이는 메뉴는 그리 많다고 볼 수는 없습니다.

3. 컨트롤 패널

메뉴 아래 위치하고 있는 컨트롤 패널은 현재 사용 중인 툴에 대한 세부 옵션이 나타나는 부분입니다. 도구 패널에서 선택한 툴에 대한 상세한 옵션을 설정할 수 있으며, 툴 마다 제공하는 옵션이 모두 다릅니다.

4. 팔레트 패널

포토샵 CS5에서 제공하는 기능들을 팔레트 패널 형식으로 모아 놓은 곳입니다. 포토샵에서 제공하는 모든 패널을 보여주고 있지는 않지만 화면에 원하는 팔레트 패널이 없다면 Window 메뉴에서 원하는 팔레트 이름을 클릭하여 보이게 할 수 있으며 불필요한 패널을 보이지 않도록 설정할 수도 있습니다.

5. 문서 창

문서 창으로 말 그대로 현재 작업을 진행하거나 보여지는 공간입니다. 기본적으로 탭 형식으로 구성되어 있습니다.

6. 상태표시줄

현재 열려진 도큐먼트의 다양한 정보와 도움말을 표시하는 곳으로, 파일 용량, 이미지 확대 비율 등의 정보를 표시하고 있습니다.

아래 그림과 같이 상태 표시줄에 위치하고 있는 ▶ 모양의 버튼을 클릭하면 다음과 같은 각종 정보를 선택할 수 있는 메뉴가 나타납니다. 각각의 메뉴를 선택하면 화면 하단에 위치한 상태 표시줄이 작업 중인 도큐멘트와 컴퓨터의 사용 상태를 알려줍니다.

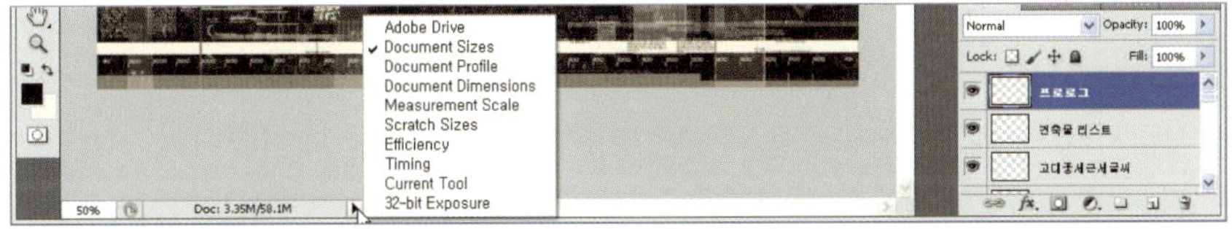

Doc: 3.35M/58.1M ▶

- Document Size(이미지 용량) 작업 이미지의 용량을 표시합니다. 왼쪽은 원래 파일의 크기, 오른쪽은 작업시 추가된 모든 정보를 포함한 총 이미지의 용량을 표시합니다.

sRGB IEC61966-2.1 (8bpc) ▶

- Document Profile(이미지 색상 프로필) 작업 이미지의 색상 상태를 알 수 있습니다. 일반적으로 건축 및 인테리어 패널 작업에서는 RGB, CMYK, Gray 중에 하나를 사용하게 됩니다.

10.84 cm x 7.76 cm (300 ppi) ▶

- Document Dimensions(이미지 크기) 작업중인 도큐멘트(이미지)의 크기를 보여줍니다. 패널작업에서는 대부분 cm 단위를 사용하게 되며 출력 이미지의 크기를 미리 알 수 있습니다.

1 pixels = 1.0000 pixels ▶

- Measurement Scale 작업 이미지의 픽셀 당 측정 크기 값을 표시해 줍니다.

Scratch: 180.1M/1.14G ▶

- Scratch Sizes(스크래치 용량) 사용자 컴퓨터의 시스템에서 사용 가능한 메모리 상태를 보여줍니다. 왼쪽은 현재 사용하고 있는 메모리 크기를 보여주며 오른쪽은 포토샵이 사용 가능한 메모리의 크기를 보여줍니다.

Efficiency: 93%* ▶

- Efficiency(효율성) 메모리의 효율을 보여줍니다. 100%면 작업이 모두 메모리 상태에서 진행 중임을 뜻하며 수치가 낮으면 메모리 크기가 부족하기 때문에 하드디스크를 마치 메모리와 같이 사용한다는 의미입니다.

0.3s ▶

- Timing(작업시간) 바로 이전에 사용되었던 명령의 수행시간을 보여줍니다.

Move ▶

- Current Tool(현재 사용중인 도구) 현재 선택하여 사용하고 있는 툴을 보여줍니다.

Exposure works in 32-bit only ▶

- 32bit-Exposure(32bit-노출) 현재 작업 상태의 색상 모드가 32-bit로 설정되어 있을 경우 여기서 바로 노출값을 변경할 수 있습니다. 색상 모드가 32-bit 이하일 경우 활성화 되지 않습니다.

포토샵에서의 패널 구성

포토샵 CS5에서는 다양한 기능을 제공하는 패널이 제공됩니다. 그러나 이렇게 많은 패널을 제공하지만 실제 인테리어 및 건축 디자인 패널을 작업할 경우 포토샵에서 제공하는 모든 패널이 필요하지는 않습니다. 대부분 이 책을 보시는 분은 현장 실무에서 프레젠테이션 보드를 제작하시거나 학교에서 과제 및 공모전 등을 위한 패널을 제작하려는 분이실 겁니다. 이러한 경우 실제로 레이어 패널이 가장 많이 사용됩니다. 필자의 경우는 패널 작업을 위해서 많은 레이어(layer)를 다루기 때문에 다른 패널은 모두 꺼놓고 레이어 패널만을 사용하기도 합니다.

◆ 모든 패널 숨기기 또는 표시

[도구] 패널 및 [컨트롤] 패널 등 모든 패널을 숨기거나 표시하기 위해서는 (Tab) 키를 이용하여 숨기거나 표시할 수 있으며, [도구] 패널 및 [컨트롤] 패널을 제외한 모든 패널을 숨기거나 표시하려면 Shift + (Tab)을 눌러 사용할 수 있습니다.

(Tab) 키를 이용

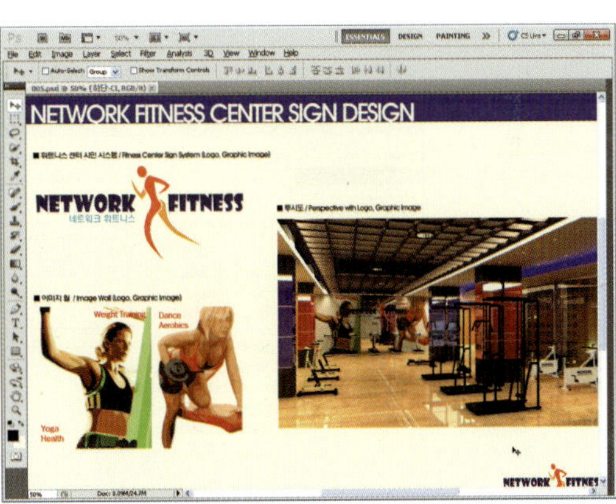

Shift + (Tab) 키를 이용

◆ 패널 옵션 표시

패널의 오른쪽 위에 있는 패널 메뉴 아이콘을 클릭하여 선택된 패널의 옵션을 표시할 수 있으며,
패널이 최소화된 상태에서도 패널 메뉴를 열 수 있습니다.

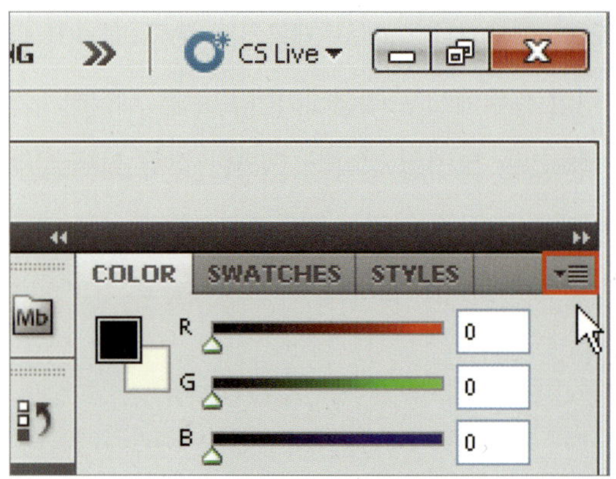

패널 메뉴 아이콘

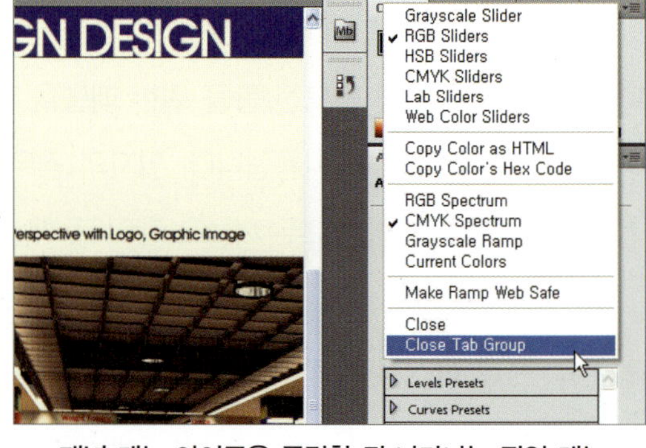

패널 메뉴 아이콘을 클릭한 뒤 나타나는 팝업 메뉴

물론 Photoshop에서는 [인터페이스] 환경 설정의 [UI 글꼴 크기] 메뉴에서 글꼴 크기를 변경하여
[컨트롤] 패널, 패널 및 도구 설명 텍스트의 글꼴 크기를 변경할 수 있습니다.

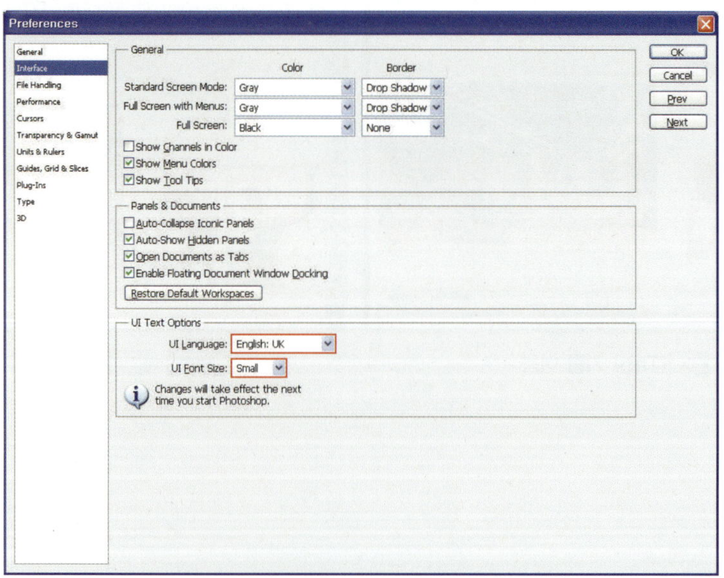

패널 및 도구 설명 텍스트의 글꼴 크기를 변경

3 레이어 팔레트 패널만으로 구성된 화면 구성 및 복원

1 화면 구성의 초기화 연습을 위해서 예제 파일을 불러와 보도록 하겠습니다. 메뉴 바에서 그림과 같이 File ➡ Open…을 클릭한 후 나타나는 Open 대화상자에서 준비된 예제 파일 (예제CD 02\001.psd)을 불러옵니다.

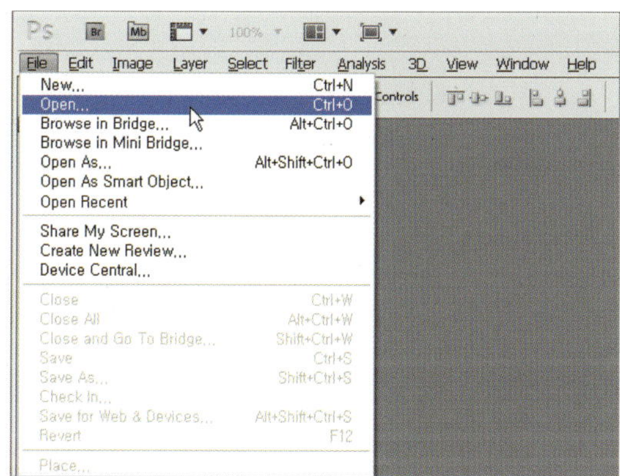
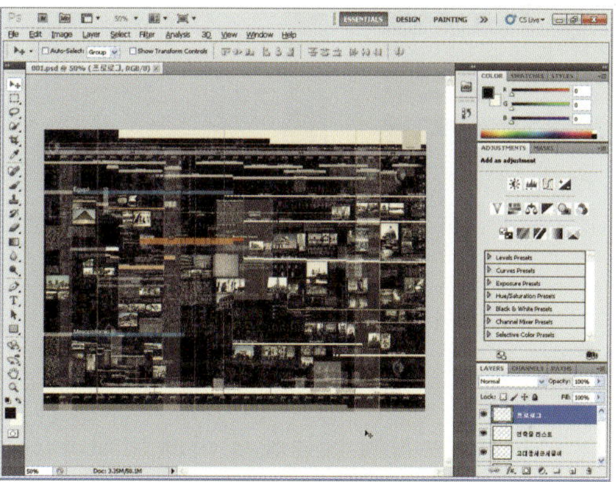

(예제CD 02\001.psd)

2 예제 파일(예제CD 02\001.psd)을 불러온 뒤, 화면 우측 하단에 위치하고 있는 패널 중에서 레이어 팔레트를 자세히 보면 레이어의 개수가 대단히 많다는 것을 알 수 있습니다. 아마도 대부분의 사용자들은 경우 하나의 화면에 모두 나타나지 않을 정도로 많다는 것을 알 수 있습니다. 이제 불필요한 팔레트 패널을 보이지 않도록 하기 위해서 아래 그림과 같이 우측 상단에 배치되어 있는 Color 팔레트 패널의 오른쪽 위에 있는 패널 메뉴 아이콘 팝업 버튼을 클릭합니다.

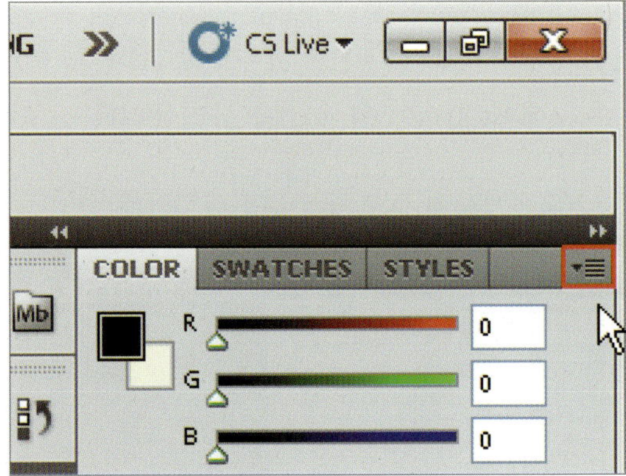

3 나타나는 팝업 메뉴에서 아래 그림과 같이 Close Tab Group 명령을 수행합니다. 현재 그룹을 묶여있던 COLOR, SWATCHES, STYLES 팔레트 패널이 보이지 않게 됩니다. 대신 레이어 팔레트의 패널 크기가 조금 커진 것을 볼 수 있습니다.

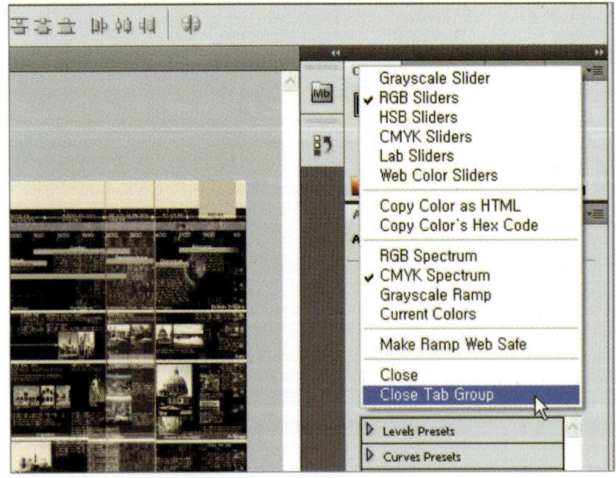
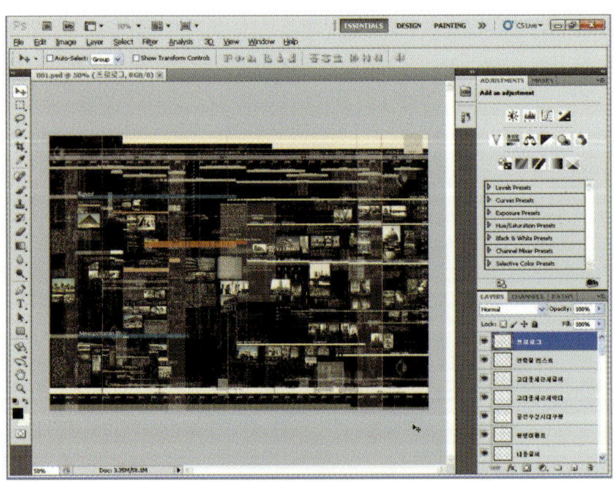

4 이번에는 ADJUSTMENTS 팔레트가 위치하고 있는 패널의 패널 메뉴 아이콘 팝업 버튼을 클릭한 뒤, 나타나는 메뉴에서 Close Tab Group 명령을 수행합니다. 현재 ADJUSTMENTS, MASKS 팔레트가 포함된 패널이 보이지 않게 됩니다. 더불어 레이어 팔레트의 크기는 더욱 커진 것을 볼 수 있습니다.

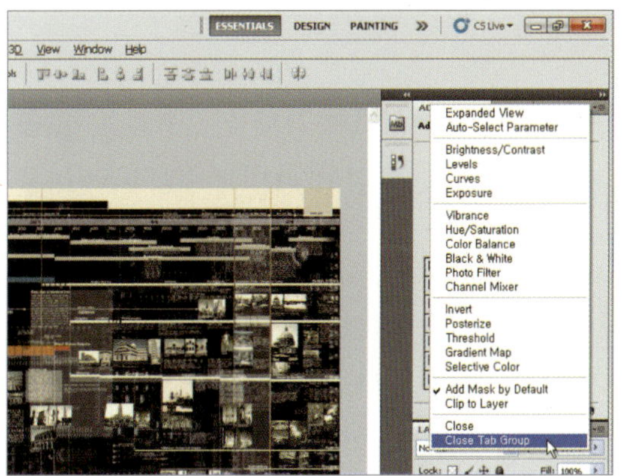
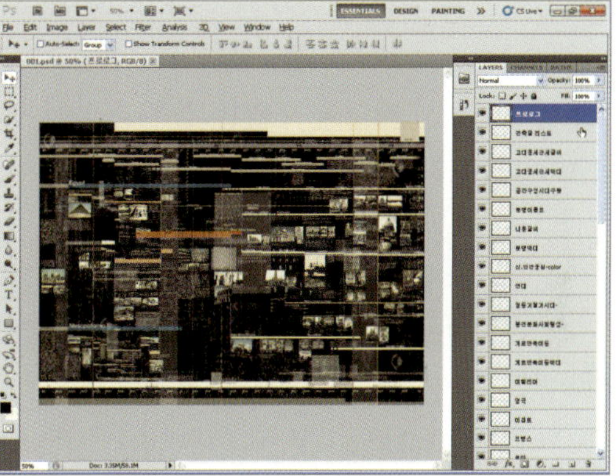

5 이번에는 처음 포토샵 CS5를 실행하였을 경우 설정되어 있는 팔레트의 구성으로 변경해 보도록 하겠습니다. 메뉴에서 Window → Workspace → Reset Essentials 명령을 클릭하여 선택합니다. 포토샵 CS5의 작업 화면이 초기화면으로 변경되는 것을 확인할 수 있습니다.

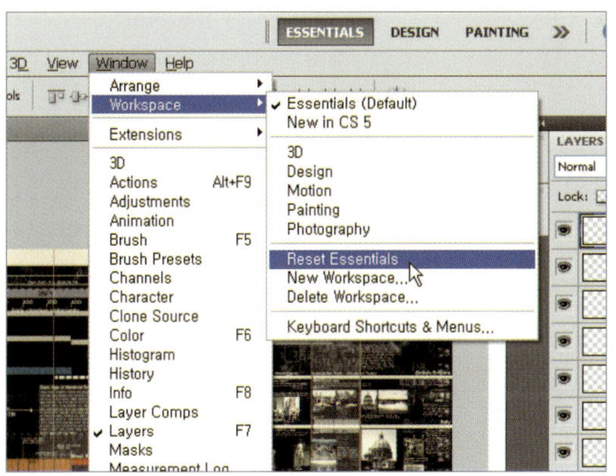
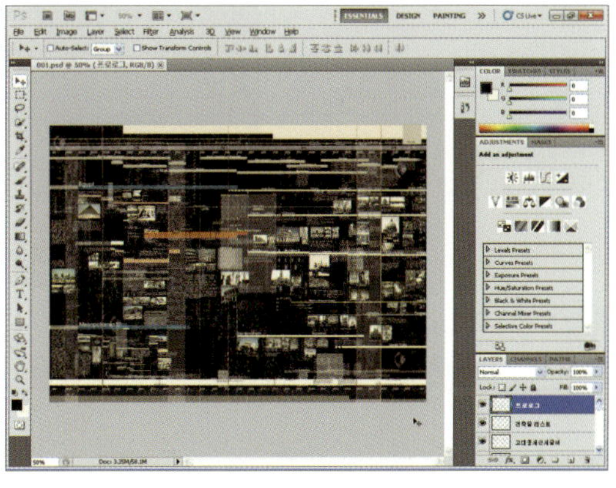

※ 실제 패널 작업에서는 수많은 레이어가 사용됩니다. 이러한 경우에는 다른 불필요한 팔레트를 모두 끈 상태에서 자주 사용되는 팔레트, 특히 레이어 팔레트의 크기를 키워놓은 상태에서 작업을 하면 더욱 편리합니다.

4 포토샵 CS5의 작업 공간 표시 방법

포토샵 CS5에서 작업을 수행할 경우 다양한 방법으로 화면을 구성하여 작업을 진행할 수 있습니다. 작업자의 취향에 따라서 다양한 방법으로 작업을 진행할 수 있기 때문에 원하는 형태로 구성하여 작업을 진행해 보도록 합니다.

1 File → Open 명령을 수행한 뒤, 나타나는 Open 대화상자에서 준비된 예제 이미지(예제 CD 02\002.jpg, 003.psd, 004.jpg, 005.psd)를 불러와 줍니다. 여러 이미지를 한꺼번에 불러오기 위해서는 Ctrl키를 누른 상태에서 나머지 이미지를 선택하여 동시에 선택해 줄 수 있습니다.

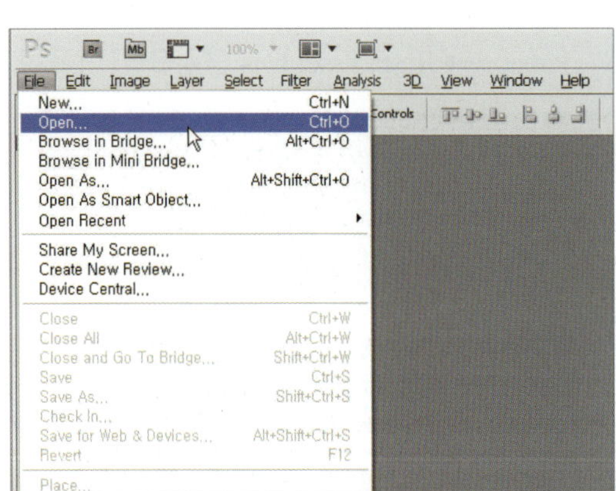

(예제\CD 02\002.jpg, 003.psd, 004.jpg, 005.psd)

2 불러온 이미지를 살펴보면 아래 그림과 같이 탭 형식으로 이미지를 표현하게 됩니다. 물론 다른 이미지를 보기 위해서는 원하는 이미지의 탭을 클릭하면 볼 수 있습니다.

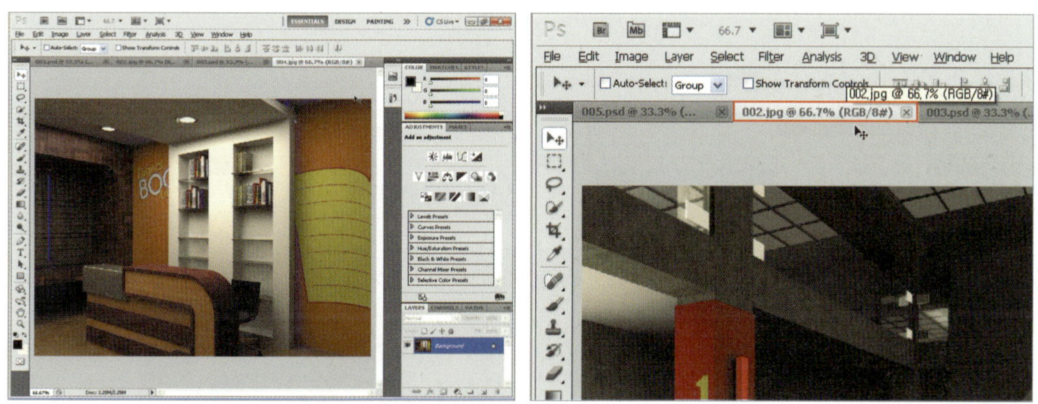

3 이번에는 불러온 이미지의 나열 방식을 다르게 구성해 보도록 하겠습니다. Window ➡ Arrange ➡ Tile을 클릭해 줍니다. 아래 그림과 같이 여러 이미지가 타일(Tile) 형식으로 표현되는 것을 볼 수 있습니다.

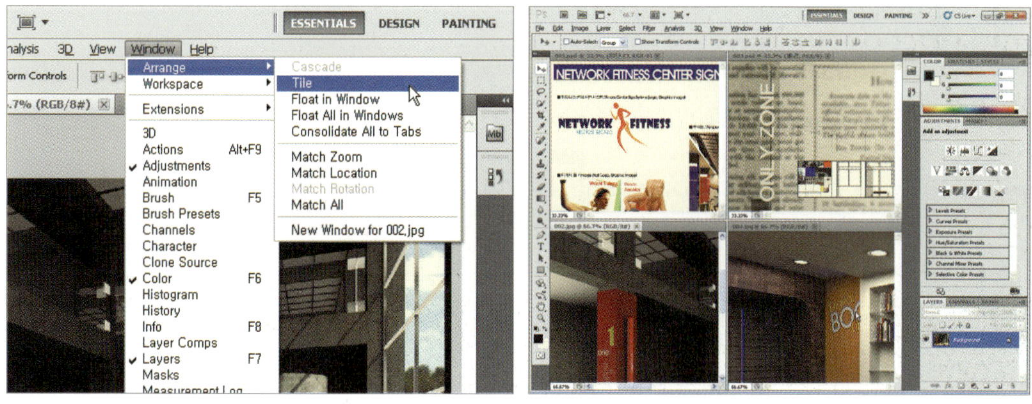

4 이번에는 불러온 파일의 표현 방식을 윈도우 창의 형식으로 표현해 보도록 하겠습니다. Window ➡ Arrange ➡ Float All in Windows을 클릭해 줍니다. 아래 그림과 같이 불러온 이미지가 별도의 창으로 구성되는 것을 볼 수 있습니다.

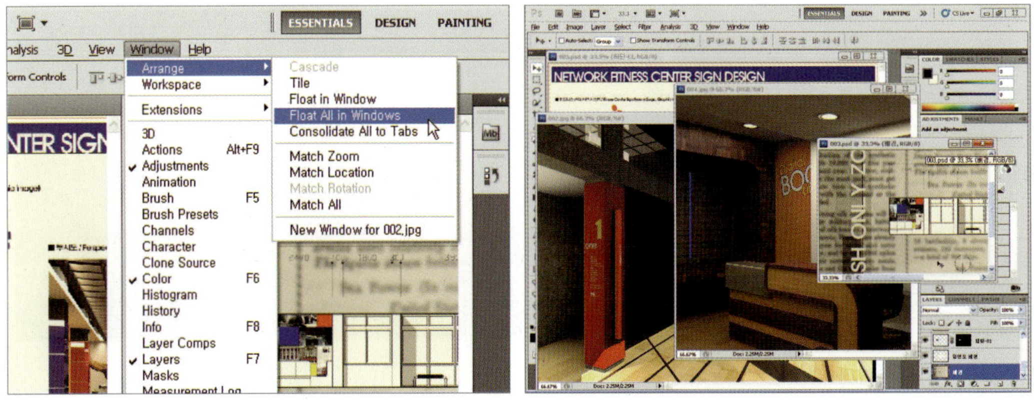

5 이번에는 처음 화면 구성과 같은 탭 형식으로 표현해 보도록 하겠습니다. Window ➡ Arrange ➡ Consolidate All to Tabs을 클릭해 줍니다. 아래 그림과 같이 불러온 이미지가 탭 형식으로 표현되는 것을 볼 수 있습니다.

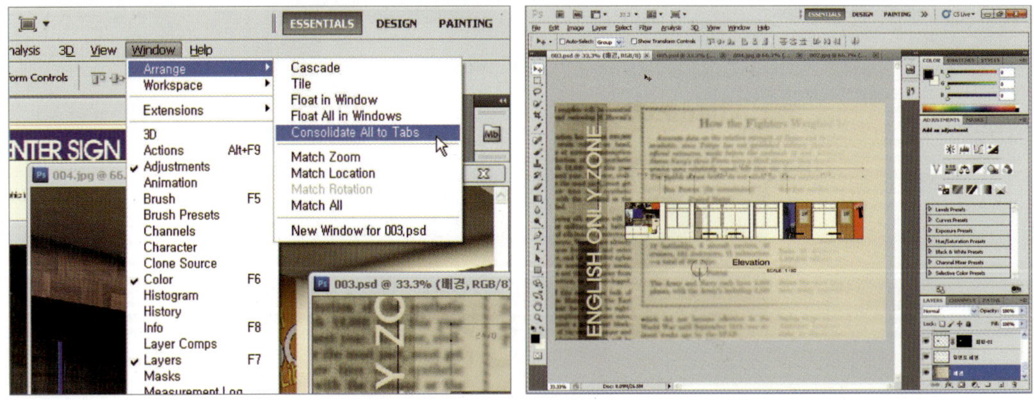

6 마지막으로 불러온 이미지를 모두 닫기 위해서 File ➡ Close All 명령을 수행합니다. 열려

있던 이미지 창이 모두 닫혀지는 것을 볼 수 있습니다.

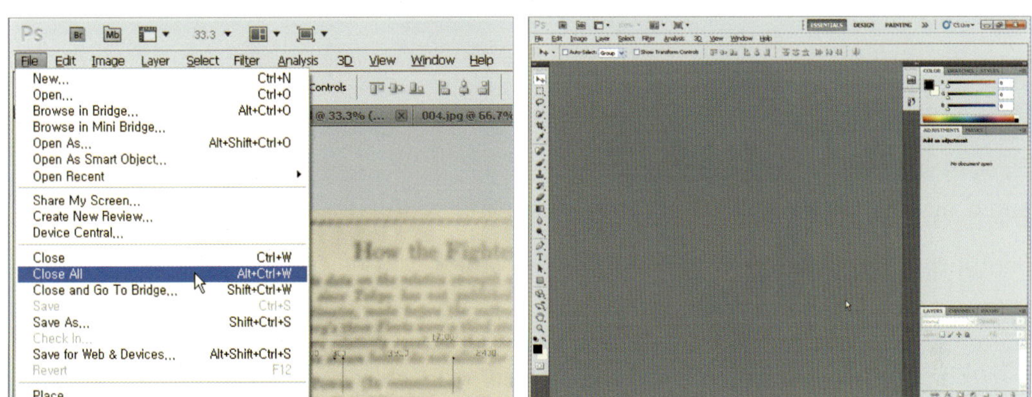

5 포토샵과 인테리어, 건축 표현

수업을 받는 학생에서부터 현장에서의 설계 업무까지 광범위하게 사용되고 있는 디지털 도구는 이미 대중화되었다고 할 수 있습니다. 단순한 이미지 합성 및 사진을 이용한 스캔작업을 비롯하여 정보검색, 도면 작성에서부터 투시도, 조감도, 보드 프레젠테이션과 같은 2차원 표현은 물론이고 모형제작에 있어서도 CNC(computerized numerically controlled machine tools) 공작 기계를 이용한 자동화 작업이 보편화 되고 있습니다. 물론 제작된 데이터는 디지털화하여 보관되고 있으며, 이를 기반으로 구축된 데이터 베이스는 반복적인 작업에서 데이터를 다시 사용함으로써 작업시간을 줄여 설계 생산성 향상에 도움을 주게 되었으며, 네트워크를 통한 협업 작업까지 확대되어 진행되고 있다고 할 수 있습니다.

포토샵 CS5를 이용한 합성 이미지 제작 예

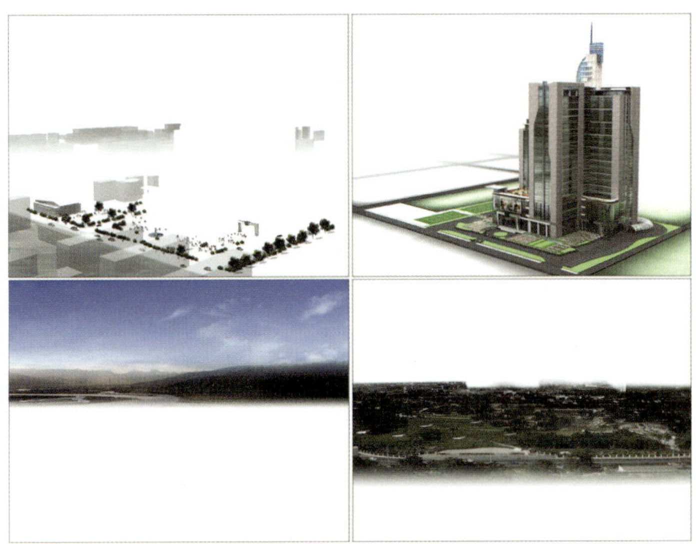

작업 전 이미지 소스(예제CD 02\006.psd)

편집 작업후의 모습(예제CD 02\007.jpg)

이러한 상황에서 건축 및 인테리어 프레젠테이션, 특히 우리나라의 건축 설계 및 인테리어 프레젠테이션 분야에서 작성되는 소스 및 패널 제작에서는 거의 대부분이 포토샵을 활용하고 있습니다. 이제는 포토샵과 같은 컴퓨터 프로그램을 이용한 표현은 단순한 도구 차원을 넘어서서 표현기법의 개발 및 디자인 도구로 발전해 가고 있습니다.

포토샵을 이용한 패널 작업의 예

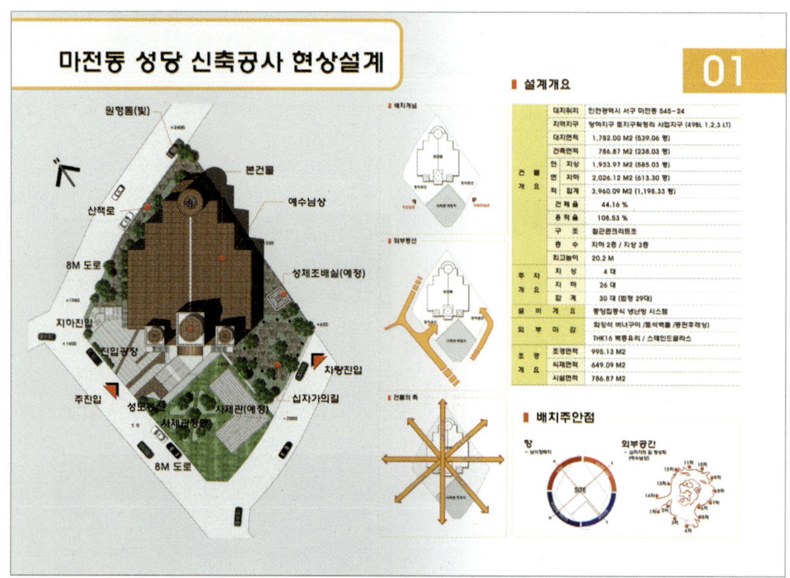

배치 및 평면도를 이용한 패널 작업

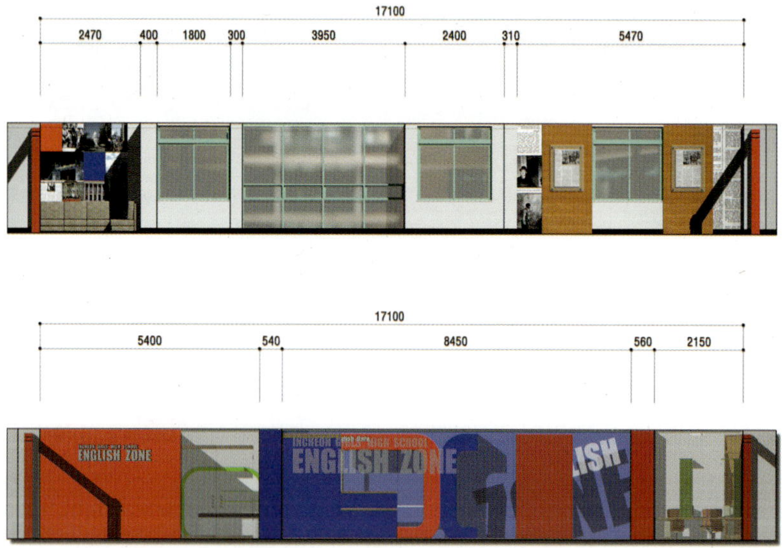

도면 및 이미지 사진을 이용한 입면 작업

ⓘ 포토샵의 강력한 편집 기능

포토샵은 단순한 이미지 편집 및 색상 보정뿐만 아니라 마스크와 알파채널을 이용하여 건축 프레젠테이션을 위한 편집 작업시 발생되는 어려움을 해결해 줄 수 있는 강력한 기능을 가지고 있습니다. 실제로 프레젠테이션 작업을 준비하는 사람들의 가장 큰 어려움 중에 하나는 제작된 도면이나 스케치 이미지에서 외곽선만 남기고 나머지 이미지는 깨끗이 제거하는 작업일 것입니다. 하지만 픽셀단위로 구성되는 비트맵 이미지에서는 이러한 작업을 성공적으로 수행하기는 쉽지 않습니다. 다행히 건축분야에서 사용되는 스케치나 도면은 다양한 색상을 표현하기보다는 흰색바탕에 검은색 스케치나 선으로 구성되어 있기 때문에 채널이나 마스크를 통한 편집 작업이 훨씬 용이합니다.

본 서에는 포토샵 CS5의 대부분의 기능을 소개하면서 건축 및 인테리어 프레젠테이션에서 활용할 수 있는 예제를 실습해 봄으로써 포토샵 CS5의 다양한 기능을 익힐 수 있게 하였습니다. 특히 마스크와 알파채널에 대해서는 별도의 장을 마련하여 충분한 이해와 함께 활용방법에 대해 설명하고 있습니다.

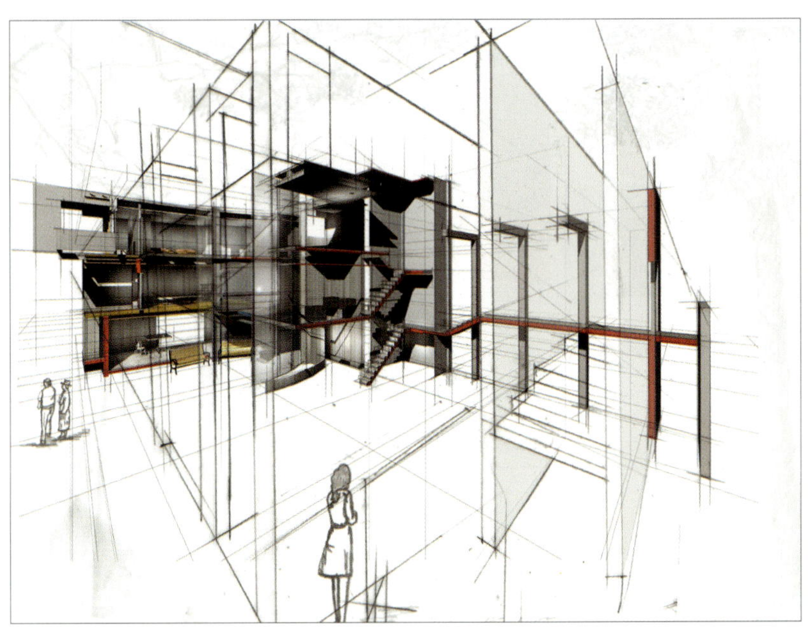

마스크를 이용한 렌더링 이미지와 스케치 합성의 예

(예제\CD 02\008.jpg)

(예제\CD 02\009.jpg)

(예제\CD 02\010.jpg)

(예제\CD 02\011.jpg)

(예제\CD 02\012.jpg)

(예제\CD 02\013.jpg)

포토샵을 이용한 제안서 작업 예

제3부

이미지 선택 툴을 이용한 건축, 인테리어 표현 방법

포토샵으로 작업하기 위해서는 기본적으로 선택 툴을 이용하여 이미지를 선택하거나 활용하는 방법을 익혀야 합니다. 건축이나 인테리어 분야에서는 주로 전체 이미지를 선택을 가장 많이 사용하지만, 일부분만 빠르게 선택하는 방법 등을 익힘으로써 다양한 표현 방법을 만들 수 있습니다.

1 선택 툴을 이용한 부분 이미지 강조

포토샵의 선택 툴은 기본적으로 작업 중인 이미지에서 원하는 영역의 이미지를 선택할 경우 사용됩니다. 그러나 선택 툴은 이미지 선택 기능 외에도 다양한 방법으로 활용할 수 있으며, 다음의 예제를 통해 선택 툴이 어떻게 건축 및 인테리어 분야에서 다양하게 활용될 수 있는지 연습해 보도록 하겠습니다.

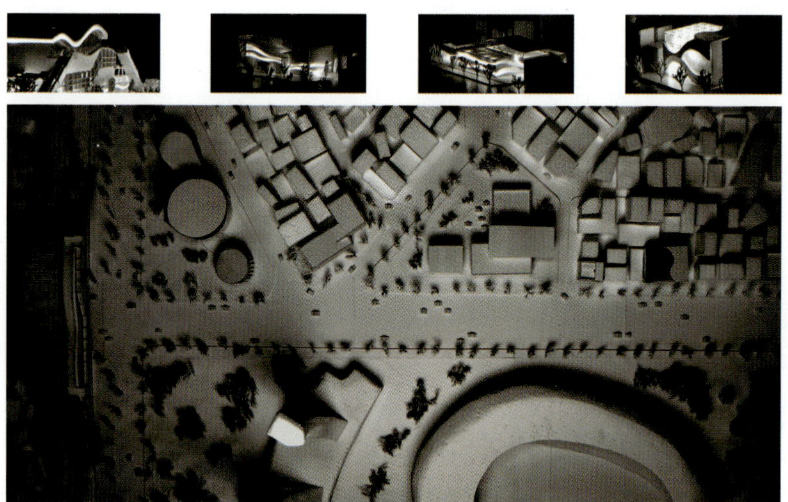

준비된 예제 이미지

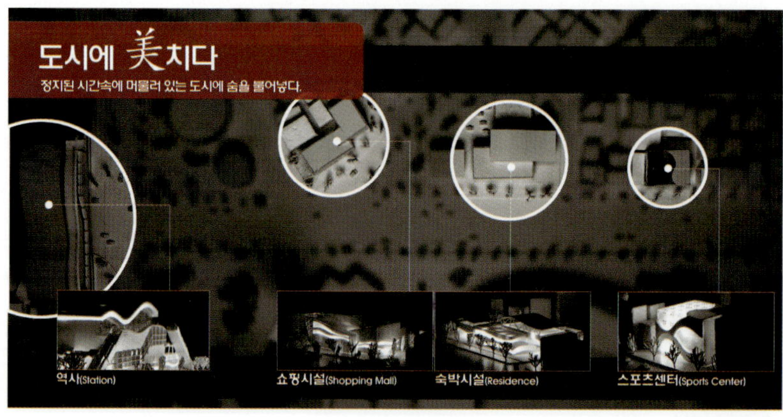

완성된 패널 이미지

1 포토샵을 실행한 뒤, File ➡ Open 명령을 수행하여 준비된 모형 사진 이미지를 불러옵니다. 화면 우측에 위치하고 있는 패널 중에서 레이어 팔레트를 살펴보면 기본적으로 'Background' 라는 이름으로 하나의 레이어가 나타납니다. 'Background' 를 클릭하여 선택한 뒤, 마우스 오른쪽 버튼을 클릭하여 나타나는 메뉴에서 아래 그림과 같이 Duplicate Layer... 명령을 수행합니다.

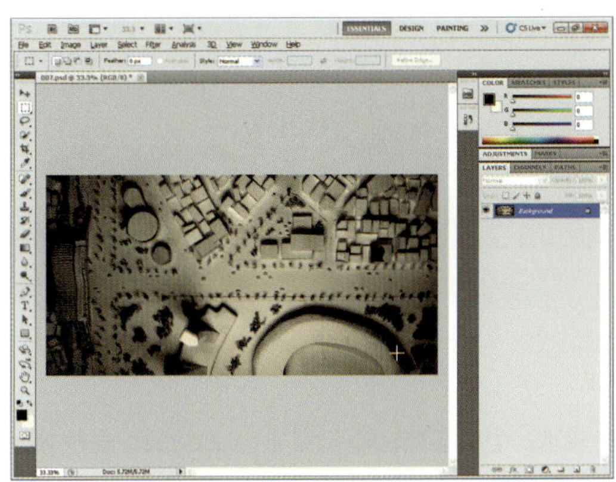
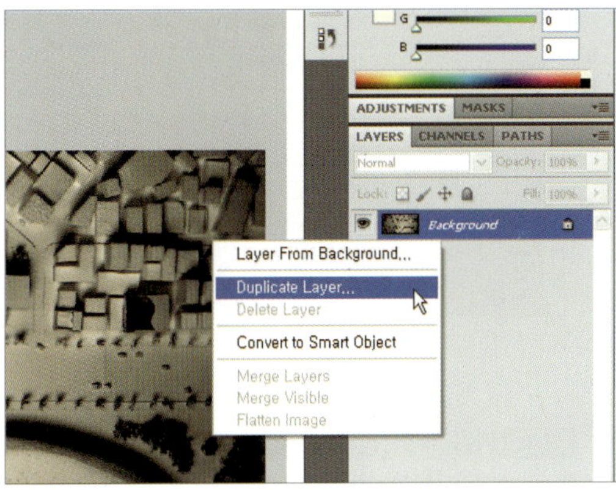

(예제|CD 03\001.jpg)

2 아래 그림과 같이 Duplicate Layer... 대화상자가 나타나면 '개념영역' 이라는 이름으로 레이어를 복제합니다. 이제 도구 패널에서 원형 선택 도구인 Ellipse Marquee Tool을 선택해 줍니다.

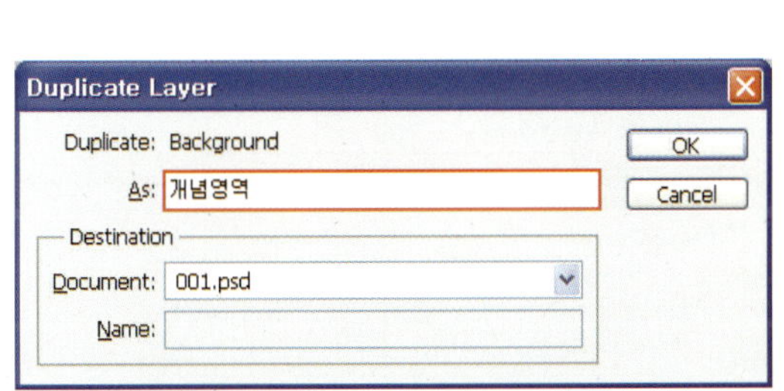
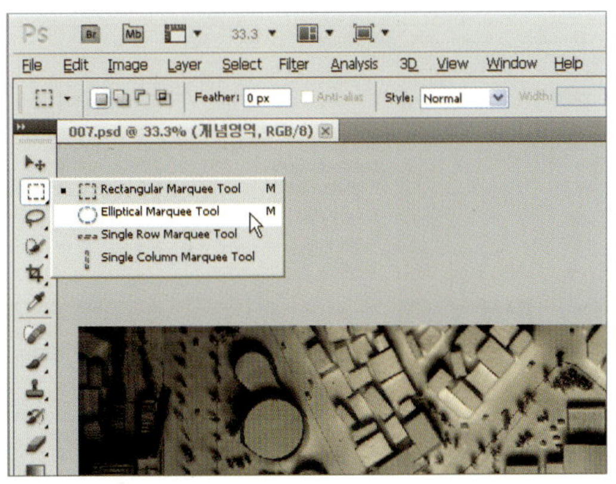

※ 포토샵을 처음 실행하면 기본적으로 사각형 선택 도구인 Rectangular Marquee Tool이 나타나게 됩니다. 이 툴을 클릭한 뒤, 계속 누르고 있으면 다른 모양의 선택 툴이 나타나게 되며, 여기서 원하는 툴을 선택할 수 있습니다.

3 선택한 원형 선택 도구인 Ellipse Marquee Tool을 이용하여 아래 첫 번째 그림과 같이 필
요한 부분을 드래그하여 선택해 줍니다. 계속해서 **Shift** 키를 누른 상태에서 아래 두 번
째 그림과 같이 추가적으로 필요한 부분을 드래그하여 선택영역을 추가시켜 줍니다.

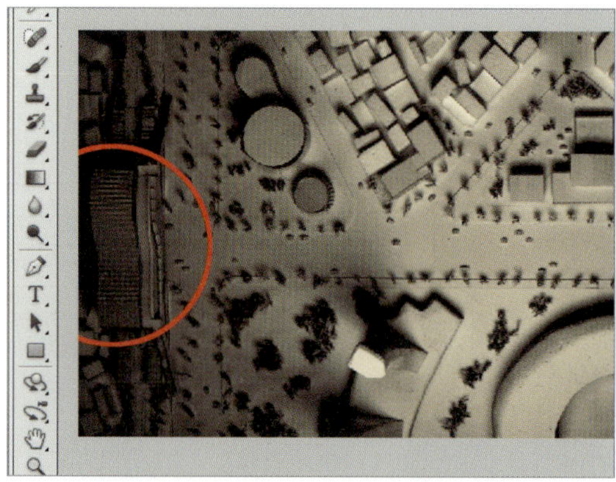 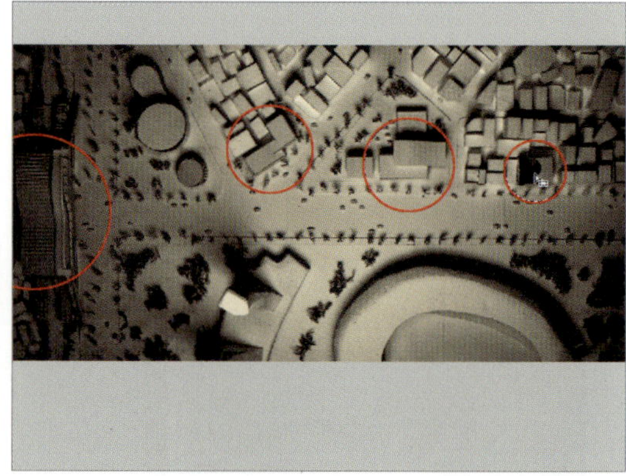

※ **Shift** 키를 누른 상태에서 선택 영역을 추가하는 방법 외에도 컨트롤 패널의 Add to Selection 옵션 버튼
을 선택하여 선택 영역을 추가할 수도 있습니다.

4 선택한 영역을 저장해 보도록 하겠습니다. Select → Save Selection... 명령을 수행한 뒤 나
타나는 Save Selection 대화상자에서 '개념영역' 이라는 이름으로 선택한 영역을 저장시켜
줍니다.

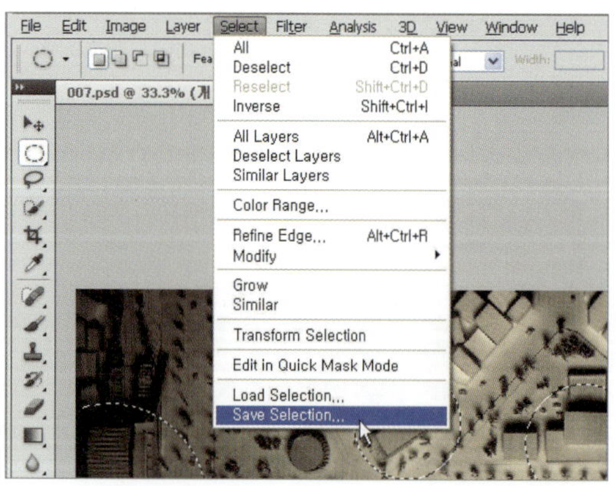 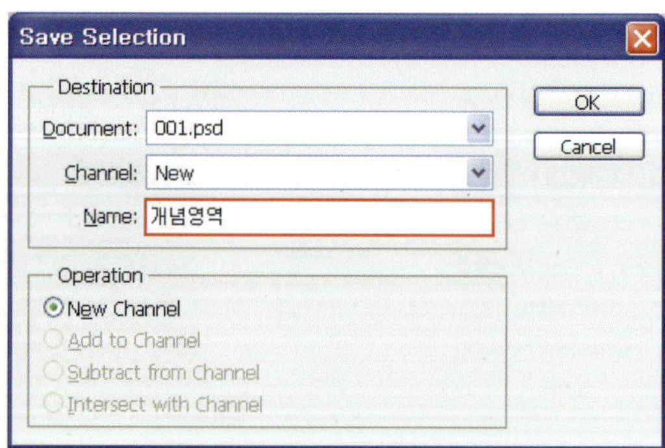

5 계속해서 Select ➡ Inverse 명령을 수행하여 선택 영역을 반전시켜 줍니다. 선택영역의 반대 영역이 선택영역으로 지정된 모습을 볼 수 있습니다.

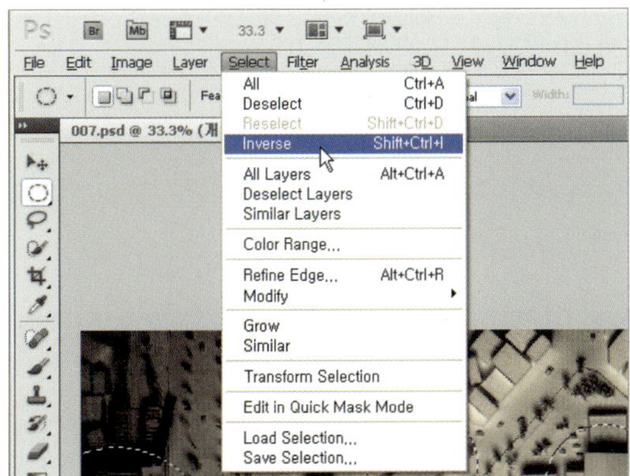
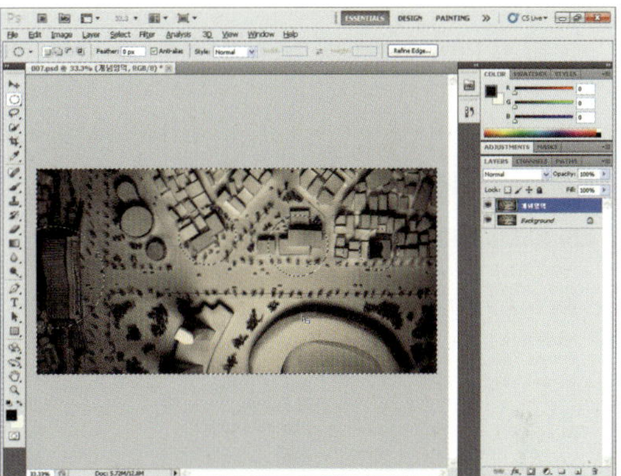

6 Edit ➡ Cut 명령을 수행하여 선택된 영역을 잘라낸 뒤, 레이어 팔레트에서 'Background' 레이어를 클릭하여 선택합니다.

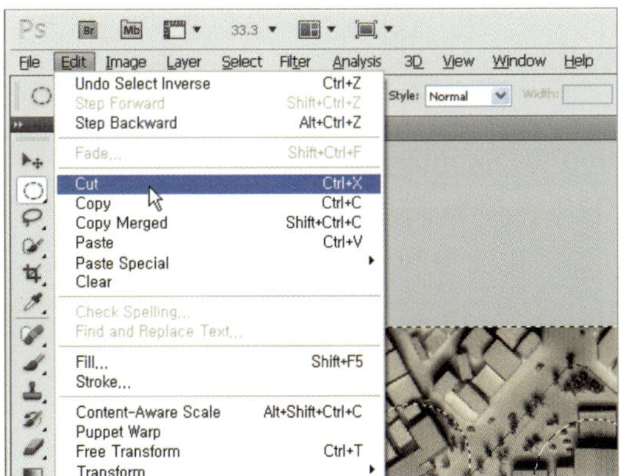
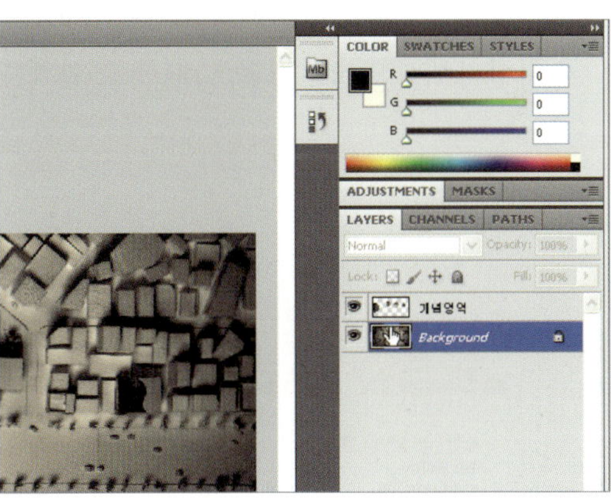

7 선택한 'Background' 레이어에 위치하고 있는 모형 사진의 색상을 조절하기 위해서 Image → Adjustments → Brightness/Contrast... 명령을 수행합니다. 나타나는 Brightness/Contrast 대화상자에서 Brightness 값을 −50으로, Contrast 값을 −50으로 설정하고 Preview, Use Legacy 옵션을 모두 선택하여 색상을 조절해 줍니다.

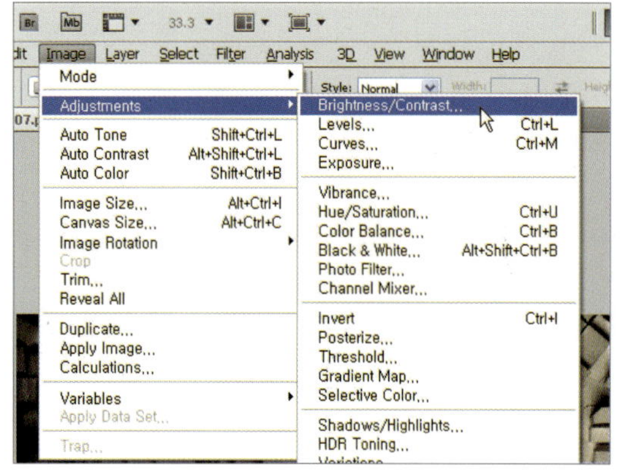

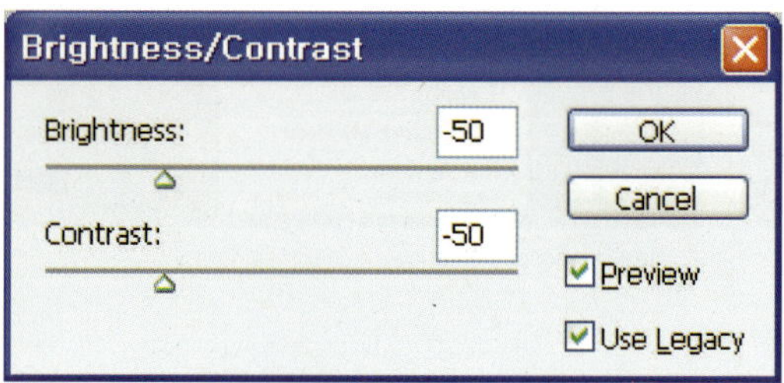

8 계속해서 Filter → Blur → Gaussian Blur... 명령을 수행한 뒤, 나타나는 Gaussian Blur 대화상자에서 Radius 값을 5 pixels로 설정해 줍니다.

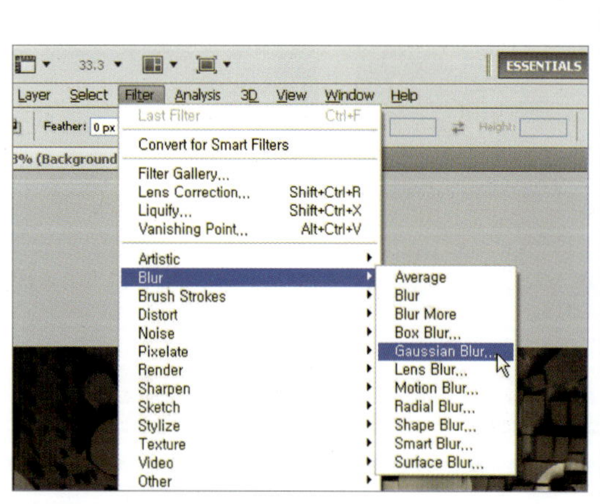

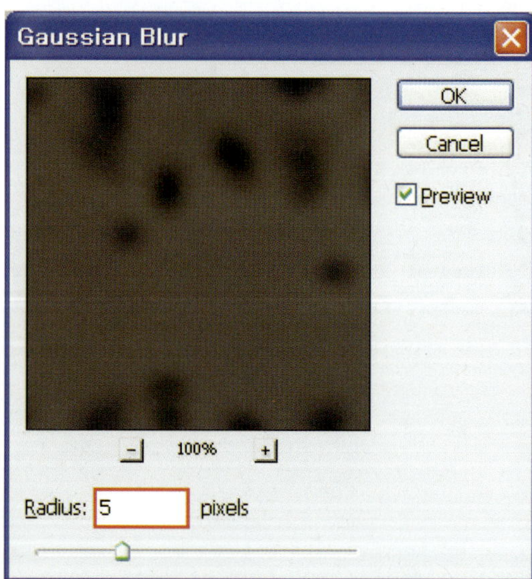

9 선택한 이미지의 색상을 변경하고 나면 아래 그림과 같은 모습이 만들어집니다. 이제 레이어 팔레트에서 '개념 영역' 레이어를 클릭하여 선택합니다.

10 저장한 선택 영역을 불러오도록 하겠습니다. Select ➡ Load Selection... 명령을 수행한 뒤 나타나는 Load Selection 대화상자에서 Channel 항목의 내림단추를 클릭합니다. 아래 그림과 같이 앞에서 저장한 '개념영역' 채널을 선택해 줍니다.

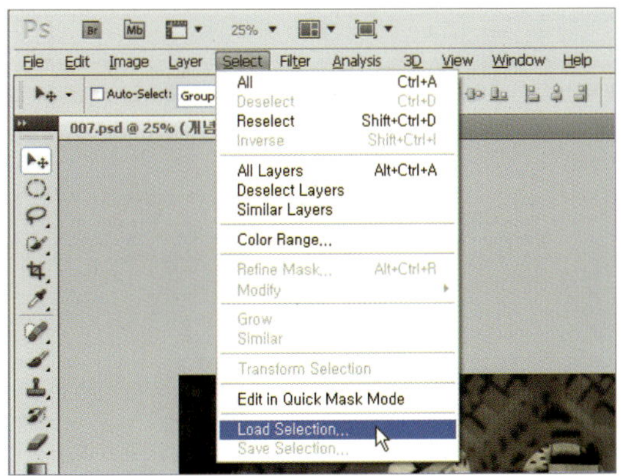

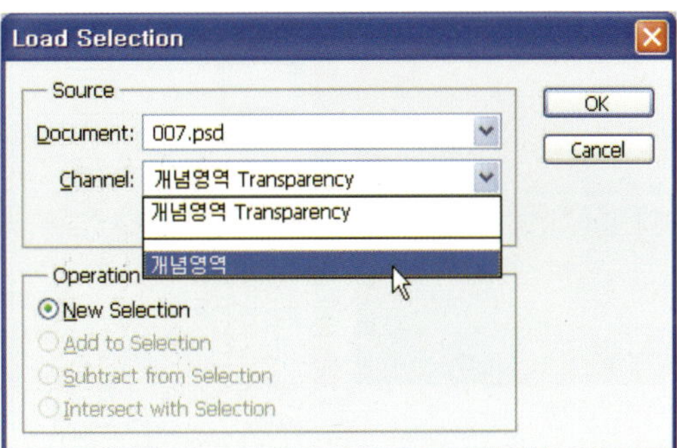

11 선택영역이 만들어진 것을 확인할 수 있습니다. 선택 영역을 따라 테두리 선을 작성하기 위해서 우선 선 색상을 지정해 보도록 하겠습니다. 전경색(Set foreground color) 아이콘을 클릭합니다.

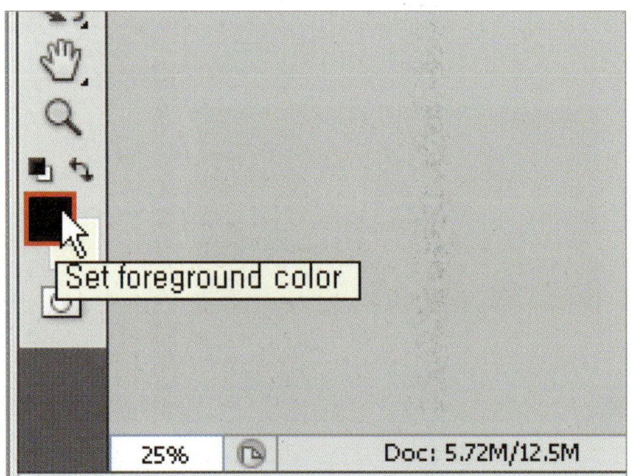

12 나타나는 Color Picker 대화상자에서 흰색(R:255, G:255, B:255)을 설정해 줍니다. 이제 선택된 색상으로 테두리 선을 작성하기 위해서 Edit ➡ Stroke... 명령을 수행합니다.

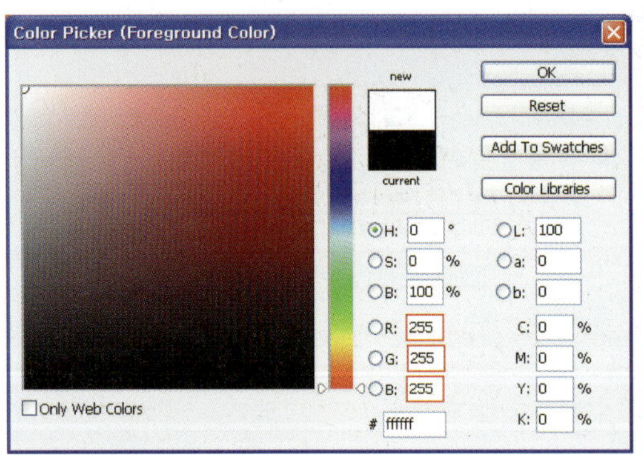
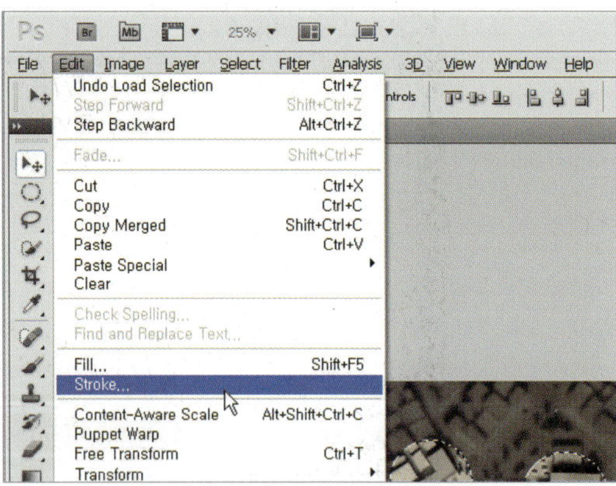

13 나타나는 Stroke 대화상자에서 Stroke의 Width는 8px로 Location은 Center로 설정해 줍니다. 선택한 영역을 따라서 8px 두께로 테두리 선이 그려지는 것을 볼 수 있습니다.

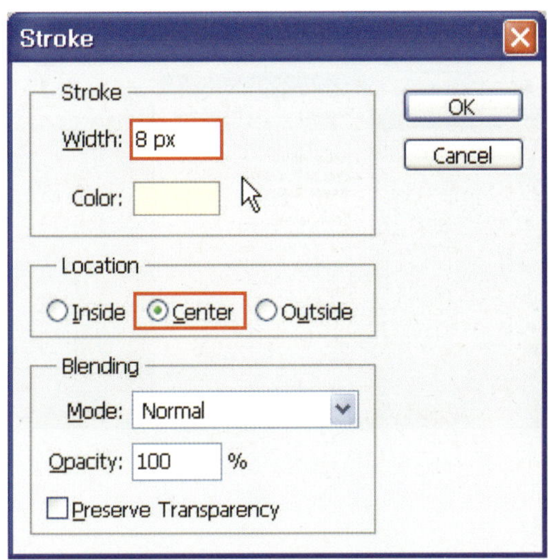

14 선택 영역을 취소하기 위해서 Select ➡ Deselect 명령을 수행합니다. 아래 그림과 같은 결과를 볼 수 있습니다.

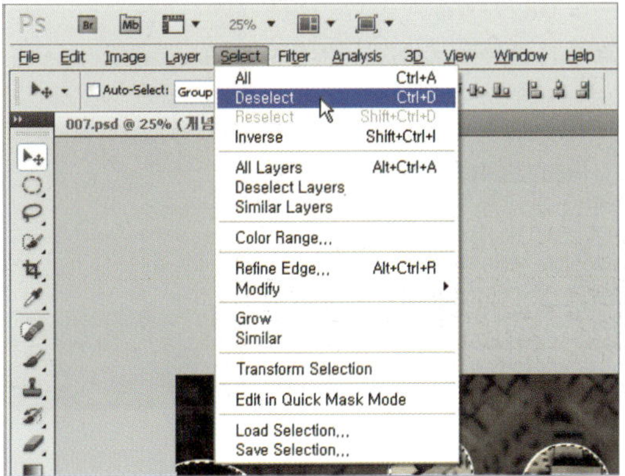
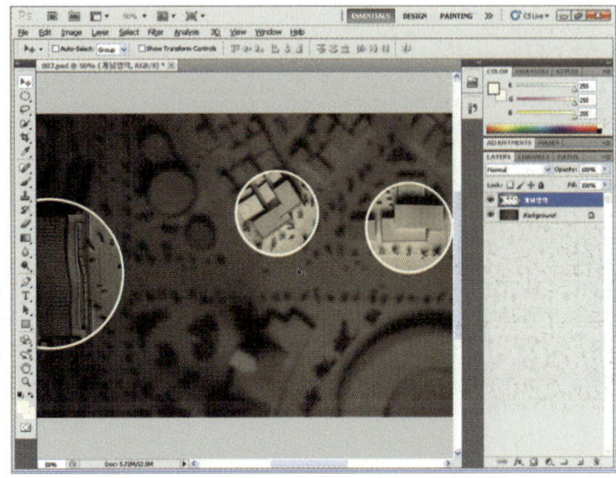

15 File ➡ Open 명령을 이용하여 미리 준비된 타이틀 이미지를 불러옵니다. 불러온 이미지 전체를 선택하기 위해서 Select ➡ All 명령을 수행하여 이미지 전체를 선택해 줍니다.

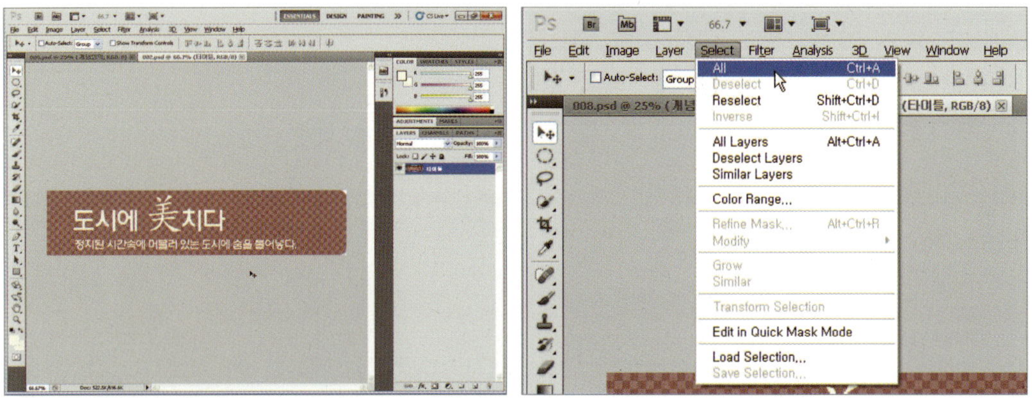

(예제CD 03\002.psd)

16 선택된 이미지를 복사하기 위해서 Edit ➡ Copy 명령을 수행합니다. 계속해서 앞서 작성하던 편집 이미지를 선택한 뒤, Edit ➡ Paste 명령을 수행하여 붙여넣기 작업을 수행합니다.

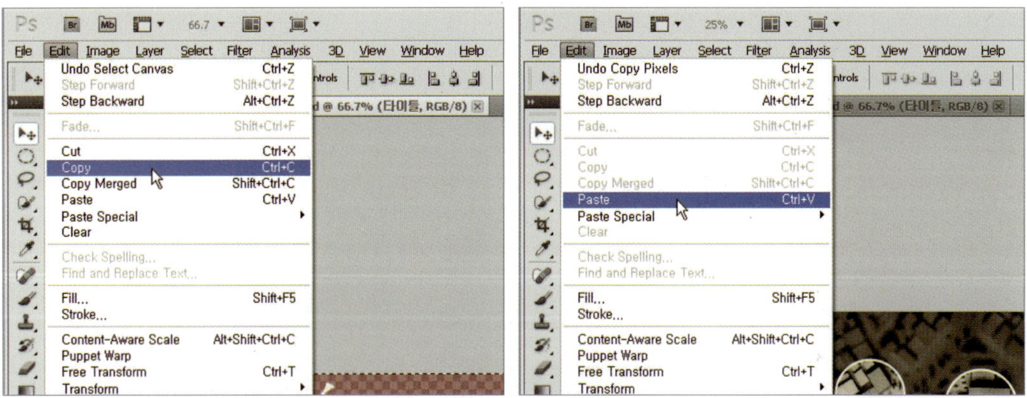

17 붙여넣은 타이틀 이미지의 위치를 이동시켜주기 위해서 도구 패널에서 이동 툴인 Move Tool을 선택해 줍니다. 마우스로 이미지를 드래그하여 아래 그림과 비슷한 위치로 이동시켜 줍니다.

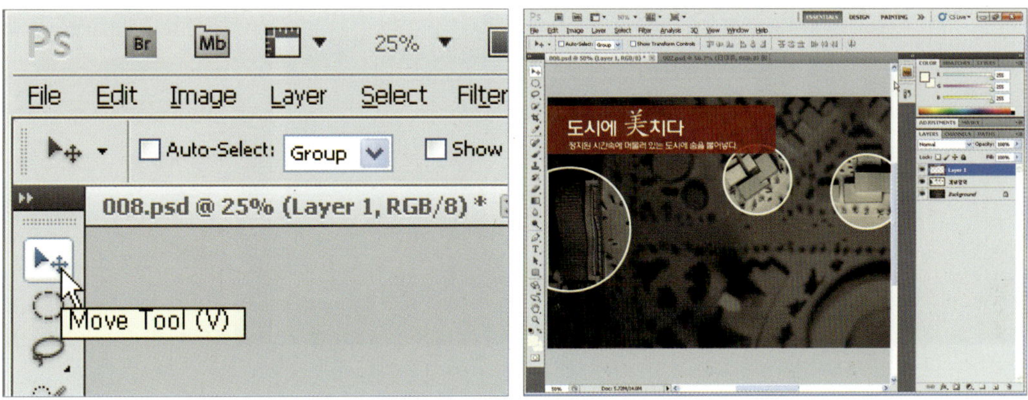

18 타이틀 이미지를 이동시킨 뒤, 레이어 팔레트에서 현재 레이어의 이름을 '타이틀' 이라고 변경시켜 줍니다. 계속해서 레이어 팔레트 하단에 위치하고 있는 명령 중에서 Create a new layer 명령을 수행합니다.

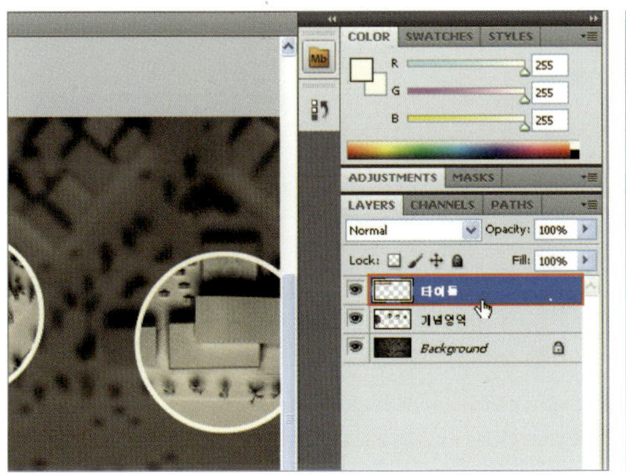

19 새로운 레이어가 추가되면 추가된 레이어의 이름을 '타이틀–선' 이라고 변경한 뒤, 드래
그하여 '타이틀' 레이어 아래로 이동시켜 줍니다.

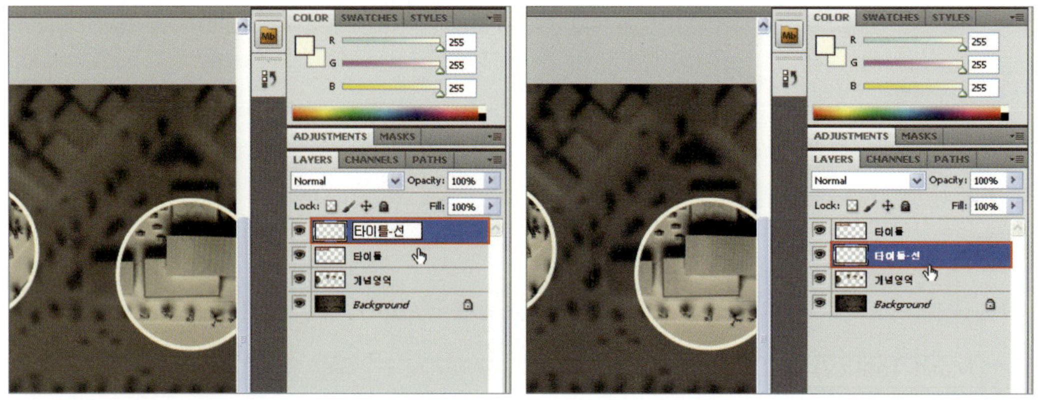

20 이제 사각형 선택 도구인 Rectangular Marquee Tool을 선택한 뒤, 아래 그림과 같이 2군데
를 선택영역을 지정해줍니다. 다만 선택영역을 추가할 경우에는 **Shift** 키를 누른 상태에
서 드래그하면 선택 영역을 추가해 줄 수 있습니다.

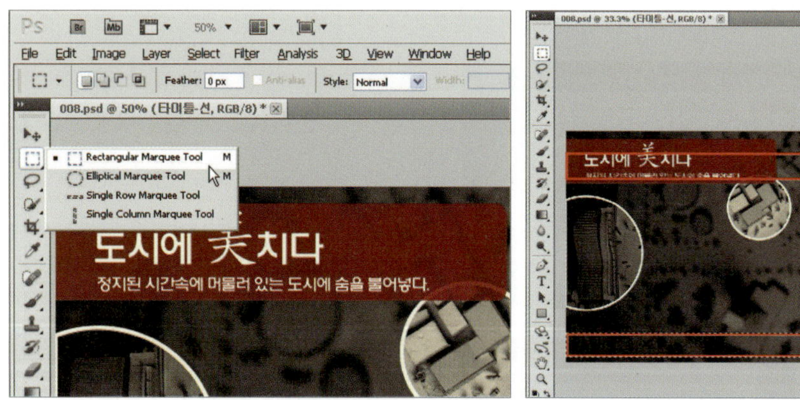

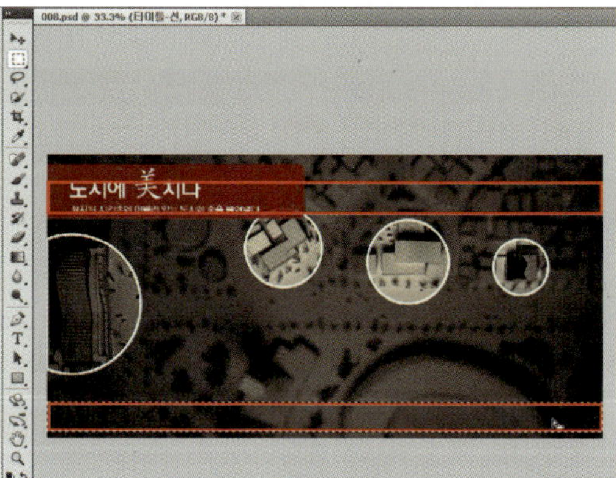

21 선택영역을 지정한 뒤, Edit ➡ Fill... 명령을 수행합니다. 나타나는 Fill 대화상자에서 아래 그림과 같이 Contents의 Use 항목을 Black으로, Opacity 값을 80%로 설정해 줍니다.

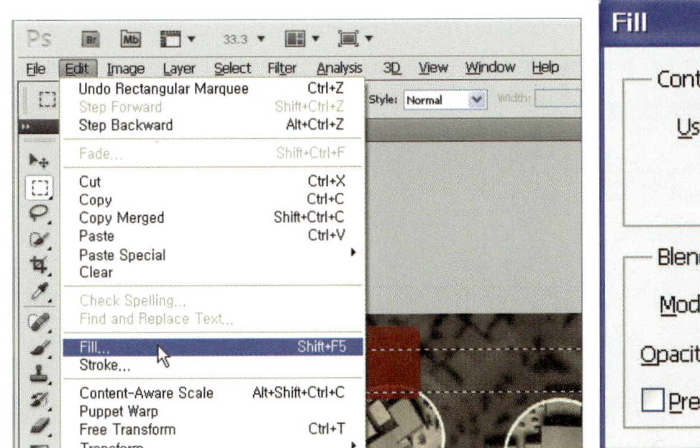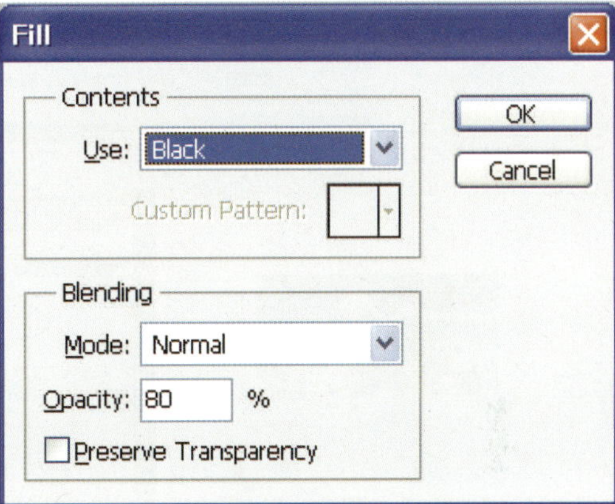

22 선택한 영역 내에 약간의 투명도를 가진 검은색으로 채색된 것을 볼 수 있습니다. 이제 선택영역을 취소하기 위해서 Select ➡ Deselect 명령을 수행합니다.

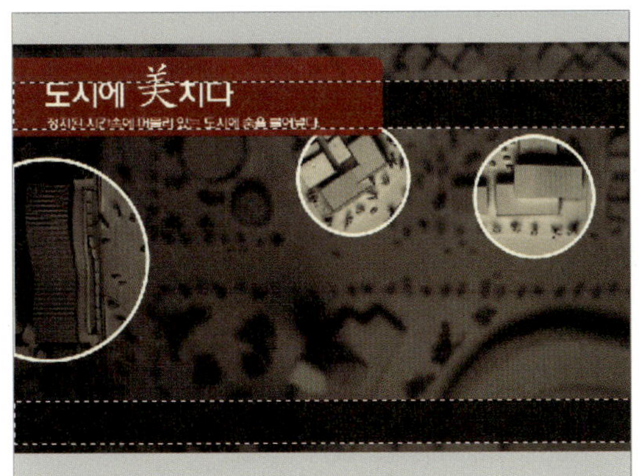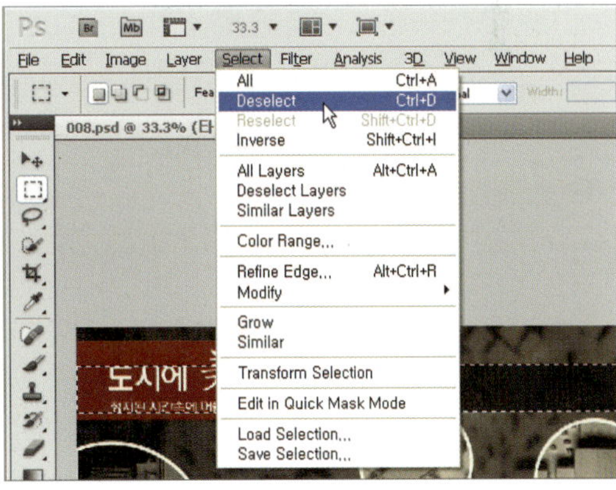

23 File ➡ Open 명령을 수행하여 준비된 모형 사진(예제CD 03\003.jpg)을 불러와 줍니다. 툴 박스에서 전경색(Set foreground color) 아이콘을 클릭하여 흰색으로 설정해 줍니다. 이미 앞에서 흰색으로 설정하였기 때문에 확인하고 지나가도록 하겠습니다.

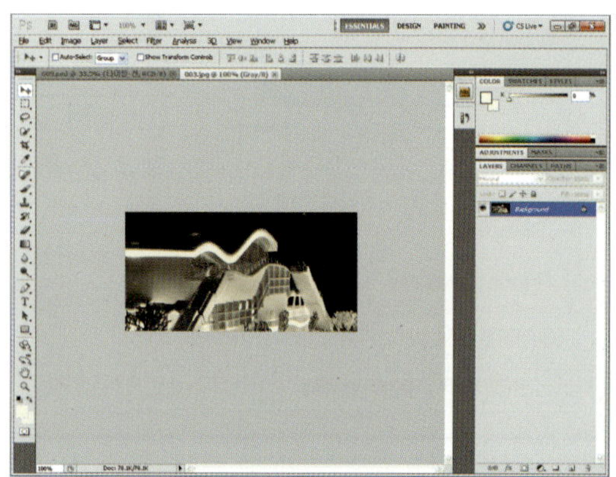
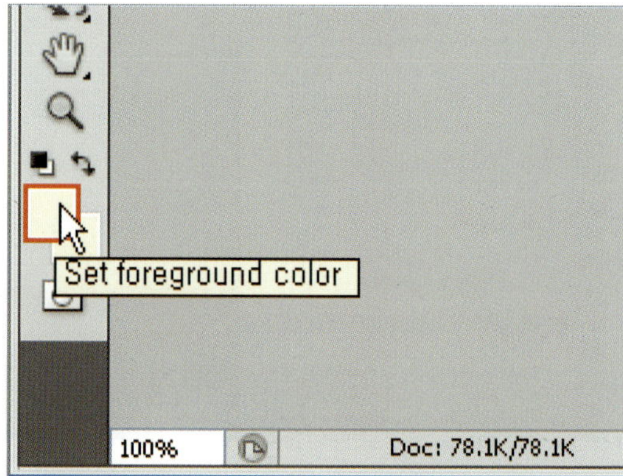

(예제CD 03\003.jpg)

24 Select ➡ All 명령을 수행하여 이미지 전체를 선택한 뒤, 선택된 영역을 따라 테두리 선을 그려 보도록 하겠습니다. Edit ➡ Stroke... 명령을 수행합니다.

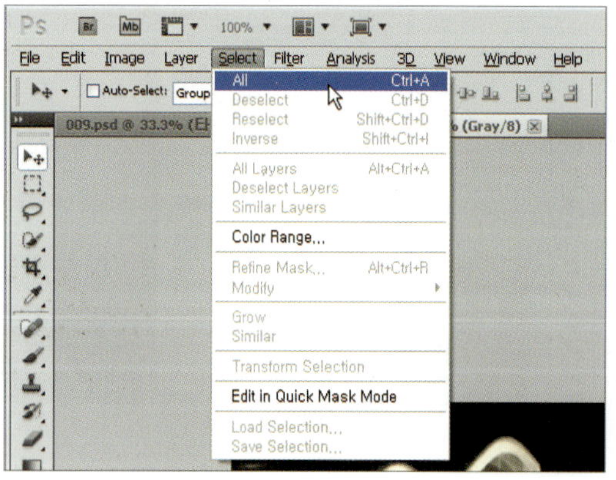
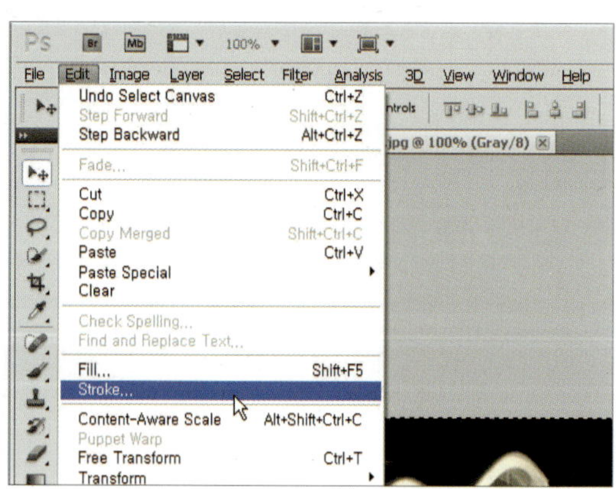

25 나타나는 Stroke 대화상자에서 아래 그림과 같이 Width 값을 1px로, Location 값을 Inside 로 설정해 줍니다. 흰색의 외관선을 만들고 나면 Select ➡ Deselect 명령을 수행하여 선택 영역을 취소시켜 줍니다.

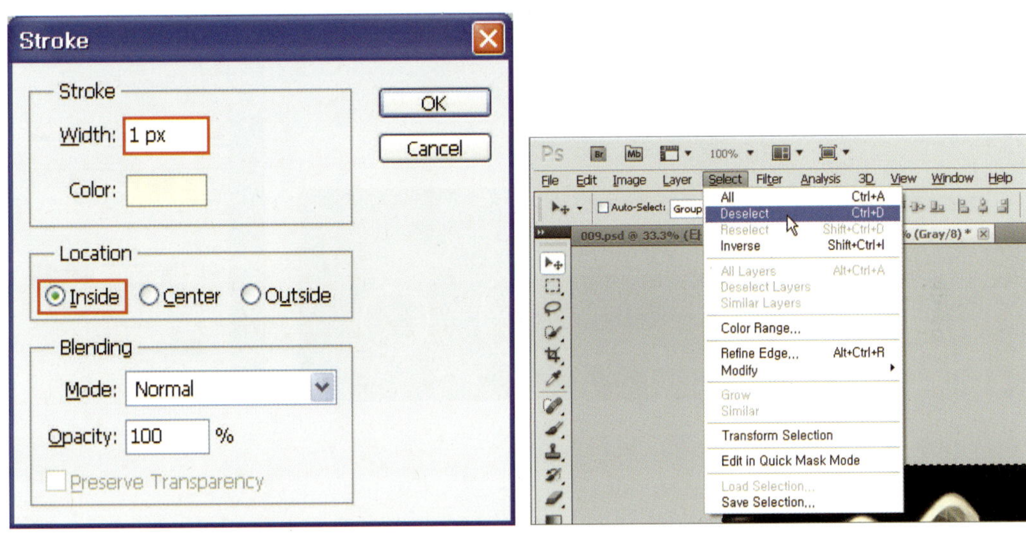

26 Select ➡ All 명령을 수행하여 이미지 전체를 선택한 뒤, Edit ➡ Copy 명령을 수행하여 선 택된 이미지 전체를 복사해 줍니다.

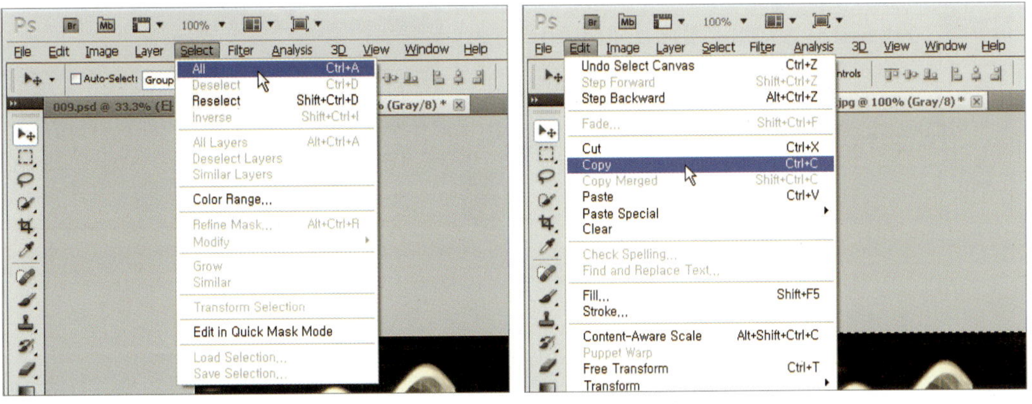

27 이제 앞서 작업하던 이미지를 선택한 뒤, Edit ➡ Paste 명령을 수행하여 붙여넣기 작업을 수행합니다. 레이어 팔레트에서 붙여넣은 이미지의 레이어 이름을 '개념-1'로 변경시켜 줍니다.

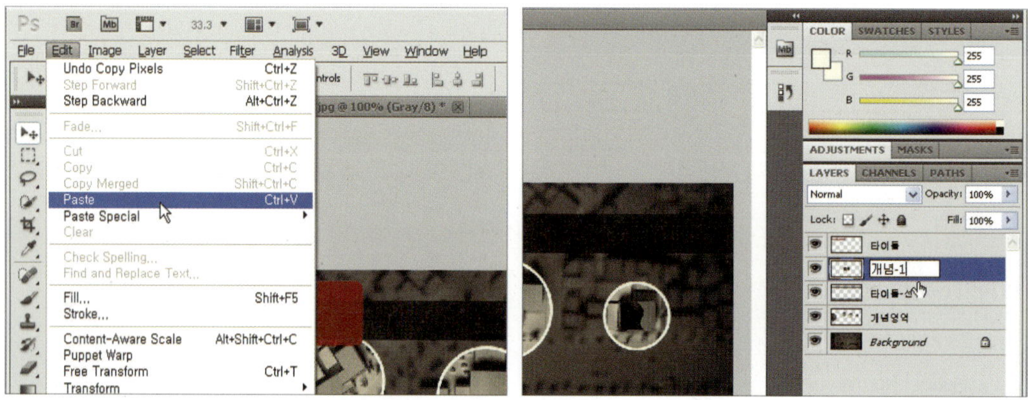

28 선택 툴(Move Tool)을 선택한 뒤, 드래그하여 아래 그림과 비슷한 위치로 붙여넣은 이미지를 이동시켜 줍니다.

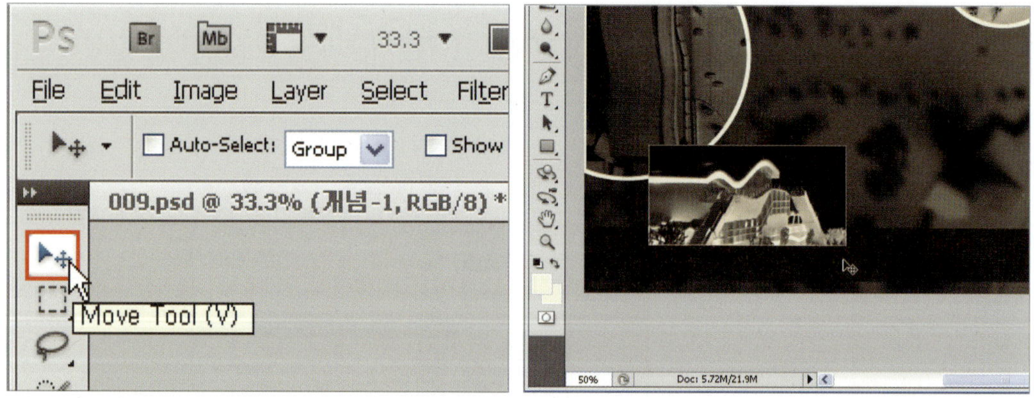

29 이제 앞에서 수행한 동일한 방법을 이용하여 아래 그림과 같이 준비된 예제 이미지(예제 CD 03\004.jpg, 005.jpg, 006.jpg)의 테두리를 작성합니다. 테두리가 작성된 모형 사진을 복사, 이동시켜 아래 그림과 비슷한 이미지를 작성시켜 줍니다.

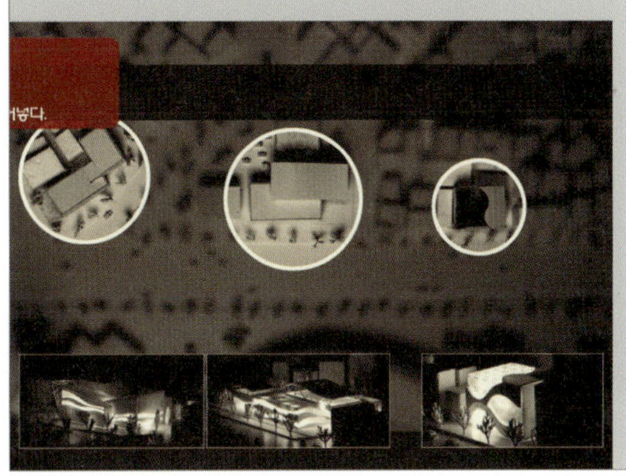

(예제\CD 03\004.jpg~006.jpg)
(예제\CD 03\009.psd)

30 이번에는 작업을 편리하게 진행하기 위해서 화면을 확대, 축소하거나 이동시켜 보도록 하겠습니다. 아래 그림과 같이 화면 확대를 위해서 Zoom Tool을 선택한 뒤 클릭하면 화면을 확대할 수 있으며, Alt 키를 누른상태에서 클릭하면 축소할 수 있습니다. 더불어 손바닥 모양의 Hand Tool을 선택한 뒤 드래그하면 화면을 원하는 상태로 이동시킬 수 있습니다.

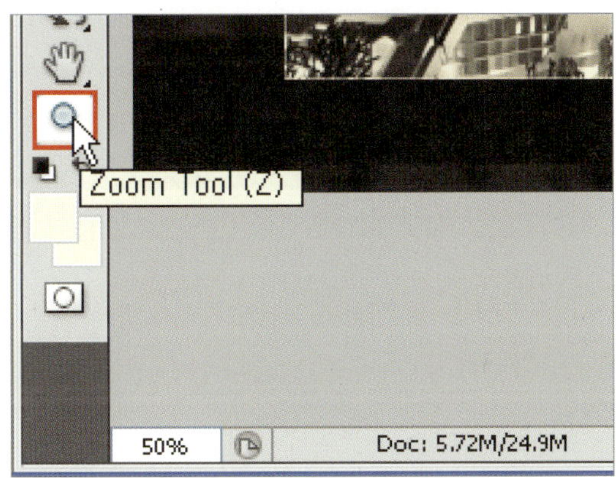

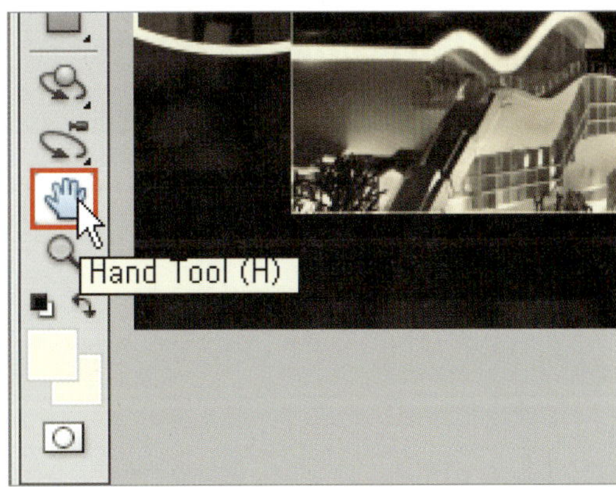

31 이제 글씨를 입력하기 위해서 Horizontal Type Tool을 선택합니다. 글씨 입력을 위해 Horizontal Type Tool을 선택한 뒤, 컨트롤 패널에서 입력될 글씨의 폰트와 글씨 크기, 색상 등의 값을 설정해줍니다.

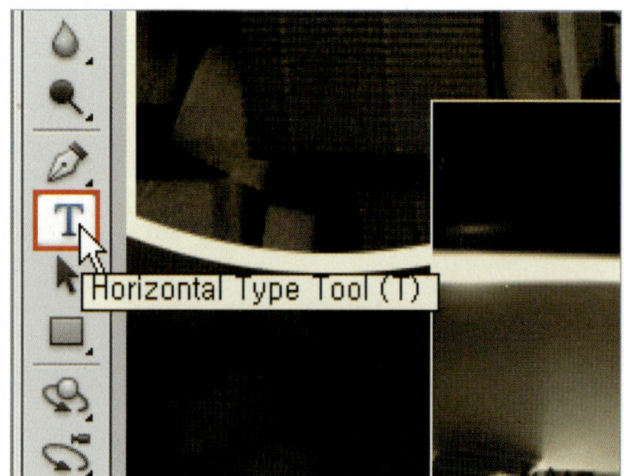

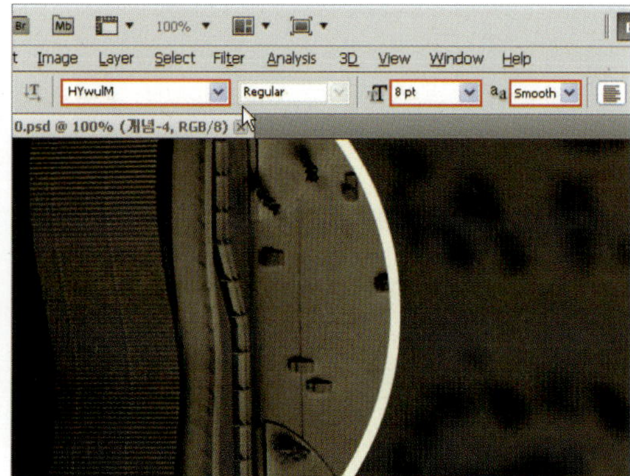

32 아래 그림과 비슷한 위치에 마우스를 클릭하여 지정한 뒤, '역사(Station)' 이라는 글씨를 입력시켜 줍니다. 입력을 마무리하고 이동하기 위해서 Move Tool을 선택해 줍니다.

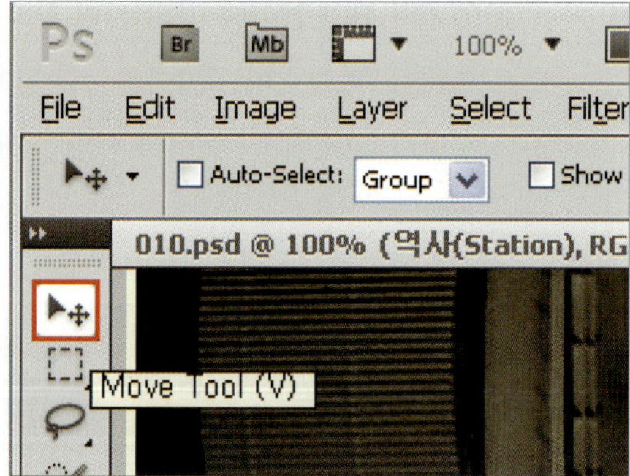

33 Move Tool을 선택한 뒤, 입력된 글씨를 드래그하여 시켜줄 수 있습니다. 이제 동일한 방법으로 아래 그림과 같이 '쇼핑시설(Shopping Mall)' 이라고 입력, 위치를 이동시켜 줍니다.

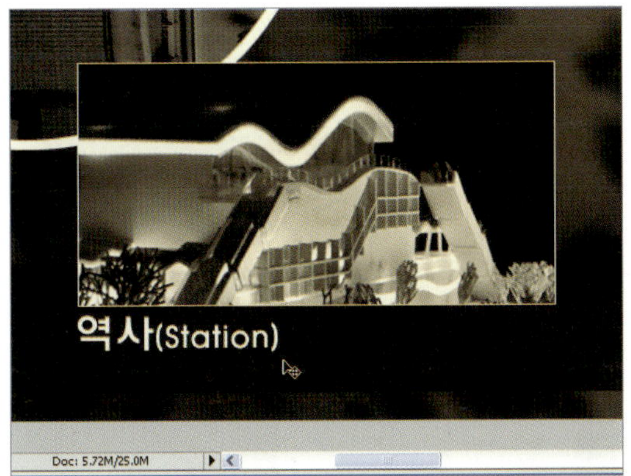

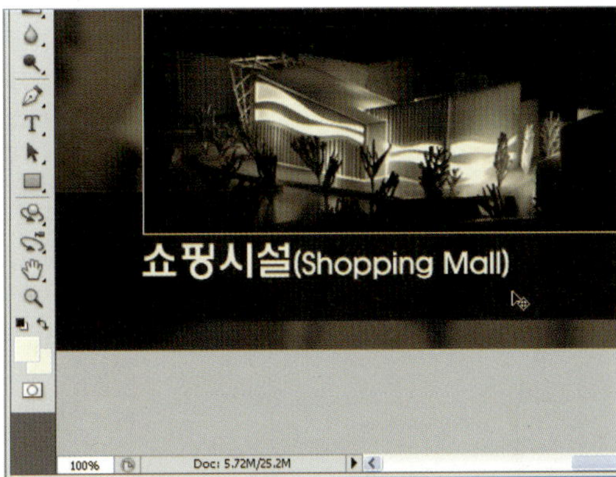

34 계속해서 동일한 방법으로 아래 그림과 같이 '숙박시설(Residence)', '스포츠센터(Sports Center)' 라고 입력, 위치를 이동시켜 줍니다.

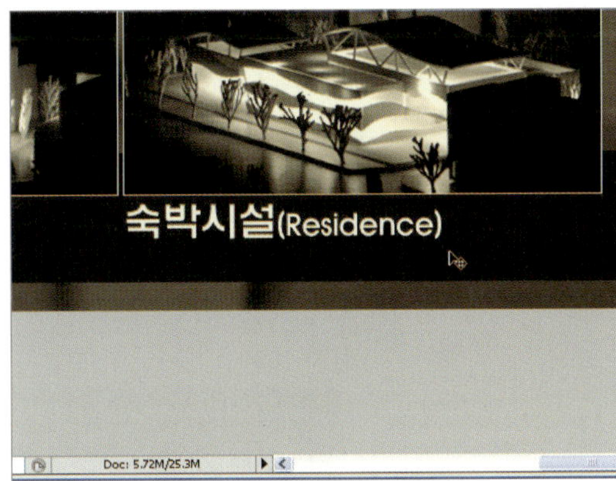

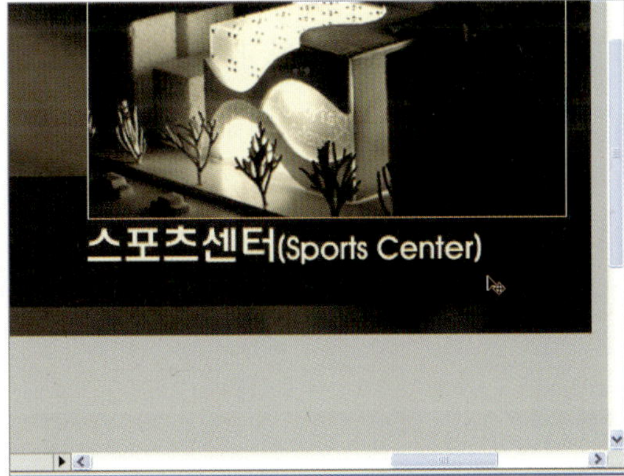

35 붙여넣은 각각의 모형 사진에 글씨를 입력하여 아래 그림과 같이 완성시켜 줍니다. 다음 작업을 진행하기 위해서 Layer → New → Layer… 명령을 수행하여 레이어를 추가해 줍니다.

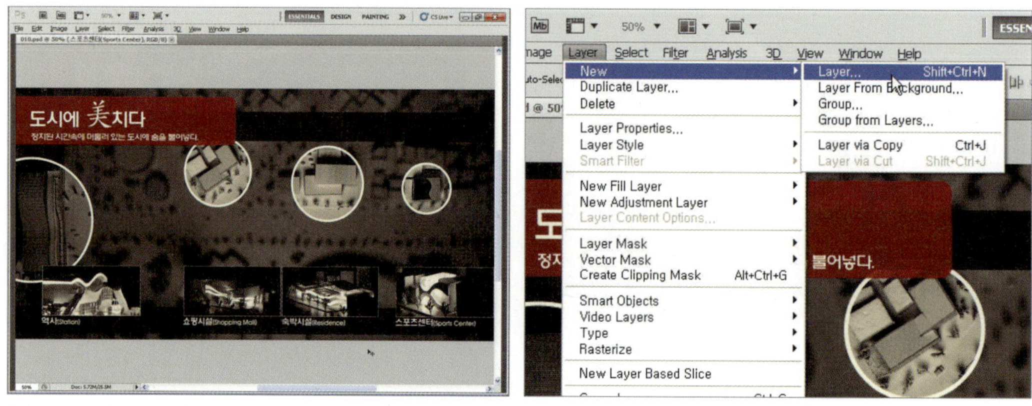

(예제\CD 03\010.psd)

36 나타나는 New Layer 대화상자에서 레이어 이름을 '지시선' 이라고 입력하여 레이어를 만들어 줍니다. 이제 지시선을 그려주기 위해서 사각형 선택 툴(Rectangular Marquee Tool)을 선택합니다.

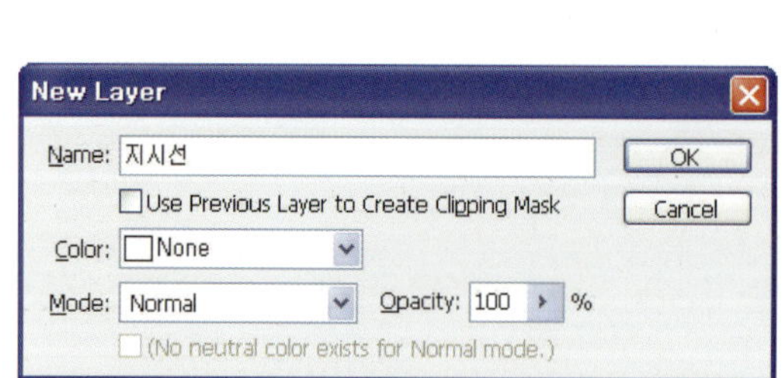

37 아래 그림과 같이 드래그하여 선택영역을 만들어 줍니다. 선택된 영역을 따라 색상을 채색하기 위해서 Edit ➡ Stroke... 명령을 수행합니다.

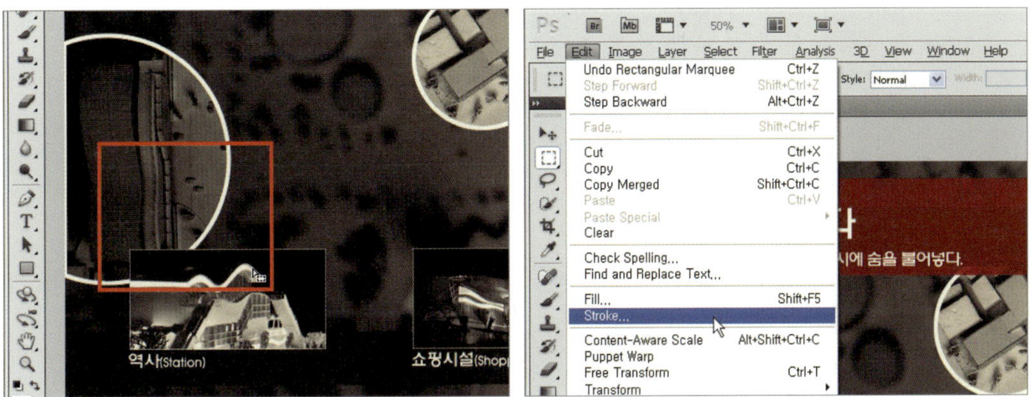

38 나타나는 Stroke 대화상자에서 Width 값을 1px, Location 값을 Center로 설정하여 선택한 영역을 따라 흰색의 선을 그려 줍니다. 이제 Select ➡ Deselect 명령을 수행하여 선택영역을 취소해 줍니다.

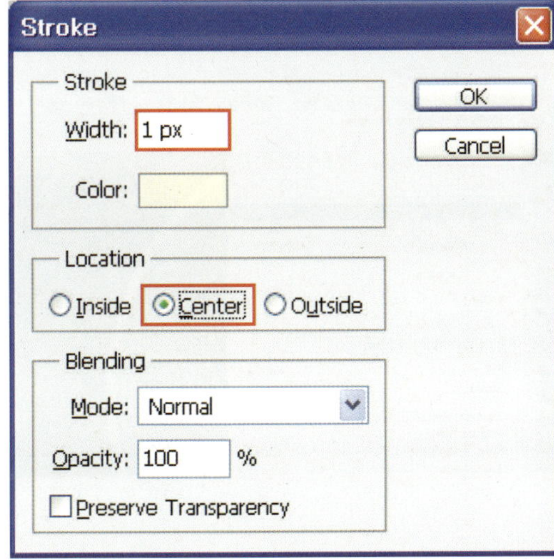

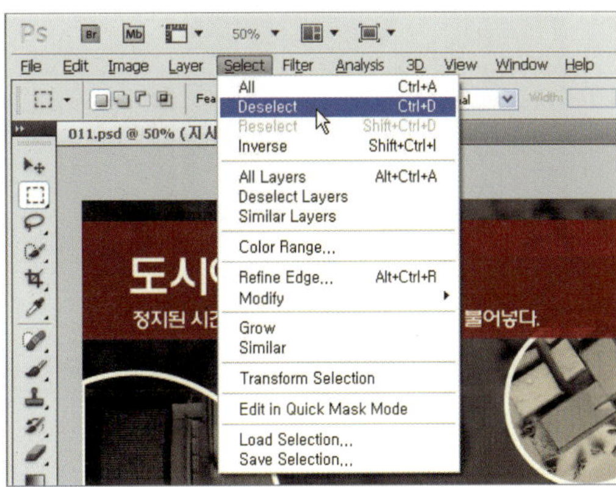

39 아래 그림과 같이 흰색의 사각형이 그려졌습니다. 다시 사각형 선택 툴인 Rectangular Marquee Tool을 선택합니다.

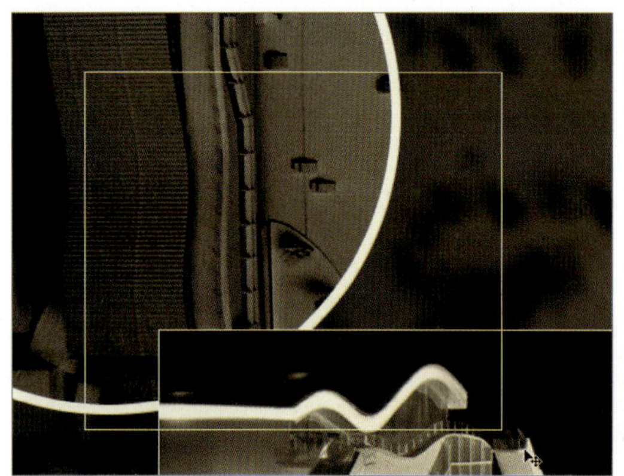

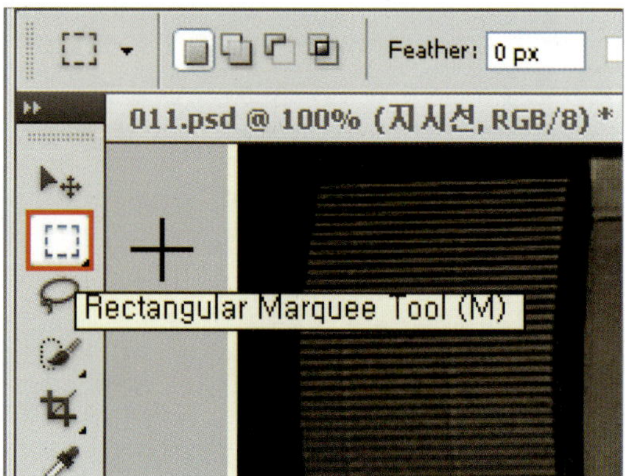

40 지시선을 만들기 위해서 지우고하는 영역을 선택해 줍니다. 물론 선택영역을 추가하기 위해서는 Shift 키를 누른 상태에서 드래그하면 되고, 선택영역을 삭제하기 위해서는 Alt 키를 누른 상태에서 드래그하면 됩니다. 이제 Edit → Cut 명령을 수행하여 선택영역의 이미지를 삭제시켜 줍니다.

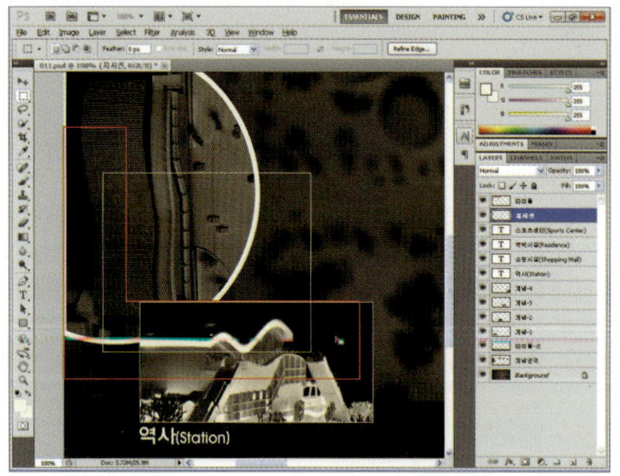

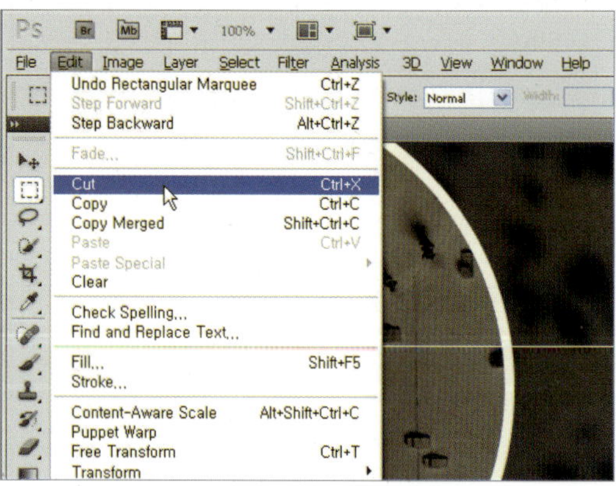

41 아래 그림과 같이 지시선이 만들어지는 모습을 볼 수 있습니다.

 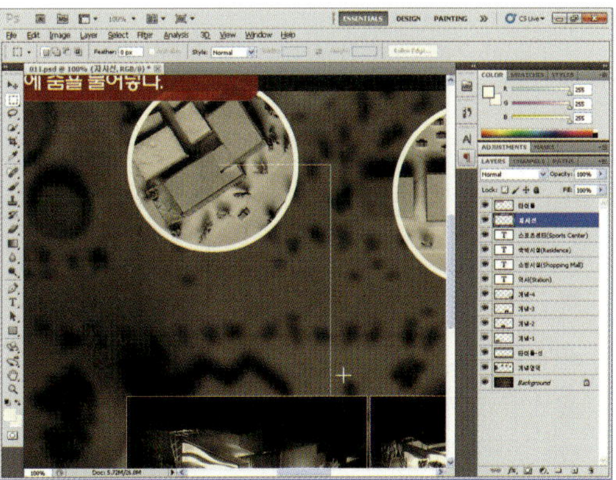

42 앞에서 수행한 동일한 방법으로 아래 그림과 비슷한 모양으로 지시선을 그려줍니다.

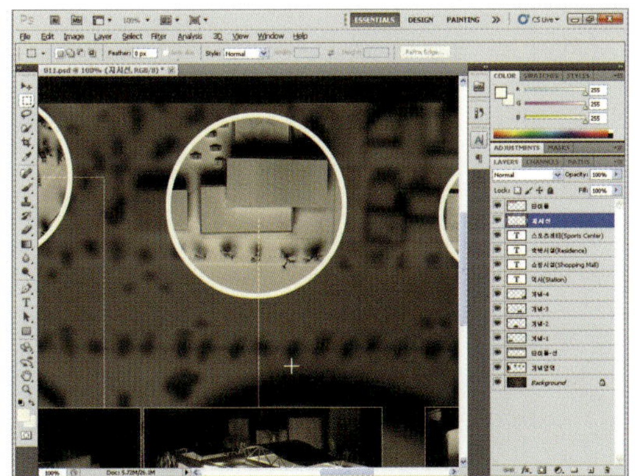 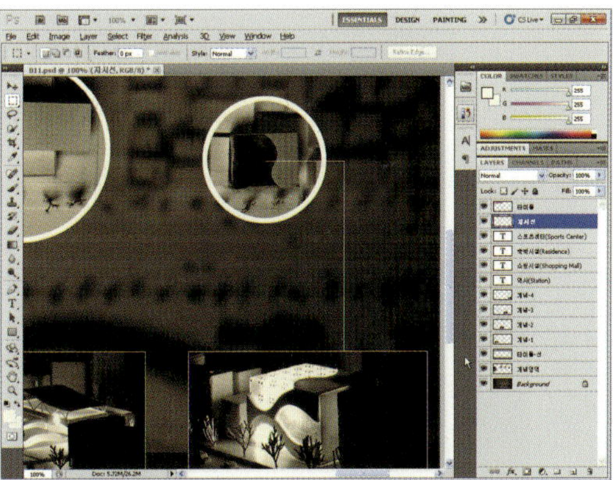

43 이번에는 지시선 마지막 부분에 동그란 모양을 그려보도록 하겠습니다. 브러시 툴(Brush Tool)을 선택한 뒤, 콘트롤 패널에서 아래 그림과 같이 브러시의 크기(Size)를 20px, Hardness 값을 100%로 설정해 줍니다.

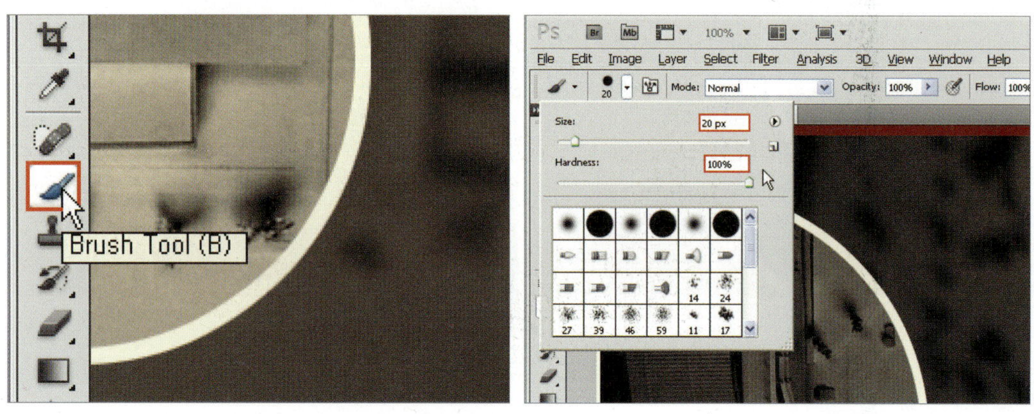

44 아래 그림과 같이 동그란 모양이 필요한 지시선의 끝 부분에 마우스로 클릭하여 동그란 모양을 그려줍니다. 나머지 지시선 끝 부분에도 마우스로 클릭하여 동그란 모양의 점을 그려줍니다.

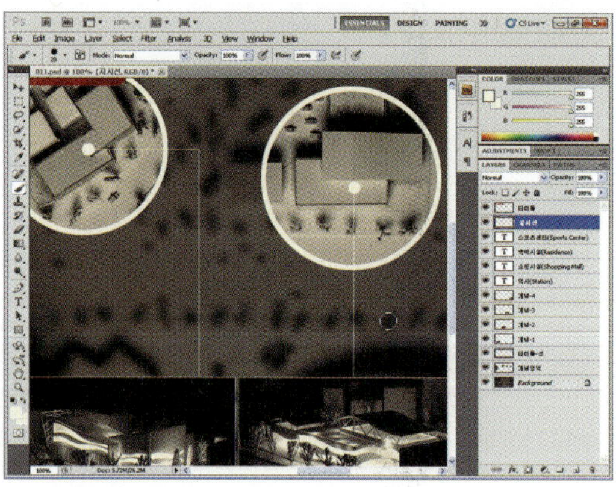

45 아래 그림과 같은 결과물이 만들어진 것을 볼 수 있습니다.

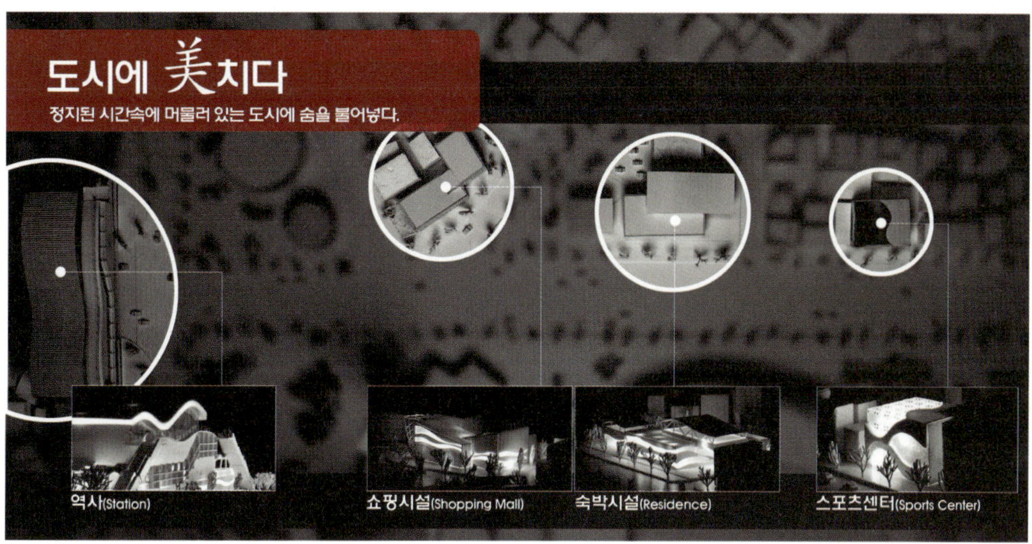

(예제CD 03\011.psd, 011.jpg)

 이동 툴(Move Tool)의 이해

이미지를 이동시킬 때 사용되는 툴 입니다. 일정한 영역이 선택된 상태에서는 선택한 이미지만을 이동하게 되며, 선택영역이 없을 경우에는 전체 이미지를 이동시켜 줍니다. 특히 이동할 이미지를 Alt 키를 누르고 드래그를 하면 복제하면서 이동하게 되지만 새로운 레이어는 만들어지지 않습니다.

◆ 이동 툴(Move Tool) 컨트롤 패널

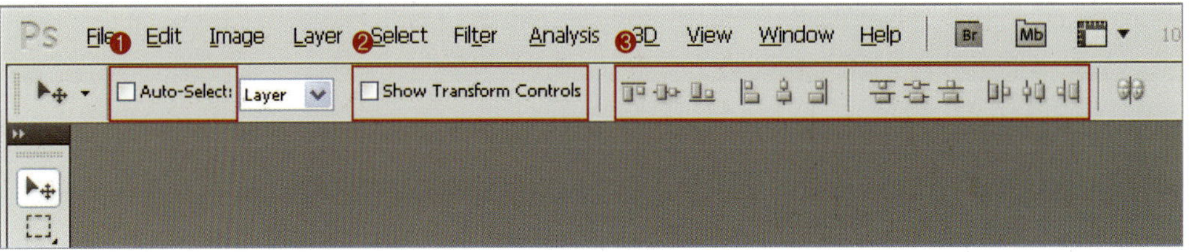

1. Auto Select Layer

이 옵션은 여러 장의 레이어로 구성된 이미지에서 원하는 이미지 위에 마우스를 드래그 함으로써 원하는 레이어를 자동으로 선택하면서 이미지를 이동시킬 수 있게 작업하는 옵션입니다. 만약 옵션을 선택하지 않으면 현재 작업중인 레이어 이미지만 이동시킬 수 있습니다. 초보자의 경우는 작업시 오히려 불편할 수 있기 때문에 일반적으로 사용하지 않는 편이 좋습니다.

2. Show Transform Controls

편집을 위해 선택된 이미지나 레이어를 하나의 테두리선으로 표시해 주는 기능입니다. 단순히 테두리선을 표시하는 것이 아니라 모서리마다 나타나는 핸들링을 이용하여 선택된 이미지의 모양을 변경시킬 수 있습니다.

3. 정렬 및 배분 옵션

여러 개의 레이어가 링크되어 있을 경우 각각의 레이어에 포함되어 있는 이미지를 정렬하거나 동일한 간격으로 배분 할 수 있습니다. 사용 방법은 정렬 또는 간격을 조정할 레이어들을 링크한 다음, 원하는 정렬이나 간격을 지정할 수 있는 아이콘을 클릭하면 됩니다.

특히 보드 프리젠테이션(Board Presentation)을 작성할 경우 많은 이미지들을 배열해야하는 경우 많습니다. 단순히 이동 툴을 이용하여 이동시켜도 되지만 정확히 정렬하기 어렵습니다. 이때 정렬 및 배열 옵션을 사용하면 정확한 정렬 및 간격(배분)을 조절할 수 있습니다.

ⓘ 선택 도구의 이해

사각 선택 툴(Rectangular Marquee Tool)

원형 선택 툴(Elliptical Marquee Tool)

단일 행 선택 툴(Single Row Marquee Tool)

단일 열 선택 툴(Single Column Marquee Tool)

사각형, 원형, 단일 행, 단일 열 형태로 선택영역을 지정할 때 사용합니다. 선택영역이 지정되면 해당 영역에만 작업을 적용시킬 수 있고, 해당영역을 지정한 형태로 이동하거나 복사할 수 있습니다.

◆ 선택 툴 옵션 팔레트

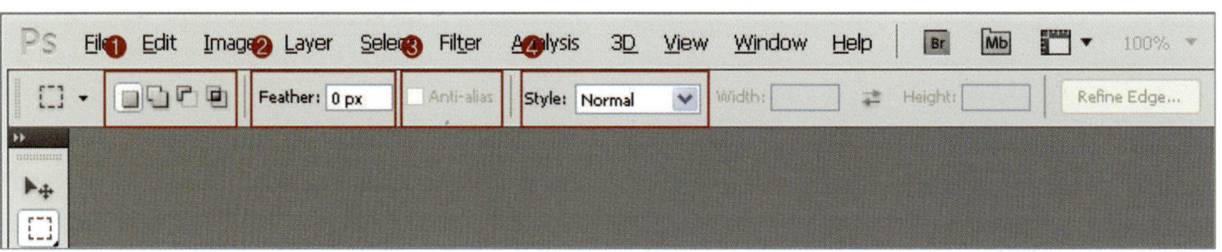

1. 선택 중복 옵션

선택 중복 옵션은 선택 툴을 조합하여 사용할 때 중복되는 선택 영역을 어떠한 방식으로 처리할지를 지정하는 옵션입니다. 초등학교 시절에 배웠던 집합연산인 합집합, 교집합, 차집합을 연상하면 쉽게 이해할 수 있을 것입니다.

선택한 하나의 영역만을 지정할 때 사용되는 옵션입니다. 일반적으로 가장 많이 사용되며 포토샵의 기본 설정값으로 되어있습니다.

선택한 영역을 중복적으로 선택하여 지정하는 옵션입니다. 이 옵션을 지정한 후 선택영역을 설정하면 계속 더해지는 것을 볼 수 있습니다. 마치 합집합의 원리와 같습니다.

이미 선택한 영역에서 또 다른 선택영역을 선택할 경우 중복되는 부분을 빼주는 옵션입니다. 마치 차집합의 원리와 같습니다.

이미 선택한 영역에서 또 다른 선택영역을 선택할 경우 중복되는 부분만을 남겨주는 옵션입니다. 마치 교집합의 원리와 같습니다.

2. 페더(Feather)

입력한 수치만큼 선택 툴로 선택한 경계면을 둥글게 또한 부드럽게 처리합니다.

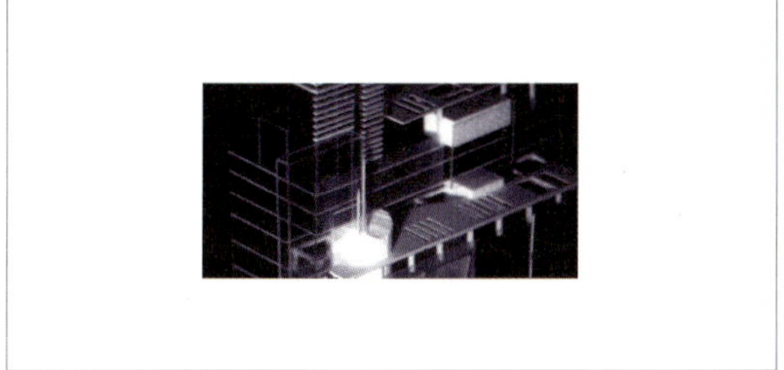

Feather:0

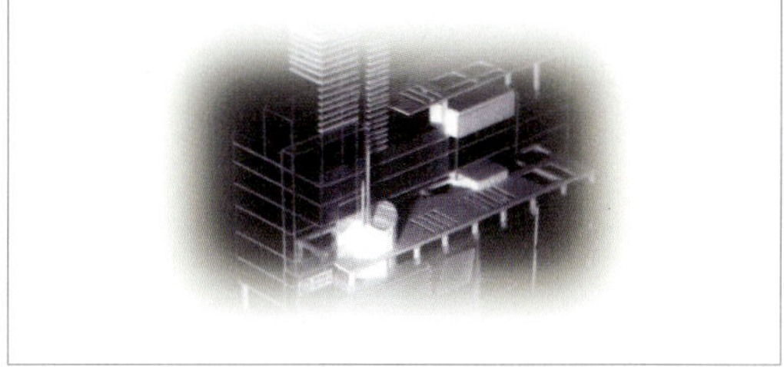

Feather:30

3. 앤티 앨리어스(Anti-aliased) 옵션

이 옵션은 테두리 라인을 따라 생성되는 경계면의 거친 흔적을 제거하기 위해 사용됩니다. 일반적으로 비트맵 방식의 이미지는 작은 점(픽셀)으로 구성되기 때문에 이미지를 오려내면 테두리가 계단현상과 같이 들쑥날쑥한 모양으로 선택됩니다. 이때 이 옵션을 사용하면 거친 경계면을 부드럽게 처리할 수 있습니다.

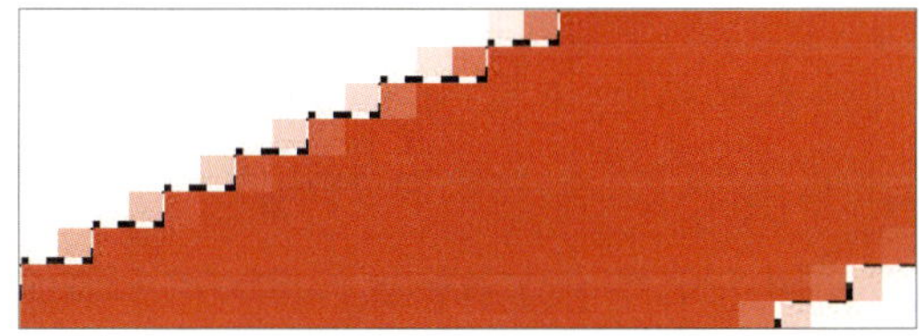

앤티 앨리어스를 적용

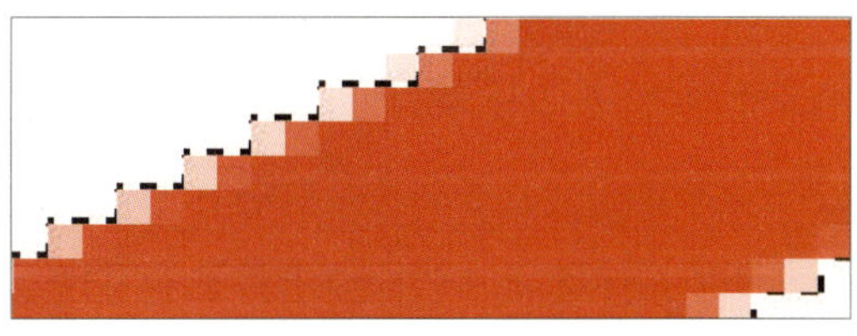

앤티 앨리어스를 적용하지 않음

4. 스타일(Style) 옵션

ⓐ Normal 마우스를 드래그하여 지정한 영역만큼 선택하게 합니다. 가장 일반적이며 많이 사용되는 옵션입니다.

ⓑ Constrained Aspect Ration(가로, 세로 비율 제한) Width(가로), Height(세로) 값을 지정한 후 지정된 가로와 세로의 비율로 선택 영역을 지정합니다. 중요한 것은 크기를 지정한 것이 아니며 비율을 지정한다는 점입니다.

ⓒ Fixed size(고정 크기) Width(가로), Height(세로) 값을 지정하여 지정된 크기만큼 영역을 강제적으로 제한합니다. 강제적으로 크기를 고정하였기 때문에 마우스를 이용하여 이미지의 어떠한 영역을 클릭하든지 항상 동일한 크기의 영역이 선택됩니다.

※ 만약 툴 프리셋 픽커에서 Reset All Tools를 클릭하면 도구상자에 있는 모든 툴들의 옵션 값을 초기화시킬 수 있습니다. 또한 Reset Tool은 현재 선택되어 있는 툴의 옵션값을 초기화 시켜주는 것입니다.

⚠ 툴(Tools) 옵션 값을 초기 값으로 설정하기

컨트롤 패널의 설정 값을 포토샵에서 제공하는 초기값으로 복원하기 위해서는 컨트롤 패널의 앞부분의 위치하고 있는 아이콘 모양을 클릭하면 그림과 같이 툴 프리셋 픽커가 나타납니다. 여기서 팝업 단추를 클릭한 후 원하는 명령을 클릭해 줍니다.

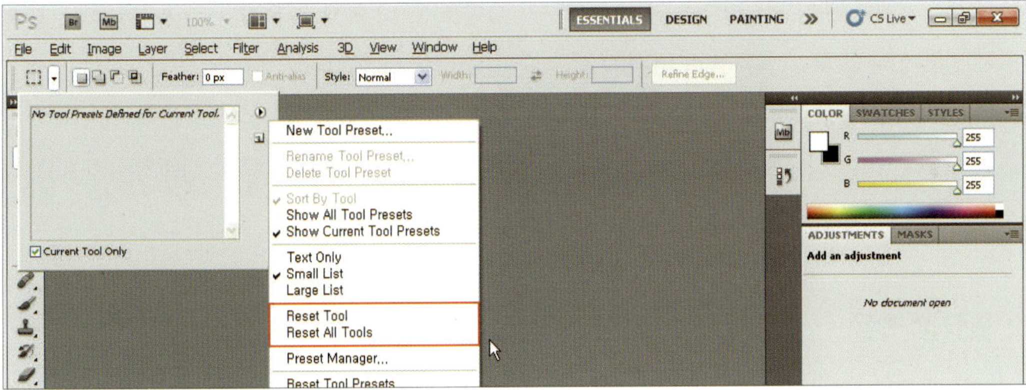

① Reset Tool : 선택한 툴의 팔레트 옵션 값을 초기값으로 설정시켜 줍니다.

② Reset All Tools : 모든 툴에 대한 옵션 값을 초기값으로 설정시켜 줍니다.

ⓘ 선택 툴과 Alt, Shift를 이용한 확장 이용

1. Shift 키의 활용

선택 툴을 사용할 때 Shift 키는 두 가지 기능으로 사용될 수 있습니다. 먼저 Shift 키를 누른 상태에서 선택 영역을 지정하게 되면 정사각형이나 반지름의 크기가 일정한 원형의 영역을 지정할 수 있습니다. 마치 컨트롤 패널에 위치한 스타일에서 Fixed Aspect Ratio(가로, 세로 비율 제한)를 선택한 후 가로와 세로의 비율을 똑같이 설정한 후 작업하는 결과와 같습니다.

두 번째로는 일정 영역을 선택한 후 Shift를 누른 상태에서 또 다른 영역을 선택하면 마치 선택 툴을 선택한 상태에서 Add to selection 옵션을 선택한 것과 같이 중복 선택하는 효과를 나타냅니다. 마치 합집합과 같은 원리로 작동합니다.

2. Alt 키의 활용

선택 툴을 사용할 때 Alt 키는 Shift 키와 같이 두 가지 기능으로 사용될 수 있습니다. 먼저 Alt 키를 누른 상태에서 선택영역을 드래그하면 마우스로 클릭한 지점을 중심으로 선택 영역이 만들어 지는 모습을 볼 수 있습니다.

두 번째로는 Alt 키는 Shift와는 반대로 일정 영역을 선택한 후 Alt를 누른 상태에서 또 다른 영역을 선택하면 마치 선택 툴을 선택한 상태에서 Subtract from selection 옵션을 선택한 것과 같이 영역을 빼주는 효과를 나타냅니다. 즉 차집합과 같은 연산 결과가 나타납니다.

물론 Shift 키와 Alt 키를 동시에 누른 후 선택영역을 지정하면 마우스로 클릭한 지점을 중심으로 가로와 세로의 비율이 동일한 선택 영역을 지정할 수 있습니다. 특히 동심원의 영역을 선택할 경우 Shift 키와 Alt 키를 동시에 누른 후 원형 선택 툴을 이용하는 경우가 많습니다.

실습예제 01

▌배치도를 이용한 배치 개념도 작성

앞에서 연습한 방법을 참고하여 주어진 예제 이미지를 이용하여 아래 그림과 같이 배치도를 이용한 배치 개념도를 작성해 보시기 바랍니다.

■ 제시된 배치도 이미지

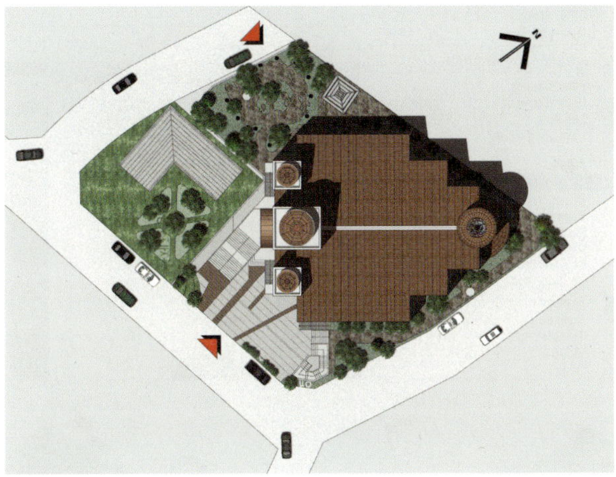

(예제CD 03\012.jpg)

■ 배치도를 이용한 개념 이미지

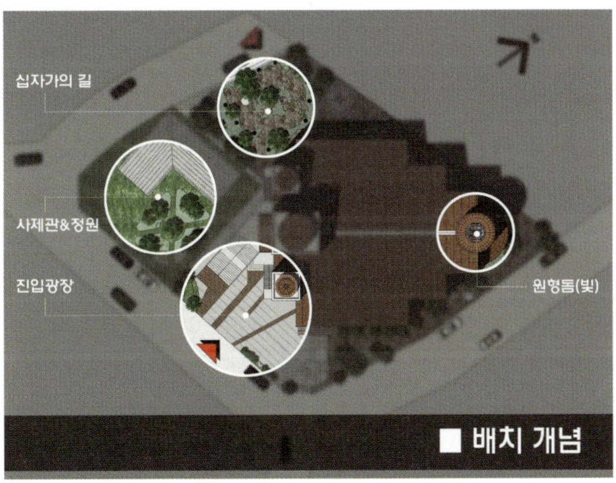

(예제CD 03\013.psd, 013.jpg)

도움말

이미지를 흐리게 처리하는 방법은 여러 가지 작업 방식으로 처리할 수 있습니다. 다만 여기서는 앞에서 연습한 방법과 같이 이미지를 흐리게 처리하는 방법으로 Filter ➡ Blur ➡ Gaussian Blur... 명령을 이용하여 처리할 수 있으며, 이미지를 어둡게 처리하기 위해서 Image ➡ Adjustments ➡ Brightness/Contrast... 명령을 이용하여 처리할 수 있습니다.

■ Gaussian Blur

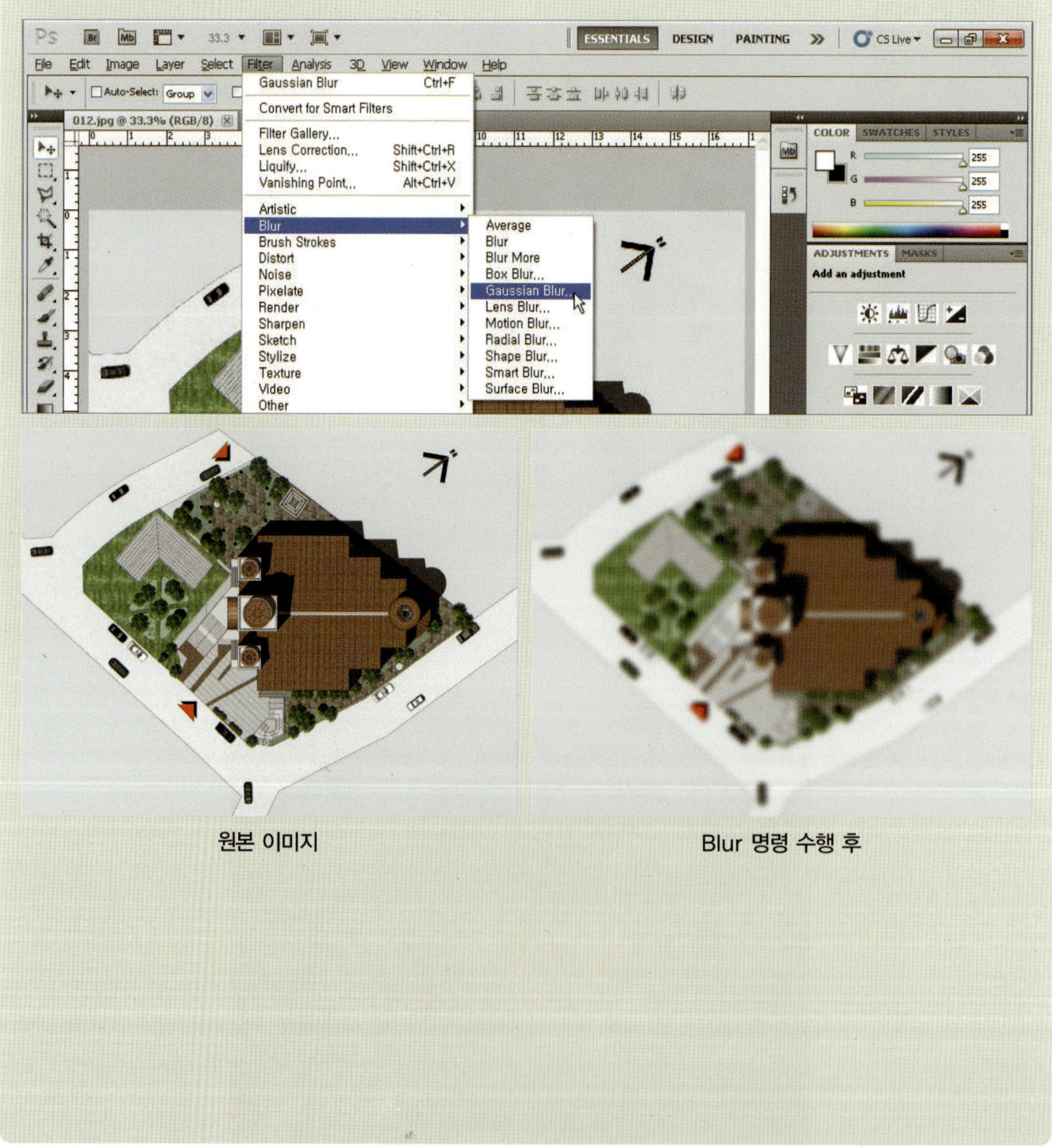

원본 이미지   Blur 명령 수행 후

■ Brightness/Contrast

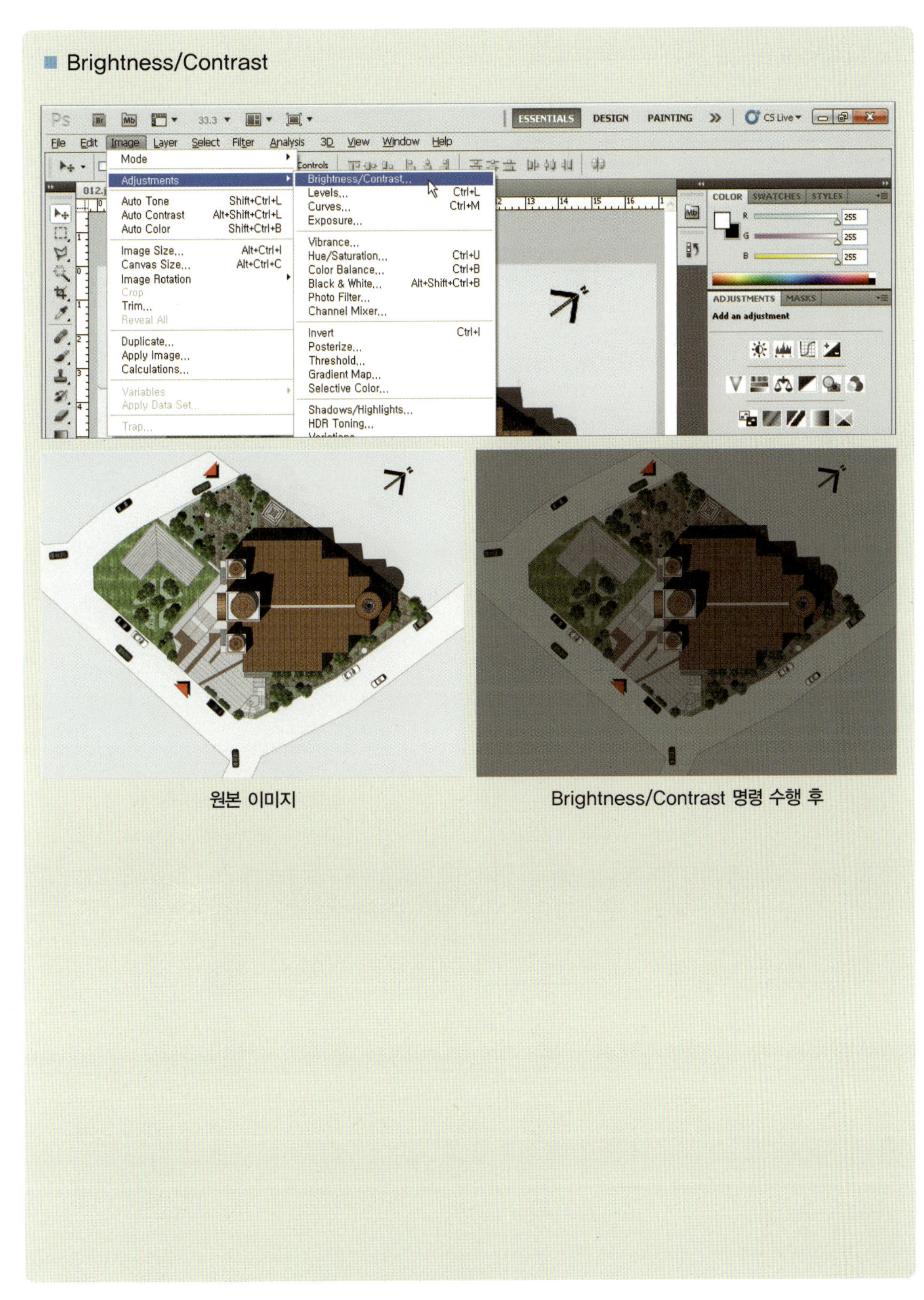

원본 이미지

Brightness/Contrast 명령 수행 후

■ Hue/Saturation

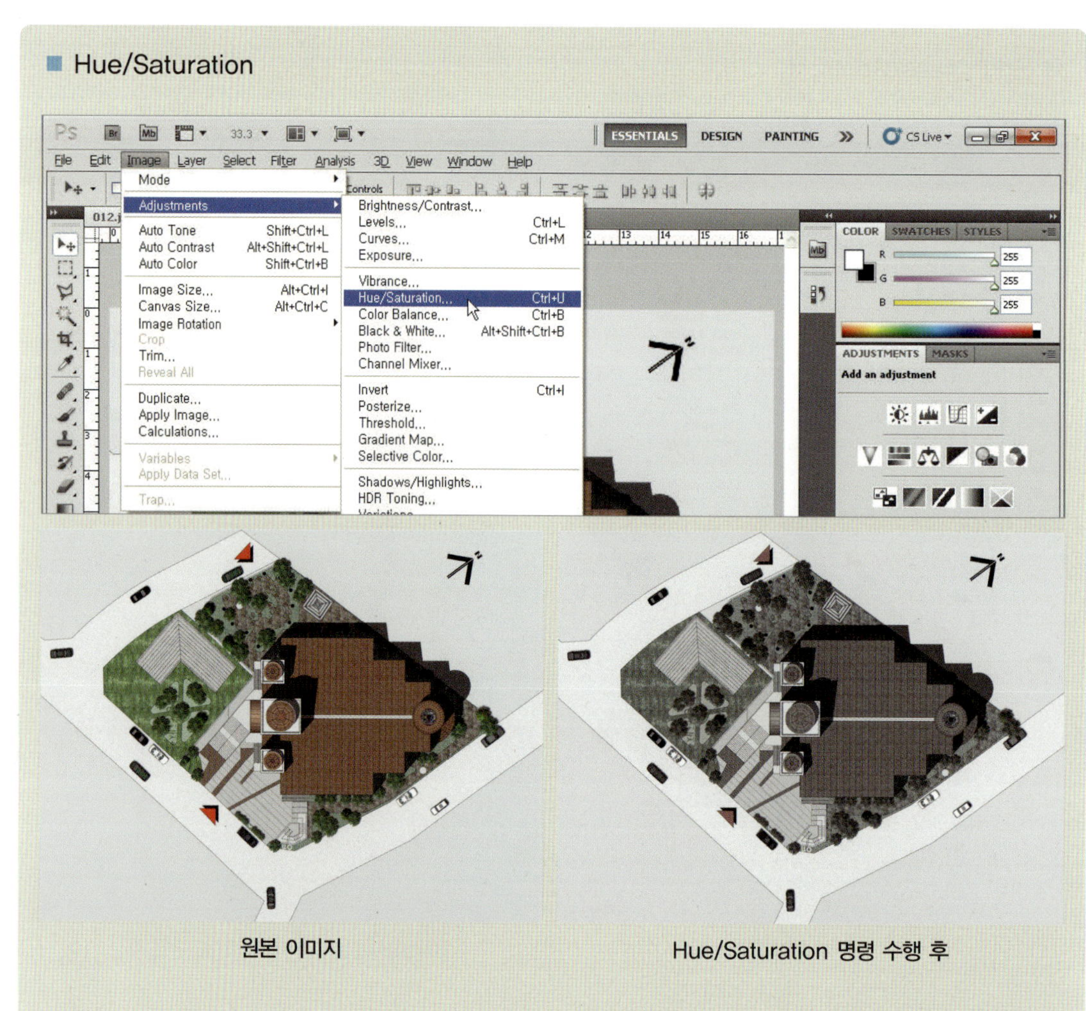

원본 이미지 Hue/Saturation 명령 수행 후

또한 컬러 이미지의 색상, 즉 채도를 낮추기 위해서는 Image → Adjustments → Hue/Saturation... 명령을 수행한 뒤, Saturation 값을 변화시켜 이미지의 채도를 변경시킬 수 있습니다.

실습예제 O2

▌입면 하단부의 강조를 위한 개념도 작성

앞에서 연습한 방법을 참고하여 주어진 예제 이미지를 이용하여 아래 그림과 같이 입면도를 이용하여 입면 하단부(필로티)의 강조를 위한 개념도를 작성해 보시기 바랍니다.

■ 제시된 입면 및 개념 이미지

(예제CD 03\014.jpg)

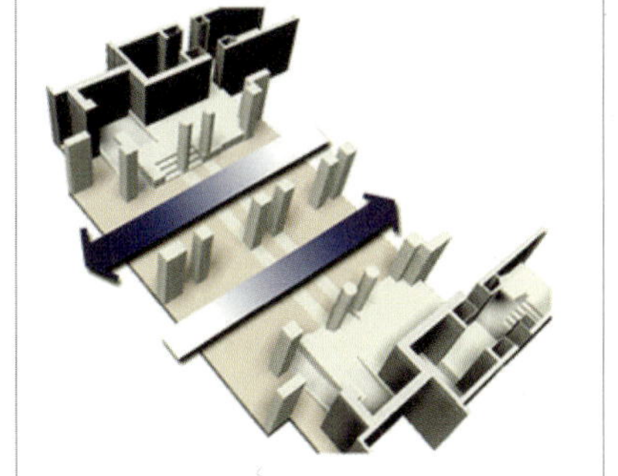

(예제CD 03\015.jpg)

■ 편집된 개념 이미지

(예제CD 03\016.jpg)

사인 이미지의 위치 표시를 위한 프리젠테이션 보드 작성

주어진 이미지를 이용하여 아래 그림과 같이 사인 이미지의 위치표시를 위한 프리젠테이션 보드를 작성해 봅니다.

■ 제시된 이미지

(예제CD 03\017.jpg)

(예제CD 03\018(사인-남자).jpg)

(예제CD 03\019(사인-여자).jpg)

■ 완성된 프레젠테이션 보드

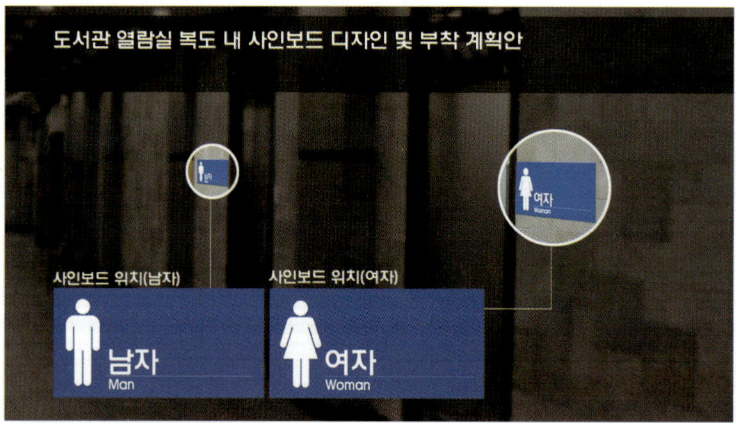

(예제CD 03\020.psd, 020.jpg)

도움말

컬러 이미지를 흑백으로 처리하는 방법은 여러 가지 작업 방식으로 처리할 수 있습니다. 다만 여기서는 컬러 작업을 계속해서 수행하기 위해 Image → Adjustments → Desaturate 명령을 이용하여 처리할 수 있습니다.

■ Desaturate

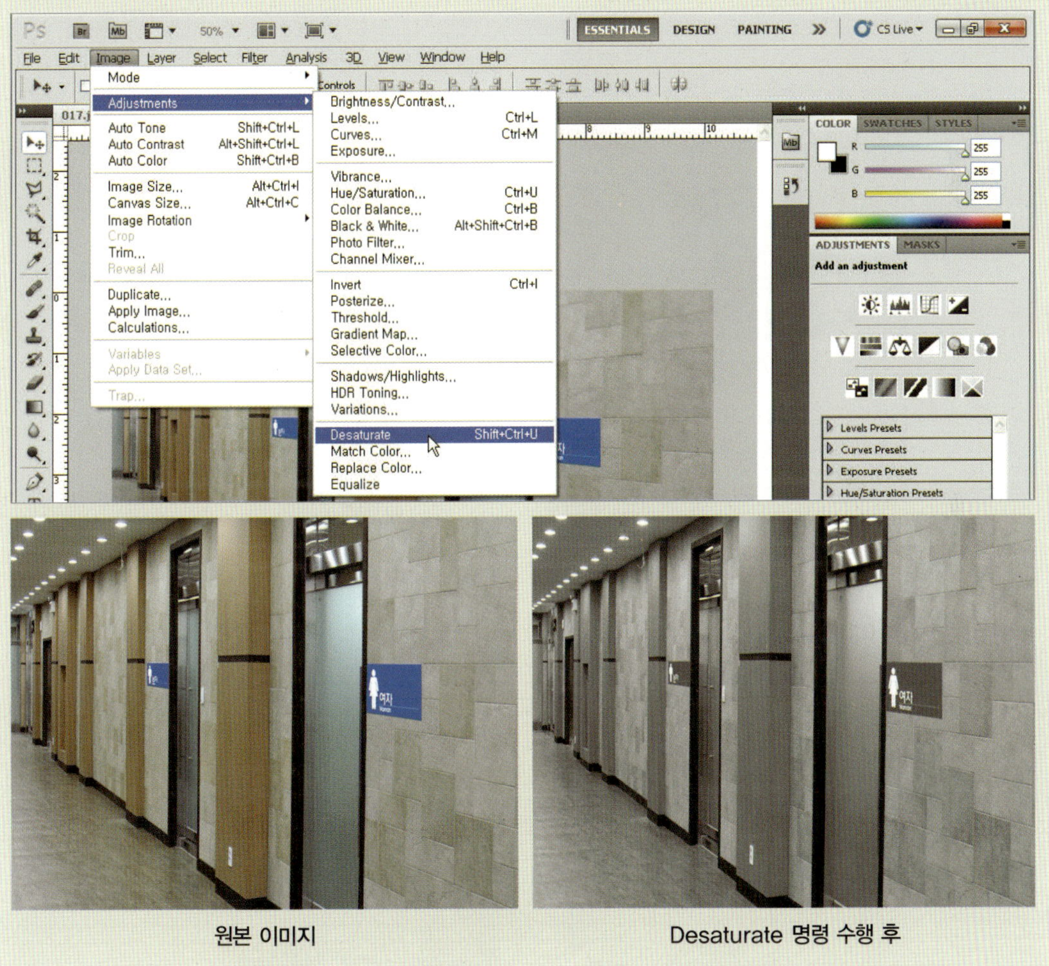

원본 이미지   Desaturate 명령 수행 후

실습예제 04

▌렌더링 이미지를 이용한 개념도 작성

주어진 이미지를 이용하여 아래 그림과 같이 개념도를 작성해 봅니다.

■ 제시된 렌더링 이미지

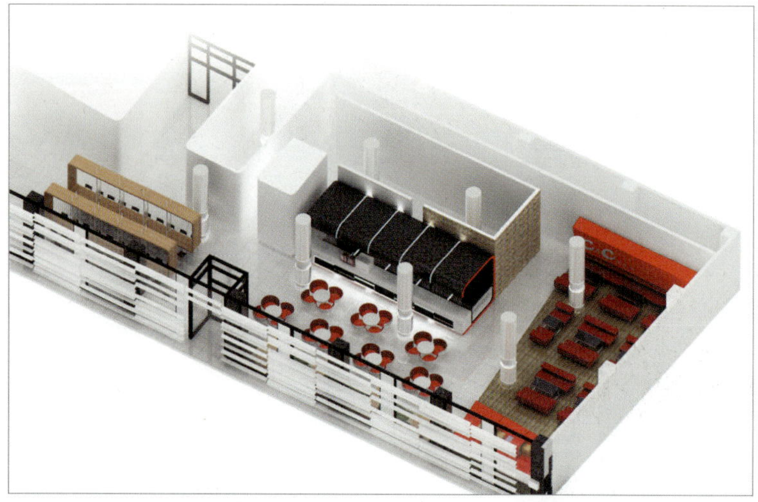

(예제\CD 03\021.jpg)

■ 완성된 개념 이미지

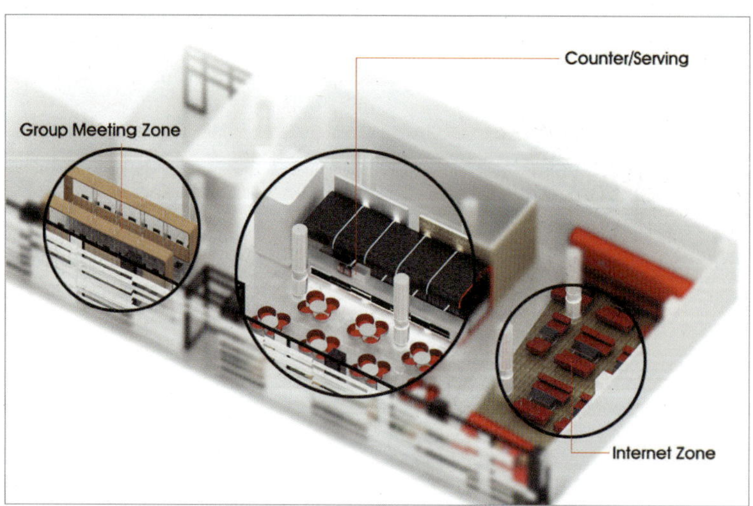

(예제\CD 03\022.psd, 023.jpg)

제4부

Photomerge 기능을 이용한 건축, 인테리어 표현 방법

포토샵으로 작업하기 위해서는 기본적으로 선택 툴을 이용하여 이미지를 선택하거나 활용하는 방법을 익혀야 합니다. 건축이나 인테리어 분야에서는 주로 전체 이미지를 선택을 가장 많이 사용하지만, 일부분만 빠르게 선택하는 방법 등을 익힘으로써 다양한 표현 방법을 만들 수 있습니다.

1 현장 사진을 파노라마 이미지로 제작해 보자

건축이나 인테리어 프로젝트를 시작할 경우 현장 상황을 정확히 파악하는 것은 매우 중요하지만, 필요할 때마다 매번 방문하는 것은 매우 수고스러운 일이라고 할 수 있습니다.

과거에는 현장 및 상황을 촬영, 인화한 뒤 작업실에 붙여놓고 작업을 진행하였지만 사진만으로 현장 상황을 정확히 이해한다는 것을 쉬운 일이 아니라고 할 수 있습니다. 이제 연속된 몇 장의 촬영한 뒤, 하나의 파노라마 이미지로 제작함으로써 현장 상황을 보다 쉽게 파악하기 위한 이미지를 제작해 보도록 하겠습니다.

준비된 예제 이미지

한 장의 이미지로 작성된 주변 상황 이미지

1 File ➡ Open 명령을 수행하여 준비된 이미지(예제CD 04\001(사진-1).jpg~001(사진-7).jpg)를 불러와 줍니다. File ➡ Automate ➡ Photomerge... 명령을 수행합니다.

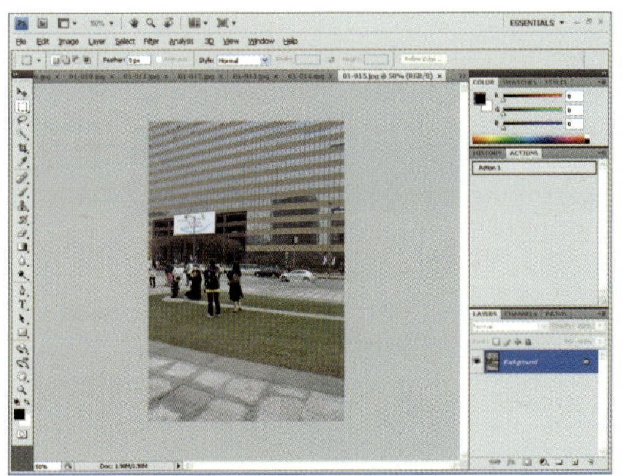 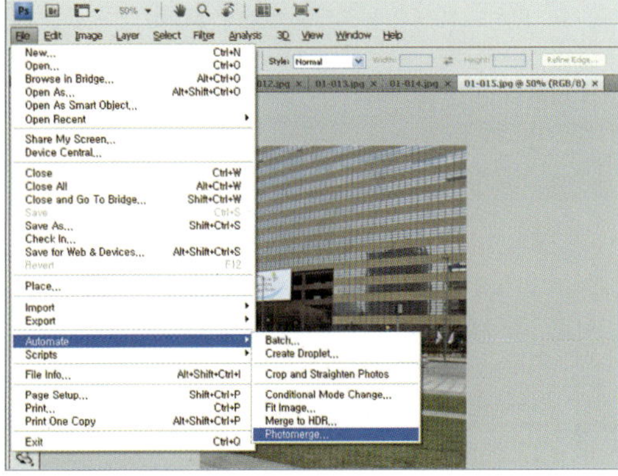

(예제CD 04\001(사진-1).jpg~001(사진-7).jpg)

2 나타나는 Photomerge 대화상자에서 Add Open Files... 명령을 수행하여 현재 열러있는 7장의 이미지를 불러와 줍니다. 이미지를 불러온 뒤 OK 버튼을 클릭하면 여러 장의 이미지가 자동으로 하나의 이미지로 붙여지는 것을 볼 수 있습니다.

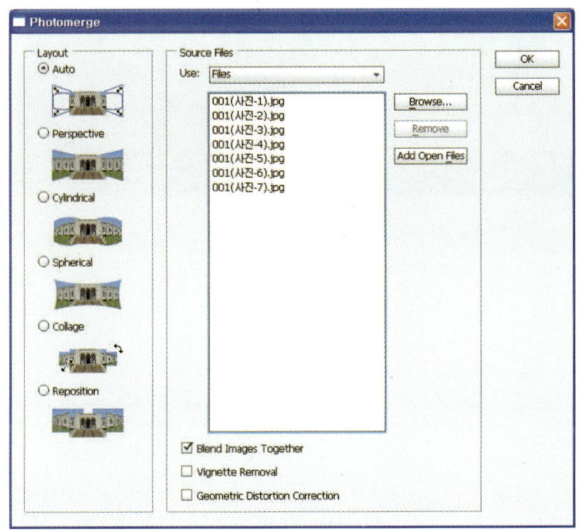 

3 이제 도구 패널에서 잘라내기(Crop) 툴을 선택한 뒤, 필요한 부분만 드래그하여 설정해 줍니다. 필요한 부분을 설정한 뒤, Enter↵ 키를 눌러 잘라냅니다.

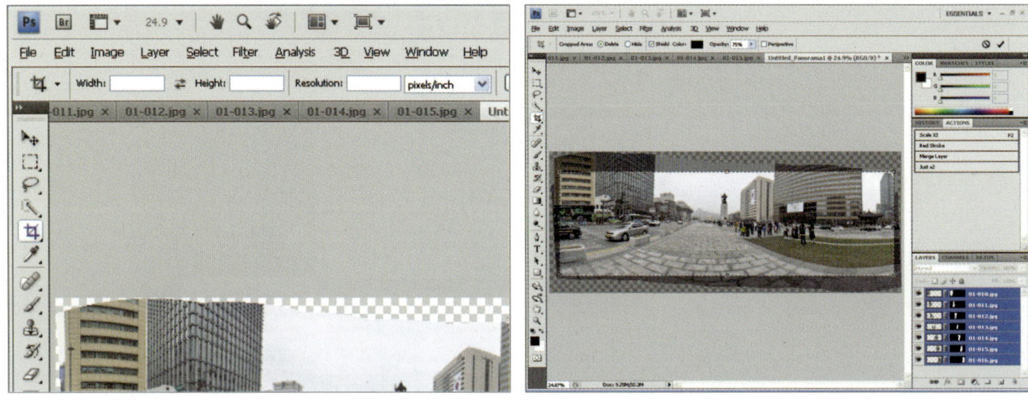

4 최종 완성된 이미지

(예제CD 04\002.psd, 003.jpg)

2 대형 지도 이미지 연결하기

건축 및 인테리어 설계 표현을 위해, 또는 설계 초기단계에서 필요에 의해 스캐너를 이용하여 지도를 입력하게 됩니다. 그러나 대부분의 사무소나 학생들의 경우 대형 또는 드럼형 스캐너를 가지고 있는 경우는 거의 없습니다. 일단 스캐너의 가격이 매우 고가이며 협소한 공간에 들여 놓기도 어렵기 때문입니다. 그러나 A4 크기 스캐너만으로도 대형 사진이나 지도 이미지를 스캔할 수 있습니다. 다시 말해, 대형 사진이나 지도 이미지를 A4 크기의 스캐너를 이용하여 조각조각 스캐닝한 후 포토샵을 이용하여 하나의 이미지도 이어 붙이기만 하면 아주 쉽게 대형 이미지를 만들 수 있습니다.

아래 그림은 스캔받기 위해 준비한 대형 지도입니다. 이것을 A4 크기의 스캐너를 이용하여 조각조각 스캐닝 합니다. 중요한 것은 아무리 정확히 한다고 하더라도 사람 손에 의해 조작되기 때문에 그림과 같이 일정 부분이 겹칠 수 있도록 스캐닝 작업을 수행해야 한다는 점입니다.

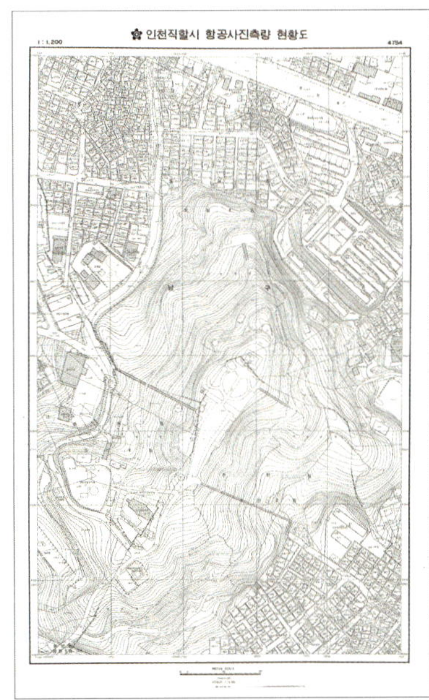

준비된 지도

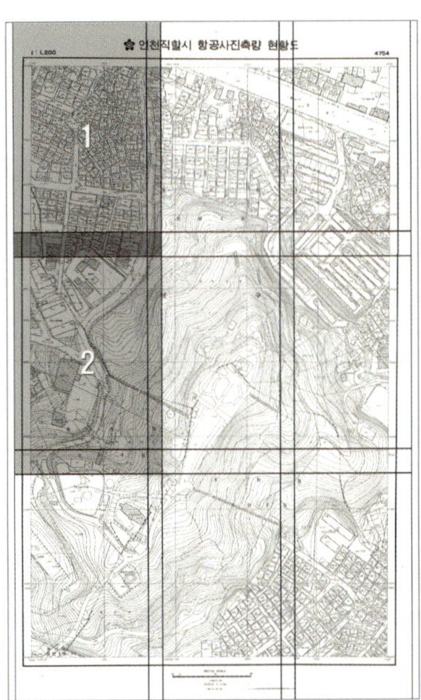

지도 이미지를 스캔 받기 위해서 경계가 되는 부분에서는 일정 영역이 겹쳐지게 스캔 작업을 수행하여야 합니다.

1. 포토샵을 실행한 뒤, File ➡ Automate ➡ Photomerge... 명령을 수행합니다. 나타나는 Photomerge 대화상자에서 Browse... 버튼을 클릭한 뒤, 준비된 예제 이미지(예제CD 04\004(지도-1).jpg~004(지도-9).jpg)를 불러와 줍니다.

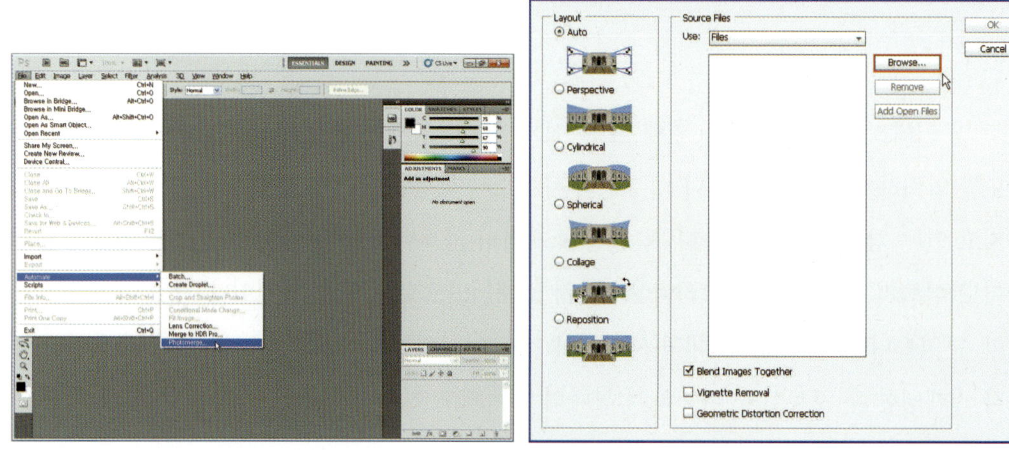

(예제CD 04\004(지도-1).jpg~004(지도-9).jpg)

2. 스캔한 지도 이미지를 불러온 뒤, 레이아웃에서 Reposition 항목을 클릭합니다. 모든 설정을 마친 뒤, OK 버튼을 클릭하면 자동으로 다중 이미지를 하나의 지도 이미지가 만들어지는 것을 볼 수 있습니다.

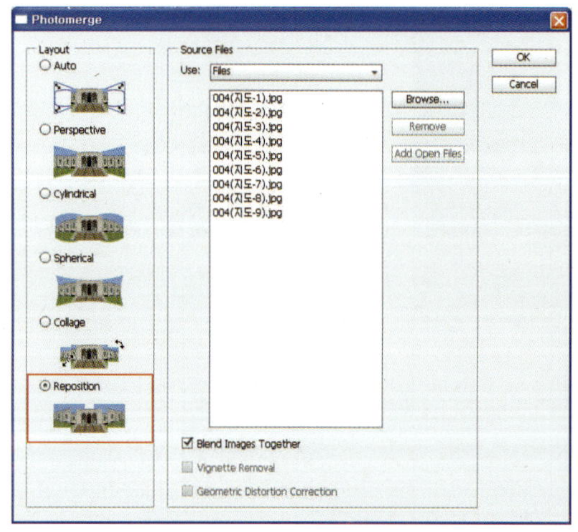

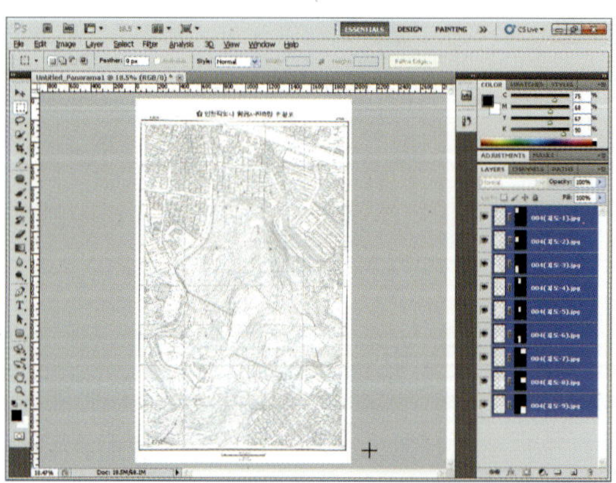

3 최종 완성된 이미지

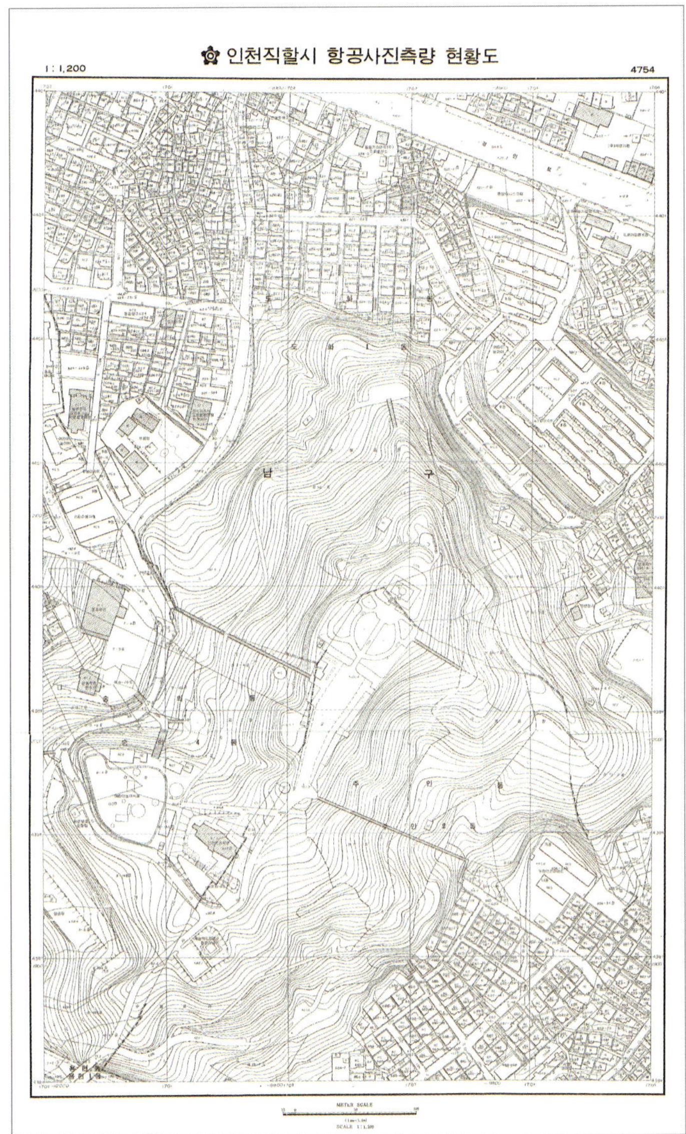

(예제\CD 04\005.psd, 006.jpg)

3 인터넷 지도 캡쳐 후 위치도 만들기

이번에는 고해상도 지도를 제작하기 위해 인터넷에서 제공되는 다양한 지도를 여러 장으로 캡쳐한 뒤, 캡쳐된 여러 장의 지도 이미지를 하나의 이미지로 붙여 고해상도 이미지를 제작해 보도록 하겠습니다.

1 인터넷에서 흔히 접할 수 있는 지도 서비스 사이트로 접속해 줍니다. 여기서는 네이버 지도(http://map.naver.com)를 이용하였습니다. 가급적이면 큰 이미지의 정보를 캡쳐하기 위해서 지도 이미지가 화면전체에 나타나도록 설정해 줍니다.

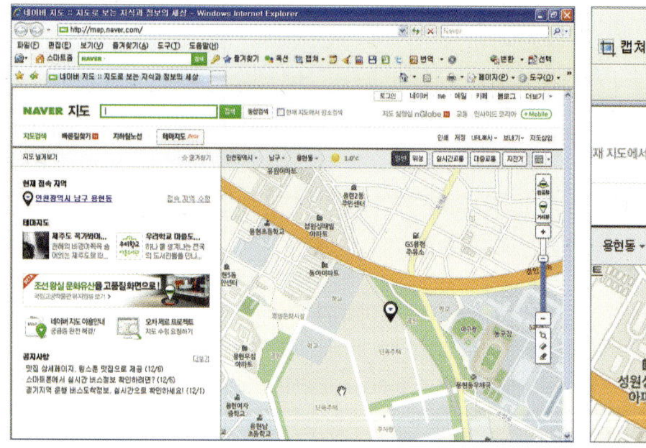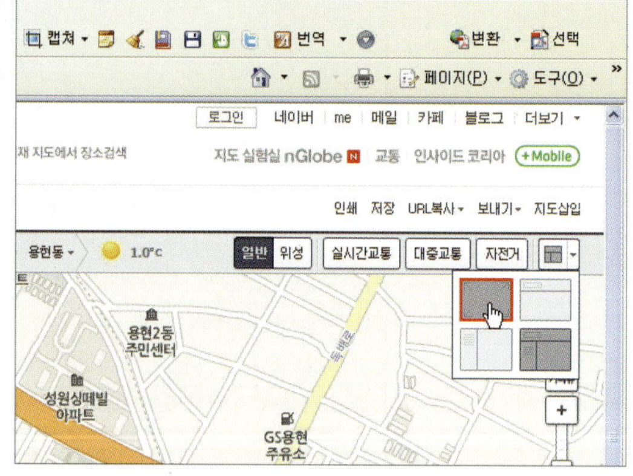

2 이제 화면에 나타난 지도 이미지를 캡쳐(Capture)해 보도록 하겠습니다. 이미지 캡쳐는 ⎄(Print Screen) 키를 누르면 화면의 이미지가 클립보드에 저장됩니다. 다만 아래 그림과 같이 화면을 캡쳐할 경우 캡쳐되는 이미지가 어느 정도 겹쳐지도록 설정하여 캡쳐합니다.

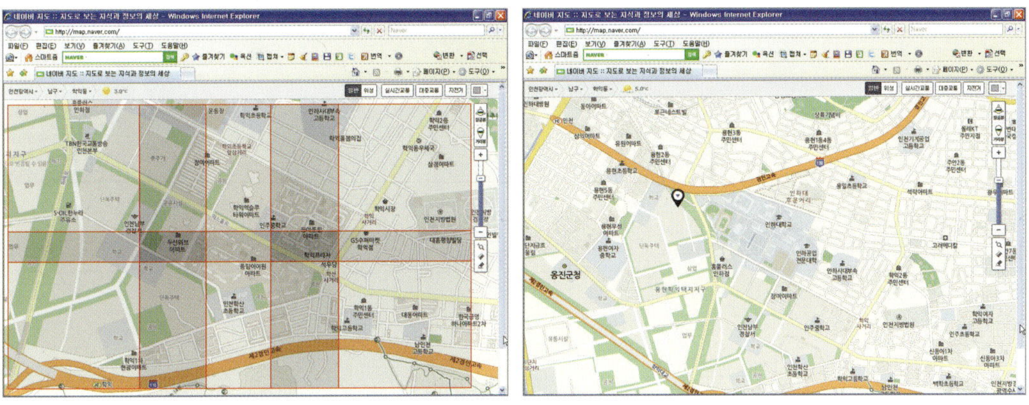

3 이제 캡쳐된 이미지를 포토샵으로 불러와 보겠습니다. File ➜ New... 명령을 수행한 뒤 나타나는 대화상자에서 기본적으로 나타나는 설정값을 이용하여 빈 캔버스를 만들어 줍니다.

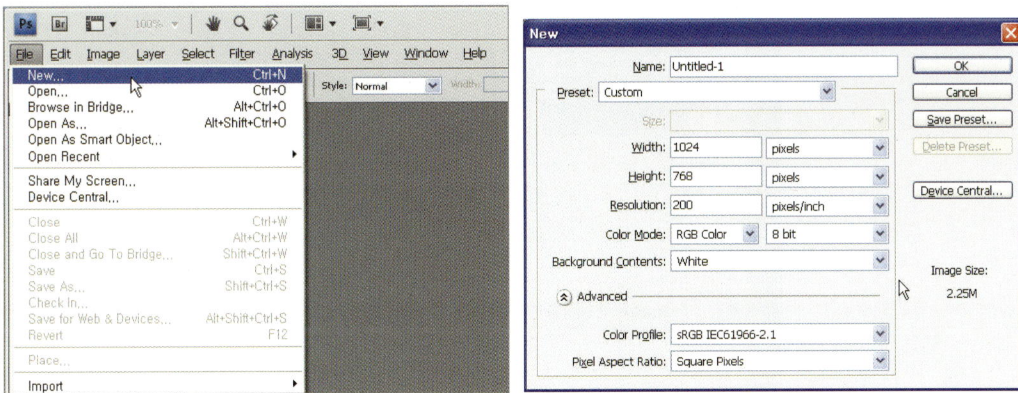

4 빈 캔버스가 나타나면 Edit → Paste 명령을 수행하여 캡쳐된 지도 이미지를 빈 캔버스에 지는 것을 볼 수 있습니다.

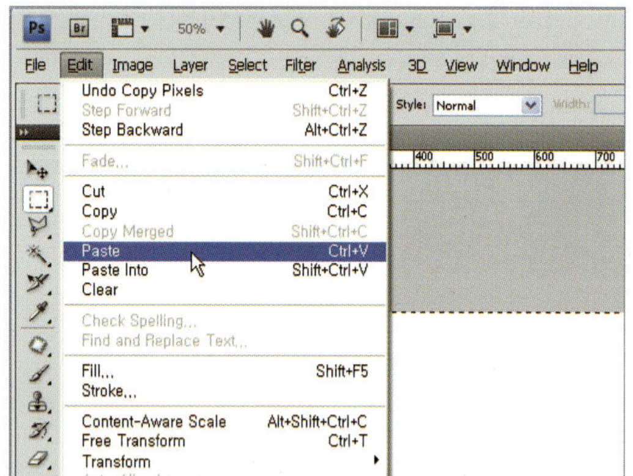
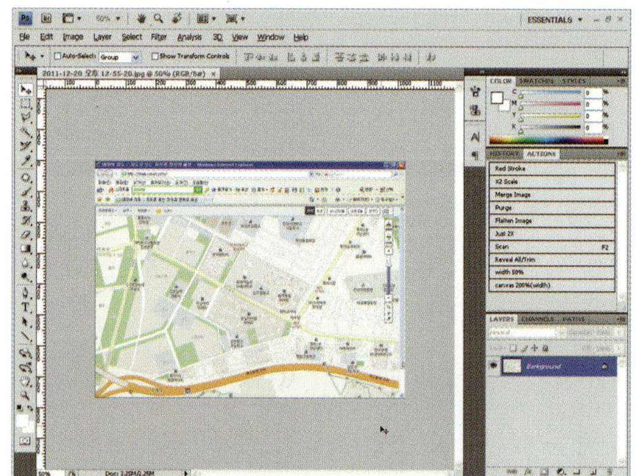

5 이제 인터넷의 화면을 이동한 뒤, 앞에서 설명한 바와 같이 일부가 겹쳐지도록 이동합니다. 앞에서 수행한 동일한 방법으로 (Print Screen) 키를 눌러 캡쳐한 뒤, Edit → Paste 명령을 수행하여 현재 작업 창에 붙여넣어 줍니다. 6장을 연속해서 붙여넣은 뒤, 레이어 팔레트를 살펴보면 아래 그림과 같이 레이어가 추가된 것을 볼 수 있습니다. 다음 작업을 위해서 사각형 선택 툴인 Rectangular Marquu Tool을 선택합니다.

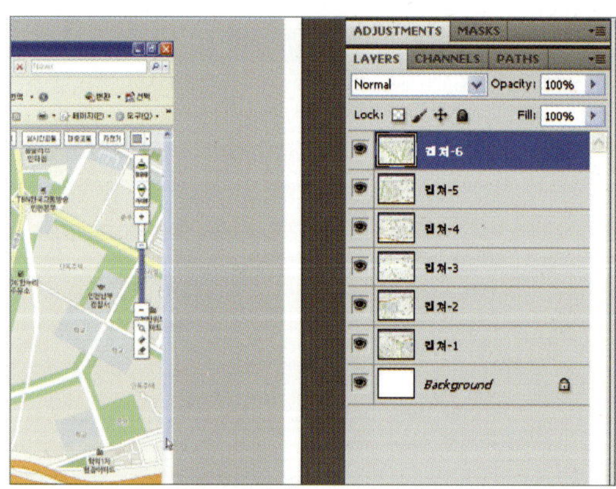

(예제CD 04\008(캡쳐).psd)

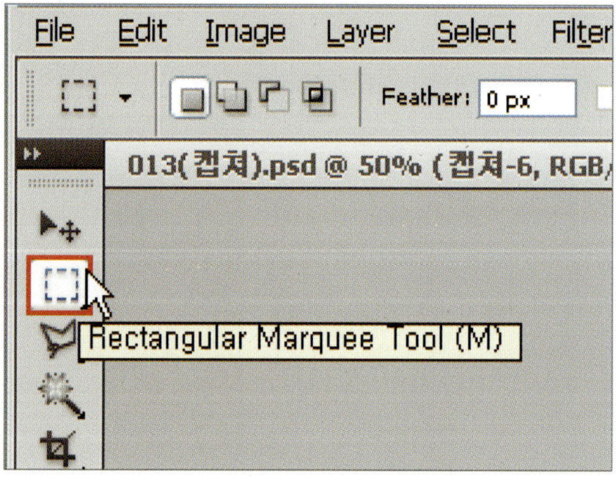

6 불필요한 부분을 제거하기 위해서 아래 그림과 같이 지도 이미지만을 선택해 줍니다. 필요한 부분만을 선택한 뒤, Image ➡ Crop 명령을 수행합니다.

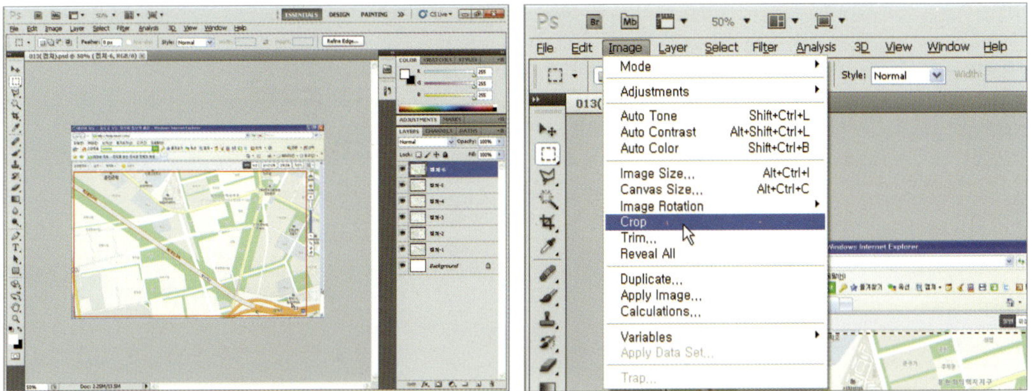

(예제\CD 04\009(캡쳐-Crop).psd)

7 아래 그림과 같이 선택한 부분만 남고 나머지는 잘라진 것을 볼 수 있습니다. 이제 레이어 팔레트의 indicates layer visibility 버튼을 하나씩 끄면서 각각의 이미지를 따로 저장해 줍니다.

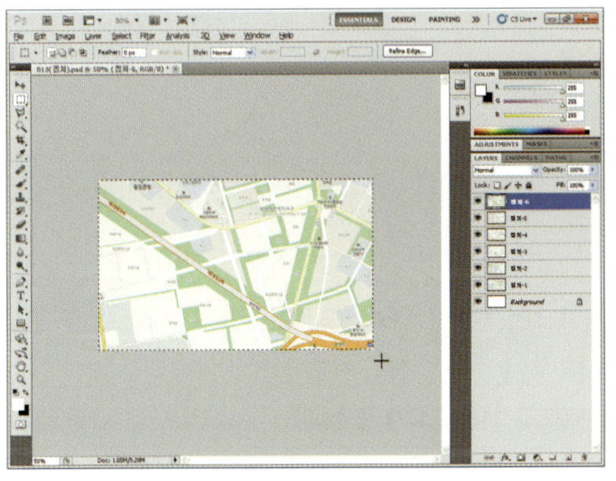

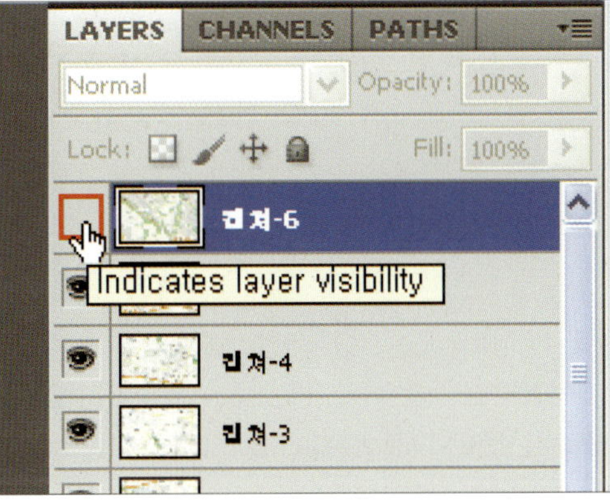

8 이미지는 File → Save As... 명령을 수행하여 각각의 이미지를 JPG 포맷으로 각각 저장시켜 줍니다.

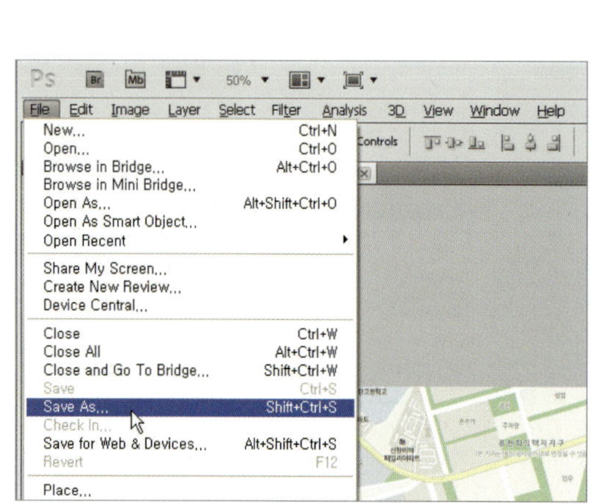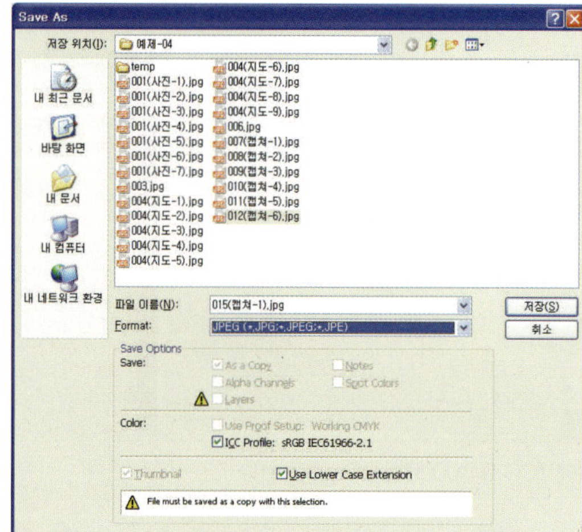

9 앞에서 수행한 동일한 방법으로 6장 정도의 지도 이미지를 별도의 이미지 파일로 만들어 줍니다.

(예제CD 04\010(캡쳐-1).jpg)　　　　　　　(예제CD 04\010(캡쳐-2).jpg)

(예제\CD 04\010(캡쳐-3).jpg)

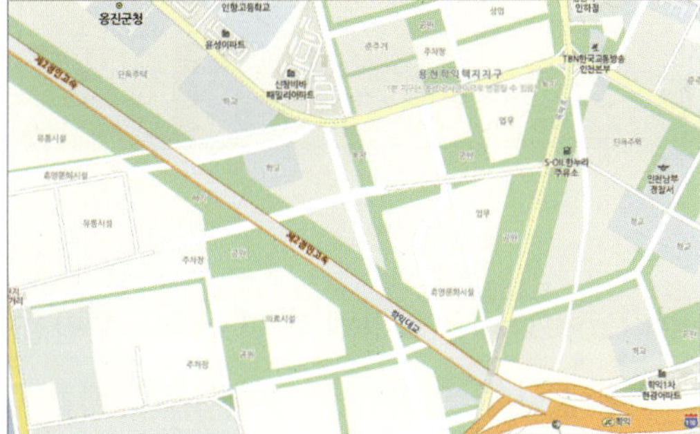

(예제\CD 04\010(캡쳐-4).jpg)

(예제\CD 04\010(캡쳐-5).jpg)

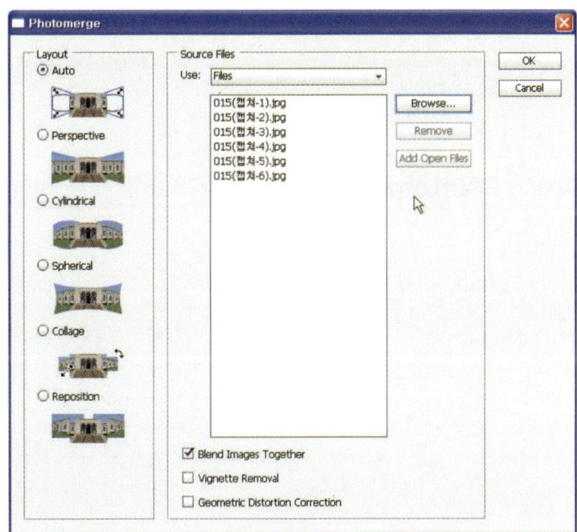

(예제\CD 04\010(캡쳐-6).jpg)

10 이제 작성된 6장의 이미지를 붙여보도록 하겠습니다. File → Automate → Photomerge… 명령을 수행합니다. 나타나는 Photomerge 대화상자에서 Browse… 버튼을 클릭하여 앞에서 작성된 6장의 이미지를 모두 불러온 뒤, OK버튼을 클릭해 줍니다.

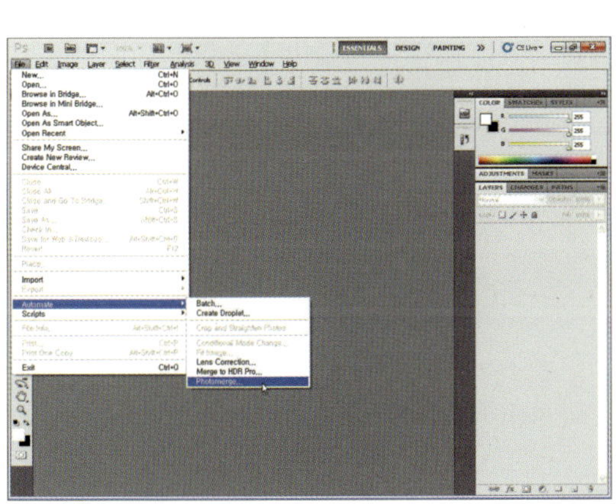

11 아래 그림과 같이 6장의 이미지가 하나의 이미지로 붙여진 것을 볼 수 있습니다. 필요한 부분만을 남기기 위해서 Crop Tool을 클릭하여 선택해 줍니다.

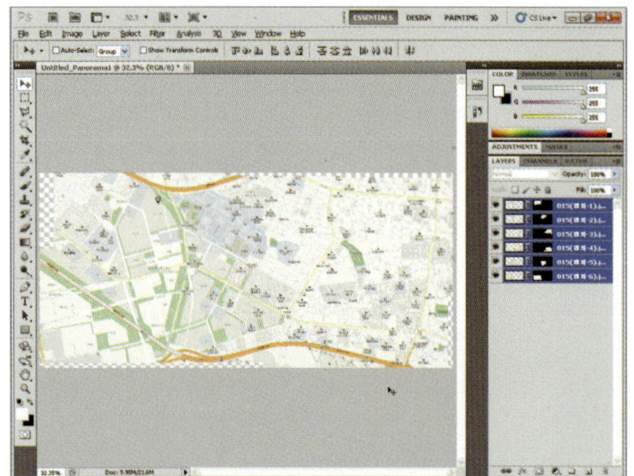
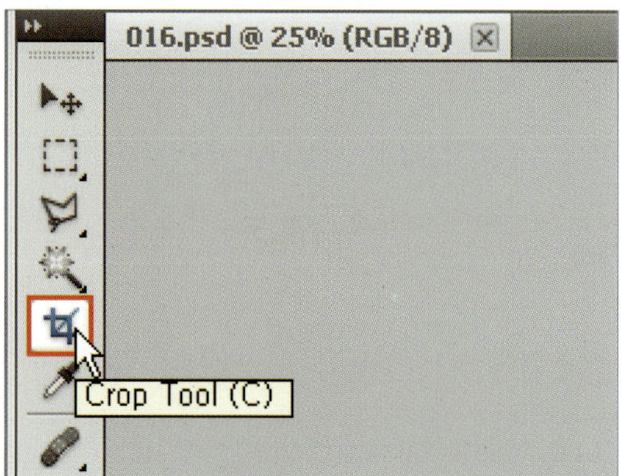

12 Crop Tool을 이용하여 필요한 부분만을 드래그한 뒤, Enter↵ 키를 눌러 이미지를 잘라 내 줍니다. 영역 이미지 작업을 진행하기 위해서 Layer → New → Layer... 명령을 수행합니다.

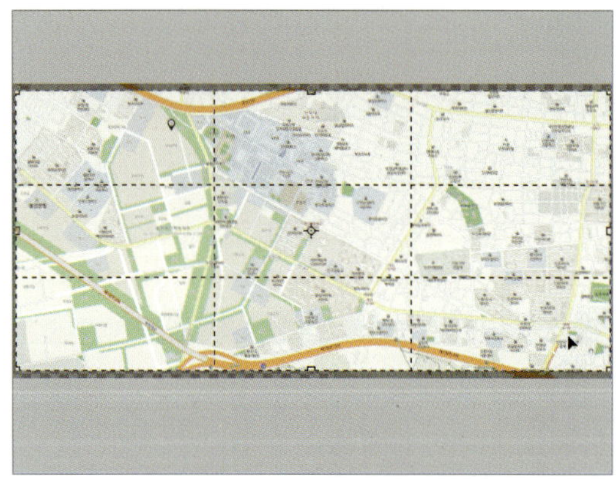
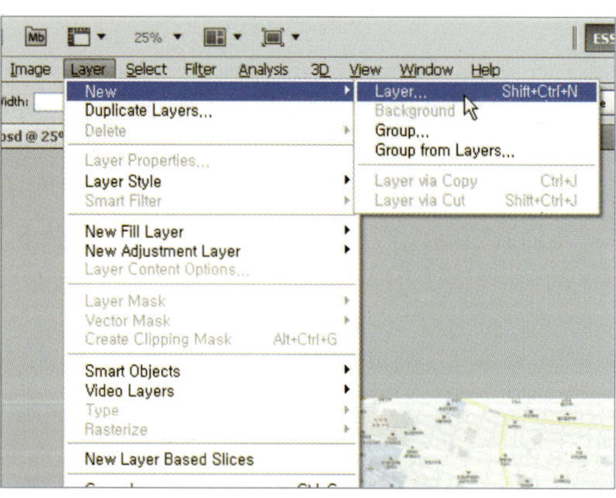

(예제CD 04\011.psd)

13 나타나는 New Layer 대화상자에서 이름을 '위치−영역' 으로 설정한 뒤, 원형 선택 도구인 Elliptical Marquee Tool을 선택해 줍니다.

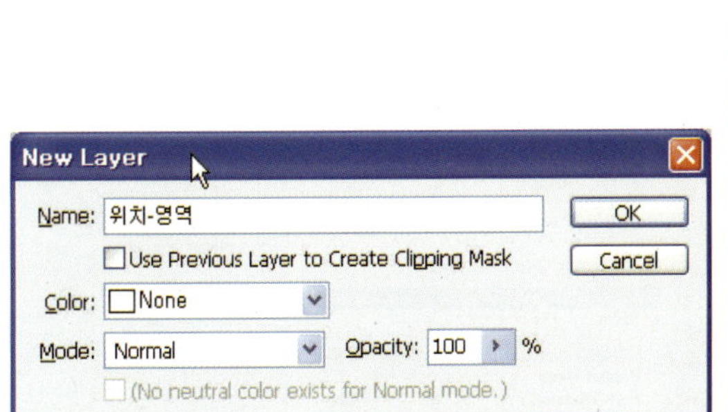

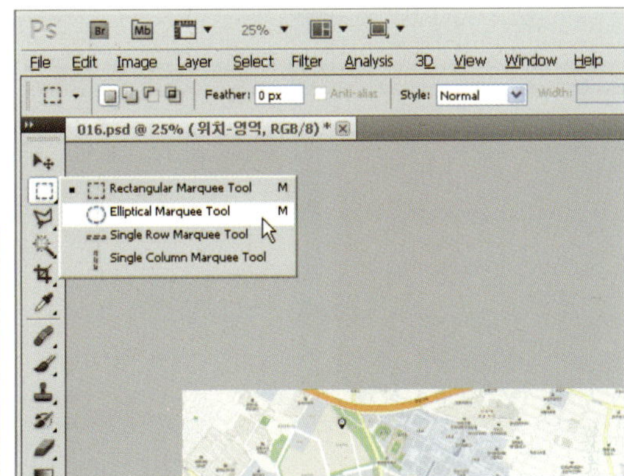

14 아래 그림과 같이 기준 위치를 중심으로 동심원 모양으로 선택해 줍니다. 선택 영역의 색상을 지정하기 위해서 전경색 아이콘(Set foreground color)을 클릭해 줍니다.

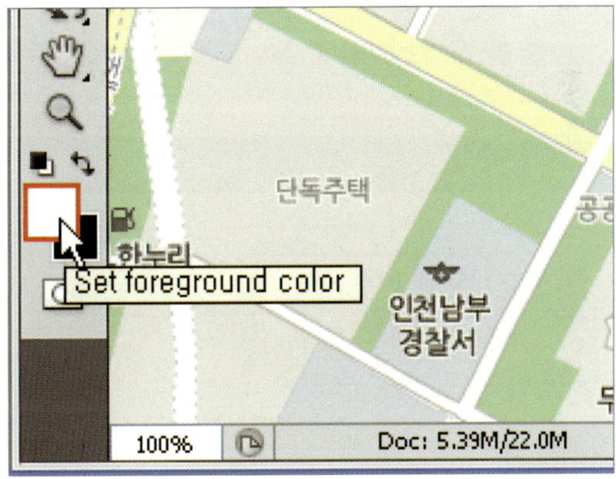

15 나타나는 Color Picker 대화상자에서 빨간색(R:255, G:0, B:0)으로 설정해 줍니다. 계속해서 선택한 색상으로 선택 영역의 채색을 위해, Edit ➡ Fill... 명령을 수행합니다.

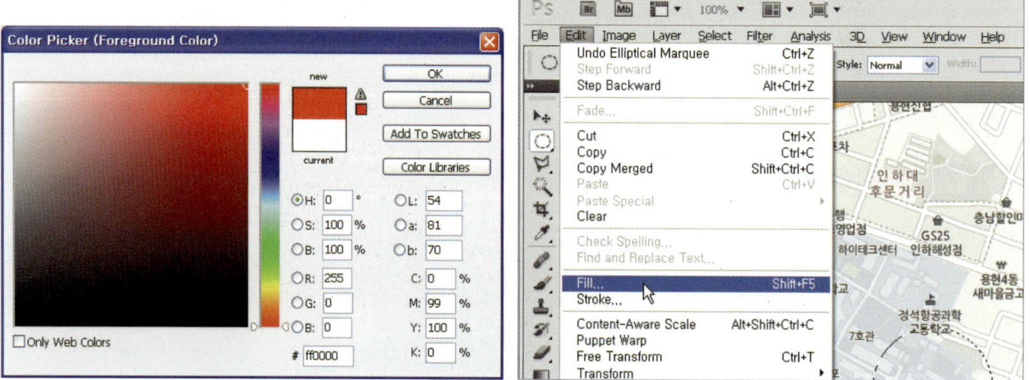

16 나타나는 Fill 대화상자에서 아래 그림과 같이 값을 설정합니다. Use 항목은 Foreground Color로 설정하고 Opacity 값을 20%로 설정해 줍니다. 즉 채워지는 색상은 앞에서 지정한 전경색으로 투명도는 20%로 채색한다는 의미이며, 아래 그림과 같은 결과가 만들어진 것을 볼 수 있습니다.

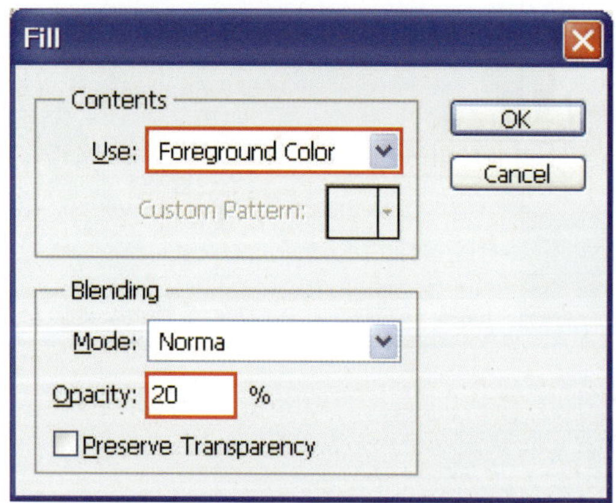

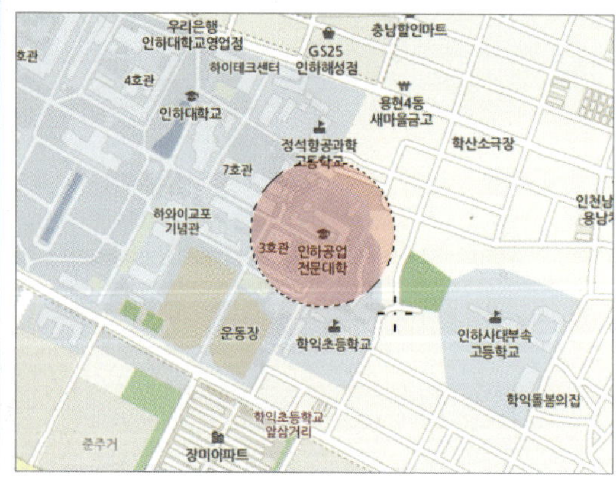

17 선택 영역을 따라 테두리 선을 그리기 위해서 Edit ➡ Stroke... 명령을 수행합니다. 나타나는 Stroke 대화상자에서 아래 그림과 같이 값을 설정합니다. Width 항목은 2px, Color는 빨간색으로 Location은 Center로 설정해 줍니다. 즉 선택한 영역을 중심으로 두께 2px 만큼 빨간색으로 그려진다는 의미입니다.

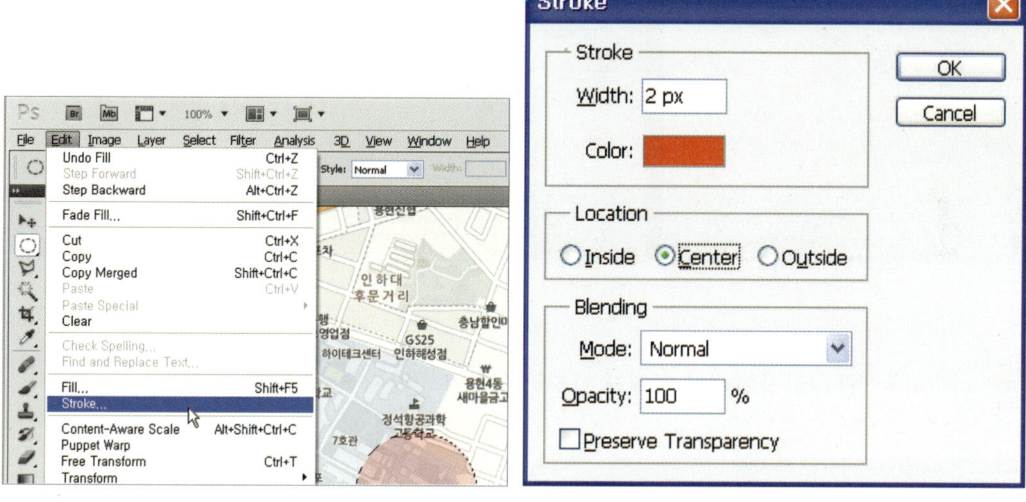

18 아래 그림과 같은 결과가 만들어지면 Select ➡ Deselect 명령을 수행하여 선택영역을 취소합니다.

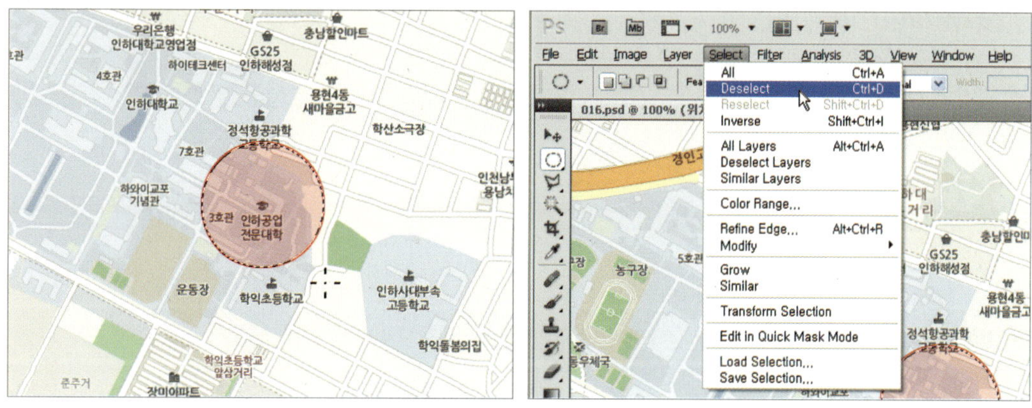

19 앞에서 수행한 동일한 방법으로 기준 위치를 중심으로 동심원의 선택영역을 선택한 뒤, Edit → Fill 명령을 수행합니다.

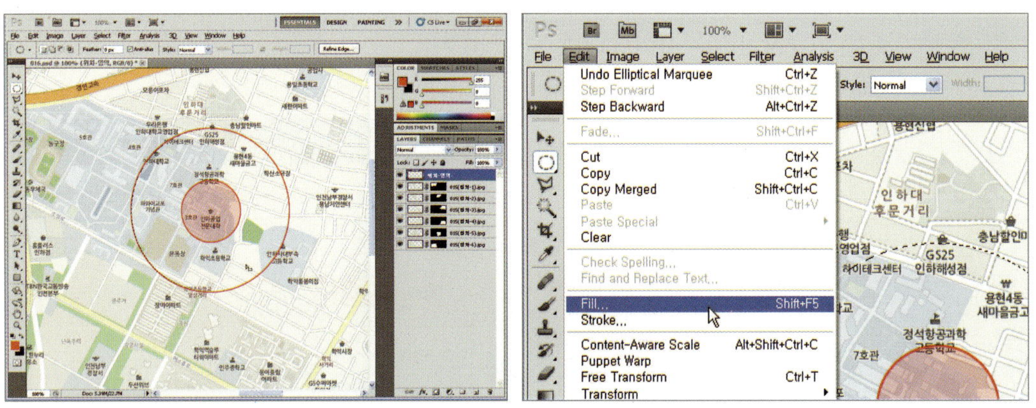

20 나타나는 Fill 대화상자에서 앞에서 설정한 동일한 값으로 채색 작업을 진행합니다.

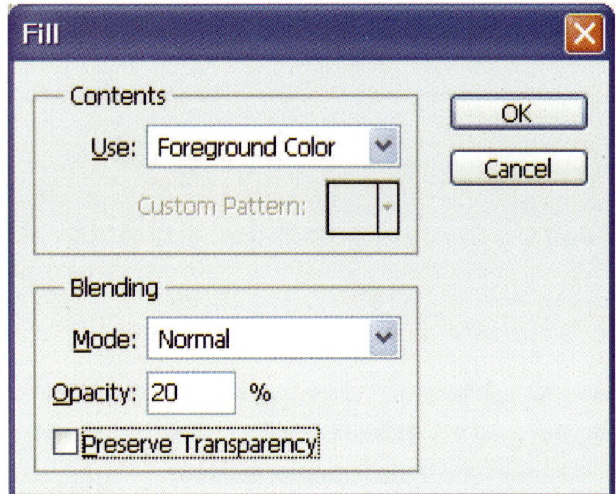

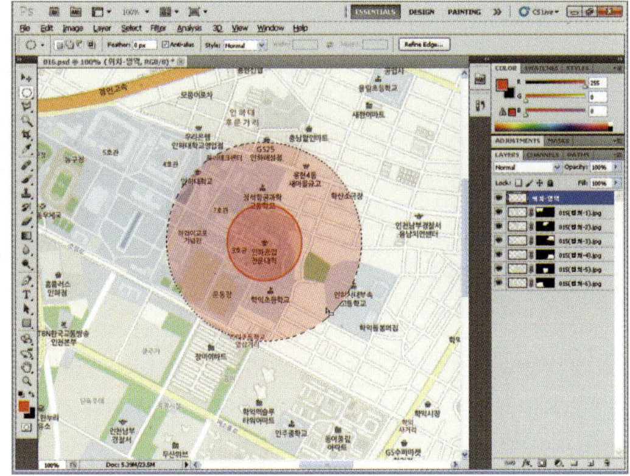

21 Edit ➡ Stroke 명령을 수행한 뒤, 앞에서 설정한 동일한 값으로 선택영역을 따라 테두리 선을 그려줍니다.

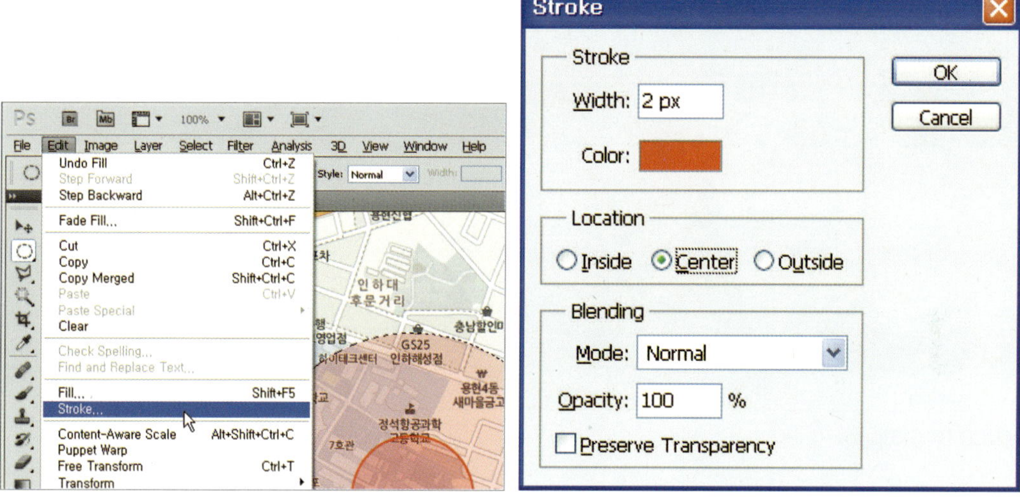

22 아래 그림과 같은 결과가 만들어지고 나면 Select ➡ Deselect 명령을 수행하여 선택 영역 을 취소시켜 줍니다.

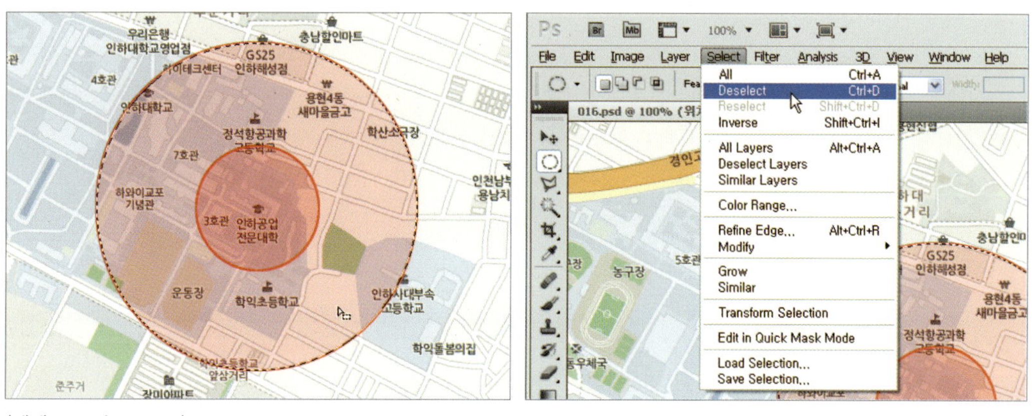

(예제|CD 04\012.psd)

23 최종 완성된 이미지

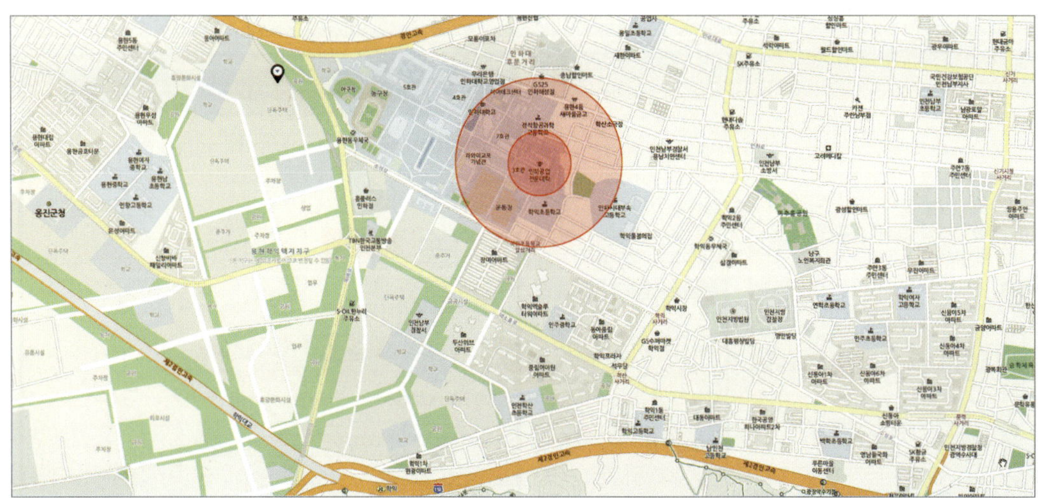

(예제CD 04\013.jpg)

⚠️ 픽셀(Pixel)이란?

일반적으로 컴퓨터에서 이미지를 표현하는 방식은 비트맵 방식과 벡터 방식이 있습니다. 특히 포토샵에서 주로 다루게 되는 이미지 처리 방식은 비트맵 이미지로써 픽셀이란 비트맵 이미지를 구성하고 있는 최소 입자단위를 말하며 화소(畵素)라고도 부릅니다.

픽셀(Pixel)은 Picture+Element 라는 단어의 합성어입니다. 즉 컴퓨터를 이용하여 모니터에 디지털 이미지를 나타내기 위해 수많은 픽셀로 구성된 모자이크 그림과 같이 구성됩니다. 다시 말해서 바둑판 모양을 형성하게 되는 것입니다. 이러한 픽셀로 구성되는 디지털 이미지는 픽셀수가 많을수록 높은 해상도의 영상을 얻을 수 있습니다.

여러분들이 디지털 카메라를 구입할 경우 '화소수' 라는 용어를 접해보았을 것입니다. 이때 사용되는 화소라는 용어가 바로 픽셀을 의미하며, 아마도 화소수가 높은 디지털 카메라가 대부분 고가일 것입니다.

❗ 비트맵이란?

컴퓨터에서 이미지의 컬러 정보를 갖는 작은 점의 조합으로 표현하고 저장하는 방식을 비트맵이라고 합니다. 컴퓨터에서 이미지를 구성하는 방식은 크게 두 가지로 구분할 수 있는데 그 중 하나가 비트맵 방식이고 다른 하나는 벡터 방식입니다. 벡터 방식은 수학적인 정의에 의해서 이미지를 구성하는 방식으로 캐드 프로그램이나 일러스트와 같은 응용 프로그램에서 주로 사용하는 방식입니다. 대표적으로 오토캐드, 일러스트레이터와 같은 프로그램으로 작성된 이미지를 벡터 이미지로 볼 수 있습니다.

이와 반대의 개념으로 비트맵 방식의 이미지들은 이미지를 구성하는데 사용된 점의 수와 크기에 따라서 정밀도가 달라집니다. 특히, 아무리 큰 이미지라도 계속 확대해서 보면 특정한 색상 값을 갖는 점들로 구성된 것을 볼 수 있는데, 앞서 설명한바와 같이 비트맵 이미지를 구성하는 작은 점, 즉 최소단위를 픽셀(Pixel)이라고 합니다.

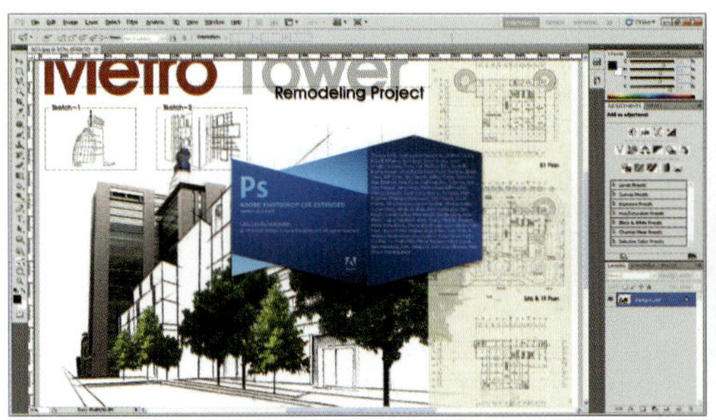

비트맵 이미지를 다루는 툴인
Adobe Photoshop

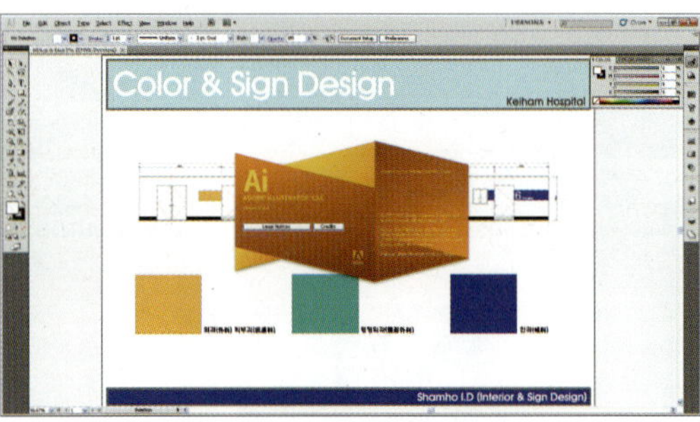

벡터 이미지를 다루는 툴인
Adobe Illustrator

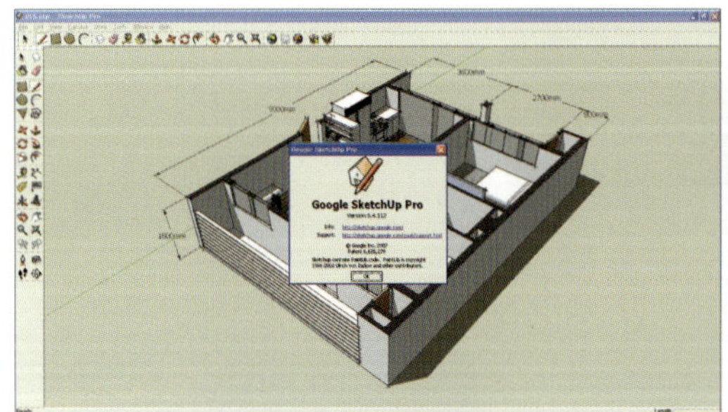

벡터 모델링 프로그램인
Google SketchUp

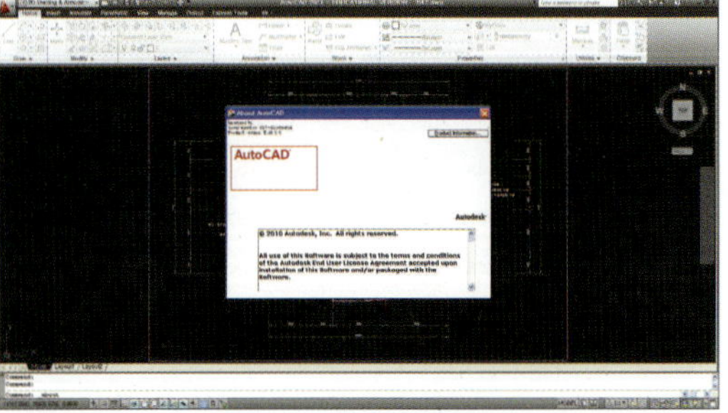

벡터 이미지를 다루는
Autodesk AutoCAD

⚠ 비트맵에서 색상 모드

비트맵 방식은 벡터방식에 비하여 사진과 같은 복잡한 이미지를 표현하는데 적합하지만 인쇄용과 같이 매우 정밀한 이미지를 제작하여야 하는 경우 엄청나게 많은 픽셀들의 정보를 저장하고 다루어야 하기 때문에 이미지 파일의 크기가 상당히 커지게 됩니다. 또한 비트맵 이미지에서는 사용되는 색상이나 색상 모드에 따라서 심한 크기의 차이를 나타내는데 아래 세 개의 그림은 같은 이미지를 가지고 있지만, RGB, CMYK, Gray Mode로 작성된 그림입니다. 물론 흑백이미지는 다른 이미지와 달리 색상정보를 가지고 있지 않기 때문에 매우 적은 크기를 보여주고 있습니다. 그러나 RGB와 CMYK의 경우는 같은 이미지라도 데이터의 크기에서는 차이를 나타내고 있습니다. 또한 일반적으로 대부분의 비트맵 파일의 형태는 PCX, GIF, PICT, TIFF, JPEG, TGA, PSD 등이 사용됩니다.

RGB Mode : 8.61M
(예제CD : 04\014.tif)

CMYK : 12.0M
(예제CD : 04\015.tif)

Index Color : 2.89M
(예제CD : 04\016.tif)

Gray Mode : 2.89M
(예제CD : 04\017.tif)

실습예제 05

▌실내 공간 파노라마 이미지 만들기

Photomerge 명령을 주어진 예제 이미지를 이용하여 아래 그림과 같이 공간을 조망할 수 있는 실내 공간 파노라마 이미지를 작성해 보시기 바랍니다.

(예제CD : 04\018(실내−01).jpg∼018(실내−05).jpg)

(예제CD : 04\019(실내−파노라마).psd)
(예제CD : 04\020(실내−파노라마).jpg)

도움말

작업을 진행하는 동안 Photomerge 대화상자에서 Geometric Distortion Correction 옵션을 설정할 경우 카메라의 렌즈에 의한 오류를 최소화하면서 자연스러운 합성 작업을 진행할 수 있습니다.

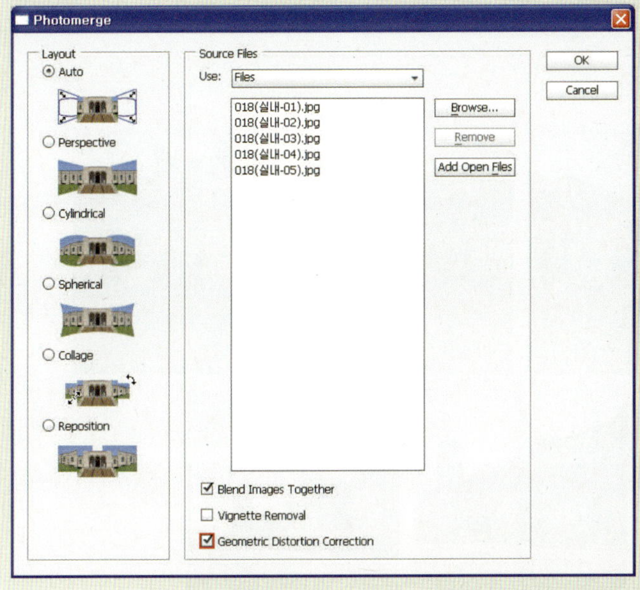

▌거리(Street) 이미지 만들기

앞에서 연습한 방법을 참고하여 주어진 가로(Street) 사진을 이용하여 연결된 가로 이미지를 작성해 보시기 바랍니다.

(예제CD : 04\021(가로-1).jpg~021(가로-7).jpg)

(예제CD : 04\022(가로-파노라마).psd)
(예제CD : 04\023(가로-파노라마).jpg)

도움말

실제 가로 이미지의 경우 연결된 하나의 이미지로 만드는 것이 쉬운 작업은 아니라고 생각됩니다. 이유는 촬영 장소에 따라서 촬영시에 발생되는 다양한 변수가 있으며, 경우에 따라서는 촬영된 사진의 외곡 및 같은 건물이더라도 촬영된 내용이 아예 다르기 때문입니다. 따라서 많은 경험을 통해 원하는 이미지를 얻을 수 있도록 연습해 보아야 합니다.

실습 예제 07

▌항공 사진을 이용한 위치도 만들기

앞에서 연습한 예제와 같이 인터넷 지도 서비스 화면을 캡쳐한 뒤, 하나의 이미지로 붙여 원하는 위치도 이미지를 작성해 봅니다.

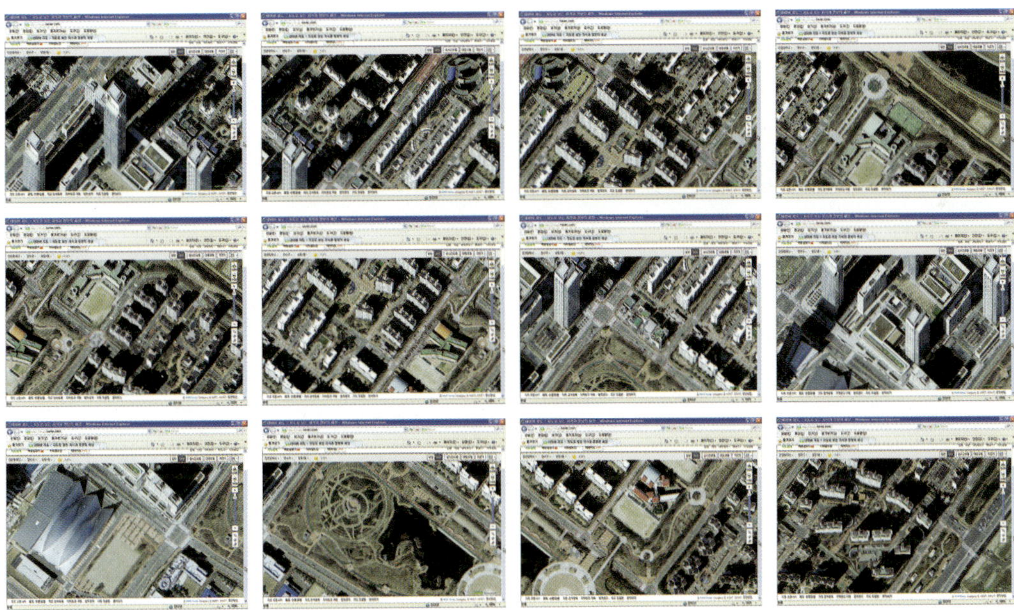

(예제CD : 04\024(캡쳐-01).jpg~024(캡쳐-12).jpg)

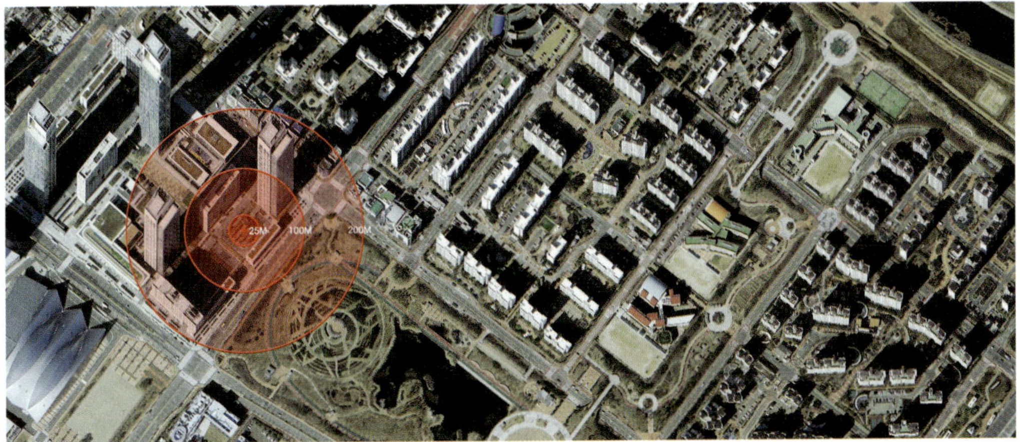

(예제CD : 04\029(edit).psd)
(예제CD : 04\030.jpg)

도움말

하나의 이미지로 합쳐진 지도 이미지에 위치를 강조하기 위한 거리 표시, 즉 동심원 형태의 이미지를 제작할 경우에는 지도 서비스에서 제공되는 비례 스케일을 이용하면 쉽게 제작할 수 있습니다. 아래 그림과 같이 대부분 지도 서비스에는 스케일 혹은 비례 스케일을 제공합니다. 제공되는 이미지를 이용할 경우 아주 정확한 형태를 제작하기는 어렵지만 어느정도 스케일 감각을 느낄 수 있는 위치 개념도를 작성할 수 있습니다.

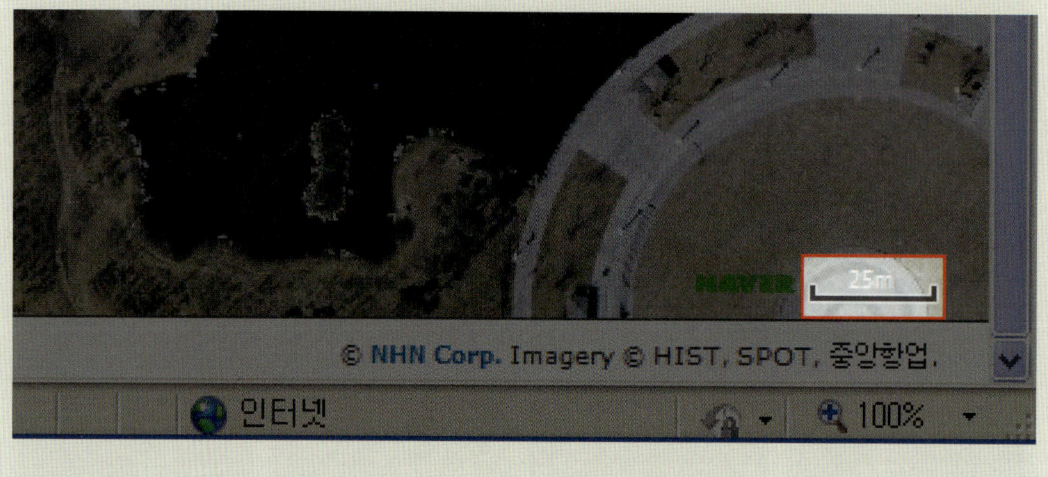

제5부

포토샵 표현을 위한 AutoCAD 파일 변환

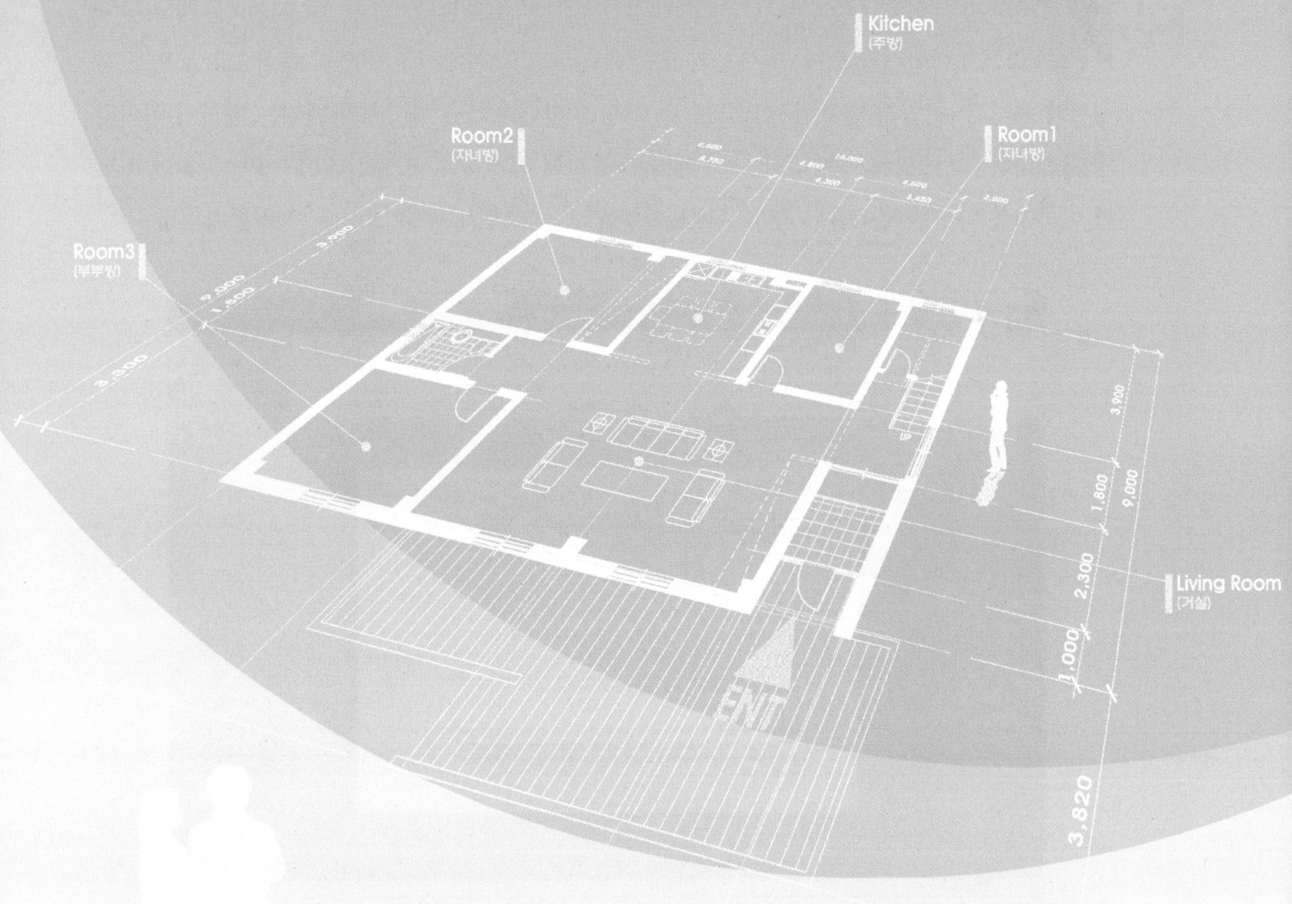

건축, 인테리어 표현을 위한 다양한 작업에서 가장 기본이 되는 작업은 포토샵에서의 작업이라기 보다는 AutoCAD에서 작성되는 도면 작업이라고 할 수 있습니다. 다만 AutoCAD에서의 작업은 도면 작성이 목적이기 때문에 프리젠테이션을 위한 표현에는 한계가 있으면 여기서는 작성된 AutoCAD 도면을 고해상도의 비트맵 이미지로 변환한 뒤, 포토샵으로 가지오는 작업을 익혀보도록 하겠습니다.

1 AutoCAD와 포토샵

인테리어 및 건축 프리젠테이션을 위한 소스는 사진, 모형, 스케치, 수작업 도면 등 다양한 소스를 이용하여 제작하지만 무엇보다 중요한 것은 도면이라고 할 수 있습니다. 현재 우리나라의 도면 제작은 거의 대부분 캐드(CAD) 프로그램을 이용하여 작성하고 있으며, 이러한 캐드 프로그램 중 Autodesk사의 AutoCAD를 가장 많이 사용하고 있습니다. 물론 AutoCAD 외에도 다양한 CAD 소프트웨어가 있으며, 대부분의 모든 CAD 프로그램에서는 벡터의 형식으로 도면을 작성하게 됩니다. 이렇게 제작된 벡터 도면은 아무리 확대하여도 이미지가 깨지는 현상이 일어나지 않습니다. 다시 말해서 제작할 당시 해상도에 전혀 신경을 쓸 필요가 없습니다. 하지만 비트맵 이미지를 다루는 포토샵의 경우는 캐드와는 달리 해상도에 매우 신경을 쓰셔야 합니다.

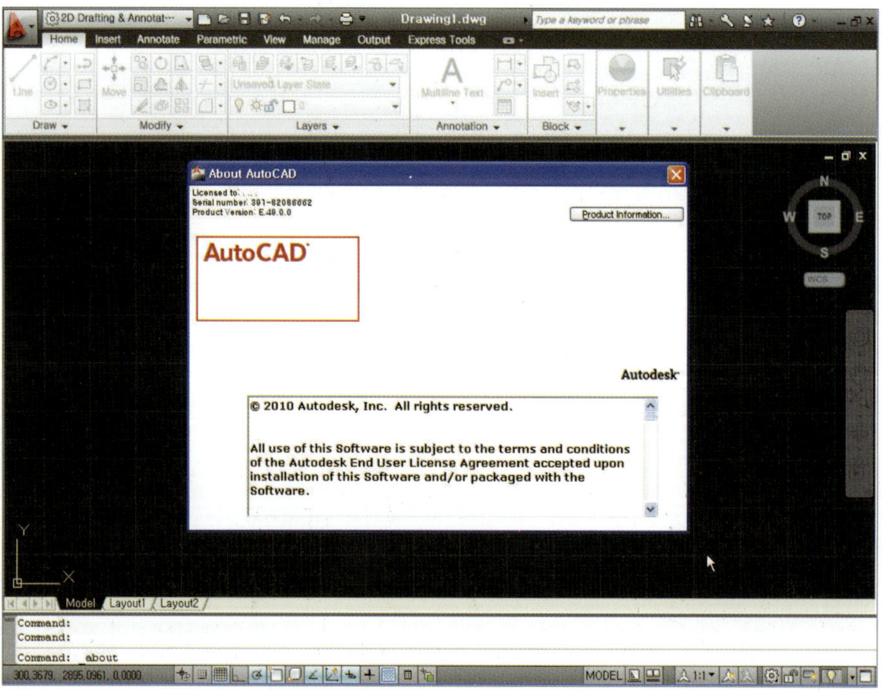

대표적인 CAD 프로그램인 AutoCAD

캐드와 포토샵은 기본적으로 작성되는 데이터의 포맷이 다르기 때문에 파일 포맷 및 변환과정에 대해서 잘 알고 있어야 하며, 여기서는 AutoCAD에서의 파일 출력과 관계된 명령 및 작성된 벡터 포맷의 데이터를 포토샵으로 불러오는 과정을 설명해 보도록 하겠습니다.

※ 물론 본서에서는 부록CD에서 간단한 도면을 제시하고 있으나, 기본적으로 인테리어 및 건축분야를 공부하시거나 종사하시는 분이라면 AutoCAD에 대해서는 반드시 공부해 두셔야 합니다. 포토샵을 익히는 것도 중요하지만 설계를 공부하시는 여러분의 경우 캐드 프로그램 정도는 (특히 국내에서는 AutoCAD가 가장 많이 사용되고 있습니다.) 자유롭게 사용하실 줄 아셔야 합니다.

AutoCAD에서 작성된 데이터를 포토샵으로 불러오는 방법은 여러 방법을 사용할 수 있습니다. 대표적인 방법이 화면 캡쳐를 이용하거나 이미지 저장 명령을 이용하여 AutoCAD에서 비트맵 파일을 바로 제작하는 것입니다. 물론 해상도와 관계없이 단순히 이미지만을 제작하기 위해서는 이러한 방법도 좋으나 고해상도의 출력용 패널을 제작하려면 앞서 설명한 방법으로는 불가능합니다.

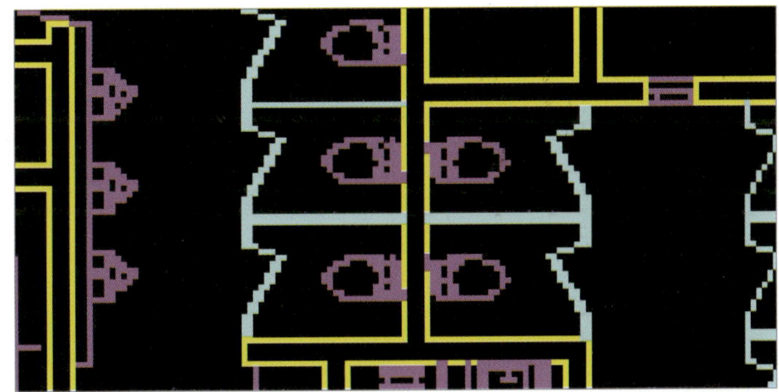

비트맵 이미지로 제작한 후 불러온 이미지(저해상도)Adobe Photoshop CS5

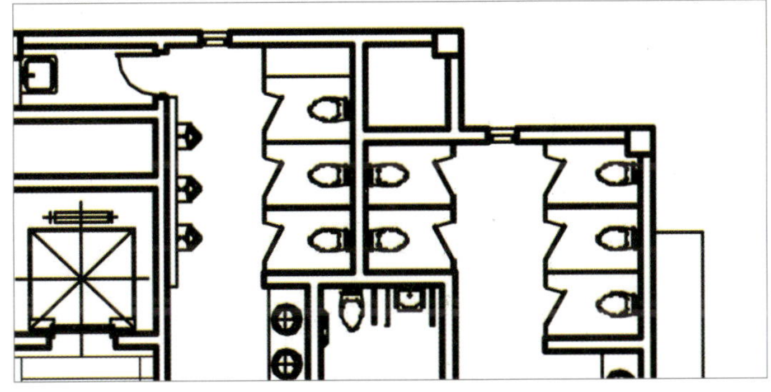

EPS 포맷으로 제작한 후 불러온 이미지(고해상도)

따라서 고해상도의 포맷을 유지하면서 AutoCAD에서 제작된 도면을 포토샵에서 사용하기 위해서는 포토샵에서 불러올 수 있는 벡터 포맷이나 최근 많이 사용되는 PDF 포맷의 문서로 저장하는 방법입니다. 이때 사용되는 벡터 포맷은 EPS 포맷이며, PDF 포맷 역시 벡터 방식으로 도면 파일을 저장하기 때문에 포토샵에서 고해상도의 이미지로 불러올 수 있습니다. 또한 제작된 EPS, PDF 포맷의 문서 파일은 포토샵뿐만 아니라 어도비 일러스트레이터 등의 벡터를 다루는 프로그램에서도 쉽게 불러와서 사용할 수 있습니다.

2 EPS 파일 제작을 위한 출력환경 설정

AutoCAD에서 제작된 도면을 포토샵에서 불러올 경우 단순히 이미지 저장을 통해 불러올 수 있지만 건축이나 인테리어 표현에서 요구되는 정확한 스케일과 고해상도 이미지를 만들어 낼 수 없습니다. 따라서 정확한 스케일과 선 가중치를 가지는 벡터 포맷인 EPS 또는 PDF 포맷으로 제작해 주어야 합니다. 다행히도 AutoCAD에서는 사용자가 원하는 정확한 형태의 이미지 파일을 제작해 줄 수 있습니다. 먼저 EPS 포맷을 만들기 위한 환경설정을 해보도록 하겠습니다.

1 AutoCAD를 실행시켜 줍니다. 출력환경 설정을 위해 아래 그림과 같이 Print ➡ Manage Plotters 명령을 클릭합니다.

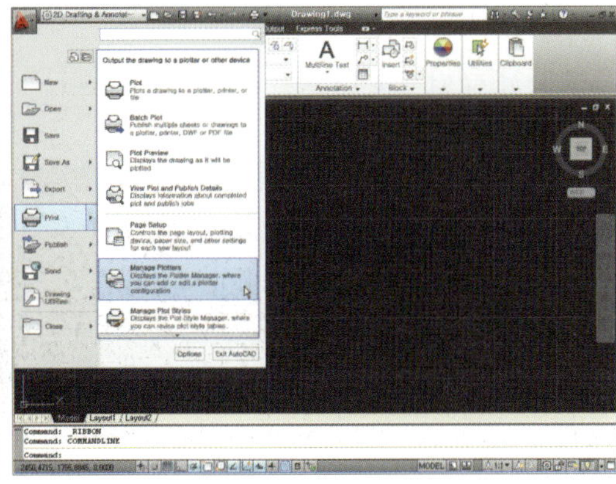

2 Manager Plotter 명령을 클릭한 후 나타나는 Plotters 창에서 그림과 같이 Add-A-Plotter Wizard 아이콘을 더블클릭 합니다. 아래 그림과 같이 나타나는 Add Plotter – Introduction Page 화면에서 '다음'을 클릭해 줍니다.

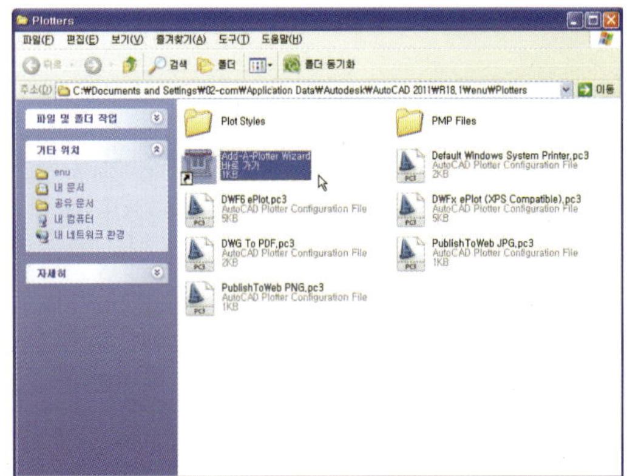
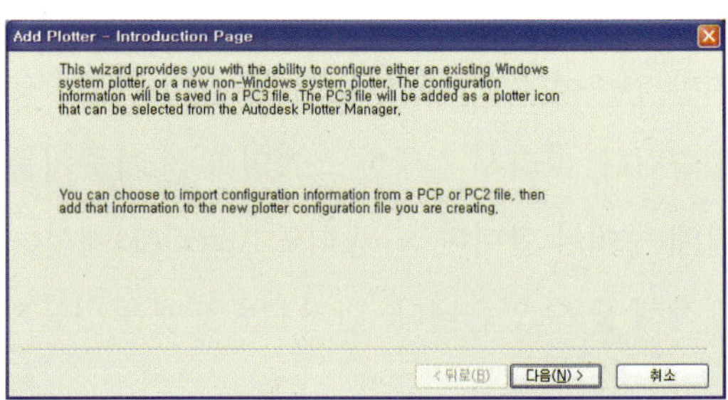

3 Add Plotter – Begin 대화상자에서는 그림과 같이 'My Computer' 항목을 선택한 후 '다음' 버튼을 클릭해 줍니다. Add Plotter – Plotter Model 대화상자에서는 그림과 같이 Manufacturers:Adobe를 선택하고 Models:PostScript Level1 항목을 선택한 후 '다음' 버튼을 클릭해 줍니다.

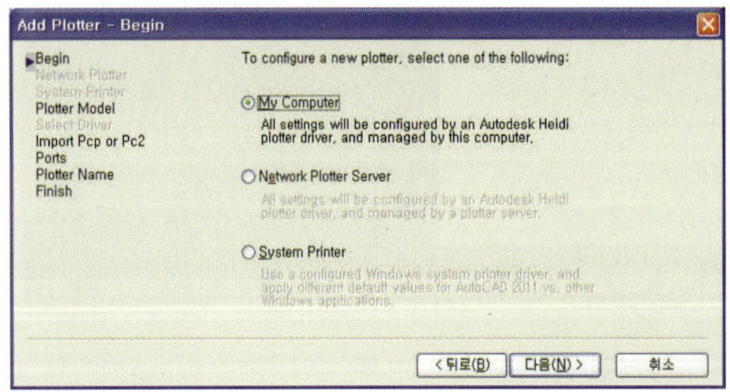
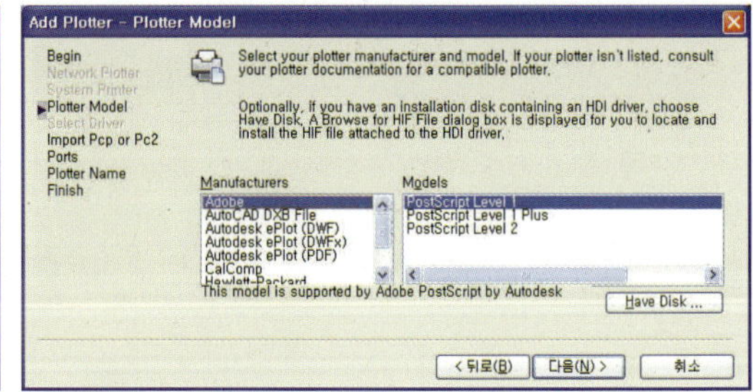

4 Add Plotter – Import Pcp or Pc2, Ports 대화상자에서도 설정되어 있는 기본값으로 설정한 뒤, '다음(N)' 버튼을 계속해서 클릭해 줍니다.

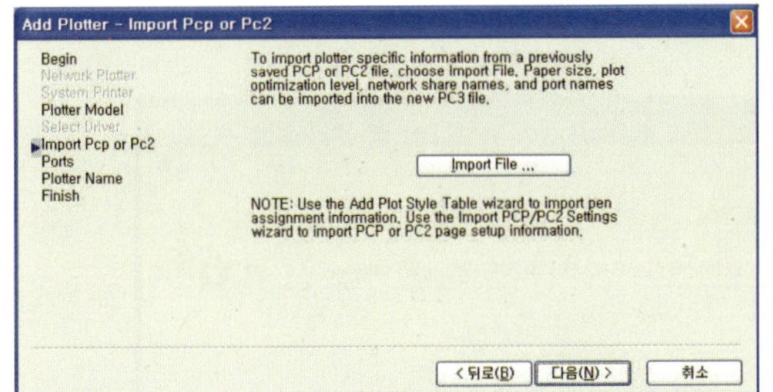 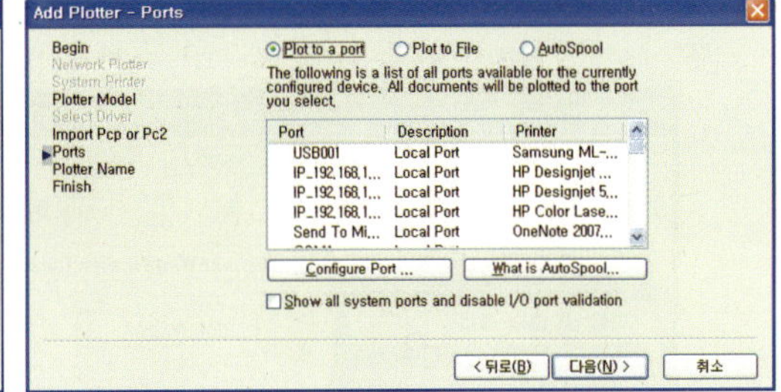

※ 여기서 보여주는 환경설정은 AutoCAD 2011을 기준으로 하였으나 다른 버전, 즉 AutoCAD 2010, 2007, 2004, 2002에서도 동일하게 작업할 수 있습니다.

5 Add Plotter – Plotter Name 대화상자에서는 지금까지 설정한 플로터 설정 이름을 입력한 뒤 '다음' 버튼을 클릭해 줍니다. 마지막으로 나타나는 Add Plotter – Finish 대화상자에서 '마침' 버튼을 클릭하여 설정을 종료해 줍니다.

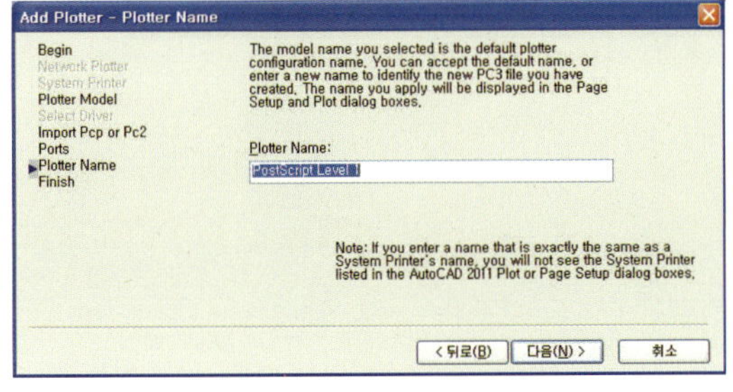 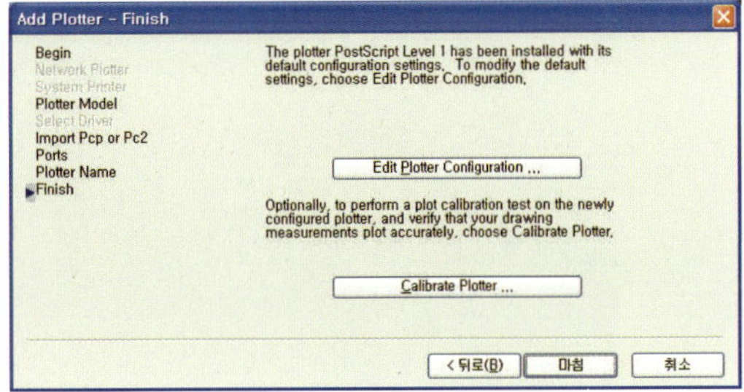

6 모든 값을 설정한 후 PLOTTERS 윈도우 창을 보면 PostScript Level1.pc3라는 드라이버가
등록된 것을 볼 수 있습니다. 이것은 일종의 출력시 사용되는 프린터 드라이버로, 설치된
드라이버를 이용하여 EPS 포맷으로 출력, 즉 저장할 수 있게 되는 것입니다.

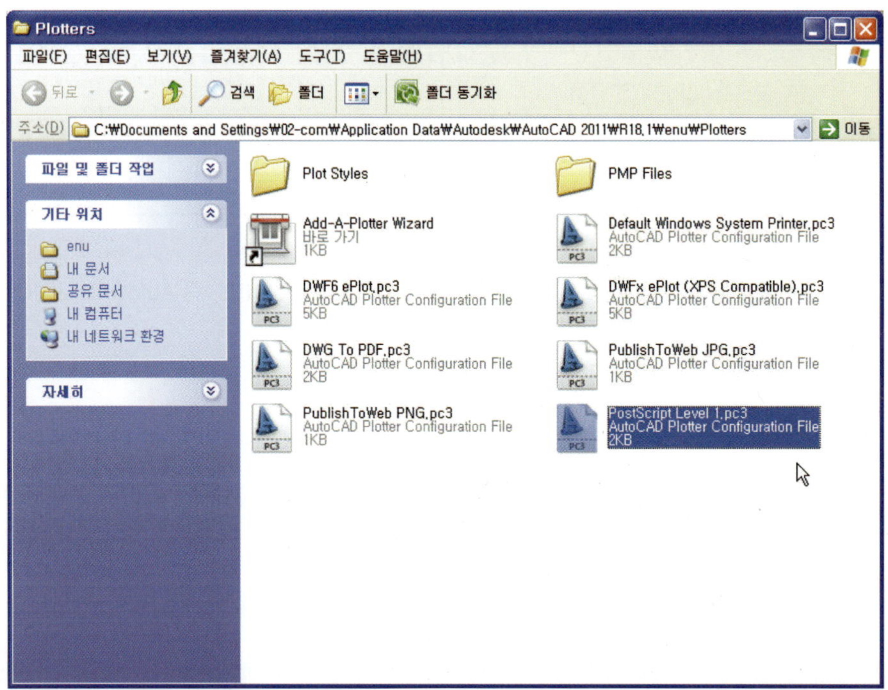

3 AutoCAD 파일을 EPS 파일로 만들기

1 지금부터는 앞에서 설정된 출력용 드라이버(PostScript Level1.pc3)를 이용하여 EPS 포맷의 파일을 만들어 보도록 하겠습니다. AutoCAD에서 Open 명령을 수행한 뒤, 예제CD에서 05\001.dwg 파일을 불러옵니다. EPS 포맷 제작을 위해서 Print ➡ Plot(**Ctrl**+P)를 클릭하거나 Plot 명령을 수행합니다.

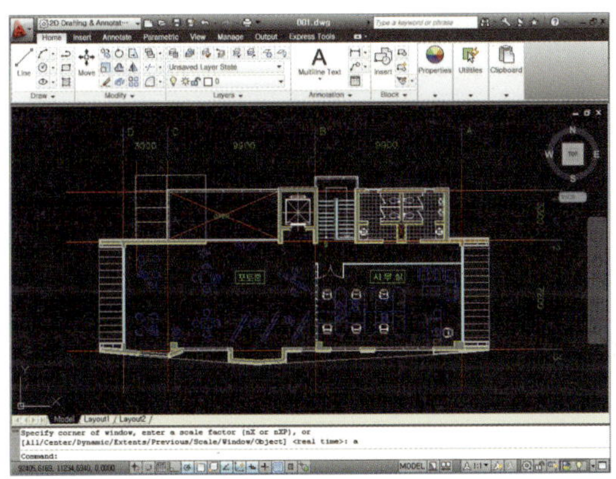

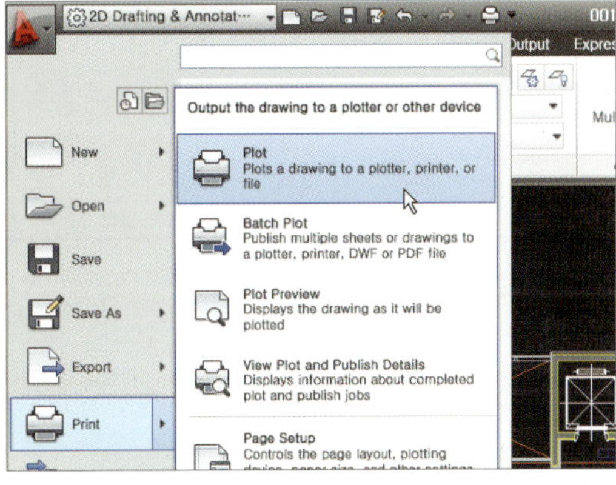

(예제CD 05\001.dwg)

② 나타나는 Plot 대화상자에 Printer/Plotter 항목에서 그림과 같이 앞에서 설정된 드라이버
  인 'PostScript Level1.pc3'를 선택한 뒤, 대화상자의 오른쪽 상단에 위치하고 있는 Plot
  style table(pen assignments) 항목에서 Acad.ctb 파일을 클릭해 줍니다.

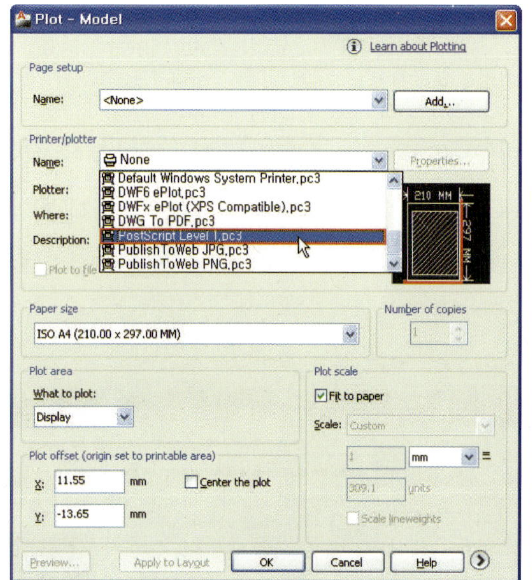
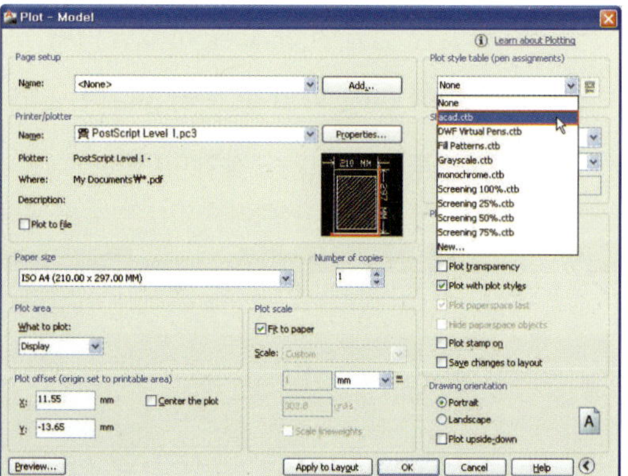

③ Plot style table(pen assignments) 항목에서 Acad.ctb 파일을 선택한 뒤, 아래 그림과 같이
  Edit... 버튼을 클릭해 줍니다.

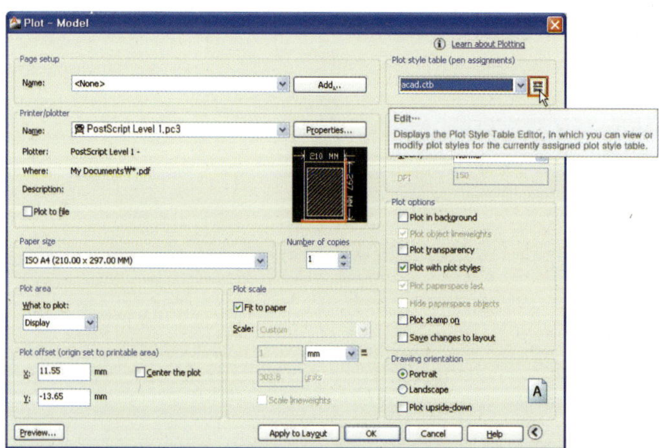

※ AutoCAD에서 도면을 작성할 경우에는 도면 작성의 편리함을 확보하기 위해서 다양한 색상을 사용하게 됩
  니다. 그러나 실제로 작성된 도면을 출력할 경우, 불러온 파일과 같이 설정한 모든 색상을 사용하여 출력하지
  않습니다. 아마도 컬러의 사용은 도면을 드로잉하면서 편리성을 확보하기 위해 사용되는 것이지 색상 그대로
  출력하는 경우는 거의 없습니다.

4 Plot Style Table Editor 대화상자에서 그림과 같이 옵션 값을 설정해 줍니다. 먼저 빨간색 (Red, Color1), 어두운 회색(Color8), 밝은 회색(Color9)으로 그린 그림은 검은색으로 출력하며 두께는 0.0500mm(가장 얇은 선으로 지정)로 출력하도록 설정해 줍니다.

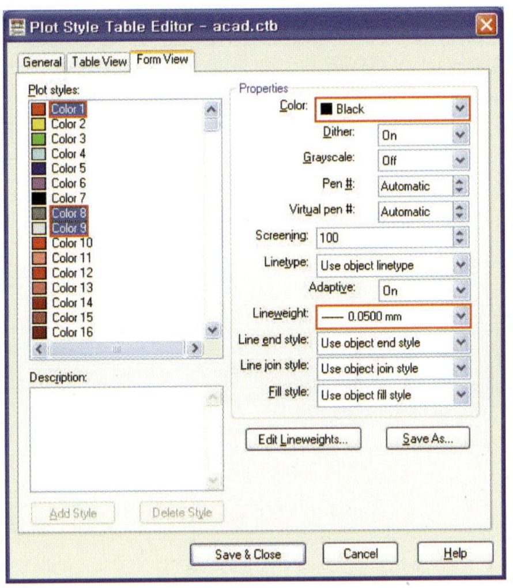

5 계속해서 녹색(Green, Color3), 시안(Cyan, Color4), 파란색(Blue, Color5), 마젠타 (Magenta, Color6), 검은색(Black, Color7)은 검은색으로, 두께는 0.1800mm(중간 두께의 선으로 지정)로 설정합니다.

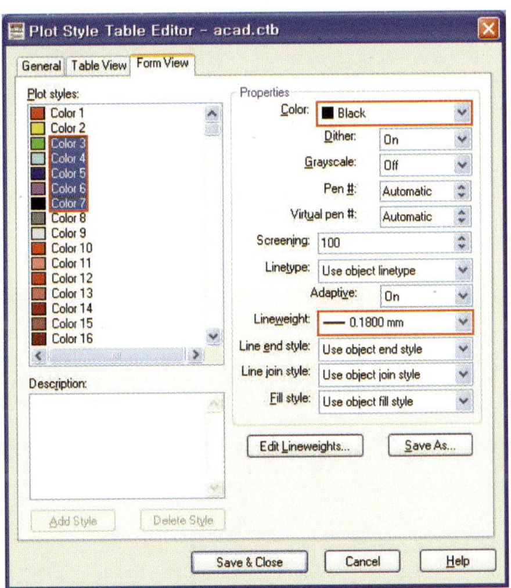

6 마지막으로 노란색(Yellow, Color2)을 선택한 후 검은색으로, 두께는 0.3500mm(가장 두 꺼운 선)으로 설정합니다. 모든 설정을 끝낸 후 화면 하단에 위치하고 있는 Save&Close 버튼을 클릭하여 Plot Style Table Editor 대화상자를 닫습니다.

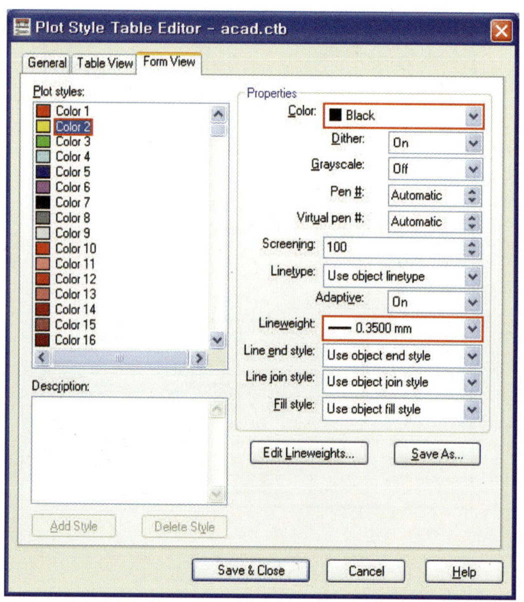

※ Plot style table(pen assignments) 항목에서 Edit 버튼을 클릭하면 Plot Style Table Editor 대화상 자가 나타나게 됩니다. 여기서 출력될 선의 색상, 굵기 등의 옵션을 설정하여 원하는 도면 형태를 만들어 줄 수 있습니다.

7 다시 Plot 대화상자로 되돌린 뒤 Paper size(용지 크기) 항목을 아래 그림과 같이 ISO A4(210.00×297.00mm)로 설정하고 Plot area 항목을 Window로 설정한 뒤, Window 버튼을 클릭하여 출력된 도면의 영역을 설정해 줍니다. 또한 대화상자 우측에 위치하고 있는 Drawing orientation은 Landscape로 설정해 줍니다.

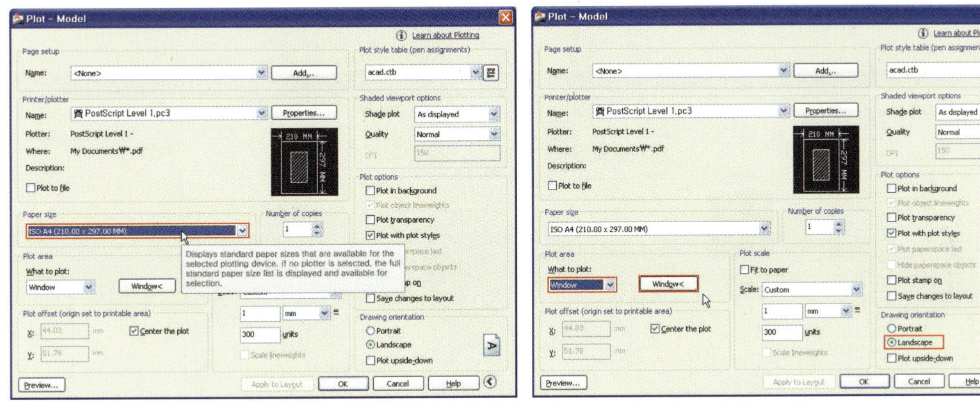

※ 만약 AutoCAD 출력부분에 있어서 부족한 부분이 있다면 AutoCAD와 관련된 책을 참조하도록 하시기 바랍니다. 아주 중요한 부분 중에 하나입니다.

8 계속해서 Plot scale 항목은 아래 그림과 같이 '1' mm = '200' units으로 설정하여 1/200의 스케일로 설정한 뒤, Plot Offset 항목에서 Center the plot을 클릭해 줍니다. 이 옵션을 클릭하면 출력 용지 가운데로 도면을 위치시키게 됩니다.

출력 전 대화상자 왼쪽 하단에 Preview... 버튼을 클릭하여 결과를 미리 확인해 봅니다.

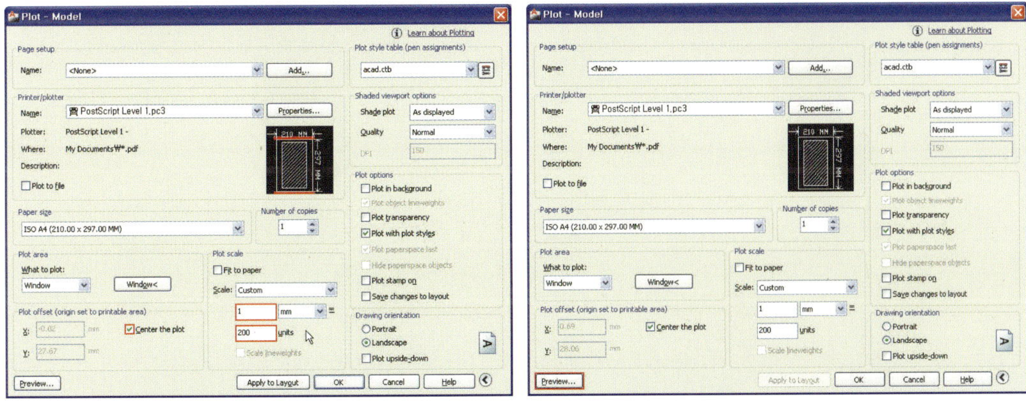

※ 참고로 화면 좌측하단에 위치한 Preview... 버튼을 클릭하면 현재까지 설정한 용지 크기 및 스케일을 이용하여 출력될 파일의 결과를 미리 볼 수 있습니다.

9 마지막으로 출력 결과를 파일 형태로 만들기 위해서 Plot to File 옵션 버튼을 클릭해 줍니다. 모든 설정을 마치고 OK 버튼을 클릭하면 출력기를 이용하여 도면을 출력시키는 것이 아니라 파일 포맷(EPS) 형태로 지정한 경로에 저장되게 됩니다. Browse for Plot File 대화 상자가 나타나면 경로와 파일명을 설정한 뒤 Save 버튼을 클릭하여 EPS 포맷의 도면 이미지 파일을 만들어 줍니다.

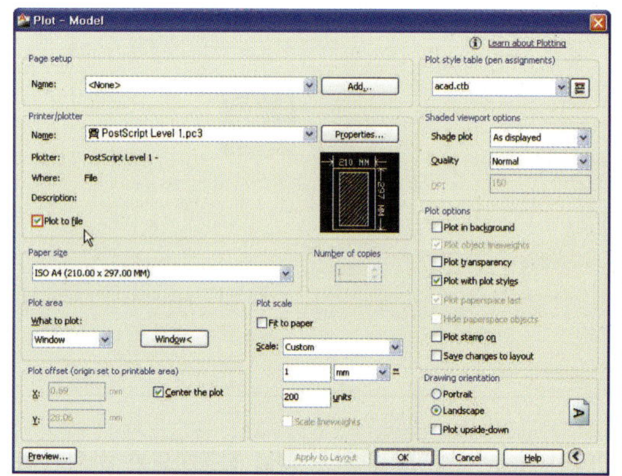
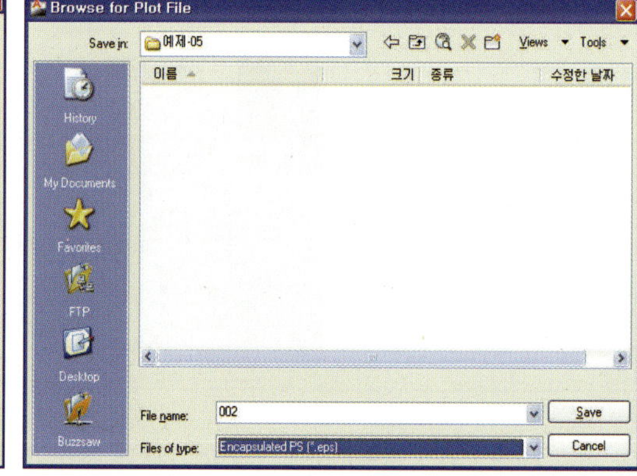

(예제CD 05\002.eps)

4 포토샵에서 EPS 포맷 불러오기

1 이제 앞에서 작성된 EPS 포맷의 도면 이미지 파일을 포토샵에서 불러와 보도록 하겠습니다. 포토샵을 실행시킨 후 File ➡ Open 명령을 클릭하여 앞에서 작성된 EPS 파일(예제 CD 05\002.eps)을 불러옵니다.

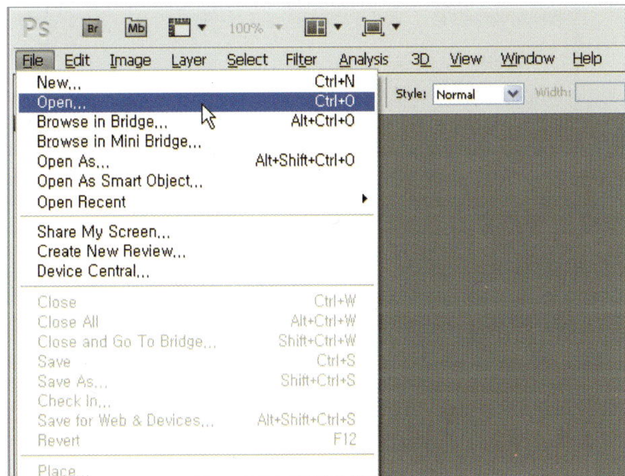

(예제|CD 05\002.eps)

2 일반적인 비트맵 이미지와는 달리 캐드에서 제작된 EPS 포맷 파일의 경우는 그림과 같은 Rasterize Generic EPS Format 대화상자가 나타나게 됩니다. 내용을 자세히 보시면 Width, Height 값은 이미지 캐드에서 설정한 용지의 크기임을 알 수 있습니다. Image Size는 기본 적으로 설정되어 있는 A4(21×29.7cm) 크기를 유지한 채 해상도(Resolution) 값을 300(pixel/inch)로, Mode는 Grayscale로 설정한 뒤 OK 버튼을 클릭합니다.

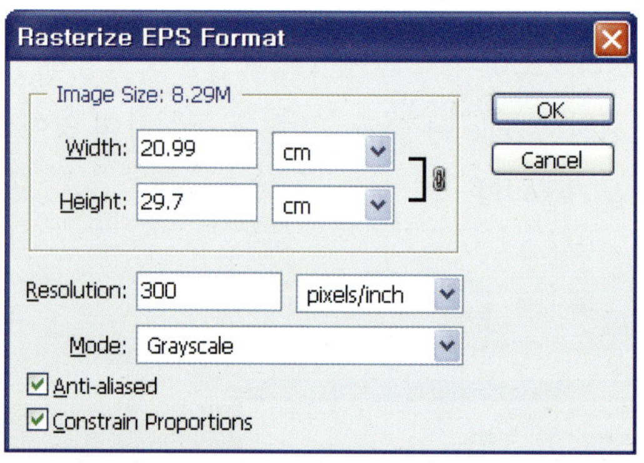

※ 대화상자가 나타나는 의미는 불러올 EPS 포맷을 포토샵에서 편집할 수 있는 비트맵 포맷으로 변경하면서 크
  기와 해상도를 지정해 주는 대화상자입니다.

3 잠시 후 아래 그림과 같이 배경이 삭제되어 있는 상태에서 도면만 정확한 스케일 값으로 열린 것을 확인하실 수 있습니다. 배경이 삭제되어 있는 상태에서 불러왔기 때문에 배경 이 체크무늬로 보이게 됩니다. 불러진 도면의 확인을 용이하게 하기 위해서 Layer → Flatten Image 명령을 수행해 줍니다. 흰색 배경이 만들어 짐에 따라서 불러온 도면을 좀 더 쉽게 확인할 수 있습니다.

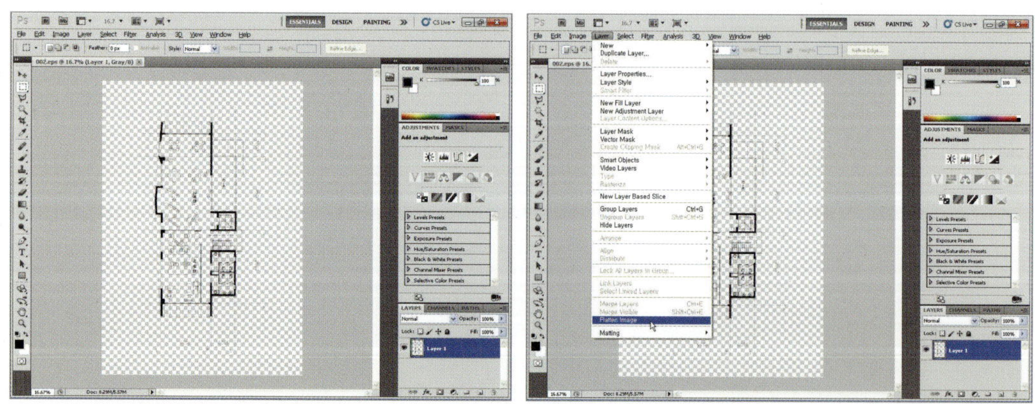

4 Image → Image Rotation → 90˚CCW 명령을 수행하여 불러온 도면 이미지를 회전하여 바르게 보이도록 합니다.

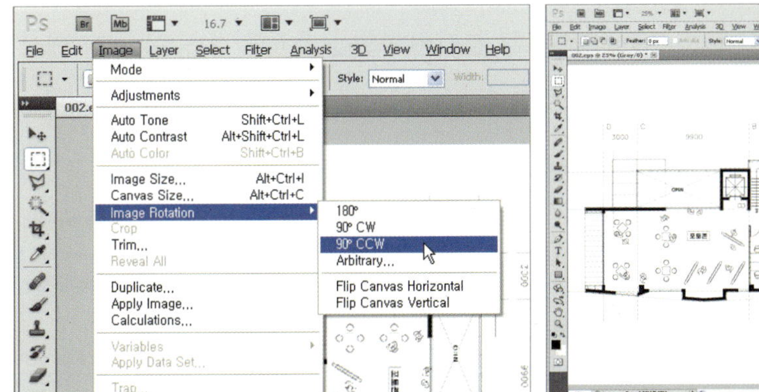

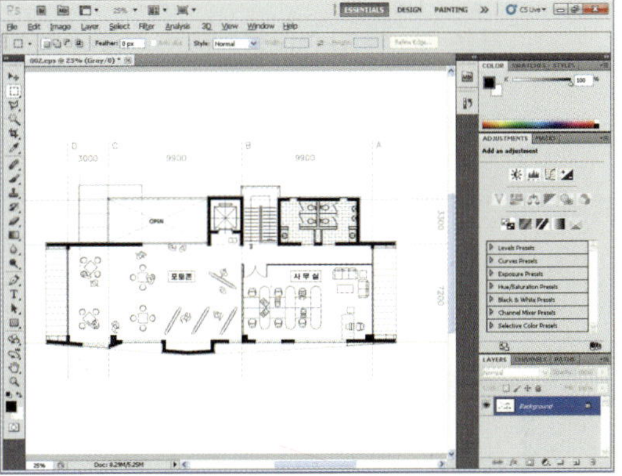

5 이번에는 불러진 도면의 해상도 및 이미지의 질을 확인해 보도록 하겠습니다. Zoom Tool(돋보기 툴)을 이용하여 불러온 도면 이미지를 확대해 봅니다. 수차례 클릭하여 확대해 보아도 이미지가 깨지지 않고 잘 보이는 것을 확인할 수 있습니다.

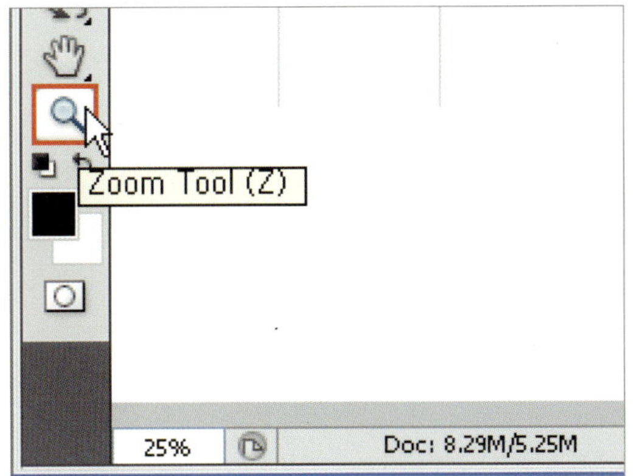

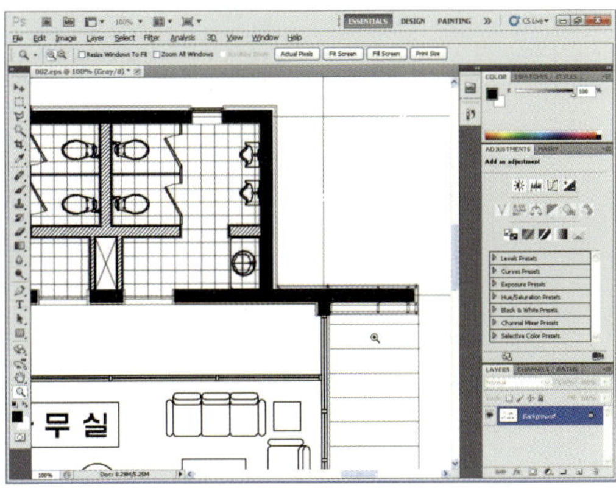

6 계속해서 화면을 이동하여 확인하기 위해서 Hand Tool(손바닥 툴)을 클릭한 뒤, 드래그하여 화면을 이동하여 전체적인 도면 이미지의 해상도를 확인해 봅니다. 더불어 이미지를 확인해 보면 출력 대화상자에서 지정한 선 굵기에 맞게 선의 위계가 있는 도면이 제작되는 것을 볼 수 있습니다. 또한 Open 명령으로 불러온 파일을 출력할 경우 AutoCAD에서 지정한 스케일(축척)과 동일한 결과물을 만들 수 있기 때문에 대단히 유리한 방법입니다.

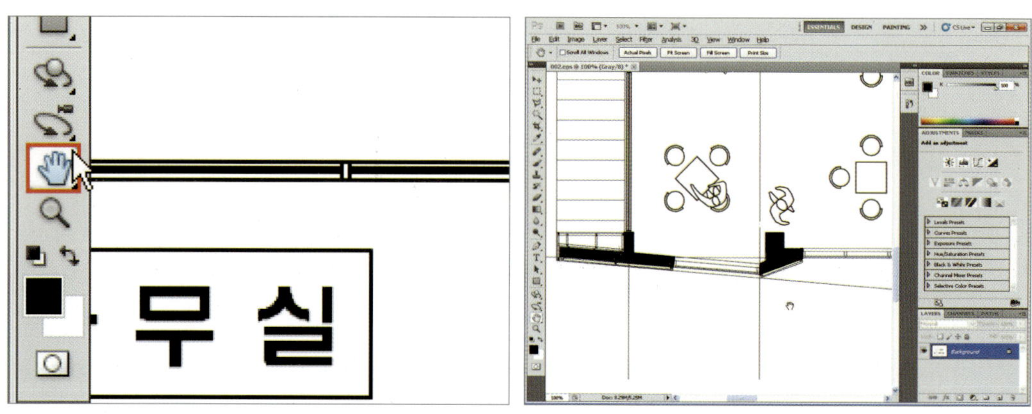

(예제CD 05\003.jpg)

5 AutoCAD 파일을 PDF 파일로 만들기

1 이번에는 AutoCAD에서 작성된 도면 파일을 PDF 포맷의 파일로 작성해 보도록 하겠습니다. AutoCAD에서 작성된 캐드 도면 파일을 PDF 파일로 작성할 경우 앞에서 작성한 EPS 포맷과 같이 벡터 형식의 포맷으로 파일이 작성되기 때문에 정확한 스케일과 색상 값으로 원하는 비트맵 이미지를 제작하는 유용한 방법으로 사용될 수 있을 것입니다. AutoCAD에서 Open 명령을 수행한 뒤, 예제CD에서 05\004.dwg 파일을 불러옵니다. EPS 포맷 제작을 위해서 Print ➡ Plot(**Ctrl**+P)를 클릭하거나 Plot 명령을 수행합니다.

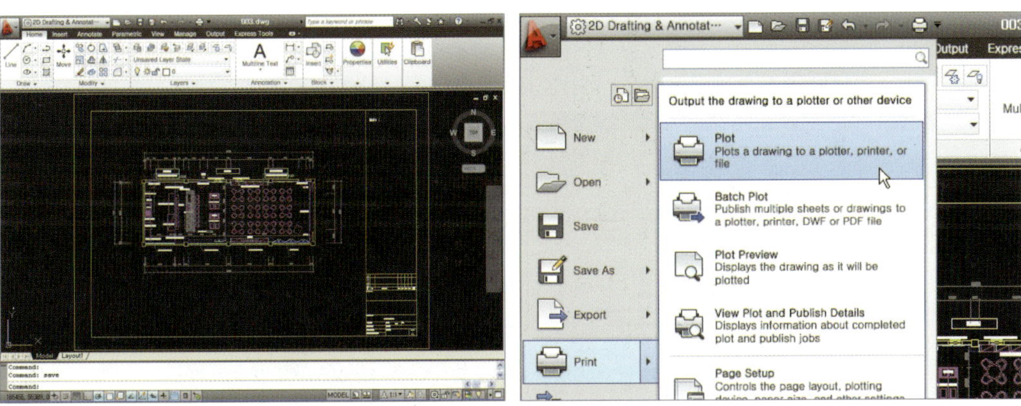

(예제CD 05\004.dwg)

※ AutoCAD에서 PDF 포맷의 파일을 작성하기 위해서는 당연히 Adobe Acrobat이 설치되어 있어야 합니다. 일반적으로 Acrobat Reader를 Acrobat으로 생각하시는 분이 계시지만 Acrobat Reader는 PDF 문서를 읽을수만 있고 작성할 수는 없습니다.

2 나타나는 Plot 대화상자에 Printer/Plotter 항목에서 그림과 같이 'Adobe PDF'를 선택한 뒤, Paper size(용지 크기)를 'A3', Drawing orientation을 'Landscape'로 설정해 줍니다.

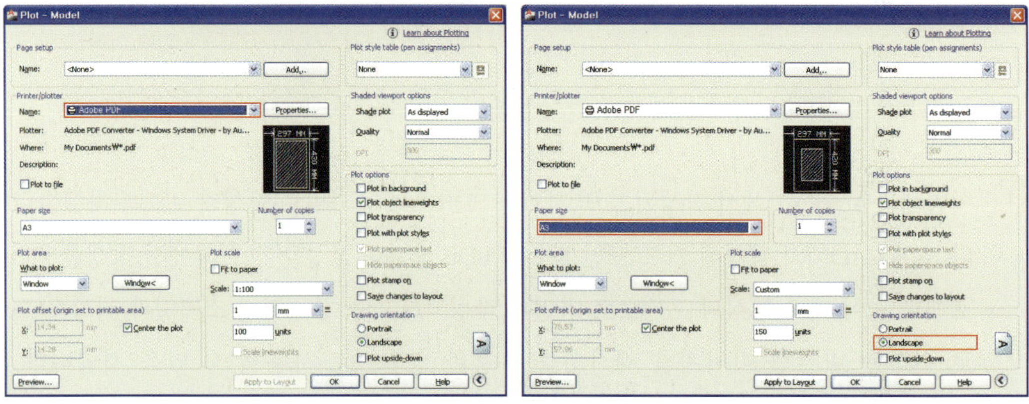

3 계속해서 Plot area를 Window로 설정한 뒤, 아래 그림과 같이 출력할 영역을 지정해 줍니다.

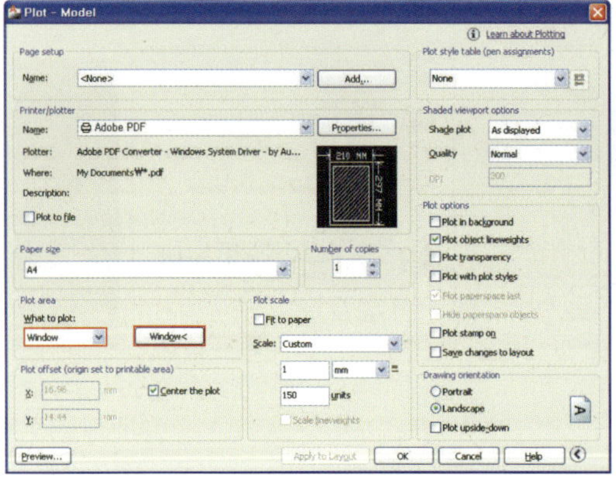

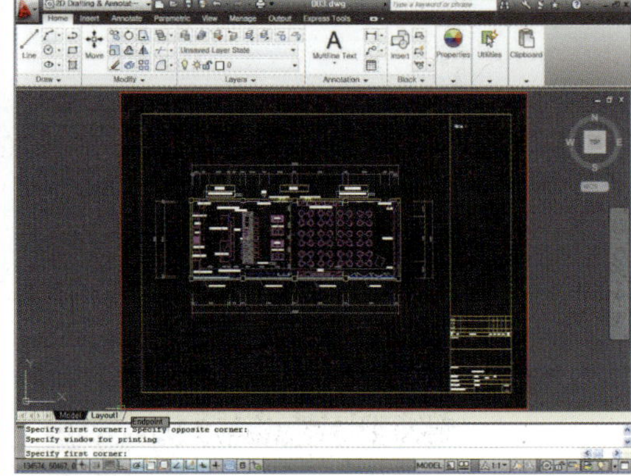

4 대화상자의 오른쪽 상단에 위치하고 있는 Plot style table(pen assignments) 항목에서 Acad.ctb 파일을 클릭해 줍니다. Plot style table(pen assignments) 항목에서 Acad.ctb 파일을 선택한 뒤, 아래 그림과 같이 Edit... 버튼을 클릭해 줍니다.

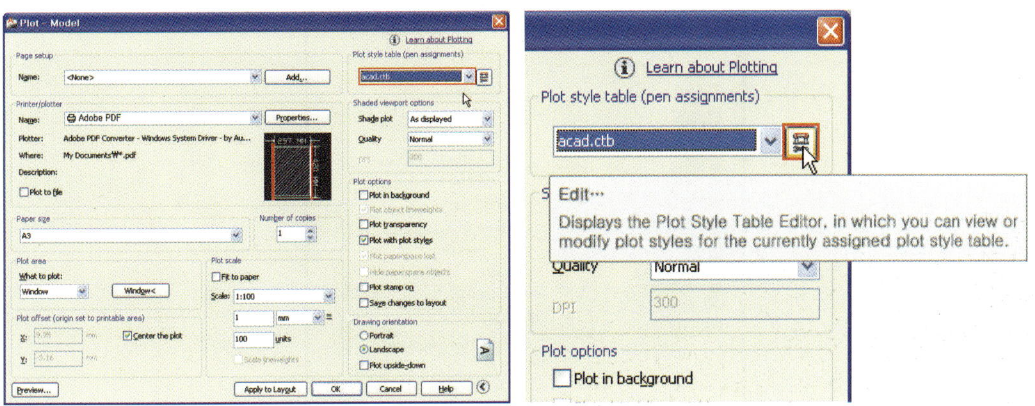

5 Plot Style Table Editor 대화상자에서 그림과 같이 옵션 값을 설정해 줍니다. 먼저 빨간색(Red, Color1), 어두운 회색(Color8), 밝은 회색(Color9)으로 그린 그림은 검은색으로 출력하며 두께는 0.0000mm(가장 얇은 선으로 지정)로 출력하도록 설정해 줍니다.

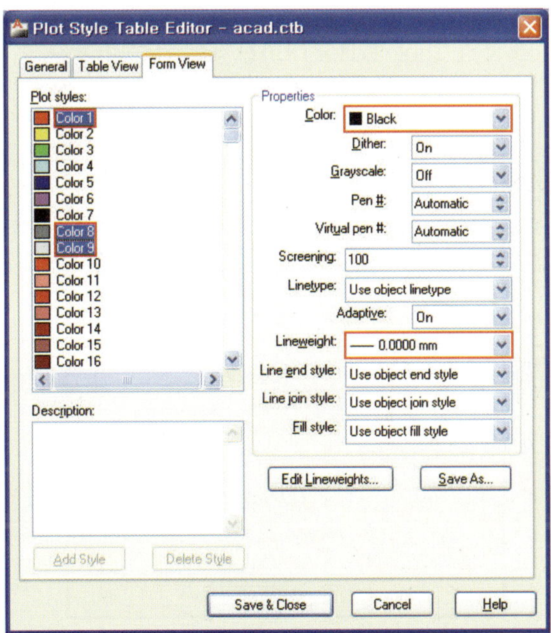

6 계속해서 녹색(Green, Color3), 시안(Cyan, Color4), 파란색(Blue, Color5), 마젠타
(Magenta, Color6), 검은색(Black, Color7)은 검은색으로, 두께는 0.1300mm(중간 두께의
선으로 지정)로 설정합니다.

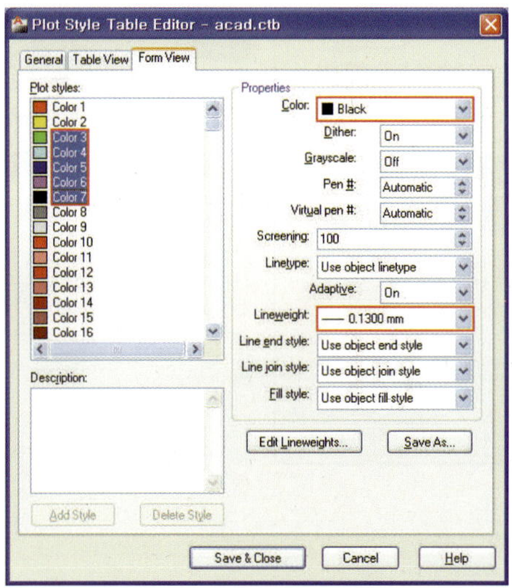

7 마지막으로 노란색(Yellow, Color2)을 선택한 후 검은색으로, 두께는 0.3500mm(가장 두
꺼운 선)으로 설정합니다. 모든 설정을 끝낸 후 화면 하단에 위치하고 있는 Save&Close
버튼을 클릭하여 Plot Style Table Editor 대화상자를 닫습니다.

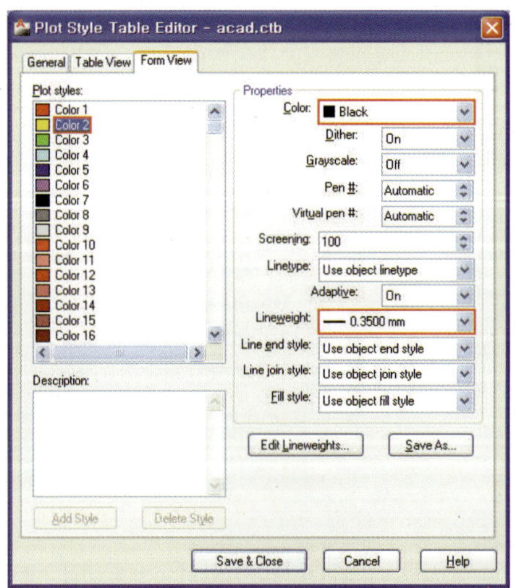

8 계속해서 Plot scale 항목은 아래 그림과 같이 '1' mm = '100' units으로 설정하여 1/100의 스케일로 설정한 뒤, Plot Offset 항목에서 Center the plot을 클릭해 줍니다. 이 옵션을 클릭하면 출력 용지 가운데로 도면을 위치시키게 됩니다.

출력 전 대화상자 왼쪽 하단에 Preview... 버튼을 클릭하여 결과를 미리 확인해 봅니다.

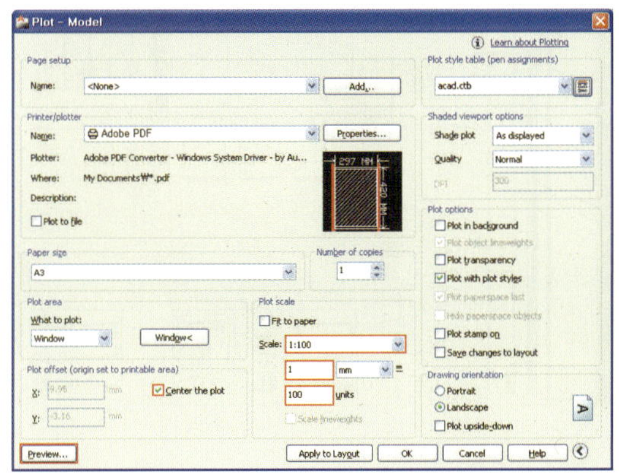
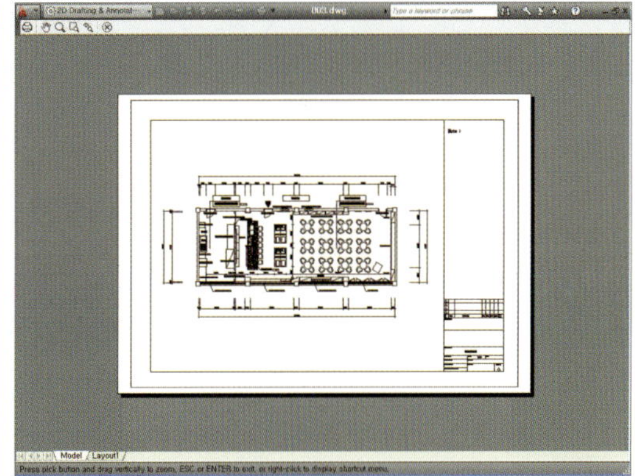

9 모든 설정을 마치고 OK 버튼을 클릭하면 프린터를 이용하여 도면을 출력시키는 것이 아니라 PDF 형태로 지정한 경로에 저장되게 됩니다. 아래 그림과 같이 PDF 파일을 다른 이름으로 저장 대화상자가 나타나면 경로와 파일명을 설정한 뒤 저장(S) 버튼을 클릭하여 PDF 포맷의 도면 이미지 파일을 만들어 줍니다.

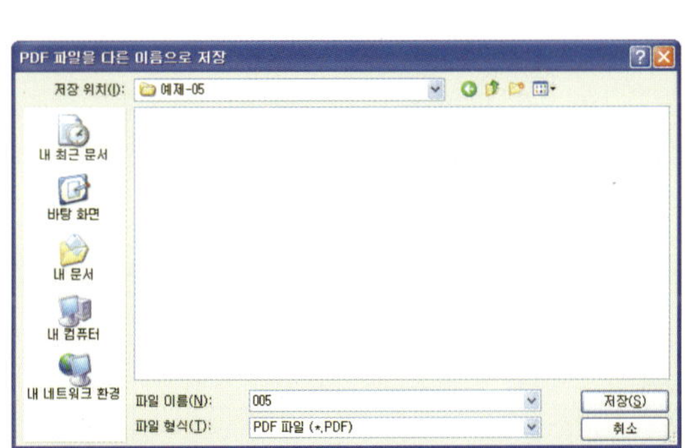
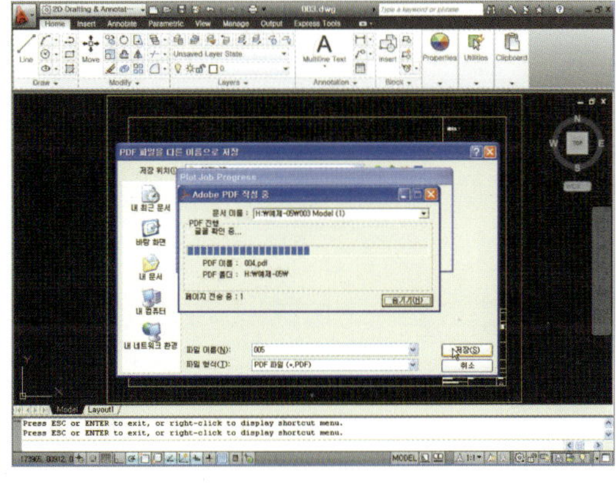

(예제CD 05\005.pdf)

※ PDF 출력은 EPS 포맷의 파일 출력과는 달리 출력 결과를 파일 형태로 만들기 위해서 Plot to File 옵션 버튼을 클릭할 필요가 없습니다.

10 변환 작업이 끝나면 자동으로 Acrobat이 실행되면 변환된 도면 이미지가 나타나는 것을 알 수 있습니다. 화면을 확대해보면 해상도의 저하현상 없이 도면 이미지가 작성되는 것을 알 수 있습니다.

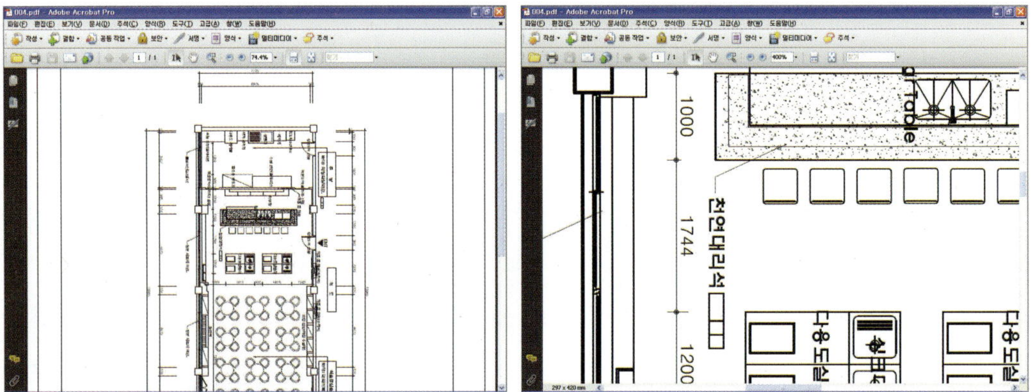

6 포토샵에서 EPS 포맷 불러오기

1 이제 앞에서 작성된 EPS 포맷의 도면 이미지 파일을 포토샵에서 불러와 보도록 하겠습니다. 포토샵을 실행시킨 후 File ➡ Open 명령을 클릭하여 앞에서 작성된 PDF 파일(예제 CD 05\005.pdf)을 불러옵니다. EPS 포맷과 같이 PDF 포맷의 파일도 아래 그림과 같은 Import PDF 대화상자가 나타나게 됩니다. 내용을 자세히 보시면 Width, Height 값은 이미지 캐드에서 설정한 용지의 크기에 여백값을 제외한 크기임을 알 수 있습니다. 기본 크기 설정값을 유지한 채 해상도(Resolution) 값을 300(pixel/inch)로, Mode는 Grayscale로 설정한 뒤 OK 버튼을 클릭합니다.

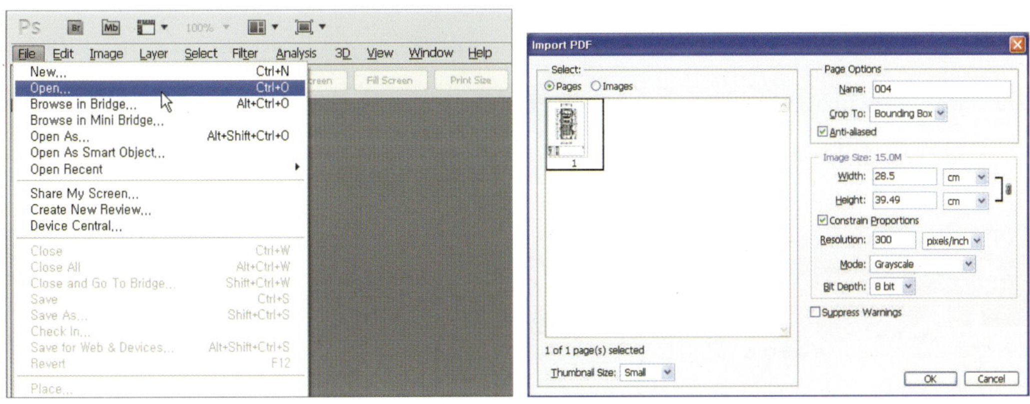

※ 대화상자가 나타나는 의미는 불러올 PDF 파일을 포토샵에서 편집할 수 있는 비트맵 포맷으로 변경하면서 크기와 해상도를 지정해 주는 대화상자입니다.

2 잠시 후 아래 그림과 같이 배경이 삭제되어 있는 상태에서 도면만 정확한 스케일 값으로 열린 것을 확인하실 수 있습니다. 배경이 삭제되어 있는 상태에서 불러왔기 때문에 배경이 체크무늬로 보이게 됩니다. 불러진 도면의 확인을 용이하게 하기 위해서 Layer ➡ Flatten Image 명령을 수행해 줍니다. 흰색 배경이 만들어 짐에 따라서 불러온 도면을 좀 더 쉽게 확인할 수 있습니다.

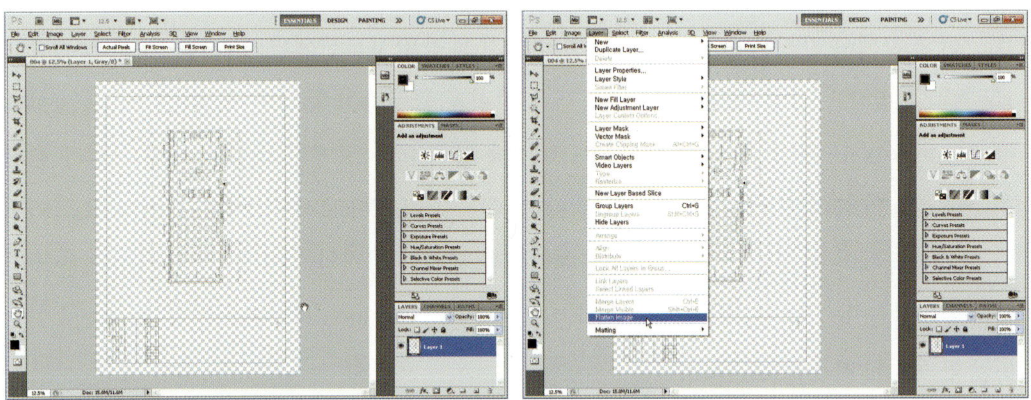

3 Image ➡ Image Rotation ➡ 90°CCW 명령을 수행하여 불러온 도면 이미지를 회전하여 바르게 보이도록 합니다.

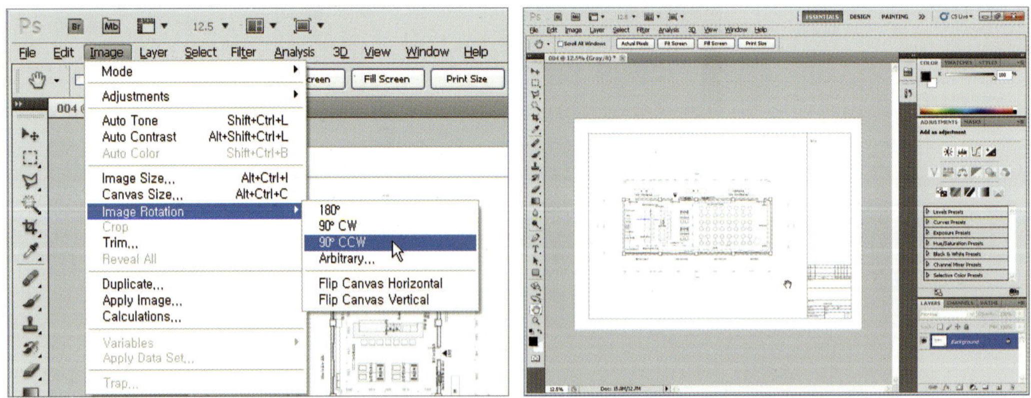

4. 이번에는 불러진 도면의 해상도 및 이미지의 질을 확인해 보도록 하겠습니다. Zoom Tool(돋보기 툴)을 이용하여 원하는 부분을 드래그하여 도면 이미지를 확대해 봅니다.

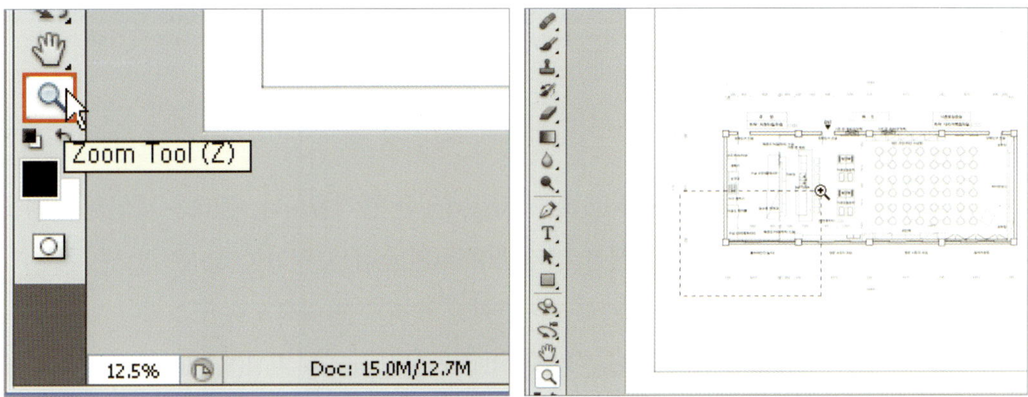

5. 확대한 이미지를 확인해 보면 출력 대화상자에서 지정한 선 굵기에 맞게 선의 위계가 있으면서 해상도가 저하되는 현상없이 나타나는 것을 볼 수 있습니다.

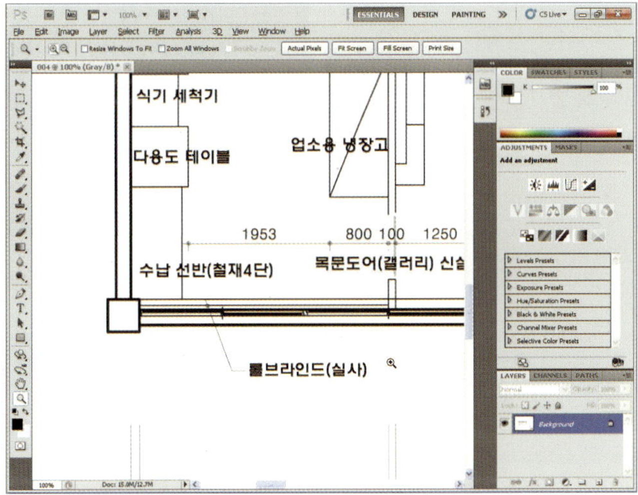

(예제|CD 05\006.jpg)

7 레이어를 구분한 EPS 포맷 작성 및 평면도 표현

1 Open 명령을 수행하여 예제CD 05\007.dwg 파일을 불러옵니다. 불러온 파일의 구성을 살펴보면 노란색(Yellow)은 벽체선, 빨강색(Red)은 중심선, 시안(Cyan)은 창, 문, 치수 및 치수보조선, 마지막으로 흰색(White)은 글씨와 솔리드 벽체색으로 구성되어 있습니다. 따라서 노란색(Yellow)의 도면선은 가장 굵게, 시안(Cyan)과 흰색(White)의 도면선 두께는 보통, 빨간색(Blue)의 도면선 두께는 가장 얇은 도면으로 구성된 EPS 파일을 제작해 보도록 하겠습니다.

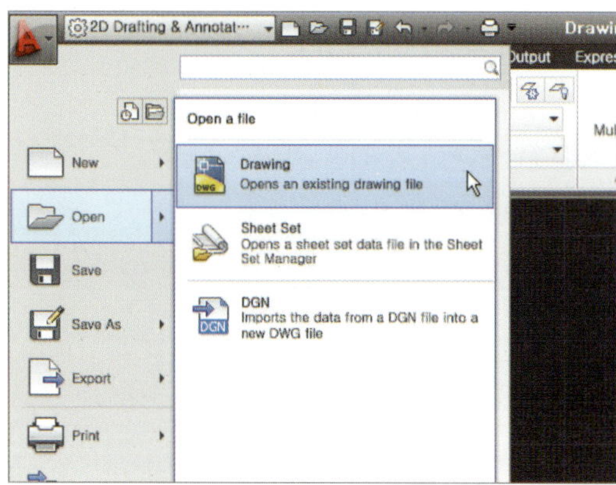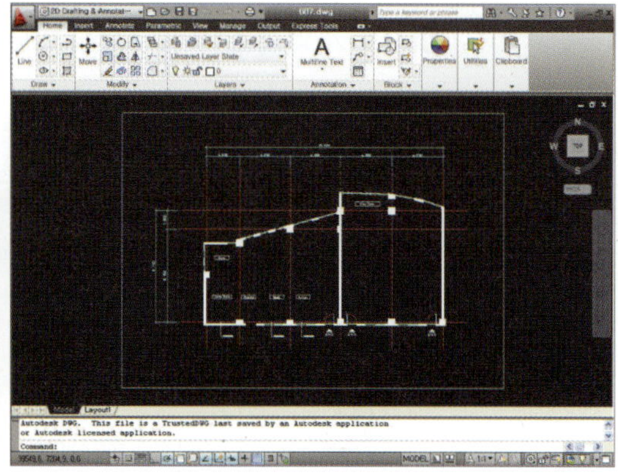

(예제CD 05\007.dwg)

2 먼저 아래 그림과 같이 레이어 대화상자에서 '0' 레이어를 현재 레이어로 설정한 뒤, '0', 'center', 'DEFPONTS' 레이어를 제외한 나머지 레이어는 모두 Freeze 시켜 줍니다.

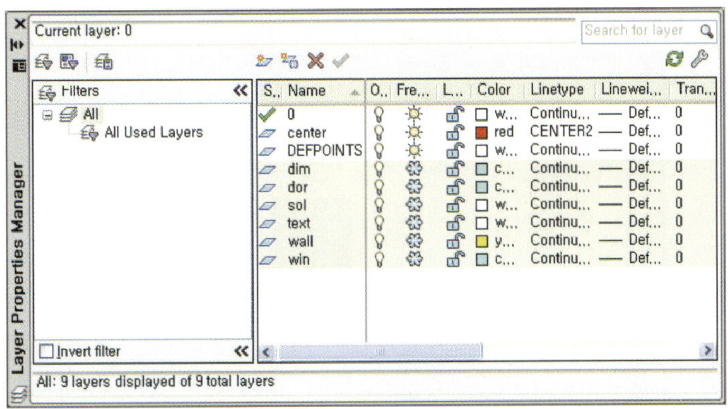

3 결과적으로 레이아웃으로 사용될 테두리(흰색)와 중심선(빨강색)만 화면에 나타나게 됩니다.

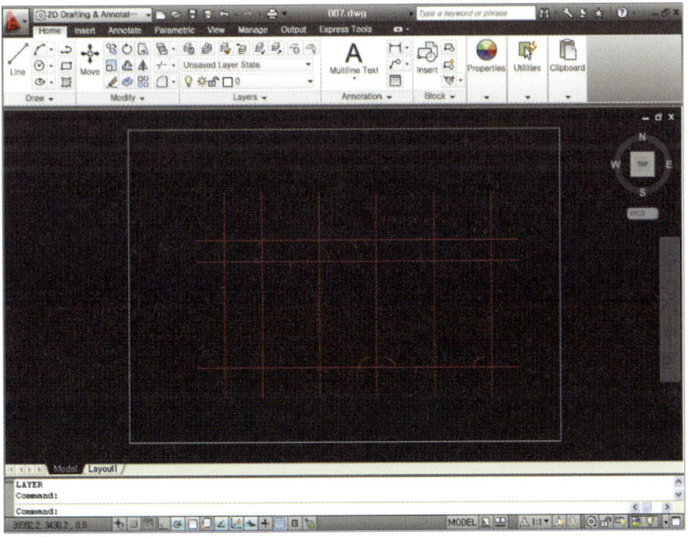

4 출력을 위해서 Plot 명령을 수행하여 나타나는 Plot 대화상자에서 앞에서 설명한 바와 같이 여러 옵션 값을 설정해 줍니다. 다만 선 두께를 조절하기 위해서 Plot style table(pen Assingments) 항목에서 Edit 버튼을 클릭합니다.

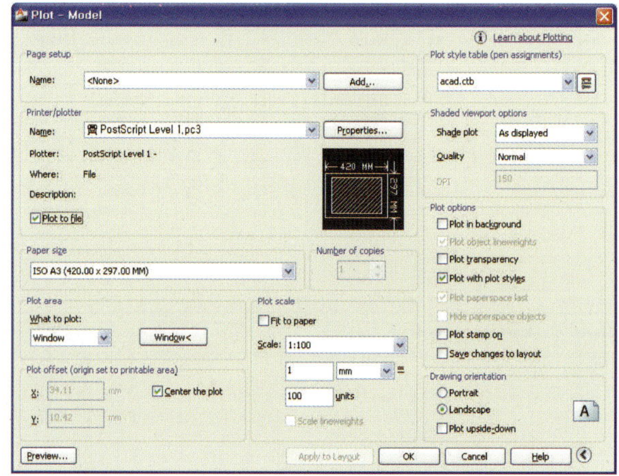

5 Plot style table(pen assignments) 항목에서 Edit 버튼을 클릭하면 아래 그림과 같이 Plot Style Table Editor 대화상자가 나타나게 됩니다. Plot Style Table Editor 대화상자에서 그림과 같이 옵션 값을 설정해 줍니다. 먼저 빨간색(Red, Color1)으로 그린 그림은 검은색으로 출력하며 두께는 0.0500mm(가장 얇은 선으로 지정)으로 설정합니다.

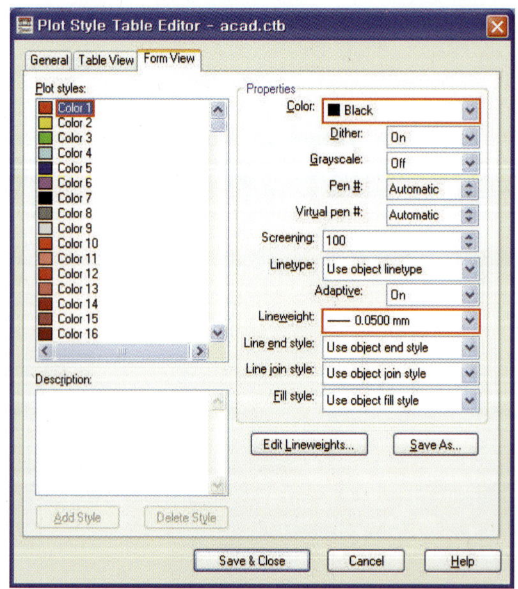

6 벽체선을 의미하는 노란색(Yellow, Color2)은 검은색으로, 두께는 0.3500mm(중간 두께의 선으로 지정)로 설정합니다.

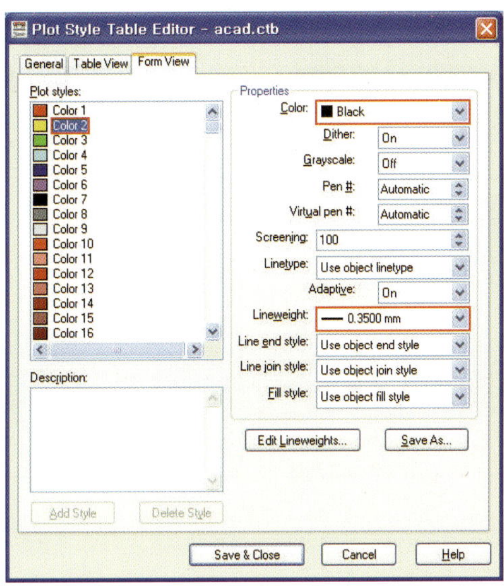

7 마지막으로 초록(Green, Color3), 시안(Cyan, Color4), 파랑(Blue, Color5), 마젠타(Magenta, Color6), 검정색/흰색(Color7)은 검은색으로, 두께는 0.1500mm(중간 두께의 선으로 지정)로 설정합니다.

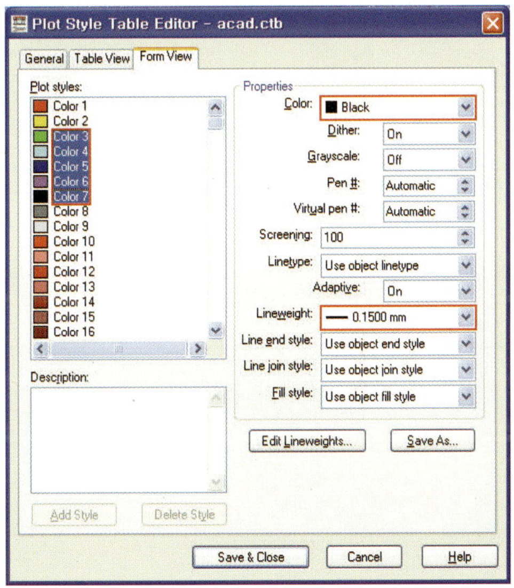

8 모든 설정을 마치고 OK 버튼을 클릭하면 출력기를 이용하여 도면을 출력시키는 것이 아 니라 파일 포맷(EPS) 형태로 지정한 경로에 저장되게 됩니다. Browse for Plot File 대화상 자가 나타나면 경로와 파일명을 설정한 뒤 Save 버튼을 클릭해 줍니다.

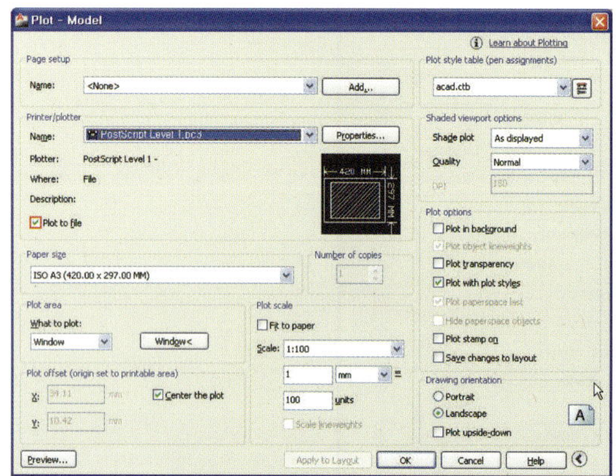 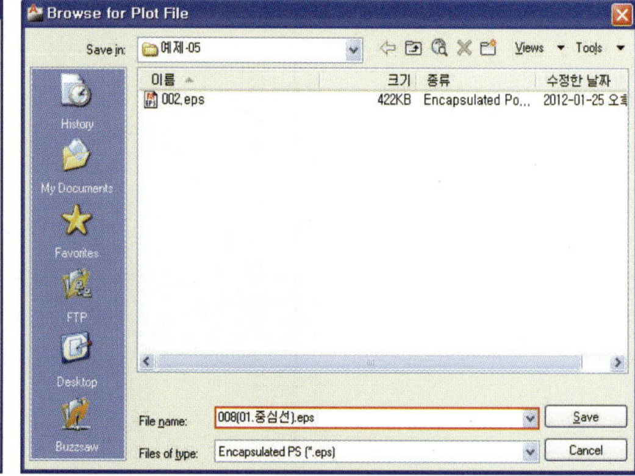

(예제|CD 05\008(01.중심선).eps)

9 이번에는 아래 그림과 같이 레이어 대화상자에서 '0' 레이어를 현재 레이어로 설정한 상 태에서, '0', 'dim', 'dor', 'win' 레이어를 켠 상태에서, 나머지 레이어는 모두 Freeze 시 켜 줍니다.

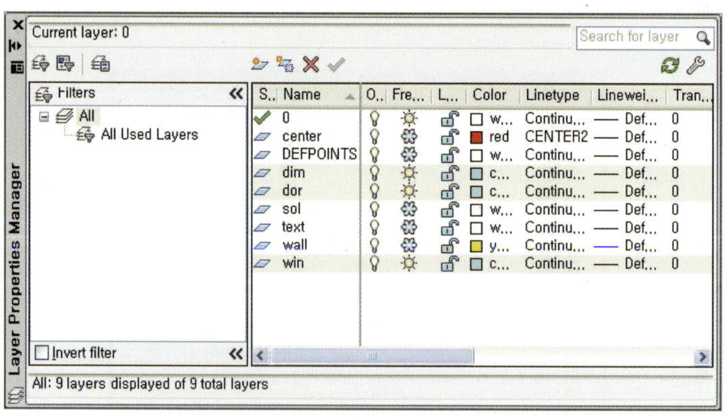

10 레이어의 켜기/끔을 설정하고 나면 아래 그림과 같이 레이아웃으로 사용될 테두리(흰색)와 창호, 치수 및 치수보조선(Cyan) 도면 내용만이 화면에 나타나게 됩니다.

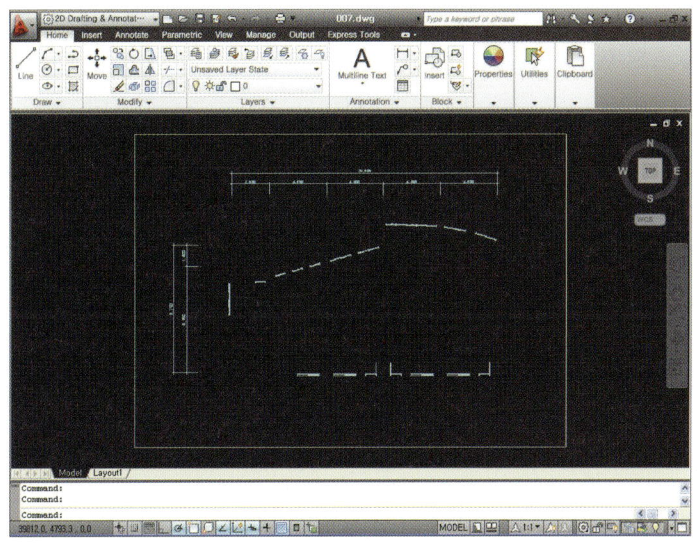

11 출력을 위해서 Plot 명령을 수행한 후 나타나는 Plot 대화상자에서 앞에서 학습한 내용을 참고하여 옵션 값을 설정해 준 뒤, OK 버튼을 클릭합니다. Browse for Plot File 대화상자가 나타나면 경로와 파일명을 설정한 뒤 Save 버튼을 클릭하여 EPS 포맷의 파일을 만들어 줍니다.

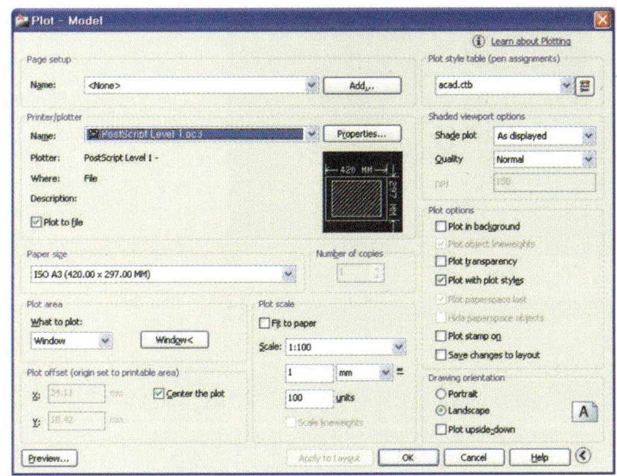

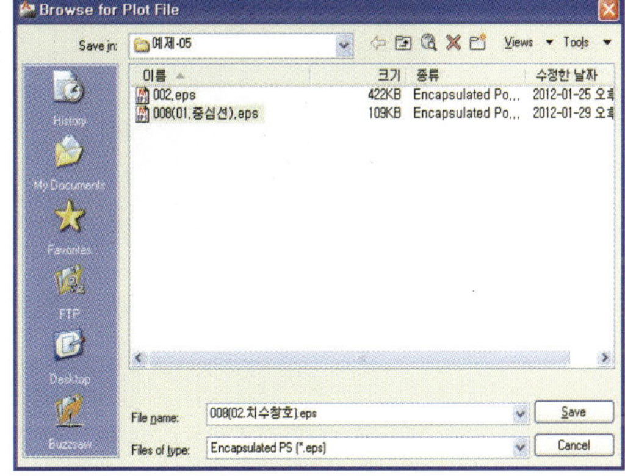

(예제CD 05\008(02.치수창호).eps)

12 이번에는 아래 그림과 같이 레이어 대화상자에서 '0' 레이어를 현재 레이어로 설정한 상태에서, '0', 'sol' 레이어를 켠 상태에서, 나머지 레이어는 모두 Freeze 시켜 줍니다.

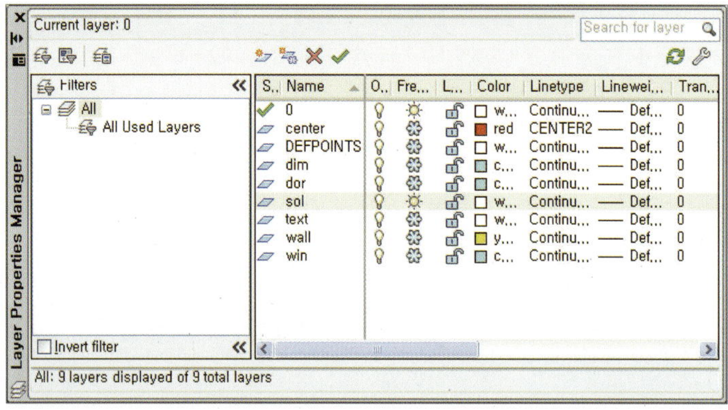

13 레이어의 켜기/끔을 설정하고 나면 아래 그림과 같이 레이아웃으로 사용될 테두리(흰색)와 벽체 색채로 사용될 솔리드(White) 도면 내용만이 화면에 나타나게 됩니다.

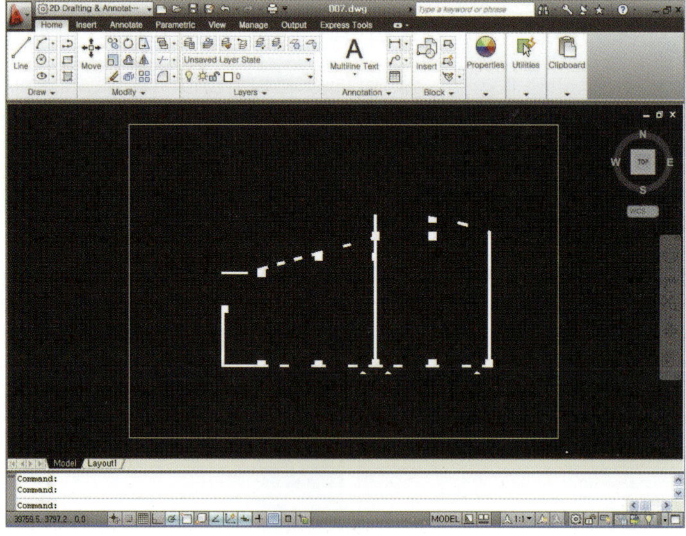

14 출력을 위해서 Plot 명령을 수행한 후 나타나는 Plot 대화상자에서 앞에서 학습한 내용을 참고하여 옵션 값을 설정해 준 뒤, OK 버튼을 클릭합니다. Browse for Plot File 대화상자가 나타나면 경로와 파일명을 설정한 뒤 Save 버튼을 클릭하여 EPS 포맷의 파일을 만들어 줍니다.

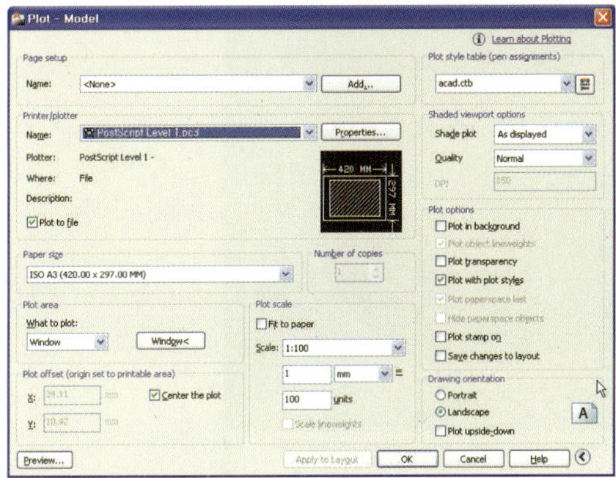
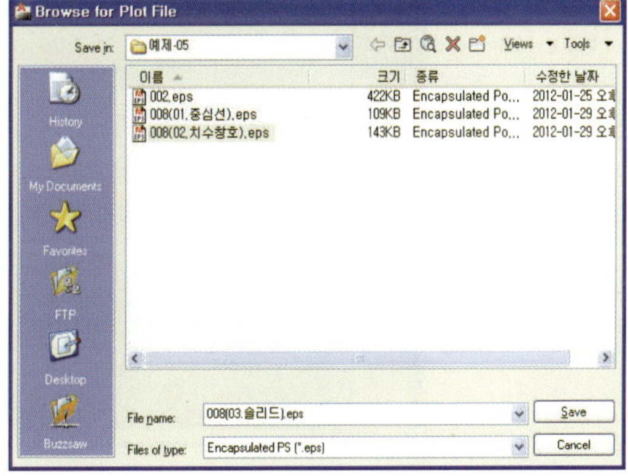

(예제CD 05\008(03.솔리드).eps)

15 이번에는 아래 그림과 같이 레이어 대화상자에서 '0' 레이어를 현재 레이어로 설정한 상태에서, '0', 'wall' 레이어를 켠 상태에서, 나머지 레이어는 모두 Freeze 시켜 줍니다.

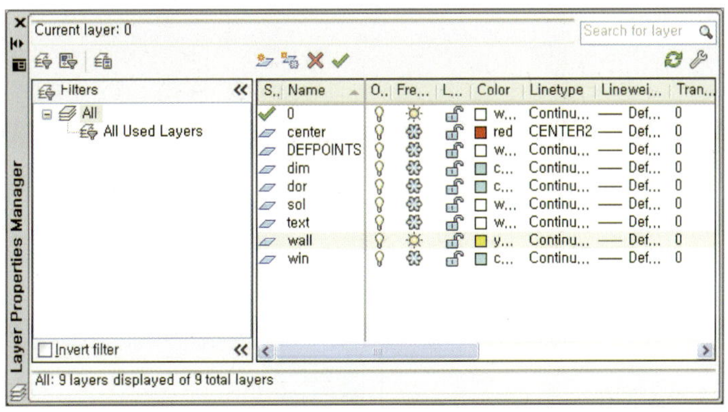

16 레이어의 켜기/끔을 설정하고 나면 아래 그림과 같이 레이아웃으로 사용될 테두리(흰색)와 벽체선으로 사용될 노란색(Yellow) 도면 내용만이 화면에 나타나게 됩니다.

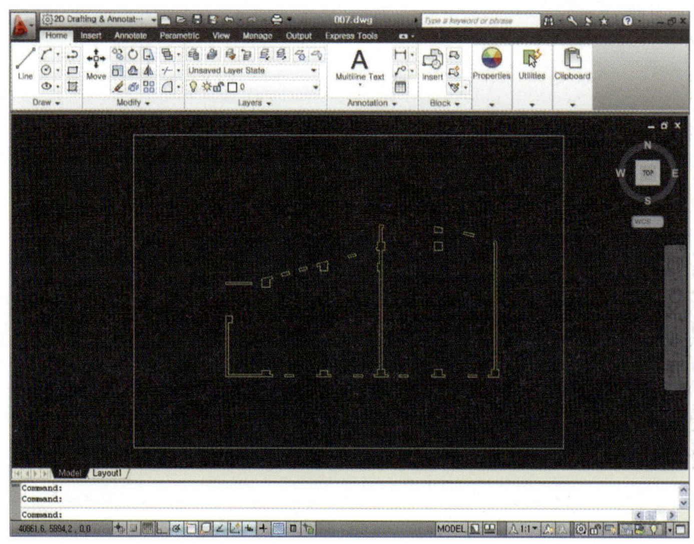

17 출력을 위해서 Plot 명령을 수행한 후 나타나는 Plot 대화상자에서 앞에서 학습한 내용을 참고하여 옵션 값을 설정해 준 뒤, OK 버튼을 클릭합니다. Browse for Plot File 대화상자가 나타나면 경로와 파일명을 설정한 뒤 Save 버튼을 클릭하여 EPS 포맷의 파일을 만들어 줍니다.

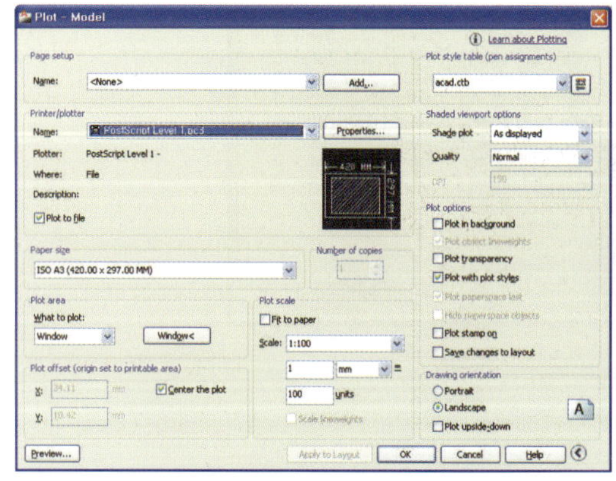

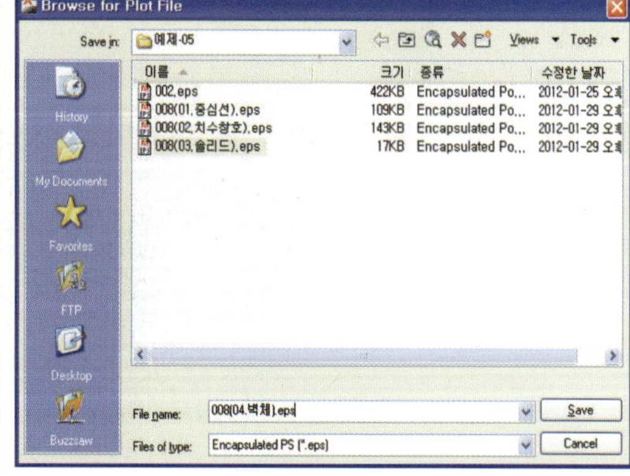

(예제\CD 05\008(04.벽체).eps)

18 이번에는 아래 그림과 같이 레이어 대화상자에서 '0' 레이어를 현재 레이어로 설정한 상태에서, '0', 'text' 레이어를 켠 상태에서, 나머지 레이어는 모두 Freeze 시켜 줍니다.

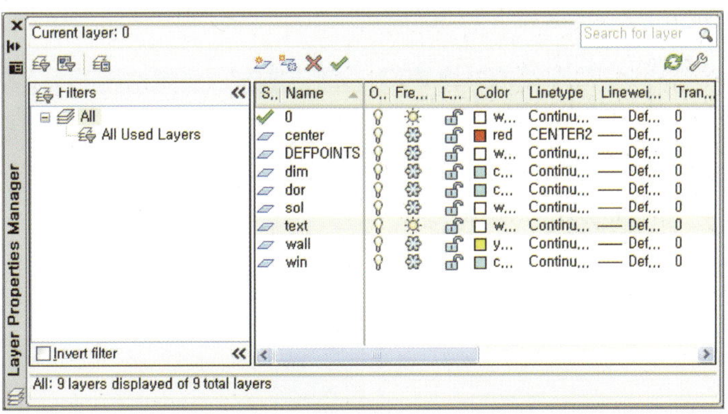

19 레이어의 켜기/끔을 설정하고 나면 아래 그림과 같이 레이아웃으로 사용될 테두리(흰색)와 글씨 및 지시선으로 사용될 흰색(White) 도면 내용만 화면에 나타나게 됩니다.

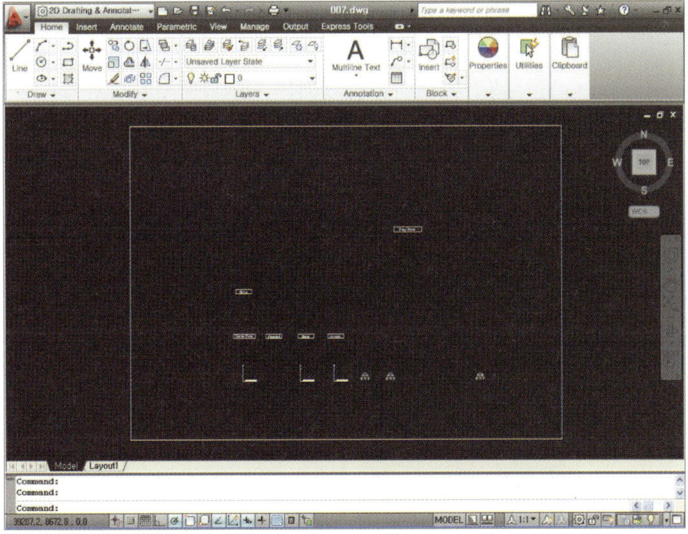

20 출력을 위해서 Plot 명령을 수행한 후 나타나는 Plot 대화상자에서 앞에서 학습한 내용을 참고하여 옵션 값을 설정해 준 뒤, OK 버튼을 클릭합니다. Browse for Plot File 대화상자가 나타나면 경로와 파일명을 설정한 뒤 Save 버튼을 클릭하여 EPS 포맷의 파일을 만들어 줍니다.

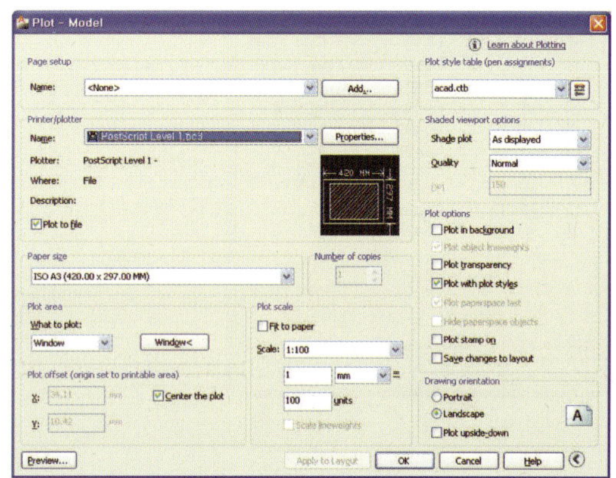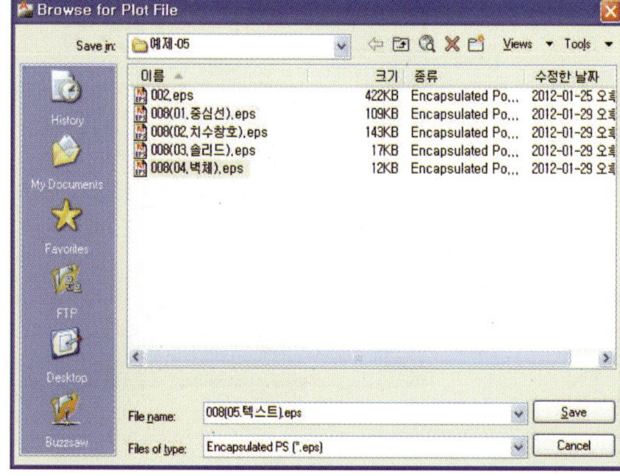

(예제CD 05\008(05.텍스트).eps)

21 지금까지 작성된 EPS 포맷의 파일을 포토샵에서 불러오도록 하겠습니다. 포토샵을 실행시킨 후 File → Open... 명령을 클릭하여 앞에서 작성된 첫번째 EPS 파일(예제CD 05\008(01.중심선).eps)을 불러옵니다. 입력되는 크기는 AutoCAD의 Plot 대화상자에서 A3 크기로 설정하였기 때문에 420×297mm의 크기로 설정되며 해상도는 300(pixel/inch)으로 설정한 후 Ok 버튼을 클릭합니다.

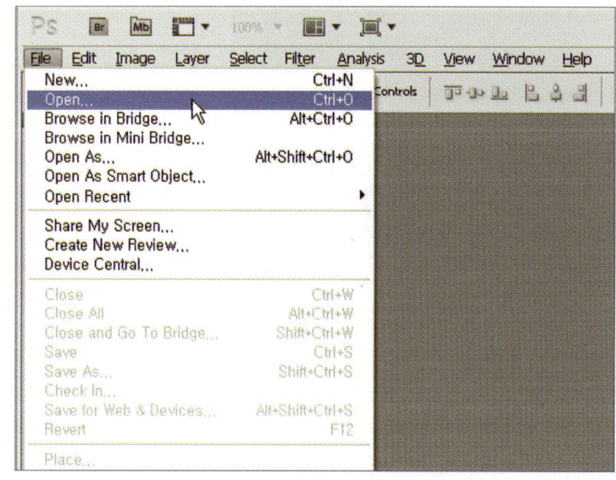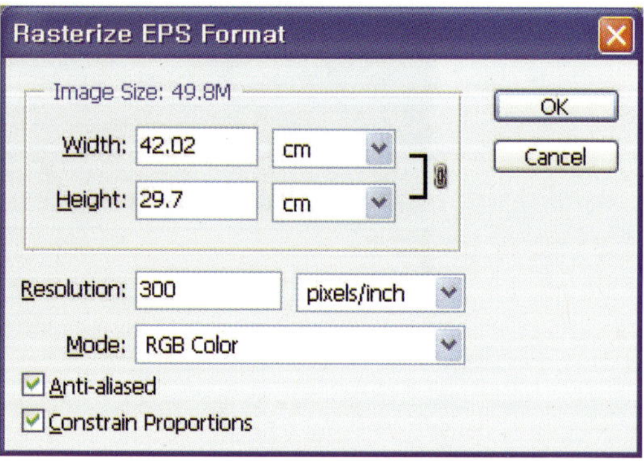

※ File → Open을 클릭하여 EPS 포맷을 불러오면 Rasterize Generic EPS Format 대화상자가 나타납니다. 여기서 AutoCAD의 Plot 대화상자에서 지정한 캔버스 크기가 자동적으로 나타나게 됩니다. 또한 불러온 도면은 지정한 스케일 값을 유지하기 때문에 정확한 스케일 값으로 불러오게 됩니다.

22 불러온 도면 이미지를 보면 테두리와 중심선만 보이기 때문에 잘 보이지는 않지만 일반 레이어의 속성을 가진 레이어로, 또한 배경 영역이 모두 투명한 상태를 유지한 채 비트맵 이미지로 변환되어서 들어오는 것을 확인할 수 있습니다. EPS 포맷 파일(예제CD 05\008(01.중심선).eps)을 포토샵에서 불러온 후 중심선 이미지가 들어있는 레이어의 이름을 '중심선' 으로 변경합니다.

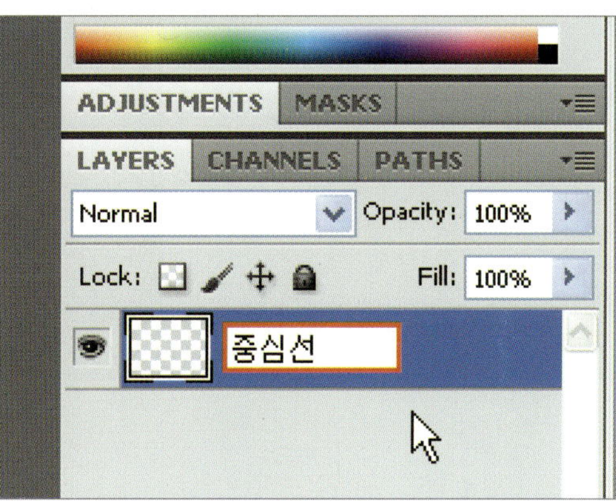

※ 이와 같이 EPS 포맷은 사용자가 원하는 크기 및 해상도로 불러올 수 있을 뿐만 아니라 이미 지정된 크기와 스케일(축척)을 유지한 채 비트맵 파일로 변환시켜 불러들일 수 있습니다. 더불어 배경이 투명하게 처리되기 때문에 도면 프레젠테이션에서 가장 유리하게 사용되는 방법입니다. 이러한 과정을 그래픽 원리로 이해하면 좋지만 단순히 작업과정만 익히더라도 상당 수준의 프레젠테이션 결과를 만들어 줄 수 있습니다.

23 계속해서 다음의 EPS 포맷의 파일을 포토샵에서 불러옵니다. File ➡ Open 명령을 클릭하여 저장된 EPS 파일(예제CD 05\008(02.치수창호).eps)을 불러옵니다. 나타나는 대화상자에서는 420×297mm의 크기로 설정되며 해상도는 300(pixel/inch), Mode：RGB Color로 설정한 후 Ok 버튼을 클릭합니다.

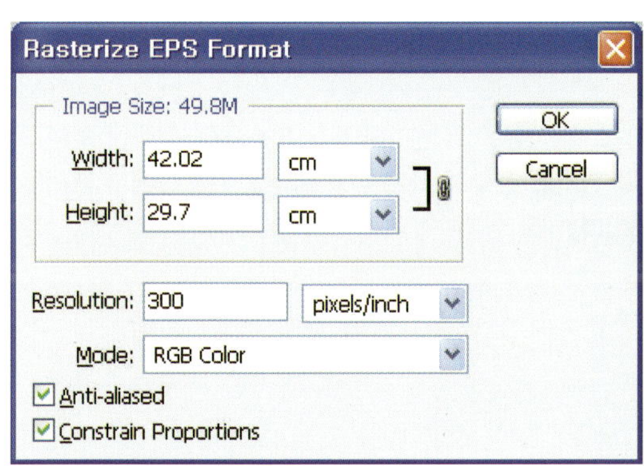

(예제CD 05\008(02.치수창호).eps)

24 불러온 이미지를 복사하기 위해서 Select ➜ All 명령을 수행하여 이미지 전체를 선택합니다. Edit ➜ Copy 명령을 수행하여 선택된 이미지를 복사해 줍니다.

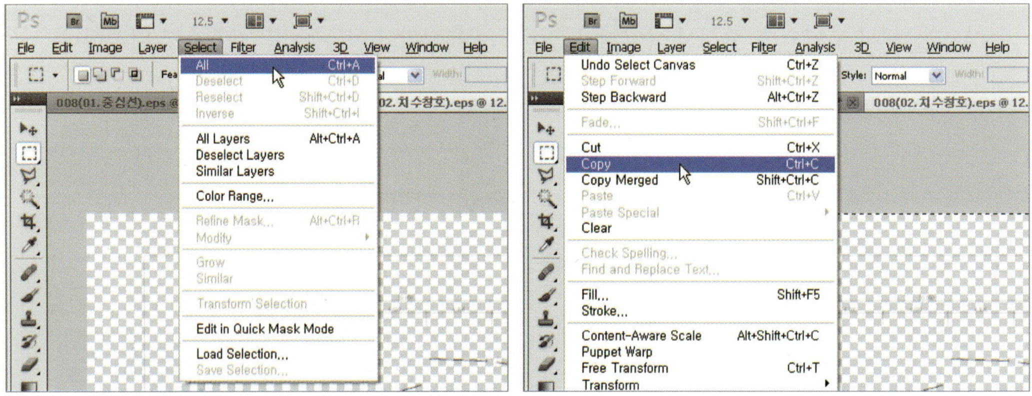

25 앞서 작업한 이미지를 선택한 뒤, Edit ➜ Paste 명령을 수행하여 복사된 이미지를 붙여넣은 뒤, 레이어 팔레트에서 추가된 이미지의 레이어의 이름을 '창호/치수' 로 변경시켜 줍니다.

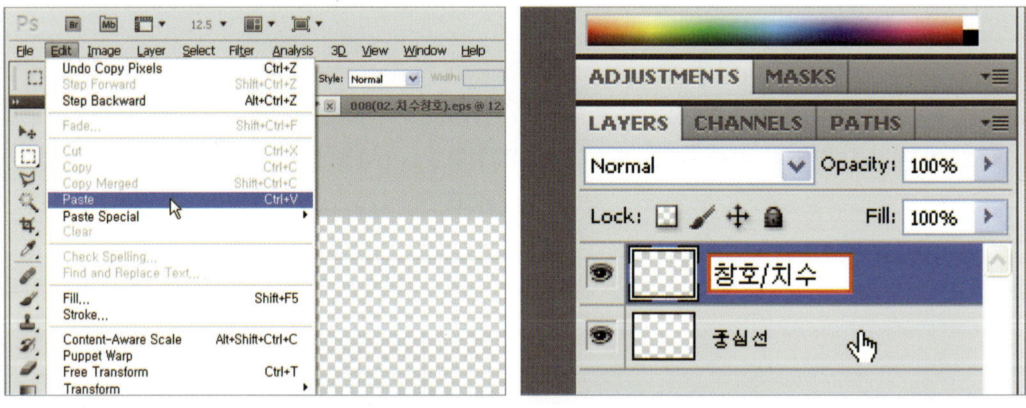

※ AutoCAD에서 테두리 선을 포함하여 EPS 포맷의 파일로 제작한 이유는 여러개로 분리하여 작성된 하나의 도면 데이터를 포토샵에서 불러와 동일한 스케일 확인 및 위치를 정확히 하기 위함입니다. 포토샵에서 불러온 EPS 포맷을 하나의 이미지로 합성한 뒤, 삭제하시면 됩니다.

26 계속해서 동일한 방법으로 '008(03.솔리드).eps' 파일을 불러들인 뒤 앞에서 수행한 동일한 방법으로 이미지 전체를 작업 파일로 복사하여 붙여 넣습니다. 이미지를 붙여넣은 뒤 레이어의 이름을 '솔리드' 로 변경하고 불러들인 파일은 닫습니다.

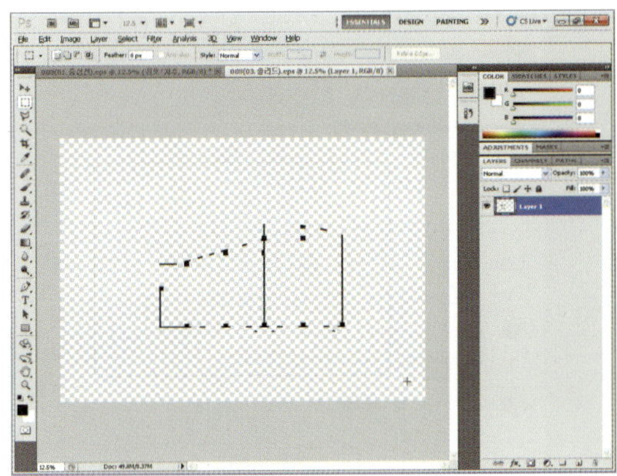
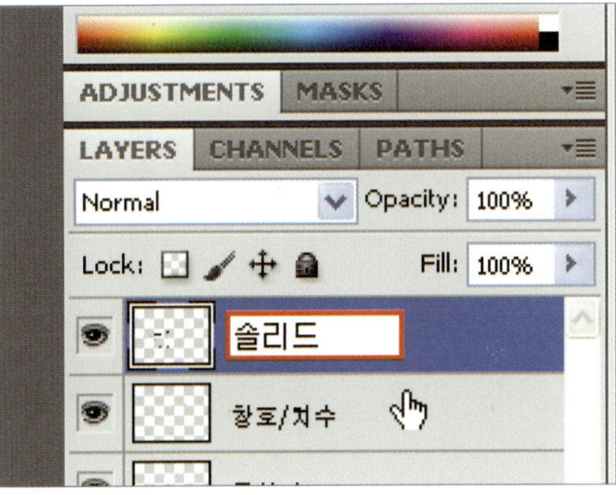

(예제CD 05\008(03.솔리드).eps)

27 계속해서 동일한 방법으로 '008(04.벽체).eps' 파일을 불러들인 뒤 앞에서 수행한 동일한 방법으로 이미지 전체를 작업 파일로 복사하여 붙여 넣습니다. 이미지를 붙여넣은 뒤 레이어의 이름을 '벽체' 로 변경하고 불러들인 파일은 닫습니다.

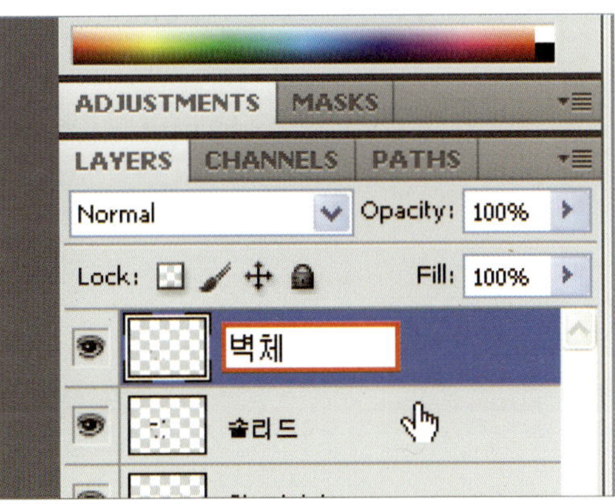

(예제CD 05\008(04.벽체).eps)

28 계속해서 동일한 방법으로 '008(05.텍스트).eps' 파일을 불러들인 뒤 앞에서 수행한 동일한 방법으로 이미지 전체를 작업 파일로 복사하여 붙여 넣습니다. 이미지를 붙여넣은 뒤 레이어의 이름을 '텍스트'로 변경하고 불러들인 파일은 닫습니다.

(예제CD 05\008(05.텍스트).eps)

29 Layer → New → Layer... 명령을 클릭한 뒤 나타나는 New Layer 대화상자에서 '배경'이라는 이름으로 레이어를 추가해 줍니다.

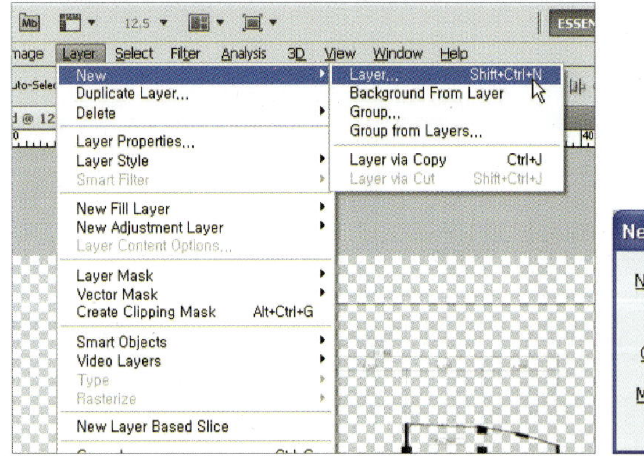

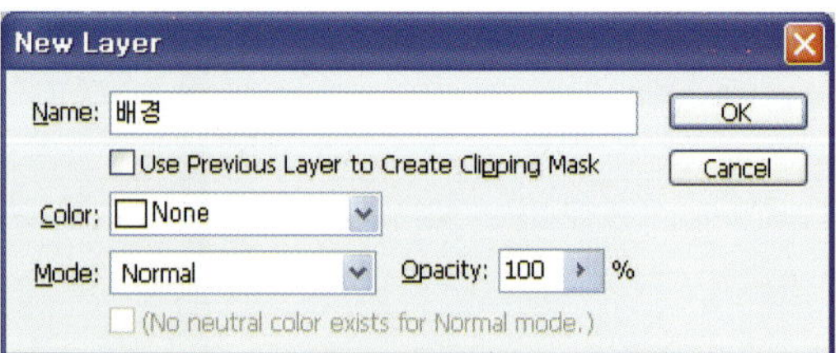

30 Edit → Fill... 명령을 수행한 뒤 나타나는 Fill 대화상자에서 Use:White, Mode:Normal, Opacity:100%로 설정한 뒤 OK 버튼을 클릭합니다.

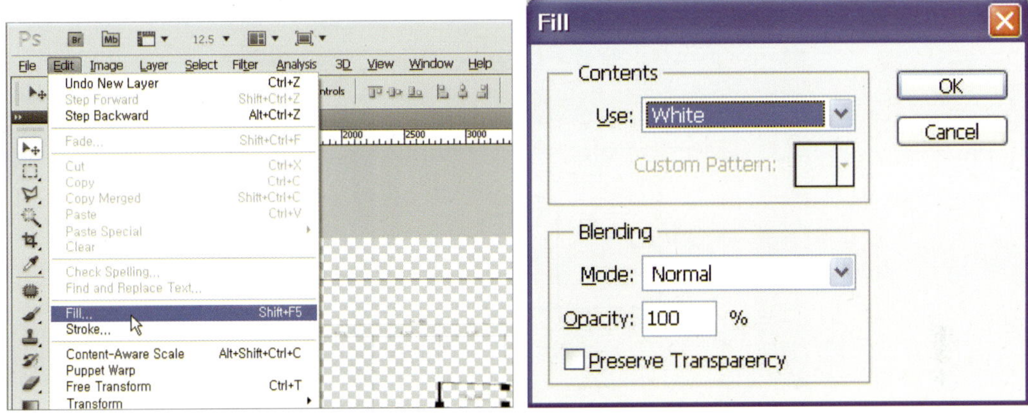

31 아래 그림과 같이 '배경' 레이어에 흰색으로 채색이 되면 '배경' 레이어의 위치를 레이어 팔레트에서 가장 아래로 이동시켜 배치해 줍니다.

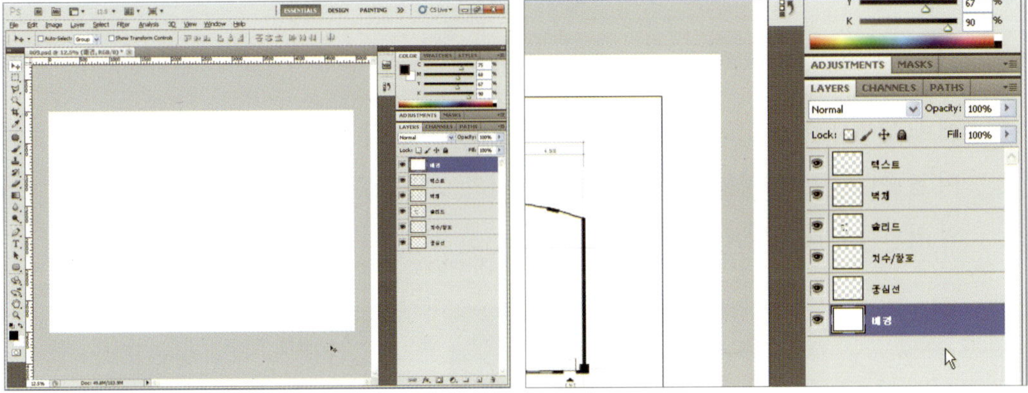

32 결과적으로 흰색 배경을 만들어 가장 아래에 배치함에 따라 불러들인 도면이 잘 보이는 결과를 만들게 됩니다.

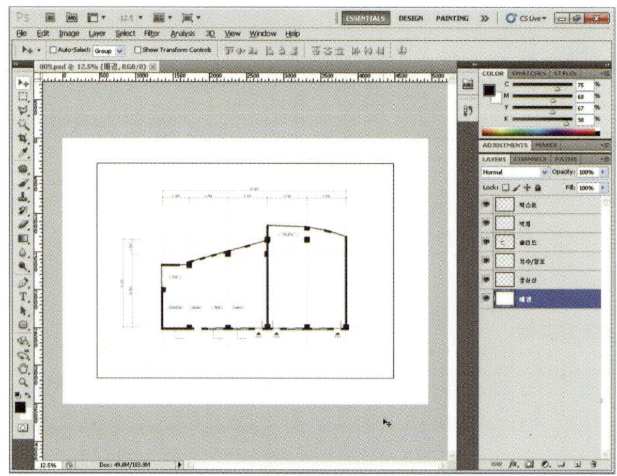

(예제CD 05\009.psd)

※ 지금까지 방법과 같이 레이어를 분리하여 저장한 뒤 불러오는 방법은 매우 불편한 방법과 같이 느껴질 수 있습니다. 그러나 한꺼번에 저장한 뒤 불러오는 방법과는 달리 각각의 레이어로 분리하여 저장, 합성할 경우 각각의 레이어를 On/Off 함으로써 다양한 표현기법으로 이어질 수 있어 매우 편리합니다. 반드시 활용해 보시기 바랍니다.

33 예제CD에서 'c05\010.jpg' 파일을 불러들인 뒤 이미지 전체를 작업 파일로 복사하여 붙여 넣습니다. 이미지를 붙여넣은 뒤 레이어의 이름을 '바닥패턴-1'로 변경하고 레이어의 위치를 아래 그림과 같이 설정해 줍니다.

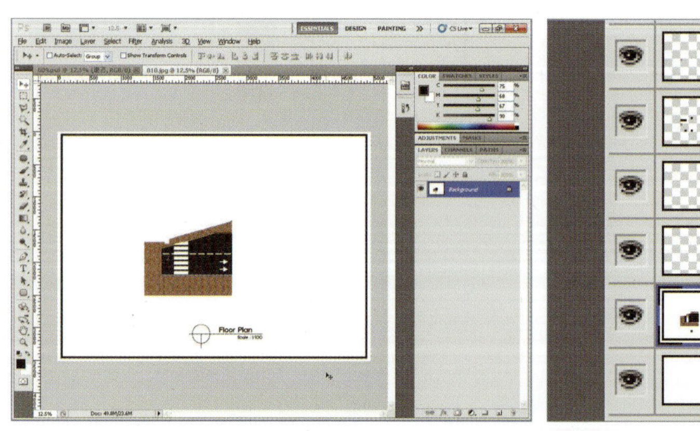

(예제CD 05\010.jpg)

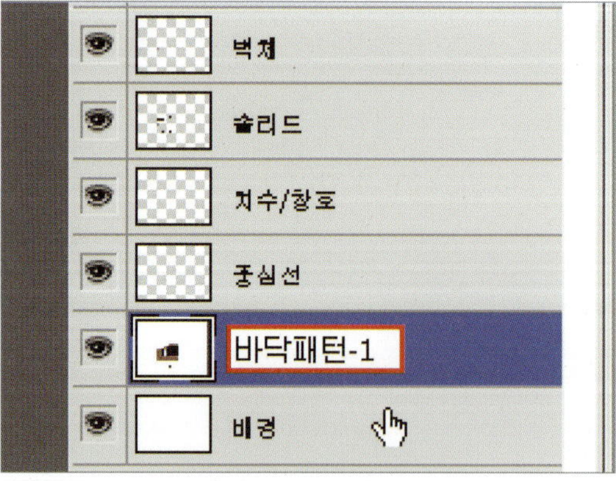

34 계속해서 예제CD에서 '05\011.psd' 파일을 불러들인 뒤 이미지 전체를 작업 파일로 복사하여 붙여 넣습니다. 이미지를 붙여 넣은 뒤 레이어의 이름을 '바닥패턴-2'로 변경하고 레이어의 위치를 아래 그림과 같이 설정해 줍니다.

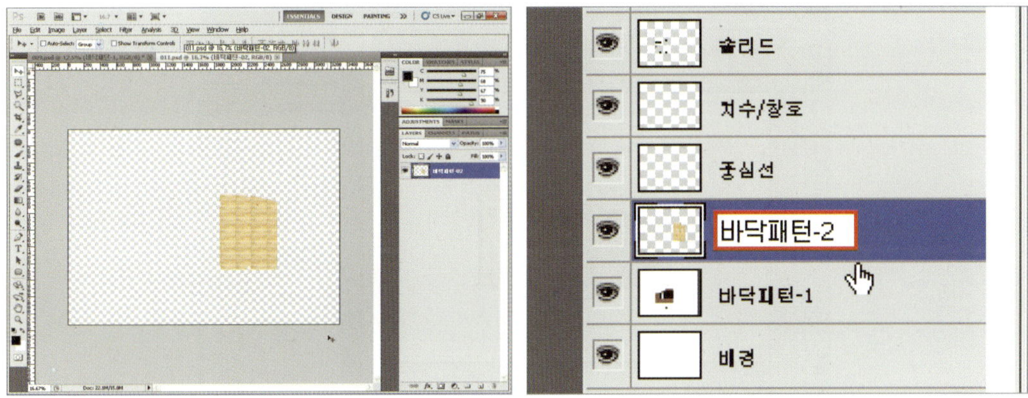

(예제CD 05\011.psd)

35 마지막으로 예제CD에서 '05\012.psd' 파일을 불러들인 뒤 이미지 전체를 작업 파일로 복사하여 붙여 넣습니다. 이미지를 붙여넣은 뒤 레이어의 이름을 '가구'로 변경하고 레이어의 위치를 아래 그림과 같이 설정해 줍니다.

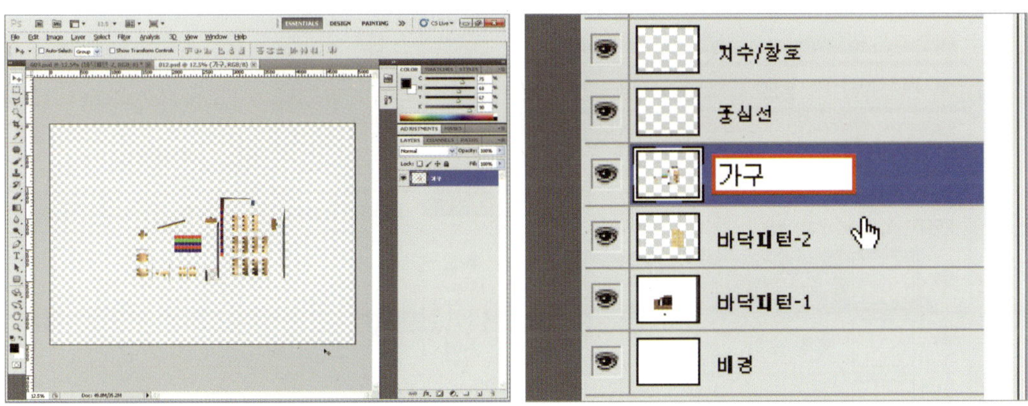

(예제CD 05\012.psd)

36 결과적으로 불러들인 도면에 바닥 패턴과 가구 이미지를 배치함으로써 프레젠테이션을 위한 도면이 완성되었습니다.

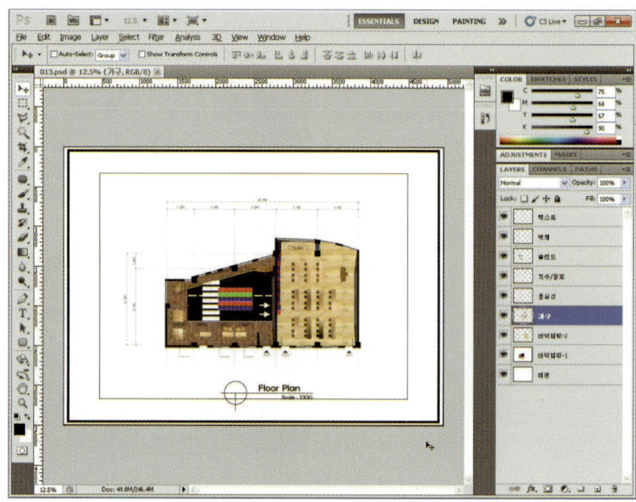

37 마지막으로 위치 설정을 위한 사용되었던 외곽 테두리 선을 삭제하여 결과물을 완성해 보도록 하겠습니다. 레이어 팔레트에서 '텍스트' 레이어를 선택한 뒤, 사각형 선택 툴(Rectangular Marquee Tool)을 선택합니다.

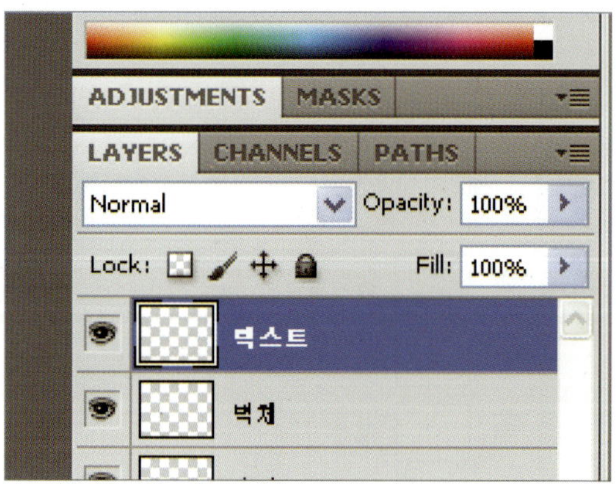

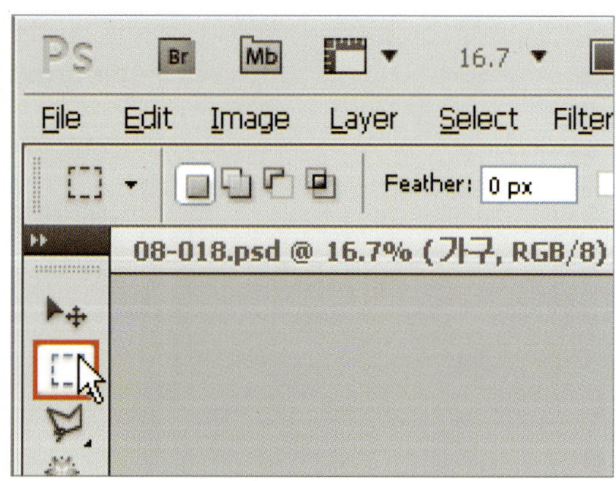

38 사각형 선택 툴(Rectangular Marquee Tool)을 선택한 뒤, 외곽선 안쪽으로 선택해 줍니다. 선택 영역을 반전시켜주기 위해서 Select → Inverse 명령을 수행합니다.

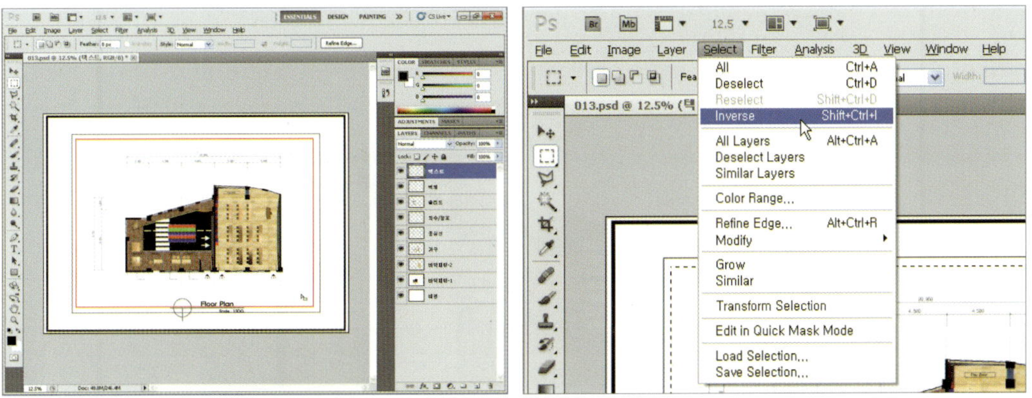

39 선택 영역 내에 이미지를 삭제하기 위해서 Edit → Clear 명령을 수행합니다. 동일한 방법으로 레이어 팔레트에서 '벽체', '솔리드', '치수/창호', '중심선' 레이어를 선택하여 선택된 레이어의 불필요한 테두리 선을 삭제해 줍니다. 테두리선 삭제 작업을 마친 뒤, Select → Deselect 명령을 수행하여 선택 영역을 취소시켜 줍니다.

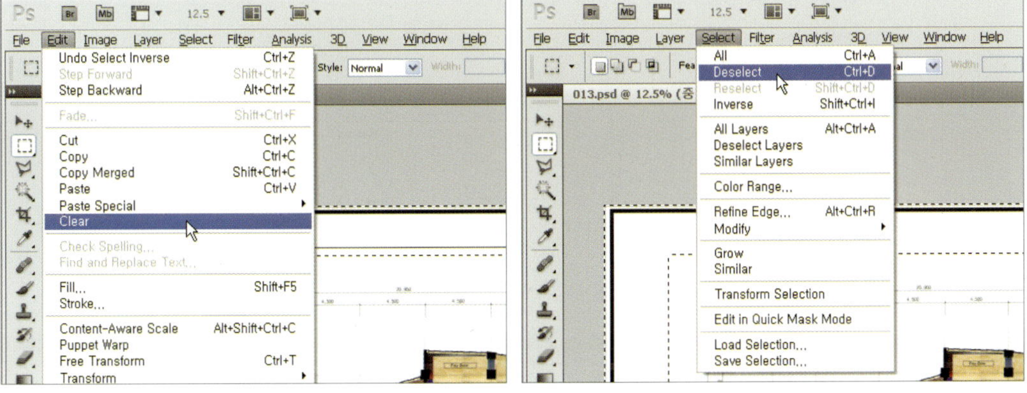

40 최종 완성된 모습

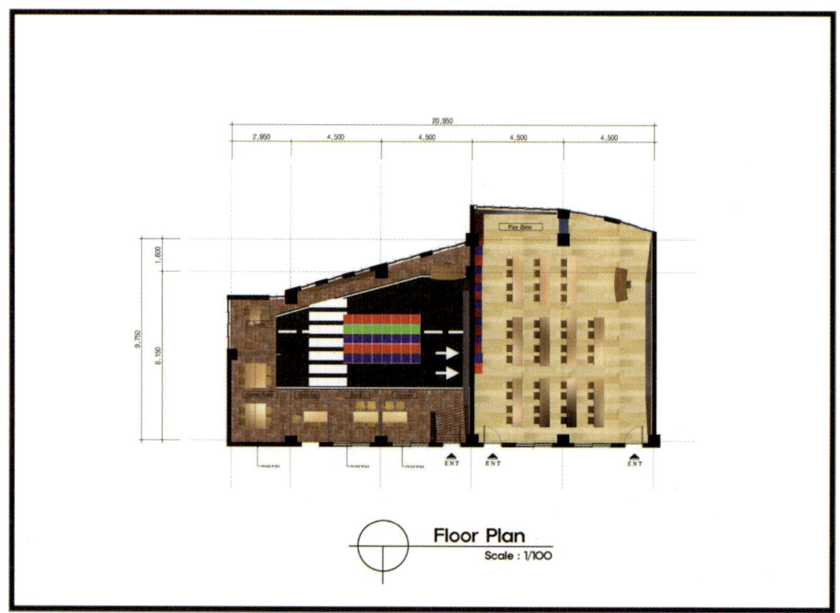

(예제\CD 05\013.psd, 014.jpg)

실습예제 08

▌AutoCAD 도면을 이용한 EPS 포맷의 파일 제작 및 비트맵 이미지 변환

준비된 예제 도면을 이용하여 EPS 포맷의 파일을 제작해 봅니다. 더불어 제작된 EPS 포맷 파일을 포토샵으로 불러와 비트맵 이미지로 제작해 보도록 합니다.

■ AutoCAD에서 불러온 예제 도면 파일

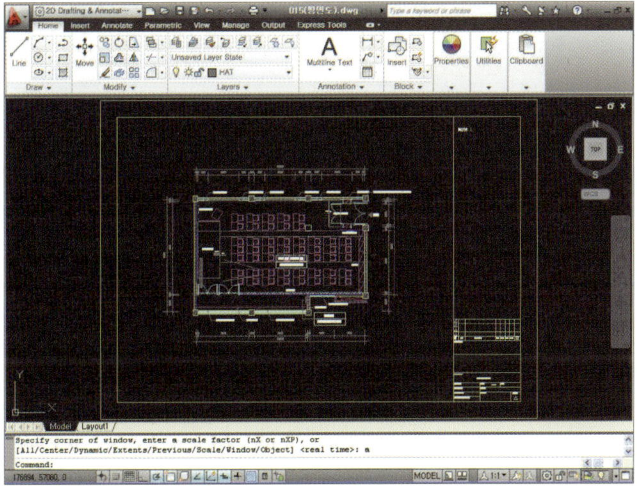

(예제CD 05\015(평면도).dwg)

■ 변환된 EPS 포맷의 파일과 포토샵에서 불러온 평면도

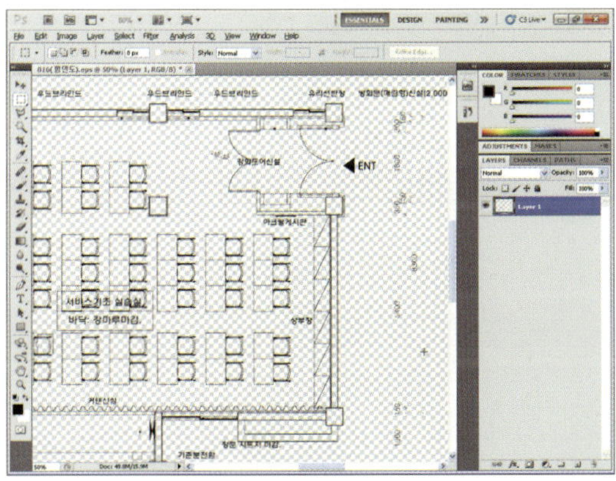

(예제CD 05\016(평면도).eps)

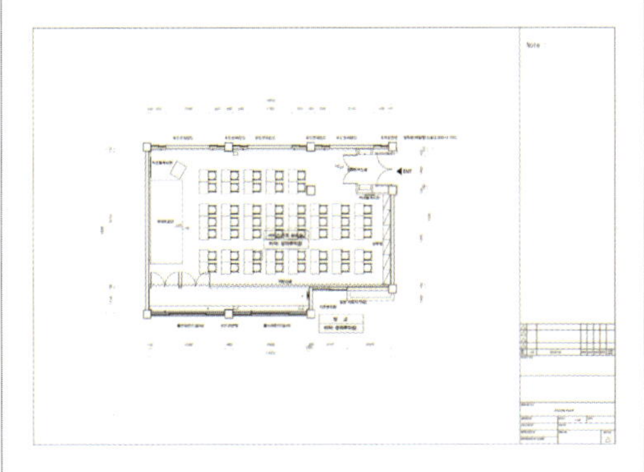

(예제CD 05\017(평면도).jpg)

실습예제 09

█ AutoCAD 도면을 이용한 PDF 제작 및 비트맵 이미지 변환

준비된 예제 도면을 이용하여 PDF 포맷의 파일을 제작해 봅니다. 더불어 제작된 PDF 포맷 파일을 포토샵으로 불러와 비트맵 이미지로 제작해 보도록 합니다.

■ AutoCAD에서 불러온 예제 도면 파일

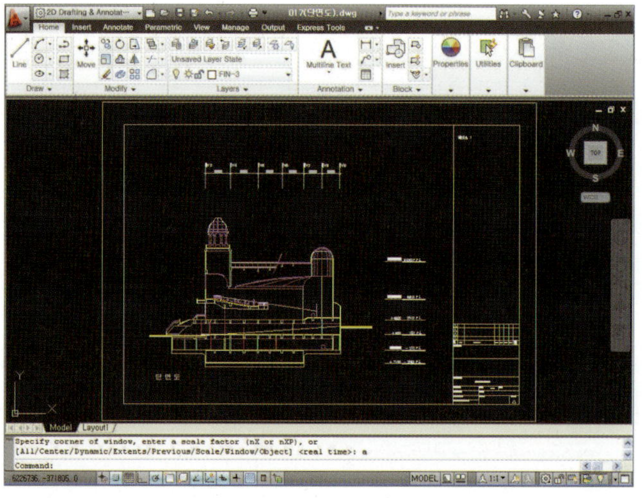

(예제CD 05\018(단면도).dwg)

■ 변환된 PDF 포맷의 파일과 포토샵에서 불러온 평면도

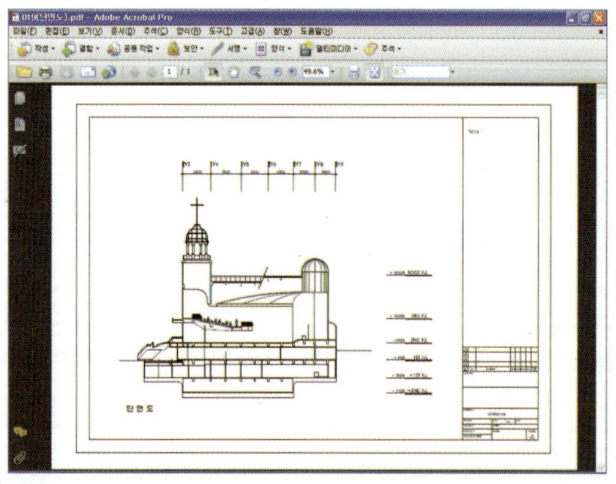

(예제CD 05\019(단면도).pdf)

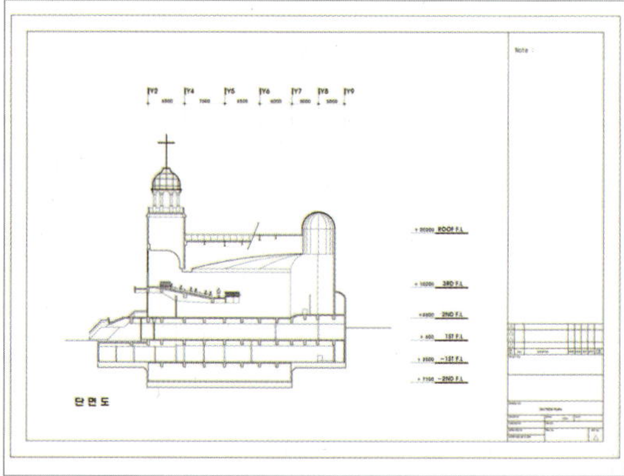

(예제CD 05\020(단면도).jpg)

실습예제 10

▌AutoCAD 도면을 이용한 프레젠테이션 이미지 제작

준비된 예제 도면을 이용하여 EPS 포맷의 파일을 제작한 뒤, 제작된 EPS 포맷의 파일을 포토샵으로 불러와 봅니다. 더불어 미리 준비된 패턴 이미지를 이용하여 프레젠테이션을 위한 입면 이미지를 제작해 보도록 합니다.

■ AutoCAD에서 불러온 예제 도면 파일

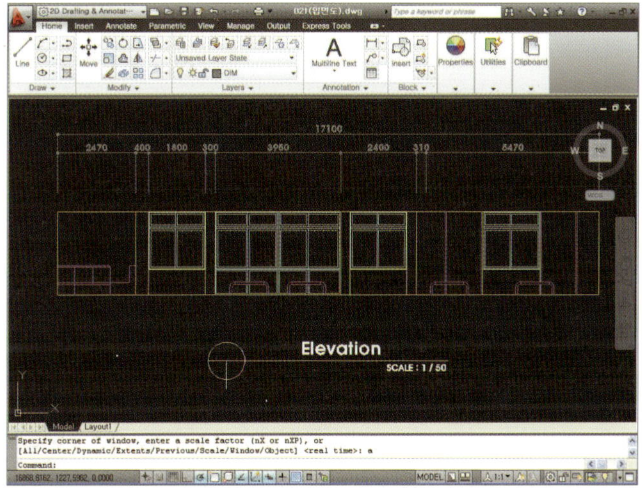

(예제CD 05\021(입면도).dwg)

■ 변환된 EPS 포맷의 파일과 포토샵에서 불러온 입면도

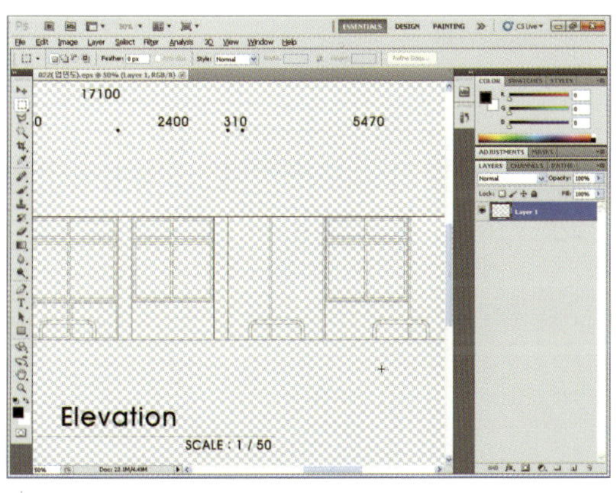
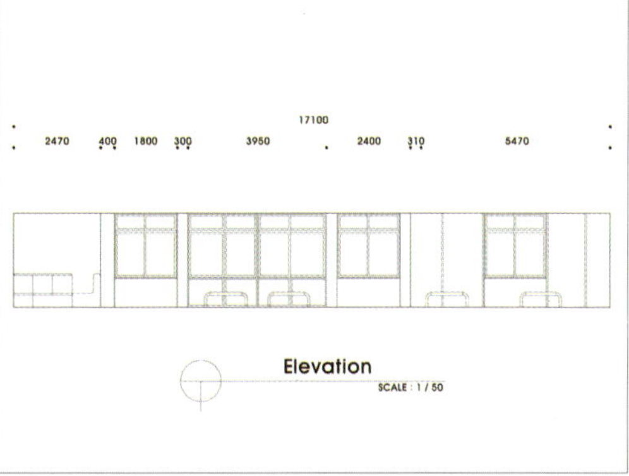

(예제CD 05\022(입면도).eps)

■ 준비된 패턴 이미지

(예제CD 05\023(패턴-1).jpg, 023(패턴-2).jpg, 023(패턴-3).jpg, 023(패턴-4).jpg)

■ 완성된 입면 프레젠테이션 이미지

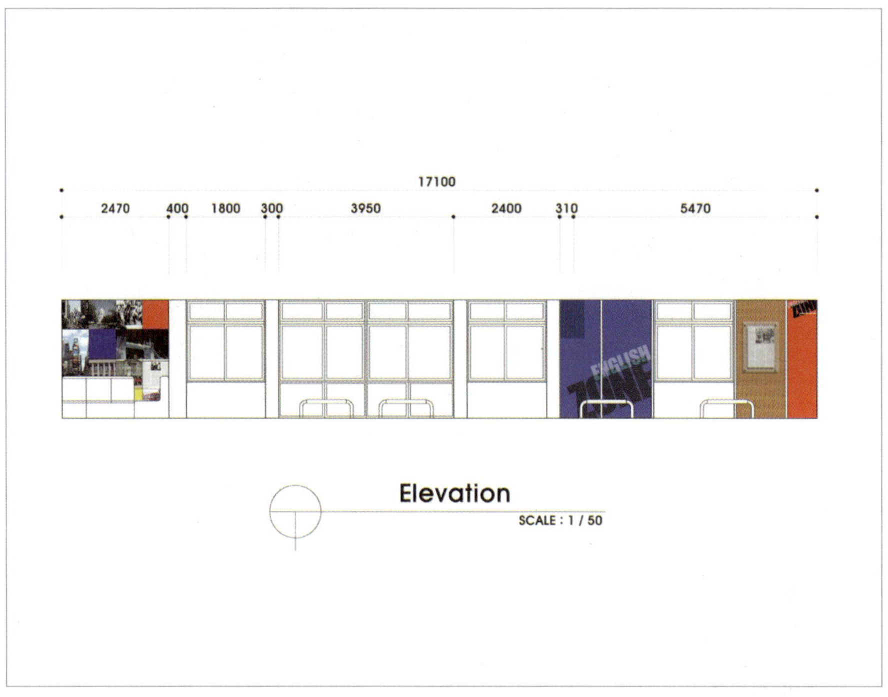

(예제CD 05\024(입면도).psd, 025(입면도).jpg)

실습예제 11

▌AutoCAD 도면의 레이어 분리 이미지를 이용한 이미지 제작

준비된 예제 도면을 레이어를 구분하여 EPS 포맷의 파일로 제작한 뒤, 제작된 각각의 EPS 포맷의 파일을 포토샵으로 불러와 합성해 줍니다. 더불어 합성된 이미지 중에서 솔리드 패턴 이미지의 불투명도(Opacity) 값을 조절하여 아래 그림과 같은 이미지를 제작해 보도록 합니다.

■ AutoCAD에서 불러온 예제 파일

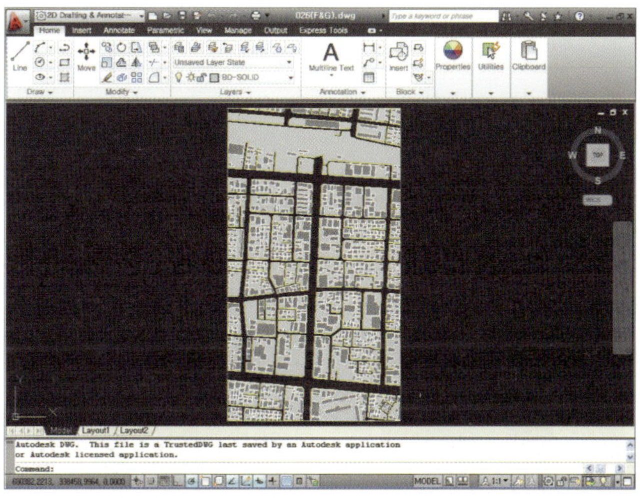

(예제\CD 05\026(F&G).dwg)

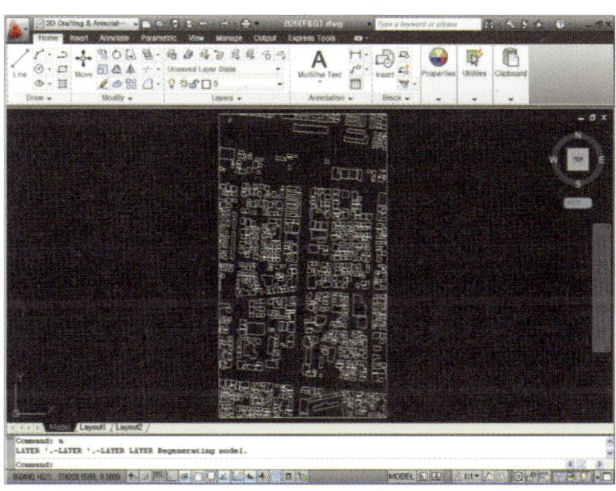

'0'과 'BD' 레이어만 켠 상태
(예제\CD 05\027(F&G)-01(BD).eps)

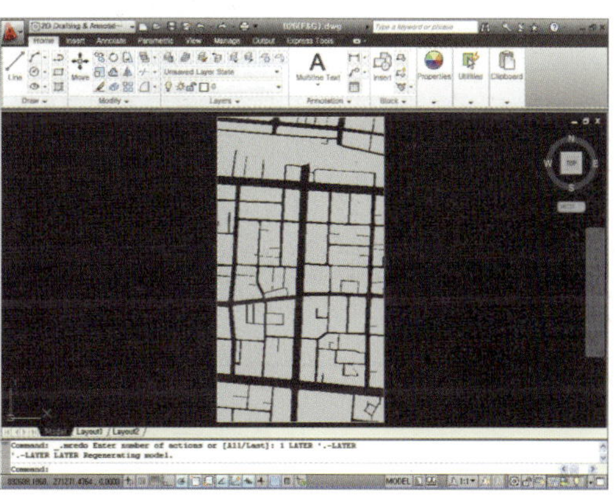

'0'과 'BD-SOLID' 레이어만 켠 상태
(예제\CD 05\027(F&G)-02(BD-SOLID).eps)

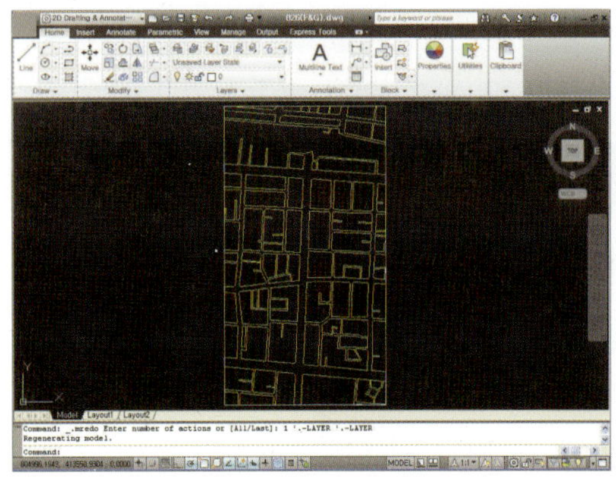

'0'과 'SITE' 레이어만 켠 상태
(예제CD 05\027(F&G)-03(SITE).eps)

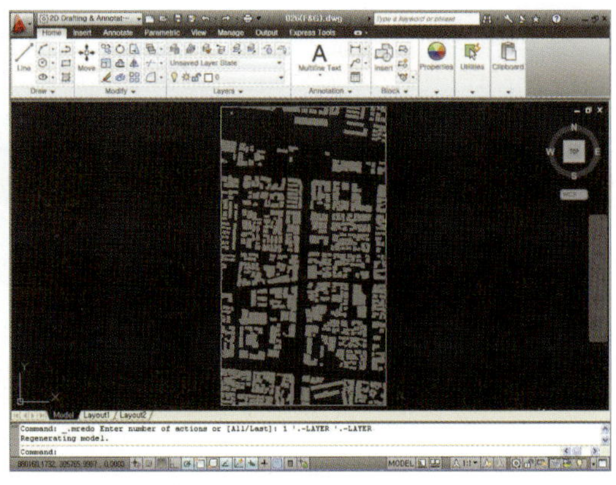

'0'과 'SITE-SOLID' 레이어만 켠 상태
(예제CD 05\027(F&G)-04(SITE-SOLID).eps)

■ 포토샵으로 불러와 완성된 이미지

(예제CD 05\029(F&G).jpg)

도움말

선택한 레이어의 이미지 불투명도를 조절하기 위해서는 레이어 팔레트 우측 상단에 위치하고 있는 Opacity 값을 조절하여 수정할 수 있습니다. 기본값으로는 100%로 설정되어 있기 때문에 레이어의 위치하고 있는 이미지가 완전하게 보이게 됩니다.

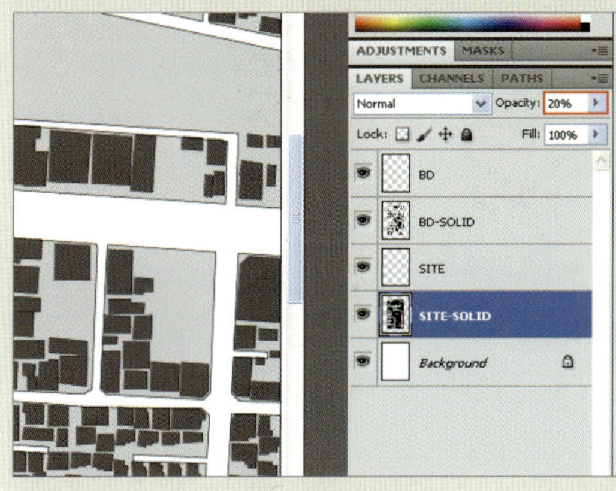
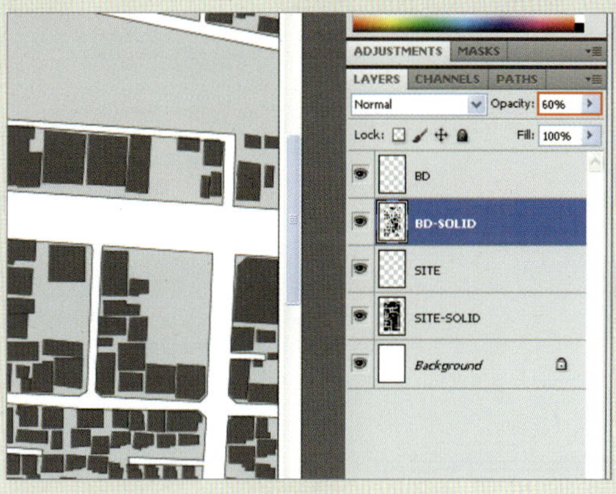

제6부

변환 도면과 선택 툴을 이용한 다양한 도면 표현

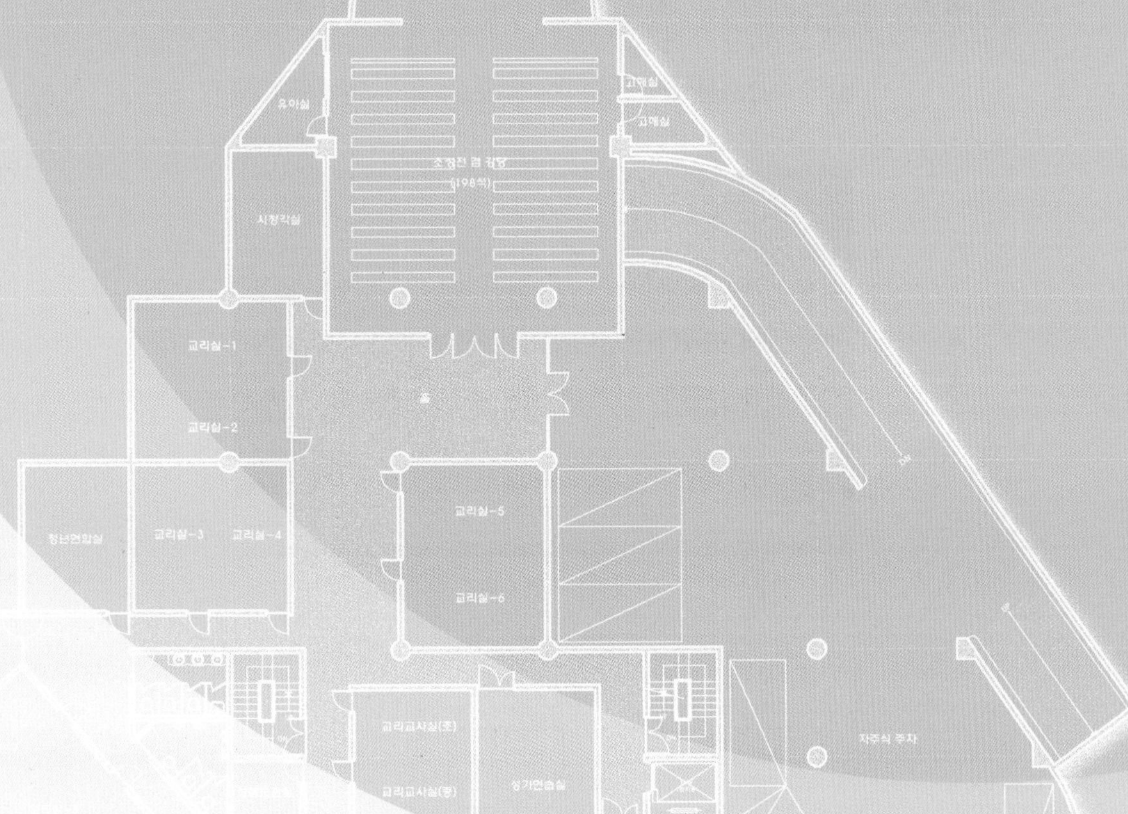

건축, 인테리어 표현을 위해서는 기본적으로 CAD 툴을 이용하여 도면을 작성할 수 있어야 합니다. 그러나 프레젠테이션을 위해서는 분명 도면만으로는 한계가 있으며, 표현을 위해서 다양한 도구들이 사용됩니다. 포토샵도 이러한 도구 중에 하나이며, 기본적인 작업하기 위해서는 선택 툴을 이용하여 이미지를 선택하거나 활용하는 방법을 익혀야 합니다. 건축이나 인테리어 분야에서는 주로 전체 이미지를 선택을 가장 많이 사용하지만, 일부분만 빠르게 선택하는 방법 등을 익힘으로써 다양한 표현 방법을 만들 수 있습니다.

1 CAD 도면을 이용한 평면도 표현

이번 장에서는 작성된 AutoCAD 도면을 포토샵으로 불러온 뒤, 간단한 리터칭 작업을 통해 CAD에서 표현할 수 없는 효과적인 프레젠테이션 이미지를 작성해 보도록 하겠습니다. 우선 변환된 캐드 도면을 이용하여 간단한 선택 및 색상 작업을 통해 평범하게 보이는 평면도의 생기를 넣어 보도록 하겠습니다.

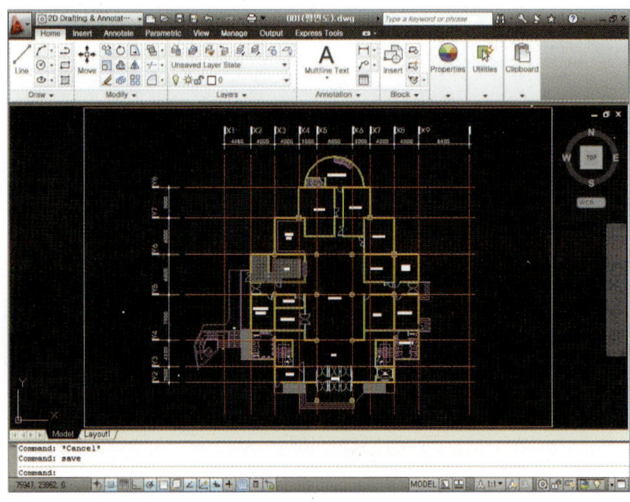

준비된 도면 이미지

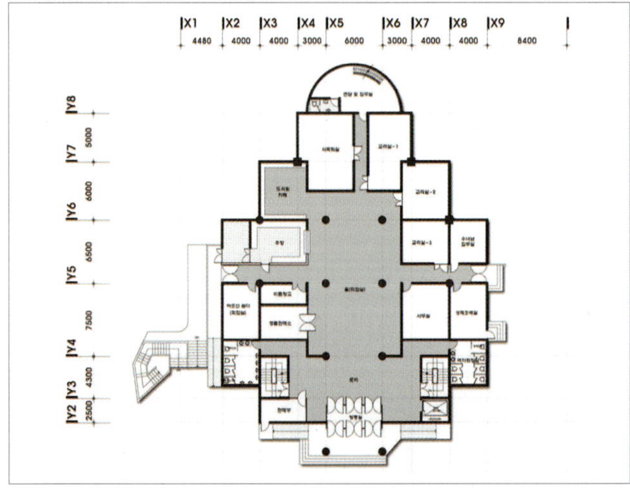

완성된 도면 이미지

1 AutoCAD에서 준비된 예제 파일을 불러와 줍니다. 레이어 명령을 수행한 뒤, 나타나는 레이어 대화상자에서 불러온 예제 파일의 레이어 구성 상태를 확인해 봅니다.

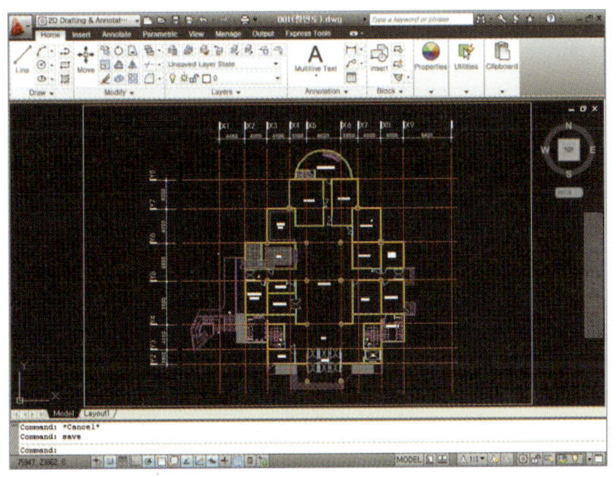
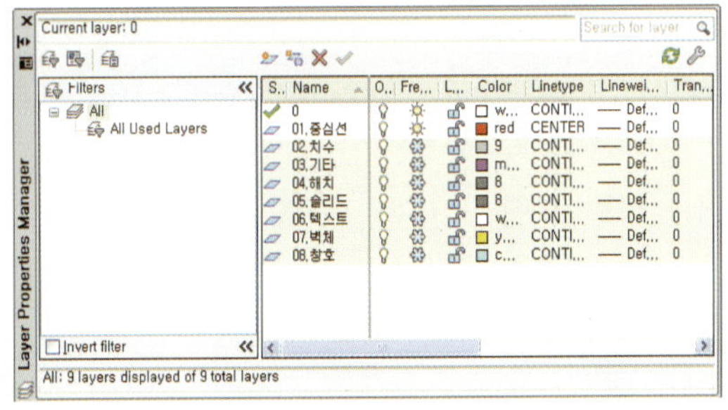

(예제CD 06\001(평면도).dwg)

2 앞장에서 학습한 바와 같이 외곽 테두리 선을 포함하고 있는 '0' 레이어를 현재 레이어로 설정한 뒤, 필요한 레이어만 켜진 상태에서 나머지 레이어를 끄고 EPS 포맷을 제작해 줍니다. 결과적으로 레이어 개수만큼 EPS 포맷을 만들어 줍니다.

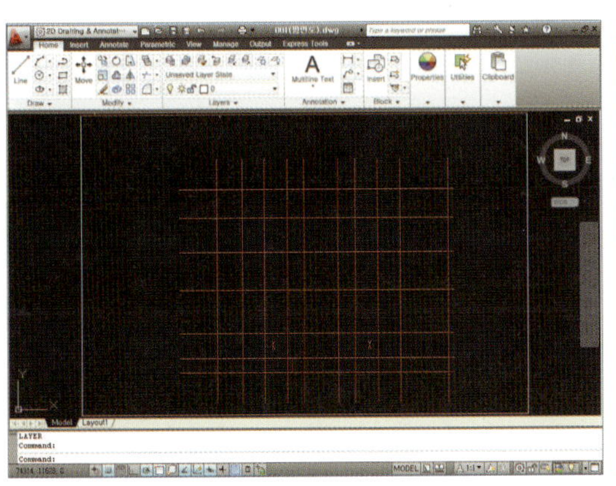
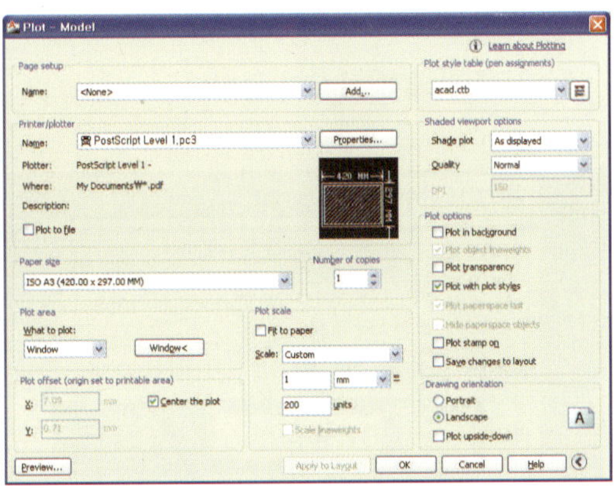

(예제CD 06\002(01.중심선).eps)
(예제CD 06\002(02.치수).eps)
(예제CD 06\002(03.기타).eps)
(예제CD 06\002(04.해치).eps)
(예제CD 06\002(05.솔리드).eps)
(예제CD 06\002(06.텍스트).eps)
(예제CD 06\002(07.벽체).eps)
(예제CD 06\002(08.창호).eps)

3 이제 포토샵에서 작성된 EPS 파일을 하나씩 불러와 줍니다. 먼저 File ➡ Open 명령을 수행한 뒤, 나타나는 Rasterize EPS Format 대화상자에서 아래 그림과 같이 이미지 크기는 A3(42×29.7cm) 크기로 설정하고 해상도(Resolution) 값을 200 pixel/inch, 색상모드를 RGB Mode로 설정하여 불러와 줍니다.

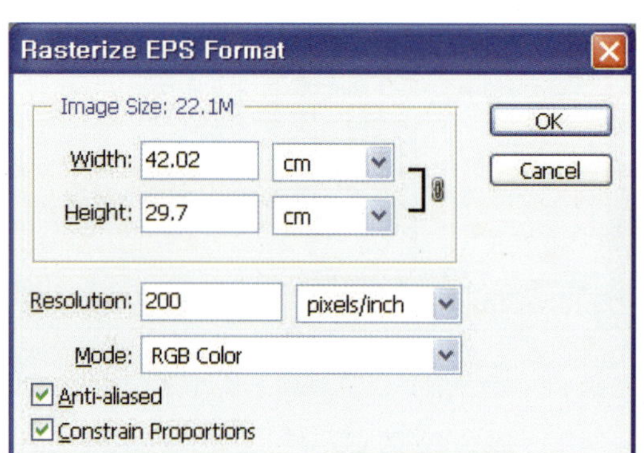

4 불러온 EPS 파일은 AutoCAD의 레이어 이름을 참고하여 아래 그림과 같이 포토샵에서도 레이어 이름을 변경시켜 줍니다. 계속해서 나머지 EPS 포맷의 도면 파일을 불러온 뒤, 하나의 이미지에 복사하여 붙여줍니다. 물론 아래 그림과 같이 레이어 이름도 변경하고, 순서에 맞게 배치시켜 줍니다.

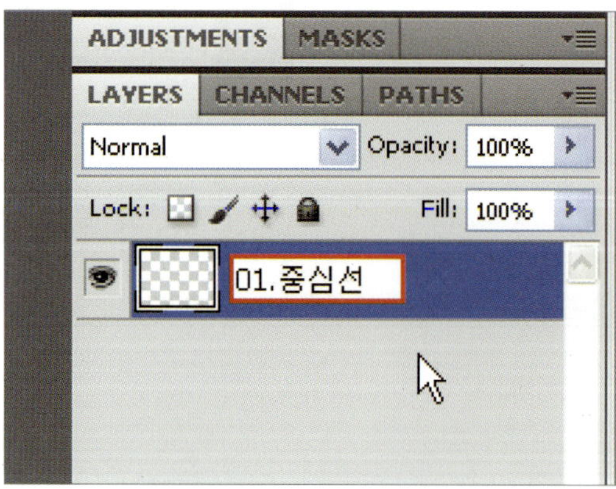
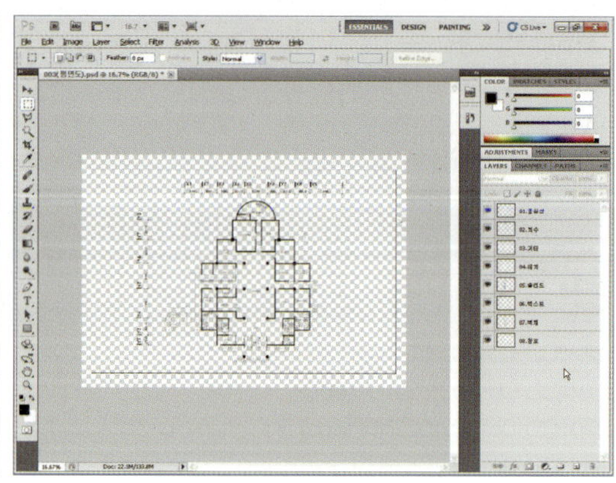

5 아무것도 없다는 체크무늬 배경에 흰색으로 배경 레이어를 만들어 보도록 하겠습니다. Layer → New Fill Layer → Solid Color... 명령을 수행합니다. 나타나는 New Layer 대화상 자에서 레이어 이름을 '배경' 으로 설정해 줍니다.

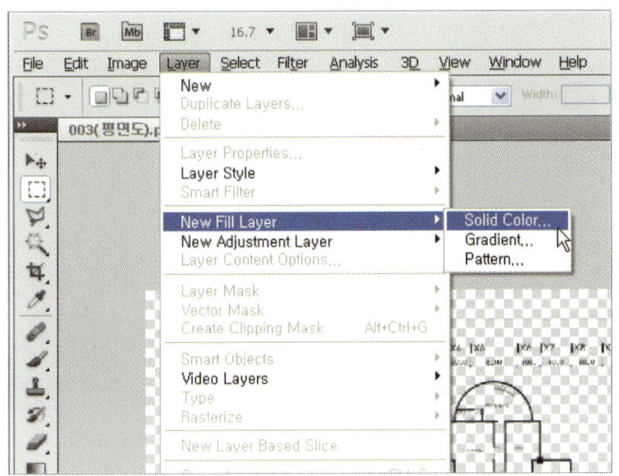

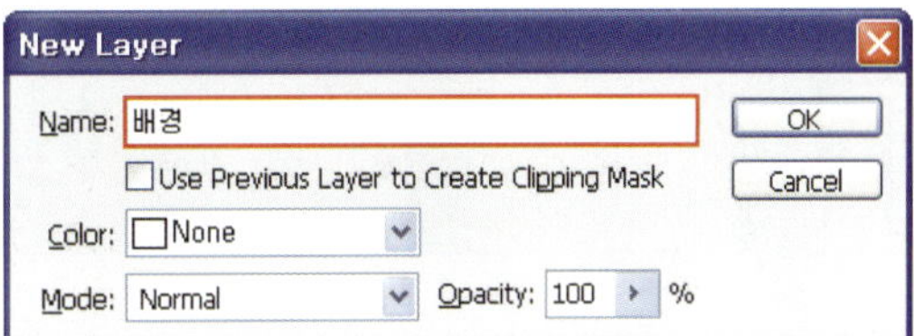

6 계속해서 나타나는 Pick a solid color 대화상자에서 흰색(R:255, G:255, B:255)으로 설정 한 뒤, 레이어의 위치를 제일 아래쪽으로 이동시켜 줍니다.

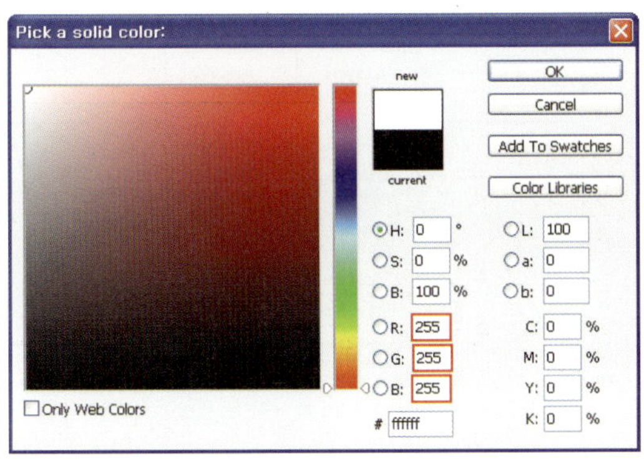

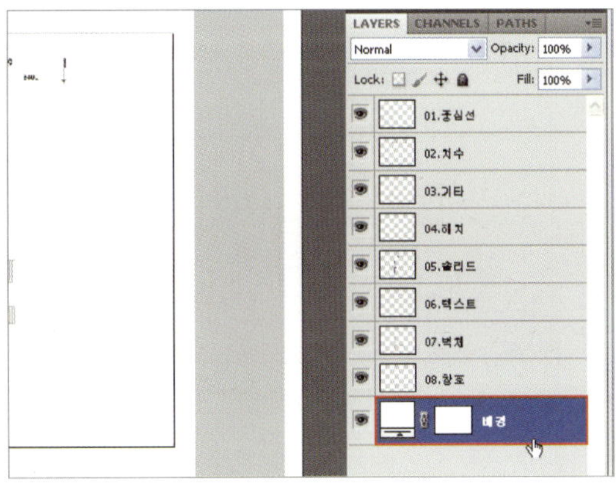

7 레이어 팔레트에 가장 위쪽에 배치되어 있는 '01.중심선' 레이어를 선택한 뒤, 사각형 선택 툴인 Rectangular Marquee Tool을 선택해 줍니다.

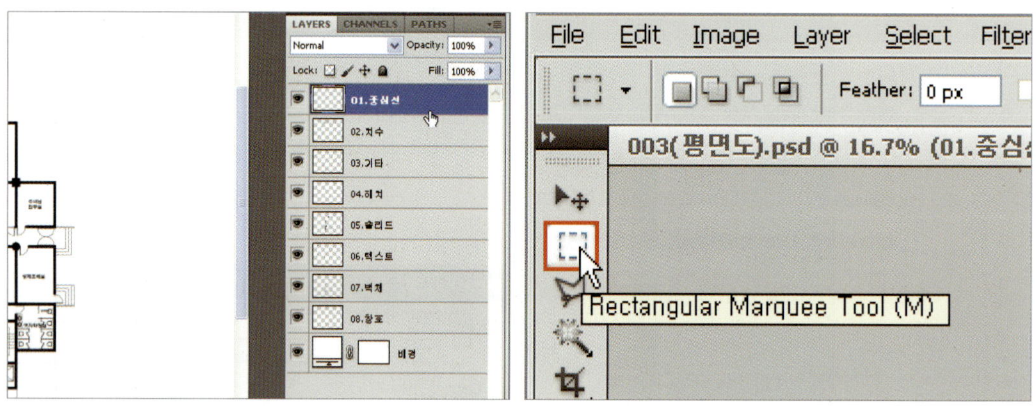

8 외곽선 테두리 이미지를 삭제하기 위해서 아래 그림과 같이 테두리 안쪽을 드래드하여 선택한 뒤, Select → Inverse 명령을 수행하여 선택영역을 반전시켜 줍니다.

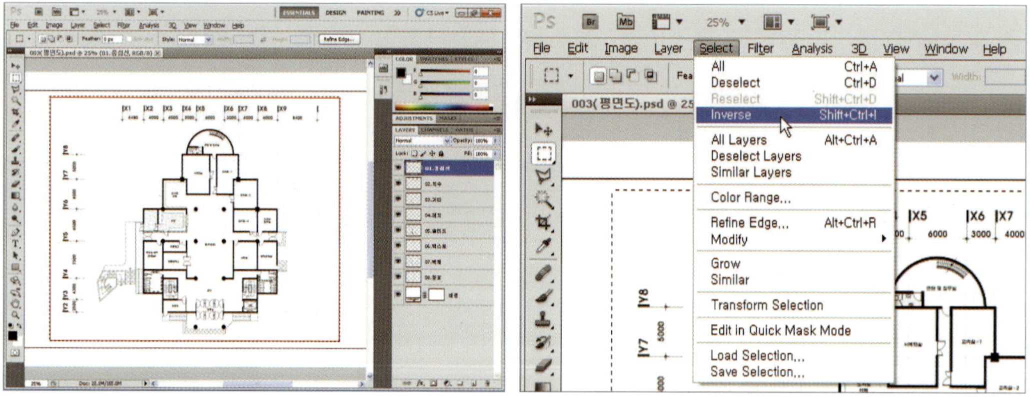

9 Edit ➡ Clear 명령을 수행하여 선택된 영역에 포함되어 있는 테두리 선을 삭제합니다. 이제 나머지 레이어를 각각 선택하여 모든 레이어에 포함되어 있는 테두리 선을 삭제해 줍니다.

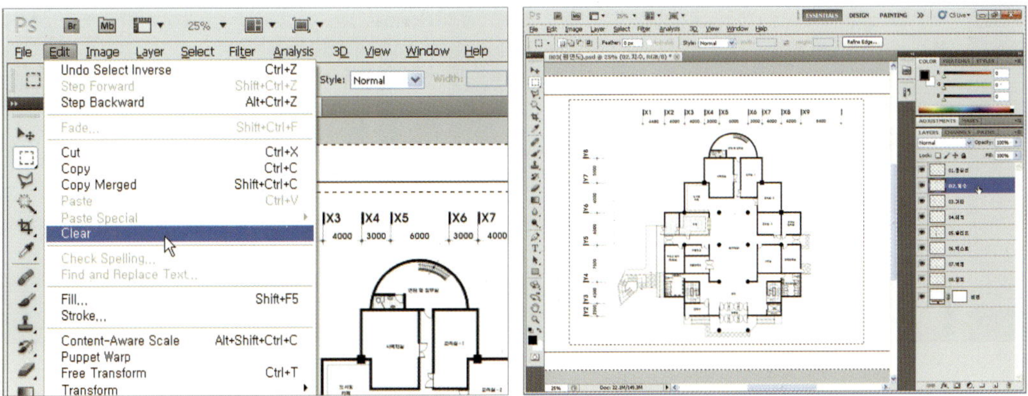

10 모든 테두리선을 삭제한 뒤, Select ➡ Deselect 명령을 수행하여 선택 영역을 취소해 줍니다. 아래 그림과 같은 결과를 나타냅니다.

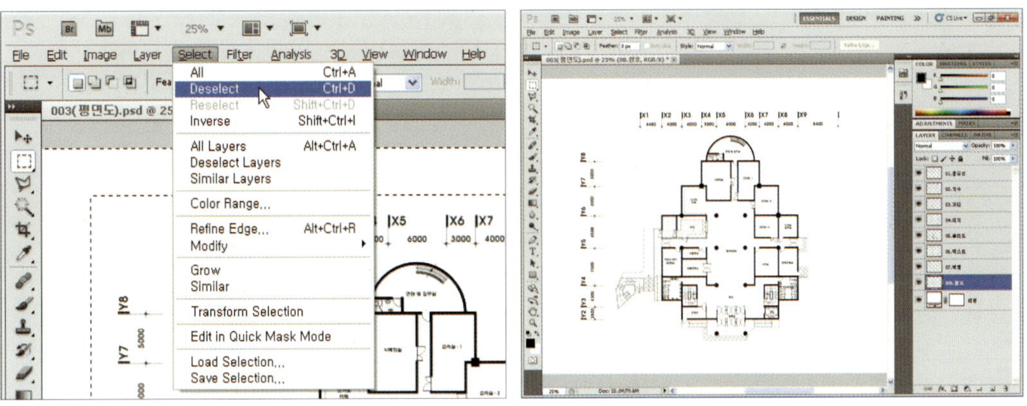

(예제|CD 06\003(평면도).psd)

11 솔리드 레이어를 선택한 뒤, 레이어 팔레트 우측 상단에 위치하고 있는 Opacity 값을 80%로 설정하여 약간 흐리게 표현해 줍니다.

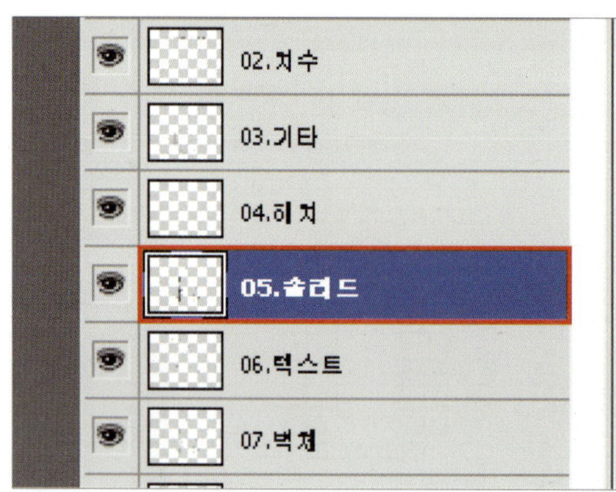
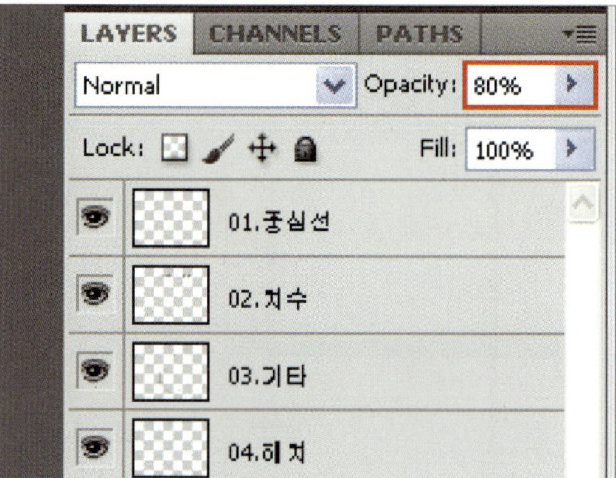

12 아래 그림과 같이 '솔리드' 레이어에 포함되어 있던 톤을 조절함으로써 도면 표현이 세련되게 보여지는 것을 알 수 있습니다. 새로운 레이어를 추가하기 위해서 Layer ➜ New ➜ Layer… 명령을 수행합니다.

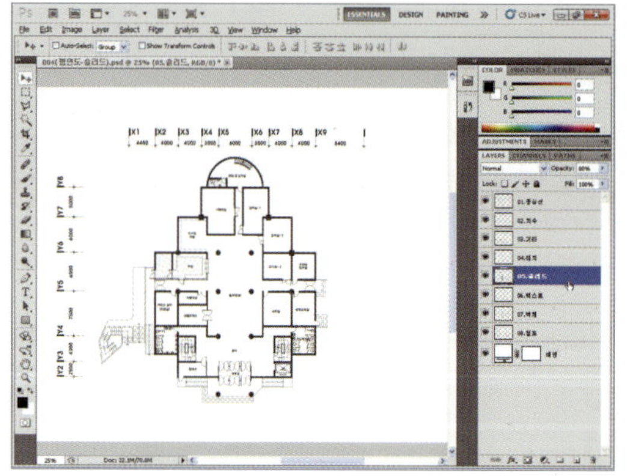
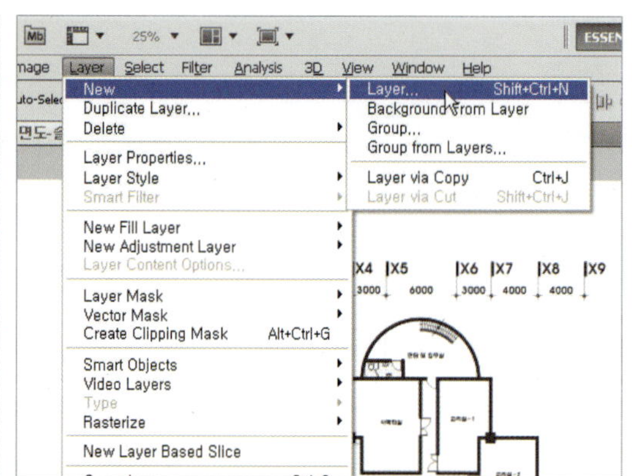

13 나타나는 New Layer 대화상자에서 레이어 이름을 '09.공공-솔리드' 라고 변경한 뒤, 아래 그림과 같이 '배경' 레이어 위쪽으로 이동시켜 줍니다.

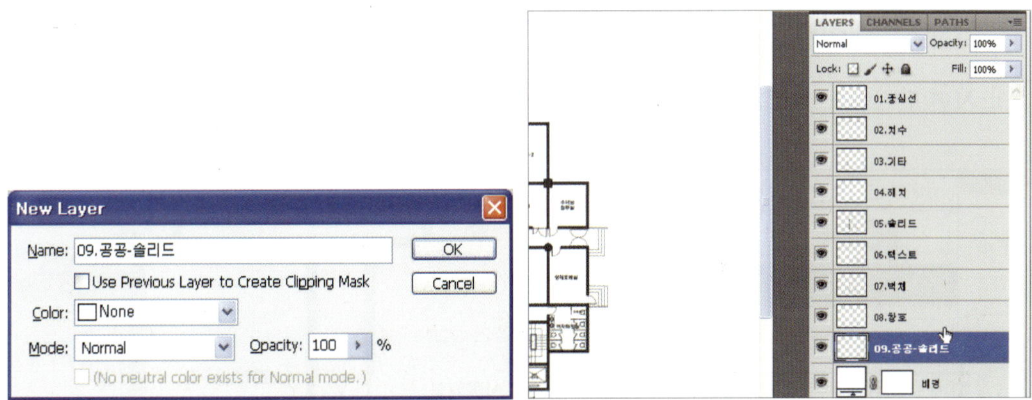

14 이제는 화면을 원하는 크기와 위치로 변경시켜 주기 위해서 돋보기 툴인 Zoom Tool과 손바닥 툴인 Hand Tool을 이용하여 사용자가 작업하기 편리한 화면 구성을 만들어 줍니다.

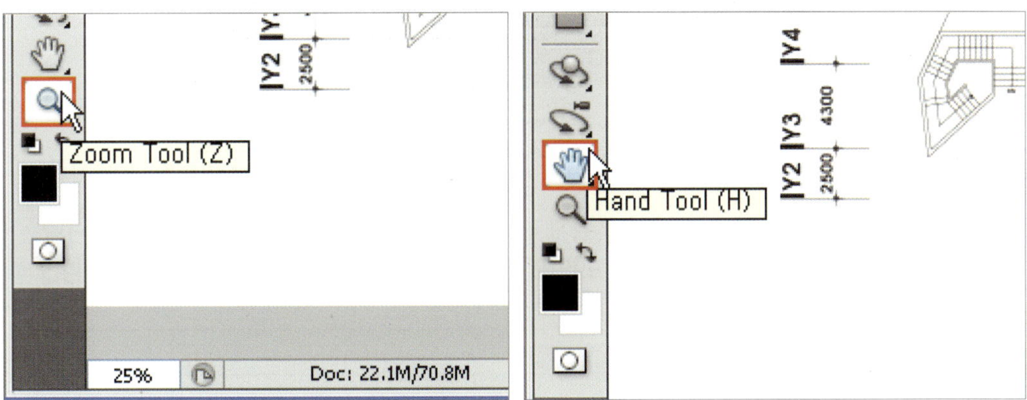

※ 실제 작업에서 Zoom Tool과 Hand Tool을 아이콘을 클릭하여 작업하는 경우는 매우 적습니다. 이유는 워낙 많이, 그리고 자주 사용되는 툴이기 때문에 대부분의 사용자분들께서는 단축키를 이용하기 때문입니다. Zoom Tool을 이용하는 대신에 화면을 확대할 경우에는 Ctrl + + , 화면을 축소할 경우에는 Ctrl + - 를 이용합니다. 또한 화면을 이동시킬 경우에는 Hand Tool을 이용하는 대신에 Shift 를 누른 상태에서 드래그하여 작업하면 훨씬 편리하게 작업할 수 있습니다.

15 이제 톤 작업을 위한 선택영역을 지정해 보도록 하겠습니다. 직선 선택 도구인 Polygonal Lasso Tool을 선택한 뒤, 아래 그림과 같이 복도 및 공용 부분의 영역을 선택해 줍니다. Polygonal Lasso Tool의 사용 방법은 선택영역으로 원하는 부분을 드래그하여 선택하는 것이 아니라 마우스로 선택영역을 클릭하면서 선택영역을 만들어 가는 방식으로 사용하시면 됩니다.

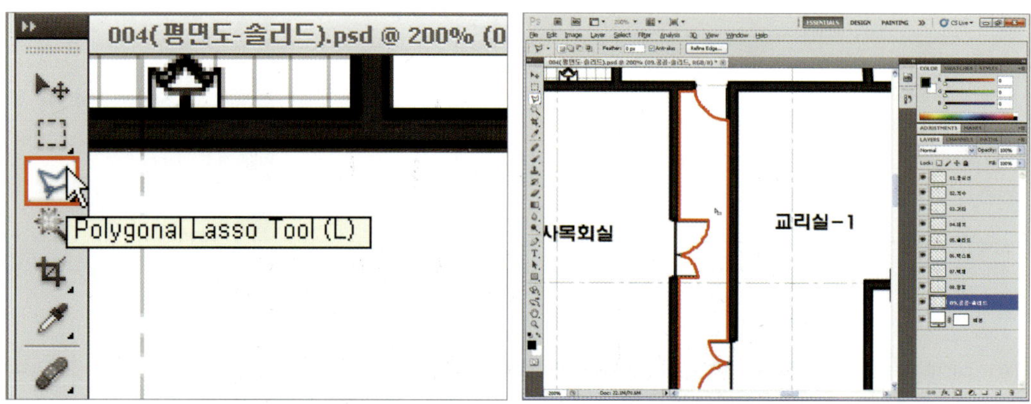

※ Polygonal Lasso Tool을 이용하여 선택 영역 작업을 수행하는 중에 실수로 잘못 클릭할 경우에 Back Space 키를 누르면 이전 선택한 지점으로 한 단계 뒤로 이동할 수 있습니다.

16 원하는 영역을 선택하고 나면 선택 영역에 채색을 위해서 Edit ➡ Fill 명령을 수행합니다. 나타나는 Fill 대화상자에서 아래 그림과 같이 Use 항목을 '50% Gray' 로 설정해 줍니다.

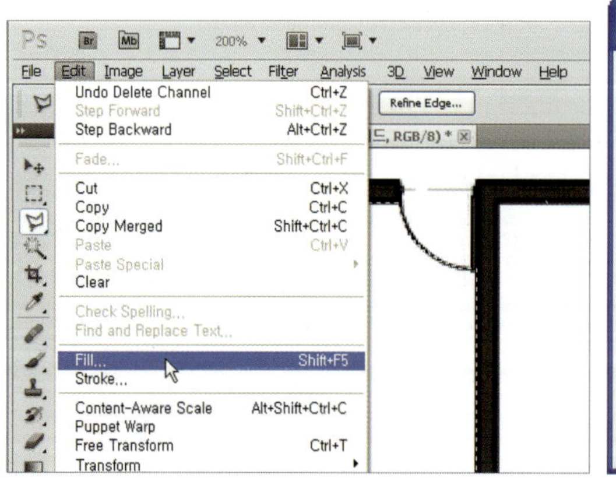
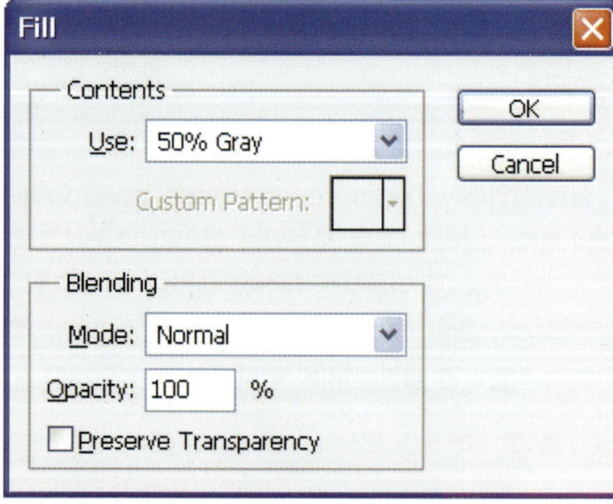

17 아래 그림과 같이 선택 영역에 채색이 된 모습을 볼 수 있습니다. 계속해서 아래 그림을 참고하여 필요한 부분을 선택한 뒤, 동일한 방법으로 필요한 부분을 채색해 주도록 합니다.

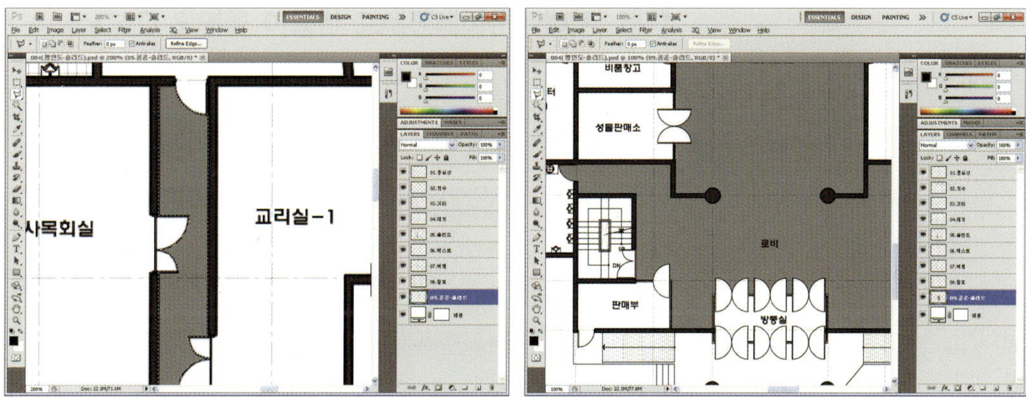

18 작업을 완료한 뒤 '09.공공-솔리드' 레이어의 Opacity 값을 50%로 변경하여 좀 더 흐릿한 톤으로 표현합니다. 결과적으로 아래 그림과 같은 결과물을 만들어 줍니다.

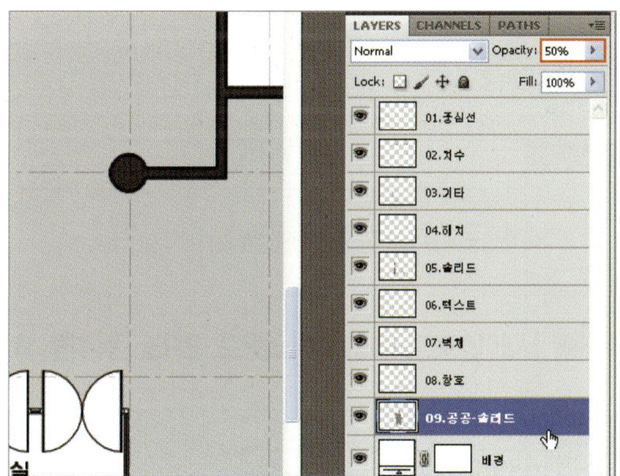
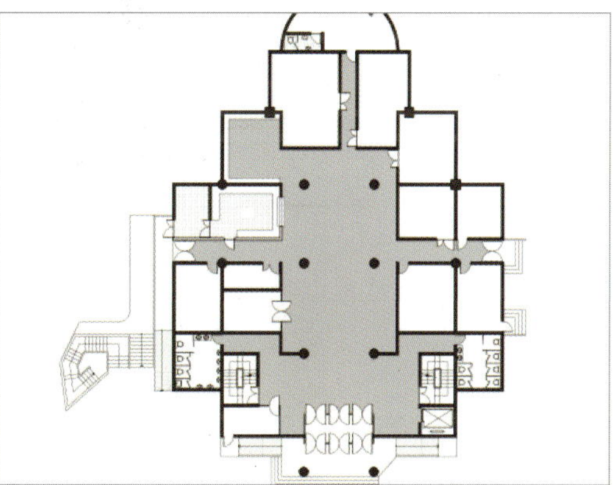

19 새로운 레이어를 추가하기 위해서 Layer ➡ Layer... 명령을 수행한 뒤, 나타나는 New Layer 대화상자에서 '10.도면 배경' 이라는 이름으로 레이어를 추가해 줍니다.

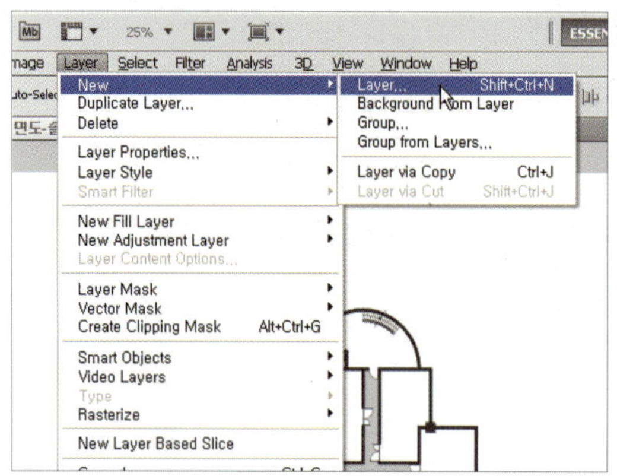
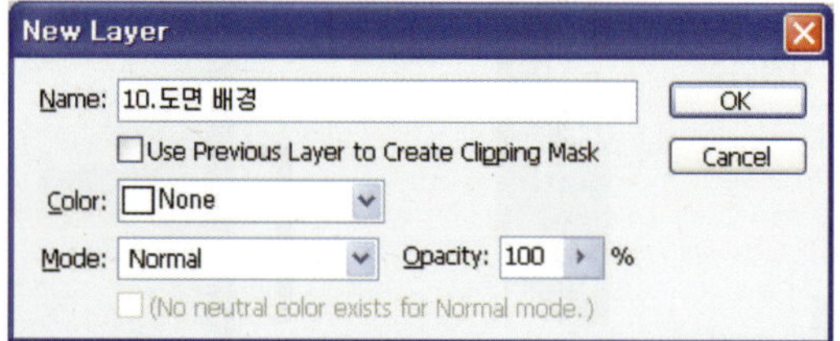

20 추가된 '10.도면 배경' 이라는 이름의 레이어를 드래그하면 '배경' 레이어의 바로 위쪽으로 이동시켜 줍니다. 더불어 다음 작업을 위해서 '01.중심선', '02.치수', '06.텍스트' 레이어를 보이지 않도록 설정해 줍니다. 도면의 배경 영역을 한번에 선택하기 위해서 마술봉 툴인 Magic Wand Tool을 클릭하여 선택해 줍니다.

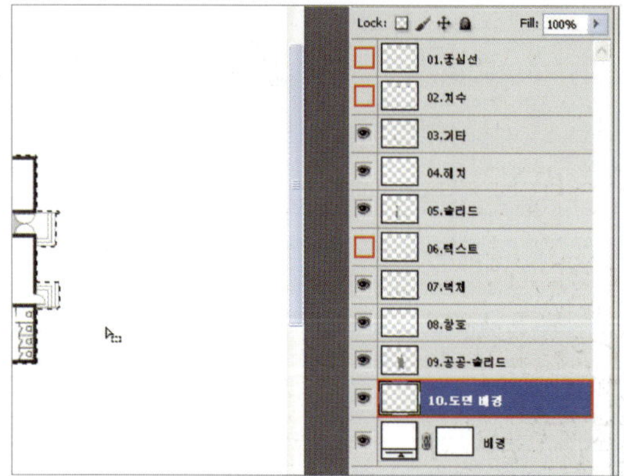
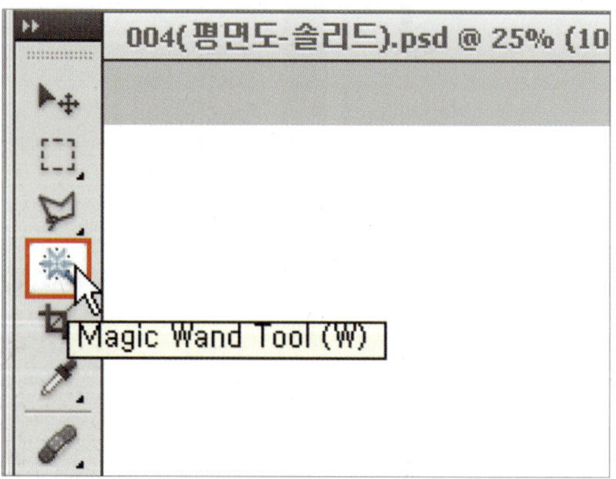

21 Magic Wand Tool을 선택한 뒤, 컨트롤 패널에서 Sample All Layers 옵션을 선택하여 모든 레이어의 이미지를 하나의 이미지로 인식하여 작업을 진행하도록 합니다. 이제 마우스를 이용하여 도면 배경 영역 중에서 임의의 위치를 클릭해 줍니다. 배경 영역이 한번에 선택되는 모습을 볼 수 있습니다.

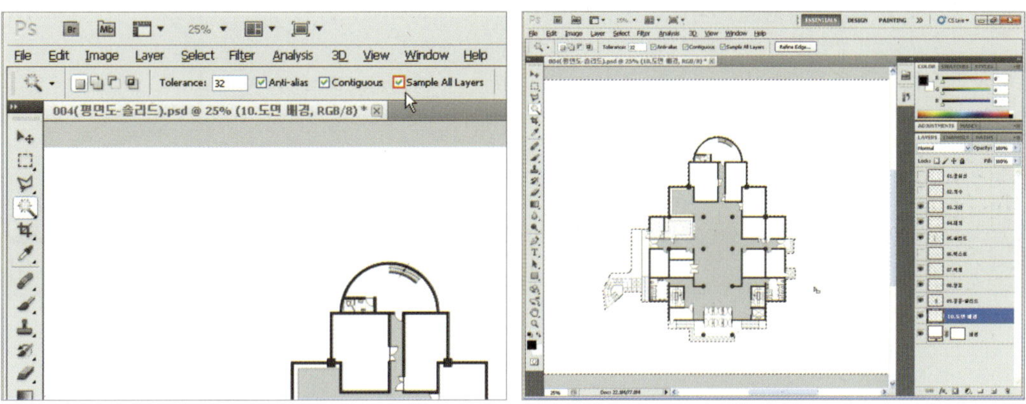

22 Select ➡ Modyfy ➡ Expand... 명령을 수행한 뒤, 나타나는 Expand Selection 대화상자에서 '1' pixel 을 지정함으로써 선택 영역을 '1' pixel 만큼 확대시켜 줍니다.

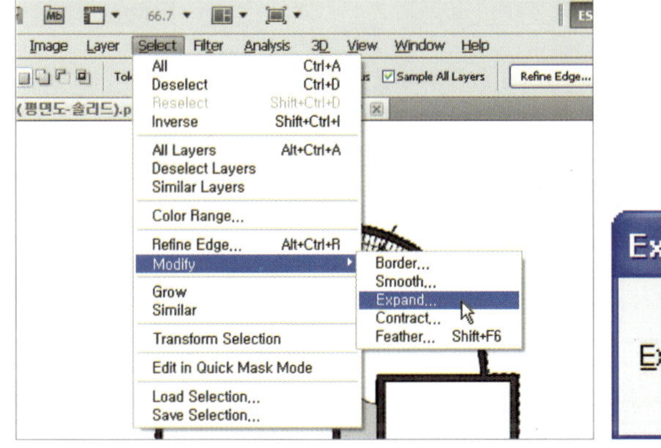

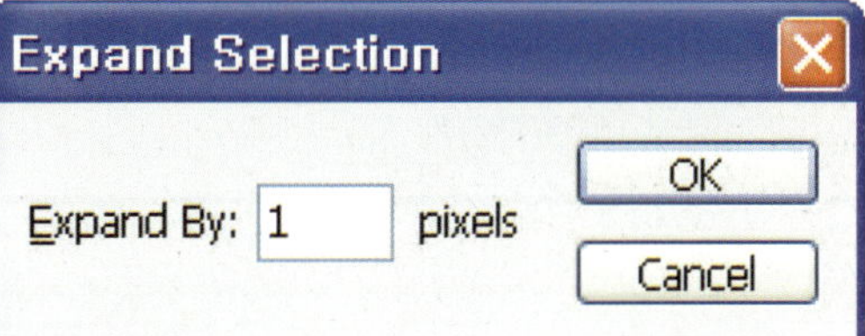

23 이제 선택 영역을 시켜주기 위해서 Select ➡ Inverse 명령을 수행한 뒤, Edit ➡ Fill... 명령을 수행합니다.

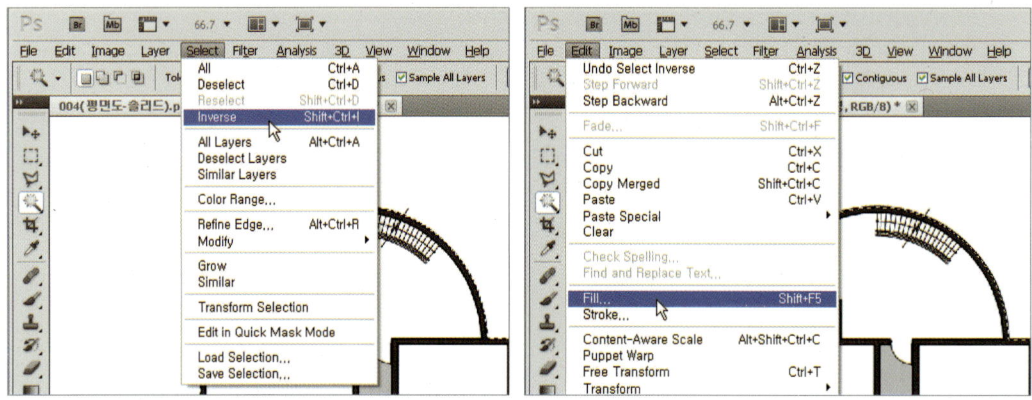

24 나타나는 Fill 대화상자에서 아래 그림과 같이 Use 항목을 'White' 로 설정해 줍니다. 계속해서 Select ➡ Deselect 명령을 수행하여 선택 영역을 취소시켜 줍니다.

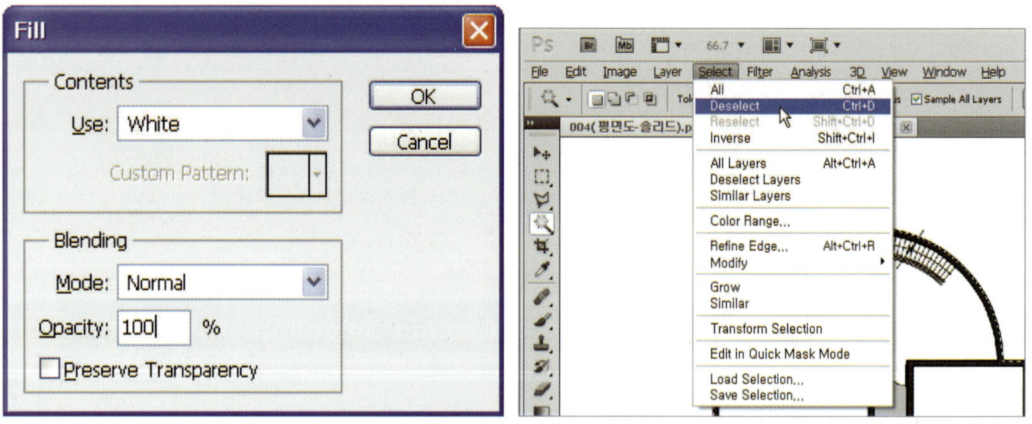

25 화면을 살펴보면 특별한 변화가 없습니다. 이제 레이어 팔레트에서 '배경' 레이어를 보이지 않도록 설정합니다.

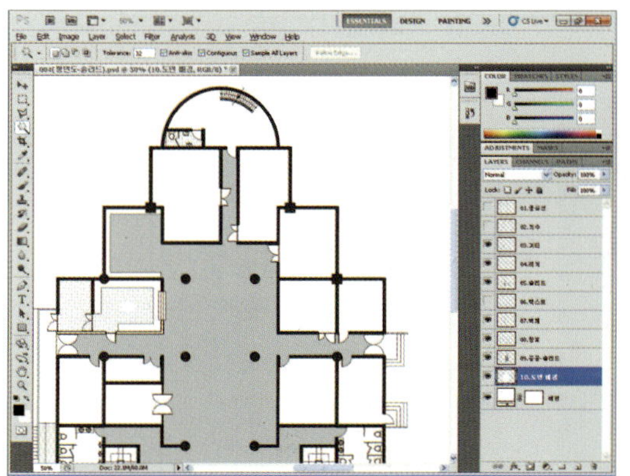

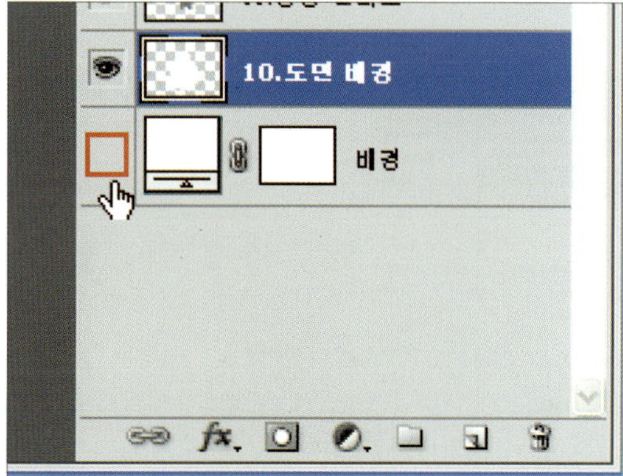

26 아래 그림과 같이 도면 영역만 흰색으로 채색되어진 것을 알 수 있습니다. 좀 더 도면을 효과적으로 표현하기 위해서 '10.도면 배경' 레이어가 선택되어 있는 상태에서 Layer ➡ Layer Style ➡ Drop Shadow... 명령을 수행합니다.

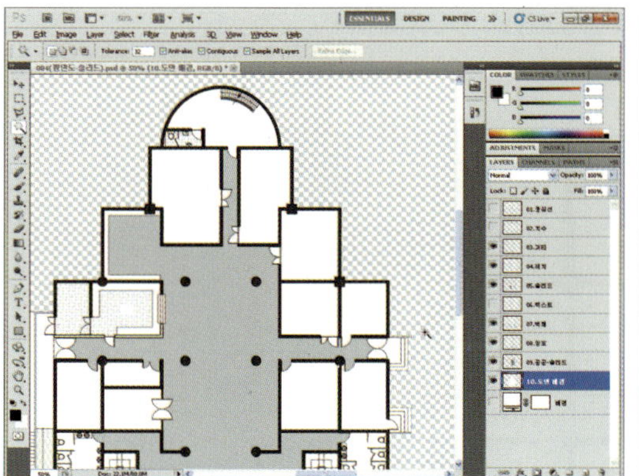

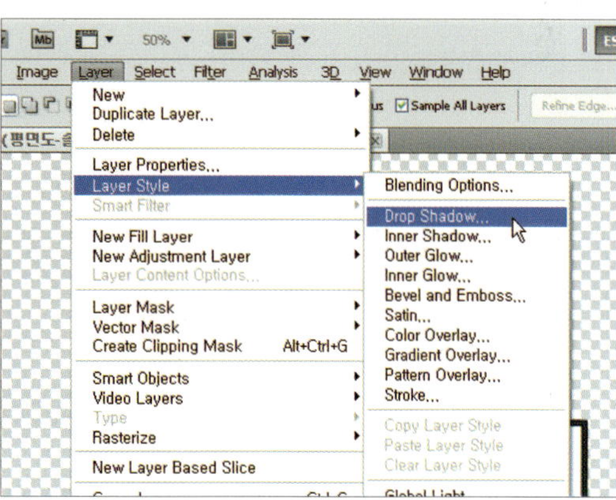

27 나타나는 Layer Style 대화상자에서 Angle:135°, Distance:10px, Spread:0%, Size:10px로 설정해 줍니다. 레이어 팔레트를 살펴보면 현재 선택된 레이어에 Drop Shadow 효과가 적용된 것을 볼 수 있으며, 다시 배경 레이어를 보이도록 설정해 줍니다.

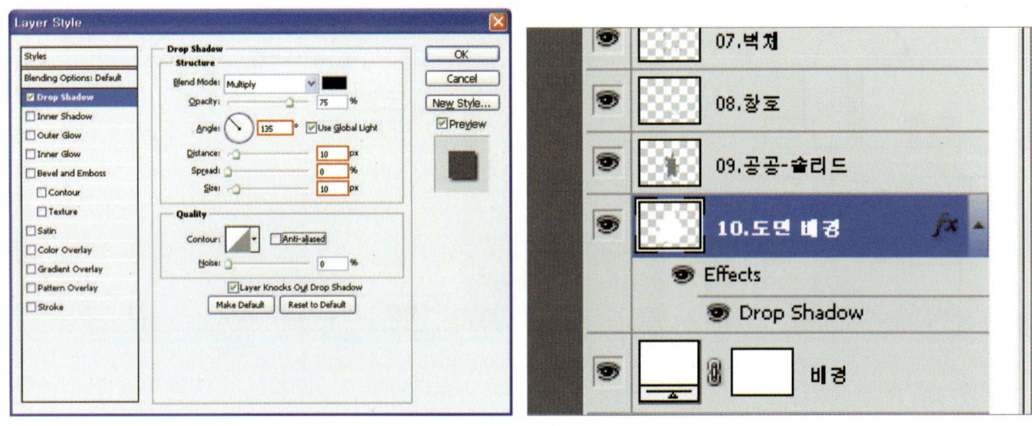

28 아래 그림과 같이 도면을 좀 더 보기 좋게, 그리고 효과적으로 강조된 것을 볼 수 있습니다. 마지막으로 지금까지 꺼놓았던 나머지 레이어를 모두 보이도록 설정해 줍니다.

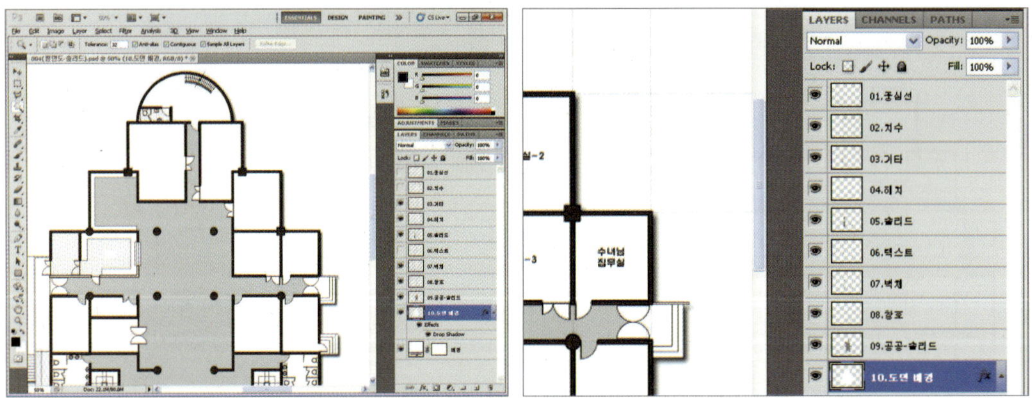

29 최종 완성된 모습

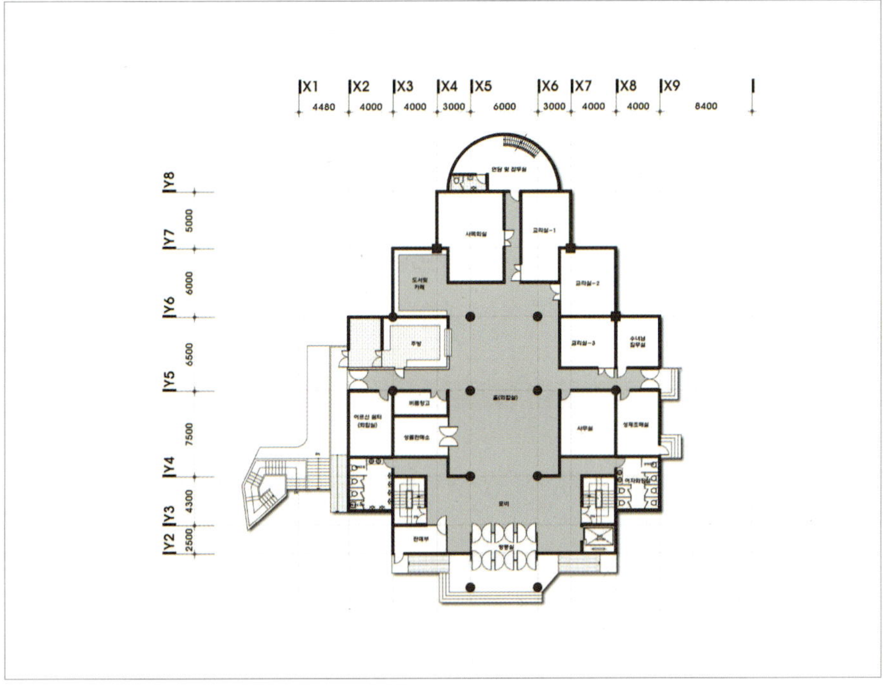

(예제\CD 06\004(평면도-솔리드).psd)
(예제\CD 06\0005(평면도-솔리드).jpg)

2 CAD 도면을 이용한 입면도 표현

이번 장에서도 준비된 AutoCAD 도면을 포토샵으로 불러온 뒤, 조금 복잡한 리터칭 작업을 통해 효과적인 입면도 작업을 진행해 보도록 하겠습니다.

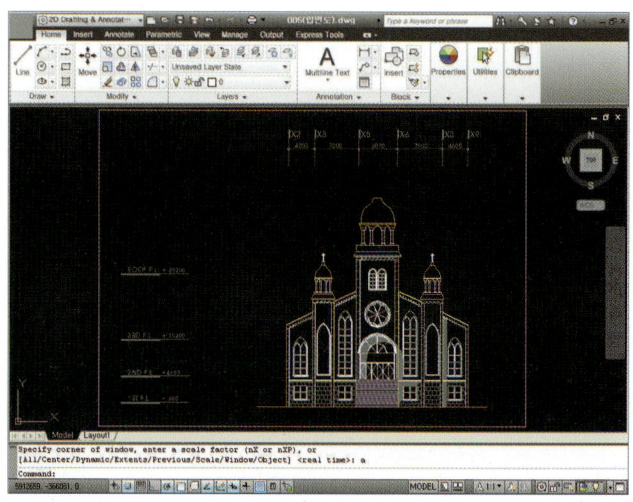

준비된 도면 이미지

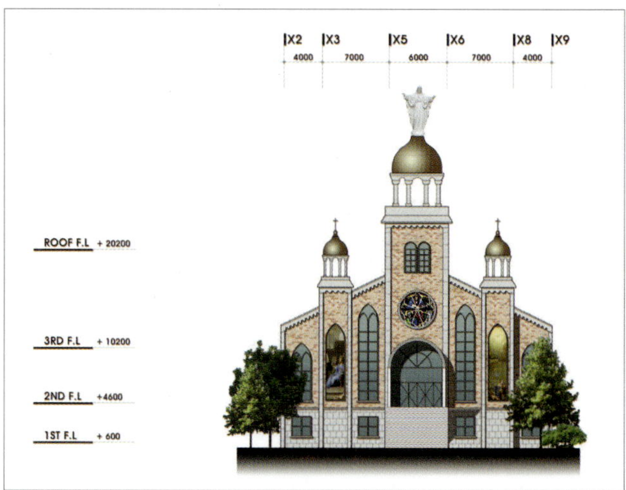

완성된 도면 이미지

1 AutoCAD에서 준비된 예제 파일을 불러와 줍니다. 레이어 명령을 수행한 뒤, 나타나는 레이어 대화상자에서 불러온 예제 파일의 레이어 구성 상태를 확인해 봅니다.

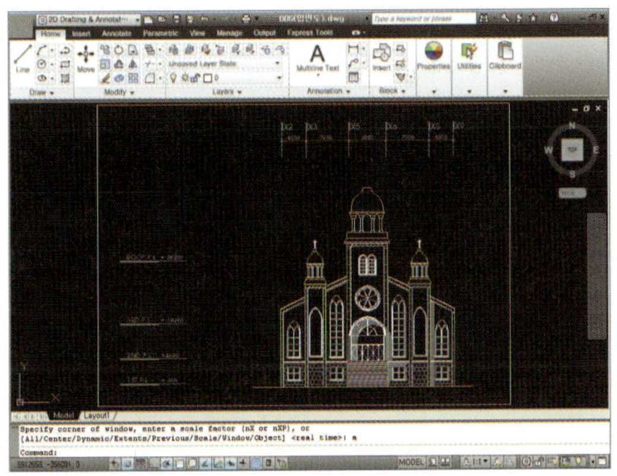 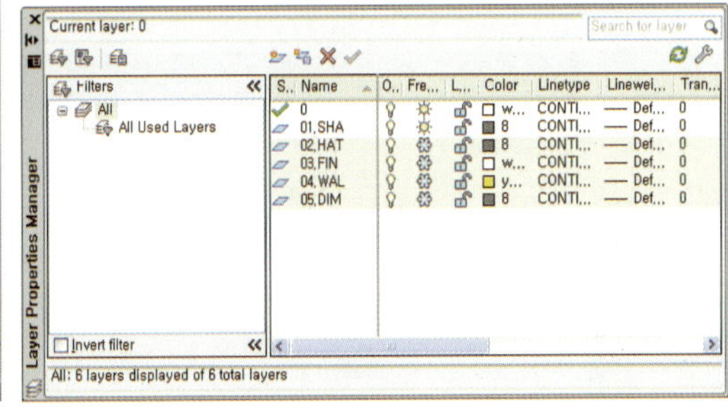

(예제\CD 06\006(입면도).dwg)

2 앞장에서 학습한 바와 같이 외곽 테두리 선을 포함하고 있는 '0' 레이어를 현재 레이어로 설정한 뒤, 각각의 레이어를 하나씩 켠 상태에서 EPS 포맷을 제작해 줍니다. 결과적으로 레이어 개수만큼 EPS 포맷을 만들어 줍니다.

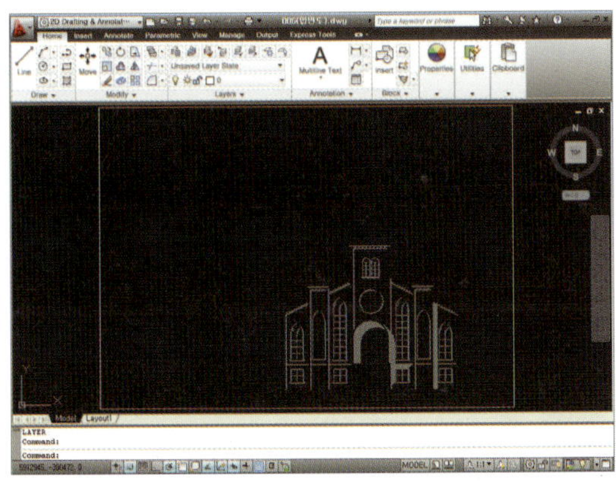 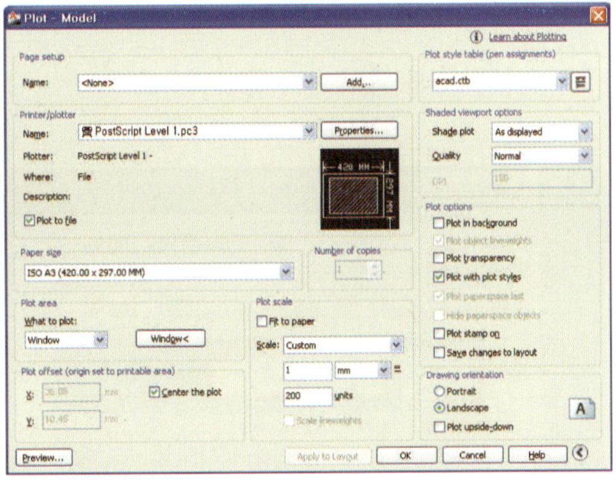

(예제\CD 06\007(01.SHA).eps)
(예제\CD 06\007(02.HAT).eps)
(예제\CD 06\007(03.FIN).eps)
(예제\CD 06\007(04.WAL).eps)
(예제\CD 06\007(05.DIM).eps)

3 이제 포토샵에서 작성된 EPS 파일을 하나씩 불러와 줍니다. 먼저 File ➜ Open 명령을 수행한 뒤, 나타나는 Rasterize EPS Format 대화상자에서 아래 그림과 같이 이미지 크기는 A3(42×29.7cm) 크기로 설정하고 해상도(Resolution) 값을 300 pixel/inch, 색상모드를 RGB Mode로 설정하여 불러와 줍니다.

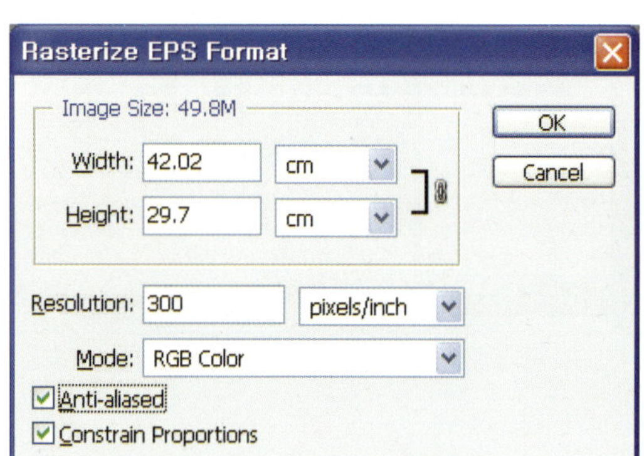
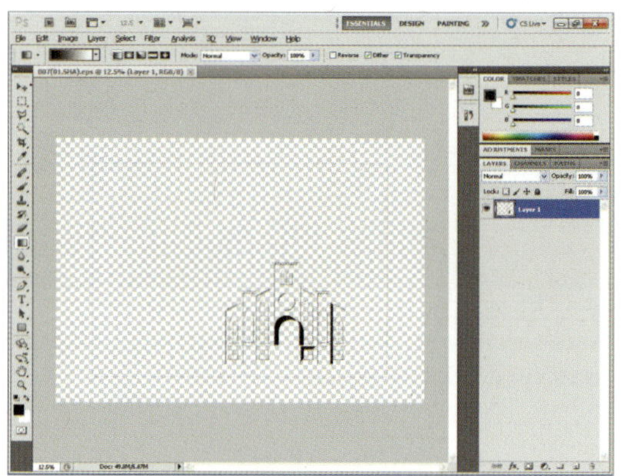

4 불러온 EPS 파일은 AutoCAD의 레이어 이름을 참고하여 아래 그림과 같이 포토샵에서도 레이어 이름을 변경시켜 줍니다. 계속해서 나머지 EPS 포맷의 도면 파일을 불러온 뒤, 하나의 이미지에 복사하여 붙여줍니다. 물론 아래 그림과 같이 레이어 이름도 변경하고, 순서에 맞게 배치시켜 줍니다.

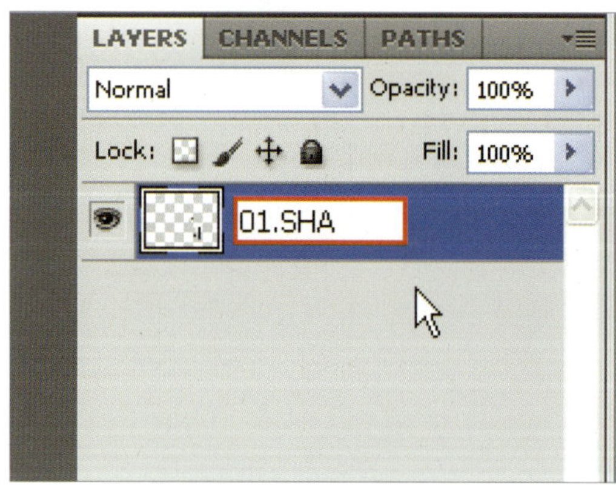
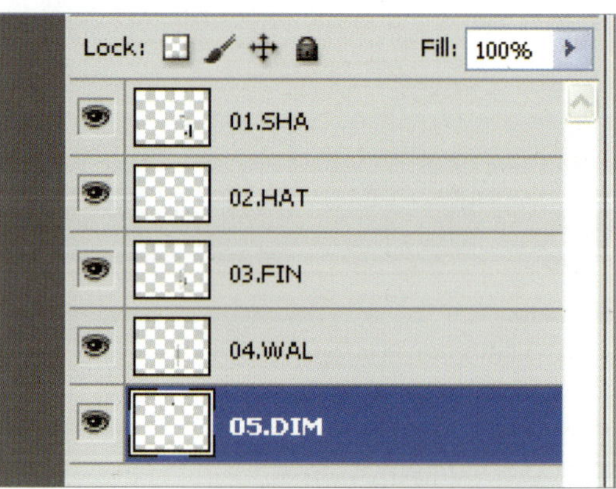

5 아무것도 없다는 체크무늬 배경에 흰색으로 배경 레이어를 만들어 보도록 하겠습니다.
Layer ➡ New Fill Layer ➡ Solid Color... 명령을 수행합니다. 나타나는 New Layer 대화상
자에서 레이어 이름을 '배경' 으로 설정해 줍니다.

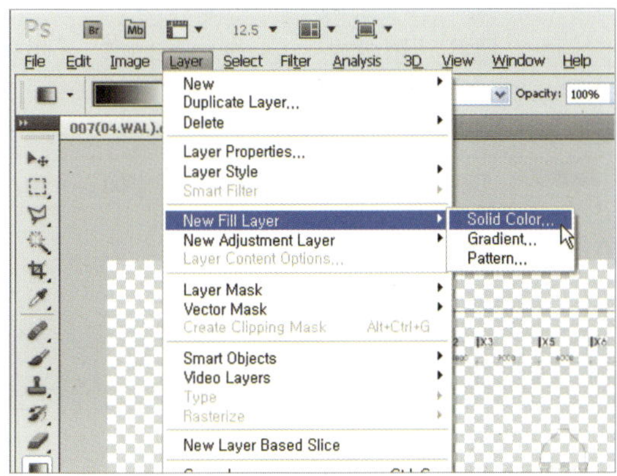

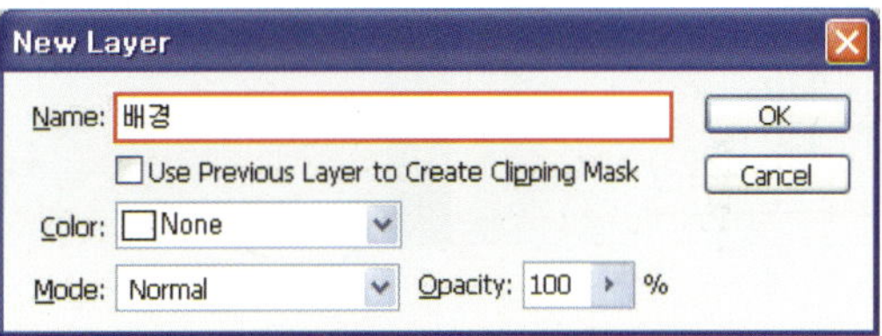

6 계속해서 나타나는 Pick a solid color 대화상자에서 흰색(R:255, G:255, B:255)으로 설정
한 뒤, 레이어의 위치를 제일 아래쪽으로 이동시켜 줍니다.

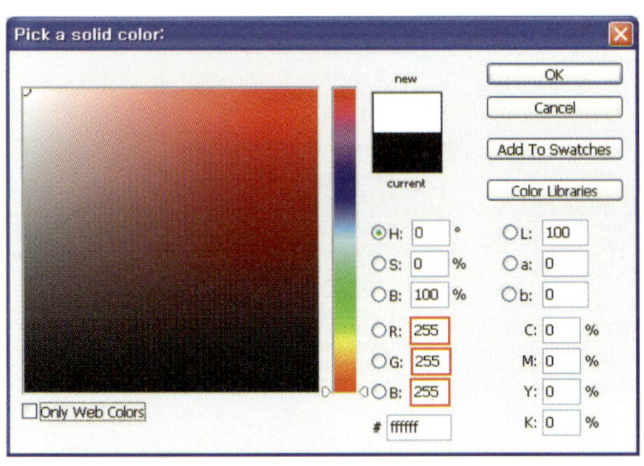

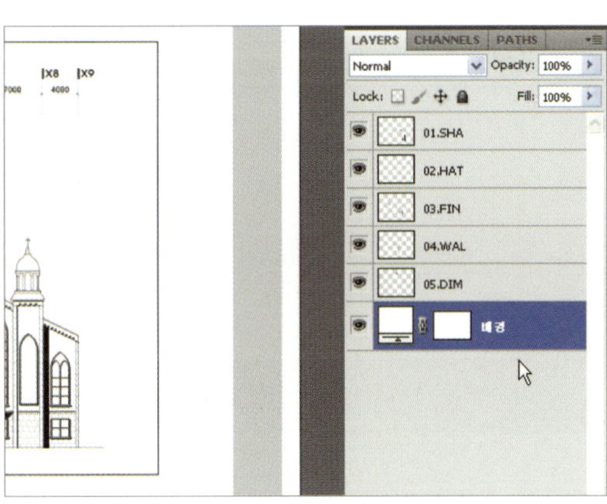

7 레이어 팔레트에 가장 위쪽에 배치되어 있는 '01.SHA' 레이어를 선택한 뒤, 사각형 선택 툴인 Rectangular Marquee Tool을 선택해 줍니다.

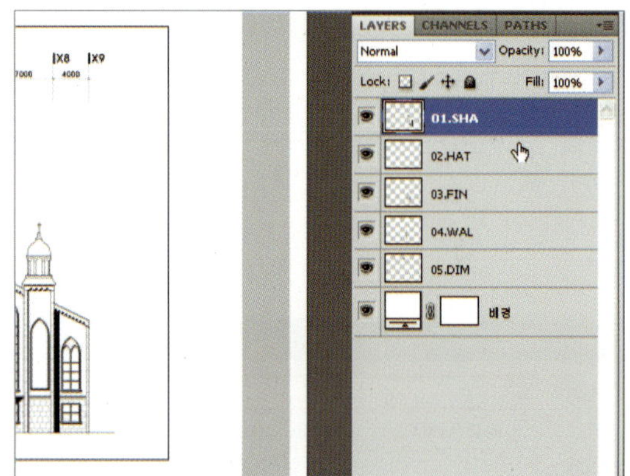
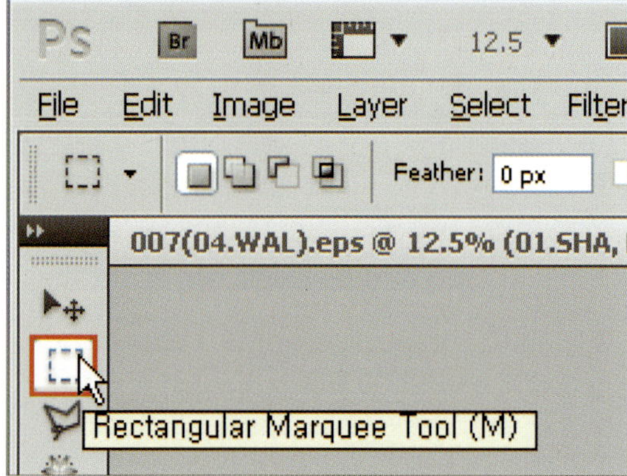

8 외곽선 테두리 이미지를 삭제하기 위해서 아래 그림과 같이 테두리 안쪽을 드래드하여 선택한 뒤, Select ➡ Inverse 명령을 수행하여 선택영역을 반전시켜 줍니다.

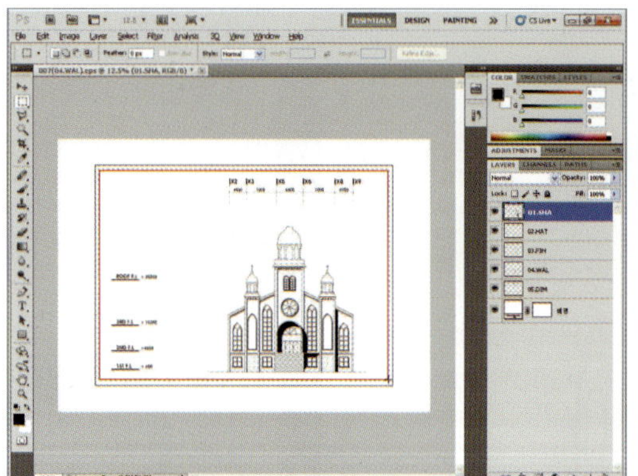
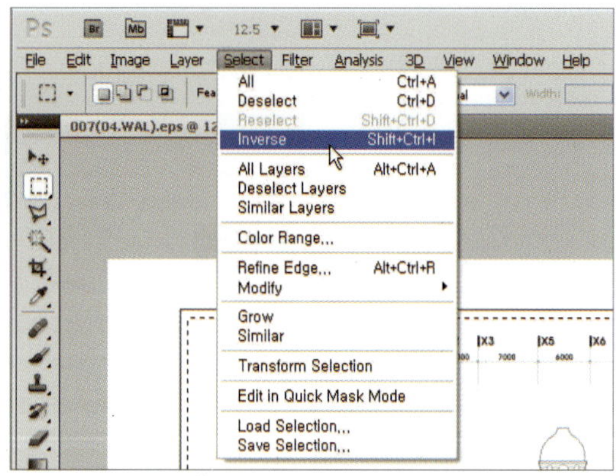

9 Edit ➜ Clear 명령을 수행하여 선택된 영역에 포함되어 있는 테두리 선을 삭제합니다. 이제 나머지 레이어를 각각 선택하여 모든 레이어에 포함되어 있는 테두리 선을 삭제해 줍니다.

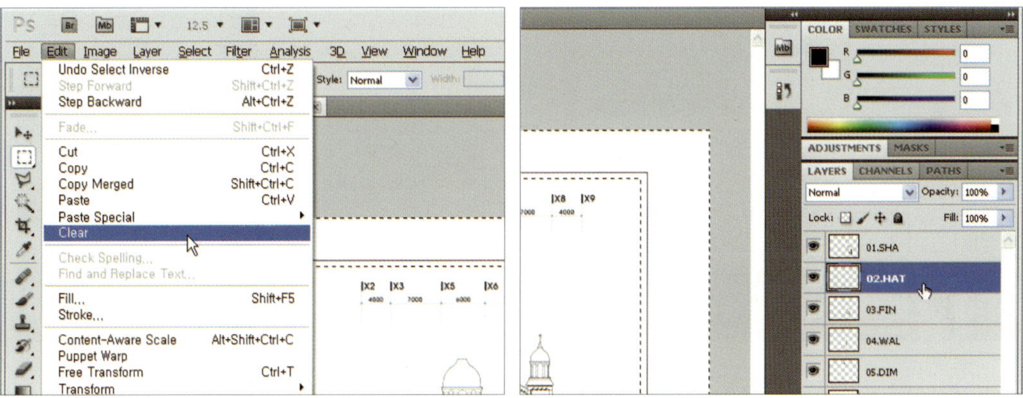

※ Clear 명령어를 사용하는 대신에 간단하게 Del 누르는 방법으로도 선택 영역 안에 이미지를 삭제할 수 있습니다.

10 모든 테두리선을 삭제한 뒤, Select ➜ Deselect 명령을 수행하여 선택 영역을 취소해 줍니다. 아래 그림과 같은 결과를 나타냅니다.

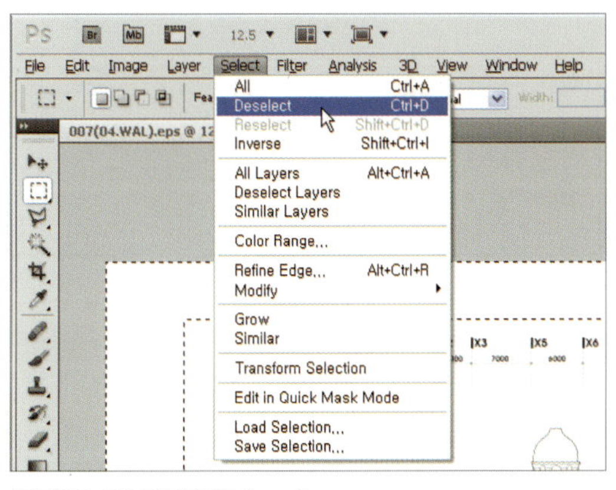

(예제|CD 06\008(입면도).psd)

11 레이어 팔레트에서 다음 작업에 불필요한 '01.SHA', '02.HAT', '03.DIM' 레이어를 보이지 않도록 설정한 뒤, 제일 하단에 위치하고 있는 '배경' 레이어를 선택해 줍니다.

12 새로운 레이어를 추가하기 위해서 Layer ➡ New ➡ Layer... 명령을 수행한 뒤, 나타나는 New Layer 대화상자에서 '06-입면 패턴-1' 이라는 이름으로 레이어를 추가해 줍니다.

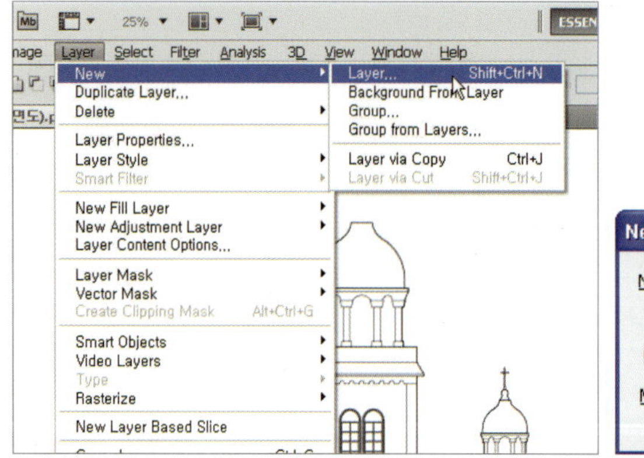

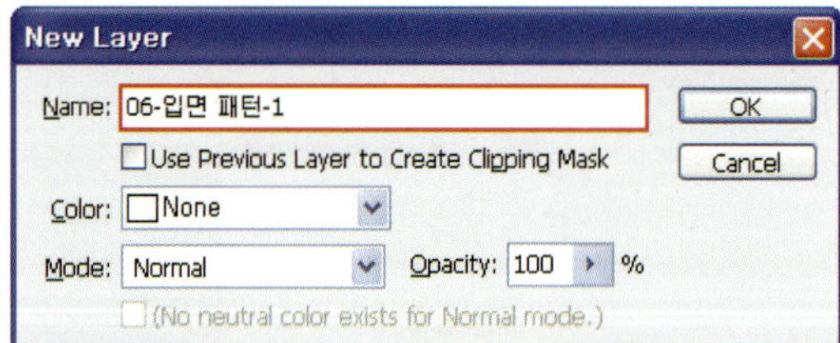

13 추가된 '06-입면 패턴-1' 이라는 이름의 레이어의 위치가 배경 위쪽으로 설정되어 있는지 확인한 뒤, 마술봉 도구인 Magic Wand Tool을 선택해 줍니다.

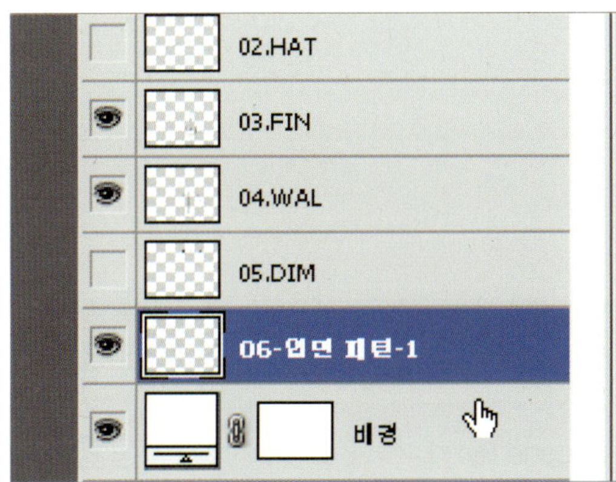

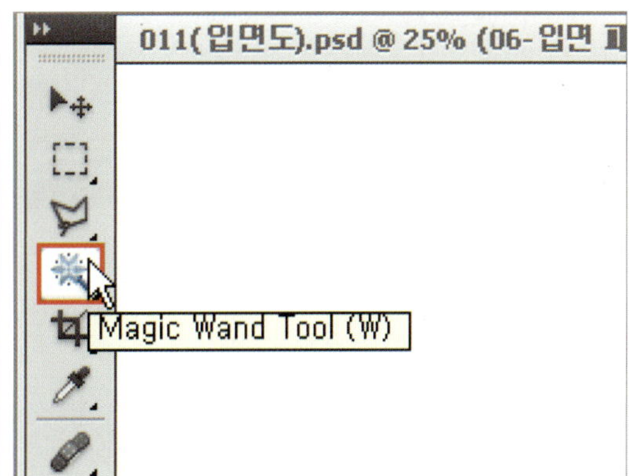

14 Magic Wand Tool을 선택한 뒤, 컨트롤 패널에서 아래 그림과 같이 옵션을 설정해 줍니다. 특히 Sample All Layers 옵션을 설정함으로써 여러 레이어의 이미지가 마치 하나의 이미지로 인식될 수 있도록 설정해 줍니다. 이제 Magic Wand Tool을 이용하여 대리석 패턴으로 설정한 영역을 클릭하여 지정해 줍니다. 물론 선택 영역을 추가하거나 삭제하기 위해서는 Shift , Alt 키를 이용하면 쉽에 원하는 영역을 선택할 수 있습니다.

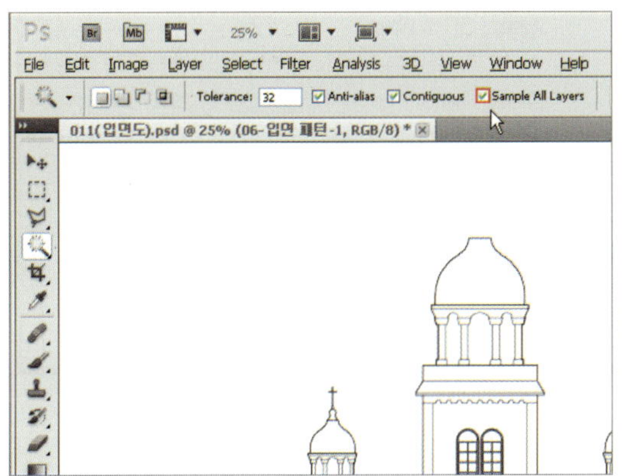

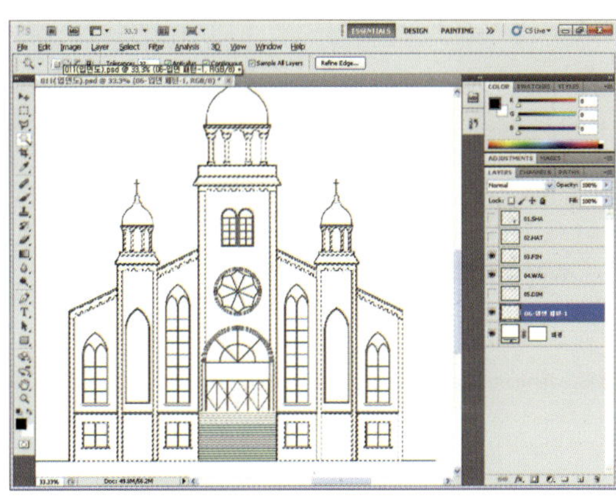

15 원하는 영역을 설정하고 나면, Select ➡ Modify ➡ Expand... 명령을 수행한 뒤, 나타나는 Expand Selection 대화상자에서 Expand by 값을 '1' pixels로 설정해 줍니다. 의미는 현재 선택되어 있는 영역에서 1 pixels 만큼 선택 영역의 크기를 확대한다는 의미입니다.

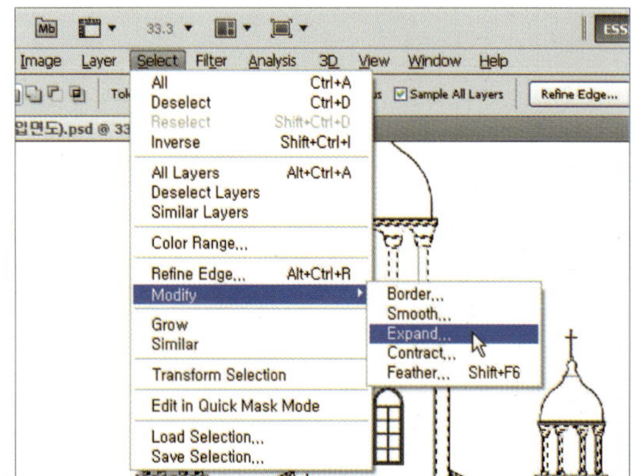
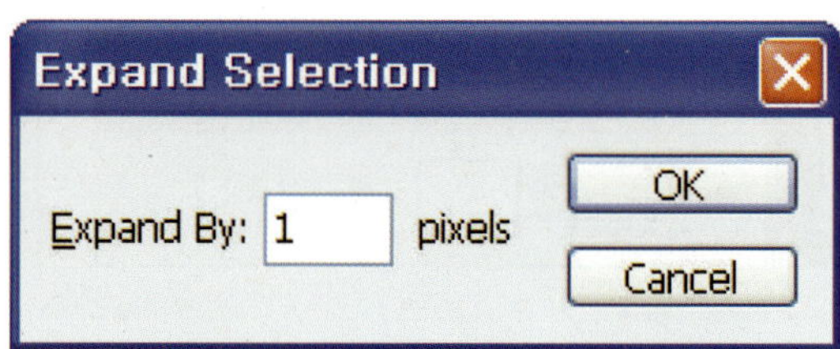

16 이제 Edit ➡ Fill... 명령을 수행한 뒤, 나타나는 Fill 대화상자에서 Use 값을 50% Gray로 설정하여 채색해 줍니다.

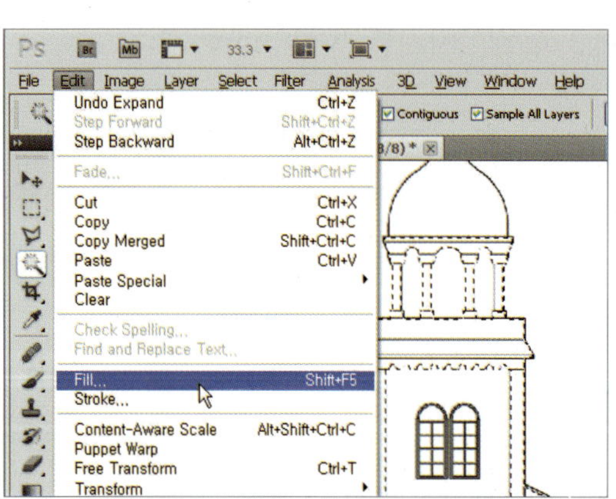
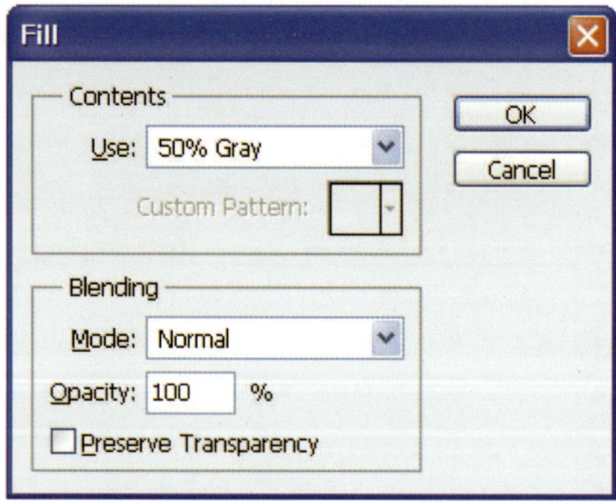

17 Select ➡ Deselect 명령을 수행하여 선택영역을 취소한 뒤, 결과를 확인해 봅니다.

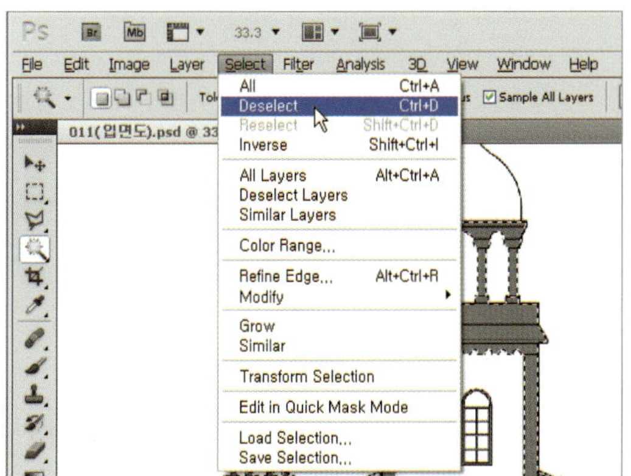 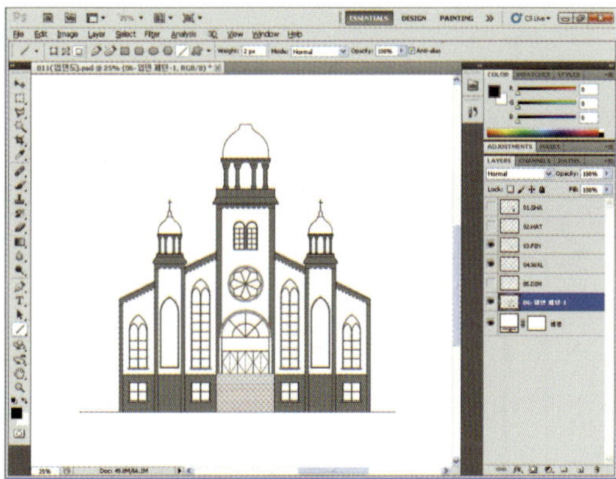

18 계속해서 Filter ➡ Noise ➡ Add Noise... 명령을 수행한 뒤, 나타나는 Add Noise 대화상 자에서 아래 그림과 같이 옵션을 값을 설정하여 대리석과 같은 느낌의 패턴을 만들어 줍 니다.

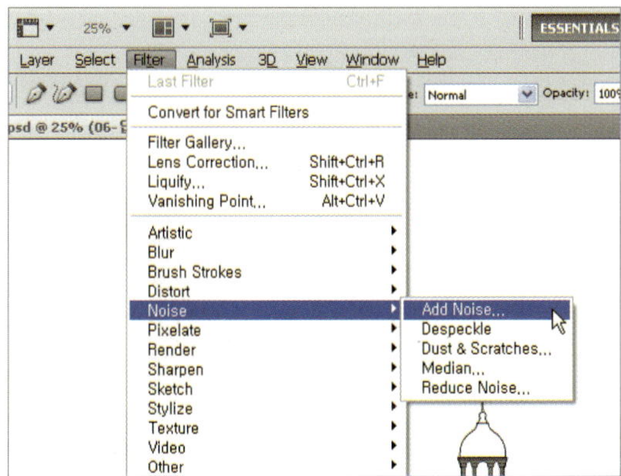 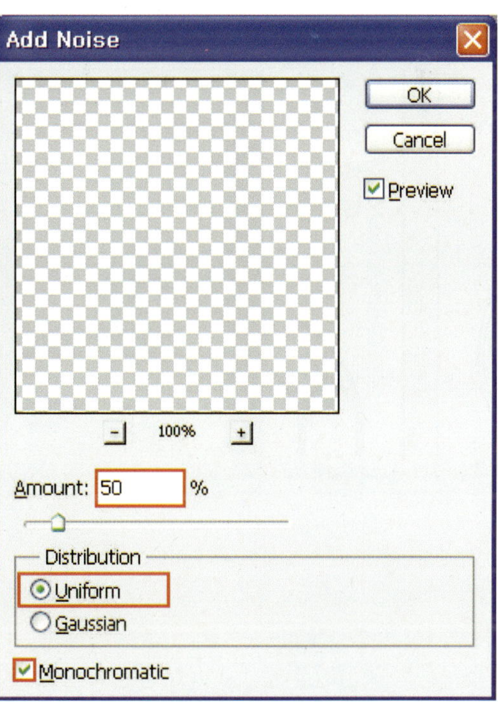

19 작성된 패턴 이미지가 너무 강하게 보이기 때문에 현재 선택되어 있는 '06-입면 패턴-1' 레이어의 Opacity 값을 30%로 설정해 줍니다. 아래 그림과 같은 결과가 만들어진 것을 확인할 수 있습니다.

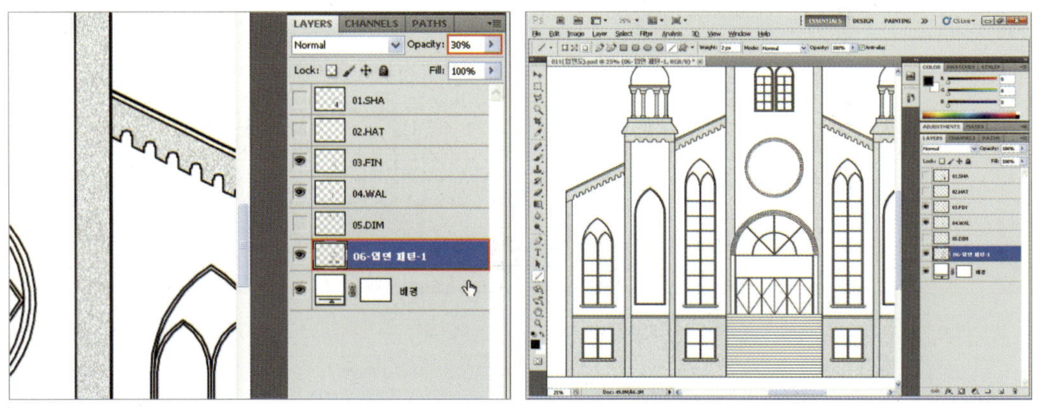

20 다음 작업을 위해 '07-입면 패턴-2' 레이어를 추가해 줍니다. 앞에서 수행한 방법으로 이번에는 Magic Wand Tool을 이용하여 벽돌 패턴을 적용할 영역을 지정해 줍니다.

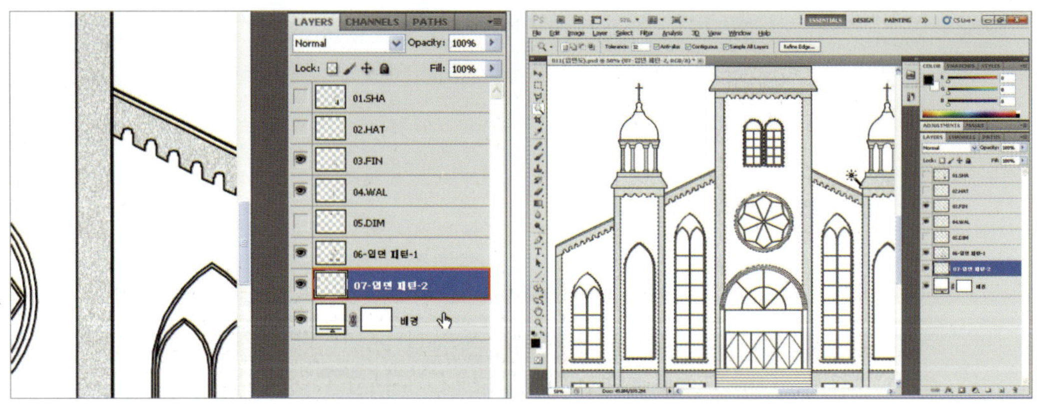

21 원하는 영역을 설정하고 나면, Select ➡ Modify ➡ Expand... 명령을 수행한 뒤, 나타나는 Expand Selection 대화상자에서 Expand by 값을 '1' pixels로 설정하여 선택영역을 확대시켜 줍니다.

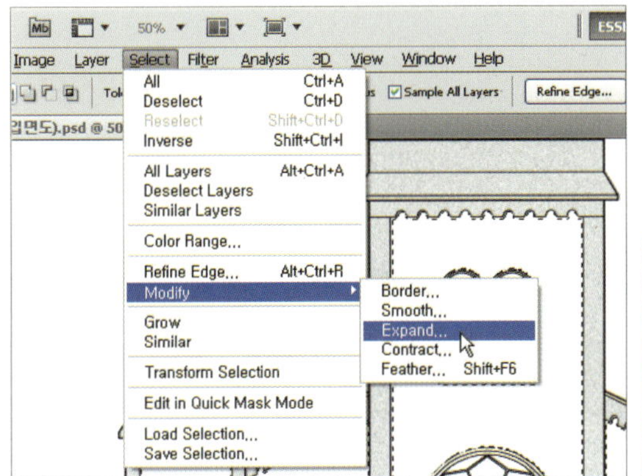 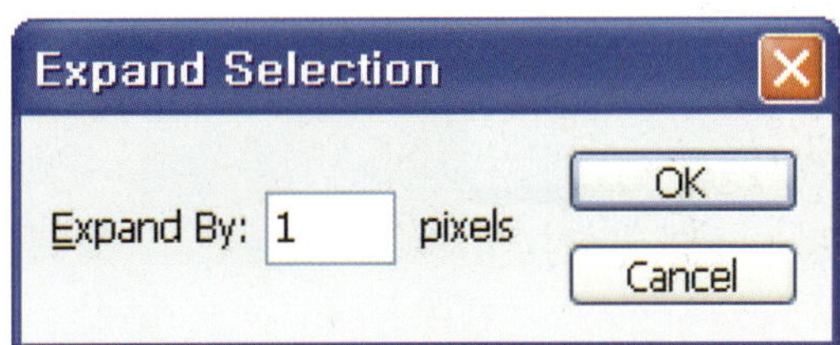

22 이제 준비된 벽돌 패턴 이미지를 불러온 뒤, Select ➡ All 명령을 수행하여 이미지 전체를 선택해 줍니다.

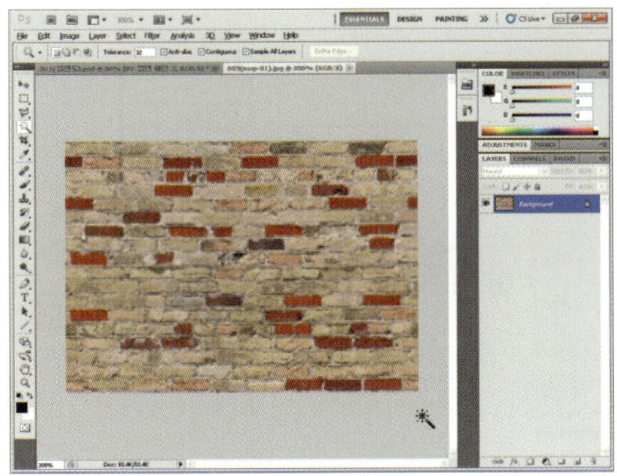 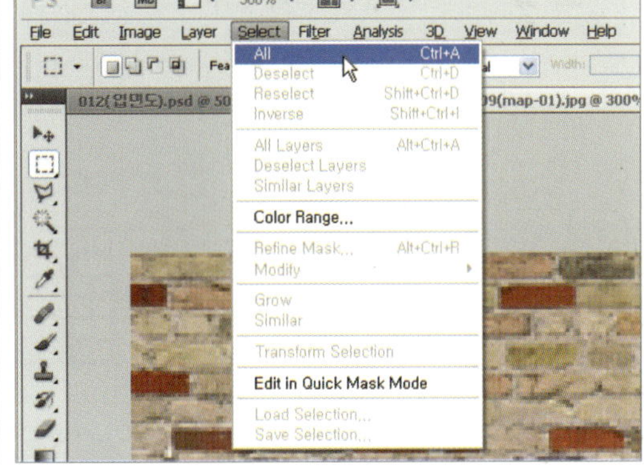

(예제CD 06\009(map-01).jpg)

23 선택한 벽돌 패턴 이미지를 패턴으로 지정하기 위해서 Edit ➡ Define Pattern... 명령을 수행합니다. 나타나는 Pattern Name 대화상자에서 패턴 이름을 지정해 줍니다.

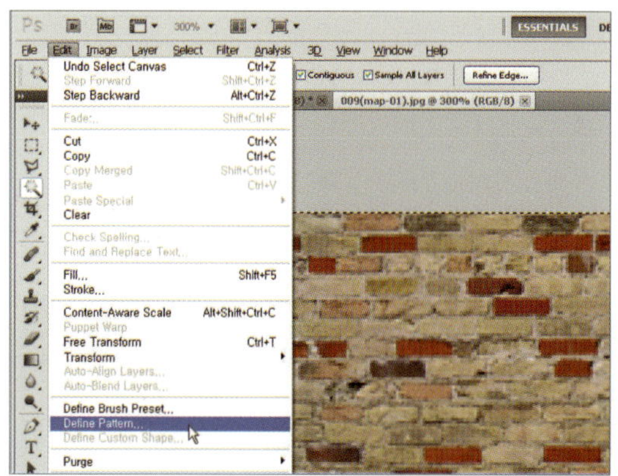

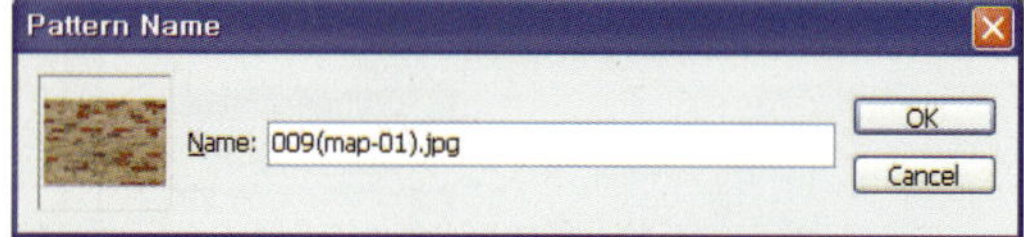

24 지정한 패턴 이미지를 적용하기 위해서 Edit ➡ Fill... 명령을 수행한 뒤, 나타나는 Fill 대화상자에서 아래 그림과 같이 Use 항목을 Pattern으로 설정하고 Custom Pattern에서 앞에서 설정한 패턴을 선택해 줍니다.

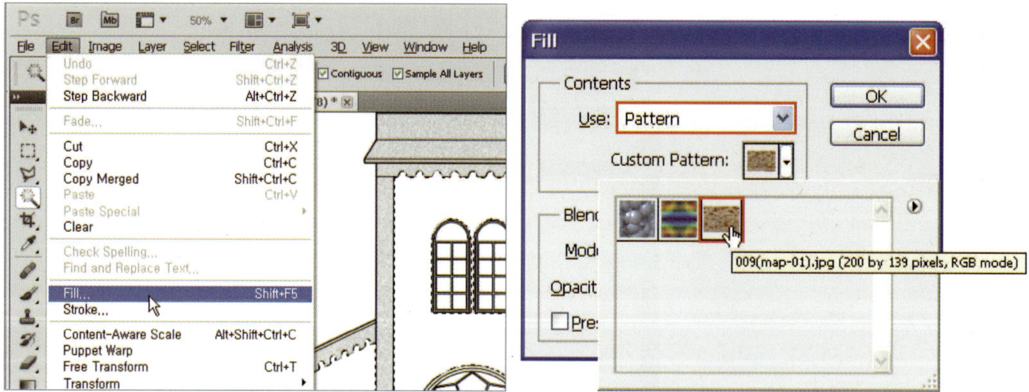

25 Select → Deselect 명령을 수행하여 선택영역을 취소합니다. 적용된 패턴 이미지의 톤이 너무 강하기 때문에 색상을 좀 더 약하게 처리하기 위해서 Image → Adjustments → Brightness/Contrast... 명령을 수행합니다.

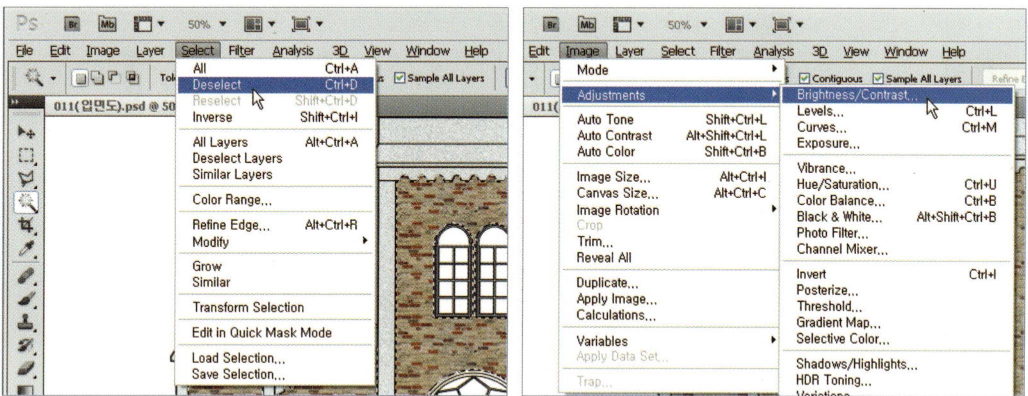

26 Brightness/Contrast 대화상자에서 Brightness:50, Contrast:−10으로 설정하여 아래 그림과 같은 결과를 만들어 줍니다.

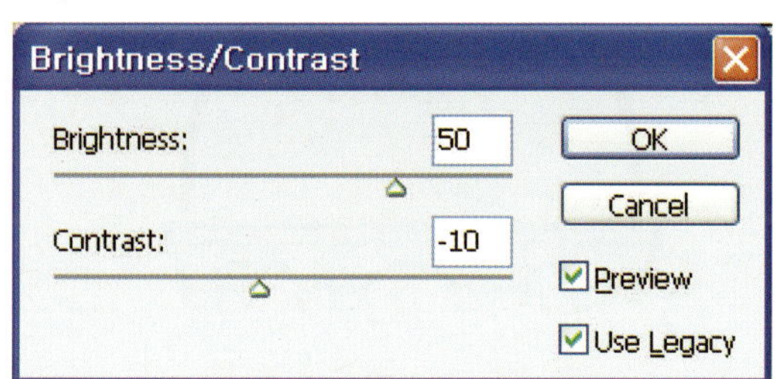

27 '08-입면 패턴-3'이라는 이름으로 레이어를 추가한 뒤, 다음 작업을 위해 아래 그림과 같이 첨탑부분 중에 한 부분을 확대시켜 줍니다.

28 마술봉(Magic Wand Tool)을 선택한 뒤, 아래 그림과 같이 첨탑 부분의 동그란 형태의 이미지 안쪽을 클릭하여 영역을 선택합니다.

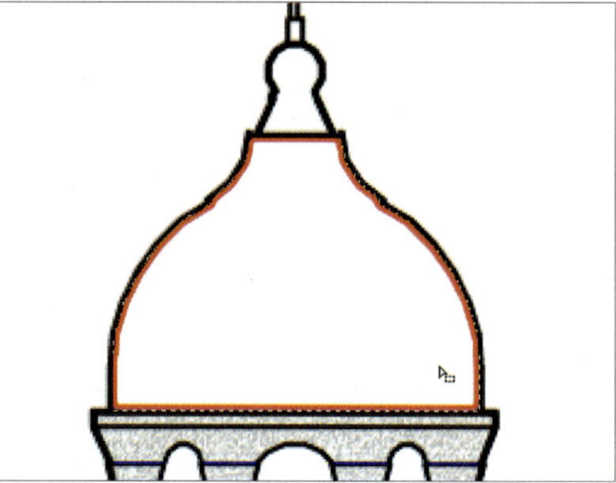

29 그라데이션 효과를 적용하기 전에 전경색과 배경색을 설정해 보도록 하겠습니다. 먼저 전경색을 설정하기 위해서 Set foreground color 아이콘을 클릭한 뒤 나타나는 Color Picker 대화상자에서 R:236, G:236, B:202 색상을 설정해 줍니다.

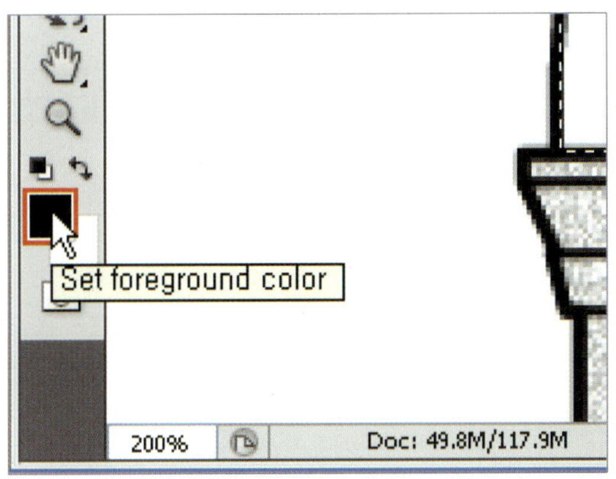

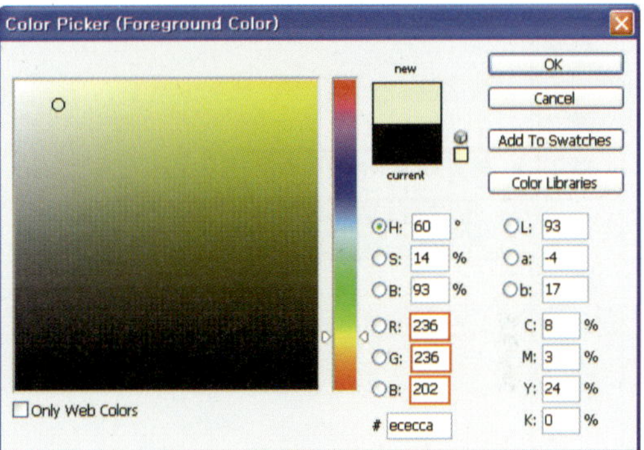

30 계속해서 이번에는 배경색을 설정하기 위해서 Set background color 아이콘을 클릭한 뒤 나타나는 Color Picker 대화상자에서 R:106, G:74, B:49 색상을 설정해 줍니다.

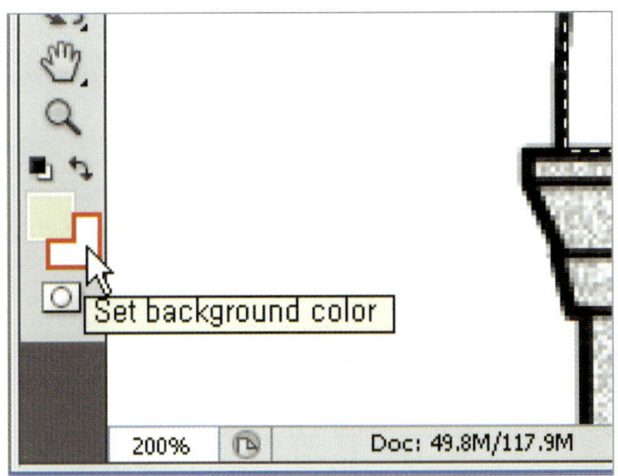

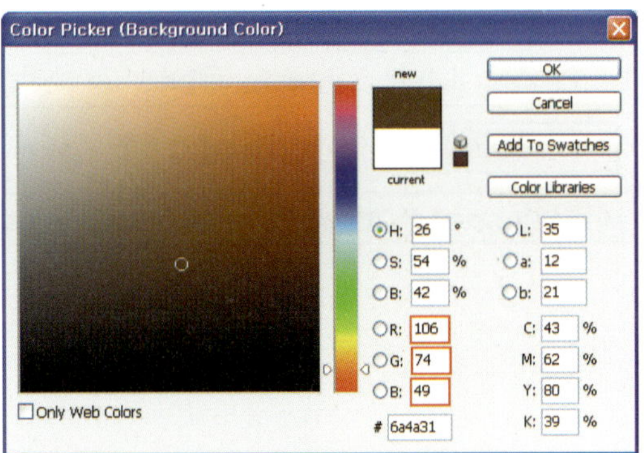

31 부드럽게 두 개의 색상으로 적용되는 표현을 수행하기 위해서 그라디언트 툴(Gradient Tool)을 선택합니다. 그라디언트 툴(Gradient Tool)을 선택한 뒤, 옵션 패널에서 적용될 그라데이션 색상을 전경색에서 배경색(Foreground to Background)으로 설정해 줍니다.

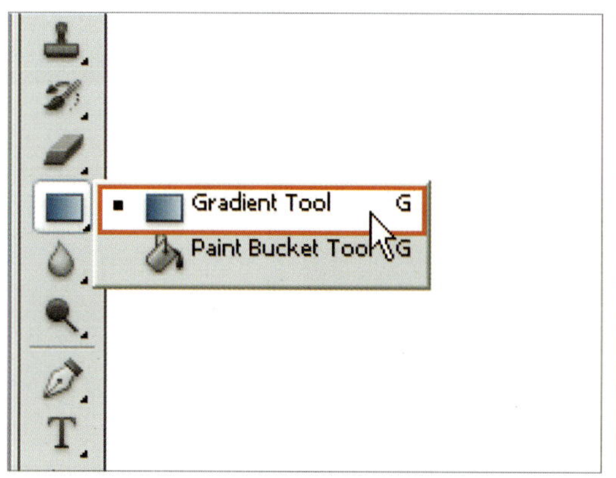
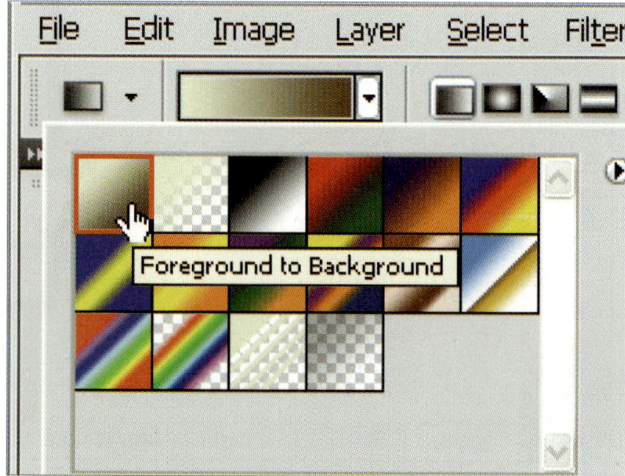

32 계속해서 그라데이션 색상 적용 방법을 Radial Gradient 로 설정한 뒤, 드래그하여 아래 그림과 같은 표현 결과를 만들어 줍니다.

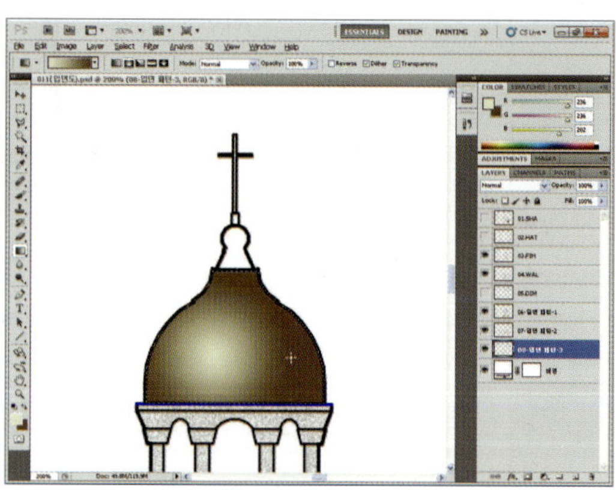

33 계속해서 첨탑의 위 부분과 나머지 첨탑 부분도 동일한 방법으로 색상을 채워 아래 그림과 같은 결과를 만들어 줍니다.

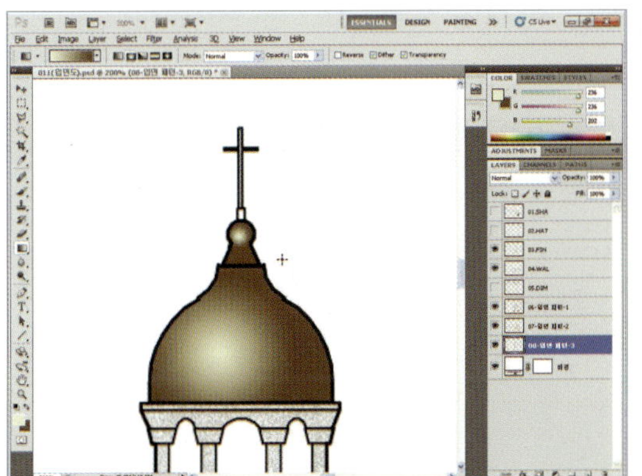

34 다음 작업을 위해 '09-입면 패턴-4' 라는 이름으로 레이어를 추가한 뒤, Select ➡ Deselect 명령을 수행하여 선택영역을 취소합니다. Magic Wand Tool을 이용하여 아래 그림과 같이 창문 안쪽 영역을 클릭하여 설정해 줍니다.

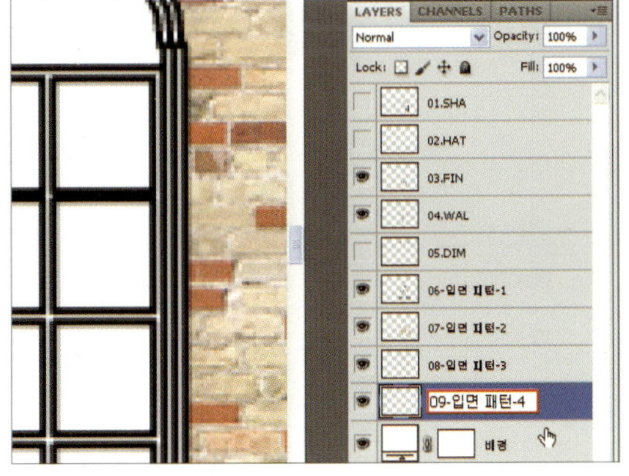

35 앞에서 수행한 동일한 방법으로 Expand 명령을 이용하여 1pixel 만큼 확장된 선택으로 만들어 줍니다. 이제 전경색(Foreground Color)을 클릭하여 선택한 뒤, Color Picker 대화상자에서 색상 값을 R:144, G:173, B:177 값으로 설정해 줍니다.

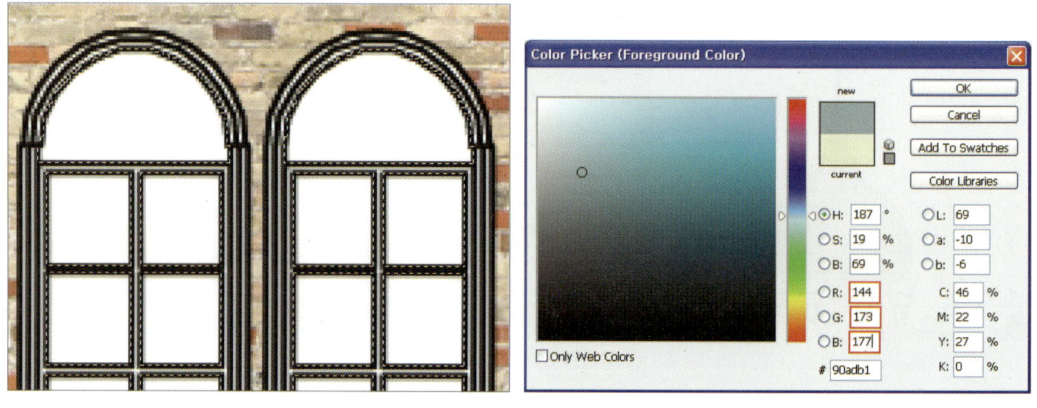

36 선택한 색상으로 채색하기 위해서 Edit ➡ Fill... 명령을 수행한 뒤, 나타나는 Fill 대화상자에서 Use 항목을 전경색(Foreground Color)로 설정하여 적용시켜 줍니다.

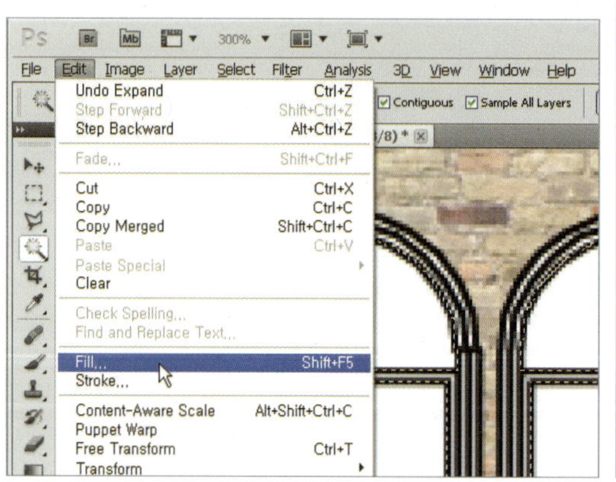
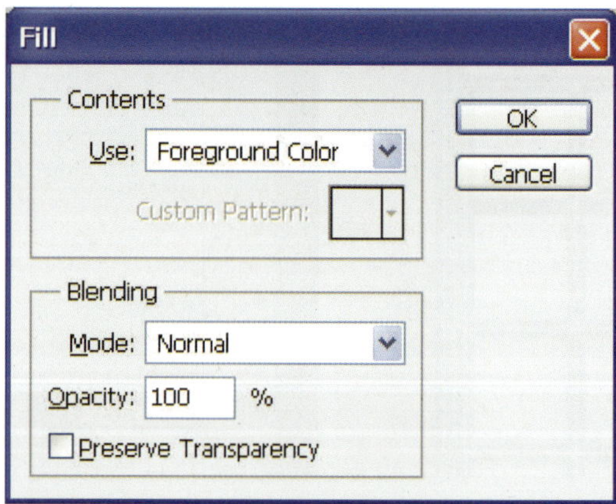

37 마지막으로 Select ➡ Deselect 명령을 수행하여 선택영역을 취소시켜 줍니다. 아래 그림 과 같은 결과가 나타나게 됩니다.

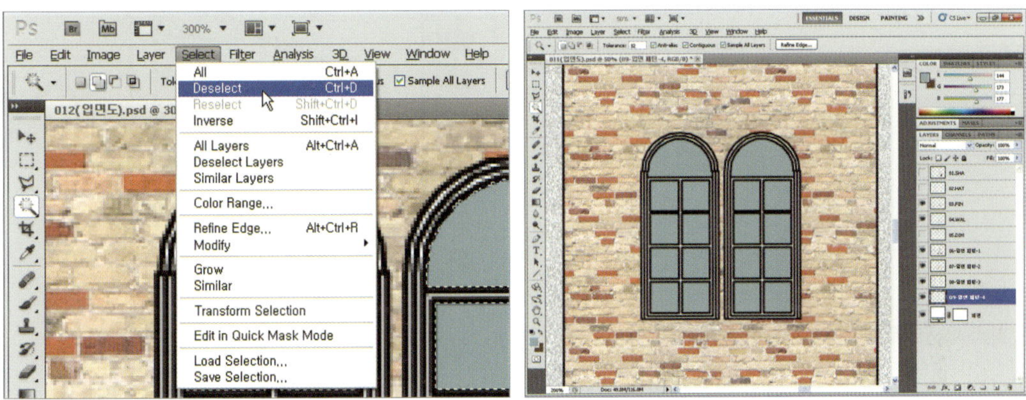

38 계속해서 Magic Wand Tool을 이용하여 아래 그림과 같이 아치 모형의 창 안쪽을 선택해 줍니다. 채색 작업을 위해서 이번에는 배경색을 설정하기 위해서 Set background color 아이콘을 클릭해 줍니다.

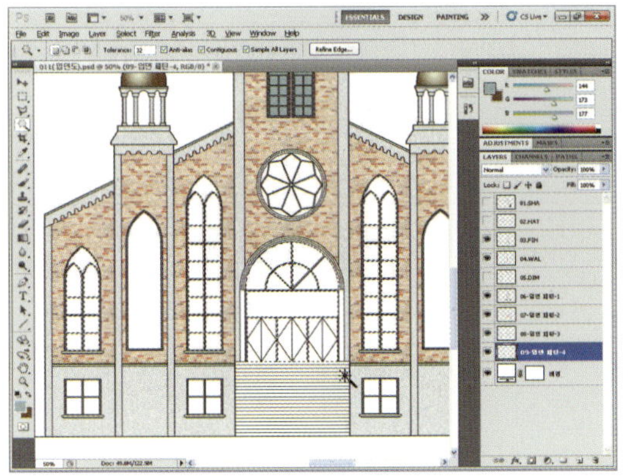

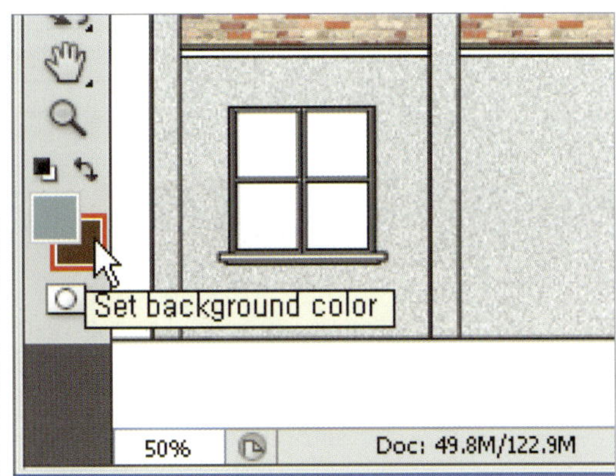

39 나타나는 Color Picker 대화상자에서 색상 값을 R:89, G:128, B:135 값으로 설정한 뒤, Gradient Tool을 선택해 줍니다.

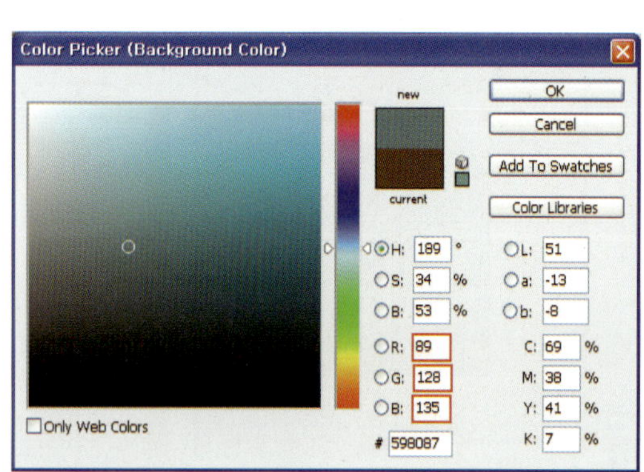

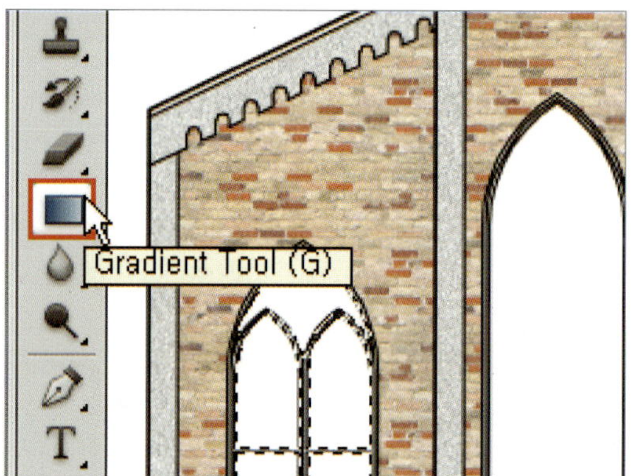

40 Gradient Tool을 선택한 뒤, 컨트롤 패널에서 그라디언트 색상을 Foreground to Background로 설정하고, 적용 방법을 Linear Gradient로 설정해 줍니다.

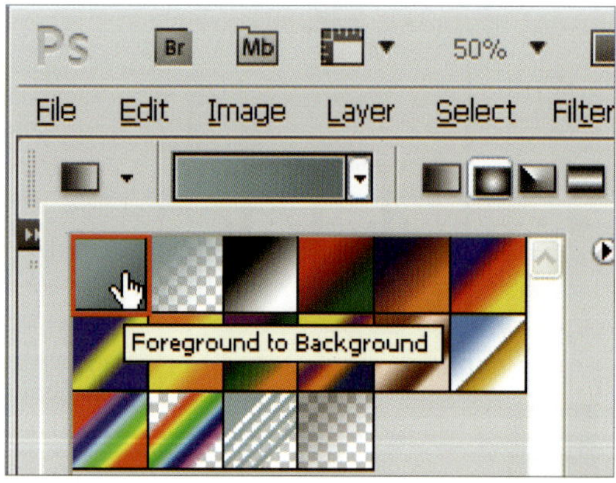

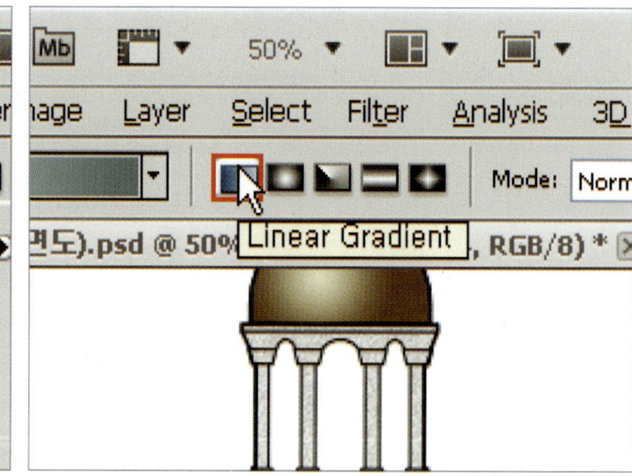

41 이제 아래 그림과 같이 위에서 아래쪽으로 드래그함으로써 선택된 영역 안쪽으로 지정된 그라데이션 색상이 적용되는 것을 볼 수 있습니다.

42 계속해서 이번에는 아래쪽에 위치하고 있는 창문 안쪽을 선택한 뒤, 채색을 위해 Edit ➡ Fill… 명령을 수행합니다.

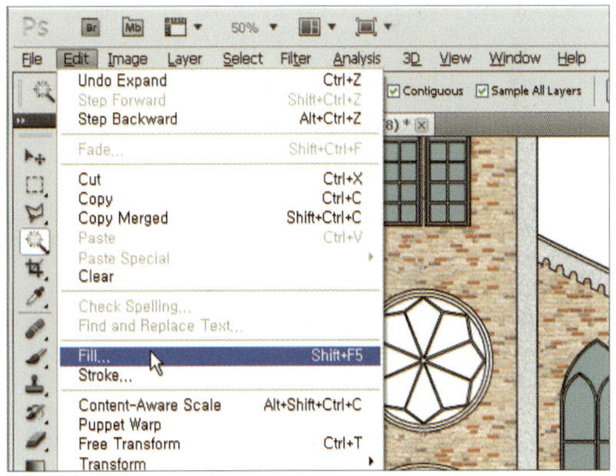

43 나타나는 Fill 대화상자에서 Use 항목을 배경색(Background Color)로 설정하여 적용시켜 줍니다. 선택된 영역에 배경색으로 채색이 완료되면 선택 취소작업까지 진행시켜 줍니다.

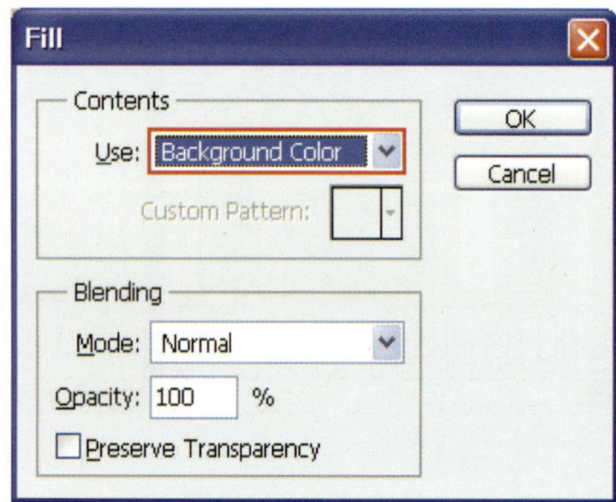

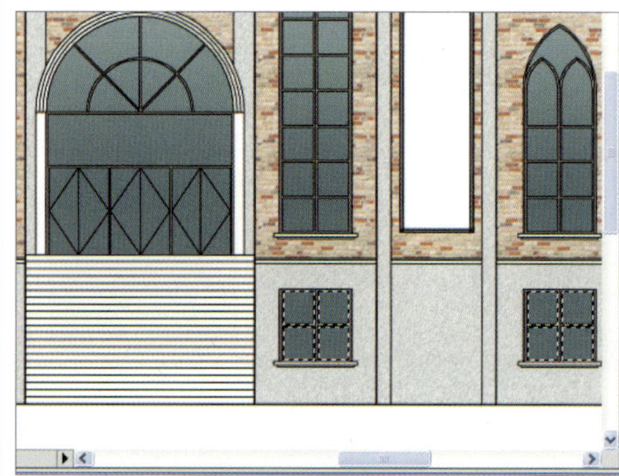

44 이번에는 레이어 팔레트 가장 아래쪽에 위치하고 있는 '배경' 레이어를 선택한 뒤, Magic Wand Tool을 이용하여 아치 형태의 벽면을 선택해 줍니다. 물론 더 이상 언급하지는 않지만, Expand 명령을 수행하여 1픽셀만큼 크기를 키워주는 작업도 진행합니다.

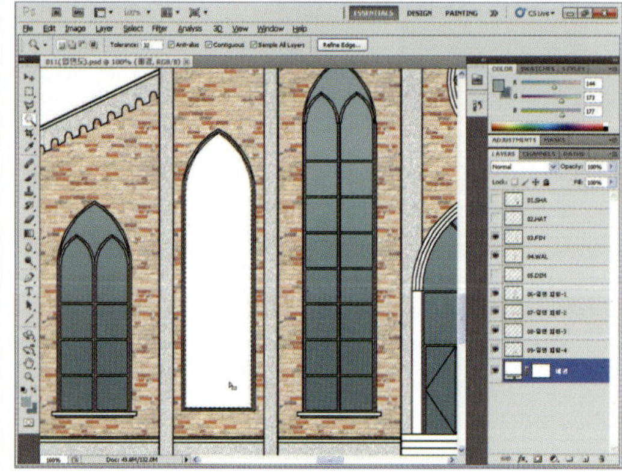

45 준비된 이미지(예제CD 06\009(map−02).jpg)를 불러온 뒤, Select ➡ All 명령을 이용하여
이미지 전체를 선택한 뒤, Edit ➡ Copy 명령을 수행하여 선택된 이미지를 복사해 줍니다.

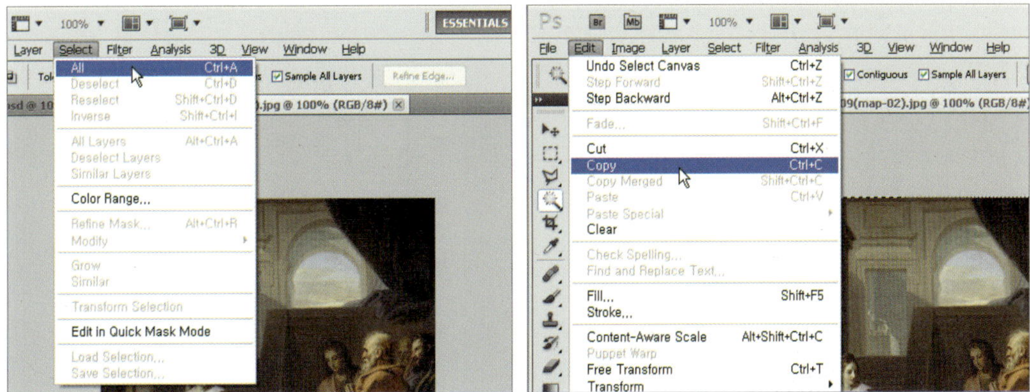

(예제\CD 06\009(map−02).jpg)

46 입면 작업창을 선택한 뒤, Edit ➡ Paste Special ➡ Paste Into 명령을 수행합니다. 선택된
영역 안쪽으로 이미지가 붙여지는 것을 볼 수 있습니다. 이미지를 붙여넣은 뒤, 레이어 이
름을 '10−입면 패턴−5' 로 변경시켜 줍니다.

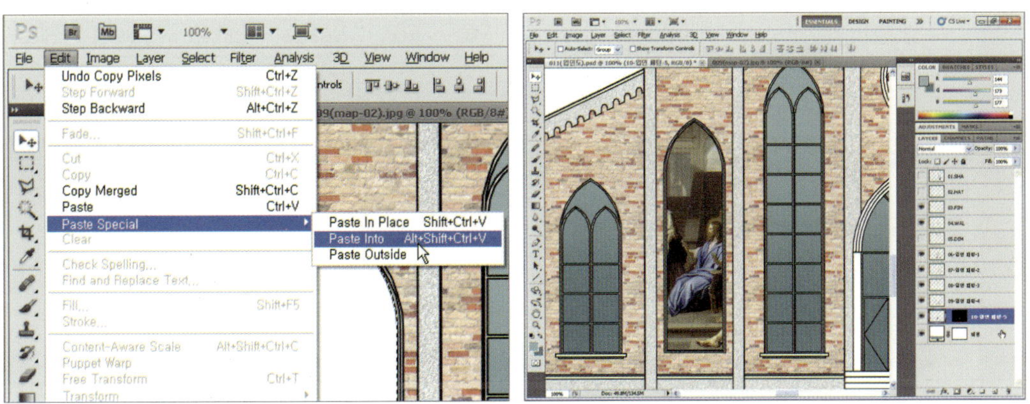

※ Paste Into 명령은 Paste 명령과는 달리 선택한 영역이 지정되어 있다면 선택한 영역 안에만 복사된 이미
지를 붙여넣어 주는 명령입니다.

47 동일한 방법으로 오른쪽에 위치하고 있는 아치형태의 벽면에도 준비된 이미지(예제CD 06\009(map-03).jpg)를 적용한 뒤, 레이어 이름을 '11-입면 패턴-6' 으로 변경시켜 줍니다.

(예제|CD 06\009(map-03).jpg)

48 다음 작업을 위해서 '배경' 레이어를 선택한 뒤, 원형 선택 툴인 Elliptical Marquee Tool을 선택해 줍니다.

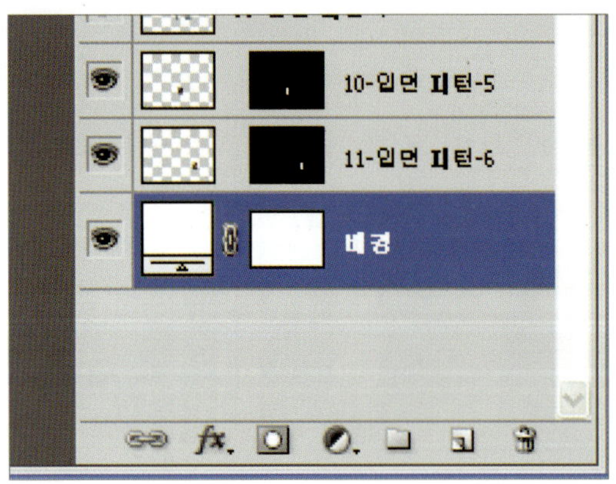

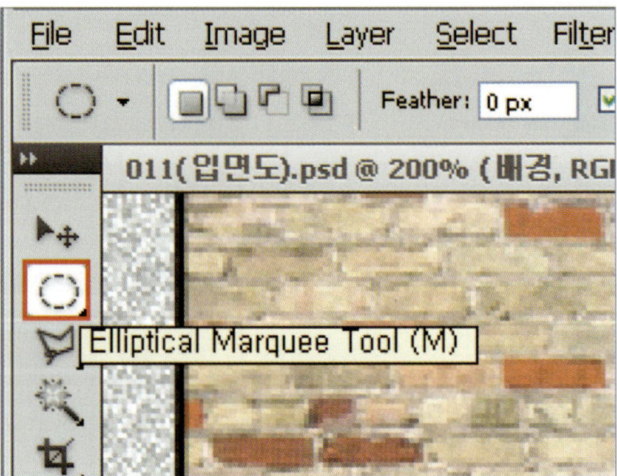

49 Elliptical Marquee Tool을 이용하여 장미창 안쪽 영역을 선택한 뒤, '03.FIN' 레이어를 선택해 줍니다.

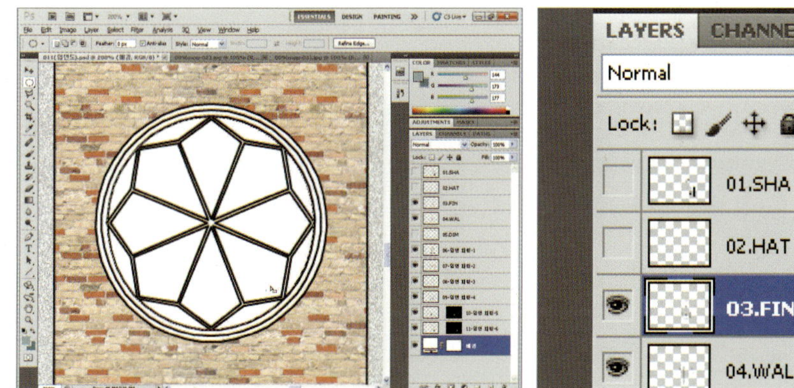

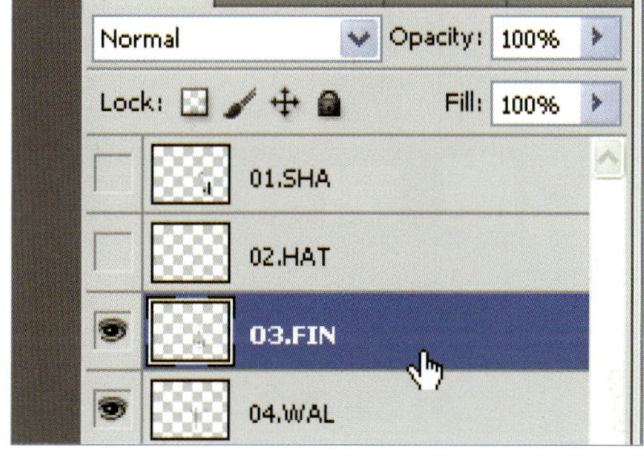

50 선택 영역 내의 이미지 색상을 반전하기 위해서 Image → Adjustment → Invert 명령을 수행합니다. 아래 그림과 같이 검은색으로 구성되어 있던 도면선이 흰색으로 역상처리된 것을 볼 수 있습니다.

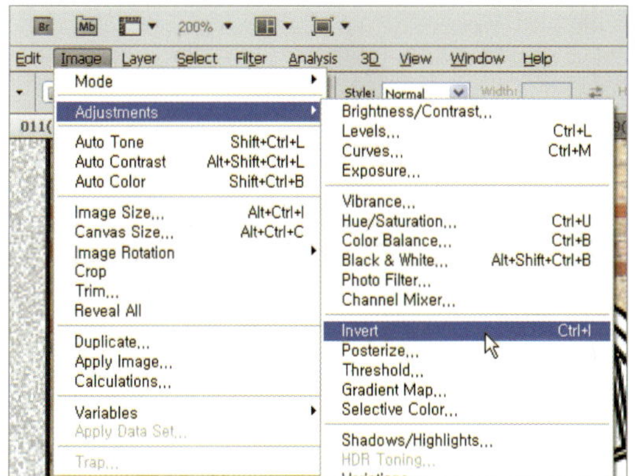

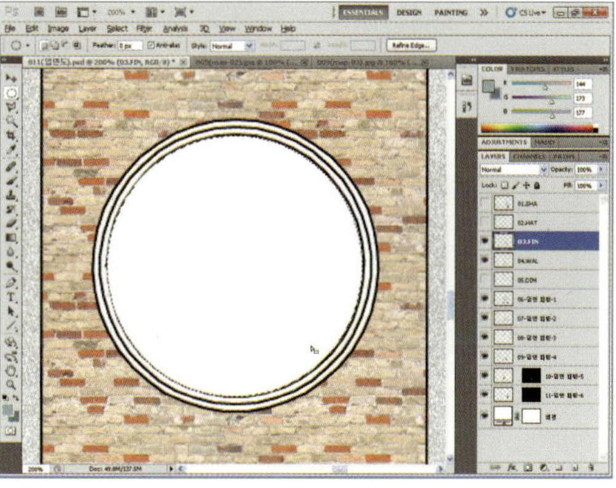

51 다시 '배경' 레이어를 선택한 뒤, 앞에서 수행한 동일한 방법으로 창미창 영역에 준비된 이미지(예제CD 06\009(map-04).jpg)를 적용시켜 줍니다.

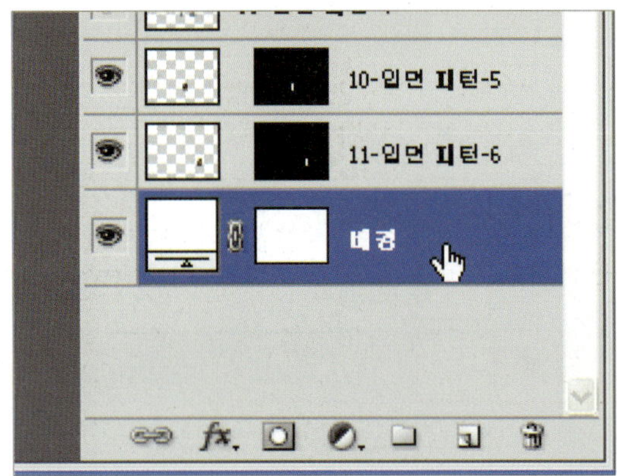
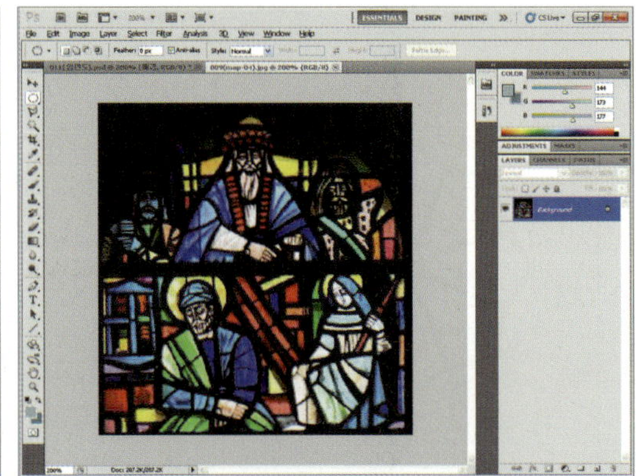

(예제\CD 06\009(map-04).jpg)

52 아래 그림과 같이 선택된 영역 안쪽으로 이미지가 적용된 모습을 볼 수 있으며, 추가된 레이어 이름을 '12-입면 패턴-7' 로 변경시켜 줍니다.

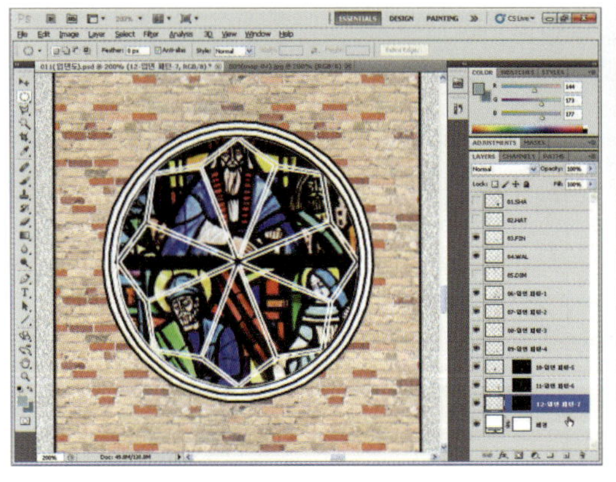
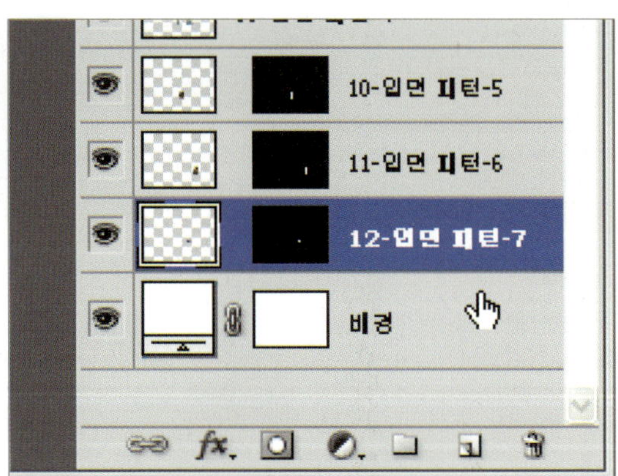

53 준비된 예수상 이미지(예제CD 06\010(예수상).psd)를 복사하여 입면도에 붙여넣은 뒤, 아래 그림과 같이 적당한 위치로 이동시켜 줍니다. 물론 추가된 레이어는 '13-입면 패턴-8' 로 변경시켜 줍니다.

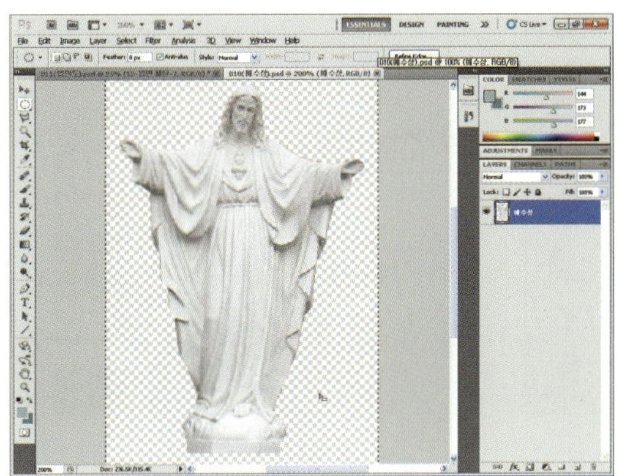
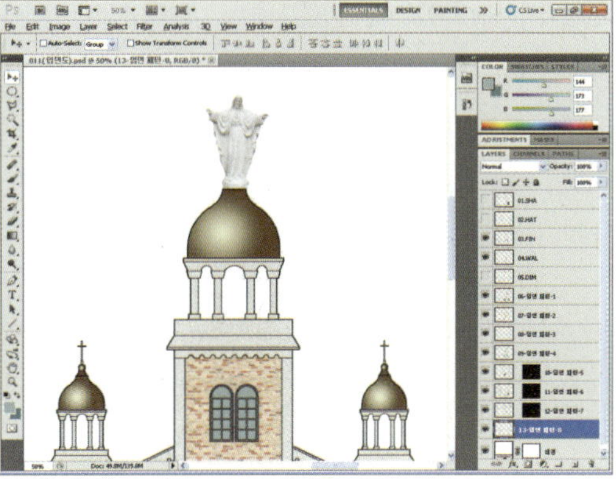

(예제CD 06\010(예수상).psd)

54 이제 입면도 하단에 G.L을 표현하기 위해서 '14-입면 패턴-9' 라는 이름으로 레이어를 추가한 뒤, Rectangular Marquee Tool을 선택해 줍니다.

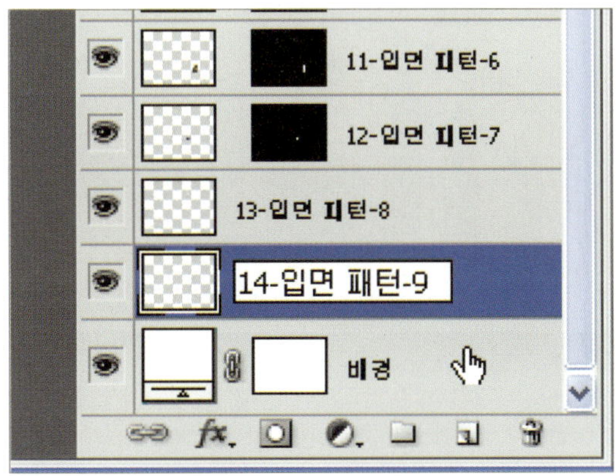

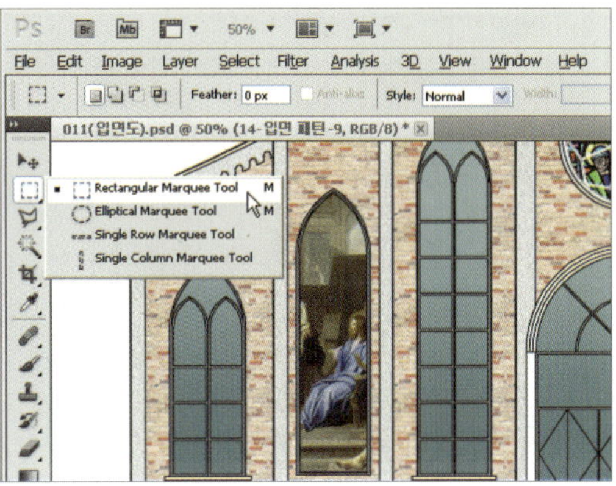

55 아래 그림과 같이 입면도 아래쪽으로 G.L을 표현하기 위한 영역을 선택한 뒤, 선택된 영역 안쪽으로 채색 작업을 진행하기 위해서 Gradient Tool을 선택해 줍니다.

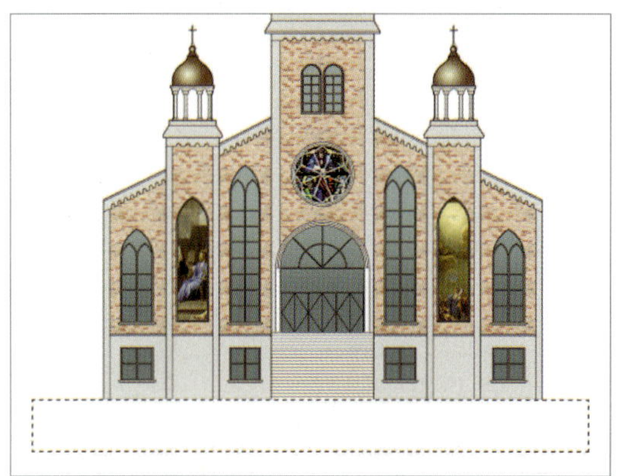

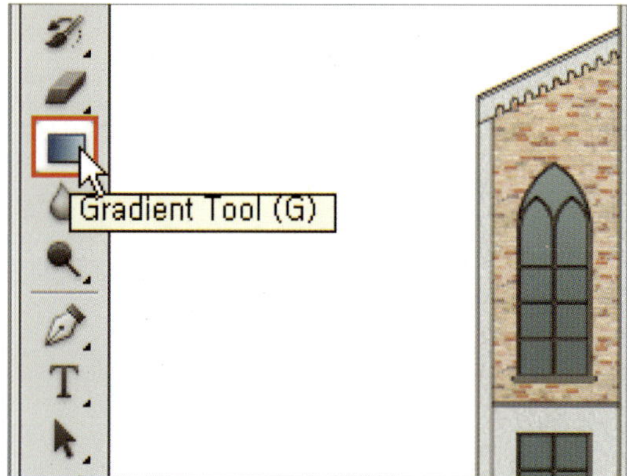

56 Gradient Tool을 선택한 뒤, 컨트롤 패널에서 그라디언트 색상을 Black, White로 설정하고, 적용 방법을 Linear Gradient로 설정해 줍니다. 이제 위에서 아래쪽으로 드래그하여 아래 그림과 같이 G.L을 표현해 줍니다.

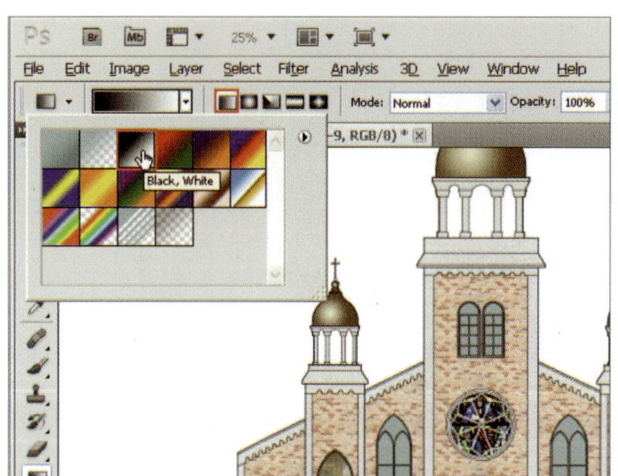

57 마지막으로 Select ➡ Deselect 명령을 수행하여 선택 영역을 취소하면, 아래 그림과 같은 결과물이 만들어진 것을 확인할 수 있습니다.

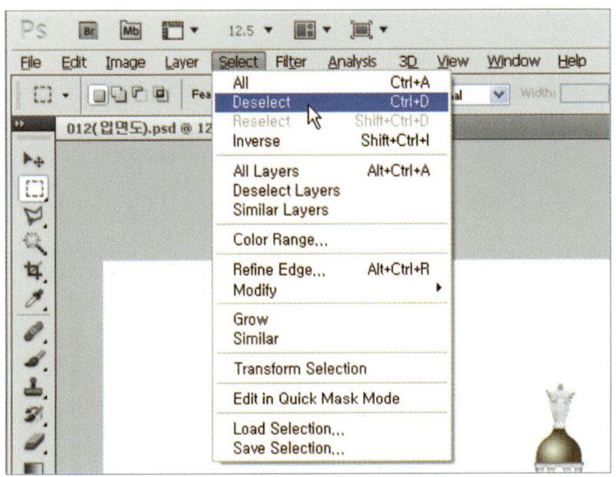 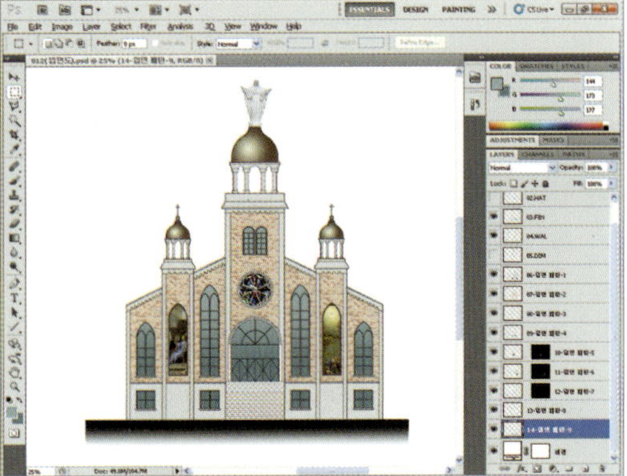

58 지금까지 보이지 않도록 설정한 레이어를 모두 보이도록 설정한 뒤, 그림자 이미지가 포함되어 있는 '01.SHA' 레이어를 선택하여 Opacity 값을 60%로 설정해 줍니다.

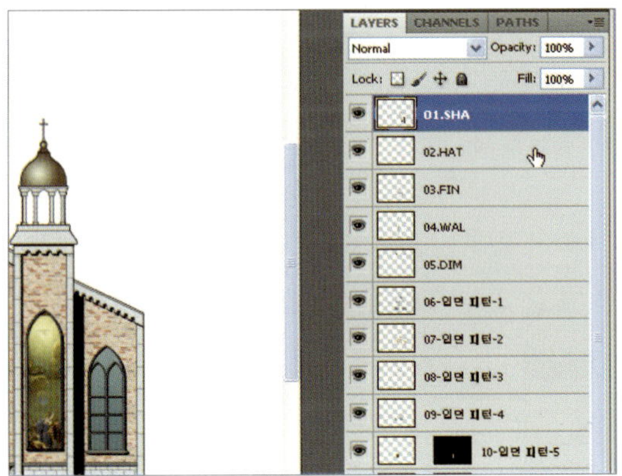 

59 마지막으로 입면 표현을 좀 더 풍성하게 구성하기 위해서 준비된 나무 이미지(예제CD 06\011(나무-01).psd)를 복사하여 입면도에 붙여넣은 뒤, 추가된 레이어의 위치를 가장 위쪽으로 이동시켜 줍니다.

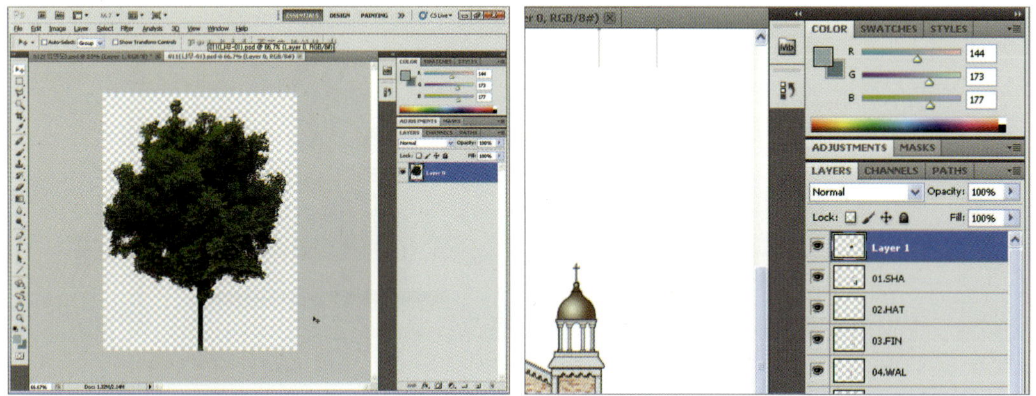

(예제CD 06\011(나무-01).psd)

60 레이어의 이름을 '입면-나무-01'로 변경한 뒤, 복사된 나무 이미지의 위치를 이동시키기 주기 위해서 Move Tool을 선택해 줍니다.

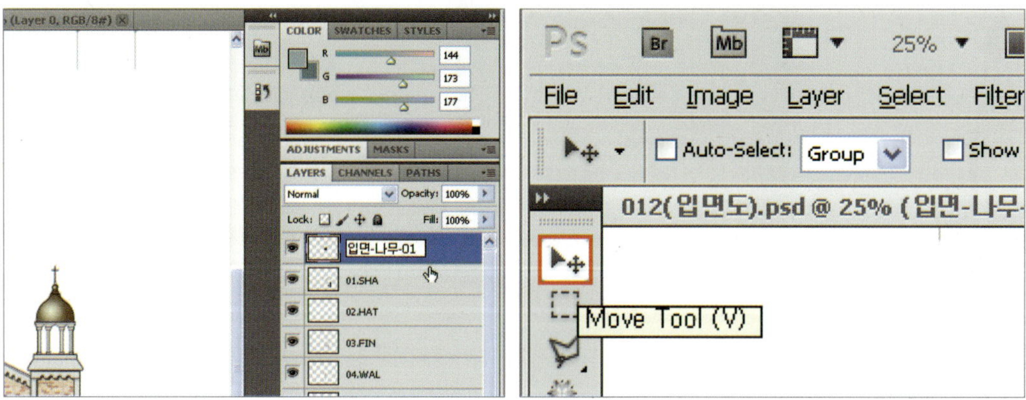

61 아래 그림과 같이 적당한 위치로 이동한 뒤, Edit → Transform → Scale... 명령을 수행합니다.

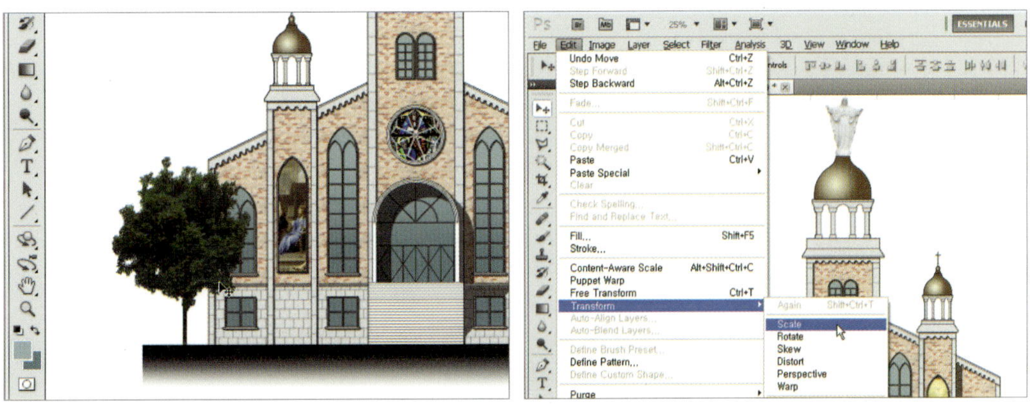

62 Scale... 명령을 수행한 뒤, 원하는 크기로 조절해 줍니다. 계속해서 동일한 방법으로 준비된 나무 이미지를 복사하여 입면도에 붙여넣은 뒤, 아래 그림과 비슷한 형태의 크기 및 위치로 조절하여 입면도 표현을 완성해시켜 줍니다.

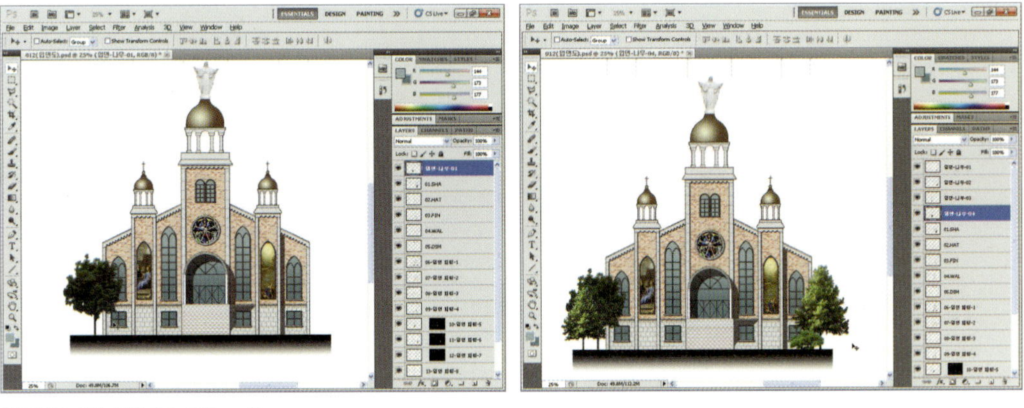

(예제\CD 06\011(나무-02).psd)
(예제\CD 06\011(나무-03).psd)

63 최종 완성된 입면 이미지.

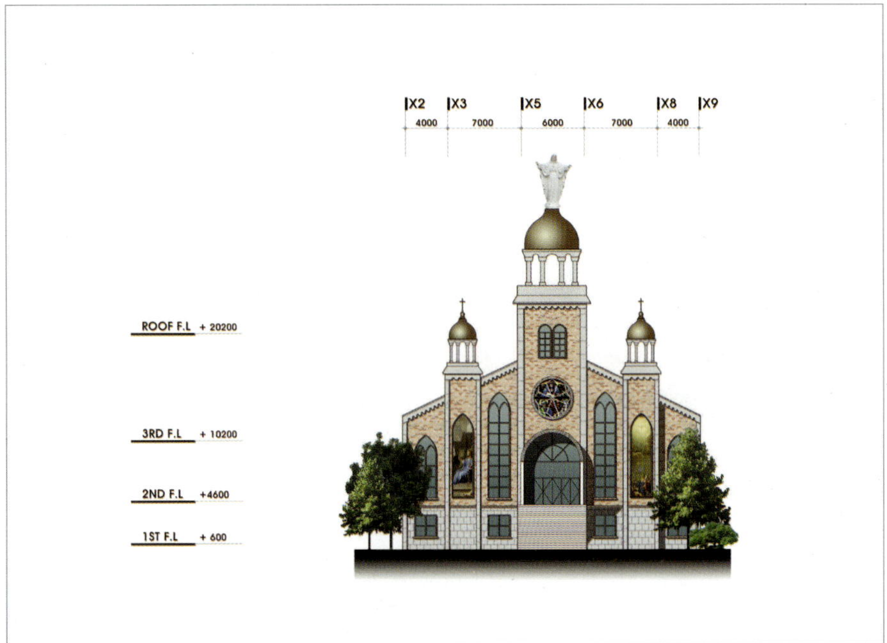

(예제\CD 06\012(입면도).psd)
(예제\CD 06\013(입면도).jpg)

ⓘ 다양한 선택 툴의 이해

 **올가미 툴(Lasso Tool)**

올가미 툴(Lasso Tool) 은 마우스로 선택할 부분을 드래그하여 자유롭게 선택을 합니다. 자유자재로 선택하기 때문에 매우 유용할 것 같지만 실제로 초보자의 경우는 원하는 영역을 마우스만으로 선택하기 매우 어렵습니다.

 **다각형 올가미 툴(Polygonal Lasso Tool)**

다각형 올가미 툴, 역시 사용자가 원하는 영역을 선택하는 툴 입니다. 그러나 올가미 툴은 드래그하여 선택하지만, 다각형 올가미 툴은 마우스를 클릭하여 다각형 형태의 선택영역을 만들게 됩니다.

 **자석 올가미 툴(Magnetic Lasso Tool)**

자석 올가미 툴(Magnetic Lasso Tool)은 원하는 이미지의 경계면을 자동으로 선택함으로써 원하는 영역을 쉽게 지정해 줍니다. 이미지의 경계가 되는 지점을 클릭한 뒤, 경계면을 따라서 마우스를 드래그하면 자동으로 선택됩니다. 자석 올가미 툴은 경계면을 이동할 때 마치 자석과 같이 달라붙기 때문에 선택이 매우 용이하다고 할 수 있습니다.

※ 자석 올가미 툴은 경계가 애매한 이미지에서는 사용하기 어려운 단점도 있습니다. 처음 이용자의 경우 매우 신기하게 생각되는 툴 중에 하나입니다.

◆ 자석 올가미 툴(Magnetic Lasso Tool)의 패널 옵션

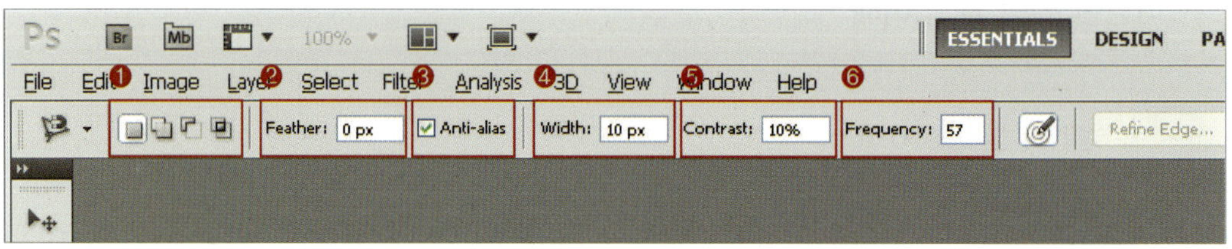

1. 선택 중복 옵션

선택 중복 옵션은 선택 툴을 조합하여 사용할 때 중복되는 선택 영역을 어떠한 방식으로 처리 하는지 지정하는 옵션입니다.

2. Feather(페더) 옵션

선택 영역의 테두리를 부드럽게 처리하기 위한 페더 값을 줍니다. 수치를 높이게 되면 테두리 가 더욱 부드럽게 선택되는 모습을 볼 수 있습니다. 일반적으로 자석 올가미 도구로 선택을 하 면 경계면이 거칠게 선택되는 모습을 볼 수 있습니다. 이때 페더 값을 약 1–2정도로 지정한 후 선택하여 적용하는 것이 좋습니다.

3. Anti-Aliased(앤티 앨리어스) 옵션

선택 영역의 테두리에 있는 픽셀을 부드럽게 처리하여 선택합니다. 컴퓨터에서 사용되는 이미 지들은 대부분이 픽셀단위로 구성된 비트맵 이미지이기 때문에 이 옵션을 적용하는 것이 유리 합니다.

4. Width(올가미 폭) 옵션

자석 올가미 도구를 이용하여 경계면을 따라 마우스로 드래그할 때 반응될 폭의 크기를 지정합 니다. 반응될 폭이란 선택 영역의 경계선이 자동으로 놓일 영역을 말하는 것으로 기본 값은 10 픽셀입니다. 이는 10 픽셀 안쪽으로 이미지의 색상을 비교한 뒤 색상이 가장 많이 변하는 경계 선에 선택 선을 놓이게 한다는 의미입니다.

5. Contrast(가장자리 대비) 옵션

자석 올가미 툴을 이용하면 사용자가 원하는 이미지의 경계선을 따라 자동으로 영역을 설정할 수 있습니다. 이때 자석 올가미 툴이 경계면을 선택하는 원리는 이미지의 대비차를 분석하여 경계면을 만들게 됩니다. 수치가 낮으면 그만큼 선택 선이 세밀하게 놓이게 되고, 수치가 높으면 그만큼 명암을 구별하지 못하게 되므로 엉뚱한 위치에 경계면을 만들게 됩니다.

6. Frequency(빈도 수) 옵션

이 옵션은 선택 선이 놓일 때 나타나는 핸들(절점과 같이 생긴 네모난 모양의 점)의 발생수를 지정합니다. 1-100사이의 수치를 지정하게 되며 핸들 발생수가 높으면 그만큼 많은 핸들이 생성되어 정밀한 선택이 가능해지고, 수치가 낮으면 핸들이 적게 표시되므로 선택되는 영역이 정밀하게 표시되지 않습니다.

그러나 Frequency(빈도 수)를 무조건 높게 하여 작업할 경우 너무 많은 핸들수로 인해 작업이 용이해지지 못하는 경우도 있기 때문에 적절한 수치를 지정하는 것이 중요합니다.

 마술봉 툴(Magic Wand Tool)

마술봉 툴(Magic Wand Tool) 역시 선택 툴 입니다. 그러나 같은 색상을 한번에 선택영역으로 지정하기 때문에 마치 마법처럼 일정 영역이 자동으로 선택됩니다. 선택영역의 범위조정은 옵션 팔레트에서 조절합니다.

◆ 마술봉 툴(Magic Wand Tool)의 팔레트 옵션

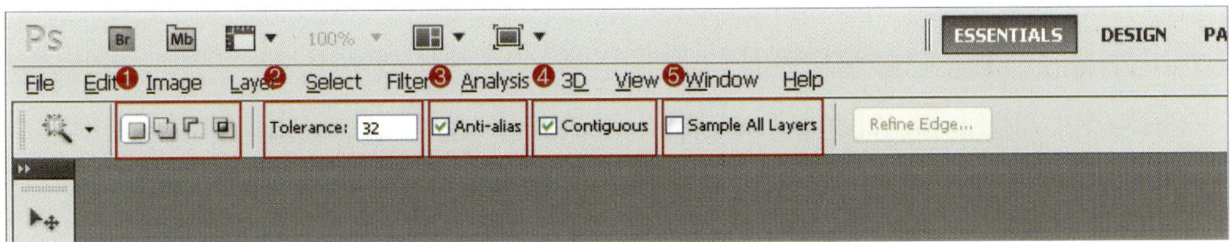

1. 선택 중복 옵션

선택 중복 옵션은 선택 툴을 조합하여 사용할 때 중복되는 선택 영역을 어떠한 방식으로 처리하는지 지정하는 옵션입니다.

2. Tolerance(한계치) 옵션

마술 봉 툴(Magic Wand Tool)을 선택한 후 이미지 위에 한 지점을 클릭 했을때 한번에 선택영역으로 지정될 영역의 크기를 조정합니다. 0부터 255사이의 수치로 조절할 수 있으며 수치가 높을수록 선택범위가 커집니다. 즉 수치가 높을수록 지정한 이미지의 픽셀값과 덜 유사하여도 이미지를 선택하게 됨으로써 선택영역이 커지게 됩니다. 반대로 Tolerance(한계치) 값이 작아질수록 지정한 이미지의 픽셀값과 유사한 이미지만을 선택하게 됨으로써 선택영역이 작아지게 됩니다. 즉 정밀한 선택을 할 수 있다는 의미입니다.

Tolerance 10일 경우

Tolerance 32일 경우

Tolerance 100일 경우

3. Anti-aliased(앤티 앨리어스) 옵션

선택 영역의 테두리 선을 부드럽게 처리하려면 이 옵션을 적용한 후 사용합니다.

4. Contiguous(인접)옵션

이 옵션을 선택하여 마술 봉으로 클릭하였을 경우 같은 색상 영역이 계속 연결된 영역위주로 선택영역이 지정됩니다. 이 옵션을 선택하지 않으면 클릭한 부분의 색상을 분석한 뒤 작업 이미지에서 해당 색상이 있는 부분을 모두 선택영역으로 지정해 줍니다.

5. Sample All Layer(모든 레이어 사용) 옵션

작성된 이미지가 여러 레이어로 구성되어 있을 경우 레이어마다 각각의 작업 상태를 유지하는 것이 아니라 모든 레이어를 검색하여 마치 하나의 이미지로 인식한 것과 같은 작업 상태를 유지합니다. 이 옵션을 선택하지 않으면 현재 작업중인 레이어에 있는 이미지만 인식하게 됩니다.

 빠른 선택 툴(Quick Selection Tool)

빠른 선택 툴(Quick Selection Tool) 역시 선택 툴 입니다. 여러 가지 색상이 조합된 이미지나 비슷한 색상을 선택 영역으로 만들 때 쉽게 선택할 수 있는 기능으로, 클릭하여 선택하기 보다는 드래그하여 선택할 수도 있습니다.

ⓘ Anti-aliased(앤티 앨리어스) 옵션

선택 툴의 옵션 팔레트 창에 있는 앤티 앨리어스 옵션은 중요한 것 같지 않으며, 실제 적용해 보아도 단순히 선택만 한다면 옵션을 선택하고 안함의 차이를 느끼기 어렵습니다. 그러나 비트맵 이미지에서 원하는 영역을 선택하는 과정에서 앤티 앨리어스 옵션은 대단히 중요합니다. 단순히 선택 툴에만 앤티 앨리어스 옵션이 있는 것이 아니라 비트맵 이미지를 다루는 모든 툴에서는 동일한 개념이 적용됩니다.

일반적으로 비트맵 이미지에서 대각선의 직선을 만들기 위해서는 아래 그림과 같은 원리를 이용하여 대각선의 직선을 그리게 됩니다. 이러한 직선을 얼핏보면 대각선이지만 확대하여 자세히 살펴보면 계단형식의 이미지임을 알 수 있습니다. 즉 픽셀단위로 작업되는 비트맵 이미지에서는 어쩔 수 없이 발생되는 상황입니다. 그럼에도 불구하고 좀 더 부드럽게 표현하고자 하기 위해서 모서리가 되는 경계(픽셀)을 중간색으로 표현하였습니다.

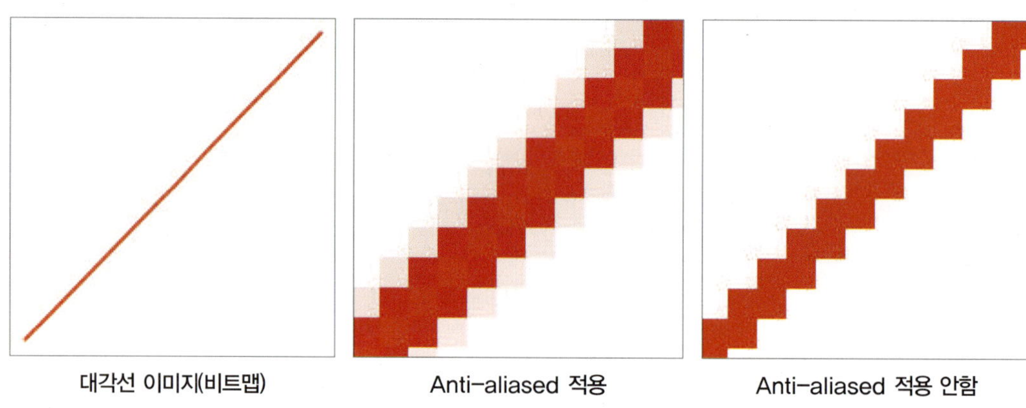

| 대각선 이미지(비트맵) | Anti-aliased 적용 | Anti-aliased 적용 안함 |

또한 일정한 영역을 선택할 경우에도 모서리가 되는 경계를 완전히 선택하는 것이 아니라 마치 반만 선택하듯 선택되어지는 방법을 고안하게 되었습니다. 결론적으로 말해서 앤티 앨리어스는 비트맵 이미지가 가지고 있는 치명적인 단점을 극복하기 위해 고안된 기술이라고 할 수 있습니다.

실습예제 12

AutoCAD 도면을 이용한 평면도 표현

연습한 방법을 이용하여 주어진 예제 캐드 도면을 이용하여 아래 그림과 같이 평면도를 이용한
평면 프레젠테이션 이미지를 작성해 보시기 바랍니다.

■ AutoCAD에서 불러온 예제 도면 파일

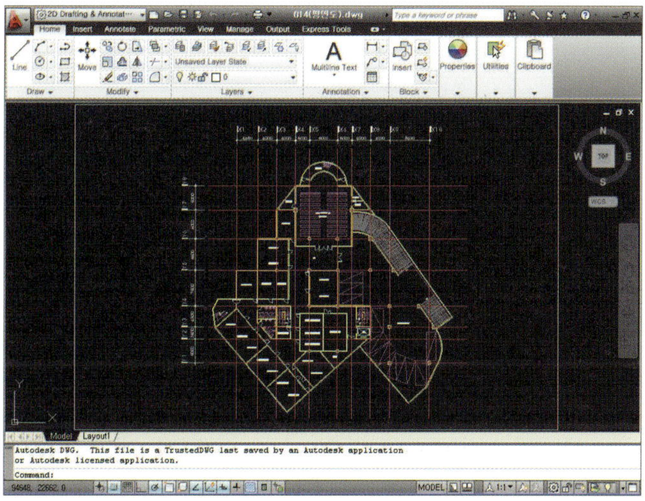

(예제CD 06\014(평면도).dwg)

■ AutoCAD에서 변환된 EPS 이미지 파일

(예제CD 06\015(01.중심선).eps)

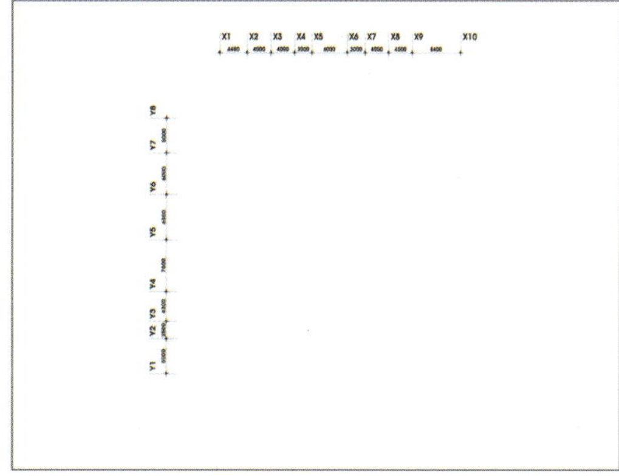

(예제CD 06\015(02.치수).eps)

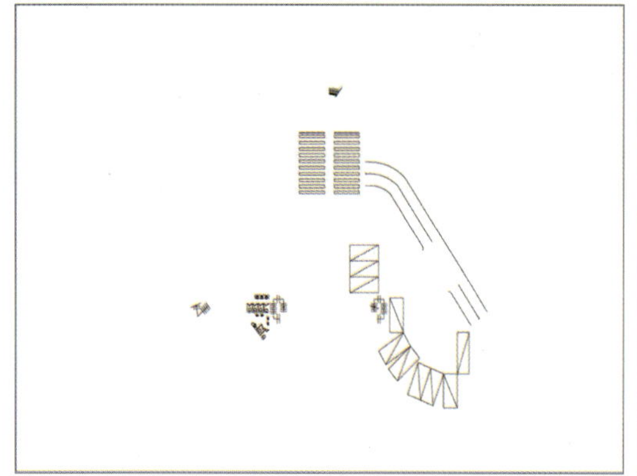

(예제CD 06\015(03.기타).eps)

(예제CD 06\015(04.해치).eps)

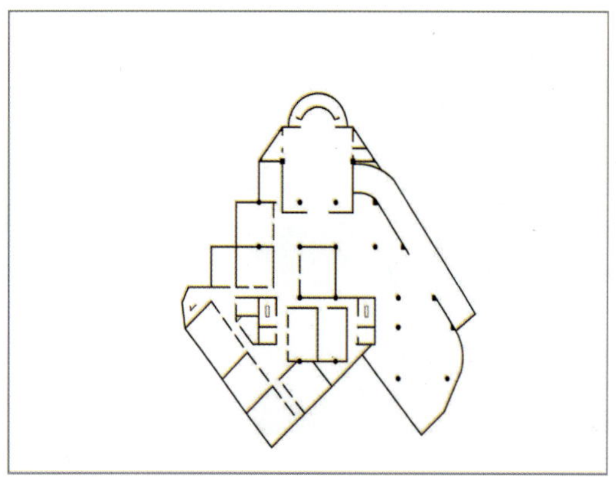

(예제CD 06\015(05.솔리드).eps)

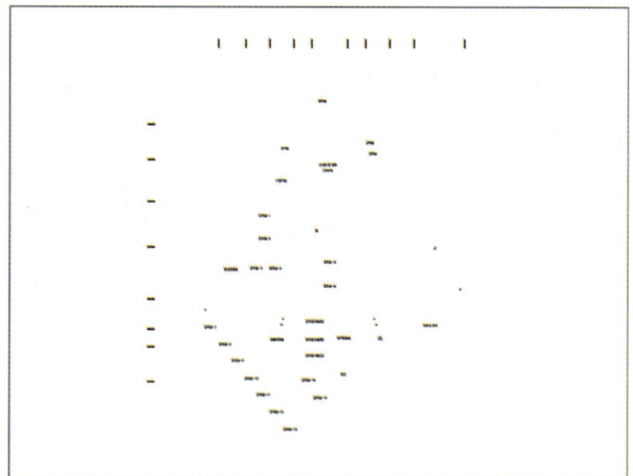

(예제CD 06\0015(06.텍스트).eps)

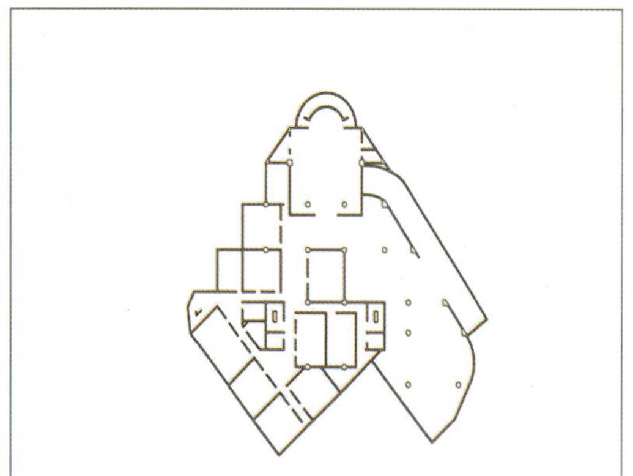

(예제CD 06\015(07.벽체).eps)

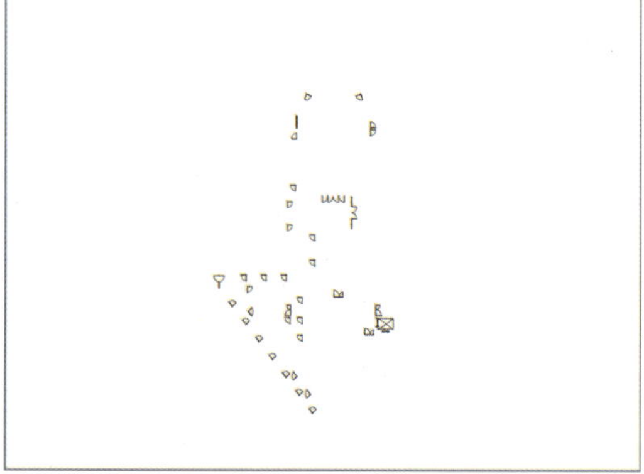

(예제CD 06\015(08.창호).eps)

■ 완성된 평면 프레젠테이션 이미지

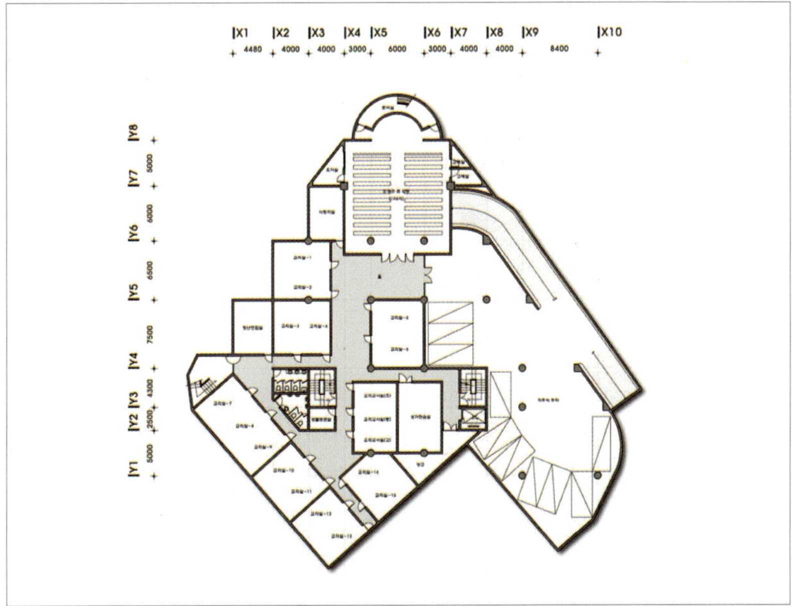

(예제CD 05\016(평면도).psd, 017(평면도).jpg)

실습예제 13

▌AutoCAD 도면을 이용한 입면도 표현

주어진 예제 캐드 도면과 사인 이미지를 이용하여 아래 그림과 같은 입면 프레젠테이션 이미지를 작성해 보시기 바랍니다.

■ AutoCAD에서 불러온 예제 도면 파일

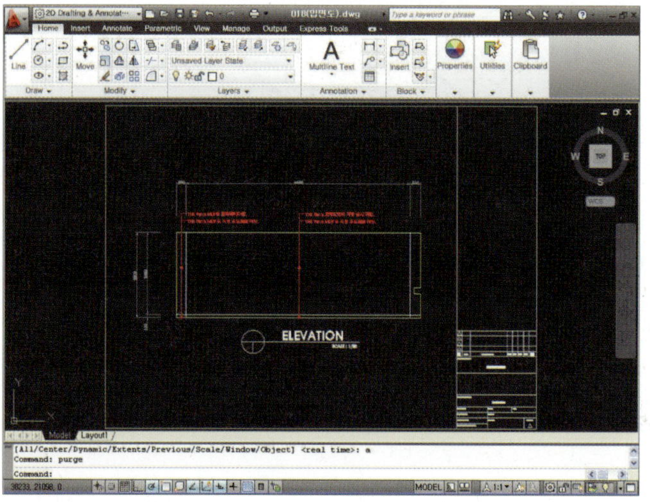

(예제CD 06\018(입면도).dwg)

■ 준비된 입면 사인 이미지

(예제CD 06\020(벽면디자인).jpg)

■ 완성된 입면 프레젠테이션 이미지

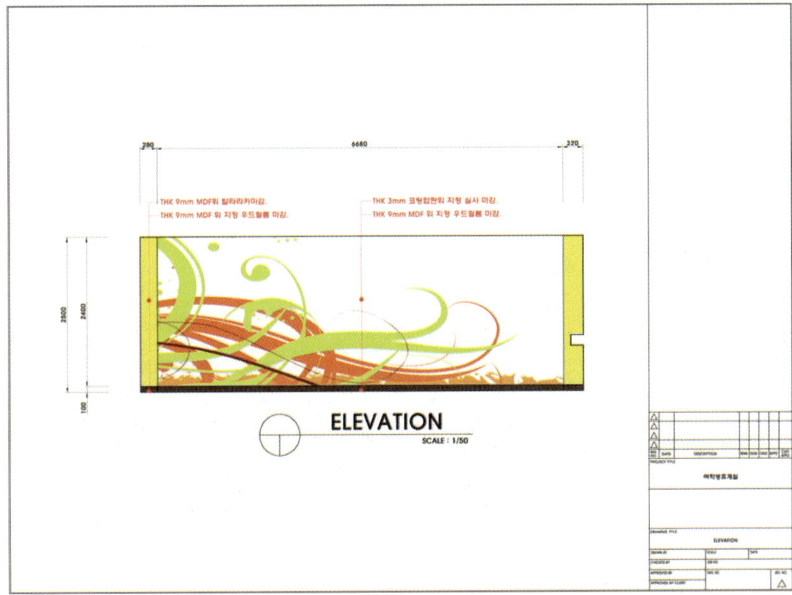

(예제CD 06\021(입면도).psd, 022(입면도).jpg)

※ 이번 예제에서는 AutoCAD의 도면의 일부 개체를 검은색이 아닌 컬러 색상을 지정하여 변환해 보았습니다.
여러 가지 색상으로 변환할 수 있기 때문에 다양한 변환 작업을 경험해 보시기 바랍니다.

도움말

불러온 캐드 도면 이미지를 회전시키는 방법은 여러 가지 작업 방식으로 처리할 수 있습니다. 여러 방법 중에서 캔버스 자체를 회전시키는 방법으로 Image → Image Rotation → 90° CCW 명령을 이용하여 시계 반대방향으로 회전시킬 수 있습니다.

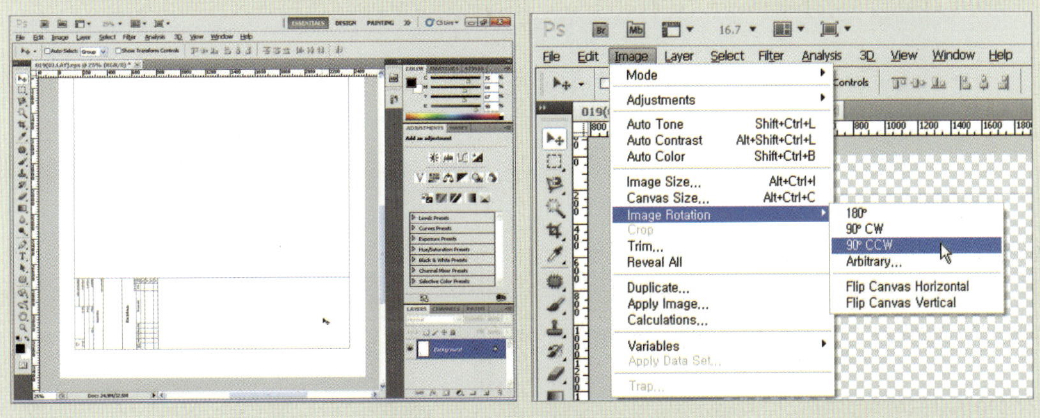

붙여 넣은 이미지의 크기를 조절하기 위해서는 Edit → Transform → Scale 명령을 이용하여 처리할
수 있습니다.

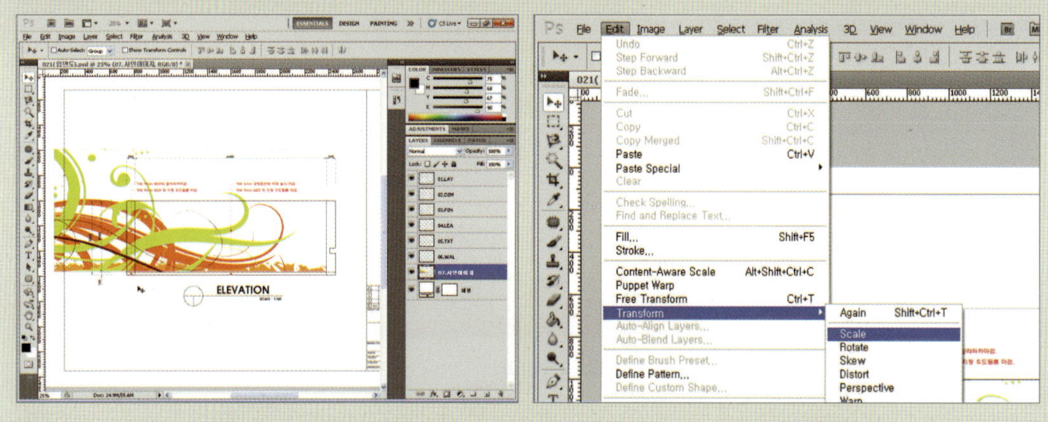

실습예제 14

▌AutoCAD 도면을 이용한 단면도 표현

주어진 예제 캐드 도면과 샘플 이미지를 이용하여 아래 그림과 같은 단면 프레젠테이션 이미지를 작성해 보시기 바랍니다.

■ AutoCAD에서 불러온 예제 도면 파일

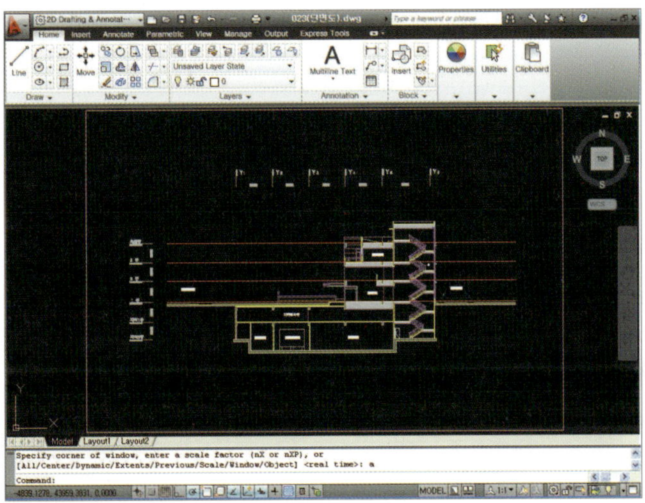

(예제\CD 06\023(단면도).dwg)

■ 준비된 차량 이미지

(예제\CD 06\026(자동차-01).psd~026(자동차-05).psd)

■ 준비된 나무 이미지

(예제CD 06\027(나무-01).psd~027(나무-03).psd)

■ 완성된 입면 프레젠테이션 이미지

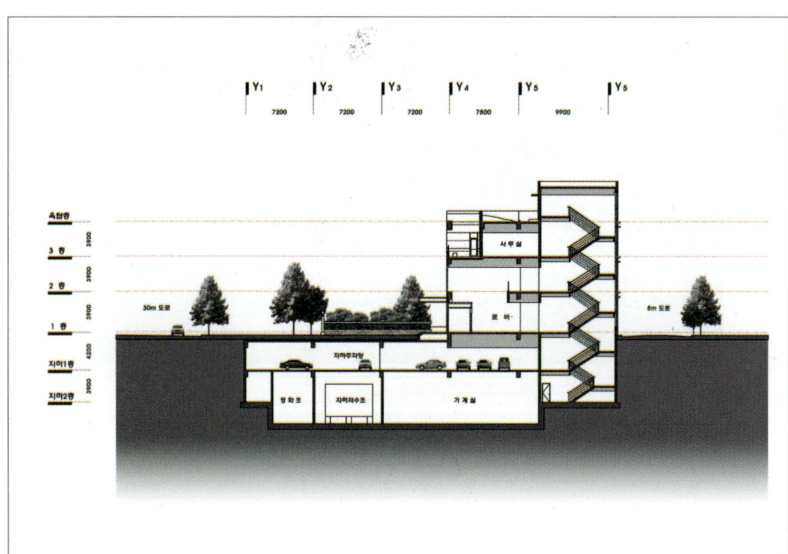

(예제CD 06\028(단면도).psd, 029(단면도).jpg)

제7부

드로잉 작업을 통한 다양한 개념 이미지 표현

포토샵을 이용한 대부분의 작업은 작성된 이미지를 이용한 재편집 작업을 통해 새로운 이미지를 제작하는 것입니다. 포토샵에서는 편집 작업과 더불어 간단한 드로잉 작업을 진행할 수 있으며, 본 장에서는 이러한 드로잉 작업을 통해 건축 및 인테리어 프레젠테이션을 위한 개념 이미지를 제작해 보도록 하겠습니다.

1 평면도를 이용한 조닝(Zoning) 표현

이번 장에서는 포토샵의 드로잉 기능을 이용하여 제안서 및 패널에서 필요한 개념도(Concept Diagram)을 제작해 보도록 하겠습니다. 가장 먼저 변환된 도면을 바탕에 놓고 간단한 드로잉 작업을 통해 조닝(Zoning) 표현을 작업해 보도록 하겠습니다.

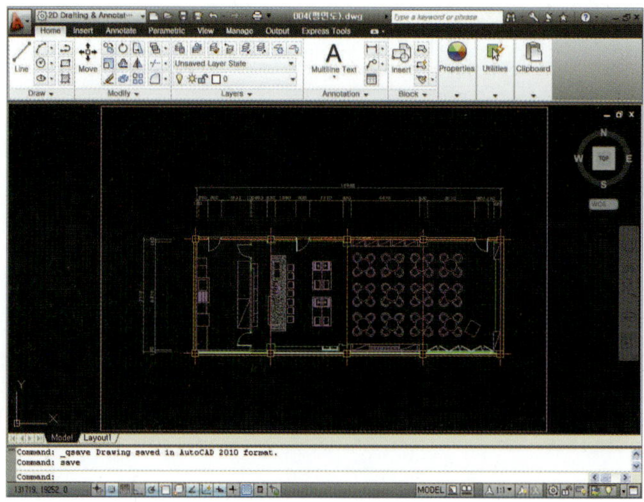

준비된 도면 이미지

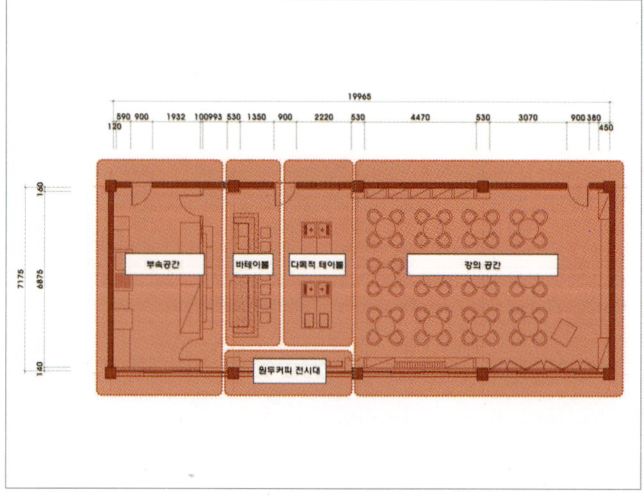

완성된 개념 이미지

1 이미 학습한 방법을 이용하여 AutoCAD에서 작성된 평면도 파일(예제CD 07\001(평면도).dwg)을 EPS 포맷으로 변환한 뒤, 아래 그림과 같이 포토샵에서 불러와 하나의 이미지로 제작해 줍니다.

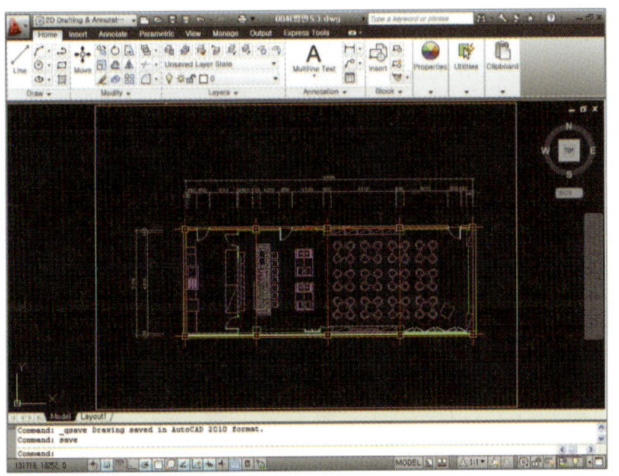

(예제\CD 07\001(평면도).dwg,
002(01.중심선).eps~002(08.마감).eps)

(예제\CD 07\003(평면도).psd)

2 조닝 이미지를 제작을 위해 점선 브러쉬 모양을 설정해 보도록 하겠습니다. 브러쉬 툴(Brush Tool)을 선택한 뒤, Window ➡ Brush 명령을 수행하여 브러쉬 팔레트를 보이도록 설정해 줍니다.

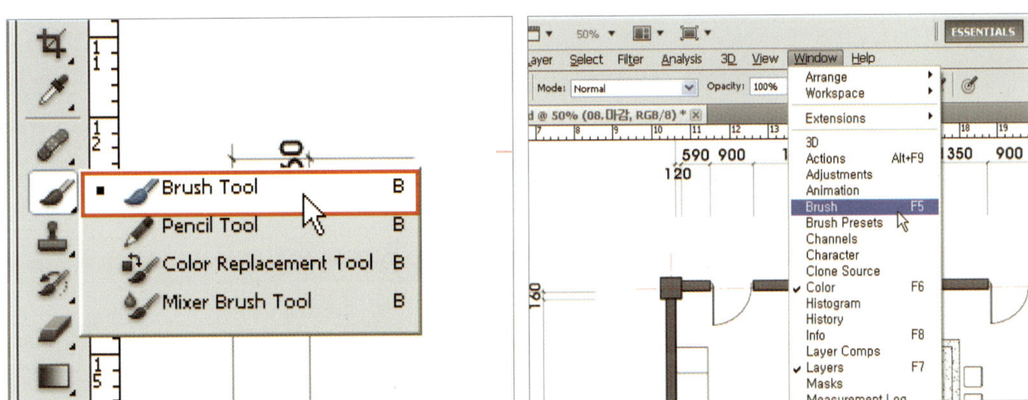

3 브러쉬 팔레트가 나타나면 아래 그림과 같이 옵션값을 설정해 줍니다. 가장 먼저 브러쉬 크기를 6px 정도로 설정한 뒤, Spacing 옵션을 설정하고 값을 25%로 합니다. 계속해서 Brush Tip Shape의 Dual Brush 옵션을 설정한 뒤, Size를 8px, Spacing 값을 150%로 설정해 줍니다. 점선 모양의 브러시가 만들어진 것을 확인할 수 있습니다.

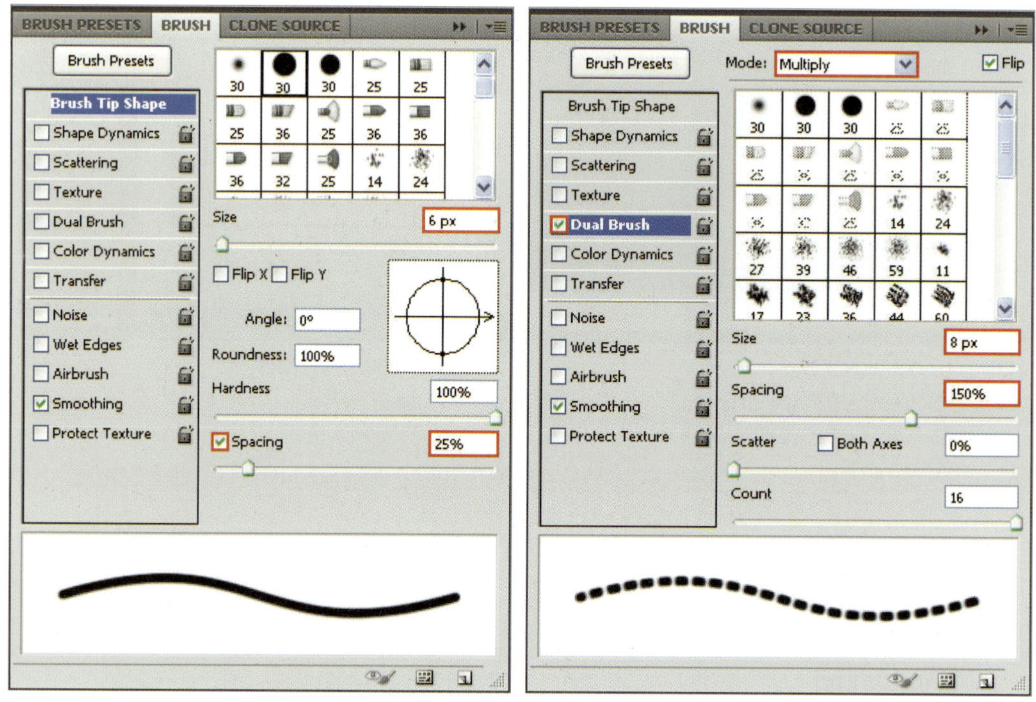

4 '조닝-1' 이라는 이름으로 레이어를 추가한 뒤, 가장 위쪽으로 이동시켜 줍니다. 다음 드로잉 작업을 진행하기 위해서 모서리가 둥근 사각형 툴(Rounded Rectangle Tool)을 선택해 줍니다.

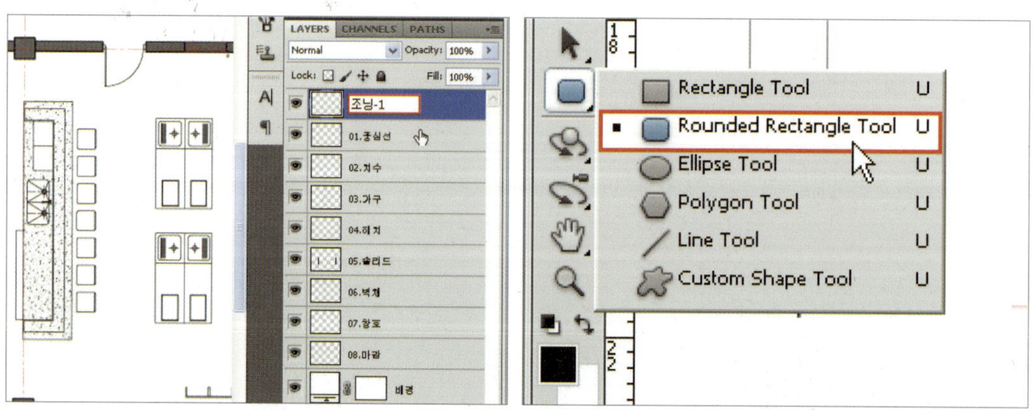

5 Rounded Rectangle Tool을 선택한 뒤, 옵션 패널에서 아래 그림을 참고하여 옵션을 설정합니다. 그려지는 개체의 속성을 Paths 설정하고 Radius 값을 20px로 설정해 줍니다.

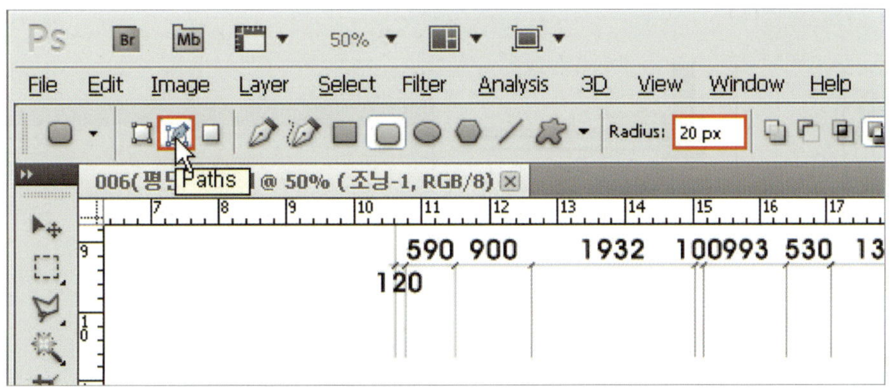

6 설정된 옵션 값으로 아래 그림을 참고하여 도형을 그려줍니다.

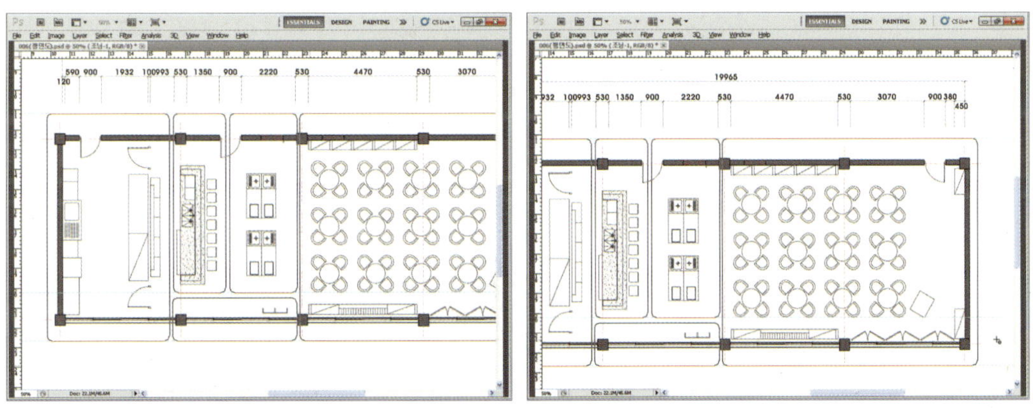

7 그려진 경로를 이용한 드로잉 작업을 진행하기 위해서 그려질 점선의 색상을 설정해 보도록 하겠습니다. 전경색(Set foreground color) 아이콘을 클릭하여 나타나는 Color Picker(Foreground Color) 대화상자에서 빨간색(R:255, G:0, B:0)을 선택해 줍니다.

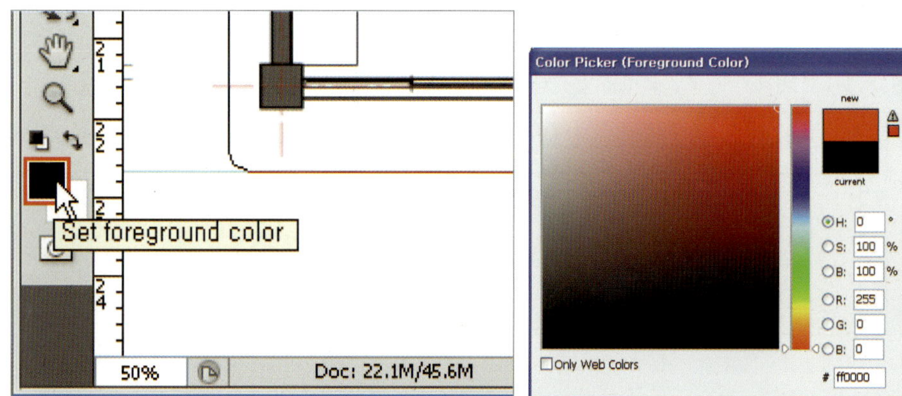

8 Rounded Rectangle Tool이 선택되어 있는 상태에서 그려진 드로잉 개체 위에 마우스 오른쪽 버튼을 클릭하면 아래 그림과 같은 메뉴가 나타납니다. 나타나는 메뉴에서 Fill Path... 명령을 클릭한 뒤 나타나는 Fill Path 대화상자에서 Contents의 Use 값을 Foreground Color(전경색)으로 설정하고 Opacity 값을 50%로 설정해 줍니다.

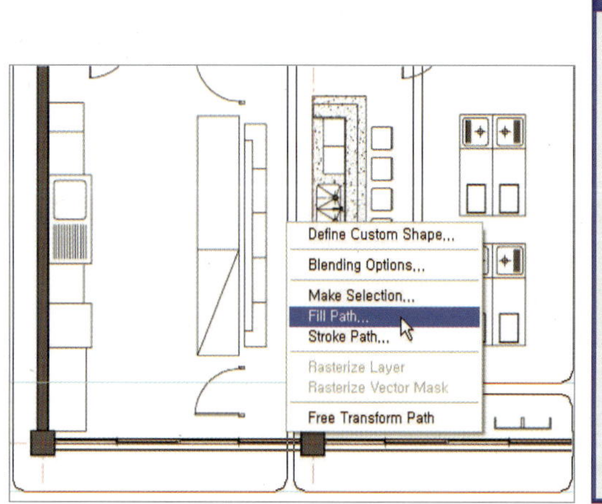

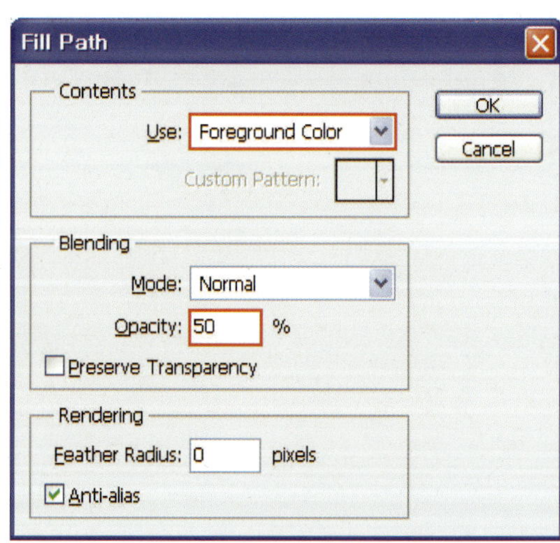

9 아래 그림과 같이 그려진 패스선 안쪽으로 채색되는 것을 볼 수 있습니다. 계속해서 마우스 오른쪽 버튼을 클릭한 뒤, 나타나는 메뉴에서 이번에는 Stroke Path... 명령을 수행합니다.

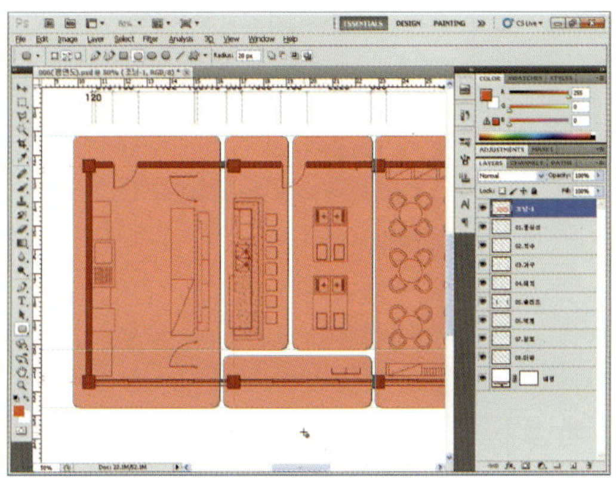
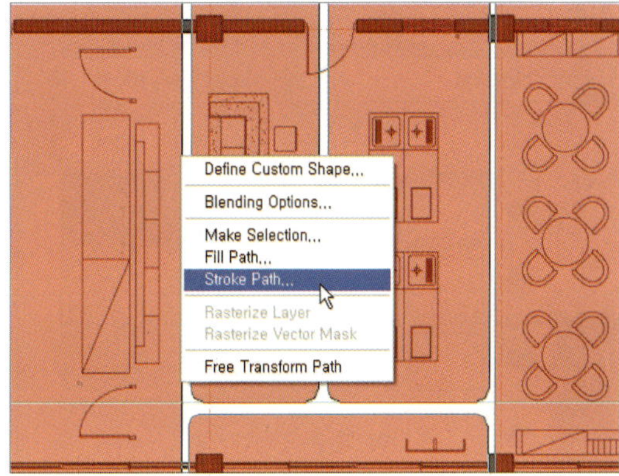

10 나타나는 Stroke Path 대화상자에서 Tool 옵션을 Brush로 설정한 뒤 OK 버튼을 클릭해 줍니다. 아래 그림과 같이 앞에서 설정한 브러시 모양을 이용하여 테두리 선이 점선으로 그려지는 모습을 볼 수 있습니다.

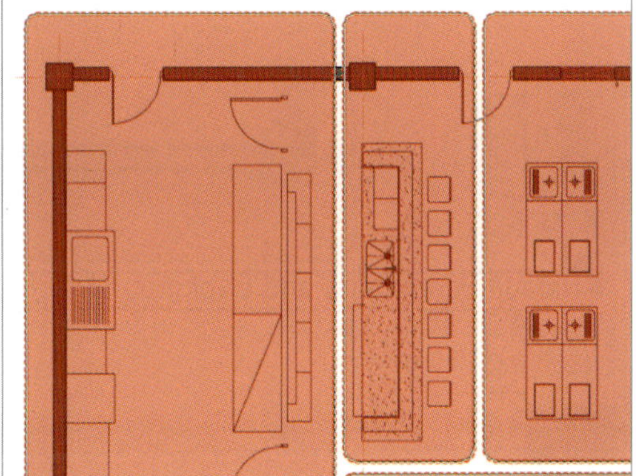

11 다음 작업을 위해서 '조닝-2'라는 이름으로 레이어를 추가한 뒤, 레이어 팔레트에서 가장 위쪽으로 이동시켜 줍니다. 사각형을 그려주기 위해서 툴 박스에서 Rectangle Tool을 선택해 줍니다.

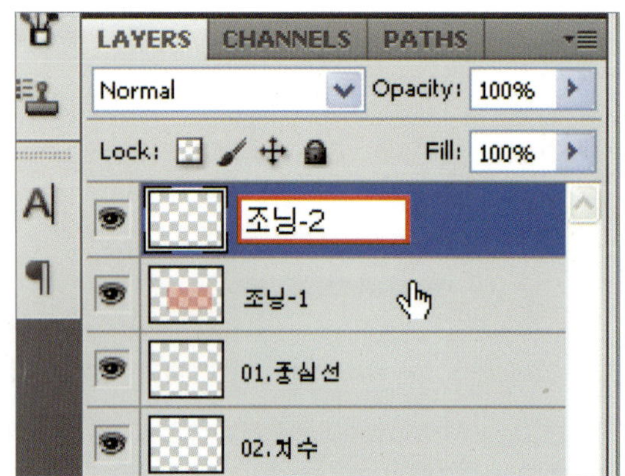
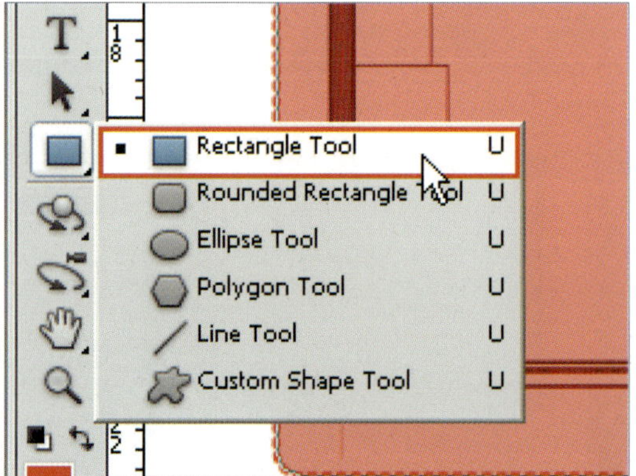

12 전경색을 검은색으로 배경색을 흰색으로 지정하기 위해서 아래 그림과 같이 Default Foreground and Background Color 아이콘을 클릭하여 색상을 지정해 줍니다. 이제 선택되어 있는 Rectangle Tool을 이용하여 글상자 배경으로 사용될 개체를 그리기 위해서 Path를 아래 그림과 같이 그려줍니다.

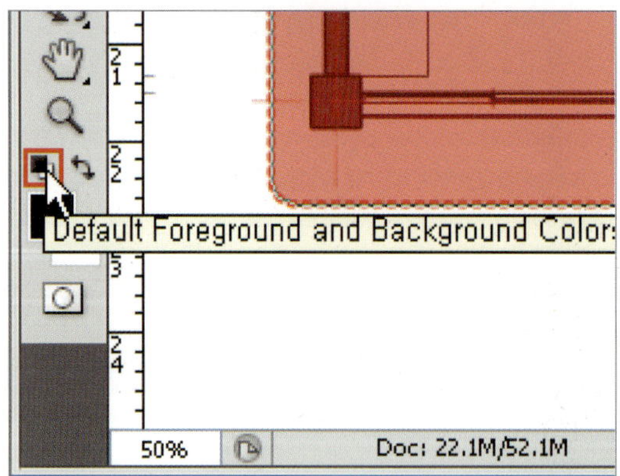
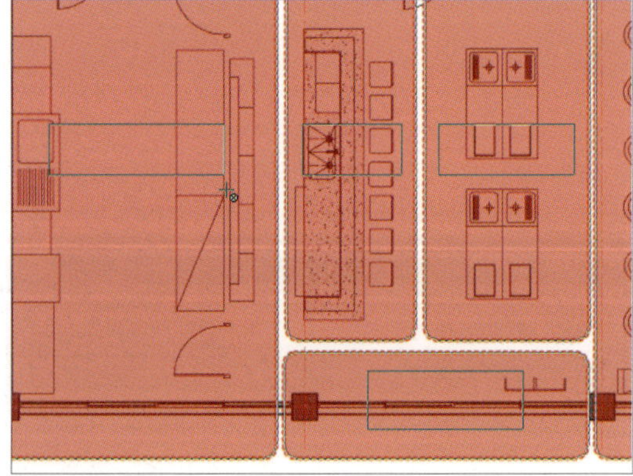

13 Rectangle Tool이 선택되어 있는 상태에서 그려진 드로잉 개체 위에 마우스 오른쪽 버튼을 클릭하여 나타나는 메뉴에서 Fill Path... 명령을 클릭합니다. 나타나는 Fill Path 대화상자에서 Contents의 Use 값을 Background Color(배경색)으로 설정하고 Opacity 값을 100%로 설정해 줍니다.

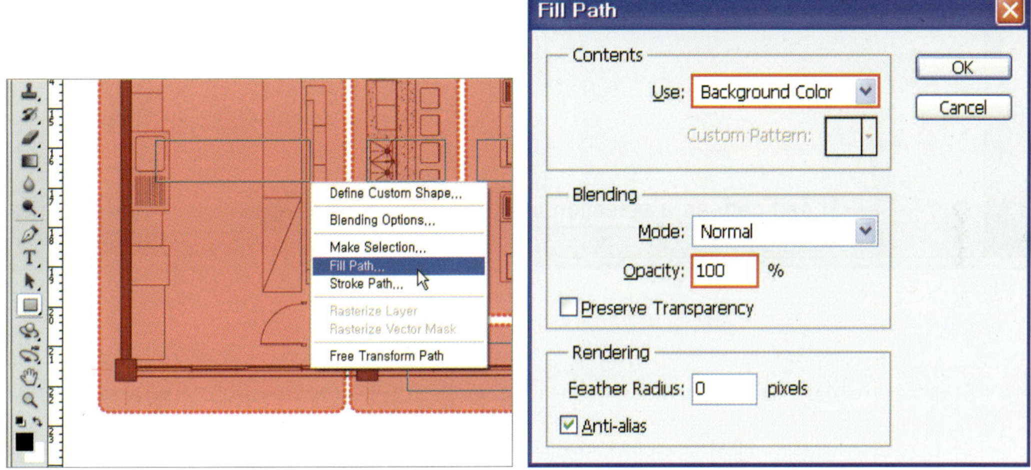

14 그려진 패스선 안쪽으로 배경색인 흰색으로 채워진 모습을 볼 수 있습니다. 이번에는 패스(Paths) 팔레트를 클릭하여 선택한 뒤, 현재 작성된 패스 레이어를 선택해 줍니다.

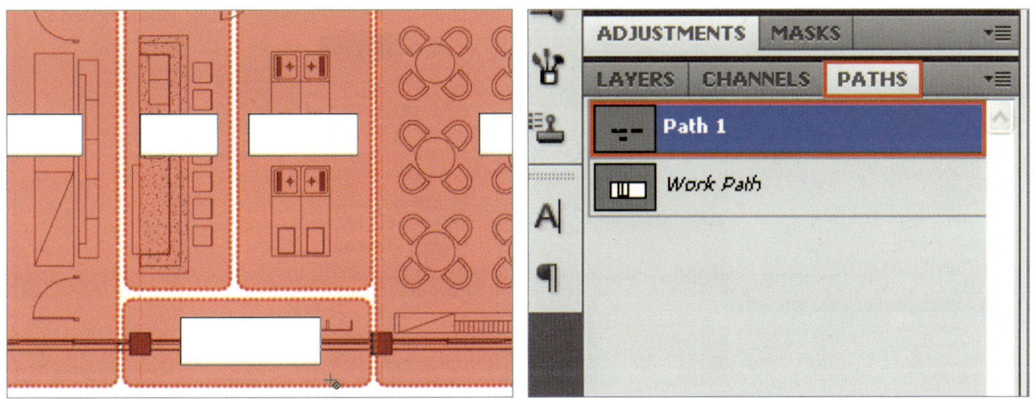

15 패스 팔레트 하단에 위치하고 있는 Load path as a selection 버튼을 클릭합니다. 그려진 패스를 이용하여 선택영역이 만들어진 것을 볼 수 있습니다.

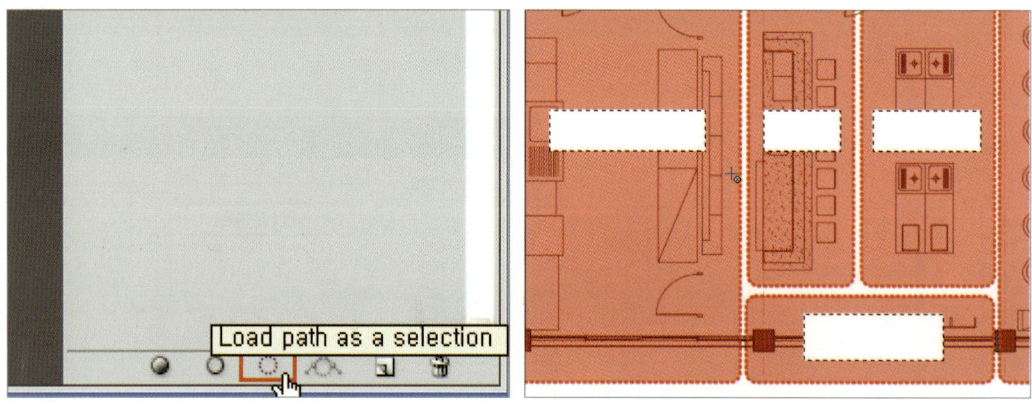

16 이제 선택 영역을 따라 외곽선을 그려보도록 하겠습니다. Edit → Stroke... 명령을 수행한 뒤 나타나는 Stroke 대화상자에서 Stroke의 두께를 2px로 설정하고 색상은 검은색으로 Location 값은 Center로 설정해 줍니다.

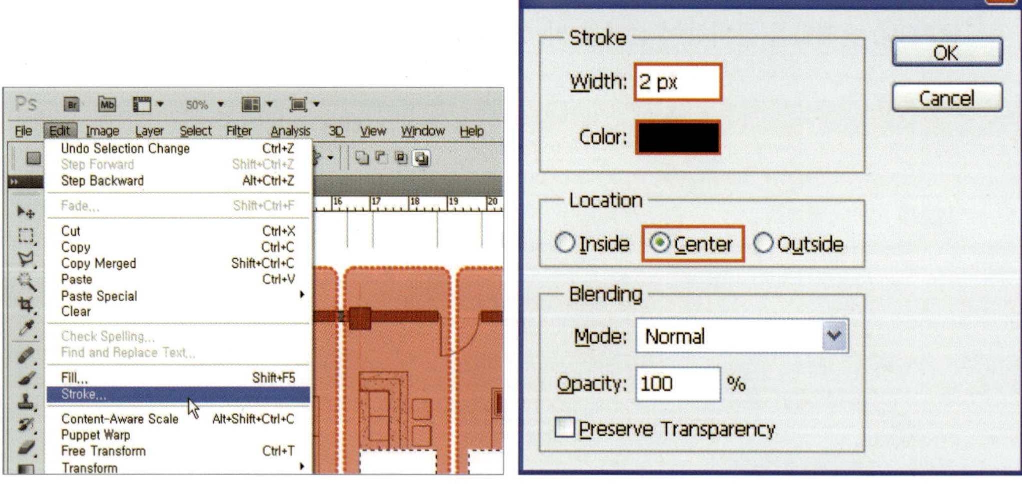

17 아래 그림과 같이 테두리 선이 그려지고 나면 Select → Deselect 명령을 수행하여 선택 영역을 취소합니다. 마지막으로 그려진 글상자 안쪽으로 글씨를 입력하기 위해서 Horizontal Type Tool을 선택합니다.

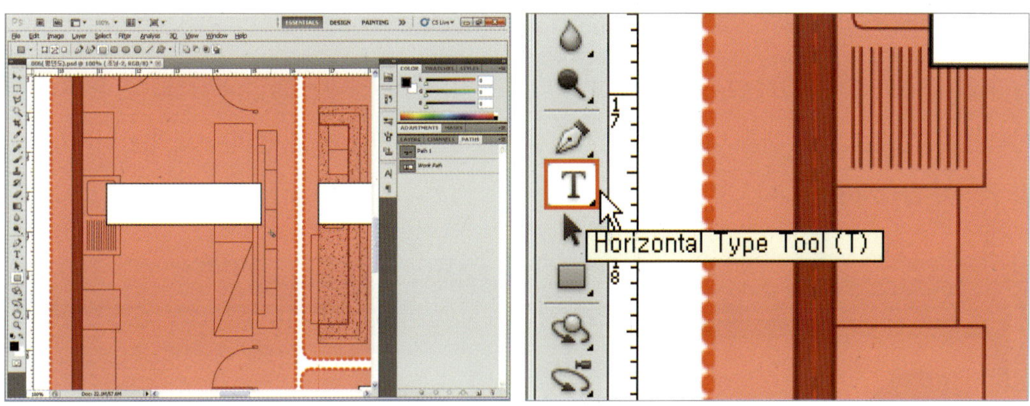

18 아래 그림을 참고하여 글씨를 입력하여 완성해 줍니다.

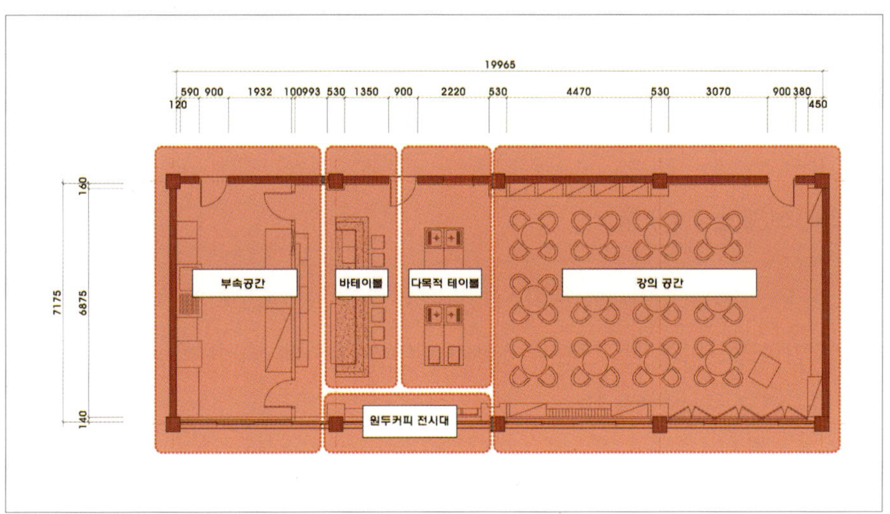

(예제\CD 07\004(평면도-조닝).psd)
(예제\CD 07\005(평면도-조닝).jpg)

 잘라내기 툴의 이해

 잘라내기 툴(Crop Tool)

잘라내기(Crop) 툴은 필요한 부분만 남겨놓고 나머지 부분은 잘라내는 툴입니다. 필요한 부분만을 선택한 후 선택한 영역 내를 더블 클릭하거나 Enter 키를 치면 선택한 영역을 제외한 나머지 외각 영역이 잘라지게 됩니다.

잘라내기(Crop) 툴을 이용한 선택

잘라낸 후의 모습

 슬라이스(Slice Tool) 툴

슬라이스(Slice Tool) 툴은 이미지의 구획을 나누어서 쪼개주는 툴로서 원하는 형태로 이미지를 분할합니다. 일반적으로 이미지를 만든 후 웹(www)상에 올릴 때, 즉 홈페이지를 만들 때 유용하게 사용되는 도구라고 보시면 됩니다.

슬라이스 선택(Slice Select Tool) 툴

슬라이스 선택(Slice Select Tool) 툴은 분할한 이미지를 선택하여 재구성시키는 툴 입니다.

2 드로잉 툴을 이용한 개념도 제작

이번 예제에서도 포토샵의 드로잉 기능을 이용하여 제안서 및 패널에서 필요한 개념도 (Concept Diagram)을 제작해 보도록 하겠습니다. 빈 캔버스에 드로잉 툴과 글씨 입력을 위한 타입 툴만을 이용하여 아래 그림과 같은 간단한 개념도를 제작해 보도록 하겠습니다.

완성된 개념 이미지

1　새로운 이미지를 제작하기 위해서 빈 캔버스를 만들어 보도록 하겠습니다. File ➡ New…
명령을 수행한 뒤 나타나는 New 대화상자에서 아래 그림과 같이 옵션 값을 설정하여 빈
캔버스를 만들어 줍니다.

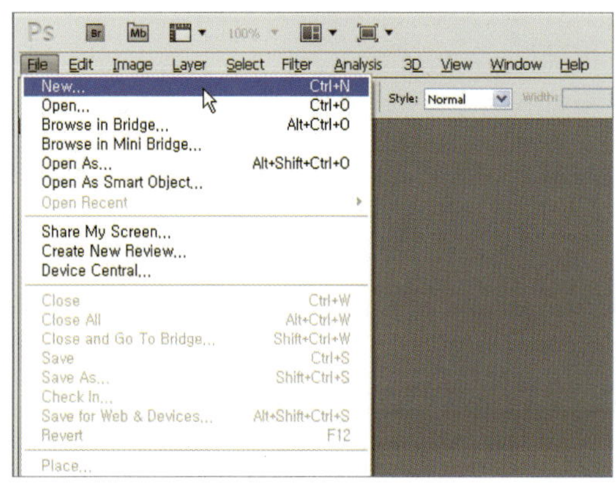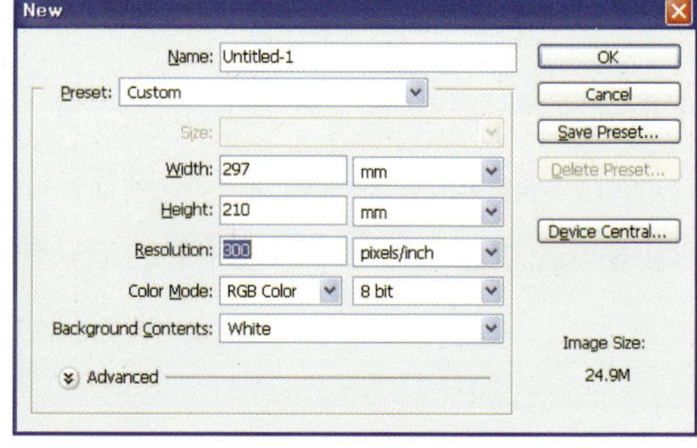

- Width(폭) : 297mm

- Height(높이) : 210mm

- Resolution(해상도) : 300pixel/inch

- Color Mode : RGB Color / 8bit

- Background Contents : White

2　아래 그림과 같이 빈 캔버스가 만들어지고 나면, 빈 레이어를 추가하기 위해서 레이어 팔
레트 하단에 위치하고 있는 여러 명령 버튼 중에서 Create a new layer 버튼을 클릭합니다.

3 빈 레이어가 만들어지고 나면 레이어 이름을 클릭하여 '원-01' 이라는 이름으로 레이어 이름을 변경시켜 줍니다. 이제 본격적인 드로잉 작업을 위해서 원을 그릴 수 있는 Ellipse Tool을 선택해 줍니다.

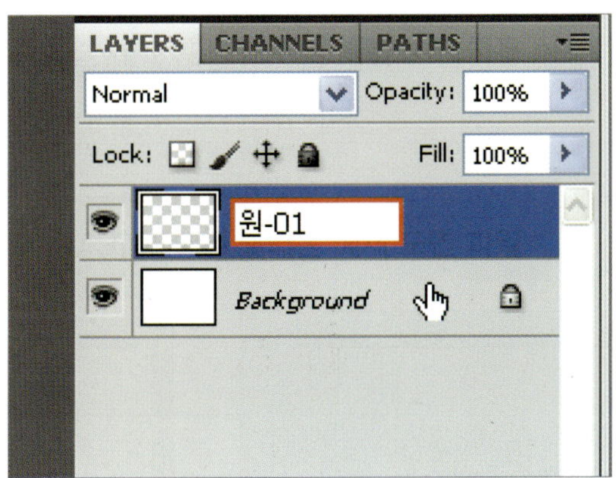
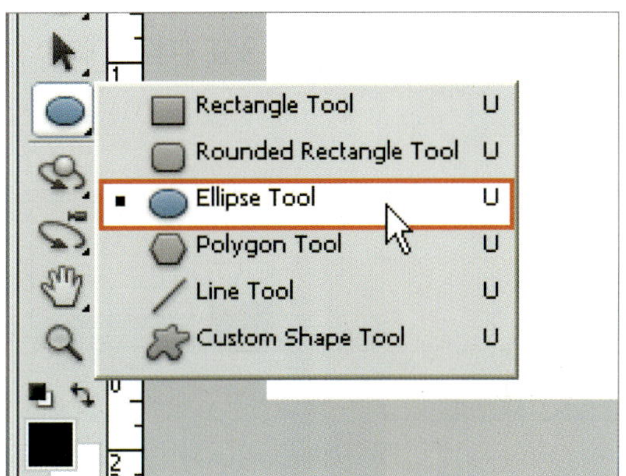

4 옵션 패널에서 아래 그림과 같이 Fill pixels 옵션을 설정하여 그려지는 개체가 비트맵 이미지로 그려질 수 있도록 옵션을 설정해 줍니다. 계속해서 그려지는 개체의 색상을 지정하기 위해 Set foreground color(전경색) 아이콘을 클릭해 줍니다.

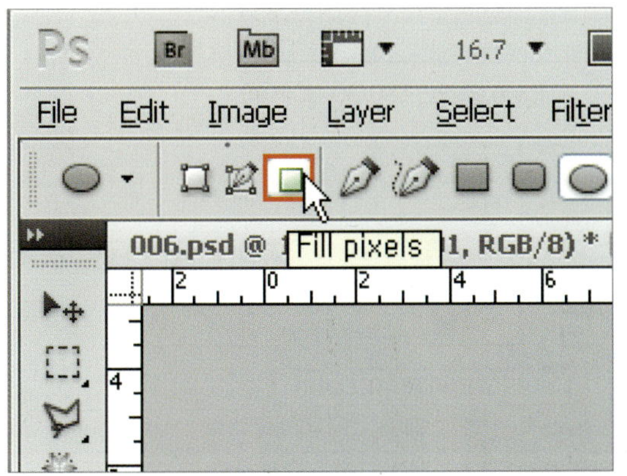
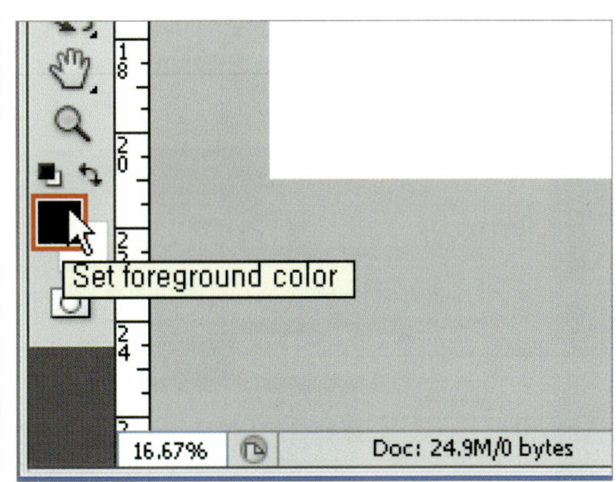

5 나타나는 Color Picker(Foreground Color) 대화상자가 나타나면 아래 그림과 같이 RGB 색상을 220,220,220으로 설정하여 밝은 회색을 설정해 줍니다. 이제 빈 캔버스에 Ellipse Tool을 이용하여 드래그함으로써 아래 그림과 같이 원을 그려줄 수 있습니다. 물론 동심원을 그리기 위해서는 Shift 키를 누른 상태에서 드래그하면 쉽게 동심원을 그릴 수 있습니다.

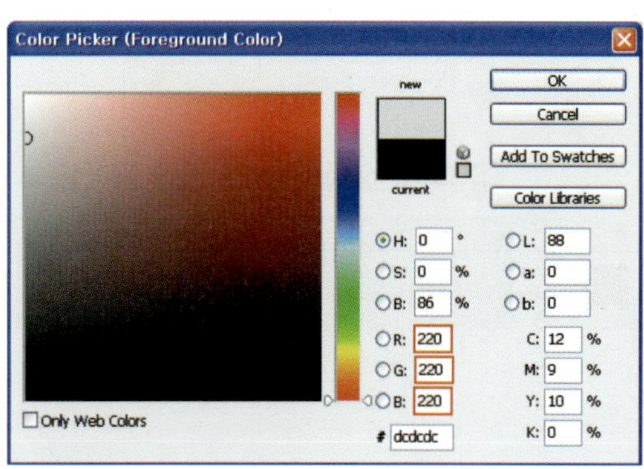

6 이제 앞에서 수행한 동일한 방법으로 작업을 진행해 보도록 하겠습니다. '원-02' 라는 이름으로 레이어를 추가한 뒤, 전경색을 설정하기 위해서 Set foreground color 아이콘을 클릭해 줍니다.

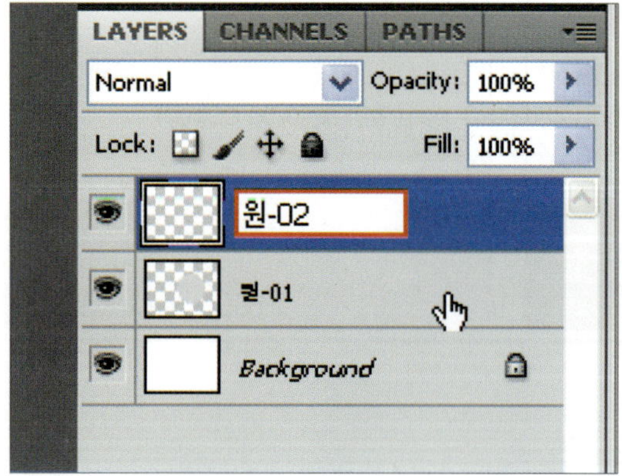
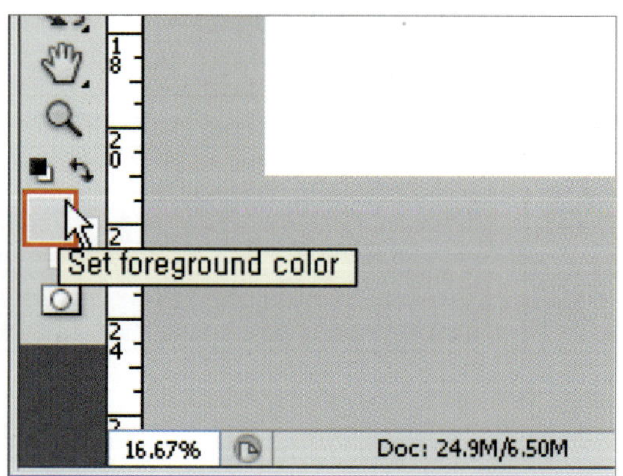

7 나타나는 Color Picker 대화상자에서 색상을 RGB 색상으로 설정해 줍니다. 이제 원형 개
체를 그리기 위해서 Ellipse Tool을 이용하여 아래 그림과 같은 동심원을 그려줍니다.

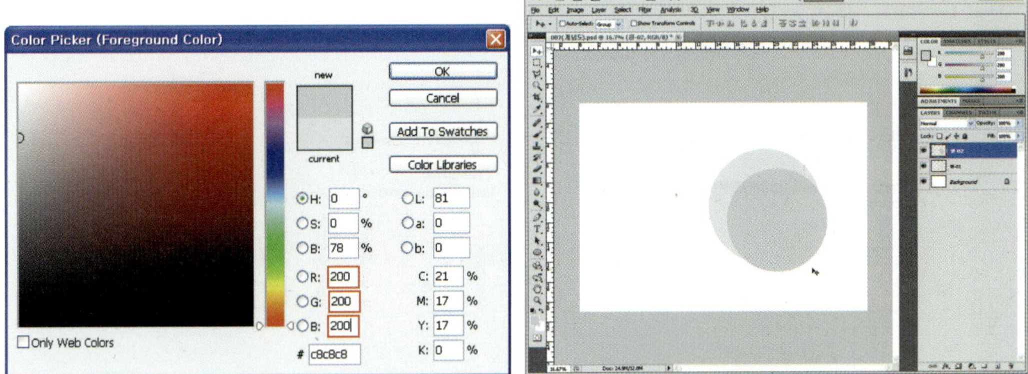

8 그려진 개체의 위치를 이동시켜주기 위해 툴 박스에서 Move Tool을 선택한 뒤 드래그하
여, 아래 그림과 같이 이전에 그려진 원의 가운데로 위치시켜 줍니다.

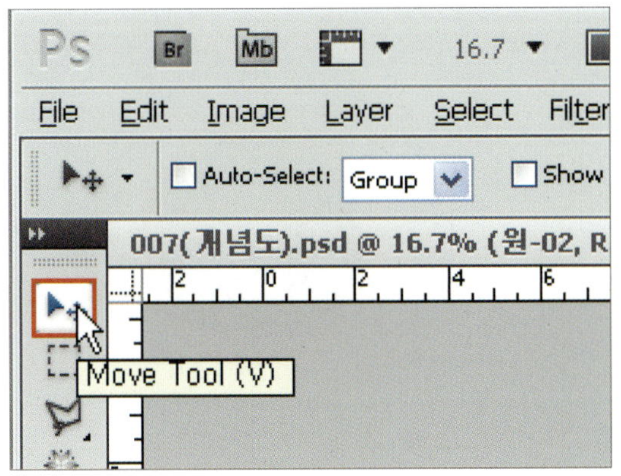

9 앞에서 수행한 동일한 방법으로 '원-03' 이라는 이름으로 레이어를 추가한 뒤, R:255, G:160, B:0 색상으로 아래 그림과 같은 원을 그리고 위치를 이동시켜 줍니다.

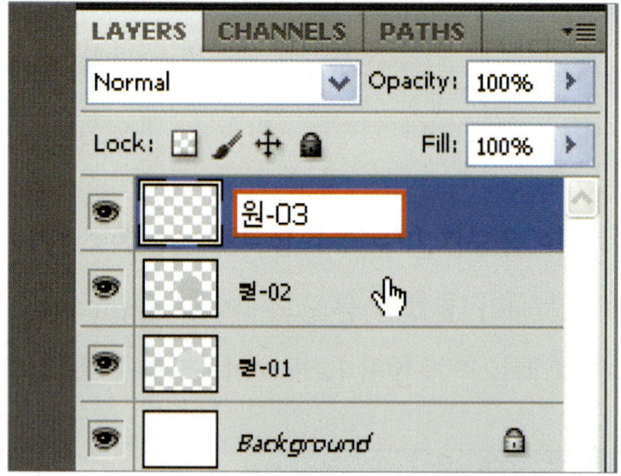 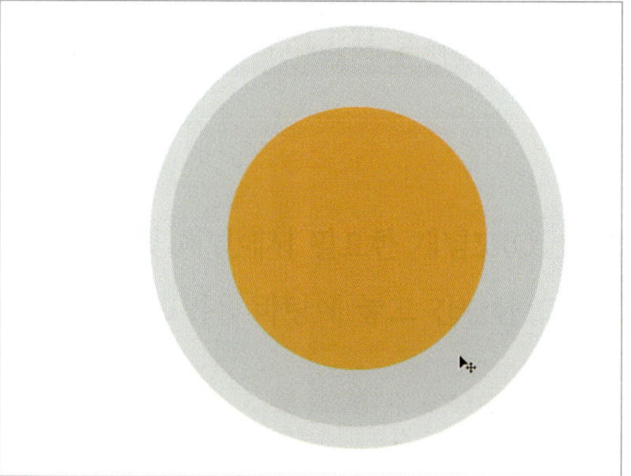

10 앞에서 수행한 동일한 방법으로 '원-04' 라는 이름으로 레이어를 추가한 뒤, R:100, G:100, B:100 색상으로 아래 그림과 같은 원을 그리고 위치를 이동시켜 줍니다.

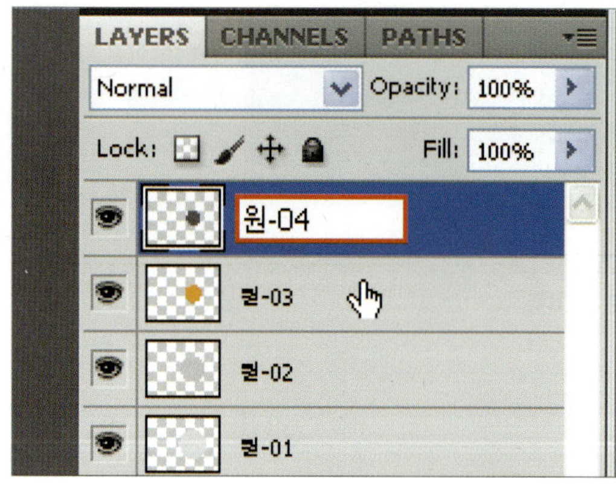 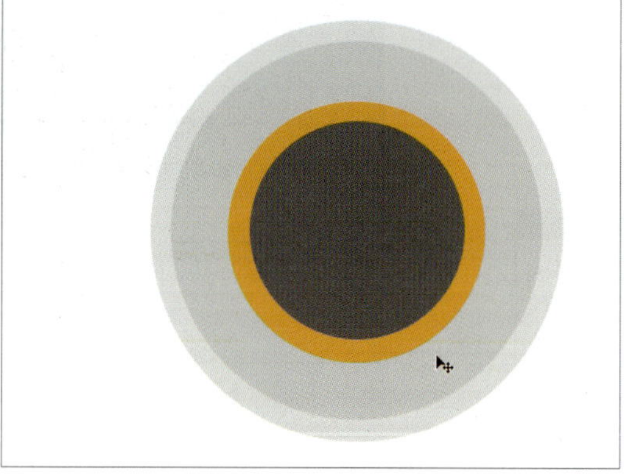

11 이제 글씨를 입력해 보도록 하겠습니다. 툴 박스에서 글씨 입력을 위해 Horizontal Type Tool을 선택한 뒤, 아래 그림을 참고하여 [미래인재를 양성하는 "배움의 터전"]이라는 글씨를 입력해 줍니다. 아래 그림과 같이 정확히 일치하는 글씨를 입력할 필요는 없으며, 비슷한 형태로 만들어 줍니다.

12 계속해서 이번에는 그림자 효과를 만들어 보도록 하겠습니다. '원-그림자' 라는 레이어를 추가한 뒤, 검은색으로 아래 그림과 같은 타원형의 개체를 그려줍니다.

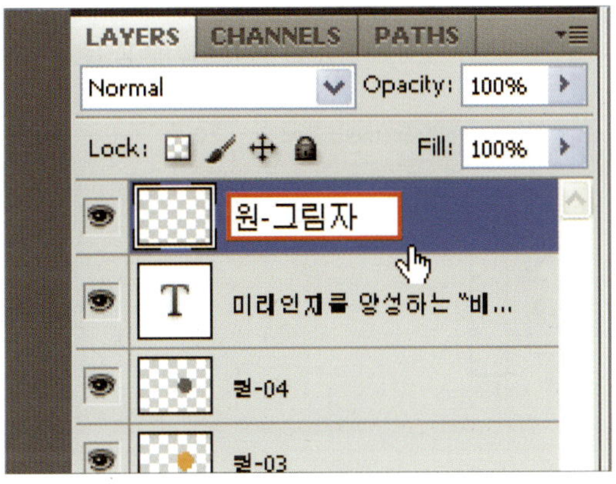

13 그려진 개체의 불필요한 부분을 삭제하기 위해 툴 박스에서 Eraser Tool을 선택한 뒤, 드래그하여 아래 그림과 같이 불필요한 부분은 삭제하도록 합니다.

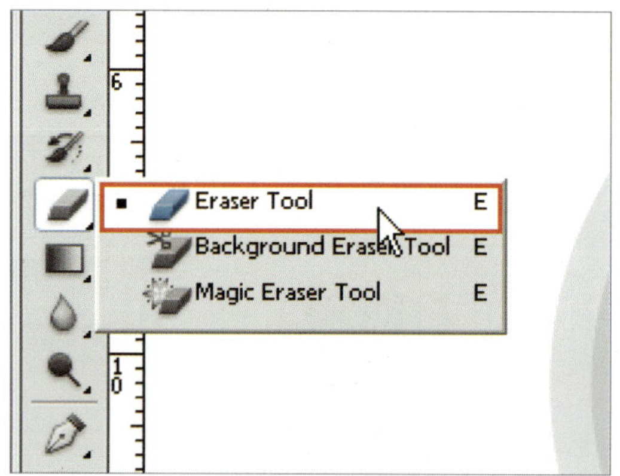

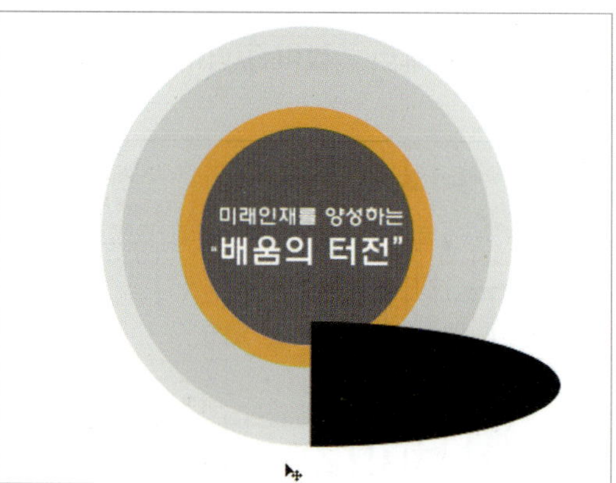

14 '원-그림자' 라는 레이어가 선택되어 있는 상태에서 Layer ➡ Layer Mask ➡ Reveal All 명령을 수행합니다. 계속해서 다음 작업을 위해 아래 그림과 같이 Gradient Tool을 선택해 줍니다.

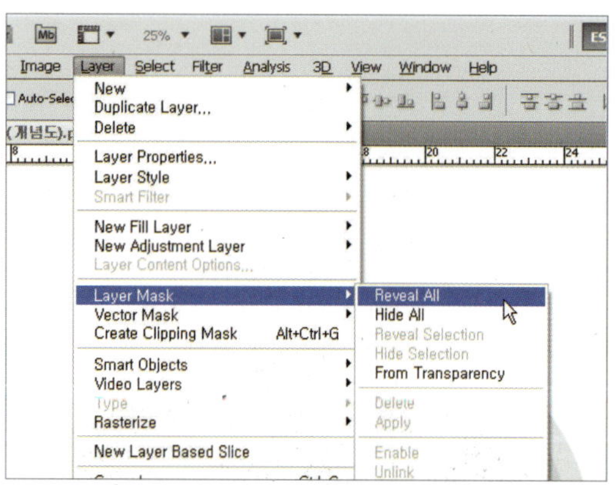

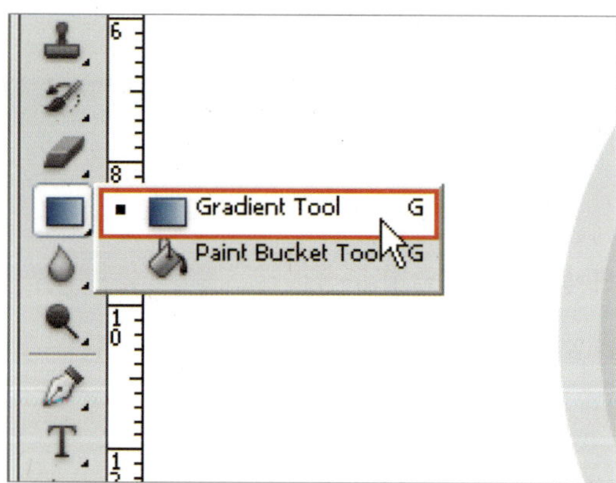

15 Gradient Tool을 선택한 뒤, 옵션 패널에서 Black, White로 색상을 설정하고, Linear Gradient 아이콘을 클릭하여 선형 그라데이션 방법으로 설정해 줍니다.

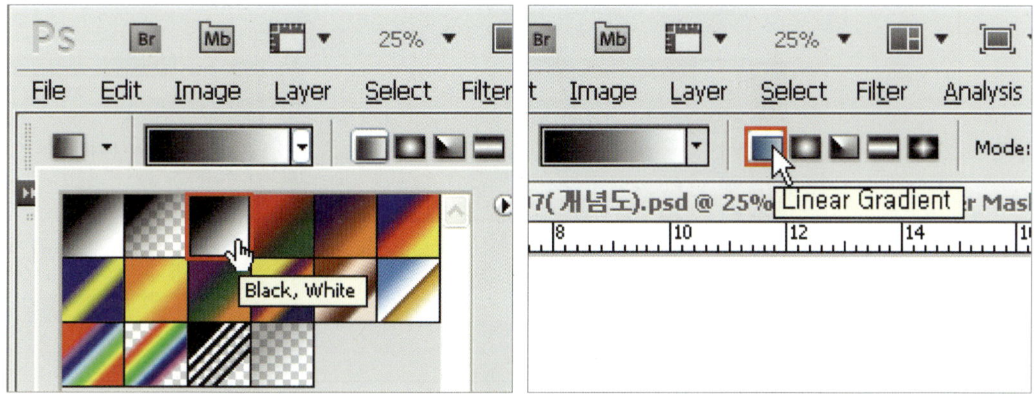

16 이제 아래 첫 번째 그림과 같이 오른쪽에서 왼쪽으로 드래그하면 두 번째 그림과 같은 결과를 만들 수 있습니다. 점차 사라지는 효과를 볼 수 있습니다.

17 현재 작업중인 '원–그림자' 레이어를 드래그하여 레이어의 순서를 'Background' 레이어 바로 위쪽으로 이동시켜 줍니다. 더불어 '원–그림자' 레이어의 Opacity 값을 60%로 설정하여 이미지의 색상을 흐릿하게 처리해 줍니다.

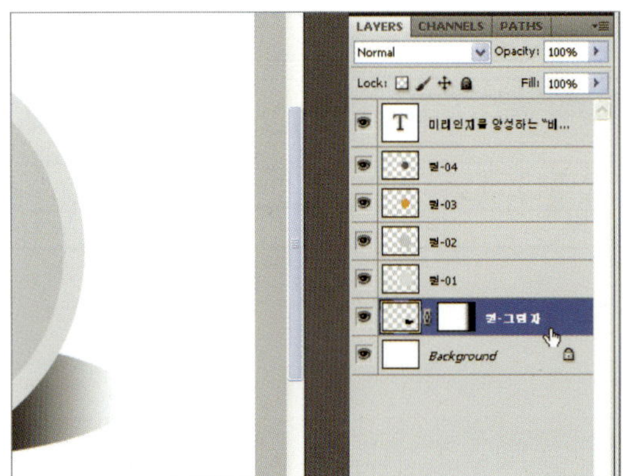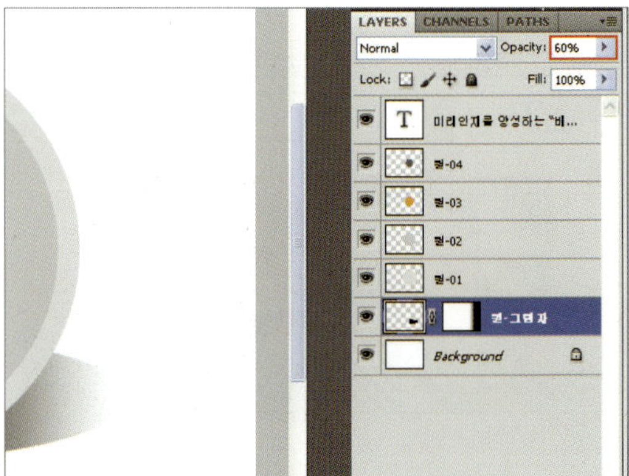

18 아래 그림과 같은 결과가 만들어진 것을 알 수 있습니다.

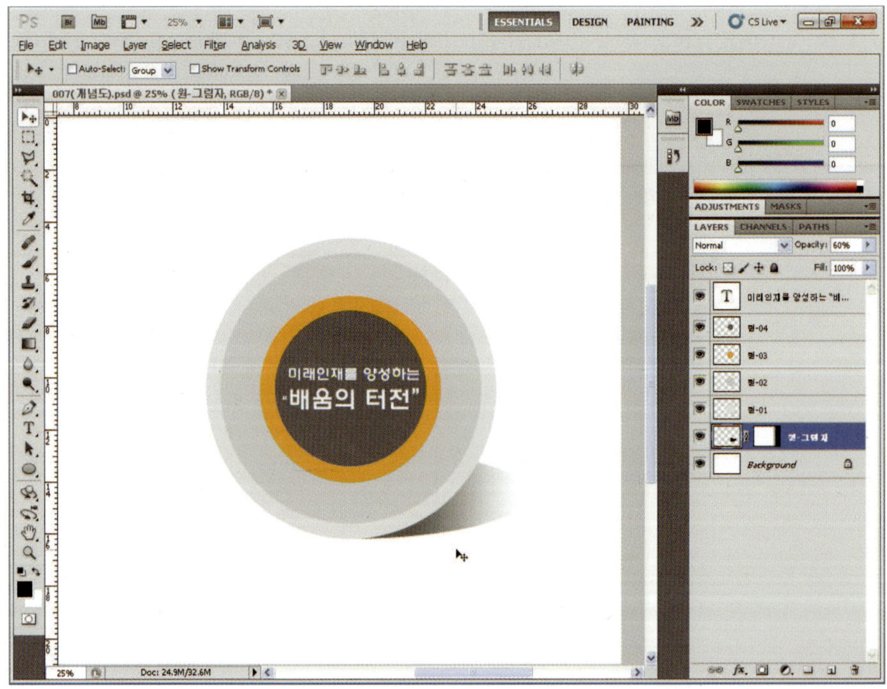

19 이제 복잡해 보이는 레이어를 깔끔하게 정리해 보도록 하겠습니다. 'Background' 레이어를 제외한 나머지 레이어를 모두 선택해 줍니다. 레이어를 다중 선택할 경우 **Ctrl** 키를 누른 상태에서 다른 레이어를 선택하면 여러 레이어를 동시에 선택할 수 있습니다. 레이어 팔레트의 우측 상단 버튼을 클릭한 뒤, 나타나는 팝업 메뉴에서 New Group from Layers... 명령을 수행합니다.

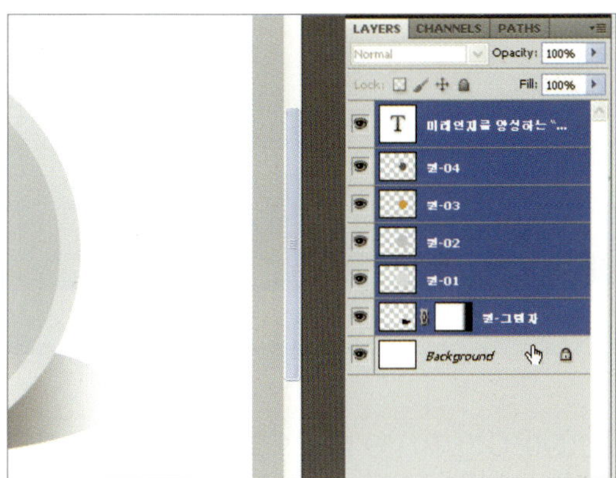
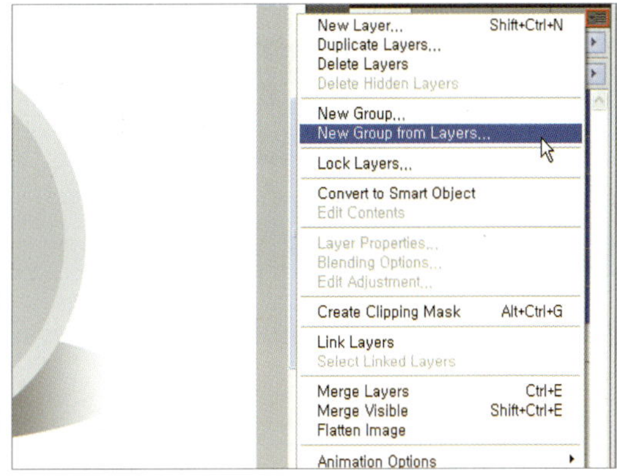

20 나타나는 New Group from Layers 대화상자에서 '다이어그램-1' 이라는 이름으로 그룹 레이어를 만들어 줍니다. 선택된 여러 레이어가 하나의 그룹 레이어로 묶이면서 레이어 팔레트의 모양이 한결 간결하게 보입니다.

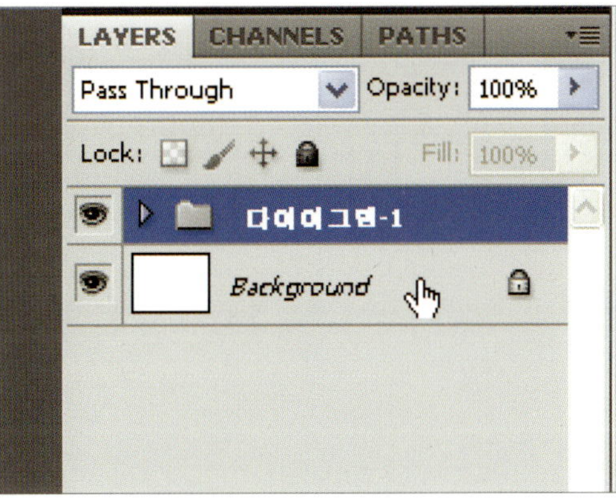

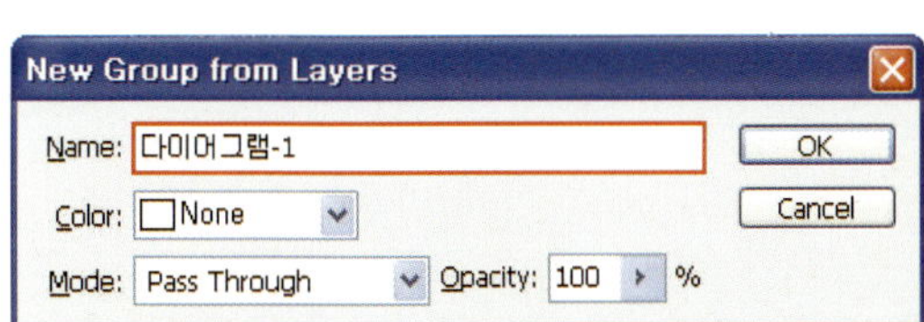

21 계속해서 '원-01' 이라는 이름으로 레이어를 추가한 뒤, R:255, G:159, B:0 색상으로 아래 그림과 같은 원을 그리고 위치를 이동시켜 줍니다.

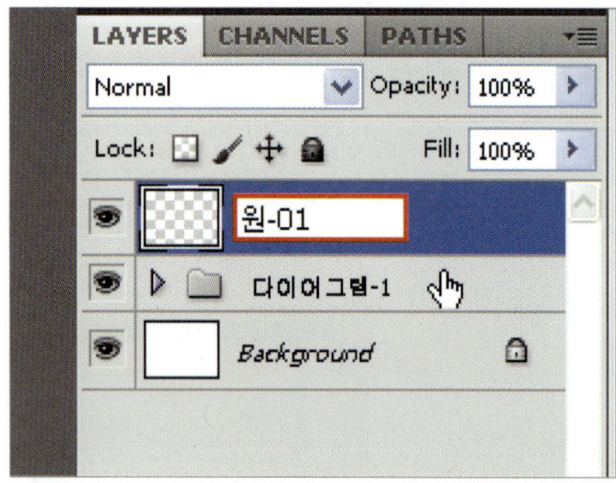

22 '원-02' 라는 이름으로 레이어를 추가한 뒤, R:40, G:0, B:159 색상으로 아래 그림과 같은 원을 그리고 위치를 이동시켜 줍니다.

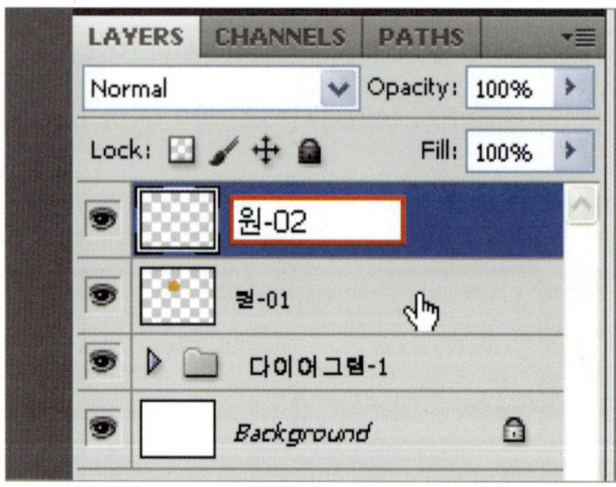

23 Horizontal Type Tool을 선택하여 아래 그림과 같이 '환경친화적 건축계획', 'ECO' 라는 글씨를 입력한 뒤, 적당한 위치로 이동시켜 줍니다.

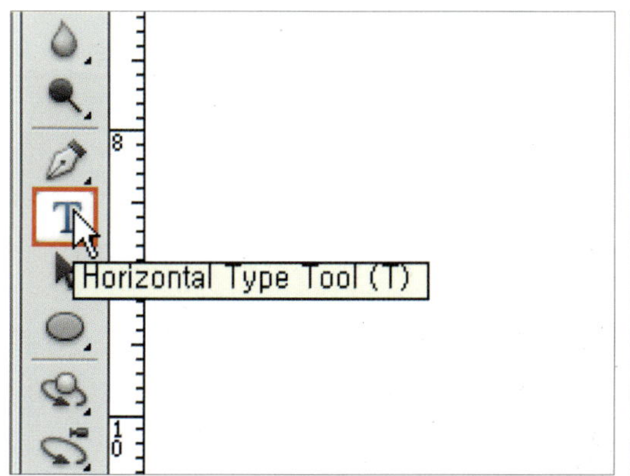

24 이제 지금까지 작성된 4개의 레이어를 모두 선택합니다. 레이어 팔레트의 우측 상단 버튼을 클릭하여 나타나는 팝업 메뉴에서 New Group from Layers... 명령을 수행합니다.

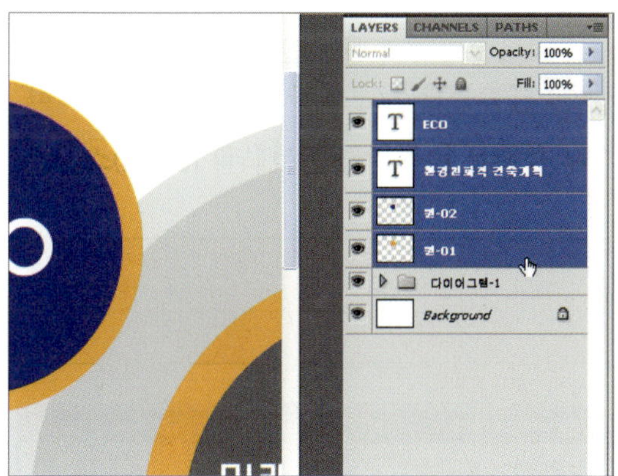

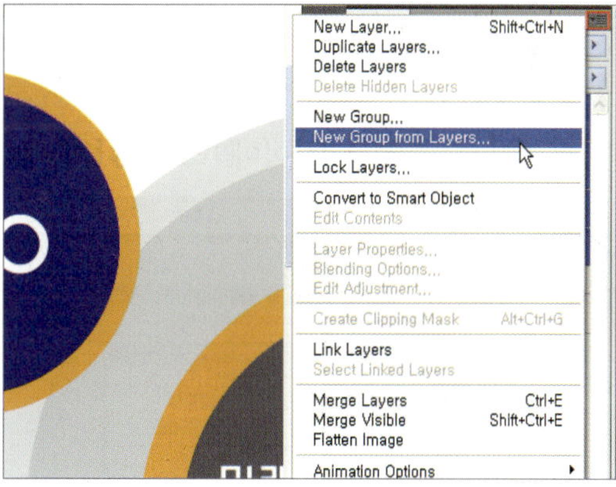

25 나타나는 New Group from Layers 대화상자에서 '다이어그램-2' 라는 이름으로 그룹 레이어를 만들어 줍니다. 작성된 여러 레이어가 하나의 그룹 레이어로 묶이면서 레이어 팔레트의 모양이 간결하게 정리되어 보입니다.

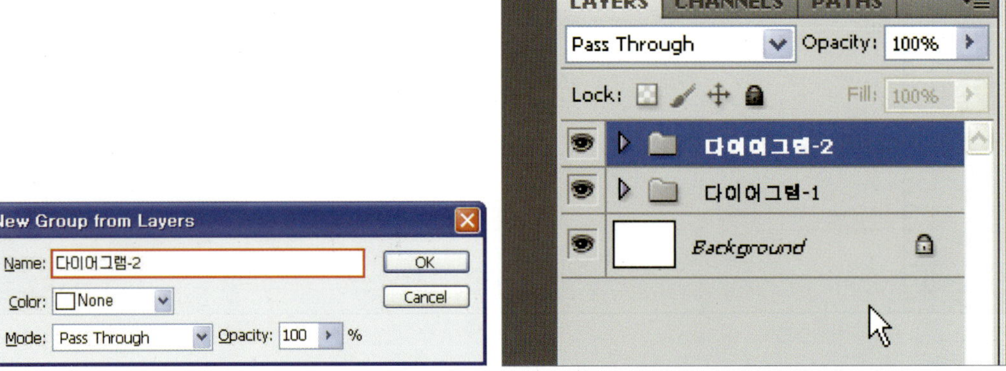

26 이번에는 레이어 팔레트에서 앞에서 작성된 '다이어그램-2' 라는 이름의 그룹 레이어를 선택한 뒤, 마우스 오른쪽 버튼을 클릭하여 나타나는 팝업 메뉴에서 Duplicate Group... 명령을 수행합니다. 나타나는 Duplicate Group 대화상자에서 복사될 그룹 레이어의 이름을 '다이어그램-3' 이라고 입력해 줍니다.

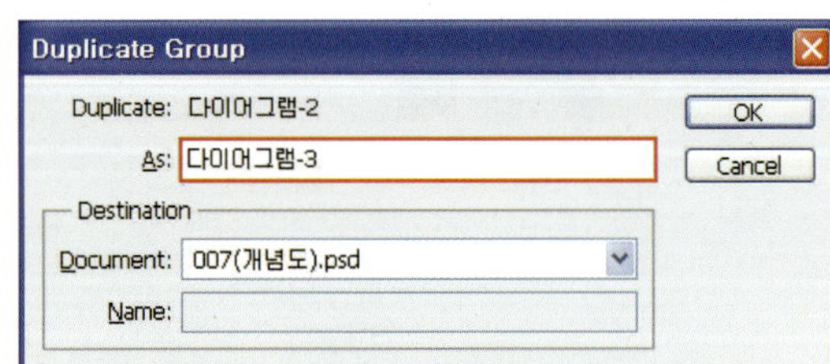

27 그룹 레이어를 복제한 뒤, 복사된 '다이어그램-3'라는 그룹 레이어 내에 이미지를 이동 시켜주기 위해서 Move Tool을 선택합니다.

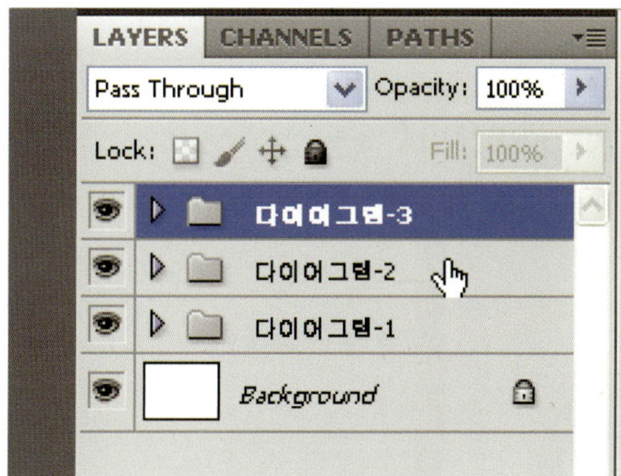
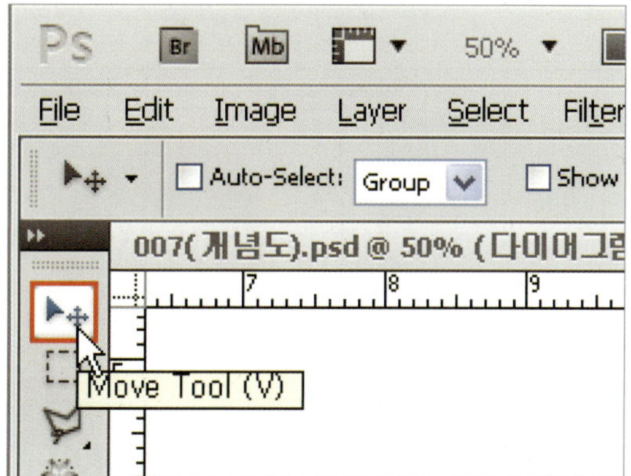

28 아래 그림과 같이 드래그하여 이동시켜 줍니다. 이제 Horizontal Type 등을 이용하여 복 제된 레이어 내에 글씨를 아래 그림과 같이 변경시켜 줍니다.

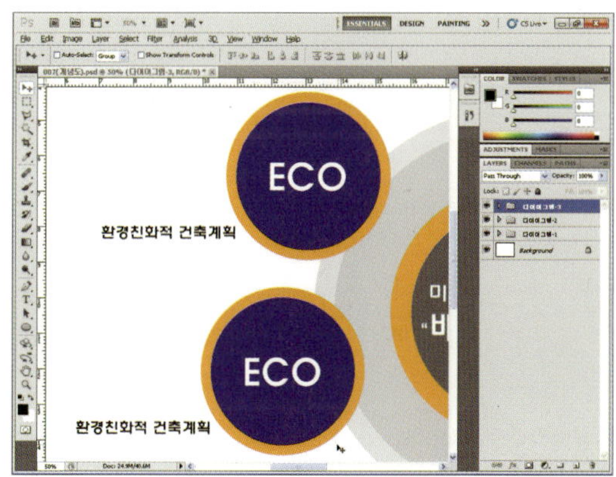

29 앞에서 수행한 동일한 방법으로 그룹 레이어를 한번 더 복제한 뒤, '다이어그램-4' 라는 그룹 레이어를 복제, 이동, 글씨를 수정하여 아래 그림과 같은 이미지를 만들어 줍니다.

30 최종 완성된 모습

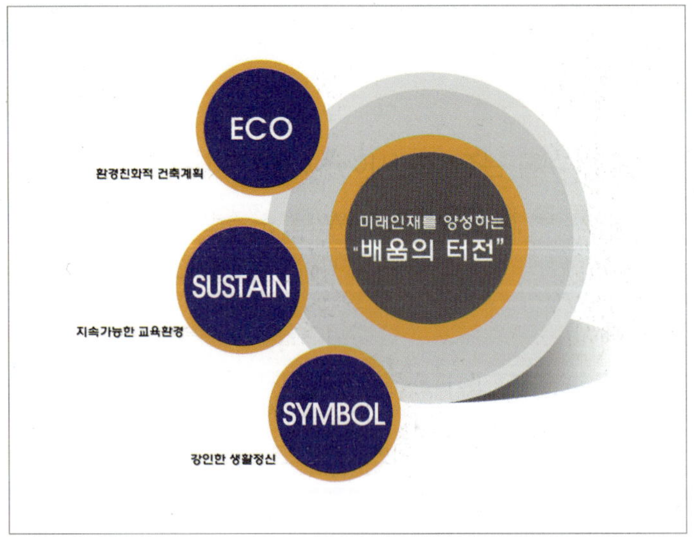

(예제CD 07\007(개념도).psd)
(예제CD 07\008(개념도).jpg)

ⓘ 개념도(Concept Diagram) 제작의 노하우

건축이나 인테리어 프레젠테이션 보드 및 패널을 작성할 경우 도면, 투시도 등의 이미지 뿐 만 아니라 설계(안)에 대한 개념을 정확히 전달하기 위한 개념 도(Concept Diagram)를 작성하여 표현하게 됩니다. 물론 지금 학습하고 있는 포토샵이나 수작업을 통해 어느 정도 표현이 가능하지만 대부분의 개념 이미지의 경우, 일러스트 이미지로 표현하는 경우가 많습니다. 따라서 이러한 개념도는 포토샵을 통해 작성하는 것 보다는 일러스트레이터와 같은 벡터 드로잉 소프트웨어를 사용하는 것이 훨씬 유리하면 다양한 형태의 표현할 수 있습니다.

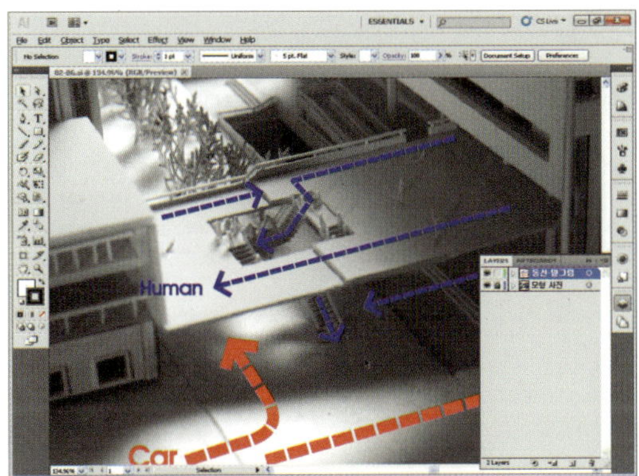

일러스트레이어로 작성된 개념도

일러스트레이어로 작성된 개념도

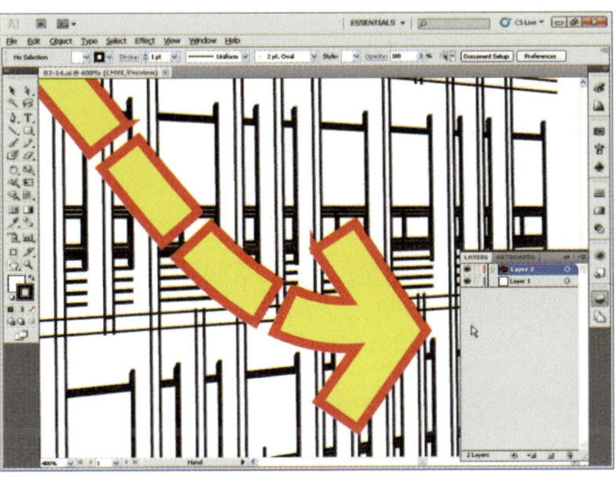
일러스트레이어로 작성된 개념도

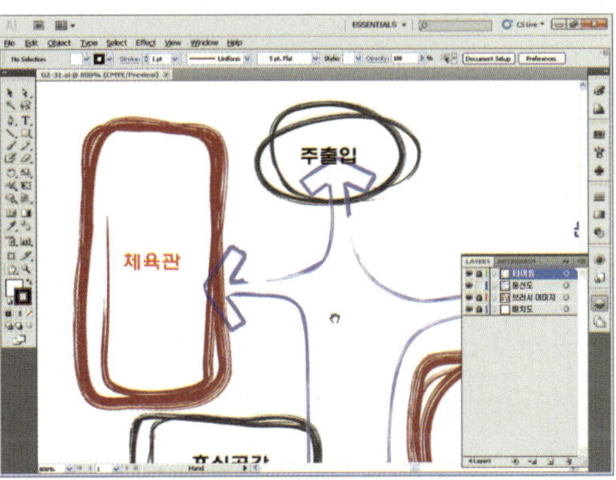

일러스트레이어로 작성된 개념도

위의 그림은 일러스트레이터를 이용하여 작성된 개념도(Concept Diagram)로 일러스트 이미지뿐만 아니라 손으로 작성되는 이미지의 느낌까지 표현할 수 있습니다.

❗ 측정 도구의 이해

 **스포이드 툴(Eyedropper Tool)**

스포이드 툴(Eyedropper Tool)은 작업 이미지에서 직접 색상을 추출할 경우 사용합니다. 그냥 클릭하게 되면 지정한 픽셀의 색상값이 전경색(Foreground Color)으로 추출되고 Alt 키를 누른 상태에서 클릭하게 되면 배경색(Background Color)으로 추출됩니다.

 **색상 샘플러 툴(Color Sampler Tool)**

스포이드 툴의 기능과 유사한 기능으로 색상을 추출하는 툴 입니다. 그러나 스포이드 툴과 다른 점은 원하는 픽셀의 색상을 연속적으로 추출하여 전경색으로 설정하는 것이 아니라 별도의 Info 팔레트에 정보를 표시한다는 점입니다. 색상정보를 삭제하고 싶으면 Alt 키를 눌러 번호를 클릭하면 삭제할 수 있습니다.

 **측정 툴(Measure Tool)**

이미지 내에서의 길이, 각도 값을 측정하는 툴입니다. 측정 후 나타나는 내용은 인쇄할 때 출력되는 실제의 크기로 측정되며, 옵션 팔레트와 Info 팔레트를 통해서 측정된 값을 확인할 수 있습니다.

 **노트 툴(Notes Tool)**

일반적으로 많이 사용하는 포스트 잇과 같이 작업 중인 이미지에 메모하듯이 주석문을 입력해 줄 수 있습니다.

카운트 툴(Count Tool)

자동으로 카운트되는 숫자를 표현함으로써 이미지에서 필요한 내용, 즉 숫자를 셀 때 유용하게 사용될 수 있습니다.

 브러쉬 도구의 이해

스팟 힐링 브러시(Spot Healing Brush)

스팟 힐링 브러시(Spot Healing Brush) 툴의 경우는 대상을 복사하여 원하는 부분을 삭제하는 것이 아니라 선택 영역만 지정하여 주변부분의 픽셀 색상이나 톤을 자동으로 인식하여 이미지 합성 작업을 진행하게 됩니다.

 **복구 브러시(Healing Brush)**

복구 브러시 툴(Healing Brush)은 기존의 도장 도구(Stamp Tool)과 비슷한 기능을 수행하지만 명암, 조명 등의 밝기나 색상, 명도, 채도 등과 같은 속성을 보존하면서 이미지를 복제시키기 때문에 보다 자연스럽게 이미지를 복원시킬 수 있는 도구입니다.

 **패치 브러시(Patch Brush)**

패치 브러시(Patch Brush)는 복구 브러시(Healing Brush)와 더불어 이미지를 수정, 복원하는 도구로 선택 영역이 있는 상태에서 주변과 자연스러운 합성 작업을 수행할 수 있습니다.

원본 이미지

패치 툴을 이용한 이미지 편집

 레드 아이 툴(Red Eye Tool)

레드 아이 툴(Red Eye Tool) 어두운 곳에 있는 사람의 정면에서 플래시를 터뜨려 사진을 찍을 경우 나타나게 되는 적목 현상, 즉 빨간 눈의 현상을 보정해 주는 툴입니다.

 페인트 브러시 툴(Brush Tool)

스프레이를 뿌리는 효과나 부드러운 그림을 그릴 때 사용하는 툴로 부드럽고 붓 자국이 남기 때문에 그와 같은 느낌을 줄 때 사용됩니다.

 연필 툴(Pencil Tool)

연필 툴은 브러쉬 툴과 비슷하지만 브러쉬 툴에 비해서 거친 느낌의 그림을 그릴 때 주로 사용되며, 특히 선(Line)을 그릴 때 많이 사용됩니다.

 컬러 리플레이스먼트 툴(Color Replacement Tool)

컬러 리플레이스먼트 툴(Color Replacement Tool)은 툴의 이름과 같이 지정된 색상으로 원하는 영역의 색상을 변경시켜주는 도구입니다. 이 툴은 Tolerance 옵션과 Color, Hue Blending Mode 등의 합성기법을 이용하여 색을 변경, 칠해주는 도구로 원하는 부분을 선택하지 않고도 색의 교체를 가능케 합니다.

 혼합 브러시 툴(Mixer Brush Tool)

혼합 브러시 툴(Mixer Brush Tool)은 툴의 이름과 같이 지정된 색상으로 원하는 영역의 색상을 변경시켜 드로잉 할 수 있는 툴입니다. 혼합 브러시 툴은 하나의 팁 위에 여러 색을 정의할 수 있으며, 이를 섞어 사용할 수 있습니다.

 ### 도장 툴(Stamp Tool)

도장 툴은 이미지를 복제할 때 사용합니다. 일반적으로 스캔 받은 사진의 잘못된 부분을 수정할 때 많이 사용됩니다. 도장 툴은 복제할 부분을 Alt키를 누른 상태에서 복사할 이미지의 기준점을 클릭한 후 복제될 부분에서 드래그하면 클릭한 점을 기준으로 이미지를 복제하게 됩니다.

 ### 패턴 도장 툴(Pattern Stamp Tool)

패턴 도장 툴은 미리 지정된 패턴 이미지를 복제할 경우 사용됩니다. 패턴 정의는 패턴으로 지정할 영역을 선택한 후 Edit → Define Pattern을 클릭하여 메모리에 저장해 둔 뒤 패턴 도장 툴을 이용하여 복제합니다.

3 도면을 활용한 독창적인 개념 표현

이번 예제에서도 작성된 도면을 이용하여 아래 그림과 같은 독창적인 개념을 표현하기 위한 작업을 진행해 보도록 하겠습니다. 포토샵과 같은 디지털 도구는 상상력을 제한하는 것이 아니라 무한한 상상력만 있다면 어떤 형상이든 더욱 다양한 개념 이미지를 제작할 수 있도록 도와줄 것입니다.

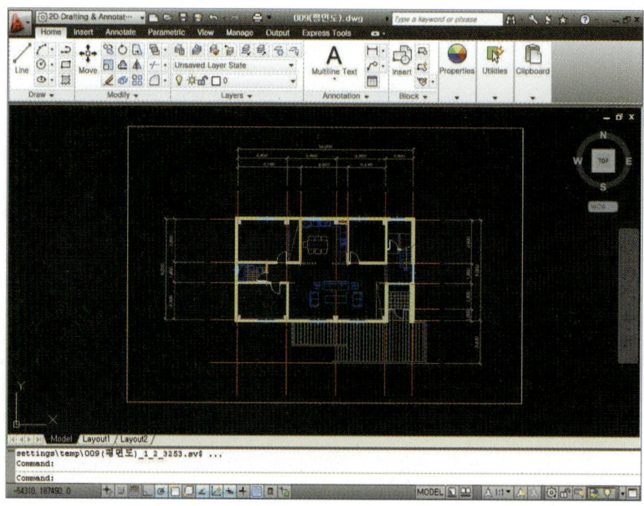

준비된 도면 이미지

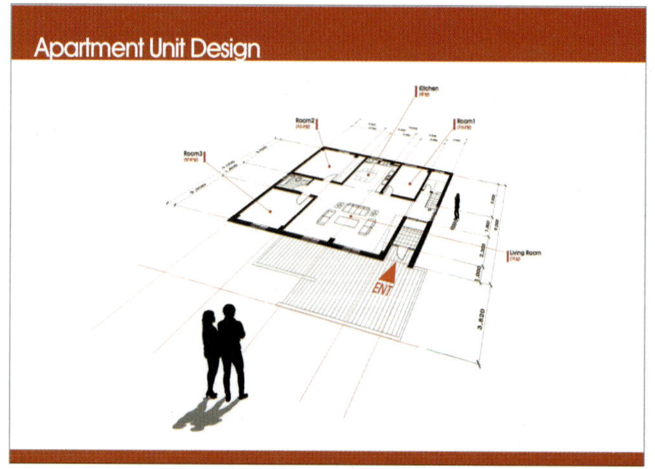

완성된 개념 이미지

1 AutoCAD에서 준비된 예제 파일을 불러온 뒤, EPS 포맷을 이용한 변환 작업을 통해 포토샵(해상도:200ppi)으로 불러와 줍니다.

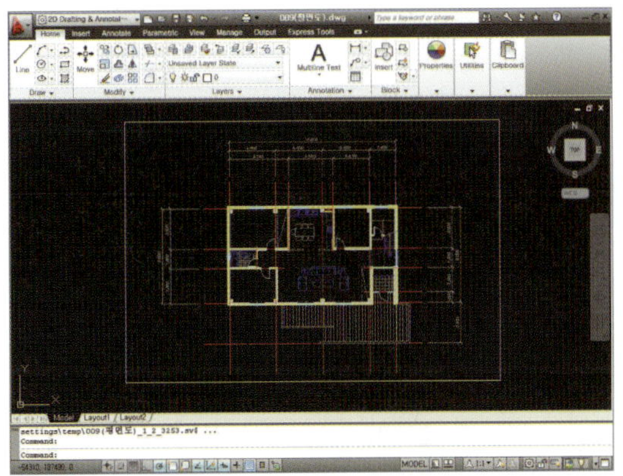

(예제\CD 07\009(평면도).dwg)

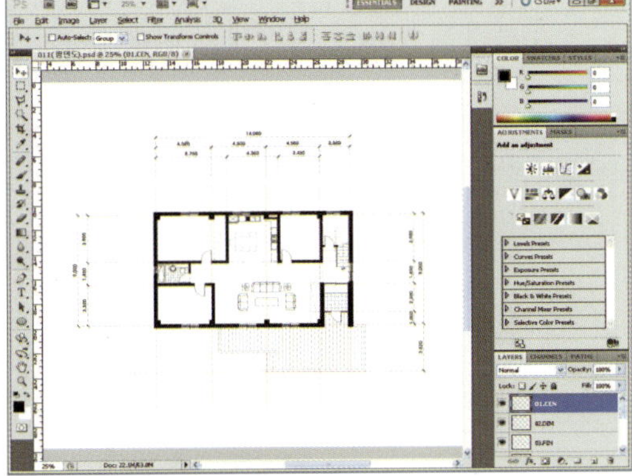

(예제\CD 07\011(평면도).psd)

2 '00.ENT' 라는 이름으로 새로운 레이어를 추가한 뒤, 가장 위쪽으로 이동시켜 배치해 줍니다. 다음 드로잉 작업을 위해서 전경색을 빨간색(R:255, G:0, B:0)으로 설정해 줍니다.

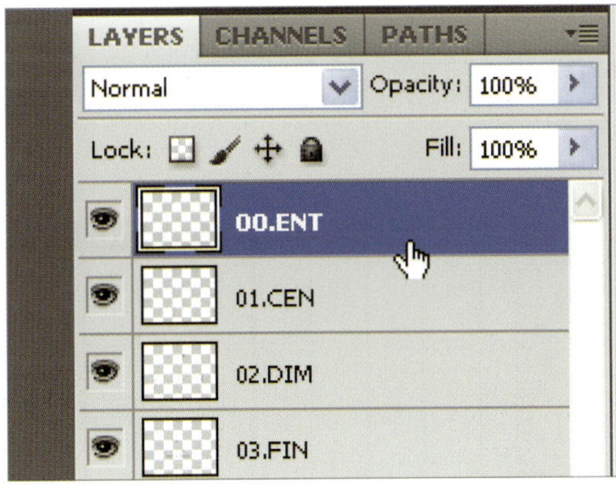

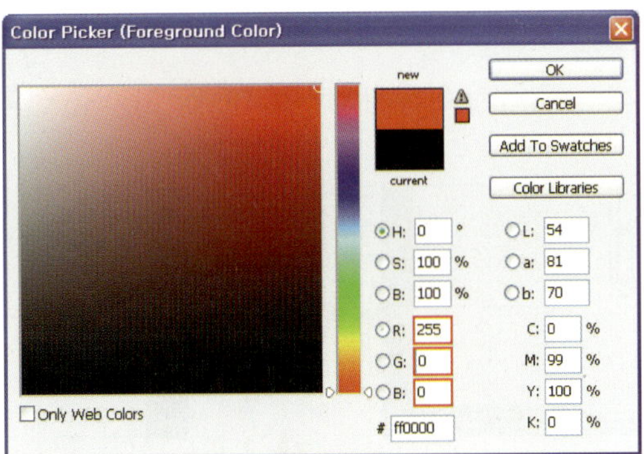

3 삼각형의 화살표 머리(Arrow Head)를 그리기 위해서 Line Tool을 선택한 뒤, 옵션 패널에서 아래 그림과 같이 직선 드로잉 옵션을 설정해 줍니다. 우선 Arrowheads 옵션에서 End 옵션을 클릭하여 선택하고 크기를 각각 500%로 설정해 줍니다. 더불어 그려지는 직선의 두께값을 20px로 설정해 줍니다.

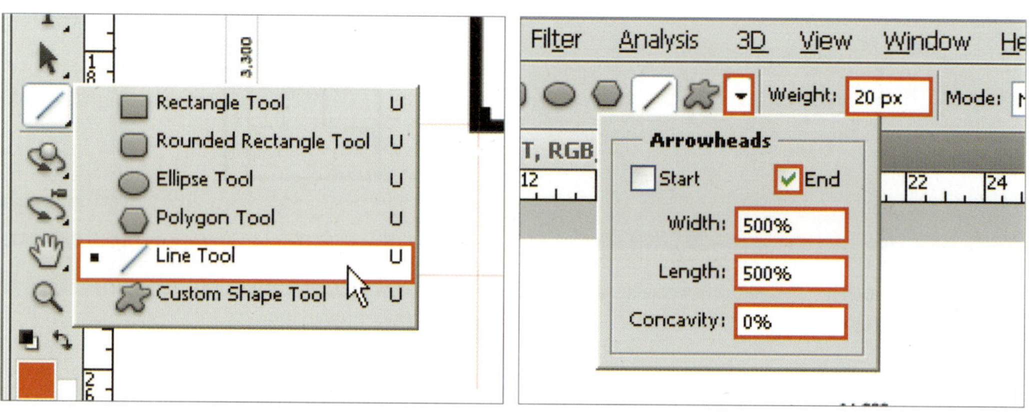

4 이제 설정된 옵션 값으로 아래에서 위쪽으로 드래그하면 직선을 그릴 수 있습니다. 다만 여기서는 직선이 필요한 것이 아니라 아래 그림과 같이 삼각형 개체가 필요하기 때문에 짧은 직선을 그려 아래 그림과 같은 삼각형의 도형을 만들어 줍니다. 계속해서 글씨를 입력하기 위해 Horizontal Type Tool을 선택합니다.

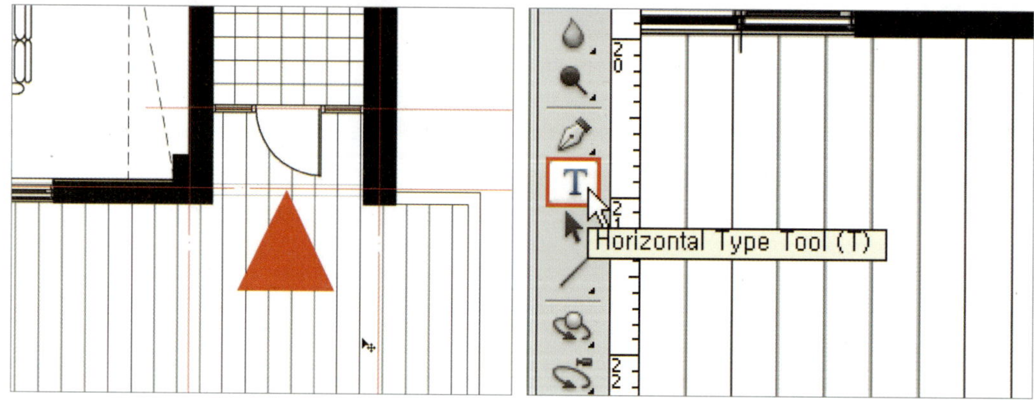

5 Horizontal Type Tool을 이용하여 적당한 폰트과 글씨 크기를 설정한 뒤, 아래 그림과 같이 'ENT' 라는 글씨를 입력해 줍니다. 레이어 팔레트에서 입력된 'ENT' 글씨 레이어의 위치를 '00.ENT' 레이어 밑으로 이동한 뒤, 두 개의 레이어를 선택해 줍니다.

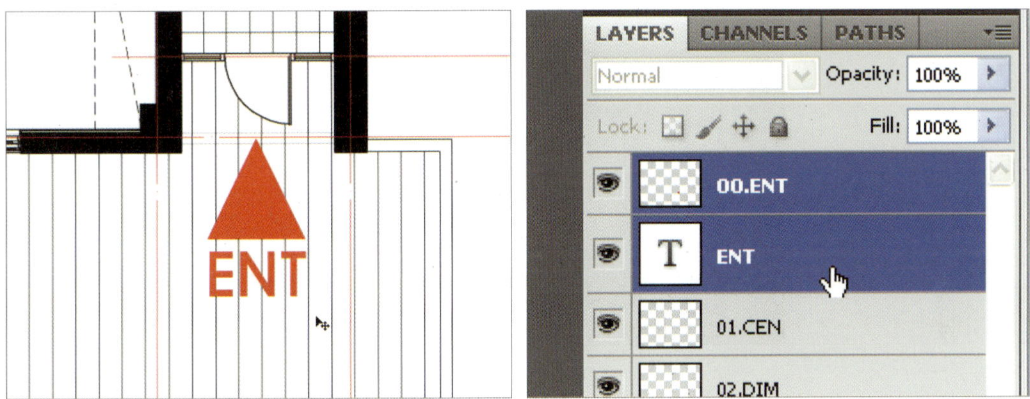

6 레이어 팔레트 우측 상단에 위치하고 있는 버튼을 클릭하여 나타나는 팝업 메뉴에서 Merge Layers 명령을 수행합니다. 선택된 두 개의 레이어가 하나로 합쳐지면서 '00.ENT' 레이어로 합쳐지는 것을 볼 수 있습니다.

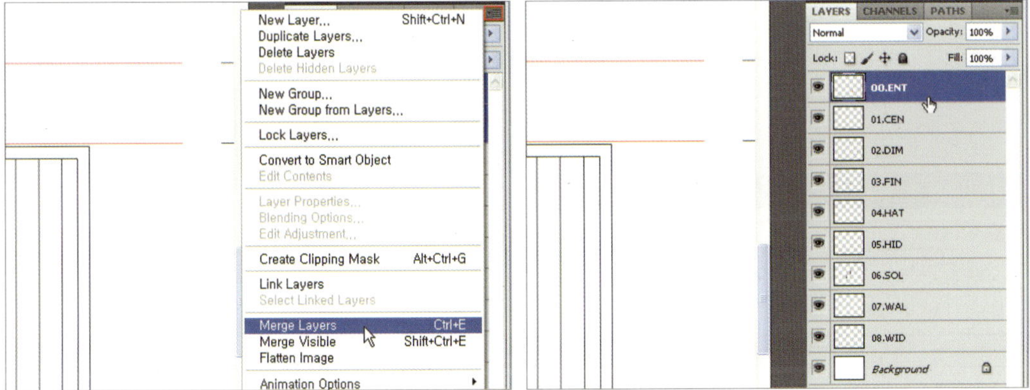

7 이제 'Background' 레이어를 제외한 나머지 모든 레이어를 선택한 뒤, 레이어 팝업 메뉴에서 New Ground from Layers… 명령을 수행합니다.

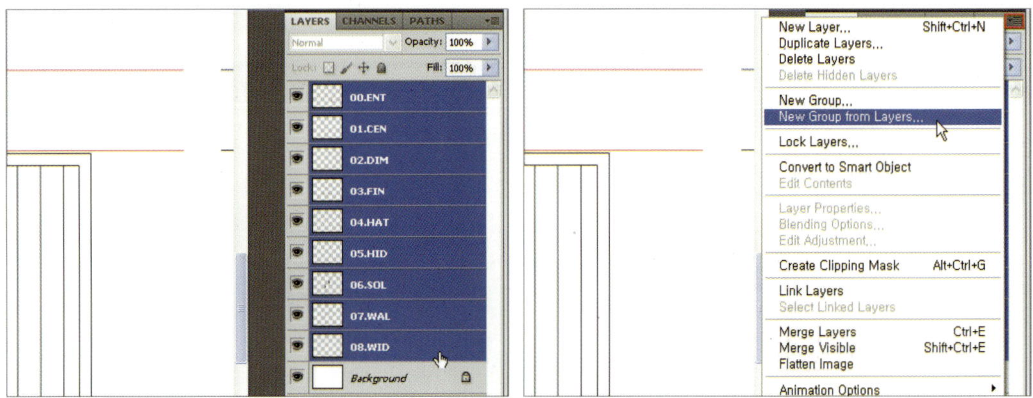

8 나타나는 New Ground from Layers 대화상자에서 그룹 레이어의 이름을 '평면도' 라고 설정하고 나면, 아래 그림과 같이 선택된 레이어가 하나의 그룹 레이어로 묶이는 모습을 볼 수 있습니다.

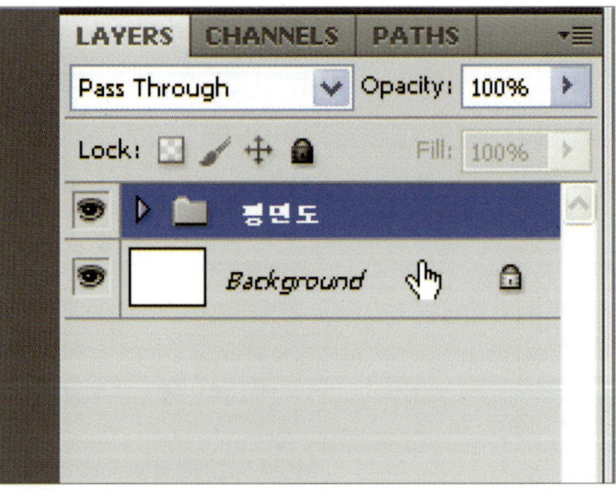

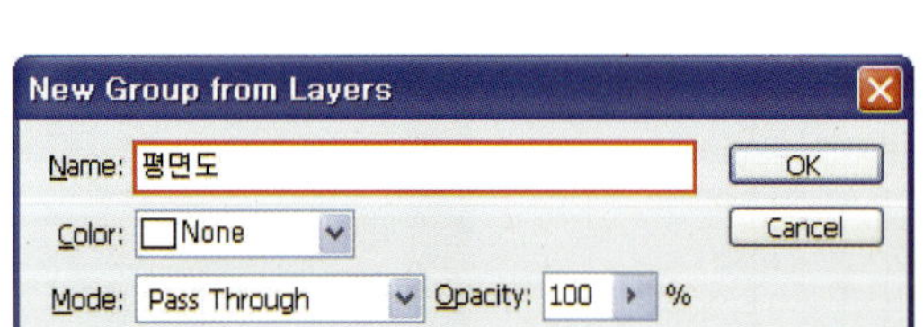

9 이제 선택된 이미지를 변형시켜 보도록 하겠습니다. '평면도' 그룹 레이어가 선택되어 있는 상태에서 Edit ➡ Transform ➡ Distort 명령을 수행한 뒤, 나타나는 조절점을 드래그 하여 아래 그림과 같이 변형시켜 줍니다.

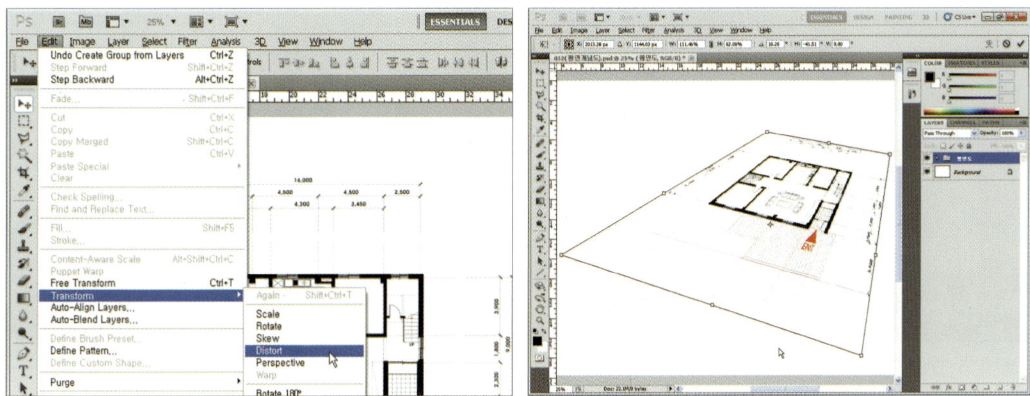

10 변형을 완료한 뒤, Enter ↵ 키를 누르면 이미지 변형 작업을 완료할 수 있습니다. 아래 그림과 같이 이미지가 변형된 것을 볼 수 있습니다.

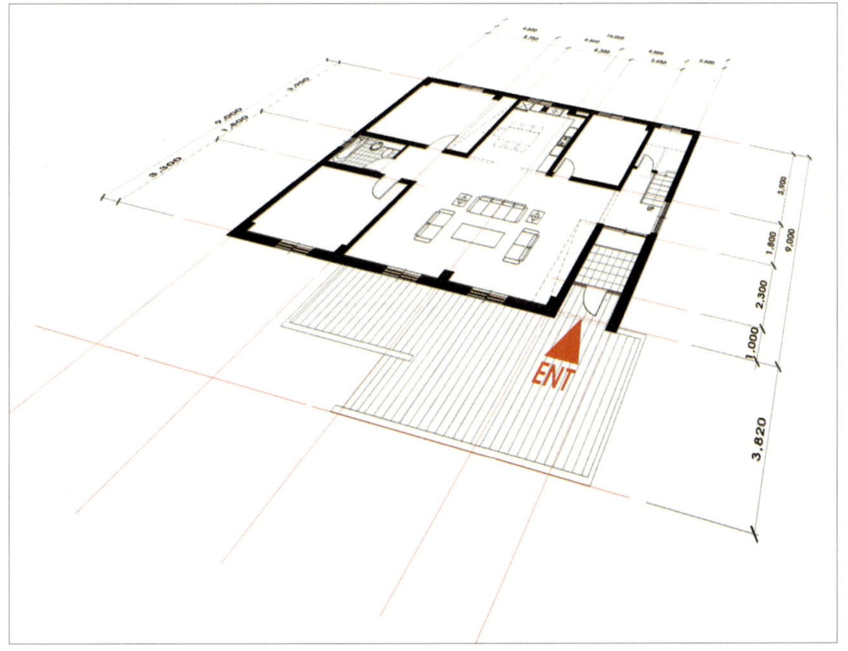

(예제CD 07\012(평면개념도).psd)

11 이번에는 사람 이미지를 실루엣으로 처리하여 합성해 보도록 하겠습니다. 필요한 시점으로 촬영된 사람 이미지를 불러온 뒤, 레이어 이름을 '사람' 으로 변경시켜 줍니다.

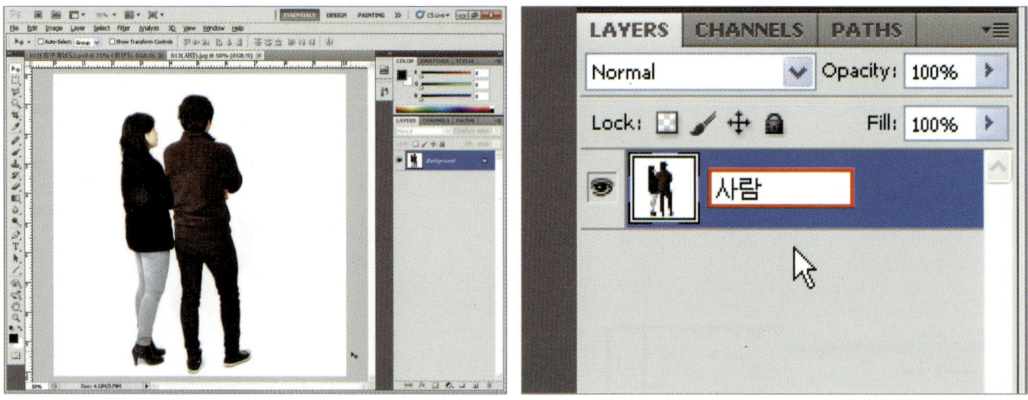

(예제CD 07\013(사람).jpg)

12 이제 불러온 이미지에서 배경만 선택하여 제거해 보도록 하겠습니다. 마술봉 도구인 Magic Wand Tool을 선택한 뒤, 옵션 패널에서 Tolerance(허용치)값을 20으로 설정해 줍니다.

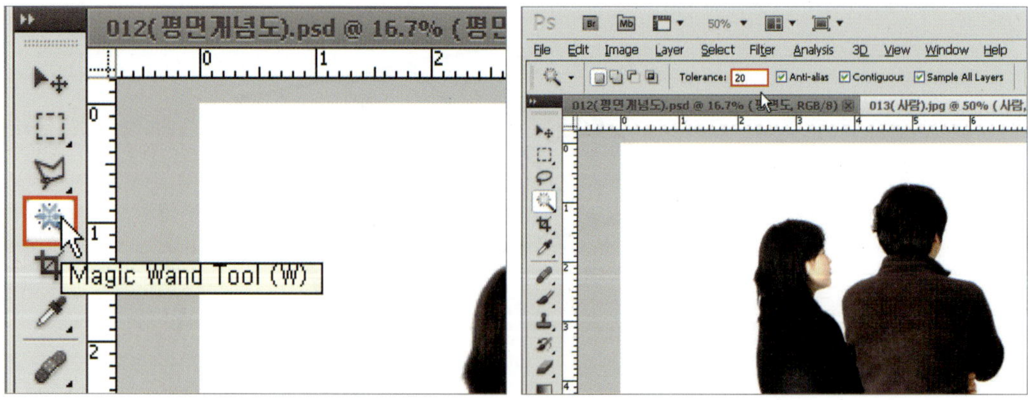

13 아래 그림과 같이 흰색 배경 부분을 클릭하여 선택해 줍니다. 한번에 모두 선택되지 않을 경우 Shift 키를 누른 상태에서 추가적으로 영역을 선택해 줍니다.

14 Select ➡ Modify ➡ Expand... 명령을 수행하여 나타나는 Expand Selection 대화상자에서 아래 그림과 같이 옵션 값을 1로 설정하여 선택영역을 1 pixel 만큼 확장시켜 줍니다.

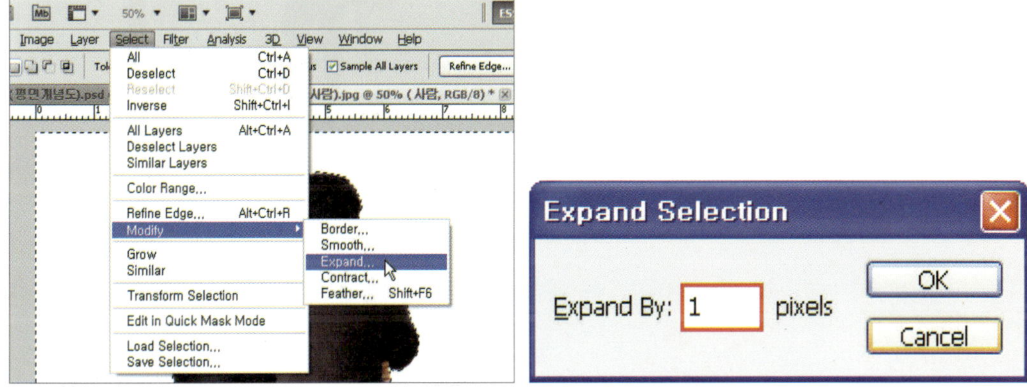

15 계속해서 이번에는 Select ➡ Modify ➡ Feather... 명령을 수행하여 나타나는 Feather Selection 대화상자에서 아래 그림과 같이 옵션 값을 1로 설정하여 선택영역의 부드러움 정도를 1 pixel 만큼 만들어 줍니다.

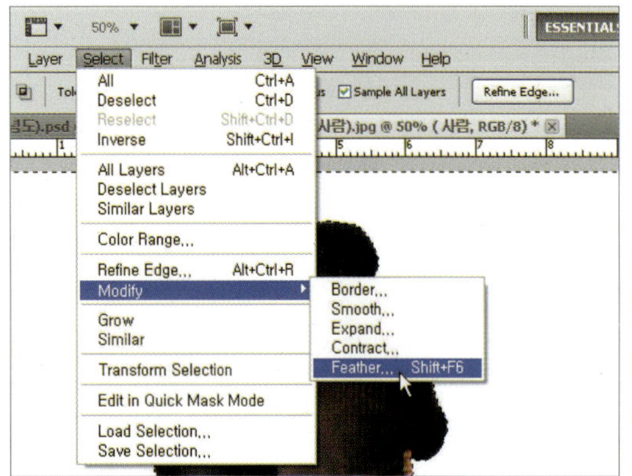

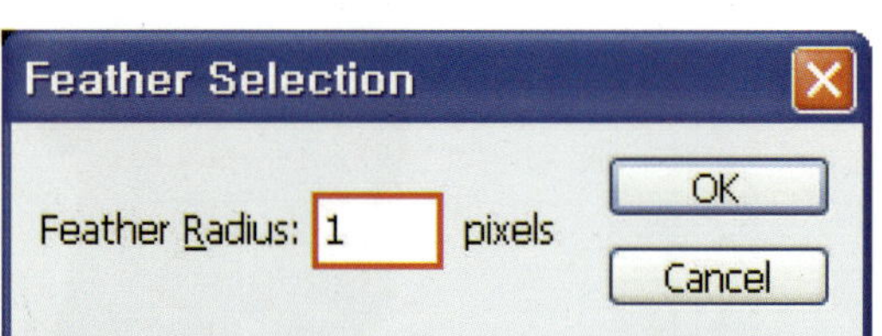

16 이제 Edit ➡ Cut 명령을 수행하여 선택된 영역을 삭제시켜 줍니다. 아래 그림과 같이 선택된 이미지가 삭제된 영역은 체크무늬로 보여지는 것을 알 수 있습니다.

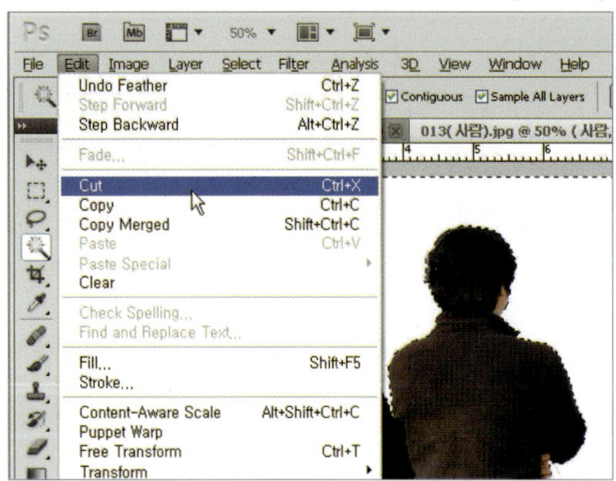

17 Select → All 명령을 수행하여 선택영역 전체를 선택한 뒤, Edit → Copy 명령을 수행하여 선택된 영영내에 이미지를 복사해 줍니다.

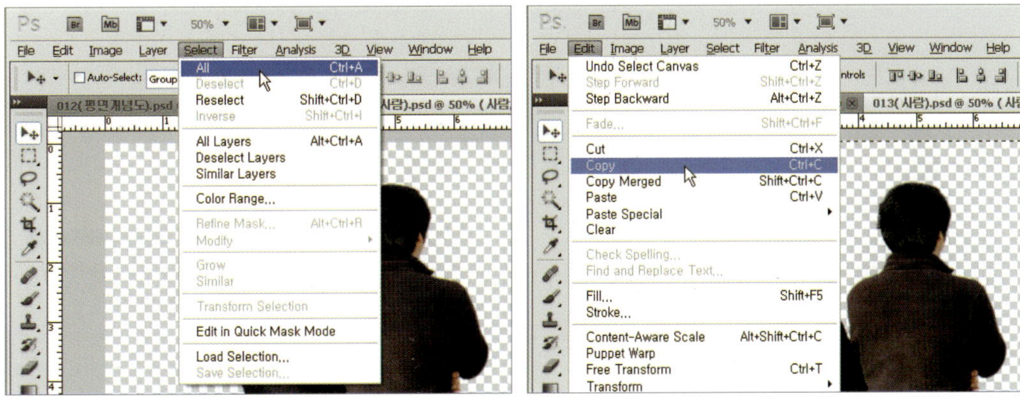

(예제CD 07\013(사람).psd)

18 이제 앞에서 편집하던 평면도 이미지를 선택한 뒤, Edit → Paste 명령을 수행하여 복사된 이미지를 붙여줍니다.

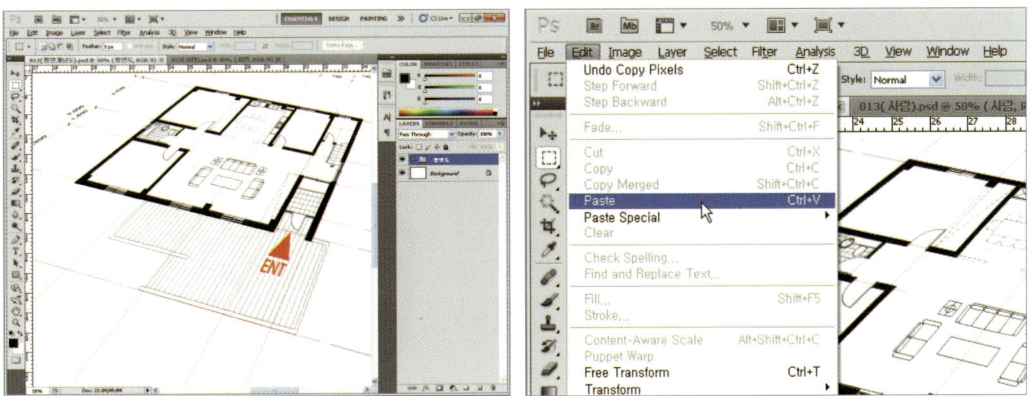

19 아래 그림과 같이 배경이 제거된 상태에서 사람 이미지만 붙여진 것을 볼 수 있습니다. 붙여진 사람 이미지의 색상을 변경시켜주기 위해서 Image → Adjustments → Hue/Saturation... 명령을 수행합니다.

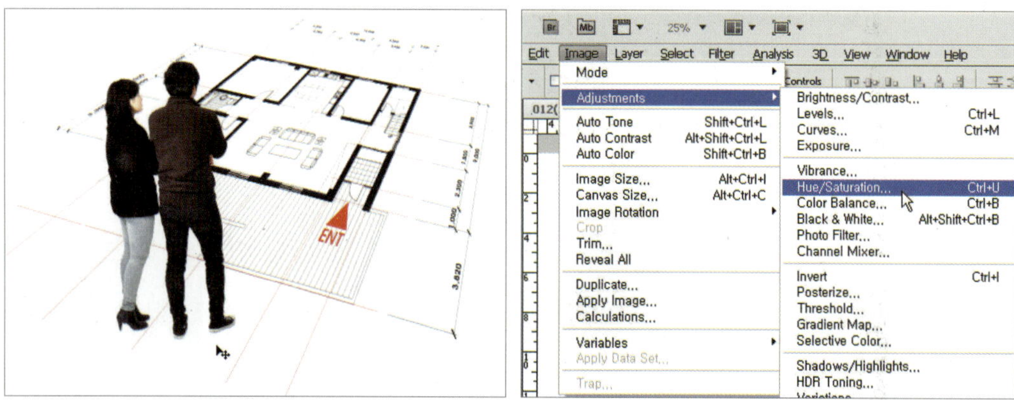

20 나타나는 Hue/Saturation 대화상자에서 Lightness 값을 −100으로 설정해 줍니다. 사진 이미지의 모습이 아래 그림과 같이 검정색의 실루엣 이미지로 변경되는 것을 볼 수 있습니다.

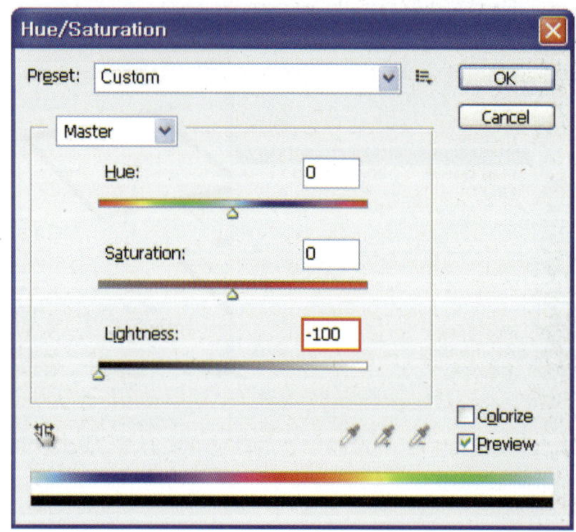

21 Edit ➡ Transform ➡ Scale 명령을 수행한 뒤, 나타나는 조절점을 드래그하여 아래 그림과 비슷한 크기로 이미지의 크기를 줄여줍니다.

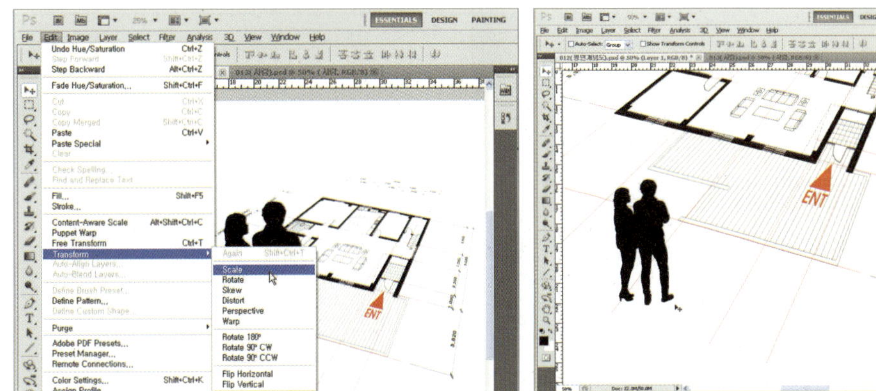

22 이제 레이어 팔레트에서 작업 중이던 이미지의 레이어 이름을 '사람-01'로 변경해 줍니다. 계속해서 레이어 팔레트의 오른쪽 상단에 위치하고 있는 버튼을 클릭하여 나타나는 팝업 메뉴에서 Duplicate Layer... 명령을 수행하여 레이어를 복제합니다.

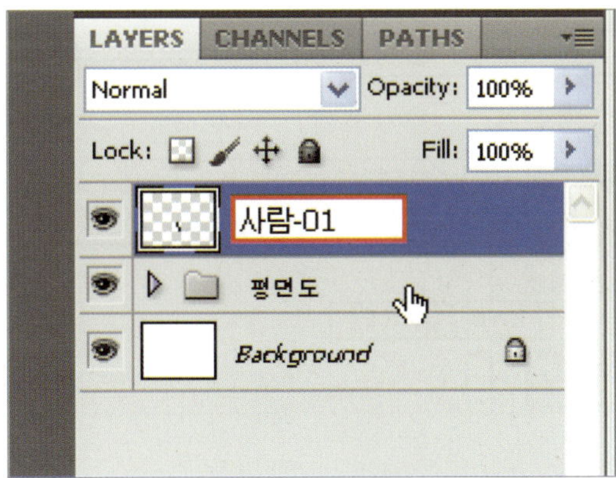

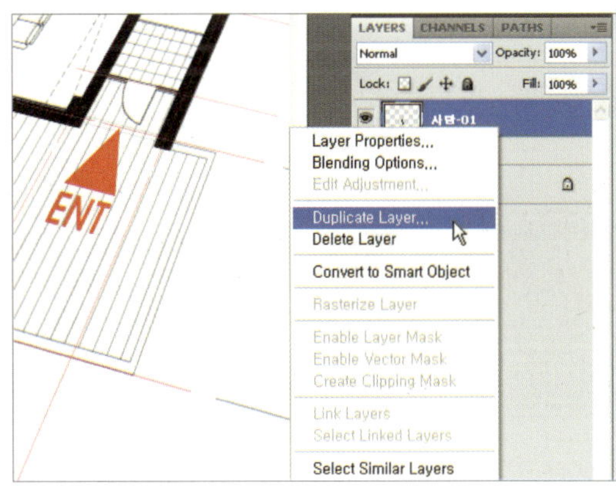

23 Duplicate Layer 대화상자가 나타나면 '사람-01(그림자)' 라는 이름으로 레이어를 복제시켜 줍니다.

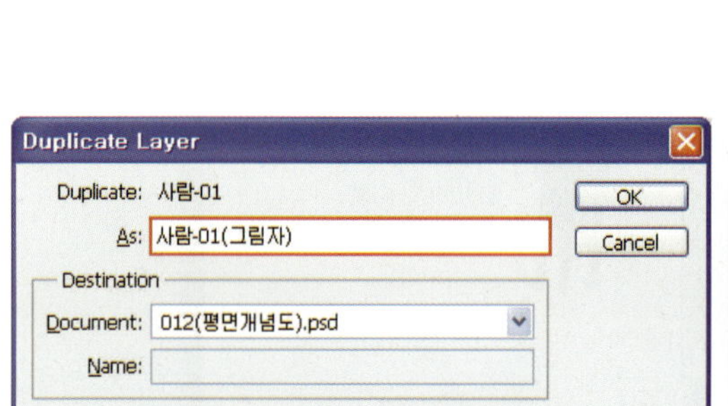
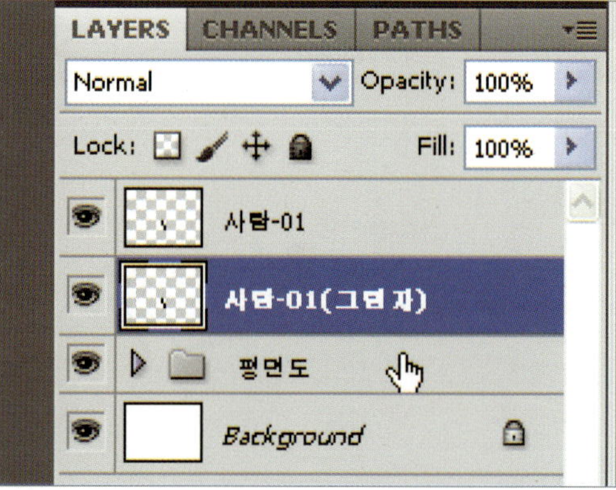

24 복제된 이미지를 변형시켜 보도록 하겠습니다. Edit → Transform → Flip Vertical 명령을 수행합니다. 이미지를 반전시킨 뒤, 이미지 이동을 위해서 Move Tool을 선택합니다.

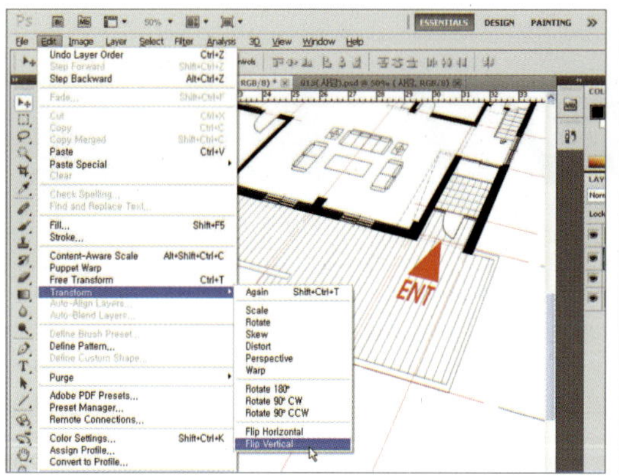
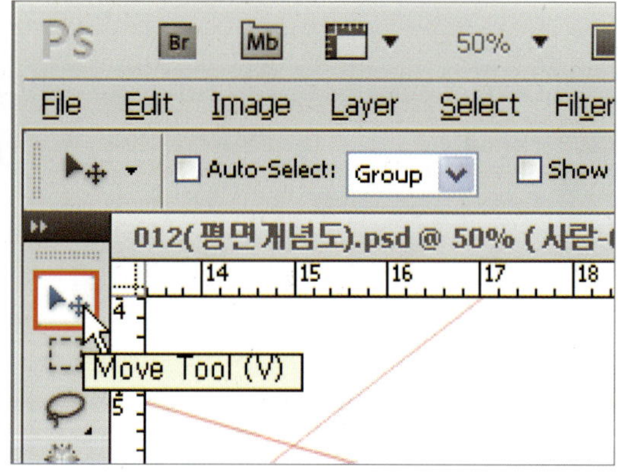

25 아래 그림과 같이 복제된 이미지를 이동시킨 뒤, 계속해서 변형을 시켜주기 위해서 Edit
→ Transform → Scale 명령을 수행합니다.

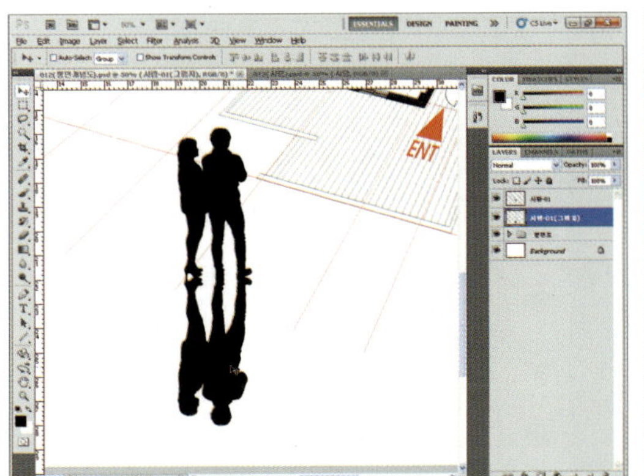 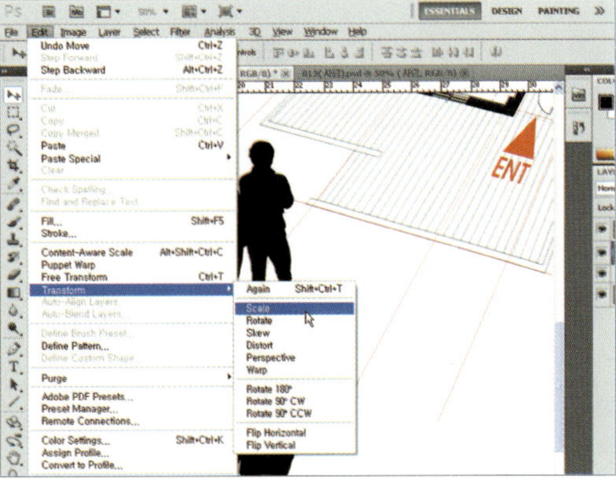

26 나타나는 조절점을 이용하여 아래 그림과 같이 세로 크기를 조절한 뒤, 계속해서 모양을
변경하기 위해서 Edit → Transform → Skew 명령을 수행합니다.

 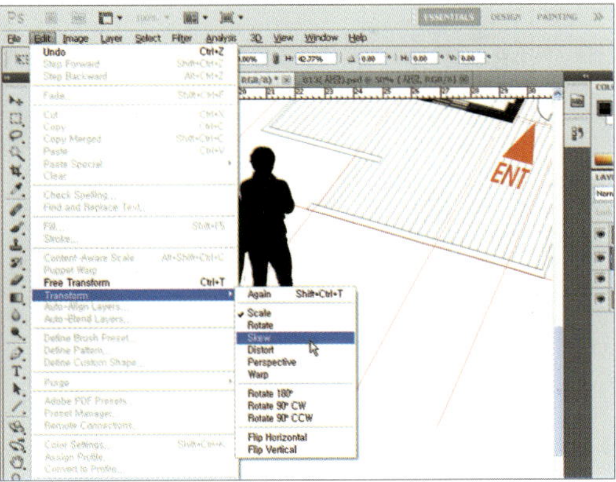

27 역시 조절점을 이용하여 아래 그림과 같이 이미지의 모양을 변형한 뒤, 레이어 팔레트에서 Opacity 값을 50%로 설정합니다.

28 아래 그림과 같은 결과가 만들어지는 것을 볼 수 있습니다.

29 이제 앞에서 수행한 동일한 방법으로 준비된 또다른 사람 이미지를 이용하여 아래 그림과 같은 실루엣 이미지 효과를 만들어 줍니다.

(예제CD 07\014(사람).jpg)
(예제CD 07\014(사람).psd)

30 아래 그림과 같이 레이어 팔레트의 이름과 순서를 정리한 뒤, 아래 그림과 같이 이미지의 위치도 이동시켜 줍니다.

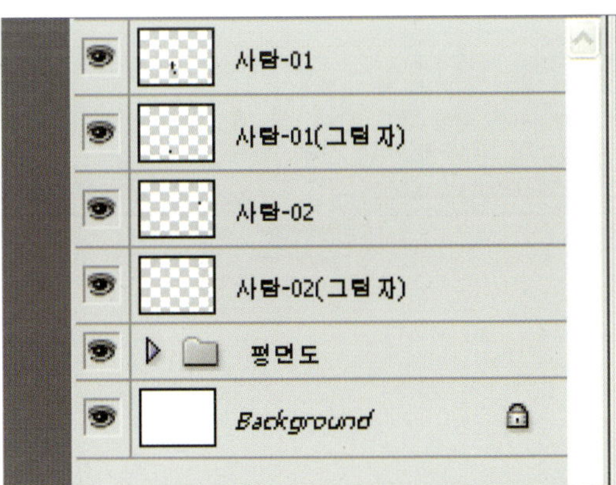
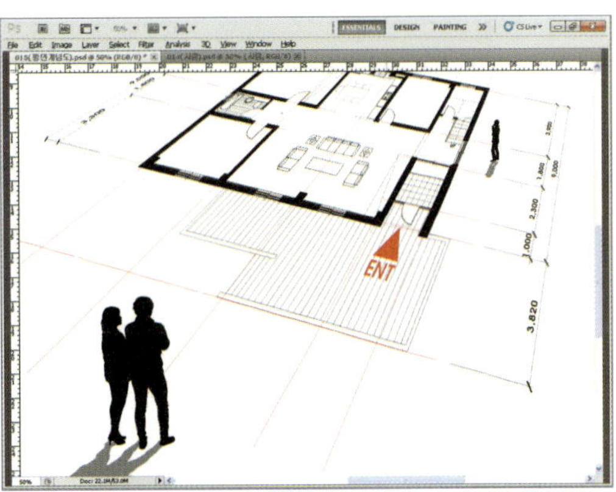

31 '지시선' 이라는 이름으로 레이어를 추가한 뒤, 레이어 팔레트에서 가장 위쪽으로 이동시켜 배치해 줍니다. 다음 작업을 위해서 전경색(Foreground Color)을 진한 빨간색(R:200, G:0, B:0)으로 설정해 줍니다.

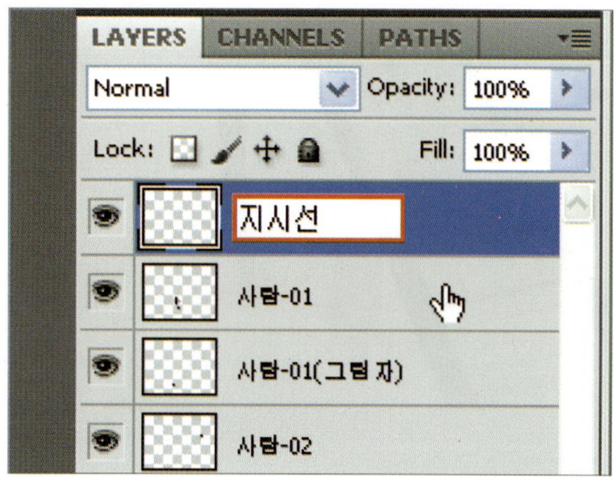
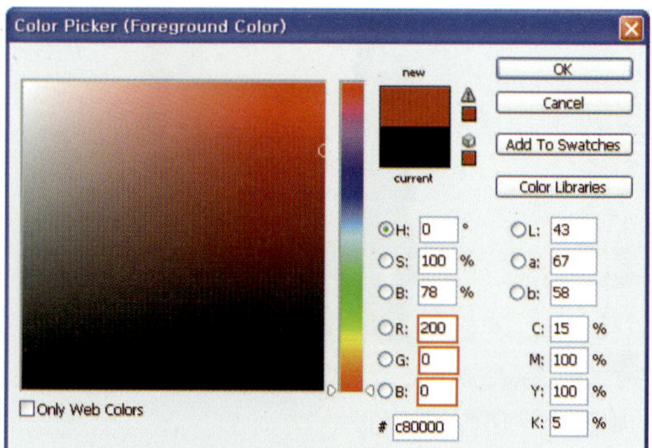

32 직선 드로잉 작업을 진행하기 위해서 Line Tool을 선택한 뒤, 옵션 패널에서 Arrowheads 항목의 모든 옵션을 선택하지 않습니다. 계속해서 선 두께를 지정하기 위해서 Weight 값을 1px로 설정해 줍니다.

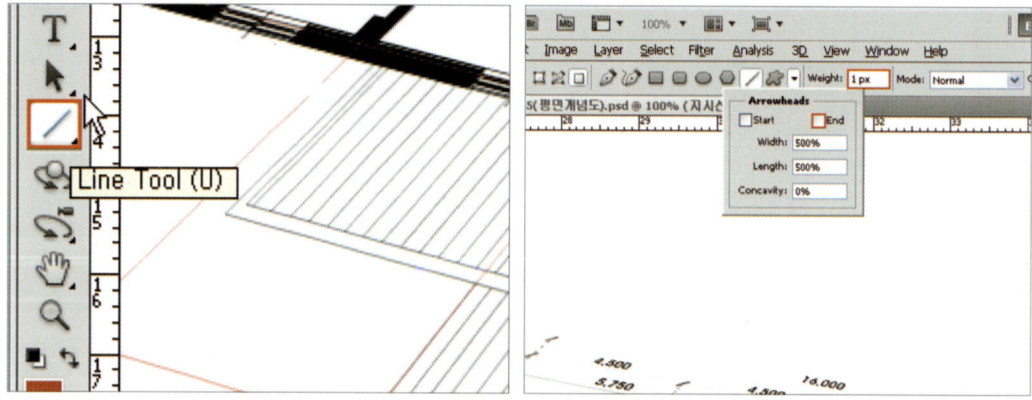

33 이제 설정된 값을 이용하여 아래 그림과 같이 드래그하여 진선을 그려줍니다. 이번에는 Line Tool의 옵션 패널에서 Weight 값을 10px로 설정해 줍니다.

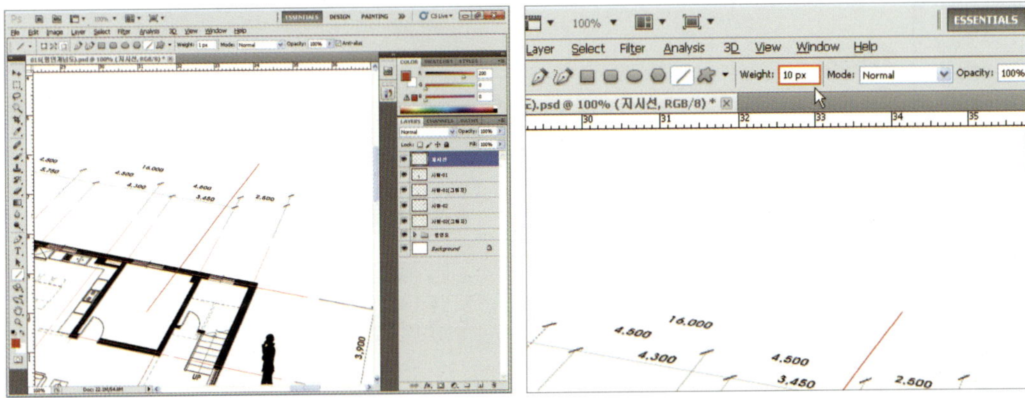

34 아래 그림과 같이 드래그하여 약간 두꺼운 직선을 그려준 뒤, 문자 입력을 위해서 Horizontal Type Tool을 이용하여 'Room1(자녀방)' 이라는 글씨를 입력해 줍니다.

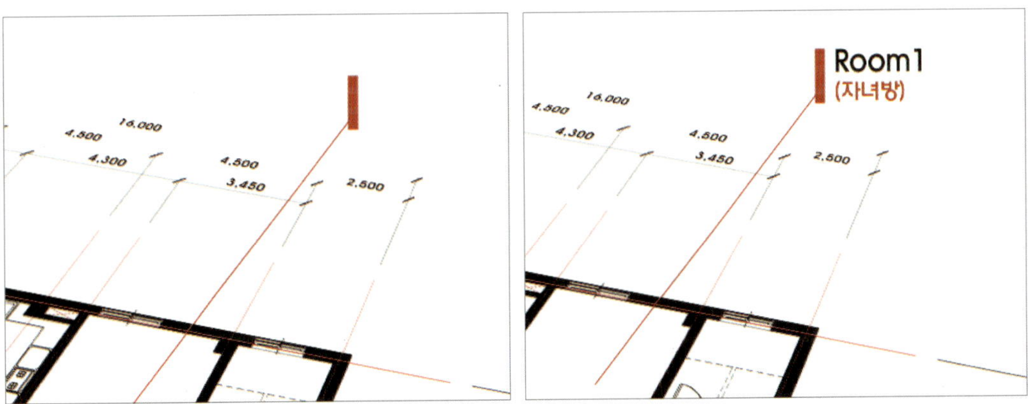

35 이번에는 직선 끝에 동그란 점을 그려주기 위해서 Brush Tool을 선택한 뒤, 옵션 패널에서 브러시의 형태와 크기(Size:14px)를 아래 그림을 참조하여 설정해 줍니다.

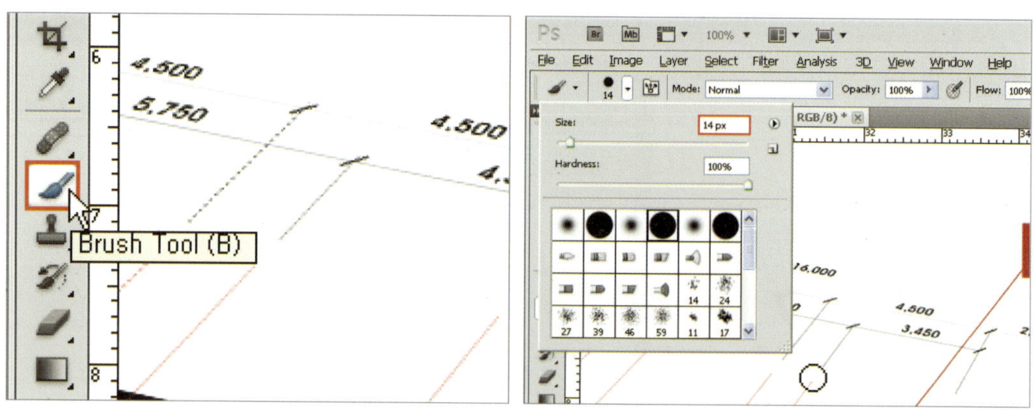

36 이제 설정된 값을 이용하여 직선 끝 부분을 클릭하여 점을 그려줍니다.

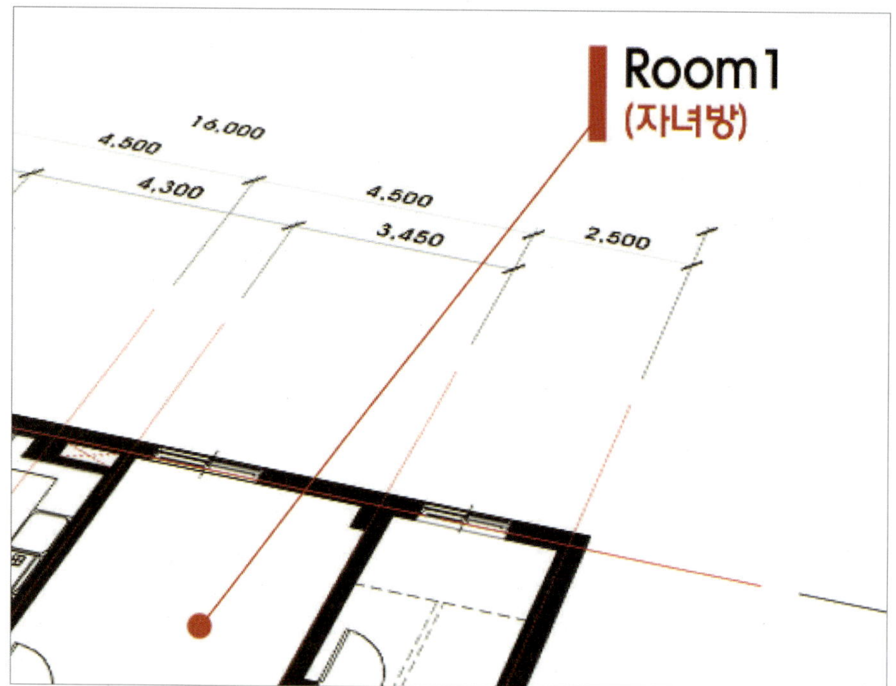

37 마지막으로 아래 그림을 참조하여 나머지 직선, 글씨, 점 등을 그려줍니다.

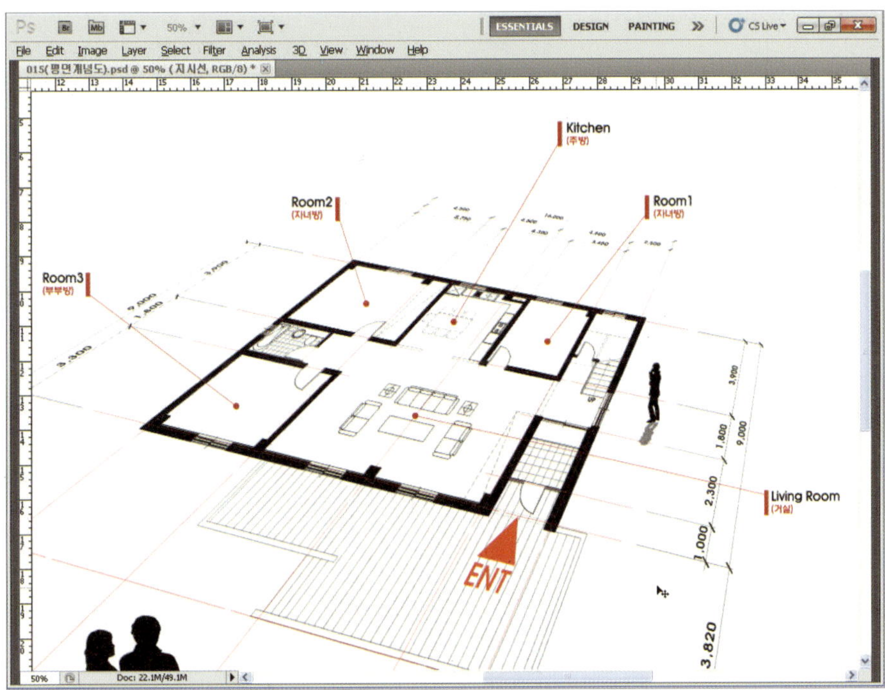

38 이제 레이아웃 디자인을 그려보도록 하겠습니다. 레이어 팔레트에서 '레이아웃' 이라는 이름을 레이어를 추가한 뒤, 사각형 도형을 그리기 위해서 Rectangle Tool을 선택합니다.

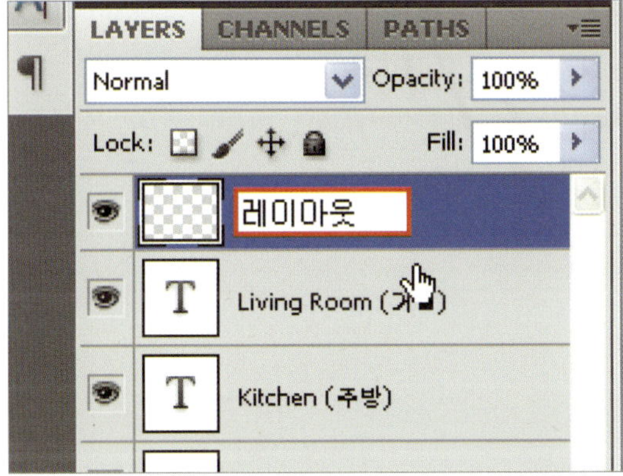

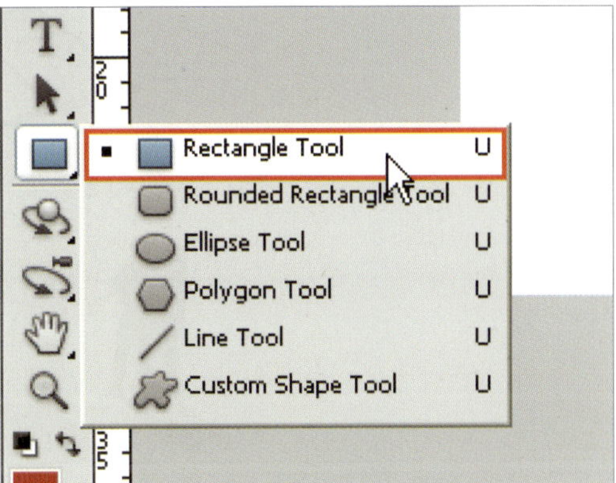

39 Rectangle Tool을 이용하여 아래 그림과 같이 캔버스 위, 아래 부분에 사각형 모양의 디자인 박스를 그린 뒤, 왼쪽 상단에 'Apartment Unit Design' 이라는 글씨를 입력하여 작업을 완성해 줍니다.

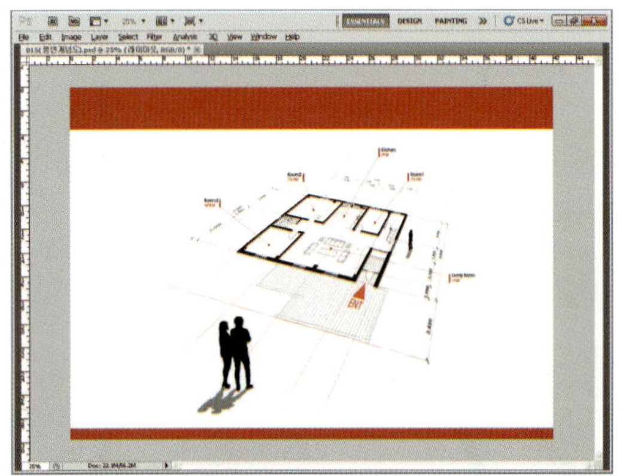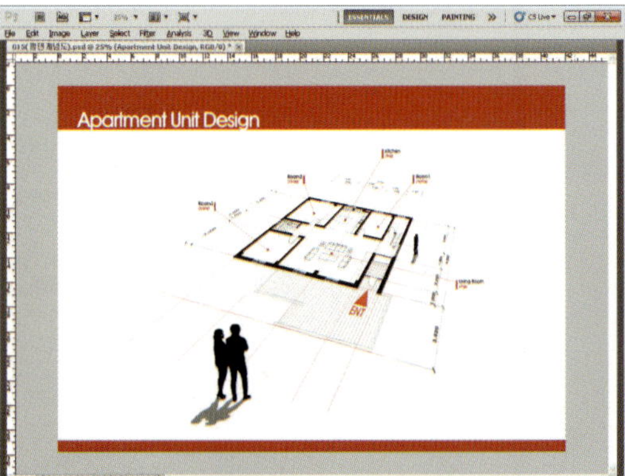

40 최종 완성된 이미지

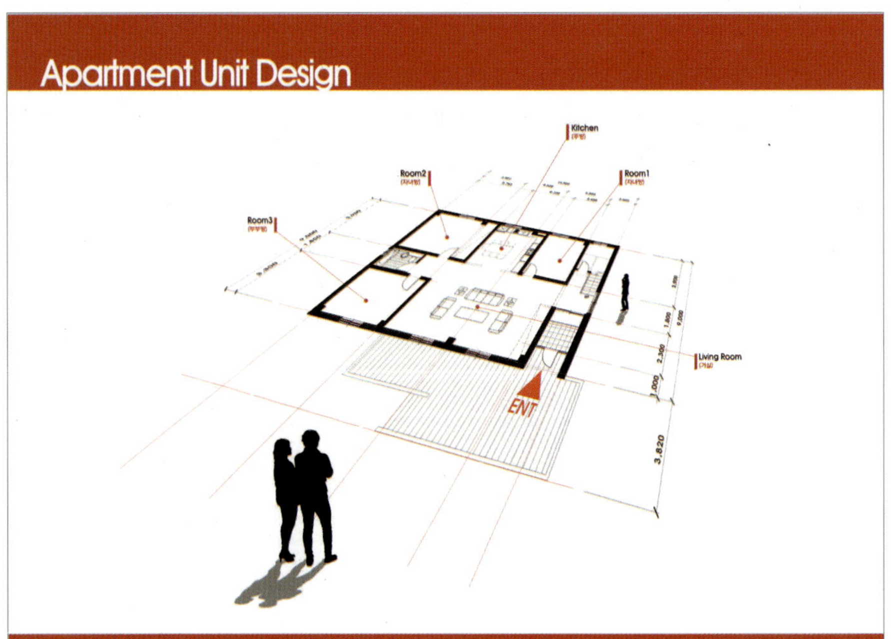

(예제CD 07\015(평면개념도).psd)
(예제CD 07\015(평면개념도).jpg)

4 도면을 이용한 수직 동선도

이번 예제에서도 작성된 도면을 이용하여 아래 그림과 수직 동선을 표현하기 위한 개념도를 만들어 보도록 하겠습니다. 이미 언급한 바와 같이 포토샵과 같은 디지털 도구를 통해 상상으로 그려지던 이미지를 더욱 쉽고 빠르게 원하는 이미지를 제작할 수 있도록 도와줄 것입니다.

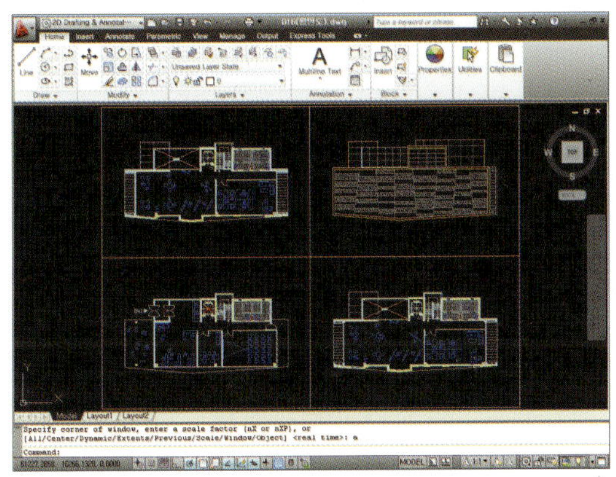

준비된 도면 이미지

작업 화면

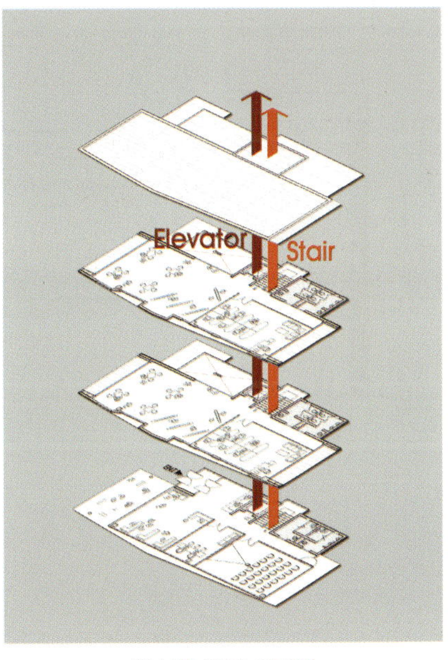

완성된 개념 이미지

1 준비된 평면도 파일을 EPS 포맷으로 변경한 뒤, 포토샵에서 불러와 줍니다. 다만 준비된 평면도 파일은 1층, 2층, 지붕층 평면도가 같이 있는 도면으로 사각 테두리를 이용하여 1층, 2층, 지붕층 평면도를 별도의 EPS 파일로 만들어 줍니다. EPS 포맷은 A3 포맷으로 제작한 뒤, 포토샵에서는 200(pixels/inch)의 해상도로 불러와 줍니다.

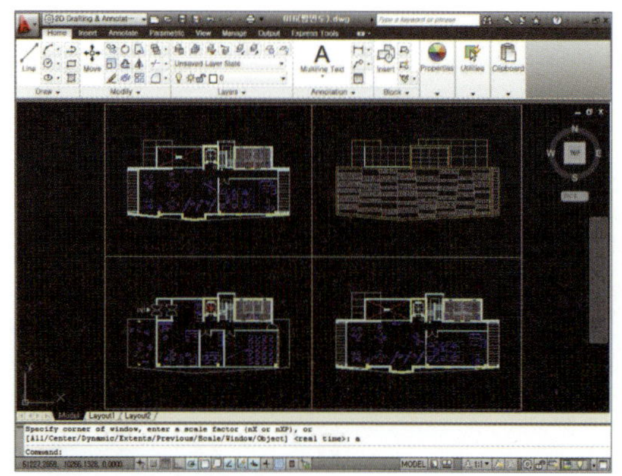 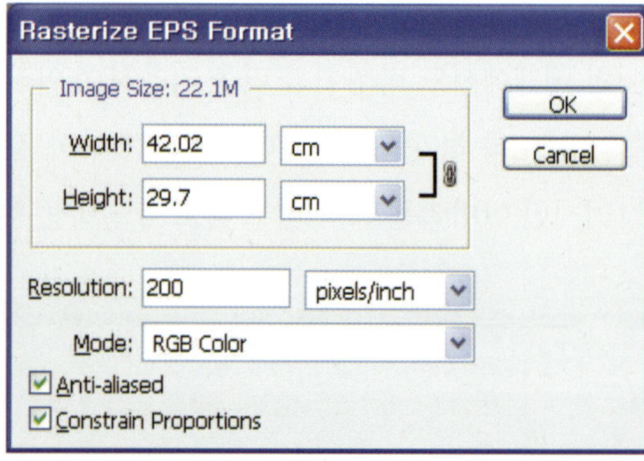

(예제\CD 07\016(평면도).dwg)
(예제\CD 07\017(01.평면도).eps~017(04.평면도).eps)

2 이제 작성된 EPS 포맷의 도면 파일을 200(pixels/inch)의 해상도로 하나씩 불러온 뒤, Copy, Paste 명령을 이용하여 하나의 파일로 만들어 줍니다.

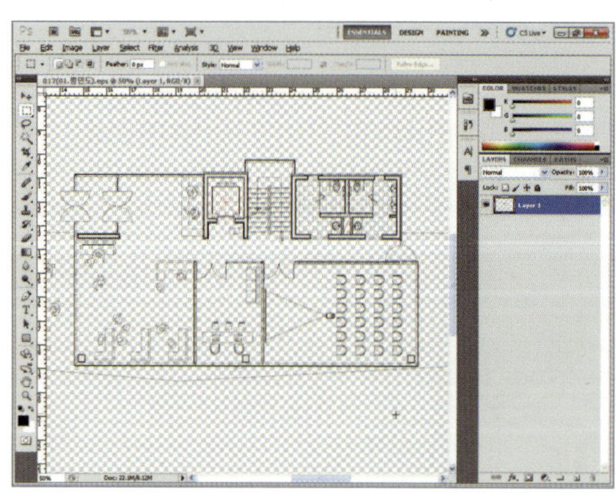 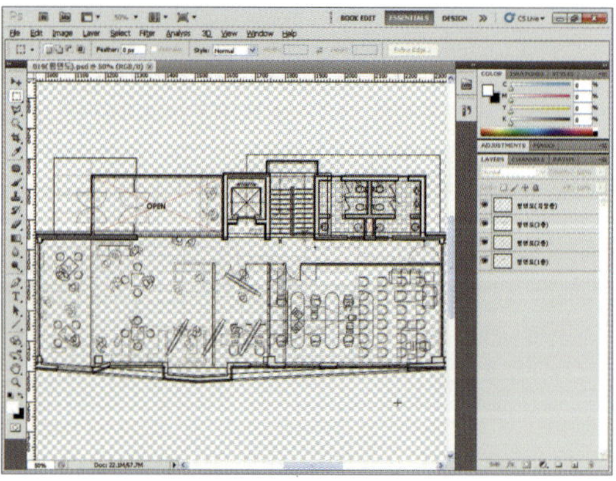

(예제\CD 07\018(01.평면도).psd)
(예제\CD 07\018(02.평면도).psd)
(예제\CD 07\018(03.평면도).psd)
(예제\CD 07\018(04.평면도).psd)

3 레이어 팔레트에서 아래 그림과 같이 각각의 레이어의 이름을 지정한 뒤, 레이어의 순서도 아래 그림을 참조하여 변경시켜 줍니다. 이제 흰색 배경 레이어를 만들어주기 위해서 Layer ➡ New Fill Layer ➡ Solid Color... 명령을 수행합니다.

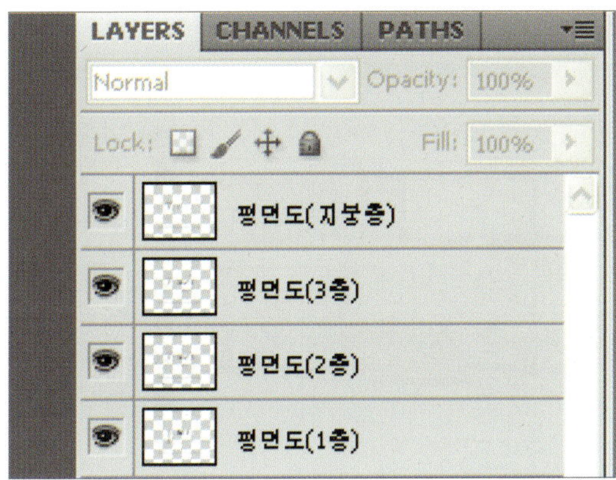

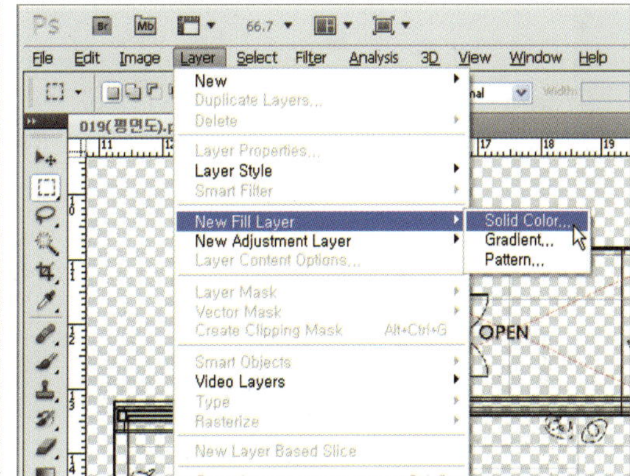

4 나타나는 New Layer 대화상자에서 아래 그림과 같이 '배경' 이라는 이름으로 레이어를 추가한 뒤, Pick a solid color 대화상자에서 흰색(R:255, G:255, B:255)을 설정해 줍니다.

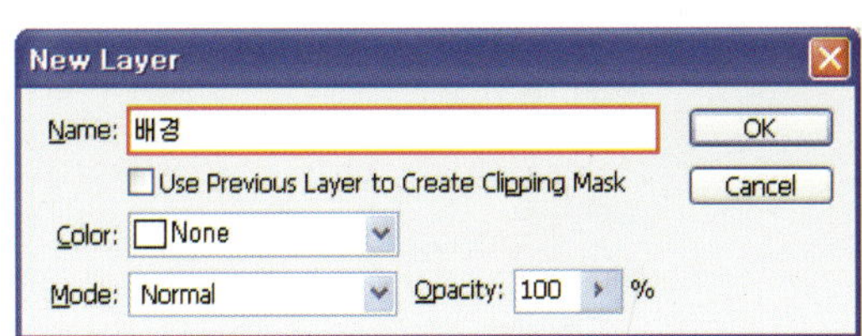

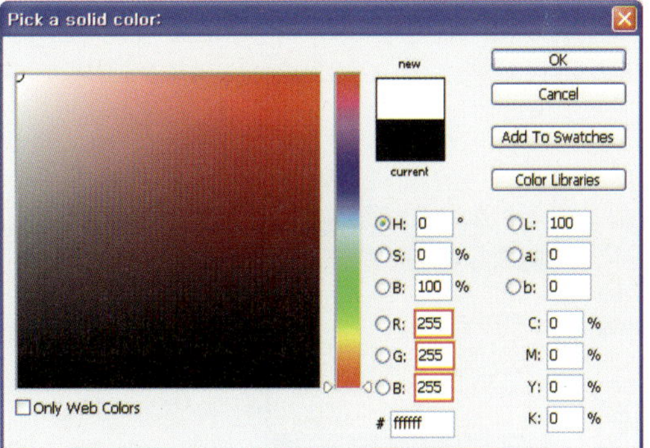

5 추가된 '배경'이라는 이름의 흰색 레이어 위치를 가장 아래로 배치한 뒤, 모든 레이어에 걸쳐 그려져 있는 도면의 외곽선 테두리 선은 더 이상 불필요하기 때문에 모두 삭제해 줍니다.

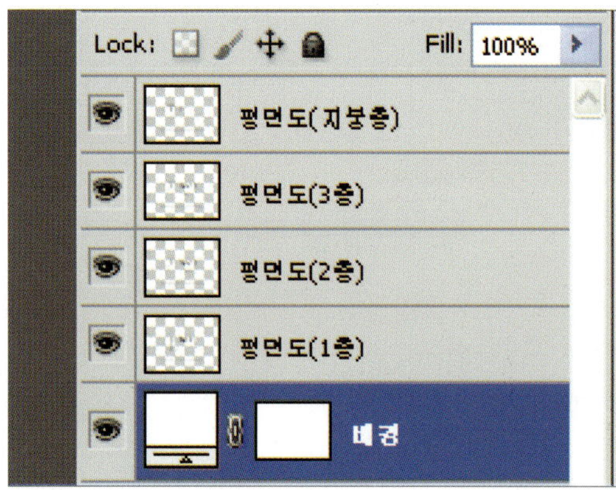
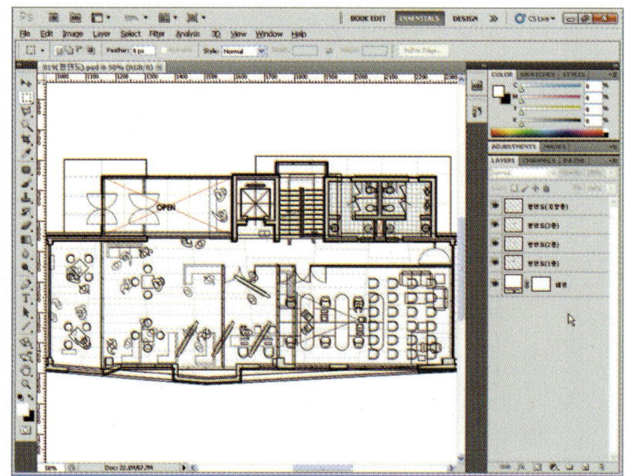

(예제CD 07\019(평면도).psd)

6 작업 창의 크기를 변경시켜 보도록 하겠습니다. Image ➡ Canvas Size 명령을 수행한 뒤 나타나는 Canvas Size 대화상자에서 Width:28cm, Height:40cm로 설정한 뒤, Anchor 값을 가운데로 설정하여 캔버스 창의 크기를 변경시켜 줍니다.

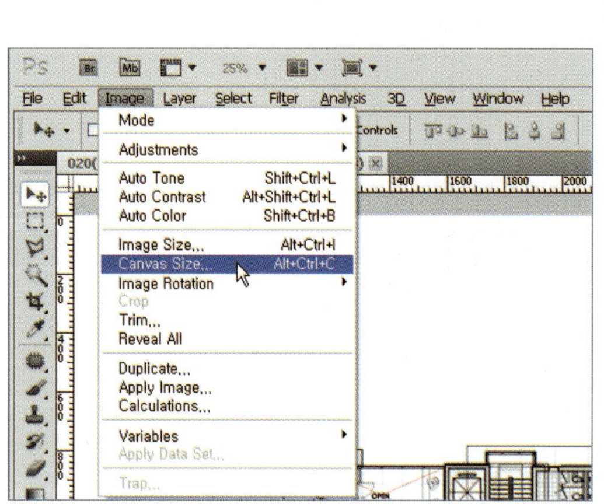
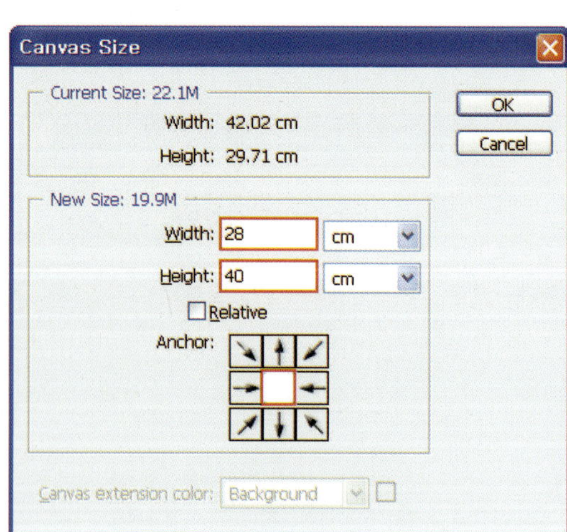

7 아래 그림과 같이 캔버스 창의 크기를 변경시킨 뒤, 이미지의 형태를 변경시켜주기 위해서 배경 레이어를 제외한 나머지 레이어 모두를 선택해 줍니다.

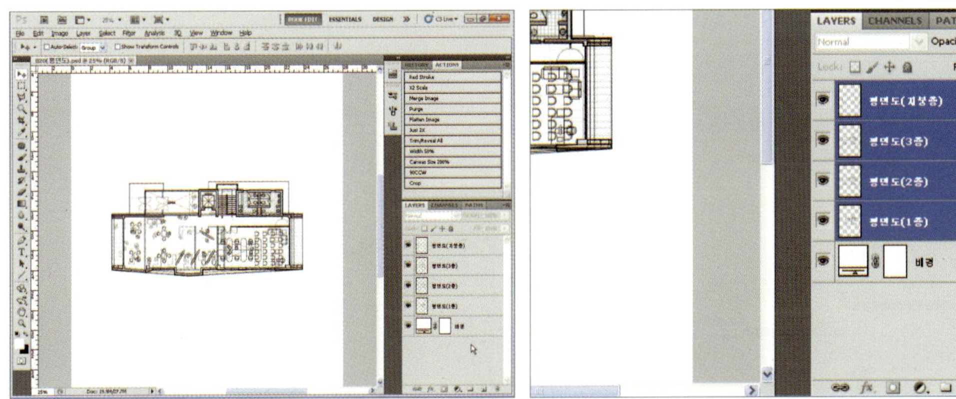

8 가장 먼저 이미지를 일그러뜨려 보도록 하겠습니다. Edit → Transform → Skew 명령을 수행한 뒤, 가운데 조절점을 드래그하여 아래 그림과 같이 이미지의 형태를 변경시켜 줍니다.

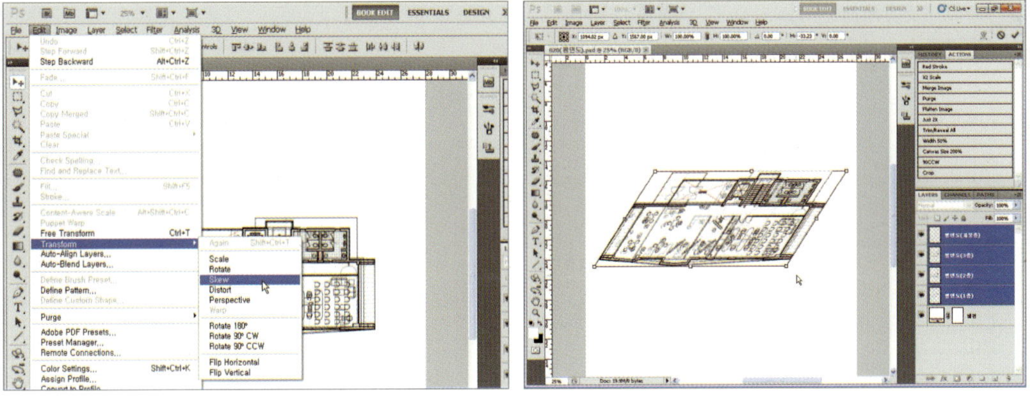

9 두 번째로는 이미지를 회전시켜 보도록 하겠습니다. Edit → Transform → Rotate 명령을 수행한 뒤, 모서리 조절점을 드래그하여 아래 그림과 같이 이미지의 형태를 회전시켜 줍니다.

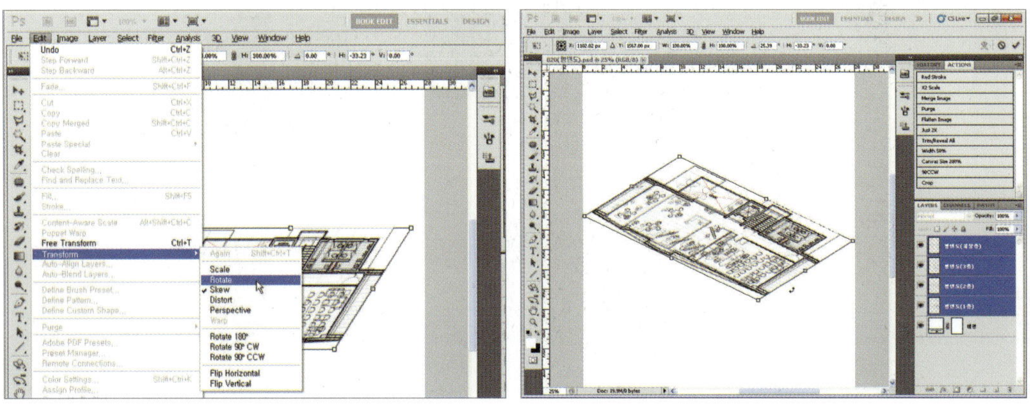

10 마지막으로 이미지의 크기를 변경시켜 보도록 하겠습니다. Edit → Transform → Scale 명령을 수행한 뒤, 아래 그림과 같이 이미지의 크기를 줄여줍니다.

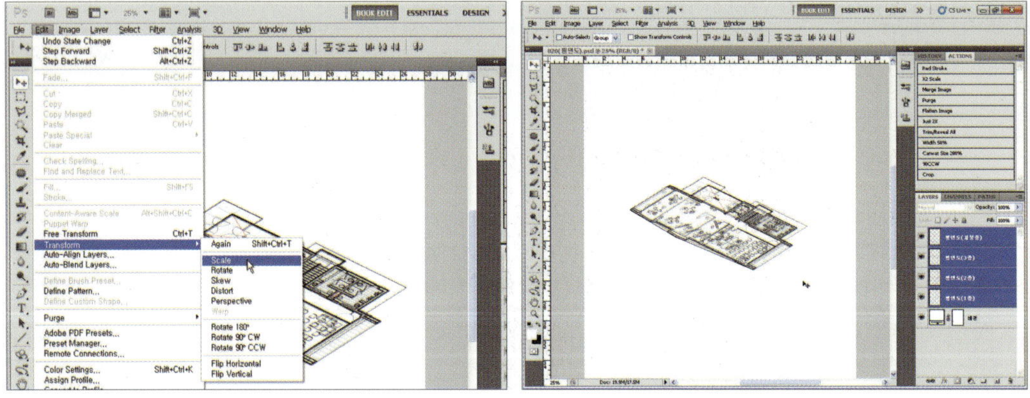

11 이제 각각의 레이어를 선택하여 이동시켜 아래 그림과 같이 동일한 간격으로 이미지의 위치를 이동시켜 줍니다. 계속해서 '동선도(계단)' 이라는 이름으로 레이어를 추가시켜 줍니다.

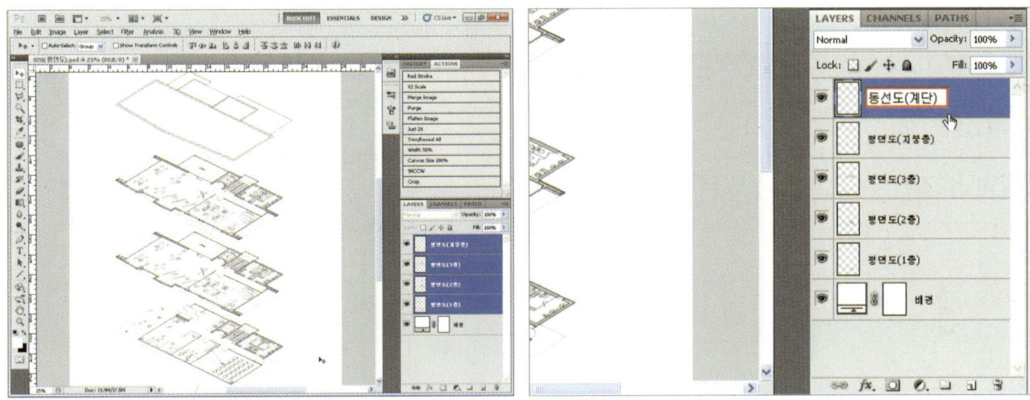

12 직선을 그리기 위해서 Line Tool을 선택한 뒤, 옵션 패널에서 Weight 값을 50px로 설정하여 직선의 두께값을 지정해 줍니다.

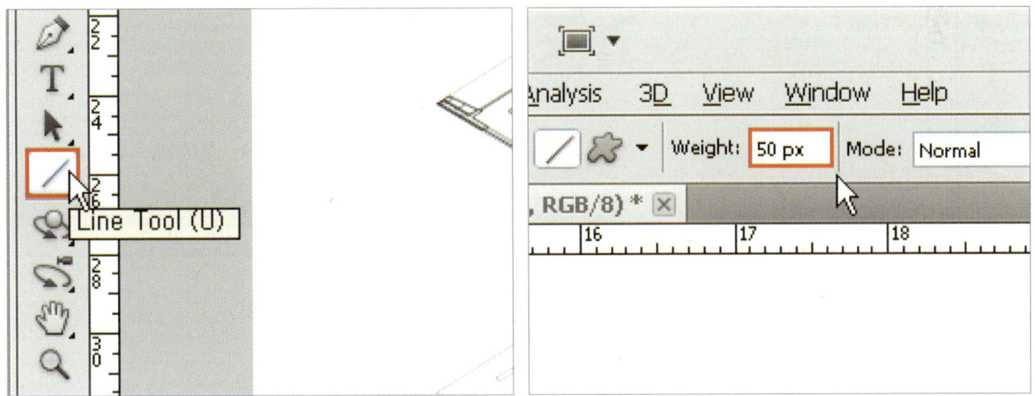

13 아래 그림과 같이 수직으로 직선을 그려줍니다. 수직으로 직선을 그릴 경우 [Shift] 키를 누른 상태로 그리면 수직 또는 수평으로 직선을 그려줄 수 있습니다. 다음 드로잉 작업을 위해 레이어를 추가해 줍니다.

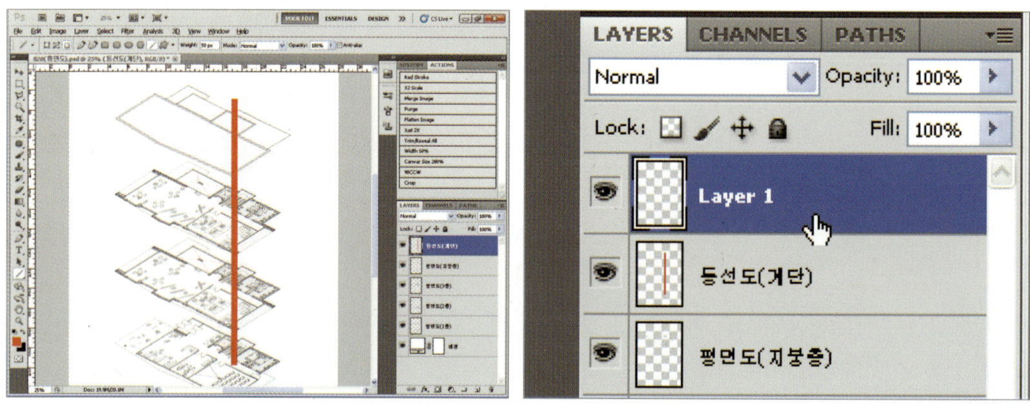

14 계속해서 Line Tool을 선택한 뒤, 옵션 패널에서 Weight 값을 10px로 설정하여 직선의 두께값을 지정해 줍니다.

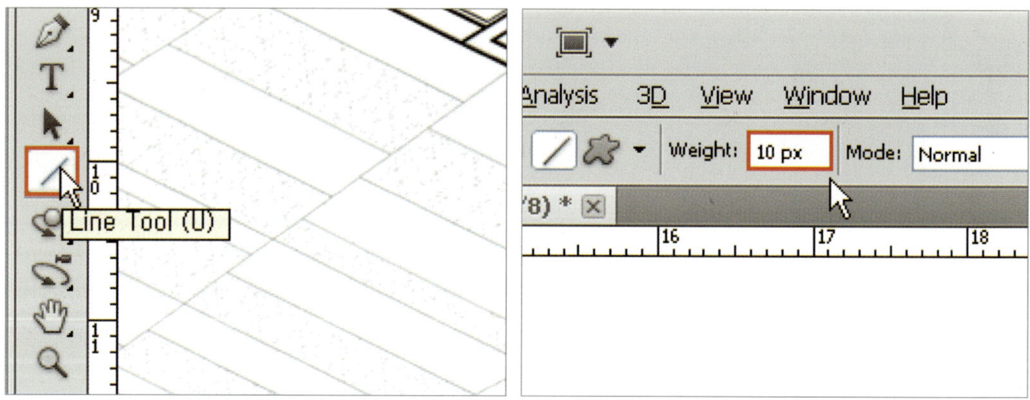

15 아래 그림과 같이 화살표 머리로 사용될 직선을 그려줍니다. 반대 모양의 직선을 그려주는 대신에 레이어를 복제하여 사용하도록 하겠습니다. 레이어 팔레트의 팝업 메뉴에서 Duplicate Layer... 명령을 수행합니다.

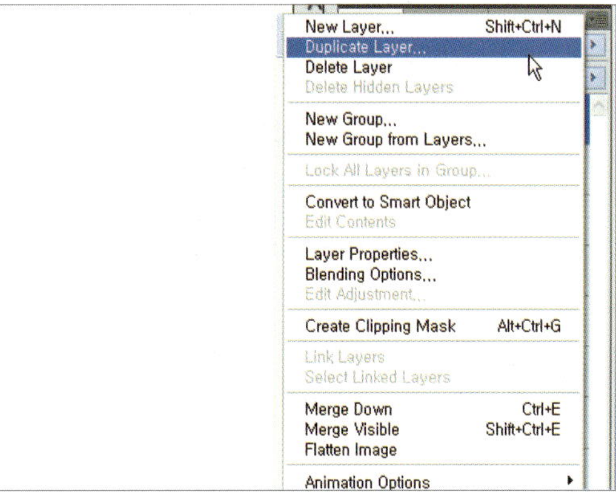

16 레이어를 복제한 뒤, 이미지의 형상을 좌우대칭 시켜주기 위해서 Edit → Transform → Flip Horizontal 명령을 수행시켜 줍니다. 아래 그림과 같이 X 형태의 이미지가 만들어졌습니다.

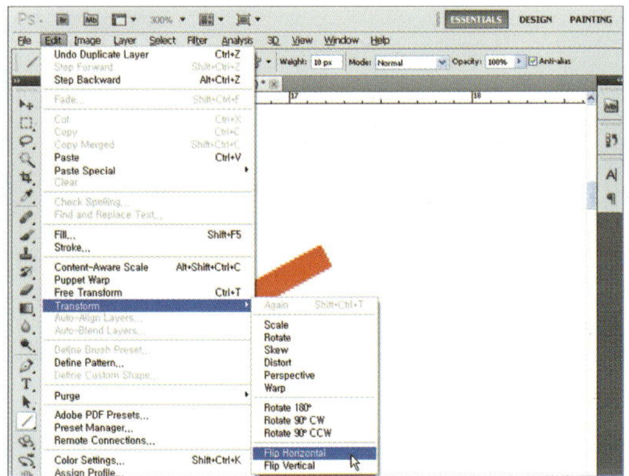

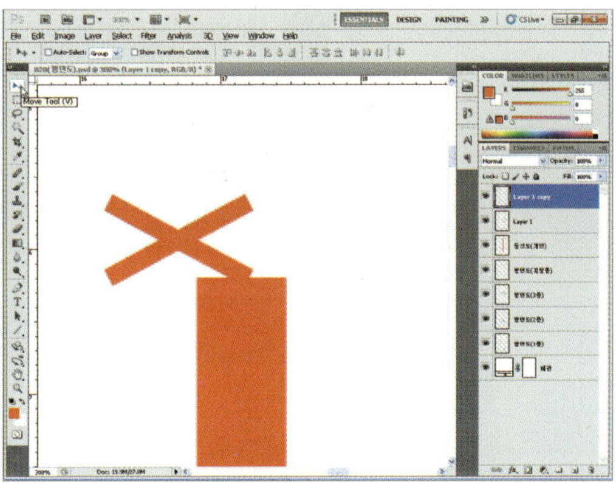

17 이미지를 이동시켜주기 위해서 Move Tool을 선택한 뒤, 수평으로 이동시켜 아래 그림과
같이 화살표 머리로 사용될 이미지를 만들어 줍니다.

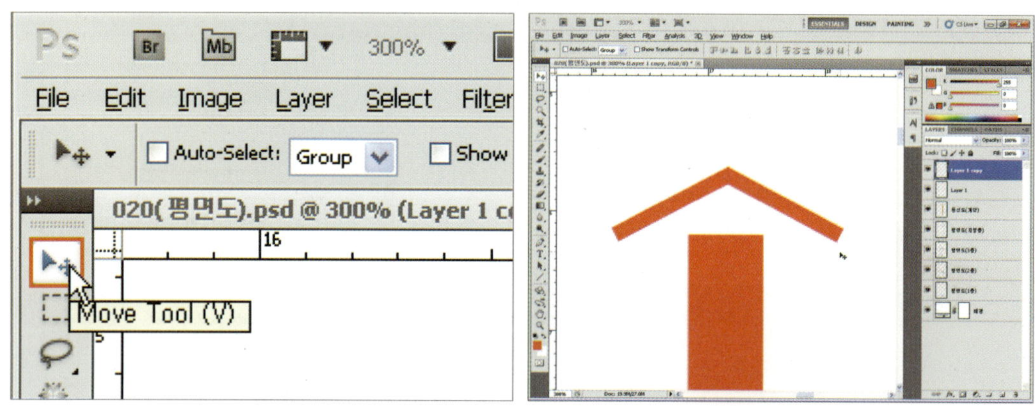

18 이번에는 레이어 팔레트에서 화살표 머리 이미지가 포함되어 있는 2개의 레이어를 모두
선택하여 이동시켜 아래 그림과 같이 이동시켜 줍니다.

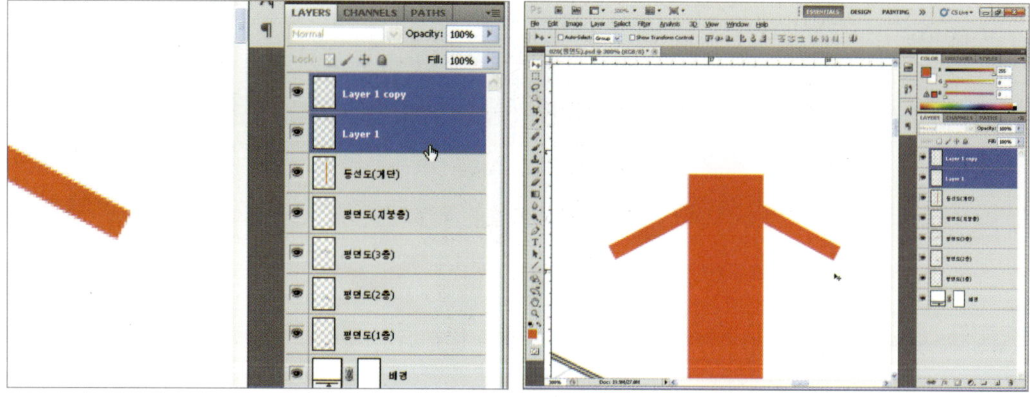

19 다시 '동선도(계단)' 레이어를 선택한 뒤, 불필요한 부분을 선택하여 삭제하기 위해서 선택 도구인 Polygonal Lasso Tool을 선택합니다.

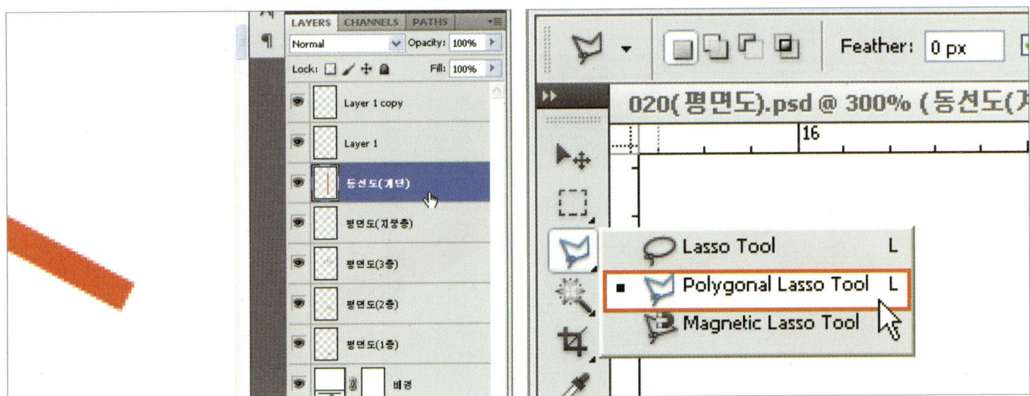

20 Polygonal Lasso Tool을 이용하여 아래 그림과 같이 삭제할 부분을 선택한 뒤, Edit → Cut 명령을 수행합니다.

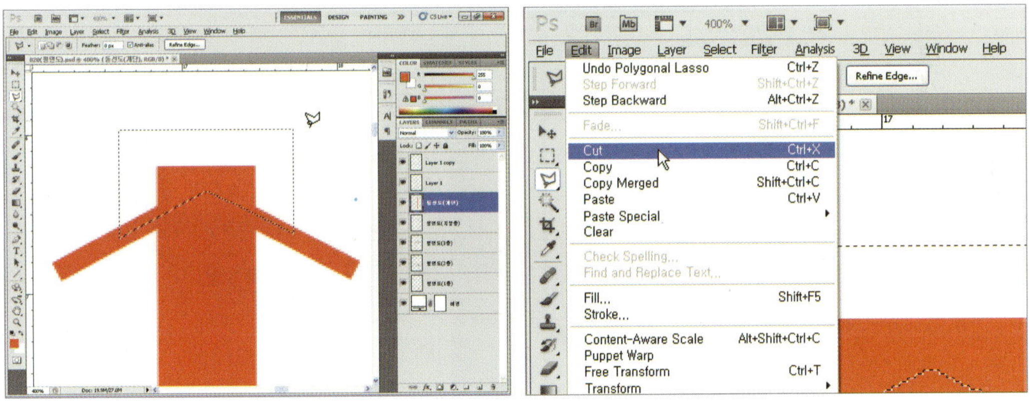

21 아래 그림과 같은 모양의 화살표 머리 형태가 만들어졌습니다. 이제 레이어를 정리하기 위해서 화살표 이미지와 관련된 3개의 레이어를 동시에 선택합니다.

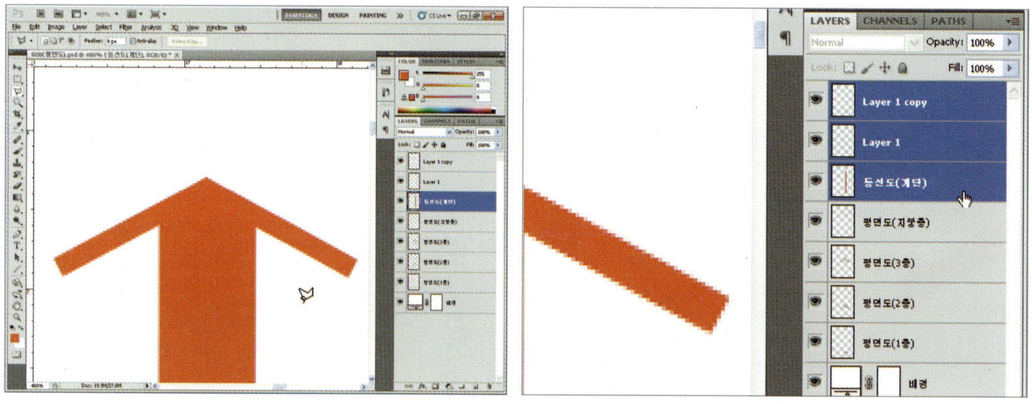

22 레이어 팔레트의 팝업 메뉴에서 Merge Layers 명령을 수행하여 하나의 레이어로 합병한 뒤, 레이어의 이름을 '동선도(계단)' 으로 변경시켜 줍니다.

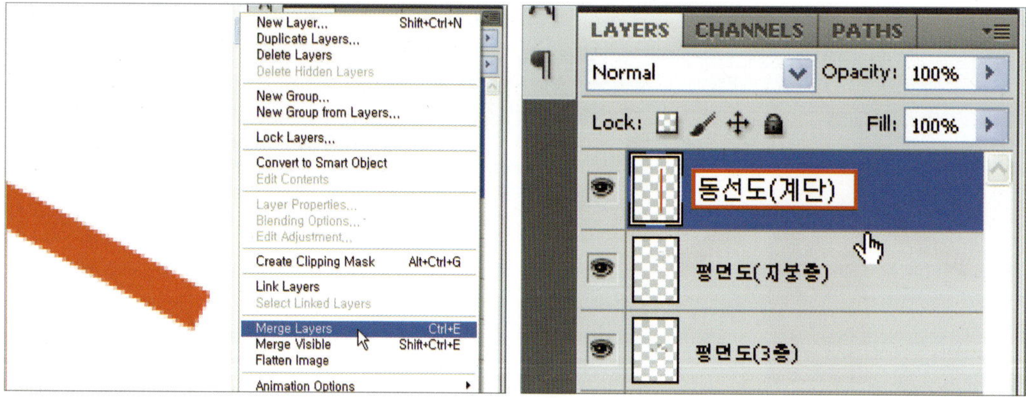

23 이제는 도면 이미지에 의해 가려지는 효과를 표현하기 위해 불필요한 이미지를 삭제해 보도록 하겠습니다. 앞에서 작업한 방법으로 Polygonal Lasso 툴을 이용하여 삭제할 부분을 선택한 뒤, Cut 명령을 수행하여 아래 그림과 같은 이미지를 만들어 줍니다.

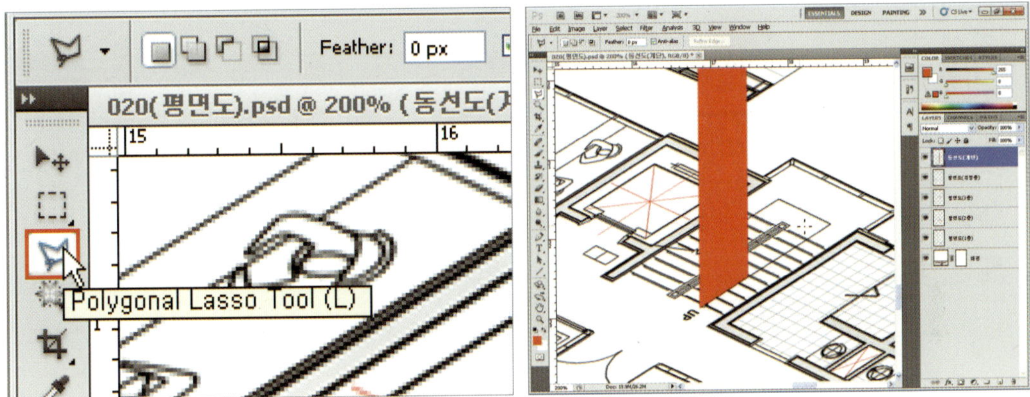

24 동일한 방법으로 아래 그림과 같은 이미지를 만들어 줍니다.

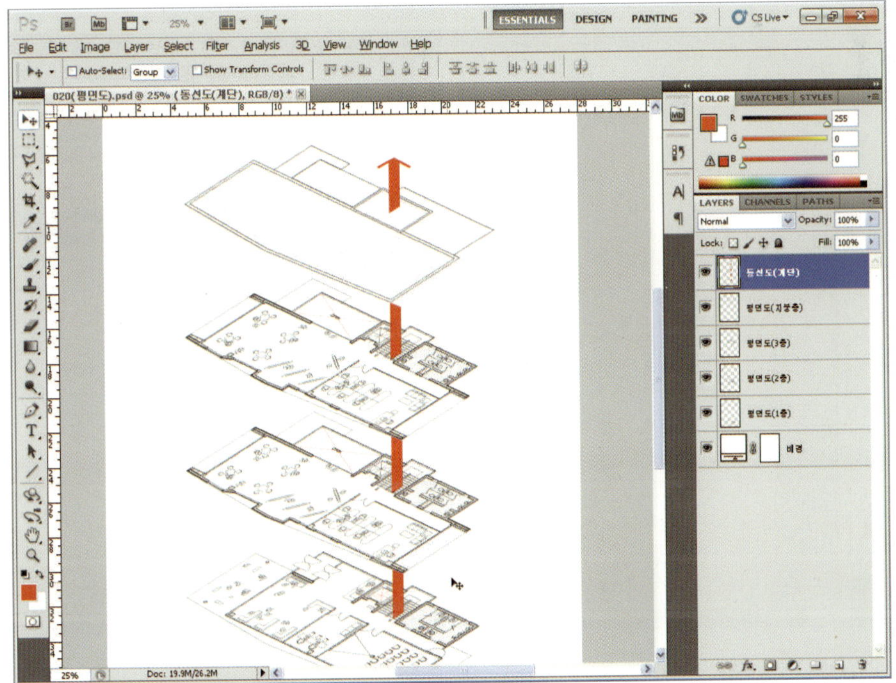

25 Horizontal Type Tool을 선택한 뒤, 아래 그림과 같이 'Stair' 라는 글씨를 입력해 줍니다.

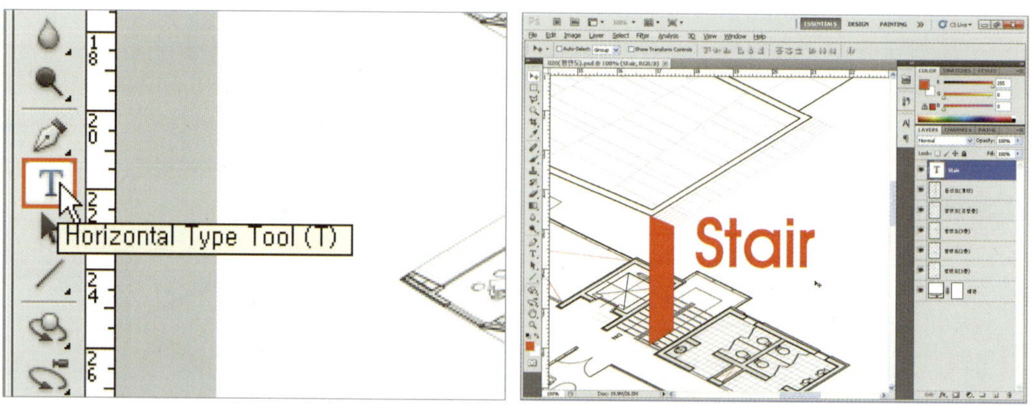

26 이제 앞에서 수행한 동일한 방법을 이용하여 아래 그림과 같이 진한 빨간색으로 수직 동선을 표현하는 직선을 추가해서 그려줍니다.

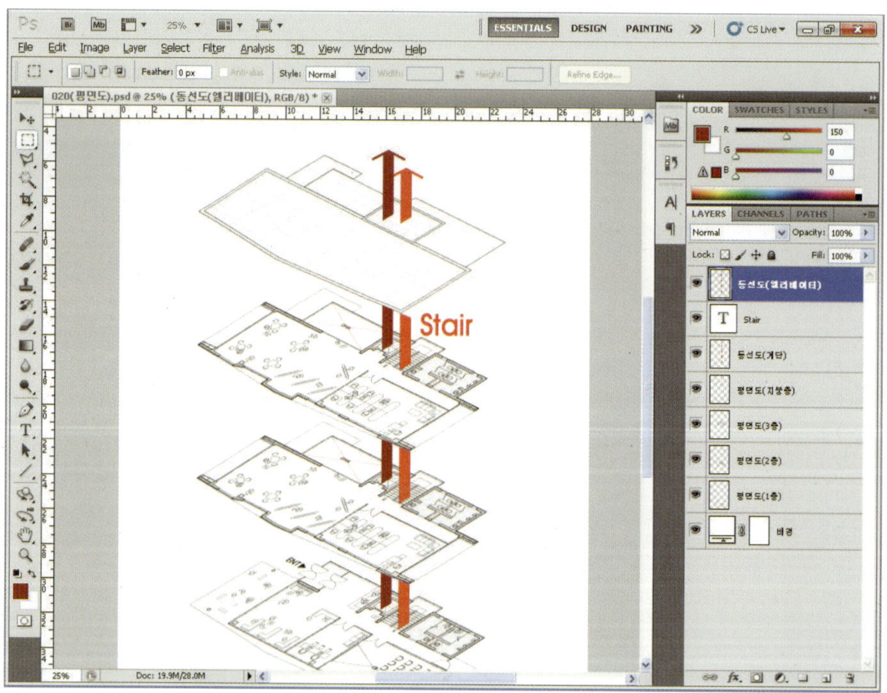

27 마지막으로 'Elevator' 라는 글씨를 입력합니다. 다음 작업을 위해서 아래 그림과 같이 수직 동선을 표현하는 직선 및 글씨 레이어를 잠시 보이지 않도록 설정해 줍니다.

(예제|CD 07\020(평면도).psd)

28 레이어 팔레트의 제일 아래에 위치하고 있는 '배경' 레이어의 Layer thumbnail 아이콘을 클릭하여 나타나는 Pick a solid color 대화상자에서 색상을 밝은 회색(R:200, G:200, B:200)으로 설정해 줍니다.

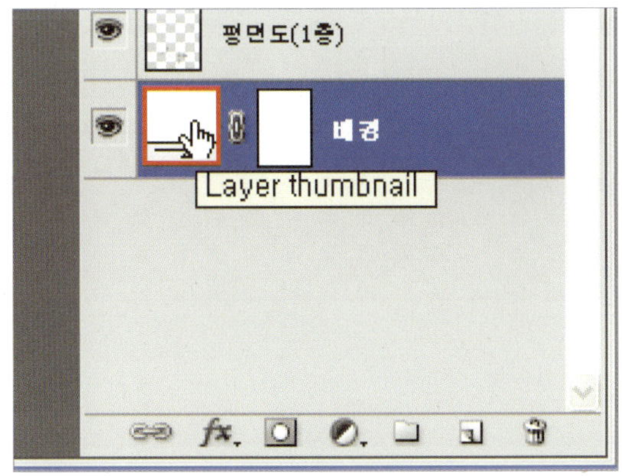

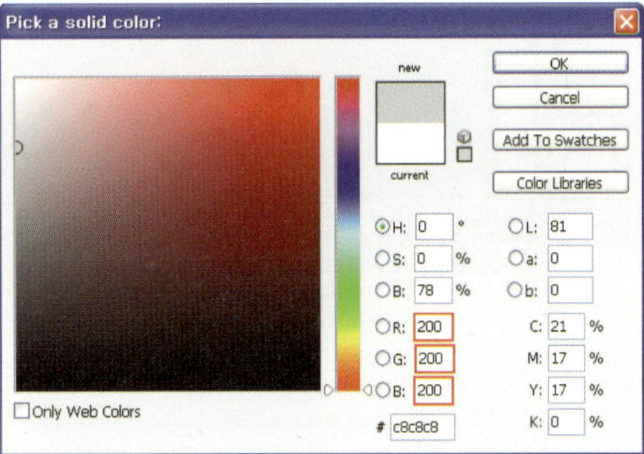

29 아래 그림과 같이 배경색을 변경한 뒤, 배경 레이어를 보이지 않도록 설정해 줍니다.

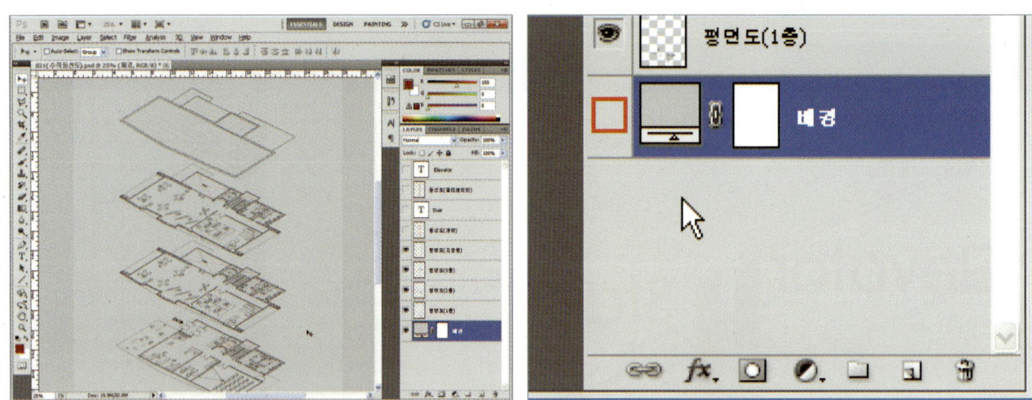

30 도면 영역을 선택하기 위해서 Magic Wand Tool을 선택한 뒤, 옵션 패널에서 Sample All Layers 옵션을 설정해 줍니다.

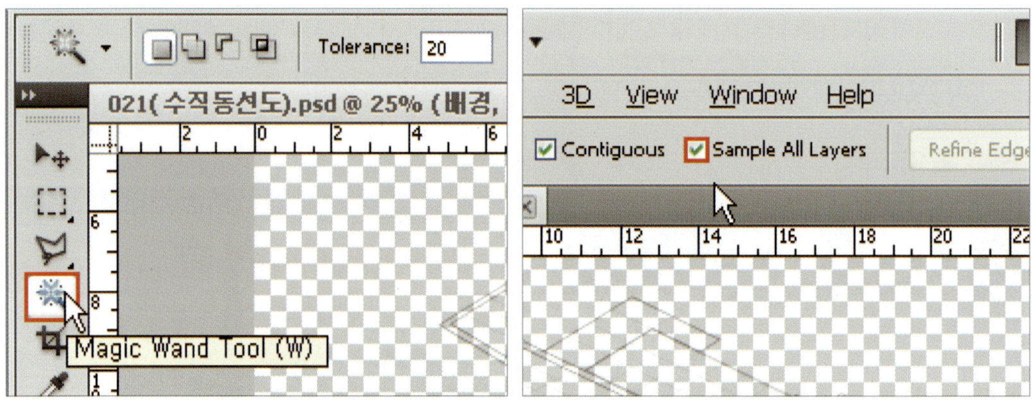

31 이제 배경 영역을 클릭하여 선택한 뒤, 선택 영역을 조금 확장하기 위해서 Select ➡ Modify ➡ Expand... 명령을 수행합니다.

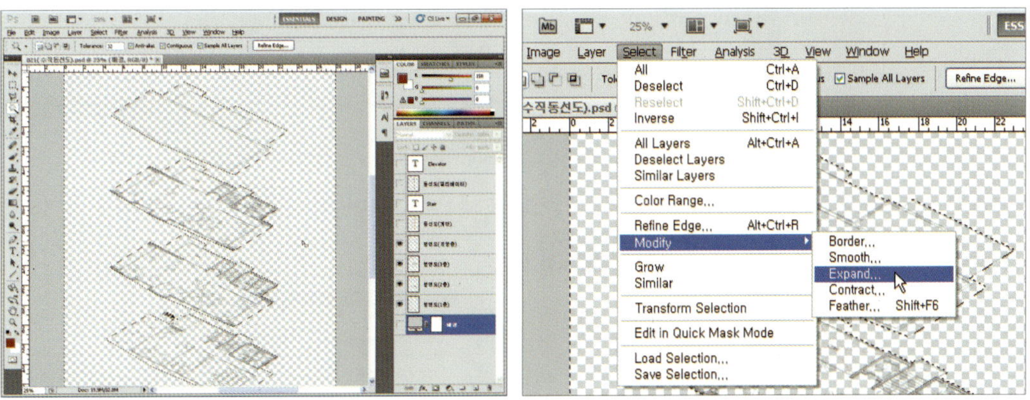

32 나타나는 Expand Selection 대화상자에서 Expand By 값을 1 pixels로 설정한 뒤, Select ➡ Inverse 명령을 수행하여 선택영역을 반전시켜 줍니다.

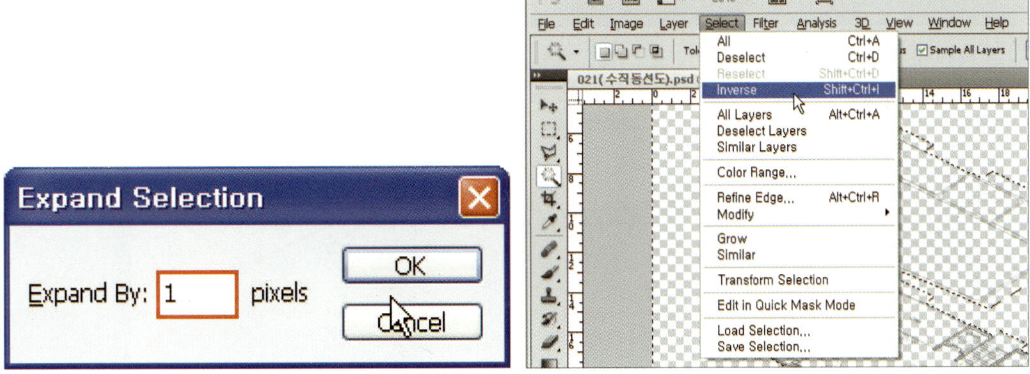

33 '도면 배경' 이라는 레이어를 추가한 뒤, 선택된 영역에 채색 작업을 수행하기 위해서 Edit → Fill... 명령을 수행합니다.

34 나타나는 Fill 대화상자에서 Contents 값을 White로 설정하여 아래 그림과 같이 도면 영역을 흰색으로 채색해 줍니다.

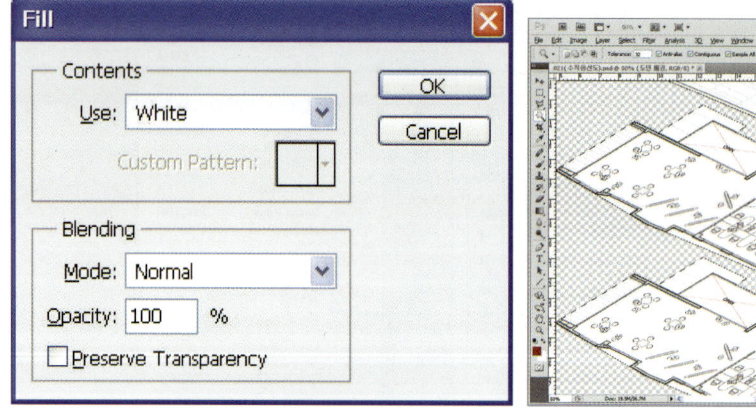
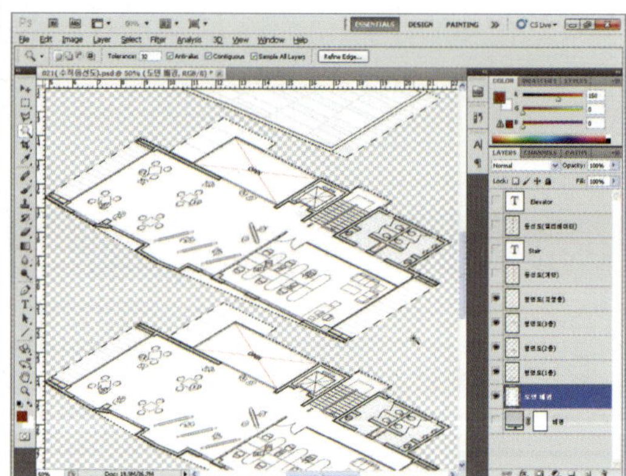

35 Select ➡ Deselect 명령을 수행하여 선택 영역을 취소하여 결과를 확인해 봅니다.

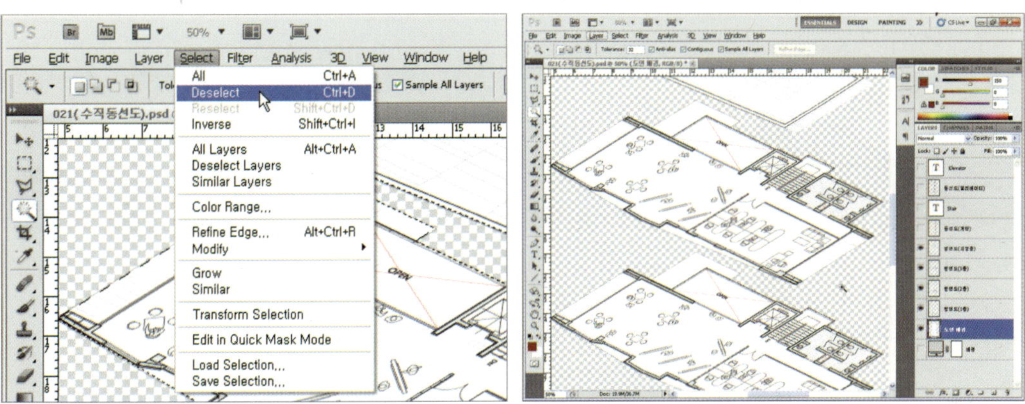

36 계속해서 Layer ➡ Layer Style ➡ Drop Shadow... 명령을 수행한 뒤, 나타나는 Layer Style 대화상자에서 Drop Shadow 옵션 값을 아래 그림을 참조하여 설정해 줍니다.

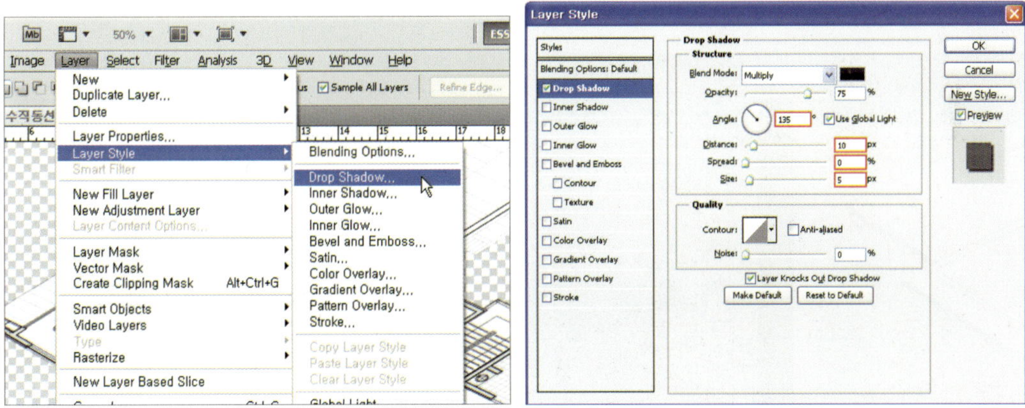

37 '배경' 레이어를 선택하여 보이도록 설정한 뒤, 결과를 확인해 봅니다. 아래 그림과 같이 이전 보다 도면이 훨씬 강조되어 보이게 됩니다.

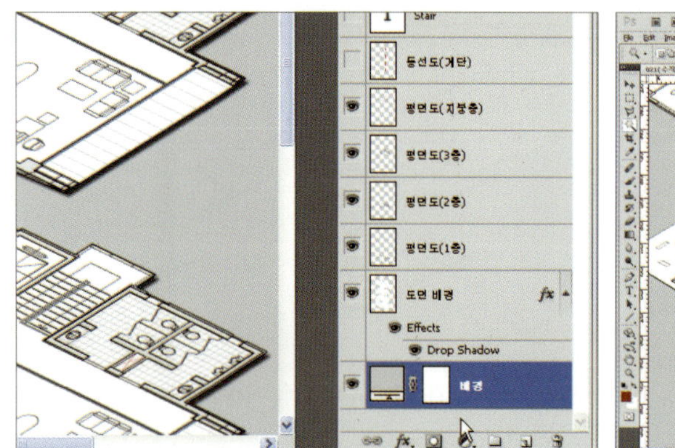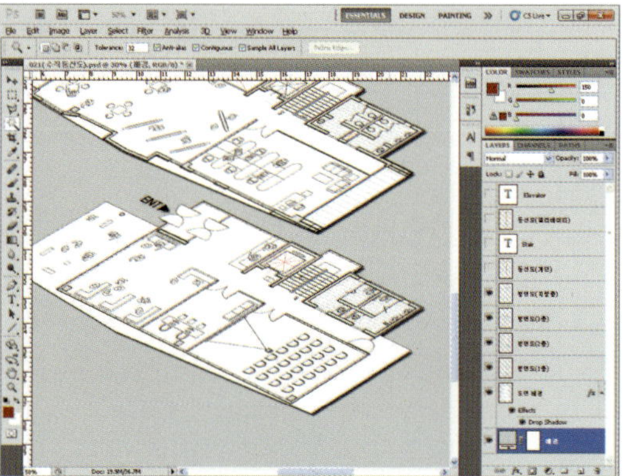

38 마지막으로 보이지 않도록 설정된 나머지 모든 레이어를 보이도록 설정한 뒤, 결과를 확인해 봅니다.

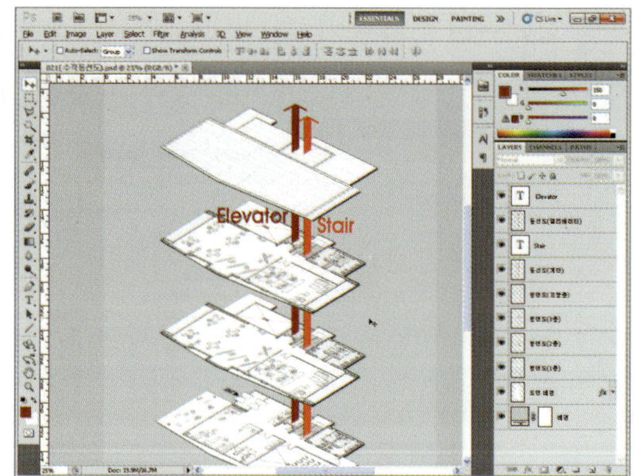

39 최종 완성된 이미지

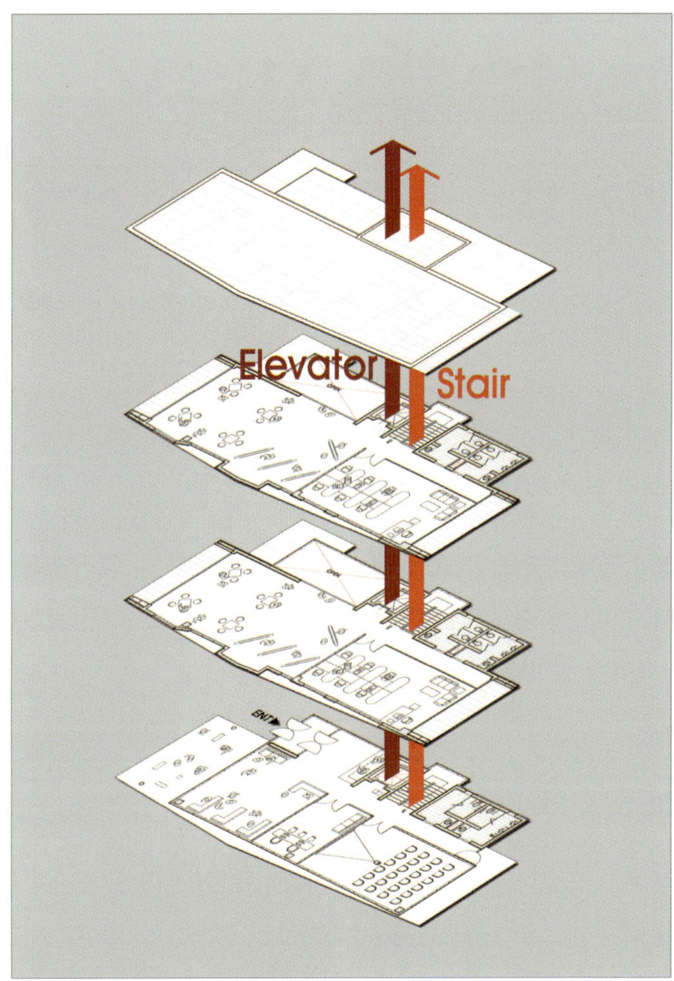

(예제CD 07\021(수직동선도).psd)
(예제CD 07\021(수직동선도).jpg)

 지우개 및 그라디언트 툴의 이해

히스토리 브러쉬 툴(History Brush Tool)

이미 수행된 작업 상태를 복원해 주는 기능을 합니다. 작업이 진행된 상태에서 이 툴을 선택한 후 드래그하면 드래그한 영역에서 작업이 취소되고 원본 이미지 상태로 되돌릴 수 있습니다. 실수한 작업이 진행되었을 경우 Undo 명령과 더불어 히스토리 팔레트(History Palette)를 이용하여 복구할 수도 있습니다.

 아트 히스토리 브러쉬(Art History Brush)

아트 히스토리 브러시 툴(Art History Brush Tool)을 이용하면 지정한 영역에 독특한 형태의 브러시 자국을 나기면서 이미지를 뭉개주게 됩니다. 모두 10종류의 서로 다른 브러쉬 스타일을 사용할 수 있으며, 매우 독특한 결과를 만들어 주게 됩니다.

 지우개 툴(Eraser Tool)

지우개 툴을 선택한 후 지우고 싶은 곳을 선택하여 드래그하면 됩니다. 그러나 만약 선택된 이미지의 레이어 속성이 배경 레이어(Background)로 설정되어 있다면 이미지를 지우기보다는 배경색으로 그려지는 효과를 볼 수 있습니다.

 배경 지우개 툴(Background Eraser Tool)

배경 지우개 툴은 작업 이미지가 여러 개의 레이어로 구성되어 있을 경우 사용됩니다. 이미지를 지우는 동시에 지워진 영역을 투명영역으로 설정합니다.

 마술 지우개 툴(Magic Eraser Tool)

마술 지우개 툴은 비슷한 색상으로 구성된 영역을 한번에 지울 때 사용합니다. 작업방법은 옵션 팔레트에서 수치를 조절한 후 지우고자 하는 이미지를 드래그하는 것이 아니라 클릭하여 사용합니다.

 그라디언트 툴(Gradient Tool)

그라데이션으로 채색을 할 때 사용합니다. 여러 개의 색을 자연스럽게 구성시켜주는 기능을 합니다.

◆ 라디언트 툴(Gradient Tool)의 패널 옵션

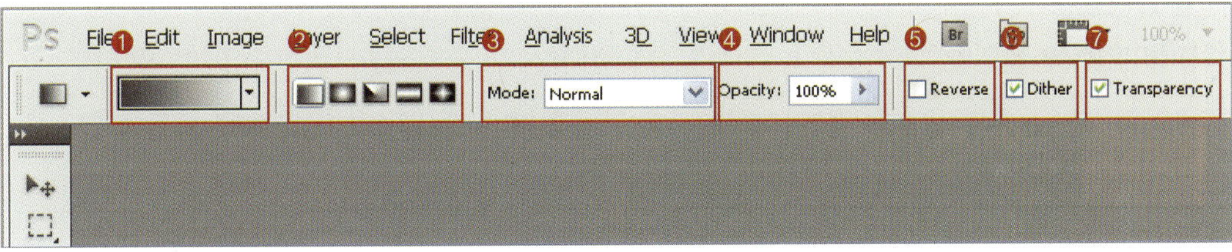

1. 그라디언트(Gradient)

사용될 그라데이션 색상을 선택합니다. 기본적으로 15개의 그라데이션 색상 구성을 제공하지만 사용자가 직접 제작할 수도 있습니다. 팝업 메뉴에서는 그라데이션 색상을 새로 제작하여 미리 제작되어 있는 그라디언트 내용을 저장하거나 불러올 수 있습니다.

※ 그라디언트 옵션 팔레트에서 아래 그림과 같이 그라디언트 색상을 클릭하면 그라디언트 색상을 새롭게 만들거나 변경할 수 있는 그라디언트 편집(Gradient Edit) 창이 나타나게 되며 여기서 색상을 편집 및 추가할 수 있습니다.

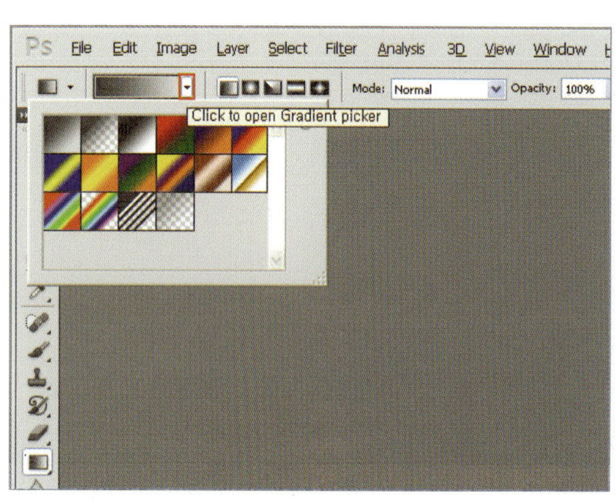

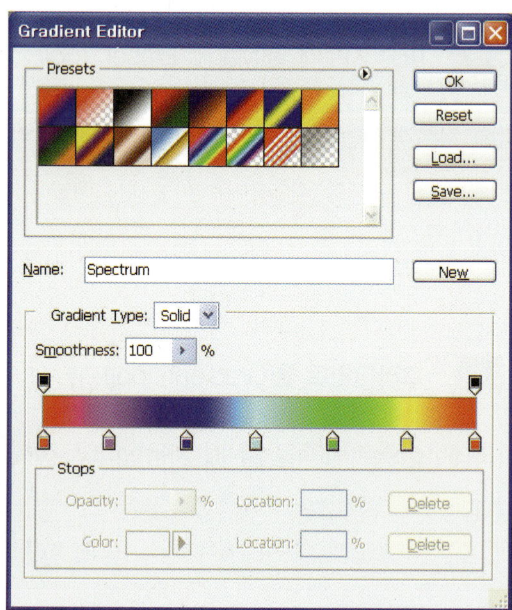

2. 그라디언트 방법

작업에 적용될 5가지 그라디언트 방법(Line Gradient Tool, Radial Gradient Tool, Angle Gradient Tool, Reflected Gradient Tool, Diamond Gradient Tool)을 제공합니다.

● Line Gradient Tool

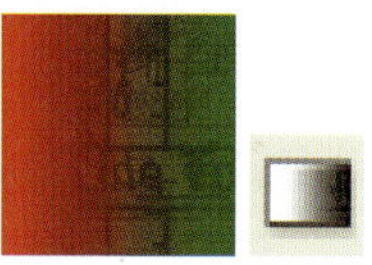

라인 그라디언트 툴은 직선 형태의 그라데이션을 제작할 때 사용합니다. 그라데이션 방법 중에서 가장 많이 사용되는 것으로 Shift 키는 누른 상태에서 작업하면 수평, 수직, 45도 각도로 그라데이션을 제작할 수 있습니다.

● Radial Gradient Tool

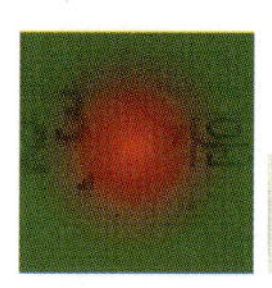

둥근 원 형태의 그라데이션을 제작할 때 사용되며, 클릭한 지점이 원의 중심이 됩니다. 주로 간단한 조명 효과를 제작할 때 사용됩니다.

● Angle Gradient Tool

 각진 형태의 그라데이션을 제작할 때 사용되며, 날카로운 그라데이션을 제작할 때 유용합니다.

● Reflected Gradient Tool

 반사 그라디언트 툴은 거울에 반사되는 효과로 그라데이션을 제작할 때 사용됩니다. 특히 입면표현에서 둥근 느낌을 표현할 경우 자주 사용됩니다.

● Diamond Gradient Tool

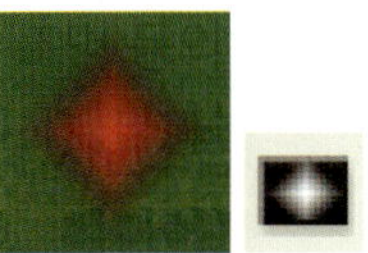 다이아몬드 그라디언트 툴은 뾰족한 다이아몬드 형태로 그라데이션을 제작할 때 사용합니다. **Shift** 키는 누른 상태에서 작업하면 수평, 수직, 45도 각도로 그라데이션을 제작할 수 있습니다.

3. Mode 옵션

적용될 그라디언트의 블랜드 모드를 지정합니다.

4. Opacity 옵션

Opacity 옵션은 불투명도의 정도를 지정합니다. 수치가 낮을수록 투명도가 올라가면서 색이 흐리게 표현됩니다.

5. Reverse 옵션

Reverse 옵션을 선택하면 그라디언트의 진행방향이 반대로 진행됩니다.

6. Dither 옵션

Dither 옵션은 디더링이 적용되어 그라디언트의 색상 품질이 상승됩니다.

7. Trasparency 옵션

Trasparency 옵션은 투명한 영역을 보호하면서 그라데이션이 적용됩니다.

 페인트 버켓 툴(Paint Bucket Tool)

지정한 색상으로 칠하는 툴입니다. 기본적으로 클릭하면 전경색(Foreground Color)의 색상이 적용됩니다. 선택된 색상이 적용되는 범위는 옵션 팔레트에서 조절할 수 있습니다.

실습예제　15

▌브러시 툴을 이용한 동선 개념도 작성

주어진 이미지(입체도)를 이용하여 아래 그림과 같이 동선 개념도를 작성해 봅니다.

■ 준비된 입체도

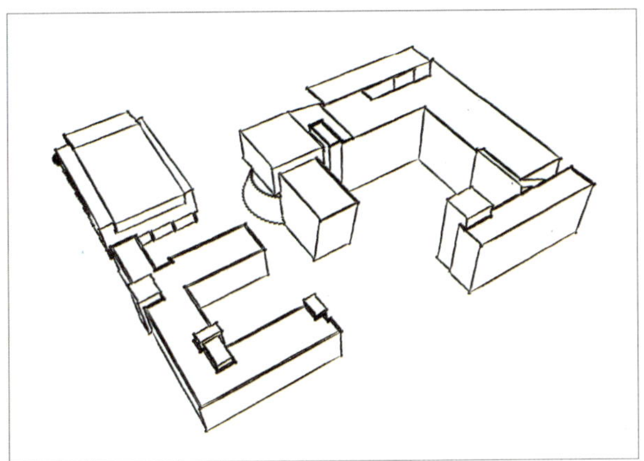

(예제CD 07\022(입체도).jpg)

■ 완성된 동선 개념도

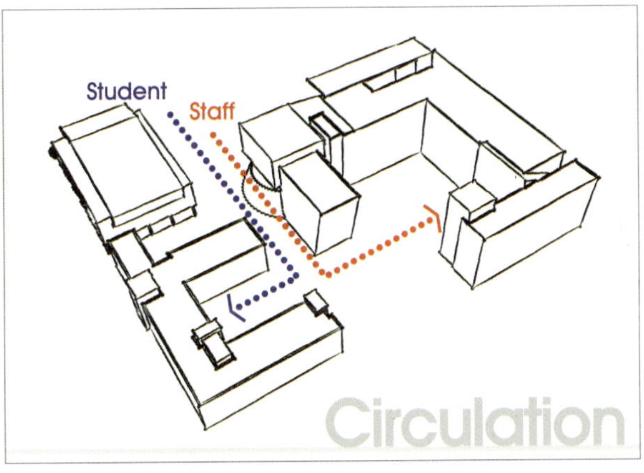

(예제CD 07\023(동선도).psd, 023(동선도).jpg)

도움말

점선 이미지를 그리기 위해서는 페인트 브러시의 브러시 형태를 변경해야 점선을 그릴 수 있습니다. Brush 팔레트에서 아래 그림과 같이 Spacing 값을 변경함으로써 그릴 수 있으며, Pen Tool을 이용하여 그려질 경로를 지정한 뒤, Path 팔레트에서 아래 그림과 같이 그려진 패스를 선택한 뒤, Stroke path with brush 명령을 이용하여 점선을 그릴 수 있습니다.

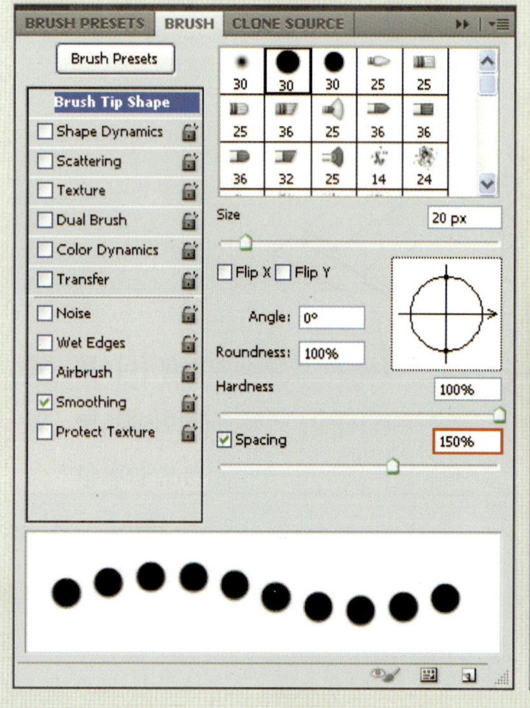

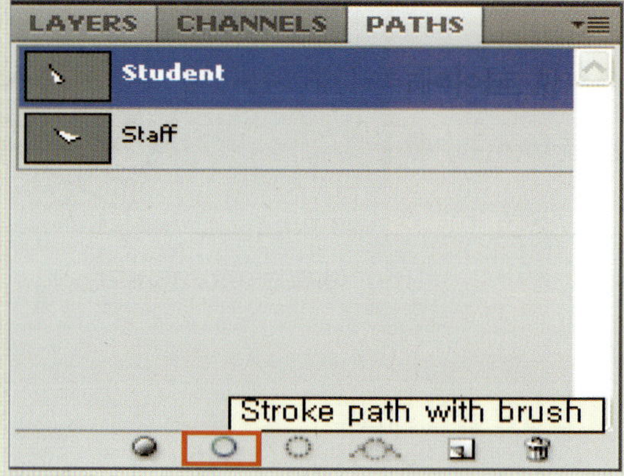

실습예제　16

▌도면 이미지 변형을 이용한 독특한 개념도 표현

주어진 평면도, 입면도와 사람(실루엣) 이미지를 이용하여 아래 그림과 같은 개념도를 작성해
봅니다.

■ 준비된 평면도, 입면도

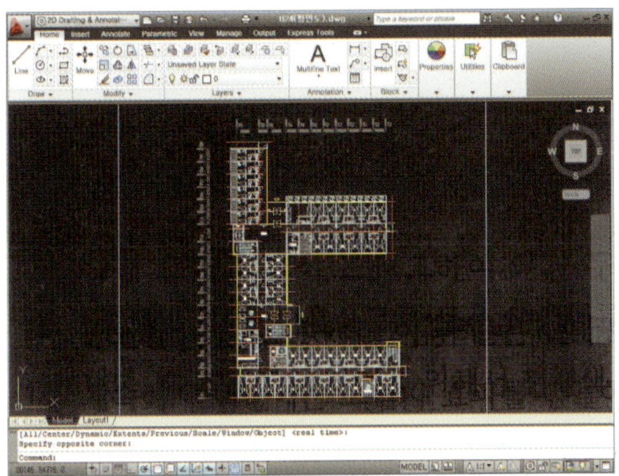

(예제\CD 07\024(평면도).dwg)

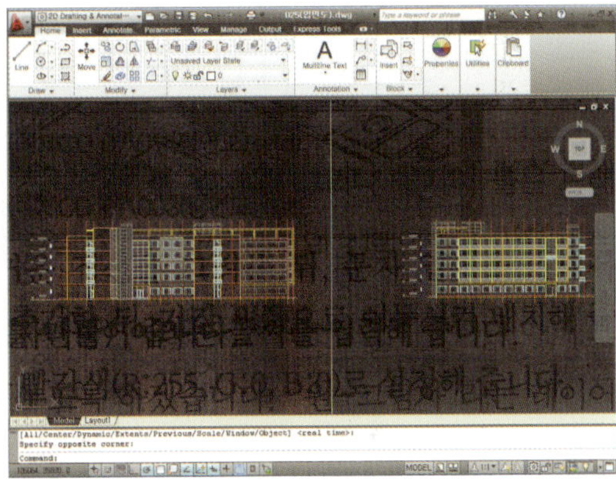

(예제\CD 07\025(입면도).dwg)

■ 준비된 사람(실루엣) 이미지

(예제\CD 07\029(사람).psd)

■ 완성된 개념도

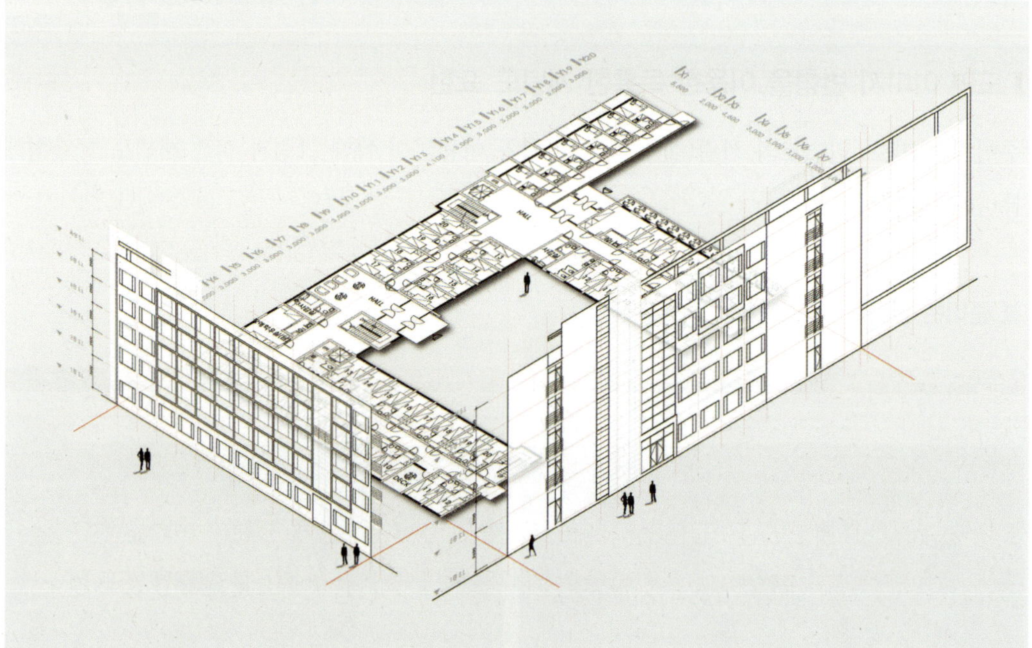

(예제\CD 07\030(개념도).psd, 030(개념도).jpg)

도움말

제시된 평면도, 입면도를 변환한 뒤, 완성된 개념도와 같은 이미지를 작성하기 위해서는 변환된 도면을 불러온 뒤, 원하는 형태로 변형시켜야 합니다. 이미지를 변형시킬 경우 Edit → Free Transform 또는 Edit → Transform 하위에 배치되어 있는 다양한 이미지 변경 명령을 이용합니다. 특히 이번 예제에는 Skew, Rotate, Scale 3개의 명령을 이용하여 이미지를 변형시켜 제작하였습니다.

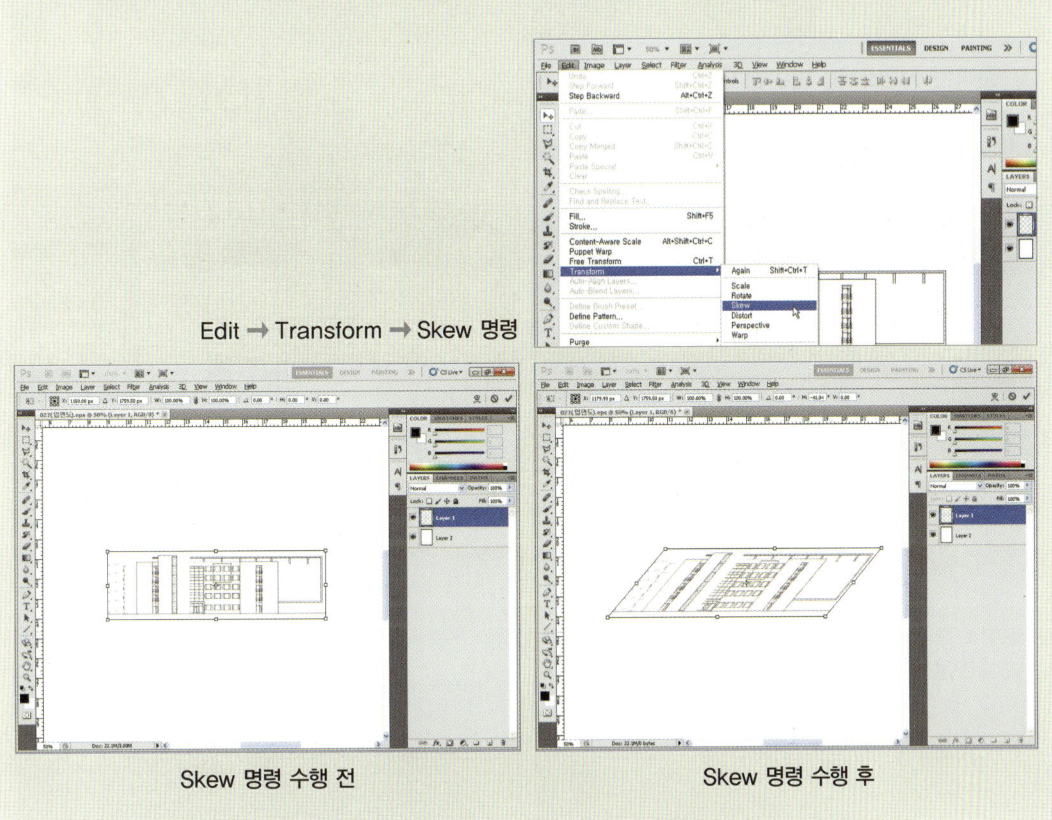

Edit → Transform → Skew 명령

Skew 명령 수행 전

Skew 명령 수행 후

실습예제 17

▌도면을 이용한 수직 동선도 표현

주어진 도면을 이용하여 아래 그림과 같이 수직 동선 개념도를 작성해 봅니다.

■ 준비된 평면도 및 변환된 EPS 도면

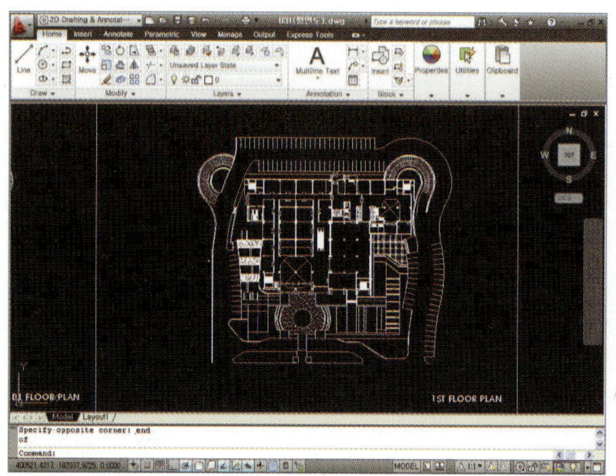

(예제CD 07\031(평면도).dwg)

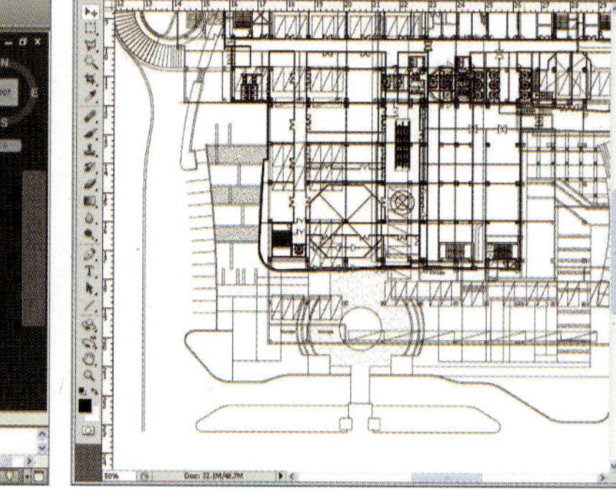

(예제CD 07\033(평면도).psd)

■ 완성된 수직 동선 개념도

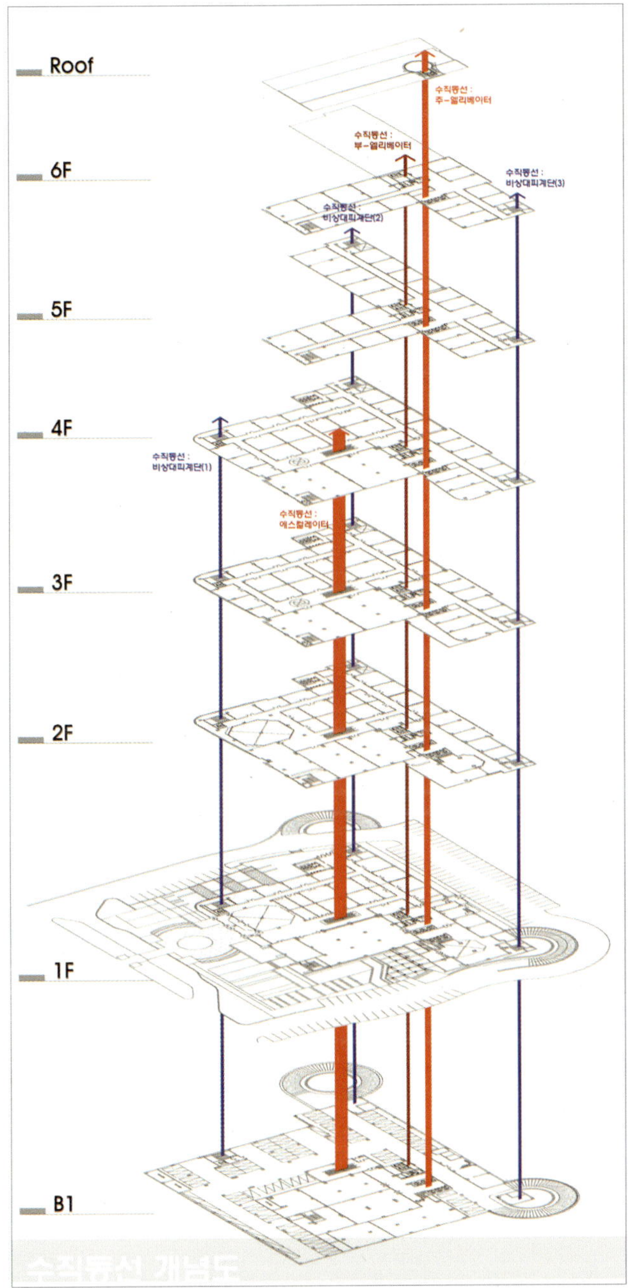

(예제CD 07\034(수직동선도).psd, 034(수직동선도).jpg)

▌드로잉 도구를 이용한 개념도 작성

포토샵의 드로잉 툴과 타입 툴을 이용하여 아래 그림과 같은 개념도를 작성해 보시기 바랍니다.

■ 완성된 개념도

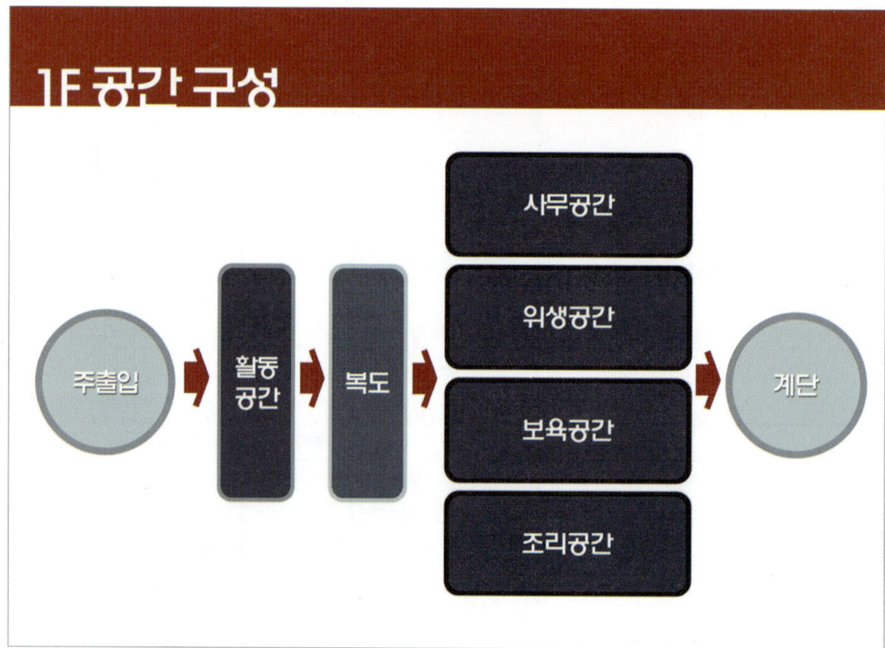

(예제CD 07\035(개념도).psd, 035(개념도).jpg)

 드로잉 툴의 이해

 **사각 오브젝트 툴(Rectangle Tool)**

사각형 형태의 오브젝트를 제작합니다. 옵션에 따라 벡터 방식과 레이어 방식, 쉐이프 레이어 방식의 오브젝트를 제작할 수 있습니다.

 **둥근 모서리 사각 오브젝트 툴(Rounded Rectangle Tool)**

모서리가 둥근 사각형 형태의 오브젝트를 제작합니다. 옵션 설정에 따라 둥근 모서리의 크기를 조절하여 그릴 수 있습니다.

 **타원 오브젝트 툴(Ellipse Tool)**

타원 또는 원형의 오브젝트를 제작합니다.

다각형 오브젝트 툴(Polygon Tool)

다각형 오브젝트를 제작합니다. 옵션 설정에 따라 다각형의 모양을 변경하여 그릴 수 있습니다.

◆ 벡터 오브젝트 드로잉 툴의 옵션 팔레트

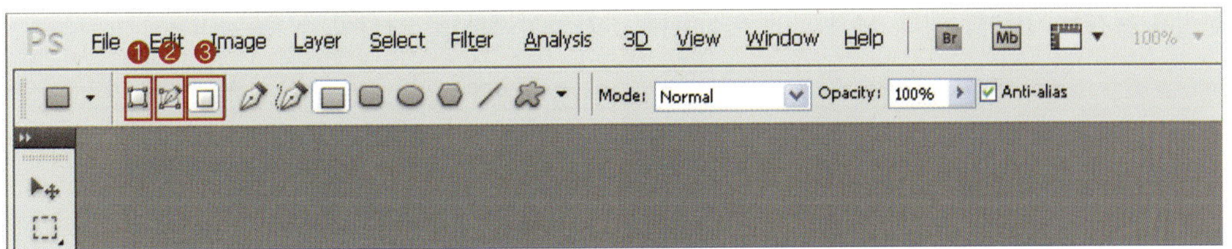

사각 오브젝트 툴(Rectangle Tool), 둥근 모서리 사각 오브젝트 툴(Rounded Rectangle Tool), 타원 오브젝트 툴(Ellipse Tool), 다각형 오브젝트 툴(Polygon Tool)은 동일한 옵션 패널을 사용합니다. 드로잉 툴을 선택하면 옵션 패널에서 3가지 모드로 도형을 그릴 수 있도록 옵션을 제공합니다.

1. 세이프 레이어 옵션 모드(Shape layers)

   오브젝트를 만들면서 패스를 만드는 동시에 레이어 팔레트에도 새로운 레이어를 만들어 줍니다. 이미지 제작과 동시에 패스가 클리핑 되기 때문에 클리핑 패스를 제작할 경우 많이 사용됩니다. 또한 제작된 오브젝트를 원하는 크기로 마음대로 변형할 수 있습니다.

2. 워크 패스 옵션 모드(Paths)

   벡터 이미지, 즉 패스를 만들어 줍니다. 패스만을 제작해 주기 때문에 패스 팔레트를 이용해야 합니다.

3. Fill 모드(Fill pixels)

   비트맵 이미지를 제작할 경우 사용됩니다. 가장 많이 사용되며 쉽게 제작할 수 있으나 수정이 용이하지 못한 단점이 있습니다.

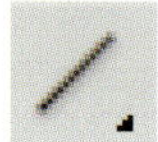 직선 툴(Line Tool)

직선 툴은 이미지에 직선 형태의 라인과 화살표를 그릴 때 사용됩니다. Shift 키를 누르고 드래그하면 수직, 수평으로 그릴 수 있으며 라인 툴에 패스 기능을 추가하여 제작할 수 있습니다. 또한 화살표 옵션을 이용할 경우 직선 끝에 화살표를 추가하여 직선을 제작할 수 있습니다.

◆ 직선 툴의 옵션 팔레트

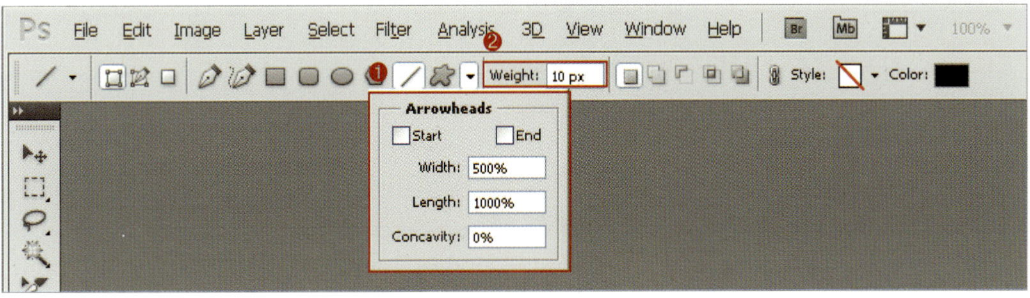

1. 화살표의 머리 모양 옵션(Arrowheads)

직선 끝에 그려질 화살표 머리 모양에 대한 설정 및 값을 지정할 수 있습니다. 직선 툴을 선택한 뒤, 옵션 패널에서 Arrowheads 옵션을 설정합니다. 화살표의 크기는 직선 두께에 비례하여 지정할 수 있으며, Concavity 값을 지정하여 화살표 머리의 오목 정도를 지정해 줄 수 있습니다.

2. 선 두께 지정 옵션(Set line weight)

그려지는 선의 두께를 설정합니다.

 커스텀 오브젝트 툴(Custom Shape Tool)

다양한 모양의 오브젝트를 제작할 수 있는 툴 입니다. 사용자가 특정 모양을 선택하거나 임의 모양을 정의하여 오브젝트 그릴 수 있습니다.

제8부

모형 사진을 이용한 프레젠테이션 이미지 제작

과거와는 달리 건축이나 인테리어 프레젠테이션을 위한 이미지 작업을 위해서 CAD 툴을 이용한 도면 드로잉, 디지털 렌더링 툴을 투시도 및 조감도 작업이나 포토샵을 이용한 이미지 리터칭 작업이 가장 많은 시간이 소요되는 작업일 것입니다. 그러나 많은 발전을 통해 대부분의 작업이 디지털 도구를 통해 작성되고 있음에도 불구하고 아직도 많이 사용되는 직관적인 프레젠테이션 방법 중에 하나는 모형 제작일 것입니다. 다만 과거와는 달리 제작된 모형은 단순히 검토 및 전시를 위한 용도뿐만 아니라 사진 촬영을 통해 얻은 이미지를 포토샵을 통해 다시 편집함으로써 새로운 이미지를 만들 수 있습니다.

1 모형 사진의 색상 변경

이번 장에서는 촬영된 모형 사진의 전체적인 색상 및 톤을 변경해 봄으로써 제안서나 작품집의
표지로 사용될 이미지를 제작해 보도록 하겠습니다. 매우 간단해 보이는 작업이지만 완성된 이
미지는 설계 결과물에 대한 느낌을 다양하게 표현할 수 있습니다.

촬영된 모형 사진

포토샵으로 색상 편집된 모형 이미지

1 포토샵에서 촬영된 모형 사진을 불러와 줍니다. 편집 작업을 수행하기 위해서 레이어 팔레트에서 'Background' 레이어 이름을 더블클릭해 줍니다.

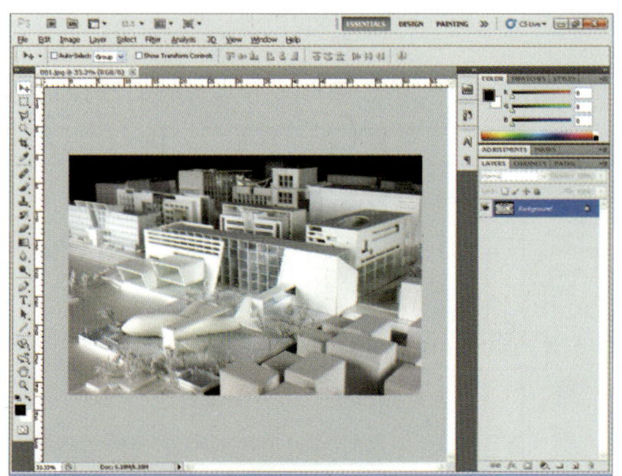

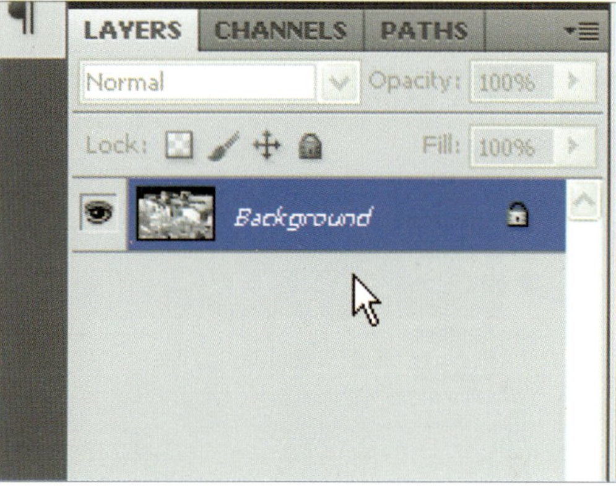

(예제CD 08\001(모형사진).jpg)

2 나타나는 New Layer 팔레트에서 레이어의 이름을 '배경-모형사진' 으로 변경해 줌으로써 배경 레이어의 속성을 일반 레이어로 변경해 줄 수 있습니다. 이제 이름이 변경된 레이어을 복사하기 위해서 마우스 오른쪽 버튼을 클릭하여 나타나는 메뉴에서 Duplicate Layer... 명령을 수행합니다.

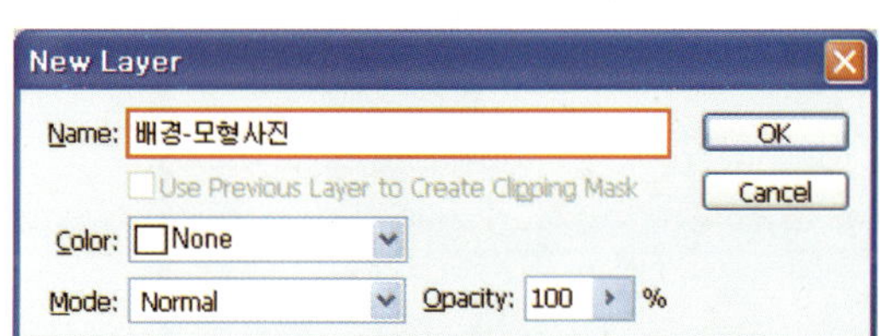

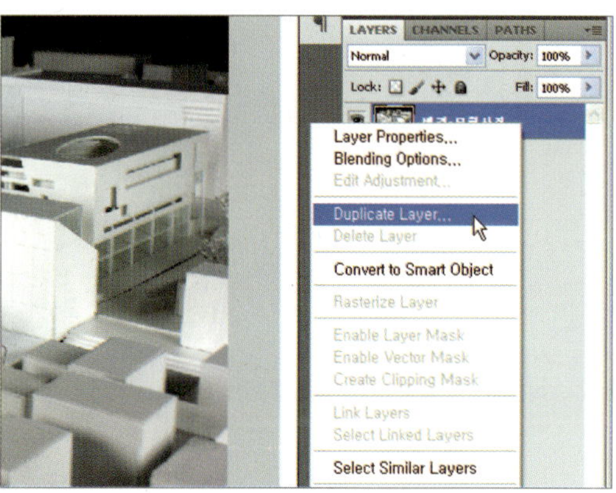

3 '설계대상–모형사진' 이라는 이름으로 레이어를 복제한 뒤, 아래 그림과 같이 복제된 레이어를 위쪽으로 배치하고 아래에 위치하고 있는 보이지 않도록 설정해 줍니다. 다음 작업으로 선택 영역을 설정하기 위해서 Polygonal Lasso Tool을 선택해 줍니다.

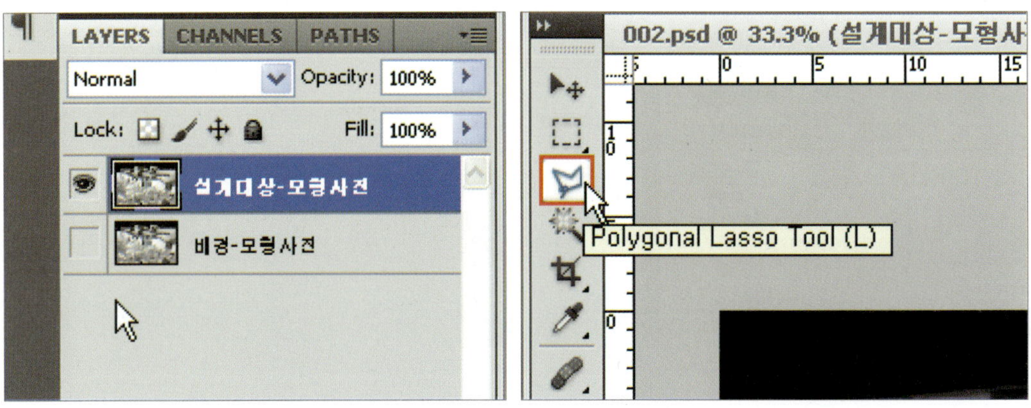

4 Polygonal Lasso Tool을 이용하여 아래 그림을 참고하여 영역을 선택해 줍니다.

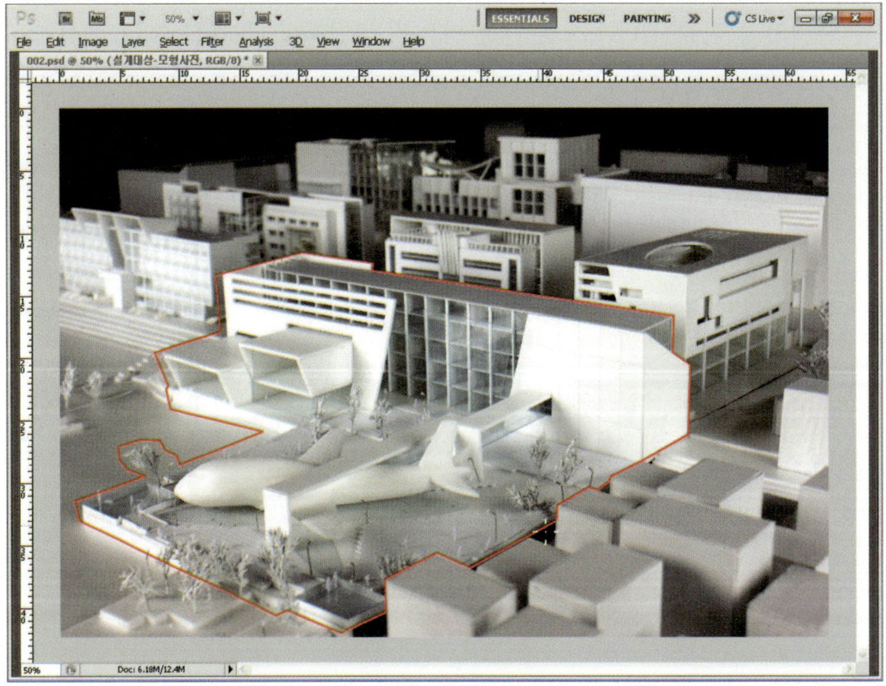

5 선택영역으로 설정된 영역을 편집하기 위해서 Select ➡ Modify ➡ Feather 명령을 수행하여 나타나는 Feather Selection 대화상자에서 20 pixels 값을 입력해 줍니다. 선택영역이 부드럽게 변경되는 모습을 볼 수 있습니다.

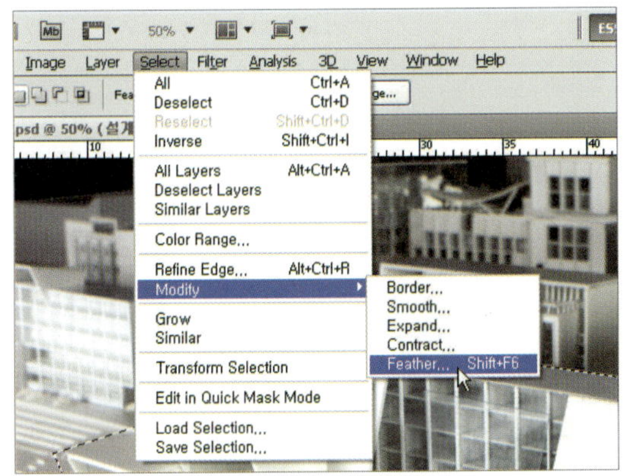

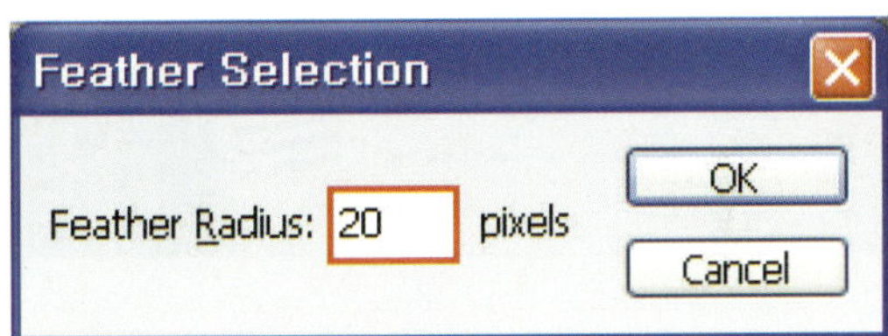

6 아래 그림과 같이 선택영역을 변경한 뒤, Select ➡ Inverse 명령을 수행하여 선택영역을 반전시켜 줍니다.

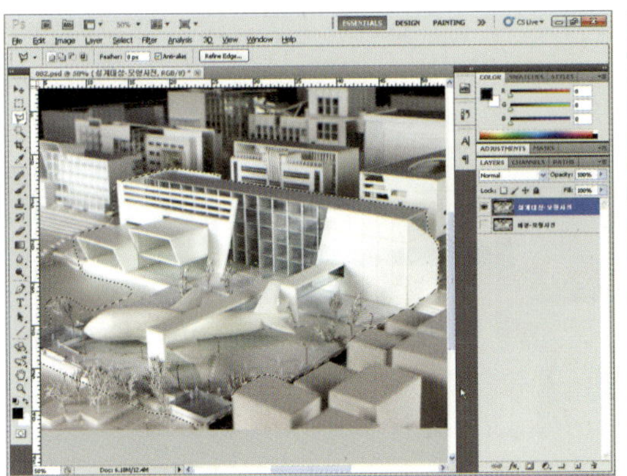

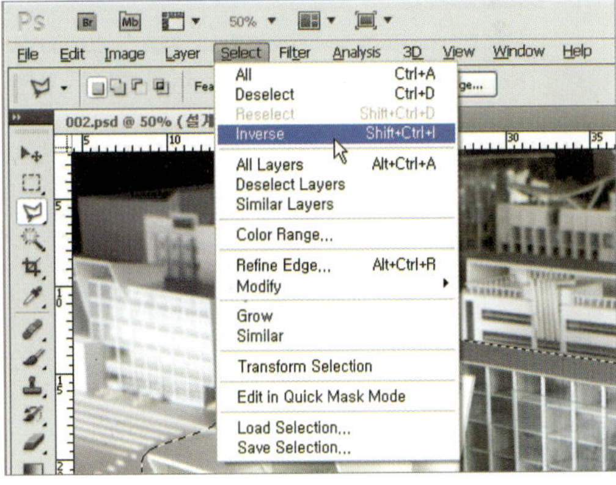

7 선택 영역을 반전한 뒤, Edit ➡ Cut 명령을 수행하여 선택 영역을 잘라내 줍니다. 아래 그림과 같은 결과가 만들어진 것을 볼 수 있습니다.

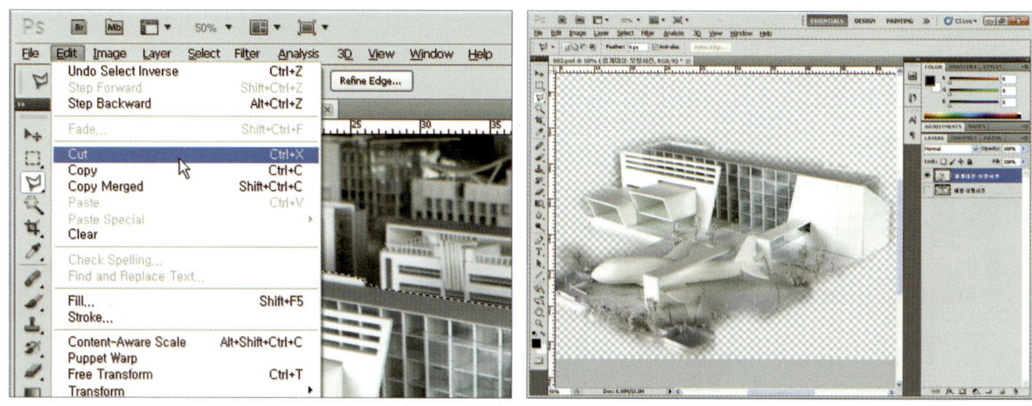

8 레이어 팔레트에서 꺼놓았던 '배경-모형사진' 레이어를 선택한 뒤, 보이도록 설정해 줍니다. 계속해서 선택한 레이어에 포함된 이미지를 흐리게 처리하기 위해서 Filter ➡ Blur ➡ Gaussian Blur 명령을 수행합니다.

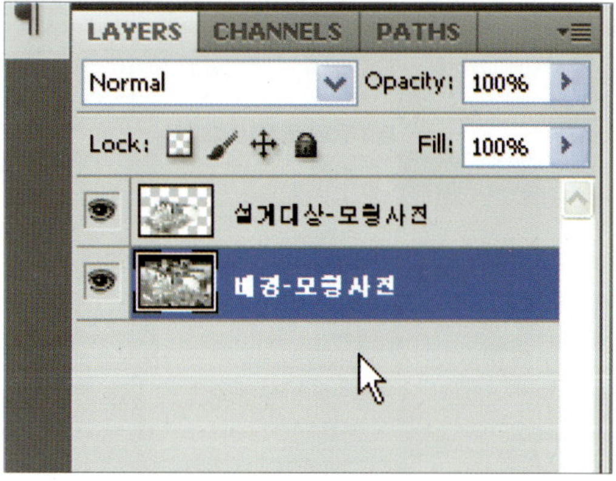

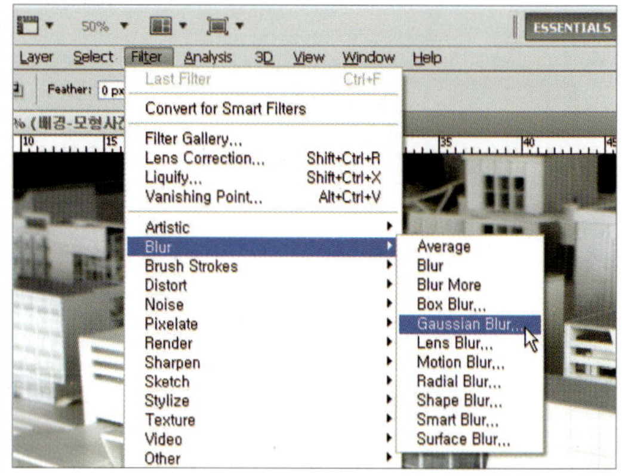

9 Gaussian Blur 명령을 수행한 뒤, 나타나는 대화상자에서 Radius 값을 4 pixels로 설정해 줍니다. 결과를 확인해 보면 마치 아웃포커스와 같이 배경을 흐릿하게 촬영하는 카메라 촬영 기법을 이용하여 촬영된 듯한 효과가 만들어진 것을 볼 수 있습니다.

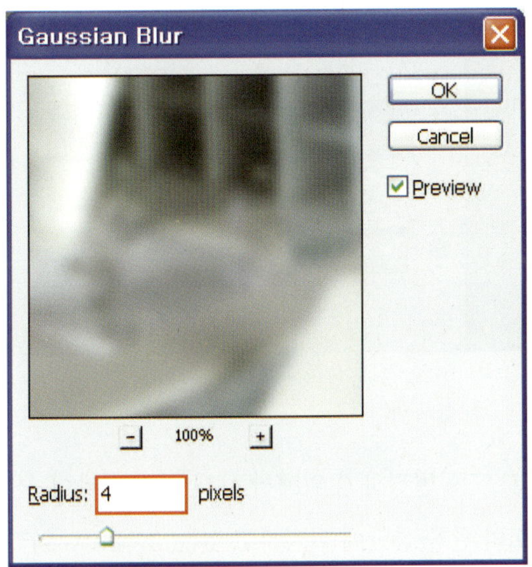
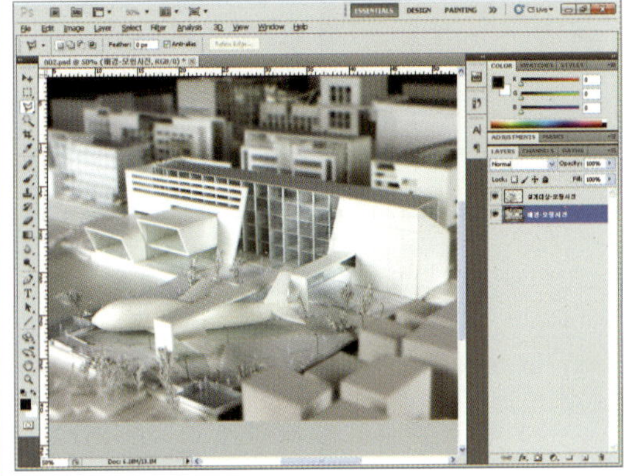

(예제\CD 08\002.psd)

10 계속해서 Layer ➡ New Fill Layer ➡ Solid Color... 명령을 수행하여 나타나는 New Layer 대화상자에서 '색상변경' 이라는 이름으로 레이어를 추가해 줍니다.

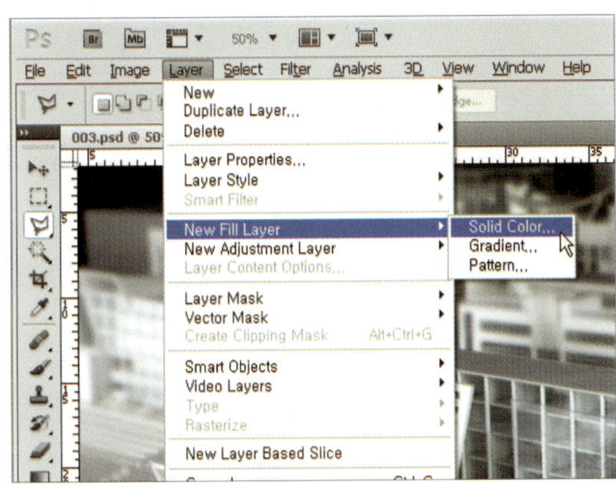
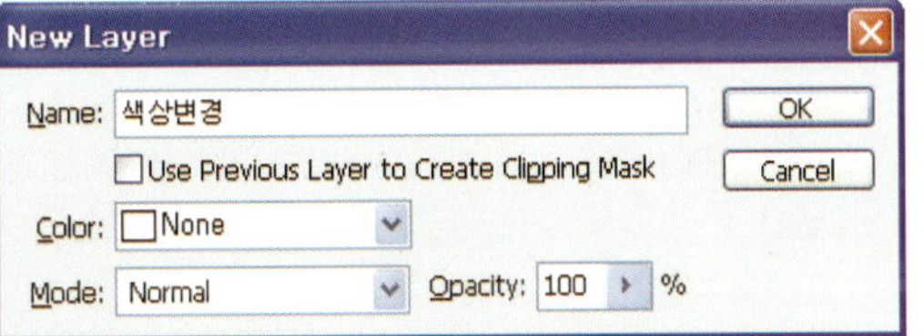

11 나타는 Pick a solid color 대화상자에서 아래 그림과 같이 R:120, G:80, B:30으로 색상을 설정해 줍니다. 지정된 색상으로 채워진 레이어가 만들어졌습니다.

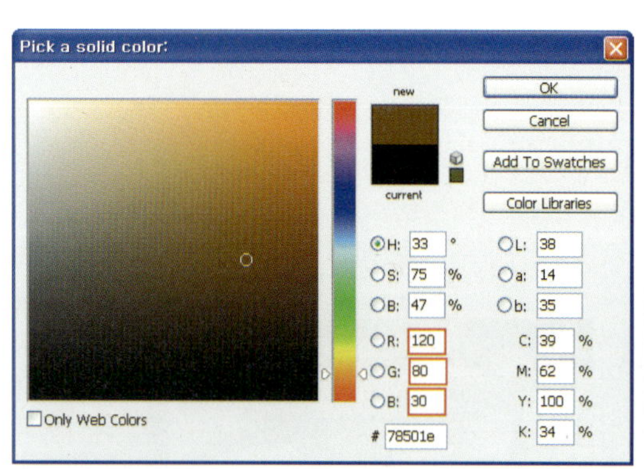

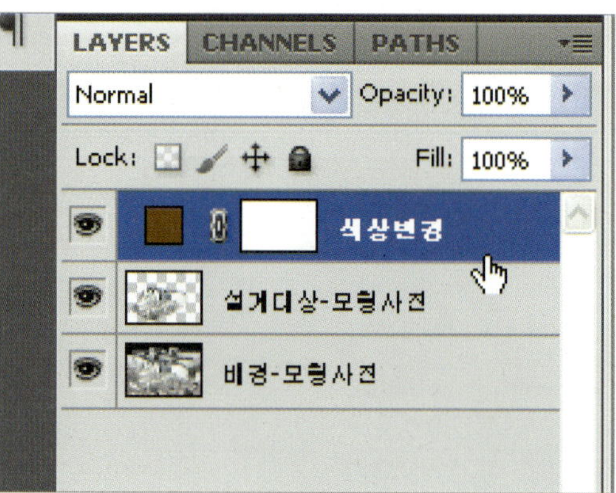

12 계속해서 새롭게 추가된 레이어의 브랜딩 모드를 변경하기 위해서 아래 그림과 같이 '색상변경' 레이어를 선택한 뒤, 레이어 팔레트의 왼쪽 상단에 위치하고 있는 'Normal' 이라고 설정되어 있는 창을 클릭한 뒤, 블랜딩 모드를 'Soft Light' 로 설정해 줍니다.

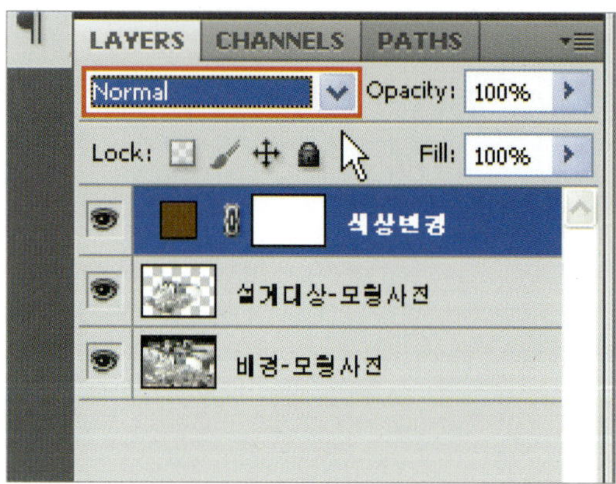

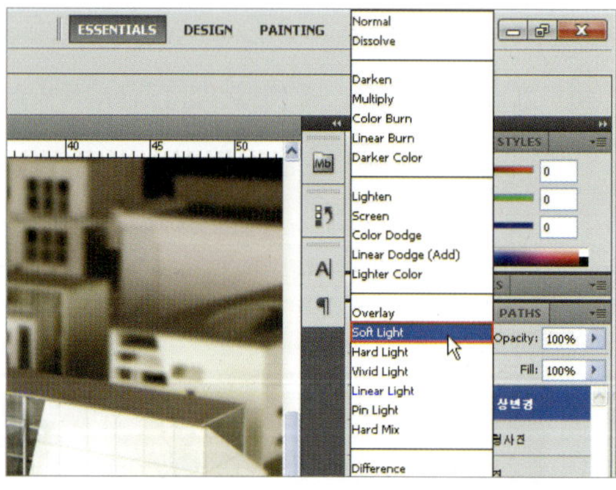

13 전체적으로 세피아 톤이 전체 이미지에 걸쳐 표현되는 것을 볼 수 있습니다. 다시 '배경-모형사진' 레이어를 선택해 줍니다.

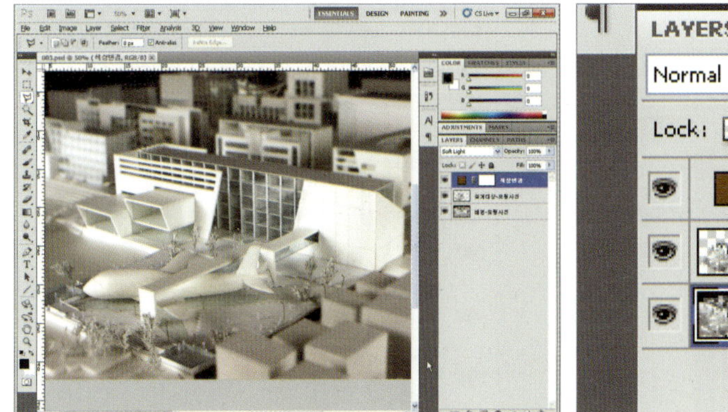
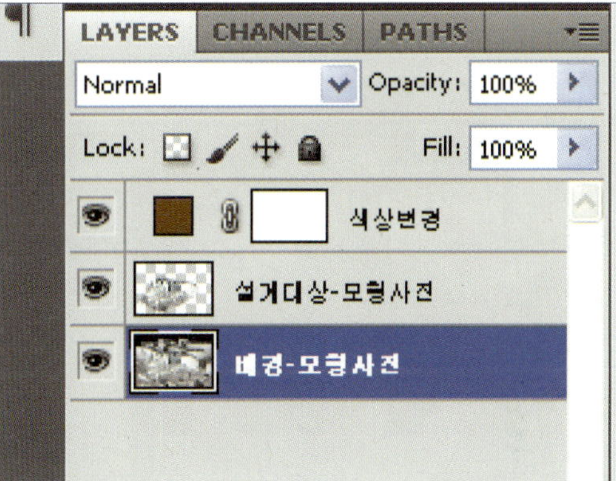

14 선택한 레이어의 이미지 톤을 변경하기 위해서 Image → Adjustments → Brightness/Contrast 명령을 수행하여 나타나는 대화상자에서 Brightness:−20, Contrast:30으로 설정해 줍니다.

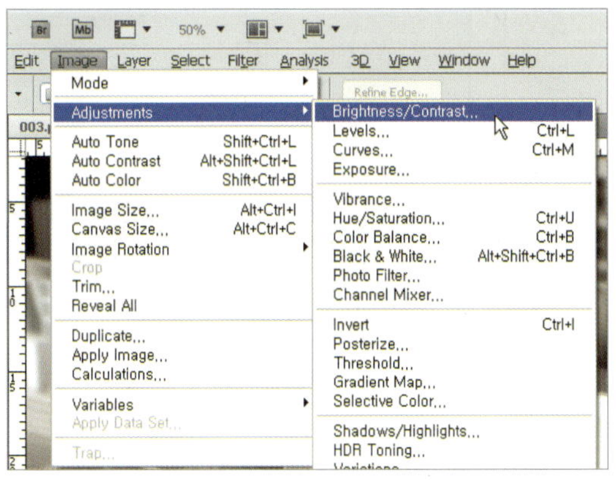
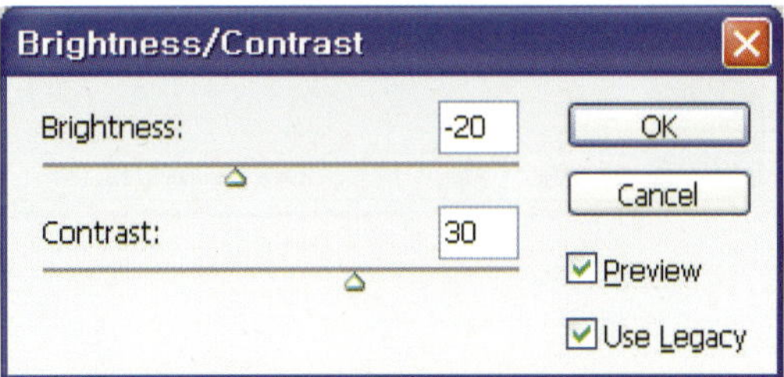

15 아래 그림과 같이 톤이 변경되었습니다. 마지막으로 타이틀 글씨를 입력하기 위해서 '글씨배경' 이라는 이름으로 레이어를 추가해 줍니다.

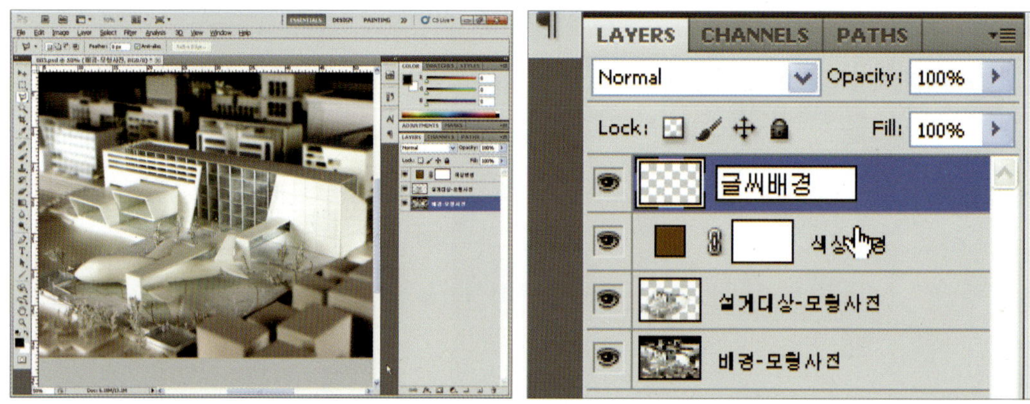

16 전경색(Foreground Color)을 검은색으로 설정한 뒤, Gradient Tool을 선택합니다.

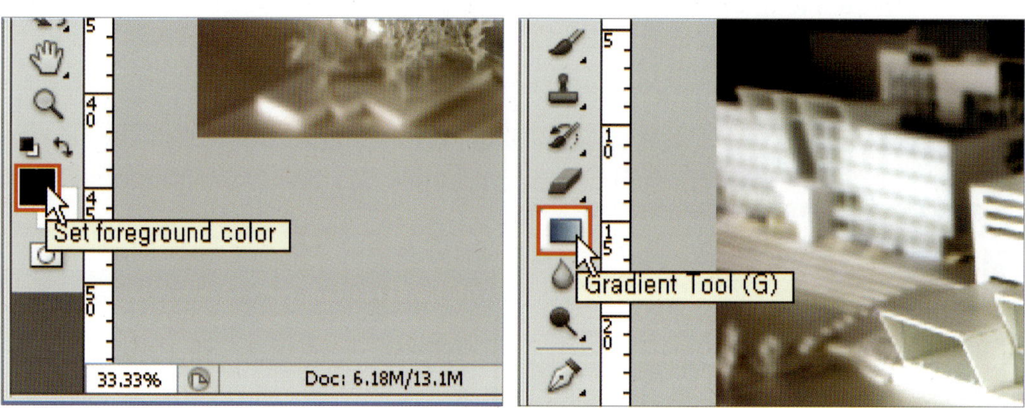

17 옵션 패널에서 아래 그림과 같이 그라데이션 색상을 Foreground to Transparent로, 선형 그라데이션 방법을 이용하여 아래에서 위쪽으로 드래그하여 글씨 입력을 위한 배경 이미지를 만들어 줍니다.

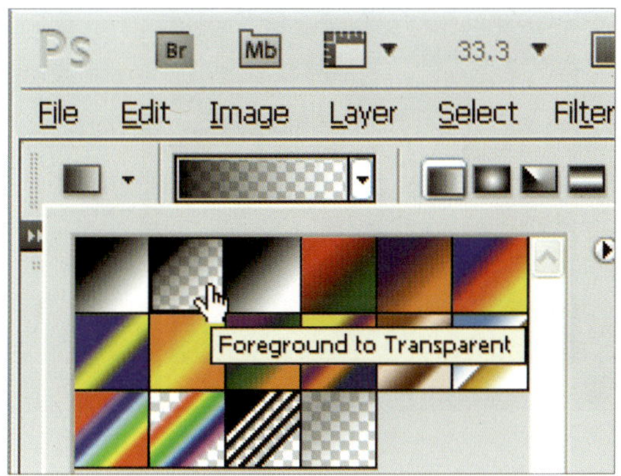

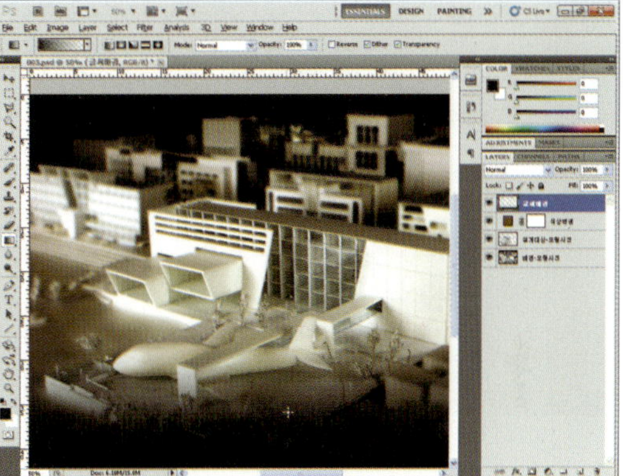

18 글씨 입력을 위해서 Horzontal Type Tool을 선택한 뒤, 아래 그림과 같은 'Campus Master Plan' 이라는 타이틀 글씨를 입력해 줍니다.

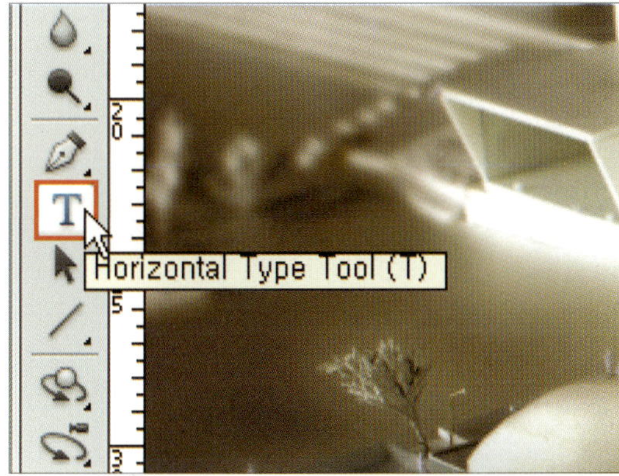

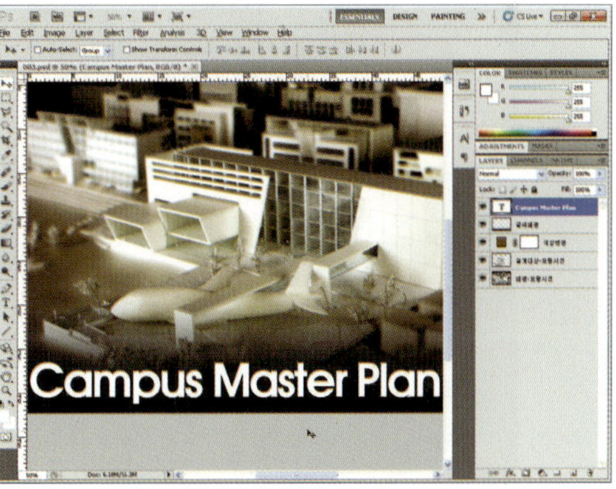

19 입력된 글씨 레이어를 선택한 뒤, Opacity 값을 20%로 설정하여 흐릿한 글씨 이미지를 표현해 줍니다.

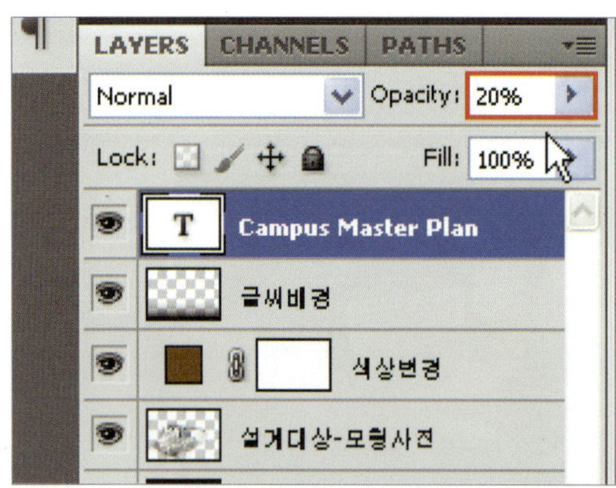
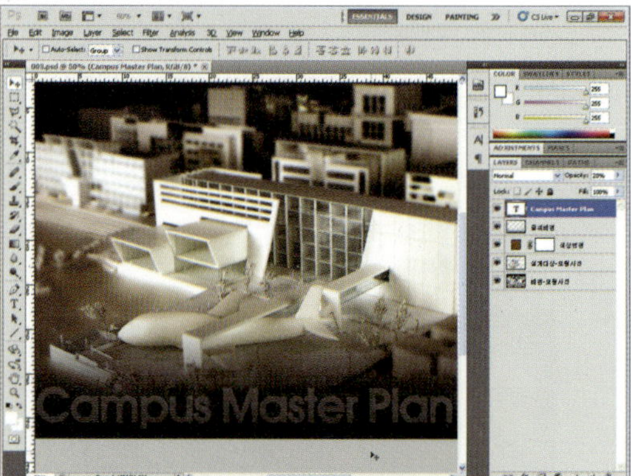

20 최종 완성된 이미지

(예제CD 08\003.psd, 003.jpg)

❗ 이미지의 색상 보정을 위한 툴

 블러 툴(Blur Tool)

블러 툴(Blur Tool)은 불투명한 유리를 통해 이미지를 보는 듯한 느낌을 줄 경우 사용되며, 이미지를 흐리게 하거나 뭉게는 효과를 줍니다.

 샤픈 툴(Sharpen Tool)

샤픈 툴(Sharpen Tool)은 이미지를 좀 더 또렷하고 선명하게 효과를 주는 툴입니다. 다르게 표현하면 이미지의 경계부분을 예리하게 만들기 때문에 작업 후 이미지가 선명하게 보이게 되는 것입니다.

 스머지 툴(Smudge Tool)

스머지 툴(Smudge Tool)은 손가락으로 이미지를 문질러 번지는 효과를 만들어 냅니다. 원리는 지정한 색상과 주변색상을 혼합하면서 그림을 뭉개는 듯한 효과를 만들어 냅니다.

 닷지 툴(Dodge Tool)

닷지 툴(Dodge Tool)은 이미지에서 특정 영역을 다른 영역보다 밝게 만들 때 사용됩니다. 일정 영역을 계속해서 문지르면 점차 밝아지게 됩니다.

 번 툴(Burn Tool)

번 툴(Burn Tool)은 이미지에서 특정 영역을 다른 영역보다 어둡게 만들 때 사용됩니다. 일정 영역을 계속해서 문지르면 점차 어두워지게 됩니다.

 스폰지 툴(Sponge Tool)

스폰지 툴(Sponge Tool)은 이미지에서 특정 영역의 채도를 높이거나 낮출 경우 사용됩니다. 일반적으로 컬러사진의 경우 채도를 낮출 경우 흑백 사진으로 변경할 수 있습니다.

※ 블러와 샤픈 툴, 그리고 닷지 툴와 번 툴은 각각 상반되는 성격을 가진 툴입니다. 블러와 샤픈 툴은 흐리게 또는 선명하게 하는 툴이며 닷지와 번 툴은 밝게 또는 어둡게 처리하는 툴입니다. 더불어 각각의 툴을 선택한 상태에서 Alt키를 누르면 서로 상반되는 기능이 작용됩니다. 즉 블러 툴을 선택한 상태에서 Alt키 누르면서 문지르게 되면 샤픈 툴과 같은 기능을 하게 되며, 닷지 툴을 선택한 상태에서 Alt키 누르면서 문지르게 되면 번 툴과 같은 기능을 하게 됩니다.

2 모형 사진+사람(실루엣) 합성 작업

이번 장에서는 촬영된 모형사진에 나무, 사람 이미지를 실루엣으로 처리하여 합성해 보도록 하겠습니다. 물론 잘 만들어진 모형은 사진만으로도 충분한 표현이 가능하지만, 포토샵을 이용하여 조금만 편집을 하더라도 훨씬 효과적인 표현력을 가지는 이미지를 만들 수 있습니다.

촬영된 모형 사진

포토샵으로 색상 편집된 모형 이미지
완성된 도면 이미지

1 포토샵에서 촬영된 모형 사진(예제CD 08\004(모형사진).jpg)을 불러와 줍니다. 배경 색상을 깔끔한 흰색으로 처리하기 위해서 Magic Wand Tool을 선택합니다.

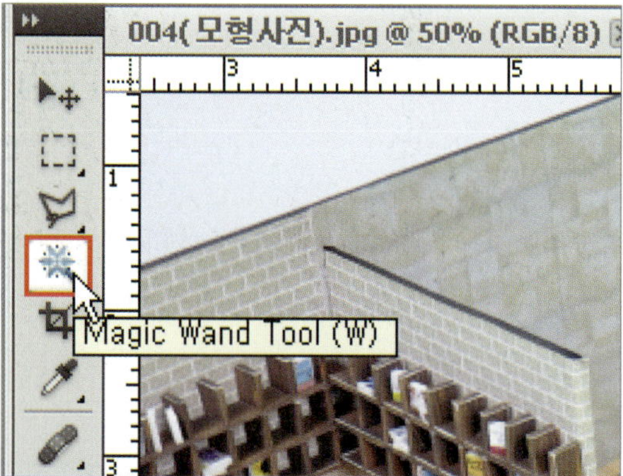

(예제CD 08\004(모형사진).jpg)

2 Magic Wand Tool을 선택한 뒤, Tolerance 값을 32로 설정하여 배경 영역을 선택해 줍니다.

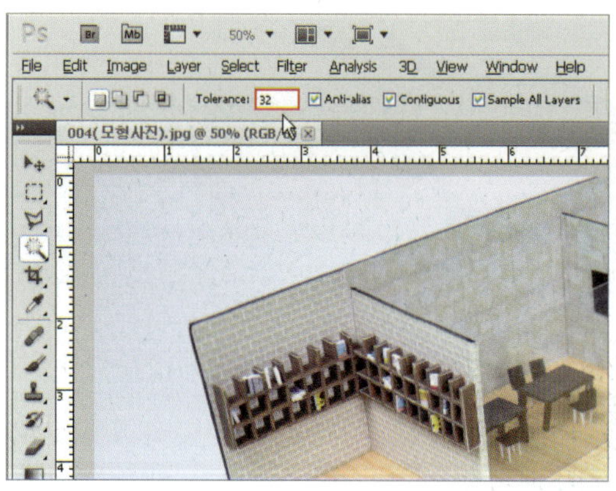

3 배경이 완벽하게 선택되지 않기 때문에 Polygonal Lasso Tool을 이용하여 Shift 키를 누른 상태에서 나머지 추가할 부분의 영역을 더해 줍니다.

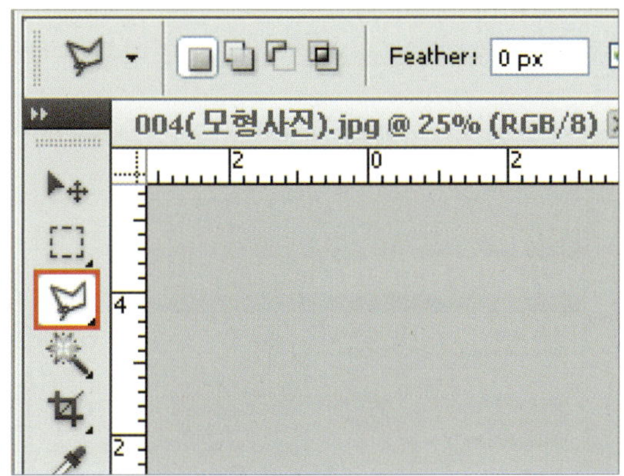

4 배경색(Background Color)을 흰색을 설정한 뒤, Edit ➡ Cut 명령을 수행하여 배경색을 흰색으로 설정해 줍니다.

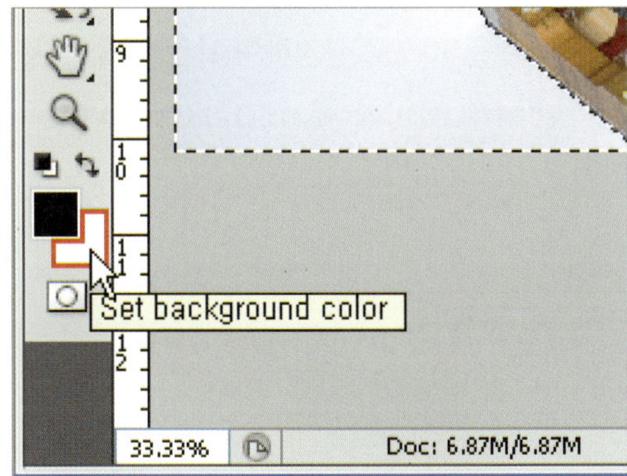
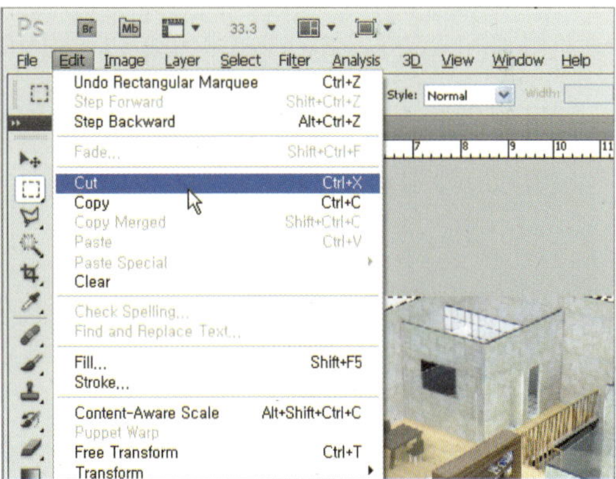

5 아래 그림과 같이 배경색으로 흰색으로 설정함으로써 원본 이미지보다 훨씬 깔끔하게
처리된 것을 볼 수 있습니다. 배경을 흰색이나 투명색으로 처리하는 이유는 다른 이미지
와 합성작업을 수행할 경우 쉽게 어울릴 수 있게 구성할 수 있기 때문입니다. 계속해서
색상 보정을 수행하기 위해서 Image ➡ Adjustments ➡ Brightness/Contrast 명령을 수행
합니다.

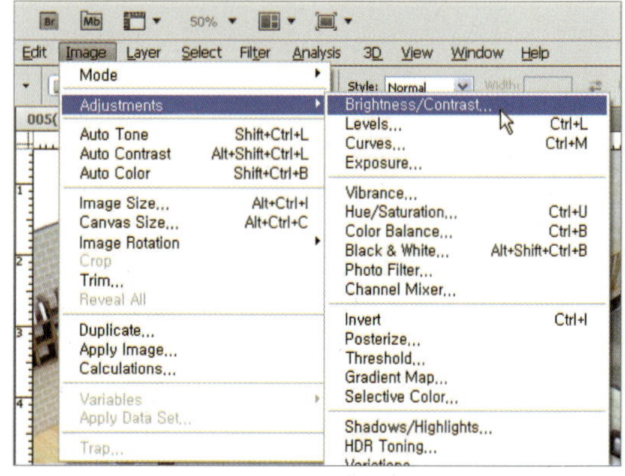

6 Brightness/Contrast 대화상자가 나타나면 Contrast 값을 10으로 설정하여 보정해 줍니다.
다음으로 합성 작업을 진행하기 위해서 준비된 나무 이미지(예제CD 08\005(나무-
01).tif)를 불러와 줍니다.

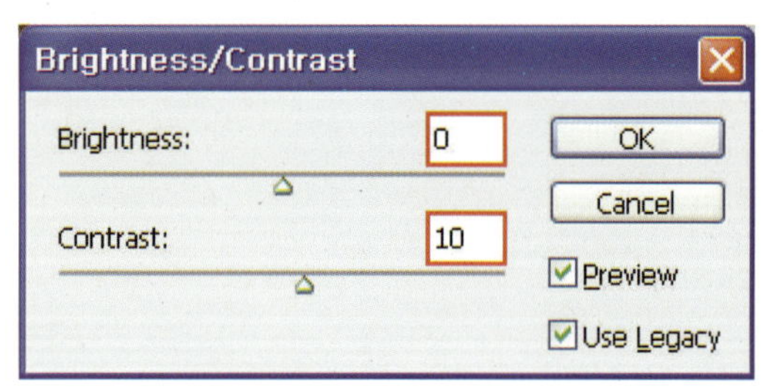

(예제\CD 08\005(나무-01).tif)

7 불러온 나무 이미지는 일반적으로 가장 많이 사용되는 JPG 포맷이 아닌, 하나의 알파 채널을 포함할 수 있는 TIF 포맷으로 제작된 이미지입니다. 쉽게 설명하면 TIF 포맷은 하나의 선택영역을 가질 수 있는 포맷이라고 할 수 있으며, Select ➡ Load Selection… 명령을 수행합니다. 나타나는 Load Selection 대화가 나타나면 채널 옵션에서 'Alpha 1'을 선택해 줍니다.

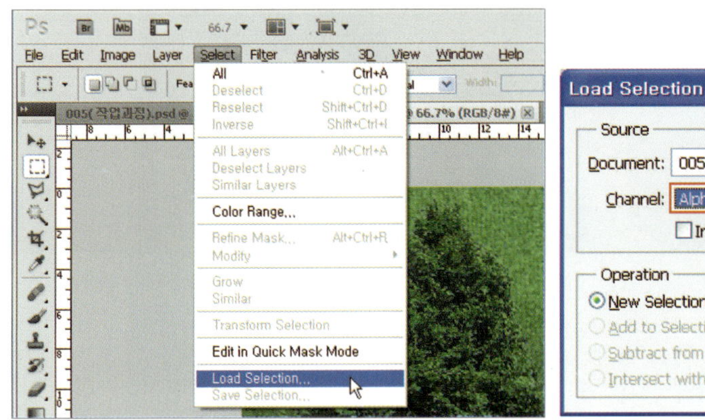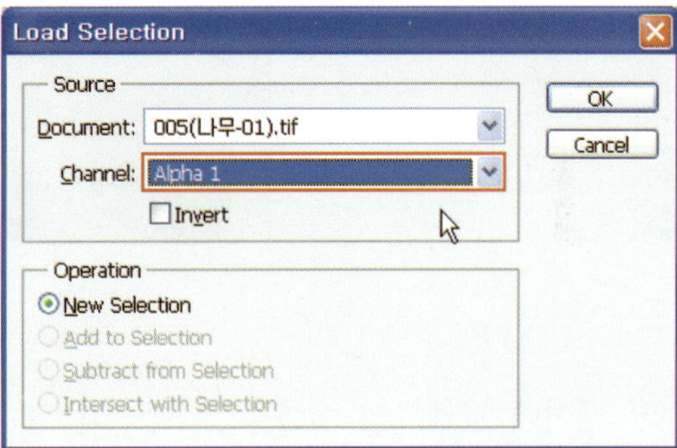

8 저장되어 있던 나무 영역만 선택되는 것을 볼 수 있습니다. 선택된 나무 이미지를 복사하기 위해서 Edit ➡ Copy 명령을 수행합니다.

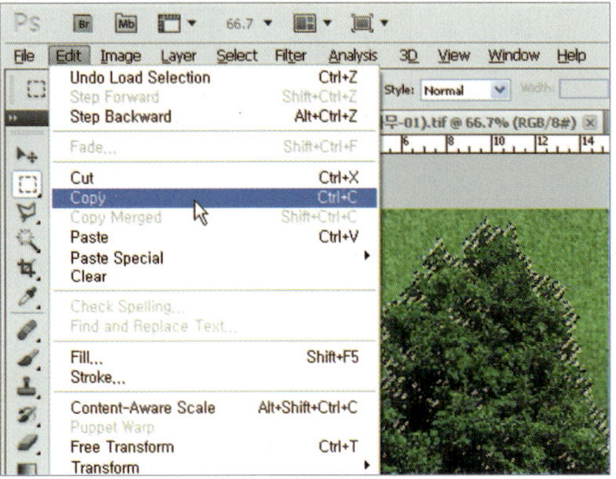

9 복사된 이미지를 붙이기 위해서 Edit ➡ Paste 명령을 수행하여 나무 이미지를 붙여넣어
줍니다.

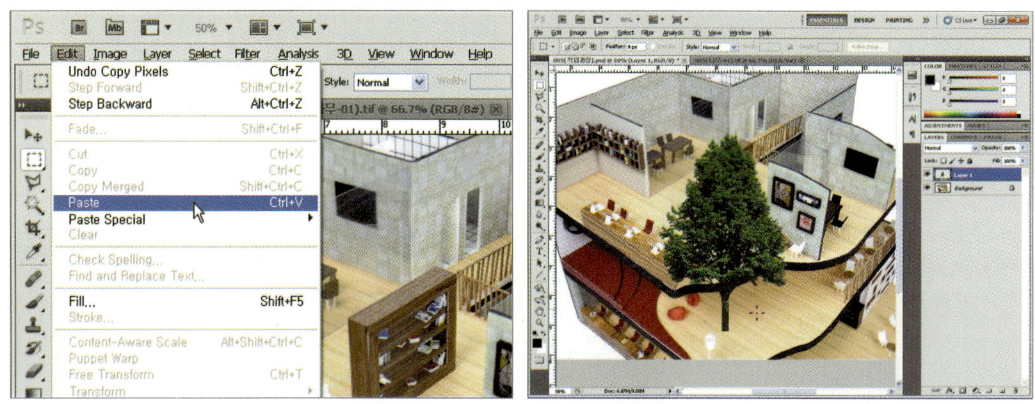

10 레이어 팔레트의 이름을 '나무-01'로 변경한 뒤, 실루엣 이미지로 변경하기 위해서
Image ➡ Adjustments ➡ Hue/Saturation... 명령을 수행합니다.

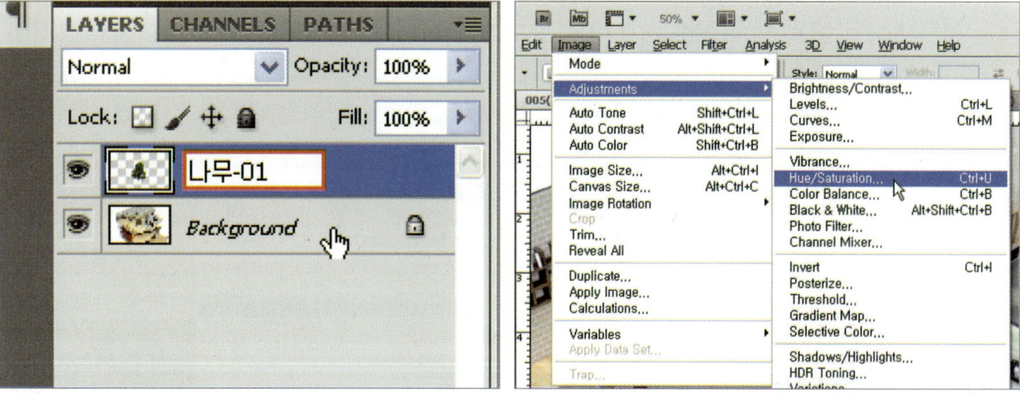

11 Hue/Saturation 대화상자에서 Lightness 값을 −100으로 설정해 줍니다. 나무 이미지가 아래 그림과 같이 검은색의 실루엣 이미지로 변경된 모습을 볼 수 있습니다.

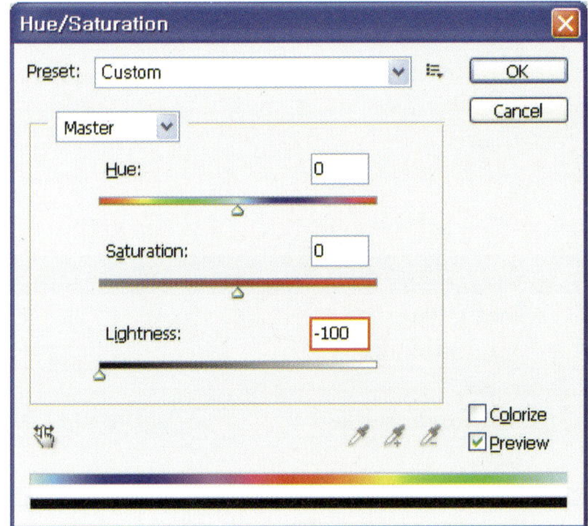

12 나무 이미지의 크기를 줄이기 위해서 Edit ➡ Transform ➡ Scale 명령을 수행한 뒤, 아래 그림과 비슷한 크기로 줄여줍니다.

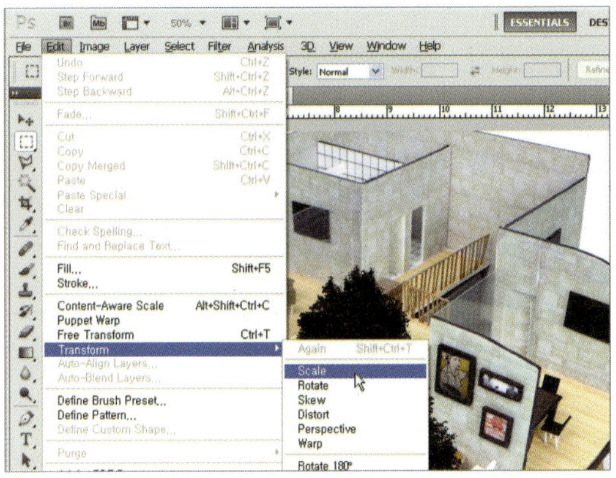

13 레이어 팔레트에서 '나무-01' 레이어를 선택한 상태에서 마우스 오른쪽 버튼을 클릭하여 나타나는 메뉴에서 Duplicate Layer... 명령을 수행합니다. 나타나는 Duplicate Layer 대화상자에서 '나무-01(그림자)' 라는 이름으로 레이어를 복제해 줍니다.

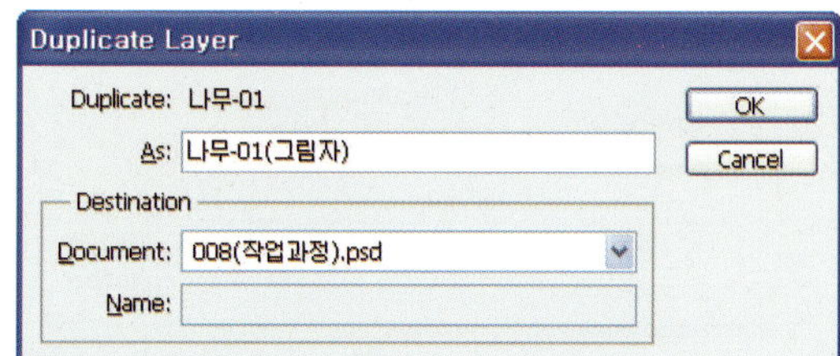

14 복제된 '나무-01(그림자)' 라는 레이어를 선택한 상태에서 나무 그림자 모양을 만들어주기 위해서 Edit → Transform → Scale 명령을 수행하여 아래 그림과 비슷한 크기로 줄여줍니다.

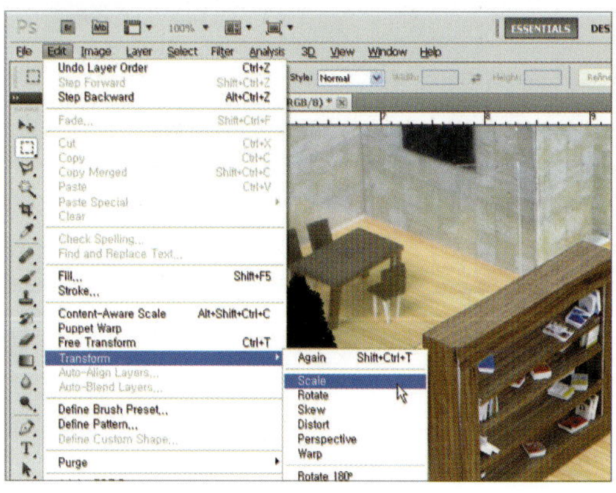

15 계속해서 Edit ➡ Transform ➡ Skew 명령을 아래 그림과 비슷한 형태로 변형시켜 줍니다.

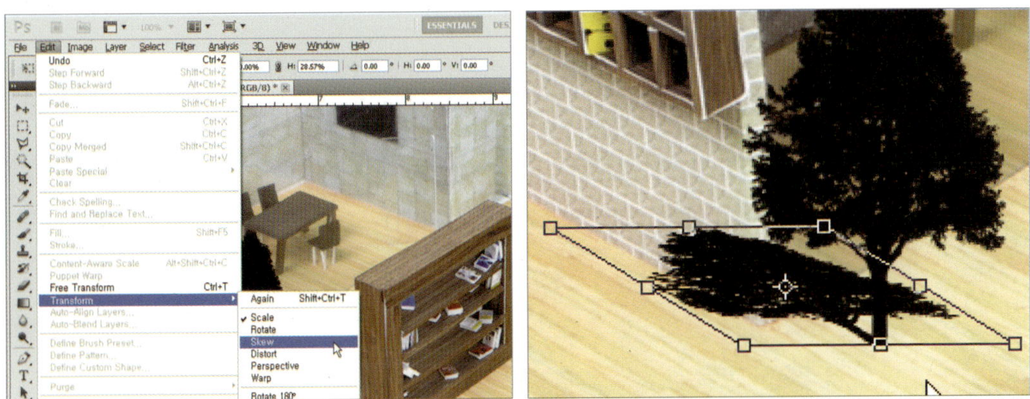

16 레이어 팔레트에서 '나무-01(그림자)' 레이어의 Opacity 값을 30%로 설정하여 변형된
이미지를 그림자로 표현해 줍니다.

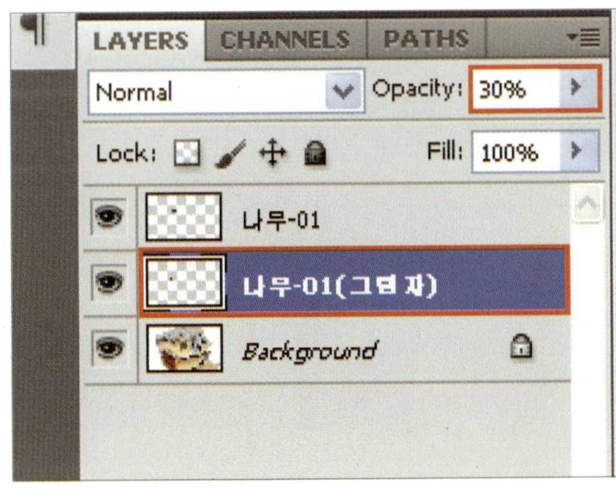

17 벽에 의해서 불필요한 그림자를 삭제하기 위해 Polygonal Lasso Tool을 선택한 뒤, 삭제할 부분의 이미지를 선택해 줍니다.

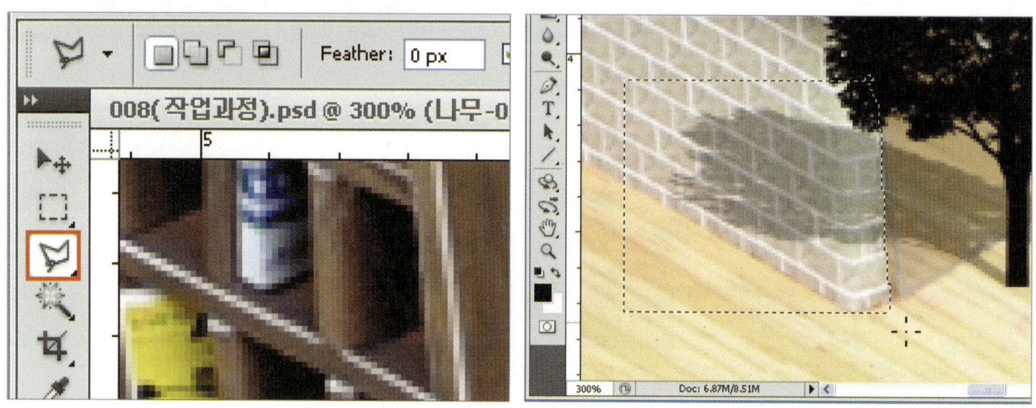

18 Edit → Cut 명령을 수행하여 선택한 영역을 이미지를 삭제해 줍니다.

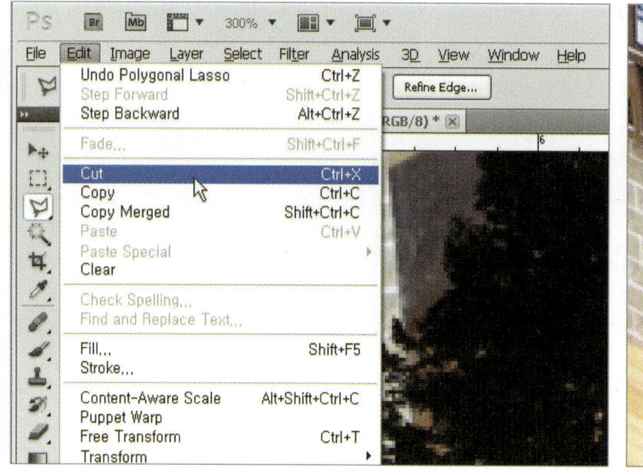

19 마지막으로 레이어 팔레트에서 '나무-01' 레이어의 Opacity 값을 70%로 설정하여 합성 작업을 완료합니다.

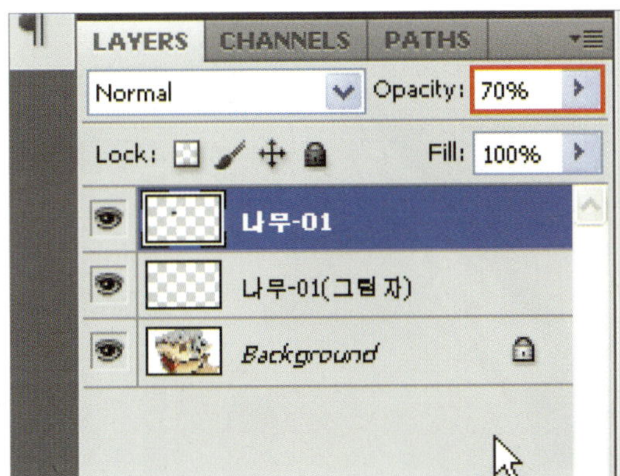

20 앞에서 작업한 동일한 방법으로 준비된 나무 이미지(예제CD 08\005(나무-02).tif)를 아래 그림과 같이 합성해 줍니다. 위치와 형태만 조금 다를 뿐 동일한 작업방법을 이용하여 진행하시면 됩니다.

(예제\CD 08\005(나무-02).tif)

21 계속해서 준비된 나무 이미지(예제CD 08\005(나무−03).tif)를 아래 그림과 같이 합성해 줍니다.

(예제CD 08\005(나무−03).tif)

22 이번에는 준비된 나무 이미지(예제CD 08\006(나무).psd)를 이용하여 아래 그림과 같이 합성해 줍니다. 다만 앞에서 작업한 것과 달리 합성 후 조금 어색하게 보입니다. 이유는 보이는 시점를 기준으로 아주 멀리있는 이미지가 흐릿하게 보이는 것과 같이, 반대로 아주 가까이 위치하고 있는 이미지도 흐릿하게 처리되어야 자연스러운 합성 결과를 만들 수 있습니다.

(예제CD 08\006(나무).psd)

23 흐릿한 이미지로 처리하기 위해서 현재 작업중인 레이어를 선택한 상태에서 Filter ➡ Blur ➡ Gaussian Blur 명령을 수행합니다. 나타나는 Gaussian Blur 대화상자에서 Radius 값을 3으로 설정해 줍니다.

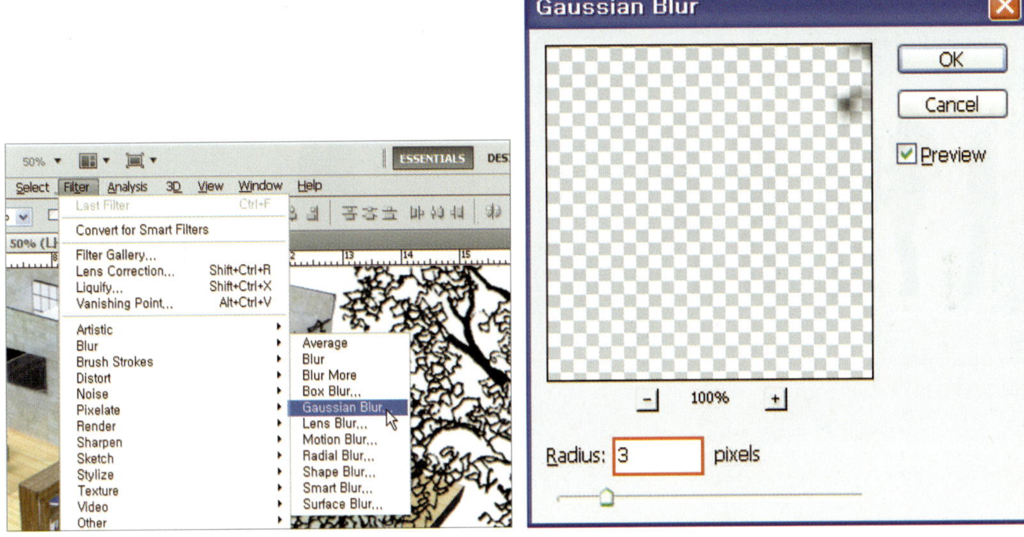

24 마지막으로 레이어의 Opacity 값을 50%로 설정하여 아래 그림과 같은 결과물을 만들어 줍니다.

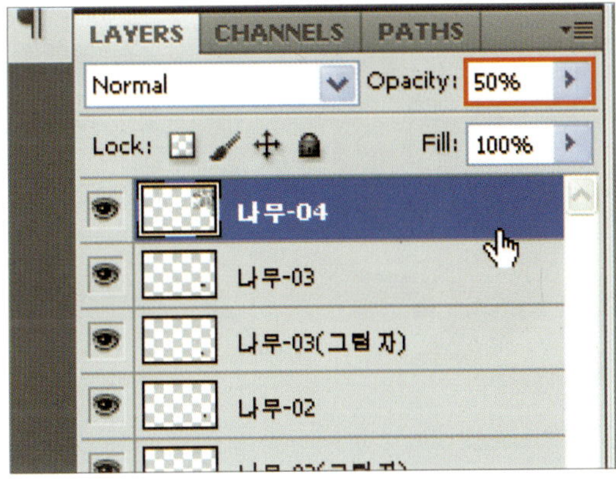

25 사람 이미지를 합성해 보도록 하겠습니다. 방법은 앞에서 수행한 방법으로 아래 그림과 같이 준비된 사람 실루엣 이미지(예제CD 08\007(사람).psd)를 이용하여 결과물을 만들어 줍니다.

(예제CD 08\007(사람).psd)

26 준비된 사람 이미지를 이용하여 아래 그림과 같이 몇 개의 사람 이미지를 추가한 합성 작업을 진행해 줍니다. 자연스러운 합성을 위해서는 비례와 시점에 맞게 변형작업을 진행하는 노하우가 필요합니다.

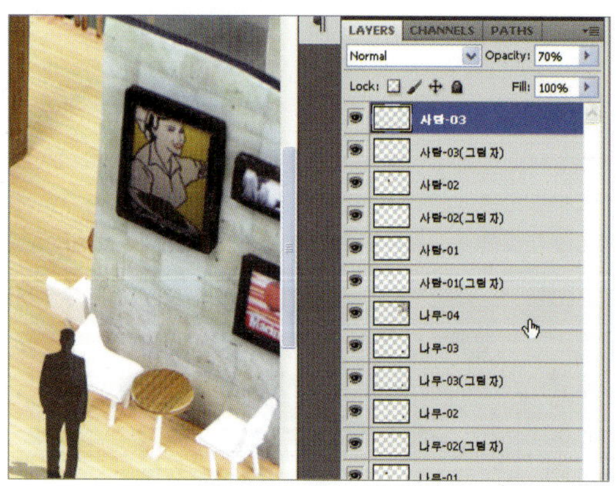

27 최종 완성된 이미지

(예제CD 08\008.psd, 008.jpg)

⚠ 글씨 입력을 위한 다양한 타입 툴(Type Tool)

타이프 툴(Type Tool)은 말 그대로 글자를 입력하는 툴 입니다. 옵션 설정에 따라 문자의 크기나 글꼴을 지정할 수 있으며 가로 입력 뿐 만 아니라 세로 입력도 할 수 있습니다. 이 툴은 크게 타이프 툴과 타이프 마스크 툴로 구성되어 있습니다. 이 타이프 툴은 이미지에 글씨를 입력하는 기본적인 기능을 수행하며 일반 디자인과정에서 뿐만 아니라 건축 패널 제작 등에서 자주 사용되는 툴 입니다.

타이프 툴을 이용하여 문자를 입력하면 자동적으로 문자 레이어가 만들어집니다. 작성된 문자 레이어는 문자만을 입력하고 수정, 편집할 수 있는 특수한 레이로 벡터의 속성으로 작성되기 때문에 문자 입력 후 크기를 수정하여도 문자 이미지는 손상되지 않습니다.

※ 일반적으로 글씨 작성은 타이프 툴을 선택한 뒤 문자 옵션(글꼴, 크기 색상)을 지정한 후 문자가 입력될 영역을 드래그하여 설정하거나 글자가 입력되기 시작하는 위치를 클릭하여 원하는 문자를 입력하는 방식으로 진행합니다.

T. 가로쓰기 타입 툴(Horizontal Type Tool)

가로로 글씨를 입력합니다. 일반적으로 가장 많이 사용되는 입력 도구입니다.

↓T. 세로쓰기 타입 툴(Vertical Type Tool)

세로로 글씨를 입력합니다.

T. 가로쓰기 타입 마스크 툴(Horizontal Type Mask Tool)

가로로 글씨를 입력합니다. 다만 글씨가 입력되는 것이 아니라 타입 마스크 툴로 글씨 모양의 선택영역이 만들어 집니다.

 세로쓰기 타입 마스크 툴(Vertical Type Mask Tool)

세로로 글씨를 입력합니다. 다만 글씨가 입력되는 것이 아니라 타입 마스크 툴로 글씨 모양의 선택영역이 만들어 집니다.

◆ 타이프 툴(Type Tool)의 옵션 패널

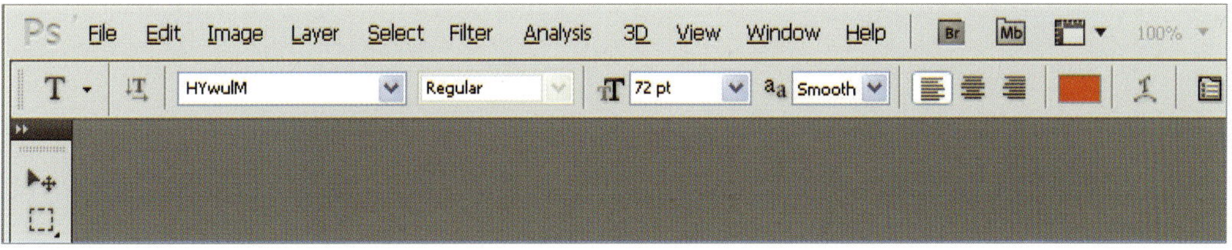

1. 입력 방향 전환(Change the text orientation)

버튼을 클릭할 때마다 문자의 입력 방향을 전환할 수 있습니다.

2. Font 옵션(Set the font family)

입력할 글씨체를 지정합니다. 기본적으로 윈도우에서 사용되는 모든 트루타입 서체(TTF)를 사용합니다.

3. Type 유형(Set the font style)

선택한 글꼴의 유형을 선택할 수 있습니다.

4. Size 옵션(Set the font size)

입력할 글자의 크기를 지정합니다.

5. Anti-Aliased 옵션(Set the anti-aliasing method)

서체의 외곽선 형태를 부드럽게 또는 날카롭게 처리하도록 지정합니다.

6. 글자 정렬

문자의 정렬 방법을 지정합니다. 왼쪽 정렬, 가운데 정렬, 오른쪽 정렬 방식을 제공하며 일반적으로 워드프로세서 프로그램에서 사용되는 방법과 동일합니다.

7. 글자색 지정(Set the text color)

문자의 색상을 지정합니다. 클릭하게 되면 컬러 픽커(Color Picker)가 실행되어 원하는 색상을 선택할 수 있습니다.

8. Warp Text 옵션(Create Warped Text)

굴절 효과나 휘기 등의 특수한 모양의 문자를 만들어 줍니다. 기본적으로 여러 가지 모양의 형태를 제공하며 사용자가 원하는 모양을 직접 제작할 수도 있습니다.

9. 문자, 문단 팔레트(Toggle the Character and Paragraph Palatte)

글자 모양 및 문단에 대한 여러 가지 옵션을 설정한 수 있는 문자 및 문단 팔레트를 보여주거나 사라지게 하는 옵션입니다.

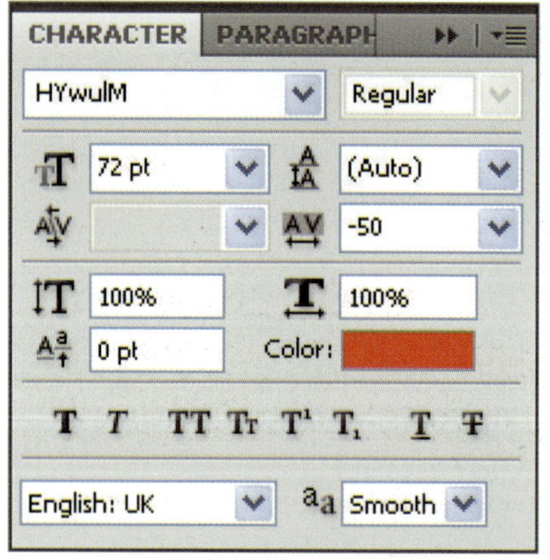

Character 팔레트

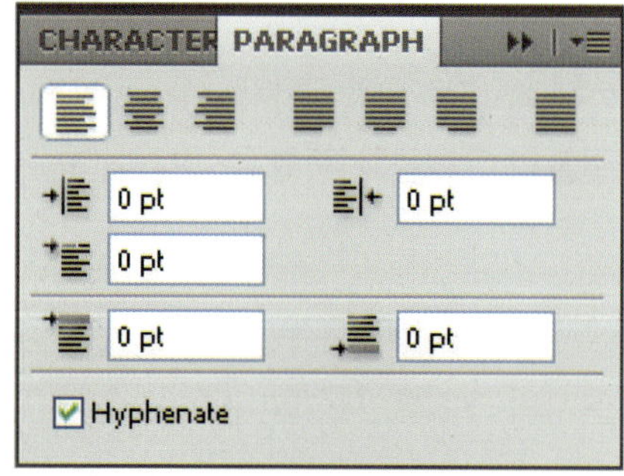

Paragraph 팔레트

3 스케일 이해를 위한 치수 표현 이미지 제작

이번 장에서는 촬영된 모형 사진의 배경 제거 후 소실점에 맞게 치수선을 그려보도록 하겠습니다. 모형 사진에 치수입력을 통해서 전체적으로 무미건조하던 느낌에서 좀 더 세련된 느낌을 줄 수 있으며, 궁극적으로 설계안에 대한 스케일을 모형 사진을 통해서도 인지할 수 있도록 도와줄 수 있습니다.

촬영된 모형 사진

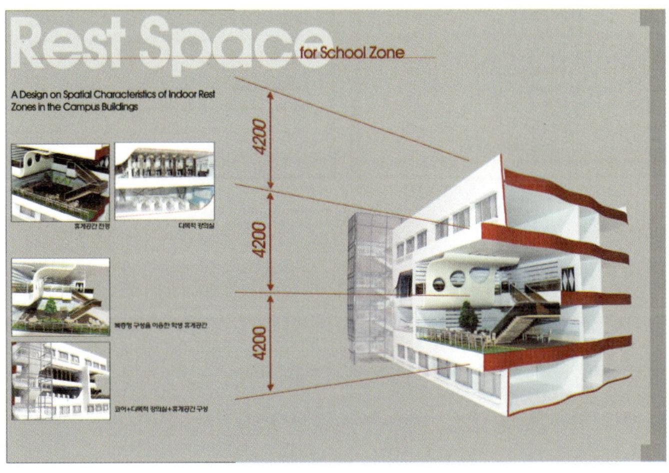

포토샵으로 편집된 모형 이미지

1 포토샵에서 촬영된 모형 사진(예제CD 08\009(모형사진).jpg)을 불러와 줍니다. 편집 작업을 수행하기 위해서 레이어 팔레트에서 'Background' 레이어의 이름을 더블클릭하여 '모형사진' 으로 이름을 변경시켜 줍니다.

 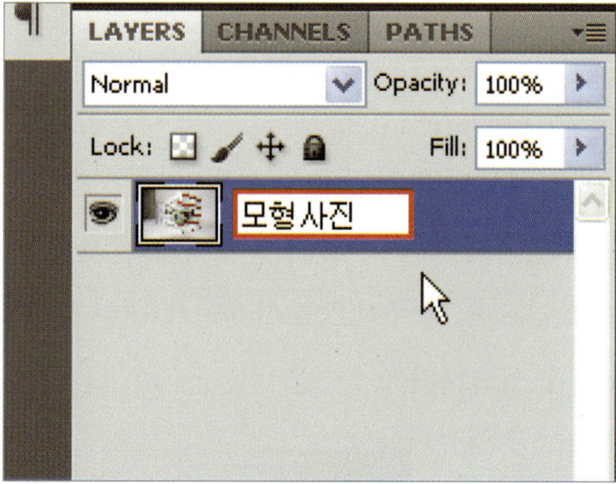

(예제\CD 08\009(모형사진).jpg)

2 이미지 색상을 보정하기 위해서 Image → Adjustments → Brightness/Contrast 명령을 수행한 뒤, 나타나는 대화상자에서 Brightness 값을 −10, Contrast 값을 10으로 설정해 줍니다.

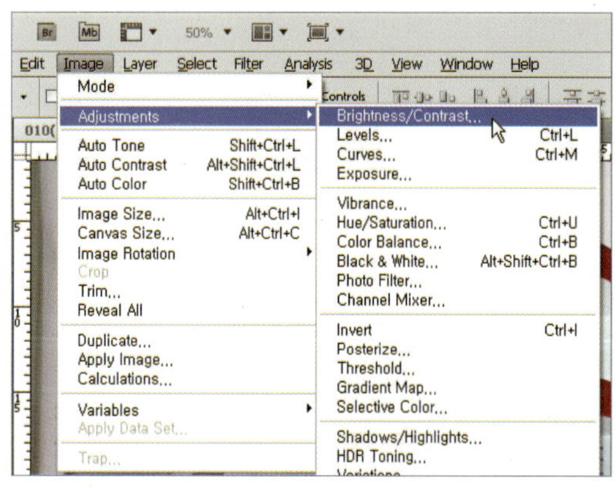 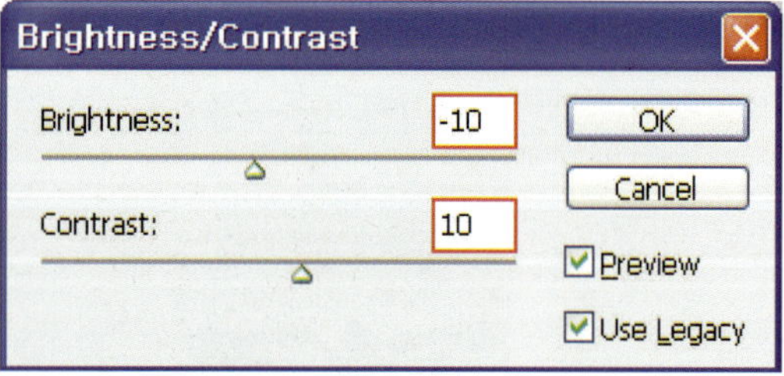

3 모형 사진의 배경을 삭제하기 위해서 Polygonal Lasso Tool을 선택한 뒤, 모형의 외곽선을 따라 클릭해 줍니다.

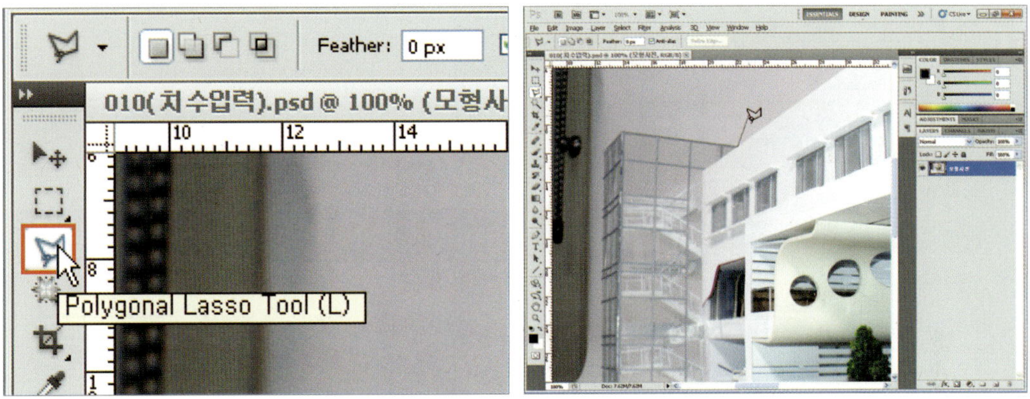

4 확대하여 작업할 경우에는 이미지의 일부만 화면에 나타나기 때문에 작업 중에 화면을 이동하면서 작업해야 합니다. 이러한 경우 Polygonal Lasso Tool을 이용한 작업 중에 Spacebar 를 누르면 화면을 이동시켜 줄 수 있습니다. 모형 외곽선을 따라 클릭하여 선택영역을 지정을 완료합니다.

5 선택 영역을 부드럽게 하기 위해서 Select ➡ Modify ➡ Smooth... 명령을 수행합니다. 나타나는 Smooth 대화상자에서 2 pixels 값을 입력해 줍니다.

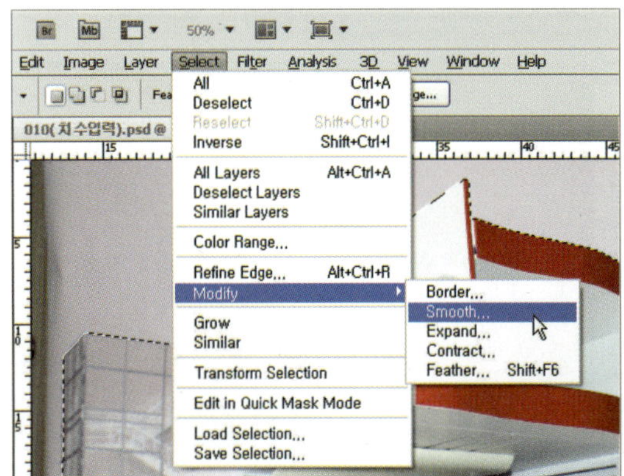
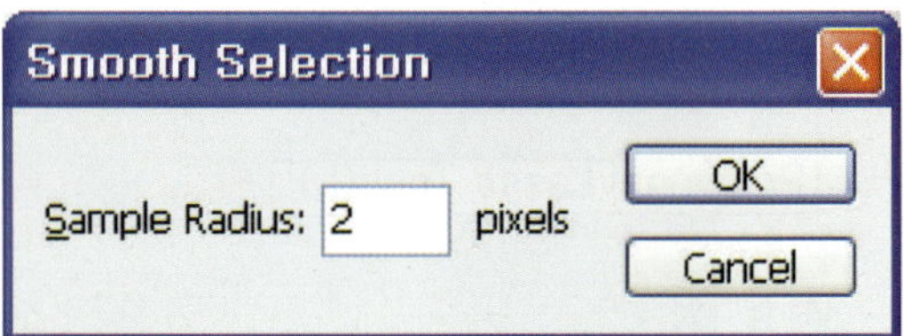

6 Layer ➡ Layer Mask ➡ Reveal Selection 명령을 수행합니다. 선택 영역을 제외한 나머지 영역이 마치 잘라낸 것과 같은 효과가 나타납니다.

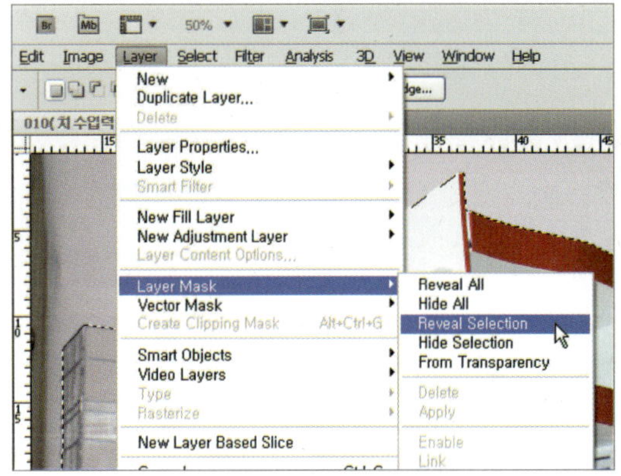

※ Cut 명령과는 달리 Layer Mask를 사용할 경우 삭제한 이미지를 다시 복원할 수 있기 때문에 대단히 유리합니다. Layer Mask에 대한 학습은 나중에 자세히 학습하도록 하겠습니다.

7 배경 색상 레이어를 만들기 위해서 Layer → New Fill Layer → Solid Color... 명령을 수행한 뒤, 나타나는 New Layer 대화상자에서 아래 그림과 같이 '배경'이라는 이름으로, 그리고 흰색으로 채워진 레이어를 추가해 줍니다.

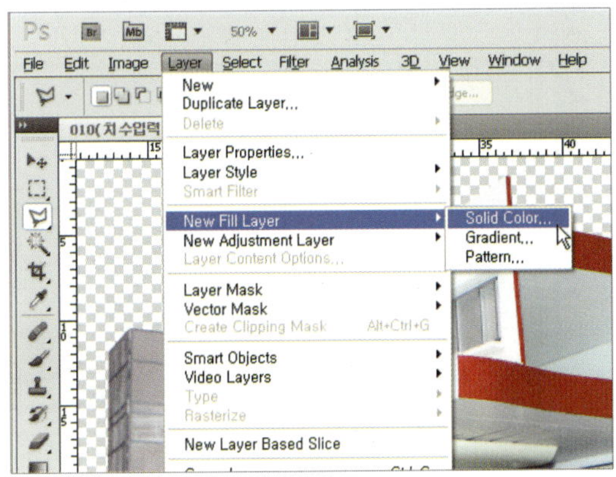

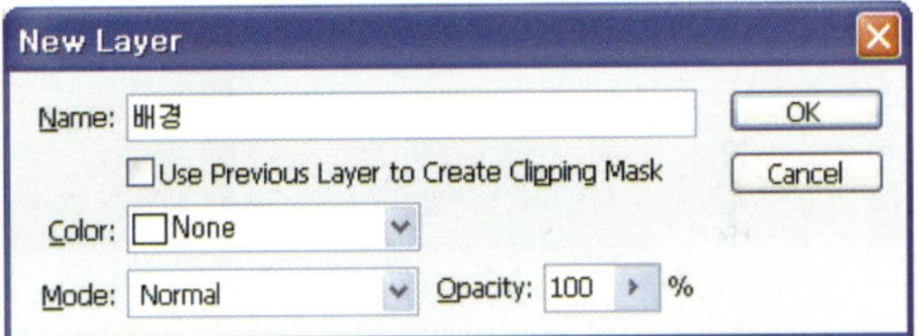

8 흰색의 레이어가 추가되면, 아래 그림과 같이 레이어의 위치를 제일 아래로 이동시켜 줍니다. 다시 레이어 팔레트에서 '모형사진' 레이어를 선택한 뒤, Edit → Transform → Scale 명령을 수행합니다.

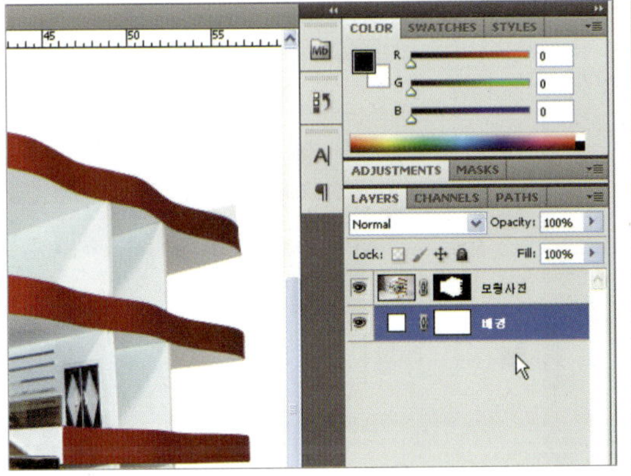

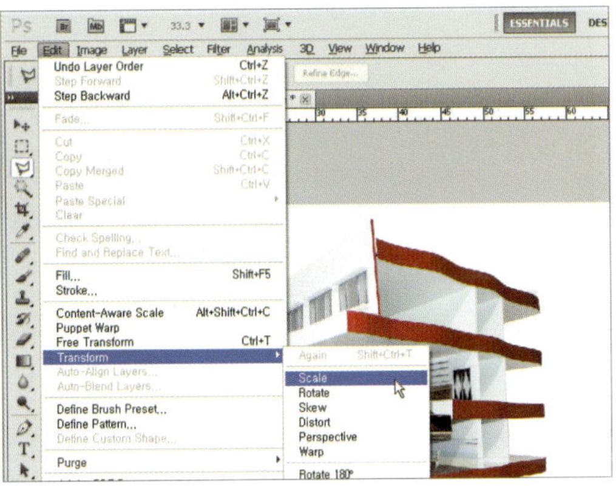

9 아래 그림과 같이 약간 작은 크기로 변경시켜 줍니다. 다음 작업을 위해서 좌측 눈금 영역에서부터 드래그하여 아래 그림과 비슷한 위치에 Guide Line을 만들어 줍니다.

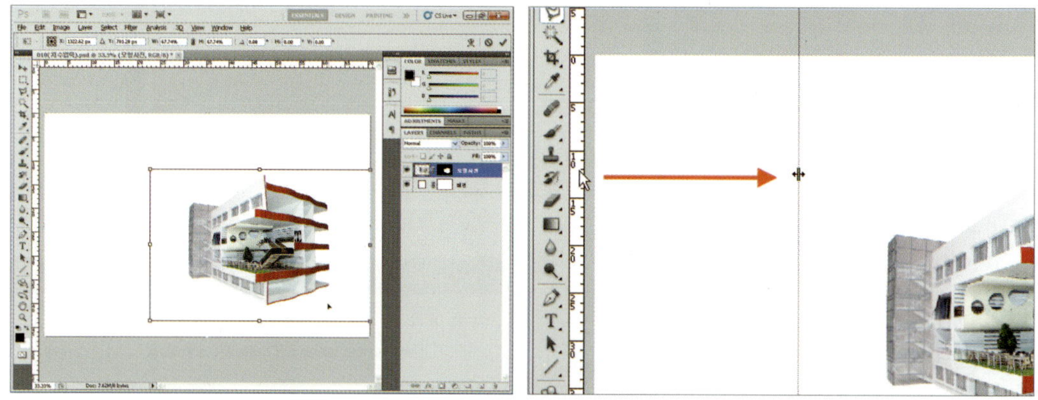

※ Guide Line 작업을 수행하기 위해서는 작업 도큐멘트 주변에 Ruler가 보이도록 설정되어 있습니다. 만약 Ruler(눈금자)가 보이지 않을 경우에는 View → Rulers(Ctrl+R) 명령을 수행합니다.

10 아래 그림과 같이 Guide Line을 작성한 뒤, '치수보조선' 이라는 이름으로 레이어를 추가해 줍니다.

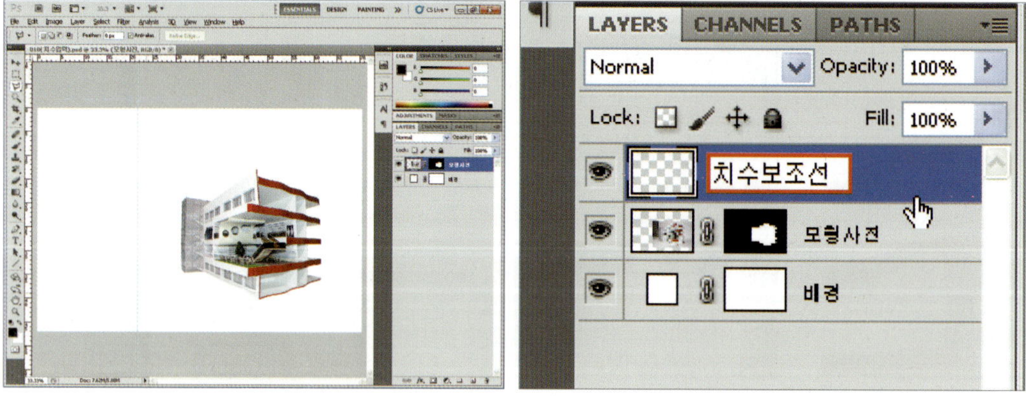

11 전경색을 아래 그림과 같이 약간 진한 빨강색(R:160, G:0, B:0)으로 설정한 뒤, Line Tool 을 선택해 줍니다.

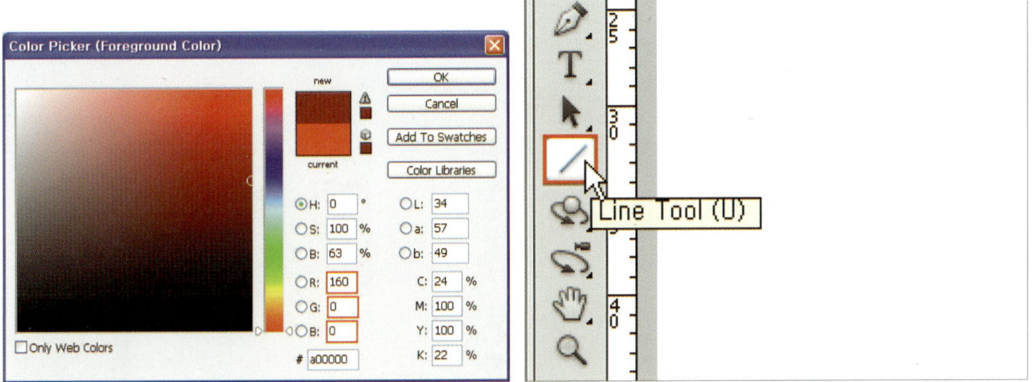

12 Line Tool을 선택한 뒤, 옵션 팔레트에서 Fill pixels로 설정하고, Weight(두께)값을 2px로 설정해 줍니다.

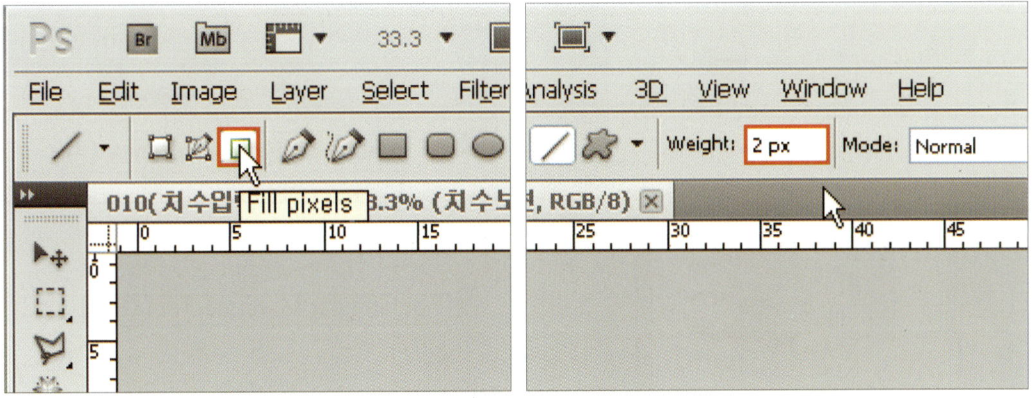

13 설정된 옵션 값을 이용하여 아래 그림과 같이 치수 보조선을 그려 줍니다. 동일한 방법으로 추가해서 직선, 즉 치수 보조선을 그려줍니다.

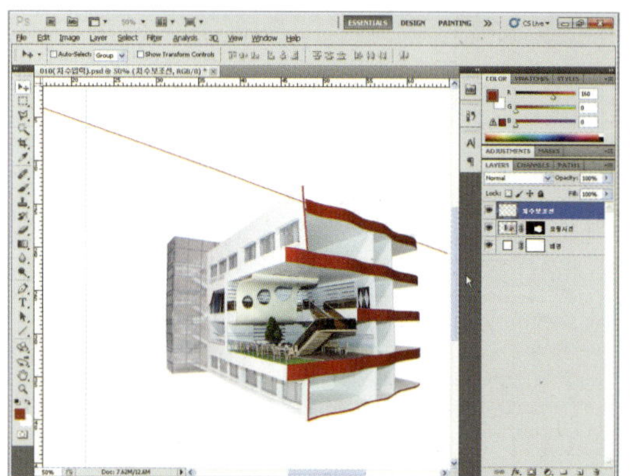
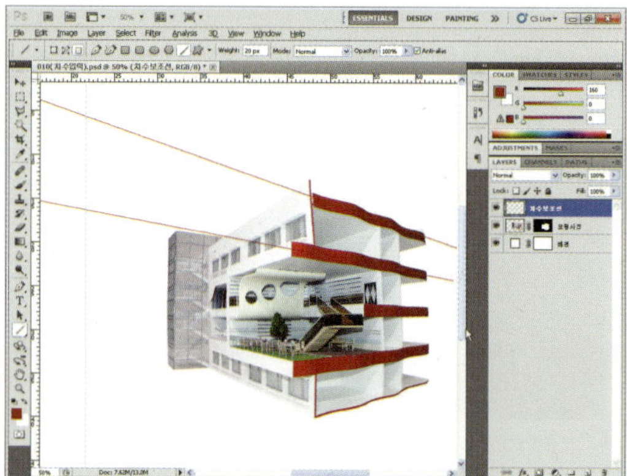

14 계속해서 치수 보조선을 그려줍니다. 다만 직선을 그릴 때 Guide Line을 기준으로 동일한 간격으로 나타나도록 그려줍니다. 그려진 직선의 불필요한 부분을 삭제하기 위해서 Rectangular Marquee Tool을 선택합니다.

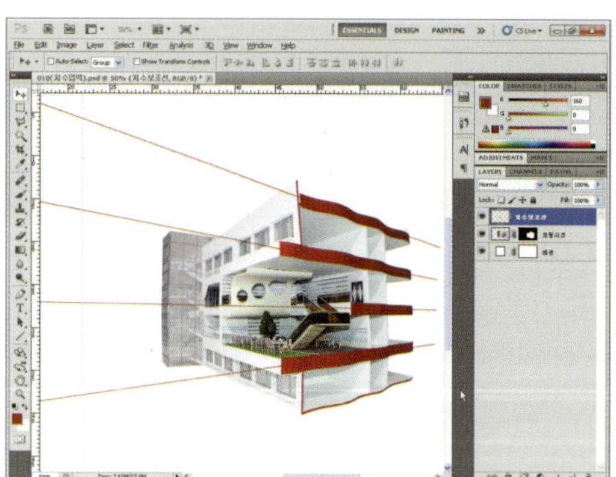
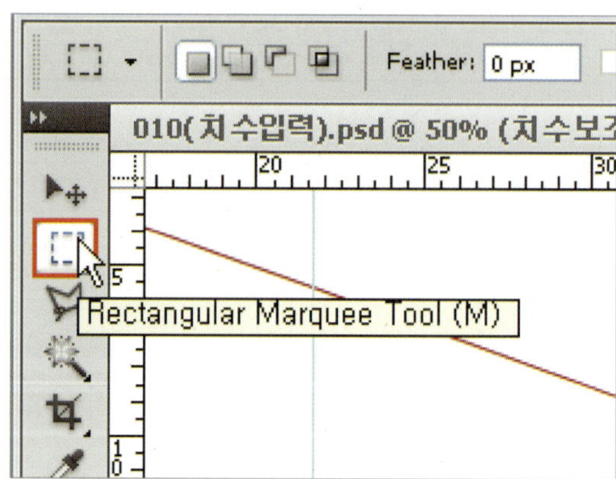

15 아래 그림을 참고하여 불필요한 부분을 선택한 뒤, Edit ➡ Cut 명령을 수행하여 잘라내 줍니다.

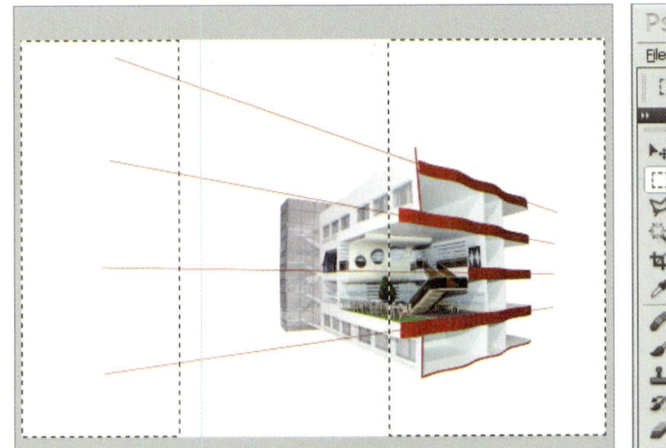

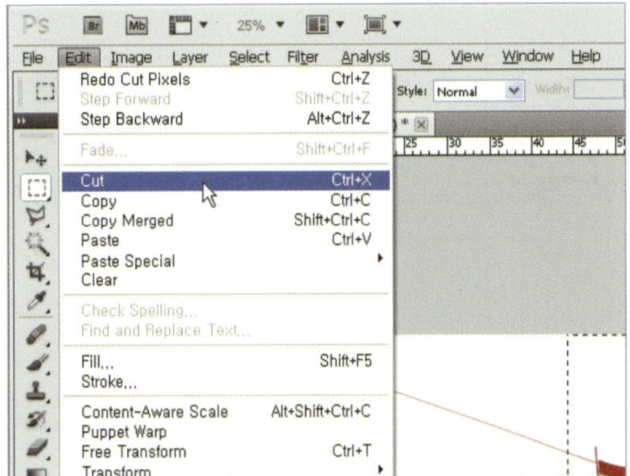

16 아래 그림과 같이 불필요한 부분을 잘라낸 뒤, '치수선' 이라는 이름으로 레이어를 추가해 줍니다.

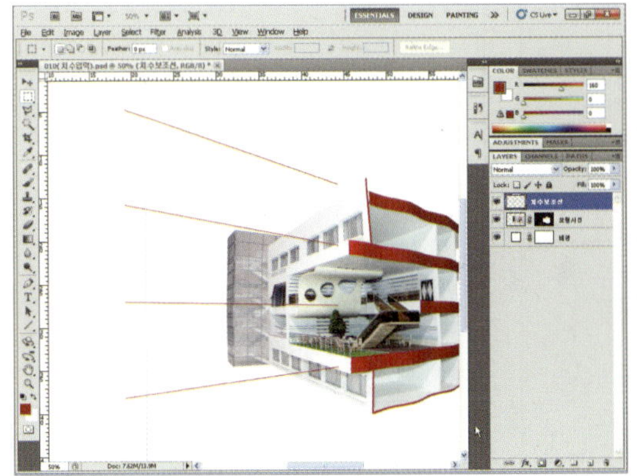

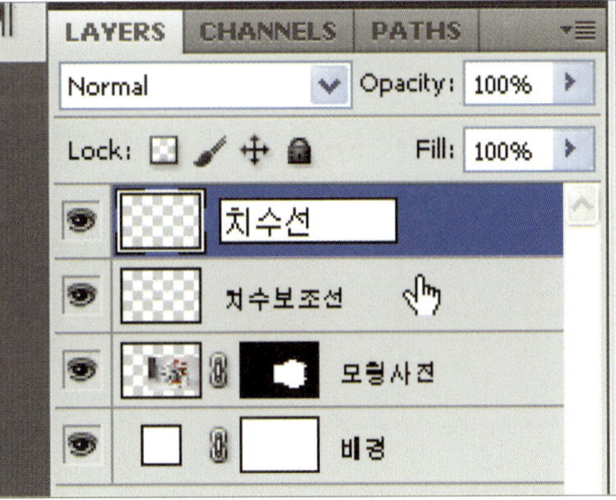

17 계속해서 Line Tool을 선택한 뒤, 옵션 패널에서 화살표 옵션을 모두 선택한 뒤, 화살표의 폭과 길이 값을 500%로 설정해 줍니다. 계속해서 선의 두께값을 4px로 설정해 줍니다.

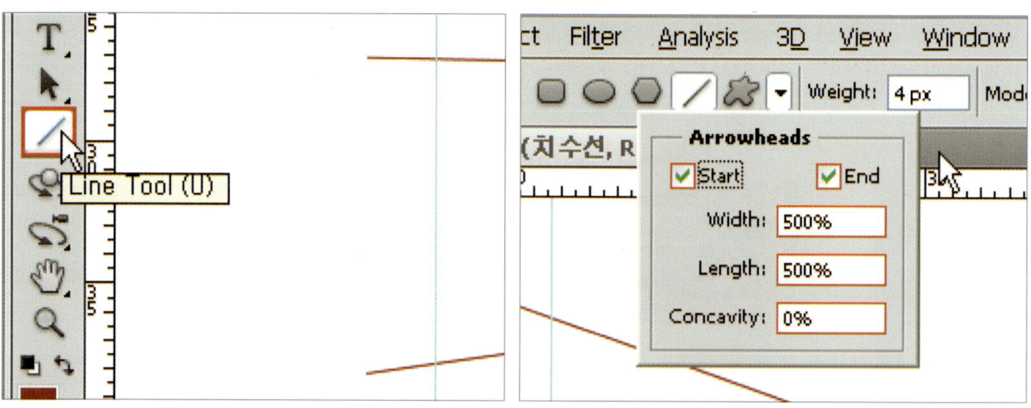

18 설정된 값으로 아래 그림과 같이 치수선을 그려줍니다. 이번에는 치수를 입력하기 위해서 Horizontal Type Tool을 선택합니다.

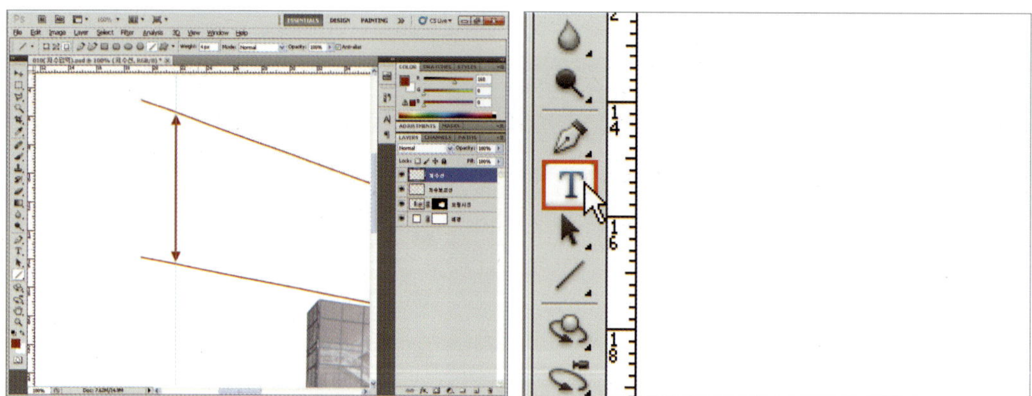

19 아래 그림과 같이 '4200'이라는 글씨 입력해 줍니다. 설정되는 색상, 폰트, 크기를 아래 그림을 참고하여 비슷한 결과가 만들어지도록 설정합니다. 입력된 글씨를 회전하기 위해서 Edit ➡ Transform ➡ Rotate 명령을 수행합니다.

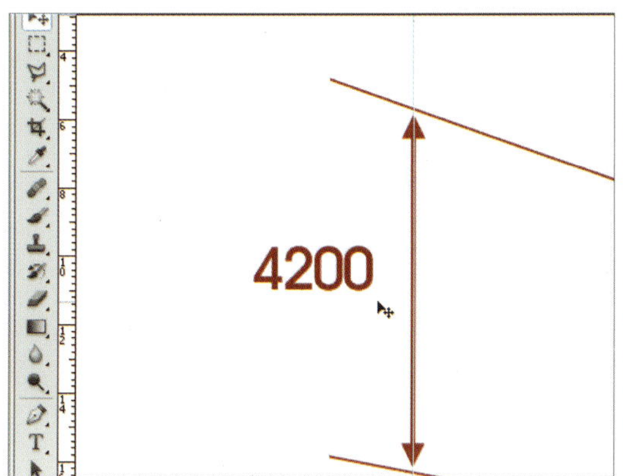
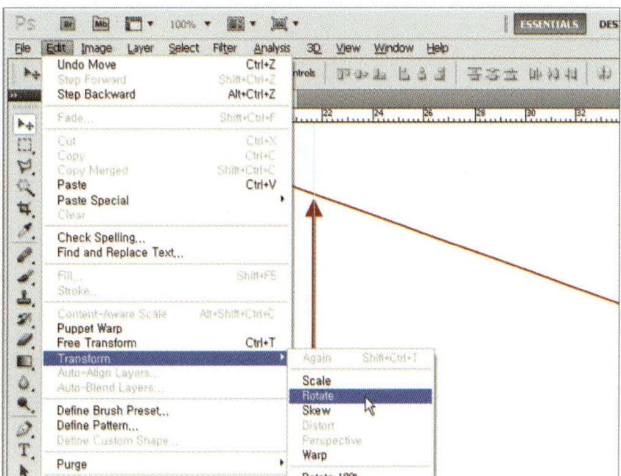

20 아래 그림과 같이 치수, 즉 입력된 글씨를 회전한 뒤, 레이어 팔레트에서 입력된 글씨와 치수선이 그려져 있는 '치수선' 레이어를 동시에 선택해 줍니다.

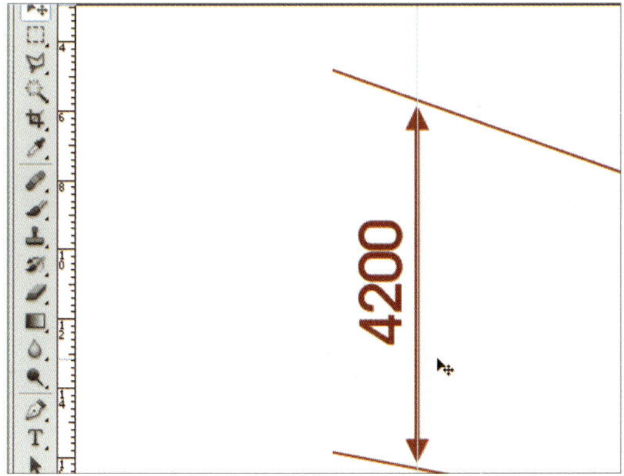
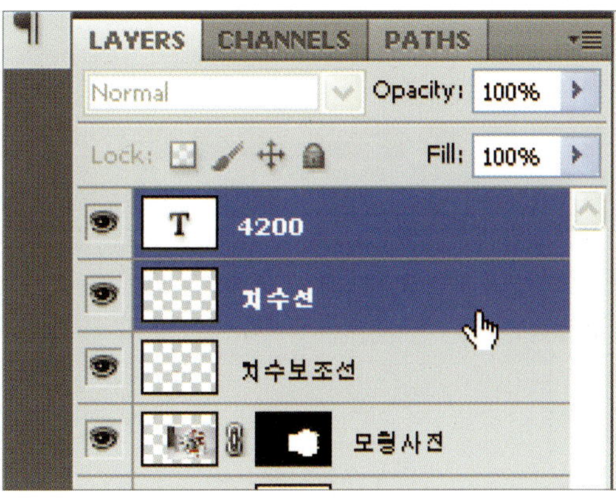

21 레이어 팔레트에서 팝업 메뉴가 나타나도록 설정한 뒤, 나타나는 메뉴에서 Merge Layers 명령을 수행하여 하나의 레이어로 묶어줍니다. 하나의 레이어로 묶여진 레이어의 이름을 다시 '치수선' 이라고 변경합니다.

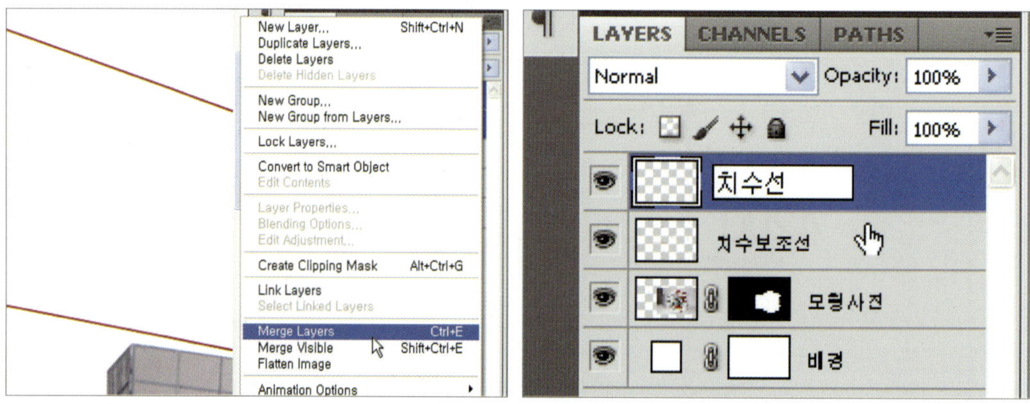

22 그려진 치수선을 보면 시점이 맞지 않기 때문에 조금 어색하게 보입니다. 이러한 점을 보정해 보도록 하겠습니다. Select ➡ All 명령을 수행하여 전체 이미지를 선택한 뒤, Edit ➡ Cut 명령을 수행하여 선택한 이미지를 잘라내 줍니다.

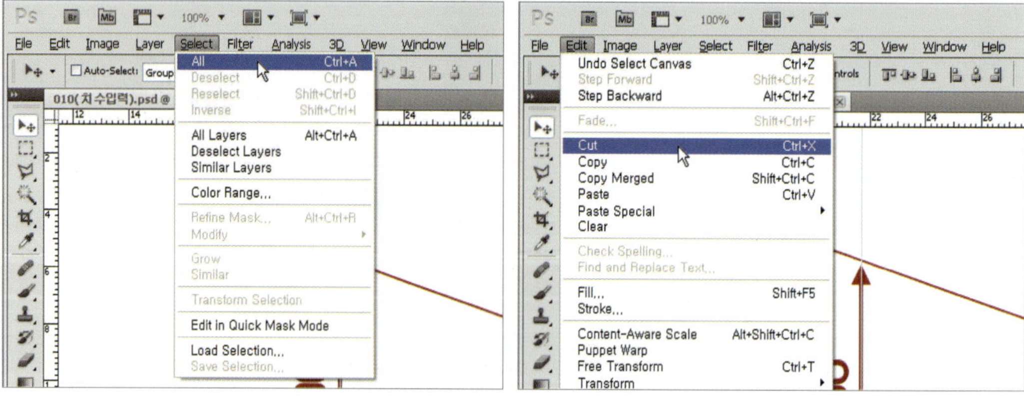

23 시점을 보정하기 위해서 Filter ➡ Vanishing Point... 명령을 수행하면, 아래 그림과 같이 한 뒤, Vanishing Point 대화상자가 나타납니다.

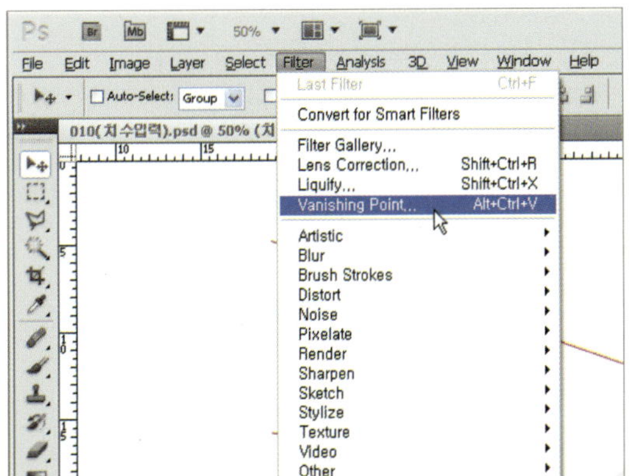
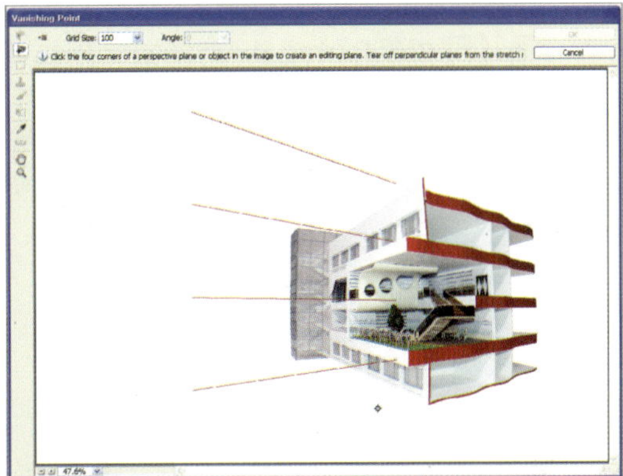

24 좌측에 위치하고 있는 툴 박스에서 Create Plan Tool을 선택한 뒤, 네 개의 모서리 점을 지정하여 시점을 설정해 줍니다.

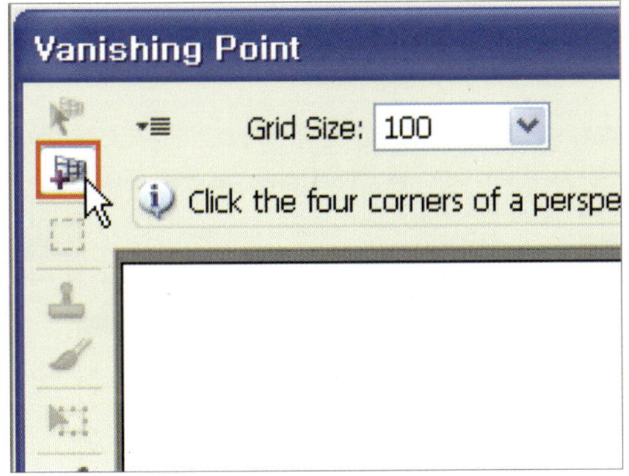
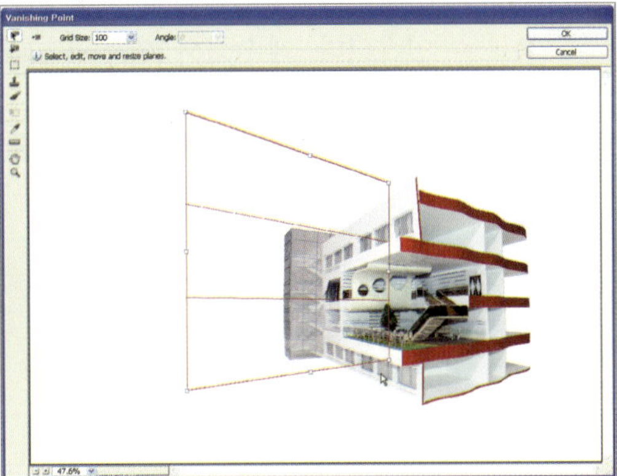

25 잘라낸 치수 및 치수선 이미지를 붙여넣기 위해서 `Ctrl`+`V` 명령을 수행한 뒤, 드래그하여 아래 그림과 같이 설정된 영역으로 이동시켜 줍니다. 자동으로 붙여진 이미지의 모양이 변경되는 모습을 볼 수 있습니다. 계속해서 변형된 이미지의 크기를 조절하기 위해서 `Ctrl`+`T` 명령을 수행한 뒤, 조절점을 드래그하여 적당한 크기로 조절해 줍니다.

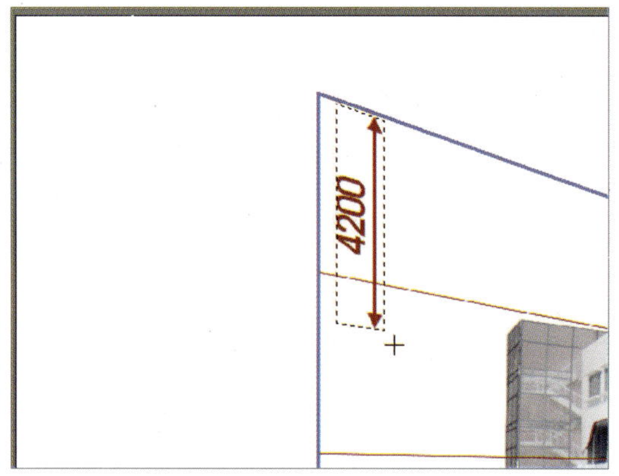
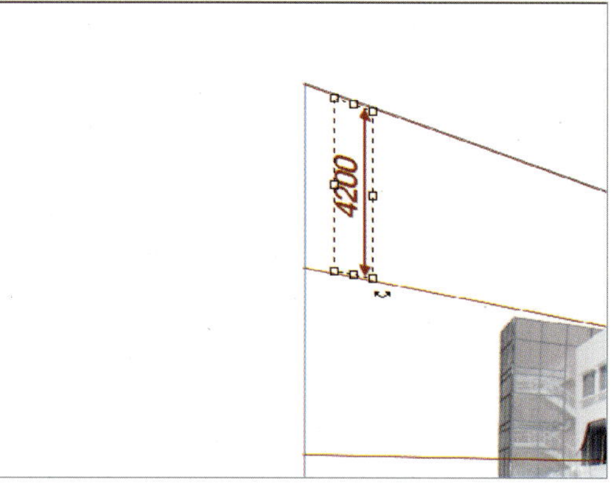

26 작업을 마치고 나면 아래 그림과 같이 설정된 시점에 따라 변형된 이미지가 나타나는 것을 볼 수 있습니다. 계속해서 Filter ➡ Vanishing Point... 명령을 수행합니다.

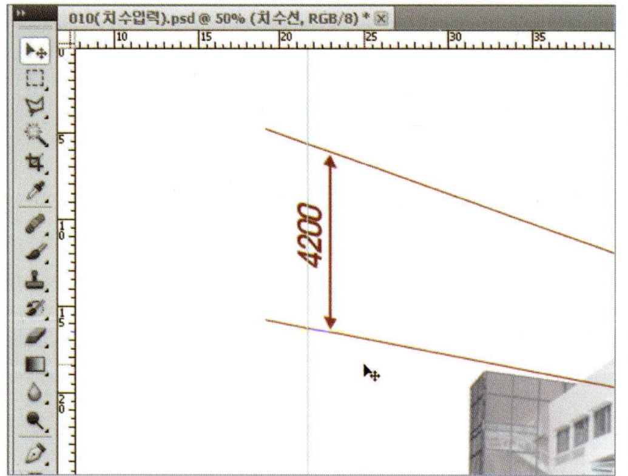
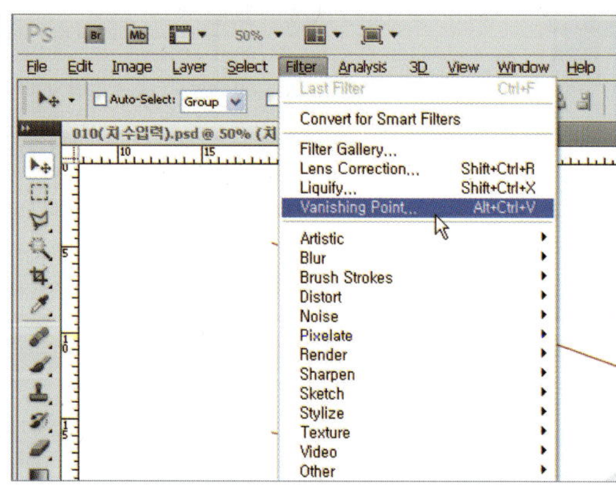

27 앞에서 작업한 동일한 방법을 이용하여 아래 그림과 같이 치수와 치수선을 추가하는 작업을 진행해 줍니다.

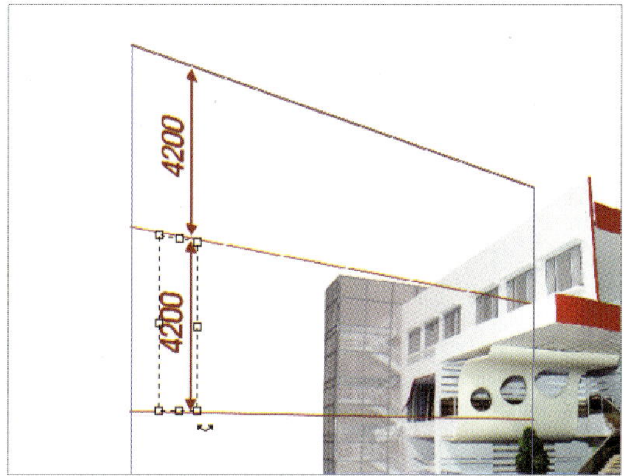

28 동일한 방법으로 한번 더 치수 및 치수선을 복사하여 아래 그림과 같은 결과를 만들어 줍니다.

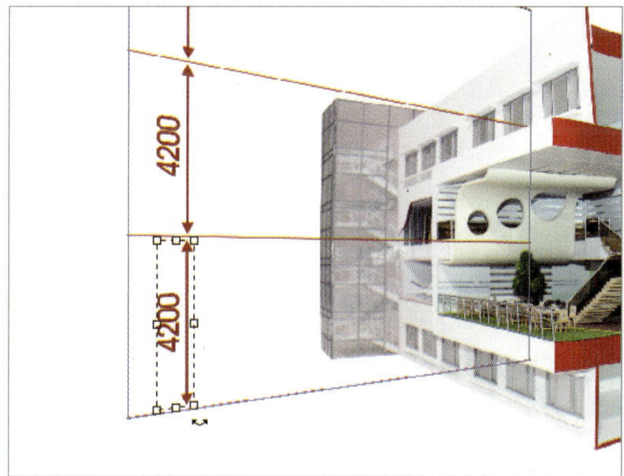
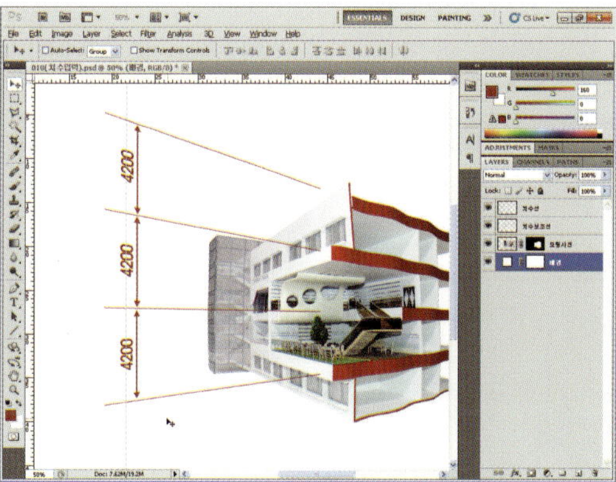

29 이제 View → Clear Guides 명령을 수행하여 더 이상 불필요한 Guide Line을 삭제해 줍니다. 레이어 팔레트에서 '배경' 레이어를 선택한 뒤, 선택한 '배경' 레이어의 thumbnail 아이콘을 클릭해 줍니다.

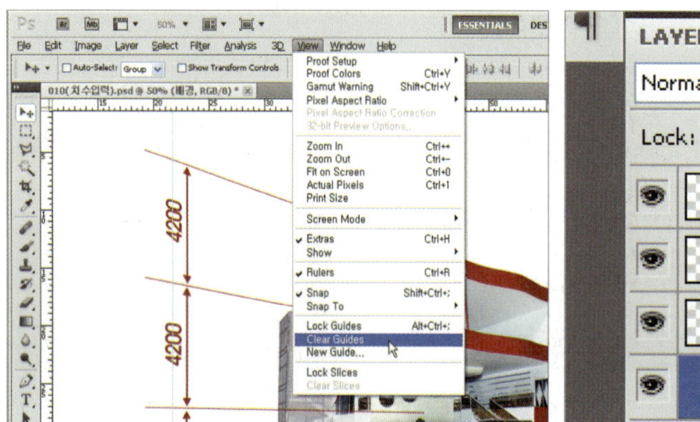
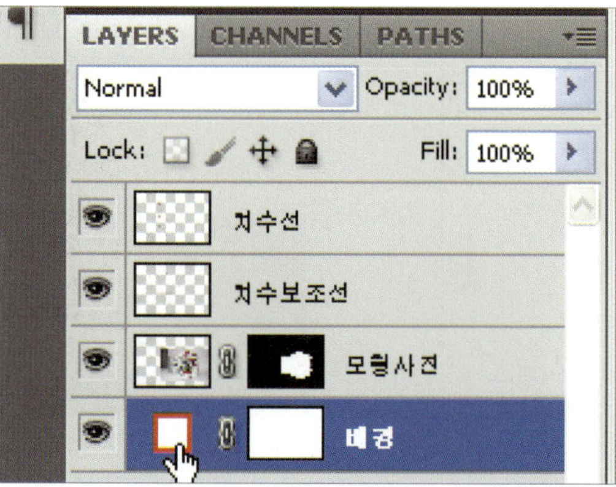

30 나타나는 Color Picker 대화상자에서 회색(R:180, G:180, B:180)을 설정해 줍니다. 아래 그림과 같은 결과가 만들어졌습니다.

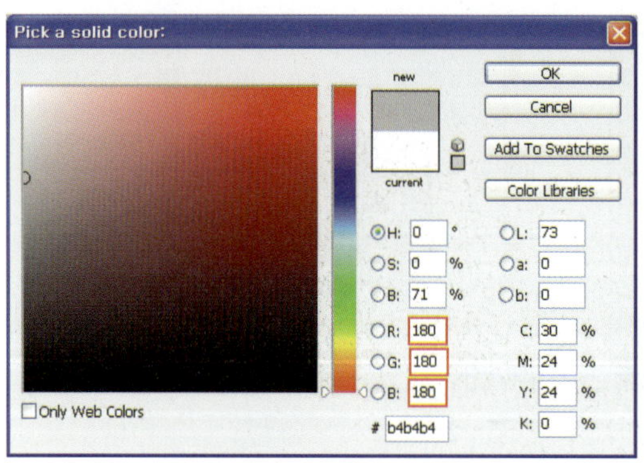
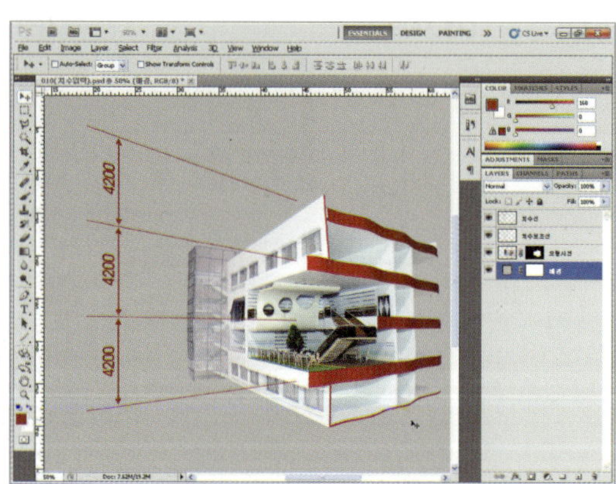

31 마지막으로 미리 준비된 레이아웃 이미지(예제CD 08\010(레이아웃).psd)를 불러온 뒤,
Select ➡ All 명령을 수행하여 이미지 전체를 선택해 줍니다.

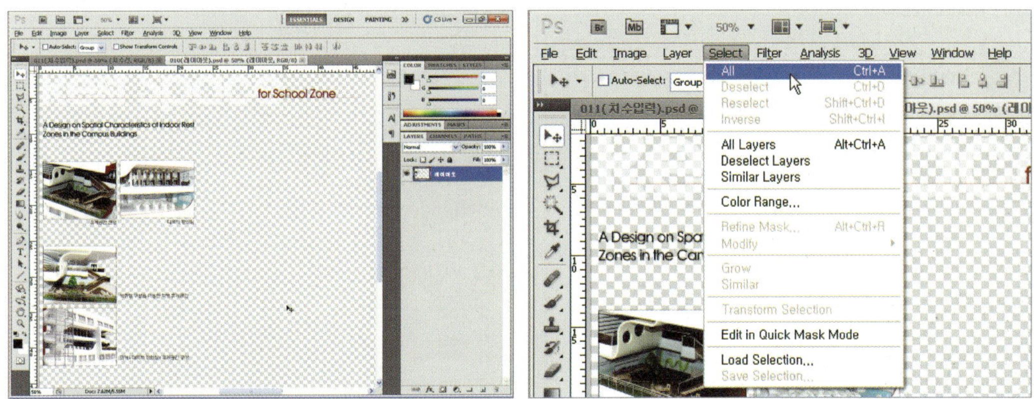

(예제CD 08\010(레이아웃).psd)

32 Edit ➡ Copy 명령을 수행하여 선택한 이미지를 복사한 뒤, Edit ➡ Paste 명령을 수행하여
작업 이미지에 붙여줍니다.

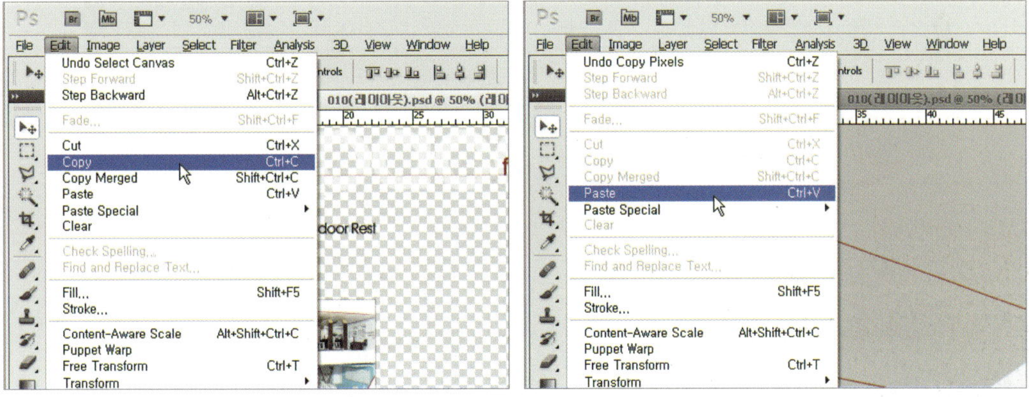

33 추가된 이미지의 레이어 이름을 '레이아웃' 으로 변경하고 나면 아래 그림과 같은 결과물이 만들어진 것을 볼 수 있습니다.

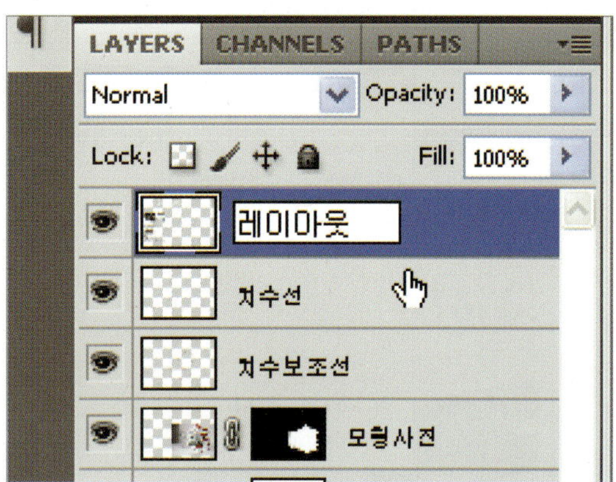
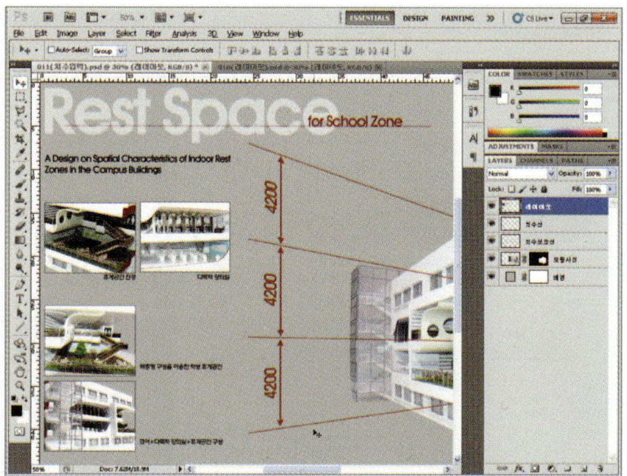

34 최종 완성된 이미지

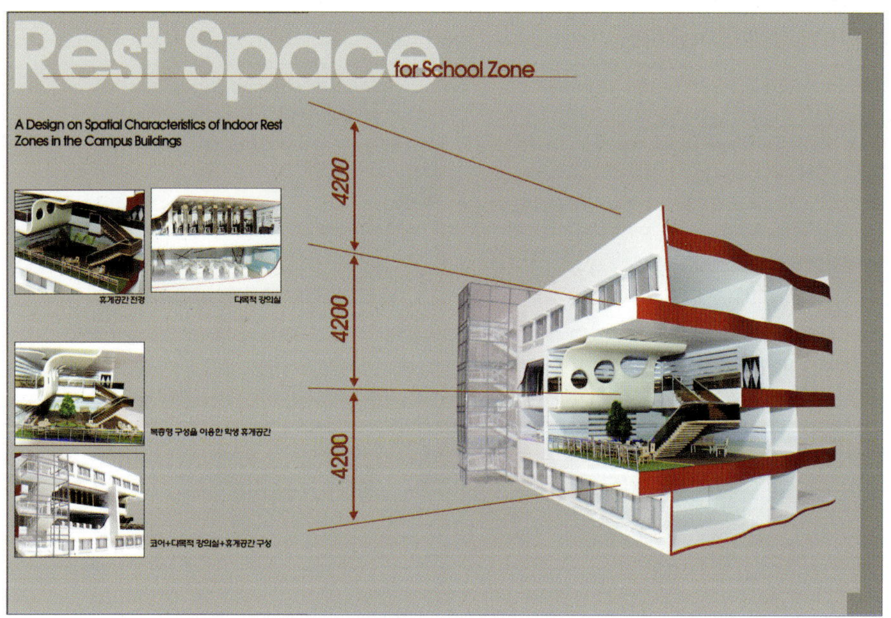

(예제CD 08\011(치수입력).jpg, 011(치수입력).psd)

4 모형 사진과 기타 이미지를 이용한 독창적인 이미지 제작

이번 예제에서는 촬영된 모형 사진과 더불어 다른 그래픽 툴에서 작성된 가구 및 스케치 이미지 등을 이용하여 독창적인 설계 이미지를 제작해 보도록 하겠습니다. 과거의 수작업 표현에서 벗어나 이제는 다양한 툴의 개발로 인해 상상만 한다면, 표현방법도 연구의 대상으로 생각될 만큼 다양한 표현 기법을 만들 수 있습니다.

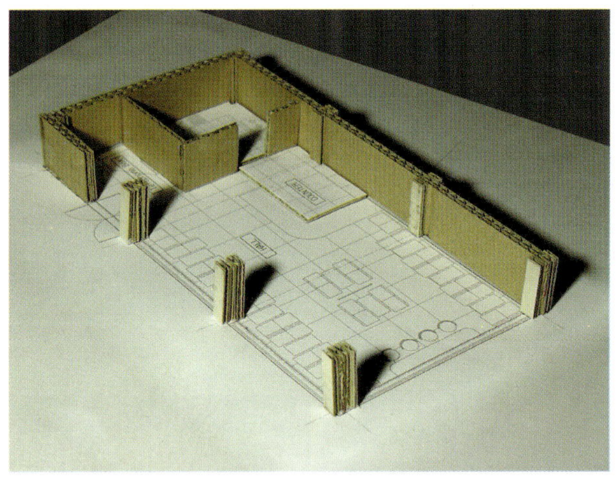

촬영된 모형 사진

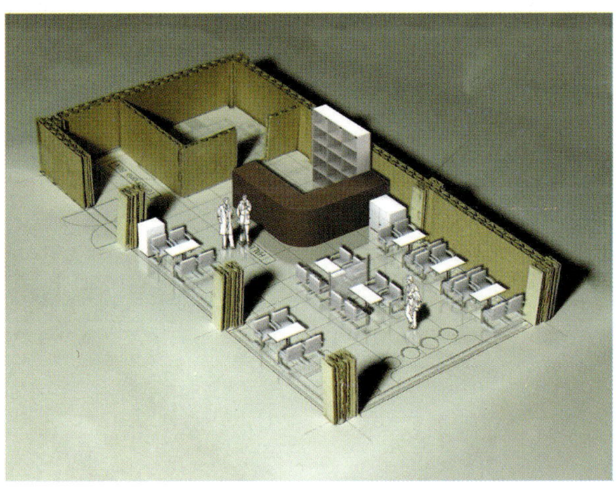

모형+렌더링+스케치 이미지를 이용한 편집 결과

1 포토샵에서 미리 준비된 가구 렌더링 이미지(예제CD 08\012(가구).tif)을 불러와 줍니다. 편집 작업을 수행하기 위해서 레이어 팔레트에서 '가구' 라는 이름으로 변경시켜 줍니다.

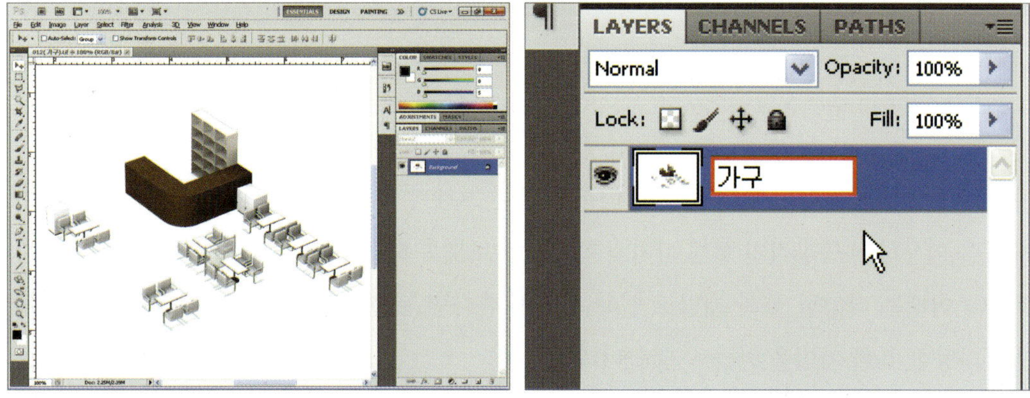

(예제CD 08\012(가구).tif)

2 미리 저장되어 있는 선택영역을 불러오기 위해서 Select ➡ Load Selection... 명령을 수행한 뒤, 나타나는 Load Selection 대화상자의 Channel 항목에서 alfl 저장되어 있던 'Alpha 1' 채 널을 선택해 줍니다.

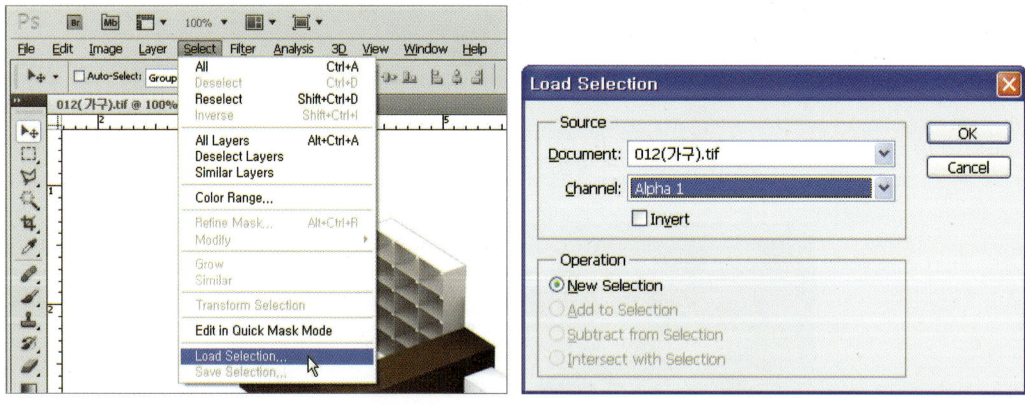

※ TIF 포맷을 일반적으로 많이 사용되는 JPG 포맷과는 달리 하나의 알파채널을 포함할 수 있는 포맷입니다. 따라서 필요한 선택영역과 함께 이미지를 저장할 경우 사용되는 포맷으로 3DS MAX 와 같은 렌더링 툴에서 결과 이미지를 저장할 경우 많이 사용도는 포맷입니다.

3 가구 부분만 선택영역을 선택되는 것을 볼 수 있습니다. 불필요한 배경 영역을 보이지 않도록 설정하기 위해 Layer → Layer Mask → Reveal Selection 명령을 수행합니다. 배경 영역이 보이지 않게 설정됩니다.

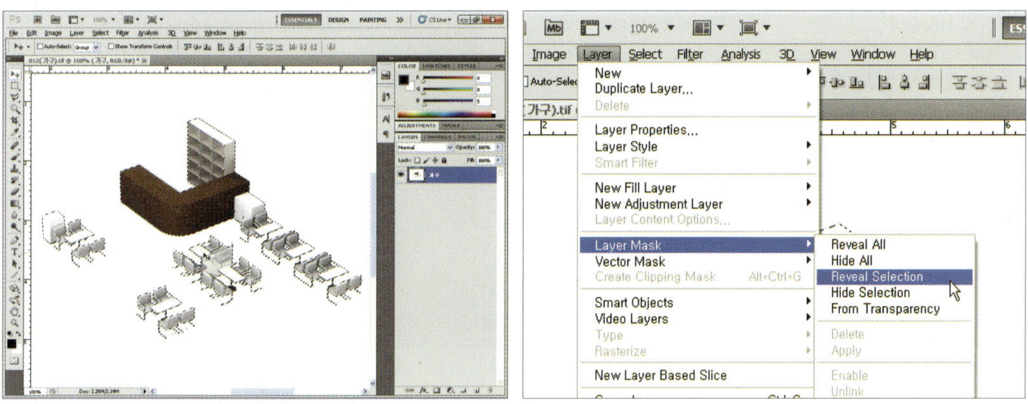

4 계속해서 촬영된 모형 사진(예제CD 08\013(모형사진).jpg)을 불러와 줍니다. 불러온 이미지를 복사하여 편집 작업을 수행하던 가구 이미지에 붙여줍니다.

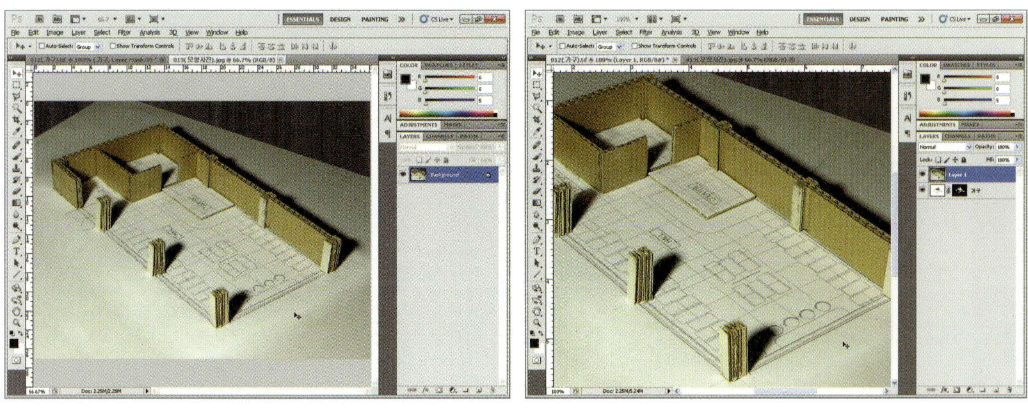

(예제CD 08\013(모형사진).jpg)

5 붙여넣은 모형 사진의 레이어를 아래쪽으로 이동시킨 뒤, '모형사진' 이라고 이름을 변경시켜 줍니다. 시점을 미리 맞게 작업하였기 때문에 크게 어색하게 보이지 않습니다.

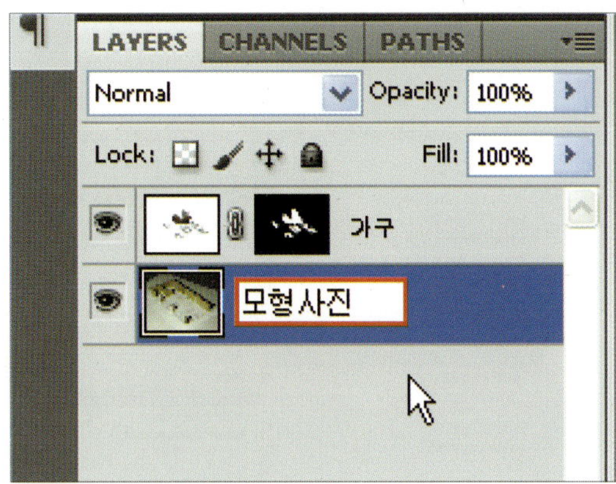
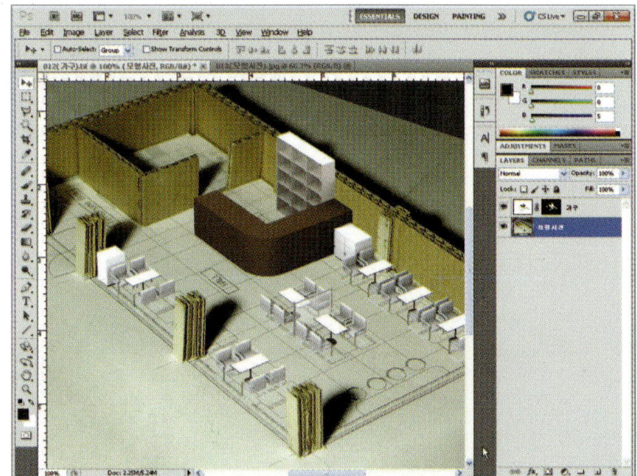

6 다시 '가구' 레이어를 선택한 뒤, Layer → Layer Style → Drop Shadow... 명령을 수행해 줍니다. 나타나는 Layer Style 대화상자에서 Angle:-135, Distance:5px, Size:3px로 설정해 줍니다. 가구 이미지에 그림자가 만들어진 것을 볼 수 있습니다.

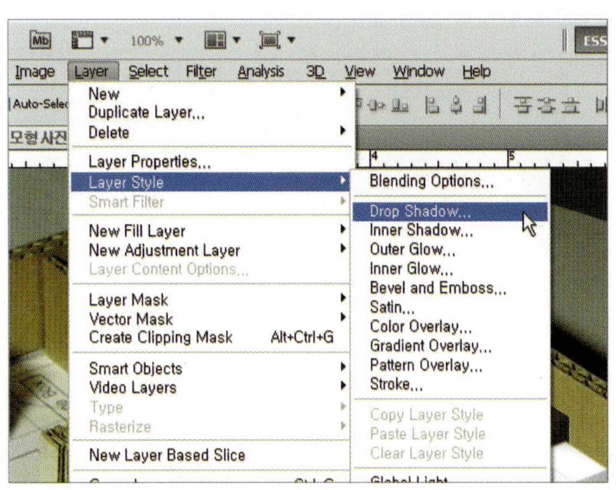
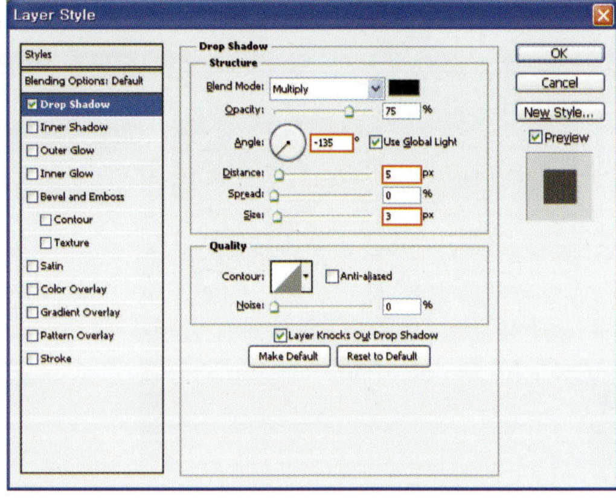

7 선택되어 있는 '가구' 레이어의 마우스 오른쪽 버튼을 클릭하여 나타나는 메뉴에서 Duplicate Layer... 명령을 수행합니다. 나타나는 Duplicate Layer 대화상자에서 '가구(반사)' 라는 이름으로 레이어를 복제해 줍니다.

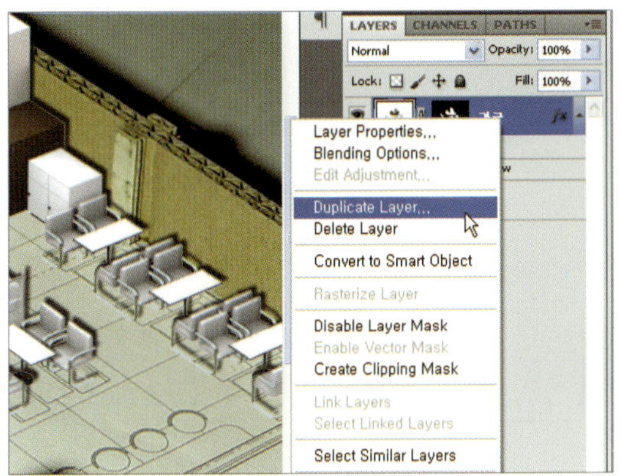
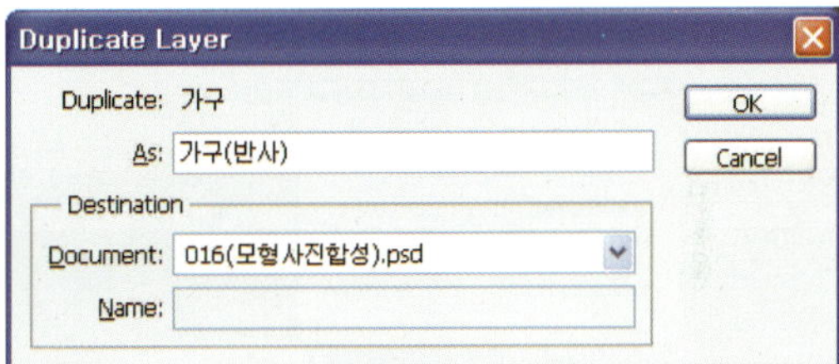

8 복제된 '가구(반사)' 레이어의 위치를 중간에 배치한 뒤, 마우스 오른쪽 버튼을 클릭하여 나타나는 메뉴에서 Clear Layer Style 명령을 수행합니다.

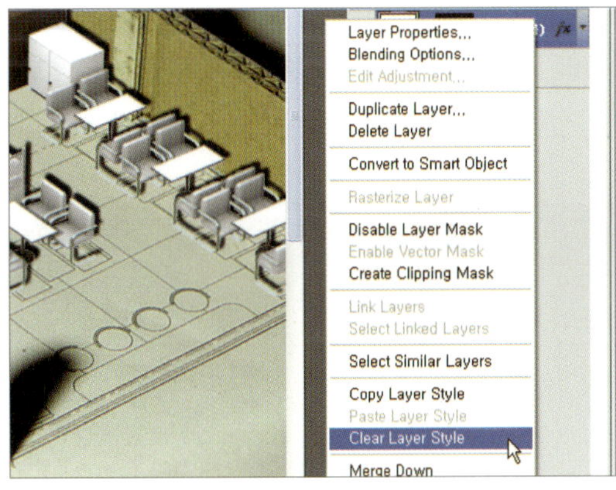

9 반사 효과의 이미지를 만들기 위해서 Filter ➡ Blur ➡ Motion blur... 명령을 수행합니다. 나타나는 Motion Blur 대화상자에서 Angle:90, Distance:10으로 설정해 줍니다.

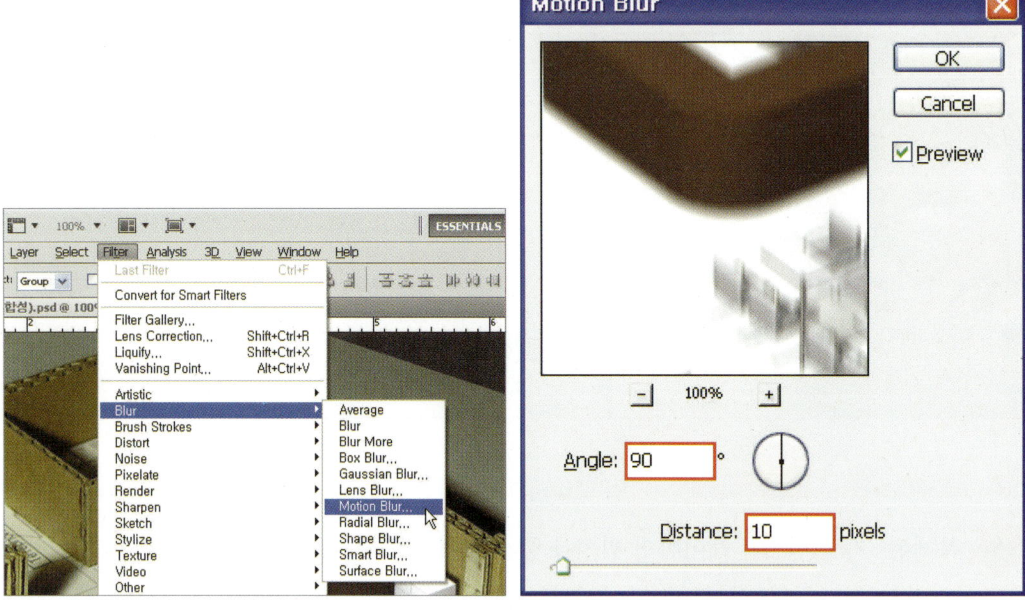

10 필터 효과가 적용된 이미지를 아래 그림과 이동시킨 뒤, 레이어 팔레트의 Opacity 값을 30%로 설정해 줍니다.

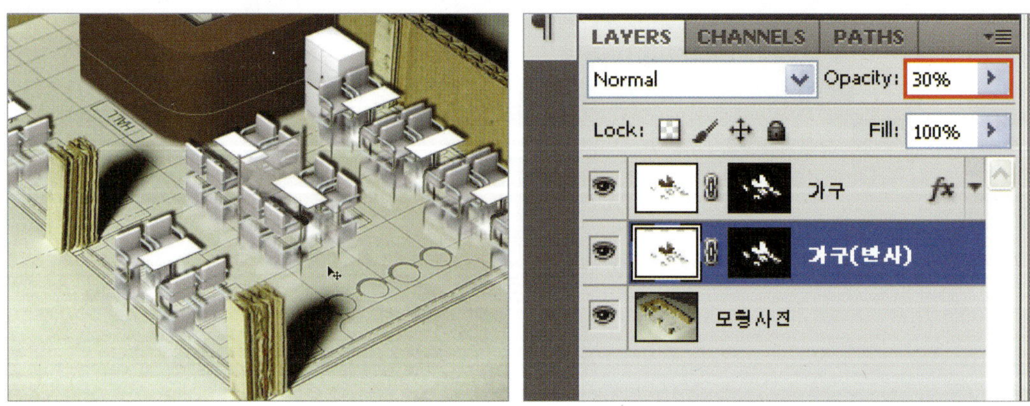

11 마치 가구가 바닥에 반사된 듯한 느낌을 받을 수 있습니다. 이번에는 스케치된 사람 이미
지를 불러와 줍니다. 불러온 사람 이미지는 미리 배경을 제거한 상태의 이미지입니다.

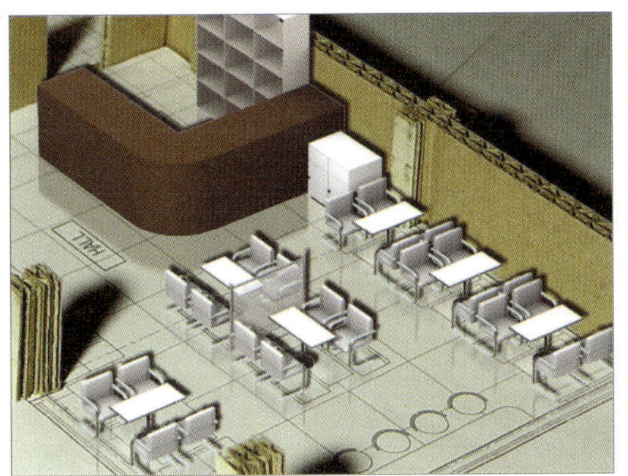 

(예제CD 08\014(인물스케치).psd)

12 불러온 이미지 중에서 인물 한명만 선택한 뒤, 복사하여 작업창에 붙여넣어 줍니다. 추가
된 레이어의 이름을 '인물-01' 로 변경시켜 줍니다.

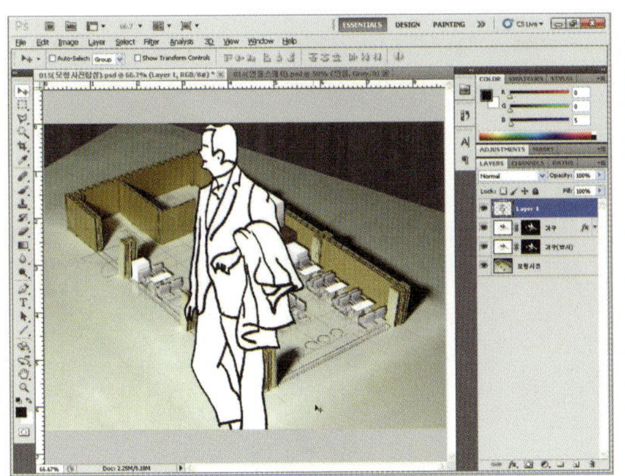 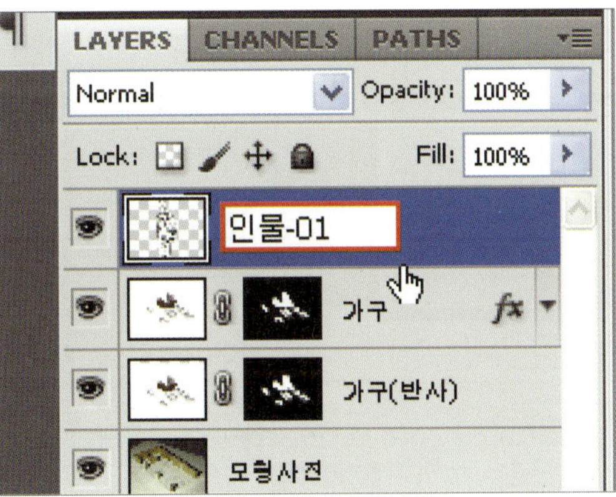

13 선택되어 있는 '인물-01' 레이어의 마우스 오른쪽 버튼을 클릭하여 나타나는 메뉴에서 Duplicate Layer… 명령을 수행합니다. 나타나는 Duplicate Layer 대화상자에서 '인물-01(반사)' 라는 이름으로 레이어를 복제해 줍니다.

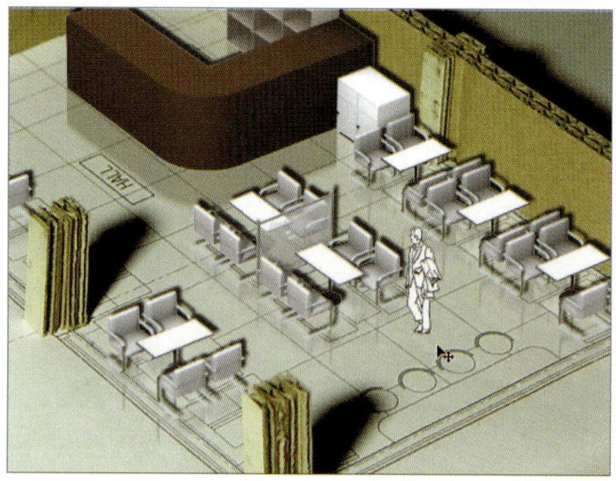
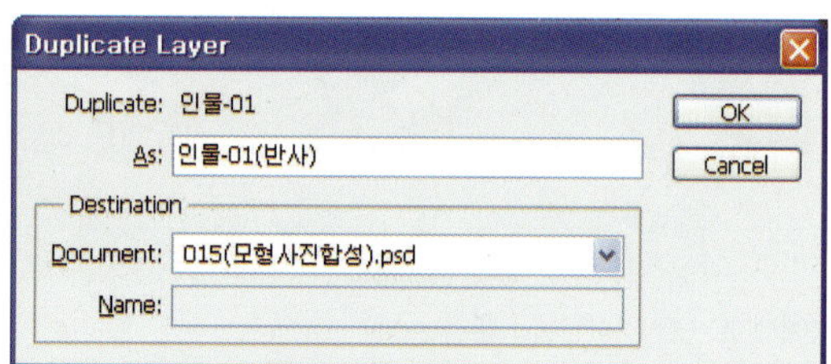

14 복제된 레이어의 이미지를 변형시켜 주기 위해서 Edit → Transform → Flip vertical 명령을 수행합니다. 이미지를 변형시킨 뒤, 아래 그림과 같이 위치를 이동시켜 줍니다.

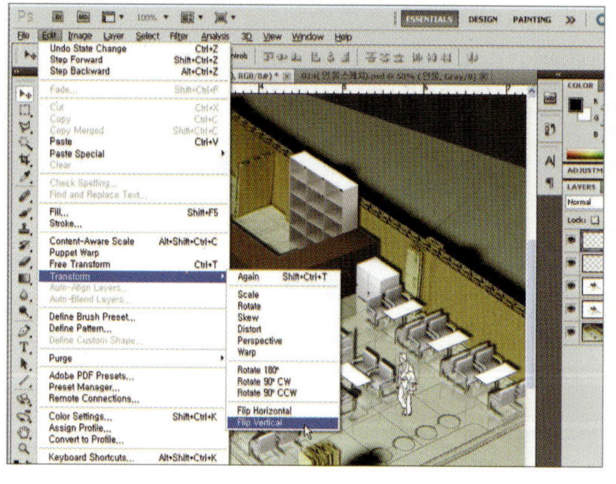
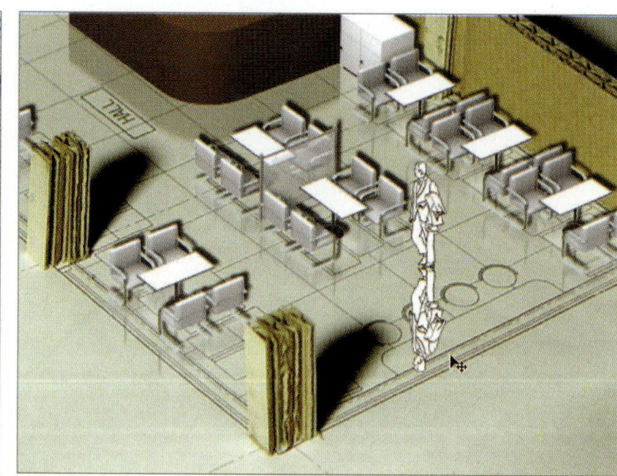

15 아래 그림과 같이 현재 작업 중인 '인물-01(반사)' 레이어의 위치를 '인물-01' 밑으로 이동시켜 줍니다. 계속해서 이미지의 크기를 변경시키기 위해서 Edit → Transform → Scale 명령을 수행합니다.

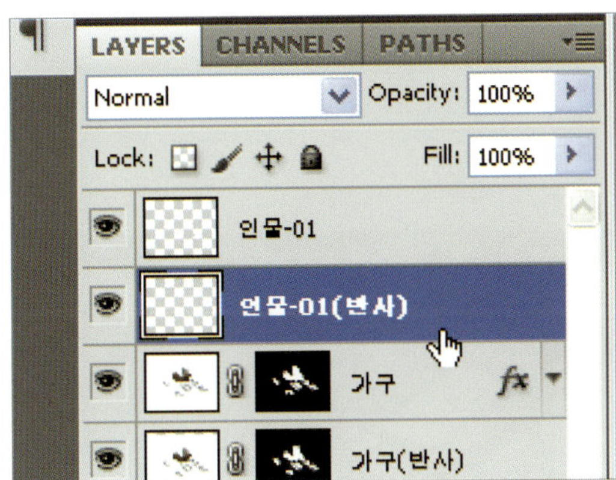
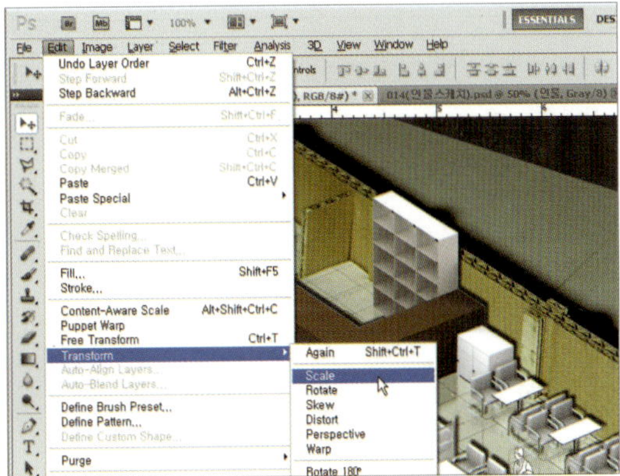

16 나타나는 조절점을 이용하여 아래 그림과 같이 크기를 조절해 줍니다. 반사 효과 표현을 만들기 위해서 Filter → Blur → Motion Blur... 명령을 수행합니다.

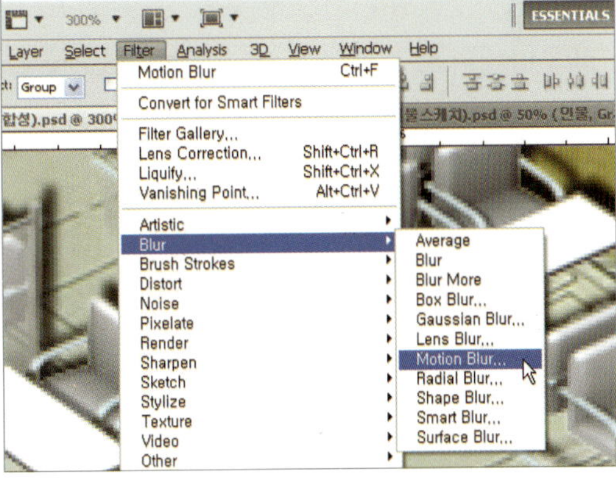

17 나타나는 Motion Blur 대화상자에서 Angle:90, Distance:6으로 설정해 줍니다. 아래 그림과 같은 결과가 만들어졌습니다.

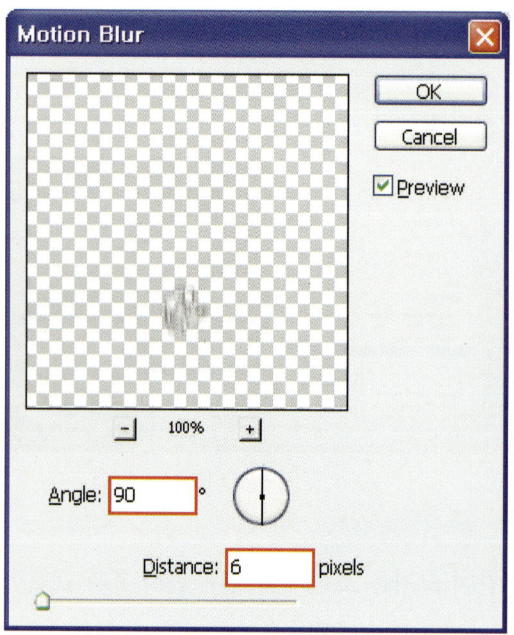

18 마지막으로 레이어 팔레트의 Opacity 값을 30%로 설정하여 반사 효과를 만들어 줍니다. 다시 '인물-01' 레이어를 복제하여 '인물-01(그림자)' 라는 이름으로 레이어를 복제해 줍니다.

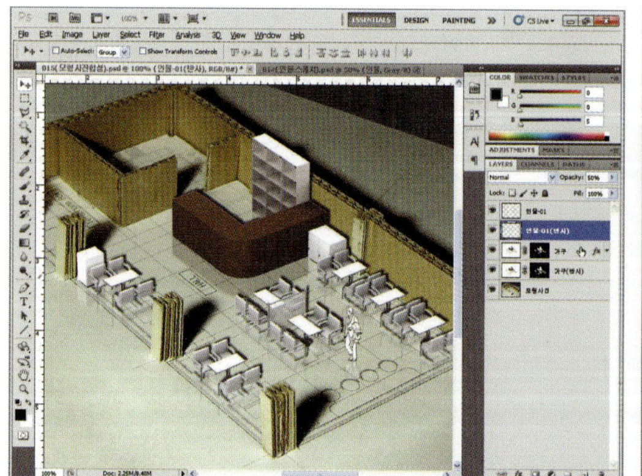

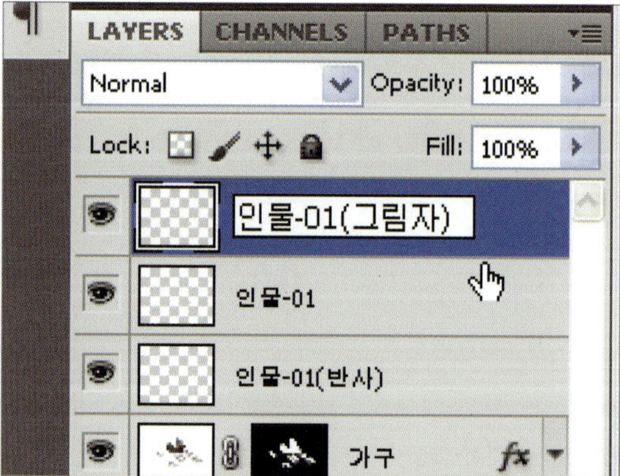

19 Image ➡ Adjustments ➡ Hue/Saturation... 명령을 수행하여 나타나는 Hue/Saturation 대화상자에서 Lightness값을 −100으로 설정해 줍니다.

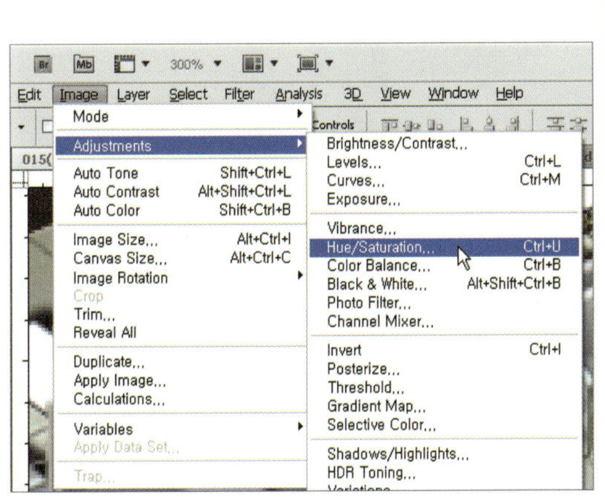
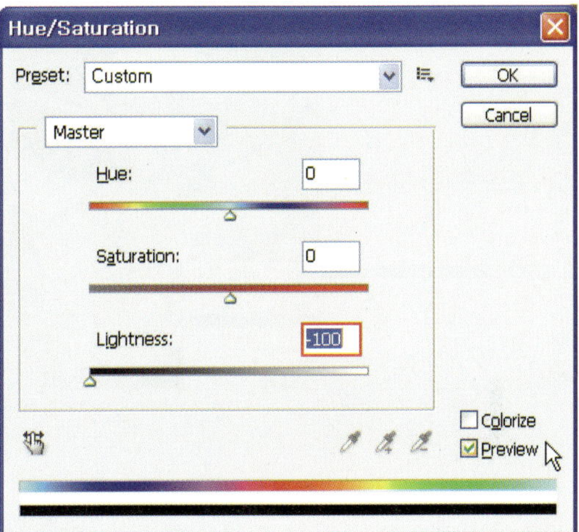

20 이미지를 변형시켜 주기 위해서 Edit ➡ Transform ➡ Scale 명령을 수행하여 아래 그림과 같이 크기를 조절해 줍니다.

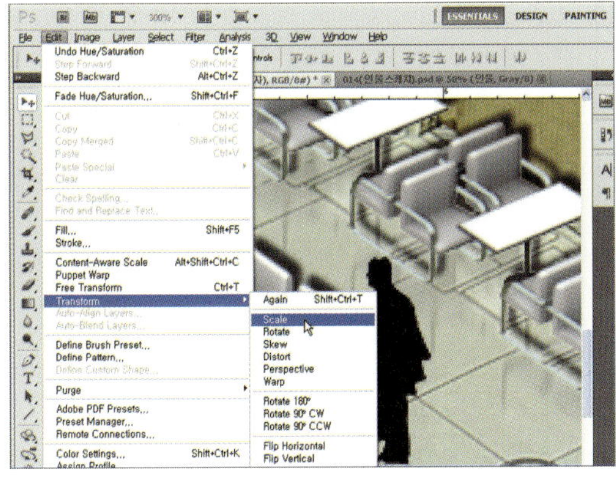

21 계속해서 Edit ➡ Transform ➡ Skew 명령을 수행하여 아래 그림과 같이 변형시켜 줍니다.

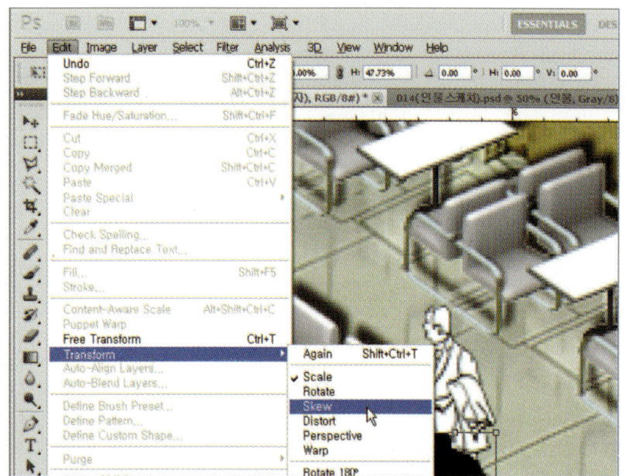 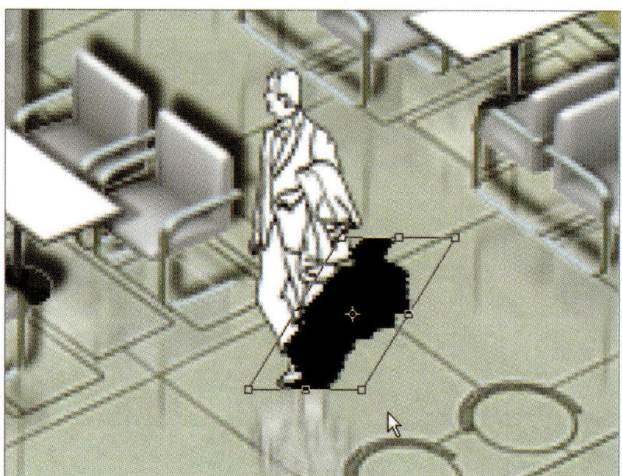

22 마지막으로 흐릿한 표현을 만들기 위해서 Filter ➡ Blur ➡ Gaussian Blur... 명령을 수행합니다. 나타나는 Gaussian Blur 대화상자에서 Radius 값을 2로 설정해 줍니다.

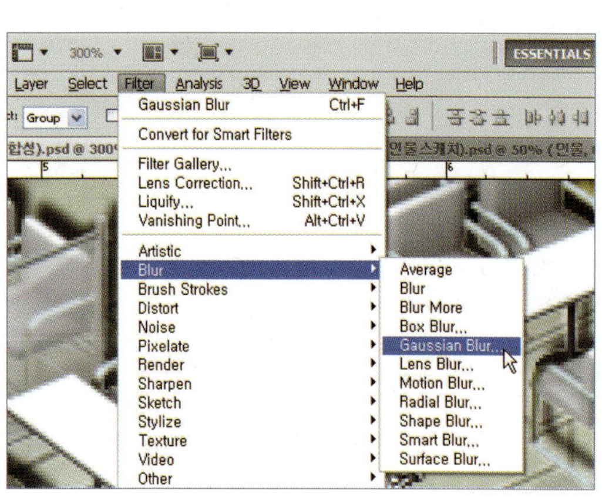 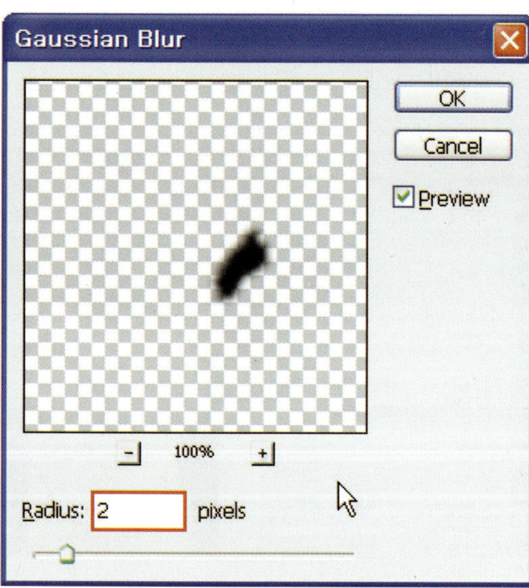

23 아래 그림과 같이 흐릿한 이미지로 변형된 뒤, 레이어의 위치를 '인물-01' 레이어 아래로 이동시킨 뒤, Opacity 값을 90%로 설정해 줍니다.

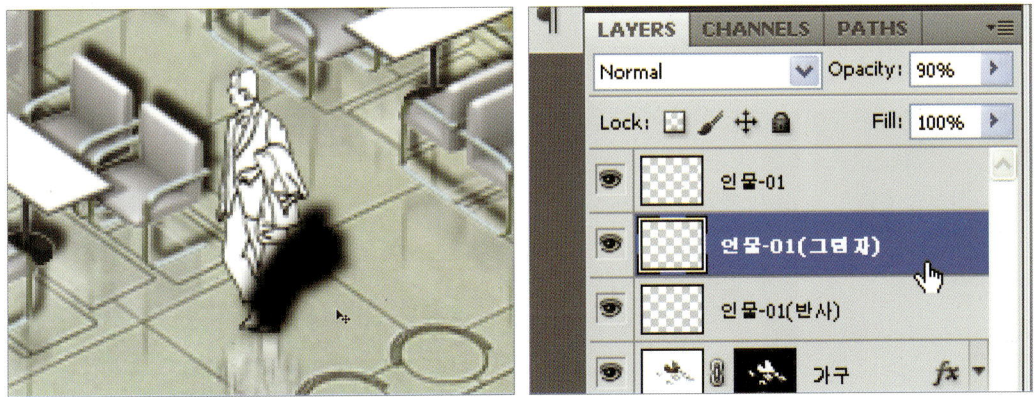

24 동일한 방법으로 다른 사람 이미지를 이용하여 아래 그림과 같은 결과를 만들어 줍니다.

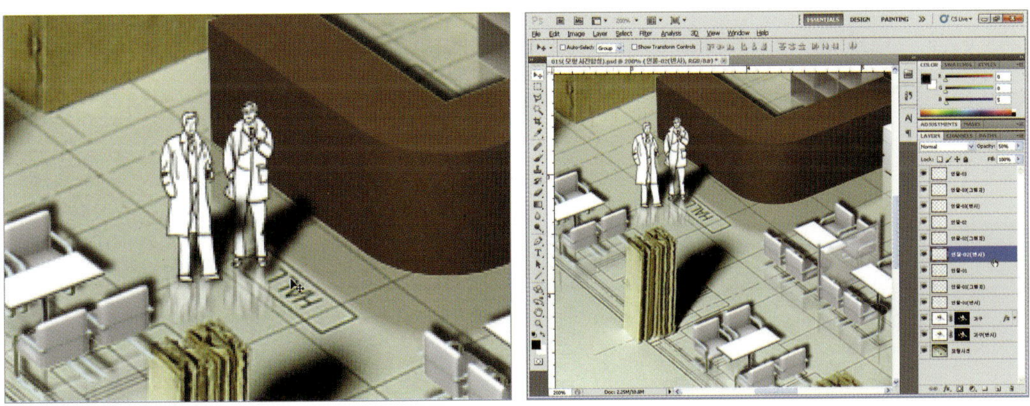

25 마지막으로 모형사진 주변에 불필요한 이미지를 제거하여 하나의 배경을 가지는 이미지로 만들어 보도록 하겠습니다. 먼저 '모형사진' 레이어를 선택한 뒤, 나머지 레이어는 모두 보이지 않도록 설정해 줍니다. 선택 영역 작업을 진행하기 위해서 Polygonal Lasso Tool을 선택해 줍니다.

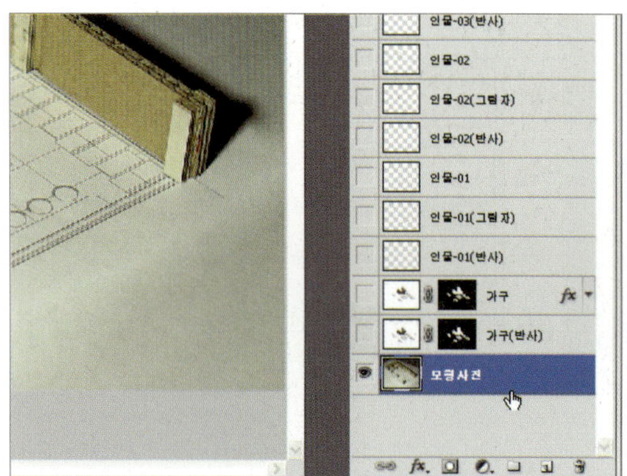
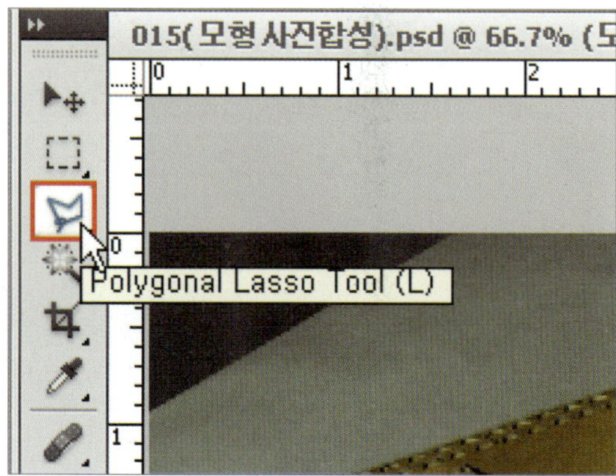

26 아래 그림과 같이 왼쪽 상단 및 오른쪽 상단에 배경 이미지를 여유있게 선택해 줍니다. 주변 영역의 이미지, 색상을 이용하여 자연스러운 채움 효과를 적용하기 위해서 Edit ➡ Fill... 명령을 수행합니다.

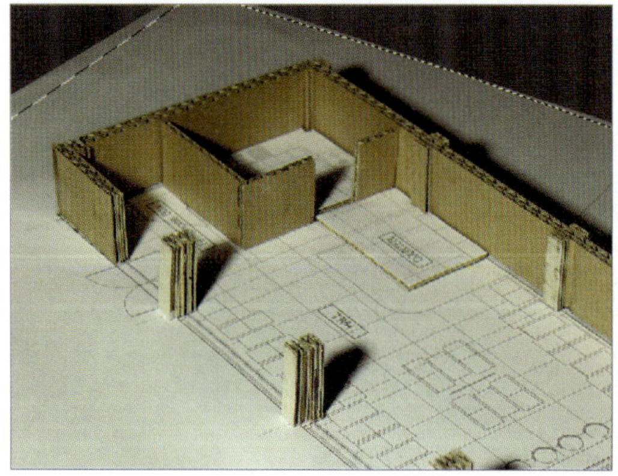
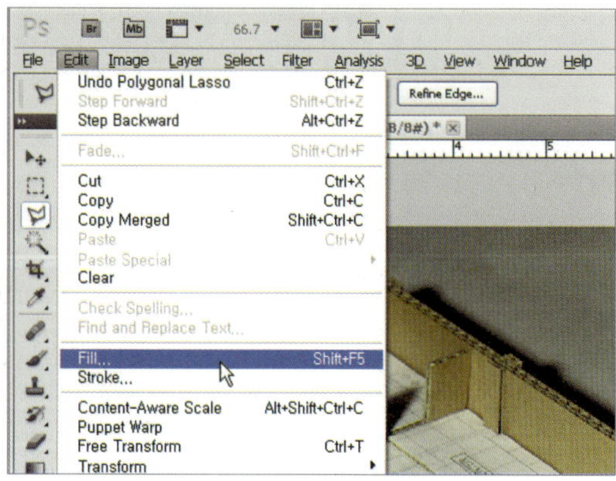

27 나타나는 Fill 대화상자에서 아래 그림과 같이 Use 항목을 Content-Aware로 설정해 줍니다. 자연스러운 채움 효과가 적용된 것을 볼 수 있습니다. 다만 우측 상단 영역을 이상하게 보입니다.

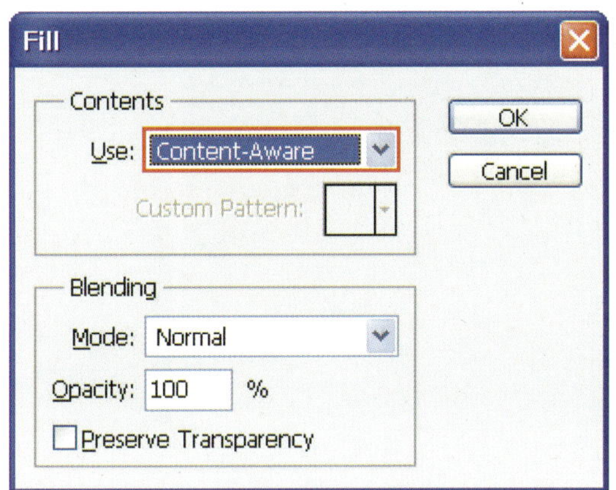
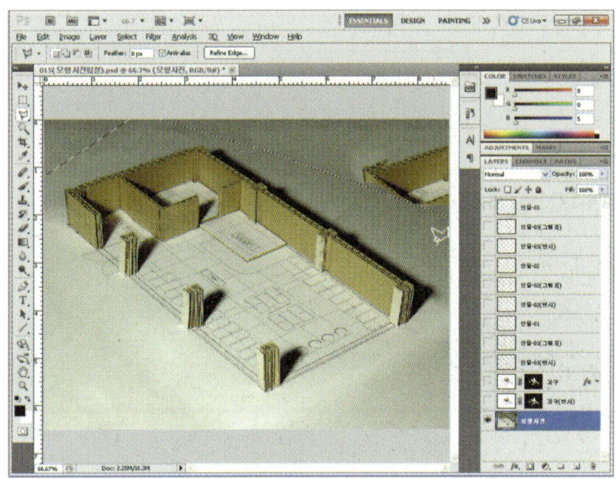

28 다시 선택 툴을 이용하여 우측 상단 영역을 여유있게 선택한 뒤, Edit → Fill... 명령을 수행합니다.

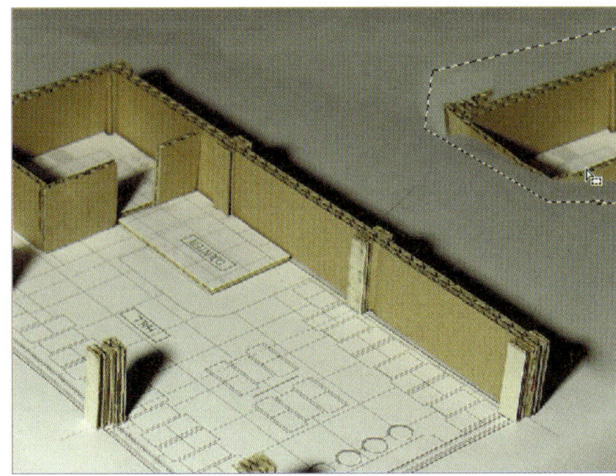
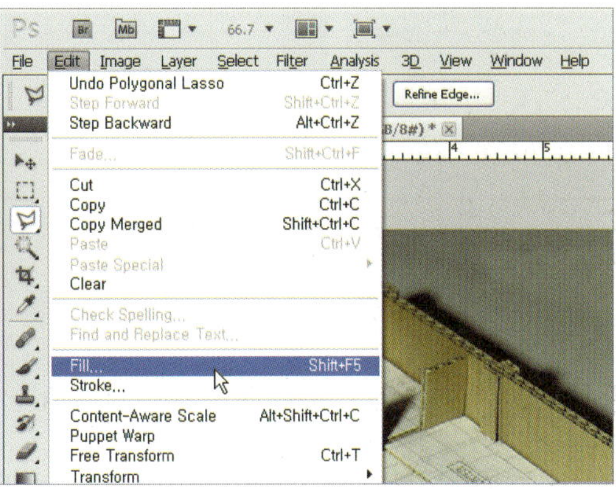

29 나타나는 Fill 대화상자에서 아래 그림과 같이 Use 항목을 Content-Aware로 설정해 줍니다. 자연스러운 배경 이미지 결과가 만들어졌습니다.

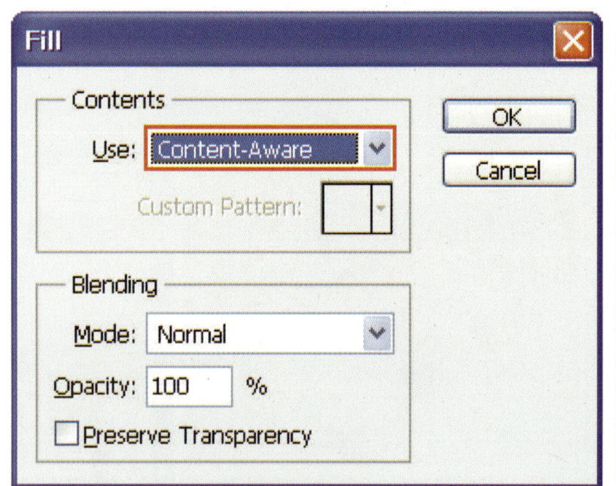
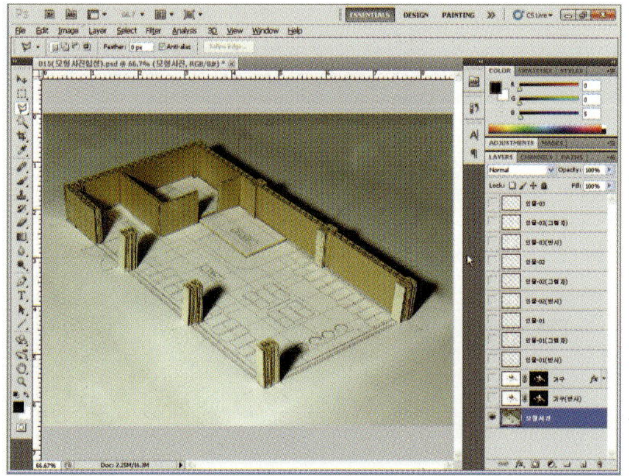

30 꺼져있던 레이어를 모두 보이도록 설정해 줍니다. 아래 그림과 같은 최종 결과가 만들어진 것을 볼 수 있습니다.

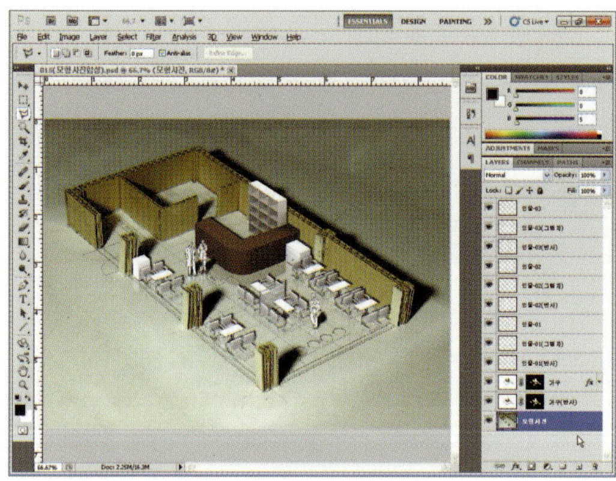

31 최종 완성된 이미지

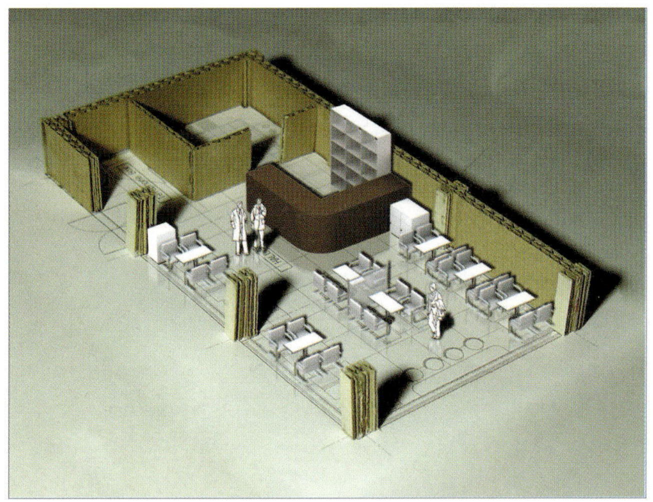

(예제|CD 08\015(모형사진).psd, 015(모형사진).jpg)

⚠ 이미지의 색상 보정을 위한 명령

포토샵의 이미지의 색상을 보정하는 명령은 Image ➡ Adjustments 메뉴에 모여 있습니다. 인테리어 & 건축 표현에 있어서 이미지의 색상보정 작업이 많지는 않지만 반드시 익혀두도록 하시기 바랍니다.

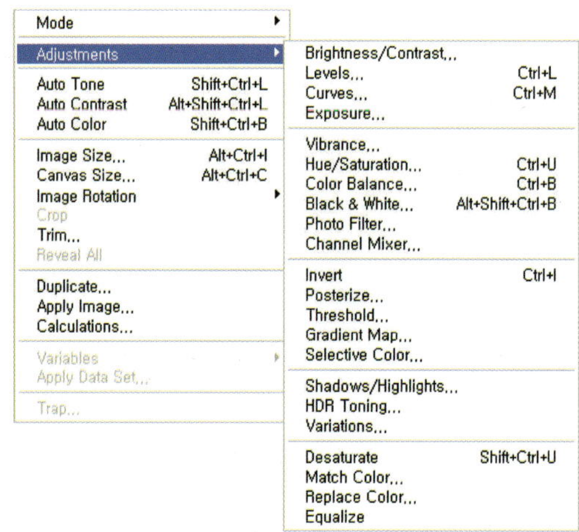

1. Brightness/Contrast...

   Brightness/Contrast 명령은 이미지의 밝기와 대비를 조절할 경우 사용됩니다. 사용법이 매우 간단하면서도 효과가 확실하기 때문에 필자의 경우도 자주 사용하는 명령입니다. 단순히 Contrast(대비)값만을 약간 올려줌으로써 이미지를 훨씬 선명하게 만들어 줄 수 있습니다.

2. Levels...

   Levels 명령은 이미지의 명도(Brightness)와 대비(Contrast)를 조절하여 이미지의 색상을 보정시켜 줍니다.

3. Curves...

   Curves 명령은 이미지를 보정할 경우에 사용되는 명령으로 Level 명령과 마찬가지로 명도와 대비를 조정할 경우 사용됩니다. 명령 수행 후 나타나는 Curves 대화상자에서 커브(Curve)형 곡선을 조절하면서 명도와 대비값을 조절할 수 있으며 매우 세밀한 조절을 수행할 수 있습니다.

4. Exposure

Exposure 명령은 최근 많이 사용되는 디지털 카메라 등을 이용하여 촬영된 이미지의 노출 값을 변경시켜 이미지를 보정해 줄 경우 사용됩니다.

5. Vibrance...

Saturation와 유사한 명령으로 선택한 이미지의 채도를 디테일하게 조절해 줄 수 있습니다.

6. Hue/Saturation...

Hue/Saturation명령은 색의 3요소인 색상, 채도, 명도를 이용해서 이미지의 색상을 조절합니다. Hue 슬라이더는 색상을 다른 색으로 바꿀 경우 사용하며, Saturation은 채도값을 높이거나 낮출 경우 사용됩니다. 또한 Lightness는 명도 값을 조절할 때 사용됩니다.

※ 만약 Hue/Saturation 대화상자의 Saturation 값을 −100으로 하여 채도를 완전히 제거하면 그레이 스케일의 이미지로 변화합니다. 그렇지만 그레이 스케일로 변하더라도 RGB Color 모드는 그대로 유지되기 때문에 컬러 색상을 사용할 수 있습니다.

7. Color Balance...

Color Balance 명령은 이미지의 색상을 변경합니다. Color Balance 옵션 대화상자에서는 슬라이드 막대를 이용해서 원하는 색상으로 조절합니다. Preserve Luminosity 옵션을 체크하면 명암이 변화되지 않게 되어 이미지의 톤을 유지할 수 있습니다

8. Black & White...

컬라 이미지를 흑백으로 변경할 경우 사용됩니다. Desaturate과 유사하지만 좀 더 디테일한 설정을 통해 이미지를 흑백으로 변경시킬 수 있습니다.

9. Photo Filter...

Photo Filter... 명령은 디지털 카메라로 찍은 사진의 화이트 밸런스를 변경해 주는 명령입니다.

10. Channel Mixer...

Channel Mixer는 RGB나 CMYK 모드로 구성된 이미지의 채널을 이용하여 색상의 혼합 비율을 조절할 경우 사용됩니다.

11. Invert

Invert 명령은 이미지에 필름을 보는 것 같은 효과를 적용하는 것으로 흰색은 검은색으로 검은색은 흰색으로 반전 시켜줍니다. 주로 네거티브 이미지를 사용할 경우 많이 사용됩니다.

※ Invert 명령은 본서에서 마스크를 이용한 수작업 도면 이미지의 편집 작업에서 대단히 많이 사용될 것입니다. 일반적으로 수작업으로 작성된 도면의 경우는 흰색 바탕에 검은색 선으로 구성된 이미지이며, Invert 명령을 이용하여 검은색 바탕에 흰색의 선으로 구성된 이미지로 쉽게 변경할 수 있기 때문입니다.

12. Posterize

Posterize 명령은 이미지를 포스터화 시킬 경우 사용됩니다. RGB 이미지의 경우 세 개의 채널을 가지고 있는데 Posterize 명령을 수행하면 각 채널마다 컬러 단계를 낮추게 합니다.

13. Threshold

Threshold 명령은 마치 비트맵 모드와 같이 흰색과 검은색의 이미지로 만들어줍니다. 나타나는 대화상자에서 나타나는 슬라이더를 움직임으로써 결과를 조절할 수 있습니다.

Threshold 원리는 일정한 기준의 명도값(Threshold Level)을 지정한 후 이보다 밝은 부분은 흰색으로, 어두운 부분은 검은색으로 처리합니다. 따라서 슬라이더가 왼쪽(Threshold Level 값이 낮아짐)으로 이동하면 이미지가 전체적으로 밝아지고 슬라이더가 오른쪽(Threshold Level 값이 높아짐)으로 이동하면 이미지가 전체적으로 어두워지게 됩니다.

14. Gradient Map...

Gradient Map 명령은 선택된 그라데이션을 이용하여 이미지를 표현해 줍니다.

15. Selective Color

Selective Color 명령은 Red, Yellow, Green, Cyan, Blue, Magenta, White, Black의 8가지 색상 영역을 선택하여 색상을 변경시켜 줍니다. 일반적으로 Selective Color 명령은 출력할 경우 잉크의 사용량을 조절하기 위해서 사용됩니다.

16. Shadow/Highlight...

Shadow/Highlight... 명령은 디지털 카메라를 이용하여 촬영된 사진의 노출 과다 및 부족에 대한 이미지를 보정할 경우 사용됩니다.

17. HDR Toning...

촬영된 이미지를 보다 다이내믹한 느낌을 자아내는 이미지로 만들어 줍니다. 일반적인 사진의 느낌을 초현실적인 느낌으로 변경할 경우 만들이 사용됩니다.

18. Variations

Variations 명령은 썸네일 이미지를 보면서 컬러를 보정하는 것으로 Green, Yellow, Cyan, Red, Blue, Magenta를 이용해서 컬러를 설정하고, Lighter, Darker를 이용해서 밝기를 조절합니다.

※ 초보자의 경우, 가장 사용하기 쉬우며 작업 결과를 미리보기 창을 통해 곧바로 확인할 수 있어 매우 편리합니다. 그러나 전문가들은 거의 사용하지 않습니다. 이유는 다른 명령에 비해 미세한 조정이 불가능하며, 특히 데이터의 크기가 큰 이미지일 경우 작업속도가 현저히 떨어지기 때문입니다.

19. Desaturate

Desaturate 명령은 이미지의 채도를 제거하여 흑백 이미지로 만들어줍니다.

※ Desaturate 명령은 Image → Mode → Grayscale 명령과는 다르게 컬러 모드 자체를 바꾸는 것이 아니라 RGB 혹은 CMYK의 색상 모드는 그대로 유지한 채 채도만 제거시키는 것입니다. 따라서 불러온 이미지 상단에 위치한 제목 표시줄을 살펴보면 모드의 변화가 없음을 알 수 있습니다.

20. Match Color...

Match Color... 명령은 서로 다른 이미지 중에서 원하는 이미지의 색상 정보를 이용하여 대상 이미지의 광도, 채도 등을 조절해 주는 명령입니다. 하나의 이미지에서 서로 다른 레이어에 포함된 이미지를 이용하여 작업할 수도 있으며 서로 다른 이미지를 이용하여 작업할 수도 있습니다.

21. Replace Color

Replace Color 명령은 이미지에 분포되어 있는 특정 색상을 다른 색상으로 변경할 수 있습니다.

22. Equalize

Equalize 명령은 밝은 곳을 어둡게, 어두운 곳을 밝게 자동 보정합니다. 즉 전체적인 이미지의 색상 및 명도의 분포를 분석한 후 어두운 부분과 밝은 부분의 명도값을 일정하게 만들어 주는 것입니다.

ⓘ RGB, CMYK 색상 모드

RGB, CMYK의 색상체계는 사회와 컴퓨터 매체의 발달에 따라 색상 표현을 위해 고안된 색상모형입니다. 대표적인 색상모형으로는 TV나 모니터에서 사용되는 컬러를 기술하기 위해 쓰이는 RGB 모드를 들 수 있습니다. 이건은 빨강, 초록, 파랑의 빛의 3원색을 기준으로 색상을 표현하게 되는데 각각의 색상의 단계는 모두 256단계(8비트)로 구성되어 있습니다. 또한 색상 구성이 빛의 원리로 구성되어 있기 때문에 색을 더할수록 명도와 채도가 높아지게 되며 따라서 가산 혼합방식으로도 부릅니다.

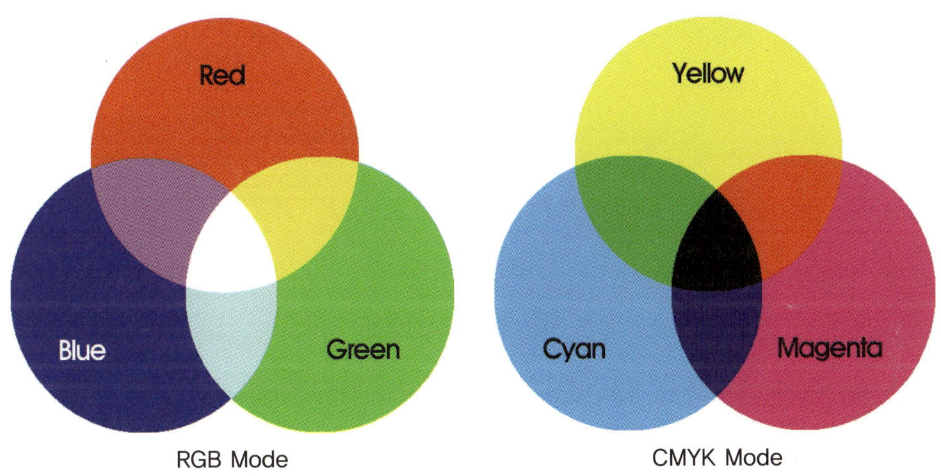

포토샵의 컬러 픽커(Color Picker) 대화상자를 보면 R, G, B를 이용하여 색상을 선택할 수 있는데, 0부터 255까지 모두 256단계의 값을 입력할 수 있습니다. 만약 모두 0, 0, 0을 입력하면 색상이 전혀 들어가지 않은 상태로서 검은색을 구성하게 되며 255, 255, 255일 경우 흰색이 만들어지는 것을 볼 수 있습니다.

◆ 포토샵에서 사용되는 색상 모드

Image ➜ Mode 명령은 선택한 이미지의 컬러 모드(속성)를 변경할 수 있습니다. 기본적으로 컴퓨터에서 사용되는 모드는 RGB이며 이외에도 Bitmap 모드, Grayscale 모드, Indexed Color 모드, CMYK Color 등이 있습니다. 일반적으로 RGB 모드가 가장 많이 사용되며, 출력을 위해서 CMYK 모드가 사용됩니다.

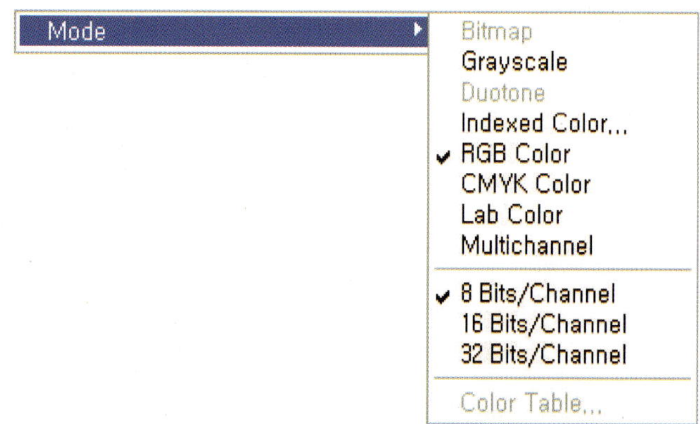

Grayscale 명령은 현재의 이미지를 256단계의 음영을 가지는 흑백 이미지로 바꿀 경우 사용됩니다. 비트맵 모드의 경우 표현되는 색의 수가 단지 2개(흰색, 검정색)이지만 그레이 스케일의 경우 흰색부터 검은색까지 총 256단계의 색으로 구성되는 이미지를 의미합니다.

RGB Color 명령은 작업 이미지의 컬러 모드를 RGB 모드로 변환할 경우 사용됩니다. RGB는 Red, Green, Blue의 약자를 이용한 표현으로 빛의 3원색인 RGB로 1,680만 개의 색을 가진 이미지로 표현해 주는 포토샵의 표준 모드이며 대부분의 컴퓨터에서 이루어지는 이미지 편집은 RGB Color 모드로 이루어집니다. RGB 모드의 확인은 채널 팔레트를 통해 확인할 수 있으며 각 채널마다 표현되는 컬러의 수는 8비트입니다. 즉 3개의 채널로 구성되어 있으며 각각의 채널이 표현되는 색의 표현수는 8비트이기 때문에 총 24비트의 색상을 표현할 수 있으며 최고 1,670만 색상의 이미지를 표현하게 되는 것입니다.

CMYK Color 명령은 작업 이미지의 컬러 모드를 CMYK 모드로 변환할 경우 사용됩니다. CMYK

Color 명령은 Cyan, Magenta, Yellow, Black으로 이루어진 4도 분판 필름을 위한 작업시 사용되는 모드로, 출력할 경우 사용되는 모드라고 생각하시면 됩니다.

※ CMYK 모드는 인쇄할 경우 나타나게 될 색상을 미리 모니터 화면상에서 확인하면서 작업할 수 있는 Color 모드이기 때문에 전문적으로 인쇄 및 출판을 수행하는 디자이너들이 사용하게 됩니다. 따라서 출력기에 따른 잉크 색으로 이미지를 표현하기 때문에 RGB 이미지를 CMYK 이미지로 변경할 경우 전반적으로 색상이 어두워지면서 투박해 집니다.

※ 물론 전문적인 출판 디자이너의 경우 색상에 매우 민감하기 때문에 거의 대부분의 작업을 CMYK Color 모드로 수행합니다. 그러나 인테리어나 건축 패널 작업을 위해서는 RGB 모드로 작업하여 출력하여도 색상에 따른 큰 문제가 발생하는 경우는 거의 없습니다. 필자의 생각으로는 오히려 CMYK 모드로 작업할 경우에는 4개의 채널을 사용하기 때문에 RGB 모드에 비해서 용량이 훨씬 커지게 됩니다. 따라서 파일 1개의 크기가 300~400M에 육박하는 크기의 패널을 작업하는 분들의 경우 오히려 작업의 효율을 위해서 RGB 모드로 작업하는 것이 유리할 경우가 많으며, 특별히 중요한 색상 작업을 요구할 경우나 컬러에 민감하신 분들이라면 CMYK 모드를 사용하시기 바랍니다.

⚠ 이미지의 변형을 위한 명령

선택된 이미지를 변형하는 대표적인 명령으로 Transform 명령이 있습니다. 자유롭게 변형할 수 있는 Free Transform 명령과 더불어 Transform 명령 하위에는 다양한 변형 명령이 위치하고 있습니다.

◆ Free Transform

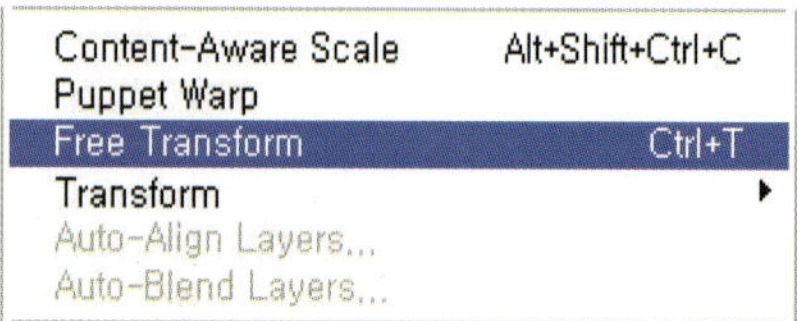

Free Transform 명령은 이미지를 변형시킬 수 있는 바운딩 박스를 보여줍니다. 각각의 핸들을 조정하여 이미지의 형태를 변형할 경우 사용됩니다. 자유롭게 이미지를 변형할 수 있습니다.

◆ Transform

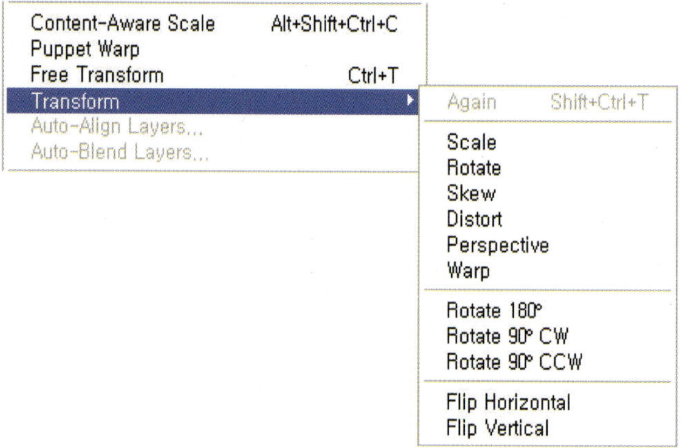

Transform 명령은 선택한 이미지를 변형합니다. Free Transform 명령과의 차이는 변형에 대한 명령이 별도로 구성되어 있다는 점입니다.

1. Again 바로 이전에 실행했던 변형 명령을 재실행시켜 줍니다. 반복되는 작업을 할 경우 편리하게 사용될 수 있습니다.

2. Scale 선택된 영역내의 이미지 크기를 확대하거나 축소하는 명령입니다.

3. Rotate 선택된 영역내의 이미지 크기를 회전할 경우 사용됩니다. Shift 키를 누른 상태에서 회전명령을 수행하면 15도씩 회전시킬 수 있습니다.

4. Skew 마름모 또는 사다리꼴 모양으로 선택된 영역내의 이미지를 변형합니다. Alt 키를 누른 상태에서 기울기 명령인 Skew 명령을 수행할 경우 마름모꼴 모양으로 변형할 수 있습니다.

5. Distort 선택된 영역내의 이미지를 왜곡시킬 경우 사용됩니다.

6. Perspective 선택된 영역내의 이미지를 이용하여 투시효과를 만들 경우 사용됩니다.

7. Wrap 주로 벡터 프로그램에서 사용되던 기능으로 비트맵 이미지를 자연스럽게 늘리고 구부려서 랩핑할 수 있는 기능 입니다.

8. Rotate 180° 선택된 영역내의 이미지를 180도 회전시켜 줍니다.

9. Rotate 90 CW° 선택된 영역내의 이미지를 시계방향으로 90도 회전시켜 줍니다.

10. Rotate 90 CCW° 선택된 영역내의 이미지를 반시계방향으로 90도 회전시켜 줍니다.

11. Flip Horizontal 선택된 영역내의 이미지를 수평으로 뒤집어 줍니다. 마치 수직축을 기준으로 대칭 시킨것과 동일한 효과입니다.

11. Flip Vertical 선택된 영역내의 이미지를 수직으로 뒤집어 줍니다. 마치 수평축을 기준으로 대칭 시킨 것과 동일한 효과입니다.

ⓘ 포토샵 작업을 위한 최적화 방법

포토샵을 이용하여 인테리어 및 건축 패널 제작 및 제안서 작업을 진행할 경우 컴퓨터의 처리 및 용량 등의 한계점을 경험할 경우가 발생합니다. 어떻게 하면 이러한 상황을 극복할 수 있을까요?

1. 시스템을 업그레이드합니다.

가장 좋은 방법은 사용하고 있는 컴퓨터를 최신의 고사양 컴퓨터로 교체하거나 컴퓨터 내부의 CPU 교체, 메모리, 하드디스크의 용량을 증가시키는 방법이 가장 좋습니다. 원칙적으로 100M 크기의 이미지를 편집하기 위해서는 그 이상 크기의 메모리를 보유하고 있어야 합니다. 그러나 운영체제, 기타 프로그램들이 많은 양의 메모리를 사용하고 있기 때문에 훨씬 큰 메모리를 사용해야 합니다. 300PPI의 해상도를 가지는 A1 크기 이상의 패널을 제작하려면 512MB 이상의 메모리를 사용해도 부족할 경우가 있습니다. 한마디로 메모리는 클수록 좋습니다.

2. 필요없는 파일을 삭제합니다.

포토샵은 메모리가 부족할 경우 하드디스크를 메모리와 같이 사용합니다. 따라서 여유있는 작업 공간을 확보하는 것이 무엇보다 중요합니다.

3. 작업 중 Purge 명령을 수행합니다.

큰 이미지를 다루는 작업을 하다보면 클립보드에 큰 데이터가 있을 경우가 발생할 수 있습니다. 또한 History 목록도 작업 속도에 영향을 미치기 때문에 Purge 명령을 이용하여 작업과정, 메모리를 깨끗이 청소해줄 필요가 있습니다.

※ Purge 명령은 Edit ➡ Purge 메뉴에서 수행할 수 있습니다.

4. 포토샵의 환경 설정값을 조절해 줍니다.

Edit ➡ Preferences ➡ Performance에서 메모리 사용 할당량, History 개수나 메모리의 사용에 대한 설정을 변경할 수 있습니다.

▌모형 사진의 색상 변경

주어진 모형 사진의 색상을 변경한 뒤, 주어진 레이아웃 이미지를 이용하여 아래 그림과 같은
프레젠테이션 이미지를 작성해 보시기 바랍니다.

■ 주어진 모형 사진과 레이아웃 이미지

(예제CD 08\016(모형사진).jpg)

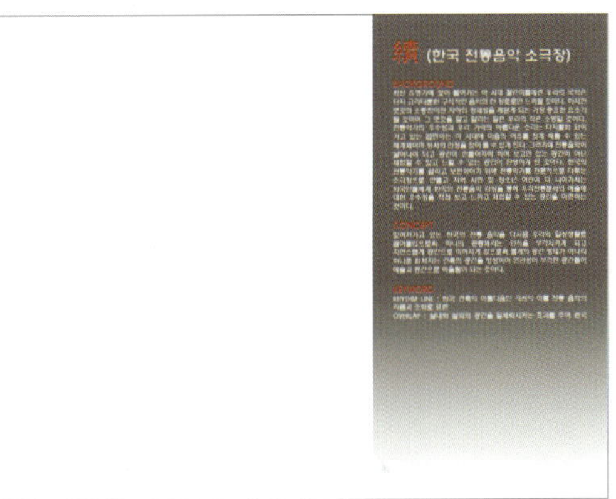

(예제CD 08\017(레이아웃).psd)

■ 완성된 프레젠테이션 이미지

(예제CD 08\018(모형사진–색상편집).jpg)
(예제CD 08\018(모형사진–색상편집).psd)

도움말

전체 이미지의 색상 변경 방법

1 불러온 모형 사진의 전체적인 색상을 변경하기 위해서 Layer ➡ New Fill Layer ➡ Solid Color… 명령을 수행하여 나타나는 Pick a solid color 대화상자에서 진한 파란색(R:0, G:0, B:50)을 설정하여 색상 레이어를 추가합니다.

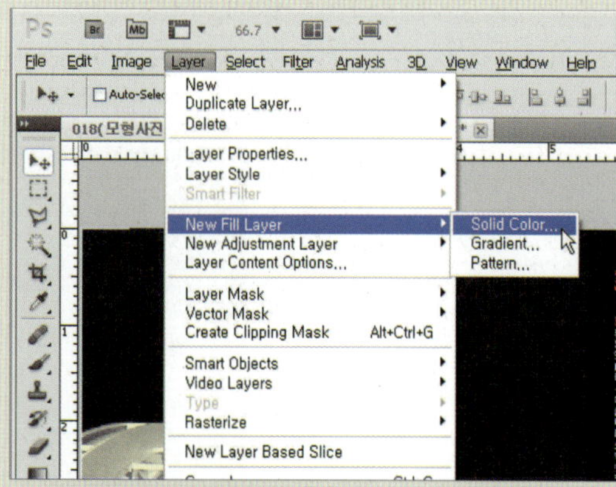
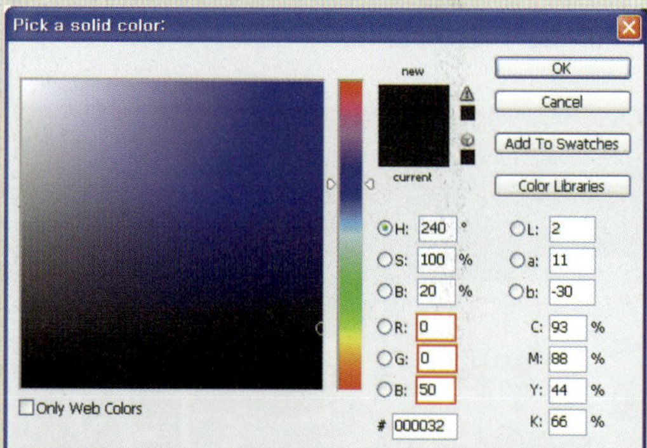

2 추가된 색상 레이어의 색상 혼합은 레이어 팔레트의 블랜딩 모드를 Exclusion으로 설정하여 합성하여 아래 그림과 같은 색상으로 이미지를 처리할 수 있습니다.

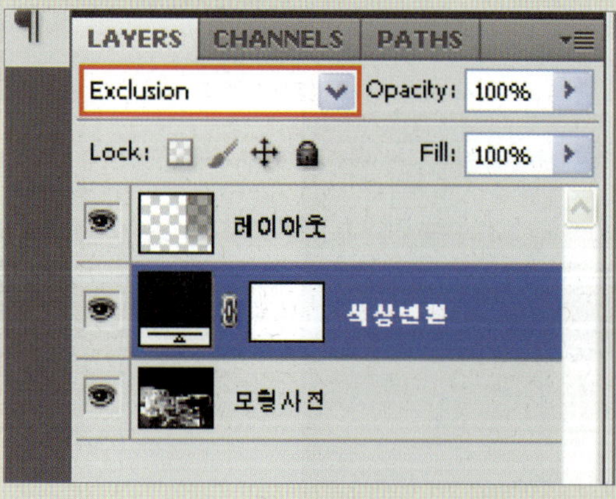

실습예제 20

▌모형 사진+사람 및 나무(실루엣 이미지) 합성 작업 (1)

주어진 모형 사진과 사람 및 나무 이미지를 이용하여 아래 그림과 같은 표현을 작성해 보시기
바랍니다.

■ 주어진 모형 사진

(예제CD 08\019(모형사진).jpg)

■ 제시된 사람 및 나무 이미지(실루엣 이미지)

(예제CD 08\020(사람).psd)

(예제CD 08\021(나무).psd)

■ 완성된 모형사진 합성 결과

(예제CD 08\022(모형사진-이미지합성).jpg)
(예제CD 08\022(모형사진-이미지합성).psd)

도움말

대칭된 이미지의 변형 방법

1 준비된 이미지를 좌우로 대칭된 이미지로 편집하기 위해서는 Edit → Transform → Flip Horizontal 명령을 수행하면 됩니다. 반대로 상하 대칭된 이미지를 만들기 위해서는 Flip Vertical 명령을 이용합니다.

2 계속해서 준비된 나무 이미지를 실루엣 이미지로 처리하기 위해서 Image → Adjustments → Hue/Saturation... 명령을 수행한 뒤 나타나는 대화상자에서 Lightness 값을 –100으로 설정하여 만들 수 있습니다.

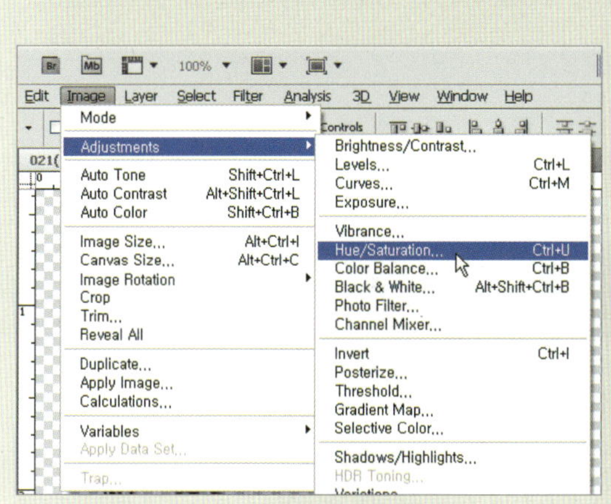

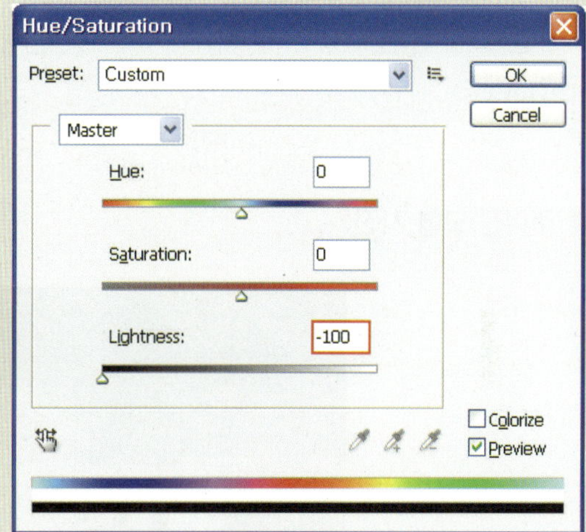

원본 이미지

색상 변환 후 이미지

실습예제 21

▌모형 사진+사람 및 나무(실루엣 이미지) 합성 작업 (2)

주어진 모형 사진과 사람 및 나무 이미지를 이용하여 아래 그림과 같은 표현을 작성해 보시기
바랍니다.

■ 주어진 모형 사진

(예제CD 08\023(모형사진).jpg)

■ 제시된 사람 및 나무 이미지(실루엣 이미지)

(예제CD 08\024(사람).psd)

(예제CD 08\025(사람).psd)

(예제CD 08\026(나무).psd)

■ 완성된 모형사진 합성 결과

(예제\CD 08\027(모형사진-이미지합성).jpg)
(예제\CD 08\027(모형사진-이미지합성).psd)

실습예제 22

▌모형 사진과 실사 이미지 합성

주어진 모형 사진과 배경 이미지를 이용하여 아래 그림과 같은 합성 이미지를 작성해 보시기 바랍니다.

■ 주어진 모형 사진

(예제CD 08\028(모형사진).tif)

(예제CD 08\028(배경사진).jpg)

■ 완성된 모형사진 합성 결과

(예제CD 08\029(모형사진–이미지합성).jpg)
(예제CD 08\029(모형사진–이미지합성).psd)

실습예제 23

▌ 스케일 이해를 위한 모형 사진을 이용한 치수 표현

주어진 모형 사진을 이용하여 아래 그림과 같이 치수가 표현된 모형 이미지를 작성해 보시기
바랍니다.

■ 주어진 모형 사진

(예제CD 08\030(모형사진).jpg)

■ 완성된 모형사진 합성 결과

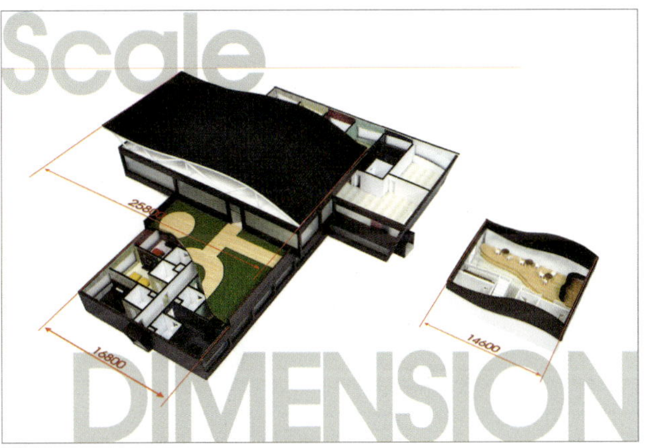

(예제CD 08\031(모형사진편집).jpg)
(예제CD 08\031(모형사진편집).psd)

▌모형 사진과 기타 이미지를 이용한 독창적인 이미지 제작

주어진 모형 사진과 기타 이미지를 이용하여 아래 그림과 같은 표현을 작성해 보시기 바랍니다.

■ 주어진 모형 사진

(예제CD 08\032(모형사진).jpg)

■ 제시된 사람 및 나무 이미지(실루엣 이미지)

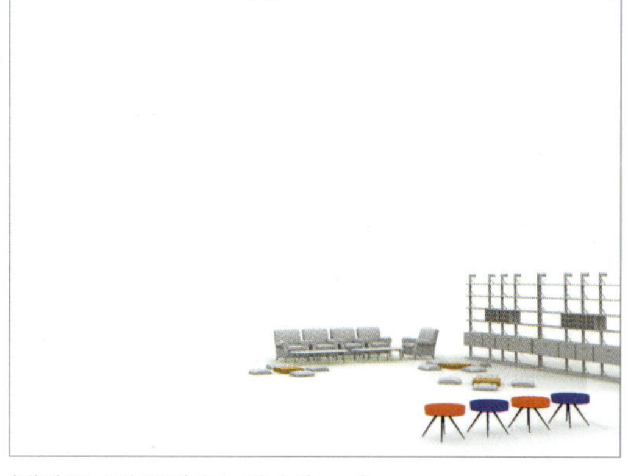

(예제CD 08\033(가구-렌더링).psd)

(예제CD 08\034(사람).psd)

■ 완성된 모형사진 합성 결과

(예제\CD 08\035(모형사진편집).jpg)
(예제\CD 08\035(모형사진편집).psd)

도움말

블랜딩 모드를 이용한 이미지 합성

예제에서는 준비된 모형사진을 결과 이미지와 같이 전체적으로 어둡게 처리하면 빛이 유입되는 부분을 강조하기 위한 이미지로 제작하였습니다. 작업 방법은 아래 그림과 같이 검은색으로 채워진 레이어를 추가한 뒤, 레이어 팔레트의 블랜딩 모드를 'Overlay'로 설정하여 합성하였습니다.

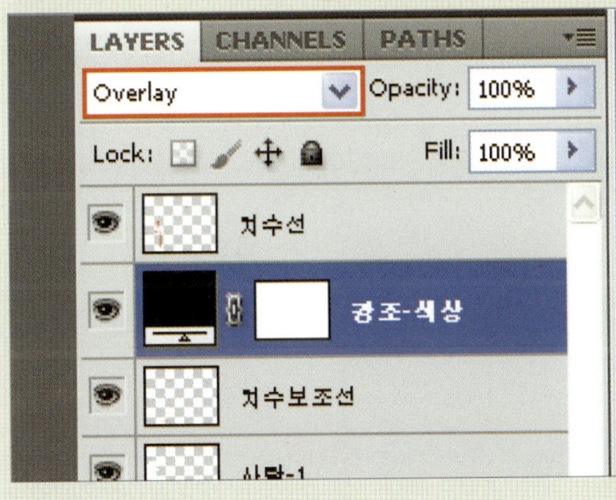

제9부

마감재 시뮬레이션 도구로서의 포토샵

건축 및 인테리어 분야에서 포토샵으로 수행할 수 있는 작업의 형태는 대단히 다양합니다. 다만 대부분의 작업이 제안서 및 투시도 제작의 후반 작업인 리터칭 작업이 많지만 제작된 도면이나 투시도, 모형 사진 등을 이용하여 마감재 시뮬레이션 도구로서도 충분한 활용가치가 있습니다.

1 이미지의 패턴 제작 및 마감재 표현

이번 장에서는 준비된 이미지를 이용하여 패턴을 제작함과 동시에 준비된 도면에 다양한 마감재 표현을 수행해 보도록 하겠습니다. 간단한 패턴 및 마감재 표현이지만 실무에도 유용하게 활용될 수 있는 방법이기 때문에 다양한 이미지를 이용하여 연습해 보시기 바랍니다.

준비된 마감재 이미지

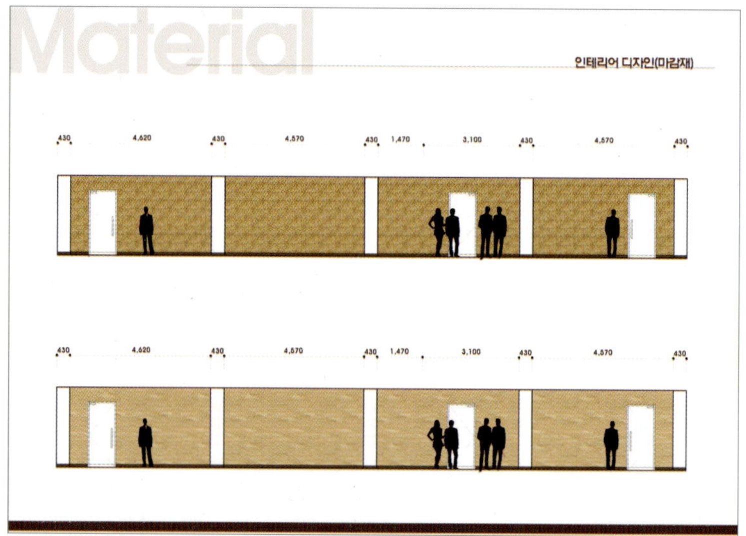

완성된 패턴 적용 이미지

1 준비된 도면을 AutoCAD에서 불러온 뒤, EPS 포맷 변환을 통해 적당한 스케일 값으로 포
토샵으로 불러와 줍니다.

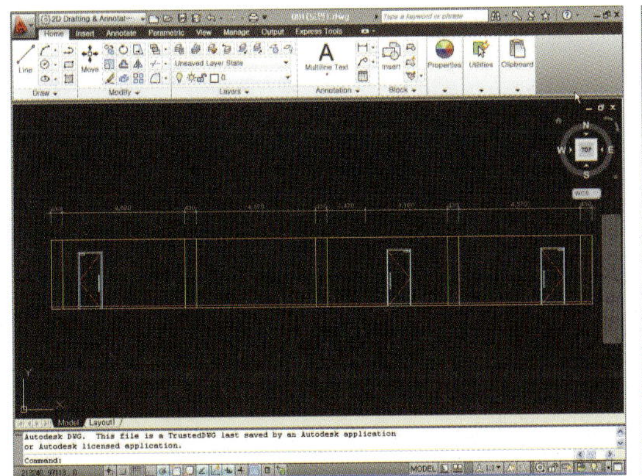 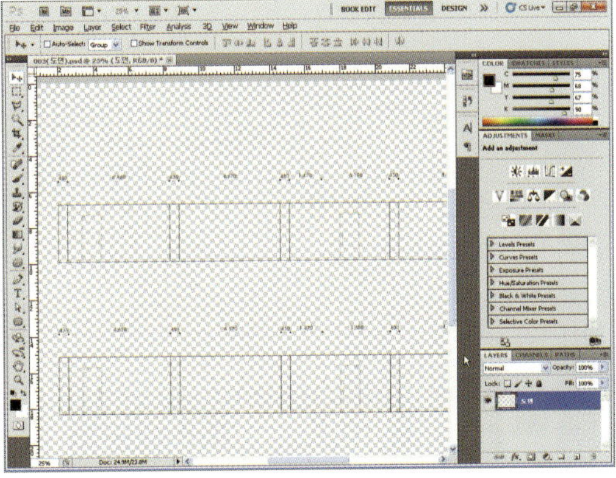

(예제CD 09\001.psd, 002(도면).EPS, 003(도면).psd)

2 이미 학습한 방법으로 준비된 사람(실루엣) 이미지를 붙여넣고, 간단한 글씨와 레이아웃
작업을 통해 아래 그림과 같은 패널 형태의 이미지를 만들어 줍니다.

 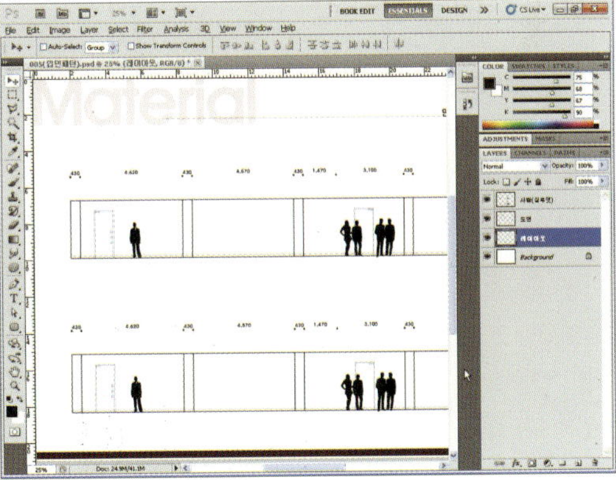

(예제CD 09\004(사람).psd)
(예제CD 09\005(입면패턴).psd)

3 지금부터 패턴 제작 및 마감재 표현을 학습해 보도록 하겠습니다. 레이어 팔레트에서 도면 레이어 아래쪽으로 '마감재' 라는 이름으로 레이어를 추가한 뒤, '사람(실루엣)', '레이아웃' 레이어를 잠시 보이지 않도록 설정해 줍니다.

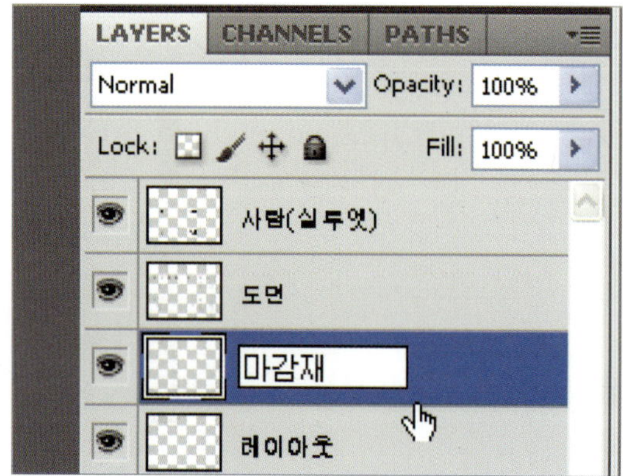
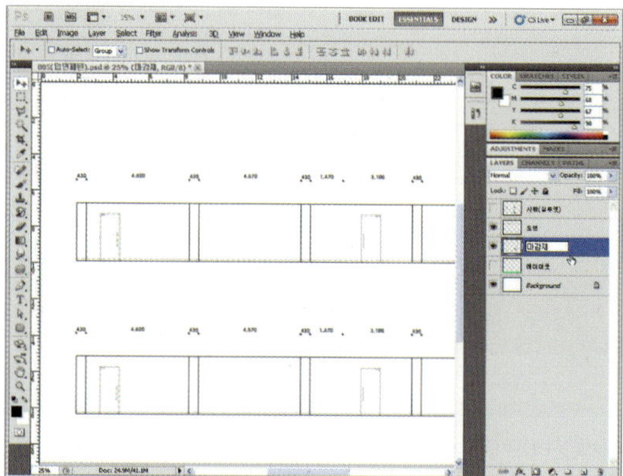

4 이번에는 패턴을 정의될 마감재 이미지(예제CD 09\006(마감재-타일).jpg)를 불러온 뒤, 작업창에 붙여줍니다.

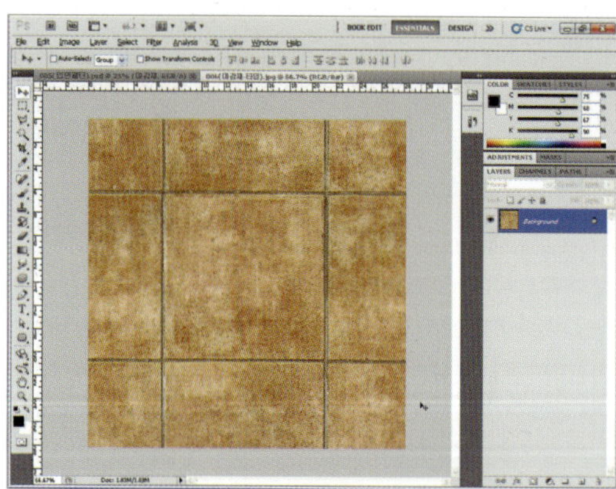
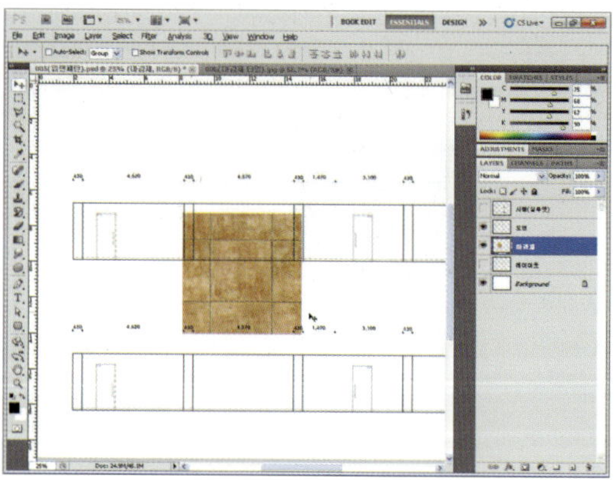

(예제\CD 09\006(마감재-타일).jpg)

5 붙여넣은 패턴 이미지의 스케일을 조절하기 위해서 Edit ➡ Transform ➡ Scale 명령을 수
행한 뒤, 아래 그림과 비슷한 형태로 크기를 조절해 줍니다.

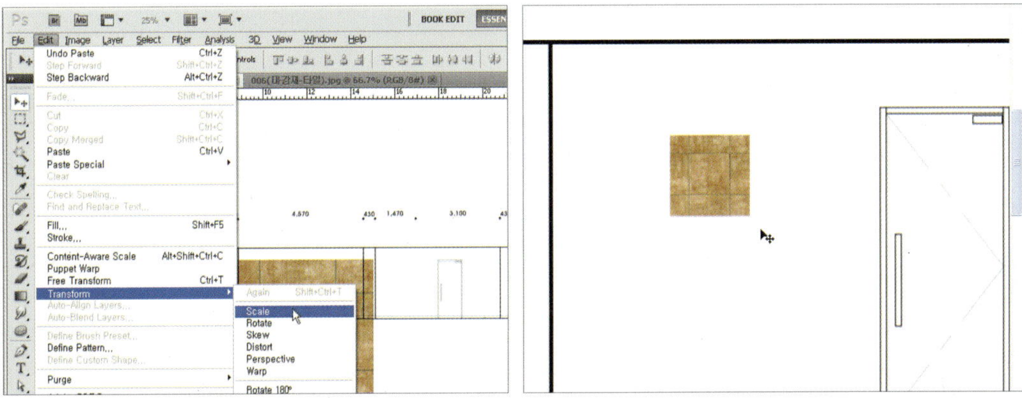

6 Select ➡ All 명령을 수행하여 크기가 조절된 이미지 전체를 선택한 뒤, Edit ➡ Cut 명령을
수행하여 잘라냅니다.

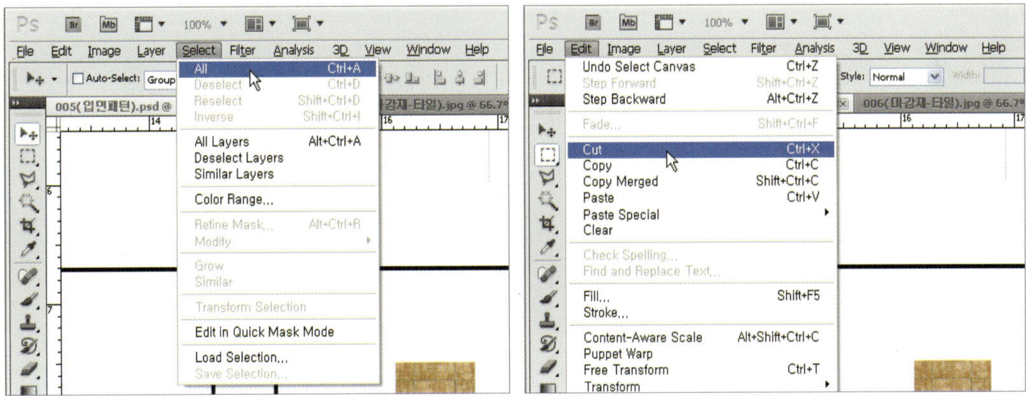

7 File → New... 명령을 수행하여 나타나는 New 대화상자에서 설정된 기본 값으로 빈 캔버스를 만들어 줍니다.

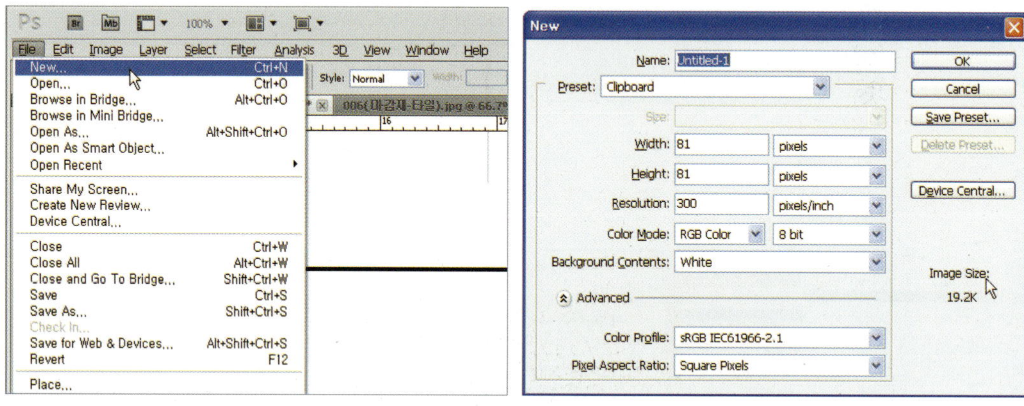

8 Edit → Paste 명령을 수행하여 잘라낸 마감재 이미지를 아래 그림과 같이 붙여줍니다.

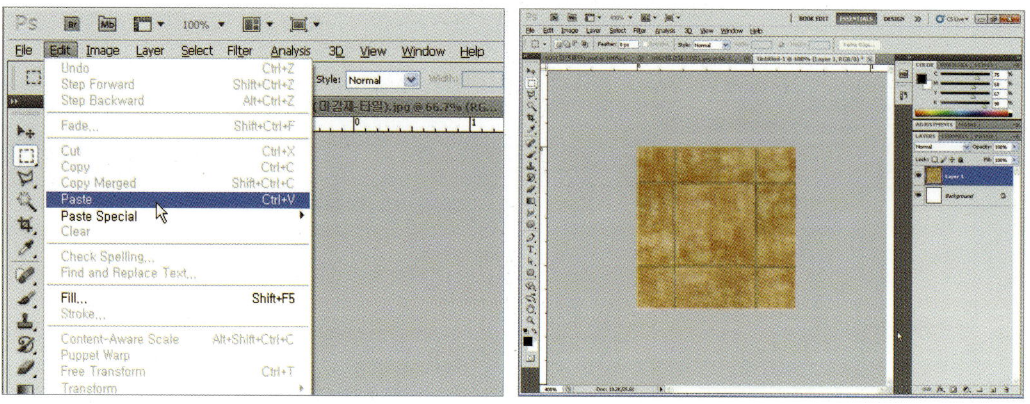

9 다시 Select ➜ All 명령을 수행하여 이미지 전체를 선택한 뒤, 선택된 이미지를 패턴으로
설정하기 위해서 Edit ➜ Define Pattern… 명령을 수행합니다.

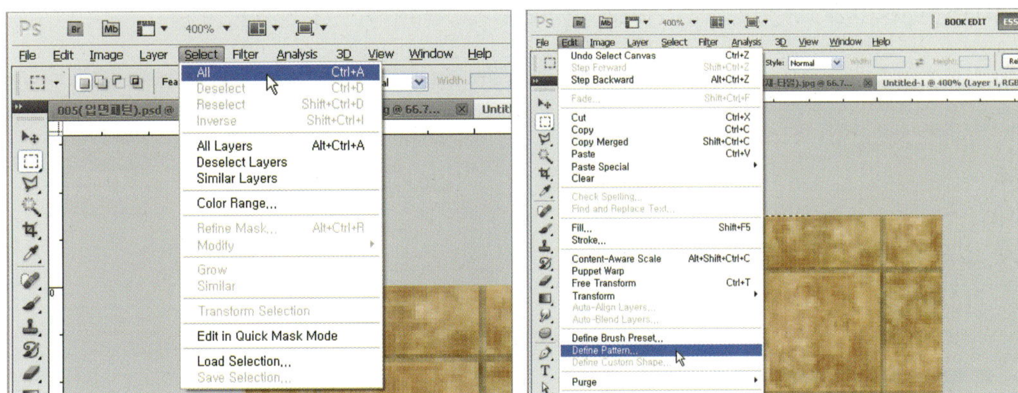

10 아래 그림과 같이 나타나는 Pattern Name 대화상자에서 정의된 패턴의 이름을 '마감재-
타일' 로 설정해 줍니다.

11 정의된 패턴을 적용해 보도록 하겠습니다. 아래 그림과 같이 Rectangular Marquee Tool을
선택한 뒤, 패턴이 적용된 영역을 설정해 줍니다.

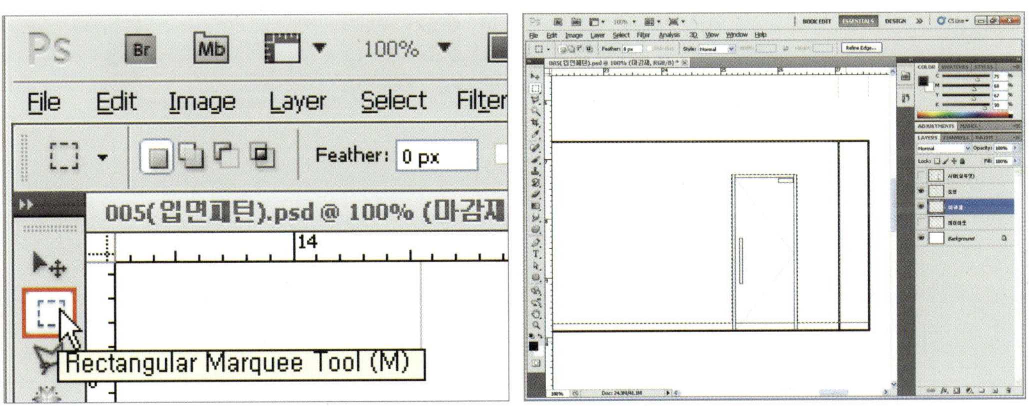

12 영역을 지정한 뒤, Edit → Fill... 명령을 수행한 뒤, 나타나는 Fill 대화상자에서 아래 그림 과 같이 Use 항목을 Pattern으로 지정합니다. 물론 Mode:Normal, Opacity:100%로 설정합 니다.

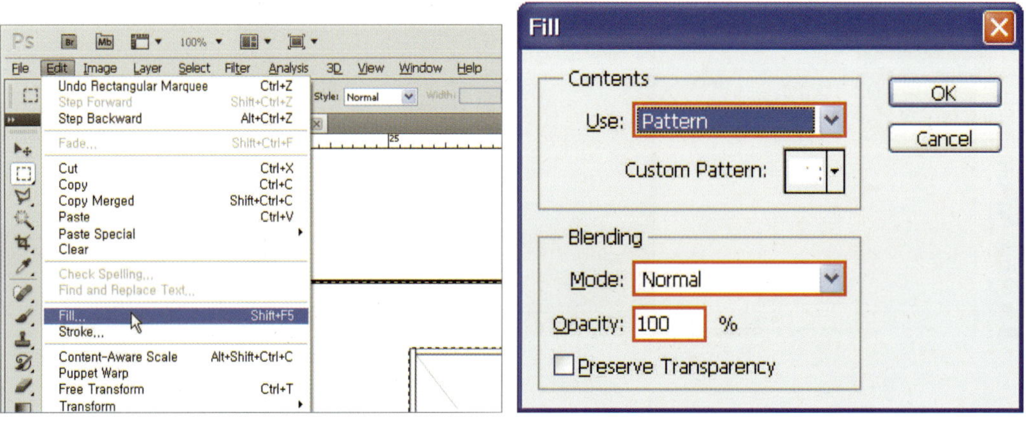

13 아래 그림과 같이 Use 항목을 Pattern으로 지정한 뒤, Custom Pattern 항목에서 앞에서 정 의한 '마감재-타일'을 지정합니다. 선택된 영역 내에 지정된 패턴을 적용한 뒤, Select → Deselect 명령을 수행하여 선택 영역을 취소해 줍니다.

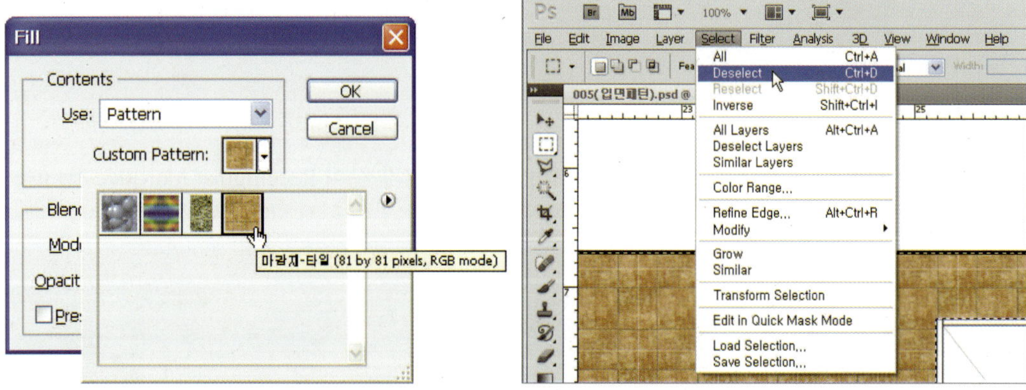

14 아래 그림과 같이 패턴이 적용된 모습을 볼 수 있습니다.

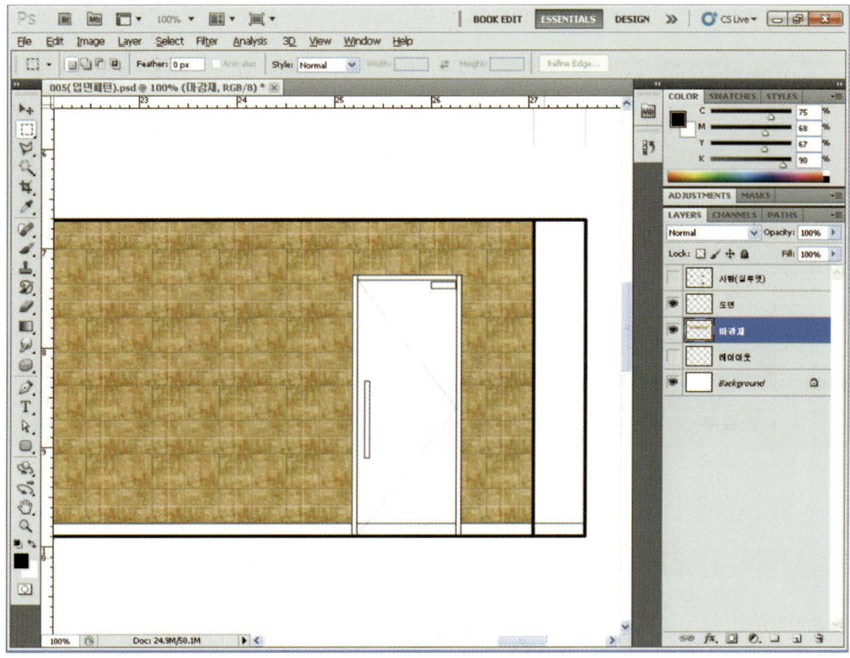

15 앞에서 수행한 동일한 방법으로 준비된 마감재 이미지(예제CD 09\007(마감재-우드).jpg)를 이용하여 도면 이미지에 패턴으로 적용해 줍니다.

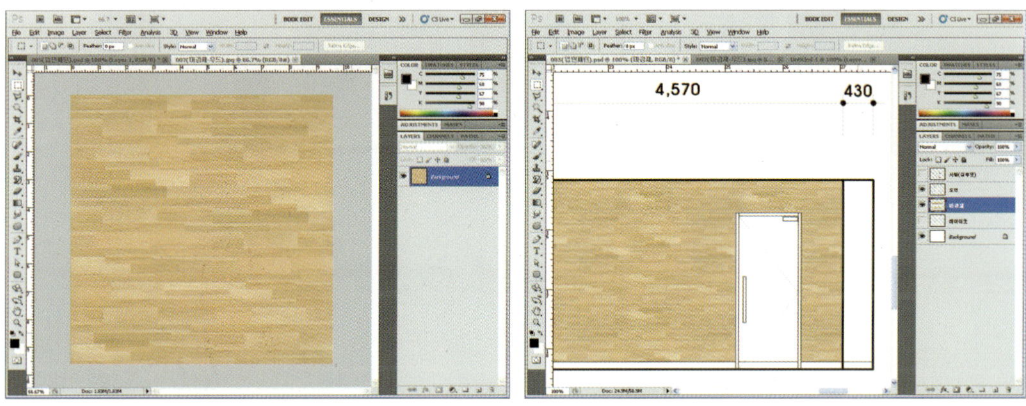

(예제CD 09\007(마감재-우드).jpg)

16 마지막으로 '걸레받이' 라는 이름으로 레이어를 추가한 뒤, 걸레받이 영역을 선택해 줍니다.

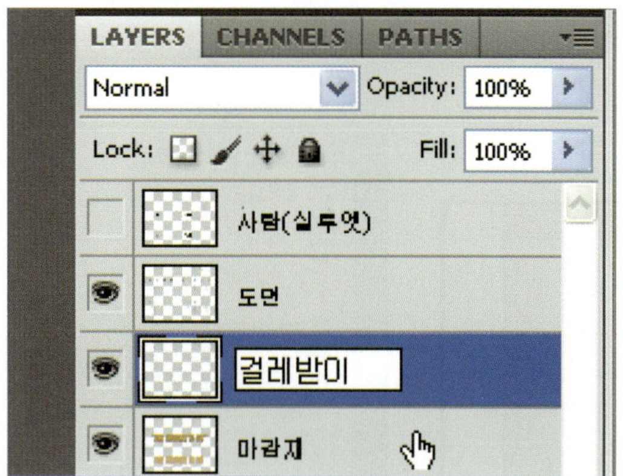

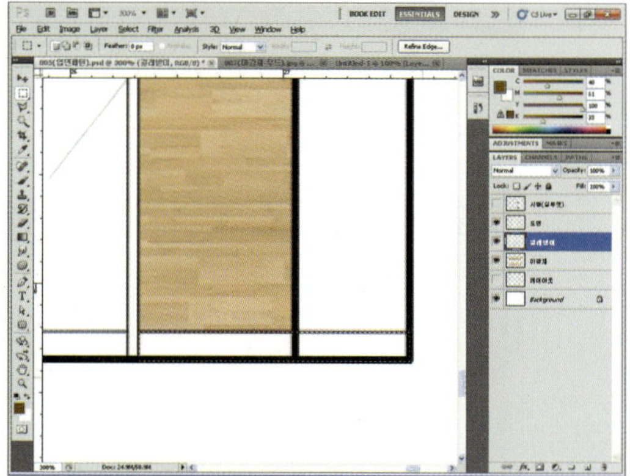

17 전경색을 어두운 갈색(R:90, G:50, B:0)으로 설정한 뒤, Edit ➡ Fill 명령을 수행하여 선택 영역에 지정된 색상을 채워줍니다.

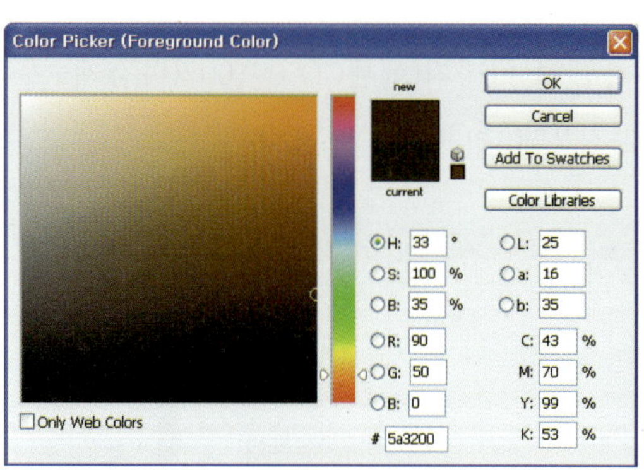

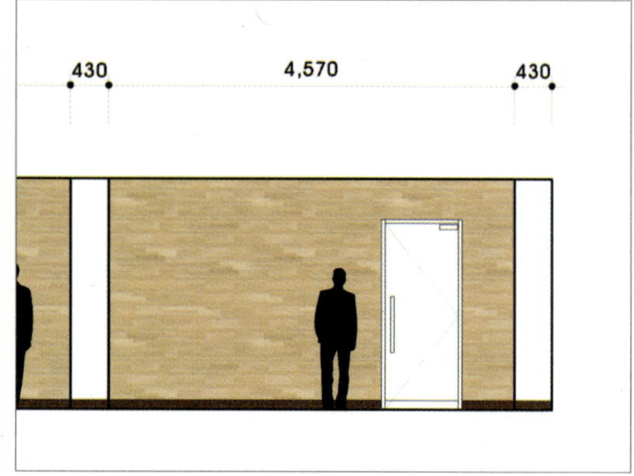

18 마지막으로 꺼져있던 모든 레이어를 보이도록 설정하여 아래 그림과 같은 결과를 만들어 줍니다.

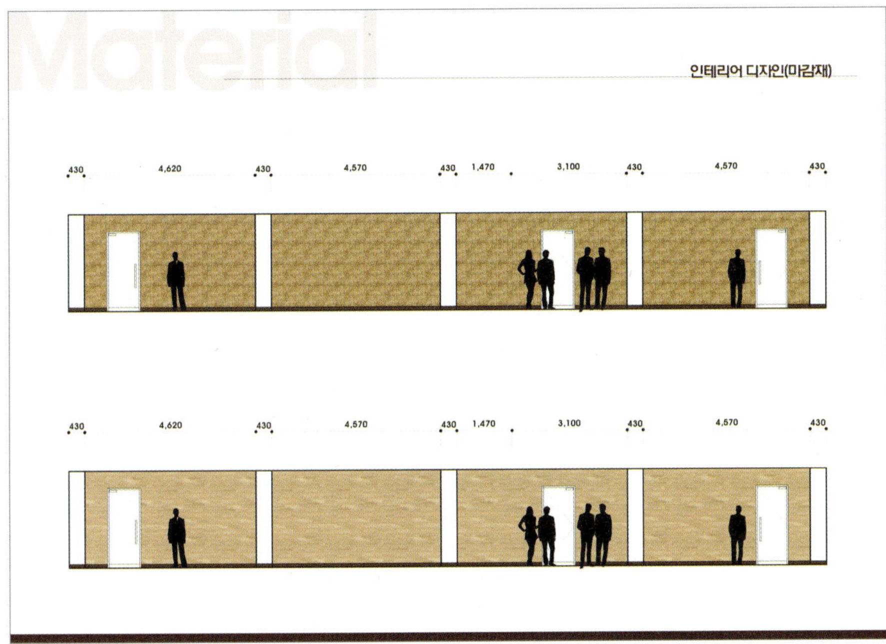

(예제\CD 09\008(입면패턴).jpg)
(예제\CD 09\008(입면패턴).psd)

2 렌더링 이미지를 이용한 마감재 표현

이번 장에서는 준비된 마감재 이미지를 렌더링 이미지에 적용해 봄으로써 마감재 표현을 위한 시뮬레이션 결과를 만들어 보도록 하겠습니다. 물론 렌더링 작업에 마감재를 직접 표현하는 것도 하나의 방법이지만 포토샵을 이용한 방법이 보다 효과적일 경우도 있습니다.

준비된 렌더링 이미지

준비된 마감재 이미지

마감재가 표현된 이미지

① 준비된 렌더링 이미지(예제CD 09\009.jpg)와 마감재 이미지(예제CD 09\010(마감패턴).jpg)를 불러와 줍니다.

(예제CD 09\009.jpg)

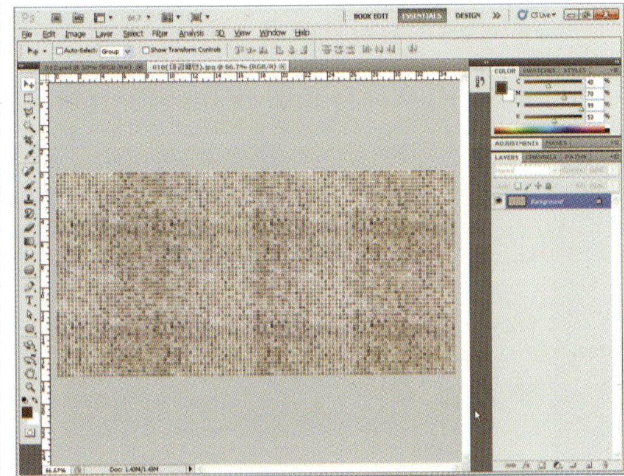

(예제CD 09\010(마감패턴).jpg)

2 마감재 이미지를 렌더링 이미지에 복사해 붙여 줍니다. 붙여넣은 이미지의 레이어 이름을 '마감패턴-1' 으로 변경해 줍니다.

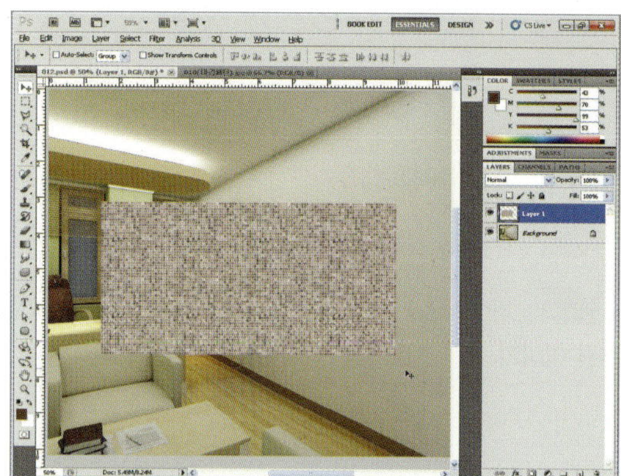 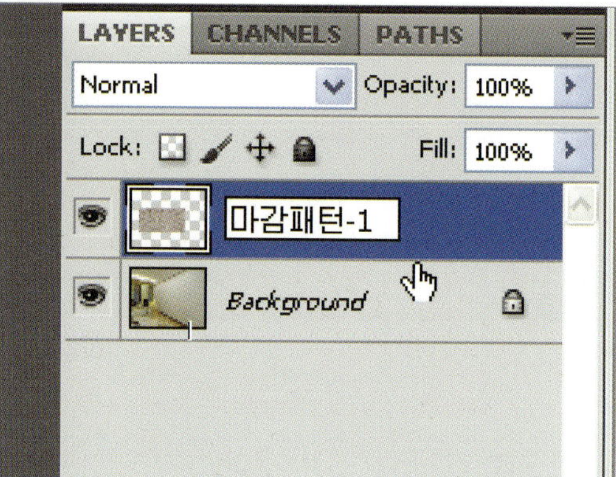

3 레이어 이름을 변경한 뒤, '마감패턴-1' 의 Opacity 값을 50%로 변경시켜 줍니다. 흐릿하게 배경이 비춰보이기 때문에 변형 작업을 쉽게 진행할 수 있습니다. 이미지 변형 작업을 진행하기 위해서 Edit → Transform → Distort 명령을 수행합니다.

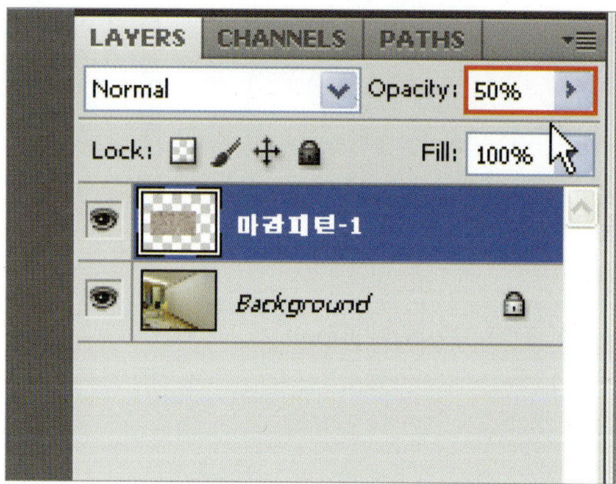 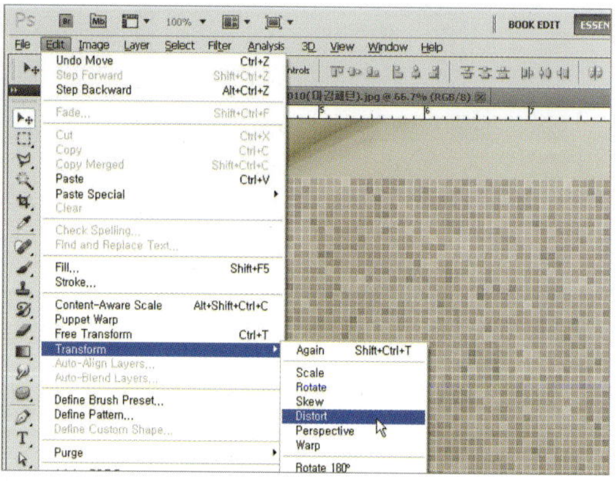

4 아래 그림과 같이 비춰보이는 벽체의 모양과 동일한 형태로 마감재 이미지를 변형시켜 줍니다. 이미지의 형태를 변경한 뒤, 마지막으로 브랜드 모드를 Multiply, Opacity를 80% 로 설정하여 완성합니다.

5 아래 그림과 같은 결과를 만들 수 있습니다.

(예제|CD 09\011.psd, 012.jpg)

6 이번에는 앞에서 수행한 동일한 방법으로 준비된 마감재 이미지(예제CD 09\013(마감패턴).jpg)를 변형하여 아래 그림과 같은 마감재 합성 이미지를 만들어 봅니다.

(예제CD 09\013(마감패턴).jpg)

(예제CD 09\014.psd)
(예제CD 09\015.jpg)

실습예제 25

▎마감재 표현을 위한 프레젠테이션 보드 제작

준비된 도면 및 마감재 이미지를 이용하여 마감재 표현을 위한 프레젠테이션 보드를 제작해 보시기 바랍니다.

■ 준비된 도면

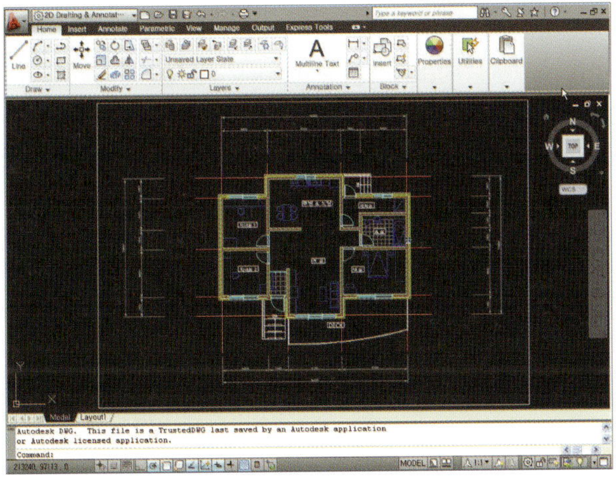

(예제CD 09\016.dwg, 017.eps)

■ 준비된 마감재, 텍스트

(예제CD 09\018(방부목).jpg)

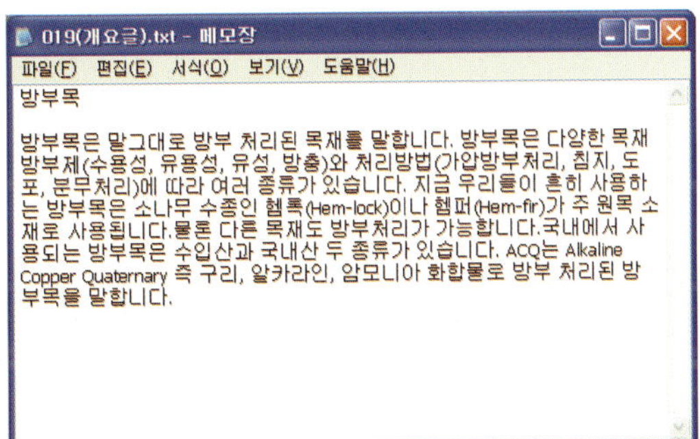

(예제CD 09\019(개요글).txt)

■ 완성된 마감재 표현을 위한 프레젠테이션 보드

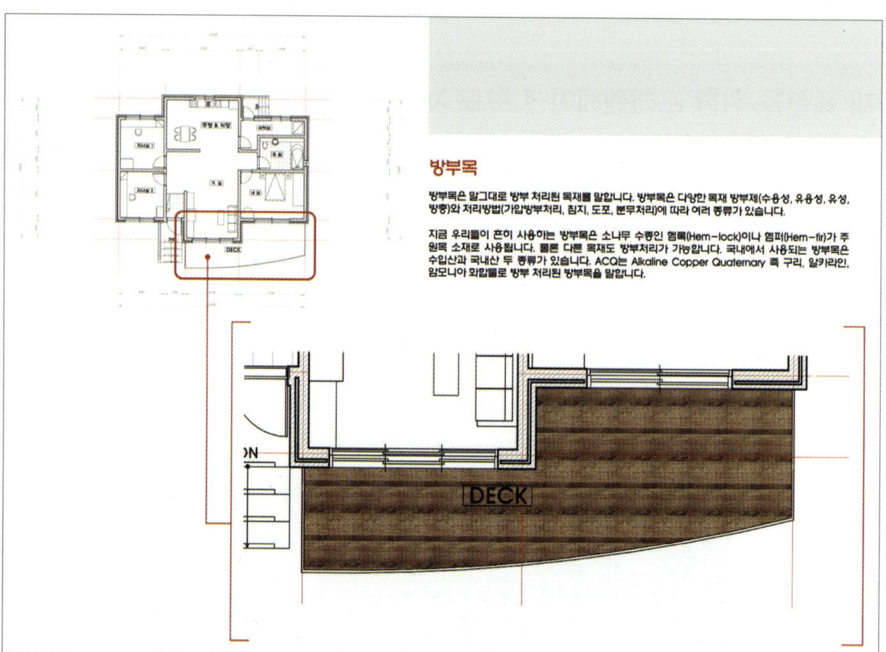

(예제CD 10\020.psd, 020.jpg)

실습예제 26

▌렌더링+실사 이미지를 이용한 마감재 표현

준비된 마감재 이미지를 렌더링 및 실제 사진을 이용하여 작성된 이미지를 이용하여 마감재 표현을 위한 시뮬레이션 결과를 만들어 보시기 바랍니다.

■ 준비된 렌더링 이미지

(예제CD 09\021.psd)

■ 준비된 마감재 이미지와 합성 이미지

(예제CD 09\023(마감패턴).jpg)

(예제CD 09\024(패턴합성).jpg)

(예제CD 09\025(마감패턴).jpg)

(예제CD 09\026(패턴합성).jpg)

제10부

레이아웃을 위한 Guide Line 활용

건축이나 인테리어 분야에서 포토샵의 가장 많은 활용은 패널이나 제안서 작업에 가장 많이 활용될 것입니다. 이러한 작업에서 가장 중요한 요인 중에 하나는 바로 레이아웃일 것입니다. 본 장에서는 이러한 레이아웃 작업을 진행할 경우 거의 필수적으로 사용되는 안내선(Guide Line)의 활용방법에 대하여 살펴보도록 하겠습니다.

1 Grid를 이용한 제안서 레이아웃

이번 장에서는 준비된 다양한 이미지를 이용하여 간단한 그리드 형태의 제안서를 작성해 보도록 하겠습니다. 단순한 작업이지만 레이아웃 작업의 필수적으로 사용되는 Grid 및 Guide에 대해서 익혀 보도록 하겠습니다.

완성된 제안서 이미지

1 레이아웃 작업을 위해 빈 캔버스를 만들어 주도록 하겠습니다. File ➡ New... 명령을 수행한 뒤, 나타나는 New 대화상자에서 600×400(mm), 해상도(Resolution)은 200 pixel/inch, 색상모드(Color Mode)는 RGB Color로 설정해 줍니다.

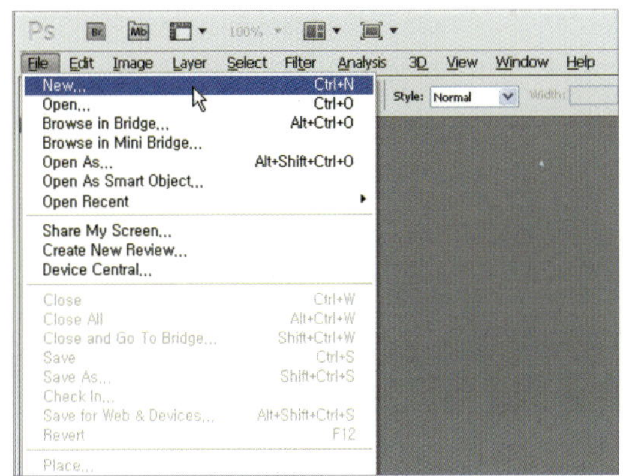
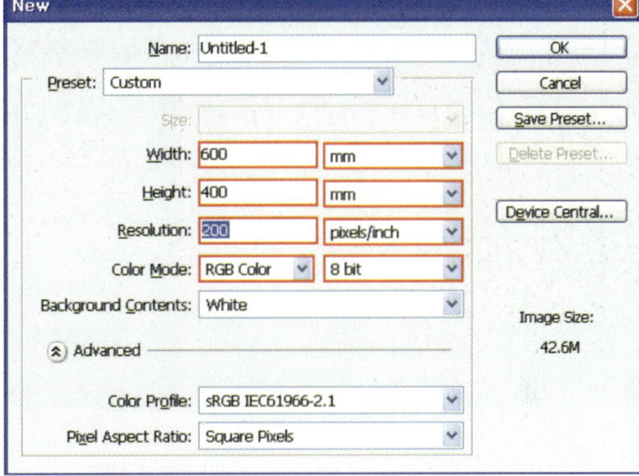

(예제\CD 10\001.psd)

2 아래 그림과 같이 빈 캔버스가 만들어지고 나면 View ➡ Show ➡ Grid 명령을 수행하여 그리드가 보이도록 설정해 줍니다.

3 현재 설정되어 있는 상태로 그리드가 보입니다. 그리드의 간격 등의 설정 값을 변경하기 위해서 Edit → Preferences → Guides, Grid & Slices... 명령을 수행해 줍니다.

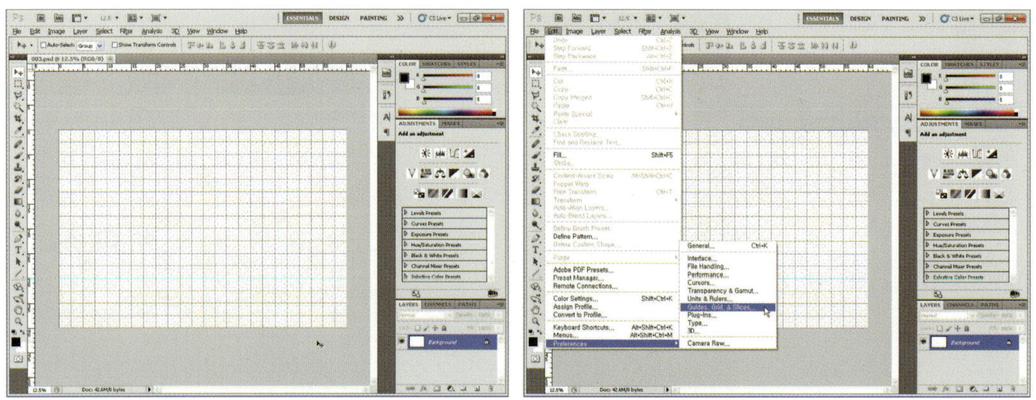

4 나타나는 대화상자에서 아래 그림과 같이 나타난 그리드의 간격을 조절하기 위해서 Grid 항목에서 Gridline 간격을 100mm, Subdivisions을 2로 설정해 줍니다. 이전과는 다르게 그리드 간격이 변경되는 모습을 볼 수 있습니다.

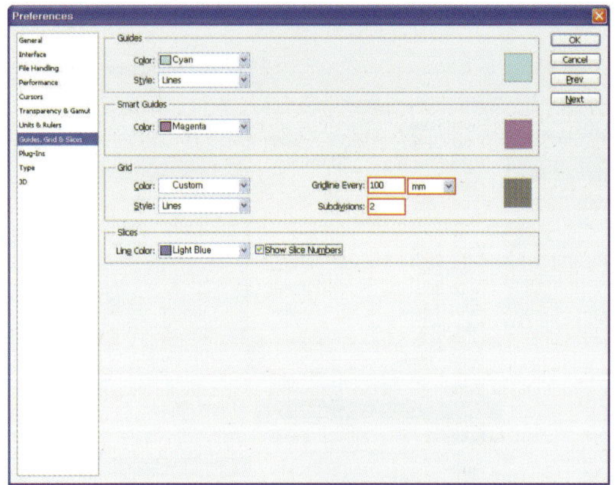

5 복사될 이미지를 불러와 이미지 크기를 변경시켜 보도록 하겠습니다. 준비된 이미지(예제CD 10\002-1.jpg)를 불러옵니다. 레이어 팔레트에서 레이어의 이름을 '투시도'로 변경시켜 줍니다.

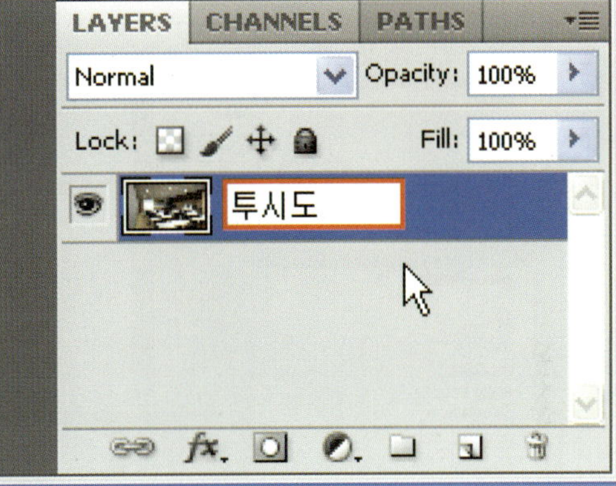

(예제CD 10\002-1.jpg)

6 이미지 크기를 변경하기 위해서 Image → Image Size... 명령을 수행합니다. 나타나는 Image Size 대화상자에서 아래 그림과 같이 Height 값을 10cm, 해상도(Resolution)을 200 pixel/inch로 설정해 줍니다.

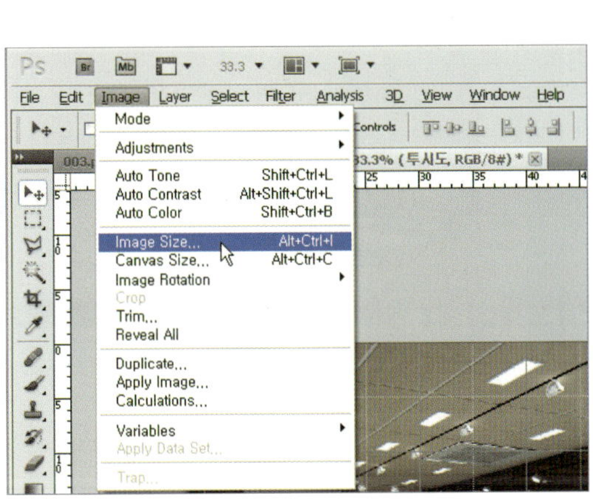
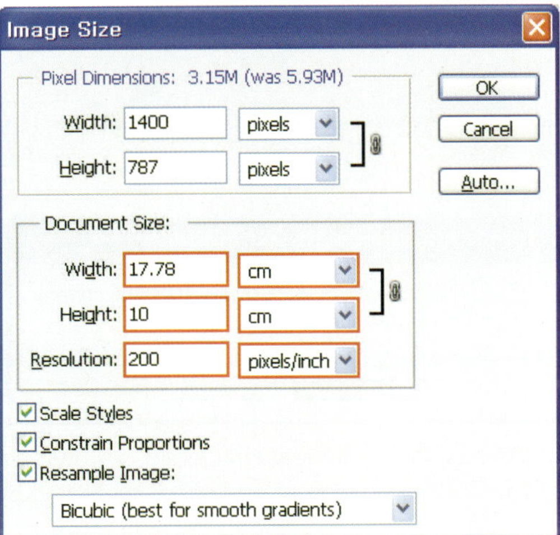

7 계속해서 Image → Canvas Size... 명령을 수행합니다. 나타나는 Canvas Size 대화상자에서 아래 그림과 같이 Width, Height 값을 10cm로 설정해 줍니다.

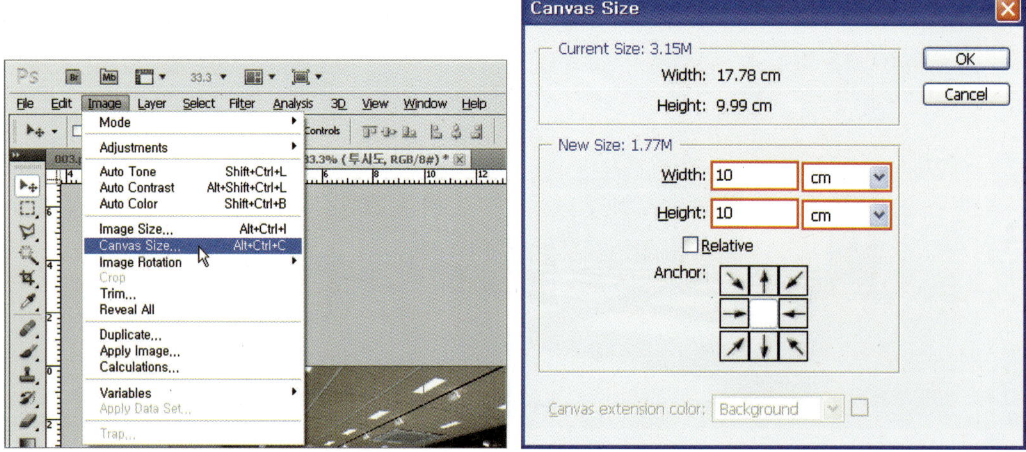

8 명령을 수행하고 나면 아래 그림이 이미지의 일부가 잘려진다는 경고창이 나타납니다. Proceed 버튼을 클릭하면 아래 그림과 같이 정사각형 이미지로 변경되는 것을 알 수 있습니다.

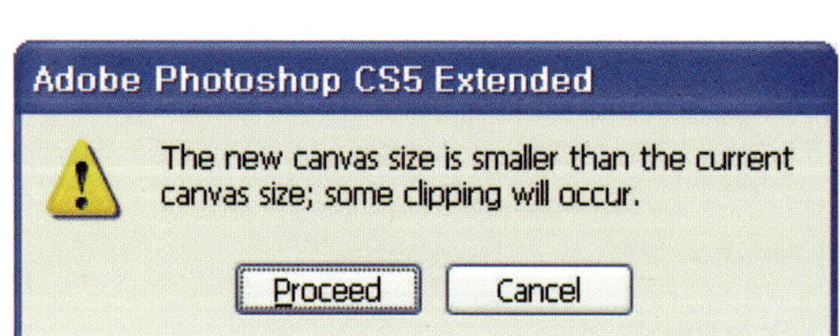

9 캔버스 크기가 변경된 이미지를 복사하여 앞에서 작성된 빈 캔버스에 붙여 줍니다. 계속해서 레이어 팔레트에서 추가된 레이어의 이름을 '이미지-1' 으로 변경시켜 줍니다.

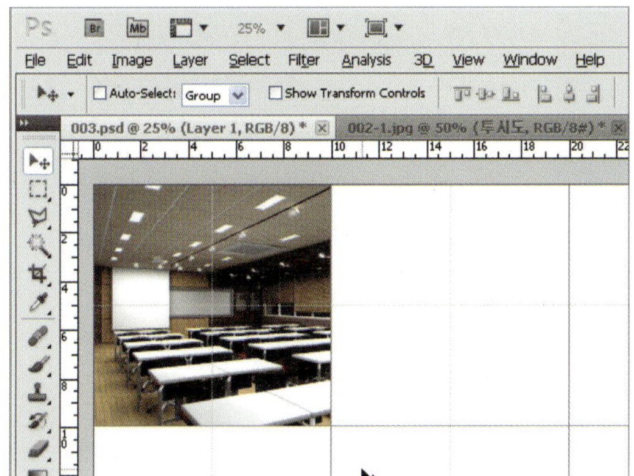
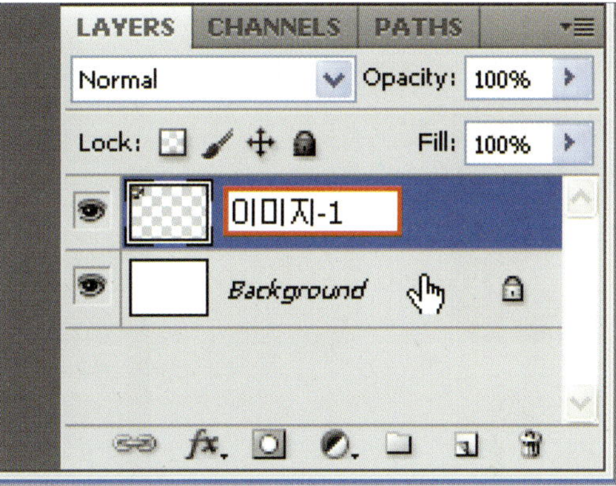

10 추가로 복사될 이미지(예제CD 10\002-2.jpg)를 불러온 뒤, 앞에서 수행한 동일한 방법으로 10×10cm, 해상도(Resolution)를 200(pixel/inch)으로 이미지 크기를 변경시켜 줍니다.

(예제CD 10\002-2.jpg)

11 크기가 변경된 이미지를 작업 캔버스에 붙여준 뒤, 레이어의 이름을 '이미지-2'로 변경 시켜 줍니다.

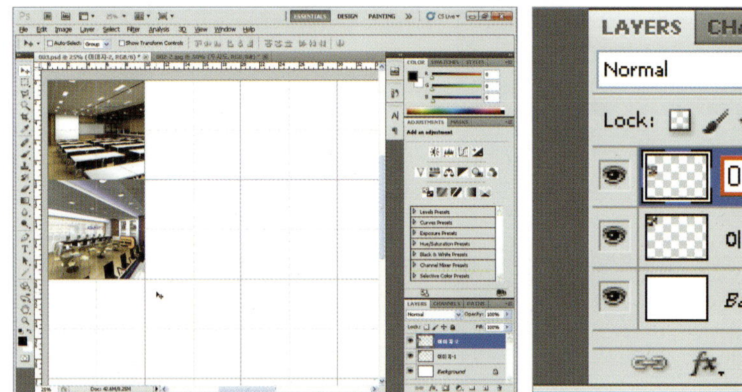

12 다음 작업을 위해 준비된 이미지(예제CD 10\002-3.jpg)를 불러온 뒤, 레이어 이름을 '투 시도'로 변경시켜 줍니다.

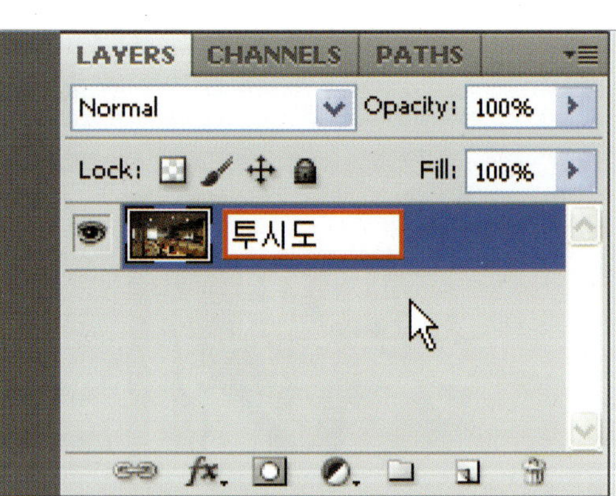

(예제CD 10\002-3.jpg)

13 이미지 크기를 변경하기 위해서 Image → Image Size... 명령을 수행합니다. 나타나는 Image Size 대화상자에서 아래 그림과 같이 Height 값을 20cm(※ 폭의 크기는 비례에 맞게 자동으로 변경됩니다.), 해상도(Resolution)를 200 pixel/inch로 설정해 줍니다.

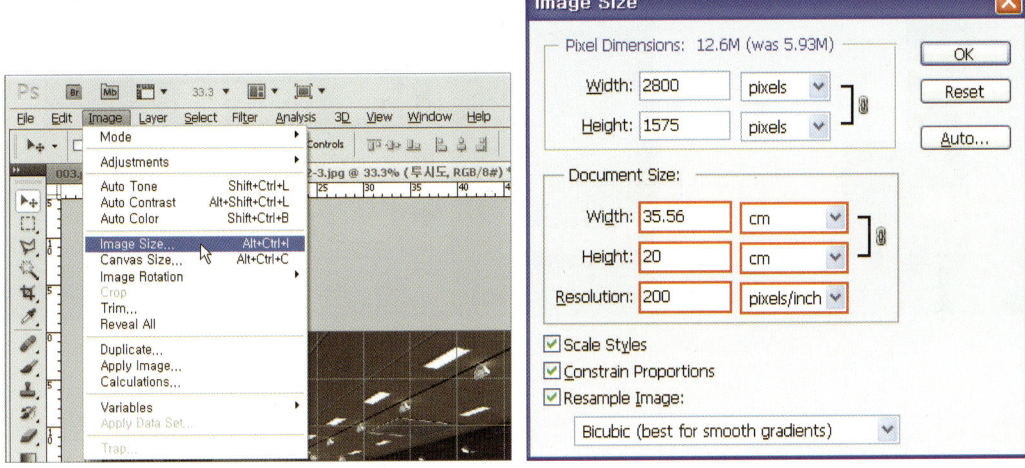

14 계속해서 Image → Canvas Size... 명령을 수행합니다. 나타나는 Canvas Size 대화상자에서 아래 그림과 같이 Width, Height 값을 20cm로 설정해 줍니다.

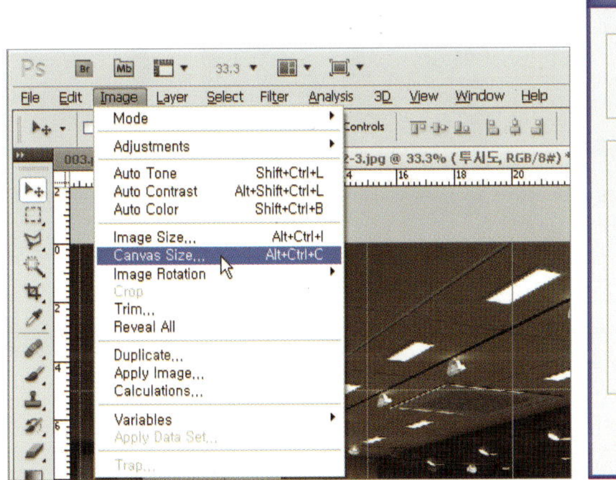
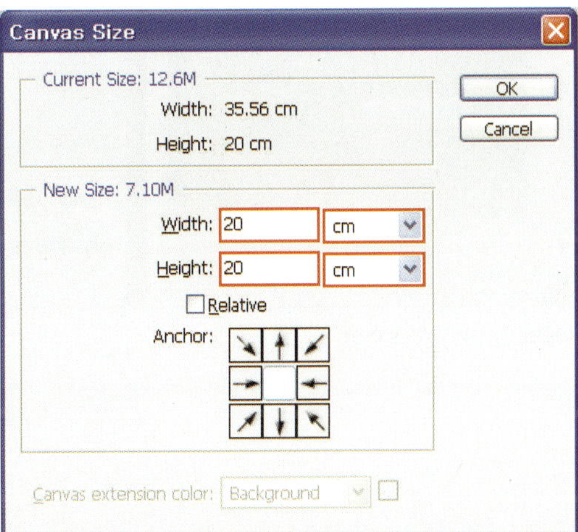

15 작업 캔버스에 크기를 조절한 이미지를 붙여넣은 뒤, 레이어 이름을 '이미지-3'으로 변경시켜 줍니다.

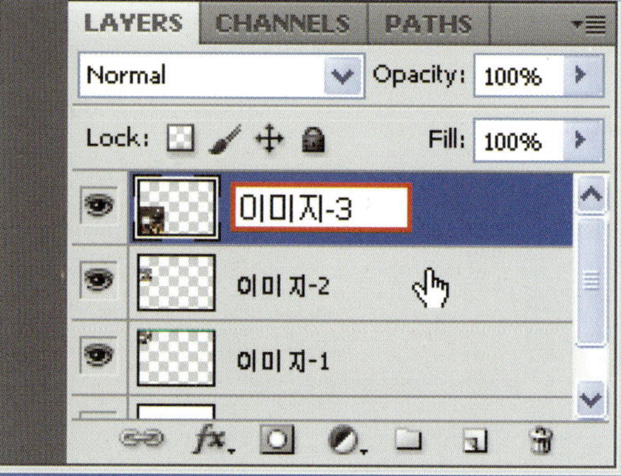

16 준비된 이미지(예제CD 10\002-4.jpg)를 불러온 뒤, 앞에서 수행한 동일한 방법으로 20×20cm, 해상도(Resolution)를 200(pixel/inch)으로 이미지 크기를 변경시켜 줍니다.

(예제CD 10\002-4.jpg)

17 크기가 변경된 이미지를 작업 캔버스에 붙여준 뒤, 레이어의 이름을 '이미지-4' 로 변경 시켜 줍니다.

 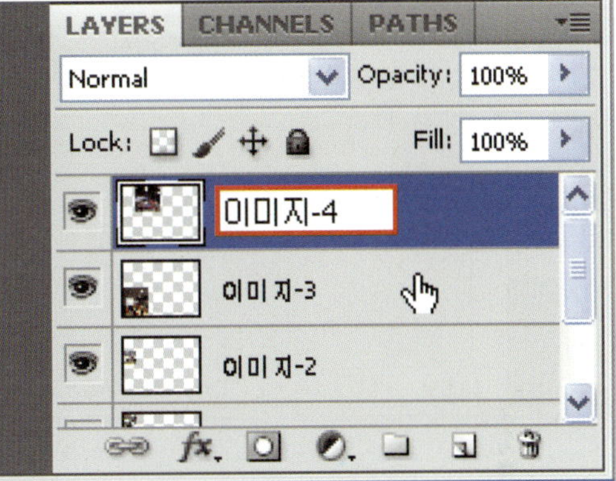

18 Layer ➡ New ➡ Layer... 명령을 수행한 뒤, '배경-타이틀(Edu)' 라는 이름으로 레이어를 추가해 줍니다.

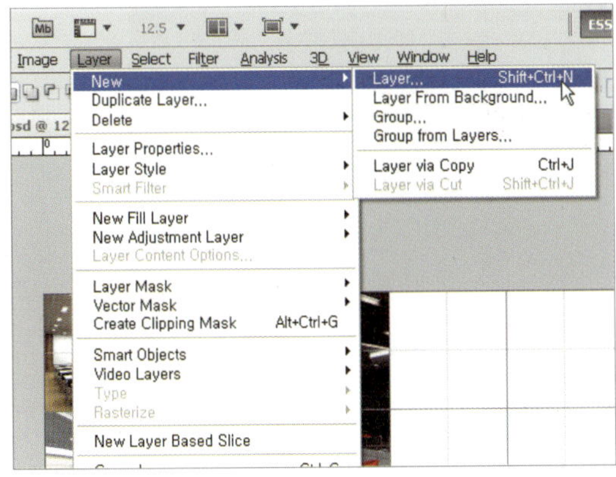 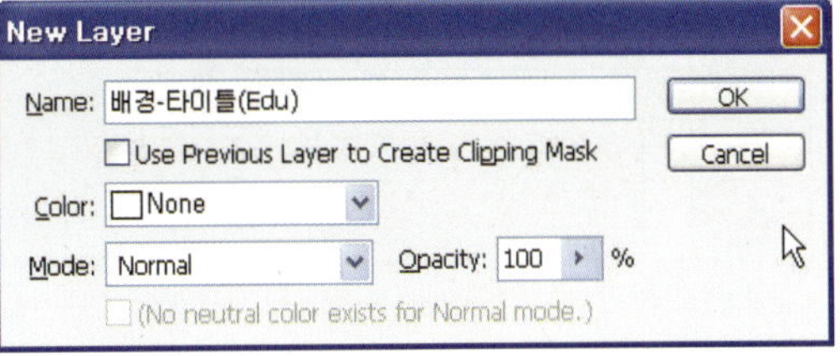

19 전경색 아이콘을 클릭한 뒤, 색상을 R:150, G:150, B:150로 설정해 줍니다.

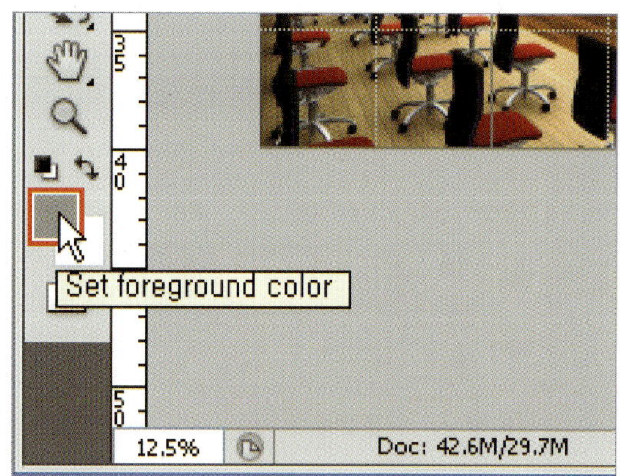
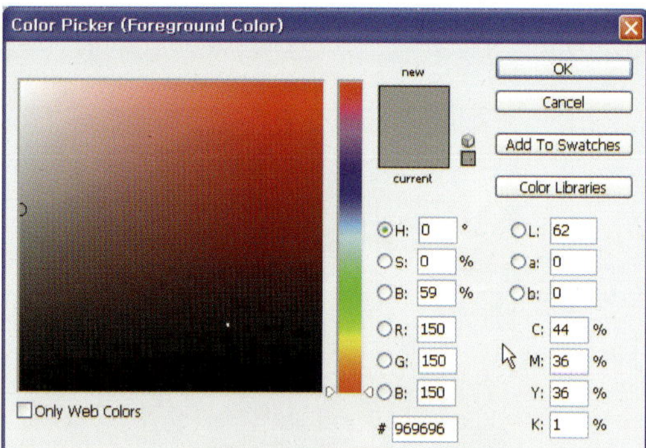

20 Rectangular Maequee Tool을 이용하여 색상을 채워 넣을 영역을 아래 그림과 같이 선택
합니다.

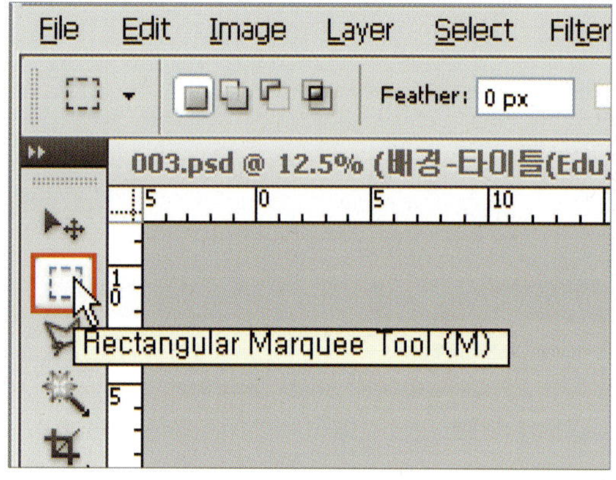
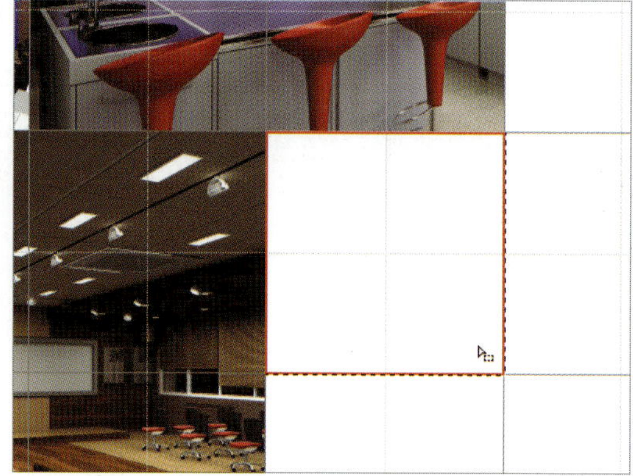

21 Paint Bucket Tool을 선택한 뒤, 앞에서 선택한 영역 안쪽을 클릭하여 전경색(Foreground Color)을 채워 넣습니다.

22 Select → Deselect 명령을 수행하여 선택 영역을 취소한 뒤, 글씨를 입력하기 위해서 Horizontal Type Tool을 선택해 줍니다.

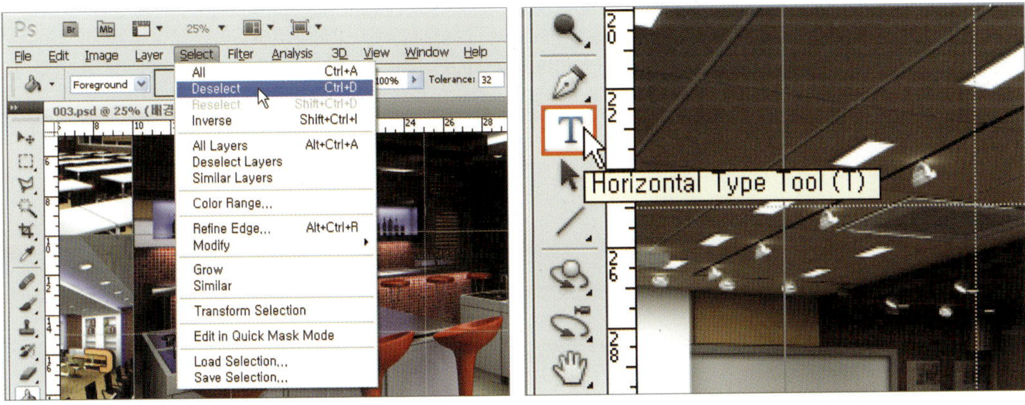

23 Horizontal Type Tool을 이용하여 아래 그림을 참고하여 'Education' 이라는 글씨를 입력해 줍니다.

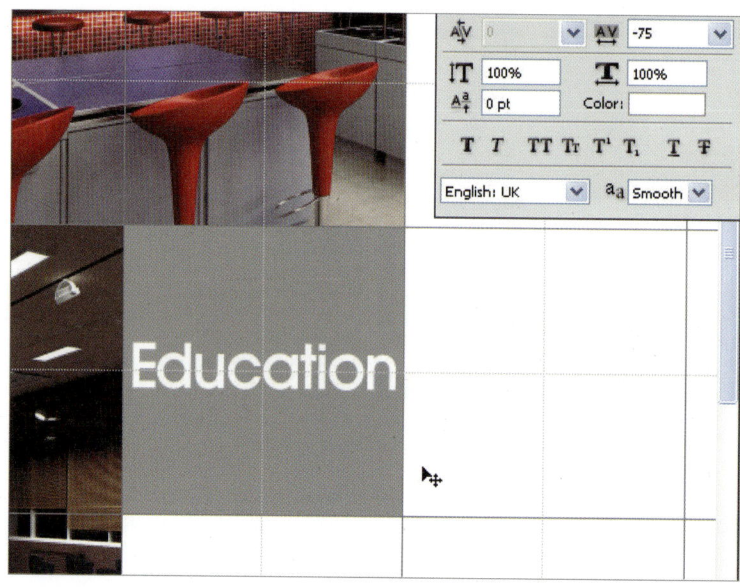

24 준비된 이미지(예제CD 10\002-5.jpg)를 불러옵니다. 앞에서 수행한 동일한 방법으로 10×10cm, 해상도(Resolution)를 200(pixel/inch)으로 이미지 크기를 변경, 작업 캔버스에 붙인 뒤, 레이어의 이름을 '이미지-5' 로 변경시켜 줍니다.

(예제CD 10\002-5.jpg)

25 계속해서 준비된 이미지(예제CD 10\002-6.jpg)를 불러옵니다. 앞에서 수행한 동일한 방법으로 20×20cm, 해상도(Resolution)를 200(pixel/inch)으로 이미지 크기를 변경, 작업 캔버스에 붙인 뒤, 레이어의 이름을 '이미지-6' 으로 변경시켜 줍니다.

(예제CD 10\002-6.jpg)

26 앞에서 수행한 방법과 같이 밝은 회색(R:200, G:200, B:200)으로 채워진 레이어에 'Laboratory, Classroom, Rest Space' 라는 글씨를 입력하여 아래 그림과 같이 완성해 줍니다.

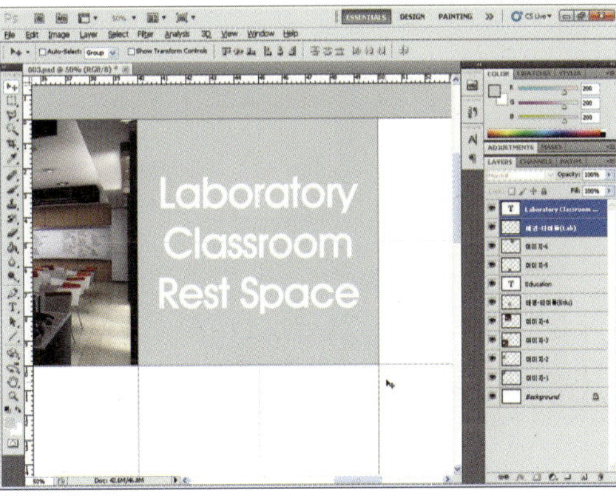

27 계속해서 준비된 이미지(예제CD 10\002-7.jpg)를 불러옵니다. 앞에서 수행한 동일한 방법으로 10×10cm, 해상도(Resolution)를 200(pixel/inch)으로 이미지 크기를 변경, 작업 캔버스에 붙인 뒤, 레이어의 이름을 '이미지-7'로 변경시켜 줍니다.

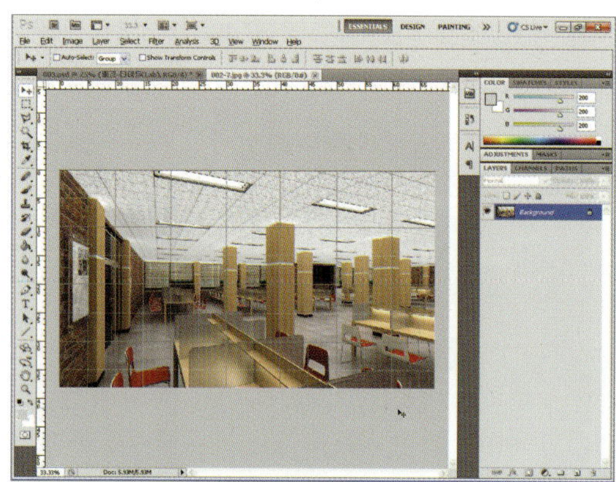

(예제CD 10\002-7.jpg)

28 다음 작업을 위해 준비된 이미지(예제CD 10\002-8.jpg)를 불러온 뒤, 레이어 이름을 '투시도'로 변경시켜 줍니다.

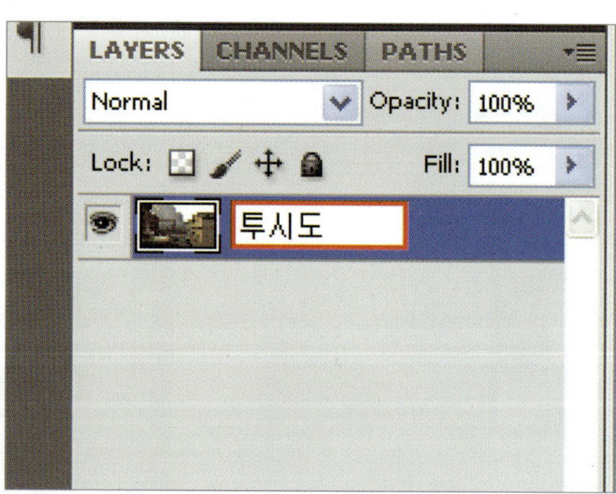

(예제CD 10\002-8.jpg)

29 이미지 크기를 변경하기 위해서 Image → Image Size... 명령을 수행합니다. 나타나는 Image Size 대화상자에서 아래 그림과 같이 Height 값을 30cm(※ 폭의 크기는 비례에 맞게 자동으로 변경됩니다.), 해상도(Resolution)을 200 pixel/inch로 설정해 줍니다.

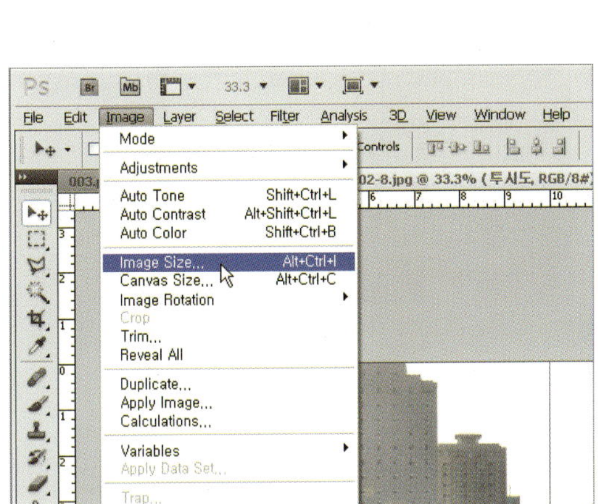
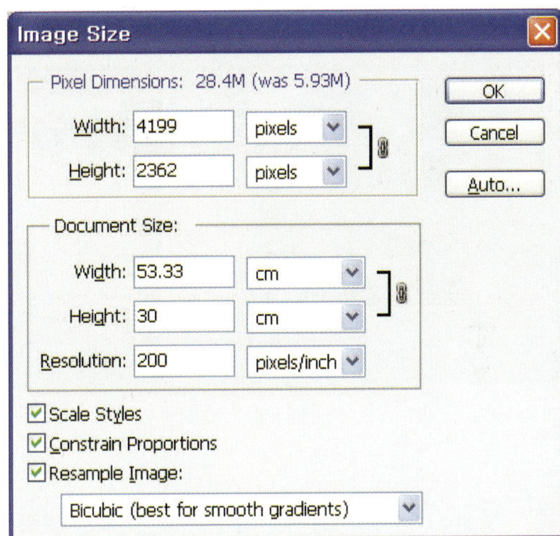

30 계속해서 Image → Canvas Size... 명령을 수행합니다. 나타나는 Canvas Size 대화상자에서 아래 그림과 같이 Width, Height 값을 30cm로 설정해 줍니다.

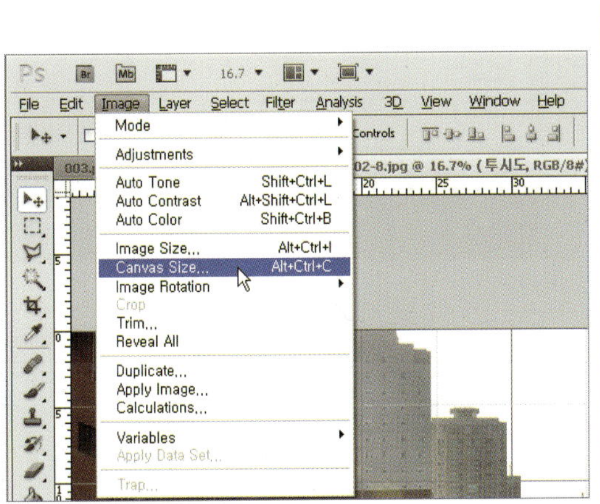
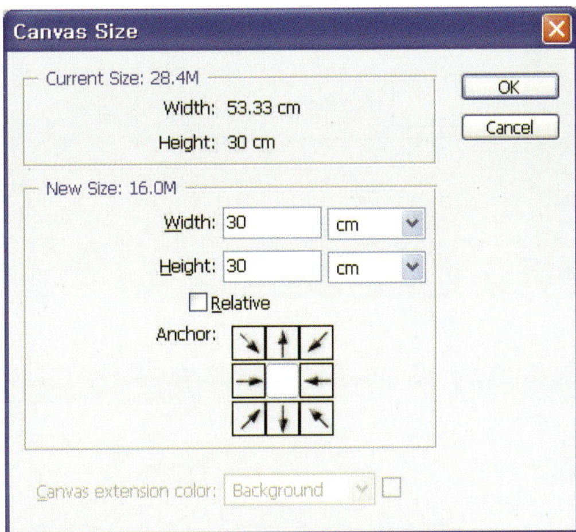

31 작업 캔버스에 크기를 조절한 이미지를 붙여 넣은 뒤, 레이어 이름을 '이미지-8'로 변경시켜 줍니다.

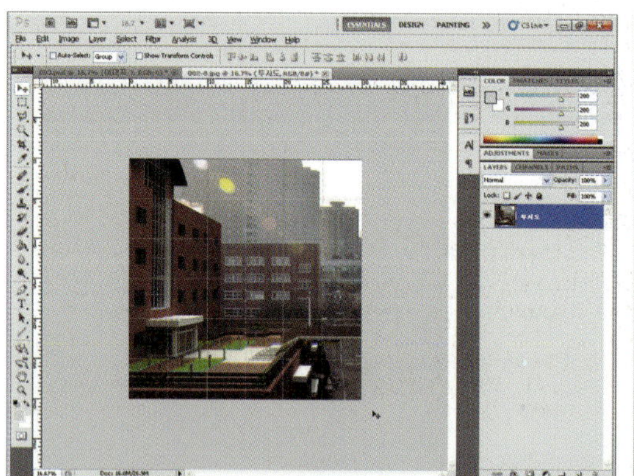

32 레이어 팔레트에서 '이미지-2'를 선택한 뒤, Image → Adjustments → Desaturate 명령을 수행합니다. 이미지의 색상이 흑백으로 변경된 모습을 볼 수 있습니다.

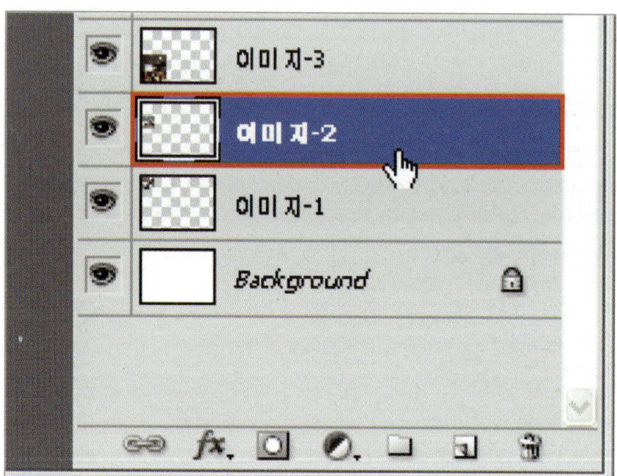
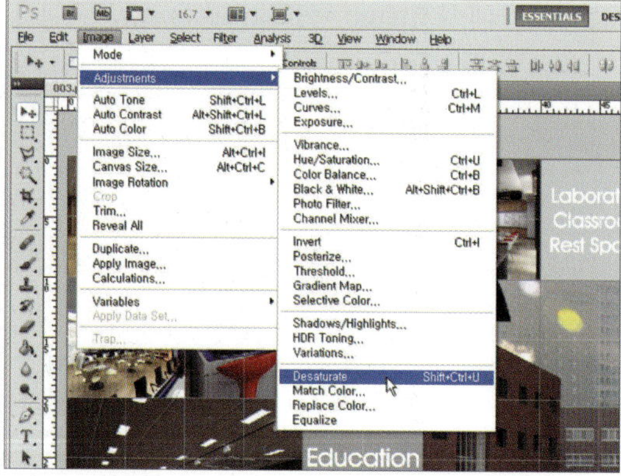

33 Image → Adjustments → Brightness/Contrast... 명령을 수행한 뒤 나타나는 대화상자에서
아래 그림과 같이 Brightness:−50, Contrast:30으로 설정해 줍니다.

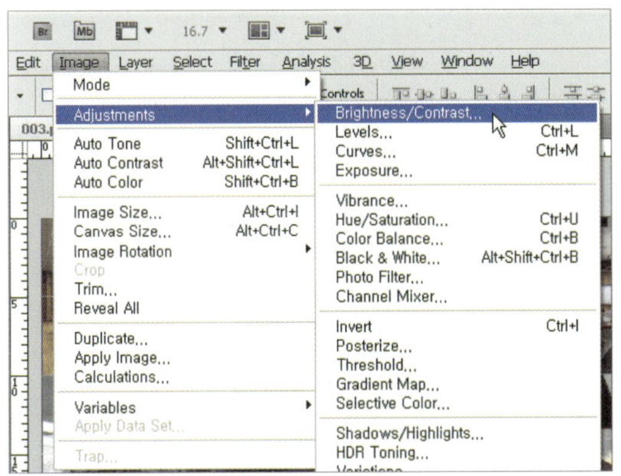

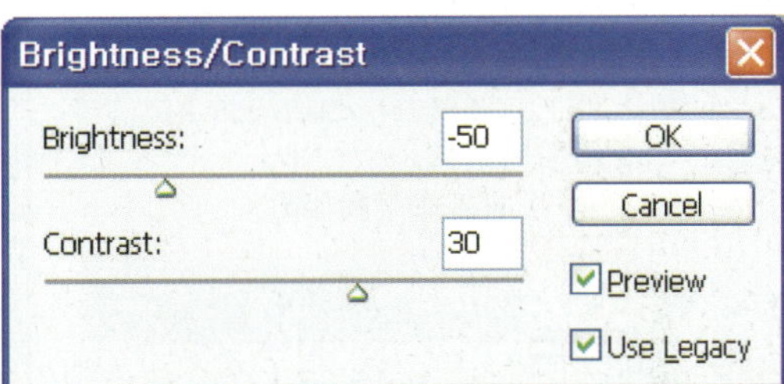

34 아래 그림과 같이 이미지의 톤이 변경된 모습을 볼 수 있습니다.

35 동일한 방법으로 '이미지-6' 레이어를 선택한 뒤, 아래 그림과 같이 강조된 회색톤으로 이미지의 색상을 변경시켜 줍니다.

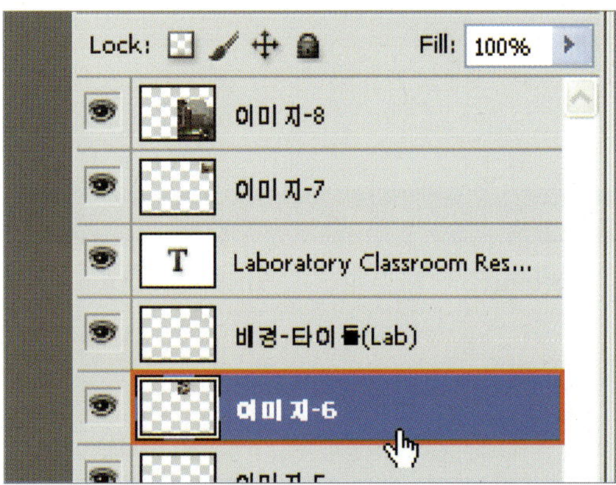

36 '테두리선'이라는 이름으로 레이어를 추가한 뒤, 앞으로 그려질 개체의 색상을 지정하기 위해서 전경색(Foreground Color)을 흰색으로 설정해 줍니다.

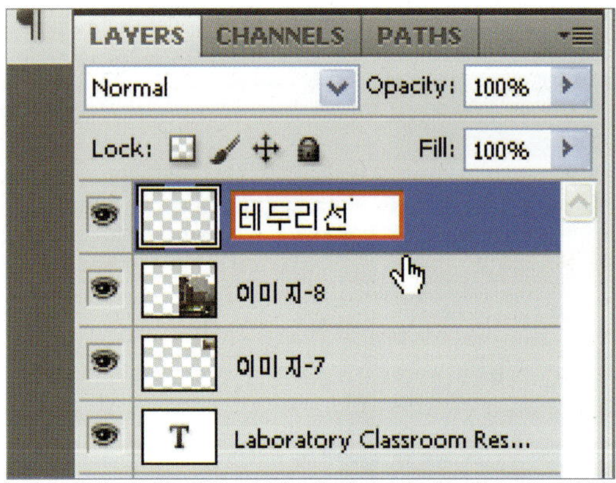
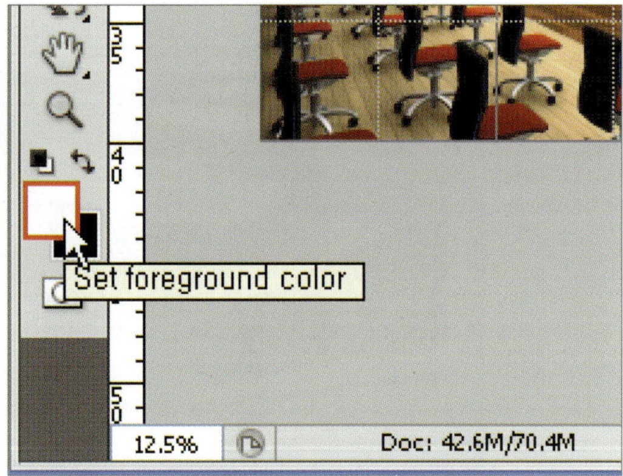

37 직선을 그리기 위해서 Line Tool을 선택한 뒤, 옵션 패널에서 Fill pixels 옵션을 선택하여
비트맵 이미지로 그려지도록 선택합니다.

38 계속해서 선의 두께를 10px로 설정하고, Anti-alias 옵션을 클릭하여 설정하지 않습니다.

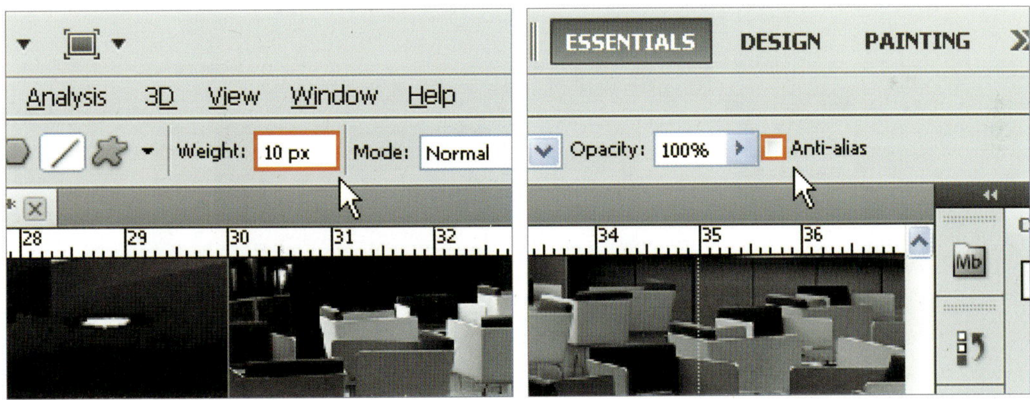

39 아래 그림과 같이 사진 이미지의 테두리를 따라 테두리 선을 그려줍니다. 그리드와 스냅
이 설정되어 있기 때문에 아주 쉽게 테두리 선을 그릴 수 있습니다.

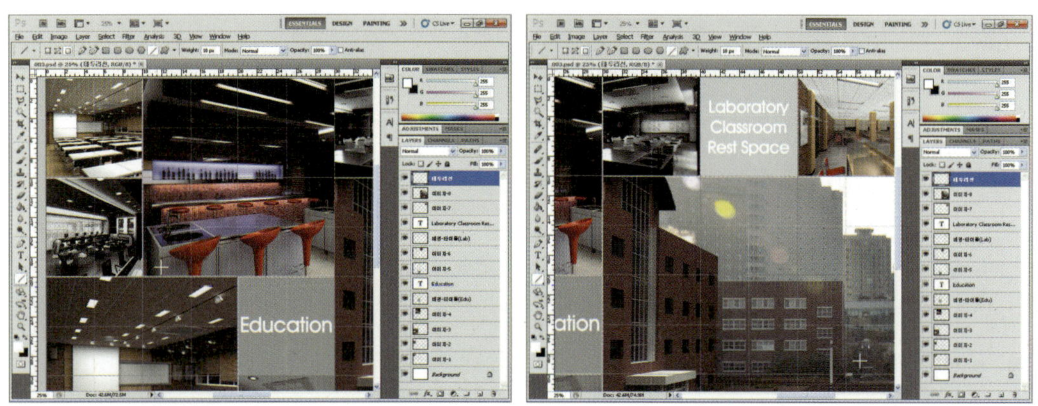

40 모든 작업을 마친 뒤에 View ➡ Extras 명령을 수행한 뒤, 지금까지 작업에 보조적으로 사
용되었던 그리드를 보이지 않도록 설정해 줍니다.

41 최종 완성된 이미지

(예제\CD 10\003.jpg)
(예제\CD 10\003.psd)

⚠ 이미지 크기 조절을 위한 명령

◆ Image Size...

Image Size 명령은 이미지의 크기와 출력물의 크기를 변경할 수 있습니다. 즉 이미지의 크기와 해상도를 조절할 수 있는데 Image Size 명령을 실행하여 나타나는 Image Size 대화상자에서 이미지의 크기와 출력물의 크기를 조절할 수 있습니다.

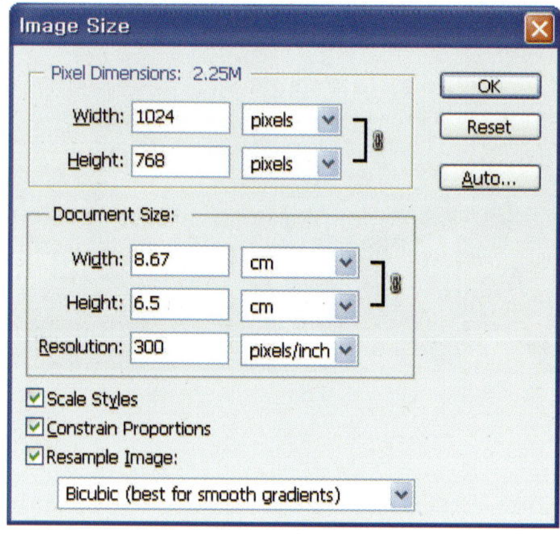

Image Size 대화상자

1. Pixel Dimensions 이미지의 폭(Width), 높이(Height), 단위를 지정합니다.

2. Document Size 출력 이미지의 폭(Width), 높이(Height), 해상도를 지정합니다.

3. Scale Styles 이미지의 크기를 조절할 경우 작업 중인 이미지에 적용된 스타일 효과에도 이미지의 크기 조절을 수행할지 설정합니다.

4. Constrain Proportions 가로와 세로의 비율을 일정하게 유지시켜줍니다.

5. Resample Image 이미지 크기를 변경시킬 경우 사용될 보간법을 지정합니다. Nearest Neighbor, Bilinear, Bicubic의 세가지 방법이 있으며 특별한 경우가 아니라면 Bicubic을 사용하는 것이 가장 좋은 결과를 유지할 수 있습니다.

※ 출력을 위한 보드 프리젠테이션 제작이 목적이라면 Image Size 명령은 대단히 중요합니다. 대부분의 학생이나 실무자들의 경우 기본적인 포토샵 명령을 알고 있으면서 Image Size 명령을 쉽게 넘겨버리는 경우가 많습니다. 자주 사용하지 않더라도 내용을 완전히 이해하고 있어야만 원하는 출력물을 얻을 수 있습니다.

※ 데이터의 크기와 출력의 질을 고려하여 일반 프리젠테이션의 경우 200ppi 정도를 사용하며, 현상 설계 및 공모전을 위한 패널의 경우는 300ppi를 사용합니다. 물론 더욱 높은 해상도를 사용해도 무관하지만 너무 높은 해상도로 작업할 경우에는 일반적인 컴퓨터에서는 대단히 부담스러울 것입니다.

◆ Canvas Size...

Canvas Size 명령은 캔버스의 크기를 조절할 경우 사용되는 명령입니다. 나타나는 Canvas Size 대화상자의 New Size 항목에서 변경할 새로운 크기를 입력합니다.

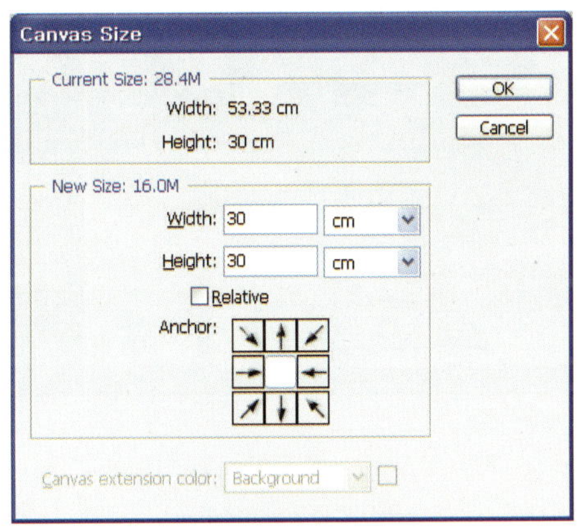

Canvas Size 대화상자

1. Current Size 현재 이미지의 크기(가로, 세로)와 파일 크기를 보여줍니다.

2. New Size 변경된 캔버스의 폭(Width), 높이(Height) 및 단위를 지정합니다.

3. Anchor 9개의 단추 중에 하나를 선택하여 이미지가 놓이게 될 기준 위치를 지정합니다.

4. Canvas extension color 캔버스의 크기를 조절하여 크기를 키울 경우 배경색으로 사용될 색상을 지정합니다.

2 개인 프린터를 이용한 시안 및 대형 출력

A1 크기의 패널 이미지를 A4크기의 프린터를 이용하여 출력하는 것을 불가능합니다. 최종 출력하기 전에 A1 크기의 이미지를 출력 가능한 A4 크기로 조각낸 후 출력한 뒤 이어 붙이는 방법으로 최종 출력 전 검토 패널을 만들어 보도록 하겠습니다.

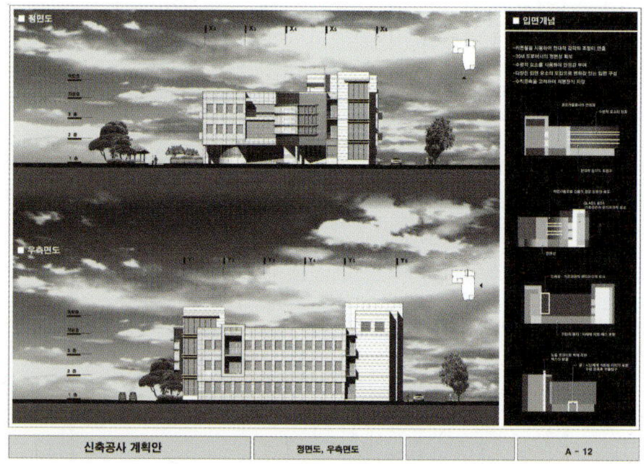

원본 패널 이미지

(예제CD 10\004.jpg)

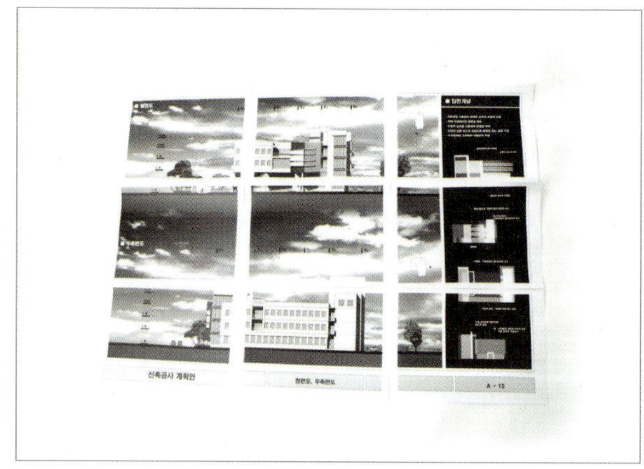

분할 출력된 결과물

1 준비된 이미지(예제CD 10\004.jpg)를 불러옵니다. 불러온 파일은 최종 패널 제작을 위해 작성된 이미지 파일입니다. Image → Image Size... 명령을 수행하여 불러온 이미지의 크기가 81×57.2(cm), 300ppi의 해상도(Grayscale)의 이미지임을 확인해 줍니다.

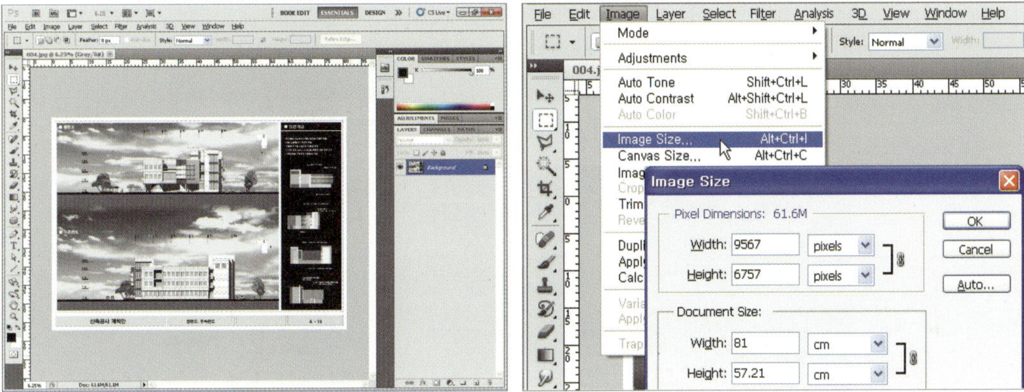

(예제CD 10\004.jpg)

2 다음 작업을 진행하기 위해서 눈금자를 보이도록 설정해 보겠습니다. View → Rulers(Ctrl+R)를 클릭하여 눈금자를 보이도록 설정합니다. 작업 캔버스 주변으로 눈금자가 나타나는 것을 확인할 수 있습니다.

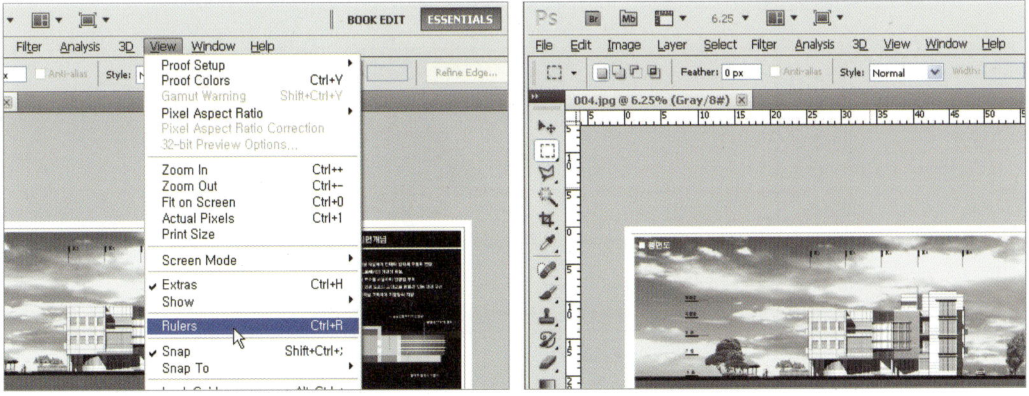

3 Move Tool을 이용하여 이미지 왼쪽에 위치한 눈금자에서부터 드래그하여 A4 출력기에서 출력이 가능한 크기인 27cm 정도까지 드래그하여 Guide Line(안내선)을 제작합니다.

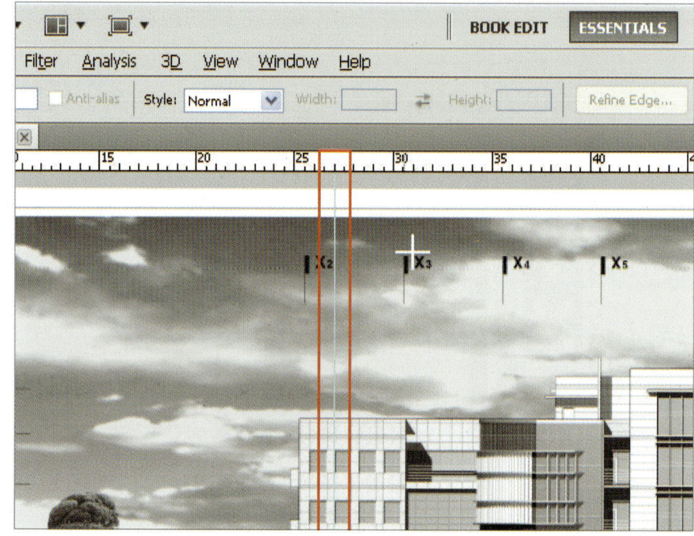

4 계속해서 Move Tool을 이용하여 이미지의 위쪽에 위치한 눈금자에서부터 드래그하여 A4 출력기에서 출력이 가능한 크기인 19cm 정도까지 드래그하여 Guide Line(안내선)을 추가해 줍니다.

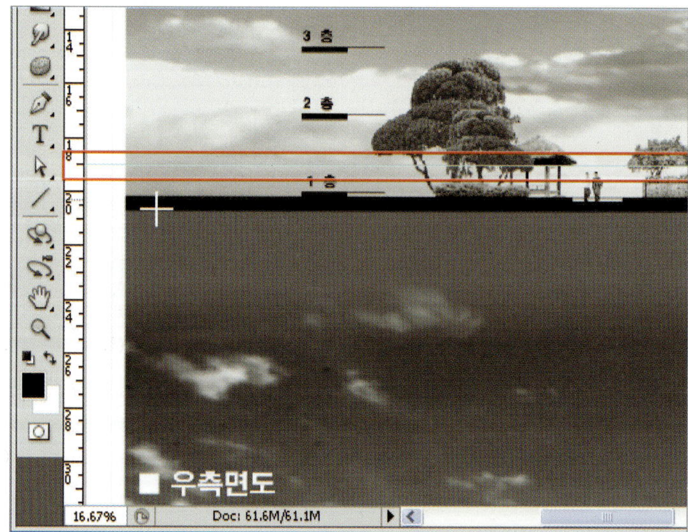

5 이번에는 수치를 입력하여 안내선(Guide Line)을 만들어 보도록 하겠습니다. View ➡ New Guide... 명령을 수행한 뒤, 나타나는 New Guide 대화상자에서 수직 안내선을 만들기 위해 Vertical 옵션을 선택한 뒤, Position 값을 54cm로 입력해 줍니다.

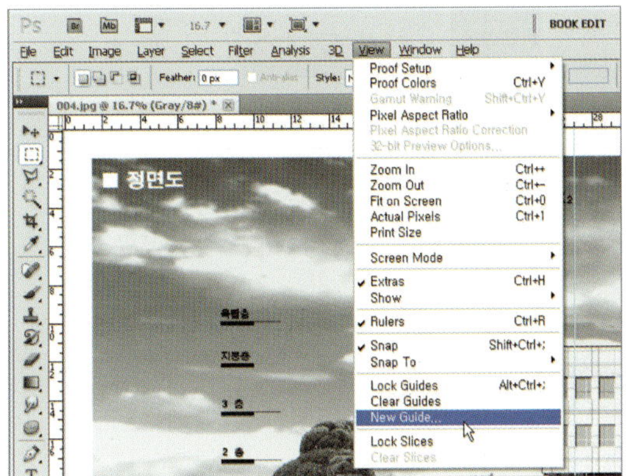

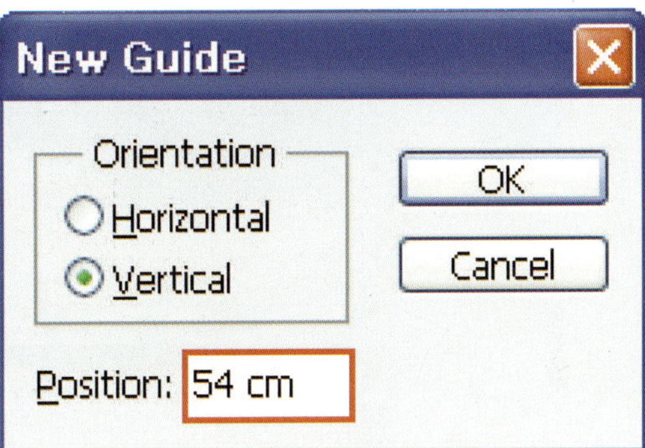

6 계속해서 이번에는 수평 안내선을 추가하기 위해 View ➡ New Guide... 명령을 수행한 뒤, 나타나는 New Guide 대화상자에서 Horizontal 옵션을 선택한 뒤, Position 값을 38cm로 입력해 줍니다.

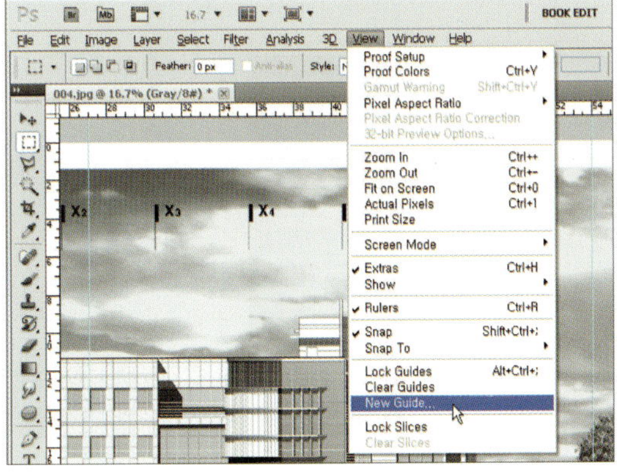

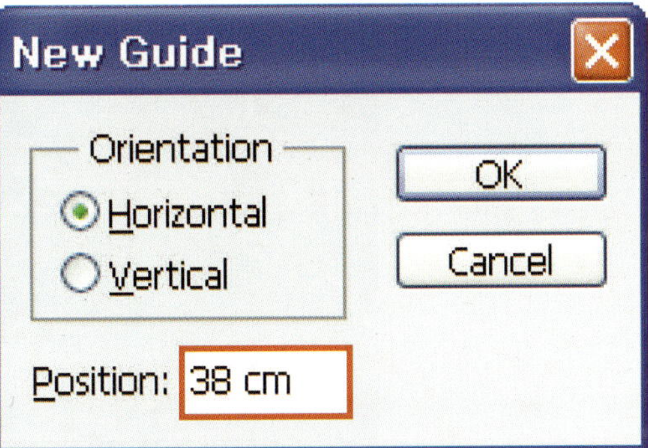

7 아래 그림과 같이 안내선이 만들어진 것을 볼 수 있습니다.

(예제|CD 10\005.psd)

8 안내선(Guide Line)을 제작한 뒤 이미지는 그림과 같이 6개의 영역으로 나뉘어졌음을 알 수 있습니다. 앞으로 안내선을 이용하여 구분된 6개의 이미지를 하나씩 출력해 보도록 하겠습니다.

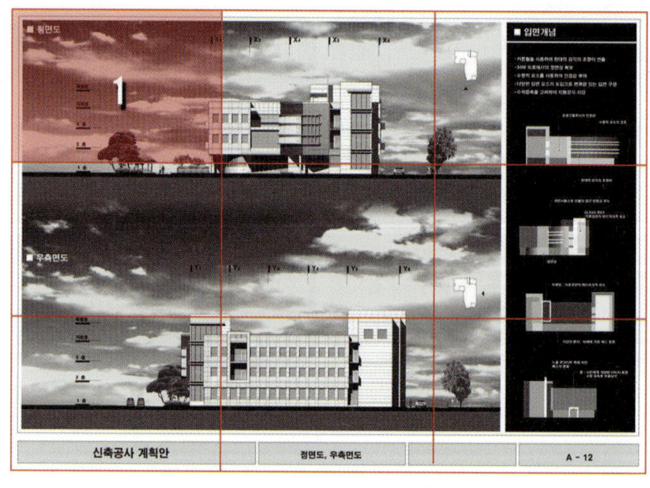

9 안내선 4개가 모두 만들어지면 Rectangular Marquee Tool을 클릭하여 선택합니다. 아래 그림과 같이 왼쪽 상단의 영역을 드래그하여 첫 번째 영역을 선택해 줍니다. 안내선이 있기 때문에 정확하게 27×19cm 크기의 이미지를 선택할 수 있습니다.

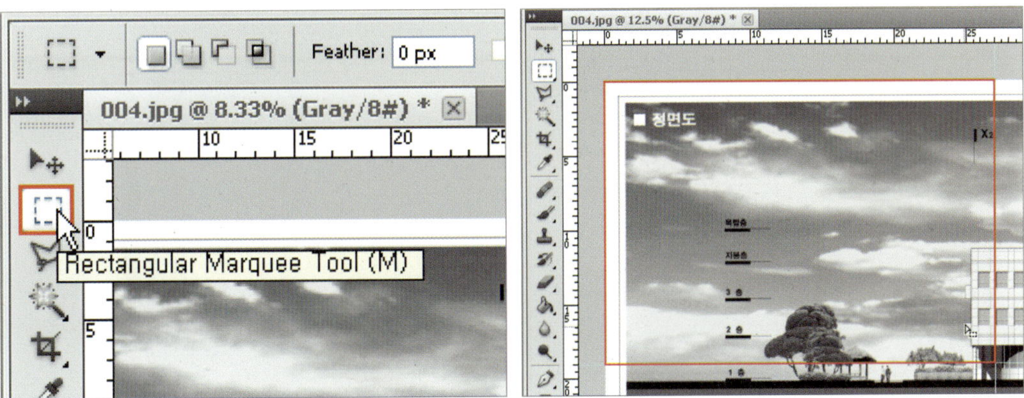

※ 만약 안내선이 있음에도 불구하고 정확한 선택이 안되면 View → Snap이 활성화되어 있는지 확인합니다. 만약 View → Snap이 활성화되어 있지 않다면, 설정된 안내선(Guide Line)을 이용하여 이미지를 정확히 선택할 수 없기 때문입니다.

10 정확하게 27×19cm 크기의 이미지를 선택한 후, Edit → Copy를 클릭하여 선택한 영역의 이미지를 복사합니다. 선택한 영역의 이미지를 복사한 후 File → New...를 클릭합니다.

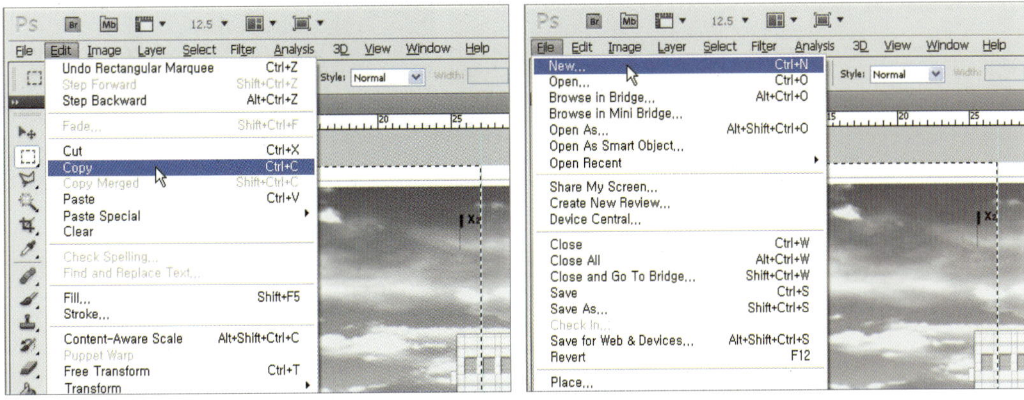

11 File → New...를 클릭한 후, 기본적으로 나타나는 대화상자의 설정 값은 Edit → Copy를 클릭하여 선택한 영역의 이미지의 크기라고 할 수 있습니다. 따라서 나타나는 설정 값을 그대로 유지한 채, OK 버튼을 클릭하여 빈 캔버스를 만들어 줍니다.

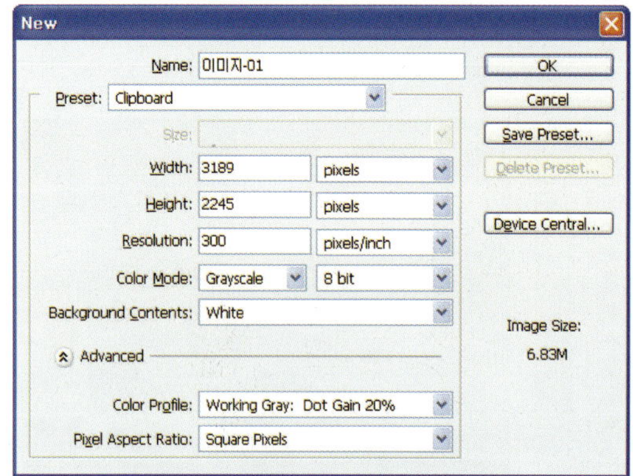

12 Edit → Paste를 클릭하여 앞서 복사한 27 × 19cm 크기의 이미지를 붙여줍니다.

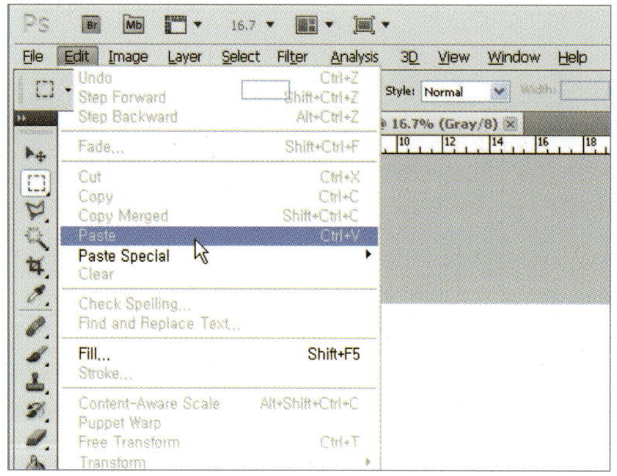
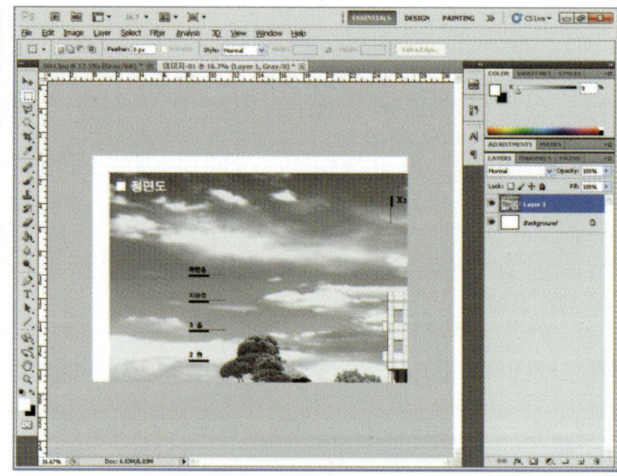

13 물론 작성된 이미지를 출력기 옵션을 변경하여 그대로 출력해도 되지만 좀 더 쉽게 출력하기 위해서 이미지를 회전시켜 보도록 하겠습니다. Image → Image Rotation → 90˚CW를 클릭하여 캔버스를 시계방향으로 90도 회전시켜줍니다.

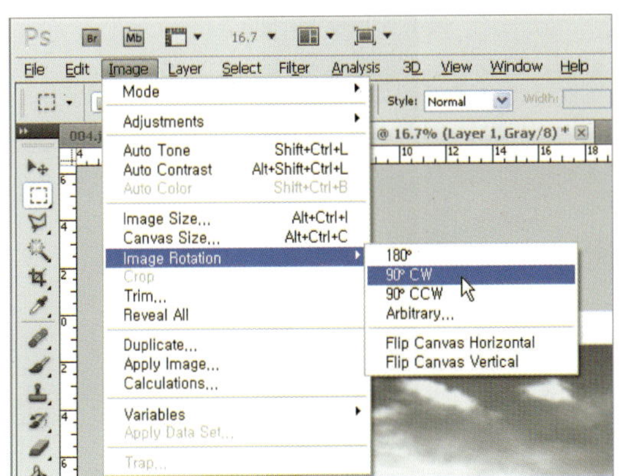
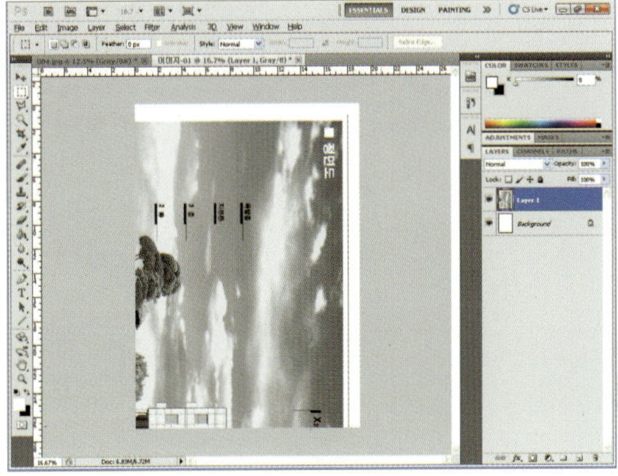

14 File → Print... 명령을 이용하여 출력합니다. 출력된 결과물을 살펴보면 A4 크기의 용지에 출력되었으며, 결과를 살펴보면 상하좌우에 기본적인 여백이 있는 것을 확인할 수 있습니다.

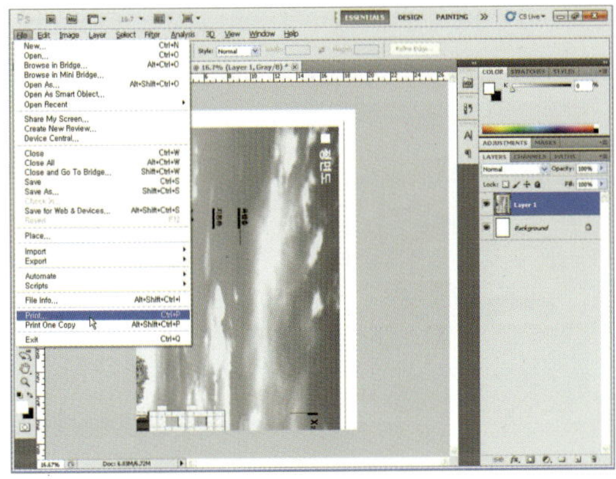
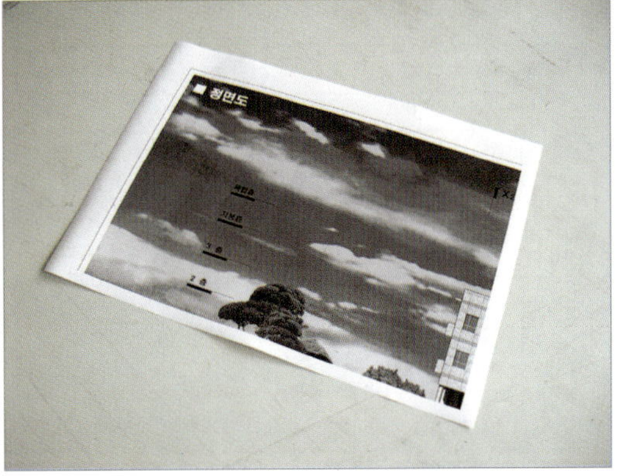

15 이제 앞서 작업한 방법과 동일한 방법으로 두 번째로 출력할 이미지를 제작해보도록 하겠습니다.

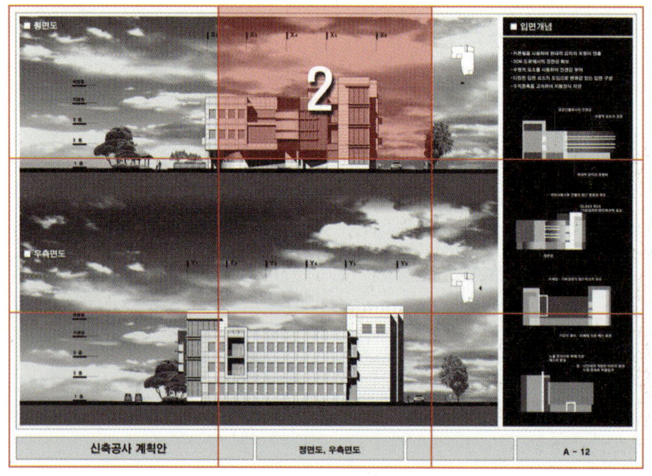

16 Rectangular Marquee Tool을 이용하여 그림과 같이 두 번째 영역을 선택합니다. 안내선이 만들어져 있기 때문에 정확하게 이미지를 선택할 수 있습니다.

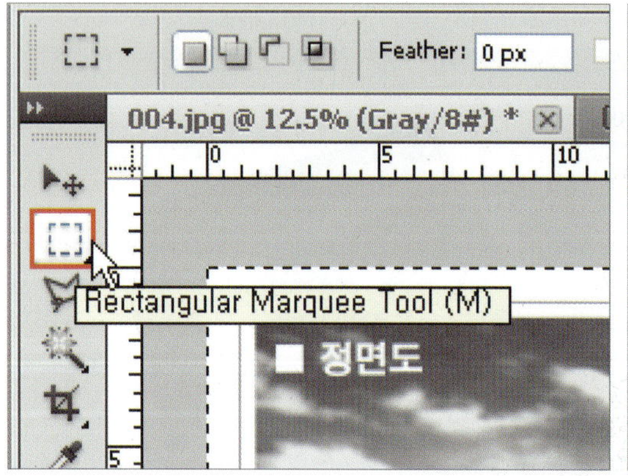

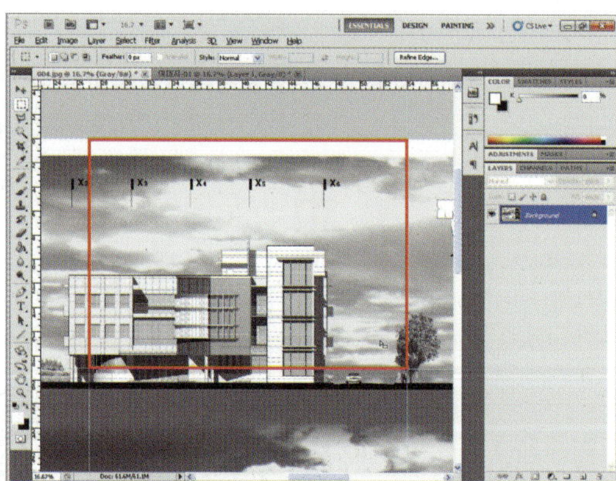

17 Edit ➡ Copy를 클릭하여 선택한 영역의 이미지를 복사합니다. 선택한 영역의 이미지를 복사한 뒤, File ➡ New...를 클릭합니다.

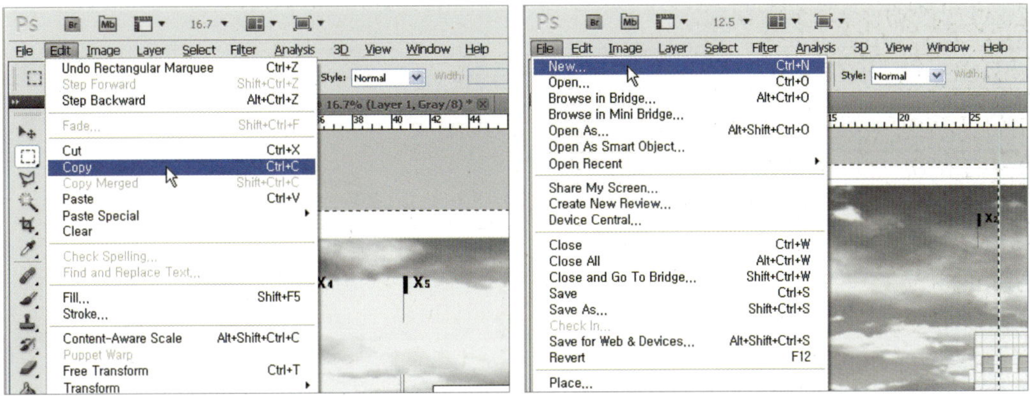

18 File ➡ New...를 클릭한 후 나타나는 대화상자에 설정값은 Edit ➡ Copy를 클릭하여 선택한 이미지의 크기 입니다. 따라서 나타나는 설정 값을 이용하여 빈 캔버스를 만들어 줍니다.

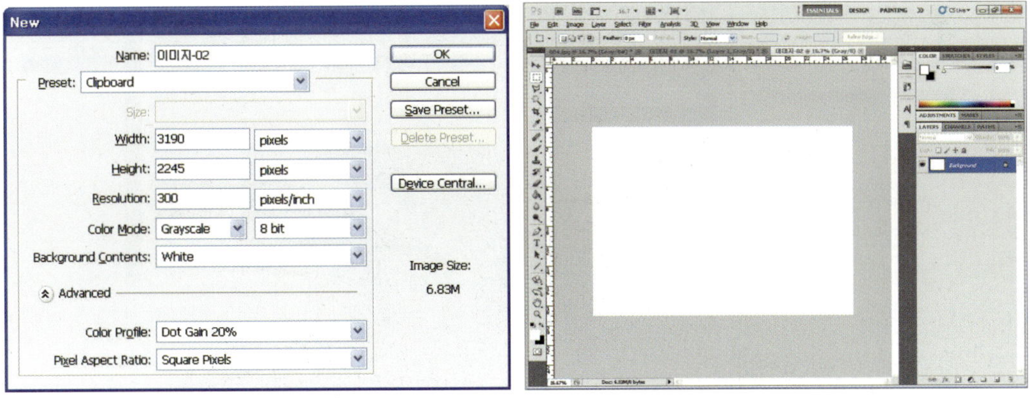

19 Edit ➡ Paste를 클릭하여 복사된 이미지를 붙여줍니다.

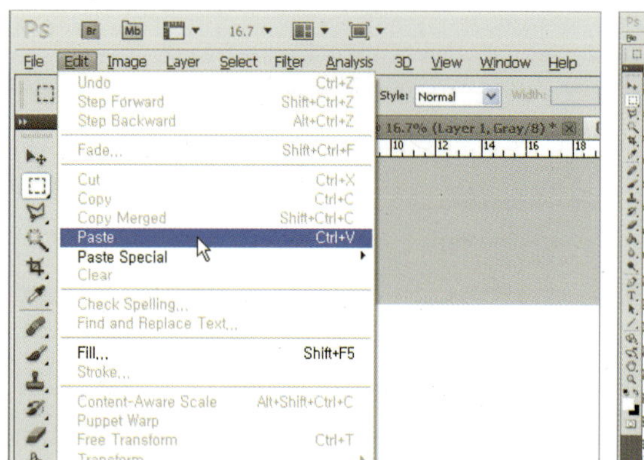 

20 작성된 이미지를 회전시켜주기 위해서 Image ➡ Image Rotation ➡ 90°CW 명령을 수행하여 캔버스를 시계방향으로 90도 회전시켜줍니다.

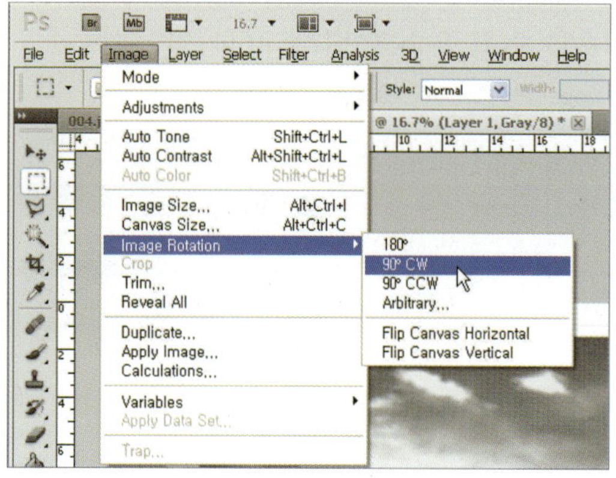 

21 File ➡ Print...를 클릭하여 출력합니다. 앞에서 출력된 결과물과 같이 일정한 여백을 가진
출력 결과물을 확인할 수 있습니다.

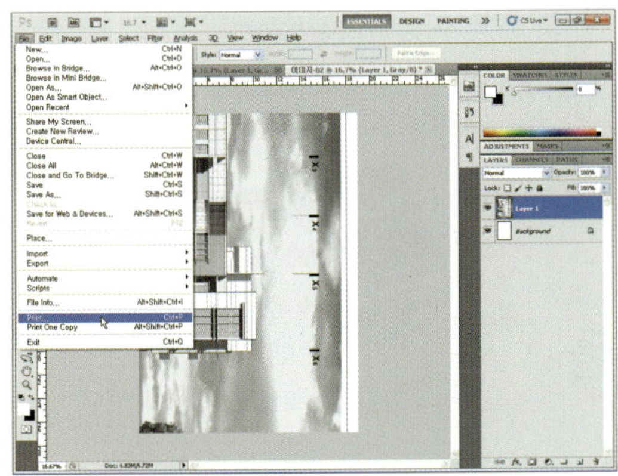

22 앞서 작업한 방법과 동일한 방법으로 나머지 영역의 이미지를 제작한 뒤 출력합니다.

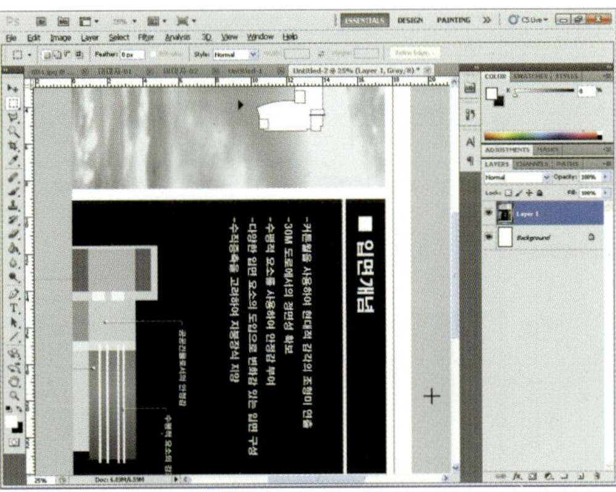

23 출력된 이미지는 기본적으로 상하좌우의 여백이 만들어진 채로 출력됩니다. 따라서 칼이나 가위를 이용하여 여백을 잘래낸 뒤 붙여주면 마치 하나의 이미지를 출력한 것과 같은 효과를 얻을 수 있습니다.

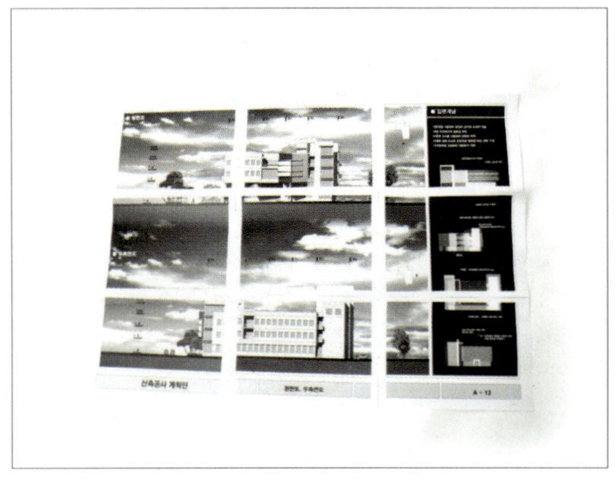
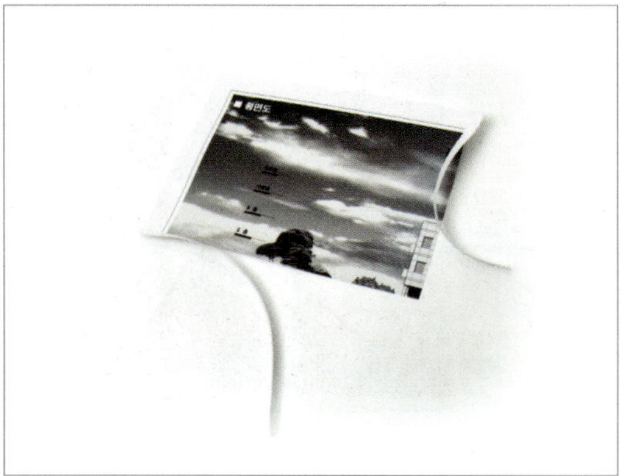

(예제\CD 10\006-1.jpg~006-9.jpg)

24 최종 완성된 이미지

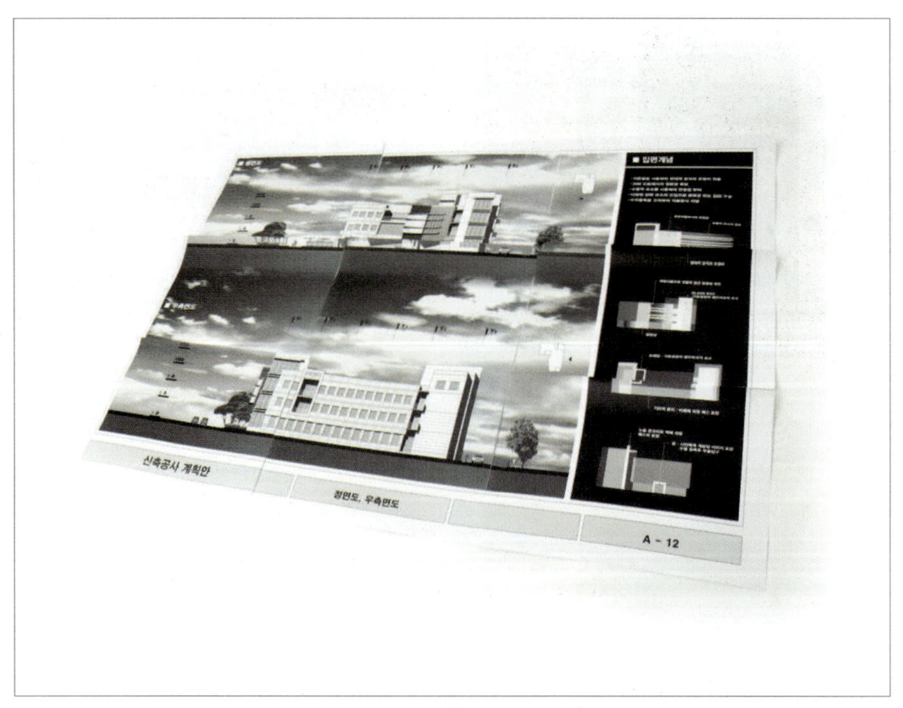

3 안내선(Guide Line)을 이용한 패널 레이아웃

이번에는 포토샵에서 제공하는 기능 중에서 안내선(Guide Line)을 이용한 제안서 또는 패널의
레이아웃 작업을 진행하여 보도록 하겠습니다. 레이아웃 작업을 위해서 필수적으로 사용되는
Guide Line 기능을 익혀보도록 하겠습니다.

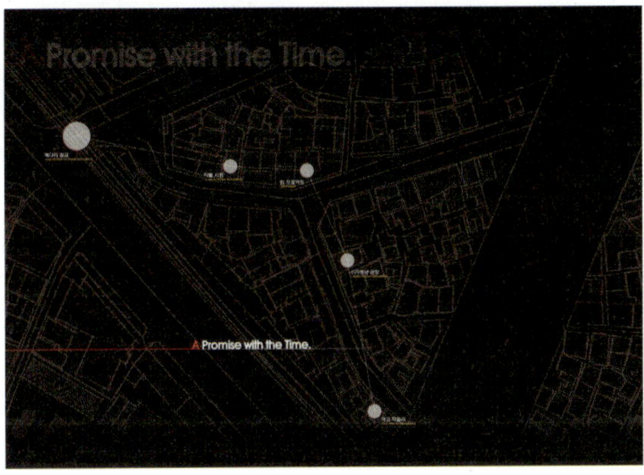

준비된 배경 이미지
(예제CD 10\007(배경이미지).jpg)

(예제CD 10\009(이미지)-1.jpg)

(예제CD 10\009(이미지)-2.psd)

(예제CD 10\009(이미지)-3.jpg)

(예제CD 10\009(이미지)-4.jpg)

준비된 이미지

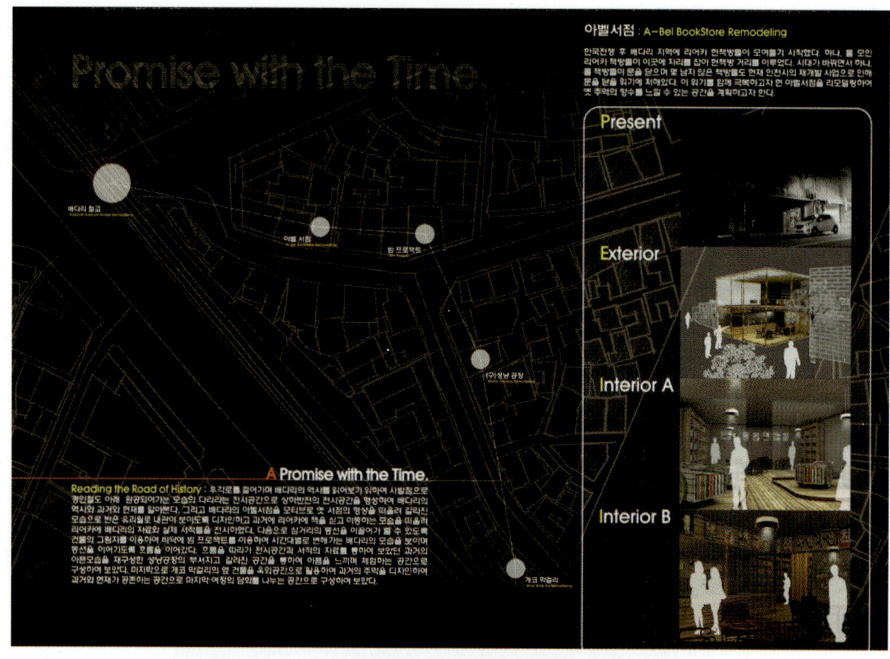

레이아웃 완성된 패널 이미지
(예제CD 10\011(레이아웃).psd, 011(레이아웃).jpg)

1 준비된 제안서 배경 이미지(예제CD 10\007(배경이미지).jpg)를 불러와 줍니다. 눈금자를 보이도록 설정한 뒤, Guide Line을 설정하기 위해서 Move Tool을 선택해 줍니다.

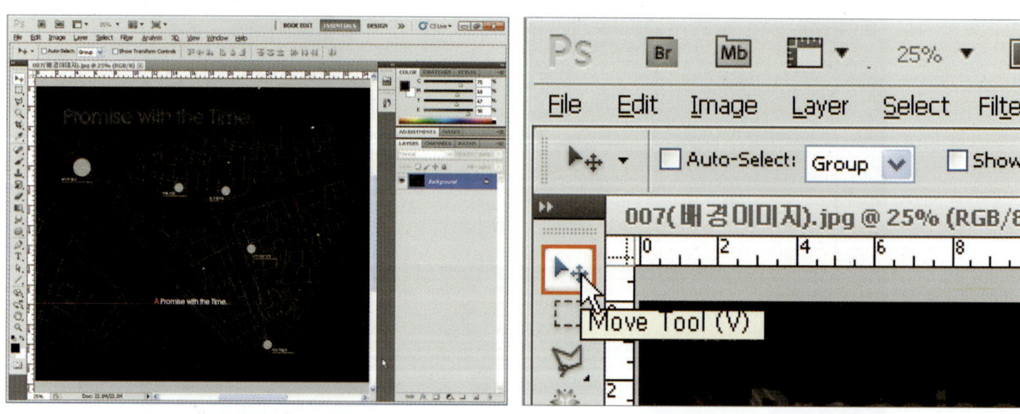

(예제CD 10\007(배경이미지).jpg)

② 이동 툴(Move Tool)을 선택하여 상단에 보이는 가로 눈금자 위에서 아래쪽으로 드래그하면 가로 안내선이 만들어지며, 세로 눈금자 위에서 오른쪽으로 드래그하면 세로 안내선이 만들어 집니다. 아래 그림을 참조하여 글씨가 입력될 범위를 Guide Line으로 지정해 줍니다.

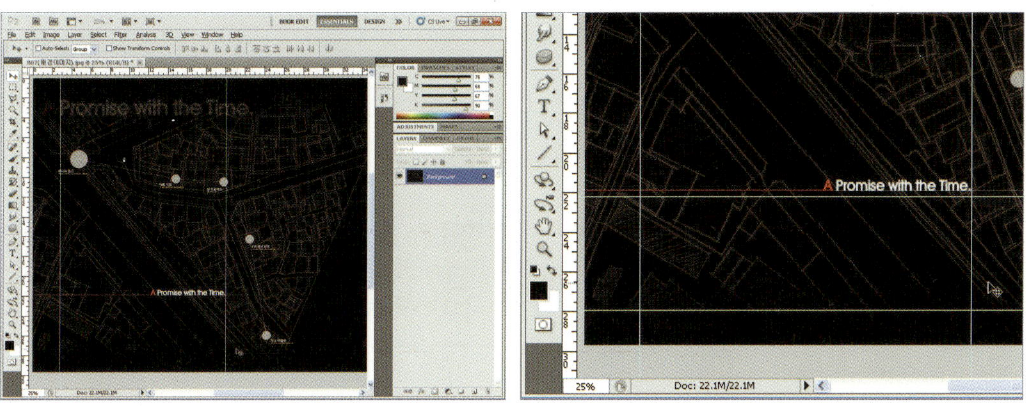

③ 글씨를 입력하기 위해서 Horizontal Type Tool을 선택하여 설정된 Guide Line을 따라 드래그하여 글씨가 입력될 영역을 지정해 줍니다.

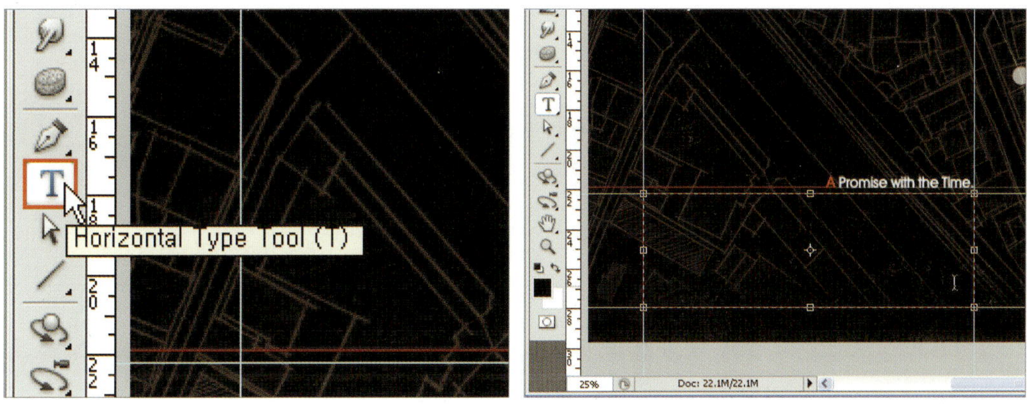

※ 그냥 이동할 경우 아무리 안내선(Guide Line)을 제작하였다고 하더라도 스냅(자동으로 달라붙는 기능) 기능이 작동하지 않을 수 있습니다. 만약 스냅 기능이 작동되지 않는다면 View ➡ Snap 명령을 클릭한 후 이동하면 안내선(Guide Line)에 자동으로 달라붙는 것을 확인할 수 있습니다.

4 미리 준비된 텍스트 파일를 이용하여 글씨가 입력될 영역에 복사해 줍니다. 글씨를 입력한 뒤, Paragraph 팔레트에서 입력된 글씨의 정렬 방식을 아래 그림과 같이 Justify last left로 설정해 줍니다.

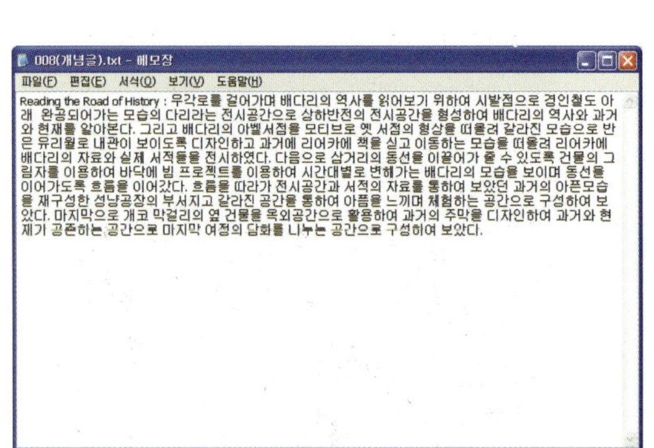

(예제\CD 10\008(개념글).txt)

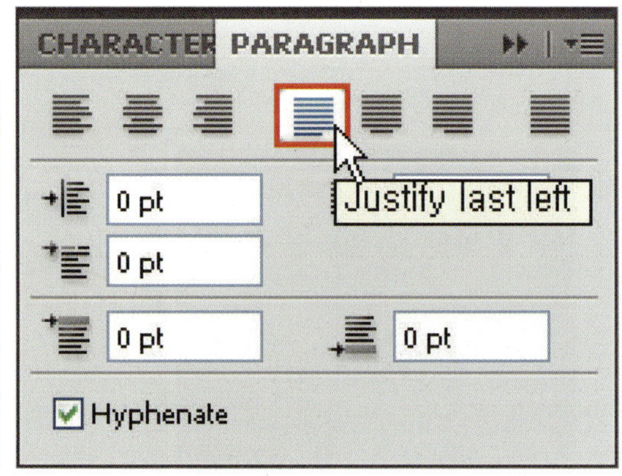

5 아래 그림과 같이 좌우 정렬된 글씨 표현을 완료해 줍니다. 계속해서 다음 작업을 진행하기 위해서 '이미지 배경' 이라는 이름으로 레이어를 추가해 줍니다.

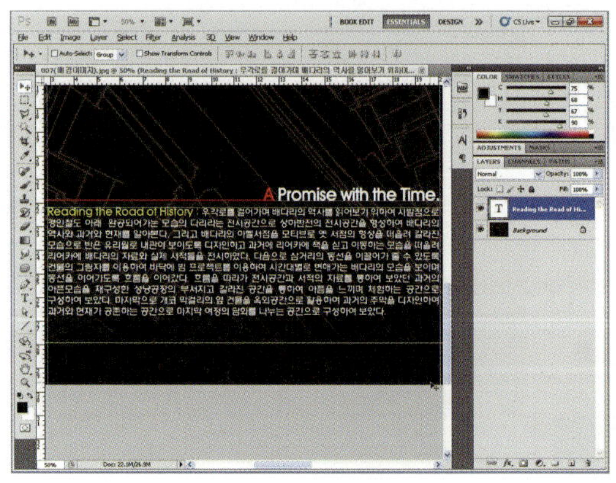

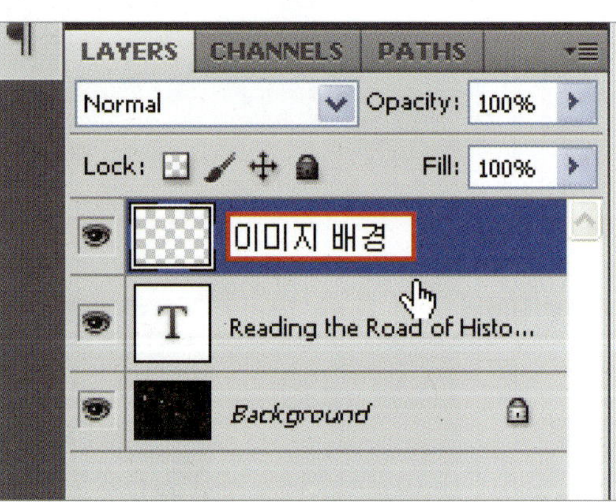

6 다음 드로잉 작업을 진행하기 위해서 Rounded Rectangle Tool을 선택해 줍니다. 그림이 아닌 패스 형태로 그림을 그리기 위해서 옵션 패널에서 아래 그림과 같이 Paths 옵션을 설정해 줍니다.

7 계속해서 옵션 패널에서 Radius 값을 60px로 설정한 뒤, 아래 그림과 같이 모서리가 둥근 직사각형을 그려줍니다.

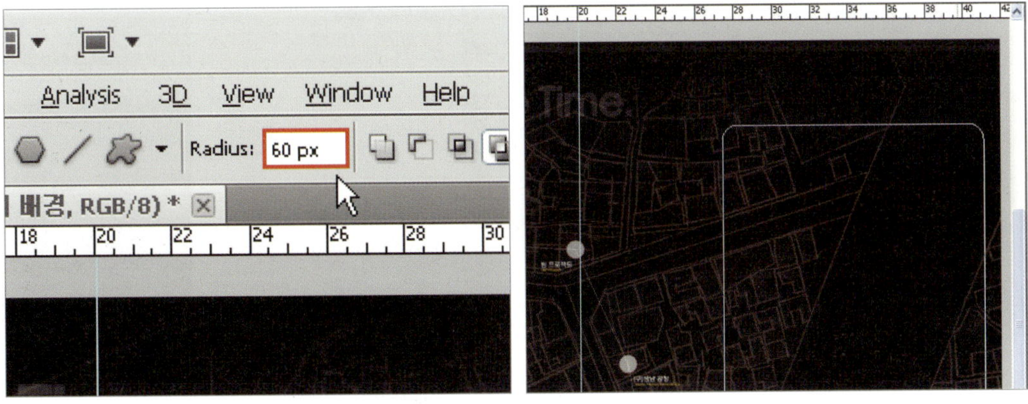

8 아래 그림과 같이 Paths 팔레트를 살펴보면 새로운 패스가 작성된 것을 볼 수 있습니다. 패스 팔레트 하단에 배치되어 있는 Load path as a selection 버튼을 클릭해 줍니다. 그려진 패스 형태가 선택영역을 만들어진 것을 볼 수 있습니다.

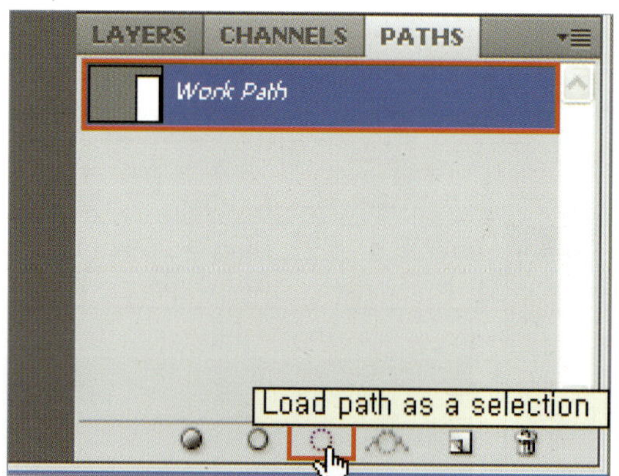
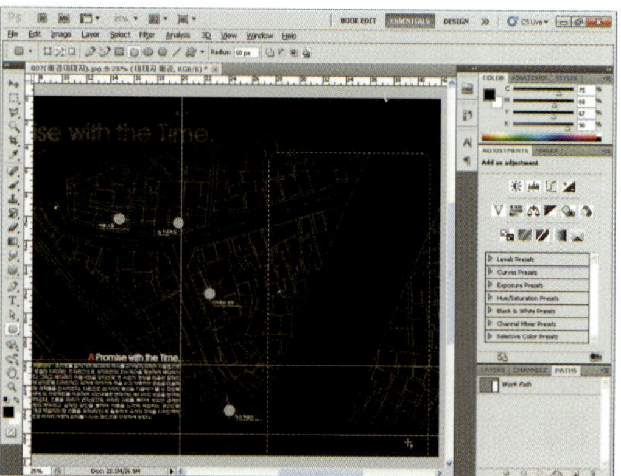

9 전경색을 흰색으로 선택한 뒤, Edit ➡ Fill... 명령을 수행합니다.

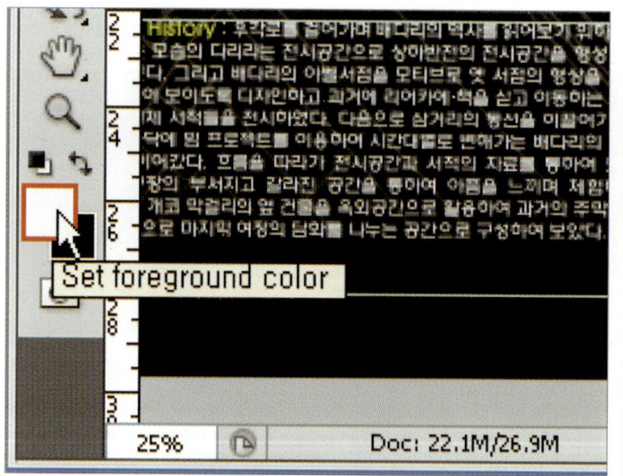
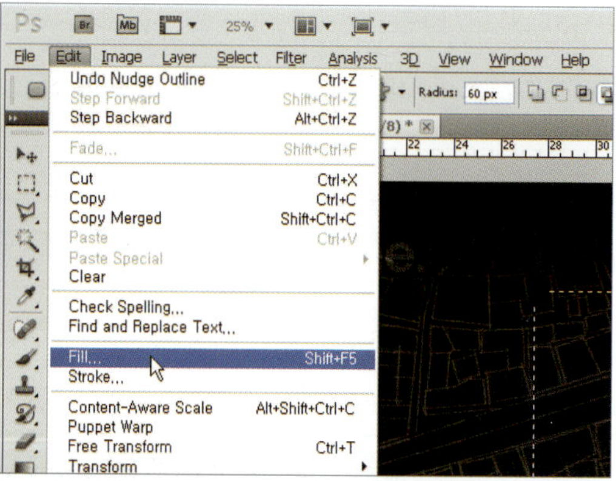

10 나타나는 Fill 대화상자가 나타나면 Contents는 전경색으로 설정하고 Opacity 값을 10%로 설정하여 색상을 채워줍니다. 아래 그림과 같이 색상이 채워진 것을 볼 수 있습니다.

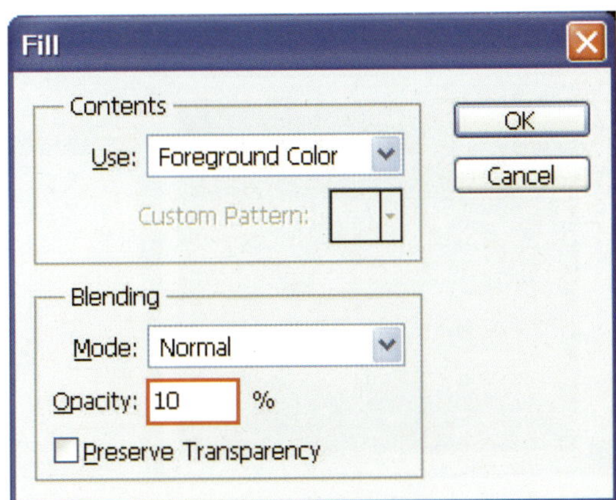
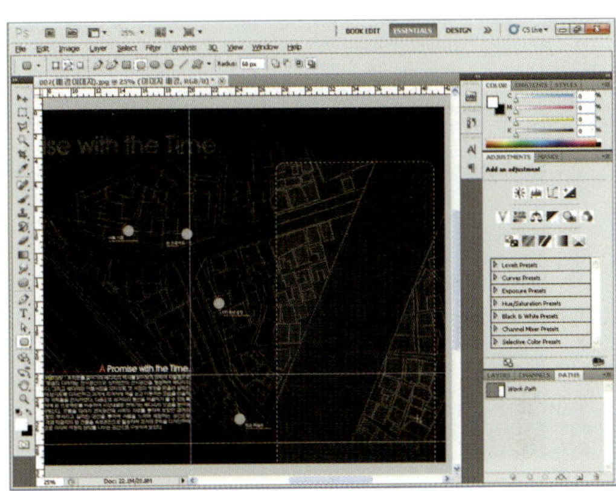

11 계속해서 테두리 선을 그리기 위해서 Edit ➡ Stroke... 명령을 수행한 뒤, 나타나는 Stroke 대화상자에서 아래 그림과 같이 옵션 값을 설정해 줍니다.

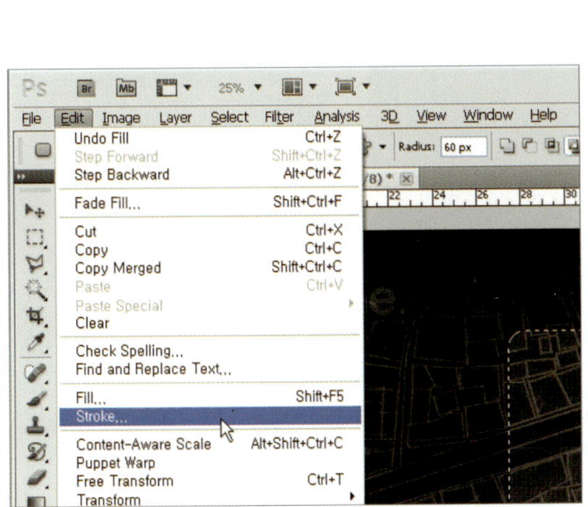
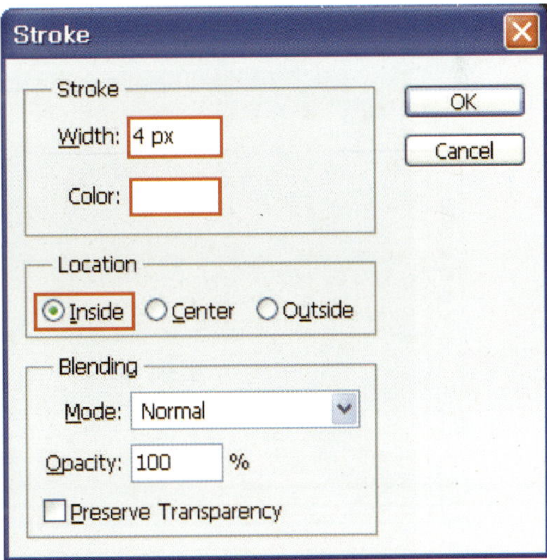

12 테두리 선을 그려준 뒤, Select → Deselect 명령을 수행하여 선택영역을 취소시켜 아래 그림과 같은 결과를 완성해 줍니다.

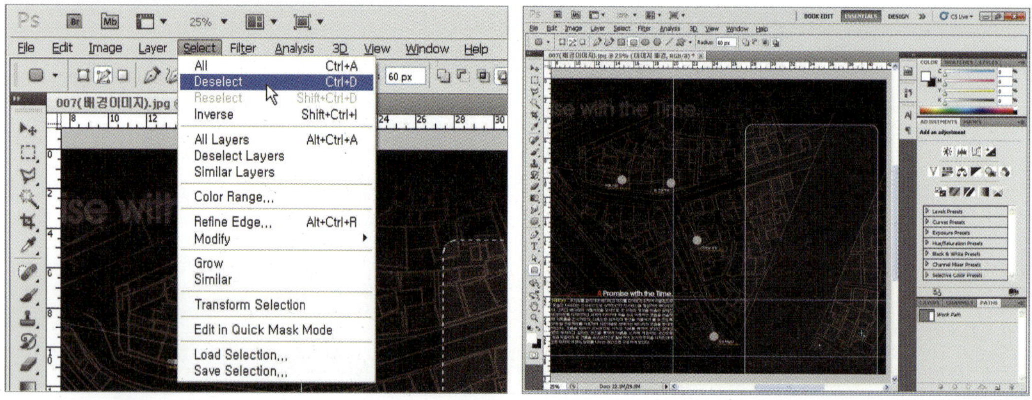

13 다음 편집 작업을 진행하기 위해서 아래 그림을 참고하여 Guide Line을 그려줍니다.

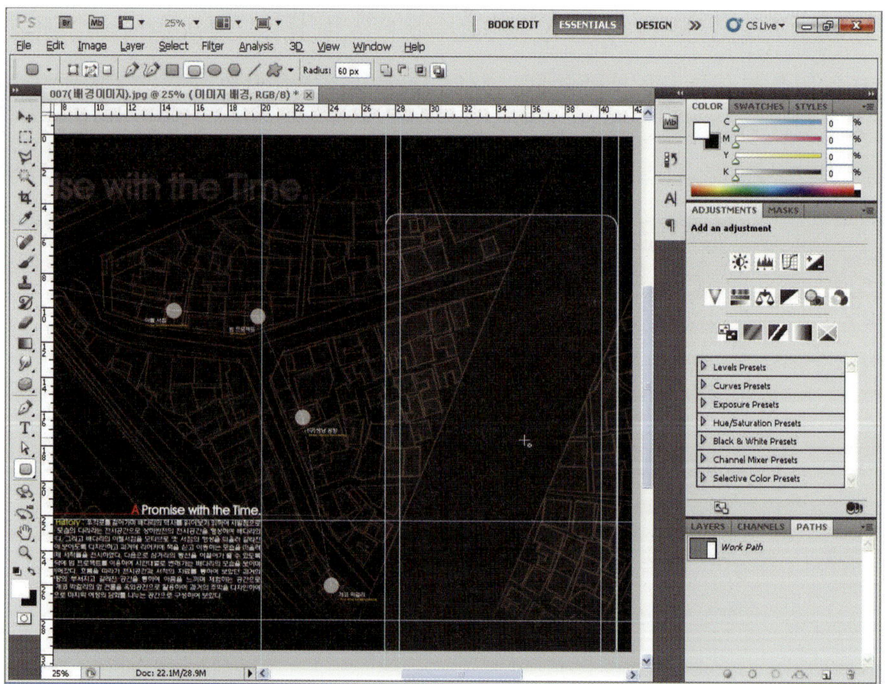

14 준비된 삽도(예제CD 10\009(이미지)−1.jpg)를 불러와 붙여준 뒤, 레이어 이름을 '이미지−1'로 설정해 줍니다.

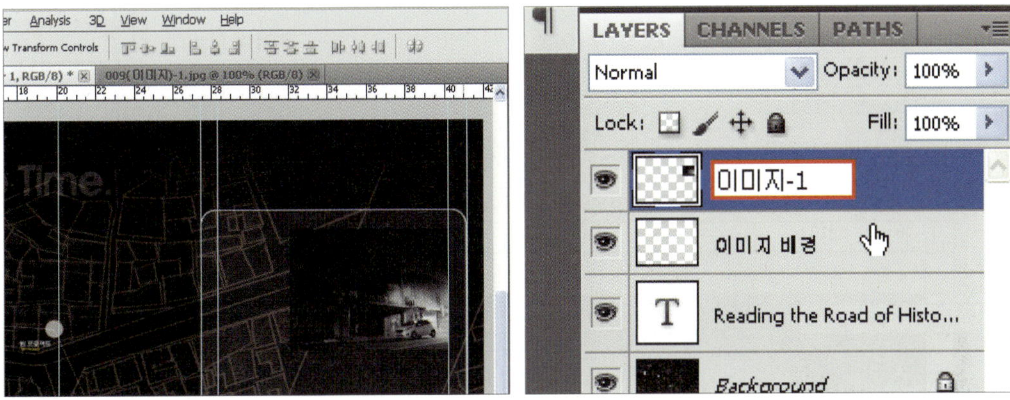

(예제CD 10\009(이미지)−1.jpg)

15 계속해서 추가로 준비된 삽도를 붙여넣은 뒤, 적당한 간격으로 배치해 줍니다. 물론 붙여넣은 이미지의 레이어를 '이미지−2', '이미지−3', '이미지−4'로 설정해 줍니다. 레이어 팔레트에서 '이미지−1', '이미지−2', '이미지−3', '이미지−4'를 모두 선택해 줍니다.

(예제CD 10\009(이미지)−2.psd, 009(이미지)−3.jpg, 009(이미지)−4.jpg)

16 Move Tool을 선택한 뒤, 옵션 패널에서 등간격 배치를 위해 Distribute Vertical centers 옵션을 선택해 줍니다. 이미지가 등간격으로 배치되느 것을 볼 수 있습니다.

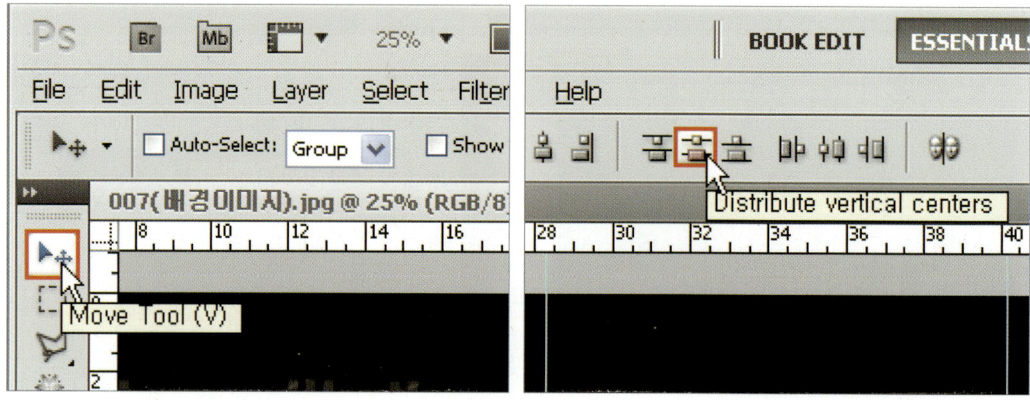

17 배치된 삽도의 타이틀을 아래 그림과 같이 입력해 줍니다. 입력되는 글씨는 'Present', 'Exterior', 'Interior A', 'Interior B' 로 입력해 줍니다.

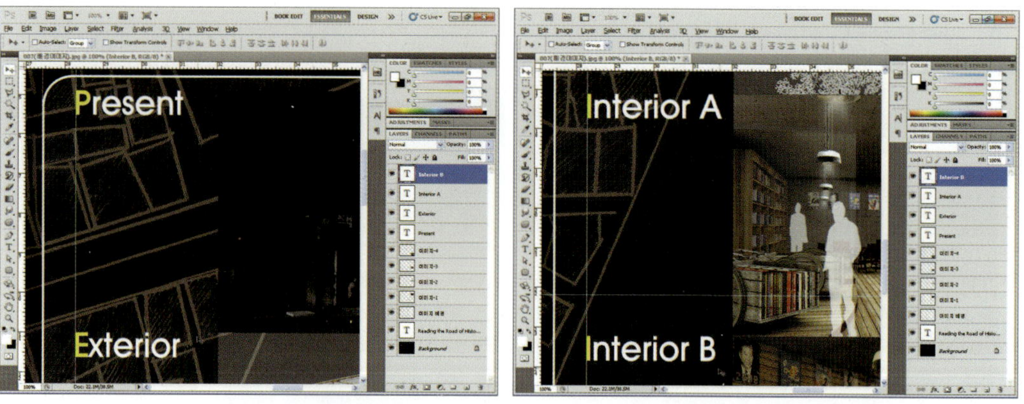

18 마지막으로 추가 글씨를 입력하기 위해서 아래 그림과 같이 글씨가 입력될 영역을 드래 그하여 선택한 뒤, 준비된 텍스트를 이용하여 글씨를 입력해 줍니다. 물론 폰트, 크기, 색 상은 아래 그림을 참조하여 적당한 모양으로 만들어 줍니다.

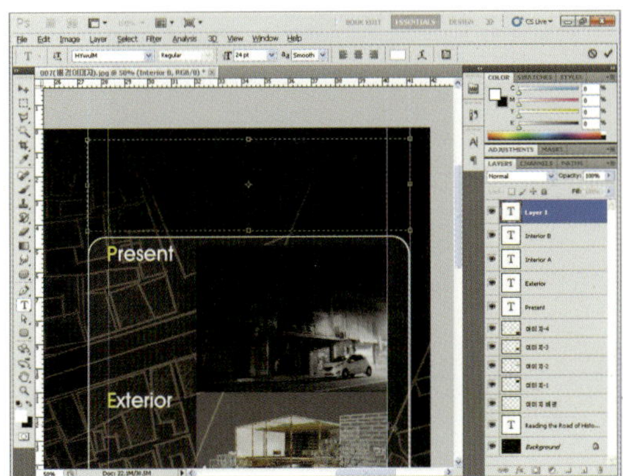

(예제|CD 10\010(개념글).txt)

19 아래 그림과 같이 완성되고 나면 더 이상 불필요한 안내선을 보이지 않도록 하기 위해서 View ➡ Extras 명령을 수행합니다.

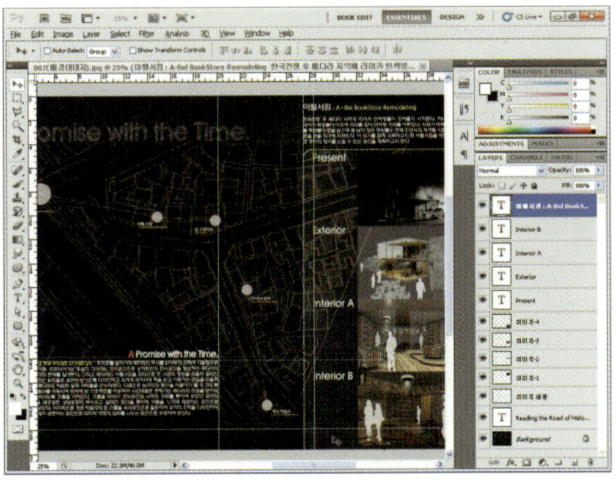
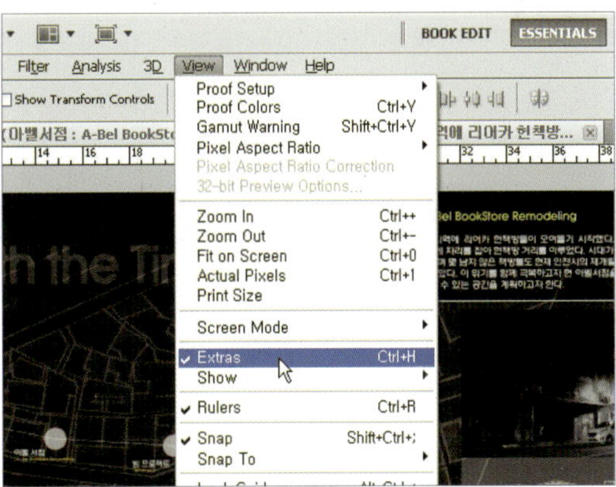

20 최종 완성된 이미지

(예제CD 10\011(레이아웃).jpg, 011(레이아웃).psd)

⚠ 편집 작업을 도와주는 안내선

● **Extras** Extras 명령은 선택영역의 점선을 숨기거나 나타나게 할 수 있습니다. 선택 영역선 뿐만 아니라 펜 툴로 제작한 패스선도 화면에서 감추거나 보이게 할 수 있으며, 기타 안내선 등의 보이기/숨기기를 할 수 있습니다.

● **Show** Show 명령은 그리드(Grid), 안내선(Guide Line), 패스(Path), 슬라이스(Slices), 등을 선택적으로 보여주거나 나타나지 않게 설정해 줍니다. 일반적으로 이러한 보조선들은 보여주면서 작업하는 좋으나 너무 복잡하게 구성할 경우, 필요한 보조선만 나타나게 설정한 후 작업하는 것이 좋습니다.

※ 안내선(Guide Line), 그리드(Gird), 슬라이스(Slices)의 컬러, 스타일, 단위, 중간 그리드 등의 설정은 Edit → Preference → Guides, Gird & Slices를 클릭하여 나타나는 대화상자에서 변수 값을 설정할 수 있습니다.

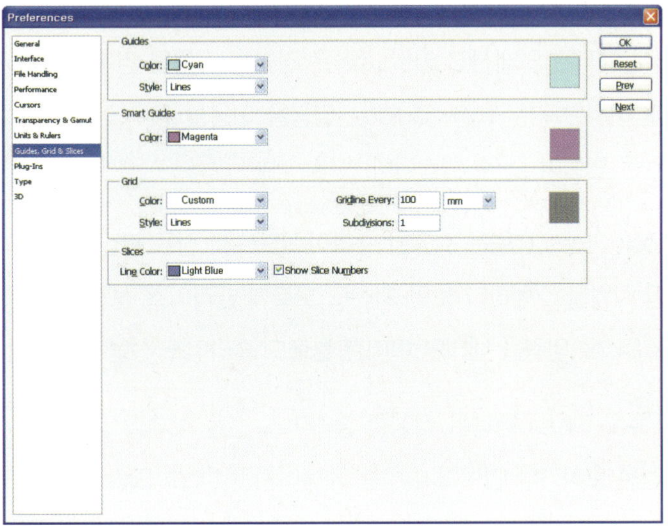

● **Rulers** Show Rulers 명령은 세밀한 작업에 도움이 되는 눈금자를 보여주거나 나타나지 않게 합니다.

※ 눈금자의 단위 설정은 Edit → Preferences → Units & Rulers의 대화상자에서 Units 값을 변경하여 설정할 수 있습니다.

- **Snap** Snap이란 각종 작업시 그리드나 가이드 선에 자동으로 달라붙으면서 작업시 정확한 배열을 가능하게 해 주는 기능입니다. 스냅은 이러한 스냅 기능의 가능/불가능을 지정합니다.

- **Snap To** Snap To 명령은 스냅을 지정할 경우 사용합니다. 부 명령으로 필요한 옵션만을 선택한 후 스냅기능을 지정하여 사용할 수 있습니다.

- **Lock Guides** Lock Guides 명령은 설정한 안내선(Guide Line)을 편집하지 못하도록 고정시키는 명령입니다. 편집작업을 수행하다 보면 자신도 모르게 이동 툴을 이용하여 안내선을 이동시킬 경우가 발생합니다. 이때 Lock Guides 명령을 내리면 어떤 툴로도 안내선(Guide Line)을 이동시킬 수 없으며 안내선 추가만을 할 수 있습니다.

- **Clear Guides** Clear Guides 명령은 작성한 안내선 모두를 한꺼번에 삭제할 경우 사용됩니다. Show 명령은 안내선(Guide Line)을 잠시 보이거나 안보이게 하는 기능이지만, Clear Guide는 완전히 삭제하는 명령입니다.

- **New Guide...** 일반적으로 안내선(Guide Line)은 눈금자에서 이동 툴을 드래그하여 제작합니다. 그러나 이렇게 제작된 안내선(Guide Line)은 간단히 사용될 경우 유리하지만 정확성이 확보되지 못합니다. 이러한 경우 New Guide... 명령을 이용할 경우 정확한 수치를 이용하여 안내선(Guide Line)을 만들어 줄 수 있습니다.

- **Lock Slices** Lock Slices 명령은 설정한 슬라이스(Slices) 선을 편집하지 못하도록 고정시키는 명령입니다. 편집 작업을 수행하다 보면 자신도 모르게 슬라이스 선를 이동시킬 경우가 발생합니다. 이때 Lock Slices 명령을 내리면 어떠한 툴로도 슬라이스 선을 이동시킬 수 없습니다.

- **Clear Slices** Clear Slices 명령은 작성한 슬라이스 선을 삭제할 경우 사용됩니다. Show 명령은 슬라이스 선을 보이거나 안보이게 하는 기능이시반 Clear Slices는 완선히 삭세하는 병령입니다.

실습예제 27

▌Grid를 이용한 제안서 레이아웃 연습

준비된 다양한 이미지를 이용하여 그리드 형태의 제안서를 작성해 보도록 하겠습니다. 아래 그림과 같이 제시된 삽도를 이용한 레이아웃 작업을 진행해 보시기 바랍니다.

■ 준비된 배경 이미지

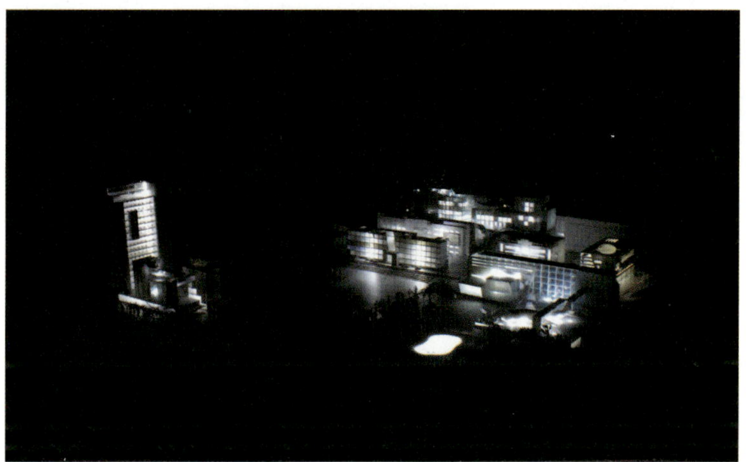

(예제CD 10\012(배경이미지).jpg)Adobe Photoshop CS5

■ 준비된 삽도

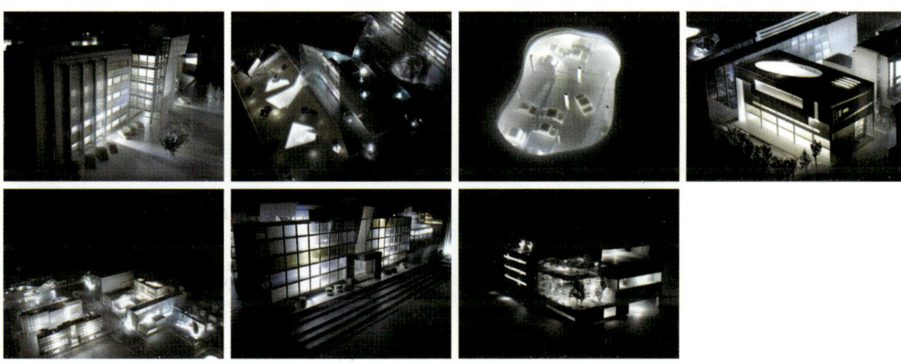

(예제CD 10\013-1.jpg~013-7jpg)

■ 완성된 결과 이미지

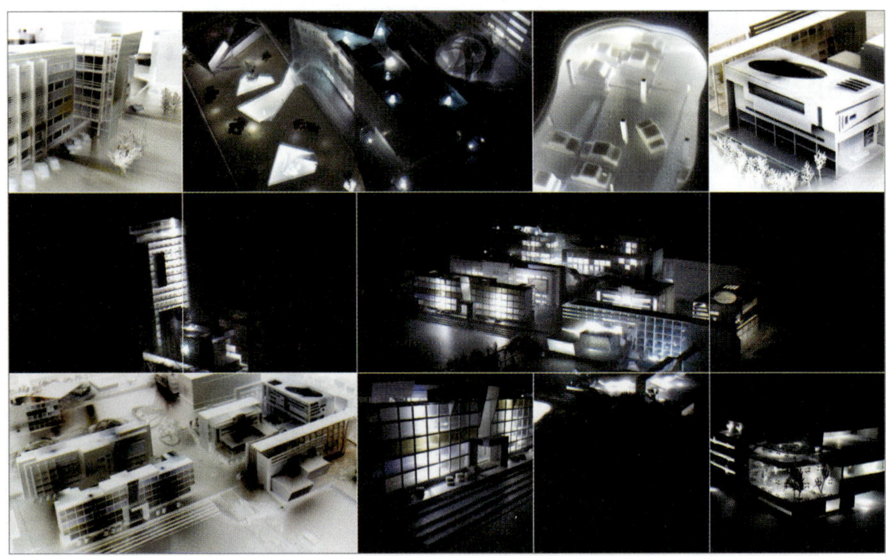

(예제CD 10\014(레이아웃).jpg, 014(레이아웃).psd)

도움말

실습예제를 진행하기 위해서는 준비된 이미지를 역상(반전) 처리해야 합니다. 즉, 포지티브 이미지를 네가티브 이미지로 변경하는 방법 중 가장 쉬운 방법은 Image → Adjustments → Invert 명령을 수행하여 처리할 수 있습니다.

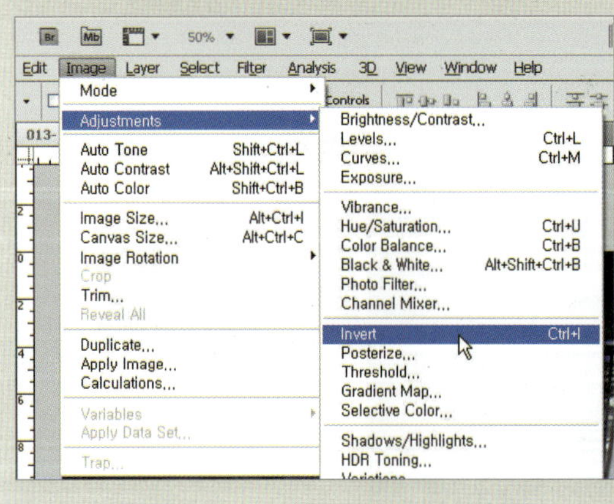

다른 방법으로는 Image → Adjustments → Curves... 명령을 수행한 뒤, 나타나는 Curves 대화상자에서 Preset 옵션을 Negative(RGB)로 설정하여 진행할 수 있습니다.

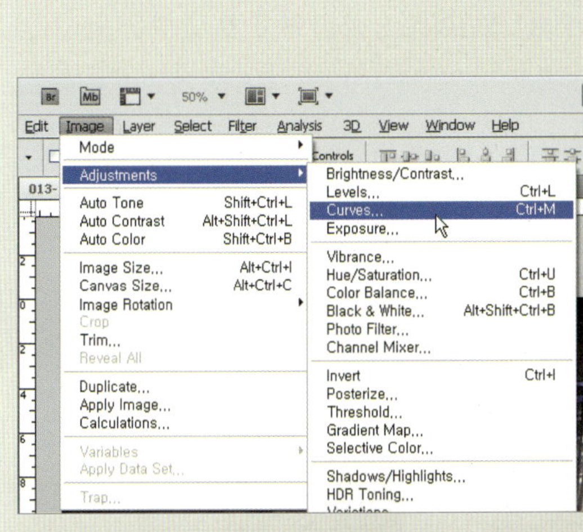

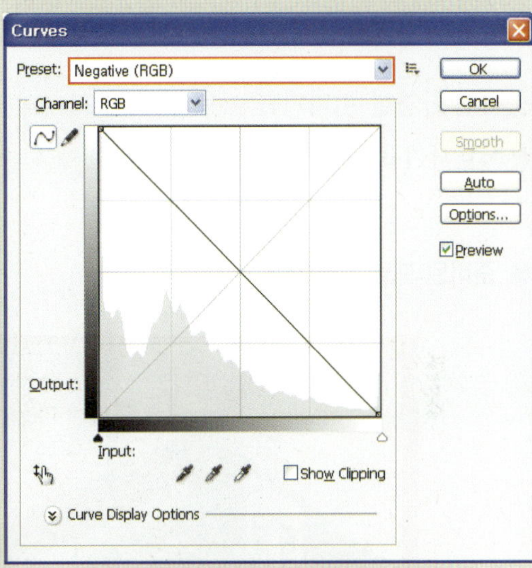

명령 수행 전

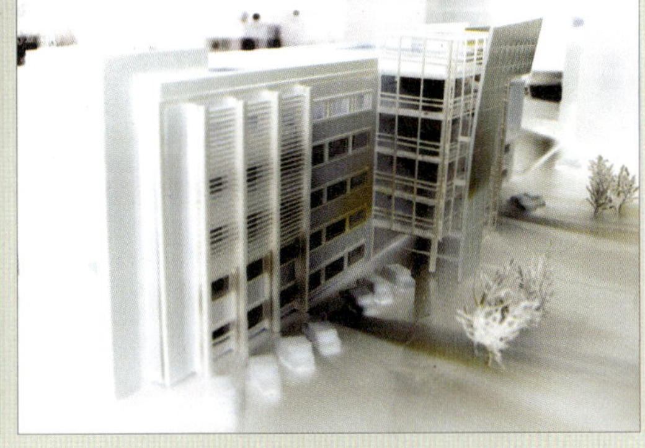

명령 수행 후

실습예제 28

이미지 분할 출력 (1)

준비된 다양한 이미지를 이용하여 A4 크기의 개인용 프린터를 이용하여 분할 출력한 뒤, 이어 붙여보시기 바랍니다.

■ 준비된 패널 이미지

(예제CD 10\015(분할출력).jpg)

■ 분할된 이미지

(예제CD 10\016(이미지분할).psd)
(예제CD 10\017(분할이미지)-1.jpg~017(분할이미지)-3.jpg)

■ 분할 출력된 결과물

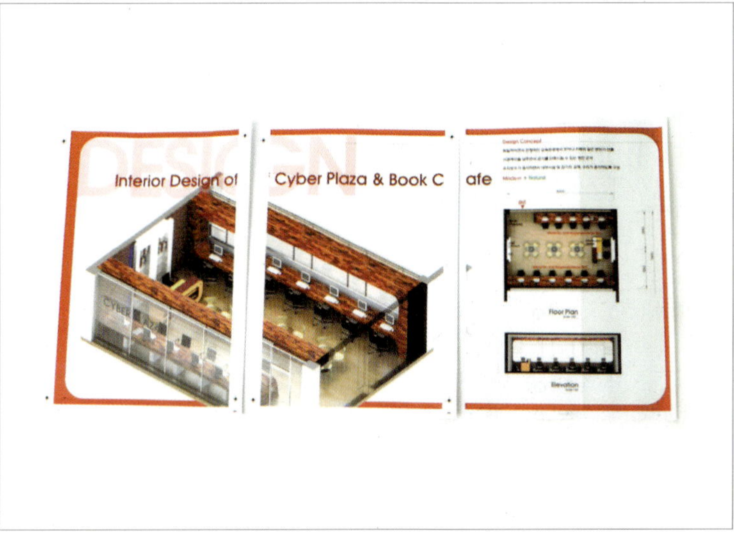

실습예제 29

이미지 분할 출력 (2)

준비된 다양한 이미지를 이용하여 A4 크기의 개인용 프린터를 이용하여 분할 출력한 뒤, 이어 붙여보시기 바랍니다.

■ 준비된 패널 이미지

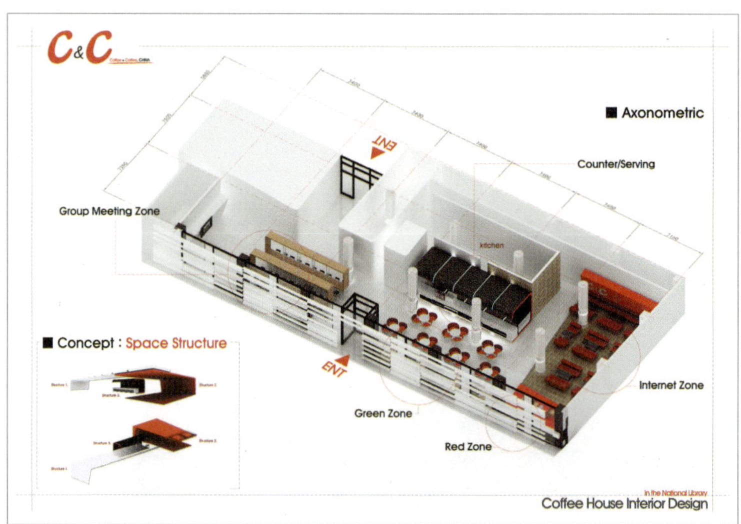

(예제CD 10\018(분할출력).jpg)

■ 분할된 이미지

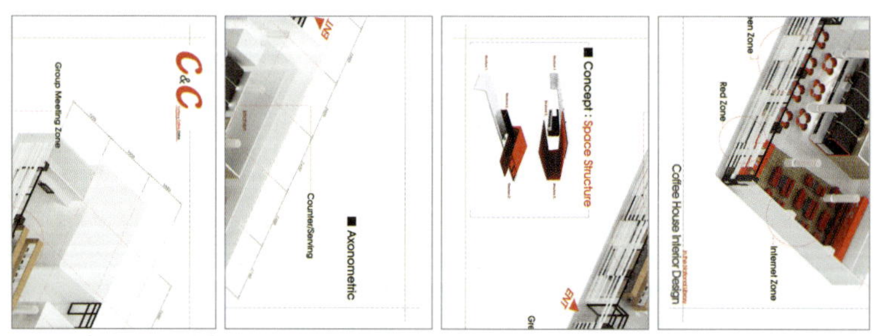

(예제CD 10\019(분할출력).psd)
(예제CD 10\020(분할이미지)-1.jpg~020(분할이미지)-4.jpg)

■ 분할 출력된 결과물

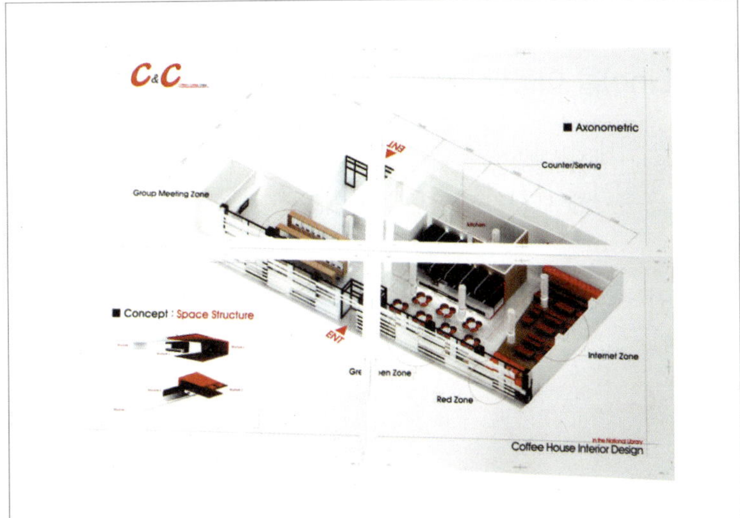

실습예제 30

▌안내선(Guide Line)을 이용한 패널 레이아웃

포토샵에서 제공하는 안내선(Guide Line)과 준비된 배경 이미지, 삽도, 텍스트를 이용하여 패널의 레이아웃 작업을 수행해 보시기 바랍니다.

■ 준비된 배경 이미지

(예제CD 10\018(분할출력).jpg)

■ 준비된 삽도, 텍스트

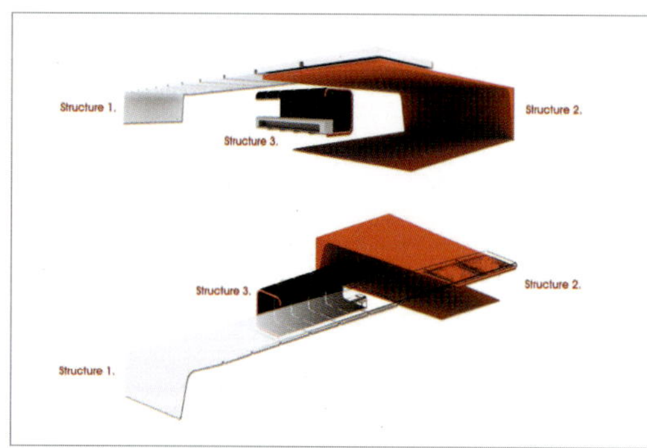

(예제CD 10\022(개념도).psd)

(예제CD 10\023(투시도).jpg)

(예제CD 10\024(투시도).jpg)

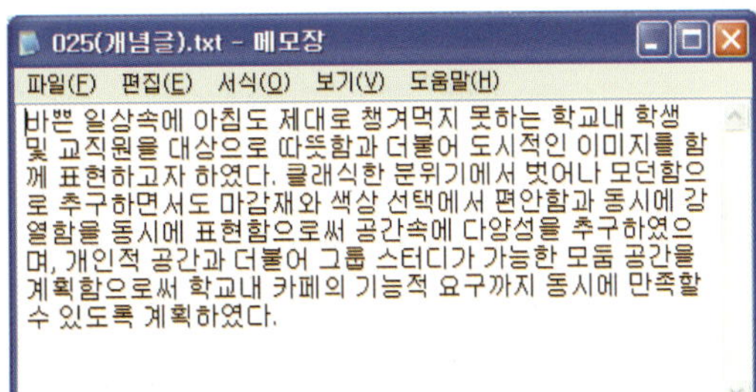

025(개념글).txt - 메모장

파일(F)　편집(E)　서식(O)　보기(V)　도움말(H)

바쁜 일상속에 아침도 제대로 챙겨먹지 못하는 학교내 학생 및 교직원을 대상으로 따뜻함과 더불어 도시적인 이미지를 함께 표현하고자 하였다. 클래식한 분위기에서 벗어나 모던함으로 추구하면서도 마감재와 색상 선택에서 편안함과 동시에 강열함을 동시에 표현함으로써 공간속에 다양성을 추구하였으며, 개인적 공간과 더불어 그룹 스터디가 가능한 모둠 공간을 계획함으로써 학교내 카페의 기능적 요구까지 동시에 만족할 수 있도록 계획하였다.

(예제CD 10\025(개념글).txt)

■ 완성된 결과 이미지

(예제CD 10\026(레이아웃).jpg, 026(레이아웃).psd)

제11부

레이어 마스크(알파 채널 클리핑 마스크)의 이해와 활용

건축, 인테리어 분야에서 포토샵 작업을 하기 위해서는 기본적 툴을 다루는 방법과 더불어 마스크(Mask), 알파 채널 및 클리핑 마스크와 같은 고급 기능을 반드시 익혀두셔야 합니다. 일반적으로 포토샵을 이용하여 디자인 및 제안서 작업을 진행하는 분들도 마스크의 기능을 이해하여 작업에 활용하는 경우는 극히 적어보입니다. 이번 장을 학습함으로써 마스크 기능을 반드시 익혀보시고 다양한 패널 및 제안서 작업에 활용해 보시기 바랍니다.

1 레이어 마스크(Layer Mask)란?

이번 장은 레이어 마스크의 이해와 더불어 건축 및 인테리어 분야에서 이와 같은 기능을 어떻게 활용될 수 있는가에 대해 설명해 보도록 하겠습니다. 일단 레이어 마스크에 대한 이해를 위해서 아래 그림을 살펴보도록 하겠습니다. 제일 위쪽에 위치하고 있는 이미지에 레이어 마스크를 추가하면, 마스크의 흰색 부분은 이미지가 온전히 나타나지만 검정색 부분은 이미지가 투명해지는 결과를 나타냅니다. 단순히 흰색과 검은색만 가지고 효과를 만드는 것이 아니라 회색의 경우는 반쯤 투명해지는(Opacity:50%) 결과를 나타냅니다.

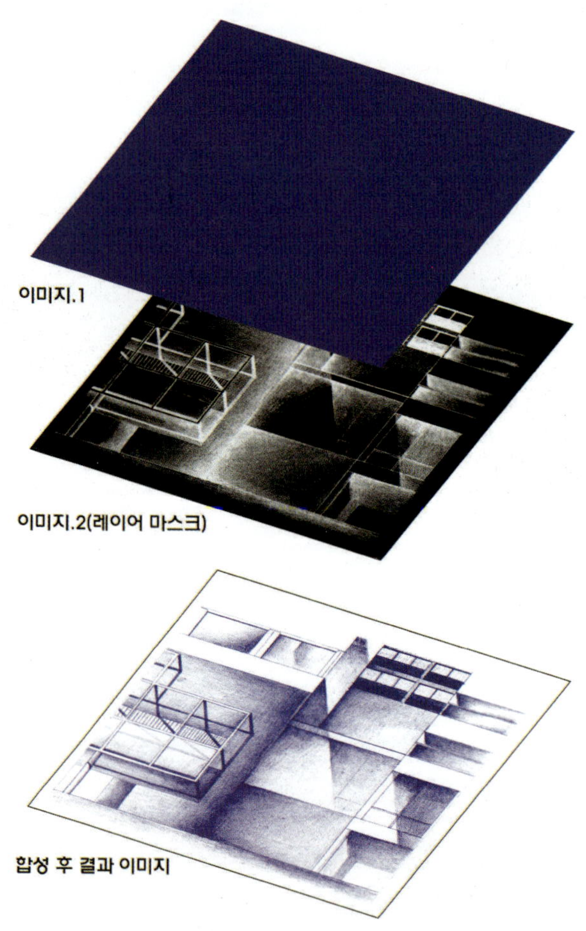

레이어 마스크의 원리와 효과

이와 같이 레이어 마스크는 이미지에서 일부를 보이거나 또는 보이지 않게 만들어줄 수 있으며, 마스크의 모양에 따라서 나타나게 하는 부분을 조절할 수 있습니다. 또한 그레이 스케일의 이미지를 이용하여 이미지의 투영되는 정도를 조절할 수도 있습니다.

앞의 이미지는 수작업으로 작성된 이미지를 레이어 마스크를 이용하여 도면만 남기고 배경은 삭제하는 원리를 보여주고 있으며, 아래 이미지는 두 이미지를 레이어 마스크를 이용하여 하나의 이미지로 자연스러운 합성을 보여주고 있습니다. 이러한 원리를 이용하여 건축 및 인테리어 분야에서 다양한 표현을 만들어 줄 수 있습니다.

2 레이어 팔레트와 레이어 마스크(Layer Mask)

앞서 설명한 바와 같이 레이어 마스크는 레이어의 일정 부분을 투명하게 만들거나 불투명하게 만들기 위해서 사용됩니다. 즉 레이어의 일부를 사라지게 하거나 보이게 할 수 있는 기능을 가지고 있습니다.

일반적으로 필요한 이미지를 화면에 나타나게 하기 위해 불필요한 이미지를 잘라내어야 합니다. 그러나 불필요한 부분을 선택하여 잘라내거나 지우면 잘려나간 부분은 영원히 복구할 수 없게 됩니다. 이러한 경우에 레이어 마스크는 이미지에서 필요한 부분만을 화면에 나타나게 할 수 있으며 이미지의 다른 부분을 손상시키지 않으면서 편집 작업을 가능하게 해 줍니다.

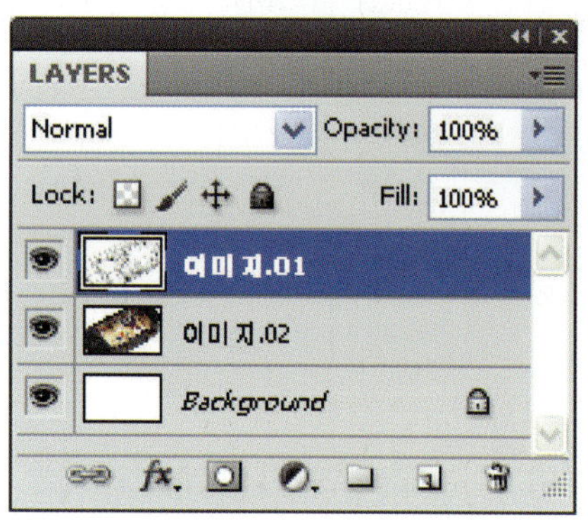

레이어 팔레트

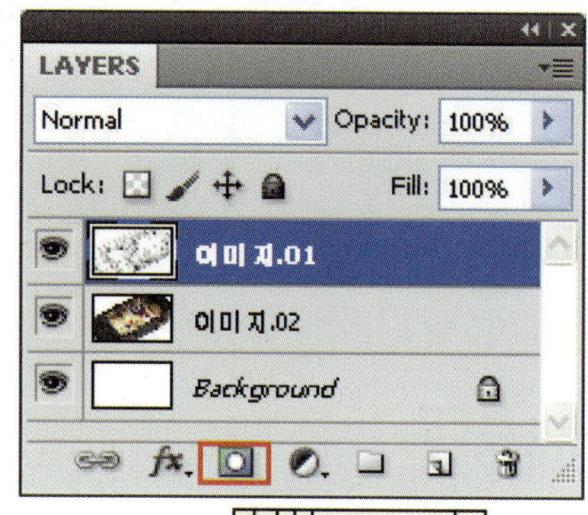

Add layer mask 아이콘

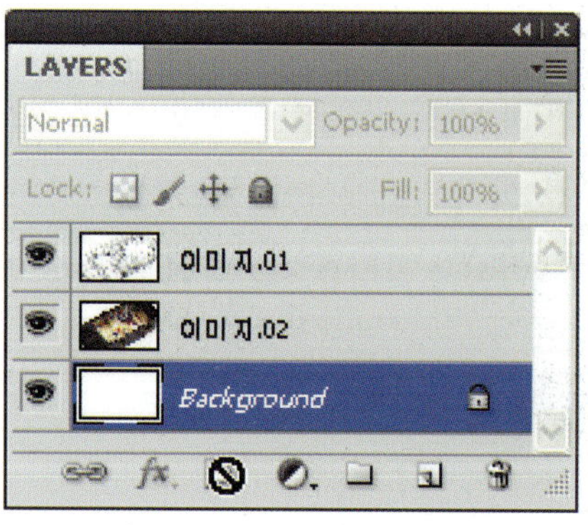

◀ 배경 레이어(Background Layer)에는 마스크
를 적용할 수 없습니다.

레이어 마스크를 추가하는 방법은 간단합니다. 단순히 마스크 추가 아이콘(Add layer mask)을 클릭하기만 하면 됩니다. 이렇게 추가된 레이어 마스크는 선택된 레이어에만 추가되며, 다른 레이어에는 영향을 미치지 않습니다. 또한 배경 레이어(Background Layer)에는 레이어 마스크를 추가하거나 적용할 수 없습니다.

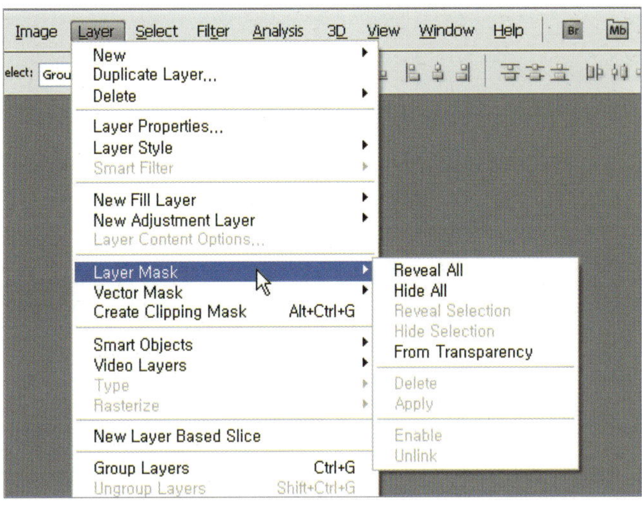

※ Layer → Layer Mask 명령을 이용하여도 레이어 마스크를 추가할 수 있으며 어떤 방법을 이용하여도 동일한 결과를 가져옵니다.

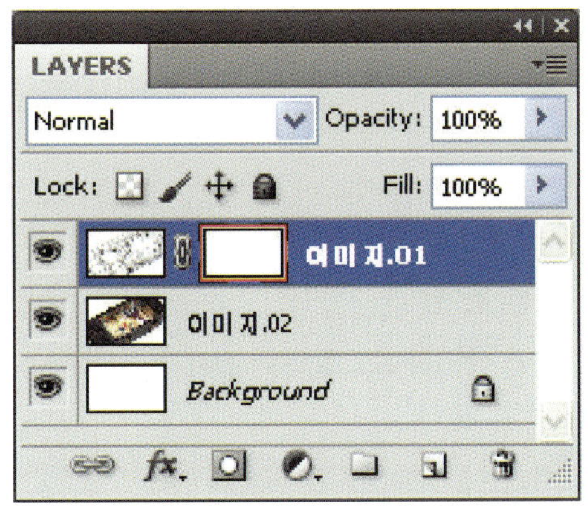 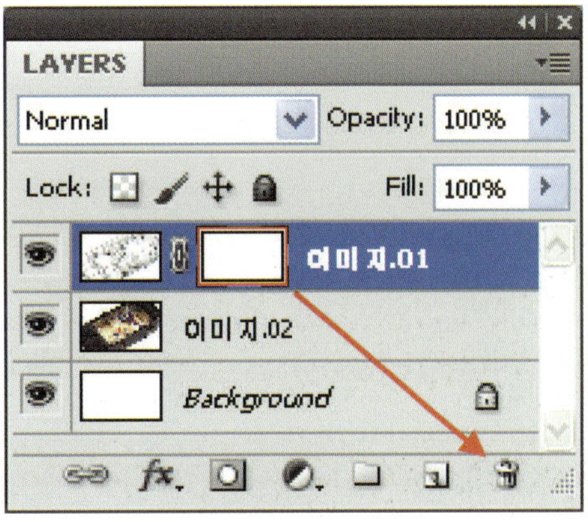

레이어 마스크를 삭제할 경우 레이어 마스크 Thumbnail(엄지손톱 이미지)을 휴지통 아이콘으로 드래그하면 됩니다. 이때 나타나는 대화상자에서 Discard를 선택하면 마스크가 이미지에 적용되지 않은 상태로 지워지며 Apply를 선택하면 마스크가 이미지에 적용된 상태로 삭제됩니다.

3 레이어 마스크의 기본 기능을 익혀 봅시다

1 File ➡ Open 명령을 수행하여 준비된 예제 파일(예제CD 11\001.psd)을 불러옵니다. 레이어 팔레트를 보면 두 개의 레이어로 구성된 이미지임을 알 수 있습니다. 먼저 위에 위치한 '투시도' 레이어를 클릭하여 선택합니다.

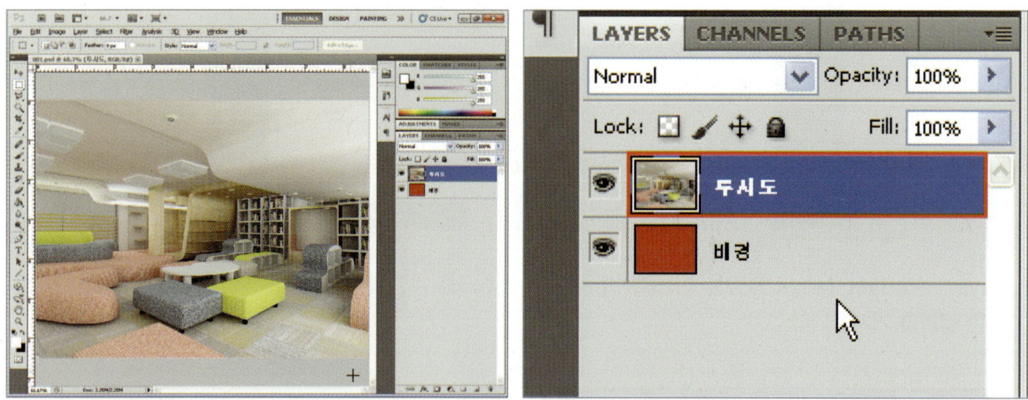

(예제CD 11\001.psd)

2 '투시도' 레이어를 클릭하여 선택한 후, 팔레트 하단에 위치한 Add layer mask 버튼을 이용하여 마스크를 추가합니다. 삽입된 마스크는 기본적으로 흰색으로 채워집니다. 물론 메뉴 바에서 Layer ➡ Layer Mask ➡ Reveal All을 클릭하여 마스크를 삽입하여도 동일한 결과가 나타납니다.

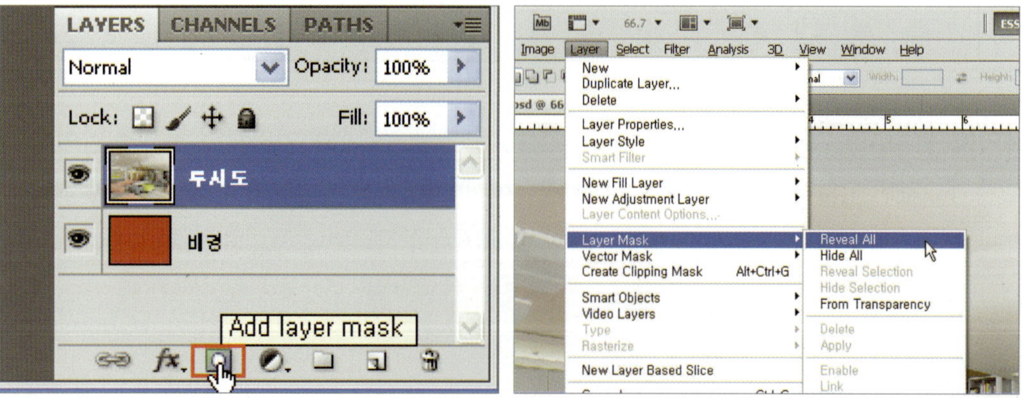

3. 레이어 팔레트를 자세히 살펴보면 레이어 마스크가 추가되었으며, Layer Mask Thumbnail 주변으로 테두리가 있는 것을 보실 수 있습니다. 이것은 이미지를 보면서 레이어 마스크에서 작업한다는 의미입니다. 만약 Layer Mask Thumbnail이 아닌 Layer Thumbnail을 클릭하시면, Layer Thumbnail 주변으로 테두리가 나타나게 됩니다. 레이어 마스크에서 드로잉 작업을 진행하기 위해서 그림과 같이 Layer Mask Thumbnail을 클릭하여 작업 상태를 전환합니다. 전경색(Foreground Color)을 검정색(R:0, G:0, B:0)으로 설정합니다.

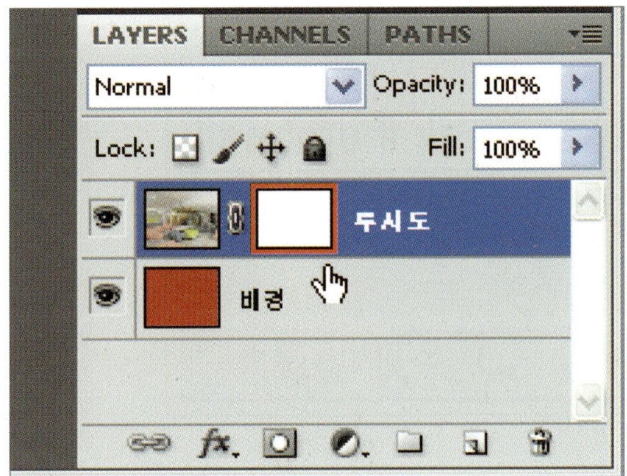

4. 전경색(Foreground Color)을 검정색으로 설정한 후, 드로잉 툴을 이용하여 드로잉 합니다. 드로잉을 수행하면 검정색으로 그려지는 것이 아니라 빨강색으로 그림이 그려지는 것과 같습니다. 그러나 자세히 살펴보면 빨강색으로 그리는 것이 아니라, 마치 지우개 툴(Erase Tool)을 이용하여 그림을 지우는 것 같은 결과로 인해서 아래에 위치하고 있는 레이어의 이미지, 즉 빨간색이 보이게 됩니다.

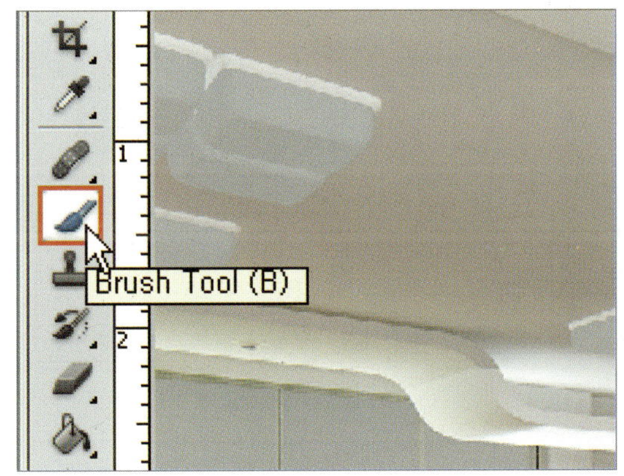

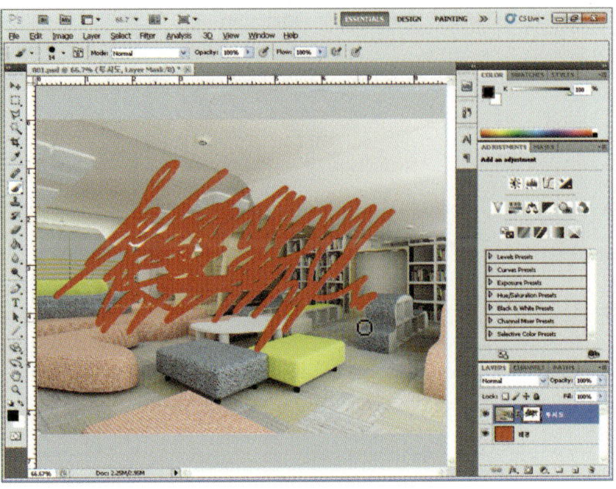

5 레이어 팔레트에 Layer Mask Thumbnail을 보면 지금까지 드로잉한 내용이 마스크에 그려졌다는 사실을 알 수 있습니다.

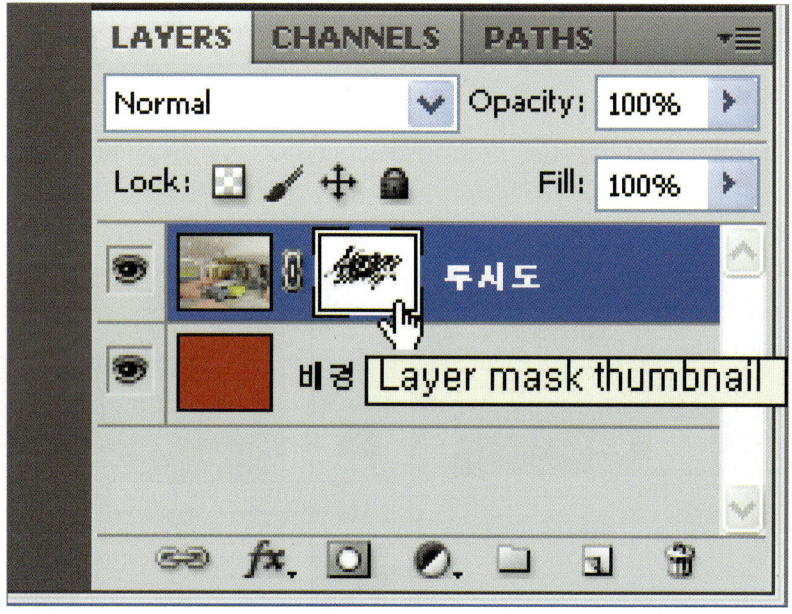

※ 이러한 결과를 살펴보면 마스크 영역에서 검정색은 원본 이미지를 사라지게 하는 효과를, 그리고 마스크 영역에서 흰색은 원본 이미지를 나타나게 해줍니다.

6 계속해서 드로잉을 진행하면, 그림이 완전히 사라지는 모습을 볼 수 있습니다. 역시 Layer Mask Thumbnail의 보면 흰색의 영역이 완전히 검정색으로 변화된 것을 볼 수 있습니다.

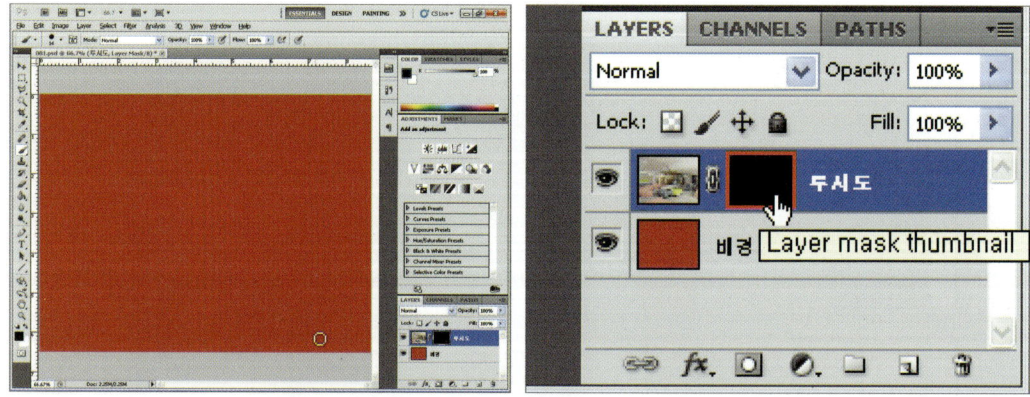

7 이제는 전경색(Foreground Color)을 흰색(R:255, G:255, B:255)으로 설정한 후, 드로잉 툴을 이용하여 그려봅니다. 드로잉을 수행하면 흰색으로 그려지는 것이 아니라 사라졌던 이미지가 다시 나타나게 됩니다. 이러한 기능 때문에 포토샵을 이용하는 많은 사람들이 레이어 마스크를 사용하게 됩니다.

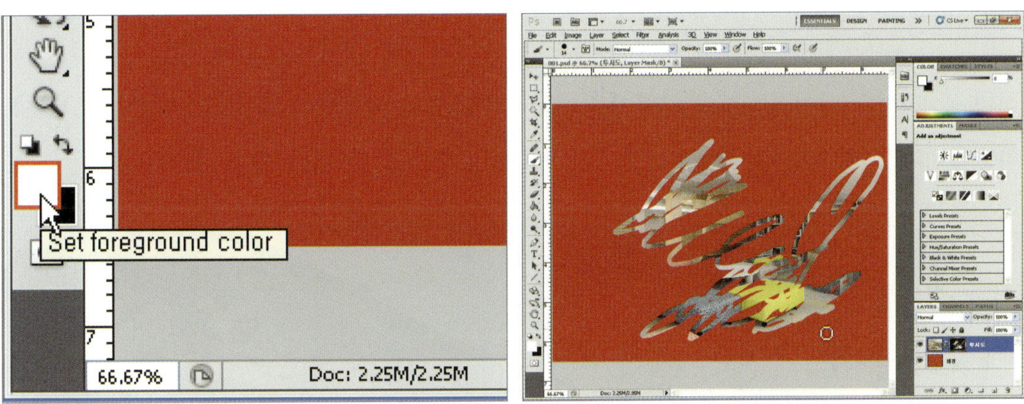

※ 다시 언급하지만 마스크 영역에서 검정색은 원본 이미지를 사라지게 또는 지우는 효과를, 그리고 마스크 영역에서 흰색은 원본 이미지를 나타나게 해줍니다.

8 계속해서 드로잉을 진행하면 그림이 다시 나타나는 것을 볼 수 있습니다. 역시 Layer Mask Thumbnail을 살펴보면 검정색의 이미지가 흰색 이미지로 변경된 것을 볼 수 있습니다.

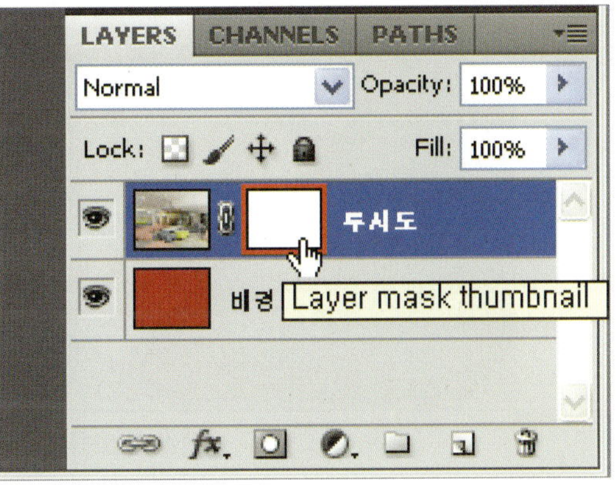

(예제CD 11\002.psd)

※ 그렇다면 레이어 마스크에서 빨간색, 또는 파란색은 원래 이미지에 어떠한 효과를 줄까요? 기본적으로 마스크에서는 컬러를 사용할 수 없습니다. 따라서 Grayscale의 색상으로만 드로잉 할 수 있습니다. 그렇다면 또 하나 궁금한 사실은 회색으로 드로잉 할 경우에는 반쯤 지워지는 효과가 나타납니다.

4 레이어 마스크와 그라디언트 툴을 이용한 합성

이번 예제에서는 준비된 2장의 이미지를 레이어 마스크를 이용하여 자연스럽게 합성해 보도록 하겠습니다. 이후에도 레이어 마스크의 다양한 활용 방법을 살펴보도록 하겠습니다.

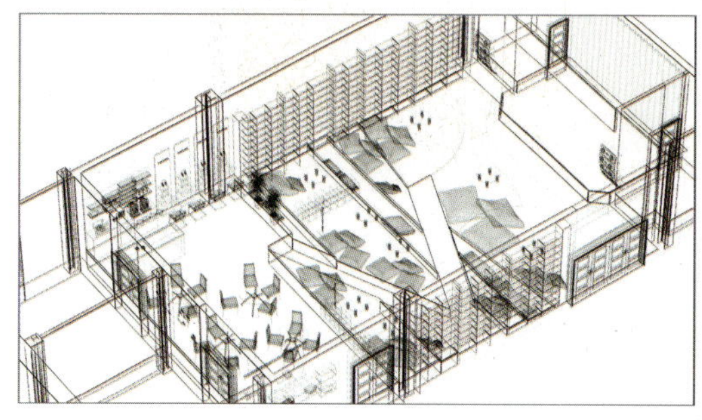

Wire Frame 이미지

렌더링 이미지

레이어 마스크를 이용하여 합성된 결과 이미지

1 두 장의 이미지(와이어 프레임, 일반 이미지)를 묶어놓은 예제 파일을 불러옵니다. 레이어 팔레트를 보면 두 개의 레이어로 구성된 이미지임을 알 수 있습니다. 레이어 팔레트에서 위에 배치되어 있는 '이미지.01' 레이어를 클릭하여 선택합니다.

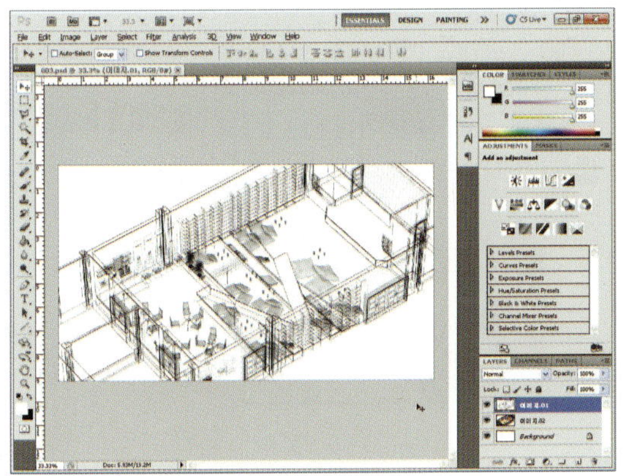
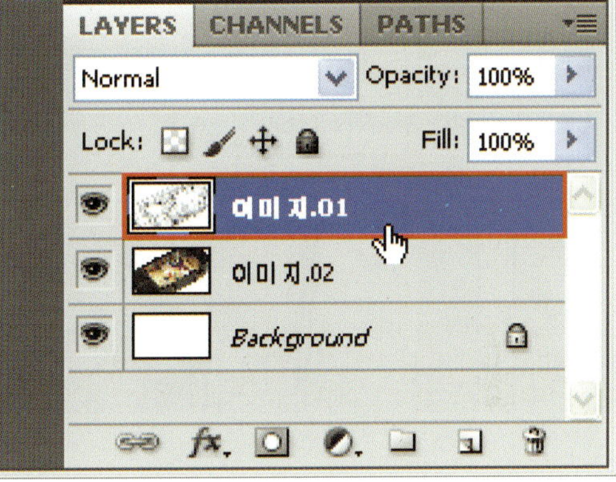

(예제CD 11\003.psd)

2 '이미지.01' 레이어를 현재 작업 레이어로 선택되어 있으면, 레이어 팔레트 하단에 위치한 레이어 마스크 추가 버튼(Add layer mask)을 이용하여 레이어 마스크를 추가해 줍니다. 삽입된 마스크는 기본적으로 흰색으로 만들어 집니다.

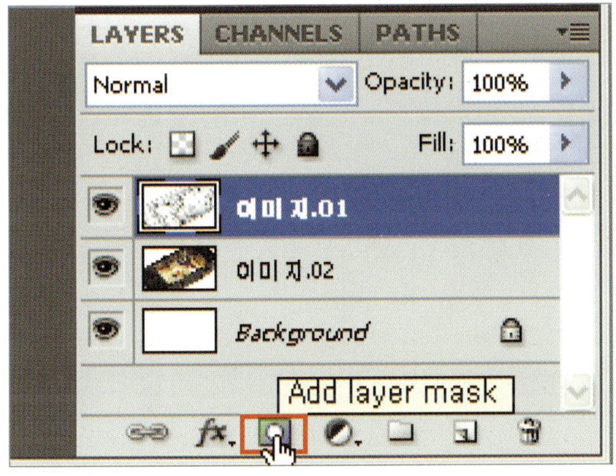

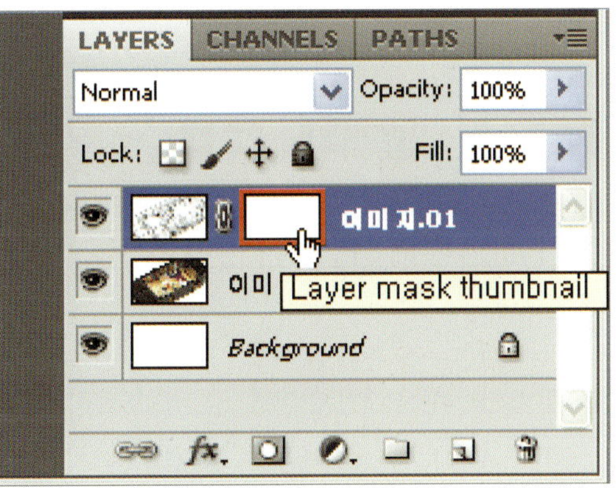

3 그라디언트 툴(Gradient Tool)을 선택한 뒤, 그림과 같이 옵션 패널에서 그라데이션 색상은 'Black, White' 로 설정합니다.

4 계속해서 그라데이션 방법은 선형 그라디언트(Linear Gradient)로 설정한 뒤, 그림과 같이 왼쪽에서 오른쪽으로 그라데이션을 만들어 줍니다. 이때 Shift 키를 누른 상태에서 적용하면 정확하게 수평을 유지하면서 그라데이션이 만들어집니다. 그라디언트 적용 후, 왼쪽은 검정색이 적용되며 오른쪽으로 갈수록 흰색으로 변하게 됩니다.

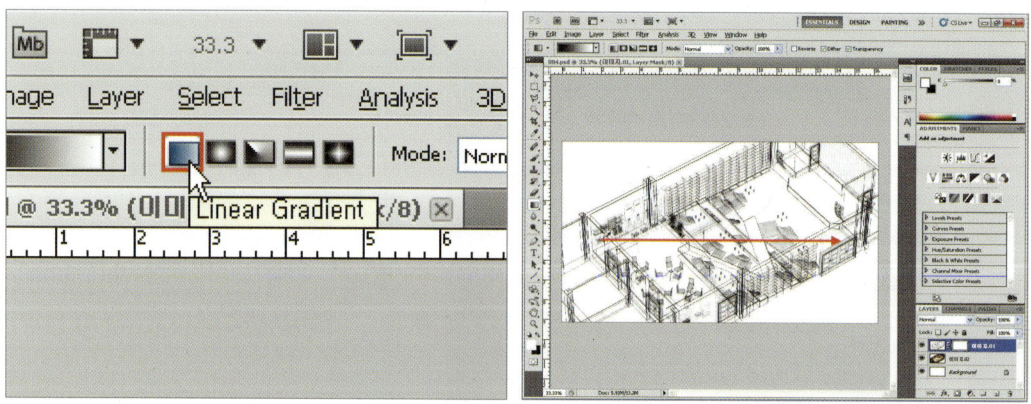

5 결과를 확인하면, 선택되어 있는 레이어의 이미지에서 왼쪽은 사라지며 오른쪽으로 갈수록 점차 나타나는 결과를 볼 수 있습니다. 즉 마스크 영역에서 검정색은 원본 이미지를 사라지게 하는 효과를, 그리고 마스크 영역에서 흰색은 원본 이미지를 나타나게 해줍니다. 물론 회색은 반쯤(Opacity:50%) 지우는 효과를 만들어줍니다.

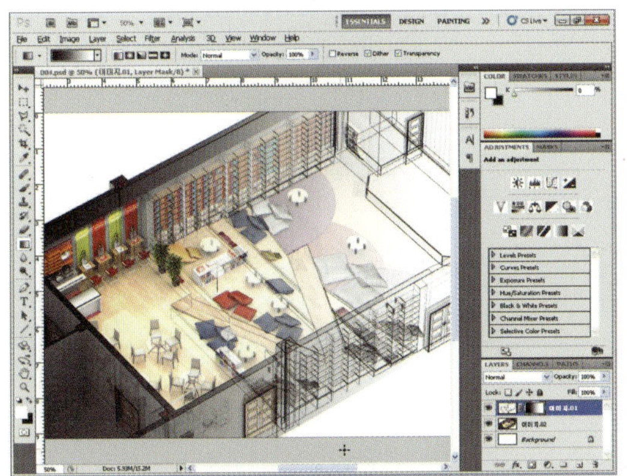

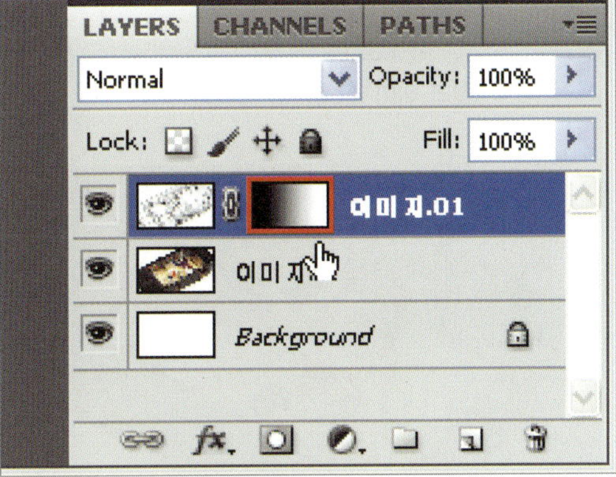

(예제\CD 11\004.psd)

결과 이미지(Linear Gradient)

마스크 이미지

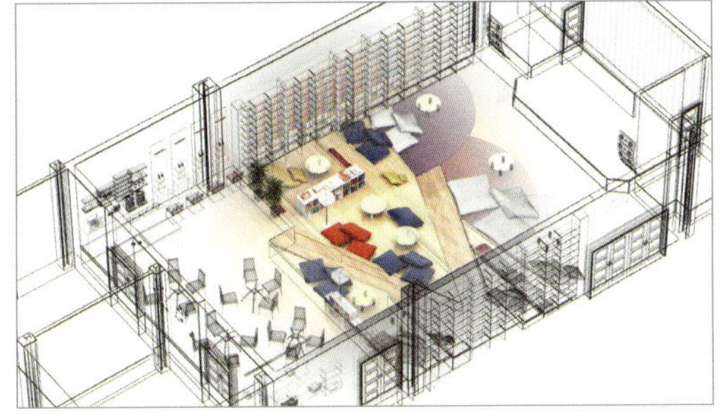

결과 이미지(Radial Gradient)

마스크 이미지

결과 이미지(Linear Gradient)

마스크 이미지

결과 이미지(Radial Gradient)

마스크 이미지

※ 마스크 영역에서 검정색은 원본 이미지를 사라지게 하는 효과를, 회색은 반쯤(Opacity:50%) 지우는 효과를,
그리고 마스크 영역에서 흰색은 원본 이미지를 나타나게 해줍니다. 결과적으로 보여지는 이미지는 사라져 있
던 이미지가 점진적으로 보여지는(나타나는) 것입니다.

※ 지금까지는 레이어에 마스크를 추가한 후 드로잉 도구나 그라데이션 툴을 이용하여 마스크에 직접 드로잉을
하여 효과를 만들어 보았습니다. 그러나 단순히 이러한 방법 외에도 이미지 자체를 마스크에 복사하는 방식의
작업을 진행 할 수 있습니다. 또한 지금까지는 이미지를 보면서 마스크에서 작업한 것과는 달리 마스크를 직
접 보면서 편집 작업을 진행한 뒤 결과를 확인할 수도 있습니다.

5 레이어 마스크의 추가 및 삭제 방법을 익혀 봅시다

1. 레이어 마스크 추가

선택되어 있는 레이어에 레이어 마스크를 추가하기 위해서는 메뉴 바에서 Layer ➔ Layer Mask ➔ Reveal All, Hide All 명령을 수행하거나 레이어 팔레트 하단에 위치한 Add layer mask 아이콘을 클릭하여 레이어 마스크를 추가할 수 있습니다.

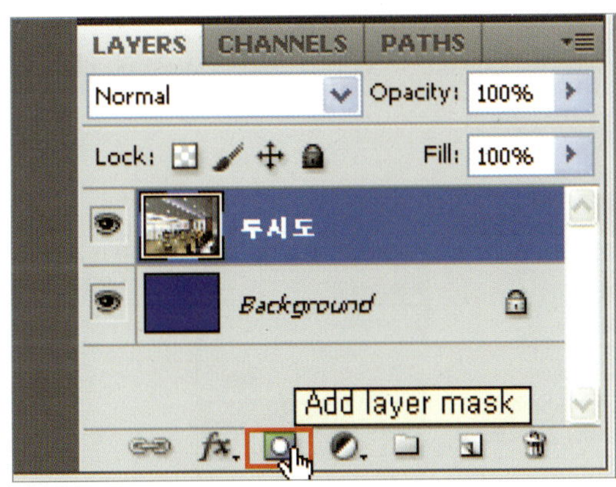

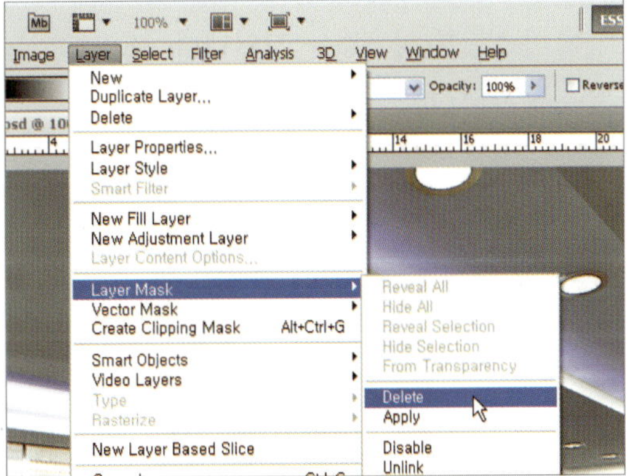

(예제\CD 11\005.psd)

2. 레이어 마스크 삭제

작성된 레이어 마스크를 삭제하기 위해서는 레이어 마스크가 선택되어 있는 상태에서 메뉴 바에서 Layer ➔ Layer Mask ➔ Delete를 클릭하거나, 팔레트 하단에 위치한 Delete layer 아이콘을 클릭하면 레이어 마스크만 삭제할 수 있습니다.

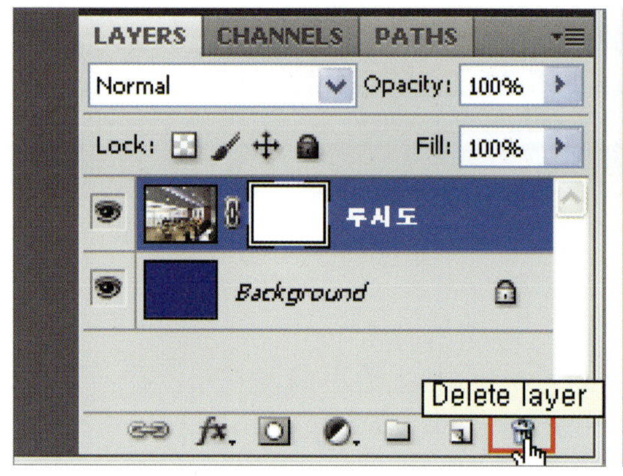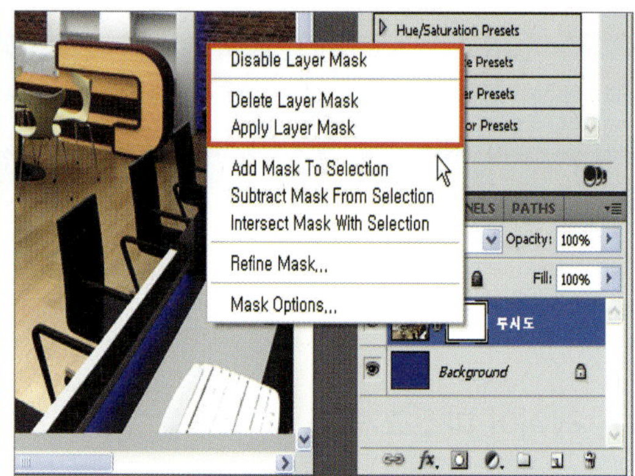

또한 레이어 마스크를 선택한 상태에서 마우스 오른쪽 버튼을 클릭하면, 아래 그림과 같이 팝업 메뉴가 나타나며 Delete Layer Mask는 레이어 마스크의 효과를 레이어에 적용하지 않고 레이어 마스크를 삭제하는 것이며, Apply Layer Mask는 마스크의 효과를 레이어에 적용한 뒤 레이어 마스크를 삭제하는 것입니다. 또한 Disable Layer Mask는 레이어 마스크의 효과를 잠시 꺼주는 명령입니다.

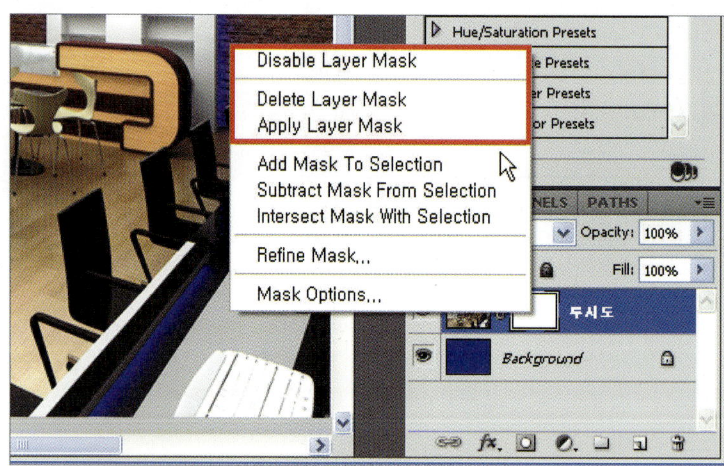

※ 레이어 마스크를 삭제하려는 명령을 수령하면 아래 그림과 같은 대화상자가 나타나게 됩니다. Apply의 경우는 레이어 마스크의 효과를 레이어에 적용한 뒤 레이어 마스크를 삭제하는 것입니다. Cancel은 단순히 레이어 마스크 삭제 명령을 취소하는 것이며 Delete는 레이어 마스크의 효과를 레이어에 적용하지 않고 레이어 마스크를 삭제하는 것입니다.

6 레이어 마스크의 작업 진행 방법을 익혀 봅시다

지금까지는 레이어에 마스크를 추가한 뒤, 드로잉 도구나 그라데이션 툴을 이용하여 마스크에 직접 드로잉을 하였습니다. 그러나 단순히 이러한 방법 외에도 이미지 자체를 마스크에 복사하는 방식으로 작업을 진행 할 수 있습니다. 또한 지금까지는 이미지를 보면서 레이어 마스크에서 작업한 것과는 달리 레이어 마스크를 직접 보면서 편집 작업을 진행한 뒤 결과를 확인할 수도 있습니다.

1. 이미지를 보면서 마스크에서 작업하기

첫 번째로는 원본 이미지를 보면서 레이어 마스크에서 작업하는 과정을 살펴보도록 하겠습니다. 이미지를 보면서 레이어 마스크에서 작업을 수행할 경우, 작업과 동시에 실시간으로 레이어 마스크의 효과를 볼 수 있기 때문에 일반적으로 많이 사용되는 방법입니다. 그러나 초보인 경우에는 현재의 작업상태가 작업 이미지인지 레이어 마스크 작업 상태인지 구분을 못해 실수하는 경우도 발생할 수 있습니다.

1 준비된 예제 파일(예제CD 11\006.psd)을 불러옵니다. 레이어 팔레트를 보면 두 개의 레이어로 구성된 이미지임을 알 수 있습니다. 레이어 팔레트에서 '모형사진' 레이어를 클릭하여 선택한 뒤, 레이어 마스크를 추가하기 위해서 Layer ➡ Layer Mask ➡ Reveal All을 명령을 수행합니다.

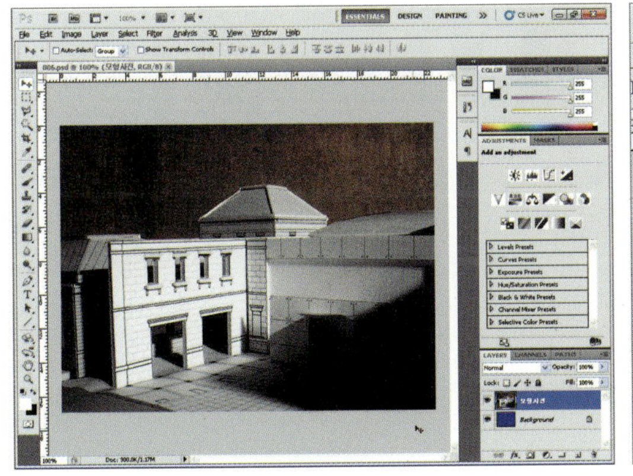
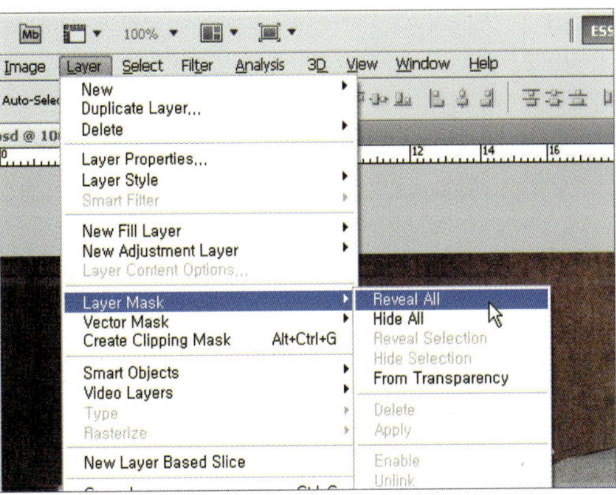

(예제CD 11\006.psd)

2 레이어 팔레트를 확인해 보면, 아래 그림과 같이 현재 선택되어 있는 '모형사진' 레이어에 레이어 마스크 추가된 것을 볼 수 있습니다. 더불어 레이어 마스크 섬네일 주변으로 테두리가 보이면서 현재 작업상태가 레이어 마스크임을 알 수 있습니다.

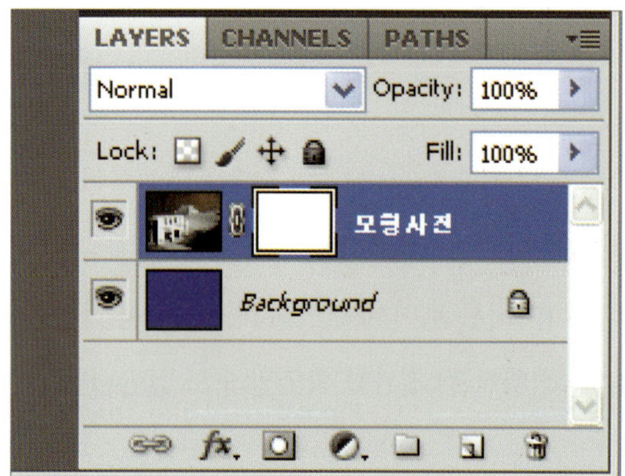

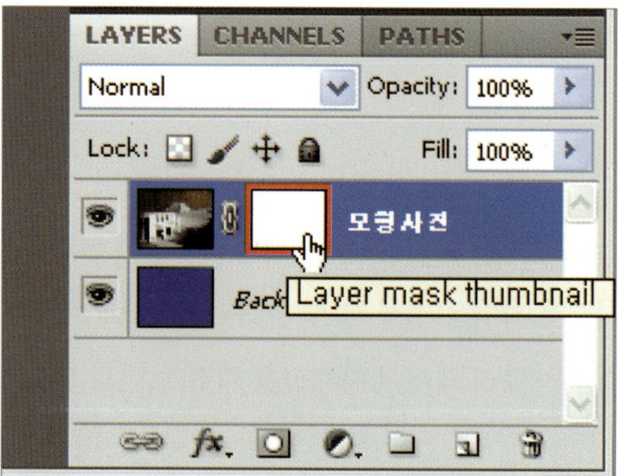

3 전경색(Set foreground color)을 검정색으로 설정한 뒤 브러시(Brush) 툴을 이용하여 그림을 그려줍니다. 그림을 그리면서 느낄 수 있는 점은 검정색으로 그림이 그려지는 것이 아니라 마치 '모형사진' 레이어의 파란색으로 그림이 그려지는 것과 같으며, 실제는 그림이 지워지는 효과를 볼 수 있습니다.

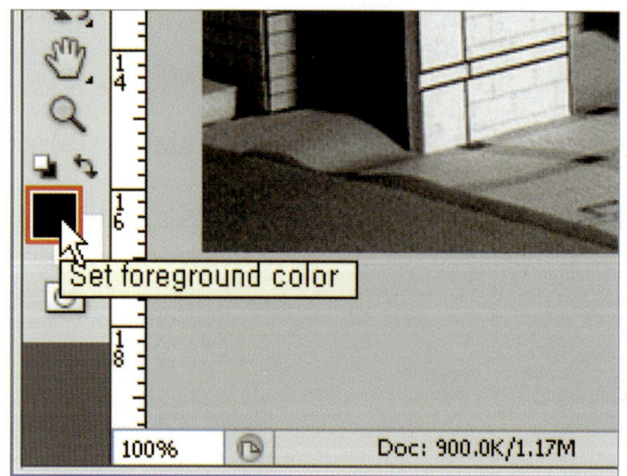

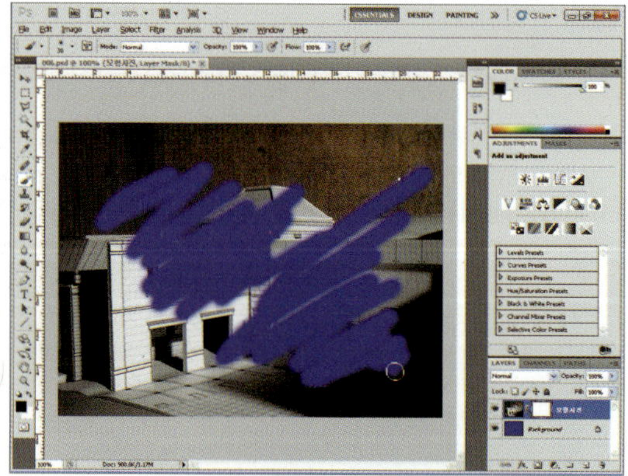

2. 레이어 마스크를 보면서 레이어 마스크에서 작업하기

두 번째로는 레이어 마스크의 이미지를 보면서 레이어 마스크에서 작업하는 과정을 살펴보도록 하겠습니다. 레이어 마스크를 보면서 레이어 마스크에서 작업을 수행할 경우 레이어 마스크 작업 상태를 정확히 확인할 수 있는 장점이 있지만 작업과 동시에 실시간으로 레이어 마스크의 효과를 볼 수 없는 단점이 있습니다.

1 File ➡ Revert 명령을 수행하여 예제 파일을 처음 불러왔을 경우와 같은 초기 상태로 되돌려 놓습니다.

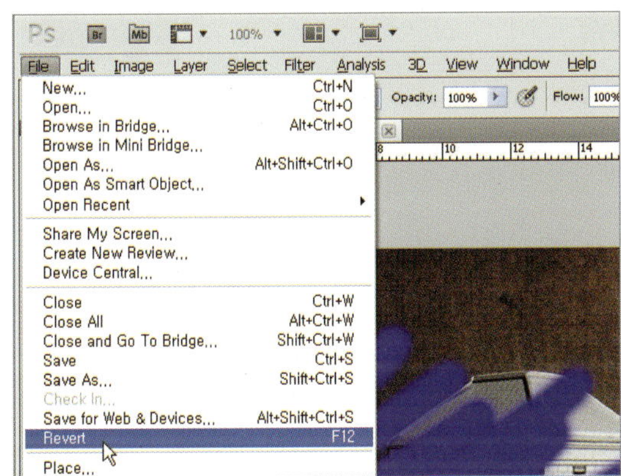
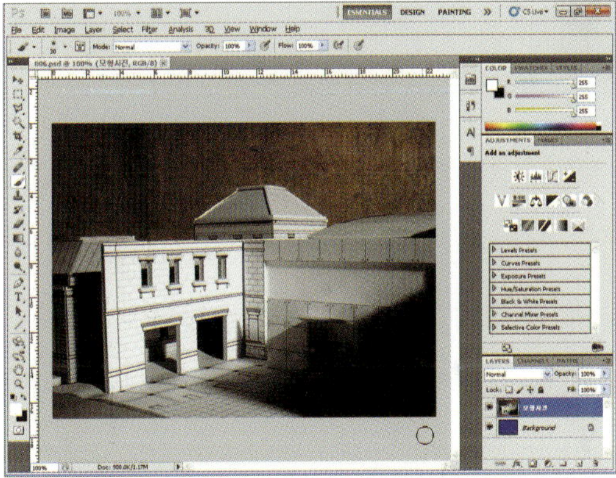

2 레이어 팔레트에 위치하고 있는 Add layer mask 버튼을 클릭하여 '모형사진' 레이어에 레이어 마스크를 추가해 줍니다.

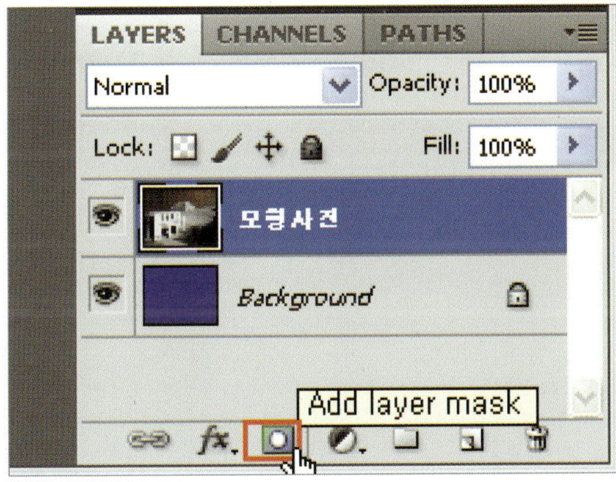
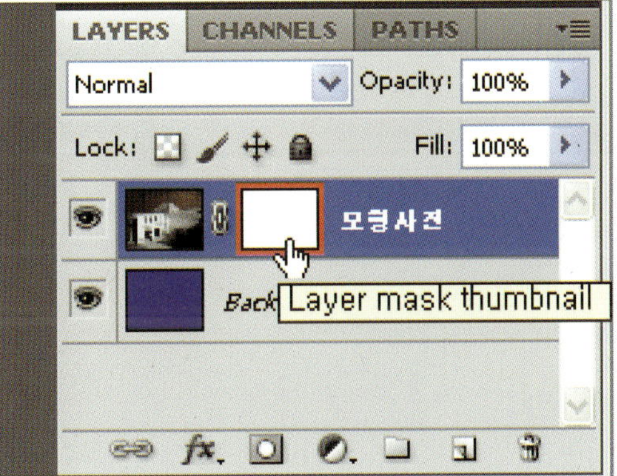

3 레이어 마스크를 추가한 뒤, 아래 그림과 같이 Alt 키를 누른 상태에서 Layer Mask Thumbnail 이미지를 클릭합니다. 레이어 마스크를 보면서 레이어 마스크에서 작업할 수 있는 상태로 전환됩니다.

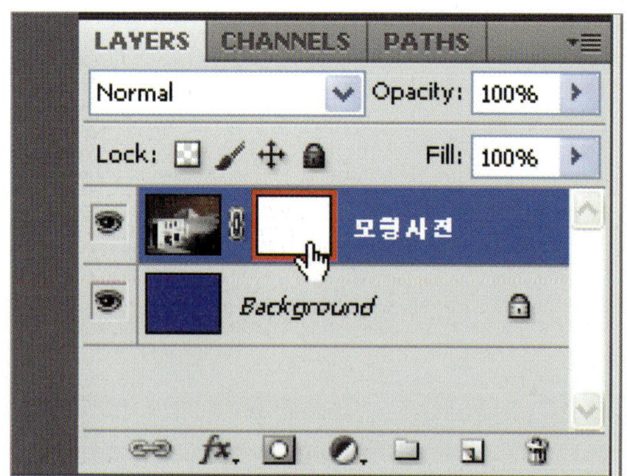

4 전경색(Set foreground color)을 검정색으로 설정한 뒤 브러시(Brush) 툴을 이용하여 그림을 그려줍니다. 이전과는 달리 이번에는 흰색 배경에 전경색으로 설정한 검은색이 제대로 그려지는 모습을 볼 수 있습니다.

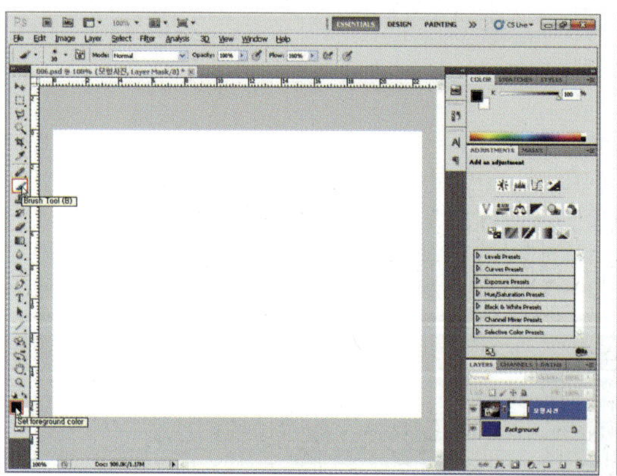

5 결과를 확인하기 위해서 아래 그림과 같이 레이어 팔레트에서 레이어 섬네일(Layer thumbnail)을 아이콘을 클릭해 줍니다. 결과적으로 이전에 작업한 바와 동일한 결과가 나타난 것을 볼 수 있습니다.

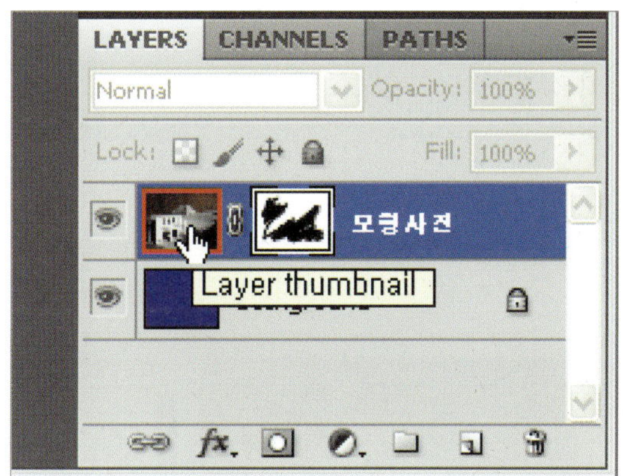
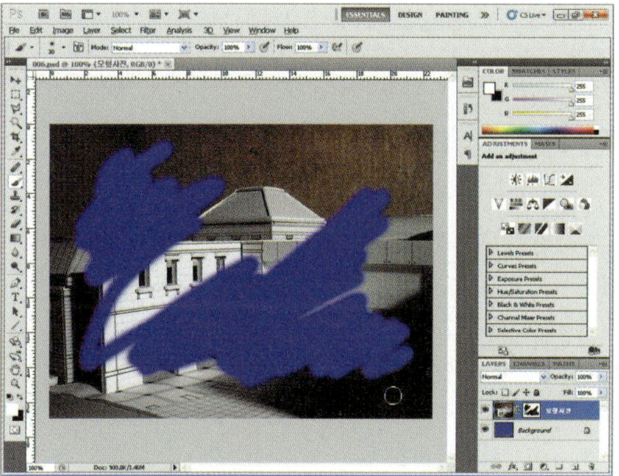

※ '레이어 마스크를 보면서 레이어 마스크에서 작업하기'는 단순히 작업모드의 변화 뿐 만이 아니라 일정한 이미지를 복사한 후 레이어 마스크에 붙여넣기를 할 경우에도 사용됩니다. 만약 앞서 살펴본 '이미지를 보면서 마스크에서 작업하기'로 이미지를 붙여넣을 경우 복사된 이미지가 레이어 마스크에 붙여지는 것이 아니라 별도의 레이어로 추가되는 결과가 나타나기 때문입니다.

3. 이미지를 보면서 이미지에서 작업하기

세 번째로는 레이어 마스크를 추가함에도 불구하고 원래의 원본 이미지에서 채색, 드로잉 및 편집 등의 작업을 수행하는 과정을 살펴보도록 하겠습니다.

1 File ➡ Revert 명령을 수행하여 예제 파일을 처음 불러왔을 경우와 같은 초기 상태로 되돌려 놓습니다.

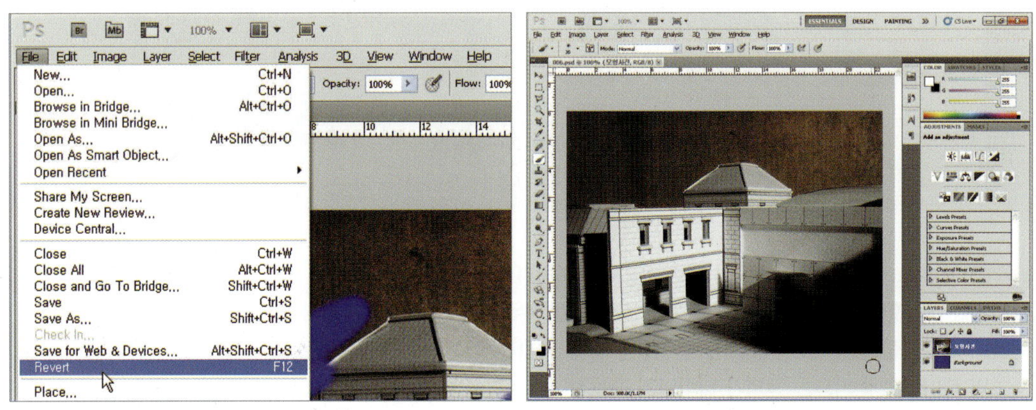

2 레이어 팔레트 하단에 위치하고 있는 Add layer mask 버튼을 클릭하여 '모형사진' 레이어에 레이어 마스크를 추가해 줍니다. 레이어 마스크가 추가됨과 동시에 레이어 마스크 섬네일에 테두리가 나타나면서, 작업 모드가 마스크 모드임을 알 수 있습니다.

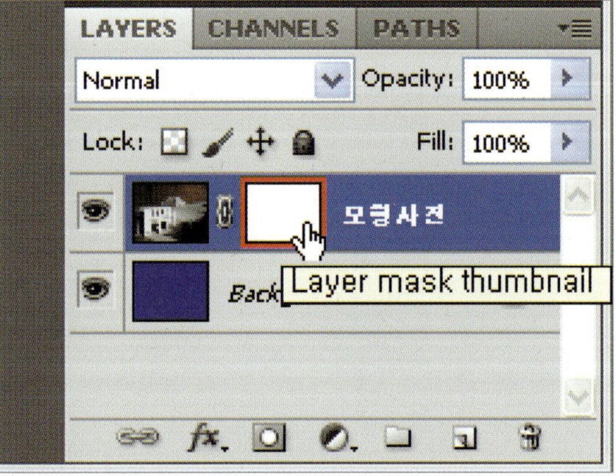

3 레이어 마스크를 추가한 상태에서 아래 그림과 같이 Layer thumbnail을 클릭합니다. Layer thumbnail을 클릭하고 나면, Layer thumbnail 주변으로 테두리 선이 생기면서 작업 상태가 변경됩니다.

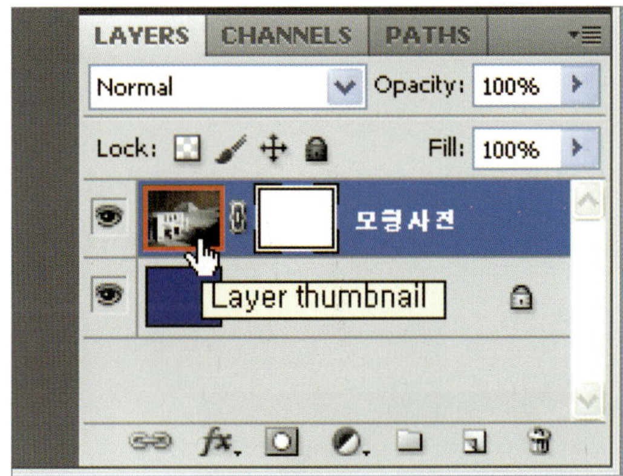

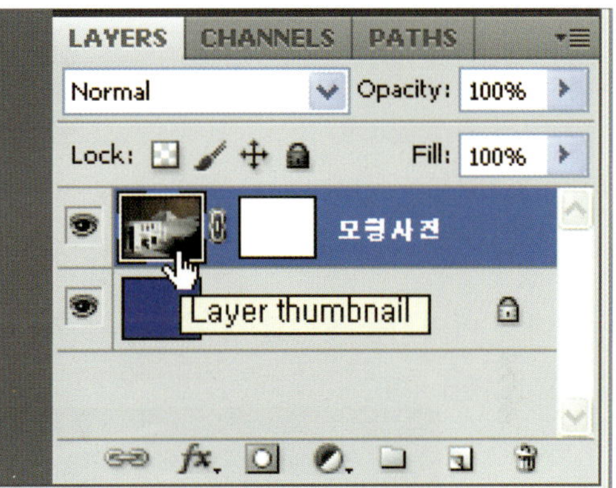

4 전경색(Set foreground color)을 검은색(R:0, G:0, B:0)으로 설정한 뒤 브러시(Brush) 툴을 이용하여 그림을 그려줍니다. 이번에는 레이어 마스크가 있음에도 선택한 전경색으로 드로잉 작업이 진행되는 것을 알 수 있습니다.

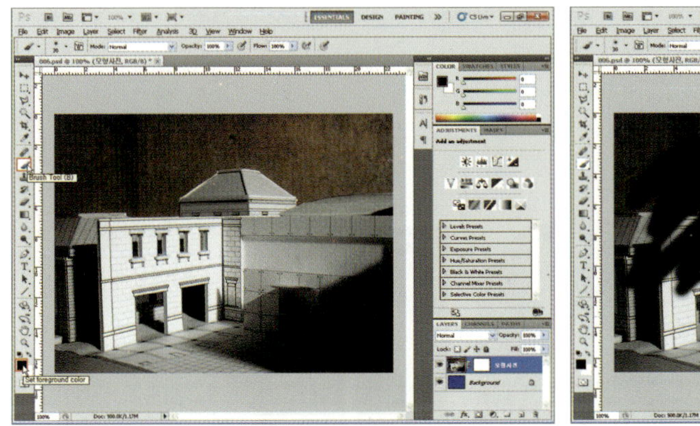

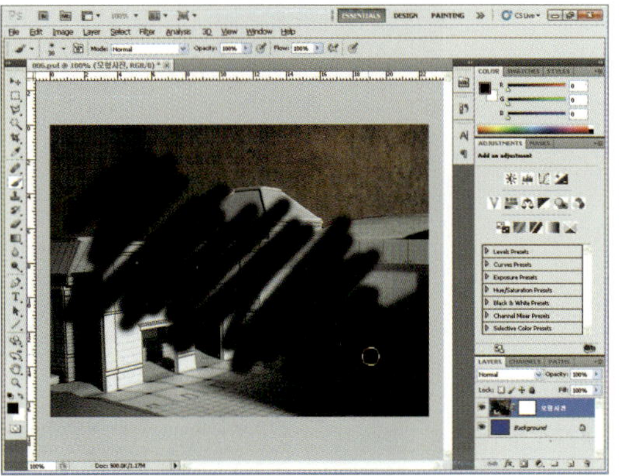

※ 이상과 같이 마스크를 이용한 작업 진행 방법은 다양합니다. 이외에도 몇 가지 방법이 있지만 기본적으로 설명한 방법만으로도 만족스러운 편집 작업을 진행할 수 있습니다. 계속해서 동일한 설명을 하는 것 같지만 다시 한번 설명하면 마스크 영역에서 검정색은 원본 이미지를 사라지게 하는 효과를, 그리고 마스크 영역에서 흰색은 원본 이미지를 나타나게 해줍니다. 이러한 원리는 건축 프리젠테이션을 위한 편집과정에서 매우 중요한 원리로 작용됩니다.

7 Type Tool과 Layer Mask를 이용한 타이틀 제작

이번 예제에서는 영화 및 각종 광고 포스터에서 많이 활용되는 이미지를 이용한 글자 표현을 만들어 보도록 하겠습니다. 건축, 인테리어 분야에서는 프레젠테이션을 위한 제안서의 타이틀이나 개념 이미지를 작성할 경우 활용될 수 있을 것입니다.

준비된 이미지

레이어 마스크를 이용하여 타이틀 이미지

1 준비된 예제 이미지(예제CD 11\007.jpg)를 불러옵니다. 레이어 팔레트를 보면 Background(배경 레이어)로 되어 있음을 알 수 있습니다. 레이어 이름을 더블클릭하여 나타나는 New Layer 대화상자에서 '투시도' 라는 이름을 변경하여 레이어의 속성을 일반 레이어로 변경해 줍니다.

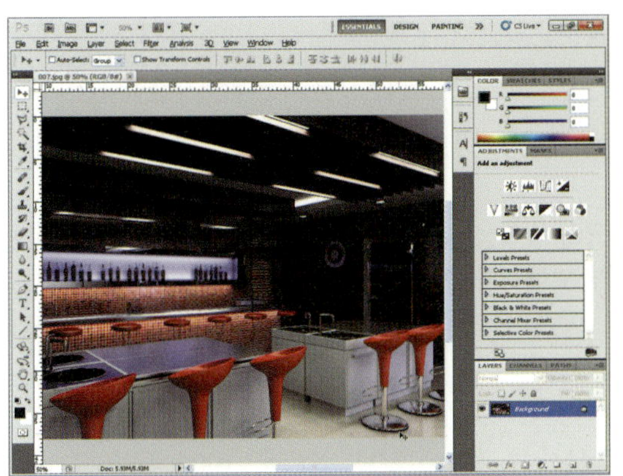 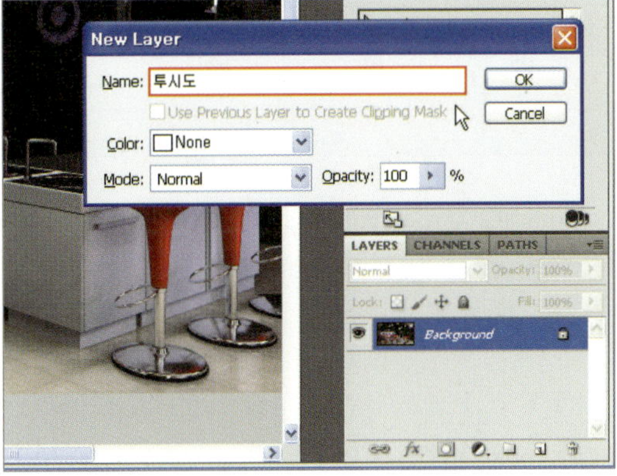

(예제CD 11\007.jpg)

※ 일반적으로 많이 사용되는 비트맵 파일, 예를 들면 jpg, tif, tga, bmp, gif 와 같은 포맷의 데이터를 불러올 경우 레이어의 속성은 배경 레이어의 속성을 가지게 됩니다. 이렇게 배경 레이어의 속성을 지닌 이미지에서는 원하는 작업을 마음대로 수행하기 힘듭니다. 따라서 일반 레이어의 속성으로 변경할 필요가 있습니다.

2 레이어 팔레트를 보면 레이어 이름이 변경된 것을 확인할 수 있습니다. 이제 글씨를 입력하기 위해서 Horizontal Type Tool을 클릭하여 선택합니다.

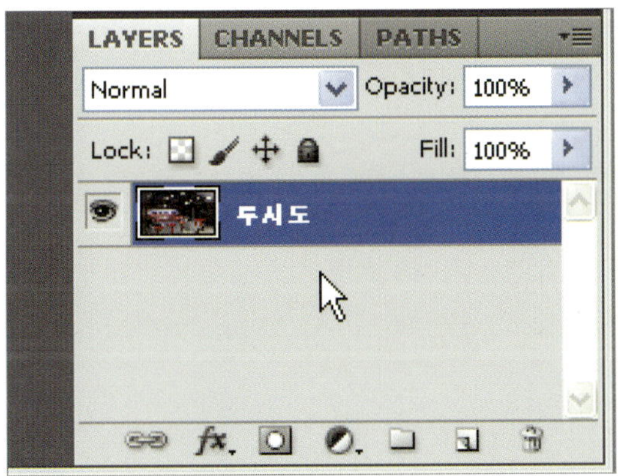 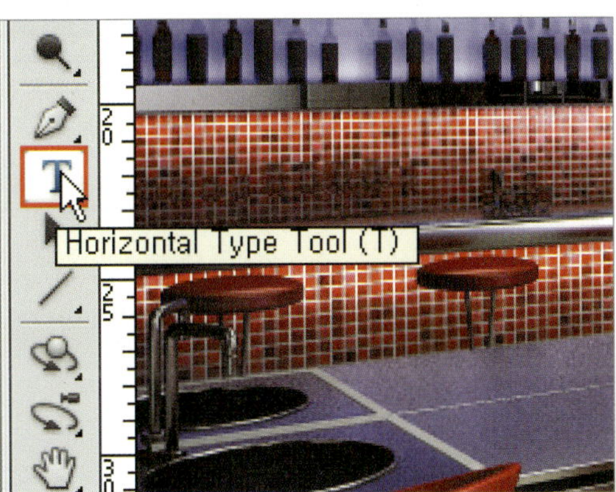

3 타입 툴(Type Tool)을 선택한 후 옵션 패널에서 그림과 같이 옵션 값을 설정합니다.

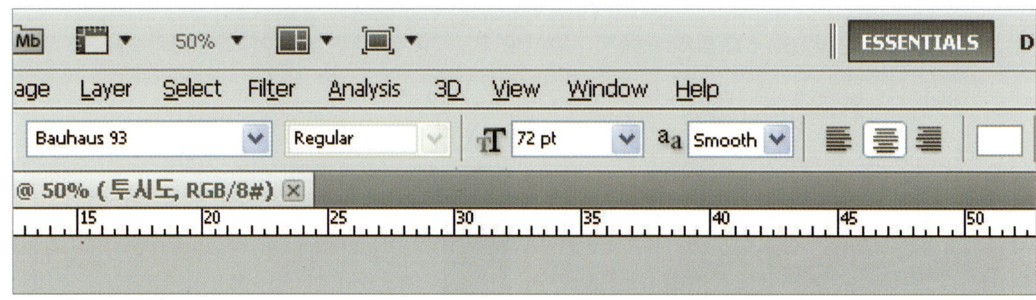

※ 입력되는 글씨의 모양은 가급적 굵은 글씨 폰트를 이용하여 작성하시기 바랍니다. 얇은 글씨 폰트를 이용할
　 경우 이후에 진행되는 이미지를 이용한 타이틀이 제대로 표현되지 않기 때문입니다.

4 이제 타입 툴을 이용하여 흰색으로 'BAR' 라는 글씨를 입력해 줍니다. 아직은 글씨 크기
　 가 작기 때문에 Edit → Transform → Scale 명령을 수행합니다.

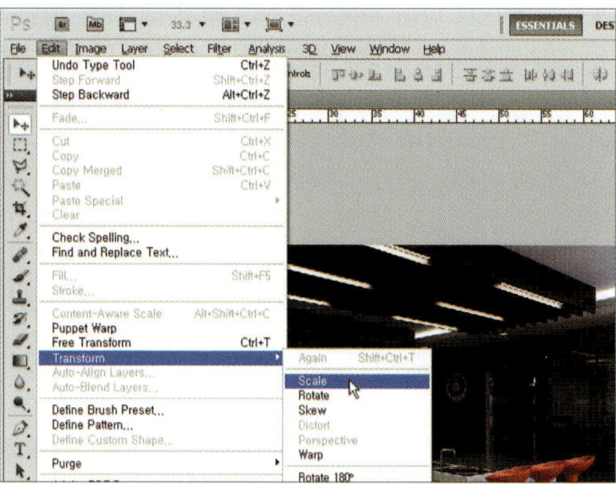

5 Scale 명령을 수행한 뒤, 입력된 글씨의 크기를 이미지에 맞게 크게 변경시켜 줍니다. 계속해서 새로운 레이어를 추가하기 위해서 Layer ➡ New ➡ Layer... 명령을 수행합니다.

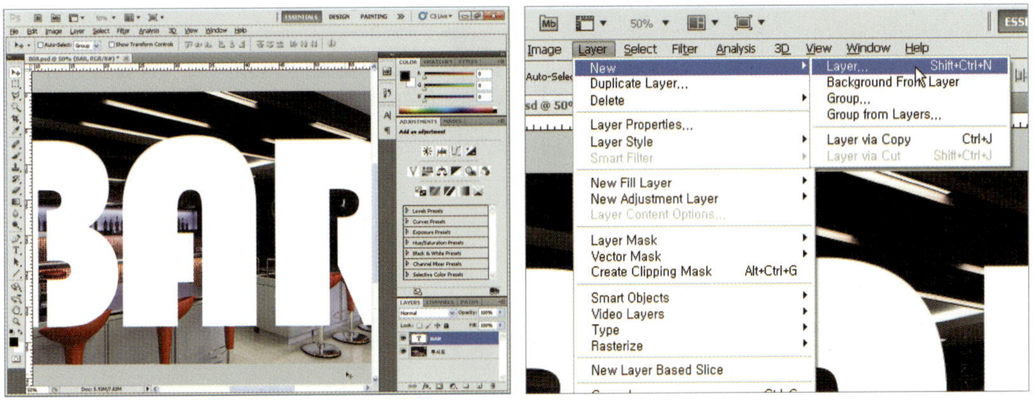

6 New Layer 대화상자에서 레이어 이름을 '텍스트' 로 입력하여 레이어를 추가해 줍니다. 새로운 레이어의 색상을 채워넣기 위해서 Edit ➡ Fill... 명령을 수행합니다.

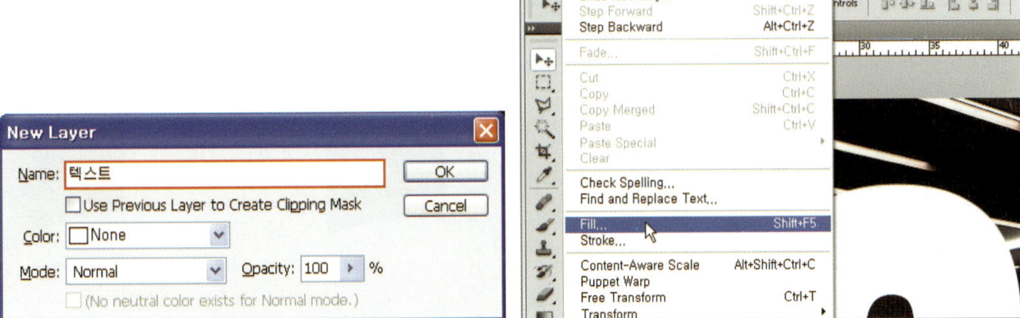

※ Cut 명령을 이용하여 이미지를 잘라내면 언제든지 붙여넣기를 진행할 수 있습니다. 그러나 작업 중에 Edit ➡ Purge 명령을 수행하면 클립보드에 저장해 놓은 이미지가 삭제되기 때문에 Paste 명령으로 붙여넣기를 수행할 수 없습니다.

7 나타나는 Fill 대화상자에서 색상을 '검은색(Black)'으로 설정하여 추가된 빈 레이어에 검은색을 채워넣습니다.

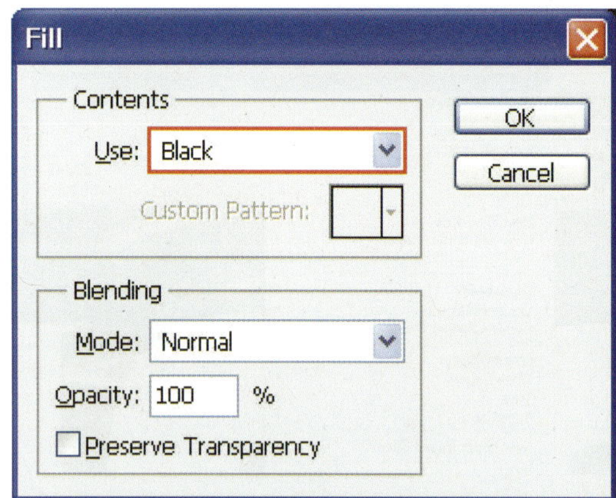
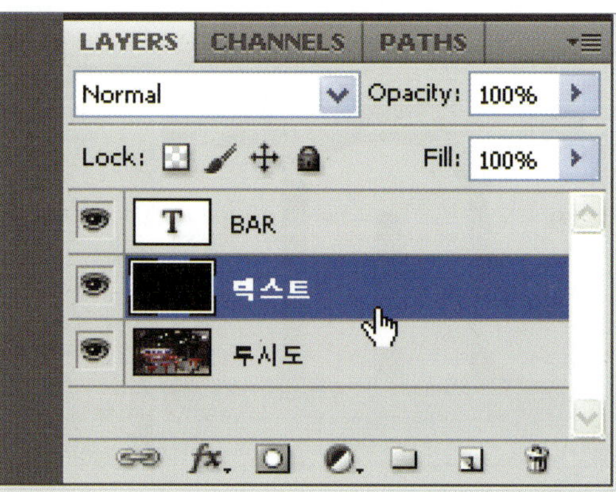

8 아래 그림과 같이 검은색 바탕에 흰색 글씨가 나타나게 됩니다. Select ➡ All을 클릭하여 전체 영역을 선택합니다.

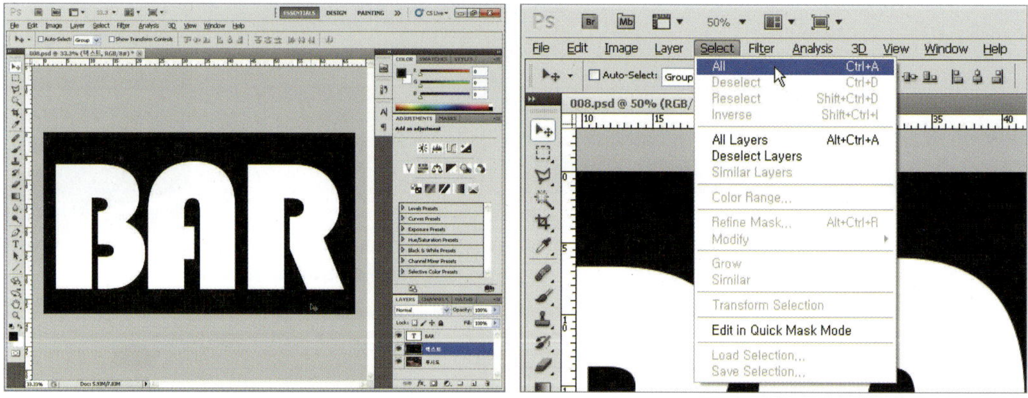

9 Edit → Copy Merged 명령을 수행하여 현재 보여지는 이미지 상태 전체를 복사해 줍니다. 계속해서 레이어 팔레트에서 'BAR', '텍스트' 레이어를 보이지 않도록 설정한 뒤, '투시도' 레이어를 선택해 줍니다.

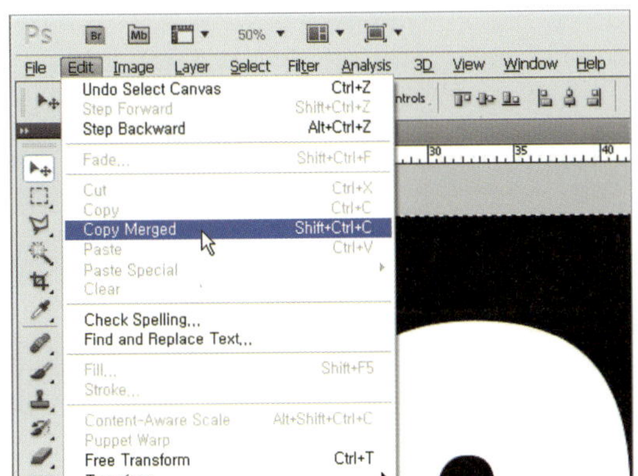
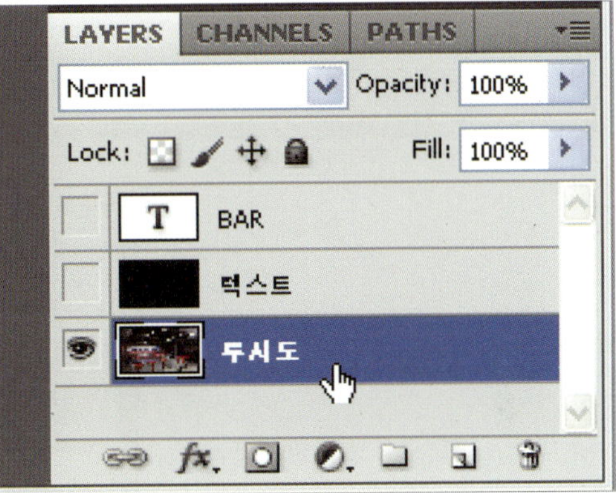

10 레이어 팔레트 하단에 위치하고 있는 Add layer mask 버튼을 클릭하여 레이어 마스크를 추가해 줍니다. 레이어 마스크를 추가한 후 Alt 키를 누른 상태에서 Layer mask thumbnail을 클릭합니다.

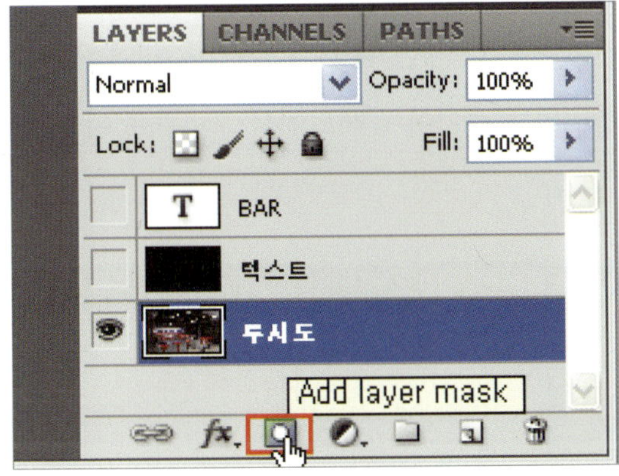

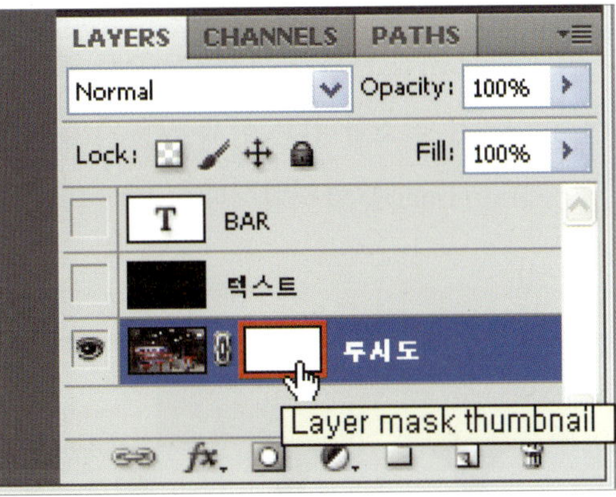

11 [Alt]키를 누른 상태에서 Layer mask thumbnail을 클릭하면 흰색 이미지가 나타나게 됩니다. 이것은 레이어 마스크 이미지를 보면서 레이어 마스크에서 편집 작업을 할 수 있는 상태로 변하게 되는 것입니다. 복사된 글씨 이미지를 붙여넣기 위해서 Edit ➡ Paste를 클릭합니다.

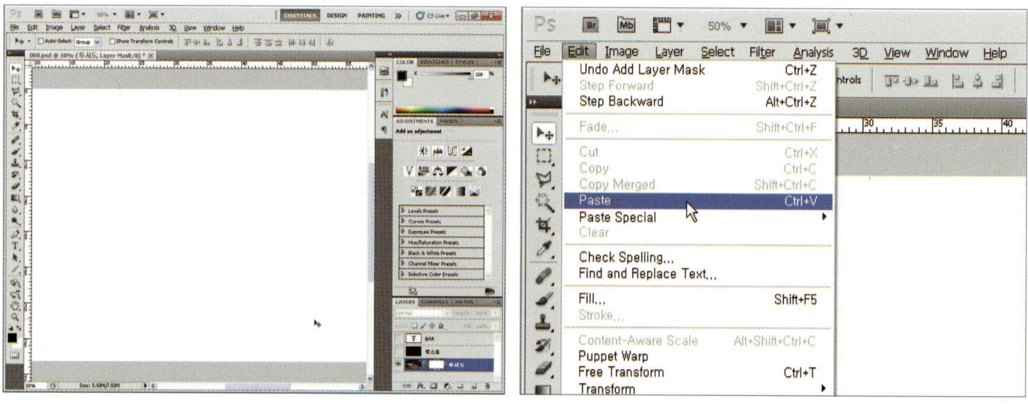

※ 추가된 레이어 마스크의 기본색은 흰색입니다. 만약 레이어 마스크의 색이 검정색일 경우 이미지가 사라져 보이게 됩니다.

12 클립보드에 저장되어 있던 글씨 이미지가 레이어 마스크에 붙여지는 것을 볼 수 있습니다. 붙여진 글씨가 선택영역으로 지정되어 있으므로 Select ➡ Deselect를 클릭하여 선택영역을 취소합니다. 이제 적용된 효과를 보기 위해 레이어 팔레트에서 그림과 같이 Layer Thumbnail을 클릭합니다.

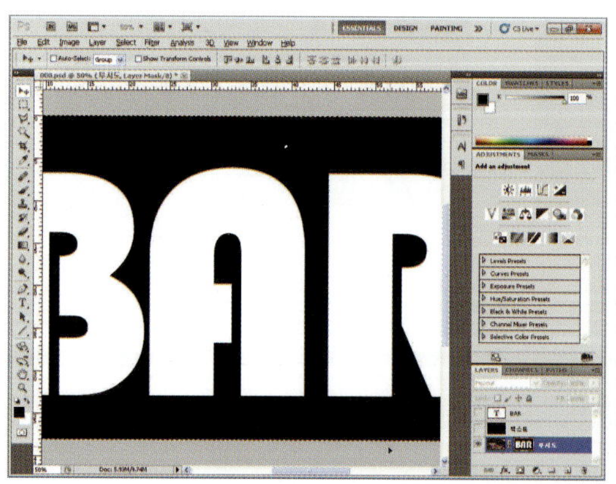

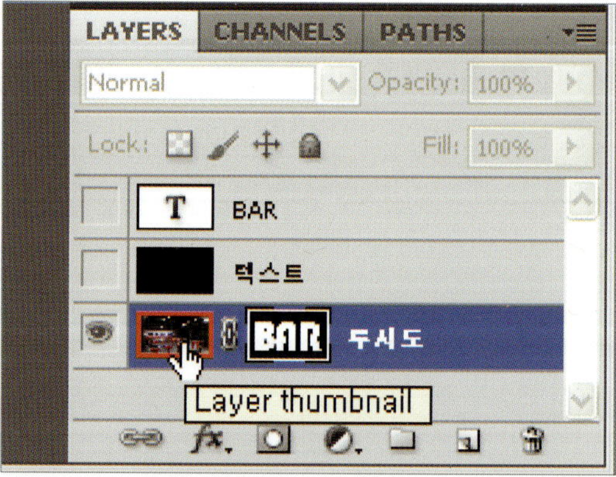

※ 레이어 마스크에 붙여넣은 이미지를 살펴보면 바탕이 검은색이며 글씨의 색상은 흰색입니다. 이미 설명한 바와 같이 마스크에 검정색은 원본 이미지를 사라지게 또는 보이지 않게 하며 흰색의 경우는 이미지를 그냥 그대로 보이게 합니다. 따라서 원본 이미지에 적용될 효과를 주기위한 작업으로 레이어 마스크를 이용할 때 마스크에 붙여진 이미지나 색상은 매우 중요한 사항입니다.

13 레이어 마스크의 효과가 원본 이미지에 적용되는 모습을 확인할 수 있습니다. 글씨 영역에만 이미지가 남게 되며, 나머지 영역은 마치 지워진 것 같습니다. 그러나 레이어 마스크가 존재하는 한 언제든지 이미지를 원상태로 되돌릴 수 있습니다.

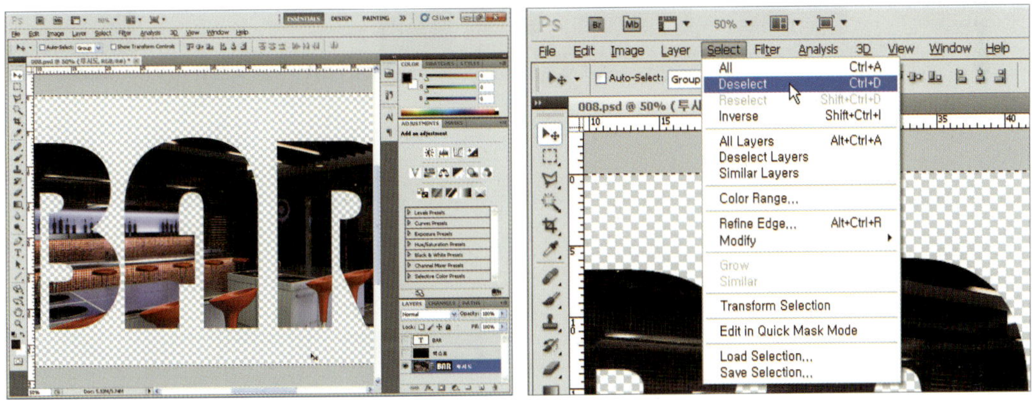

14 이미지를 이용하여 작성된 글씨 이미지에 효과를 더하기 위해서 Layer → Layer Style → Drop Shadow… 명령을 수행해 줍니다. 나타나는 Layer Style 대화상자에서 아래 그림과 같이 옵션을 설정해 줍니다.

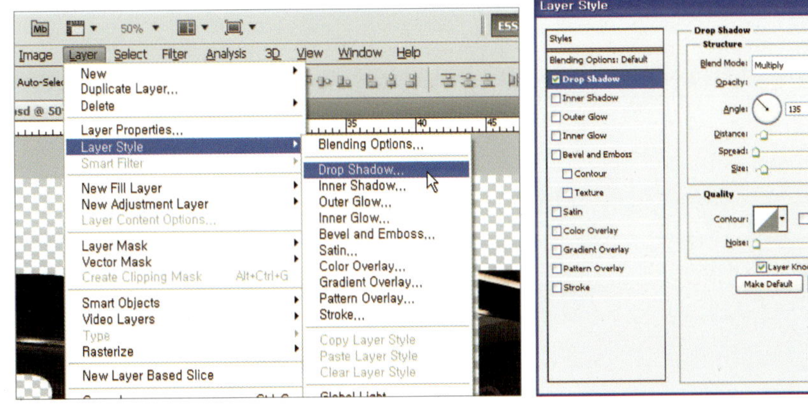

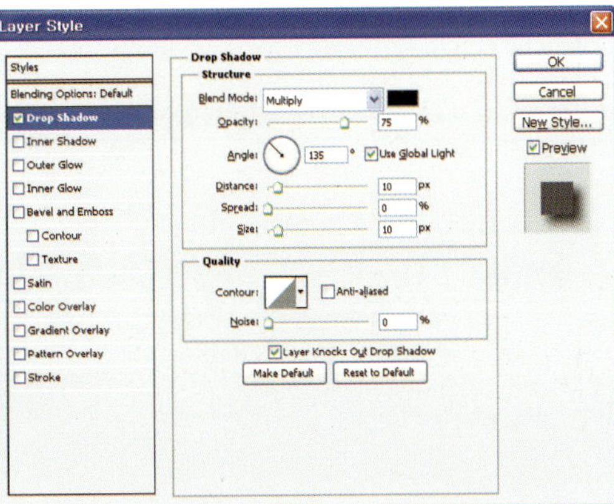

15 작성된 글씨 이미지에 그림자 효과가 적용합니다. 마지막으로 흰색의 배경 레이어를 만들기 위해서 Layer ➡ New Fill Layer ➡ Solid Color... 명령을 수행합니다.

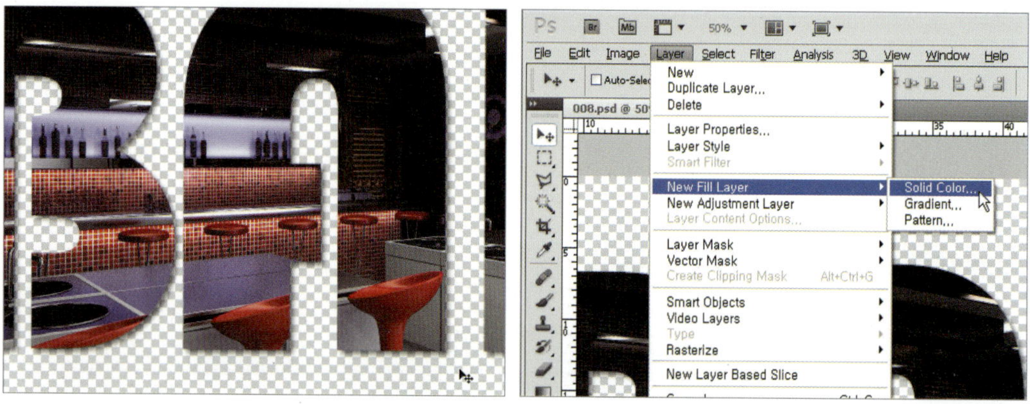

16 나타나는 New Layer 대화상자에서 레이어의 이름을 '흰색배경'으로 입력한 뒤, Pick a solid color 대화상자에서 색상을 흰색(R:255, G:255, B:255)으로 설정해 줍니다.

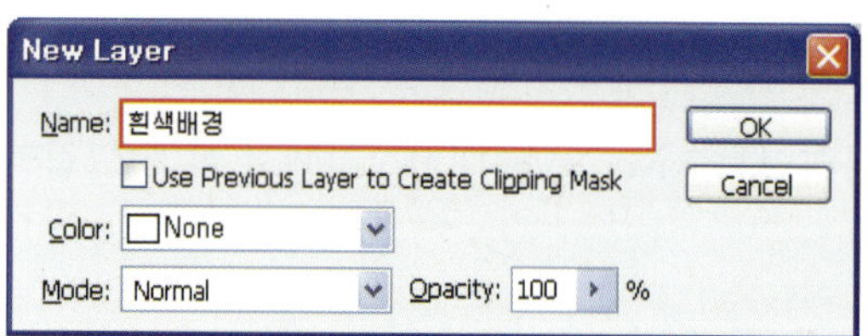

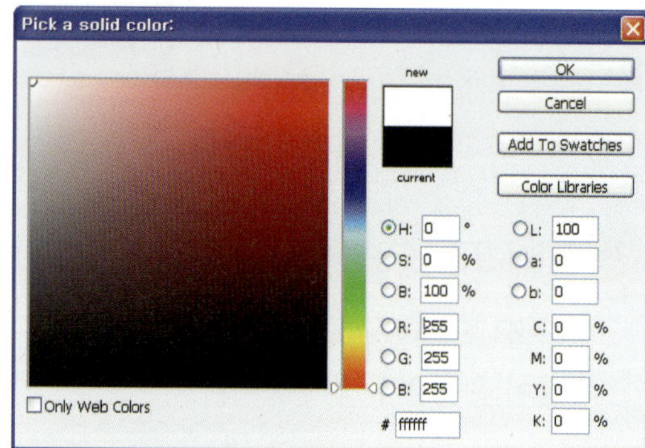

17 추가된 '흰색배경' 레이어를 가장 아래로 이동시켜 배치하면 작성된 글씨 이미지를 훨씬 잘 확인할 수 있습니다.

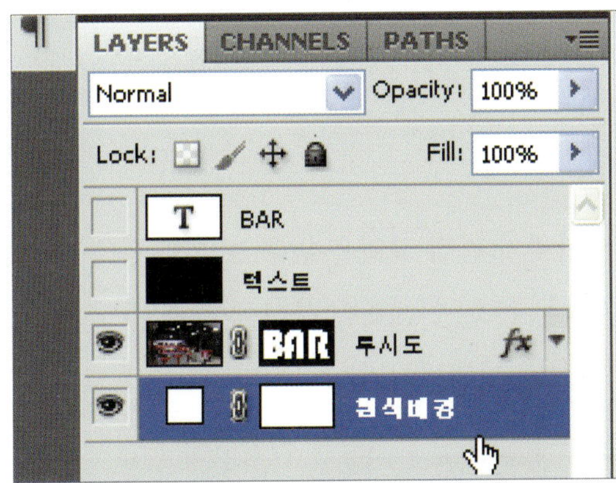 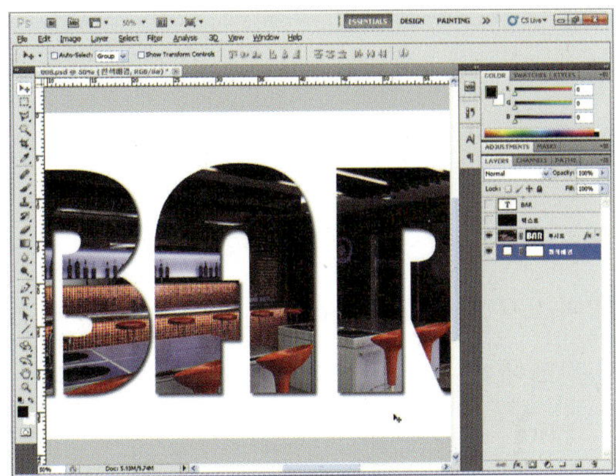

18 최종적 완성된 타이틀 이미지

(예제CD 11\008.psd, 008.jpg)

8 Mask를 이용한 수작업 도면의 배경 삭제

이번 예제에서는 준비된 수작업 도면을 스캔한 뒤, 이미지 편집 작업을 위해 도면 배경을 레이어 마스크 기능을 이용하여 삭제해 보도록 하겠습니다. 건축, 인테리어 분야에서 패널 및 제안서 작업에 매우 유용한 기능으로 사용되기 때문에 반드시 익혀두시기 바랍니다.

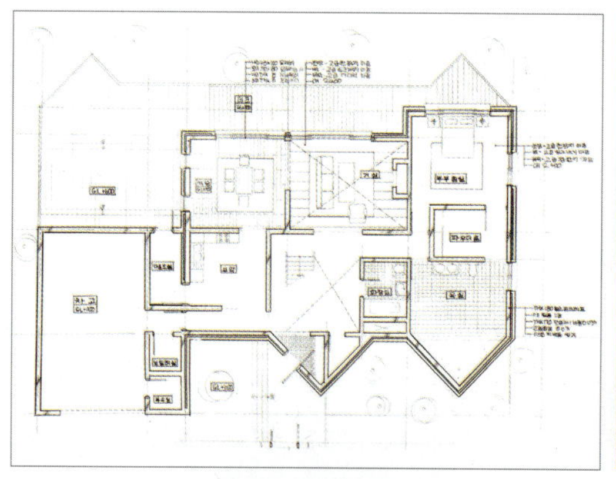

수작업 도면 이미지

배경 이미지

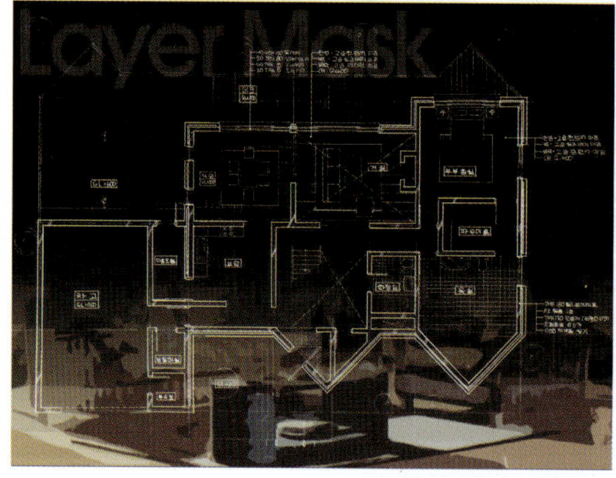

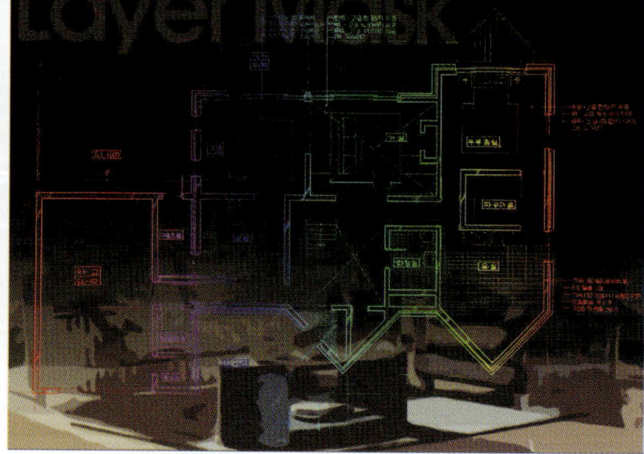

수작업 도면의 배경을 삭제한 뒤, 합성한 이미지

1 준비된 예제 이미지(예제CD 11\009.jpg)를 불러옵니다. 불러온 이미지는 수작업을 작성된 평면도를 스캔한 뒤, 포토샵에서 약간의 색상 보정을 통해 제작된 이미지입니다.

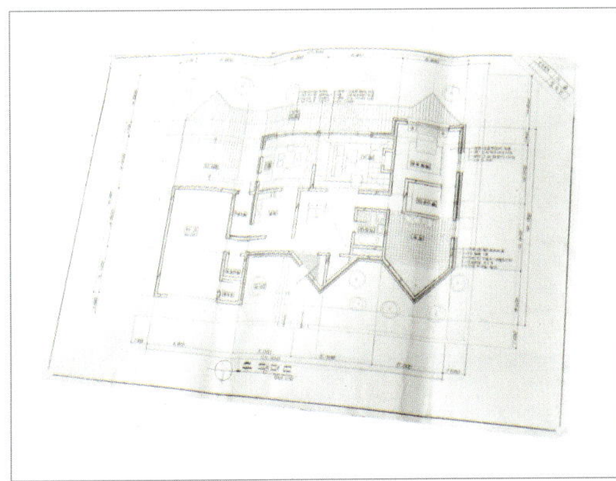 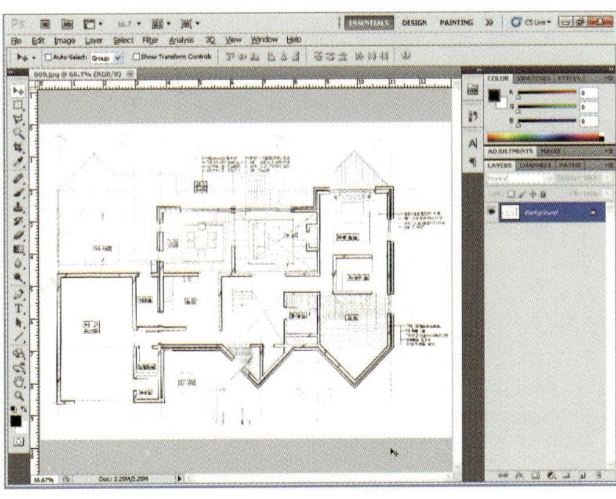

(예제CD 11\009.jpg)

※ 대부분 수작업으로 제작되는 건축 도면이나 스케치 이미지의 경우 단색 배경에 단색으로 드로잉 됩니다. 만약 불어온 이미지가 다양한 색상을 이용하여 그려진 이미지라면 마스크를 이용하여 배경을 제거하는 것이 매우 어렵습니다.

2 레이어 팔레트에서 불러온 이미지의 레이어의 속성을 변경하기 위해서 레이어 이름을 '평면도' 로 변경시켜 줍니다. 계속해서 이미지 전체를 선택하기 위해서 Select ➡ All 명령을 수행합니다.

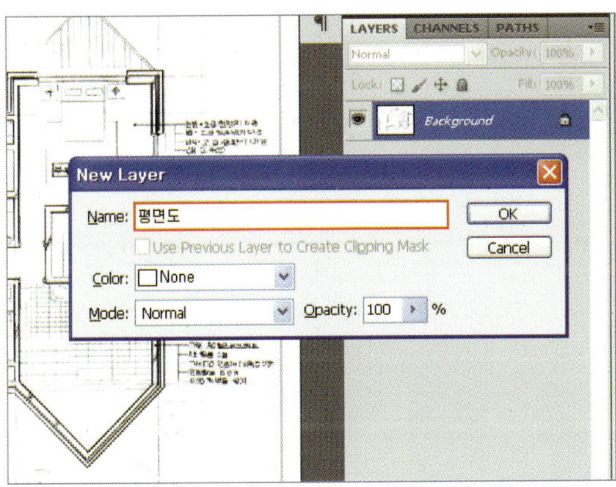 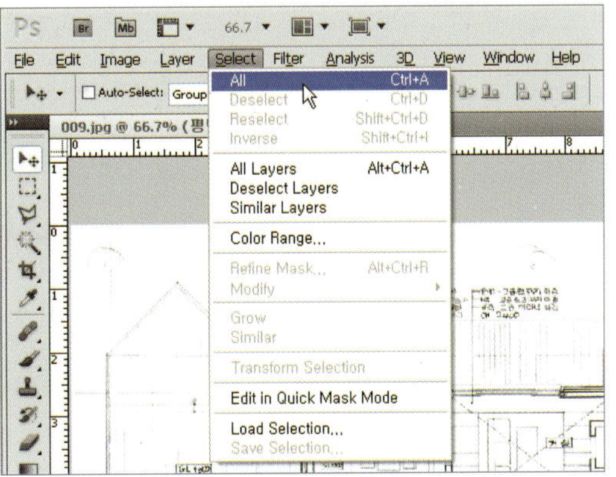

3 이미지 전체를 선택한 뒤, Edit → Cut 명령을 수행하여 선택한 이미지를 잘라낸 뒤, 잘라 낸 영역에 색상을 채워넣기 위해서 Edit → Fill... 명령을 수행합니다.

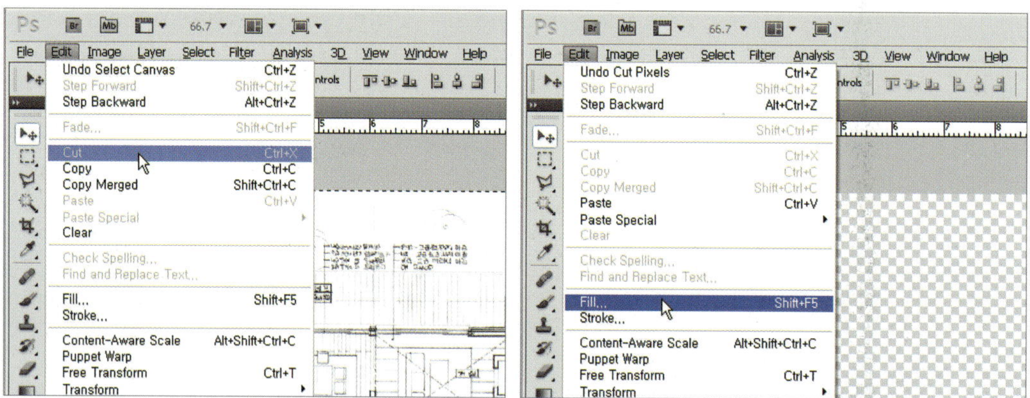

4 나타나는 Fill 대화상자에서 Use:Black, Mode:Normal, Opacity:100%로 설정한 후 OK버 튼을 클릭하여 '평면도' 레이어가 검은색으로 채워줍니다. 이제 레이어 팔레트에서 Add layer mask 버튼을 클릭하여 레이어 마스크를 추가해 줍니다.

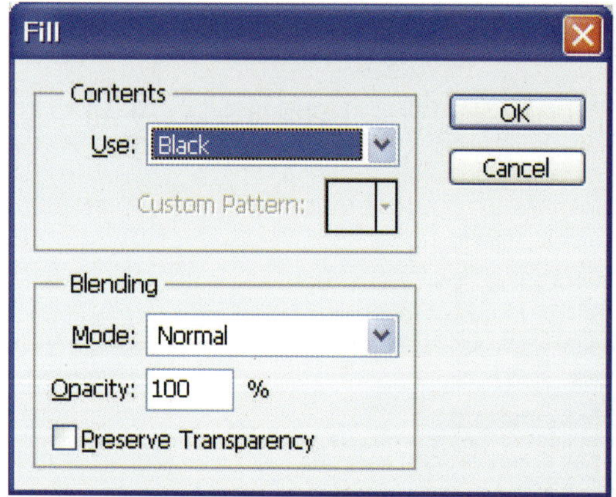

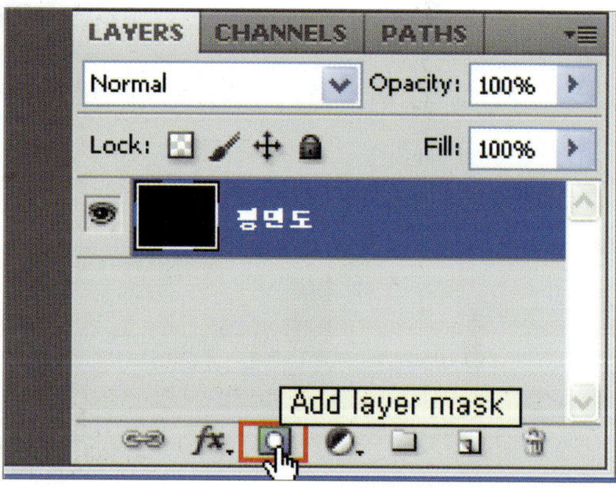

5 레이어 마스크가 추가되면, **Alt**키를 누른 상태에서 Layer mask thumbnail을 클릭합니다. 작업 도큐멘트가 흰색 이미지로 나타나는 것을 볼 수 있습니다. 이것은 레이어 마스크 이미지를 보면서 레이어 마스크에서 편집 작업을 할 수 있는 상태로 변하게 되는 것입니다.

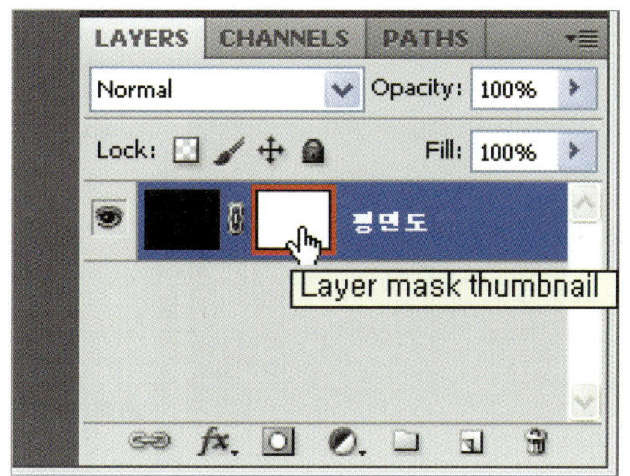

6 복사된 도면 이미지를 붙여넣기 위해서 Edit ➡ Paste를 클릭하여 레이어 마스크에 복사된 이미지를 붙여넣어 줍니다.

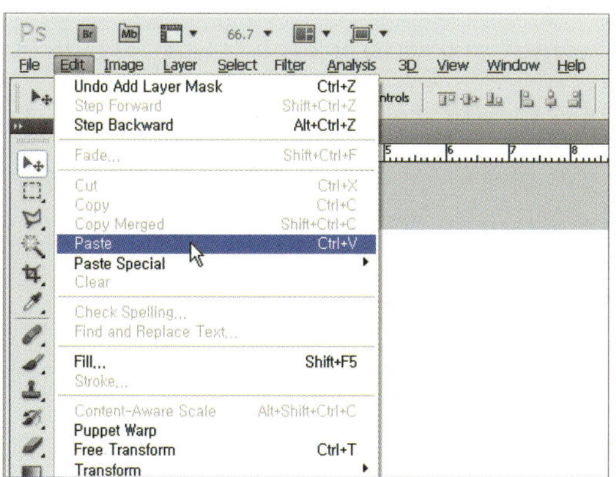

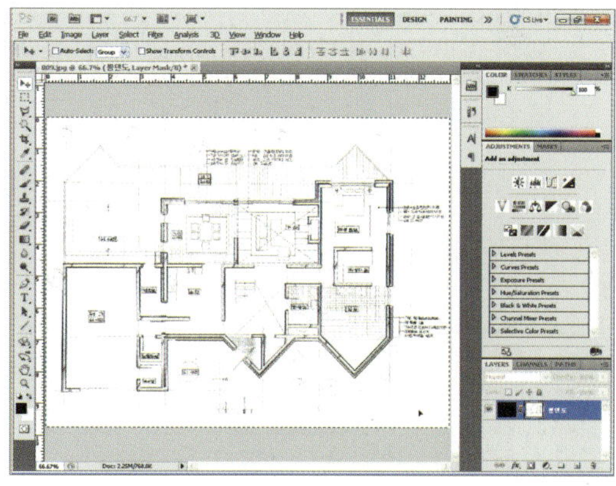

7 붙여 넣은 수작업 도면 이미지의 도면 선은 나타나게 하고, 배경 영역을 삭제할 것입니다. 따라서 수작업 도면 이미지는 흰색으로, 배경 영역은 검정색으로 변경시켜 주어야 합니다. Image → Adjustments → Invert 명령을 클릭하여 이미지의 색상을 역상처리 합니다.

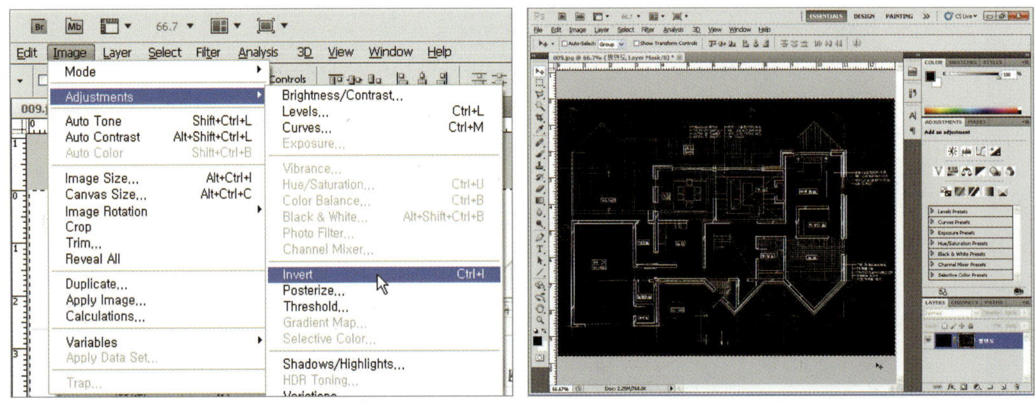

8 레이어 팔레트에서 아래 그림과 같이 레이어 thumbnail을 클릭하면 마스크의 효과가 원본 이미지(여기서는 채워진 검은색 이미지를 의미합니다.)에 적용되는 모습을 확인할 수 있습니다. 마스크의 복사된 수작업 도면의 흰색 영역에만 이미지(흰색 이미지)가 남게 되며, 나머지 영역(마스크의 복사된 수작업 도면의 검은색 배경 영역)은 마치 지워진 것 같습니다. 결과적으로 남게 되는 것은 수작업 도면 이미지의 도면 선만 지정되어 있는 검은색으로 남게 되는 것입니다. 선택을 취소하기 위해서 Select → Deselect 명령을 수행합니다.

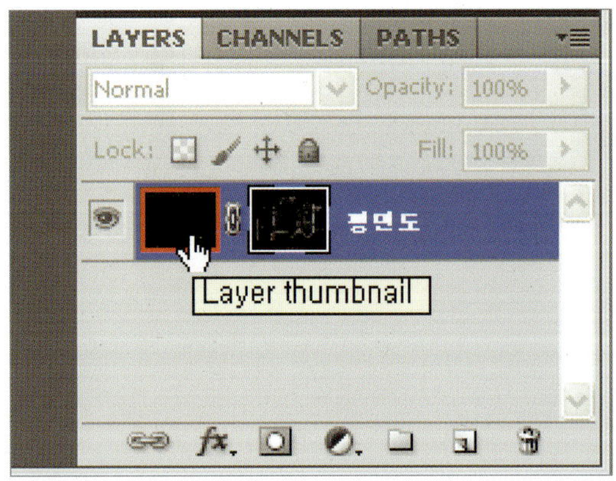

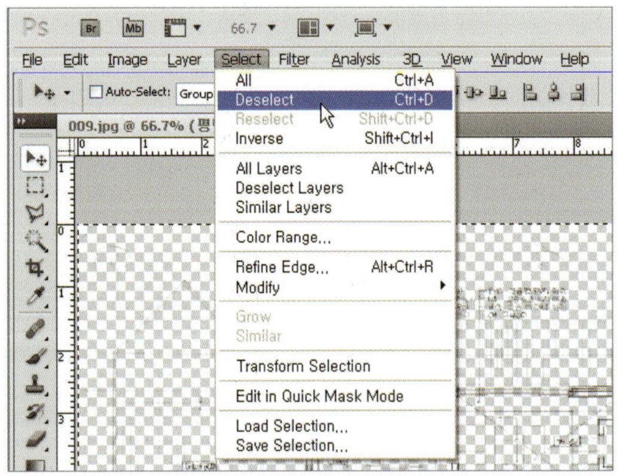

9 아래 그림과 같이 배경이 삭제된 이미지가 만들어진 것을 볼 수 있습니다. 도면 뒤에 배치할 이미지(예제CD 11\010.jpg)를 불러와 줍니다.

(예제CD 11\010.jpg)

10 불러온 배경 이미지를 작업 도큐멘트에 붙여넣은 뒤, 레이어 팔레트에서 아래쪽으로 이동하여 배치해 줍니다. 결과를 살펴보면 어두운 배경 위에 검은색으로 구성된 도면이 배치되어 있기 때문에 도면이 잘 보이지 않습니다.

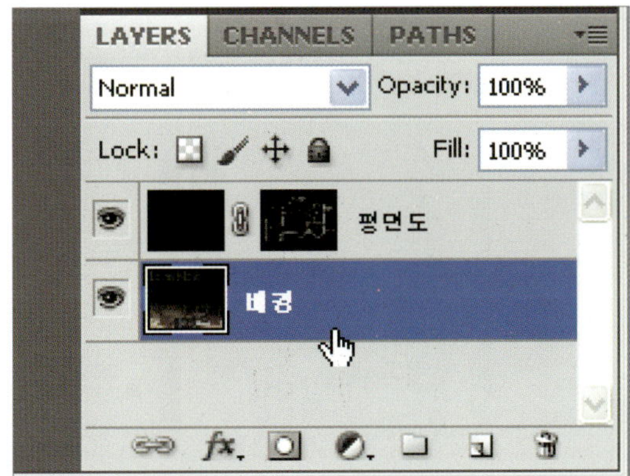

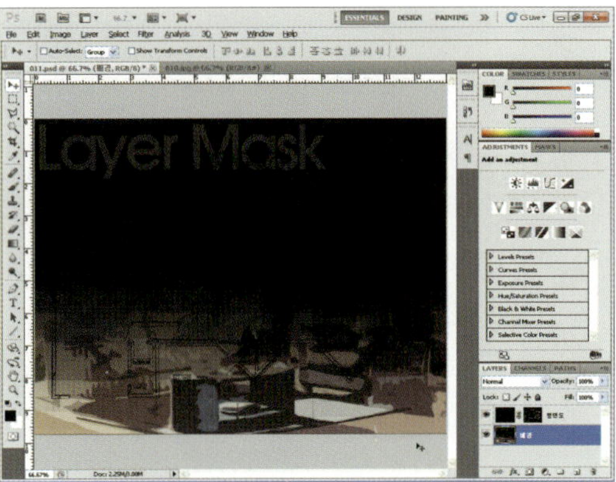

11 레이어 팔레트에서 아래 그림과 같이 평면도 레이어의 Layer thumbnail 아이콘을 클릭하여 선택한 뒤, 전경색(Set foreground color)을 흰색으로 설정합니다.

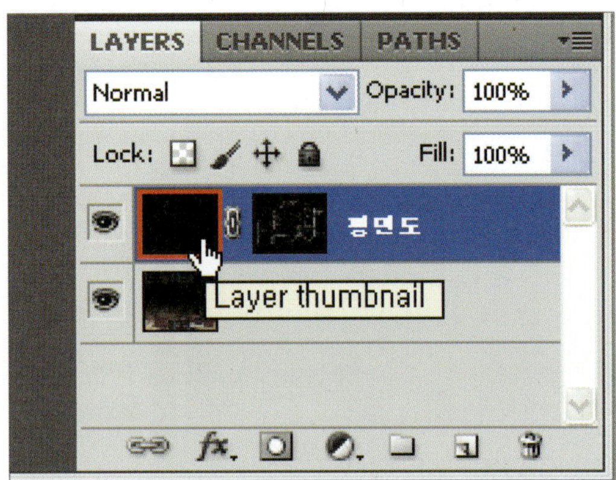

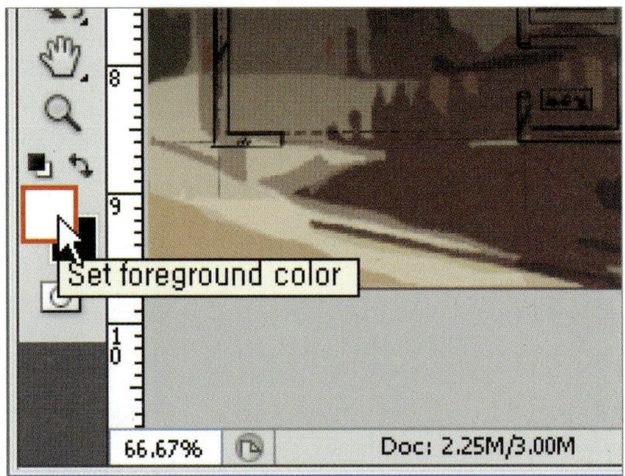

12 전경색을 흰색으로 설정한 상태에서 페인트 버켓 툴(Paint Bucket Tool)을 선택한 뒤 화면을 클릭하여 흰색으로 채워줍니다. 아래 그림과 같이 검은색으로 나타나있던 도면이 흰색으로 변경되는 모습을 볼 수 있습니다.

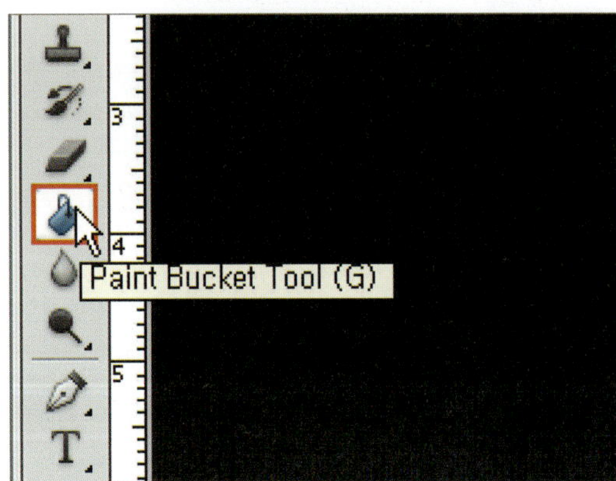

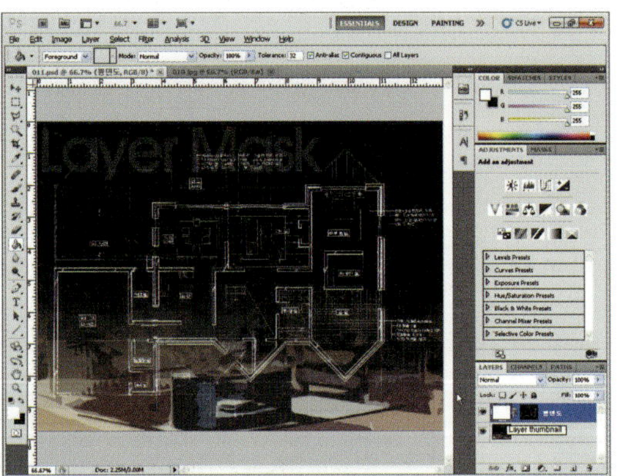

13 레이어 팔레트를 살펴보면 선택된 레이어의 색상이 흰색 이미지로 구성되어 있는 것을 확인할 수 있습니다. 계속해서 이번에는 무지개 색으로 구성된 도면을 표현해 보도록 하겠습니다. 그라디언트 툴(Gradient Tool)을 선택합니다.

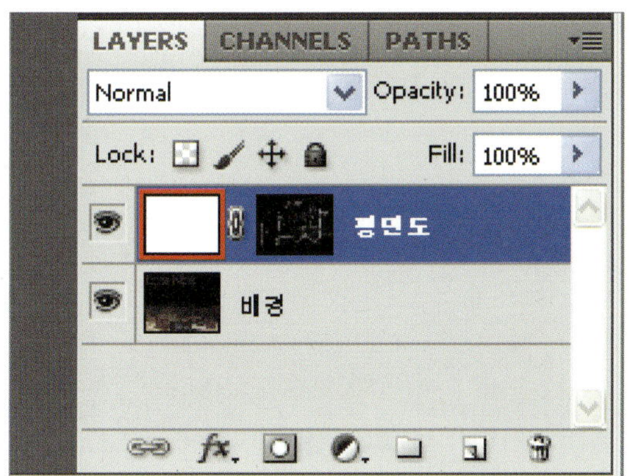
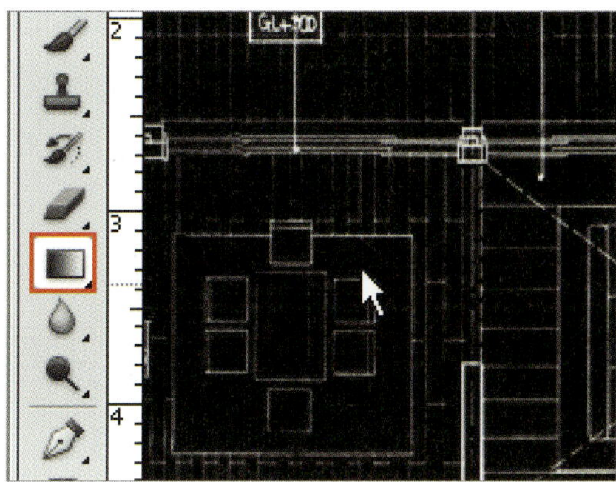

14 그라디언트 툴을 선택한 후, 그라디언트 옵션을 그림과 같이 설정합니다. 색상은 'Spectrum' 으로, 그라디언트 방법은 'Linear Gradient' 로 설정해 줍니다. 그라디언트 옵션 값을 설정한 후, 그라디언트 툴을 이용하여 왼쪽에서 오른쪽으로 드래그 합니다. 그라디언트 효과를 적용한 뒤, 결과를 살펴보면 수작업 도면의 색상이 무지개 색상으로 변하는 것을 볼 수 있습니다. 만약 레이어 마스크와 같은 기능이 없었다면 이러한 이미지를 만들어내는 것은 매우 힘들 것입니다.

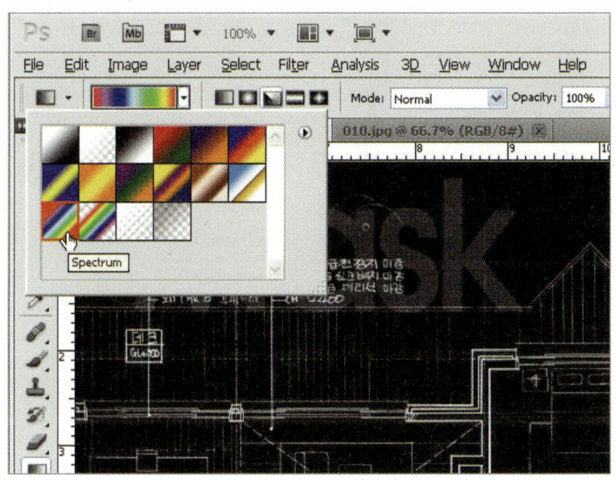

(예제CD 11\011.psd)

⚠ 도면 편집을 위한 레이어 마스크의 사용

레이어 마스크의 능력은 도면을 주로 다루는 건축 및 인테리어 프리젠테이션에서 그 진가를 발휘하게 됩니다. 왜냐하면 건축 및 인테리어 분야에서 작성되는 대부분의 프리핸드 스케치나 건축 도면의 경우 흰색 바탕에 검정색과 같은 단일 색으로 그리게 되며, 이러한 특징 때문에 배경 영역에서 드로잉 부분만을 선택해 낼 수 있습니다.

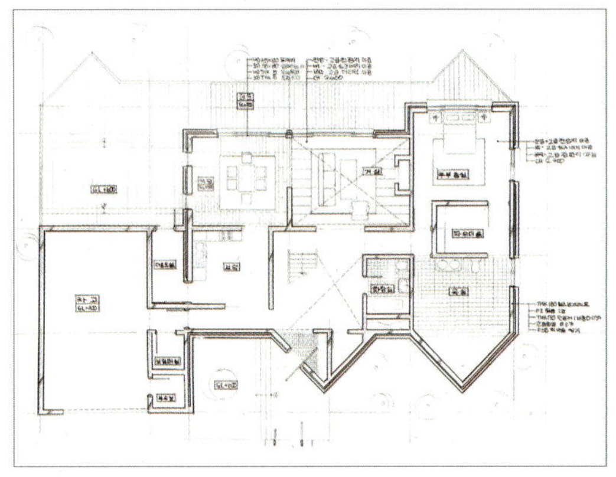

수작업 도면

프리핸드 스케치

예를 들어 흰색 바탕을 가진 종이에 검정색으로 도면을 그린 후 이것을 스캔하여 컴퓨터로 불러옵니다. 이것을 레이어 마스크에 적용하게 되면, 흰색과 검정색으로 구성된 이미지의 특징으로 인해 원하는 영역만을 남기고 배경 영역은 쉽게 제거할 수 있게 되는 원리입니다.

레이어 마스크를 사용하지 않고 선택하여
배경을 삭제한 경우

레이어 마스크를 사용하여
배경을 삭제한 경우

9 마스크를 이용한 스케치 이미지의 배경 삭제 및 합성

이번 예제에서는 준비된 인물 스케치 이미지의 배경을 삭제한 뒤, 작성된 투시도와 배경이 제거된 인물 이미지를 합성해 보도록 하겠습니다. 이미 여러 예제에 걸쳐 연습해 보았지만, 이번에는 스케치 이미지의 배경을 삭제하는 것을 목표로 하여 연습해 보도록 하겠습니다.

인물 스케치 이미지

투시도

레이어 마스크를 이용하여 합성된 이미지

1 수작업으로 작성된 인물 스케치 이미지(예제CD 11\012.jpg)를 불러옵니다. 이번에 준비된 예제는 노란색 트레이싱 페이퍼에서 작성된 불러온 스케치 이미지를 스캔하여 준비한 이미지입니다.

(예제CD 11\012.jpg)

2 불러온 스케치 이미지를 흑백 이미지로 변경하기 위해서 Image → Adjustments → Desaturate 명령을 수행합니다. 컬러 이미지가 흑백 이미지로 변경되는 것을 볼 수 있습니다.

3 흑백 이미지의 색상을 보정하기 위해서 Image → Adjustments → Brightness/Contrast 명
령을 수행한 뒤, 나타나는 대화상자에서 Brightness:20, Contrast:60으로 설정해 줍니다.
이미지가 분명한 흰색과 검정색으로 구성되는 것을 볼 수 있습니다.

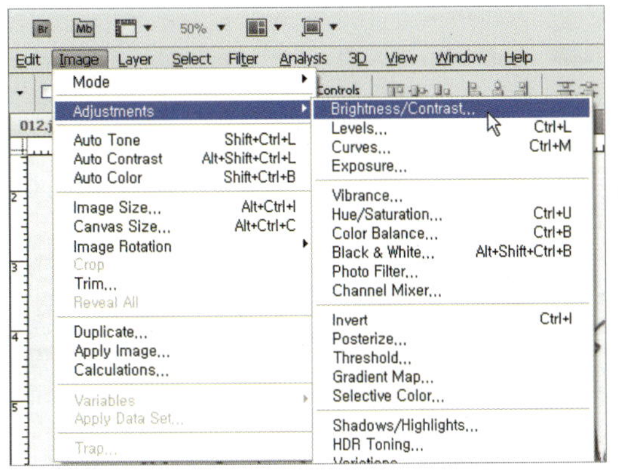
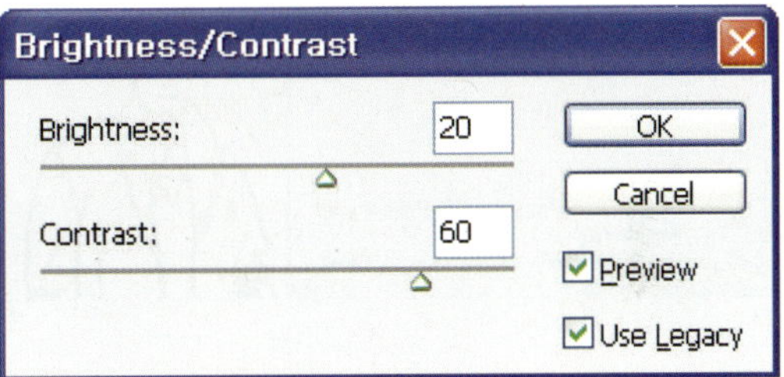

4 레이어의 이름을 '인물' 이라는 이름으로 변경한 뒤, Select → All 명령을 수행하여 이미지
전체를 선택해 줍니다.

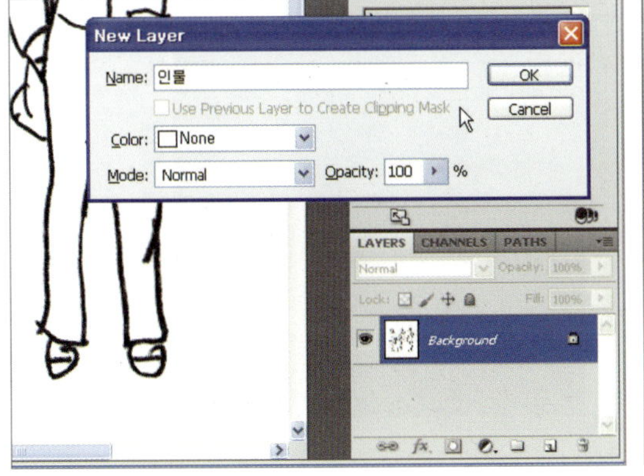
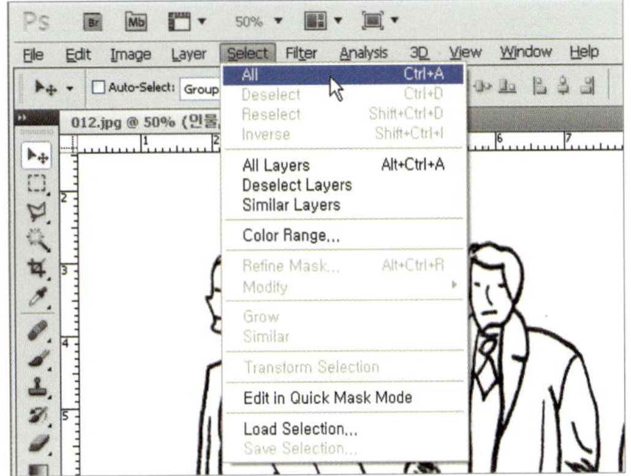

5 Edit ➡ Cut 명령을 수행하여 이미지 전체를 잘라낸 뒤, 잘라낸 빈 영역에 색상을 채워넣기 위해서 Edit ➡ Fill... 명령을 수행합니다.

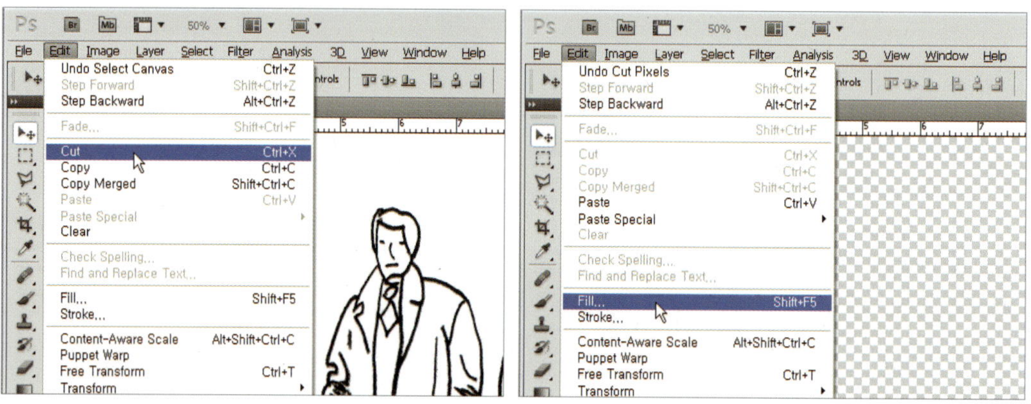

6 나타나는 Fill 명령 대화상자에서 채워넣은 색을 검정색으로 설정하여 아래 그림과 같이 만들어 줍니다.

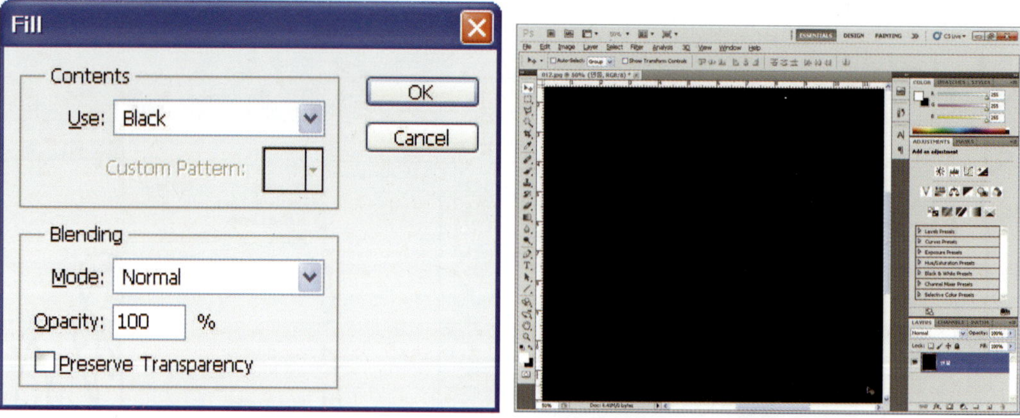

7 이제 레이어 마스크를 추가해 보도록 하겠습니다. Layer ➡ Layer Mask ➡ Reveal All 명령을 수행하여 레이어 마스크를 추가한 뒤, **Alt** 키를 누른 상태에서 Layer mask thumbnail을 클릭합니다.

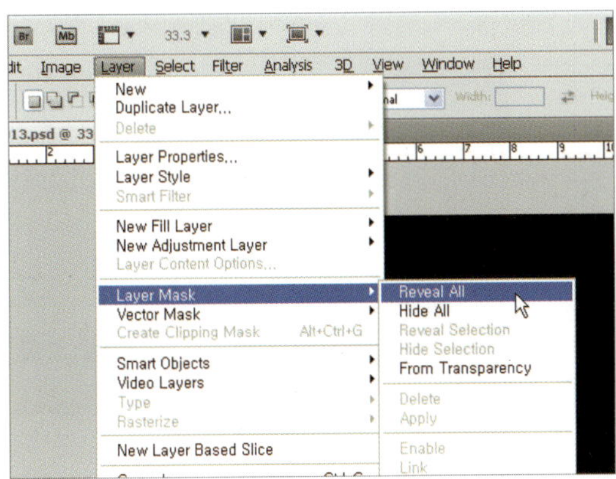
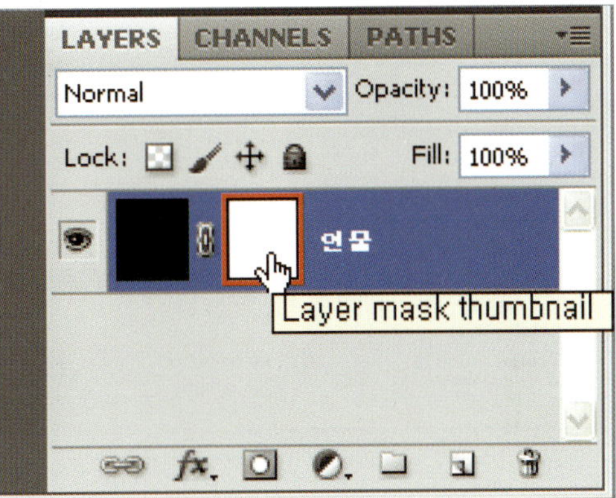

8 작업 도큐멘트가 흰색 이미지로 나타나는 것을 볼 수 있습니다. 이것은 레이어 마스크 이미지를 보면서 레이어 마스크에서 편집 작업을 할 수 있는 상태로 변하게 되는 것입니다. 잘라낸 스케치 이미지를 붙여넣기 위해서 Edit ➡ Paste를 클릭하여 레이어 마스크에 잘라낸 이미지를 붙여넣어 줍니다.

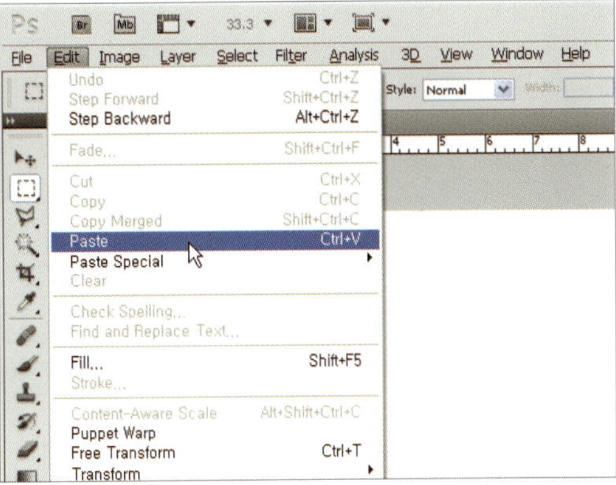

9 붙여넣은 스케치 이미지의 색상을 반전시켜주기 위해서 Image → Adjustments → Invert 명령을 수행합니다.

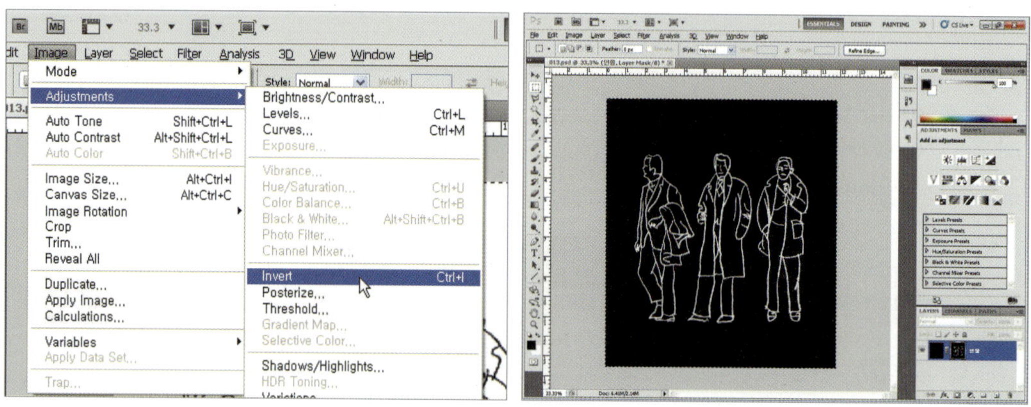

10 결과를 확인하기 위해서 Layer thumbnail을 클릭하여 마스크 효과를 확인해 줍니다. 배경 이 삭제되어 스케치 이미지만 남은 것을 확인할 수 있습니다. 선택을 취소하기 위해서 Select → Deselect 명령을 수행합니다.

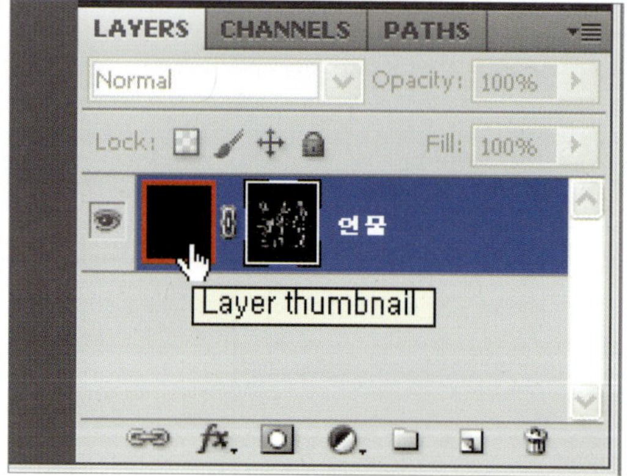

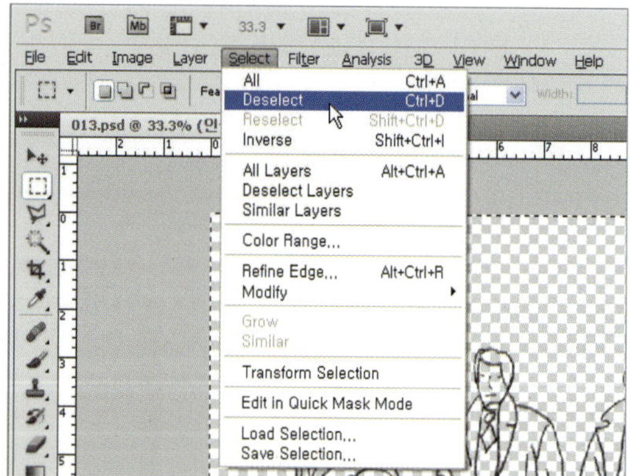

11 레이어 마스크 효과를 적용한 상태로 레이어 마스크를 삭제하기 위해서, 레이어 마스크 위에 마우스 오른쪽 버튼을 클릭한 뒤 나타나는 팝업 메뉴에서 Apply Layer Mask 명령을 수행합니다. 효과를 유지한 상태에서 레이어 마스크가 삭제되었습니다.

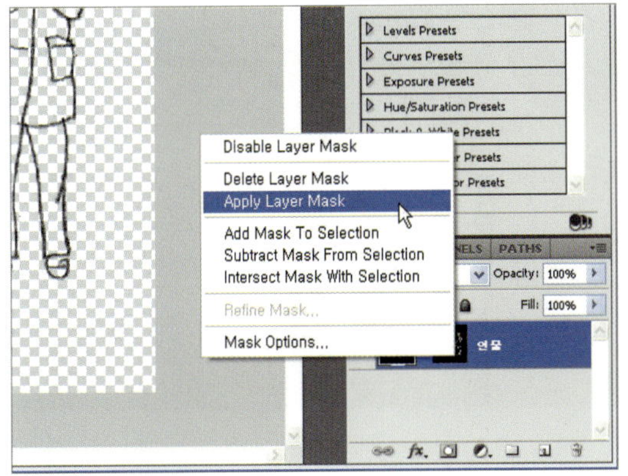
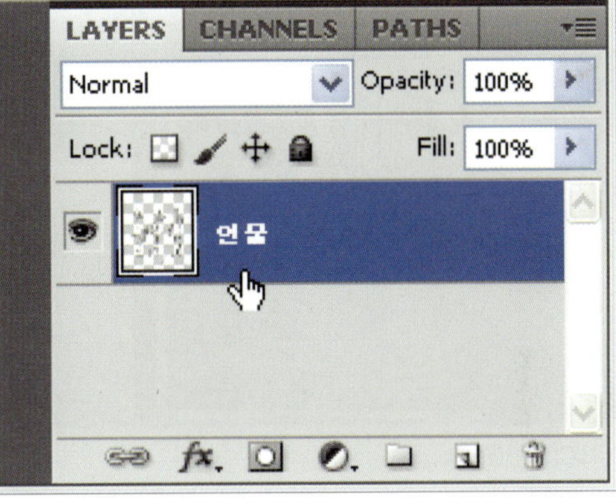

(예제\CD 11\013.psd)

12 다른 스케치 이미지(예제\CD 11\014.jpg)를 불러온 뒤, 앞에서 수행한 동일한 방법으로 배경을 삭제해 보도록 합니다.

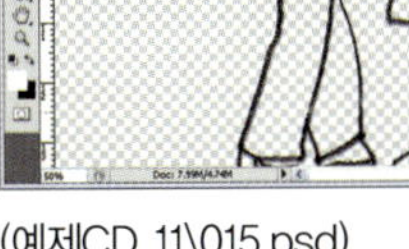

(예제\CD 11\014.jpg)   (예제\CD 11\015.psd)

13 준비된 투시도 렌더링 이미지(예제CD 11\016.jpg)를 불러온 뒤, 앞에서 배경이 삭제된 인물 이미지를 불러와 적당한 크기와 위치로 조절하여 투시도 이미지를 완성해 줍니다.

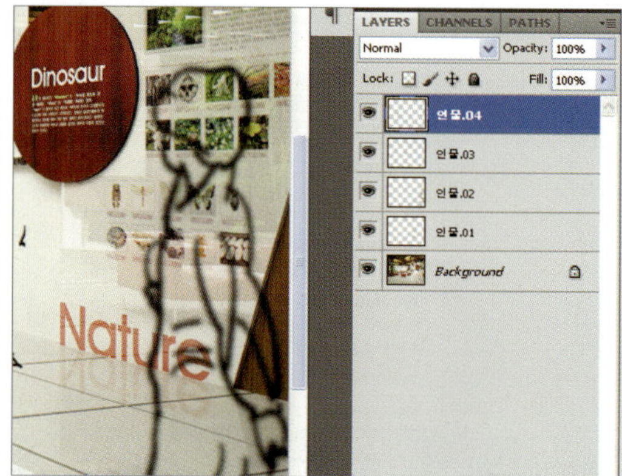

(예제CD 11\016.jpg)

14 아래 그림을 참조하여 합성작업을 완성해 봅니다.

(예제CD 11\017.psd, 017.jpg)

10 마스크를 이용한 배경 삭제 및 이미지 패널 제작

이번 예제에서는 지금까지 연습한 레이어 마스크의 다양한 활용 방법을 종합적으로 활용하여 이미지의 배경 삭제는 물론, 간단한 이미지 패널까지 작업해 보도록 하겠습니다.

렌더링 이미지

스케치 이미지

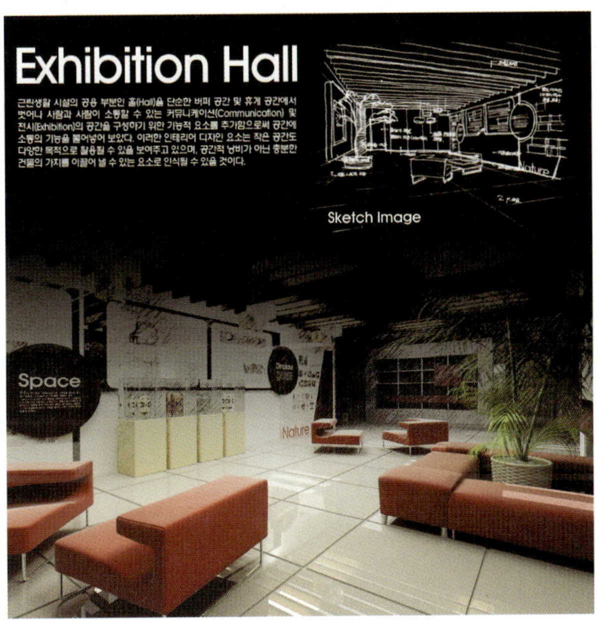

레이어 마스크를 이용하여 합성된 이미지 패널

1 준비된 렌더링 이미지(예제CD 11\018.jpg)를 불러옵니다. Layer ➡ Duplicate Layer... 명령을 수행하여 현재 이미지를 동일하게 복사해 줍니다.

(예제CD 11\018.jpg)

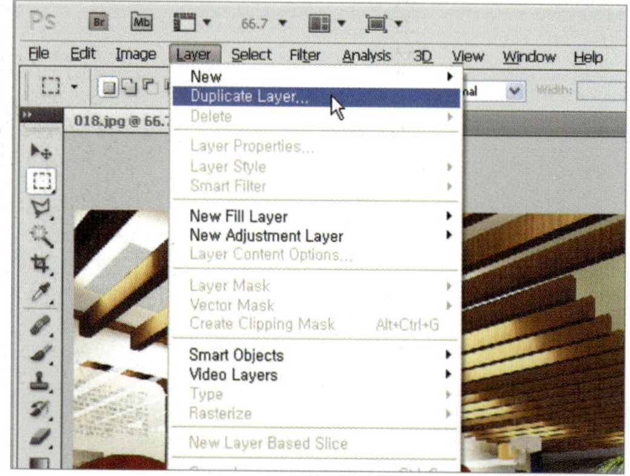

2 Duplicate Layer... 명령을 수행한 뒤 아래 그림과 같이 Duplicate Layer 대화상자가 나타나면 '배경−필터' 라는 이름으로 레이어를 복제해 줍니다. 레이어 팔레트를 확인해 보면 동일한 이미지의 복제된 레이어가 추가된 것을 볼 수 있습니다.

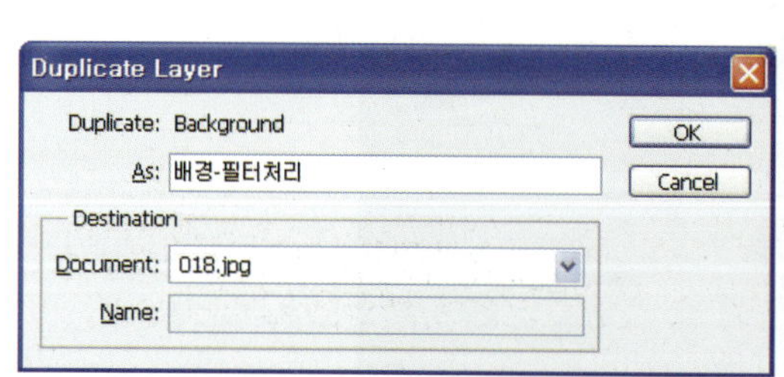

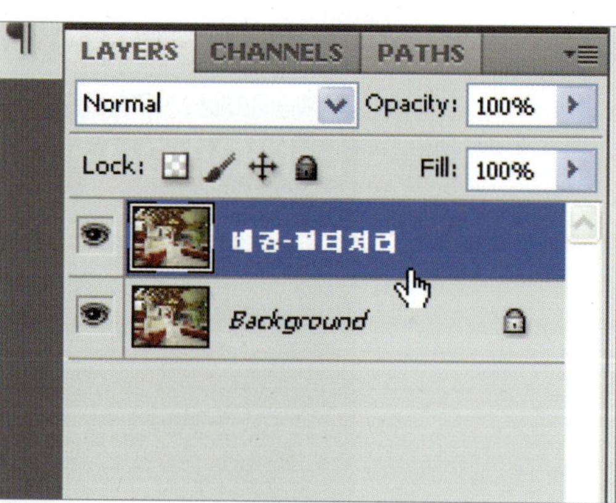

3 툴 박스에서 아래 그림과 같이 Default Foreground and Background Color 버튼을 클릭하여 전경색을 검정색으로, 배경색으로 흰색으로 설정합니다. 이번에는 복제된 이미지에 필터를 적용하기 위해서 Filter ➡ Sketch ➡ Graphic Pen 명령을 수행합니다.

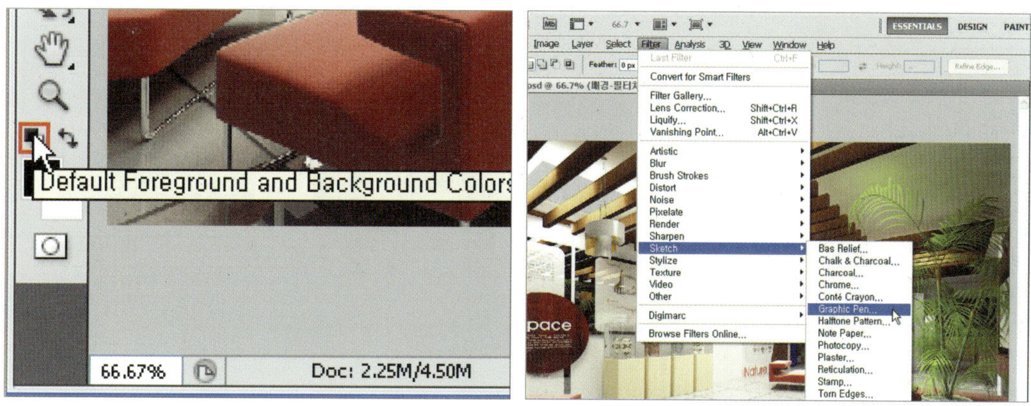

4 Graphic Pen 명령을 수행한 뒤 나타나는 Graphic Pen 대화상자에서 기본값을 그대로 이용하여 필터를 적용해 줍니다. 필터를 적용한 결과, 아래 그림과 같이 이미지가 변경되는 모습을 볼 수 있습니다.

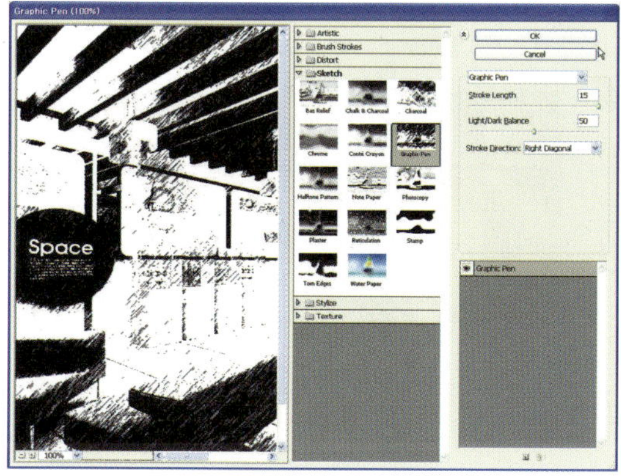

5 필터 효과가 적용된 이미지에 레이어 마스크를 추가해 보도록 하겠습니다. Layer ➡ Layer Mask ➡ Reveal All 버튼을 클릭하여 레이어 마스크를 추가해 줍니다. 추가된 Layer mask thumbnail 아이콘을 클릭하여 선택합니다.

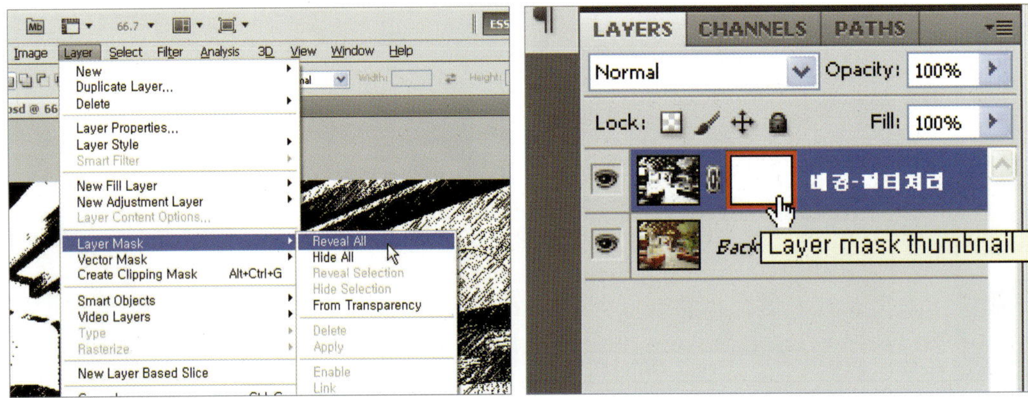

6 그라디언트 툴을 선택한 후 그라디언트 옵션을 그림과 같이 설정합니다. 색상은 'Black, White' 로, 그라디언트 방법은 'Linear Gradient' 로 설정해 줍니다.

7 그라디언트 옵션을 설정한 뒤, 그라디언트 툴을 이용하여 아래쪽에서 위쪽으로 드래그합니다. 그라디언트 효과를 적용한 뒤, 결과를 확인해 보면 원본 이미지와 필터를 적용한 이미지가 자연스럽게 합성되는 결과를 볼 수 있습니다.

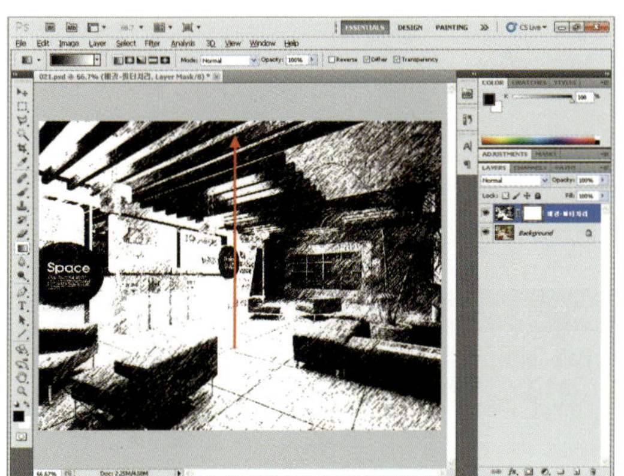

8 Background 레이어를 더블클릭한 뒤, 나타나는 New Layer 대화상자에서 레이어 이름을 '배경-원본' 으로 변경해 줍니다. 현재 사용되고 있는 '배경-필터처리', '배경-원본' 레이어를 모두 선택해 줍니다.

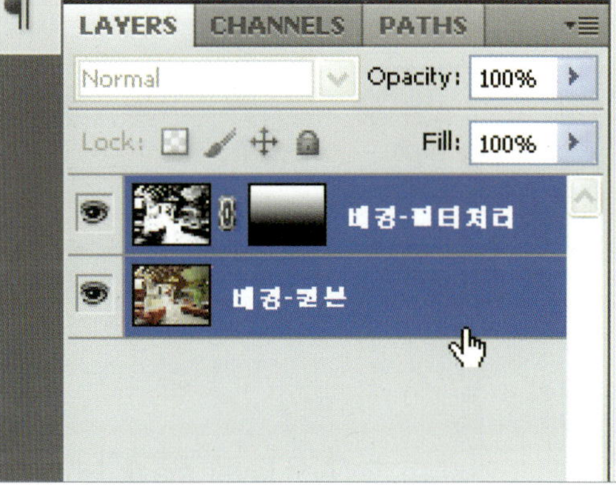

9 레이어 팔레트의 우측 상단에 위치하고 있는 아이콘을 클릭하여 나타나는 팝업 메뉴에서 New Grounp from Layers... 명령을 수행한 뒤, 나타나는 대화상자에서 '배경 이미지' 라고 입력해 줍니다.

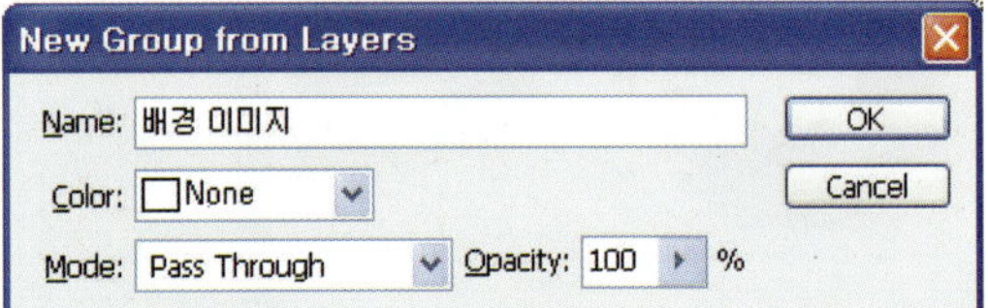

10 선택된 두 개의 레이어가 하나의 그룹 레이어로 묶여진 것을 확인할 수 있습니다. 다시 그룹 레이어에 레이어 마스크를 추가한 뒤, 그라디언트 툴을 이용하여 위에서 아래로 드래그하여 효과를 적용해 줍니다. 결과를 살펴보면 위쪽 이미지가 사라지는 결과를 확인할 수 있습니다.

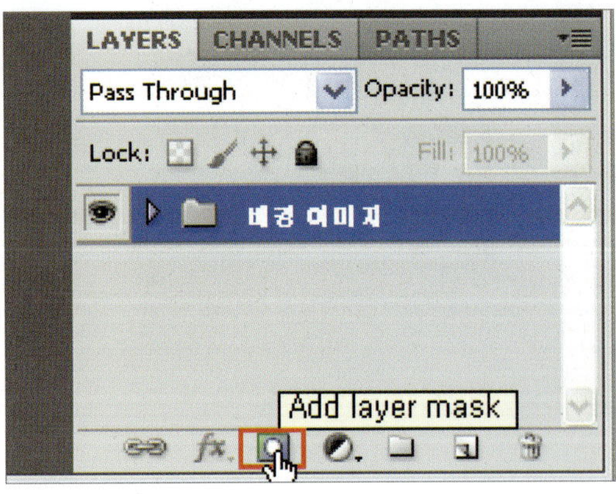

11 작업 캔버스의 크기를 변경시켜 보도록 하겠습니다. Image → Canvas Size... 명령을 수행한 뒤, 나타나는 Canvas Size 대화상자에서 폭과 높이 값을 1024 pixels로 동일하게 설정하고 Anchor 위치를 중앙 하단으로 설정해 줍니다.

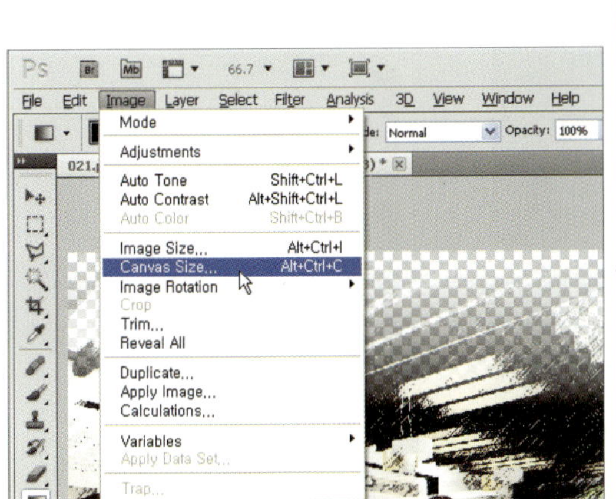
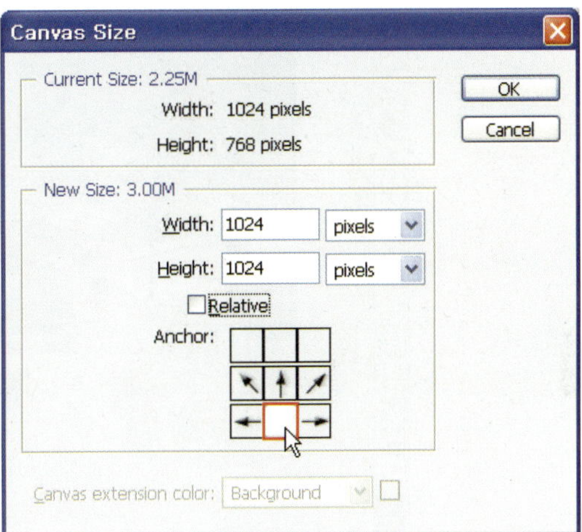

12 아래 그림과 같이 캔버스의 크기를 변경된 것을 볼 수 있습니다. 계속해서 Layer → New Fill Layer → Solid Color... 명령을 수행한 뒤, 검정색으로 빈 레이어를 추가한 뒤, 추가된 검정색 레이어는 레이어 팔레트에서 제일 아래쪽으로 드래그하여 순서를 변경시켜 줍니다.

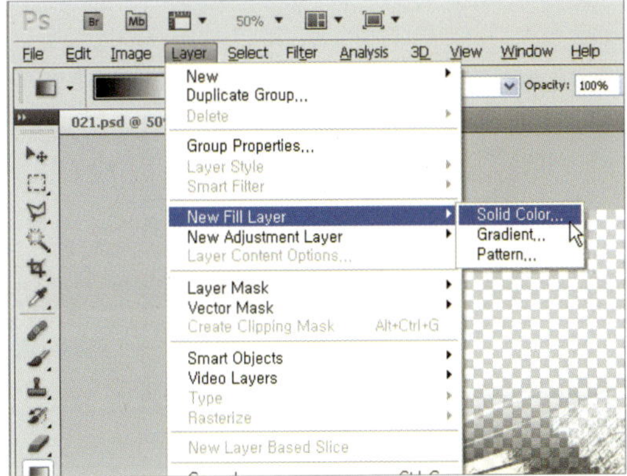

13 아래 그림과 같은 결과를 만들어 줍니다.

14 이제 준비된 스케치 이미지(예제CD 11\019.jpg)를 불러옵니다. 불러온 이미지는 수작업을 작성된 스케치로 앞에서 익힌 레이어 마스크 기능을 이용하여 아래 그림과 같이 배경을 삭제해 줍니다.

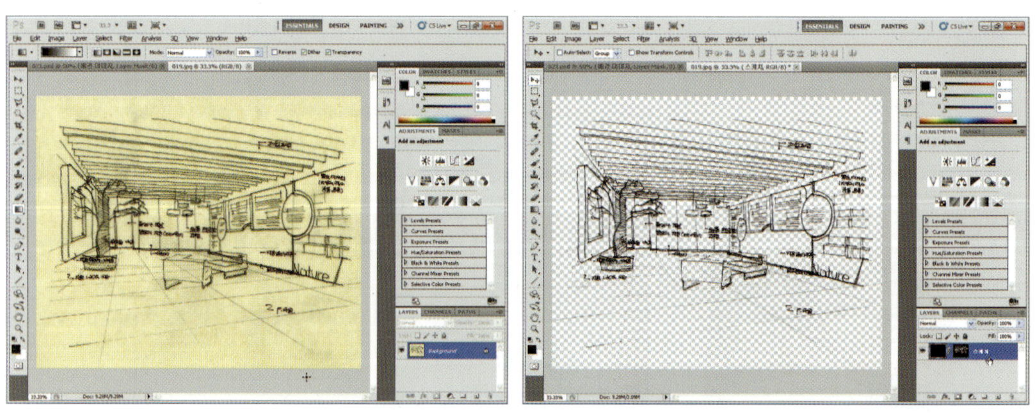

(예제CD 11\019.jpg)

※ 이번 예제에서는 레이어 마스크를 이용한 배경 삭제 과정을 생략하였습니다. 이미 여러 차례 학습한 내용이기 때문에 잘 모르실 경우에는 앞에서 학습한 내용을 참고해 주시기 바랍니다.

15 스케치 이미지의 배경이 삭제된 상태로, 즉 레이어 마스크 효과가 적용된 상태로 레이어 마스크를 삭제해 줍니다. 아래 그림과 같이 '스케치' 라는 이름의 단일 레이어만 있도록 구성해 줍니다.

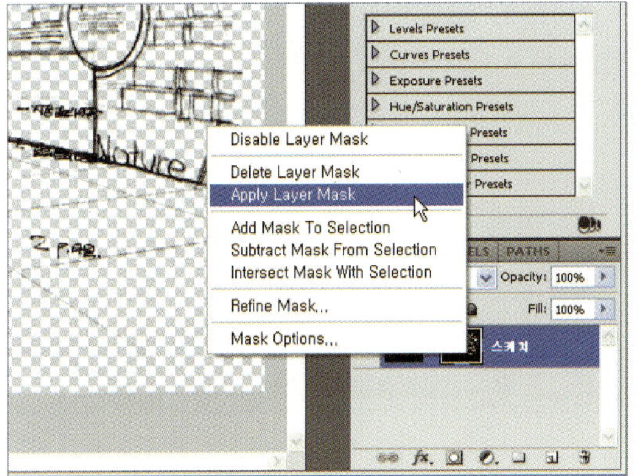
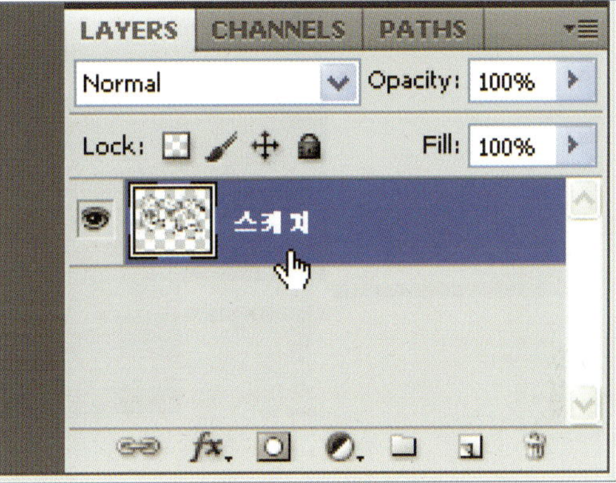

(예제CD 11\020.psd)

16 작성된 스케치 이미지를 복사하여 앞에서 작성된 도큐먼트(이미지)에 붙여넣어 줍니다. 붙여넣은 스케치 이미지의 색상이 검은색으로 구성되어 있기 때문에 Image → Adjustments → Invert 명령을 수행하여 흰색 스케치 이미지로 변경시켜 줍니다.

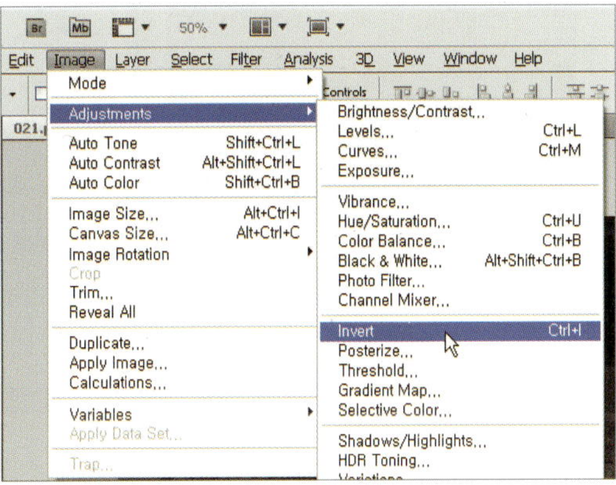

17 계속해서 이미지의 크기를 조절하기 위해 Edit → Transform → Scale 명령을 수행하여 아래 그림과 같은 크기로 조절한 뒤, 위치도 변경시켜 줍니다.

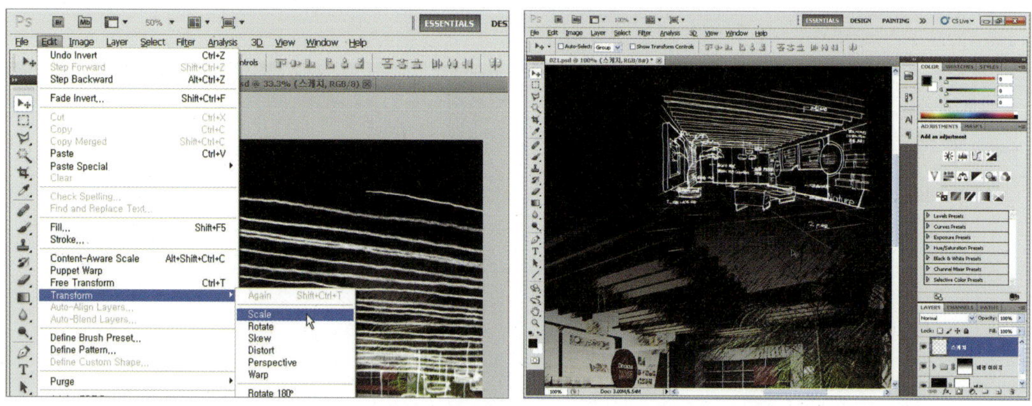

18 미리 준비된 텍스트 파일(예제CD 11\021(text).txt)을 이용하여 아래 그림과 같이 타이틀, 주석문 등의 글씨를 입력해 줍니다.

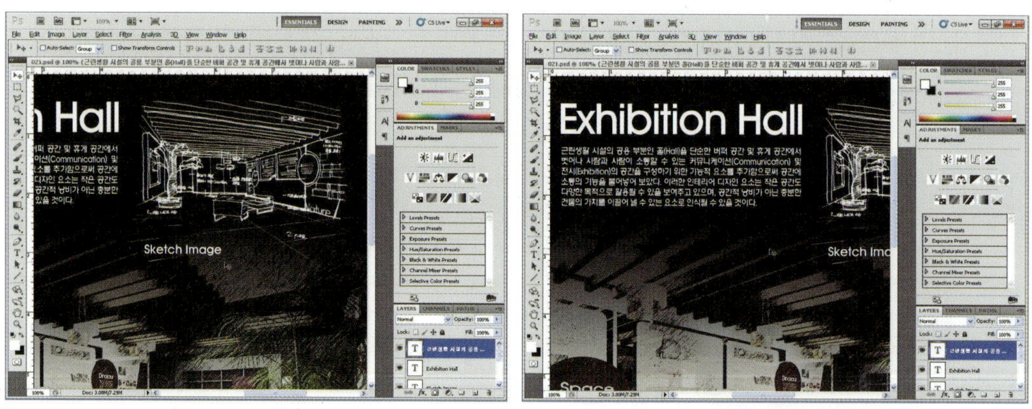

(예제\CD 11\021(text).txt)

19 최종 완성된 이미지

(예제CD 11\022.psd, 022.jpg)

11 아래 한글 문서 파일을 이용한 텍스트 이미지 작성
(마스크를 이용한 글씨 이미지 제작과 아래 한글 포맷 이용)

패널을 작성하다 보면 개념, 설계 개요, 대지조건, 설명 등의 글을 삽입해야 할 경우가 발생합니다. 물론 포토샵의 툴 중에서 타입 툴(Type Tool)을 이용하여 글씨를 입력할 수 있지만, 전문적인 워드프로세서의 기능과 비교하면 미약하다고 할 수 있습니다. 일반적으로 가장 많이 사용되는 아래 한글 프로그램을 이용하여 작성된 상태를 그대로 이미지로 제작한 뒤, 포토샵에서 붙여 보도록 하겠습니다.

배경 이미지

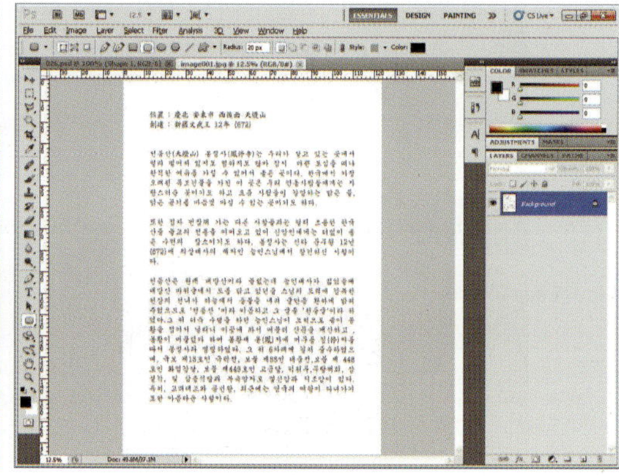

아래 한글 작업 화면

아래 한글 작업 내용과 이미지를 합성한 결과

1 준비된 배경 이미지(예제CD 11\023.jpg)를 불러와 줍니다. 이미지의 색상을 변경시키기 위해서 이미지의 모드를 변경시켜 보도록 하겠습니다. Image → Mode → RGB Color를 클릭해 줍니다.

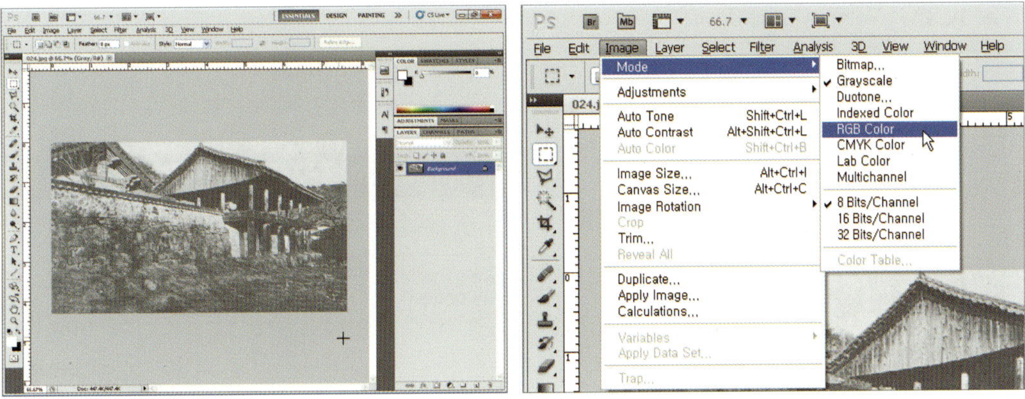

(예제CD 11\023.jpg)

2 이미지의 색상을 변경시키기 위해서 Image → Adjustment → Color Balance 명령을 클릭합니다. 나타나는 Color Balance 대화상자에서 아래 그림과 같이 Color Levels 값을 10, −20, −50으로 설정해 줍니다.

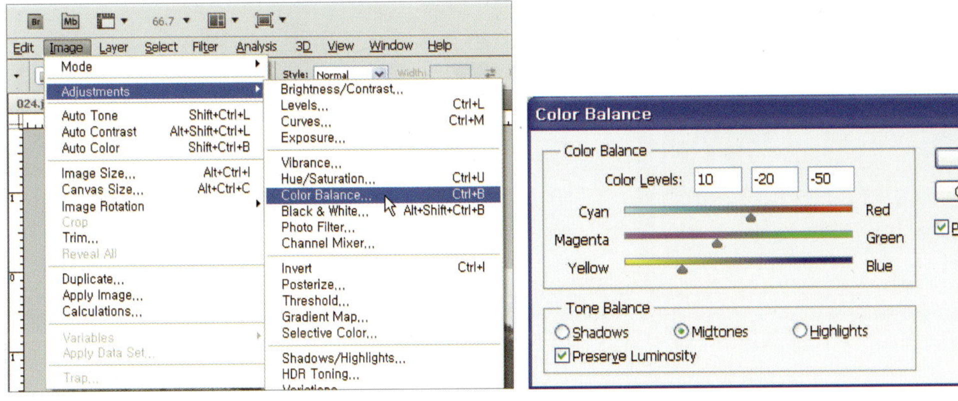

3 계속해서 Image ➡ Adjustment ➡ Brightness/Contrast 명령을 수행한 뒤 나타나는 Brightness/Contrast 대화상자에서 아래 그림과 같이 Brightness:−20, Contrast:10으로 설정해 줍니다.

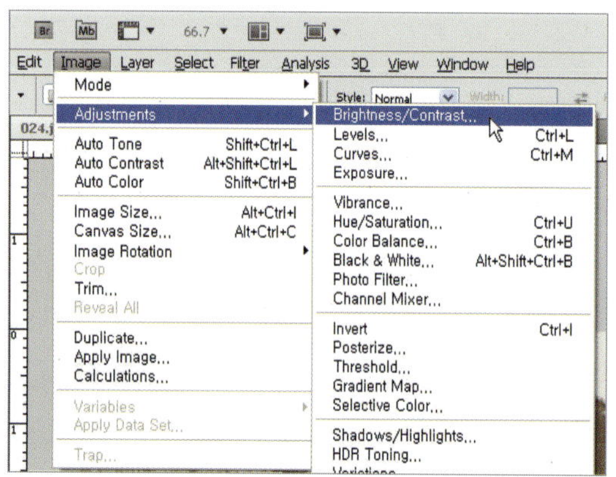
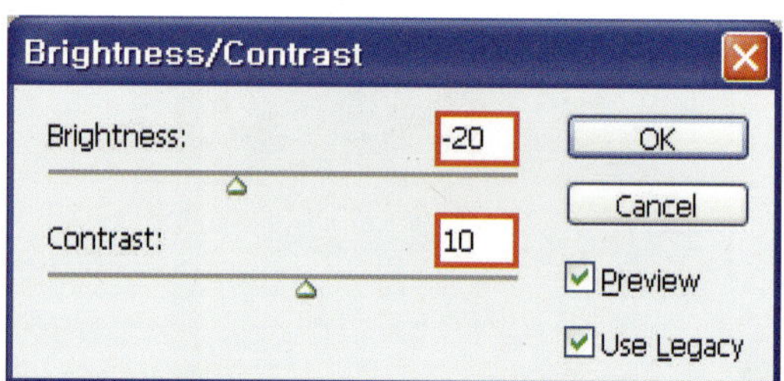

4 이미지의 톤과 색상을 아래 그림과 같이 변경한 뒤, 전경색(Set foreground color)을 검정색으로 설정해 줍니다.

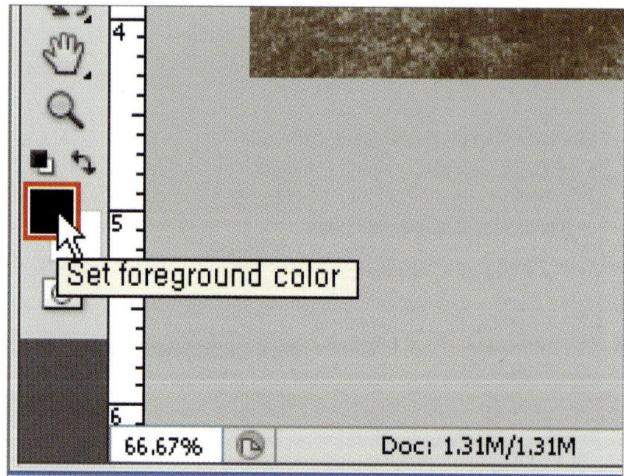

5 글씨 이미지의 배경 이미지를 만들기 위해서 Rounded Rectangle Tool을 클릭해 줍니다.
옵션 패널에서 아래 그림과 같이 Shape layers, Radius 값은 20 px로 설정해 줍니다.

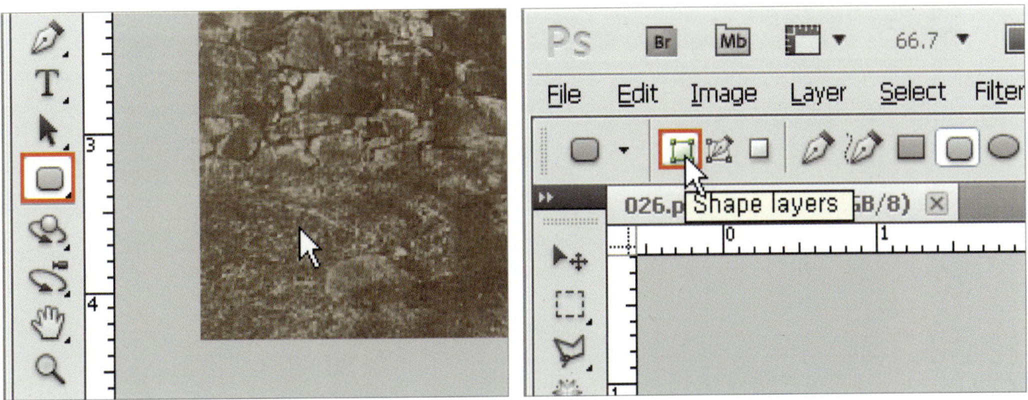

6 옵션 값을 설정한 뒤, Rounded Rectangle Tool을 이용하여 아래 그림과 같이 모서리가 둥
근 검은색 사각형을 만들어 줍니다. Shape layers 옵션을 설정한 상태에서 드로잉 하였기
때문에 자동으로 레이어가 추가되면서 제작되는 것을 볼 수 있습니다. 추가된 레이어의
Opacity 값을 50%로 변경시켜 줍니다.

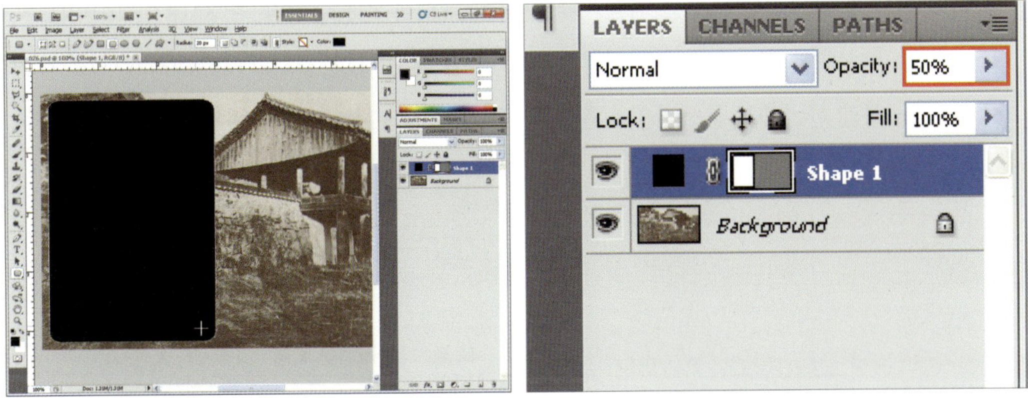

7 결과적으로 아래 그림과 같은 결과를 만들 수 있습니다.

8 이제 한글에서 작성된 문서를 이미지로 만들어 보도록 하겠습니다. 먼저 대표적인 워드프
로세서인 아래 한글 프로그램을 실행한 뒤 준비된 예제 파일(예제CD 11\024.hwp)을 불러
옵니다. 아래 한글에서 문서파일을 불러온 후 여러분이 원하시는 글씨체로 변경합니다.

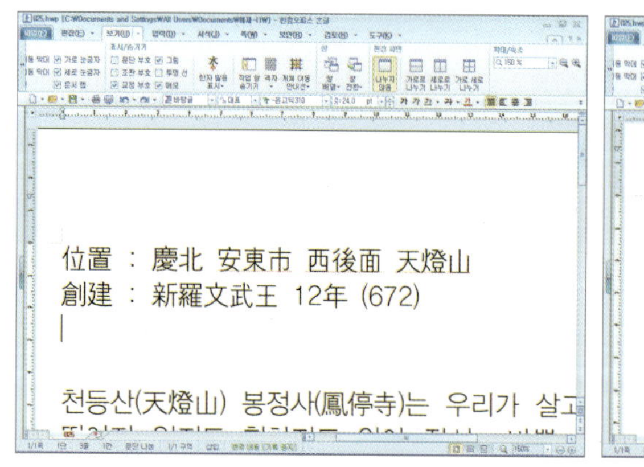

(예제CD 11\024.hwp)

9 파일 ➜ 인쇄를 클릭한 뒤, 나타나는 인쇄 대화상자의 프린터 선택에서 '그림으로 저장하기'를 클릭하여 선택한 후 인쇄 버튼을 클릭합니다.

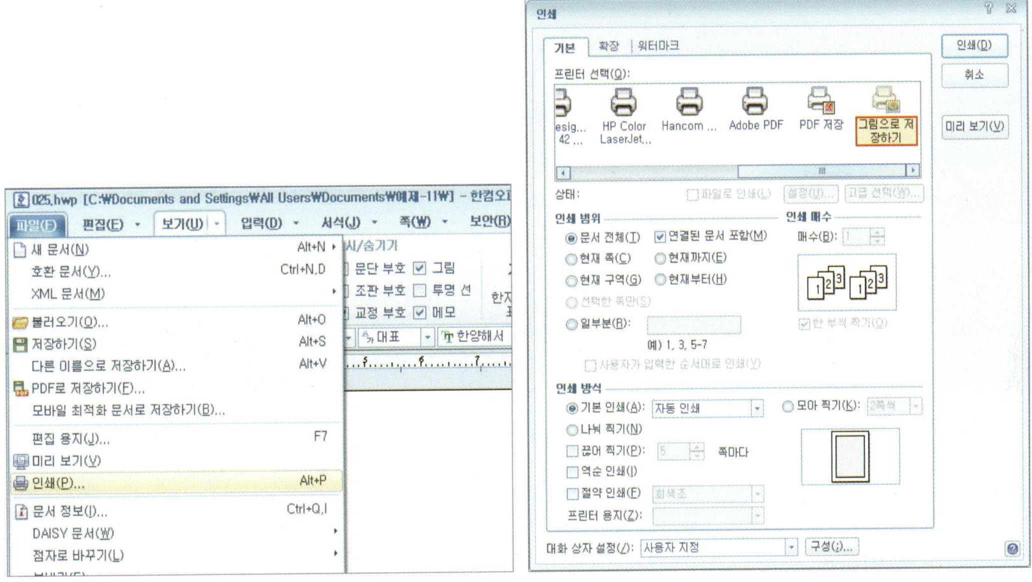

10 인쇄 버튼을 클릭한 후 저장위치와 파일명을 설정하고 파일 형식은 반드시 JPG 포맷으로 설정해 줍니다. 계속해서 대화상자 우측 하단에 위치한 '선택사항' 버튼을 클릭하여 나타나는 대화상자에서 해상도 항목을 가장 높은 해상도로 설정하고 트루 컬러로 색 지정 옵션을 설정해 줍니다. 모든 설정을 마친 뒤 확인 버튼과 저장 버튼을 클릭하여 작업된 글씨를 이미지로 저장해 줍니다.

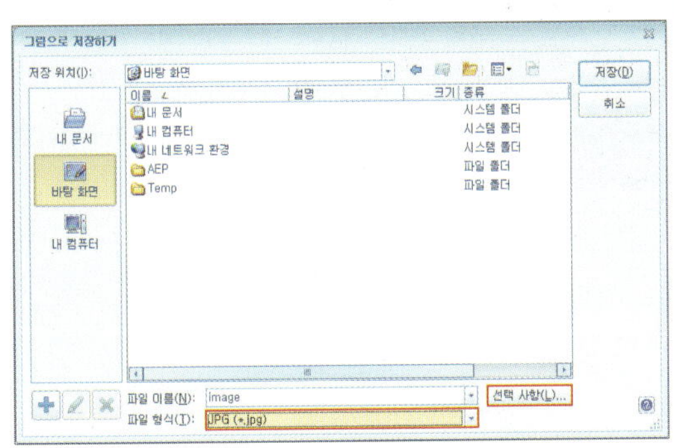

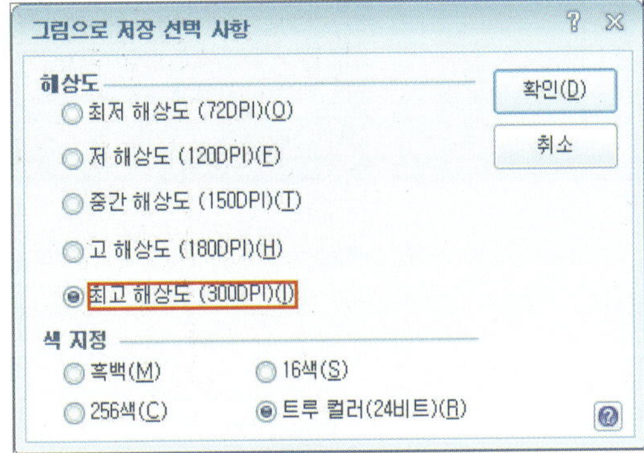

11 이제 포토샵에서 아래 한글에서 작성된 글씨 이미지 파일을 불러옵니다. 불러온 이미지 파일의 레이어 이름을 '텍스트'로 변경합니다.

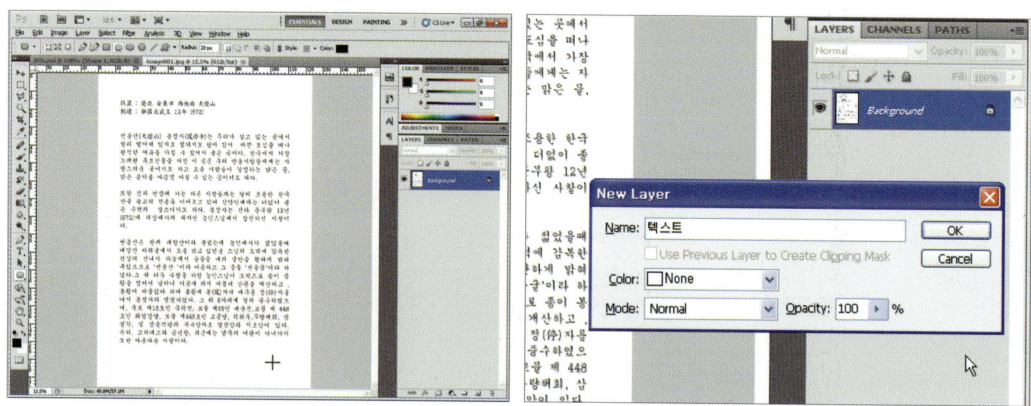

12 Select → All(**Ctrl**+**A**)을 클릭하여 이미지 전체를 선택한 뒤, Edit → Cut(**Ctrl**+**X**)을 클릭하여 선택 이미지 전체를 잘라냅니다. 결과를 살펴보면 레이어가 비어있기 때문에 아무 것도 없다는 표시로 체크무늬가 나타나는 것을 볼 수 있습니다.

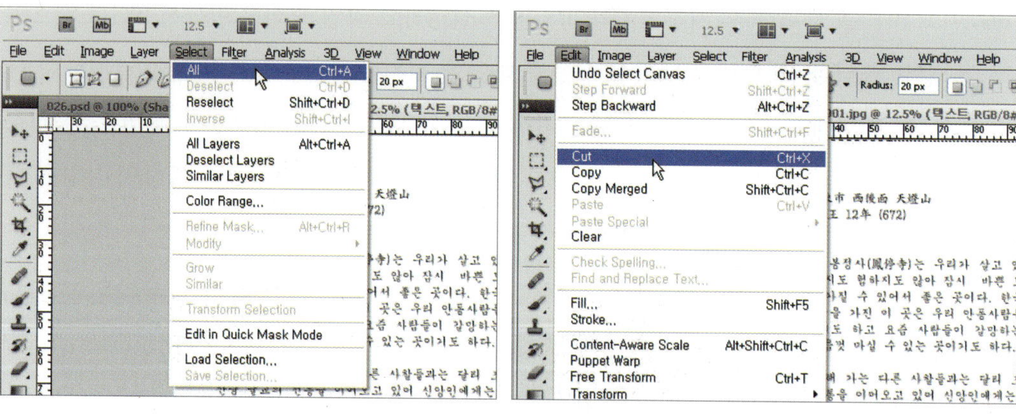

13 계속해서 Edit ➡ Fill을 클릭한 뒤 나타나는 Fill 대화상자에서 Use 옵션을 White, Opacity 는 100%로 설정하여 잘라낸 빈 레이어('텍스트' 레이어)를 흰색으로 채웁니다.

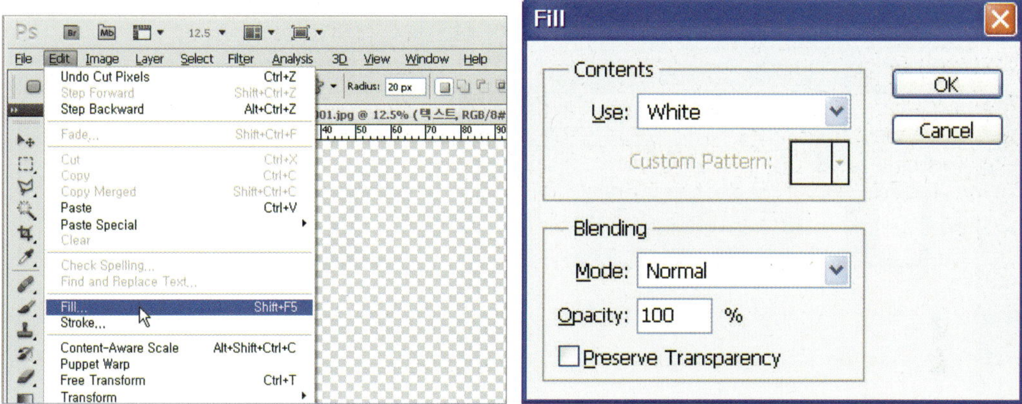

14 '텍스트' 레이어를 흰색으로 채색한 뒤 Layer ➡ Layer Mask ➡ Reveal All을 클릭하여 레 이어 마스크를 추가합니다.

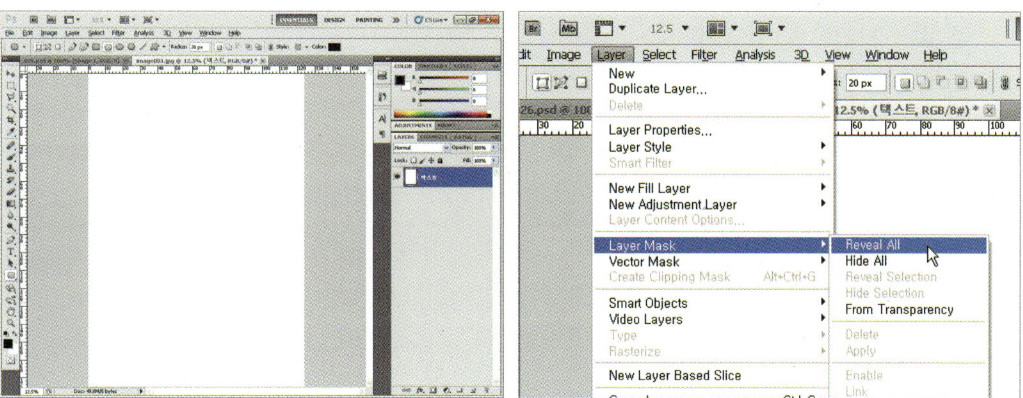

15 '텍스트' 레이어를 흰색으로 채색하여 레이어 마스크를 추가한 뒤, **Alt** 키를 누른 상태에서 추가된 Layer mask thumbnail을 클릭합니다. 작업 화면이 레이어 마스크를 보면서 레이어 마스크에서 작업할 수 있는 상태로 변경됩니다.

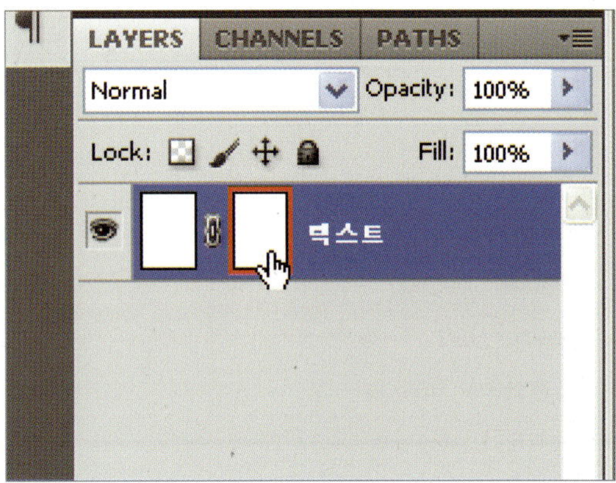 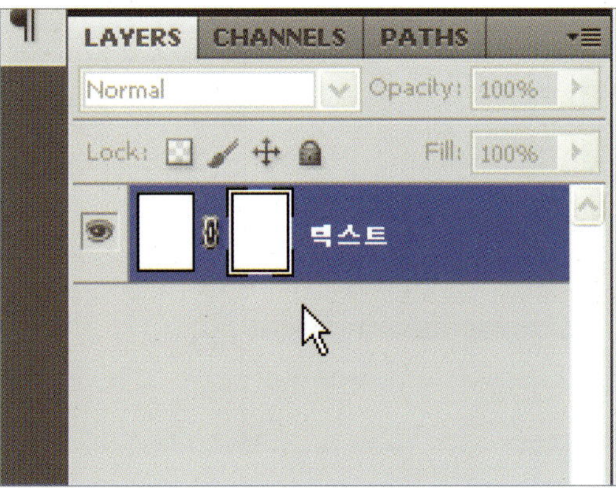

16 Edit ➡ Paste를 클릭하여 잘라내었던 글씨 이미지를 붙여줍니다. 잘라낸 글씨 이미지를 붙여준 뒤, 레이어 팔레트를 살펴보면 그림과 같이 레이어 마스크에 글씨 이미지가 붙여진 것을 확인할 수 있습니다.

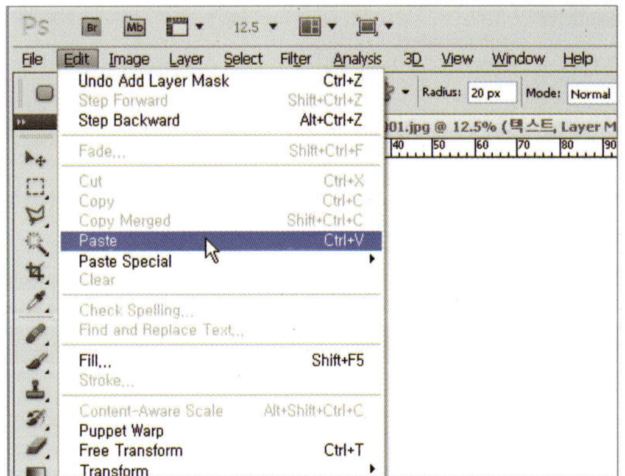 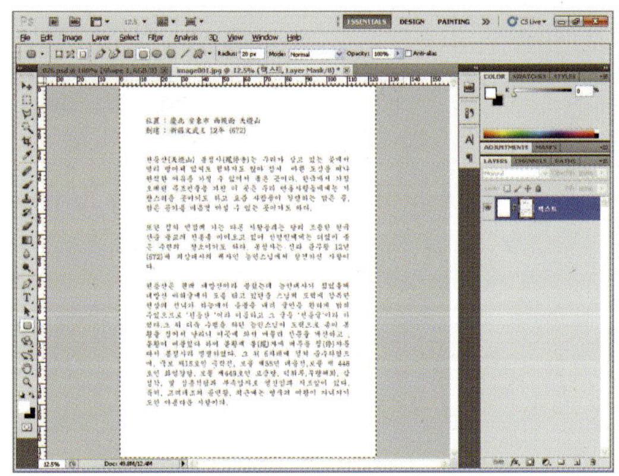

17 붙여넣은 글씨 이미지를 색상을 반전하기 위해서 Image ➡ Adjustments ➡ Invert를 클릭합니다. 이미지의 색상을 역상으로 처리한 뒤 Select ➡ Deselect(Ctrl+D) 명령을 수행하여 선택을 취소합니다.

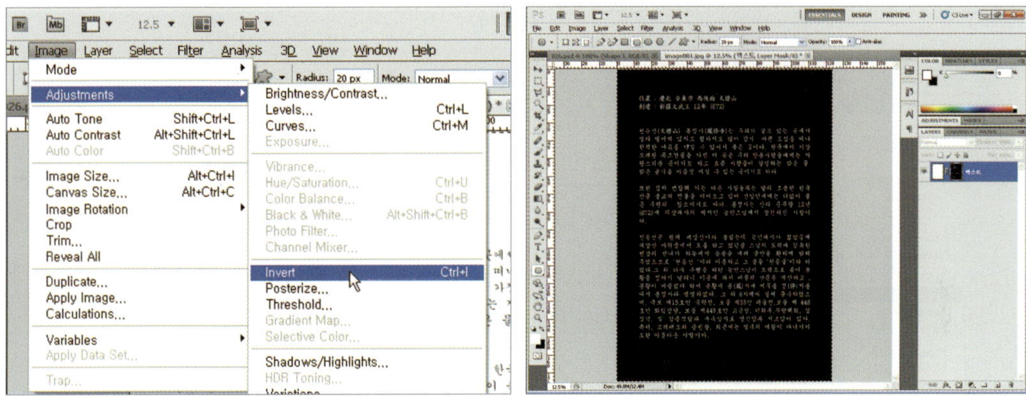

18 아래 그림과 같이 레이어 팔레트에서 Layer thumbnail을 클릭 합니다. 글씨만 남고 배경 부분은 모두 지워진 상태로 남게 됩니다. 글씨가 흰색으로 남기 때문에 잘 보이지는 않습니다.

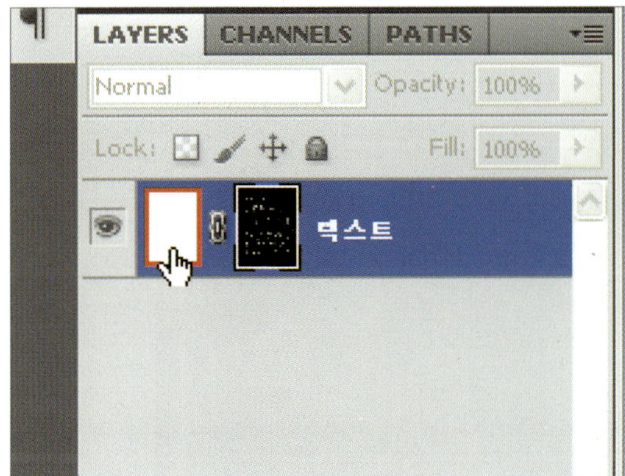

19 편집을 위해 추가된 레이어 마스크를 삭제해 보도록 하겠습니다. Layer ➡ Layer Mask ➡ Apply를 클릭하여 레이어 마스크를 적용한 후 삭제해 줍니다. 레이어 마스크를 삭제한 뒤 남겨진 글씨 이미지를 아래 그림과 같이 이전에 수행하였던 작업 이미지에 복사하여 붙여넣습니다.

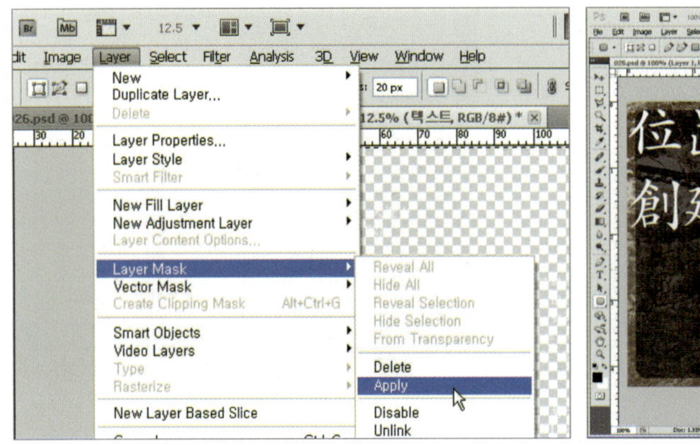

20 글씨 이미지를 복사한 뒤, 결과를 보면 글씨 이미지의 크기가 작업 이미지에 비해 상당히 크다는 것을 알 수 있습니다. Edit ➡ Transform ➡ Scale 명령을 수행하여 아래 그림과 같이 작업 이미지의 크기와 비례하여 적당한 크기로 줄여줍니다.

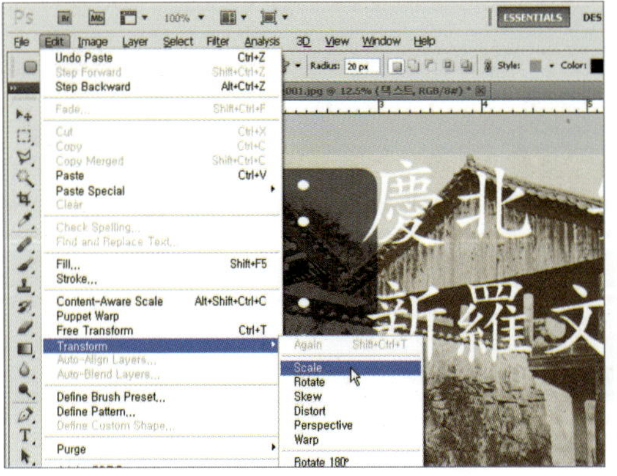

21 최종 완성된 이미지

(예제\CD 11\025.psd, 025.jpg)

12 알파 채널(Alpha Channel)의 이해

1. 채널(Channel)이란?

채널은 많은 사람들이 마스크와 더불어 어려운 부분 중에 하나라고 합니다. 왜냐하면 그 원리를 파악하기도 어렵지만 왜 사용해야 하는지 잘 모르는 경우가 많기 때문입니다. 물론 채널은 포토샵에서도 고급스러운 편집 방법 중에 하나입니다.

그러나 여기서는 채널보다 알파 채널에 대해 설명하도록 하겠습니다. 왜냐하면 채널은 원리의 이해가 중요할 뿐, 출판 전문가가 아닌 경우 크게 사용하지 않습니다. 그러나 알파 채널의 경우는 사정이 다릅니다. 앞서 살펴본 마스크의 기능과 비슷한 기능을 수행할 수 있기 때문입니다. 또한 포토샵 고유의 파일 포맷인 PSD가 아닐 경우에도 알파 채널을 포함하여 저장할 수 있습니다.

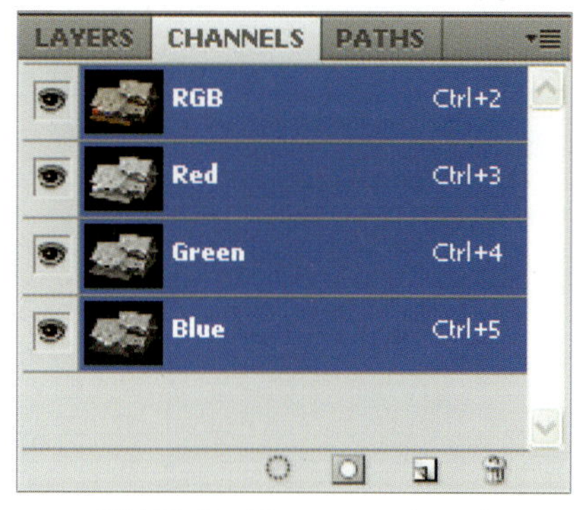

채널 팔레트 (Channel Palette)

알파 채널 (Alpha Channel)

2. 알파 채널(Alpha Channel)

알파 채널은 기본 채널에 추가할 수 있는 채널로 이미지 색상에 직접 영향을 미치게 되는 기본 채널과는 달리 사용자가 필요에 따라서 추가시키거나 삭제할 수 있는 채널입니다. 이 알파 채널이 앞장에서 공부한 마스크와 비슷한 기능을 수행할 수 있게 해 줍니다.

기본채널, 예를 들면 RGB 모드에서는 Red Channel, Green Channel, Blue Channel이 있으며 세 개의 채널은 삭제되지 않습니다. 그러나 알파 채널의 경우 필요할 경우 몇 개의 알파 채널을 추가할 수도 있으며 삭제할 수도 있습니다. 다시 말해 기본 채널은 이미지 색상을 조절하기 위해서 사용되는 채널이지만 알파 채널은 마스크의 기능, 즉 선택 영역의 지정을 위한 기능으로 사용됩니다.

■ 채널 팔레트

채널 팔레트의 모양은 레이어 팔레트와 거의 유사하게 보입니다. 눈 모양의 아이콘은 각각의 채널을 보여주거나 보여주지 않을 경우 사용되며 RGB 채널의 눈 모양의 아이콘을 클릭하면 Red Channel, Green Channel, Blue Channel의 눈모양은 자동으로 켜지게 됩니다.

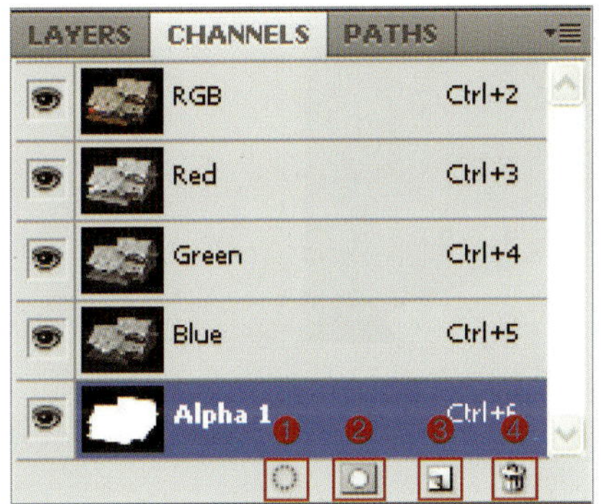

1. Load channel as selection

   현재 작업 상태에서 알파 채널을 이용하여 선택영역을 만들어 줍니다. 알파 채널을 추가하게 되면 검정색 바탕이 나타나며 흰색으로 드로잉한 부분을 선택 영역으로 불러오게 됩니다.

2. Save selection as channel

   선택 툴을 이용하여 선택영역으로 만든 내용을 채널로 만들어 줍니다. 추가 채널을 이용하여 필요할 경우 언제든지 다시 선택영역으로 지정할 수 있습니다.

3. Create new channel

   새로운 채널을 추가합니다. 필요에 따라 몇 개라도 추가할 수 있습니다.

4. Delete current channel

   현재 선택되어 있는 채널을 삭제합니다. 일반적으로 추가된 알파 채널을 삭제할 경우 사용되며, 특별한 경우를 제외하고는 Red Channel, Green Channel, Blue Channel을 삭제할 경우는 없습니다.

13 알파 채널을 이용한 이미지 합성

이번 예제에서는 알파 채널을 이용하여 두 개의 이미지를 합성, 더불어 레이어 마스크에서 작업한 예제와 같이 글씨 형태의 이미지를 제작해 보도록 하겠습니다.

이미지 1

이미지 2

알파 채널의 기능을 이용한 이미지 합성 결과

1. 준비된 예제 이미지(예제CD 11\026.psd)를 불러옵니다. 채널 팔레트를 선택하여 알파 채널을 추가합니다. 알파 채널의 추가는 채널 팔레트 하단에 위치하고 있는 Create New Channel 아이콘을 클릭하거나, 채널 팔레트의 팝업 메뉴에서 New Channel 명령을 이용하면 됩니다.

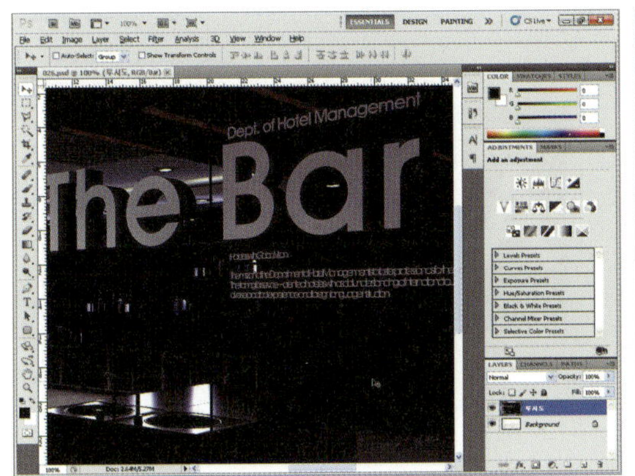

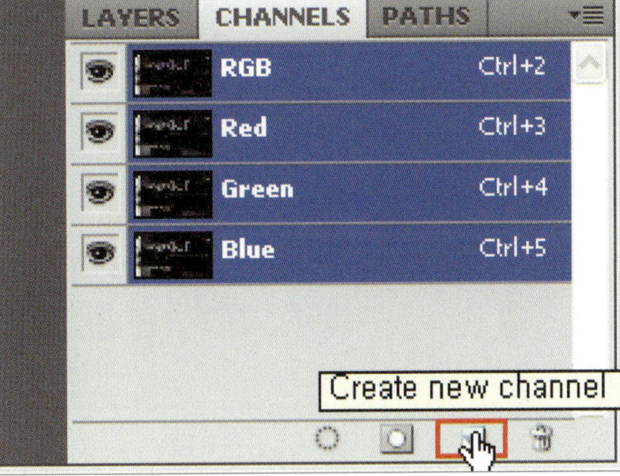

(예제CD 11\026.psd)

2. 채널 팔레트를 확인해 보면 'Alpha 1' 이라는 알파 채널이 추가된 것을 확인할 수 있습니다. 글씨를 입력하기 위해서 전경색(Set foreground color)을 흰색으로 설정합니다.

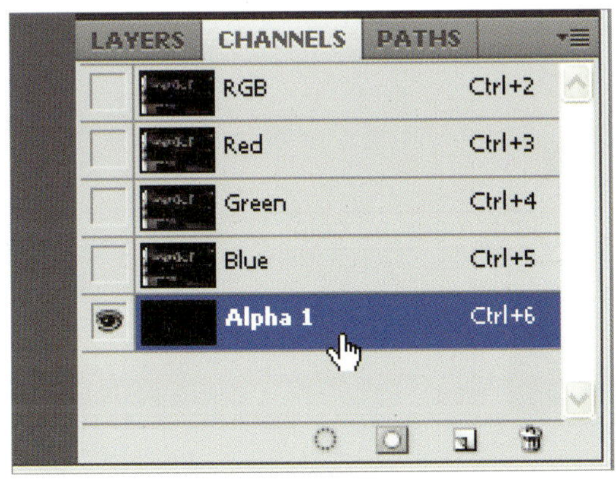

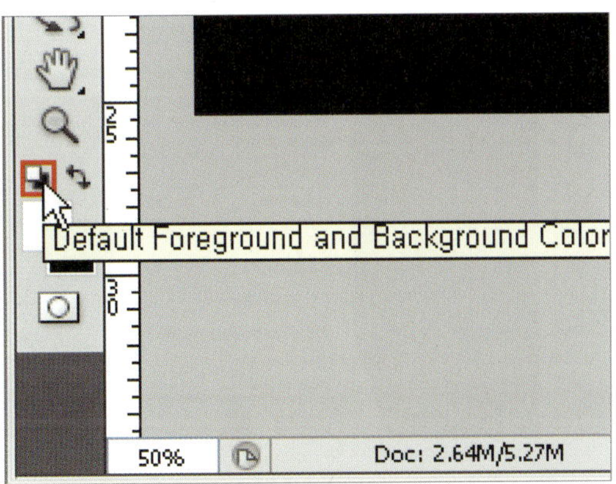

※ 알파 채널에서는 컬러 드로잉을 할 수 없으며 Grayscale 만을 사용할 수 있습니다.

3 알파 채널을 추가한 후 흰색으로 글씨를 입력합니다. Horizontal Type Tool을 이용하여 글씨를 입력하려고 하면 그림과 같이 화면이 붉게 변하면서 글씨가 입력되는 것을 볼 수 있습니다. 원하는 폰트, 크기를 지정하여 글씨를 입력해 줍니다.

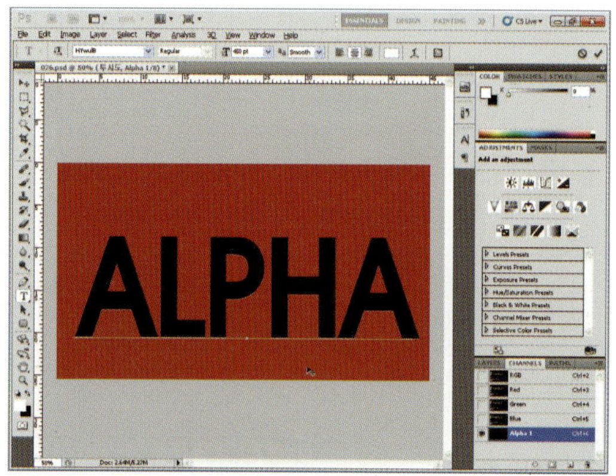

4 글씨 입력을 끝내면 글씨가 쓰여지는 것이 아니라 선택영역으로 지정되는 것을 확인할 수 있습니다. Select → Deselect를 클릭하여 선택 영역을 취소합니다. 이번에는 그라디언트 툴을 적용하기 위해서 전경색(Set foreground color)을 검정색으로 설정합니다.

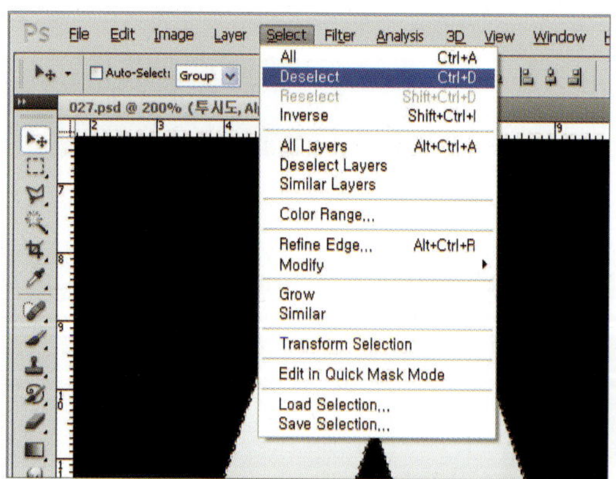
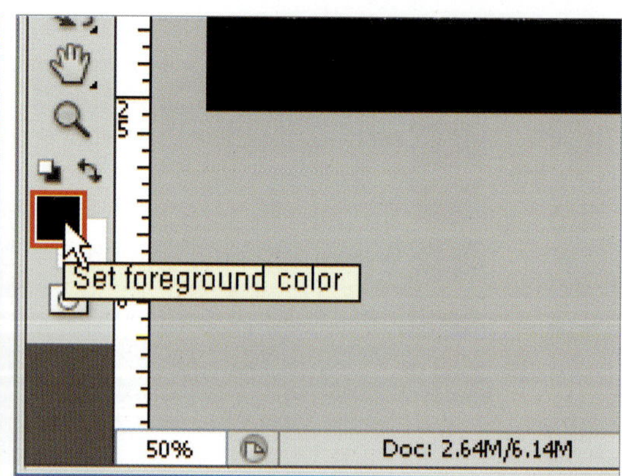

5 그라디언트(Gradient Tool) 툴을 선택합니다. 전경색을 검정색으로 설정한 후, 그라디언트 툴(Gradient Tool)의 옵션 팔레트에서 그림과 같이 Foreground to Transparent(전경색에서 투명으로)를 선택한 후 아래 그림과 같이 드로잉 합니다.

6 채널 팔레트 하단에 위치한 Load Channel as Selection을 클릭하여 선택영역을 만들어 줍니다.

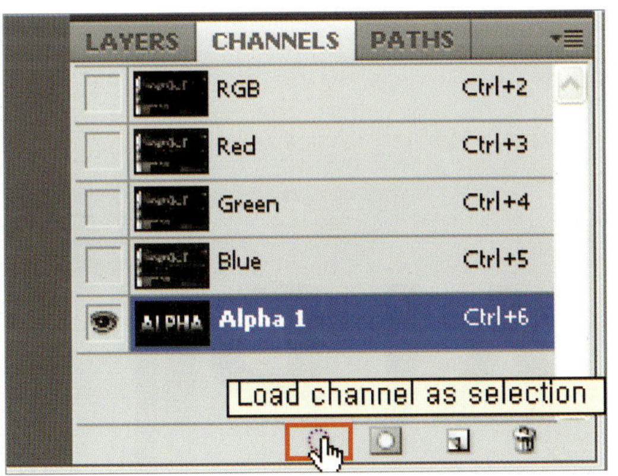

※ 선택되는 영역은 알파 채널을 이용하여 선택영역이 만들어집니다.

7 채널 팔레트에서 RGB Channel을 클릭하면 현재 선택된 레이어의 이미지를 보면서 선택 영역이 보이게 됩니다. 만들어진 선택영역은 글씨 영역의 절반 정도가 선택영역으로 만들어지는 것을 볼 수 있습니다. 그러나 이것은 보여지기 위한 것이며, 실제는 그 이상의 의미를 가지고 있습니다. Select → Inverse 명령을 이용하여 선택 영역을 반전시킵니다.

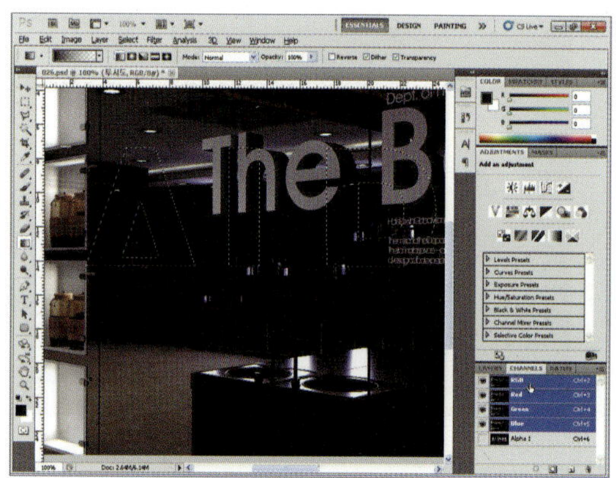
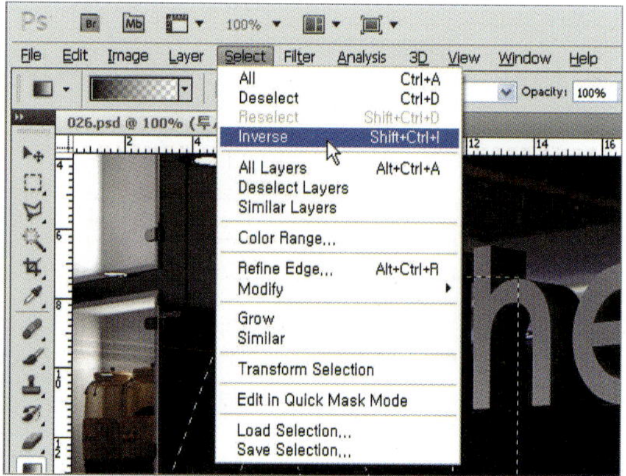

8 Select → Inverse 명령을 이용하여 선택 영역을 반전시킨 후, Edit → Cut 명령을 이용하여 선택된 영역을 잘라냅니다. 아래 그림과 같이 이미지를 이용하여 글씨 영역의 일부가 만들어지는 것을 볼 수 있습니다

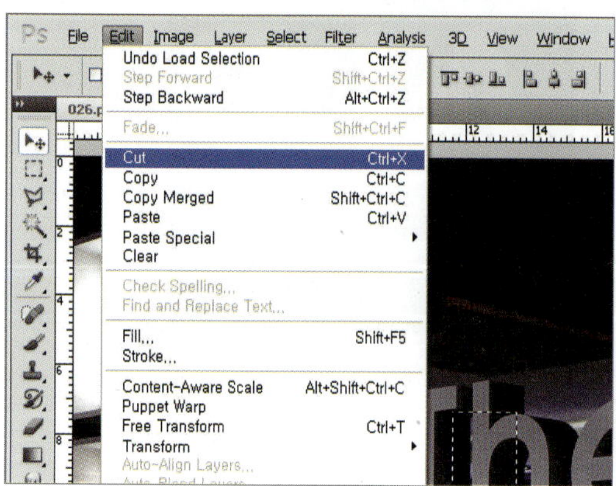
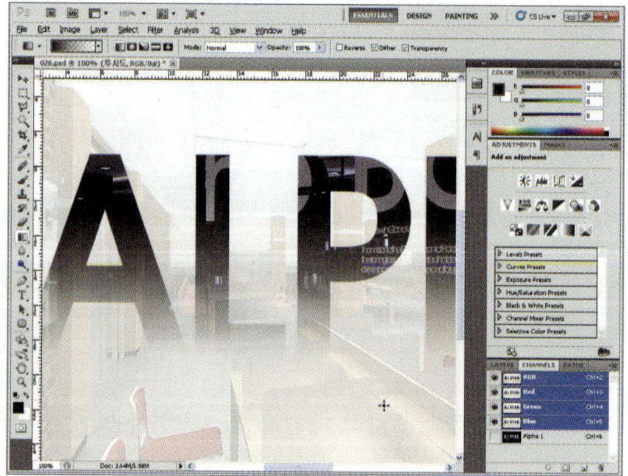

(예제CD 11\027.psd, 027.jpg)

9 타이틀 문자가 작성된 뒤, 채널 팔레트를 보면 알파 채널이 그대로 있는 것을 볼 수 있습니다. 따라서 사용자가 원할 경우 언제든지 다시 선택영역으로 지정하여 사용할 수 있는 것입니다.

Select ➡ Load Selection을 클릭하여 나타나는 Load Selection 대화상자를 살펴보면 앞에서 작업한 알파 채널이 나타나며, 이를 통해 앞서 작업한 바와 같이 알파 채널을 이용하여 선택영역을 만들어 줄 수 있습니다.

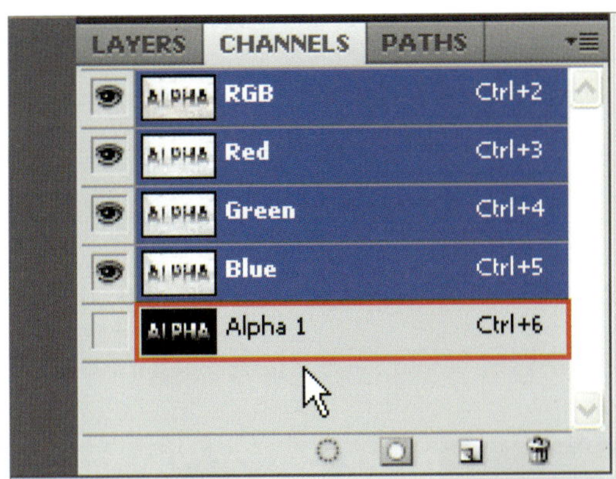

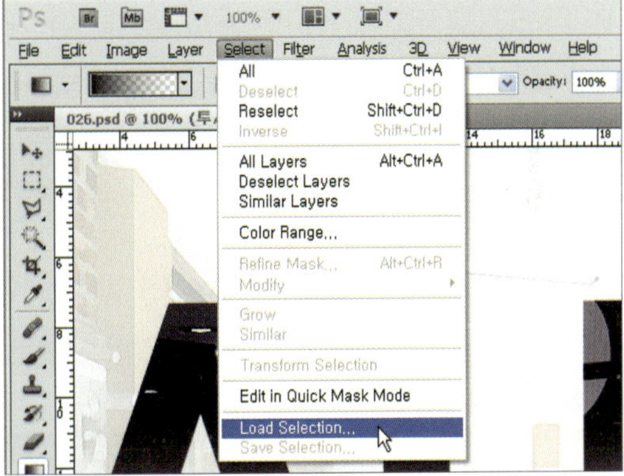

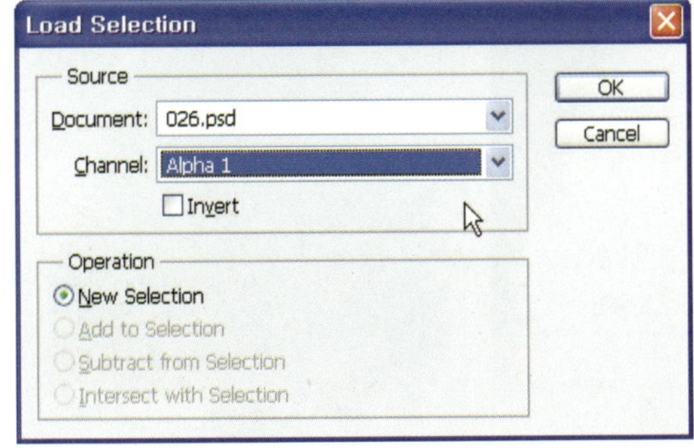

Load Selection 대화상자

※ 알파 채널은 결과적으로 마스크 기능과 거의 같으며, 선택 영역을 저장하는 공간으로 생각할 수 있습니다. 또한 알파 채널을 편집하게 되면 이미지에는 전혀 영향을 주지 않지만, 이미지에 알파 채널을 적용할 경우에 비로소 효과를 기대할 수 있게 되는 것입니다. 더불어 알파 채널은 필요한 만큼 추가할 수 있으며, 필요할 경우 원하는 선택 영역을 만들어 사용할 수도 있는 장점이 있습니다.

⚠ 하나의 알파 채널을 포함할 수 있는 TIF 포맷

최근 들어서 컴퓨터 그래픽을 이용한 작업에서 가장 많이 사용되는 포맷은 JPG 포맷입니다. 그렇다면 JPG 포맷을 왜 많이 사용할까요? 이유는 간단합니다. 좋은 품질을 유지하면서 가장 적은 데이터로 저장할 수 있기 때문입니다. 그러나 그래픽 작업을 전문으로 하는 그래픽 디자이너, 전문 출력소, Mac 컴퓨터를 주로 사용하는 곳에서는 아직도 TIF 포맷을 자주 사용하고 있습니다. 물론 데이터 크기를 비교해 본다면 JPG 포맷을 따라가지 못합니다. 그러나 압축으로 인한 손실을 줄이면서 하나에 알파 채널을 포함할 수 있는 포맷이기 때문에 편집 작업에서는 그 위력을 발휘하게 됩니다.

준비된 예제 파일(예제CD 11\028.tif)을 불러온 후 채널 팔레트를 확인해보면 하나에 알파 채널이 포함된 것을 볼 수 있습니다. 이러한 알파 채널은 편집할 경우 매우 편리한 기능을 제공해 줍니다.

TIF 포맷과 알파 채널
(예제CD 11\028.tif)

알파 채널

배경 제거 이미지
(예제CD 11\029.psd)

14 3DS Max에서 렌더링 결과 저장 및 합성

이번 예제에서는 포토샵과는 거리가 있지만 인테리어 및 건축 프리젠테이션에서 가장 많이 사용되는 툴 중에서 3DS MAX와 알파 채널과의 상관관계에 대해서 간단히 알아보도록 하겠습니다. 인테리어나 건축 디자인을 전공하시는 분이라면 대부분 캐드, 포토샵, 일러스트레이터, 3DS MAX 이렇게 4가지 프로그램에 대한 학습을 기본으로 학습하고 계실 것입니다. 이에 따라서 본 예제에서는 알파 채널에 대한 이해를 높이기 위해서 3DS MAX와 포토샵을 이용한 알파 채널, 그리고 합성 예제를 다루어 보도록 하겠습니다. 3DS MAX를 모르시는 분들이라 하더라도 그냥 한번 읽어 두시면 나중에 매우 유용하실 것입니다.

렌더링 이미지
(예제CD 11\031.tif)

배경 이미지
(예제CD 11\033.jpg)

렌더링 이미지와 배경 이미지를 합성한 결과
(예제CD 11\034.psd, 034.jpg)

1 3DS MAX를 실행한 뒤, 준비된 예제 파일(예제CD 11\030.max)을 불러옵니다. 불러온 파일은 간단하게 제작된 실내 인테리어 모델링 파일입니다.

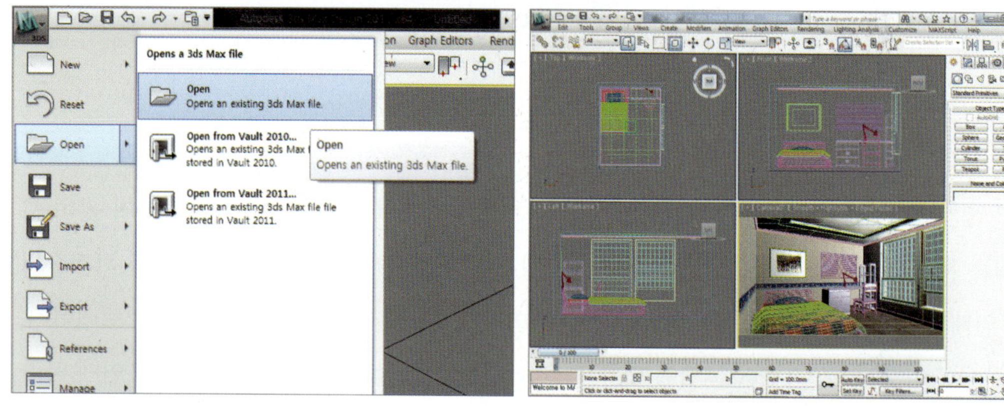

(예제CD 11\030.max)

※ 예제 진행은 3DS MAX 2011의 화면으로 구성되어 있지만 MAX9 이상의 버전이라면 어느 버전에서 작업하셔도 무관하도록 파일을 구성해 놓았습니다. 더불어 인터페이스 및 대화상자의 모양이 조금 다를 뿐 거의 비슷한 구조로 되어 있기 때문에 큰 문제없이 불러오실 수 있으며, 예제의 퀄리티를 높이기 위해서 Vray 렌더러를 이용하여 작업하였습니다.

2 결과 이미지를 만들기 위해서 Rendering → Render Setup... 명령을 클릭한 뒤 나타나는 대화상자에서 결과 이미지의 파일명과 포맷을 설정하기 위해서 아래 그림과 같이 Files... 버튼을 클릭합니다.

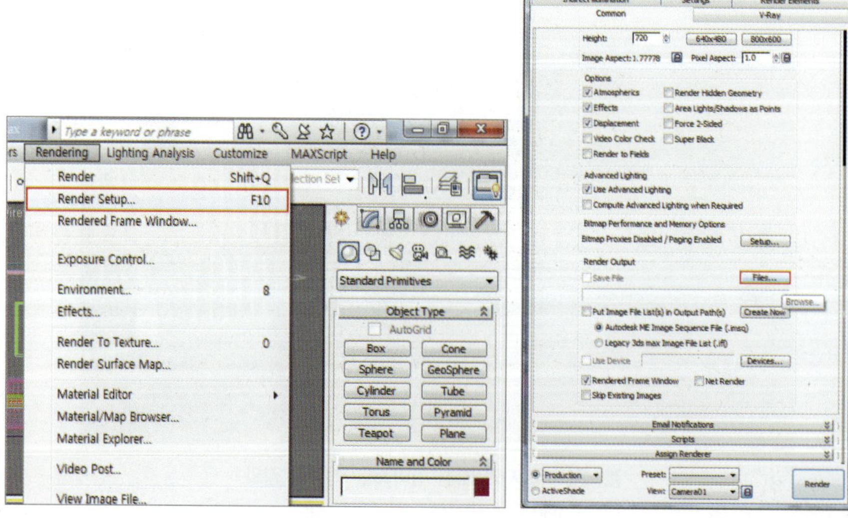

3 Render Output File 대화상자가 나타나면 아래 그림과 같이 저장될 파일 이름을 설정한 뒤, 파일 형식(포맷)을 TIF로 설정해 줍니다. 파일명과 형식을 설정한 뒤 저장 버튼을 누르면 TIF Image Control 대화상자가 나타나며, 아래 그림과 같이 Store Alpha Channel 옵션을 설정해 줍니다.

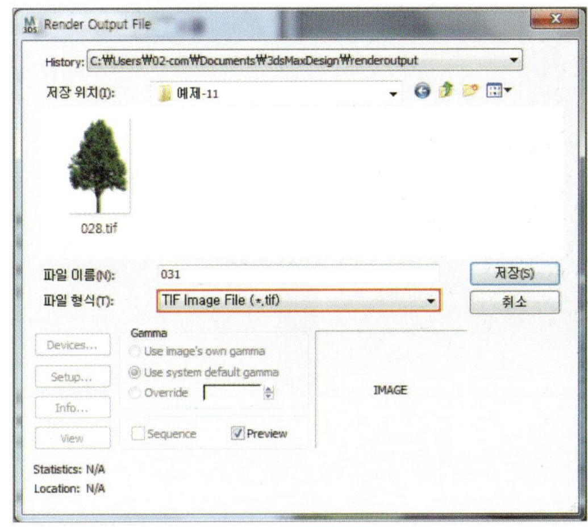

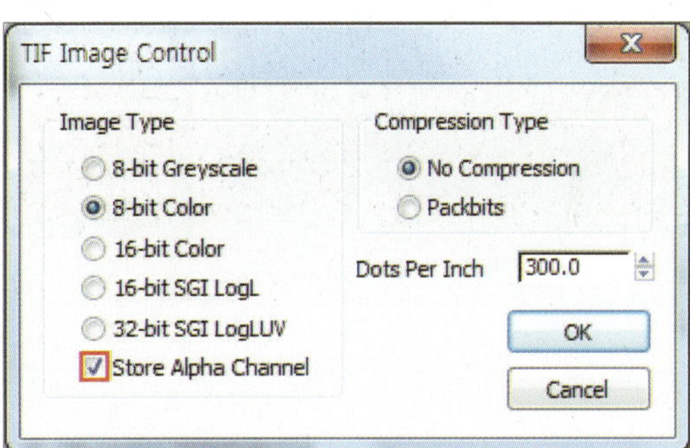

※ 본 예제에서 가장 핵심 부분은 바로 앞에서 수행하였던 Store Alpha Channel 옵션의 설정입니다. 이를 통해서 포토샵에서의 배경 합성작업을 쉽게 수행할 수 있습니다.

4 모든 설정을 마친 뒤 다시 Render 대화상자가 나타나면 Render 버튼을 클릭하여 렌더링을 수행합니다. 잠시 후 아래 그림과 같이 렌더링 결과가 나타나는 것을 확인할 수 있습니다.

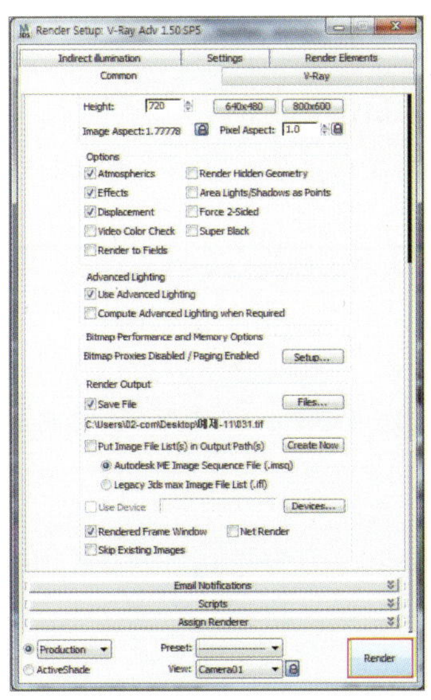

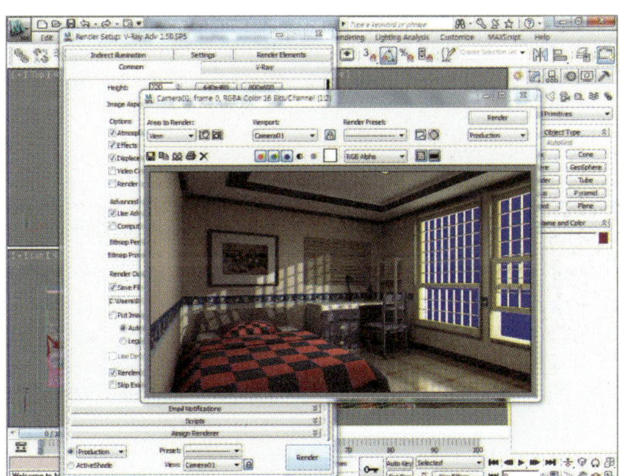

(예제CD 11\031.tif)

5 포토샵에서 저장된 렌더링 이미지 파일(예제CD 11\031.tif)을 불러옵니다. 이미지를 불러온 뒤, 레이어 팔레트에서 레이어 이름을 '투시도' 로 변경시켜 줍니다. 즉 레이어의 속성을 배경 레이어에서 일반 레이어로 변경시켜 줍니다.

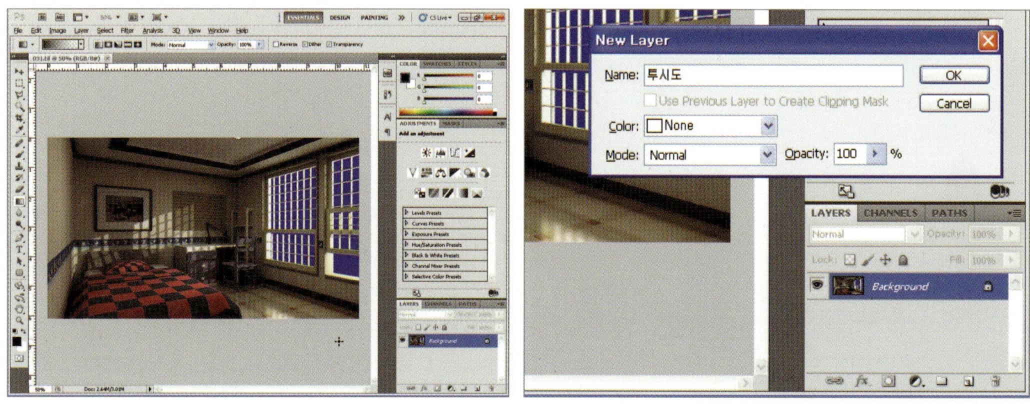

6 Select ➡ Load Selection... 명령을 수행합니다. 나타나는 Load Selection 대화상자에서 Channel 항목을 'Alpha 1' 로 설정한 뒤, OK 버튼을 클릭해 줍니다.

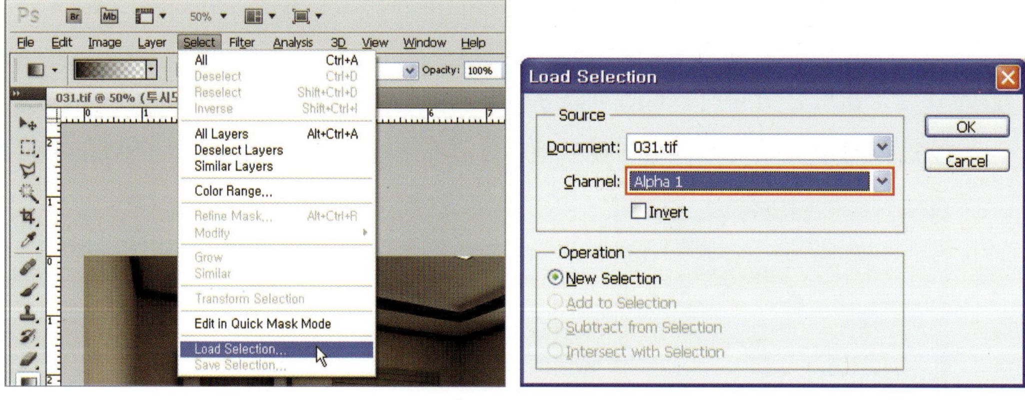

7 배경을 제외한 부분이 선택됨에 따라 선택 영역을 반전시키기 위해서 Select → Inverse 명령을 수행합니다. 선택 영역을 삭제하기 위해서 Edit → Cut 명령을 수행합니다.

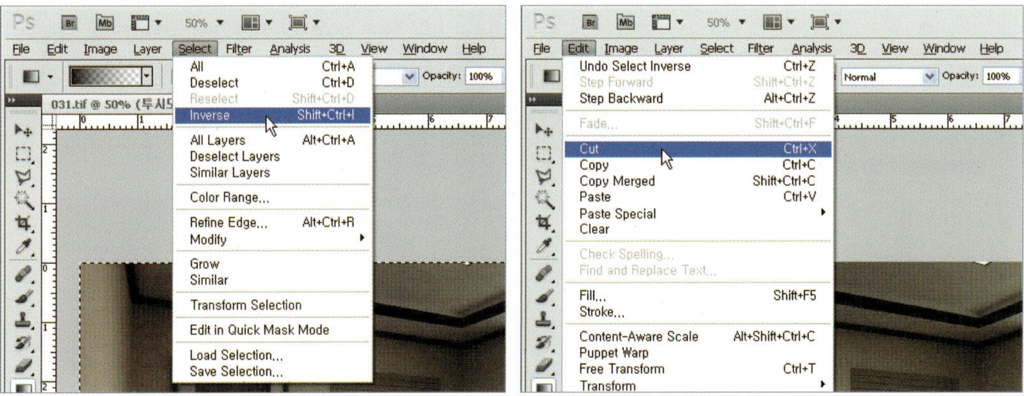

8 Edit → Cut 명령을 수행하고 나면 아래 그림과 같이 유리창 뒤의 배경 부분이 삭제된 것을 볼 수 있습니다. File → Open 명령을 수행하여 배경 이미지로 사용될 이미지(예제CD 11\033.jpg)를 불러옵니다.

(예제CD 11\033.jpg)

9 배경 이미지를 복사한 뒤, 렌더링 결과 이미지 파일로 붙여 넣습니다. 붙여 넣은 이미지의 레이어 이름을 '배경' 으로 변경한 뒤 레이어의 위치를 아래쪽으로 이동시켜 줍니다.

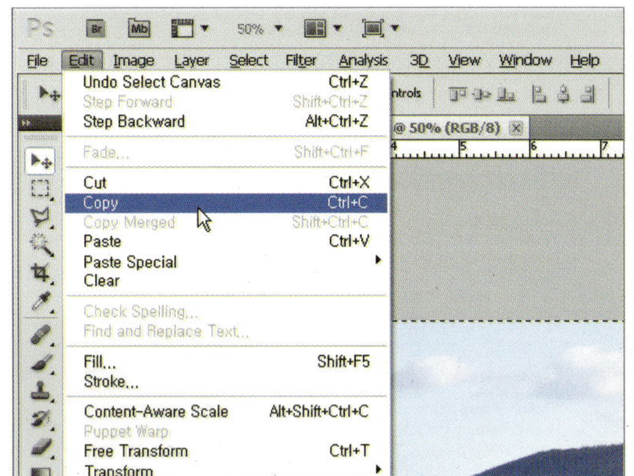

10 레이어의 위치를 변경하고 나면, 아래 그림과 같이 렌더링 이미지와 배경 이미지가 자연스럽게 합성된 것을 확인할 수 있습니다.

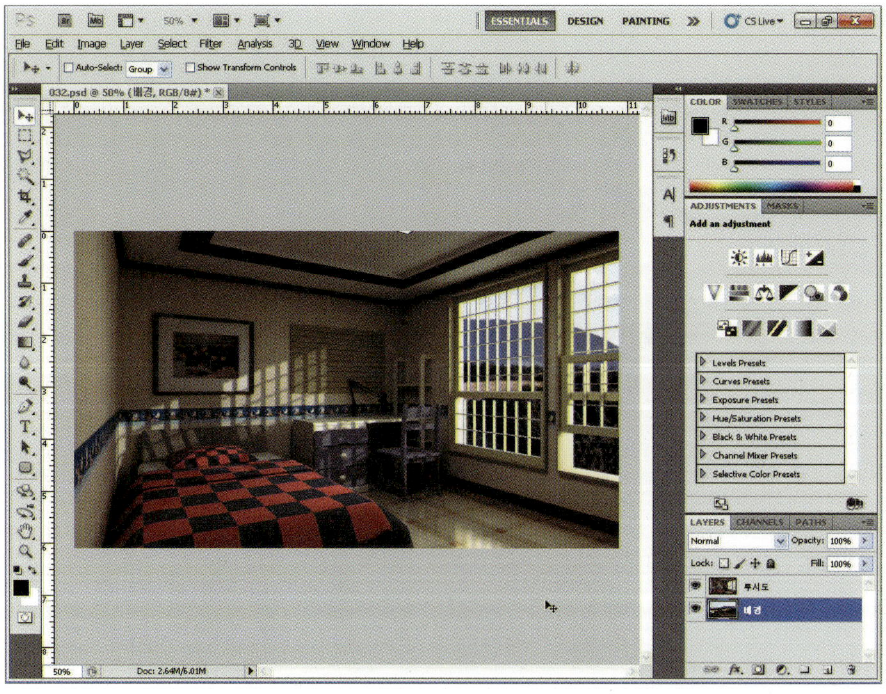

11 최종 합성 결과 이미지

(예제CD 11\034.psd, 034.jpg)

15 클리핑 마스크를 이용한 패널 레이아웃

지금까지 학습한 레이어 마스크, 알파 채널의 기능과 유사하게 이번 예제에서는 클리핑 마스크를 활용한 패널 레이아웃을 진행해 보도록 하겠습니다. 클리핑 마스크는 레이어 마스크나 알파 채널의 기능과 유사하며, 보다 간단히 활용하여 쉽게 다양한 표현을 구현할 수 있습니다.

예제 이미지
(예제CD 11\040.jpg, 041.jpg)

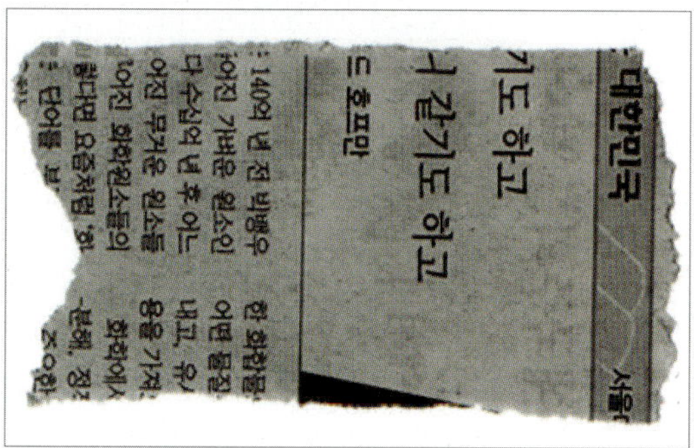

클리핑 마스크로 이용된 이미지
(예제CD 11\038.psd, 039.psd)

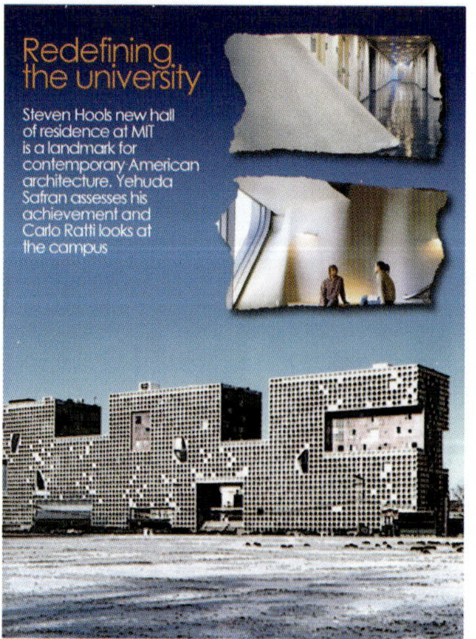

클리핑 마스크 기능을 이용하여
작성된 패널 이미지
(예제CD 11\042.psd, 042.jpg)

1 준비된 예제 이미지 파일(예제CD 11\035.jpg)을 불러옵니다. 준비된 이미지를 불러온 뒤 Poster Edges 필터를 적용하기 위해서 Filter ➡ Artistic ➡ Poster Edges...를 클릭합니다.

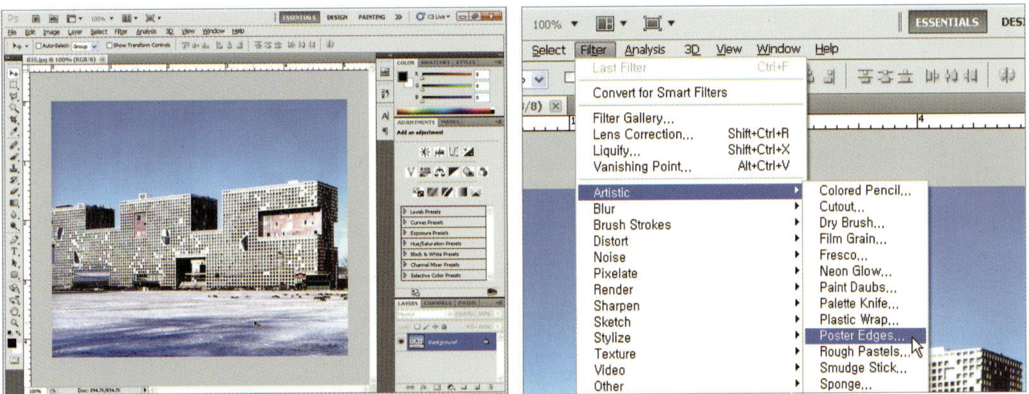

(예제CD 11\035.jpg)

2 Poster Edges 대화상자가 나타나면 아래 그림과 같이 옵션을 조절하여 필터를 적용해 줍니다. 이미지의 형태가 조금 단순화된 느낌을 받을 수 있습니다.

3 이번에는 전체 이미지의 채도를 조절하기 위해서 Image ➡ Adjustmensts ➡ Hue/Saturation... 을 클릭한 뒤, 나타나는 Hue/Saturation 대화상자에서 아래 그림과 같이 Saturation 값을 −50으로 설정해 줍니다.

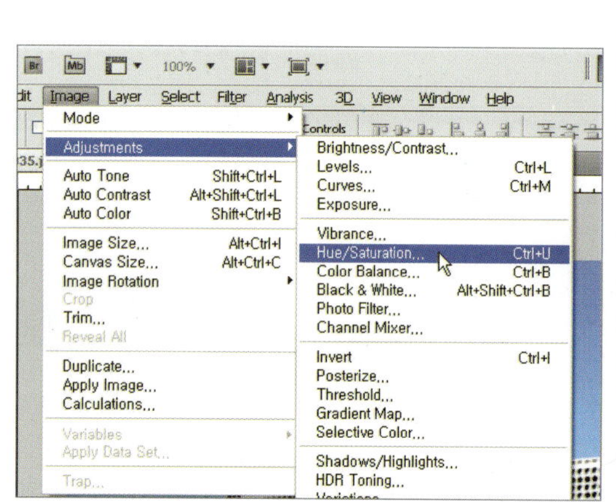
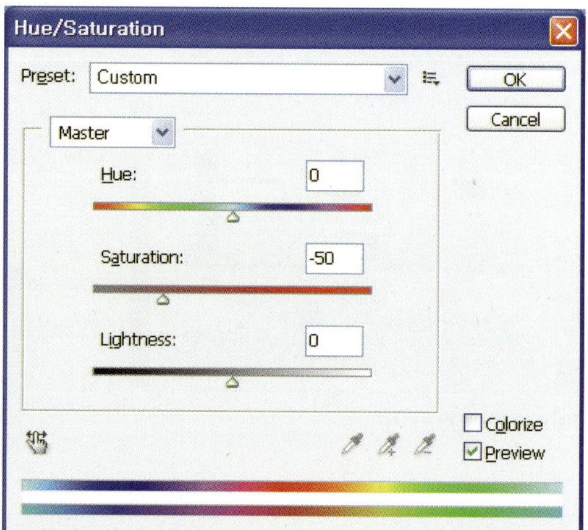

4 이미지의 색상을 조정하고 난 뒤 레이어 팔레트에서 'Background' 레이어의 이름을 더블 클릭하여 아래 그림과 같이 레이어의 이름을 'Back-image' 라고 변경시켜 줍니다. 'Background' 레이어의 이름을 변경할 경우, 레이어의 속성이 배경 레이어에서 일반 레이어의 속성으로 변경됩니다.

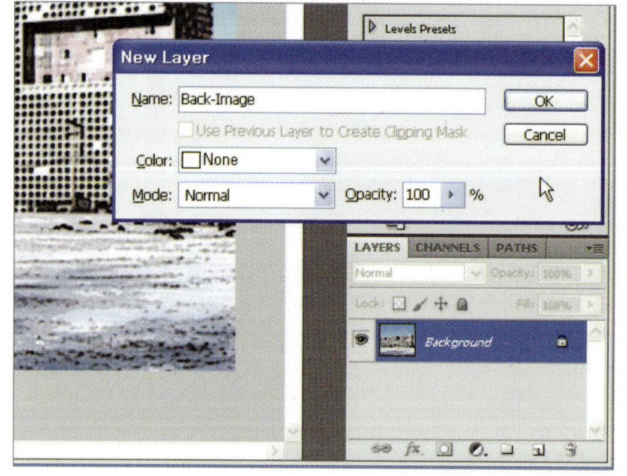
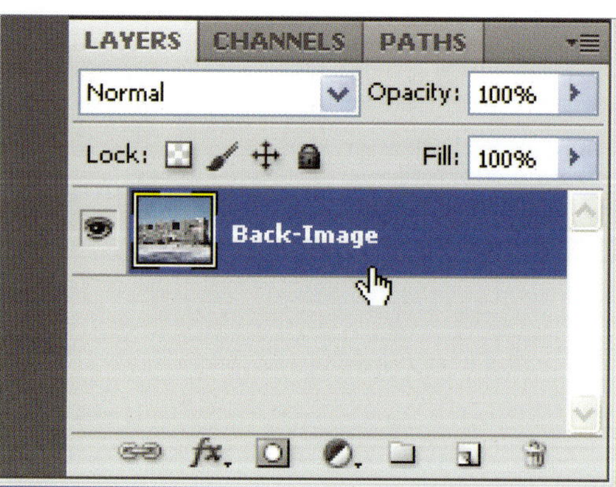

5 이번에는 작업 이미지(Document)의 크기를 변경하기 위해서 Image → Canvas Size... 명령을 수행해 줍니다. 나타나는 Canvas Size 대화상자에서 아래 그림과 같이 단위를 Pixel로 설정한 뒤 값을 600×800으로 설정하고 Anchor 설정을 중간 하단으로 클릭하여 설정합니다.

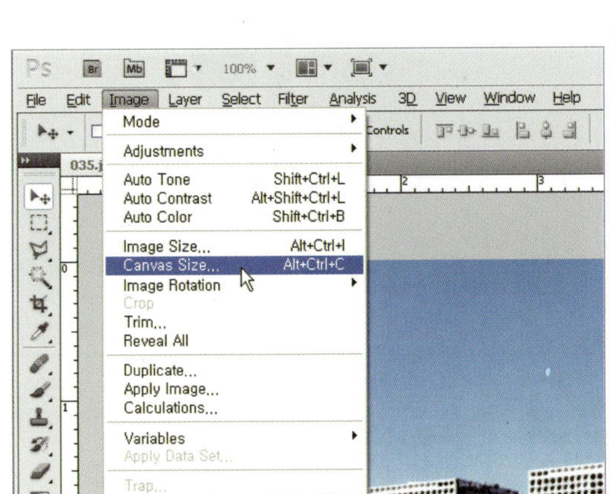
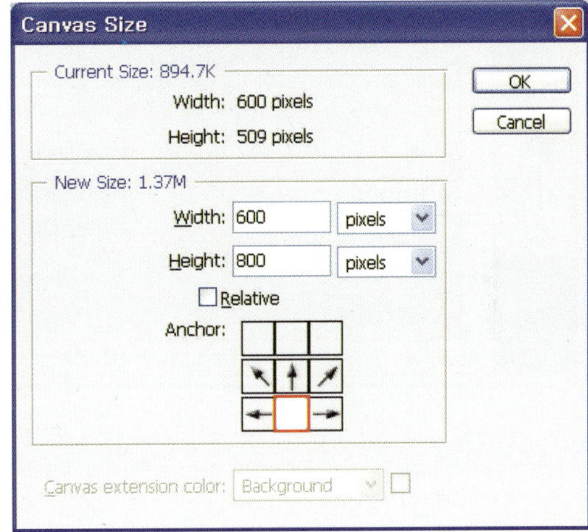

6 아래 그림과 같이 작업 이미지의 크기 및 위치가 변경된 것을 알 수 있습니다. 이미지의 크기를 변경한 뒤 'Back-Color' 라는 이름으로 레이어를 추가하여 가장 아래에 위치시켜 놓도록 합니다.

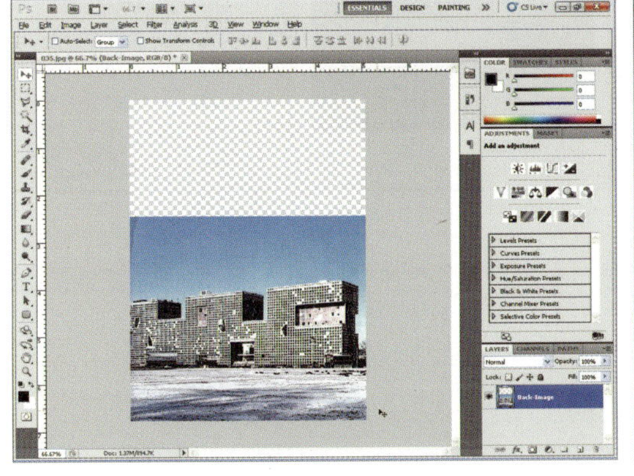
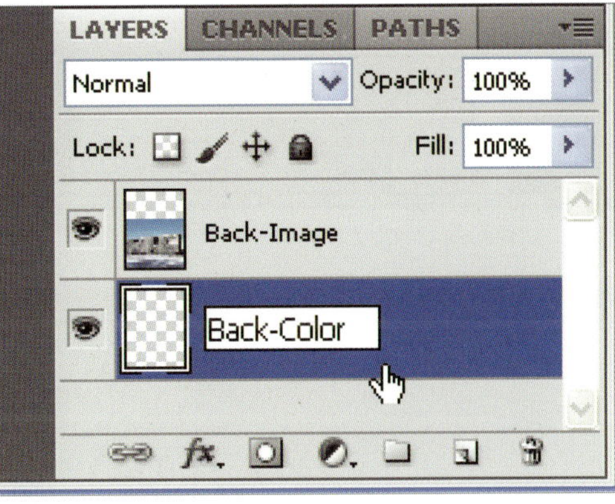

7 이번에는 전경색(Foreground Color)과 배경색(Background Color)을 각각 설정해 보도록 하겠습니다. Set foreground color 아이콘을 클릭하여 나타나는 Color Picker에서 전경색의 값을 R:20, G:20, B:90으로 설정해줍니다.

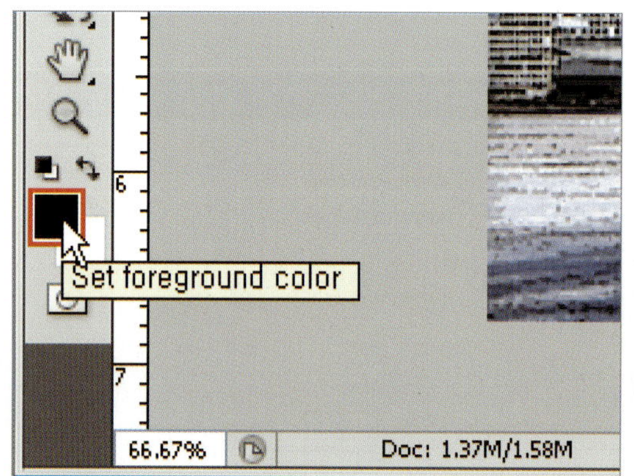
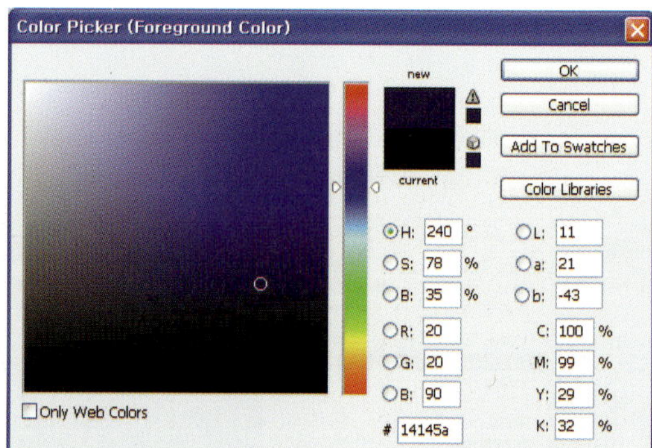

8 계속해서 이번에는 배경색의 색상값을 R:82, G:143, B:197로 설정해 줍니다.

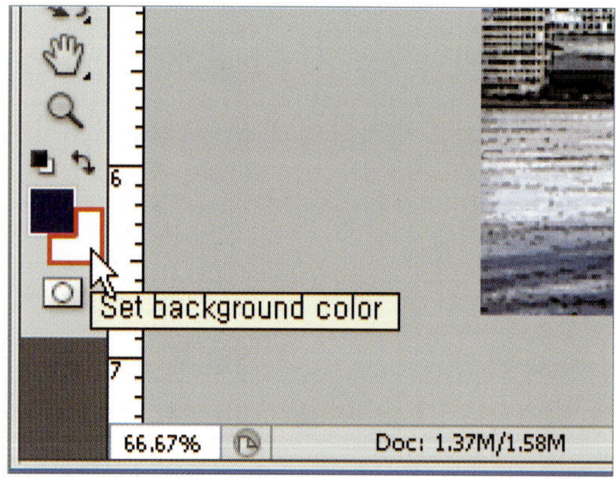
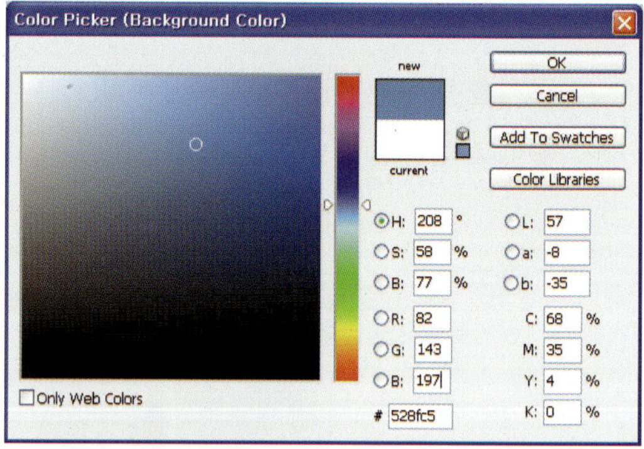

9 Gradient Tool을 선택한 뒤, 옵션 패널에서 아래 그림과 같이 옵션 값을 설정해 줍니다. 우선 그라데이션 색상은 Foreground to Background(전경색에서 배경색)로 설정하고 그라데이션 방법은 선형 그라데이션 방법으로 설정합니다. 옵션 값을 설정한 뒤 아래 그림과 같이 수직으로 드래그하여 색상을 적용해 줍니다.

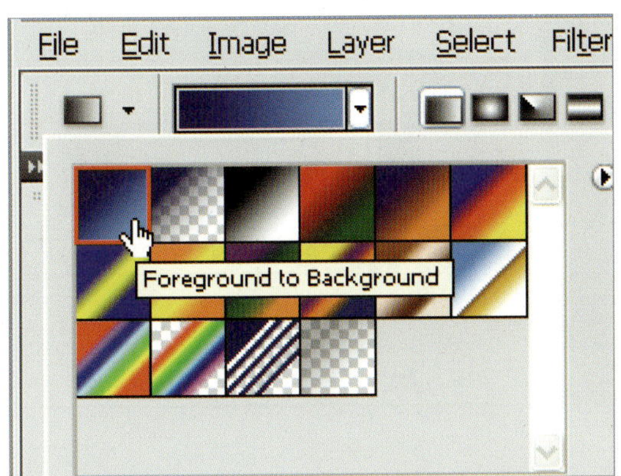

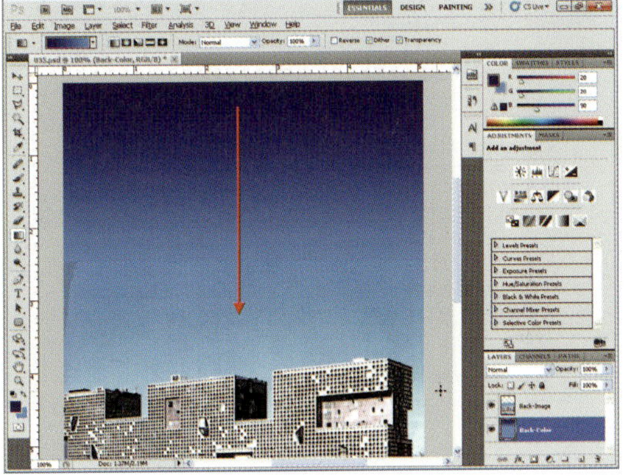

10 그라데이션 색상을 적용한 결과를 살펴보면 매우 자연스럽게 보이지만, 자세히 확대하여 살펴보면 경계 부분에서 약간 어색함을 찾아 볼 수 있습니다. 이번에는 레이어 마스크를 이용하여 경계 부분을 좀 더 자연스럽게 합성해 보도록 하겠습니다. 합성 작성을 수행하기 위해서 먼저 'Back-Image' 레이어를 클릭하여 선택해 줍니다.

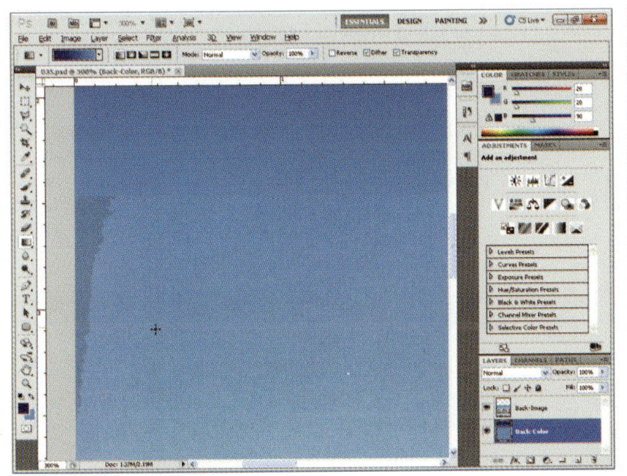

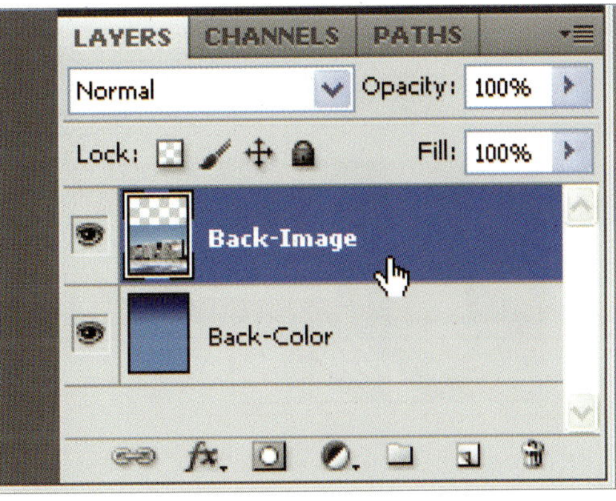

11 레이어 마스크를 추가하기 위해서 Layer → Add Layer Mask → Reveal All 명령을 클릭합니다. 명령을 수행한 뒤, 레이어 팔레트의 'Back-Image' 레이어를 살펴보면 레이어 마스크가 추가된 것을 확인할 수 있습니다.

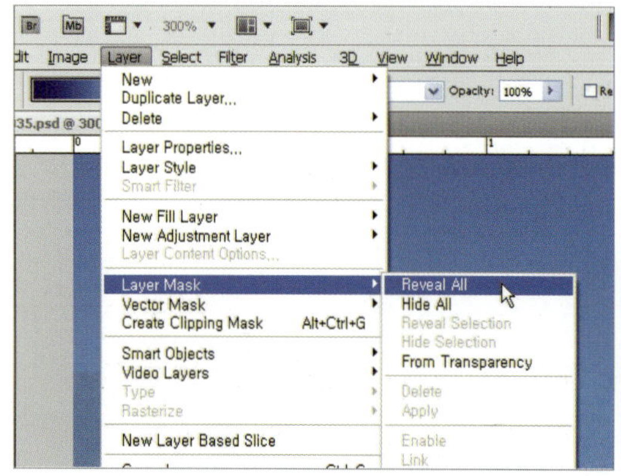
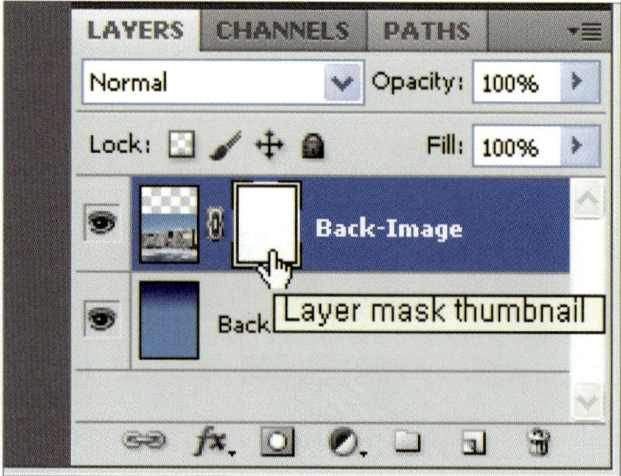

12 레이어 마스크를 추가된 뒤 Gradient Tool을 선택하여 아래 그림과 같이 나타나는 옵션 패널에서 그라데이션 색상은 Black, White로 설정하고, 그라데이션 방법은 선형 그라데이션 방법으로 설정해 줍니다. 색상과 방법을 설정하고 난 뒤, 아래 그림과 같이 Gradient Tool을 이용하여 드래그하여 그라데이션으로 처리해 줍니다. 물론 정확하게 수직으로 그라데이션을 적용하기 위해서 Shift 키를 누른 상태에서 드래그해 줍니다.

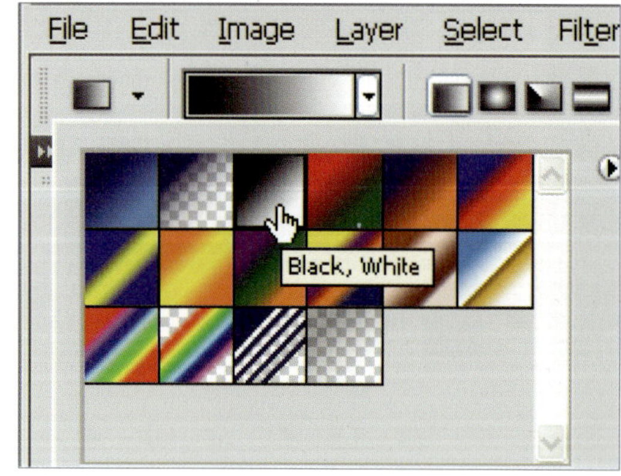

13 레이어 마스크에 그라데이션을 적용한 결과를 살펴보면 이전 보다 훨씬 자연스러워 보이는 것을 확인할 수 있습니다. 또한 레이어 팔레트를 확인해 보면 'Back-Image' 레이어 마스크에 검은색과 흰색으로 구성된 레이어 마스크가 적용된 결과 역시 확인할 수 있습니다.

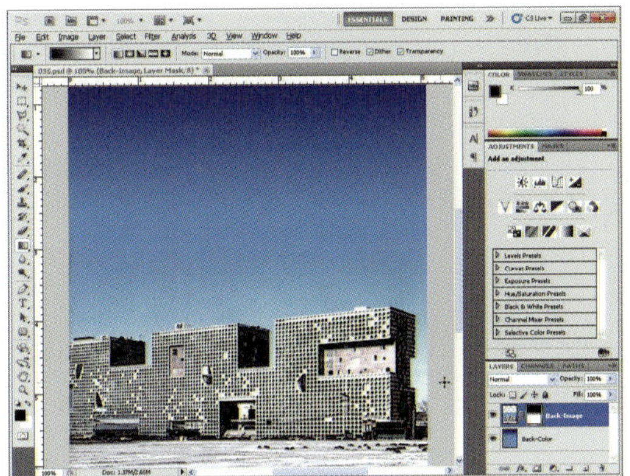
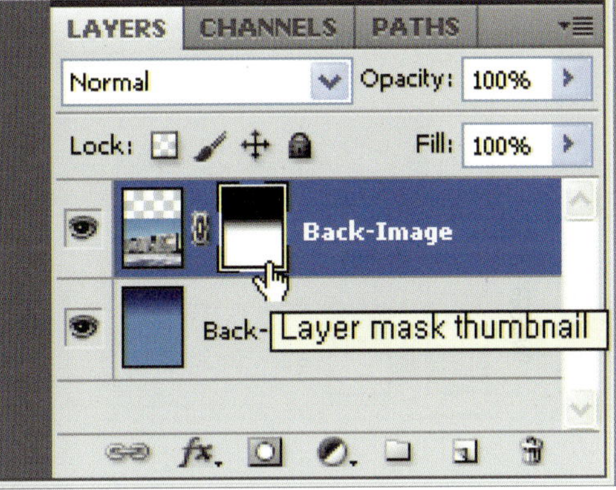

14 이번에는 이미지의 타이틀 및 설명 글로 사용될 이미지를 불러오도록 하겠습니다. 미리 준비된 글씨 이미지(예제CD 11\036.psd, 037.psd)를 불러옵니다. 불러온 파일을 복사하여 작업 창에 붙여 넣습니다.

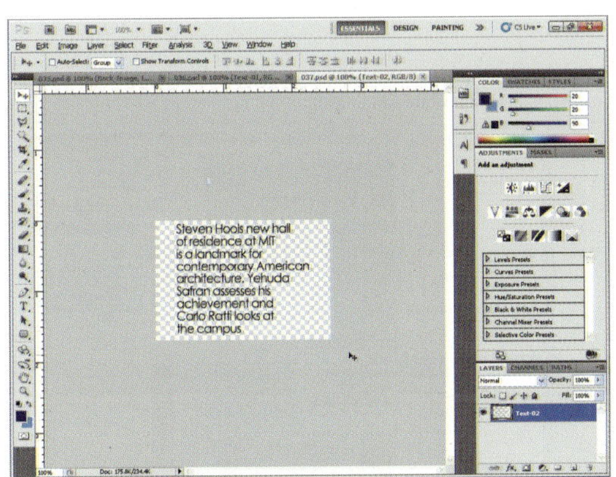
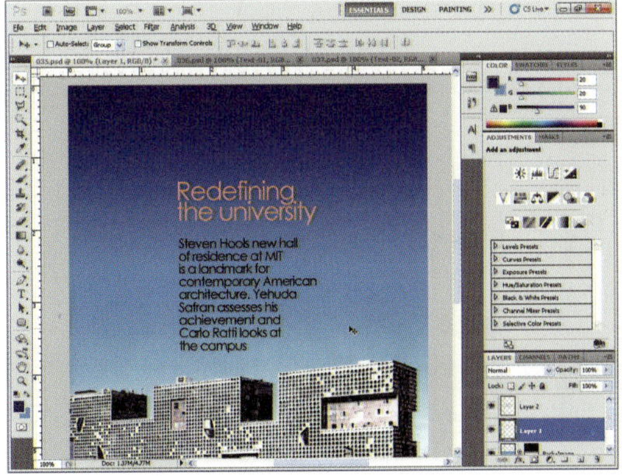

(예제\CD 11\036.psd, 037.psd)

15 복사하여 붙여넣은 이미지의 레이어 명을 각각 'Text-01' (오렌지색의 타이틀), 'Text-02' (검정색의 글)로 변경한 뒤, 이동 툴(Move Tool)을 이용하여 아래 그림과 비슷한 위치로 글씨 이미지의 위치를 변경시켜 줍니다.

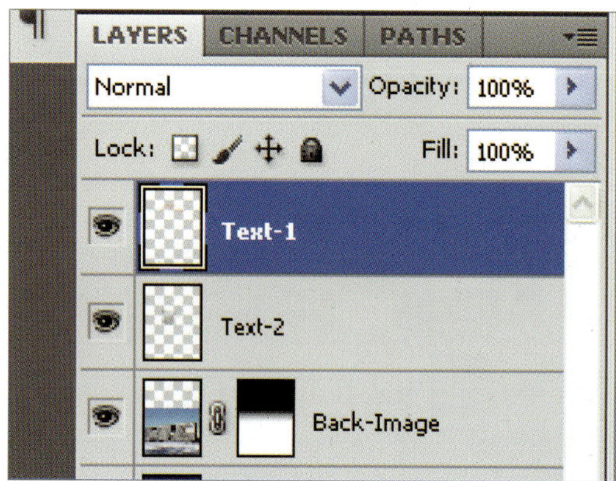
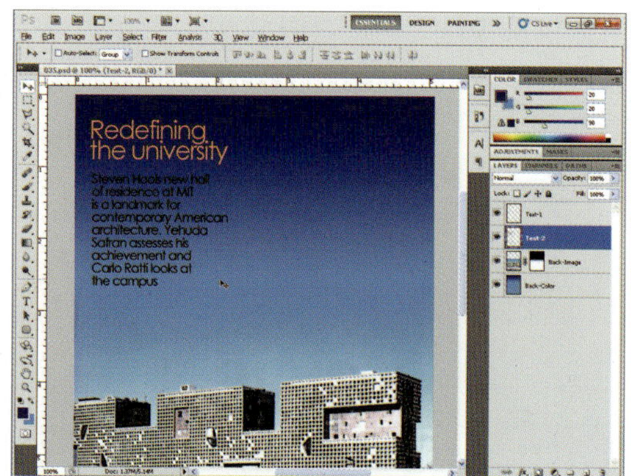

16 이번에는 복사한 뒤 이동시킨 글씨 이미지를 왼쪽으로 정렬시켜 보도록 하겠습니다. 먼저 레이어 팔레트에서 아래 그림과 같이 'Text-01' (오렌지색의 타이틀), 'Text-02' (검정색의 글) 레이어를 동시에 선택해 줍니다. 두 개의 레이어를 선택한 뒤 Layer → Align → Left Edges 명령을 클릭합니다. 결과를 확인해 보도면 글씨 이미지가 왼쪽으로 정렬된 것을 확인할 수 있습니다.

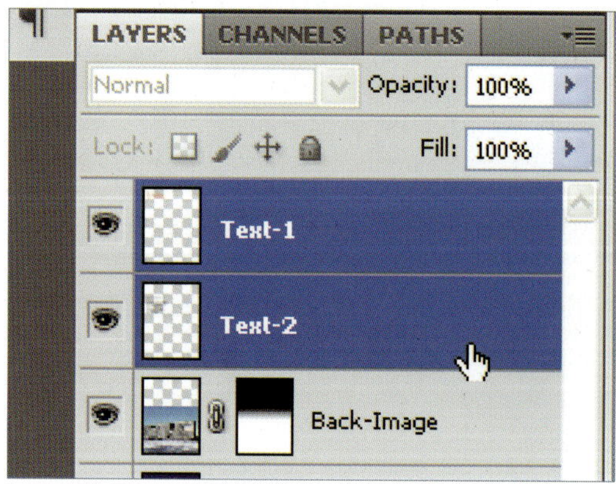
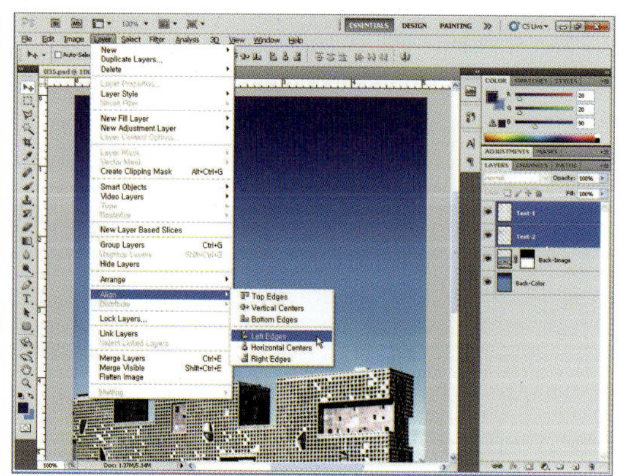

17 복사된 글씨 이미지인 검정색 글은 배경색이 어두워 잘 보이지 않습니다. 이것을 역상 처리하여 좀 더 잘 보이는 글 이미지로 변경시켜 보도록 하겠습니다. 'Text-02'(검정색의 글씨) 레이어를 클릭하여 선택합니다. 레이어를 클릭하여 이미지를 선택한 뒤 Image ➡ Adjustments ➡ Invert 명령을 수행하여 글씨 이미지의 색상을 반전시켜 줍니다.

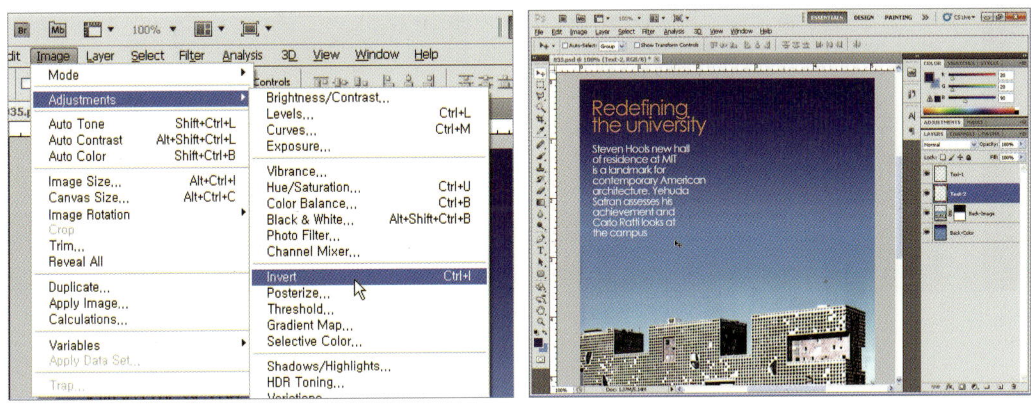

18 이번에는 클리핑 마스크를 이용한 편집에 도전해 보도록 하겠습니다. 먼저 클리핑 마스크에 사용될 두 장의 이미지를 불러오도록 하겠습니다. 준비된 이미지(예제CD 11\038.psd, 039.psd)를 불러온 뒤, 작업 창에 붙여 넣습니다.

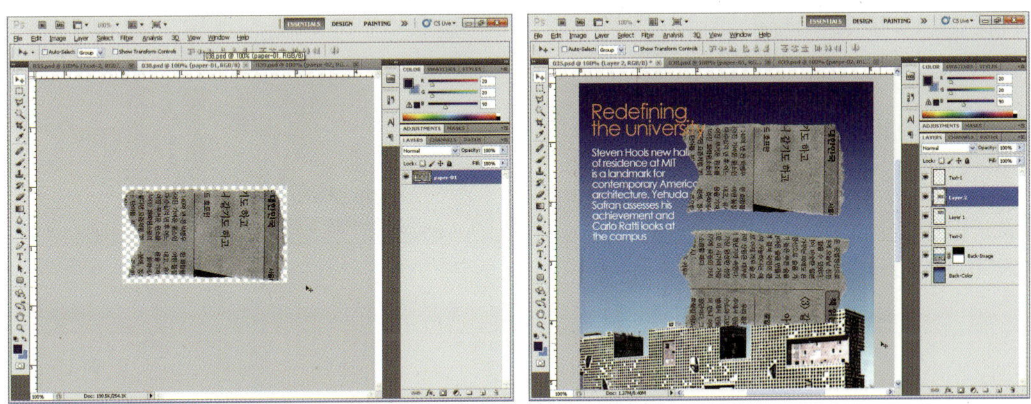

(예제CD 11\038.psd, 039.psd)

※ 붙여넣은 이미지는 클리핑 마스크를 사용하기 위해서 제작된 이미지입니다. 이것은 신문지를 거칠게 잘라 스캔하여 제작된 이미지로 클리핑 마스크로 사용될 이미지이기 때문에 이미지의 질(Quality)과는 무관합니다.

19 복사하여 붙여넣은 이미지의 레이어 명을 각각 'Mask-01', 'Mask-02'로 변경한 뒤, 이동 툴(Move Tool)을 이용하여 아래 그림과 비슷한 위치로 변경시켜 줍니다.

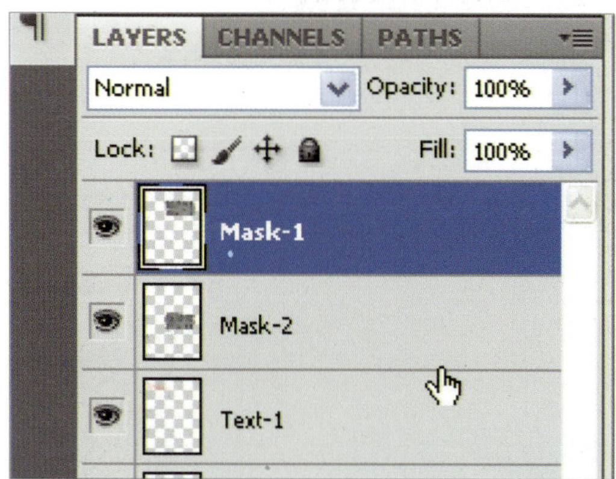
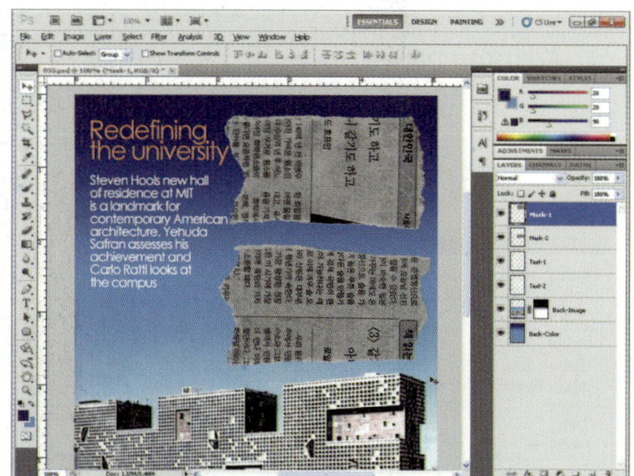

20 이번에는 클리핑 마스크의 효과가 적용될 이미지(예제CD 11\040.jpg, 041.jpg)를 불러옵니다. 불러온 파일을 복사하여 작업 창에 붙여 넣습니다.

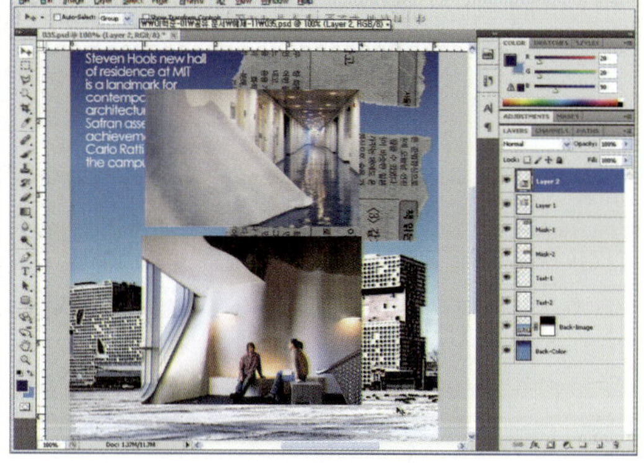

(예제CD 11\040.jpg, 041.jpg)

21 복사하여 붙여넣은 이미지의 레이어 명을 각각 'Image-01', 'Image-02'로 변경한 뒤, 아래 그림과 같이 레이어 팔레트에서 위치와 작업창에서의 이미지 위치를 이동 툴(Move Tool)을 이용하여 아래 그림과 비슷하게 변경시켜 줍니다. 붙여넣은 이미지로 인해서 'Mask-01'과 'Mask-02' 레이어에 위치하고 있는 신문지를 뜯은 이미지가 보이지 않게 됩니다.

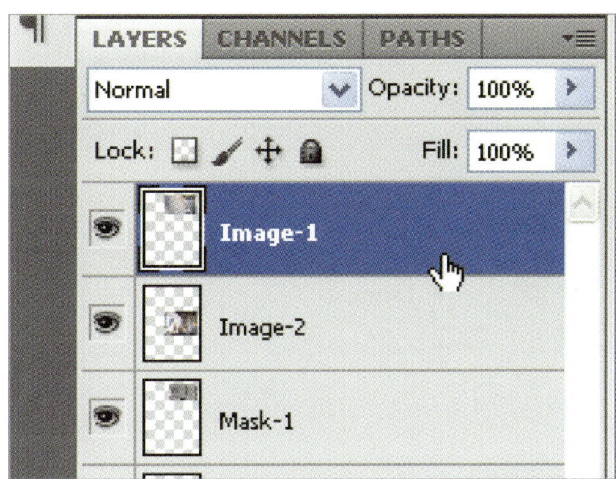

22 이번에는 레이어 팔레트를 살펴보도록 하겠습니다. 레이어 팔레트에서 각각의 레이어의 위치를 아래 그림과 같이 이동시켜 주도록 합니다. 즉 가장 위쪽부터 'Image-01', 'Mask-01', 'Image-02', 'Mask-02'로 설정해 주도록 합니다.

계속해서 아래의 두 번째 그림과 같이 'Image-01' 레이어를 클릭하여 선택해 줍니다.

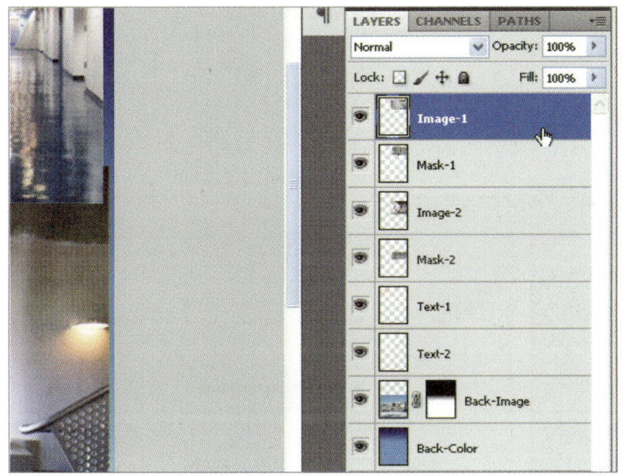
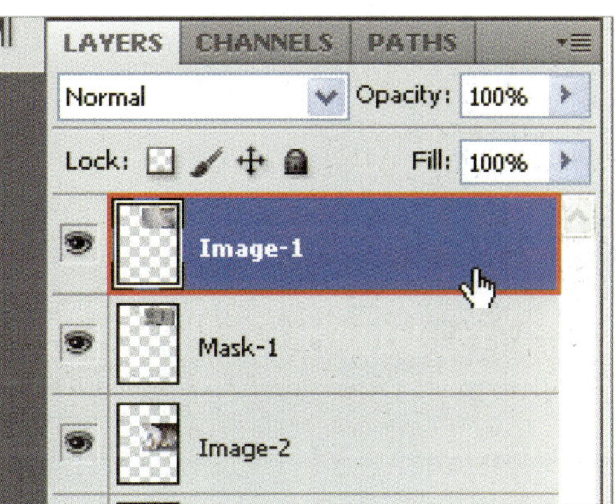

23 Layer → Create Clipping Mask명령을 수행합니다. 명령을 수행한 뒤, 레이어 팔레트를 확인하면 바로 아래 레이어의 이미지를 이용하여 클리핑 마스크가 적용된 것을 확인할 수 있습니다.

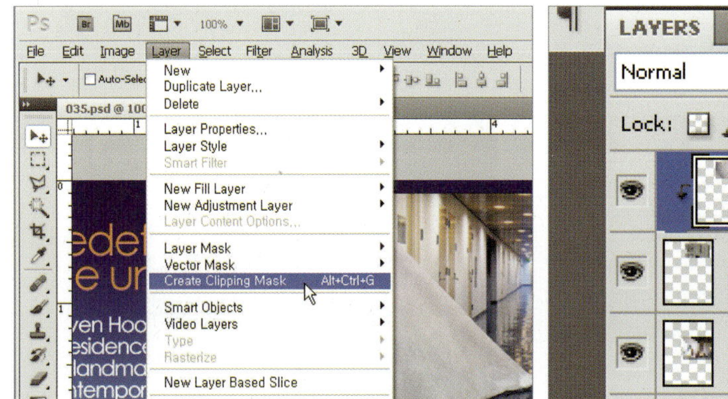
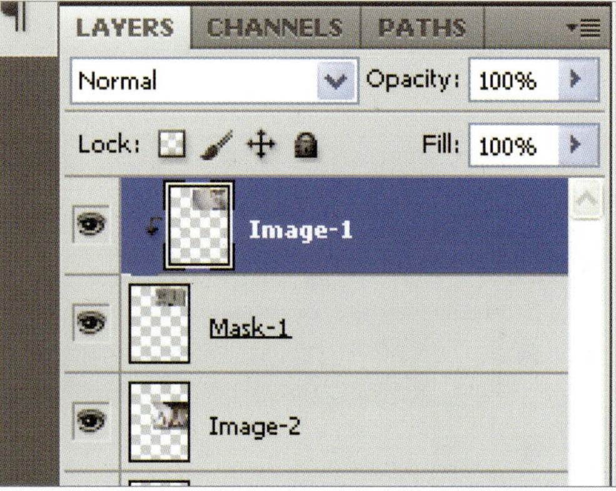

24 또한 클리핑 마스크가 적용된 이미지를 확인해 보면, 아래 그림과 같은 결과가 만들어 진 것을 알 수 있습니다.

25 계속해서 다른 이미지를 이용하여 클리핑 마스크 효과를 적용해 보도록 하겠습니다. 이 번에는 아래 그림과 같이 'Image-02' 레이어를 클릭하여 현재 레이어로 설정한 뒤, Layer ➡ Create Clipping Mask 명령을 수행합니다.

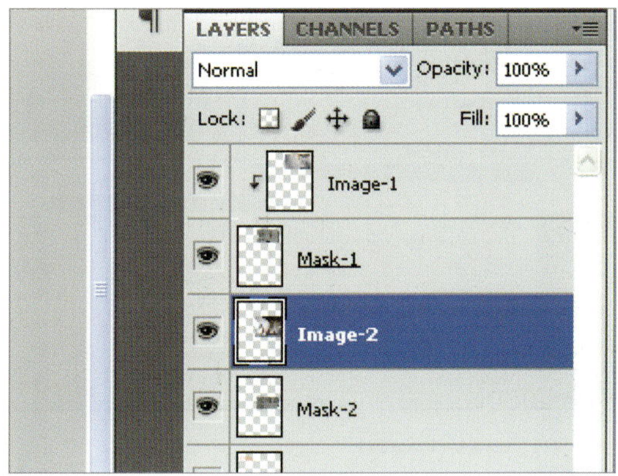
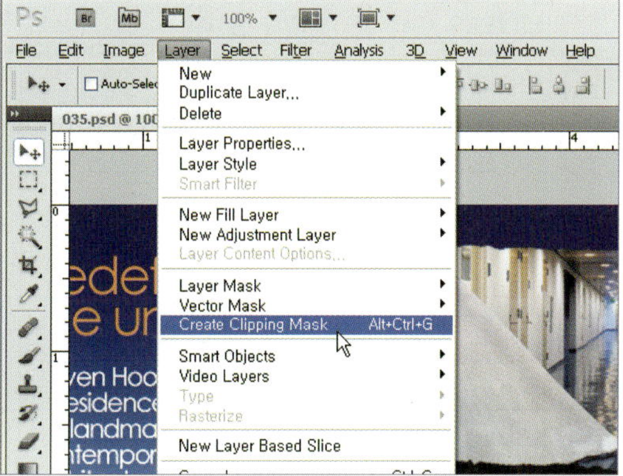

26 명령을 수행한 뒤 레이어 팔레트를 확인하면 링크되어 있는 레이어의 이미지를 이용하여 클리핑 마스크가 적용된 것을 확인할 수 있습니다. 또한 클리핑 마스크가 적용된 뒤 작업 이미지를 확인해 보면, 아래 그림과 같은 결과가 만들어 진 것을 알 수 있습니다.

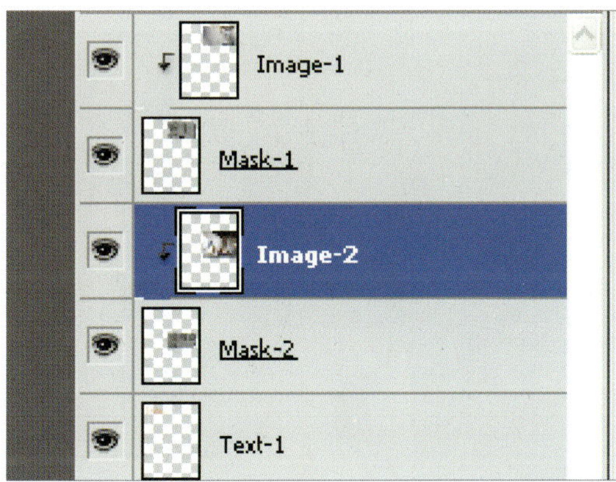
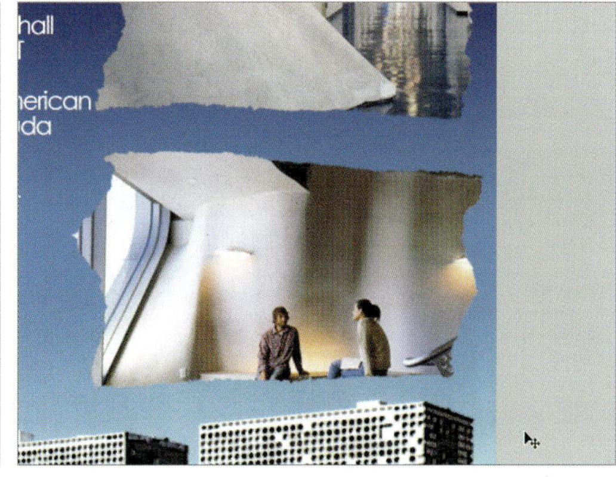

27 클리핑 마스크 효과가 적용된 삽입 이미지를 좀 더 강조하기 위해서 레이어 스타일을 적용해 보도록 하겠습니다. 'Mask-01' 레이어를 클릭하여 선택한 뒤 Layer ➡ Layer Style ➡ Drop Shadow…을 클릭합니다.

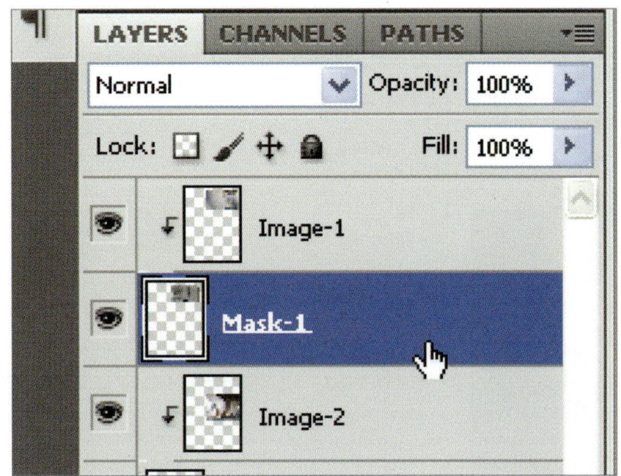

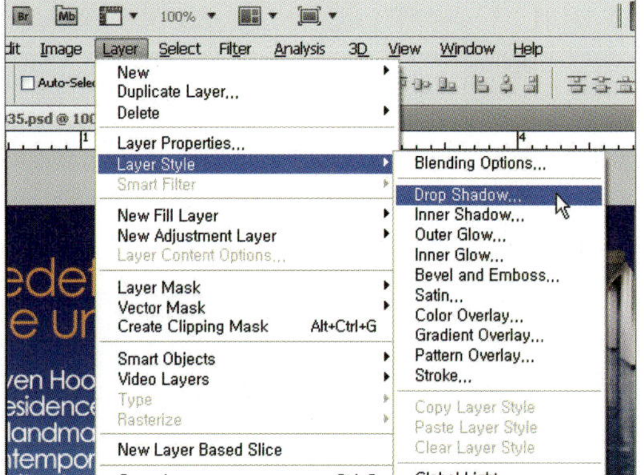

28 레이어 스타일 대화상자가 나타나면 아래 그림과 같이 옵션을 설정한 뒤 OK 버튼을 클릭하여 스타일을 적용해 줍니다. 스타일을 적용한 뒤 결과를 확인해 보면 그림과 처리로 인해 삽입 이미지가 강조된 것을 확인할 수 있습니다.

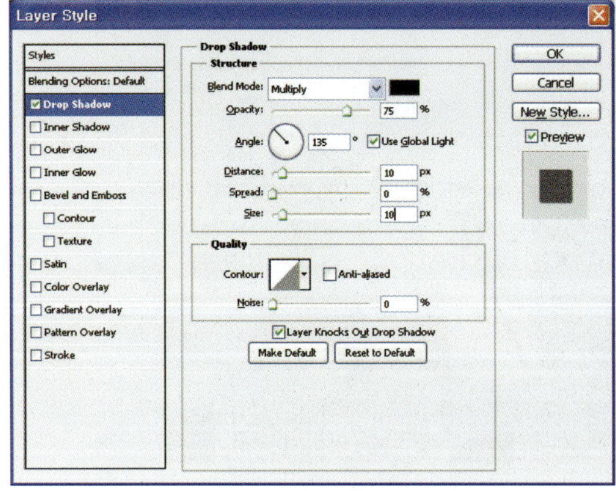

29 계속해서 다음 이미지에 레이어 스타일을 적용해 보도록 하겠습니다. 'Mask-02' 레이어
를 선택한 뒤 Layer ➡ Layer Style ➡ Drop Shadow…을 클릭합니다.

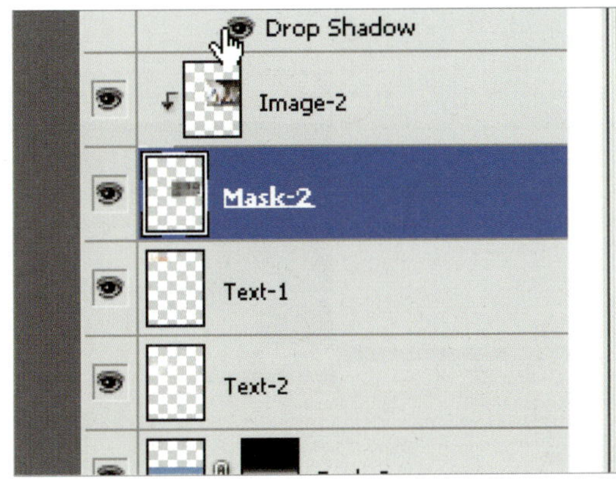
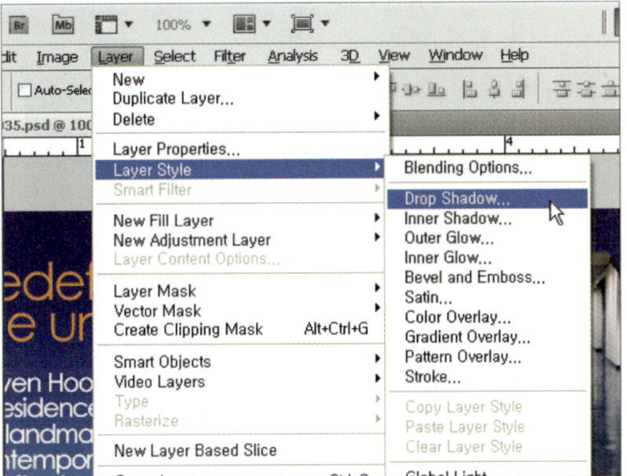

30 레이어 스타일 대화상자가 나타나면 아래 그림과 같이 옵션을 설정하여 스타일을 적용해
줍니다. 스타일을 적용한 뒤, 레이어 팔레트를 확인해 보면 아래 그림과 같이 레이어 스타
일이 적용된 결과를 볼 수 있습니다.

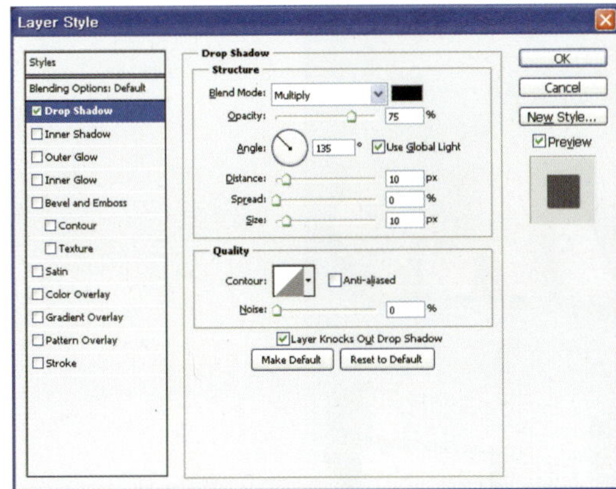

31 마지막으로 클리핑 마스크에 활용된 이미지 레이어를 모두 선택한 뒤, Edit ➔ Transform ➔ Scale 명령을 수행하여 비례에 맞게 크기를 조절해 줍니다.

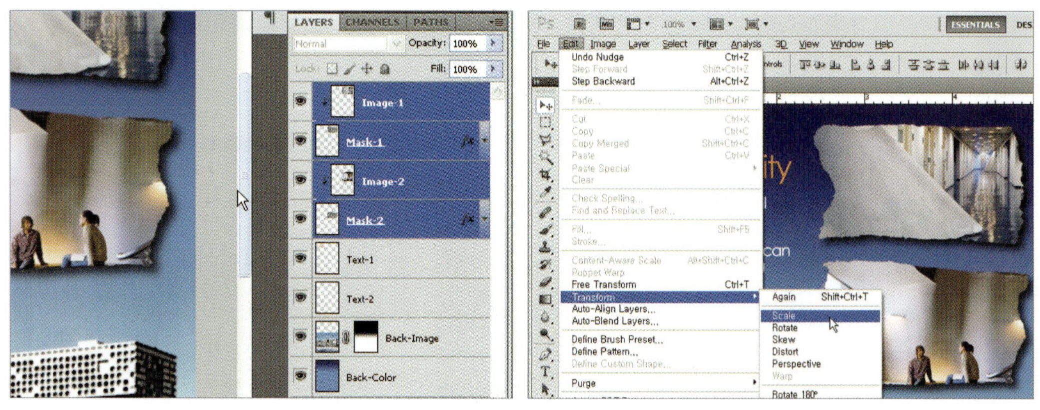

32 최종 결과를 확인해 보면 아래 그림과 같은 결과물을 얻을 수 있습니다.

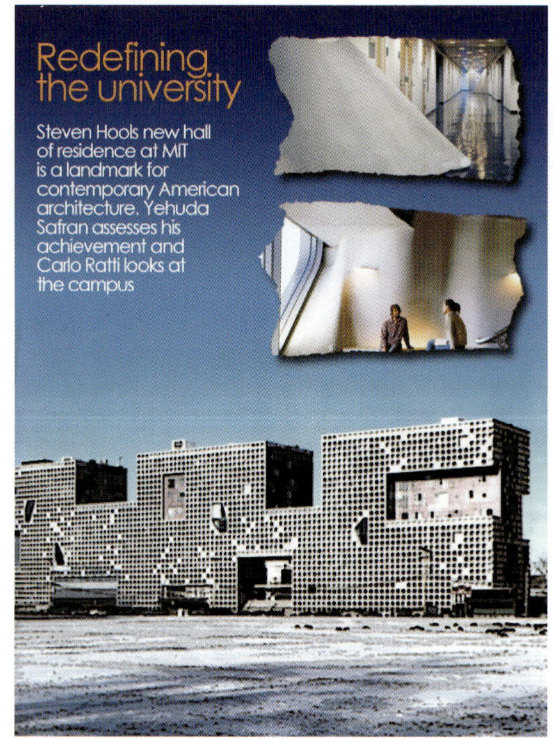

(예제|CD 11\042.psd, 042.jpg)

실습예제 31

▌레이어 마스크를 이용한 배경 삭제 및 도면 합성

레이어 마스크를 이용하여 준비된 수작업 실루엣 이미지와 도면의 배경을 삭제한 뒤, 아래 그림과 같이 합성된 이미지 작업을 진행해 보시기 바랍니다.

■ 준비된 이미지

(예제CD 11\043(배경).jpg)

(예제CD 11\044(사람).jpg)

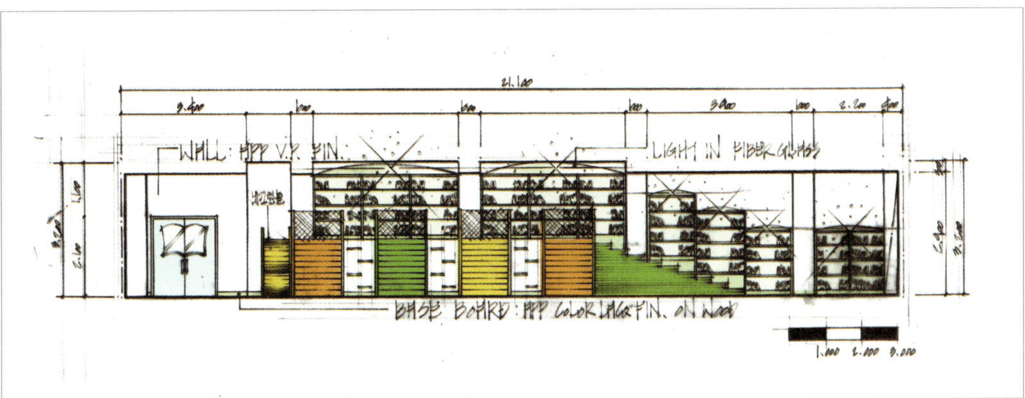

(예제CD 11\045(입면도).jpg)

■ 완성된 입면도 이미지

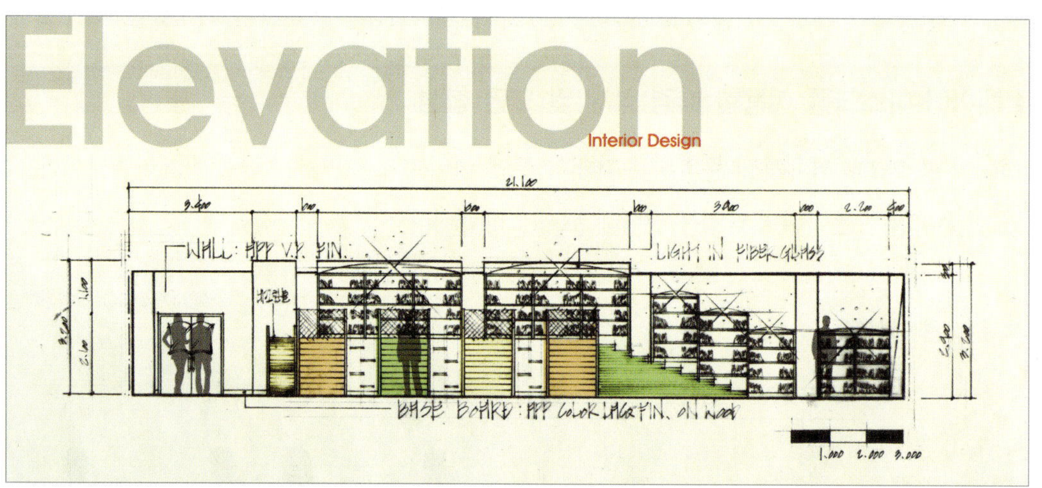

(예제CD 10\046.psd, 046.jpg)

실습예제 32

▌2장의 렌더링 이미지 합성 및 이미지 패널 제작

준비된 2장의 렌더링 이미지를 합성한 뒤, 레이아웃 작업을 진행하여 아래 그림과 같은 이미지 패널을 제작해 보시기 바랍니다.

■ 준비된 이미지

(예제CD 11\048(렌더링).tif)

(예제CD 11\049(와이어).tif)

(예제CD 11\047.jpg)

(예제CD 11\050.jpg)

(11\051(투시도).jpg)

(11\052(투시도).jpg)

(11\052(투시도).jpg)

■ 완성된 입면도 이미지

(예제CD 11\054.psd, 054.jpg)

실습예제 33

▌3DS MAX 렌더링 이미지의 배경 제거 및 이미지 합성

3DS MAX에서 TIF 포맷으로 렌더링된 이미지의 알파 채널을 이용하여 배경을 제거한 뒤, 준비된 나무 및 배경 이미지를 이용하여 아래 그림과 같은 결과물을 만들어 보시기 바랍니다.

■ 준비된 이미지

(예제CD 11\056.tif)

(예제CD 11\057(배경).jpg)

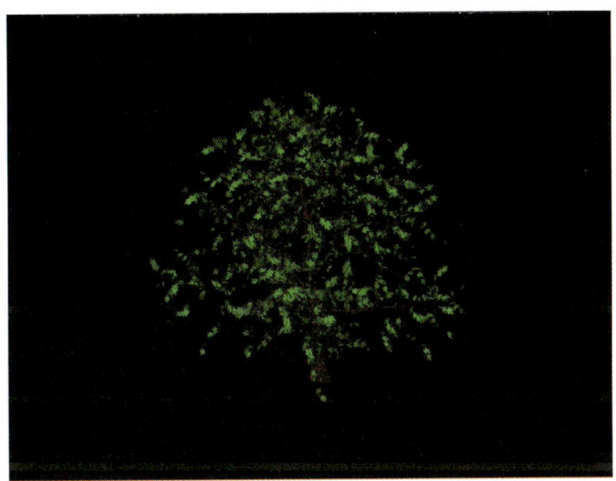

(예제CD 11\058(나무).tif)

■ 완성된 리터칭 이미지

(예제CD 10\059.psd, 059.jpg)

실습예제 34

▌수작업 이미지의 배경 제거 및 입면도(렌더링 이미지) 합성

수작업으로 작성된 이미지의 배경을 레이어 마스크 기능을 이용하여 제거한 뒤, 3DS MAX에서 이미지와의 합성을 통해 보과 효과적인 표현의 이미지를 제작해 보도록 합니다. 물론 렌더링 이미지는 TIF 포맷으로 제작되었으며, 함께 저장된 알파 채널을 이용할 경우 쉽게 배경을 제거할 수 있습니다.

■ 준비된 이미지

(예제CD 11\060.tif)

(예제CD 11\061(배경).jpg)

(예제CD 11\062.jpg)

(예제CD 11\063.jpg)

(예제CD 11\064.jpg)

■ 완성된 합성 이미지

(예제CD 10\065.psd, 065.jpg)

제12부

투시도 제작을 위한
포토샵 리터칭 작업

건축, 인테리어 분야에서 포토샵으로 수행하는 작업의 유형을 살펴보면, 색상 및 이미지 보정 작업, 패널 및 레이아웃 작업과 더불어 투시도 및 조감도의 완성도를 높이기 위한 리터칭 작업에 사용됩니다. 본 장에서는 이러한 리터칭 작업 과정을 살펴보도록 하겠습니다.

1 투시도 제작을 위한 이미지 합성

이번 장에서는 투시도 및 조감도의 완성도를 높이기 위한 리터칭 작업에 대해서 살펴보도록 하겠습니다. 기본적으로 모델링 및 렌더링 프로그램에서 작성된 이미지가 필요하며, 포토샵에서는 이렇게 작성된 투시도 및 조감도 이미지와 나무, 사람, 자동차, 가로등, 하늘 등의 이미지를 합성함으로써 최종적으로 완성도 있는 결과물을 만들게 됩니다.

준비된 투시도

준비된 하늘, 나무, 사람, 자동차, 가로등 이미지

완성된 투시도 이미지

1 3DS MAX에서 작성된 렌더링 이미지를 불러옵니다. 레이어 이름을 '투시도' 로 변경하여 레이어 속성을 변경시켜 줍니다.

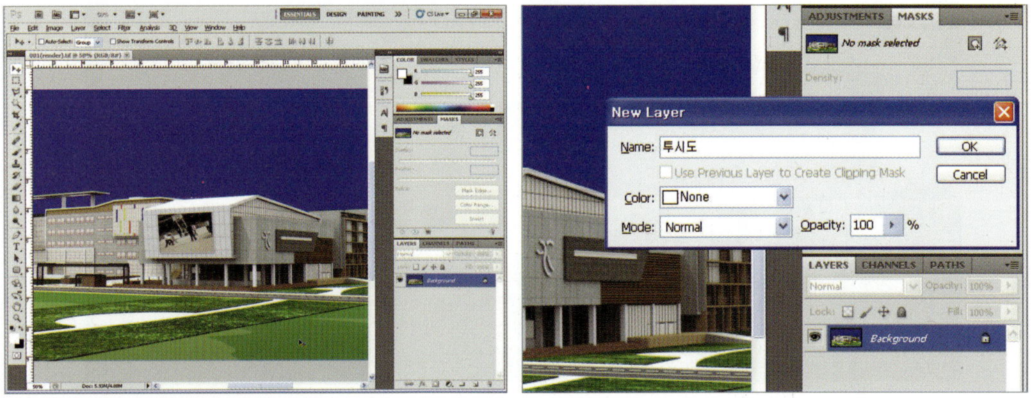

(예제\CD 12\001(render).tif)

2 불러온 TIF 포맷에는 배경을 쉽게 제거할 수 있도록 하나의 알파 채널이 포함된 파일입니다. 배경 영역을 선택하기 위해서 Select ➡ Load Selection... 명령을 수행한 뒤, 나타나는 Load Selection 대화상자에서 채널 항목을 'Alpha 1' 로 설정해 줍니다.

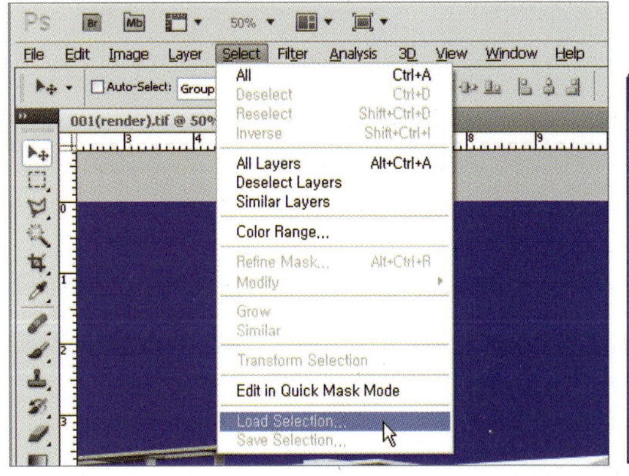

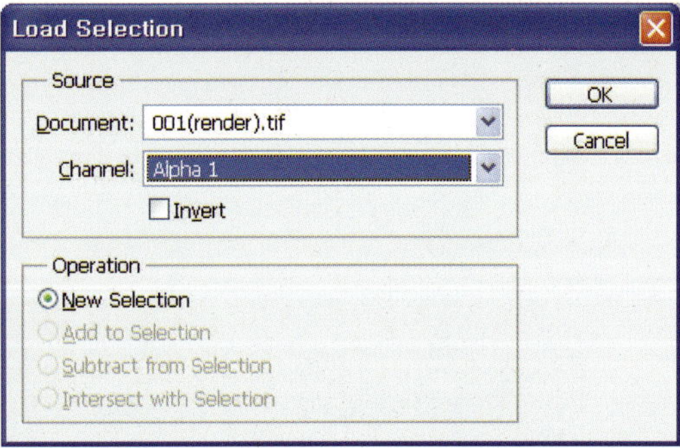

⚠ 3DS MAX에 알파 채널이 포함된 TIF 포맷의 이미지 제작

1 배경 영역을 쉽게 선택하여 위해서는 렌더링을 진행하기 전에 3DS MAX에서 옵션을 설정하여 알파 채널이 포함된 TIF 포맷으로 저장하면 됩니다. 여기서는 간단하게 작업 결과를 만드는 방법에 대하 살펴보도록 하겠습니다. 3DS MAX에서 렌더링 작업을 진행하기 위해 Rendering → Render Setup... 명령을 클릭합니다.

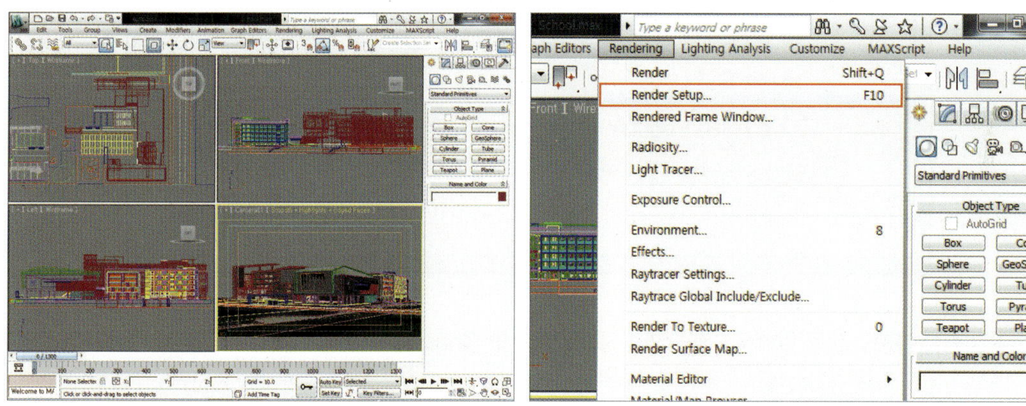

2 Render Output File 대화상자가 나타나면 저장될 파일 이름을 설정한 뒤, 파일 형식(포맷)을 TIF로 설정해 줍니다. 저장 버튼을 누르기 전에 TIF 포맷에 대한 옵션을 설정하기 위해서 Setup... 버튼을 클릭해 줍니다.

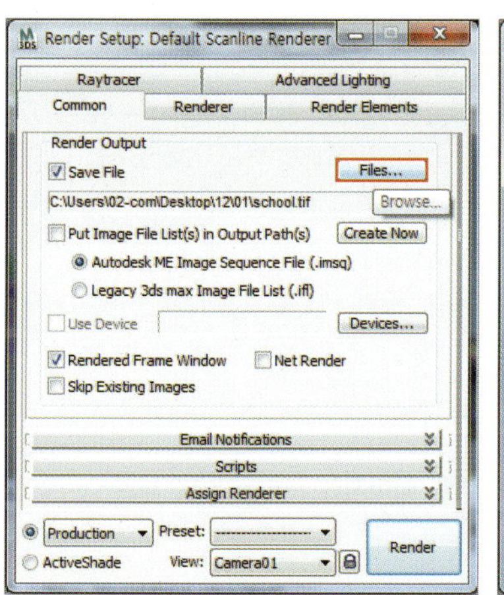

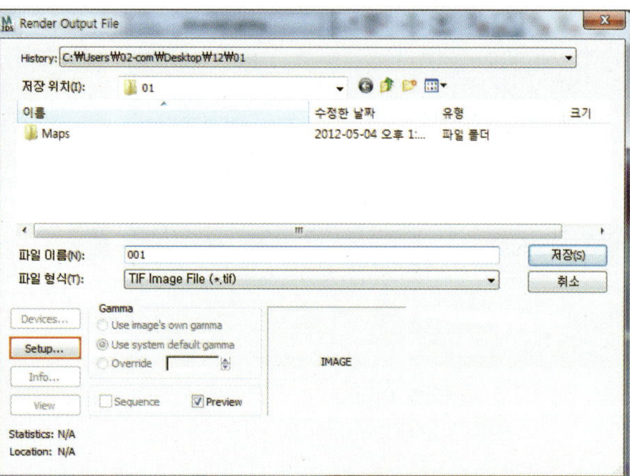

3 TIF Image Control 대화상자가 나타나며, 아래 그림과 같이 Store Alpha Channel 옵션을 설
정해 줍니다.

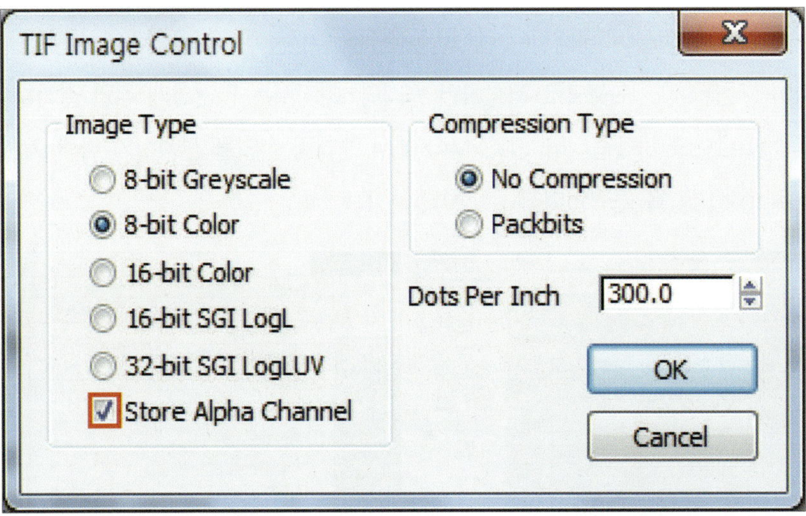

※ 가장 핵심 부분은 바로 앞에서 수행하였던 Store Alpha Channel 옵션의 설정입니다. 이를 통해서 포토샵
에서의 배경 합성작업을 쉽게 수행할 수 있습니다.

4 렌더링 결과를 확인하면 아래 그림과 같은 결과를 만들 수 있으며, 더욱 중요한 점은 작성된
TIF 포맷의 이미지에는 배경을 쉽게 제거할 수 있도록 배경 영역이 저장되어 있는 알파 채널
이 포함되어있는 것을 확인할 수 있습니다.

렌더링 이미지
(예제CD 12\001(render).tif)

렌더링 이미지에 포함된 알파 채널

3 선택 영역을 반전하기 위해서 Select ➡ Inverse 명령을 수행한 뒤, Edit ➡ Cut 명령을 수행하여 선택영역을 잘라내 줍니다.

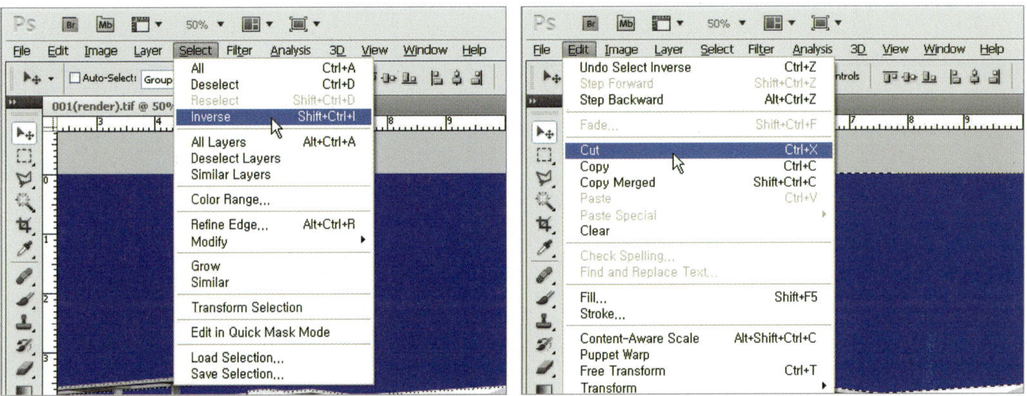

4 아래 그림과 같이 하늘 부분의 영역만 삭제된 것을 볼 수 있습니다. 이제 이 잘라낸 부분을 채워줄 하늘 이미지를 불러와 줍니다.

(예제\CD 12\002(하늘배경).jpg)

5 불러온 하늘 이미지를 복사하여 작업 창에 붙여넣은 뒤, 아래그림과 같이 레이어 팔레트의 아래쪽에 배치한 뒤, '하늘배경' 이라는 이름으로 레이어 이름을 변경시켜 줍니다. 자연스러운 합성 결과를 확인할 수 있습니다.

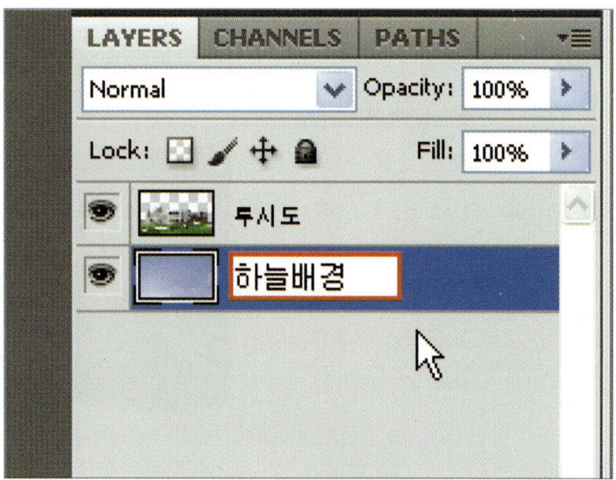

6 계속해서 이번에는 사람 이미지를 합성해 보도록 하겠습니다. 준비된 사람 이미지(예제 CD 12\003(사람).tif)를 불러온 뒤, 미리 설정되어 있는 선택영역을 이용해 보도록 하겠습니다. Select ➡ Load Selection... 명령을 수행한 뒤, 나타나는 Load Selection 대화상자에서 채널 항목을 'Alpha 1' 로 설정해 줍니다.

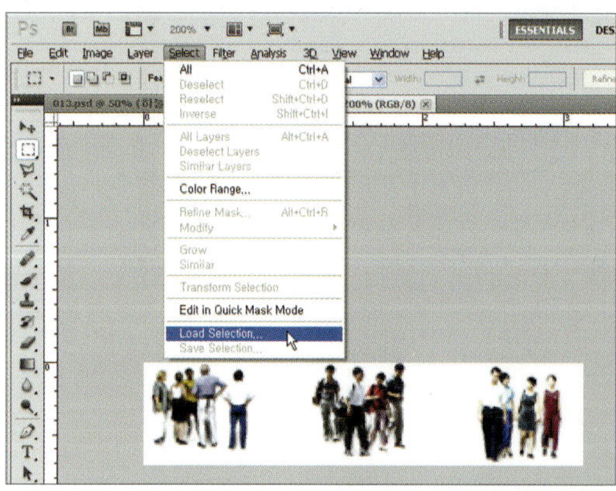
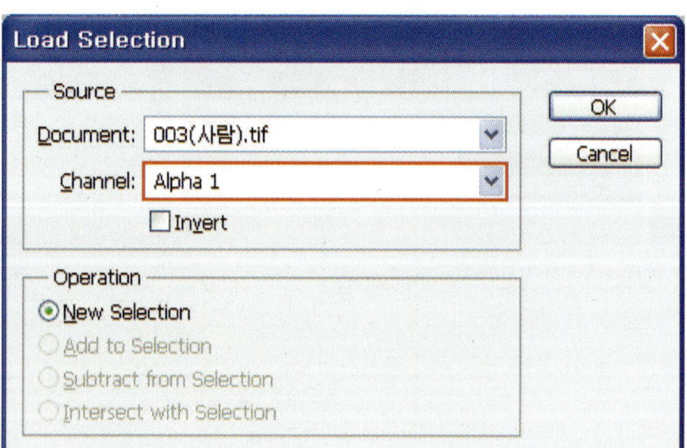

(예제\CD 12\003(사람).tif)

7 아래 그림과 같이 사람 이미지 영역이 선택되면, 복사하여 작업창에 붙여넣습니다. 레이어 이름을 '사람' 으로 변경한 뒤, 가장 위쪽으로 이동하여 배치해 줍니다.

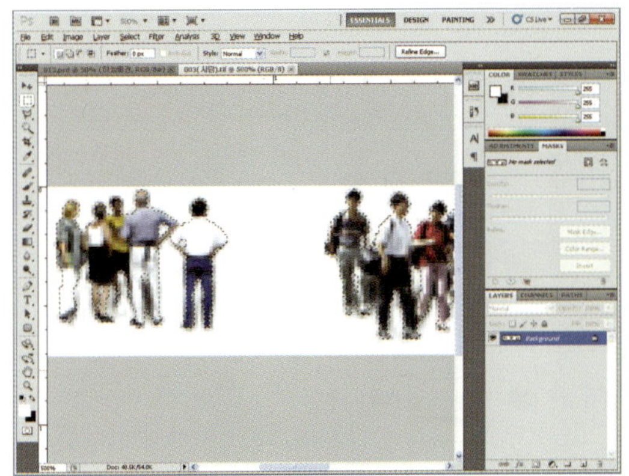
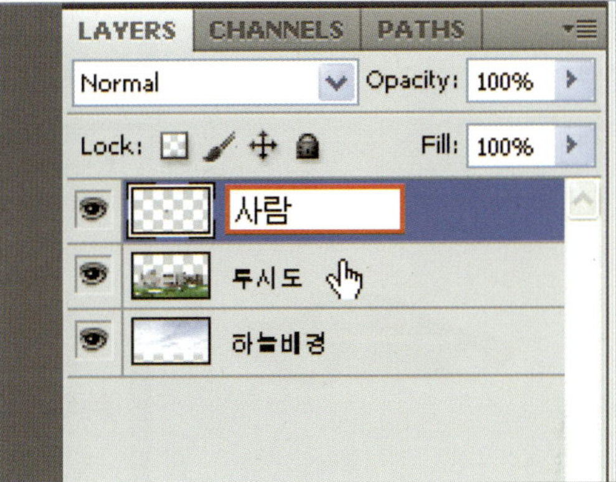

8 아래 그림을 참고하여 크기와 위치를 적당하게 조절해 줍니다.

※ 포토샵을 이용한 투시도 및 조감도 리터칭 작업은 기술이라기 보다는 감각이라고 할 있습니다. 준비된 렌더링 이미지를 이용하여 자연스럽고 풍부한 이미지를 만들기 위해서는 수없이 많은 작업 경험에 따라 좌우된다고 할 수 있습니다.

9 이번에는 자동차 이미지를 합성해 보도록 하겠습니다. 미리 배경을 제거한 자동차 이미지(예제CD 12\004(car).psd)를 불러온 뒤, 작업창에 붙여넣어 줍니다. 레이어 이름을 '자동차'로 변경한 뒤, 가장 위쪽으로 이동하여 배치해 줍니다.

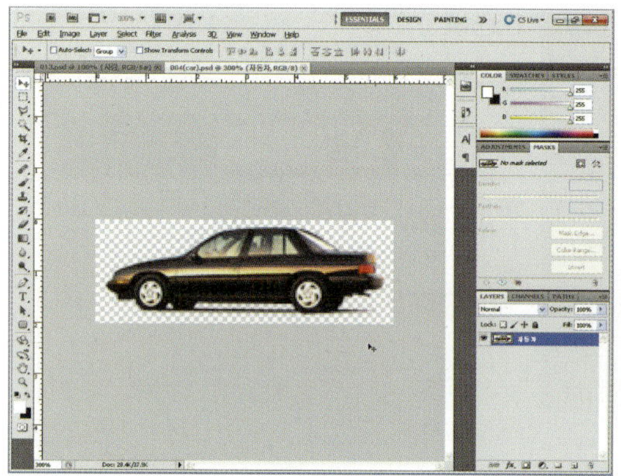
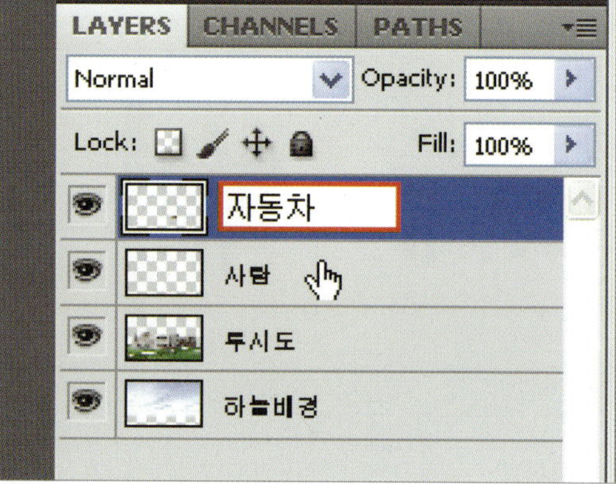

(예제CD 12\004(car).psd)

10 Edit → Transform → Scale, Rotate 명령을 이용하여 아래 그림과 같이 주변 이미지와 어울릴 수 있도록 자동차 이미지의 형태를 조절해 줍니다.

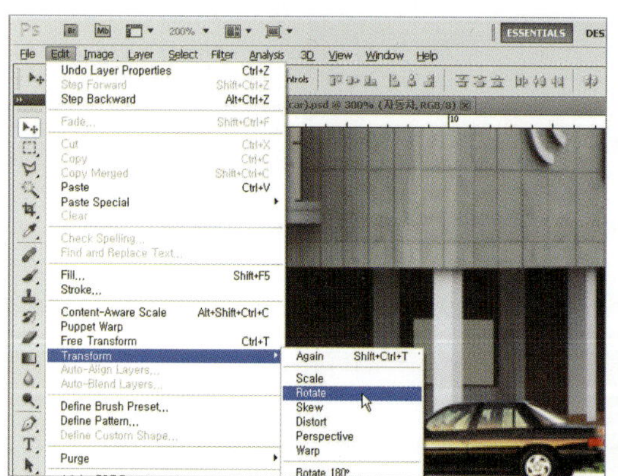
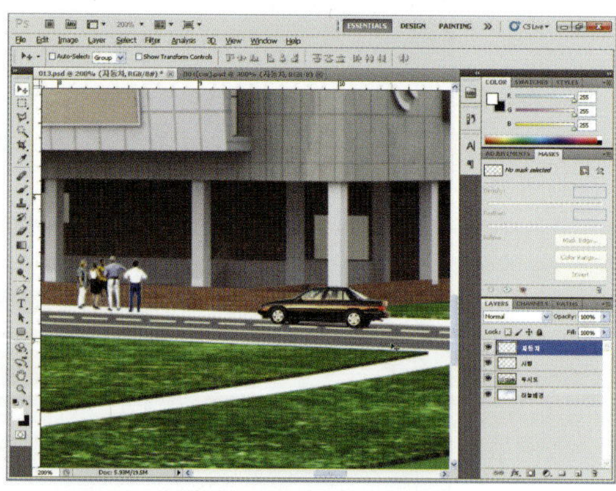

11 자동차의 달리는 느낌의 효과를 주기 위해서 Filter ➡ Blur ➡ Motion Blur 명령을 수행한 뒤, 나타나는 Motion Blur 대화상자에서 Angle 값을 0, Distance 값을 6으로 설정해 줍니다.

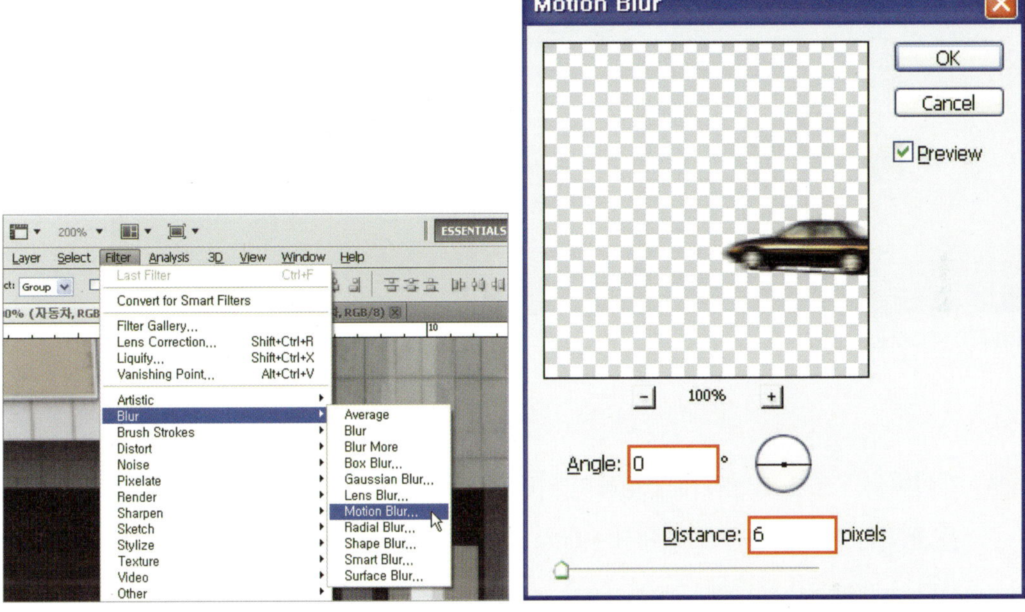

12 아래 그림과 같이 Motion Blur 필터를 이용하여 자동차의 달리는 효과를 적용해 보았습니다.

13 앞에서 작업한 동일한 방법으로 준비된 자동차 이미지를 한번 더 합성해 줍니다. 붙여넣은 자동차의 이미지는 아래 그림을 참고하여 적당한 위치에 배치해 줍니다.

(예제CD 12\005(car).psd)

14 레이어의 구조를 간단하게 구성하기 위해 두 개의 자동차 레이어를 선택한 뒤, 팝업 버튼을 클릭하여 나타나는 메뉴에서 Merge Layers 명령을 수행하여 '자동차' 라는 이름으로 하나의 레이어를 구성해 줍니다.

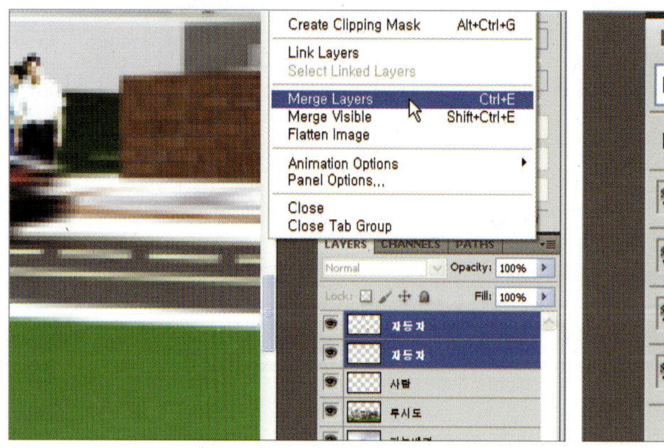

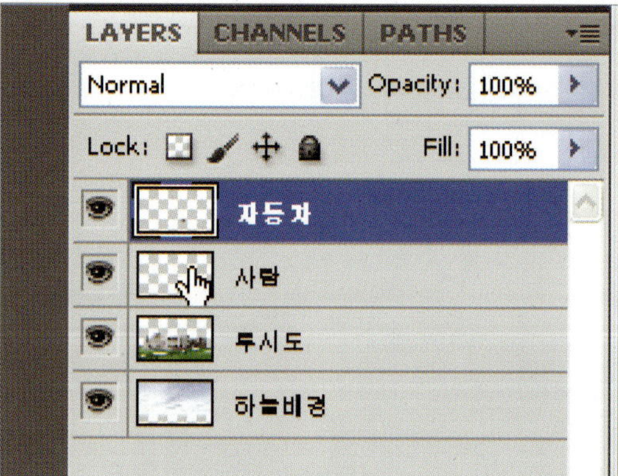

15 이번에는 가로등 이미지를 합성해 보도록 하겠습니다. 배경이 제거된 가로등 이미지(예제CD 12\006(가로등).psd)를 불러온 뒤, 작업창에 붙여넣어 줍니다.

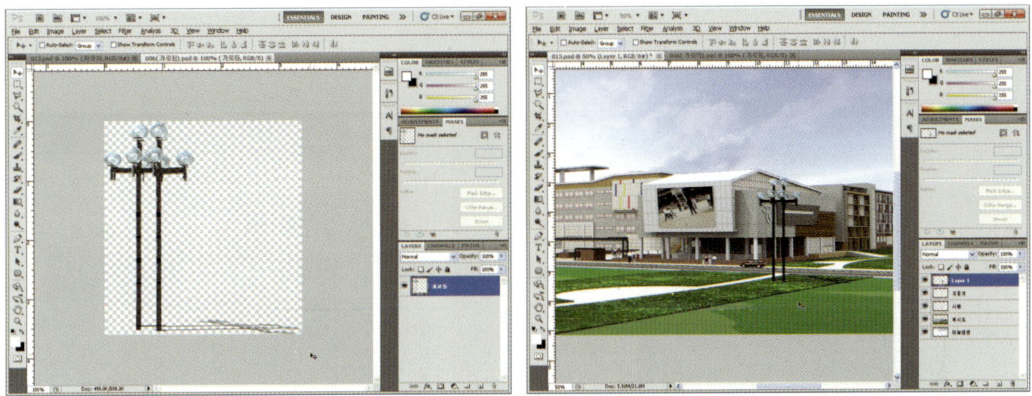

(예제CD 12\006(가로등).psd)

16 Edit → Transform → Scale 명령을 수행하여 주변 이미지와 자연스럽게 보이도록 크기를 조절해 줍니다.

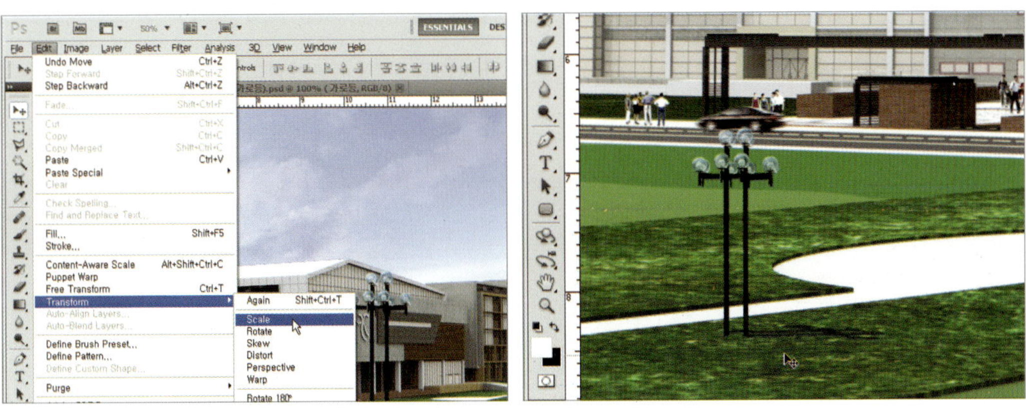

17 계속해서 이미지를 복사하여 붙여넣은 뒤, 필요한 위치와 크기로 조절하여 가로등 이미지를 배치시켜 줍니다. 이미지를 붙여넣을 때마다 추가되는 레이어의 개수가 많기 때문에 어느 정도 이미지 합성 작성이 완료되면 Merge Layers 명령을 이용하여 '가로등' 이라는 이름의 레이어로 묶어줍니다.

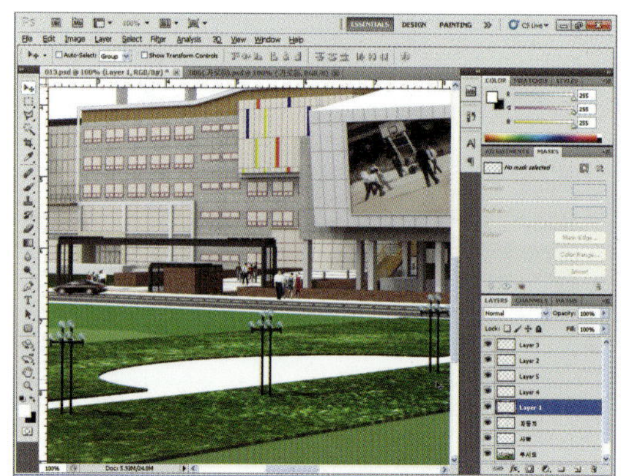
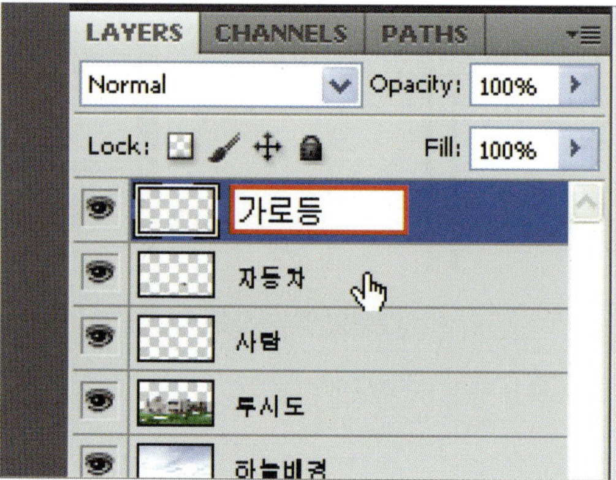

18 이번에는 배경에 사용될 나무 이미지(예제CD 12\0007(나무배경).tif)를 불러온 뒤, 작업창에 붙여줍니다. 물론 준비된 나무 이미지는 선택영역이 알파 채널로 구성되어 있는 이미지로 쉽게 나무 이미지만을 선택하여 붙여넣어 줄 수 있습니다.

(예제CD 12\007(나무배경).tif)

19 아래 그림과 같이 레이어의 이름을 '나무배경' 으로 변경한 뒤, 레이어의 위치도 '투시도' 와 '하늘배경' 사이에 배치해 줍니다. 물론 작업창에서 이미지의 위치를 아래 그림과 같이 건물의 우측 주변에 위치시켜 지평선, 즉 하늘과 지면이 만나는 부분의 어색함으로 자연스럽게 구성시켜 줍니다.

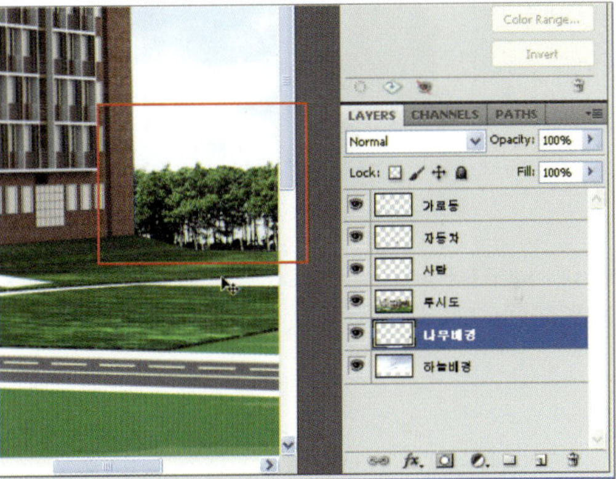

20 동일한 방법으로 이번에는 좌측의 지평선 부분에 나무 이미지를 배치하여 자연스러운 이미지가 만들어지도록 구성합니다. 마지막으로 나무 이미지 작업을 위해서 작성된 2개의 레이어를 '나무배경' 이라는 이름으로 한 개의 레이어로 만들어 줍니다.

21 마지막으로 나무 이미지를 합성하기 위해서 TIF 포맷의 나무 이미지를 불어와 줍니다.

(예제CD 12\008(나무).tif)

(예제CD 12\009(나무).tif)

22 준비된 나무 이미지에서 나무 개체만을 선택하여 작업창에 붙여준 뒤, Edit ➡ Transform ➡ Scale 명령을 수행하여 적당한 크기로 변경합니다.

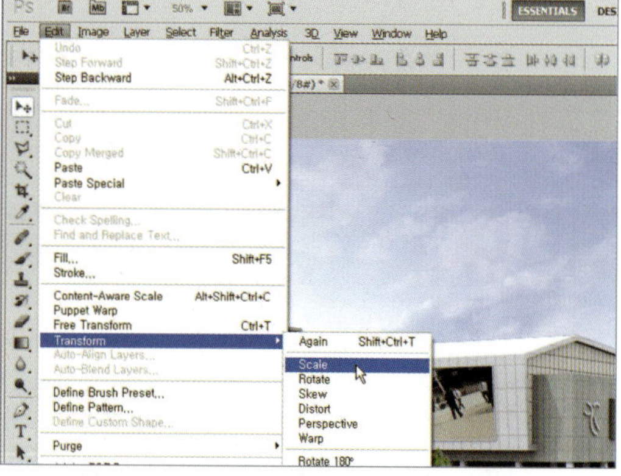

23 앞에서 수행한 동일한 방법을 이용하여 아래 그림과 같이 나무 이미지를 표현해 줍니다.

24 나무 이미지의 경우에는 매우 많은 이미지가 필요하며, 이미지간 겹쳐지는 경우가 많기 때문에 하나의 레이어로 묶기 보다는 하나의 그룹으로 묶은 뒤, 작업하는 것이 좋습니다. 아래 그림과 같이 팝업 메뉴에서 New Group form Layers... 명령을 수행하여 레이어를 간단하게 볼 수 있도록 구성합니다.

25 마지막으로 준비된 나무 이미지(예제CD 12\010(나무).psd~012(나무).psd)를 이용하여 아래 그림과 같이 근경에 위치하고 있는 나무 이미지를 표현함으로써 전체적인 투시도 이미지를 좀 더 풍성하게 구성할 수 있습니다.

(예제CD 12\010(나무).psd~012(나무).psd)

26 근경 이미지의 경우 초점이 맞지 않는 효과를 표현함으로서 표현하고자하는 대상만을 강조하는 효과를 줄 수 있습니다. Filter ➡ Blur ➡ Gaussian Blur... 명령을 수행하여 근경에 배치되어 있는 나무 이미지에 초점이 맞지 않는 흐림 효과를 표현해 줍니다.

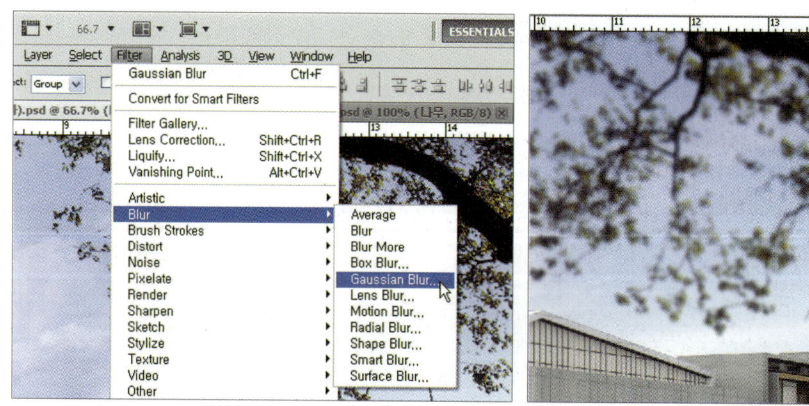

27 최종 완성된 이미지

(예제\CD 12\013(합성결과).psd, 013(합성결과).jpg)

실습예제 35

▌이미지 합성을 통한 완성도 있는 투시도 제작

준비된 렌더링 이미지와 제공되는 다양한 배경 및 요소 이미지를 이용하여 완성도 있는 투시도 이미지를 제작해 봅니다.

■ 준비된 투시도 이미지

(예제CD 12\014(render).tif)

※ 3DS MAX에서 작업 및 렌더링 화면

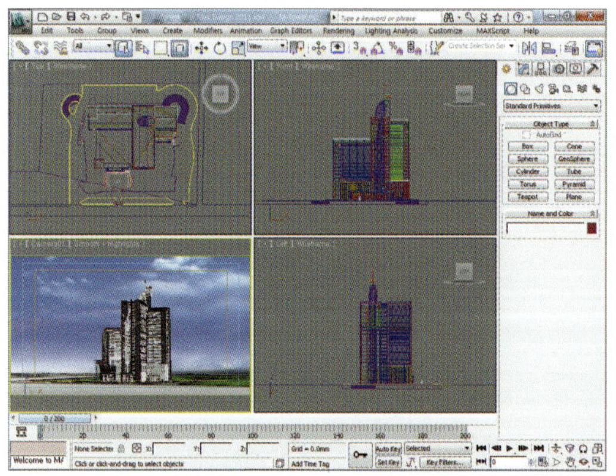

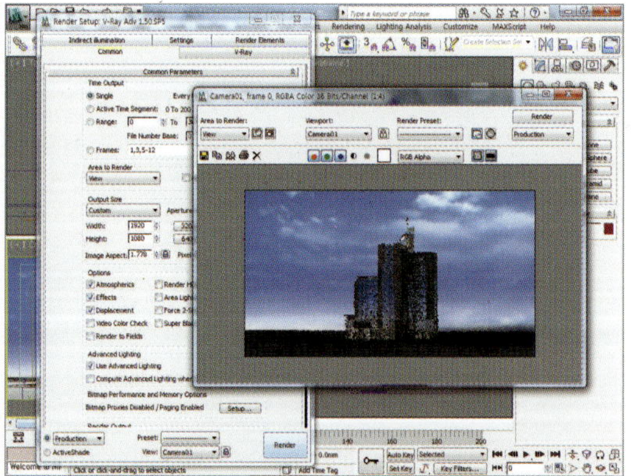

■ 준비된 하늘, 나무, 사람, 자동차 이미지

(예제CD 12\015(하늘배경.01).jpg~27(나무근경).psd)

■ 완성된 투시도 이미지

(예제CD 12\028(합성결과).psd, 028(합성결과).jpg)

나무, 가로등, 사람 이미지의 그림자 제작

1 조감도 및 투시도에 나무, 가로등, 사람 이미지 등의 이미지를 합성할 경우, 자연스러운 합성을 위해 그림자 처리를 해야 합니다. 이미지에 그림자 효과를 작성하는 방법은 Layer Style의 Drop Shadow 명령을 수행하는 방법도 있지만, 다음과 같은 방법으로 제작하는 것이 훨씬 자연스러운 합성 결과를 만들어 줄 수 있습니다. 먼저 준비된 나무 이미지를 불러온 뒤, Layer ➡ Duplicate Layer 명령을 수행하여 레이어를 복제합니다.

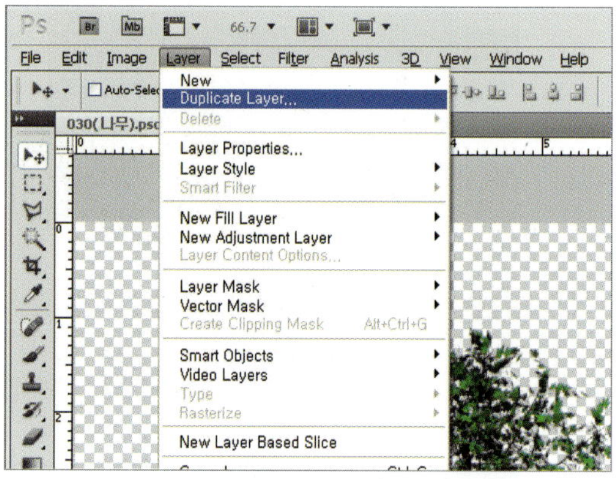

(예제CD 12\029(나무).psd)

2 복제된 레이어의 이름을 나무 그림자로 변경한 뒤, 이미지의 색상을 검은색으로 표현하기 위해서 Image ➡ Adjustments ➡ Hue/Saturation 명령을 수행한 뒤, Lightness 값을 –100으로 설정해 줍니다.

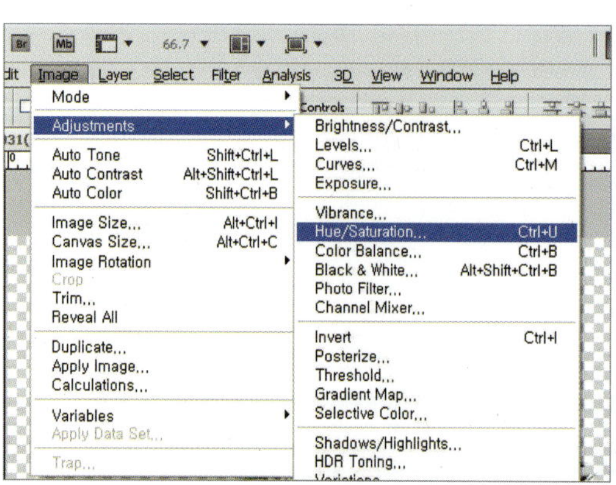
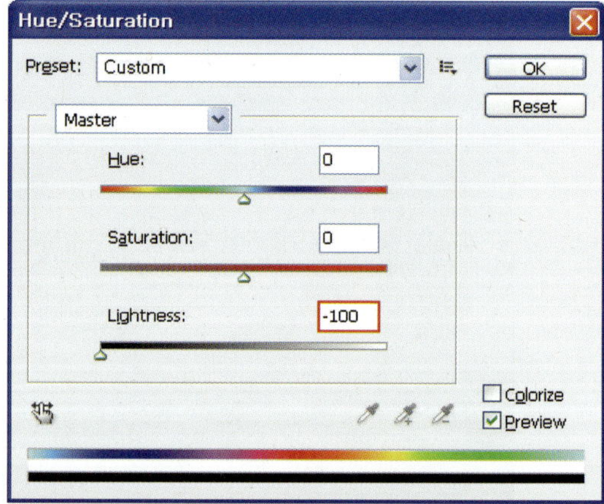

3 이미지의 형태를 변형시켜 주기 위해서 Edit ➡ Transform ➡ Scale, Skew 명령을 수행하여
아래 그림과 같이 그림자 형태의 이미지로 변형시켜 줍니다.

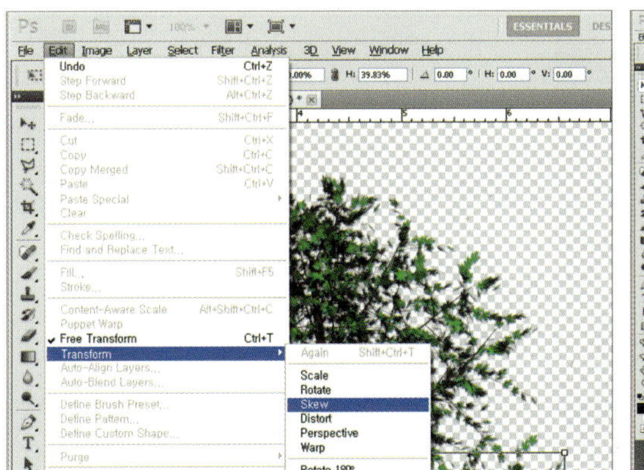 

4 마지막으로 그림자의 형태를 뿌옇게 처리하기 위해서 Filter ➡ Blur ➡ Gaussian Blur 명령을
수행한 뒤, 나타나는 Gaussian Blur 대화상자에서 Radius 값을 2로 설정해 줍니다.

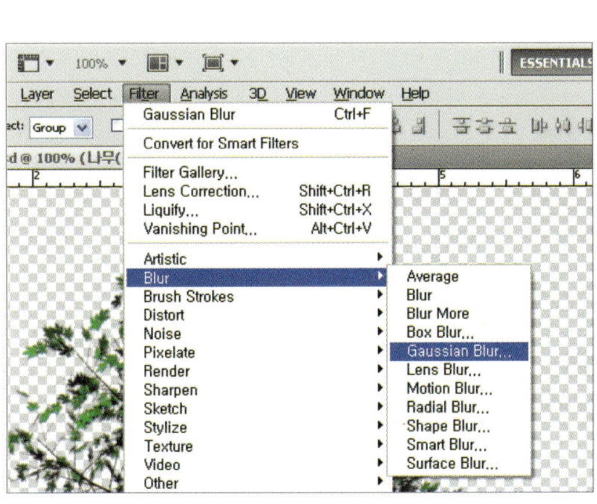 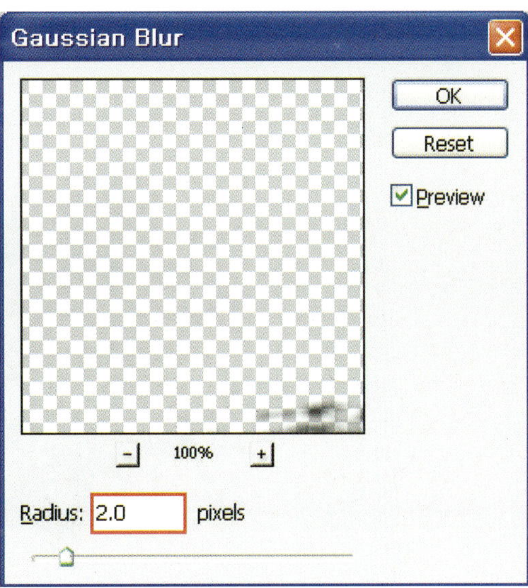

5 마지막으로 '나무(그림자)' 레이어의 위치를 아래로 이동시켜 준 뒤, Opacity 값을 60%로 설
  정해 줍니다.

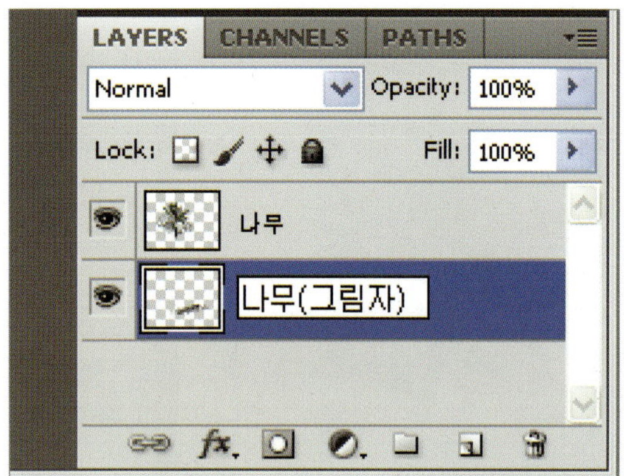 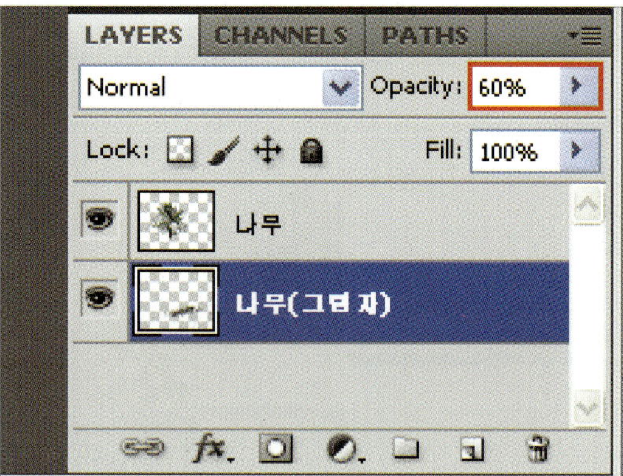

6 아래 그림과 같은 결과를 만들 수 있으며, 그림자가 표현된 나무, 사람, 가로등, 자동차 이미지
  를 이용하여 조감도 및 투시도 합성 작업을 진행할 경우, 훨씬 자연스러운 합성 결과를 만들어
  줄 수 있습니다.

(예제CD 12\030(나무).psd)

실습예제 36

▌이미지 합성을 통한 완성도 있는 조감도 제작

준비된 렌더링 이미지와 제공되는 다양한 배경 및 이미지 소스를 이용하여 완성도 있는 조감도
이미지를 제작해 봅니다.

■ 준비된 조감도 렌더링 이미지

(예제CD 12\031(render).tif)

※ 3DS MAX에서 작업 및 렌더링 화면

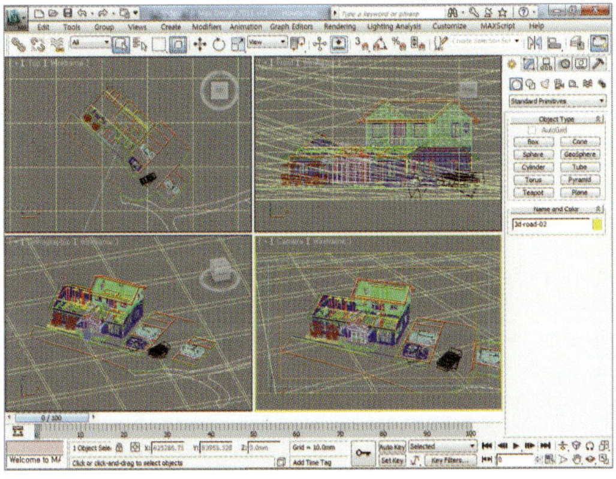
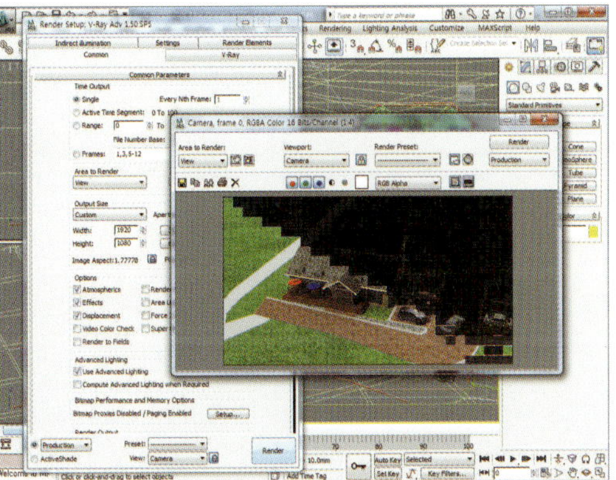

■ 준비된 하늘, 나무, 사람, 자동차 이미지

(예제CD 12\032(나무).psd, 033(나무).psd, 034(사람).psd)

■ 완성된 조감도 이미지

(예제CD 12\035(합성결과).psd, 036(합성결과).jpg)

포토샵 CS5를 이용한
인테리어 · 건축 표현기법

정가 ▮ 30,000원

지은이 ▮ 이　혁　준
펴낸이 ▮ 차　승　녀
펴낸곳 ▮ 도서출판 건기원

2012년　6월　29일　제1판 제1인쇄발행
2014년　1월　10일　제1판 제2인쇄발행
2017년　3월　10일　제1판 제3인쇄발행

주소 ▮ 경기도 파주시 산남로 141번길 59 (산남동)
전화 ▮ (02)2662-1874~5
팩스 ▮ (02)2665-8281
등록 ▮ 제11-162호, 1998. 11. 24

● 건기원은 여러분을 책의 주인공으로 만들어 드리며 출판 윤리 강령을 준수합니다.
● 본서에 게재된 내용 일체의 무단복제 · 복사를 금하며 잘못된 책은 교환해 드립니다.

ISBN 978-89-5843-774-1　13560